SPECIES
DES
HYMÉNOPTÈRES
D'EUROPE & D'ALGÉRIE

ENRICHI DE PLANCHES COLORIÉES DONNANT,
D'APRÈS NATURE,
OUTRE UN OU PLUSIEURS SPECIMENS DES INSECTES DE CHAQUE GENRE,
DE NOMBREUX DESSINS AU TRAIT
DES CARACTÈRES UTILES A L'INTELLIGENCE DU TEXTE;

Rédigé d'après les principales collections,
les mémoires les plus récents des auteurs et les communications
des entomologistes spécialistes

PAR

ED. ANDRÉ

Lauréat de l'Institut
Membre des Sociétés entomologiques de France, Londres, Berlin, Stettin, etc.
Membre correspondant de la Société des Sciences historiques et naturelles de Semur
Membre correspondant de la Société d'Etudes scientifiques de Paris,
de l'Association scientifique de la Gironde,
Ingénieur des Arts et Manufactures, etc.

Ouvrage couronné par l'Académie des Sciences
honoré de la Souscription de Monsieur le Ministre de l'Agriculture et du Commerce
et qui a obtenu le prix Dollfus en 1882

Est quâdam prodire tenus, si non datur ultrà.
(HORACE, épître I, livre I, vers 32).

TOME DEUXIÈME

CHEZ L'AUTEUR, A BEAUNE (CÔTE-D'OR)
1886

SPECIES

DES

HYMÉNOPTÈRES

D'EUROPE

FRANCIS BOUFFAUT, IMPRIMEUR A GRAY.

SPECIES

DES

HYMÉNOPTÈRES

D'EUROPE & D'ALGÉRIE

ENRICHI DE PLANCHES COLORIÉES DONNANT,
D'APRÈS NATURE,
OUTRE UN OU PLUSIEURS SPECIMENS DES INSECTES DE CHAQUE GENRE,
DE NOMBREUX DESSINS AU TRAIT
DES CARACTÈRES UTILES A L'INTELLIGENCE DU TEXTE;

Rédigé d'après les principales collections,
les mémoires les plus récents des auteurs et les communications
des entomologistes spécialistes

PAR

ED. ANDRÉ

Membre des Sociétés entomologiques de France, Londres, Berlin, Stettin, etc.
Membre correspondant de la Société des Sciences historiques et naturelles de Semur,
Membre correspondant de la Société d'Etudes scientifiques de Paris,
de l'Association scientifique de la Gironde,
Ingénieur des Arts et Manufactures, etc.

Ouvrage honoré de la Souscription de Monsieur le Ministre de l'Agriculture et du Commerce

Est quâdam prodire tenus, si non datur ultrà.
(HORACE, épître I, livre I, vers 32).

TOME DEUXIÈME

CHEZ L'AUTEUR, A BEAUNE (CÔTE-D'OR)
1881

SPECIES DES HYMÉNOPTÈRES

LES FOURMIS

par Ernest ANDRÉ

Membre de la Société entomologique de France

PRÉFACE

En acceptant d'écrire, pour le *Species des Hyménoptères d'Europe*, la partie relative au groupe des Formicides, je ne me suis pas dissimulé les difficultés de ce travail. La caractéristique des Fourmis est, en effet, une des matières les plus ardues de la science hyménoptérologique, et je n'ai pas la prétention d'avoir consolidé ce sol mouvant où l'on glisse à chaque pas. Mais, en même temps que mon affection pour mon frère m'imposait l'obligation de l'aider, dans la mesure de mes forces, à remplir l'immense programme qu'il s'est tracé, il m'était également difficile de me dérober à cette tâche, car je crois avoir le regrettable privilège d'être, en ce moment, le *rara avis* de la myrmécologie dans un pays qui peut être considéré comme le berceau de cette science, grâce au remarquable traité dont la dota notre illustre Latreille. Le reste de l'Europe est heureusement mieux partagé sous ce rapport, et sans parler des morts, comme Roger et Smith, dont l'entomologie porte encore le deuil, je puis citer les noms de Mayr, Emery, Forel, etc., en ajoutant que c'est dans leurs nombreux écrits que j'ai puisé le meilleur de ce livre. Je leur suis aussi redevable d'utiles avis ainsi que de types intéressants, et je remplis le premier de mes devoirs en leur adressant ici mes plus sincères remerciements.

Si j'ai dit qu'il n'existait pas en France de myrmécologistes, je n'ai certes pas voulu faire entendre qu'aucun secours ne m'ait été fourni par mes collègues et mes compatriotes. Bien loin de là; c'est à eux, au contraire, que je dois mes plus importants matériaux d'étude, et tous m'ont ouvert libéralement leurs cartons, m'ont envoyé leurs richesses en communication, ou ont recueilli pour moi un grand nombre de fourmis de divers points du territoire. Aussi est-ce avec bonheur que je me plais à exprimer ma reconnaissance à tous ces amis connus et inconnus dont j'ai mis à l'épreuve la complaisance et la générosité. J'adresse tout particulièrement l'expression de ma gratitude à MM. Abeille de Perrin et Marius Blanc, de Marseille ; Rouget, de Dijon ; Puton, de Remiremont ; Fairmaire, Tappes et Léveillé, de Paris ; Lichtenstein, de Montpellier ; Dr Gobert, de Mont-de-Marsan ; Pandellé, de Tarbes ; Peragallo, de Nice ; Pougnet, de Landroff ; Lethierry, de Lille ; etc.

Que ceux que j'oublie veuillent bien me le pardonner, car mon intention n'est d'excepter personne ; mes remerciements sont aussi collectifs qu'a été unanime l'empressement mis à répondre à mon appel.

Comme la Fourmi, dont j'écris l'histoire, j'apporte mon grain de sable à l'édifice commun et j'ose espérer que mon œuvre, si imparfaite qu'elle soit, aura pour résultat, en facilitant et en provoquant des études nouvelles, de créer des myrmécologistes de l'avenir qui mettront la dernière main à un travail que je n'aurai fait qu'ébaucher.

Feci quod potui, faciant meliora sequentes.

ERNEST ANDRÉ.

Gray, le 24 août 1881.

7e GROUPE

Les Fourmis

Insectes vivant en société. Trois sortes d'individus ordinairement très dissemblables : des neutres aptères, des femelles et des mâles ailés. Antennes coudées, trochanters uniarticulés. Ailes non plissées au repos, leur articulation non protégée par une écaillette ou paraptère ; leur nervulation assez simple comprend une seule cellule radiale souvent incomplète, une ou deux cellules cubitales et une cellule discoïdale qui manque quelquefois. Le premier ou les deux premiers segments de l'abdomen très rétrécis et en forme d'écaille ou de nœuds. Femelles et ouvrières pourvues d'une vessie à venin et d'un aiguillon parfois rudimentaire ou atrophié. Larves apodes et inactives. Nymphes tantôt nues, tantôt enveloppées d'un cocon.

§ I. — CARACTÈRES GÉNÉRAUX

1. — Ensemble du corps. — Le corps des fourmis est toujours plus ou moins allongé et de couleur ordinairement sombre, composée de jaune, de rouge, de brun et de noir, ou du mélange de ces nuances en diverses proportions. Le bleu et le vert n'apparaissent sur aucune de nos espèces européennes, et on n'y rencontre pas davantage de ces teintes vives et métalliques qui sont la parure de beaucoup d'autres familles ; tout au plus, dans quelques cas rares, remarque-t-on un léger reflet bronzé sur le corps de certaines espèces. Les téguments peuvent être mats ou luisants, lisses ou ponctués, striés, chagrinés, etc. ; ils peuvent aussi être glabres ou velus. Les poils, qui ont une grande importance caractéristique, se divisent en deux catégories qu'il convient de bien distinguer : ils sont tout à fait appliqués à la surface du corps et constituent la *pubescence*, ou bien ils sont plus ou moins dressés perpendiculairement ou obliquement et forment la *pilosité*. Ces deux catégories de poils peuvent se rencontrer à la fois sur un insecte et c'est même le cas le plus fréquent ; ordinairement la pubescence est beaucoup plus épaisse que la pilosité et, quand elle est brillante et serrée, elle présente parfois une apparence soyeuse La plupart du temps les poils sont lisses, filiformes et finissent en pointe ; quelquefois cependant ils sont denticulés, tronqués à l'extrémité et même claviformes ; dans certains cas rares (*Cryptocérides*) il existe des poils terminés par une massue courte et sphérique.

Après ce coup d'œil général sur l'ensemble des téguments extérieurs des fourmis, je vais faire connaître les particularités que présente chacune des parties de leur squelette chitineux, afin de compléter, en ce qui les concerne, l'introduction générale qui figure en tête de cet ouvrage.

2. — Tête et annexes (Pl. 1. fig. 1). — La tête, chez les insectes qui nous occupent, est la partie la plus importante pour le diagnostic des genres et des espèces. Elle est le plus souvent ovale, quelquefois arrondie, cordiforme, presque carrée ou rectangulaire, un peu convexe en dessus, aplatie en dessous chez les ☿ et les ♀ ; plus petite, plus courte et plus orbiculaire chez les ♂. Son bord postérieur, ordinairement convexe ou plus ou moins rectiligne, présente quelquefois une forte échancrure ou courbe rentrante sur toute son étendue.

L'*épistome* (*a*), toujours visible et généralement bien limité, est carré, trapézoïdal, semi-circulaire ou triangulaire avec l'angle du sommet dirigé en arrière et plus ou moins arrondi ; parfois (*Dorylides*) il est très-étroit et réduit à une bande transversale au dessus des parties de la bouche. Sa surface ordinairement convexe, rarement sillonnée, est quelquefois déprimée ou plus ou moins déclive de chaque côté d'une carène médiane. Son bord antérieur est droit, convexe ou concave, entier ou échancré au milieu et sur les côtés, rarement dentelé. Latéralement se trouve la *fossette clypéale* (*b*) qui se confond, le plus souvent, avec la *fossette antennaire* (*c*).

Derrière l'épistome on voit ordinairement une petite surface déprimée, triangulaire, appelée l'*aire frontale* (*d*); elle peut être nettement limitée et bien distincte ou se confondre plus ou moins, surtout en arrière, avec les parties avoisinantes.

Les *arêtes frontales* (*e*) droites ou sinueuses, parallèles ou divergentes, commencent ordinairement plus ou moins près des angles latéraux ou du bord postérieur de l'épistome pour se diriger en arrière. Elles peuvent être courtes ou longues, rapprochées l'une de l'autre et situées vers le milieu du front ou, au contraire, très-éloignées et suivre les bords latéraux de la tête (*Cryptocérides*). Elles enclosent toujours l'aire frontale et quelquefois la partie postérieure de l'épistome ; d'autres fois elles sont situées plus en arrière et l'épistome ne s'avance pas jusqu'à leur origine ou ne la dépasse pas. Chez les *Dorylides* elles contournent en avant l'insertion des antennes.

Entre les arêtes frontales, immédiatement derrière l'aire frontale, s'étend en ligne droite le *sillon frontal* (*f*) souvent bien marqué, quelquefois obsolète ou nul et qui peut être plus ou moins court ou atteindre le vertex vers la région des ocelles et plus rarement le trou occipital.

Les *joues* (*g*), le *front* (*h*) et le *vertex* (*i*) n'offrent aucune particularité à signaler.

Les *yeux* (*j*), ordinairement de grandeur moyenne chez les ☿, plus grands et plus convexes chez les ♀ et surtout chez les ♂, sont ovales, arrondis ou réniformes ; ils occupent une place variable dans le sens longitudinal ; situés généralement vers le milieu des côtés de la tête, ils se rapprochent quelquefois du vertex ou, au contraire, s'avancent vers l'épistome jusqu'à toucher ses angles antérieurs. Toujours existant chez les ♂ et les

♀, ils deviennent parfois très petits ou s'atrophient même complètement chez quelques ☿, de façon à constituer des espèces aveugles. (les ocelles faisant eux-mêmes défaut dans ce cas).

Les *ocelles* (*h*) qui manquent à beaucoup de ☿, sont, chez ces dernières, assez petits et médiocrement convexes ; chez les ♀ et surtout chez les ♂ ils deviennent grands et globuleux et souvent sont portés sur une éminence du vertex. Toujours au nombre de trois chez les fourmis européennes qui en sont pourvues, ils se réduisent quelquefois à un seul chez certaines fourmis exotiques.

Les *mandibules* (*l*), insérées aux angles antérieurs de la tête, rarement (*Odontomachides*) au milieu de son bord antérieur, sont en général larges, aplaties, triangulaires, avec un *bord externe* (fig. 2. *a*) convexe et un *bord interne* (fig. 2. *b*) concave se rejoignant à leur base pour former l'articulation et réunis à leur extrémité divergente par le *bord terminal* (*c*), (*bord masticateur, Kaurand* de Mayr). Le bord externe est peu variable et toujours inerme, le bord interne généralement assez court, s'allonge lorsque la mandibule est étroite et que le bord terminal perd de son importance. Ce dernier est ordinairement dentelé sur toute son étendue avec une ou plusieurs dents apicales plus grandes que les autres ; quelquefois les dents apicales seules existent ou même le bord terminal peut-être simplement tranchant, sans dentelures. Dans quelques cas rares il manque complètement et la mandibule est alors généralement arquée, cylindrique, terminée en pointe, sans dentelures (fig. 3), ou bien encore plus ou moins rectiligne et dentelée le long de son bord interne.

Le *labre* ordinairement caché sous l'épistome, présente, dans le genre *Epitritus*, une disposition singulière ; il est allongé, acuminé et s'avance entre les mandibules en forme de rostre.

Les *mâchoires inférieures* grêles et aplaties, la *lèvre inférieure* et la *languette* qui est petite et lobiforme, ne peuvent être étudiées sans dissections minutieuses et, pour cette raison, il n'en sera pas fait usage dans les tableaux descriptifs.

Les *palpes maxillaires*, d'un examen assez facile, sauf dans quelques cas exceptionnels, sont composés de 1 à 6 articles ordinairement cylindriques et ont une grande importance caractéristique.

Les *palpes labiaux*, de même forme que les précédents, sont formés de 1 à 4 articles.

Les *antennes*, insérées sous les arêtes frontales, dans les fossettes antennaires, sont coudées et composées de 4 à 12 articles chez les ☿ et les ♀, de 10 à 13 articles chez les ♂.

Le *scape* (*m*) est ordinairement droit ou légèrement arqué ; quelquefois cependant sa courbure s'accentue fortement, surtout vers la base ; il peut même, dans certains cas, être géniculé ou brisé à angle droit avec une arête, un lobe ou une dent sur la partie géniculée. Le plus souvent assez long chez les ☿ et les ♀, il devient parfois fort court chez certains ♂ et arrive même à ne pas dépasser en longueur le premier article du funicule.

Le *funicule* (*n*) est composé d'articles cylindriques, rarement globuleux, s'épaississant souvent vers l'extrémité de l'antenne pour former une massue plus ou moins distincte ; parfois il est filiforme dans toute sa longueur. Les antennes, par le nombre et les dimensions relatives de leurs articles, présentent des caractères précieux qui seront très souvent utilisés dans la partie descriptive de ce travail. En règle générale les ☿ et les ♀ ont le même nombre d'articles aux antennes et les ♂ ont un article de plus ; toutefois cette règle, à laquelle ne déroge aucun genre européen de la famille des *Formicidæ* et de celle des *Poneridæ*, est loin d'être sans exception en ce qui concerne la famille des *Myrmicidæ*. Ainsi, chez les *Anergates* qui n'ont pas d'ouvrière, le ♂ et la ♀ ont tous deux 11 articles ; les ☿ et les ♀ de *Stenamma* ont chacune 11 articles, le ♂ en a 13 ; les genres *Strongylognathus* et *Tetramorium* ont leurs ☿ et leurs ♀ avec des antennes de 12 articles, tandis que celles des ♂ n'en ont que 10 ; chez les *Solenopsis* la ☿ a 10 articles, la ♀ 11 et le ♂ 12 ; enfin le curieux genre *Epitritus* offre, sous ce rapport, l'écart le plus extrême puisque ses ☿ et ses ♀ n'ayant que 4 articles aux antennes, le ♂ en a 13. Quant à la famille des *Dorylidæ*, il ne peut en être question, attendu que jusqu'à ce jour, on ne connaît qu'un seul sexe de tous les genres qui la composent.

3. — Thorax. — Le thorax qui, chez les ♂ et les ♀, ne diffère pas de celui des autres hyménoptères et se compose des mêmes pièces qui ont été décrites dans l'introduction générale de cet ouvrage, se simplifie beaucoup chez les ☿ à cause de l'absence des ailes. Il ne présente en général, chez ces dernières, que ses trois divisions primaires : *prothorax*, *mésothorax* et *métathorax*, dont les lignes de jonction ne sont même pas toujours distinctes, de sorte que quelquefois le dos du thorax paraît formé d'une seule pièce continue, sans trace de sutures. Ce cas cependant est exceptionnel et, la plupart du temps, on distingue nettement, même chez les ☿, les trois divisions du thorax que je vais passer successivement en revue.

Le *pronotum* (fig. 4, a) qui chez les ☿, forme ordinairement le tiers de la longueur du thorax, se raccourcit beaucoup chez les ♀ et les ♂ où il arrive souvent à se montrer comme une bande étroite invisible en dessus et recouverte par le prolongement du mesonotum. Les épaules sont presque toujours arrondies, quelquefois cependant anguleuses (*Tetramorium*), mais chez aucune de nos fourmis d'Europe il ne présente les dents ou épines qui se remarquent chez quelques espèces exotiques.

Le *mesonotum* (*b*) toujours inerme également chez les fourmis indigènes, prend un grand développement chez les sexes ailés mais n'offre pas plus d'importance que les autres segments chez les ☿ où il est même quelquefois tout à fait invisible en dessus. Souvent, chez les neutres, il est séparé du metanotum par un sillon ou étranglement plus ou moins profond dont la présence ou l'absence fournit de bons caractères. Le mesonotum des ♂ de Myrmicides est parfois creusé de deux sillons convergents en arrière et qui sont utilisés avec avantage pour la distinction des genres.

Les *lobes latéraux*, le *scutellum* et le *postscutellum*, qui ne se voient que chez les ♂ et les ♀, n'offrent rien de particulier.

Le *metanotum* (*c*) est celui de tous les segments thoraciques qui présente le plus de variétés dans la forme et peut fournir les meilleurs caractères. Tantôt il est convexe, conique ou gibbeux, tantôt il est comprimé latéralement et beaucoup plus long que large, ou bien encore cubique, anguleux et tronqué postérieurement. Il présente une *face dorsale* qui, dans certains cas, rejoint ses faces latérales sans limite tranchée et, dans d'autres, en est séparée par une arête nette ou un angle accentué. La face dorsale elle-même offre une *face basale* (*d*) plus ou moins horizontale et une *face déclive* (*e*) oblique ou verticale dont le point de réunion, souvent arrondi et indistinct, forme parfois une arête vive qui peut être échancrée en son milieu et munie latéralement de deux dents ou de deux épines dont la longueur et la direction fournissent des caractères d'un facile examen mais d'une médiocre constance.

4. — Pattes et ailes. — Les *pattes* sont allongées et généralement simples. Le *tibia* porte, à l'extrémité et du côté interne, un *éperon* (fig. 5. *b*) qui, toujours pectiné aux pattes antérieures, peut être simple, épineux, pectiné ou même manquer complètement aux pattes intermédiaires et postérieures. Quand il sera question de l'éperon dans les tableaux descriptifs, il s'agira toujours de celui des deux dernières paires de pattes, l'éperon des pattes antérieures étant toujours invariable.

Les *tarses* sont simples et constamment de cinq articles dont le premier est très long.

Les *ailes*, qui ne se rencontrent que chez les ♂ et les ♀, sont ordinairement grandes et dépassent notablement l'abdomen dans la plupart des cas ; elles sont hyalines ou plus ou moins enfumées de jaunâtre ou de noirâtre sur tout ou partie de leur étendue. Par exception à la règle générale de conformation, leur articulation n'est pas protégée par une *écaillette* ou *paraptère* comme dans les autres familles d'Hyménoptères. Leur réseau est assez simple, mais il importe de le bien définir et, pour ne pas me mettre en contradiction avec les auteurs modernes qui ont traité ce groupe et dont les travaux devront être consultés par les lecteurs de ce livre, j'apporterai quelques légères modifications à la nomenclature adoptée dans cet ouvrage pour les nervures et les cellules, et je reconnaîtrai dans l'aile supérieure des fourmis, abstraction faite de certains détails propres à quelques genres exotiques :

I. Quatre nervures qui partent de la base ou de l'articulation de l'aile, ce sont :

1° La *nervure marginale* (fig. 6. *a*), qui suit le bord externe de l'aile dans toute sa longueur.

2° La *nervure humérale* (*b*) parallèle à la première à laquelle elle se rejoint après avoir formé avec elle la tache marginale ou *stigma* (*c*). Dans le seul genre *Myrmecina* cette nervure, au lieu de se confondre avec la nervure marginale après le stigma, redescend pour se joindre au rameau cubital externe.

3° La *nervure médiane* (*d*) qui vient ensuite et s'avance jusque vers le milieu de l'aile où elle se divise en deux branches dont l'externe, la *nervure basale* (*e*) ordinairement anguleuse, va rejoindre la nervure humérale, tandis que l'autre gagne le bord interne de l'aile et porte souvent, avant son extrémité, un rameau parallèle au même bord interne.

4° La *nervure interne* (*f*) qui suit le bord interne de l'aile et va rejoindre la branche interne de la nervure médiane.

II. Une autre nervure longitudinale importante, la *nervure cubitale* (*g*) qui part de la nervure basale et se divise au niveau du stigma en deux rameaux, le *rameau cubital externe* (*h*) qui se dirige vers l'extrémité de la nervure marginale, et le *rameau cubital interne* (*i*) qui s'avance en divergeant vers le bord apical.

III Enfin deux nervures transversales variables, ce sont :

1° La *nervure transverse* (*j*) qui part du stigma pour rejoindre soit le tronc de la nervure cubitale, soit le rameau cubital externe qu'elle peut même traverser pour s'unir au rameau cubital interne.

2° Et la *nervure récurrente* (*k*) qui manque souvent et qui unit la branche interne de la nervure médiane à la nervure cubitale.

Des diverses cellules que forment ces nervures je ne considérerai que celles qui peuvent être utilisées dans mes descriptions, renvoyant pour les autres à l'introduction générale. Ces cellules importantes sont la *cellule radiale*, la ou les *cellules cubitales* et la *cellule discoïdale*.

La *cellule radiale* (*l*) peut être ouverte ou fermée selon que le rameau cubital externe s'arrête avant d'atteindre la nervure marginale ou s'unit à cette nervure. Elle est limitée par la nervure marginale, le stigma, la nervure transverse et la nervure cubitale ou seulement son rameau externe.

La *première cellule cubitale* (*m*), qui existe toujours, est comprise entre la nervure humérale, la nervure basale, la nervure cubitale et la nervure transverse quand celle-ci s'unit à la nervure cubitale à son point de partage ou en deçà de ce point ; elle est formée en outre par une partie du rameau cubital externe quand la nervure transverse s'unit à ce rameau et non au tronc de la nervure cubitale.

La *seconde cellule cubitale* (fig. 7. *b*) n'existe que si la nervure transverse, traversant le rameau cubital externe, va rejoindre le rameau cubital interne ; elle est alors limitée par la nervure transverse et les deux rameaux de la nervure cubitale.

Dans ce dernier cas il peut arriver (*Myrmica*) que la base du rameau cubital externe manque, et on a alors une seule cellule cubitale à demi divisée (fig. 8. *a*) et circonscrite par les nervures humérale, basale, cubitale, par la nervure transverse et par le rameau cubital interne.

La *cellule discoïdale* (*n*), qui manque souvent par l'absence de la nervure récurrente, est limitée par cette nervure et par les nervures basale et cubitale ainsi que par la branche interne de la nervure médiane.

Les ailes inférieures, sans valeur caractéristique, sont traversées par trois nervures : les nervures *humérale* (fig. 9. *a*), *médiane* (*b*) et *interne* (*c*).

5. — Abdomen. — L'abdomen est composé de six segments chez les ☿ et les ♀ ; de sept chez les ♂. Le premier ou les deux premiers segments forment le *pétiole* et les autres l'*abdomen proprement dit*.

Le *pétiole* (fig. 4, 10, 11) est cette partie de l'abdomen extrêmement rétrécie qui s'articule avec le métanotum et qui se compose d'un ou deux articles.

Dans le premier cas le pétiole est le plus souvent surmonté d'une lame transversale, verticale ou oblique, qu'on appelle l'*écaille* (fig. 4. *f*). D'autres fois cependant il peut être simplement épaissi, sans écaille, ou chargé d'un nœud plus ou moins globuleux. L'écaille elle même est grande ou petite, épaisse ou mince plane ou convexe, etc. ; son bord supérieur est souvent échancré plus ou moins largement, et quand l'échancrure est large et profonde, l'écaille paraît parfois bidentée.

Lorsque le pétiole est composé de deux articles (fig. 11), ils peuvent être cylindriques, cubiques, aplatis, etc. ; mais le plus souvent le premier est cylindrique en avant, nodiforme en arrière, et le second est aussi nodiforme. Presque toujours le premier article du pétiole porte en dessous, à sa partie antérieure, une saillie en forme de tubercule ou de dent dirigée en bas et en avant et qui sert à limiter sa flexion du côté du métasternum ; dans quelques cas rares le second article est armé en dessous d'une dent ou épine plus ou moins longue et dirigée en avant.

L'*abdomen proprement dit* (fig. 4, 10, 11) est allongé, ovale ou presque sphérique, rarement cordiforme, et parfois (*Poneridæ*), étranglé entre son premier et son second segment (fig. 10). Le *pygidium* ou dernier segment abdominal est presque toujours visible en dessus, sauf chez les ☿ et les ♀ de quelques genres de la famille des *Formicidæ*, où il est entièrement caché sous le précédent. L'ouverture anale est généralement en fente transversale, mais chez les ☿ et les ♀ de la tribu des *Camponotidæ*, elle est petite, ronde et ciliée à sa périphérie. Le dernier segment abdominal porte, dans les deux sexes, les organes de la génération et il renferme en outre les pièces de l'aiguillon chez les ☿ et les ♀ des fourmis qui en sont pourvues. Je renvoie, pour les détails, à ce qui a été dit dans l'introduction générale et je me bornerai à quelques mots sur les organes sexuels des ♂ dont certaines pièces extérieures souvent fort apparentes, peuvent être utilisées avec succès pour la caractérisation des genres et des espèces.

Le pygidium des ♂, abstraction faite de ses appendices générateurs, offre quelquefois des modifications intéressantes. Ainsi l'*épipygium* (arceau dorsal) des *Ponera* est pourvu parfois d'un prolongement spiniforme et l'*hypopygium* (arceau ventral) des *Tapinoma*, des *Bothriomyrmex* et des *Myrmecocystus* montre des saillies ou des échancrures variables selon les espèces.

Les organes génitaux externes des fourmis ♂, souvent grands et d'une observation facile, comprennent :

1° Les *pinceaux* (fig. 12. *a*), sortes de petits filets hérissés de poils qui partent d'une lamelle carrée située sous l'épipygium et se dirigent postérieurement en ligne droite ; ils manquent souvent chez les *Myrmecocystus*.

2° Les *écailles* (*b*) ou sortes d'étuis plus au moins allongés, triangulaires, ovales ou semi-circulaires, convexes en dehors, concaves en dedans, et qui recouvrent latéralement et partiellement les autres organes.

3° Les *valvules génitales externes* (*c*) soudées aux écailles par leur base et de forme très variable ; elles peuvent être simples ou munies d'appendices.

4° Les *valvules génitales intermédiaires* (*d*) peu employées dans le diagnostic.

5° Les *valvules génitales internes* (*e*) plus molles que les précédentes et formant une gaîne pour le pénis. Elles portent, à leur bord interne, une série de dents obliques dirigées en dedans.

6. — Appareils digestif et vénénifique. — (Pl. II). Il n'entre pas dans le plan de cet ouvrage d'aborder les détails de l'anatomie interne des fourmis ; ce serait une étude fort compliquée, sans résultats immédiats pour le but que je veux atteindre, et qui demanderait d'ailleurs à être traitée par un anatomiste beaucoup plus compétent que moi. Je ne puis cependant me dispenser de dire quelques mots des appareils digestif et vénénifique, et en particulier du gésier et de la vessie à venin, parce que ces organes ont acquis, par les remarquables recherches de M. Forel (1), une importance telle qu'il n'est plus permis d'ignorer certaines particularités de leur structure qui viennent en aide à l'anatomie externe pour la classification de nos insectes.

I. Appareil alimentaire. — Le canal alimentaire des fourmis se compose, après la bouche, du *sac buccal*, du *pharynx*, de *l'œsophage*, du *jabot*, du *gésier*, de *l'estomac*, de *l'intestin*, du *rectum* et du *cloaque*.

Le sac buccal et le pharynx font partie de la tête, l'œsophage est un long boyau qui traverse le thorax et le pétiole, les autres

(1) Forel : les Fourmis de la Suisse, 1874. — Der Giftapparat und die Analdrüsen der Ameisen, 1878. — Anatomie du gésier des Fourmis. (Etudes myrmécologiques en 1878).

organes sont contenus dans l'abdomen, et c'est sur eux que je m'arrêterai quelques instants.

Le jabot (fig. 1, a) est une poche extensible où se fait l'accumulation et la réserve des aliments, et qui est relié à l'estomac proprement dit par le gésier dont nous examinerons tout à l'heure la structure particulière.

La fonction du gésier consiste à fermer hermétiquement la communication entre le jabot et l'estomac et à ne laisser passer que la somme de nourriture nécessaire à l'existence de l'animal, le surplus restant entassé dans le jabot pour être dégorgé à l'occasion par la fourmi dans la bouche de ses larves ou de ses compagnes. Ce résultat est obtenu par le jeu de quatre valvules coniques et symétriques (fig. 1 e, et 2) qui, sous l'influence de muscles puissants, s'unissent étroitement entre elles en opérant une obstruction parfaite ou, au contraire, s'écartent pour laisser passer les aliments.

Le gésier, dans sa forme la plus complète et sauf les variations que je signalerai plus loin, se compose de plusieurs parties que je vais passer successivement en revue.

Tout d'abord et faisant suite au jabot se trouve le *calice* (*b*), plus ou moins allongé et évasé en haut, et muni de quatre côtes longitudinales ou *sépales* (*c*), qui sont formées par des épaississements de la cuticule interne.

Immédiatement au dessous du calice le gésier se dilate en une partie plus ou moins sphérique, la *boule* (*f*), chargée elle-même de quatre côtes longitudinales saillantes qui lui donnent une certaine ressemblance avec un melon microscopique. C'est au pôle supérieur de la boule que se trouvent les valvules de fermeture (*e*) dont j'ai parlé tout à l'heure et qui forment la partie essentielle de l'organe. Ces valvules ne sont d'ailleurs qu'un prolongement modifié des côtes de la boule et sont constituées, comme ces dernières, par un épaississement de la cuticule interne.

La boule du gésier est suivie d'un tube cylindrique plus ou moins long, que M. Forel appelle la *partie moyenne* (*g*) et qui, traversant la paroi antérieure de l'estomac, se prolonge dans sa cavité en une saillie allongée, le *bouton* (*h*) dont l'extrémité refléchie et plus épaisse porte l'orifice central qui donne passage aux aliments destinés à la digestion.

Telle est la forme du gésier chez les *Camponotus* et les *Colobopsis*. Dans les autres genres de la tribu des *Camponotidæ* il conserve la même structure générale mais avec certaines modifications : ainsi chez les *Myrmecocystus*, les *Polyergus*, les *Formica*, les *Lasius* et les *Brachymyrmex*, il est plus court et plus large ; chez les *Prenolepis* (fig. 3) il est assez allongé, mais son extrémité antérieure se réfléchit brusquement en dehors ; cette dernière disposition s'accentue encore chez les *Acantholepis* (fig.4) et les *Plagiolepis* où le calice, quoique toujours libre et non renfermé dans le jabot, est entièrement réfléchi, sans partie basale droite, et affecte la forme d'un parasol.

Dans la tribu des *Dolichoderidæ* (fig. 5) le gésier offre une disposition différente : la partie moyenne se raccourcit ou disparaît complètement, le calice lui-même peut faire défaut ou, quand il existe, il est toujours réfléchi et entièrement renfermé dans la cavité du jabot. (1)

Chez les *Dorylidæ*, les *Poneridæ* et les *Myrmicidæ*, le gésier n'a pas de partie moyenne et, le plus souvent aussi, pas de calice.

Je n'ai aucune particularité à signaler à propos de l'estomac qui fait suite au gésier, non plus qu'à l'égard de l'intestin, du rectum et du cloaque qui terminent le canal digestif.

---

(1) Quand le calice se retourne en arrière, sa portion réfléchie devrait toujours être enclose dans le jabot, puisque, dans sa rétroversion, le bord supérieur du calice entraîne forcément avec lui la paroi du jabot qui lui est attenante, et que cette paroi descendant au même niveau qu'atteint lui-même le bord réfléchi, le calice doit disparaître en tout ou en partie dans la cavité du jabot.

Pourtant nous venons de voir que dans certains genres de la tribu des *Camponotidæ*, le calice, tout en se réfléchissant en totalité ou en partie, reste cependant libre et ne se trouve pas enfermé dans le jabot. La raison de cette disposition particulière qu'il est bon d'expliquer, provient de ce que, dans ce cas, les muscles circulaires et constricteurs (d) qui entourent le calice ne le suivent pas dans sa rétroversion, mais passent par dessus sa partie réfléchie et arrivent jusqu'à son sommet, en appliquant exactement à sa surface la portion de la cuticule du jabot qui lui est juxtaposée. Il suit de là que le jabot ne s'évasant qu'au dessus du calice, ce dernier ne paraît pas enfermé dans son intérieur, bien qu'en réalité il soit revêtu par sa paroi membraneuse recouverte elle-même par la couche des muscles circulaires dont je viens de parler.

II. Appareil Vénénifique. — L'appareil de sécrétion et d'émission du venin se compose de la *glande vénénifique*, de la *vessie à venin*, du *canal déférent*, de l'*aiguillon* et de ses annexes. On remarque encore la *glande accessoire* qui sécréte un liquide oléagineux dont l'usage n'est pas parfaitement déterminé.

Je ne dirai rien de l'aiguillon, sinon qu'il est toujours bien développé chez les *Poneridæ* et la plupart des *Myrmicidæ*, mais qu'il devient très petit et rudimentaire dans la tribu des *Dolichoderidæ*, pour disparaître complètement chez les insectes de la tribu des *Camponotidæ* où il est transformé en un petit appareil servant à soutenir l'orifice de la vessie. Chez les *Dorylidæ* l'aiguillon est tantôt bien développé et tantôt rudimentaire mais jamais transformé.

La vessie à venin qui, avec sa glande, est l'organe important au point de vue qui nous occupe, présente deux types bien distincts.

Dans le premier (fig. 7) la glande vénénifique offre une partie libre composée de deux tubes grêles et sinueux (a) qui se réunissent en un seul vers la base de la vessie. Ce tube unique perce alors la tunique extérieure de la paroi vésicale, s'insinue entre cette membrane et la cuticule interne, en décrivant des circonvolutions nombreuses et irrégulières dont l'ensemble forme un grand coussinet allongé et résistant (b) qui occupe toute la partie dorsale de la vessie (c) et contribue à lui donner la forme ovale ou elliptique qui lui est propre. Ce n'est qu'après avoir parcouru toute cette surface, en émettant un grand nombre de tubes latéraux, que la glande, traversant la cuticule interne, débouche dans l'intérieur de la vessie par une ouverture simple, sans bourrelet terminal. Cette disposition, à laquelle M. Forel a donné le nom de *vessie à coussinet* est particulière à la tribu des *Camponotidæ*.

Le second type, qui est celui de la *vessie à bourrelet*, (fig. 8 et 9) est commun à tous les autres représentants du groupe des Fourmis. Dans ce type la vessie à venin, qui est généralement petite et arrondie, reçoit à son sommet (et non vers sa base comme précédemment) la glande vénénifique, dont la partie libre et bifurquée est plus épaisse que dans le premier type, et qui débouche dans le sac vésical, en formant un renflement ou *bourrelet* apical (*b*) invaginé par la cuticule interne et muni d'un orifice central pour l'écoulement de la liqueur sécrétée. Ce bourrelet peut suivre directement le corps de la glande à son entrée dans la vessie, comme on le voit chez le *Bothriomyrmex meridionalis* (fig. 8), ou, au contraire, en être séparé par un tube plus ou moins long et sinueux, comme, par exemple, chez la *Myrmica lævinodis* (fig. 9), où il acquiert un assez grand développement. Entre ces deux extrêmes il y a toutes les transitions possibles et on ne peut établir aucune règle fixe à cet égard. Il en est de même de la vessie à venin qui, toujours bien développée chez les *Poneridæ*, est très variable chez les *Dorylidæ* et les *Myrmicidæ*, ainsi que dans la tribu des *Dolichoderidæ* où elle peut même devenir entièrement rudimentaire ainsi que la glande.

Ces quelques données sommaires sur la structure du gésier et de l'appareil vénénifique des fourmis suffiront pour faire apprécier le secours que ces organes peuvent fournir à la classification, mais j'engagerai vivement mes lecteurs à recourir aux travaux de M. Forel, cités plus haut, pour une foule de détails intéressants que je ne puis indiquer ici.

7. — Distinction des sexes. — On compte, chez les fourmis, trois sortes d'individus : les mâles (♂), les femelles (♀) et les neutres ou ouvrières (☿).

Les mâles, toujours ailés, sauf dans un seul genre (*Anergates*), se reconnaissent facilement à leur abdomen de sept segments et à leur tête petite et globuleuse, toujours pourvue d'yeux et d'ocelles ordinairement gros et saillants. Leurs antennes sont grêles, à scape souvent très court et, dans beaucoup de genres, elles sont composées de 13 articles, ce qui ne se présente jamais chez les ♀ et les ☿. Ils sont le plus souvent de couleur noire ou brune et presque toujours d'une teinte plus foncée que les individus des autres sexes ; leurs organes sexuels servent encore à les différencier ; leurs mandibules sont ordinairement plus petites, plus étroites, moins dentées ; enfin ils sont toujours privés d'aiguillon.

Par une anomalie singulière on trouve, dans les fourmilières de *Ponera punctatissima*, des ♂ aptères, ne ressemblant aucunement aux ♂ ordinaires de l'espèce, et qui ont toute l'apparence de grandes ouvrières. Un examen attentif peut seul faire reconnaître qu'ils ont à l'abdomen les sept segments caractéristiques des ♂ et que leurs parties génitales sont analogues à celles de ces derniers. La *P. punctatissima* étant pourvue de ♂ de conformation ordinaire, on ne s'explique pas la présence simultanée de ces ♂ anormaux, et des observations postérieures nous donneront seules peut-être la clef de cette énigme.

Les ♀ ailées se distinguent des ♂ par leur abdomen de six segments, leur tête plus grande avec les yeux et les ocelles moins saillants, leurs antennes qui n'ont jamais 13 articles, leurs mandibules plus fortes et enfin par leur forme et leur couleur se rapprochant beaucoup plus de celles des ouvrières. Quand elles ont perdu leurs ailes on pourrait les confondre avec ces dernières, mais la conformation de leur mésothorax non simplifié comme celui des ☿, et les articulations alaires qui sont toujours visibles ne permettent aucune erreur.

Les neutres ou ouvrières se reconnaîtront à l'absence constante d'ailes et à la simplification de leur mesonotum qui est dépourvu de scutellum, de lobes latéraux et de postscutellum. Elles sont en outre en bien plus grand nombre dans une même fourmilière relativement aux ♂ et aux ♀ qui ne s'y rencontrent qu'à certaines époques de l'année, si on en excepte toutefois la ♀ ou les ♀ fécondes qui constituent l'âme de la communauté.

Dans quelques genres (*Colobopsis, Myrmecocystus, Pheidole*), les neutres forment deux castes bien distinctes par leur conformation et par le rôle qu'elles remplissent dans la fourmilière. Les unes ne se distinguent pas des ouvrières des autres genres et sont chargées des mêmes fonctions (construction des nids, éducation des larves, etc.), les autres, pourvues d'une tête énorme et de mandibules puissantes, forment une véritable armée et ont reçu le nom de *soldats* (♃). Leur rôle consiste à protéger la fourmilière contre les attaques de ses aggresseurs et ils ne prennent pas part aux travaux ordinaires de l'intérieur. Ce ne sont toutefois que des troupes de défense, d'honnêtes gendarmes qui ne cherchent pas noise à leurs voisins et ne font jamais qu'une guerre défensive. Nous verrons plus tard que d'autres fourmis d'un aspect beaucoup moins formidable (*Polyergus*, *Strongylognathus*, *Formica sanguinea*) ont des mœurs plus sanguinaires et font de véritables guerres de conquête d'où elles rapportent des prisonniers sur lesquels elles se déchargent des travaux du ménage ; mais ce n'est pas ici le lieu de nous occuper de cette question, elle trouvera naturellement sa place quand nous parlerons des mœurs de ces fourmis.

Je reviens donc à nos soldats pour constater que, dans les trois genres européens qui en possèdent, ils forment une caste bien tranchée et qu'on ne trouve jamais d'individus intermédiaires entre eux et les ouvrières. Dans d'autres genres, au contraire, (*Camponotus*, *Aphænogaster*), on trouve aussi de très-petites ouvrières à tête proportionnée à leur taille et de très-grandes munies d'une tête énorme. Si l'on n'avait sous les yeux que les individus extrêmes, on les trouverait si différents qu'on ne mettrait pas en doute l'existence de deux castes distinctes comme celles que nous avons constatées tout à l'heure, mais en examinant l'ensemble d'une fourmilière, on reconnait bien vite que tous les intermédiaires existent entre les petites et les grandes ouvrières et que les unes et les autres n'ont pas de fonctions distinctes dans la colonie. On appelle donc ☿ *minor* les petits individus à tête exigüe et molle, et ☿ *major* ceux à tête grande et dure. Un fait digne de remarque c'est que le corps ne s'accroit pas dans la même proportion que la tête et que si, par exemple, une ☿ major est deux fois plus grande qu'une ☿ minor, sa tête sera trois ou quatre fois plus grosse ; elle sera aussi plus orbiculaire ou plus carrée tandis que celle des ☿ minor sera plus allongée.

Chez les fourmis européennes on ne trouve jamais que les deux castes de neutres dont je viens de parler, les ouvrières et les soldats, mais chez certaines fourmis exotiques on constate quelquefois soit un plus grand nombre de castes, soit des castes ayant à remplir d'autres fonctions que celles de travail intérieur et de défense. C'est ainsi que chez le *Myrmecocystus melligerus* d'Amérique, il existe une caste d'ouvrières qui vivent immobiles, serrées les unes contre les autres et accrochées à la voûte des souterrains de la fourmilière. Leur abdomen extrêmement distendu, ne présentant presque plus trace de segmentation, a l'apparence d'une vessie transparente et remplie de miel. Ces ouvrières sont donc les véritables magasins vivants de la communauté, et leur rôle, aussi utile qu'obscur, consiste à servir d'outres aux provisions pour leurs compagnes. Toutefois, comme l'a fait observer M. Forel (*Mittheil. der Morph. Physiol. Gesellschaft zu München*, *1880*), ces individus ne se distinguent des autres ouvrières par aucun point de leur conformation, et la grosseur insolite de leur abdomen ne résulte que de l'énorme distension de leur jabot provoquée par un excès d'alimentation.

Je ne m'étendrai pas davantage sur des particularités qui s'écartent de mon sujet et qui pourraient me fournir des détails du plus grand intérêt si je ne devais me borner à ce qui concerne les fourmis de l'Europe.

Pour compléter ce que j'ai à dire des diverses sortes d'individus qui peuvent se rencontrer dans une fourmilière, il me reste à parler des intermédiaires entre les ouvrières et les femelles (☿ ♀), dont Huber a le premier signalé l'existence chez le *Polyergus rufescens* et qu'il a appelés *femelles aptères*. Ces individus ressemblent tout à fait aux ouvrières pour la conformation extérieure, mais ils sont plus grands, leur abdomen est plus volumineux et leurs ovaires sont complètement développés et analogues à ceux des ♀. La structure de leur thorax ne diffère à peu près pas de celui des véritables ☿, et à peine peut-on y entrevoir un scutellum rudimentaire et des vestiges souvent indistincts d'articulations alaires.

Ces formes anormales qui se rencontrent assez fréquemment dans les fourmilières de *Polyergus rufescens*, existent aussi parfois, quoique plus rarement, chez d'autres espèces, et M. Forel en a trouvé chez la *Formica rufibarbis*, la *Myrmica rubida* et le *Cremastogaster sordidula*. Il est probable que toutes les fourmis sont susceptibles de présenter de ces anomalies sous certaines influences qui nous échappent.

M. Forel signale encore une autre catégorie de formes hybrides qui offrent une conformation différente ; leur taille n'est pas plus grande et est souvent même plus petite que celle des ☿ normales, leurs ovaires sont atrophiés, mais leur thorax grand et gibbeux se rapproche beaucoup de celui des ♀ par le grand développement du mesonotum et la présence plus accentuée de rudiments de scutellum et d'articulations alaires. Les *Formica rufa*, *sanguinea*, *rufibarbis*, le *Tapinoma nigerrimum* et la *Myrmica lœvinodis* offrent des exemples assez fréquents de cette conformation.

Ces deux catégories de formes anormales sont loin d'être toujours parfaitement distinctes et on connaît des individus qui constituent des passages entre ces deux sortes d'hybridisme ; le *Temnothorax recedens* en a montré à M. Forel, la *Leptanilla Revelieri* en a offert à M. Emery, et c'est probablement aussi à ces intermédiaires que doivent se rapporter les remarquables exemplaires de *Monomorium venustum* Sm. trouvés par M. Abeille de Perrin dans l'une des fourmilières de cette espèce, en Syrie, et que j'ai décrits dans les Annales de la Société entomologique de France.

Quelles sont maintenant les fonctions de ces diverses sortes d'individus anormaux ? C'est ce qu'on n'a pu encore déterminer; leur rôle consiste peut-être à remplacer les ♀ dans certains cas. Toujours est-il que, d'après Huber, dont les observations ont porté, comme je l'ai dit, sur le *P. rufescens*, ces individus ne prennent pas part aux expéditions des ☿, et que M. Abeille de Perrin a constaté chez les (☿ ♀) du *M. venustum*, des allures toutes différentes de celles des ☿ et se rapprochant beaucoup plus de celles des ♀ ordinaires de l'espèce,

8.—Espèces, races, variétés.— Chez les fourmis la séparation des espèces présente de grandes difficultés, et rien n'est plus ardu que de décider où finit l'espèce et où commence la variété. La couleur, la taille et jusqu'à la forme sont si peu constantes que, dans une même fourmilière, on trouve des individus qui présentent, sous ce rapport, les différences les plus marquées et qu'on n'oserait jamais réunir si l'on ne constatait tous les passages intermédiaires entre les deux extrêmes. Que l'on compare maintenant la population de deux ou plusieurs fourmilières distinctes, on y remarquera quelquefois, indépendamment des mêmes variations individuelles dont je viens de parler, d'autres différences d'ensemble assez appréciables et sur lesquelles ont été basées beaucoup d'espèces. Mais, au fur et à mesure que s'accroît le nombre des observations et que des matériaux plus complets sont soumis à l'étude, on s'aperçoit que les caractères différentiels sont moins absolus qu'on ne l'avait cru tout d'abord, et on constate un grand nombre de formes transitoires entre deux espèces primitivement distinctes. Ces formes de transition se multiplient encore si les observations portent sur des fourmilières de provenances diverses, et l'étude des fourmis exotiques vient de nouveau accentuer l'incertitude à cet égard, car on connaît, par exemple, des espèces bien distinctes en Europe qui ont leurs intermédiaires en Amérique ou ailleurs. Si enfin, ne bornant pas nos études à l'époque actuelle, nous remontons avec Mayr (*Bernsteins Ameisen*) le cours des âges géologiques, nous trouverons, renfermées dans l'ambre qui nous les a conservées intactes, des quantités de fourmis qui relient entre elles plusieurs espèces en rétablissant leur filiation aujourd'hui interrompue.

Tous ces faits, on le voit, rendent la classification de nos insectes fort difficile, et, malgré les remarquables travaux de Roger. Mayr, Emery et Forel qui, dans leurs nombreux ouvrages, ont déjà élagué bien des fausses espèces, il reste encore sans doute beaucoup à faire pour donner à la science myrmécologique la précision dont elle a besoin.

M. Forel, dans ses « Fourmis de la Suisse » a proposé un système qu'il a mis en pratique dans ses ouvrages subséquents et qui, je dois le reconnaître, offre de grands avantages. Il ne conserve le nom d'*espèces* que pour les formes bien distinctes et ne présentant pas entre elles de transitions reconnues. Les formes intermédiaires, mais offrant un certain degré de constance, ne sont considérées par lui que comme des *races* ou sous-espèces, et il réserve le nom de *variétés* aux formes de passage qui ne présentent pas le degré de constance nécessaire pour caractériser une race.

L'unité de vues que je dois conserver au livre important dont je n'écris que quelques pages, ne me permet pas d'adopter ce mode de classification, mais, tout en conservant la dénomination d'espèces pour la plupart des races de M. Forel, j'aurai soin d'indiquer leurs liens de parenté d'après les données de ce myrmécologiste.

Disons, en terminant, que si les différences spécifiques sont parfois assez difficilement appréciables chez les ouvrières, elles s'affaiblissent encore chez les ♀ pour devenir presque nulles chez certains ♂. Il est donc important de recueillir les sexes ailés au sein de la fourmilière si l'on veut pouvoir les déterminer avec quelque certitude.

§ II. — VIE ÉVOLUTIVE

NOTIONS PHYSIOLOGIQUES ET BIOLOGIQUES

1. — Premiers états. — Les œufs des fourmis sont allongés, d'un blanc jaunâtre ; au bout de quelques jours ils s'accroissent, deviennent plus transparents, se recourbent à leur extrémité, et, deux semaines environ après la ponte, il en sort une petite larve apode et aveugle, composée de douze anneaux souvent peu distincts, et dont la forme est variable selon les genres. Le plus souvent ces larves sont courtes, plus larges postérieurement que du côté de la tête qui est étroite et recourbée.

Après un temps qui peut varier de deux à neuf mois et qui est toujours plus long pour les éclosions d'automne que pour celles du printemps, les larves arrivées à leur maximum de croissance et qui, pendant toute leur existence, ont été nourries par les ouvrières, se transforment en nymphes, comme celles de tous les autres hyménoptères. Les unes se filent un cocon blanc ou jaune, d'un tissu généralement fin et serré, dans lequel elles subissent leur métamorphose (1), les autres ne s'entourent d'au-

(1). — Ce sont ces cocons qui sont connus vulgairement sous le nom d'œufs de fourmis, les véritables œufs étant beaucoup plus petits et échappant ainsi à l'observation superficielle.

cune enveloppe. Le plus souvent l'absence ou l'existence d'un cocon est un fait constant chez une même espèce, mais on a cependant observé des fourmis, comme les *F. sanguinea*, *fusca*, *rufibarbis*, *cinerea*, etc., dont les larves restent tantôt nues et tantôt se filent une coque de soie.

La sortie des insectes parfaits a lieu peu de temps après la transformation en nymphes. Ceux qui ne sont pas renfermés dans un cocon peuvent se dégager seuls de leur maillot, mais les autres ont besoin de l'assistance des ouvrières pour sortir de leur prison que leur bouche encore trop faible serait impuissante à ouvrir. Cette assistance, d'ailleurs, ne leur fait pas défaut, et nous le constaterons en parlant des mœurs et des habitudes des fourmis.

Dès que leurs téguments sont raffermis et que les soins vigilants, dont elles ont été, jusque là, l'objet de la part de leurs nourrices, deviennent inutiles, les jeunes fourmis vont commencer à remplir le rôle qui leur a été assigné, rôle de travail et d'activité pour les ☿, rôle de reproduction pour les ♂ et les ♀. Nous allons les suivre rapidement dans le cours de leur existence et, avant d'entrer dans le domaine attrayant de leur industrie, faire connaître les différentes fonctions auxquelles ils sont assujettis et qui ne relèvent pas de l'intelligence.

2. — Nourriture. — Le régime alimentaire des fourmis, aussi bien dans leur premier âge qu'à l'état parfait, est très varié et elles s'accommodent indifféremment de substances végétales ou de substances animales. Toutefois la structure de leur bouche ne leur permet de se nourrir que d'aliments fluides ou semi-fluides qu'elles lèchent ou lapent au moyen de leur langue, et elles sont tout à fait incapables de mâcher des corps solides ; tout ce qu'elles peuvent faire c'est de les déchirer et de les dissocier avec leurs mandibules, pour ensuite lécher les sucs qui s'en échappent. C'est ainsi qu'elles opèrent quand elles se sont emparées de quelque insecte ou qu'elles s'attablent sur un fruit succulent. Ajoutons même, pour innocenter les fourmis d'un des nombreux méfaits qui leur sont attribués, qu'il résulte des observations d'Huber, de Mayr et de Forel, que jamais elles n'attaquent les fruits sains mais qu'elles profitent des plaies qui leur ont été faites par d'autres animaux ou qu'a produites un accident ou un excès de maturité.

Les fourmis, étant obligées de nourrir leurs larves et même leurs ♀ et leurs ♂ d'une taille souvent beaucoup plus considérable qu'elles, il était nécessaire qu'elles eussent un moyen de recueillir et d'accumuler les sucs nutritifs pour ensuite en faire part à tous ces affamés. Ce but est parfaitement atteint par la disposition de leur canal alimentaire qui présente un renflement ou poche extensible, le *jabot*, dont j'ai parlé plus haut en décrivant les organes digestifs. C'est dans le jabot que se fait la réserve des sucs nourriciers que les fourmis dégorgent ensuite dans la bouche de leurs larves ou de leurs compagnes.

3. — Moyens de défense. — Les puissantes mandibules dont sont armées les fourmis leur servent souvent d'armes offensives et défensives et, si leur morsure n'est pas très redoutable pour nous, il n'en est pas de même pour les proies qu'elles attaquent ou pour les ennemis naturels dont elles ont à se défendre. Mais la nature les a pourvues, en outre, d'une arme spéciale qui leur est commune avec un grand nombre d'autres hyménoptères, je veux parler de l'aiguillon et du venin qui l'accompagne.

L'aiguillon, toujours existant chez les *Ponérides* et les *Myrmicides*, bien qu'il soit parfois rudimentaire chez quelques espèces de cette dernière famille, est constamment rudimentaire ou même complètement transformé chez les *Formicides*. Toutefois l'absence d'aiguillon n'implique pas celle de la vessie à venin qui existe presque toujours, avec un développement souvent même assez considérable, et les fourmis, en se dressant sur leurs pattes postérieures, et en recourbant en dessous leur abdomen, peuvent faire jaillir l'acide formique à une certaine distance et en couvrir l'ennemi qui les attaque. Les diverses modifications de la vessie à venin ont été déjà étudiées quand j'ai parlé de l'appareil vénénifique et je n'y reviendrai pas.

J'ai dit aussi ailleurs que, de même que chez tous les autres Hyménoptères, les ♂ sont toujours dépourvus de venin et d'aiguillon.

4 — Accouplement. — Tandis que les ouvrières nouvellement écloses se mêlent bientôt à leurs aînées pour partager avec elles les travaux communs, la conduite des ♀ et des ♂ est toute autre. Ils restent indifférents à l'activité qui règne autour d'eux, se laissent soigner et nourrir par les travailleuses, et passent les premiers jours de leur existence à se promener nonchalamment à la surface du nid ou dans son intérieur. Rarement quelques ♀ aident assez paresseusement les ouvrières dans leurs occupations, les ♂ restant toujours oisifs et paraissant même incapables d'un travail quelconque. Enfin, après plusieurs jours de ces promenades répétées et parfois après un séjour beaucoup plus prolongé dans la fourmilière, suivant les espèces et les époques d'éclosion, les ♂ et les ♀ s'élèvent dans les airs, souvent à une grande hauteur, se mélangent à d'autres fourmis ailées sorties de fourmilières voisines, et forment parfois des essaims considérables. C'est alors que les ♂ se livrent à la poursuite des ☿ et, si la force de ces dernières est assez grande pour leur permettre de supporter le poids de leur époux, l'accouplement a lieu pendant le vol ; dans le cas contraire les couples s'abattent sur les premiers objets qu'ils rencontrent et l'acte de la fécondation s'accomplit au repos. Un certain nombre d'individus des deux sexes ne suit pas les fuyards dans leur essor et s'accouple à la surface du nid ; peut être même cet acte a-t-il lieu, dans certains cas, à l'intérieur de l'habitation, mais le fait est encore douteux et n'a pas été constaté d'une façon absolue, sauf toutefois en ce qui concerne l'*Anergatès atratulus* dont le ♂ aptère et impotent non seulement ne pourrait suivre sa ♀ dans les airs, mais paraît même incapable de sortir de son nid.

Quand l'accouplement a eu lieu, souvent même à une grande distance de la fourmilière, les ♀ fécondées tombent ou descendent à terre et, là, commencent à se désarticuler les ailes par des mouvements désordonnés de ces organes qui ne tardent pas à se séparer de leur corps. Comme elles ne rentrent jamais dans la fourmilière qui leur a donné naissance, dont elles sont d'ailleurs le plus souvent fort éloignées, et que, d'autre part, elles ne seraient pas accueillies dans des fourmilières étrangères, elles errent à l'aventure, sont souvent massacrées par des fourmis ennemies qui les rencontrent, ou parviennent à se réfugier dans quelque abri où peut-être elles jettent les fondements d'un nouveau nid, ce qui est encore un problème non résolu dont je parlerai à propos de l'origine des fourmilières. Quoi qu'il en soit, le plus grand nombre meurt après avoir pondu quelques œufs qu'elles n'ont pas su élever.

Revenons maintenant aux ♀ qui se sont accouplées, à la surface du nid ou dans son voisinage, avec des ♂ qui, comme elles, ne se sont pas envolés. Elles sont surveillées de près par les ☿ et, dès que l'acte de la fécondation est accompli, elles sont saisies et entrainées de force par les travailleuses qui leur arrachent les ailes et les font rentrer dans le nid où elles les gardent à vue jusqu'à ce qu'elles se soient habituées à leur captivité et ne cherchent plus à s'enfuir. Ces faits, bien observés par Huber, ont été confirmés par Forel et il en résulte que chaque fourmilière, ne se perpétuant que par les ♂ et les ♀ sortis de son sein, conserve pendant toute son existence les caractères distinctifs de la race ou de la variété à laquelle elle appartient. Au contraire les ♀ qui ont été fécondées dans les airs et, le plus souvent, par un ♂ étranger à leur fourmilière, peuvent donner naissance à une famille dont les membres présenteront des caractères intermédiaires entre deux races ou deux variétés.

Le nombre des ♀ fécondes n'est pas le même dans tous les nids ; parfois il n'en existe qu'une seule, souvent il y a plusieurs, et jusqu'à 20 ou 30 qui vivent toutes en bonne intelligence et sont l'objet des mêmes soins de la part des ouvrières. Leur mission consiste uniquement à pondre des œufs que les ouvrières ramassent et soignent, et elles restent fécondes pendant toute leur existence sans avoir besoin d'un nouvel accouplement.

Huber dit avoir vu des ♂ s'accoupler avec des ☿ ; le fait n'a pas été confirmé mais on a plusieurs fois constaté l'existence d'ouvrières fécondes. A-t-on affaire, en ce cas, à une question de parthénogenèse ? c'est un problème que l'avenir résoudra mais qui ne présente rien d'impossible d'après ce qu'on sait aujourd'hui de ce curieux mode de reproduction.

5 — Durée de la vie des fourmis. — La vie des fourmis est assez courte, les ♂ meurent peu de jours après l'accouplement, leur mission étant alors terminée ; quant aux ♀ et aux ouvrières, on estime généralement à une année le terme de leur existence. Le renouvellement perpétuel des individus donne à la fourmilière une durée beaucoup plus longue et qui ne peut être définie, quoiqu'elle ne soit pas illimitée. Des causes diverses et accidentelles en amènent généralement la destruction, mais il est probable qu'elle doit aussi arriver par épuisement, la population ne pouvant pas se régénérer par croisement, d'après ce que j'ai rappelé plus haut en parlant de l'accouplement. Ce qui viendrait confirmer cette hypothèse, c'est ce fait observé par M. Forel que les dernières générations ne comprennent plus que des ♂.

§ III — MŒURS ET INDUSTRIE

J'aborde ici un sujet plein d'attraits et qui, de tous temps, a piqué la curiosité des observateurs. Les fourmis, on le sait, sont les plus industrieux de tous les insectes, leurs ganglions céphaliques sont très développés, et le savant naturaliste anglais Sir John Lubbock, dans une de ses lectures à l'Institut royal de Londres, a réclamé pour elles la première place après l'homme sous le rapport de l'intelligence, en reléguant au second rang les singes anthropoïdes et les autres mammifères les plus élevés dans la série animale. Ebrard avait déjà exprimé cette opinion qui pourrait peut-être être discutée, mais il n'en resterait pas moins acquis que les mœurs de ces Hyménoptères présentent un haut degré d'intérêt. Il n'est pas jusqu'à leurs vertus qui n'aient été maintes fois célébrées dès la plus haute antiquité, et, de nos jours encore, dans certaines régions de l'Arabie, les parents placent une fourmi dans la main de leur nouveau-né, pour que les précieuses qualités de l'animal se communiquent à l'âme vierge de l'enfant. On ne s'étonnera donc pas que nous ayons, sur l'histoire intellectuelle et morale de nos insectes, un grand nombre de travaux importants, et, s'il reste encore quelques desiderata relativement au genre de vie de certaines espèces à existence souterraine et cachée, on peut affirmer que la biographie des fourmis est une des branches les plus étudiées de l'entomologie. De nombreux savants ont publié à leur sujet des traités plus ou moins étendus dont on trouvera le détail dans la bibliographie que je donnerai plus loin, et je me bornerai, pour m'en tenir à l'Europe, à citer ici les noms de : Huber, Ebrard, Mayr, Lespès, Moggridje, Forel et Lubbock comme étant ceux des observateurs qui ont le plus contribué, par leurs recherches et leurs écrits, à nous initier aux étonnants mystères de la vie de ces peuplades industrieuses. Rien d'ailleurs, je le répète, de plus attachant que cette étude, où le naturaliste passe de surprises en surprises, et qui lui dévoile tant de faits inattendus, tant de singularités curieuses. Mais il faut se garder, en étudiant ces petits êtres, de laisser trop de part à l'imagination surexcitée par la vue de si merveilleux instincts, et de tirer des conséquences trop grandes de quelques rapports, plus apparents que réels, que certains points de la vie des fourmis peuvent avoir avec nos sociétés et nos institutions. La réalité nous offrira assez de merveilles pour que nous n'ayons rien à emprunter au domaine de la fiction, et le tableau vrai que nous aurons à tracer est assez coloré par lui-même, sans qu'il soit besoin de le parer de nuances fantaisistes.

Je vais donc passer en revue, aussi complètement et aussi succinctement que possible, tout ce qu'on sait aujourd'hui des mœurs des fourmis européennes, en tâchant d'éviter deux écueils : l'enthousiasme qui dénature les faits en cherchant à les poétiser, et le scepticisme qui ne se rend pas assez compte que, pour nos connaissances bornées,

Le vrai peut quelquefois n'être pas vraisemblable.

1. — Appareils d'observation. — Avant d'entrer dans la vie intime de nos insectes, peut-être ne sera-t-il pas hors de propos de décrire sommairement les appareils au moyen desquels on peut pénétrer les secrets de leur intérieur ; car si l'observation sur place peut être intéressante et souvent indispensable, ce n'est, dans bien des cas, qu'en transportant chez soi ce petit peuple qu'on peut l'étudier avec fruit et surprendre, à toute minute, les détails de son existence. C'est à M. Forel, l'habile observateur suisse, que j'emprunterai les procédés qui vont suivre et au moyen desquels on pourra répéter la plupart des études de mœurs que je développerai plus loin.

« Pour établir les grandes fourmilières de grosses fourmis, je « me sers, dit cet auteur (1), d'un appareil analogue à celui « d'Huber. C'est une grande boîte plate dont les deux grandes « faces sont vitrées et distantes l'une de l'autre de moins de trois « centimètres. Une grande feuille de fer blanc criblée de trous « sépare encore cet espace en deux parties larges de moins de « 1 centimètre 1/2 chacune. Deux volets extérieurs peuvent s'ou- « vrir et se fermer en s'appliquant contre les grandes faces de « verre. Un des côtés étroits de cette boîte (qui doit reposer verti- « calement sur un de ses autres côtés étroits) peut s'ouvrir sur toute « sa longueur. Un trou traverse le côté qu'on peut ouvrir. Un « conduit de fer blanc s'engage depuis l'extérieur dans ce trou. « Une *mangeoire* ou *cage* bien fermée en toile métallique un « peu fine, munie d'un tube de caoutchouc gros et court, peut « s'adapter au conduit de fer blanc. On peut faire à la mangeoire « une autre ouverture qu'on bouche avec du caoutchouc. Cet « appareil est ainsi très portatif et peu gênant. On perce un trou « dans sa face étroite supérieure pour y verser de l'eau de temps « en temps. Une modification avantageuse serait de remplacer « la feuille de fer blanc par une feuille en bois (moins bon con- « ducteur de la chaleur) percée de peu de trous, et de donner à « cet appareil une très grande surface et une épaisseur encore « un peu moindre. On peut observer ainsi les mœurs des fourmis « à travers le verre, dans leur intimité, car l'étroitesse de leur « boîte les force à se servir du verre comme paroi de toutes leurs « cases. En mettant l'appareil au soleil, on leur permet d'y « trouver deux températures différentes, grâce à la feuille mé- « diane. On n'ouvre les volets que pour les observer. On les « nourrit par la mangeoire. Une modification très simple de cet « appareil est une boîte en fer blanc de même forme, ayant ses « deux grandes faces vitrées et distantes d'un centimètre au plus, « sans feuille médiane, sans côté ouvrable. Un trou fait dans un « des côtés sert à adapter une mangeoire. Cela convient à des « fourmilières de petites espèces ; il faut être très prudent et « éviter une trop forte chaleur, surtout le soleil. Deux feuilles de « carton servent à couvrir le verre. »

(1). — Fourmis de la Suisse, page 251.

L'auteur décrit ensuite ce qu'il appelle des *arènes de gypse* et dont l'emploi est excellent pour élever des fourmis de petite ou de moyenne taille. Cet appareil consiste simplement en une planche, sur laquelle on dispose une enceinte formée de gypse en poudre très fine et comprimée à sec avec les doigts, on forme de mur vertical un peu élevé. Ce mur est infranchissable pour les fourmis, car si elles veulent l'escalader, le gypse se désagrège sous leurs pattes, et elles retombent dans l'intérieur. Quand elles ont renouvelé plusieurs fois cette tentative d'évasion, elles en reconnaissent l'impossibilité et se résignent à s'installer dans leur nouvelle demeure. Au milieu de l'arène on place un peu de terre, récouverte d'un morceau de verre, qui lui-même est abrité par une feuille de carton qu'on enlève pour l'observation. Les fourmis établissent alors leurs galeries dans la terre, qu'il faut entretenir à un certain degré d'humidité. On doit avoir bien soin de ne pas mouiller le gypse car, dans ce cas, il devient compacte, et les fourmis le franchissent aisément.

Pour de petites fourmis peu nombreuses, on peut employer avec succès un simple bocal de verre à large ouverture, fermé par de la mousseline ou un bouchon de liège.

Quel que soit l'appareil dont on se sert, il faut l'approvisionner de substances nutritives, telles que du miel, du sucre, des confitures, des pucerons ou de petits insectes, et cette nourriture doit être fréquemment renouvelée pour éviter la moisissure.

2. — Nids des Fourmis. — Leur origine. — Leur mode de construction. — Migrations. — Avant de décrire les divers nids des fourmis et leur architecture, je voudrais pouvoir dire comment ils commencent et par qui ils sont fondés. Malheureusement il règne encore à cet égard une grande incertitude, et la science est loin d'être fixée sur ce point important. Huber pensait qu'une ♀ féconde s'établissait d'abord seule dans une retraite quelconque, y jetait les fondements d'un nid et soignait elle-même ses premières larves, jusqu'à ce que l'éclosion de quelques ouvrières lui permît de se décharger sur elles des travaux d'intérieur. Cette opinion, acceptable pour la plupart des espèces, est complètement inadmissible pour les *Polyergus* et les *Strongylognathus*, que leur conformation buccale rend tout-à-fait impropres à de semblables fonctions. Lepeletier et Ebrard ont supposé qu'une femelle fécondée est découverte, dans sa retraite, par une ou plusieurs ouvrières de son espèce qui s'allient à elle pour commencer un nouveau nid. M. Forel, sans se rallier d'une façon affirmative à cette hypothèse, semble cependant l'accepter comme probable. S'il m'est permis d'émettre ici mon avis personnel, je pense qu'il ne doit rien y avoir d'absolu à cet égard, et que ce qui se passe pour une espèce peut très-bien ne pas se passer pour une autre. Je pencherais, en général, pour l'opinion d'Ebrard et de Lepeletier, et je vais l'appuyer d'une petite observation qui, si elle n'a pas grand poids, ajoutera toujours un fait à ceux qui sont connus. J'ai plusieurs fois rencontré, à la fin de l'automne, dans les belles journées qui précèdent l'arrivée des froids, des femelles fécondes de *Lasius niger* et *alienus*, errant sur le bord des chemins et entraînant, cramponnée à une de leurs pattes, une ouvrière de leur espèce. Cette ouvrière se tenait immobile et pelotonnée, et quand je saisissais la femelle entre les doigts, elle ne lâchait pas prise, mais il me fallait un certain effort pour la contraindre à abandonner son poste. J'ai dit que cette ouvrière était immobile et se laissait emporter passivement, ce qui exclut la supposition que, loin de suivre la femelle, elle cherchait à la retenir et à la ramener à la fourmilière, comme on l'observe souvent et comme l'ont rapporté Huber et d'autres naturalistes. Malheureusement le temps m'a toujours manqué pour suivre jusqu'au bout les allées et venues assez vagabondes de ces femelles ainsi chargées, mais je crois être en droit de supposer que, lorsqu'elles ont trouvé une retraite à leur convenance, elles s'y installent avec leur ouvrière, et que cette unique travailleuse peut suffire aux premiers besoins de la famille à naitre.

Quoiqu'il en soit, je pense, comme je l'ai déjà dit, qu'il ne faut pas trop généraliser et que de nouvelles études sont indispensables pour élucider la question de l'origine des fourmilières.

Si nous considérons maintenant les nids en eux-mêmes, nous en rencontrerons de plusieurs sortes et nous pourrons, avec M. Forel, les classer en cinq grandes catégories que nous examinerons successivement.

Je dois tout d'abord prévenir que, dans l'esquisse générale des procédés de construction qui va suivre, je ne cite que quelques-unes des espèces qui les emploient, mais que, dans la partie descriptive de cet ouvrage, je donnerai, après la description de chaque insecte, l'indication sommaire de son mode de bâtir, toutes les fois qu'il me sera connu.

I.— NIDS DE TERRE PURE.— (Pl. *III* et *IV*). Ce sont les plus nombreux et cette architecture est commune à un grand nombre d'espèces. D'une façon générale, ces nids consistent en chambres et en galeries, ordinairement à plusieurs étages, séparés par des voûtes que soutiennent des murs ou des piliers, et ces excavations sont soit simplement minées dans le sol, soit maçonnées à sa superficie en forme de dômes de terre plus ou moins élevés, creusés eux-mêmes de galeries, et communiquant avec le dehors par une ou plusieurs ouvertures.

Les nids simplement minés sont souvent presque invisibles à l'extérieur, les fourmis emportant au loin les déblais provenant de la construction de leurs souterrains ; fréquemment ils sont établis sous des pierres qui en forment la couverture naturelle et les garantissent plus efficacement des causes extérieures de perturbation. Parfois les travailleuses, au lieu de disséminer la terre extraite de leurs galeries, la rassemblent au-dessus de leur habitation pour en former un ou plusieurs cratères ou entonnoirs, au fond desquels est une ouverture servant d'accès au labyrinthe intérieur. Tels sont les nids des *Aphynogaster barbara* et *structor* et de quelques autres Myrmicides. Mais, différant en cela des monticules élevés par les fourmis maçonnes, ces remparts de terre sont simples, pleins, et les parcelles qui les composent ne sont pas agglutinées entre elles mais simplement juxtaposées.

Ces divers modes de bâtir et d'autres que nous aurons à énumérer ne sont pas toujours particuliers à telles ou telles espèces et, selon les circonstances, les mêmes fourmis peuvent employer des procédés divers, bien qu'en général elles en aient un dont elles usent de préférence toutes les fois qu'elles peuvent le faire sans inconvénient.

Bien différentes de celles des abeilles ou des guêpes, les constructions des fourmis sont très irrégulières, sans plan tracé d'avance, et leurs galeries forment un véritable labyrinthe où tout se croise et s'enchevêtre sans disposition géométrique. Cette irrégularité tient à ce que les ouvrières travaillent isolément, chacune à sa manière, et ne prenant conseil que de sa propre inspiration pour mener à bien la tâche qu'elle s'est imposée. Quand il y a association pour un travail commun, elle ne comprend généralement que de petits groupes rassemblés par l'initiative d'une ouvrière trop faible pour exécuter seule l'idée qu'elle a conçue.

Les instruments que les fourmis emploient dans leur travail sont leurs pattes et leurs mandibules. Les pattes, et surtout les antérieures, leur servent à fouir la terre et les aident aussi à pétrir et disposer les matériaux de leurs habitations. C'est avec leurs mandibules qu'elles divisent et transportent les matières premières qui forment la base de leurs constructions, et elles les emploient aussi soit comme truelle pour gâcher la terre humide, soit comme ciseaux, scies ou tenailles pour arracher ou diviser les brins d'herbes et les feuilles dont elles veulent se débarrasser ou se servir.

L'architecture et le mode d'opérer des fourmis mineuses et maçonnes ont été admirablement décrits par Huber. et Ebrard y a ajouté quelques observations intéressantes. Les espèces que ces auteurs ont étudiées sont la *Formica fusca* et le *Lasius niger*, et sans entrer dans des détails hors de proportion avec le plan de cet ouvrage, je crois devoir donner ici quelques extraits qu'une analyse ne saurait remplacer.

Huber fait d'abord remarquer, ce qui est très exact, que les nids d'espèces différentes ne sont pas construits dans le même système :

« Ainsi, dit-il, (1) le monticule élevé par les fourmis noir-cendrées (*Formica fusca*) offrira toujours des murs épais, formés « de terre grossière et raboteuse, des étages très prononcés et de « larges voûtes soutenues par des piliers solides (2) : on n'y trouvera « ni chemins, ni galeries proprement dites, mais des passages en « forme d'œil-de-bœuf ; partout de grands vides, de gros massifs « de terre, et l'on remarquera que les fourmis ont conservé une

(1) Huber, les Fourmis indigènes, Genève, 1861, page 27.

(2) La *F. fusca* ne construit pas de véritables piliers, mais seulement des murs percés de larges trous, et c'est l'intervalle de ces ouverture qui a été considéré par Huber comme des piliers.

« certaine proportion entre les piliers et la largeur des voûtes « auxquelles ils servent de supports.

« La fourmi brune (*Lasius niger*) se fait particulièrement re-« marquer par la perfection de son travail...... Cette fourmi, « l'une des plus industrieuses, construit son nid par étages de 4 « à 5 lignes de haut, dont les cloisons n'ont pas plus d'une demi « ligne d'épaisseur, et dont la matière est d'un grain si fin que « la surface des murs intérieurs en paraît fort unie. Ces étages « ne sont point horizontaux : ils suivent la pente de la fourmilière, « de sorte que le supérieur recouvre tous les autres, le suivant « embrasse tous ceux qui sont au dessous de lui, et ainsi de suite, « jusqu'au rez-de-chaussée qui communique avec les logements « souterrains. Cependant ils ne sont pas toujours arrangés avec la « même régularité, car les fourmis ne suivent pas un plan bien fixe; « il semble, au contraire, que la nature leur a laissé une certaine « latitude à cet égard, et qu'elles peuvent, selon les circonstances, « le modifier à leur gré ; mais quelque bizarre que puisse paraître « leur maçonnerie, on reconnaît toujours qu'elle a été formée par « étage concentrique.

« Si l'on examine chaque étage séparément, on y voit des cavi-« tés travaillées avec soin, en forme de salles, des loges plus « étroites et des galeries allongées qui leur servent de communi-« cation. Les voûtes des places les plus spacieuses sont supportées « par de petites colonnes, par des murs fort minces, ou enfin par « de vrais arcs-boutants. Ailleurs on voit des cases qui n'ont « qu'une seule entrée ; il en est dont l'orifice répond à l'étage infé-« rieur ; on peut encore y remarquer des espaces très larges, percés « de toutes parts et formant une espèce de carrefour où toutes les « rues aboutissent. Tel est à peu près l'esprit dans lequel sont « construites les habitations de ces fourmis ; lorsqu'on les ouvre, « on trouve les cases et les places les plus étendues remplies de « fourmis adultes ; mais on voit toujours que leurs nymphes sont « réunies dans les loges plus ou moins rapprochées de la surface, « suivant les heures et la température, car à cet égard les fourmis « sont douées d'une grande sensibilité et paraissent connaître le « degré de chaleur qui convient à leurs petits.............

« La fourmilière contient quelquefois plus de vingt étages dans « sa partie supérieure, et, pour le moins, autant au dessous du

« sol. Combien de nuances de chaleur doit admettre une telle dis-
« position et quelle facilité les fourmis ne se procurent-elles pas,
« par ce moyen, pour la graduer ? Quand un soleil trop ardent
« rend leurs appartements supérieurs plus chauds qu'elles ne le
« désirent, elles se retirent avec leurs petits dans le fond de la
« fourmilière. Le rez-de-chaussée devenant à son tour inhabita-
« ble pendant les pluies, les fourmis de cette espèce transportent
« tout ce qui les intéresse dans les étages les plus élevés, et c'est
« là qu'on les trouve rassemblées avec leurs nymphes et leurs œufs
« lorsque leurs souterrains sont submergés. »

Huber cherche ensuite à savoir comment les fourmis s'y prennent pour construire leurs nids et, après avoir remarqué qu'une pluie douce est favorable à leurs travaux, il observe le *Lasius niger* en temps opportun et rend ainsi compte de son mode d'opérer :

« (1) Dès que la pluie commença, je les vis sortir en assez grand
« nombre de leurs souterrains ; elles rentrèrent aussitôt mais
« revinrent ensuite, tenant entre leurs dents des molécules de
« terre qu'elles déposèrent sur le faîte de leur nid. Je ne concevais
« pas, au premier abord, ce qui devait en résulter, mais je vis
« bientôt s'élever de toutes parts de petits murs qui laissaient
« entre eux des espaces vides. En plusieurs endroits, des piliers
« placés à distance les uns des autres annonçaient déjà la forme
« des salles, des loges et des chemins que les fourmis se propo-
« saient d'établir : c'était, en un mot, l'ébauche d'un nouvel
« étage.

....

« Chaque fourmi apportait entre ses dents une petite pelote de
« terre qu'elle avait formée en ratissant le fond des souterrains
« avec le bout de ses mandibules ; cette petite masse de terre
« étant composée de parcelles réunies seulement depuis quelques
« instants, pouvait aisément se prêter à l'usage que les fourmis
« voulaient en faire ; ainsi, lorsqu'elles l'avaient appliquée à
« l'endroit où elle devait rester, elles la divisaient et la poussaient
« avec leurs dents, de manière à remplir les plus petites inégalités

(1) Huber, loc. cit. p. 32.

« de leur muraille. Leurs antennes suivaient tous leurs mouve-
« ments, en palpant chaque brin de terre, et quand ils étaient
« disposés ainsi, la fourmi les affermissait en les pressant légè-
« ment avec ses pattes antérieures : ce travail allait fort vite.

« Après avoir tracé le plan de leur maçonnerie, en plaçant çà
« et là les fondements des piliers et des cloisons qu'elles voulaient
« établir, elles leur donnaient plus de relief, en ajoutant de nou-
« veaux matériaux au dessus des premiers. Souvent deux petits
« murs, destinés à former une galerie, s'élevaient vis-à vis l'un
« de l'autre et à peu de distance ; lorsqu'ils étaient à la hauteur
« de 4 ou 5 lignes, les fourmis s'occupaient à recouvrir le vide
« qu'ils laissaient entre eux, au moyen d'un plafond de forme
« cintrée ; cessant alors de travailler en montant, comme si elles
« avaient jugé leurs murs assez élevés, elles plaçaient contre l'arête
« intérieure de l'un et de l'autre, des brins de terre mouillée,
« dans un sens presque horizontal, de manière à former au dessus
« de chaque mur un rebord qui devait, en s'élargissant, rencon-
« trer celui du mur opposé ; leur épaisseur était ordinairement
« d'une demi-ligne. La largeur des galeries qui résultaient de ce
« travail était le plus souvent d'un quart de pouce.

« Ici plusieurs cloisons verticales formaient l'ébauche d'une
« loge qui communiquait avec différents corridors par des ouver-
« tures ménagées dans la maçonnerie ; là c'était une véritable
« salle dont les voûtes étaient soutenues par de nombreux piliers ;
« plus loin on reconnaissait le dessin d'un de ces carrefours dont
« j'ai parlé ci-dessus et auquel aboutissent plusieurs avenues.
« Ces places étaient les plus spacieuses : cependant les fourmis ne
« paraissaient point embarrassées à faire le plancher qui devait
« les recouvrir, quoiqu'elles eussent souvent deux pouces et plus
« de largeur : c'était dans les angles formés par la rencontre des
« murs, puis le long de leurs bords supérieurs, qu'elles en pla-
« çaient les premiers éléments, et de la sommité de chaque pilier
« s'étendait, comme d'autant de centres, une couche de terre
« horizontale et un peu bombée, qui allait se joindre à d'autres
« parties de la même voûte, partant de différents points de la
« grande place publique.

« Cette foule de maçonnes arrivant de toutes parts avec la
« parcelle de mortier qu'elles voulaient ajouter au bâtiment, l'or-

« dre qu'elles observaient dans leurs opérations, l'accord qui « règnait entre elles, l'activité avec laquelle elles profitaient de « la pluie pour augmenter l'élévation de leur demeure, offraient « l'aspect le plus intéressant pour un admirateur de la nature.

« Cependant je craignais quelquefois que leur édifice ne pût « pas résister à sa propre pesanteur, et que ces plafonds si larges, « soutenus seulement par quelques piliers, ne s'écroulassent sous « le poids de l'eau qui tombait continuellement et semblait devoir « les démolir ; mais je me rassurai en voyant que la terre apportée « par ces insectes adhérait de toutes parts au plus léger contact, « et que la pluie, au lieu de diminuer la cohésion de ses particules, « semblait l'augmenter encore. Ainsi, loin de nuire au bâtiment « par sa chute, elle contribue donc à le rendre plus solide. Ces « parcelles de terre mouillée, qui ne tiennent encore que par « juxtaposition, n'attendent qu'une averse qui les lie plus étroi- « tement et vernisse, pour ainsi dire, la surface du plafond qu'elles « composent, ou les murs et les galeries restées à découvert. Alors « les inégalités de la maçonnerie disparaissent ; le dessus de ces « étages, composés de tant de pièces rapportées, ne présente plus « qu'une seule couche de terre bien unie, et n'a besoin pour se « consolider entièrement, que de la chaleur du soleil.

« Ce n'est pas qu'une pluie trop violente ne détruise quelquefois « plusieurs cases, surtout lorsqu'elles sont peu voûtées ; mais les « fourmis ne tardent pas à les relever avec une patience admirable.

« Ces différents travaux s'exécutaient à la fois sur toutes les « parties de la fourmilière qu'on vient de décrire ; ils se suivaient « de si près dans ses nombreux quartiers, qu'elle se trouva aug- « mentée d'un étage complet en 7 à 8 heures. Car toutes ces « voûtes, jetées d'un mur à l'autre, étant à la même distance du « plan sur lequel elles s'élevaient, ne formèrent qu'un seul plafond « lorsqu'elles furent terminées, et que les bords des unes atteigni- « rent ceux des autres. . . . . . .

. . . .

(1) « Les fourmis ne se contentent pas d'augmenter l'élévation « de leur demeure, elles creusent dans la terre des appartements,

(1) Huber, loc. cit. p. 38.

« plus spacieux encore, et les matériaux qu'elles en retirent sont « employés, comme nous l'avons déjà dit, dans leurs constructions « extérieures. Ainsi l'art de ces insectes consiste à savoir exécuter « à la fois deux opérations opposées : l'une de miner et l'autre « de bâtir, et à faire servir la première à l'avantage de la seconde; « ce qu'il y a de plus singulier, c'est qu'on observe le même « esprit dans ces excavations que dans la partie du bâtiment qui « s'élève au dessus du sol. L'humidité qui pénètre au fond de leur « nid, les aide sans doute dans ces travaux. »

Huber rend compte ensuite de l'architecture de la *Formica fusca* et décrit ainsi les manœuvres d'une ouvrière qu'il put suivre assez longtemps :

« (1) Un jour de pluie je vis une ouvrière creuser le sol auprès « d'un trou qui servait de porte à la fourmilière : elle accumulait « les brins qu'elle avait détachés et en faisait de petites pelotes « qu'elle portait çà et là sur le nid ; elle revenait constamment à « la même place et paraissait avoir un dessein marqué, car elle « travaillait avec ardeur et persévérance. Je découvris d'abord « en cet endroit un léger sillon tracé dans l'épaisseur du terrain. « il était en ligne droite et pouvait représenter l'ébauche d'un « sentier ou d'une galerie; l'ouvrière, dont tous les mouvements « se faisaient sous mes yeux, lui donna plus de profondeur, « l'élargit, nettoya ses bords, et je vis enfin, sans pouvoir en « douter, qu'elle avait eu l'intention d'établir une avenue con- « duisant d'une certaine case à l'ouverture du souterrain. Ce « sentier, long de 2 à 3 pouces, formé par une seule ouvrière, « était ouvert au dessus, et bordé des deux côtés d'une butte « de terre ; sa concavité, en forme de gouttière, se trouva d'une « régularité parfaite, car l'architecte n'avait pas laissé dans cette « partie un seul atome de trop.

« Le travail de cette fourmi était si suivi et si bien entendu, « que je devinais presque toujours ce qu'elle voulait faire et le « fragment qu'elle allait enlever.

« A côté de l'ouverture où ce sentier aboutissait, en était une « seconde à laquelle il fallait aussi parvenir par quelque chemin;

(1) Huber, loc. cit. p. 41.

« la même fourmi exécuta seule cette nouvelle entreprise ; elle « sillonna encore l'épaisseur du sol et ouvrit un autre sentier « parallélement au premier, de sorte qu'ils laissaient entre eux « un petit mur de 3 à 4 lignes de hauteur.

« Les fourmis qui tracent le plan d'un mur, d'une case, d'une « galerie, etc., travaillant chacune de leur côté, il leur arrive « quelquefois de ne pas faire coïncider exactement les parties « d'un même objet ou d'objets différents ; ces exemples ne sont « pas rares mais ils ne les embarrassent point ; en voici un où « l'on verra que l'ouvrière découvrit l'erreur et sut la réparer.

« Là s'élevait un mur d'attente ; il semblait placé de manière « à devoir soutenir une voûte encore incomplète jetée depuis le « bord opposé d'une grande case ; mais l'ouvrière qui l'avait « commencée lui avait donné trop peu d'élévation pour le mur « sur lequel elle devait reposer ; si elle eût été continuée sur le « même plan, elle aurait infailliblement rencontré cette cloison « à la moitié de la hauteur, et c'était ce qu'il fallait éviter. Cette « remarque critique m'occupait justement, lorsqu'une fourmi « arrivée sur la place, après avoir visité ces ouvrages, parut « être frappée de la même difficulté, car elle commença aussitôt « à détruire la voûte ébauchée, releva le mur sur lequel elle « reposait et fit une nouvelle voûte, sous mes yeux, avec les « débris de l'ancienne.

« C'est surtout lorsque les fourmis commencent quelque en- « treprise, que l'on croirait voir une idée naître dans leur esprit « et se réaliser par l'exécution Ainsi, quand l'une d'elles découvre « sur le nid deux brins d'herbe qui se croisent et peuvent favo- « riser la formation d'une loge, ou quelques petites poutres qui « en dessinent les angles et les côtés, on la voit examiner les « parties de cet ensemble, puis placer, avec beaucoup d'adresse, « des parcelles de terre dans les vides et le long des tiges ; « prendre de toutes parts les matériaux à sa convenance, quel- « quefois même sans ménager l'ouvrage que d'autres ont ébau- « ché, tant elle est dominée par l'idée qu'elle a conçue et qu'elle « suit sans distraction. Elle va, vient, retourne jusqu'à ce que « son plan soit devenu sensible pour d'autres fourmis.

« Dans une autre partie de la même fourmilière, plusieurs

« brins de paille semblaient placés exprès pour faire la charpente « du toit d'une grande case ; une ouvrière saisit l'avantage de « cette disposition ; ces fragments, couchés horizontalement à « demi-pouce du terrain, formaient, en se croisant, un parallé- « logramme allongé. L'industrieux insecte plaça d'abord de la « terre dans tous les angles de cette charpente et le long des « petites poutres dont elle était composée ; la même ouvrière « établit ensuite plusieurs rangées de ces matériaux les unes « contre les autres, en sorte que le toit de cette case commençait « à être très distinct, lorsqu'ayant aperçu la possibilité de profiter « d'une autre plante pour appuyer un mur vertical, elle en plaça « de même les fondements. D'autres fourmis étant alors surve- « nues, elles achevèrent en commun les ouvrages que la première « avait commencés. »

Un des plus curieux exemples de l'aptitude des fourmis, et en particulier de la *F. fusca*, à tirer parti des circonstances extérieures et même à les modifier de la façon la plus ingénieuse, est rapporté en ces termes par Ebrard (1) :

« Une fourmi appartenant à l'espèce des *noires-cendrées*, em- « ploya sous mes yeux un procédé multiple qui accuse les calculs « les plus ingénieux. Lors d'une promenade à travers champs, « au mois de juin, j'aperçus sur le sommet d'une fourmilière « toute une ébauche d'un nouvel étage en construction. C'était « des séries de galeries formées par deux murs opposés et mi- « couverts, interrompues par de nombreuses cellules inachevées. « Les extrémités supérieures des parois de plusieurs de ces « salles formaient en dedans une saillie de trois millimètres, et « cependant elles laissaient entre elles un espace découvert large « de deux centimètres. Les fourmis noires-cendrées ne trans- « portent jamais ni brins de bois, ni brins d'herbe, et ne se « servent jamais de piliers en terre. Comment donc les ouvrières « de cette habitation s'y prendraient-elles pour achever de cou- « vrir les cellules commencées, avant que les matériaux formant « le pourtour de la voûte inachevée, ne tombassent sous leur

(1) Ebrard : Nouvelles observations sur les Fourmis (Bibliothèque universelle et revue Suisse, 1861, page 467).

« propre poids ? Tel fut le problème qui excita ma curiosité. « L'après-dînée ayant été pluvieuse, je m'armai d'un parapluie « et de patience, et j'allai m'asseoir près de la fourmilière.

« Le sol était mouillé et les travaux en pleine activité. C'était « un va-et-vient continuel de fourmis sortant de leur demeure « souterraine et apportant des morceaux de terre qu'elles adap- « taient aux constructions anciennes. Ne voulant pas disséminer « mon attention, je la fixai vers la salle la plus vaste. Une seule « fourmi y travaillait. L'ouvrage était avancé et cependant, mal- « gré une saillie prononcée en dedans de la partie supérieure « des murs, un espace de 12 à 15 millimètres restait à couvrir. « C'était le cas, pour soutenir la terre restant à placer, d'avoir « recours, comme le font plusieurs espèces de fourmis, à des « piliers, à de petites poutres, ou bien à des débris de feuilles « sèches ; mais l'emploi de ces moyens n'est pas, ai-je dit, dans « les habitudes des fourmis noires-cendrées.

« Notre ouvrière, paraissant quitter un moment son ouvrage, « se dirigea vers une plante de graminée peu distante, dont elle « parcourut successivement plusieurs feuilles (feuilles linéaires, « c'est-à-dire longues et étroites). Choisissant la plus proche, elle « alla chercher de la terre mouillée qu'elle fixa à son extrémité « supérieure. Elle recommença cette opération jusqu'à ce que, « cédant sous le poids, la feuille s'inclinât légèrement du côté « de la salle à couvrir. Cette inclinaison avait lieu malheureuse- « ment plutôt vers l'extrémité de la feuille, laquelle menaçait de « se rompre. La fourmi, parant à ce grave inconvénient, la « rongea à sa base externe, de sorte qu'elle s'abaissa dans toute « sa longueur au dessus de la salle. Ce n'était point assez : « l'apposition n'était pas parfaite ; l'ouvrière la compléta en « déposant de la terre entre la base de la plante et celle de la « feuille, jusqu'à ce que le rapprochement désiré fut produit ; « ce résultat obtenu, elle se servit de la feuille de graminée en « guise d'arc-boutant, pour soutenir les matériaux destinés à « former une voûte. »

Certaines fourmis, comme le *Tapinoma erraticum* et d'autres espèces, construisent au dessus de leurs nids des dômes qui ne sont que temporaires, c'est-à-dire qu'ils ne servent qu'à procurer passagèrement à leurs larves la chaleur nécessaire à leur existence, et qu'étant construits très-légèrement, ils sont abandonnés et s'écroulent d'eux-mêmes dès qu'ont cessé les circonstances qui avaient nécessité leur édification. Ces dômes ne se distinguent d'ailleurs des dômes permanents que par leurs petites dimensions, la simplicité et la fragilité de leur construction, et je me borne à les signaler sans m'étendre davantage sur leur architecture.

II.— Nids composés de terre et d'autres matériaux.— Ces nids sont minés en terre comme les précédents, mais leurs architectes emploient divers matériaux pour en construire la partie supérieure. Quelques espèces appartenant aux genres *Camponotus*, *Lasius*, *Formica*, *Myrmica*, etc., creusent leurs galeries à la base des vieux troncs et utilisent dans leurs constructions tous les détritus, mousses, feuilles mortes, écorces, bois pourri, etc., qu'elles y trouvent en abondance. D'autres surmontent leur nid d'un dôme souvent considérable, formé de brindilles de bois, d'aiguilles de conifères, de fragments de feuilles, de petites pierres, etc., etc.[1] La plus connue est la *Formiea rufa* qui élève dans nos bois ces dômes que chacun a remarqués et qui peuvent atteindre jusqu'à un mètre d'élévation et deux mètres de diamètre à la base. La *Formica pratensis* édifie aussi de semblables monticules, mais plus petits, et qu'elle place généralement le long des haies. D'autres espèces, appartenant surtout au genre *Formica*, font des nids analogues avec diverses modifications. Ne pouvant passer en revue tous ces différents nids, je dirai seulement quelques mots de ceux des *F. rufa* et *pratensis*, qui peuvent être considérés comme les types de ce genre de constructions et qui ont été aussi le plus souvent observés.

Les dômes élevés par ces espèces consistent, à leur état de perfection, en une base de terre maçonnée en forme de cratère et surmontée d'un assemblage de matériaux divers, le tout pourvu de chambres et de galeries et percé de nombreuses ouvertures extérieures que les fourmis bouchent et débouchent à volonté. Comment s'y prennent ces industrieux insectes pour établir ces nids compliqués, c'est ce que va encore nous dire Huber, auquel il faut toujours recourir si l'on veut pénétrer les secrets des fourmis.

« Pour concevoir la formation du toit de chaume, écrit cet « auteur (1), voyons ce qu'était la fourmilière dans l'origine. « Elle n'était, au commencement, qu'une cavité pratiquée dans « la terre ; une partie de ses habitants va chercher aux environs « des matériaux propres à la construction de la charpente exté- « rieure ; ils les disposent ensuite dans un ordre peu régulier, « mais suffisant pour en recouvrir l'entrée. D'autres fourmis « apportent de la terre qu'elles ont enlevée au fond du nid, dont « elles creusent l'intérieur, et cette terre, mélangée avec les brins « de bois et de feuilles qui sont apportés à chaque instant, donne « une certaine consistance à l'édifice ; il s'élève de jour en jour ; « cependant les fourmis ont soin de laisser des espaces vides « pour ces galeries qui conduisent au dehors ; et comme elles « enlèvent le matin les barrières qu'elles ont posées à l'entrée « du nid de la veille, les conduits se conservent, tandis que « le reste de la fourmilière s'élève. Elle prend déjà une forme « bombée, mais on se tromperait si on la croyait massive. Ce « toit devait encore servir sous un autre point de vue à nos « insectes ; il était destiné à contenir de nombreux étages et « voici de quelle manière ils sont construits. Je puis en parler « pour l'avoir vu au travers d'un carreau de verre que j'avais « ajusté contre une fourmilière.

« C'est par excavation, en minant leur édifice même, qu'elles « y pratiquent des salles très spacieuses, fort basses, à la vérité, « et d'une construction grossière ; mais elles sont commodes « pour l'usage auquel elles sont destinées, celui de pouvoir y « déposer les larves et les nymphes à certaines heures du jour. « Ces espaces vides communiquent entre eux par des galeries « faites de la même manière. Si les matériaux du nid n'étaient « qu'entrelacés les uns avec les autres, ils céderaient trop facile- « ment aux efforts des fourmis et tomberaient confusément « lorsqu'elles porteraient atteinte à leur ordre primitif ; mais la « terre contenue entre les couches dont le monticule est composé, « étant délayée par l'eau des pluies et durcie ensuite par le « soleil, sert à lier ensemble toutes les parties de la fourmilière,

(1). — Huber, loc. cit. p. 23.

« de manière cependant à permettre aux fourmis d'en séparer « quelques fragments sans détruire le reste ; d'ailleurs elle « s'oppose si bien à l'introduction de l'eau dans le nid, que je « n'en ai jamais trouvé (même après de longues pluies) l'intérieur « mouillé à plus d'un quart de pouce de la surface, à moins que « la fourmilière n'eût été dérangée, ou ne fut abandonnée par « ses habitants. »

J'ai dit que le nid de nos insectes était percé d'un nombre considérable d'ouvertures que les ouvrières ouvrent et ferment selon les circonstances. Laissons encore, à ce sujet, la parole à Huber :

« Ces portes étaient nécessaires, dit cet observateur (1), pour « laisser une libre issue à cette multitude d'ouvrières dont leurs « peuplades sont composées. Non seulement leurs travaux les « appellent continuellement au dehors, mais, bien différentes « des autres espèces qui se tiennent volontiers dans leurs nids « et à l'abri du soleil, les fourmis fauves semblent au contraire « préférer vivre en plein air et ne pas craindre de faire en notre « présence la plupart de leurs opérations.

....

« Les fourmis fauves, établies en foule pendant le jour sur « leur nid, ne craignent pas d'être inquiètées au dedans ; mais « le soir, lorsque, retirées dans le fond de leur habitation, elles « ne peuvent s'apercevoir de ce qui se passe au dehors, comment « sont elles à l'abri des accidents dont elles semblent menacées ? « Comment la pluie ne pénètre-t-elle pas dans cette demeure « ouverte de toutes parts? Ces questions si simples ne paraissent « point avoir occupé les naturalistes. N'ont ils donc pas prévu « les résultats auxquels ces fourmis auraient été exposées, si la « sagesse qui règle l'univers n'eût pris soin de leur sûreté ? « Frappé de ces réflexions lorsque j'observai pour la première « fois les fourmis fauves, je portai toute mon attention sur cet « objet, et mes doutes ne tardèrent pas à se dissiper.

« Je m'aperçus que l'aspect de ces fourmilières changeait d'une « heure à l'autre et que le diamètre de ces avenues spacieuses,

(1). — Huber, loc. cit. p. 19.

« où tant de fourmis pouvaient se rencontrer à la fois, au milieu « du jour, diminuait graduellement jusqu'à la nuit. Leur ouver- « ture disparaissait enfin ; le dôme était fermé de toutes parts, « et les fourmis retirées au fond de leur demeure. Cette première « observation, en dirigeant mes regards sur les portes de ces « fourmilières, éclaircit infiniment mes idées sur le travail de « leurs habitants, dont auparavant je ne devinais pas précisé- « ment le but ; car il règne une telle agitation à la surface du « nid, on y voit tant d'insectes occupés à charrier des matériaux, « dans un sens et dans un autre, que ce mouvement n'offre « d'autre image que celle de la confusion.

« Je vis donc clairement qu'elles travaillaient à fermer leurs « passages ; elles apportaient d'abord, pour cela, de petites pou- « tres auprès des galeries dont elles voulaient diminuer l'entrée ; « elles les plaçaient au dessus de l'ouverture, et les enfonçaient « même quelquefois dans le massif de chaume. Elles allaient « ensuite en chercher de nouvelles qu'elles disposaient au dessus « des premières, dans un sens contraire, et paraissaient en choi- « sir de moins fortes, à mesure que l'ouvrage était plus avancé ; « enfin elles employèrent des morceaux de feuilles sèches ou « d'autres matériaux d'une forme élargie, pour recouvrir le tout. « N'est-ce pas là, en petit, l'art de nos charpentiers, lorsqu'ils « établissent le faîte du bâtiment. La nature semble avoir pour- « tant devancé les inventions dont nous nous glorifions ; celle- « ci est, sans doute, une des plus simples. Voilà nos fourmis en « sûreté dans leur nid ; elles se retirent graduellement dans « l'intérieur, avant que les dernières portes soient fermées, et « il en reste une ou deux en dehors ou cachées derrière les « portes, pour faire la garde, tandis que les autres se livrent au « repos ou à différentes occupations, dans la plus parfaite sécu- « rité.

« J'étais impatient de savoir comment les choses se passaient « le matin sur ces fourmilières ; j'allai donc un jour, de très- « bonne heure, les visiter ; je les trouvai encore dans le même « état où je les avais laissées la veille ; quelques fourmis rôdaient « sur les dehors du nid, cependant il en sortait de temps en « temps quelques unes, par dessous les bords des petits toits « pratiqués à l'entrée des galeries, et j'en vis bientôt qui essayè-

« rent d'enlever les barricades ; elles y réussirent aisément. Ce « travail les occupa pendant plusieurs heures, et je vis enfin les « passages libres de tout obstacle, et les matériaux qui les obs- « truaient, répartis çà et là sur la fourmilière.

« Chaque jour, soir et matin, pendant la belle saison, j'ai revu « les mêmes faits, à l'exception cependant des jours de pluie, où « les portes restent fermées sur toutes les fourmilières. Lorsque « le ciel est nébuleux dès le matin, les fourmis, qui paraissent « s'en apercevoir, n'ouvrent qu'en partie l'entrée de leurs avenues « et lorsque la pluie commence, elles se hâtent de les refermer ; « il paraît, d'après cela, qu'elles n'ignorent pas la raison pour « laquelle elles construisent ces clôtures momentanées. »

III. — Nids sculptés dans le bois. — (Pl. IV) Ces nids sont creusés dans le tronc, les branches ou l'écorce des arbres, les bois coupés, les poutres, etc. Les grandes espèces, telles que les *Camponotus ligniperdus*, *herculeanus*, etc. s'établissent dans le bois proprement dit, et les fourmis plus petites (*Leptothorax*, *Dolichoderus*, *Lasius brunneus*, etc.) habitent plus particulièrement l'écorce. Malgré les modifications inhérentes à la nature du milieu qu'elles choisissent, les nids des espèces lignicoles se composent, comme ceux des mineuses, de chambres et de galeries séparées par des cloisons et soutenues par des piliers, mais ces cloisons et ces piliers sont toujours plus minces que ceux qu'établissent les fourmis terricoles, la matière étant plus résistante. M. Forel a remarqué que les parois des cases existent surtout dans le sens des fibres du bois, et les piliers dans le sens qui leur est perpendiculaire, ce qui augmente la solidité de l'édifice. Je ne m'étendrai pas davantage sur ce genre de constructions et ne dirai rien non plus du mode d'opérer que chacun comprend et qui ne diffère pas de celui employé par tous les autres insectes perforateurs des substances ligneuses.

IV. — Nids de carton. — Les fourmis exotiques pourraient nous fournir plusieurs espèces cartonnières, mais cette industrie n'a encore été constatée, à ma connaissance, que chez une seule de nos fourmis d'Europe, le *Lasius fuliginosus*, dont les nids ne se distinguent pas d'ailleurs, à première vue, des précédents, sinon par la multiplicité des cases, des galeries et des étages dont ils se composent. Huber, qui a parlé de la fourmi fuligineuse, n'a pas su reconnaître son genre de travail et l'a confondu avec celui des espèces à nids sculptés dont il a été question dans la division précédente. La seule différence qu'il signale, sans pouvoir l'expliquer suffisamment, c'est que ses constructions ont toujours une teinte noirâtre et enfumée, particularité qui ne se remarque pas chez les espèces véritablement sculpteuses, dont les nids conservent la couleur du bois dans lequel ils ont été creusés. C'est Meinert qui, le premier, (1) reconnut que l'habitation du *L. fuliginosus* est, non pas creusée dans le bois naturel, mais formée d'un carton composé de parcelles ligneuses agglutinées au moyen d'une substance sécrétée par les glandes mandibulaires et métathoraciques qui offrent, chez l'insecte qui nous occupe, un développement considérable. M. Forel a confirmé, par l'examen microscopique, la nature toute particulière de cette construction et a reconnu que le carton du *L. fuliginosus*, composé d'une agglomération de parcelles minuscules reliées entre elles sans aucune symétrie, ne pouvait se confondre avec la structure et l'arrangement bien connu des fibres ligneuses que présentent toujours les parois des nids purement sculptés. Malheureusement toutes les tentatives de cet observateur pour se rendre compte des procédés de fabrication employés par les fourmis, ont échoué devant le refus constant de ses prisonnières de travailler en captivité.

Bien que les nids du *L. fuliginosus* soient presque toujours composés exclusivement de parcelles ligneuses, MM. Mayr et Forel ont reconnu que parfois ils pouvaient être formés de matières terreuses mélangées avec des grains de sable ou de petits cailloux, mais ce cas paraît être exceptionnel. Plus fréquemment cette fourmi se contente de simples nids minés en terre qu'elle sait aussi établir à la façon des autres espèces du genre.

V. — Nids divers. — Cette division comprend tous les nids qui ne rentrent pas dans les catégories précédentes et dont l'énumé-

(1) Meinert, Bidrag til de danske Myrers Naturhistorie, 1860.

ration pourrait être fort longue si je voulais en passer en revue toutes les variétés, et surtout si on connaissait la manière de vivre d'un plus grand nombre d'espèces. Je me bornerai à donner ici quelques indications principales.

Certaines espèces, comme le *Lasius emarginatus*, le *Cremastogaster scutellaris*, etc. profitent des fissures et des cavités des rochers et des vieux murs pour y établir leur domicile, en se bornant à boucher les ouvertures inutiles ou à établir des communications entre les différentes parties des cavités naturelles ou accidentelles dont elles profitent. Nos maisons ne sont même pas à l'abri des envahissements de ces familles ouvrières, et qui n'a parfois trouvé des colonies de ces insectes établis dans les fissures des planchers, dans les fentes des murs et même dans les poutres et les charpentes de son habitation ? Quelques espèces, originaires des pays chauds et importées dans nos climats, vivent ainsi chez nous en commensales, et les ménagères de Paris, de Lyon et d'autres villes savent tous les ennuis que leur cause parfois l'envahissement du *Monomorium Pharaonis*, très petite fourmi qui niche dans les maisons, ravage les substances alimentaires et attaque même souvent les meubles et les boiseries pour y établir son domicile.

Quelques espèces de *Leptothorax* et le *Colobopsis truncata* s'établissent dans les galles vides, abandonnées par leurs premiers propriétaires, et les mousses, les bouses desséchées, les amas de détritus recèlent souvent une peuplade de *Tapinoma*, de *Lasius* ou de *Leptothorax*.

Certaines fourmis encore peu connues et généralement aveugles ou presque aveugles, ont une vie extrêmement souterraine et ne se rencontrent qu'à la face inférieure de très grosses pierres fortement enfoncées dans le sol, ou à l'extrémité la plus profonde de pieux ou de piquets fichés en terre. Les nids et les mœurs de ces espèces hypogées sont encore tout-à-fait inconnus et réservent, sans aucun doute, de nombreuses surprises aux observateurs de l'avenir. La faune des insectes cavernicoles, qui s'est déjà enrichie de tant d'espèces curieuses depuis quelques années, n'a pas encore de représentants chez les fourmis, mais il est presque certain qu'il y a aussi, de ce côté, de nombreuses découvertes à faire pour les myrmécologistes, et que bien des espèces, qui vivent ignorées dans ces profondeurs, verront le jour quand le zèle des explorateurs de grottes ne se bornera plus à la recherche presque exclusive des coléoptères, comme on l'a fait jusqu'à ce jour.

Notons, en passant, que les fourmis hypogées présentent souvent des formes étranges, se rapprochant de certains types qui ne vivent aujourd'hui que dans les contrées intertropicales, et qu'on serait tenté de les considérer, avec M. Emery, comme les derniers représentants d'une faune d'un autre âge, échappés, par leur petitesse et leur fuite dans les profondeurs du sol, aux causes de destruction qui ont fait disparaître tant d'animaux dont les entrailles de la terre nous rendent, chaque jour, de nouveaux débris.

Bien qu'elles aient encore été peu observées, les fourmis exotiques pourraient, si nous interrogions les récits des naturalistes et des voyageurs, tels que Lund, Bates, Belt, Wallace ou Mac Cook, nous fournir aussi de nombreux exemples de curieuses nidifications. Nous verrions des *Polyrhachis* établir leurs petites familles dans des nids en miniature construits à la surface des feuilles ; d'autres fourmis, comme les *Oecophylla*, nous montreraient leurs habitations composées de feuilles réunies en faisceau ou soudées par leurs bords ; d'autres encore, comme certains *Dolichoderus*, nous offriraient des nids, de substance papyracée, attachés ou suspendus aux branches, etc. etc. Nous en rencontrerions qui habitent la cavité des tiges de certaines plantes et qui savent en provoquer l'élargissement et faire naître de volumineux renflements ou galles vides, capables de loger une nombreuse tribu. En examinant les grosses épines creuses d'une espèce d'acacia du Nicaragua, nous les verrions servir de demeure à des myriades de *Pseudomyrma bicolor* qui se nourrissent du liquide sucré, distillé par des glandes spéciales, cratériformes, existant à la base des feuilles, etc. etc.

Enfin, pour terminer ce qui a trait aux nids de nos insectes, je signalerai l'existence de certaines espèces qui n'en construisent pas et qui, comme les *Odontomachus*, ou les *Anommia* par exemple, vivent errantes, profitant de tous les abris naturels qu'elles rencontrent pour s'y loger momentanément pendant les haltes de leur vie vagabonde. Les *Eciton* d'Amérique, autres fourmis errantes, présentent une particularité des plus singulières. D'après Belt, quand ces fourmis s'arrêtent, les ouvrières se suspendent en essaim à une branche d'arbre, en ménageant une cavité dans l'intérieur de leur masse agglomérée, et c'est dans ce nid animé que se fait l'éducation des larves qu'elles transportent avec elles dans toutes leurs migrations.

VI. Agglomération de nids. — constructions accessoires. — Nous venons de passer en revue les habitations des fourmis et leur architecture, et nous avons vu leurs demeures, souvent très spacieuses, occupées par les nombreux membres d'une même famille, mais là ne s'arrête pas leur instinct de sociabilité. Il peut se faire, en effet, que la multiplication des individus exige la fondation de nouvelles demeures, et l'agglomération de ces différents nids forme de véritables villes ou *colonies* dont tous les habitants vivent en bonne intelligence, ce qui leur donne une supériorité marquée sur l'espèce humaine. Ces colonies sont fréquentes et parfois considérables ; M. Forel a compté 200 nids dans une colonie de *Formica exsecta*, et il pense qu'elle devait en comprendre davantage encore (1). Toutefois, dans les cas les plus ordinaires, ces réunions ne se composent que de trois ou quatre nids, et presque toujours ces nids sont reliés entre eux par des canaux souterrains ou des chemins frayés qui les mettent en communication permanente. Ces cités ouvrières ne peuvent donc pas être confondues avec les assemblages fortuits de nids voisins mais isolés, et dont les habitants, loin d'avoir des rapports intimes les uns avec les autres, vivent en hostilité latente ou déclarée, bien qu'ils appartiennent à la même espèce.

Les canaux souterrains creusés par les fourmis n'ont pas tou-

(1) Une espèce voisine, du Nord de l'Amérique, la *Formica exsectoides*, Forel, forme des colonies encore plus considérables, car, d'après les observations de Mac Cook, elles peuvent comprendre jusqu'à 1600 nids et occuper une superficie de près de 50 acres. Si l'on ajoute que chacun de ces nids peut renfermer de 5000 à 500,000 individus, on est stupéfait du nombre formidable des habitants de ces cités animales qui laissent bien loin derrière elles nos villes les plus grandes et les plus peuplées.

jours pour but de relier entre eux les nids multiples dont je viens de parler ; il en existe aussi, et même d'assez étendus, qui débouchent quelquefois à une distance relativement considérable de la fourmilière et qui ont pour objet, soit de protéger les pourvoyeuses pendant une partie du trajet qu'elles ont à faire pour la recherche de leur nourriture, soit de conduire les fourmis aux racines occupées par les pucerons qu'elles élèvent, soit enfin de mieux cacher à leurs nombreux ennemis l'entrée de l'habitation en l'éloignant du centre de la fourmilière.

Dans bien des cas, les conduits souterrains sont remplacés par des chemins à fleur de terre, recouverts d'une voûte maçonnée.(1) Cette industrie est surtout pratiquée par certaines espèces de *Lasius* (*niger*, *alienus*, etc.) et par les *Myrmica* qui s'en servent principalement pour aller visiter leurs pucerons sur les arbres qui les nourrissent. Aussi arrive-t-il très fréquemment que ces chemins couverts, parvenus au pied de l'arbre ou de la plante, se continuent le long de la tige, en galeries maçonnées qui enferment les pucerons, et souvent même s'élargissent en forme de cases ou de pavillons servant de logement au petit bétail qui s'y trouve ainsi parqué à l'abri de ses ennemis. Parfois ces pavillons sont isolés sur la tige, sans galeries de communication avec le sol, et présentent seulement une petite ouverture pour l'entrée et la sortie des fourmis. Je n'insiste pas davantage sur ces faits qui s'expliqueront plus tard quand je parlerai des relations des fourmis avec les Aphides et les Coccides.

D'autres espèces, et particulièrement les *Formica rufa* et *pratensis*, entretiennent de véritables routes pour faciliter leurs excursions, et ces chemins, bien reconnaissables, atteignent parfois 80 mètres de longueur. Les fourmis les établissent en creusant légèrement la surface du sol, en coupant les tiges et les herbes qu'elles rencontrent, en déblayant leur parcours des petites pierres, feuilles ou détritus qui entraveraient leur marche, et ces routes, une fois tracées, sont entretenues avec soin et ne

(1) Comme exemple de ces chemins couverts j'ai fait figurer (Pl. IV fig. 5) d'après Mac Cook, un fragment d'une semblable construction établie par la *F. exsectoides* dont j'ai parlé tout-à-l'heure.

diffèrent des nôtres, dit M. Forel, que parce qu'elles sont concaves en leur milieu et, par conséquent, submersibles en temps de pluie.

Souvent, ai-je dit, ces routes sont longues et nos voyageuses peuvent avoir besoin de repos, quand elles sont fatiguées, ou d'abris pour les garantir d'une averse inattendue. Que deviendront également celles qu'un motif quelconque aura attardées, et qui ne pourront pas rentrer pour passer la nuit à la fourmilière ? Soyons sans inquiétude car elles ont aussi leurs relais et leurs hôtelleries et elles ont su construire, de distance en distance, le long de leurs routes, de petits nids en miniature où les fatiguées se reposent, où s'abritent celles que la pluie surprend et où les attardées peuvent dormir en paix. N'est-ce pas un exemple merveilleux de prévoyance, et ne croirait-on pas entendre l'histoire non de chétifs insectes, mais de peuplades humaines déjà avancées en civilisation ?

VII. Fourmilières doubles. — Les fourmilières *doubles*, qu'il ne faut pas confondre avec les fourmilières *mixtes* dont je parlerai tout à l'heure, sont des nids paraissant habités par deux ou plusieurs espèces différentes et ennemies. Leur promiscuité est, d'ailleurs, plus apparente que réelle et peut ne provenir que d'une réunion accidentelle provoquée, à son insu, par l'observateur lui-même. C'est ainsi que, si l'on soulève une large pierre plate, il n'est pas rare de voir plusieurs espèces de fourmis mélangées et démontrant leur hostilité par les attitudes les moins équivoques ; mais, lorsque la pierre était en place, ces fourmilières différentes étaient parfaitement séparées par de petits murs mitoyens, et c'est l'enlèvement de la couverture qui a détruit les limites de leurs domaines respectifs. Il est cependant d'autres cas où la promiscuité peut paraître plus évidente et où un examen attentif est nécessaire pour se convaincre qu'elle n'existe pas en réalité. L'exemple le plus fréquent et le plus curieux de ce genre de fourmilières doubles est fourni par le *Solenopsis fugax*, très petite espèce, qui paraît commune dans toute l'Europe, et qui creuse, le plus souvent, ses galeries dans l'épaisseur des cloisons des nids d'autres espèces plus grosses, comme les *Formica fusca*, *pratensis*, etc. M. Forel qui a beaucoup étudié cette fourmi et a publié, à son sujet, une notice fort intéressante, (1) compare son mode d'existence à celle des souris qui vivent dans les murs de nos habitations. Leurs galeries étant extrêmement petites, ne peuvent donner accès aux gros propriétaires du nid dont elles ont envahi les murailles, et c'est ce qui explique la possibilité de leur cohabitation, malgré le peu de sympathie réciproque des deux voisins. Pourquoi le *Solenopsis fugax* et parfois d'autres fourmis, comme les *Leptothorax*, les *Tetramorium*, etc, choisissent-ils les nids d'autres espèces pour y établir leur demeure ? c'est un problème qui n'est pas encore complétement résolu, et M. Forel a émis, comme simple conjecture, l'avis qu'elles pourraient vivre en parasites des débris du repas de leurs hôtes et particulièrement des matières sucrées que les fourmis laissent tomber parfois, en les dégorgeant dans la bouche de leurs larves et de leurs compagnes, et qui pénétreraient par capillarité dans le domaine des envahisseuses. Il paraît toutefois certain que le *Solenopsis* n'est pas toujours aussi inoffensif et que, ainsi que l'affirme Lubbock et comme le dit lui-même Forel, dans ses « Fourmis de la Suisse » il s'attaque aux larves et aux nymphes de ses hôtes pour en faire sa nourriture. Quoiqu'il en soit, le parasitisme des *Solenopsis* n'est pas un fait constant, et souvent on en rencontre des fourmilières parfaitement isolées et vivant, sans aucune dépendance, dans un nid qui leur appartient en propre.

Comme transition entre les fourmilières doubles et les fourmilières mixtes, je signalerai le *Formicoxenus nitidulus*, Nyl. (2) qui vit constamment et exclusivement dans les nids des *Formica rufa* et *pratensis*, avec lesquelles il paraît avoir des relations amicales. Mais on ignore absolument la nature de leurs

(1) Bulletin de la Société Suisse d'entomologie, tome III, 1869, page 105.

(2) C'est cet insecte que j'ai cité (page 9) sous le nom de *Stenamma Westwoodi*, à propos de la structure des antennes dans les différents sexes. Je continuais alors une erreur dont l'origine remonte, je crois, à Nylander, et qui n'a été relevée par aucun des auteurs qui ont écrit après lui. Ce n'est qu'après l'impression des premières feuilles de ce livre que j'ai pu me convaincre de la confusion que je signale et que j'expliquerai plus tard en décrivant l'insecte lui-même. Il faut donc supprimer simplement ce que j'ai dit de la prétendue *Stenamma*, à la page précitée, et qui n'a plus de raison d'être.

rapports et on ne sait pas non plus si les *Formicoxenus* se creusent des galeries spéciales à l'instar des *Solenopsis*, ou s'ils vivent tout à fait en commun avec leurs hôtes, à l'exemple de beaucoup d'insectes myrmécophiles.

La même incertitude règne sur le genre de vie du *Tomognathus sublævis*, dont l'ouvrière seule est connue et n'a été trouvée, jusqu'à ce jour, que dans les nids des *Leptothorax acervorum* et *muscorum*.

VIII. — Migrations. — Pour terminer ce qui a rapport à la nidification des fourmis, je dirai un mot des migrations, c'est-à-dire des cas fréquents où toute une fourmilière quitte son nid pour en fonder un autre dans le voisinage. J'ai déjà dit, en parlant des agglomérations de nids, qu'il arrive parfois, surtout dans les fourmilières trop nombreuses, qu'une partie de la population quitte la demeure commune pour établir une ou plusieurs succursales reliées à la métropole soit par un chemin, soit par un canal souterrain. Mais ce fait ne constitue pas, à proprement parler, une migration, puisque la fourmilière primitive n'est pas abandonnée, mais continue à coexister avec les nouvelles constructions. Les causes des migrations, ou déménagements complets d'une fourmilière, sont multiples et peuvent provenir soit de la mauvaise exposition du nid, de son manque de salubrité, du voisinage d'espèces ennemies, soit enfin de dérangements produits par l'hostilité des passants ou la curiosité trop indiscrète des observateurs. Quoiqu'il en soit, quand la nécessité de changer de domicile a été reconnue, les ouvrières s'occupent de préparer le nouveau gîte et, dès qu'il est suffisamment établi, elles y transportent leurs larves, leurs nymphes et même au besoin, leurs femelles, leurs mâles et leurs compagnes, quand elles ne peuvent s'en faire suivre en leur montrant le chemin. Il arrive parfois que le nouveau logement ne répond pas encore aux conditions désirées et, dans ce cas, un second ou même un troisième déménagement s'exécute de la même façon que le premier.

3. — Approvisionnement des nids. — Fourmis moissonneuses et agricoles. — Les fourmis amassent-elles des provisions de grains pour l'hiver ? La question n'est pas neuve puisque, depuis près de 30 siècles, Salomon (1) l'avait résolue affirmativement. Après lui, Aristote, Pline, Esope, Aelien, Virgile, Horace et d'autres encore avaient eux-mêmes parlé des réserves des fourmis, et notre grand fabuliste La Fontaine en a fait le sujet d'une de ses compositions les plus populaires. Il semblait donc que les fourmis ne dussent jamais être dépossédées du don de prévoyance qui leur avait été si généralement accordé, quand Gould, Latreille et enfin Huber, dans ses admirables études sur les mœurs des insectes qui nous occupent, vinrent renverser l'échafaudage de tant de siècles en déclarant fabuleux les récits des anciens sur les provisions des fourmis. L'autorité attachée aux grands noms de Latreille et d'Huber sembla trancher la question et, dès lors, les anciennes croyances furent abandonnées. Cependant, si Huber n'avait pas tort, la sagesse de Salomon n'était pas non plus en défaut, et tous deux n'étaient coupables que d'une trop grande généralisation. La divergence de leurs opinions venait tout simplement de ce qu'Huber avait fait ses observations dans une partie de la Suisse où les hivers sont rigoureux et les fourmis engourdies pendant la saison froide, et où n'existent pas d'ailleurs les espèces moissonneuses, tandis que les anciens observateurs habitaient des pays plus chauds où vivent les fourmis granivores et où elles conservent pendant l'hiver une certaine activité. Quant à La Fontaine, on sait que ses fables sont tirées en partie de celles d'Esope et la même explication lui est applicable.

Ce fut M. Lespès qui, le premier en Europe, (2) démontra que certaines espèces de fourmis accumulent dans leur nid des

(1) Vade ad formicam, ô piger, et considera vias ejus, et disce sapientiam :
Quæ cum non habeat ducem, nec præceptorem, nec principem,
Parat in æstate cibum sibi, et congregat in messe quod comedat.
Prov. cap. VI, 6, 7, 8.

Quatuor sunt minima terræ, et ipsa sunt sapientiora sapientibus.
Formicæ, populus infirmus, qui præparat in messe cibum sibi.
Prov. cap. XXX, 24, 25

(2) Revue des cours scientifiques, N° du 17 mars 1866.

graines de diverses plantes dont elles se nourrissent pendant l'hiver. Il avait constaté ces faits dans le midi de la France, en étudiant les mœurs des *Aphænogaster barbara* et *structor* qui sont communs dans ces parages et se retrouvent dans toute l'Europe centrale et méridionale. Ces espèces, dit-il, « s'occupent « à ramasser des graines avec une activité merveilleuse ; elles « vont quelquefois très loin les chercher, mais elles se partagent « la besogne Y a-t-il, sur leur chemin, une plante à grandes « feuilles ou une pierre qui laisse un espace libre sous elle, ou « toute autre toiture, elles y établissent un dépôt. Celles qui « ramassent les graines les portent ou plutôt les traînent jusque « là ; d'autres les prennent en ce point et les portent jusqu'à « l'entrée de la maison ; une troisième escouade enfin les met « dedans, et quelquefois, quand le trajet est long, il y a deux ou « trois dépôts successifs sur la route. »

Il restait à résoudre une difficulté : la bouche des fourmis n'étant pas construite de façon à broyer des aliments solides, mais seulement à lécher des substances liquides, comment pouvaient-elles tirer parti de ces graines si péniblement amassées ? Lespès pensait que les fourmis en attendaient la germination et, qu'écrasant le germe avec leurs mandibules, elles léchaient la liqueur sucrée qui s'en échappait. Cette explication, d'ailleurs plausible, n'était pas tout à fait exacte, ainsi qu'il résulte des observations de Moggridge sur les mêmes insectes et de celles du Rev. Mac Cook sur une fourmi agricole et moissonneuse d'Amérique dont je parlerai tout à l'heure. La vérité paraît être que les fourmis empêchent, au contraire, les grains de germer, en les maintenant dans des greniers dépourvus d'humidité, et que, lorsqu'elles veulent s'en nourrir, elles concassent ces graines avec leurs mandibules et, en en comprimant et grattant les morceaux avec ces mêmes organes, elles lèchent les liquides qu'ils contiennent et rejettent le résidu hors du nid.

En 1873, Moggridge, sans avoir connaissance des observations de Lespès, étudia, dans le midi de la France, les mêmes *A. barbara* et *structor*, et publia, sur les mœurs de ces insectes, une étude complète et détaillée, (1) confirmant les faits que Lespès avait reconnus.

Il vit des escouades de fourmis grimper sur les plantes pour faire la cueillette des grains, soit en secouant les épis mûrs, soit en arrachant les semences avec leurs mandibules et jetant à terre le produit de leur récolte ; d'autres fourmis les ramassaient et les portaient jusqu'à l'entrée de l'habitation, où elles étaient reçues par une troisième catégorie de travailleuses chargées de les emmagasiner dans des cases appropriées à cette destination. Quand les graines n'étaient pas assez mûres pour se détacher facilement de la plante mère, les moissonneuses cueillaient l'épi ou la silique, en coupant et tordant le pédicule, et ce lourd fardeau, porté ou traîné par une ou plusieurs ouvrières, prenait le chemin du nid pour être préparé et vidé à domicile.

Il ne faut pas croire cependant que les fourmis, si laborieuses qu'elles soient, ne sachent pas, à l'occasion, s'épargner un travail inutile, et que, malgré la pureté de leurs mœurs, elles ne substituent pas volontiers le pillage facile, au dur labeur de la moisson. Moggridge a vu, en effet, des fourmilières commodément établies à la porte des marchands de grains, où ces pillardes n'avaient qu'à puiser dans les sacs de blé, pour pourvoir abondamment leurs greniers. D'autres fois, des boutiques de grènetiers étaient mises en communication, par de longues galeries souterraines, avec des nids éloignés dont les habitants allaient, en toute sécurité et sans crainte d'être vus, fourrager dans les marchandises à leur convenance. Quelquefois aussi, c'est à d'autres fourmilières de leur espèce que les *Aphænogaster barbara* volaient leurs provisions péniblement amassées, et les assaillantes ne reculaient pas devant la violence, pour s'emparer des réserves que les assiégées défendaient grain à grain, en payant souvent de leur vie, une résistance désespérée.

Les amas de grains effectués par les Fourmis sont souvent plus considérables qu'on ne serait tenté de le croire de prime abord;

(1) Harvesting Ants and Trap-Door Spiders.

et peuvent porter un préjudice sensible au propriétaire du champ soumis à leurs déprédations. Il y a longtemps que l'observation en a été faite, puisque les commentateurs de la Mischna ont eu à s'occuper de cette question et à décider si les graines transportées devaient appartenir au propriétaire du terrain habité par les insectes pillards, ou à celui du sol producteur ; après une longue discussion, ils ont laissé au détenteur involontaire le bénéfice du doute, et Lubbock, qui rapporte le fait, ajoute que personne ne paraît avoir pris en considération le droit des fourmis.

La réhabilitation de certaines fourmis, sous le rapport de la prévoyance, avait précédé, dans l'Inde et dans le Nouveau-Monde, celles des espèces européennes. Dès 1829 en effet, le colonel Sykes constatait, à Poona, les mêmes habitudes chez une espèce indienne, le *Pheidole (Atta) providens*, Sykes, et ses remarques furent publiées en 1836, dans les « Transactions » de la Société entomologique de Londres. Jerdon, dans le *Journal littéraire et scientifique de Madras*, en 1851, confirme les observations de Sykes sur le même insecte ou du moins sur une fourmi qu'il crut devoir rapporter à l'espèce décrite par cet auteur. Plus tard, en 1861, Darwin étonnait le monde savant en rapportant (1) les observations de Lincecum sur une fourmi du Texas, le *Pogonomyrmex barbatus* Sm., qui non seulement, d'après lui, récoltait des graines, mais semait même intentionnellement une espèce de graminée, et la cultivait soigneusement, en arrachant toutes les autres plantes dans un certain rayon d'exploitation. Ces faits, publiés en détail par Lincecum lui-même en 1866 (2), semblaient si merveilleux, qu'un naturaliste bien connu par ses travaux sur les fourmis des Etats-Unis, le Rev. H. Mac Cook, entreprit un voyage au Texas pour controler les assertions de Lincecum. A son retour il publia, dans un ouvrage des plus curieux et des plus consciencieux, (3) le résultat de ses études sur le *Pogonomyrmex barbatus*, et les observations de Linco-

(1) Proceedings of the Linn. Soc. London. 1861.

(2) Proceedings Acad. nat. sc. of Philadelphia. 1866.

(3) The natural History of the Agricultural Ant of Texas, Philadelphia, 1879, 1 vol. in-8 av 24 pl.

cum se trouvèrent confirmées avec quelques restrictions. M. Mac Cook ne pense pas que cette fourmi sème elle même des graines d'*Aristida oligantha*, mais il affirme qu'elle ne laisse croître sur son nid que cette seule graminée, coupant à leur racine, avec ses mandibules, toute autre plante sur un rayon de 5 à 6 pieds autour de la fourmilière. Quand les graines sont mûres et tombées à terre, le *Pogonomyrmex* les recueille soigneusement et les emmagasine dans des greniers ou cavités spéciales de son habitation.

Deux autres espèces de *Pogonomyrmex* américains ont des mœurs analogues et, en certains points, identiques à celles du *barbatus*. Ce sont les *P. crudelis*, Sm. observé en Floride par Mistress Treat qui a publié à ce sujet une intéressante notice (1), et *P. occidentalis*, Cresson; étudié récemment par M. Mac Cook qui vient de résumer ses observations dans un volume (2) formant le complément de ses recherches sur le *P. barbatus* et ne le cédant en rien à ce premier ouvrage sous le rapport de l'intérêt et du charme pe la rédaction. Il faut encore ranger parmi les fourmis moissonneuses, certaines espèces de *Pheidole*, telles que le *P. providens*, Sykes, dont j'ai parlé plus haut, le *P. pallidula* Nyl. d'Europe, qui, d'après Moggridge, amasse des graines dans son nid, et les *P. megacephala* F. et *Pennsylvanica* Roger, cités par Mac Cook comme ayant les mêmes habitudes.

On voit que nous sommes loin aujourd'hui des affirmations de Latreille, Huber et autres, et encore l'énumération que je viens de faire des fourmis prévoyantes n'a rien de limitatif et, sans compter celles que j'omets volontairement pour ne pas avancer de faits douteux, il est probable que le nombre s'en augmentera beaucoup quand on aura étudié les mœurs de quantité d'espèces encore inobservées jusqu'à ce jour.

J'ai rapporté les observations qui précèdent, bien qu'elles soient étrangères à mon cadre géographique, parce qu'elles complètent et confirment celles qui ont été faites sur nos fourmis moisson-

(1) The Harvesting Ants of Florida (Harper's new monthly Magasine, 1878.)

(1) The occident Ants of the american Plains, Philadelphia, 1882, in-8.

neuses du midi de la France, et aussi à cause du grand intérêt qui s'attache à ces questions.

C'est encore pour la même raison que je dirai quelques mots des fragments de feuilles que certaines espèces d'*Atta* accumulent dans leur nid. Ces insectes, auxquels on a donné les noms vulgaires de *fourmis découpeuses*, *fourmis à parasol*, etc. vivent en colonies très nombreuses et dépouillent entièrement de leurs feuilles les arbres du voisinage. Elles découpent ces feuilles en fragments arrondis qu'elles rapportent à la fourmilière en les élevant au-dessus de leur tête en forme de parasols ou plutôt de bannières, ce qui donne à leurs processions un aspect fort curieux.

Les opinions divergent sur l'usage de ces récoltes. D'après Belt qui a étudié l'*Atta cephalotes* ? au Nicaragua, ces amas végétaux formeraient de véritables *couches* qui, en se décomposant, favoriseraient le développement de certaines espèces de petits champignons dont les fourmis feraient leur nourriture.

Une observation récente de M. White, communiquée à la Société zoologique de Londres, donne à ces amas de feuilles une toute autre destination. D'après cet auteur, ces couches végétales en se décomposant, donnent lieu à une production de chaleur qui favorise l'éclosion des œufs que les fourmis déposent à leur surface. Quand les œufs sont éclos, les ouvrières se hâteraient de débarrasser leur nid des matières décomposées devenues inutiles et dont la présence pourrait même compromettre la salubrité de leur habitation.

M. Mac Cook qui a étudié une espèce du même genre au Texas, l'*Atta fervens*, et qui promet à ce sujet un mémoire détaillé et nécessairement fort curieux, ne paraît pas, d'après une communication faite en 1879 à l'Académie des sciences naturelles de Philadelphie, partager l'avis de ses devanciers. Il a constaté que les feuilles, que les fourmis découpent et rapportent dans leur nid, sont par elles transformées en un papier végétal disposé en forme de rayons grossiers et pourvus de cellules qui servent à l'habitation des larves et des nourrices. Cet usage toutefois ne semble pas exclusif et il se pourrait que ces provisions de feuilles servissent aussi, d'une manière quelconque, à l'alimentation des habitants de la fourmilière.

A propos de l'approvisionnement des nids, je devrais parler des pucerons que certaines espèces de fourmis réunissent dans leur habitation, mais je réserve cette question pour la traiter plus tard quand je parlerai, d'une façon générale, des relations des fourmis avec les pucerons et les gallinsectes.

4. — Soins donnés aux larves, nymphes et insectes parfaits. — Après avoir décrit l'habitation des fourmis et les procédés qu'elles emploient pour édifier leurs diverses constructions, après avoir parlé de leur économie et de leur prévoyance, pénétrons dans leur intérieur, et, au moyen des appareils d'observation indiqués plus haut, surprenons-les dans leur rôle de nourrices vigilantes et de servantes dévouées, puisque c'est sur elles que des mères indifférentes vont se décharger complètement de l'éducation de leur progéniture.

« Là, dit Huber (1) en parlant de la *Formica rufa*, sont des « nymphes entassées par centaines dans des loges spacieuses ; « ici les larves, rassemblées, sont entourées d'ouvrières ; plus « loin on voit des œufs amoncelés ; ailleurs quelques ouvrières « paraissent occupées à suivre une fourmi beaucoup plus grande « que les autres ; c'est la mère, ou du moins une des femelles, « car il y en a toujours plusieurs dans chaque fourmilière ; elle « pond en marchant, et les gardiennes dont elle est entourée re- « lèvent ses œufs ou les saisissent au moment même de la ponte. « Elles les réunissent et les portent en petits tas à leur bouche ; « on voit, en les regardant de près, qu'elles les tournent et re- « tournent sans cesse avec leur langue ; il paraît même qu'elles « les font passer, les uns après les autres, entre leurs dents, et que « tous ces œufs sont constamment mouillés. »

C'est par suite de cette manœuvre que les œufs, nourris sans doute par endosmose, s'accroissent comme je l'ai dit précédemment, et atteignent bientôt une grandeur double de celle qu'ils avaient au début.

Pendant ce temps d'autres ouvrières lèchent, brossent et net-

(1) Huber, loc. cit. p 61.

toient les larves, les nymphes ou les cocons sur lesquels elles ne supportent aucune trace d'impureté ; elles les transportent fréquemment à des étages différents, suivant l'heure du jour et l'intensité des rayons solaires. A la moindre apparence de danger, elles cherchent à mettre à l'abri leur précieux dépôt en l'emportant, à la hâte, dans les cases profondes de leur habitation, et ces divers soins, prévus ou accidentels, entretiennent tout ce petit monde dans une perpétuelle activité. La nuit même n'arrête pas cette agitation, au moins pendant les grandes chaleurs de l'été, mais la température étant moins variable, le déplacement des larves et des cocons est moins fréquent et les fourmis s'occupent alors d'autres travaux.

J'ai dit, en parlant des premiers états, que les larves des fourmis sont de petits vers blancs, sans pattes, et incapables de changer de place ou de se nourrir eux-mêmes. Tout ce que ces larves peuvent faire, c'est de manifester leur besoin de manger en redressant leur corps et en cherchant, avec leur bouche, celle de leurs nourrices. Ces dernières leur donnent alors la becquée, comme les oiseaux à leurs petits, et, ouvrant leurs mandibules, elles dégorgent quelques gouttes de liqueur que les larves recueillent à l'orifice même de leur bouche.

Les nymphes elles-mêmes, et surtout celles qui sont renfermées dans un cocon, sont l'objet de soins attentifs de la part des ouvrières qui guettent et savent reconnaître le moment, compris, d'ailleurs, en assez larges limites, où la jeune fourmi doit sortir de sa prison temporaire, car leur secours lui est alors tout à fait indispensable. Huber, qui a été témoin de l'ouverture de plusieurs coques de *Formica rufa*, raconte ainsi l'opération à laquelle il assista :

« (1) Elles commencèrent par amincir l'étoffe en arrachant « quelques soies à la place qu'elles voulaient percer, et bientôt, « à force de pincer et de tordre ce tissu si difficile à rompre, « elles parvinrent à le trouer en plusieurs endroits très-rapprochés les uns des autres ; elles essayèrent ensuite d'agrandir

(1) Huber, loc. cit. p. 73.

« ces ouvertures, en tirant la soie comme pour la déchirer ; mais « cette méthode ne leur ayant pas réussi, elles firent passer une « de leurs dents au travers de la coque, dans les trous qu'elles « avaient pratiqués, coupèrent chaque fil l'un après l'autre avec « une patience admirable, et parvinrent enfin à faire un passage « d'une ligne de diamètre dans la partie supérieure de la coque. « On commençait déjà à découvrir la tête et les pattes de l'insecte « qu'elles cherchaient à mettre en liberté ; mais avant de le tirer « de sa cellule, il fallait en agrandir l'ouverture. Pour cet effet, « ses gardiennes coupèrent une bande dans le sens longitudinal « de cette coque, en se servant toujours de leurs dents comme « nous emploierions une paire de ciseaux.

« Une sorte de fermentation régnait dans cette partie de la « fourmilière. Nombre de fourmis, occupées à dégager l'individu « ailé de ses entraves, se relevaient ou se reposaient tour à tour, « et revenaient avec empressement seconder leurs compagnes « dans cette entreprise, de manière qu'elles furent bientôt en « état de le faire sortir de sa prison : l'une relevait la bandelette « coupée dans la longueur de la coque, tandis que d'autres le « tiraient doucement de sa loge natale. Il en sortit enfin sous « mes yeux, mais non comme un insecte prêt à jouir de toutes « ses facultés et libre de prendre son essor ; la nature n'a pas « voulu qu'il fut sitôt indépendant des ouvrières : il ne pouvait « ni voler ni marcher, à peine se tenir sur ses pattes ; car il était « encore emmaillotté dans une dernière membrane et ne savait « pas la rejeter de lui-même. Les ouvrières ne l'abandonnèrent « point dans ce nouvel embarras ; elles le dépouillèrent de la « pellicule satinée dont toutes les parties de son corps étaient « revêtues, tirèrent délicatement les antennes et les antennules « de leur fourreau, délièrent ensuite les pattes et les ailes, et dé- « gagèrent de leur enveloppe le corps, l'abdomen et son pédi- « cule. L'insecte fut alors en état de marcher et surtout de pren- « dre de la nourriture dont il paraissait avoir un besoin urgent ; « aussi la première attention de ses gardiennes fut-elle de lui « donner sa part des provisions que je mettais à leur portée.

. . . .

(1)« Les ouvrières, que nous avons vues chargées du soin des « larves et des nymphes, montrent la même sollicitude à l'égard « des fourmis nouvellement transformées ; elles sont soumises « encore quelques jours à l'obligation de les surveiller et de les « suivre ; elles les accompagnent en tous lieux, leur font connaî- « tre les sentiers et les labyrinthes dont leur habitation est com- « posée, et les nourrissent avec le plus grand soin ; elles rendent « aux mâles et aux femelles le service difficile d'étendre leurs « ailes, qui resteraient froissées sans leur secours, et s'en acquit- « tent toujours avec assez d'adresse pour ne pas déchirer ces « membres frêles et délicats ; elles rassemblent dans les mêmes « cases les mâles qui se dispersent, et quelquefois les conduisent « hors de la fourmilière. Les ouvrières paraissent, en un mot, « avoir la direction complète de leur conduite aussi longtemps « qu'ils y restent, et ne cessent de remplir leurs fonctions auprès « de ces insectes, dont les forces ne sont pas encore développées, « que lorsqu'ils s'échappent enfin pour vaquer au soin de la re- « production. »

A l'égard des ouvrières, la tutelle de leurs aînées ne cesse que lorsqu'elles sont tout à fait au courant de leurs droits et de leurs devoirs, et leur éducation morale dure au moins trois ou quatre jours et souvent davantage. Cette supériorité tutélaire, que s'arrogent temporairement les vieilles fourmis sur leurs compagnes plus jeunes, est, d'ailleurs, la seule distinction qu'on puisse remarquer entre les membres de ces républiques modèles, où les priviléges sont inconnus et où règnent toujours, avec une absolue fraternité, l'égalité la plus parfaite et la liberté la mieux entendue. Il est aujourd'hui bien reconnu que les fourmis n'ont point de chefs, et que chacune accomplit son devoir spontanément, sans recevoir d'ordres de personne et sans avoir jamais besoin d'être encouragée par des récompenses ou stimulée par la crainte des châtiments. Si les hommes daignaient abaisser leurs regards sur ce monde merveilleux qu'ils foulent aux pieds, quels enseignements ils pourraient y puiser, au grand profit de leur avancement dans les véritables voies de la civilisation !

---

(1) Huber loc, cit. p. 75

5. — Relations des fourmis entre elles. — Leur langage. — Leur affection. — Leurs jeux. — Leurs funérailles. — Leurs guerres. — Rôle des soldats.

I. — Diversité des caractères. — Avant de considérer les fourmis sous le rapport de leurs relations amicales ou hostiles, il est bon de mettre le lecteur en garde contre la tendance qu'il pourrait avoir à trop généraliser les données qui vont suivre, et à penser que toutes les fourmis ont la même manière d'agir dans une circonstance déterminée. S'il est certains principes qui sont à peu près applicables à toute la gent formicine, comme l'amitié entre alliées et l'inimitié entre étrangères, il n'en est pas de même d'une foule de détails particuliers qui dépendent du caractère personnel et de la manière d'être spéciale à telle ou telle espèce. Sans parler des avantages physiques, tels que la taille ou la vigueur, qui établissent entre une fourmi et une autre des démarcations plus profondes que celles qui existent, dit Forel, entre une souris et un tigre, il y a encore toute une série de nuances morales et intellectuelles qui s'observent même chez des espèces extrêmement voisines au point de vue de leur structure extérieure. Ainsi, par exemple, le genre *Formica*, qui compte dans ses rangs les *F. sanguinea*, *rufa*, *pratensis*, etc. dont l'intelligence est des plus remarquables, nous offre des espèces effrontées ou timides, guerrières ou pacifiques. Les *F. fusca* et *rufibarbis*, qui constituent des formes tellement voisines qu'un œil, même exercé, les distingue avec peine, sont cependant d'un caractère fort différent, la première étant lâche et craintive, la seconde courageuse et hardie. Certains *Lasius* (*fuliginosus*, *niger*, *emarginatus*, etc.) aiment la vie au grand jour; d'autres, au contraire, (*flavus*, *umbratus*) sont très casaniers et ne sortent presque jamais de leur nid. La gourmandise l'emporte ordinairement sur la haine et le dévouement chez les *Lasius* et les *Tetramorium* ; c'est le contraire qui arrive chez les *Formica sanguinea* et *pratensis* (Forel). Les fourmis à instincts sociaux très développés sont aussi les plus intelligentes; celles qui vivent en petites sociétés, comme les *Myrmecina*, les *Leptothorax*, les *Ponera*, le sont beaucoup moins. La *Formica sanguinea* est belliqueuse et chevaleresque, ne déchirant jamais ses ennemis morts ; la *Myrmica scabrinodis* est lâche et pillarde et va, comme les chacals, sur les champs de bataille, pour s'emparer des cadavres et les dévorer.

Je pourrais multiplier ces exemples, mais ce que je viens de dire suffit pour faire apprécier l'étonnante diversité que nous offrent les habitudes ou les penchants de ces êtres si remarquables, malgré leur apparente chétivité.

II. — Langage. — Dans toute société d'individus réunis pour concourir à un travail commun, un langage est nécessaire pour que les divers membres de la communauté puissent échanger leurs idées, se communiquer leurs plans, et agir de concert pour atteindre un but déterminé. Bien que, dans aucune société peut-être, l'initiative individuelle ait plus de part et soit plus respectée que chez les fourmis, il n'en n'était pas moins indispensable que des êtres si faibles pussent, à l'occasion, combiner leurs efforts pour venir à bout des travaux gigantesques que nous avons étudiés. Aussi cette faculté ne leur a-t-elle pas été refusée et de nombreuses observations ont démontré qu'elles savent parfaitement échanger leurs idées et se communiquer leurs impressions. Les antennes paraissent être l'instrument principal du langage chez nos insectes ; c'est par des attouchements répétés de ces organes que deux fourmis, qui se rencontrent, se reconnaissent, s'instruisent d'un événement accidentel, d'une découverte importante, et se réclament réciproquement leur concours dans le travail ou leur assistance dans le danger.

Essayez d'inquiéter les fourmis qui se promènent à la surface d'un nid ; aussitôt, tandis qu'un certain nombre d'entre elles se retourneront vaillamment contre vous, si vous avez affaire à des espèces belliqueuses, d'autres se précipiteront dans leurs souterrains et jetteront l'alarme dans la communauté. Si, à ce moment, vous pouviez assister à la scène qui se passe à l'intérieur, vous verriez une partie de la peuplade emporter, à la hâte, les larves et les nymphes dans leurs plus profondes retraites, tandis que le reste de la fourmilière remonterait à la surface du nid pour reconnaître le danger et essayer de le conjurer. Pour que ces faits et bien d'autres que je pourrais citer puissent se produire, il est donc nécessaire que les fourmis aient un moyen d'échanger leurs impressions et c'est ce qu'il n'est plus permis de mettre en doute.

Il ne faudrait pas cependant exagérer l'étendue de cette faculté et croire que les fourmis puissent se transmettre des communications multiples et compliquées. L'état de nos connaissances à leur égard ne nous permet pas de leur accorder une mimique aussi développée, et les expériences entreprises par Sir John Lubbock pour élucider cette question, tendraient à prouver, au contraire, que ces insectes ne peuvent échanger directement que des idées simples, et que les ouvrières suppléent, le plus souvent, à l'insuffisance de leur langage, par le transport ou la conduite de celles qu'elles veulent instruire, comme je l'indiquerai tout-à l'heure. Toutefois, ne perdons pas de vue que nos moyens d'investigation sur ce qui se passe dans ces petites cervelles, sont bien imparfaits et que nous ne pouvons constater que des résultats souvent faussés par la gêne ou la perturbation apportées par nos expériences dans les actes des animaux que nous y soumettons. Souvenons-nous également que nos organes sont relativement grossiers, et qu'en ce qui concerne le sens de l'ouïe, par exemple, il existe probablement toute une série de sons que nous ne percevons pas et que les perfectionnements du microphone pourront, un jour, mettre à notre portée. Qui sait alors si nous ne surprendrons pas des secrets aujourd'hui tout-à-fait inconnus, et si les progrès de l'acoustique ne nous réservent pas autant de surprises que ceux de l'optique nous en ont apportées depuis un demi-siècle ! Je n'oublie pas qu'il résulte des curieuses expériences de Lubbock que les fourmis paraissent insensibles aux bruits ou aux sons musicaux que nous pouvons produire ; mais, en supposant même ces insectes incapables de percevoir cette catégorie de vibrations, il ne faut pas en conclure que cette incapacité s'étende aux sons microphoniques, et nous ne pourrons être fixés à cet égard que lorsque nous serons arrivés nous-mêmes à les produire et à les entendre. Je sais aussi que l'éminent naturaliste que je viens de nommer a essayé de se rendre compte au moyen de diverses expériences, si les fourmis pouvaient communiquer entre elles par des sons inappréciables pour nous, et qu'il est arrivé à un résultat négatif. Mais, ainsi qu'il le reconnaît lui-même, ces expériences ne peuvent faire repousser, d'une façon absolue, la possibilité chez nos insectes, d'un langage sonore, et c'est une question qui reste encore à l'étude. Quelques auteurs, tels que Landois, Swinton et Mac Cook, ont regardé, au moins comme possible, l'existence d'appareils de stridulation chez certaines fourmis, et les curieux organes découverts par Forel dans l'article terminal et même dans les autres articles des antennes de toutes les espèces qu'il a étudiées, ont été aussi observés par Lubbock qui, d'accord avec le professeur Tyndall, a émis la supposition qu'ils pourraient servir à l'audition et constituer de véritables stéthoscopes microscopiques. Laissons toutefois ces hypothèses pour revenir à la réalité des faits constatés et restons dans le domaine scientifique des résultats acquis.

III. — Transport mutuel. — Une manœuvre employée par beaucoup d'espèces de fourmis, soit pour se montrer un chemin nouveau, pour se faire part d'une découverte intéressante, soit pour se faire aider dans un travail éloigné, c'est le transport mutuel. A cet effet l'ouvrière qui a une communication de ce genre à faire à l'une de ses compagnes, après l'en avoir d'abord avertie par les attouchements ordinaires, l'emporte jusqu'au lieu qu'elle désire lui faire connaître. Si de nouvelles recrues sont nécessaires, nos deux fourmis reviennent, transportent, de la même façon, deux autres de leurs amies, puis les quatre initiées rendent le même service à d'autres et ainsi de suite, jusqu'à ce que le nombre en soit suffisant. C'est ainsi que procèdent, dans leurs migrations, les fourmis qui ne savent pas se suivre à la file, et j'ai été témoin du déménagement d'un nid de *Formica rufa* qui s'opérait dans ces conditions. Depuis le logement en voie d'évacuation jusqu'à la nouvelle demeure, la route qui séparait ces deux points, était couverte de fourmis, et toutes celles qui se dirigeaient vers le nid en construction portaient une de leurs compagnes qu'elles déposaient délicatement à l'entrée des galeries, tandis que celles qui marchaient en sens inverse n'étaient pas chargées et allaient évidemment chercher de nouvelles recrues.

Les moyens mis en œuvre pour ce transport varient selon les genres, et Huber, qui n'avait observé qu'un petit nombre d'espèces, avait cependant constaté des procédés différents chez la

Formica rufa et le *Tetramorium cæspitum*. M. Forel, qui a étudié les mœurs de presque toutes les fourmis de la Suisse, a reconnu chez elles trois modes de transport que je vais exposer d'après cet auteur. Chez la plupart des espèces de la famille des *Formicides*, l'ouvrière qui consent à se faire porter, saisit avec ses mandibules l'une de celles de la porteuse et se pelotonne sous sa tête en repliant les pattes et les antennes. (Pl. V fig. 8). Les *Tapinoma*, qui appartiennent à la même famille, agissent différemment : c'est la porteuse qui saisit l'autre par le thorax ou par une patte et celle-ci reste étendue avec les membres repliés comme ceux d'une nymphe. Enfin, dans le troisième mode de transport particulier à quelques *Myrmicides*, la porteuse saisit sa compagne par le bord externe d'une de ses mandibules et l'enlève complètement en la retournant sens dessus dessous ; la portée se replie alors sur le dos de la porteuse et ramasse ses pattes et ses antennes comme dans le cas précédent.

IV. — Processions. — Un certain nombre d'espèces, comme les *Lasius*, les *Cremastogaster*, etc., ne savent pas se porter ainsi les unes les autres, et celles même qui emploient ce moyen, comme les *Tapinoma*, les *Tetramorium*, les *Myrmica*, préfèrent souvent, quand elles peuvent se faire comprendre, un procédé plus expéditif qui consiste à servir simplement de guides et à se faire suivre par leurs compagnes à qui elles montrent le chemin qui doit les conduire au but désiré. Chacun a pu constater de semblables expéditions dont un pot de confitures était l'objectif, et il a suffi que cette friandise fut découverte par l'une des maraudeuses pour que toute la fourmilière, guidée par elle, vint en colonne serrée prendre part au festin, au grand désespoir de la maîtresse de maison qui se laisse rarement attendrir par cette marque touchante de confraternité.

Cet instinct de se suivre ainsi en files n'appartient pas à toutes les fourmis et j'ai déjà cité, comme exemple, la *F. rufa* qui n'use jamais de ce procédé ; toutes les espèces du genre sont dans le même cas et il paraît en être ainsi des *Camponotus* et de quelques autres fourmis.

V. — Division du travail. — On pourrait se demander si les fourmis connaissent le principe économique de la division du travail. L'affirmative ne paraît pas douteuse pour beaucoup d'espèces exotiques, et certaines observations de Mac Cook ou d'autres naturalistes ont démontré que souvent des fonctions différentes correspondaient à des différences de taille ou de conformation. Nous en avons, en Europe, quelques exemples chez les fourmis qui possèdent deux castes de neutres, bien qu'en général, comme je l'ai dit plus haut, les soldats ne soient pas, à proprement parler, des travailleurs, mais plutôt des défenseurs et des gardiens de la sécurité publique. Il est toutefois présumable que les variations si notables de taille qu'on observe souvent dans la population d'un même nid, sont utilisées pour le plus grand bien de la communauté, comme Mac Cook l'a constaté, par exemple, chez l'*Atta fervens*, du Texas. On sait aussi, par les remarques de Forel, que les plus jeunes et, par conséquent, les plus faibles membres d'une fourmilière sont chargés du soin des larves et des nymphes, et que ce n'est que plus tard, quand leurs forces se sont développées, que ces mêmes travailleuses s'occupent de construction ou de chasse.

Lubbock a fait, sur la *Formica fusca*, une observation qui tendrait à accentuer encore la probabilité de la répartition, entre les divers membres de la communauté, de certaines fonctions spéciales, telles que celles de pourvoyeuses ou de préposées aux provisions de bouche. Il vit une ouvrière de cette espèce, reconnaissable à une mutilation qu'elle avait subie par accident, aller seule, et plusieurs semaines de suite, à la recherche de sa nourriture, sans que jamais aucun autre individu quittât l'habitation. Intrigué par cette découverte, il s'empara de deux fourmilières de la même espèce et les installa chez lui, de façon à pouvoir les observer à toute heure du jour. Il put alors constater que deux ou trois individus allaient seuls aux provisions et que les autres habitants ne sortaient pas de leur nid. Voulant s'assurer si ces individus n'étaient pas mus par quelque besoin ou désir personnel, il emprisonna un jour les commissionnaires et, le lendemain, deux autres fourmis sortirent à leur place ; il s'en empara de nouveau; elles furent remplacées par deux autres et ce manège fut répété plusieurs jours avec le même résultat. On est donc en droit de supposer, sans trop de témérité, que ces individus voyageurs étaient réellement chargés d'une mission spéciale et n'agissaient pas seulement pour la satisfaction de leurs besoins particuliers. A l'objection qu'on pourrait faire sur l'insuffisance de la nourriture apportée par deux ou trois pourvoyeuses, pour alimenter toute une fourmilière, Lubbock répond que les nids observés par lui ne contenaient pas de larves, et que les fourmis qui les habitaient étant un peu engourdies, il ne leur fallait pas beaucoup d'aliments.

VI. — Relations amicales. — Un grand nombre d'expériences concluantes ont démontré depuis longtemps que tous les individus d'une même fourmilière ont entre eux des relations amicales, je pourrais dire affectueuses, et qu'ils savent se reconnaître, même après une longue séparation. Le sens qui parait leur venir le plus en aide, dans cette occasion, est l'odorat qui a son siége dans les antennes ; la vue, chez les ouvrières, étant souvent faible et parfois même nulle ou presque nulle. (1) Les signes les plus certains d'amitié entre deux fourmis sont, d'après M. Forel, le transport volontaire dont je viens de parler et le dégorgement des liquides nourriciers. Ce n'est pas seulement, en effet, à leurs larves, à leurs mâles et à leurs femelles que les fourmis dégorgent la nourriture ; il arrive souvent qu'une ouvrière à jeun, rencontrant une de ses compagnes qui revient avec une provision de miellée, la sollicite de ses antennes et en obtient quelques gouttes de liqueur qu'elle lèche à l'ouverture de la bouche de la pourvoyeuse, qui s'y prête de bonne grâce en restant immobile et en écartant les mandibules. Les fourmis nourrissent aussi les ouvrières que les soins domestiques retiennent à l'intérieur, ou celles qui sont malades ou blessées et hors d'état de pourvoir à leurs besoins. On les voit même brosser, lécher et flatter ces dernières avec des marques d'un véritable intérêt, ce qui justifie le mot d'affection que j'ai employé tout à l'heure. Ce ne sont pas,

(1) Lubbock s'est demandé sérieusement si cette reconnaissance des fourmis amies ne s'opérait pas par un signal ou un mot de passe, mais les expériences qu'il a faites à ce sujet l'ont amené à conclure pour la négative.

d'ailleurs, les seuls services que les fourmis se rendent mutuellement ; elles se secourent encore dans le danger, se portent quand elles sont fatiguées, se nettoient quand, au retour d'une expédition, elles reviennent couvertes d'une boue sèche, qu'elles sont impuissantes à enlever seules, etc., etc. Je sais que certains observateurs, et particulièrement MM. Lubbock et Mac Cook, ont parfois constaté, de la part des ouvrières, peu d'empressement à venir en aide à leurs compagnes blessées ou placées dans une situation critique ; mais ces faits n'infirment en rien les exemples contraires signalés en faveur de l'affection mutuelle des fourmis, et ils prouvent tout simplement que les insectes, comme les hommes, ont aussi leurs indifférents, et que la perfection est un idéal que la nature n'a pas encore réalisé et qu'elle ne réalisera probablement jamais.

VII. — Toilette. — Puisque je parle de nettoyage, disons, en passant, que les fourmis sont très scrupuleuses dans leur toilette et qu'elles ne souffrent pas, sur leur corps, le moindre grain de poussière ou la moindre souillure. Non-seulement elles remplissent l'une à l'égard de l'autre, comme je viens de le dire, les fonctions de caméristo la mieux entendue, mais elles se lèchent, se peignent et se brossent elles-mêmes avec beaucoup de soin. L'éperon pectiné qu'elles portent toujours aux pattes antérieures et parfois même aussi aux autres paires de pattes, leur est d'un grand secours dans cette opération, et, pour arriver à nettoyer toutes les parties de leurs corps, elles prennent souvent des postures très-curieuses. Je donne (Pl. V. fig. 9, 10, 11), pour expliquer ces attitudes mieux que ne pourrait le faire une description, quelques figures empruntées à Mac Cook et qui représentent le *Pogonomyrmex barbatus* vaquant aux soins de sa personne. Cette fourmi est américaine, mais il est supposable que nos espèces européennes agissent de même dans la circonstance.

VIII. — Jeux. — Parfois on pourrait croire à l'existence de querelles domestiques, en assistant à certains jeux ou luttes pacifiques auxquels se livrent les fourmis et qu'Huber, qui le premier les a observés chez la *F. rufa*, a qualifiés d'exercices de gymnastique.

« Je les voyais, dit cet auteur, (1) s'approcher en faisant jouer « leurs antennes avec une étonnante rapidité ; leurs pattes an- « térieures flattaient, par de légers mouvements, les parties laté- « rales de la tête des autres fourmis ; après ces premiers gestes « qui ressemblaient à des caresses, on les voyait s'élever sur « leurs jambes de derrière, deux à deux, lutter ensemble, se sai- « sir par une mandibule, par une patte ou une antenne, se relâ- « cher aussitôt, puis s'attaquer encore ; elles se cramponnaient « au corselet ou à l'abdomen l'une de l'autre, s'embrassaient, « se renversaient, se relevaient tour à tour et prenaient leur « revanche sans paraître se faire de mal. »

Ces faits, tout étonnants qu'ils puissent paraître, sont confirmés par M. Forel, et chacun peut les observer avec un peu d'attention.

IX. — Funérailles. — Par suite de l'instinct de propreté dont j'ai parlé tout à l'heure, il n'est pas étonnant que les fourmis débarrassent leur habitation des cadavres de leurs ennemis ou de leurs compagnes, pour ne rien laisser subsister dans leur intérieur qui puisse compromettre l'ordre minutieux qui y règne ou la salubrité de l'air qu'elles respirent. Mais ce qui paraît, de prime abord, moins vraisemblable et ce qui est cependant attesté par un grand nombre d'observations émanant de naturalistes dignes de foi, tels que Lubbock, Mac Cook, etc., c'est l'existence de véritables cimetières où les morts sont transportés et déposés, tantôt en petits tas irréguliers, tantôt en rangées ou alignements plus ou moins symétriques. La conduite de ces insectes envers les morts n'est pas la même selon qu'il s'agit d'amis ou d'ennemis, et, tandis que les premiers sont toujours portés au champ du repos sans avoir subi aucun outrage, les autres sont, au contraire, préalablement dépecés et sucés, et la voirie ne reçoit que leurs membres épars et privés des sucs nutritifs dont se sont alimentés les vainqueurs. Ce respect de leurs propres morts est souvent poussé plus loin qu'on ne pourrait le croire, et le *Myrmecocystus melligerus* dont j'ai parlé à propos de la distinction des castes (page 21), nous en offre un curieux exemple

(1) Huber, loc. cit. p. 151.

rapporté par Mac Cook dans l'admirable étude qu'il vient de publier sur ces singulières fourmis (1). Quand meurt une *porte-miel*, les ouvrières, après avoir séparé son gros abdomen du reste du corps, sans doute pour le transporter plus facilement en le roulant hors de leurs galeries, le déposent religieusement dans le cimetière avec les autres parties du corps, sans jamais profaner le cadavre en succombant à la tentation d'en extraire la succulente provision de miel qui remplit tout son intérieur, et dont elles sont cependant si friandes.

La présence de cadavres dans leur nid paraît être, pour les fourmis, une cause de véritable répulsion ; et, si gênées qu'elles soient, elles font les plus grands efforts pour s'en débarrasser. Ce pénible sentiment que leur fait éprouver la vue des morts a été constaté par Mac Cook chez plusieurs espèces de fourmis en captivité et il en a vu charrier, pendant de longs jours, des cadavres autour de leur prison, dans l'espérance évidente de trouver une issue pour les transporter au dehors. Une fourmilière de *Camponotus pennsylvanicus* qui, tenue prisonnière pendant quelque temps, avait été obligée de conserver ses morts, fut mise, un jour, par ce naturaliste, en communication avec un vase rempli d'eau, et aussitôt les ouvrières se hâtèrent d'y précipiter tous les morts qui les encombraient.

Malgré les principes de parfaite égalité qui règnent constamment entre tous les membres d'une même famille, il semble néanmoins que les distinctions de rang et de caste qui accompagnent les hommes jusqu'à leur dernière demeure, ne soient pas étrangères aux fourmis esclavagistes, ainsi que l'a observé Mistress Treat chez la *Formica sanguinea* vivant en communauté avec la *Formica fusca*. Il résulte, en effet, des communications faites par cette dame à M. Mac Cook, que les *sanguinea* ont un cimetière spécial et que jamais elles ne déposent leurs morts dans celui où gisent les restes de leurs noires esclaves, et qui avoisine l'entrée des galeries donnant accès à l'intérieur du

(1) Mac Cook : The Honey Ant of the Garden of the gods. (Proceedings of the Academy of Natural Sciences of Philadelphia, 1881, p. 170 et suiv.).

nid. Mrs Treat a remarqué, en outre, que tandis que les *fusca* sont entassées comme dans une fosse commune, les cadavres privilégiés des maîtres sont disposés isolément et côte à côte, dans un lieu réservé et situé à une bien plus grande distance de l'habitation.

X. — Guerres et combats singuliers. — Si tous les individus d'une même fourmilière sont unis entre eux par les liens d'une véritable amitié, il n'en est pas de même de ceux appartenant à des fourmilières différentes bien que de la même espèce, et, à plus forte raison, des fourmis d'espèces distinctes. La règle, dans ce cas, est l'hostilité et, si on a pu constater, dans des circonstances particulières, des alliances entre fourmis de même espèce mais de nids différents, ces faits sont tout exceptionnels et ne peuvent être pris en considération pour modifier la règle générale que je viens d'énoncer. L'inimitié, chez les insectes qui nous occupent, se traduit soit par des luttes individuelles, soit par des guerres générales, auxquelles prennent part un très grand nombre de combattants, et qui ont pour résultat la mort de beaucoup d'entre eux.

Dans les combats singuliers, les deux adversaires se saisissent par un membre et cherchent mutuellement à s'entraîner, à se terrasser, à se percer de leur aiguillon s'ils en sont pourvus, ou à s'inonder de leur venin ; s'ils ont eu le temps de se préparer à l'attaque, ils se précipitent l'un sur l'autre et essaient de se saisir par le dos du thorax, puis, si l'un d'eux réussit, il fait glisser ses mandibules jusqu'au cou de sa victime et s'efforce de la décapiter. Ces combats finissent toujours par la mort de l'un des combattants et souvent de tous deux, quand, l'aiguillon venant en aide, ils arrivent à s'en transpercer réciproquement.

Dans certaines circonstances ces combats singuliers prennent un caractère spécial et constituent ce que Forel appelle des *combats à froid*. On voit alors les deux adversaires se tirailler par les pattes et les antennes, mollement, sans violence, sans faire usage de l'aiguillon ou du venin, mais avec une grande ténacité. La plupart du temps une seule des deux fourmis joue un rôle actif, l'autre se laissant torturer et mutiler sans se défendre, avec une résignation stoïque. Ce cas s'observait surtout dans les premiers jours de l'alliance forcée que Forel provoquait en mélangeant des fourmis de deux espèces ou de deux nids différents, et particulièrement dans une réunion artificielle de deux fourmilières de *Formica sanguinea* et *pratensis*. C'était alors toujours une *sanguinea* qui jouait le rôle de bourreau et une *pratensis* celui de victime.

L'ardeur que les fourmis apportent dans leurs luttes est souvent incroyable et s'accentue encore quand, au lieu de combats singuliers, il s'agit d'une véritable guerre entre deux fourmilières populeuses et rivales. C'est alors une sorte de furie et d'ivresse sans pareilles ; les vaincus se laissent couper en morceaux sans lâcher prise, et il n'est pas rare de voir les héros de la bataille revenir au gîte porteurs de têtes coupées ou même de corps entiers de fourmis mortes sans avoir lâché leurs vainqueurs (1). Ceux-ci sont souvent fort embarrassés de ces trophées involontaires qu'ils ne peuvent détacher de leur corps.

Ces guerres de peuplade à peuplade ont le plus souvent pour mobile, comme les guerres humaines, la conquête ou la défense du territoire. Chaque fourmilière un peu considérable a, en effet, un véritable domaine qu'elle considère comme sa propriété et dont le périmètre autour du nid est parfois assez étendu. Elle ne permet aucune incursion sur ce terrain réservé, s'arroge un droit exclusif sur les arbres à pucerons qu'il renferme et ne recule devant aucun effort pour faire respecter ses frontières. Aussi, quand des voisins jaloux s'avisent de violer cette enceinte, la guerre est aussitôt déclarée et chaque membre de la communauté devient un soldat prêt à donner sa vie pour défendre la patrie menacée. Si l'armée est nombreuse de part et d'autre et de force à peu près égale, la lutte dure parfois plusieurs jours, cessant à l'approche de la nuit, pour reprendre au lever de l'aurore, et cela

(1) Cette ténacité des fourmis qui leur fait supporter les plus grandes mutilations sans lâcher l'ennemi qu'elles ont saisi dans leur colère, est utilisée au Brésil où l'on rencontre communément une espèce de Myrmicide, l'*Atta cephalotes*, de taille assez grande et pourvue de puissantes mandibules. Les naturels font mordre à ces fourmis les deux bords des plaies qu'ils veulent réunir, puis, arrachant le corps de l'insecte, ils ne laissent que la tête qui reste solidement fixée, reliant les lèvres de la blessure et favorisant sa cicatrisation.

sans que les travaux ordinaires en soient interrompus, un certain nombre d'ouvrières restant toujours pour donner aux larves les soins qu'elles réclament. Le champ de bataille occupe souvent un espace considérable entre les deux camps auxquels il est relié par des colonnes de fourmis dont les unes viennent apporter du renfort et dont les autres retournent à la fourmilière pour y reprendre leurs travaux ou y déposer leurs prisonniers.

Quand une guerre a duré longtemps et qu'un grand nombre de morts jonchent le champ de bataille, les belligérants arrivent parfois à conclure un armistice pour une période plus ou moins longue et il est alors établi une zône neutre qui est scrupuleusement respectée par les deux partis. A l'expiration de la trève la lutte recommence souvent plus acharnée que jamais et peut être suivie d'une nouvelle période d'apaisement, ou se terminer soit par l'anéantissement d'un des partis adverses, soit par un traité d'alliance, chose assez rare mais qui a été cependant observée quelquefois lorsque les combattants appartenaient à la même espèce, que la population de chaque fourmilière rivale était peu nombreuse et que les conditions difficiles d'une existence séparée leur rendaient profitable l'oubli de leurs rancunes et de leurs causes de discorde.

J'ai parlé tout à l'heure des prisonniers et je crois, à ce propos, qu'un mot d'explication est nécessaire. On peut diviser les captifs en deux catégories assez distinctes : les uns sont entraînés jusqu'au poste ennemi, sans cesser de se défendre, et sont maîtrisés par les habitants restés dans la fourmilière ; c'est là le cas le plus ordinaire, et c'est même le seul qu'on puisse observer dans une mêlée nombreuse où l'ardeur des guerriers est portée à son comble. Mais, dans les engagements qui ont un caractère moins général ou dans les combats singuliers, il n'est pas rare que l'un des adversaires, après une lutte plus ou moins longue, se rende à merci et se laisse emporter tranquillement par son vainqueur. Dans l'un et l'autre cas, le sort qui attend les captifs est toujours le même et c'est la mort avec des raffinements de cruauté qui paraîtraient incroyables s'ils n'étaient affirmés par M. Forel[1] dont les assertions n'ont pas besoin de contrôle. Les bourreaux, dit cet auteur, sont souvent plusieurs à s'acharner après une même victime ; tandis que l'un lui prend une antenne et travaille, avec une tranquillité infernale, à la couper ou plutôt à la scier avec ses mandibules, un autre coupe une patte ou la seconde antenne, et ainsi de suite jusqu'à ce que la pauvre bête soit complètement mutilée. Ils l'achèvent alors, souvent à demi, et l'emportent au loin, en l'abandonnant morte ou vivante, mais, en tous cas, incapable de se mouvoir.

Je ne m'étendrai pas davantage ici sur les guerres des fourmis, dont je n'ai pu donner qu'un simple aperçu général, sans entrer dans les détails que nécessiterait l'étude de la tactique de chaque espèce, mais j'aurai bientôt à parler de combats d'un autre ordre en abordant la question des fourmilières mixtes.

XI. — Rôle des soldats. — On pourrait s'étonner qu'en décrivant les guerres que se livrent nos insectes, je n'aie pas dit un mot des *soldats*, dont le nom seul semble leur assigner le principal rôle dans ces scènes meurtrières. Il n'en est rien cependant et j'ai fait observer ailleurs (page 20) que leur mission était toute de protection et qu'ils représentaient la gendarmerie des fourmis.

Un petit nombre seulement de genres et d'espèces européens possèdent de véritables soldats ; ce sont les *Colobopsis* et le *Myrmecocystus bombycinus* chez les Formicides, et les *Pheidole* chez les Myrmicides. On ne sait rien, je crois, du *Myrmecocystus* dont les mœurs n'ont pas encore été observées ; quant aux deux autres genres, leurs soldats ont pour principale consigne de boucher, avec leur grosse tête, les ouvertures du nid et de repousser les agressions qui pourraient être tentées contre la fourmilière. On a remarqué la même manière d'agir chez les grandes ouvrières à tête énorme de certains *Camponotus* et *Aphænogaster*, bien que ces grandes ouvrières ne forment pas une caste délimitée comme chez les genres qui nous occupent. Les soldats ne paraissent pas prendre part aux travaux domestiques ; cependant Heer (1) a constaté que ceux des *Pheidole* et en particulier du *P. megacephala*, remplissent encore dans la communauté un rôle

(1) Heer, Ueber die Hausameise Madeira's, 1852.

différent. Ce sont eux qui découpent en quartiers, avec leurs mandibules, les proies d'un certain volume dont les ouvrières emportent les débris dans l'intérieur de l'habitation, et cette fonction les assimile, en quelque sorte, aux bouchers de nos fourmilières humaines.

6. — **Fourmilières mixtes.** — Dans l'exposé trop rapide que je suis obligé de faire des mœurs des fourmis, j'ai déjà eu à signaler bien des faits curieux, mais plus on avance dans cette étude, plus on rencontre de ces cas étranges qui semblent tenir du merveilleux.

Nous avons vu, jusqu'à présent, des sociétés admirablement organisées, mais composées de membres que relie entre eux la fraternité d'une commune origine. Celles qui nous restent à examiner sont d'une toute autre nature. Nous y verrons des hordes guerrières qui passent leur vie à semer la dévastation chez leurs pacifiques voisins, et qui, dépourvues de toute industrie, sont incapables de remplir aucun des soins que nécessitent la construction de leurs demeures, l'éducation de leurs larves et même parfois leur propre alimentation. A ces sultans oisifs et paresseux il fallait des esclaves pour remplir les fonctions domestiques dans leur intérieur, et ces esclaves ils les conquièrent de vive force en s'emparant des nymphes et des cocons d'espèces industrieuses. Ils transportent ces cocons chez eux, et les jeunes fourmis qui en sortiront, trompées par leur instinct, se mettront à soigner leurs ravisseurs, ignorant le rapt dont elles ont été victimes. Ces sociétés singulières forment ce qu'on appelle les *fourmilières mixtes.*

Une fourmilière mixte se compose donc d'une espèce principale et d'une ou plusieurs espèces esclaves ou auxiliaires vivant en commun et en bonne intelligence.

L'espèce principale a, comme d'ordinaire, ses femelles fécondes et privées d'ailes, et, à certaines époques de l'année, des individus reproducteurs des deux sexes. L'espèce ou les espèces auxiliaires, au contraire, ne comprennent que des neutres dont toute l'activité se développe au profit exclusif de la première et sans qu'elles aient aucun intérêt personnel dans la communauté.

Je diviserai les fourmilières mixtes en trois catégories :

1° L'espèce principale n'a pas de neutres et tous les travaux sont effectués par des ouvrières d'une autre espèce. Cette catégorie n'est représentée en Europe que par l'*Anergates atratulus*, dont le mâle offre cette particularité unique de n'avoir pas d'ailes. L'*Anergates* a pour auxiliaire le *Tetramorium cæspitum.*

2°. L'espèce principale a des individus neutres, mais absolument incapables, par la conformation de leurs mandibules, de pourvoir aux besoins de la communauté et, parfois même, à leur propre nourriture. Le *Polyergus rufescens* et les *Strongylognathus testaceus* et *Huberi* composent cette division ; le premier a pour auxilaires les *Formica fusca* et *rufibarbis*, les autres le *Tetramorium cæspitum.*

3° Enfin l'espèce principale, composée des trois formes ordinaires et conformée pour subvenir à tous ses besoins, vit quelquefois seule et d'autres fois en communauté avec une ou plusieurs espèces auxiliaires, mais. dans ce cas, ses propres ouvrières prennent elles-mêmes part au travail commun. Cette catégorie comprend, en première ligne, la *Formica sanguinea* qui prend pour auxiliaires, le plus souvent les *Formica fusca* et *rufibarbis*, et plus rarement les *Formica cinerea, gagates rufa* et *pratensis* (1). On doit y ratttacher aussi les alliances très-exceptionnelles observées par M. Forel entre les *Formica pratensis, truncicola* et *exsecta* avec les *Formica fusca* et *rufibarbis*, et enfin celle encore douteuse et signalée par le même auteur, du *Tapinoma erraticum* avec le *Bothriomyrmex meridionalis.*

Est-ce à cette division ou à la précédente qu'appartient le *Tomognathus sublœvis* dont l'ouvrière, qui est seule connue,

---

(1) C'est par erreur que Schenck et Smith ont avancé que la *F. sanguinea* prenait aussi les *Lasius alienus* et *flavus* comme auxiliaires. Les envahissements, qui ont pu être observés, de certains nids de *Lasius* par la *F. sanguinea*, n'avaient d'autre but que la conquête du nid lui-même, et les deux auteurs que je viens de citer ont été trompés par les apparences. Les *Lasius flavus* et *alienus*, à cause de leur petite taille, ne seraient pas d'un grand secours aux *sanguinea* qui ne paraissent pas encore avoir introduit chez elles la mode de ces grooms microscopiques dont s'enorgueillissent les hautes personnalités de la fashion.

parait vivre en parasite dans les nids du *Leptothorax acervorum* ? A-t-on-même affaire, dans ce cas, à une véritable fourmilière mixte ? C'est une question que je ne puis résoudre et qui appelle des observations ultérieures.

On voit, d'après ce qui précède, que les alliances signalées ont toujours lieu entre *Formicides* ou entre *Myrmicides*, mais jamais entre *Formicides* et *Myrmicides*. C'est en effet une règle invariable à laquelle on ne connaît, jusqu'à ce jour, aucune exception.

Je vais maintenant passer en revue les différentes espèces qui s'adjoignent des auxiliaires, indiquer les particularités propres à chacune d'elles, et rendre compte des procédés qu'elles emploient pour se procurer des architectes et des nourrices.

I. — Anergates atratulus. — Il règne encore une grande incertitude sur la manière dont l'*Anergates atratulus* peut se procurer ses auxiliaires. Toutes les recherches de Von Hagens et de Forel à ce sujet sont restées sans résultat, et aucun de ces deux observateurs, qui seuls ont étudié l'*Anergates* jusqu'à ce jour, n'a réussi à rencontrer des nymphes de *Tetramorium cæspitum* dans ses nids. L'espèce principale, réduite, la plupart du temps, à une femelle féconde et à un certain nombre de larves et de nymphes, disparait, pour ainsi dire, au milieu de ses nombreux auxiliaires, et on ne s'explique pas comment les *Tetramorium* ont pu être amenés à soigner et à élever leurs hôtes, à l'exclusion des larves et des individus sexués de leur propre espèce.

J'ai déjà dit que l'*Anergates* n'avait pas de neutres et que les mâles étaient aptères et peu actifs par suite de la singulière conformation de leur abdomen recourbé en dessous ; j'ajouterai que les femelles fécondes, ordinairement uniques dans un nid, ont l'abdomen extraordinairement dilaté, atteignant la grosseur d'un pois, avec les lames des segments comme perdues au milieu de la membrane incroyablement distendue qui les relie à l'état normal. Ces femelles sont donc incapables de se mouvoir, et ce sont leurs auxiliaires qui les transportent, à l'occasion, d'un lieu à un autre. Les deux sexes ne savent pas non plus manger seuls et sont dans une dépendance absolue de leurs alliés qui les nourrissent.

II. — POLYERGUS RUFESCENS. (1) — Le *Polyergus rufescens* est la fourmi seigneuriale par excellence. Hors la guerre et le pillage, elle est incapable de toute industrie et mourrait même de faim à côté de sa nourriture si ses auxiliaires ne lui donnaient la becquée. Ses mandibules étroites, arquées et sans dentelures, lui interdisent tout travail, et la présence d'alliées industrieuses est la condition essentielle de son existence. Aussi n'a-t-elle d'autre préoccupation que de renouveler son personnel domestique, et, du milieu de juin au commencement de septembre, mais surtout en juillet et août, on peut voir ses colonnes envahisseuses faire des sorties presques journalières, à la recherche des nids de *Formica fusca* et *rufibarbis*. Ses expéditions n'ont jamais lieu le matin, mais presque constamment entre 2 et 5 heures de l'après-midi, et je vais laisser Huber nous raconter celle qui fut entreprise sous ses yeux contre une fourmilière de *F. fusca*.

« (2) A cinq heures de l'après-midi je vois les amazones sortir « de leur retraite ; elles s'agitent, s'avancent au dehors de la « fourmilière ; aucune ne s'en écarte qu'en ligne courbe, de ma- « nière qu'elles reviennent bientôt au bord de leur nid ; leur « nombre augmente de moments en moments ; elles parcourent « de plus grands cercles , un geste se répète constamment entre « elles ! toutes ces fourmis vont de l'une à l'autre, en touchant « de leurs antennes et de leurs fronts le corselet de leurs com- « pagnes ; celles-ci, à leur tour, s'approchent de celles qu'elles « voient venir, et leur communiquent le même signal, c'est celui « du départ ; l'effet n'en est pas équivoque : on voit aussitôt celles « qui l'ont reçu se mettre en marche et se joindre à la troupe. « La colonne s'organise, elle avance en ligne droite, se dirige « dans le gazon ; toute l'armée s'éloigne et traverse la prairie ; « on ne voit plus aucune fourmi amazone sur la fourmilière.

---

(1) Le genre *Polyergus* comprend une autre espèce exotique, le *P. lucidus*, Mayr, de l'Amérique du Nord, qui a tout-à-fait les mêmes mœurs que son congénère européen. Toutefois il prend pour auxiliaire la *Formica Schaufussi*, Mayr, et non la *F. fusca*, bien que cette dernière vive aussi en Amérique.

(2) Huber, loc. cit. p. 193.

« La tête de la légion semble quelquefois attendre que l'arrière-
« garde l'ait rejointe ; elle se répand à droite et à gauche sans
« avancer ; l'armée se rassemble de nouveau en un seul corps, et
« repart avec rapidité. On n'y remarque aucun chef ; toutes les
« fourmis se trouvent tour-à-tour les premières, elles semblent
« chercher à se devancer ; cependant, quelques unes d'entre elles
« vont dans un sens opposé ; elles redescendent de la tête à la
« queue, puis reviennent sur leurs pas et suivent le mouvement
« général ; il y en a toujours un petit nombre qui retournent
« en arrière, et c'est probablement par ce moyen qu'elles se
« dirigent.

« Arrivées à plus de trente pieds de leur habitation, elles s'arrê-
« tent, se dispersent et tâtent le terrain avec leurs antennes,
« comme des chiens flairent les traces du gibier ; elles découvrent
« bientôt une fourmilière souterraine : les noires-cendrées sont
« retirées au fond de leur demeure ; les fourmis légionnaires ne
« trouvant aucune opposition, pénètrent dans une galerie ouverte,
« toute l'armée entre successivement dans le nid, s'empare des
« nymphes et ressort par plusieurs issues ; je la vois aussitôt
« reprendre le chemin de la fourmilière mixte. Ce n'est plus une
« armée disposée en colonne, c'est une horde indisciplinée : ces
« fourmis courent à la file avec rapidité ; les dernières qui sortent
« de la fourmilière assiégée sont poursuivies par quelques-uns
« de ses habitants, qui cherchent à leur dérober leur proie ;
« mais il est rare qu'ils y parviennent.

« Je retourne vers la fourmilière mixte pour être encore témoin
« de l'accueil fait à ces spoliatrices par les noires-cendrées avec
« lesquelles elles habitent, et je vois une quantité considérable
« de nymphes amoncelées devant la porte ; chaque amazone y
« dépose son fardeau en arrivant et reprend la route de la four-
« milière envahie. Les noires-cendrées, quittant leurs travaux
« de maçonnerie, viennent relever ces nymphes les unes après
« les autres, et les descendent dans leurs souterrains ; je les vois
« même souvent décharger les fourmis roussâtres après les avoir
« touchées amicalement de leurs antennes, et celles-ci leur céder
« sans opposition les nymphes qu'elles ont dérobées.

« Suivons encore la troupe pillarde : elle retourne à l'assaut
« de la fourmilière qu'elle a déjà dévastée, mais ses habitants

« ont eu le temps de se rassurer et de placer de fortes gardes à « chaque porte. Les légionnaires, en trop petit nombre d'abord, « fuient lorsqu'elles voient les noires-cendrées en défense ; elles « retournent vers leur troupe, s'avancent et reculent à plusieurs « reprises, jusqu'à ce qu'elles se sentent en force ; alors elles se « jettent en masse sur une des galeries, chassent, mettent en « déroute les noires-cendrées ; toute l'armée s'introduit dans la « cité souterraine et enlève une grande quantité de larves qu'elle « emporte à la hâte ; mais on ne voit jamais les amazones emme- « ner de prisonnières ; ce n'est point aux fourmis qu'elles en « veulent, c'est à leurs élèves.

« A leur retour dans la fourmilière mixte, les amazones reçoi- « vent encore le meilleur accueil ; leurs noires-cendrées ont « serré la première récolte ; chaque fourmi pose derechef sa « nymphe à l'entrée de l'habitation, ou la remet immédiatement « à quelques noires-cendrées, et celles-ci s'empressent de les « emporter dans l'intérieur du nid.

« Croirait-on que ces intrépides guerrières retournèrent une « troisième fois au pillage ! Mais elles eurent à entreprendre un « siège dans les formes ; car les fourmis auxquelles elles avaient « enlevé, à deux reprises, leurs larves et leurs nymphes, s'étaient « hâtées de se retrancher, de barricader leurs portes, et de ren- « forcer la garde intérieure, comme si elles eussent prévu une « troisième attaque de la part des mêmes ennemies : elles avaient « rassemblé tous les morceaux de bois et de terre qui s'étaient « trouvés à leur portée, et les avaient accumulés à l'entrée de « leurs souterrains, dans lesquels elles étaient en force. Mes « légionnaires n'osent d'abord en approcher ; elles rôdent alen- « tour ou retournent en arrière, jusqu'à ce qu'elles soient suffi- « samment escortées ; le signal se communique dans la troupe ; « elles avancent en masse avec une impétuosité extraordinaire, « et lorsqu'elles sont parvenues sur la fourmilière ennemie, elles « écartent avec leurs dents et leurs pattes les obstacles qui se « présentent, se précipitent dans l'ouverture, malgré la résis- « tance des noires-cendrées, et pénètrent par centaines dans la « fourmilière. Elles en ressortent, en emportant fièrement leur « butin, et arrivent en corps à leur habitation ; mais cette fois, « au lieu de remettre à leurs associés le fruit de leurs rapines,

« elles l'introduisent elles-mêmes dans les souterrains, et n'en « ressortent plus de tout le jour. »

Ces expéditions ne sont pas toujours aussi pacifiques que le prétend Huber quand il dit qu'il meurt très peu de noires-cendrées sous la dent des amazones. Si les faits peuvent se passer ainsi quand il s'agit de la *Formica fusca*, fourmi très timide qui fuit et se défend peu, il en est tout autrement quand les sorties sont dirigées contre la *Formica rufibarbis* qui est plus vigoureuse et se défend vaillamment. Ebrard a vu des fourmilières de cette dernière espèce remplies de cadavres à la suite d'une expédition des *Polyergus* qui en mettent à mort une grande quantité. C'est M. Forel qui le premier a indiqué la manière dont le *Polyergus* exécute ses victimes : il leur saisit la tête entre ses mandibules de façon que la pointe de l'une soit fixée sur le front et celle de l'autre sous la gorge, puis il enfonce ses deux poignards dans le cerveau de son adversaire qui meurt bientôt, après quelques convulsions, et qui, en tous cas, lâche immédiatement son ennemi. Les fourmis qu'attaque le *Polyergus* ont tellement conscience de l'effet terrible de ses redoutables crocs, que la menace seule de s'en servir suffit souvent pour leur faire lâcher prise.

Toutes les amazones d'une fourmilière ne prennent pas part, à la fois, aux expéditions qui viennent d'être décrites ; chaque sortie n'est ordinairement effectuée que par un détachement, souvent même peu considérable, eu égard à l'ensemble de la population, et qui, d'après les observations de M. Forel, peut comprendre environ de 100 à 2000 combattants. Ces armées, dont l'allure rapide est évaluée par le même naturaliste à un mètre par minute, font parfois de longs trajets avant de découvrir un nid de *F. fusca* ou *rufibarbis*, et, après une marche plus ou moins hésitante, il n'est par rare de les voir revenir sans rapporter aucun butin. Ce fait semble démontrer que les sorties n'ont pas toujours lieu sur les indications d'une ou plusieurs ☿ ayant reconnu quelque gîte à esclaves, mais que souvent l'armée tout entière va à la découverte, comme au hasard, et guidée seulement par l'instinct particulier de chaque combattant, ce qui explique les hésitations et les changements de route dont parle Huber. Toutefois il paraît établi que, dans bien des cas, des reconnaissances individuelles sont faites par les amazones et que les renseignements acquis par quelques-unes servent ensuite à diriger l'armée dans ses futures expéditions.

Les *Polyergus*, comme d'ailleurs les autres fourmis expéditionnaires, ne rapportent, des fourmilières envahies, que des nymphes ou plus rarement des larves sur le point de se transformer. Ils dédaignent les jeunes larves que leurs auxiliaires seraient obligées de nourrir et qui absorberaient une partie des soins qu'ils entendent réserver pour eux et leur famille.

III. — Strongylognathus testaceus et huberi. — Les mandibules des *Strongylognathus*, analogues à celles des *Polyergus*, les rendent aussi incapables que ces derniers de pourvoir à leurs besoins ; ils paraissent pourtant pouvoir, à l'occasion, manger seuls, ce qui leur donnerait une supériorité sur l'espèce précédente, mais ils se laissent, le plus généralement, nourrir par leurs auxiliaires.

Le *S. testaceus* qui vit, comme je l'ai dit, avec le *Tetramorium cæspitum*, existe toujours en nombre si restreint dans une fourmilière, qu'il est difficile de l'apercevoir au milieu de la multitude de ses auxiliaires, et cette circonstance, jointe à sa faiblesse relative, rend incompréhensible jusqu'à ce jour le recrutement de ses esclaves et exclut la supposition de pillage à force ouverte, tel qu'il est pratiqué par les *Polyergus* et qu'il a été observé pour le *Strongylognathus Huberi* dont je parlerai tout à l'heure. Contrairement à ce qui a été constaté chez l'*Anergates atratulus*, on rencontre dans ses nids des nymphes de l'espèce auxiliaire, mais ces nymphes appartenant toujours à des neutres et jamais aux mâles et aux femelles, qu'on n'y voit pas davantage à l'état parfait, il faut en conclure que les *Tetramorium* ne se reproduisent pas dans le nid, mais y sont importés d'une manière qui nous échappe encore.

Le *Strongylognathus Huberi* est une espèce de même conformation que la précédente, mais un peu plus grande et plus robuste, et dont les mœurs, d'après les observations de M. Forel, se rapprochent beaucoup de celles du *Polyergus rufescens*. Ses fourmilières sont aussi nombreuses en individus que celles de cette dernière espèce, même par rapport au nombre des auxiliaires, et ses expéditions dans les nids des *Tetramorium* paraissent s'exécuter à peu près identiquement comme celle que j'ai rappelée plus haut d'après le récit d'Huber. Ils transpercent de la même façon la tête de leurs ennemis, et la menace de cet acte produit la même terreur sur les *Tetramorium* qui lâchent prise aussitôt. La seule différence qui existe entre ses combats et ceux du *Polyergus* c'est qu'il succombe un plus grand nombre de *Strongylognathus* par suite de la moindre disproportion entre les forces de l'assaillant et celles de son adversaire.

IV. — Formica sanguinea. — (1) Nous avons affaire ici à une fourmi à la fois puissante et industrieuse, qui sait fort bien se tirer d'affaire sans secours étranger, mais qui fort souvent aussi s'adjoint des esclaves pour l'aider dans ses occupations domestiques. Bien que les *Formica fusca* et *rufibarbis* lui fournissent, le plus souvent, son personnel d'auxiliaires, soit toutes deux ensemble, soit l'une d'elles seulement, la *F. sanguinea* s'adjoint aussi parfois d'autres espèces, comme je l'ai indiqué plus haut.

Les expéditions des *F. sanguinea* sont bien moins nombreuses que celles des *Polyergus* ; une même fourmilière n'en fait guère que deux ou trois par an, et souvent elles ont lieu le matin, vers 11 heures, ce qui n'a jamais été observé pour le *Polyergus* dont les sorties se font à une heure plus avancée. Leur tactique est aussi très différente, comme on va le voir par le récit suivant que j'emprunte à Huber :

« (2) Le 15 juillet, à 10 heures du matin, la fourmilière sanguine
« envoie en avant une poignée de ses guerriers. Cette petite
« troupe marche à la hâte jusqu'à l'entrée d'un nid de fourmis
« cendrées, situé à vingt pas de la fourmilière mixte : elle se
« disperse tout autour du nid. Les habitants aperçoivent ces
« étrangères, sortent en foule pour les attaquer, et en emmènent
« plusieurs en captivité ; mais les sanguines ne s'avancent plus,

(1) La *F. sanguinea* vit aussi dans l'Amérique du Nord et prend, comme en Europe, la *F. fusca* pour esclave.

(2) Huber, loc. cit. p. 251.

« elles paraissent attendre du secours ; de moment en moment « je vois arriver de petites bandes de ces insectes qui partent de « la fourmilière sanguine et viennent renforcer la première bri-« gade. Elles s'avancent alors un peu davantage et semblent « risquer plus volontiers d'en venir aux prises ; mais plus elles « approchent des assiégées, plus elles paraissent empressées à « envoyer à leur nid des espèces de courriers. Ces fourmis arri-« vent à la hâte, jettent l'alarme dans la fourmilière mixte, et « aussitôt un nouvel essaim part et marche à l'armée. Les san-« guines ne se pressent point encore de chercher le combat ; « elles n'alarment les noires-cendrées que par leur seule présence; « celles-ci occupent un espace de deux pieds carrés au-devant de « la fourmilière ; la plus grande partie de la nation est sortie « pour attendre l'ennemi.

« Tout autour du camp on commence à voir de fréquentes « escarmouches, et ce sont toujours les assiégées qui attaquent « les assiégeantes. Le nombre des noires-cendrées, assez consi-« dérable, annonce une vigoureuse résistance ; mais elles se « défient de leurs forces, songent d'avance au salut des petits « qui leur sont confiés, et nous montrent en cela un des plus « singuliers traits de prudence dont l'histoire des insectes nous « fournisse l'exemple.

« Longtemps avant que le succès puisse être douteux, elles « apportent leurs nymphes au dehors de leurs souterrains, et les « amoncellent à l'entrée du nid, du côté opposé à celui d'où « viennent les fourmis sanguines, afin de pouvoir les emporter « plus aisément si le sort des armes leur est contraire. Leurs « jeunes femelles prennent la fuite du même côté ; le danger « approche ; les sanguines se trouvant en force se jettent au « milieu des noires-cendrées, les attaquent sur tous les points, « et parviennent jusque sur le dôme de leur cité. Les noires-« cendrées, après une vive résistance, renoncent à la défendre, « s'emparent des nymphes qu'elles avaient rassemblées hors de « la fourmilière, et les emportent au loin. (1) Les sanguines les

« (1) N'est-il pas surprenant que les noires-cendrées, attaquées par les sanguines, « se conduisent différemment que lorsqu'elles ont affaire aux fourmis roussâtres ? « L'impétuosité de ces dernières ne leur laisse pas le temps de se défendre. La

« poursuivent et cherchent à leur ravir leur trésor. Toutes les « noires sont en fuite ; cependant on en voit quelques-unes se « jeter avec un véritable dévouement au milieu des ennemis, et « pénétrer dans les souterrains dont elles soustraient encore au « pillage quelques larves qu'elles emportent à la hâte.

« Les fourmis sanguines pénètrent dans l'intérieur, s'emparent « de toutes les avenues, et paraissent s'établir dans le nid dévasté. « De petites troupes arrivent alors de la fourmilière mixte, et « l'on commence à enlever ce qui reste de larves et de nymphes. « Il s'établit une chaîne continue d'une demeure à l'autre, et la « journée se passe de cette manière. La nuit arrive avant « qu'on ait transporté tout le butin : un bon nombre de sanguines « reste dans la cité prise d'assaut, et le lendemain, à l'aube du « jour, elles recommencent à transférer leur proie. Quand elles « ont enlevé toutes les nymphes, elles se portent les unes les « autres dans la fourmilière mixte, jusqu'à ce qu'il n'en reste « qu'un petit nombre.

« Mais j'aperçois quelques couples aller dans un sens contraire; « leur nombre augmente. Une nouvelle résolution a sans doute « été prise chez ces insectes vraiment belliqueux : un recrutement « nombreux s'établit sur la fourmilière mixte en faveur de la ville « pillée, et celle-ci devient la cité sanguine. Tout y est transporté « avec promptitude : nymphes, larves, mâles et femelles, auxi- « liaires et amazones, tout ce que renfermait la fourmilière « mixte est déposé dans l'habitation conquise, et les fourmis « sanguines renoncent pour jamais à leur ancienne patrie. Elles « s'établissent en lieu et place des noires-cendrées et de là en- « treprennent de nouvelles invasions. »

Cette migration finale n'est pas un fait constant et il est des cas où la *F. sanguinea* conserve son propre domicile, quand le nid pillé ne lui paraît pas offrir de sérieux avantages ; mais on a toutefois constaté que les déménagements fréquents font partie des habitudes de cette fourmi qui s'empare souvent aussi des nids de *Lasius* dont elle a chassé ou exterminé les habitants.

« tactique des assiégeants étant différente, celle des assiégés devait l'être aussi; « mais conçoit-on comment la nature leur a appris a proportionner les précautions « au danger ?

Parfois même elle possède de la sorte plusieurs demeures construites ou volées qu'elle habite concurremment ou alternativement.

Je ne dirai rien des autres fourmilières mixtes signalées plus haut, qui n'ont été observées que très-accidentellement et sur l'origine desquelles on n'a que des données fort incertaines.

7. — Relations avec les pucerons et les gallinsectes. — Nous venons de voir certaines fourmis s'adjoindre des esclaves pour les aider ou les remplacer dans leurs travaux, nous allons parler maintenant d'un fait non moins curieux et plus fréquent, qui paraît tout aussi incroyable, et qui a fait jeter à Huber ce cri d'admiration : on n'eût pas deviné que les fourmis fussent des peuples pasteurs !

Beaucoup de fourmis, en effet, ont leurs troupeaux, leur bétail, leurs vaches à lait, qu'elles soignent, qu'elles parquent, qu'elles défendent contre leurs ennemis, et dont elles attendent en retour un aliment précieux qui ne leur est pas marchandé. Ces animaux domestiques, utiles à un grand nombre d'espèces et indispensables à quelques unes, sont les pucerons et les coccides ou gallinsectes. Les pucerons sont connus de tout le monde, au moins sous leur forme aptère, et souvent trop connus à cause des dégats qu'ils causent dans nos jardins et nos plantations. Ils passent leur vie à sucer la sève des tiges, des feuilles ou même des racines qu'ils piquent au moyen de leur trompe aiguë, et leur multiplication est souvent un fléau pour certains arbustes. En les examinant d'un peu près on les voit, de temps en temps, faire sortir par l'anus une goutte de liqueur limpide qu'ils lancent au dehors par un mouvement ressemblant, dit Huber, à une espèce de ruade. Les Coccides (Kermès, Cochenilles, etc.) sont de curieux insectes, moins connus que les pucerons, et qui ne présentent le plus souvent, à l'observateur superficiel, que l'apparence de petites galles intimement appliquées et comme soudées au végétal qui les nourrit. De même que les pucerons, ils sucent la sève des plantes et éjaculent, à certains intervalles, une goutte de liqueur sucrée par l'ouverture anale qui parfois termine l'abdomen, mais qui, chez le plus grand nombre, est située à la partie dorsale de leur carapace. Cette liqueur, qui n'est autre que le résidu excrémentiel de la digestion des Aphides et des Coccides, est très-appréciée par les fourmis qui la recueillent avec avidité et en font leur principale et quelquefois leur unique nourriture. Les anciens observateurs, et Huber lui-même, avaient pensé que les fourmis recherchaient surtout une sécrétion visqueuse qui s'échappe des deux espèces de cornes ou tubercules que la plupart des pucerons portent à l'extrémité de l'abdomen, mais les études entreprises par M. Forel (1) ont démontré que, chez les pucerons de même que chez les gallinsectes, c'est bien le produit des déjections anales et non une sécrétion quelconque qui sert de nourriture aux fourmis, et que si elles lèchent parfois les goutelettes sortant des tubercules dont j'ai parlé, c'est tout à fait à titre accessoire et exceptionnel. Les excréments des Aphides et des Coccides ne sont d'ailleurs que des sucs végétaux digérés et transformés par les glandes du canal intestinal en un liquide clair et sucré qui, lorsqu'il est rejeté sur les feuilles environnantes, les couvre d'un enduit luisant et visqueux.

Les fourmis n'attendent pas la sortie naturelle de la goutte convoitée, mais savent la provoquer par des sollicitations auxquelles obéissent très-bien les petits pourvoyeurs qui alors ne font que présenter le liquide sans le faire jaillir au loin comme lorsqu'ils s'en débarrassent naturellement. Huber, qui a très-bien observé la manœuvre employée dans ce cas par les fourmis, décrit ainsi les procédés de l'une d'elles : (2)

« Je la vois d'abord passer sans s'arrêter sur quelques pucerons
« que cela ne dérange point, mais elle se fixe bientôt auprès d'un
« des plus petits ; elle semble le flatter avec ses antennes, en
« touchant l'extrémité de son ventre alternativement de l'une et
« de l'autre avec un mouvement très vif (pl. V. fig. 12) ; je vois
« avec surprise la liqueur paraître hors du corps du puceron et
« la fourmi saisir aussitôt la goutelette qu'elle fait passer dans

(1) Forel : Etudes myrmécologiques en 1875. (Bull. soc. vaud. sc. nat. vol. XIV. page 38.)

(2) Huber, loc. cit. p. 162.

« sa bouche. Ses antennes se portent ensuite sur un autre puceron « beaucoup plus gros que le premier ; celui-ci, caressé de la « même nature, fait sortir le fluide nourricier en plus grande « dose ; la fourmi s'avance pour s'en emparer ; elle passe à un « troisième qu'elle amadoue comme les précédents en lui don- « nant plusieurs petits coups d'antennes auprès de l'extrémité « postérieure de son corps ; la liqueur sort à l'instant et la four- « mi la recueille. Elle va plus loin : un quatrième, probablement « dejà épuisé, résiste à son action ; la fourmi, qui devine peut- « être qu'elle n'a rien à en espérer, le quitte pour un cinquième, « dont elle obtient sa nourriture sous mes yeux.

La manœuvre est absolument la même vis-à-vis des gallinsectes, et c'est toujours par des attouchements répétés des antennes, comparables, dit Huber, au mouvement des doigts dans un trille sur le piano, que les fourmis sollicitent et obtiennent la nourriture désirée. M. Forel a observé que les *Dactylopius*, dont l'anus est apical et mobile, élèvent l'abdomen pour offrir eux-mêmes la miellée aux fourmis qui les sollicitent ; les autres Coccides au contraire, qui sont incapables de mouvements, et même les pucerons, restent immobiles pendant la sortie de la goutte sucrée.

Certaines espèces de fourmis, comme les *Dolichoderus*, les *Pheidole*, les *Leptothorax*, etc. ne paraissent pas rechercher les pucerons ni les gallinsectes ; d'autres, comme les *Camponotus*, *Formica*, *Cremastogaster*, etc. vont les trouver sur les plantes qu'ils habitent, sans s'en occuper autrement que pour leur réclamer la liqueur nourricière ; mais un certain nombre d'espèces telles que les *Myrmica* et surtout les *Lasius*, les entourent de soins particuliers et construisent, pour ce petit bétail, de vraies étables pour les avoir constamment à leur portée et les mettre à l'abri des attaques de leurs ennemis ou des visites des fourmis étrangères.

Les *Lasius niger*, *alienus*, etc., établissent des chemins couverts en terre maçonnée qui, partant du nid, vont rejoindre la plante où se trouvent les pucerons qu'ils convoitent. Ces chemins arrivés au pied du végétal, se continuent le long de sa tige en galeries maçonnées dans lesquelles les pucerons se trouvent renfermés ; souvent même ces galeries s'élargissent en forme de cases, et servent à la fois de retraite pour le bétail et de chambre d'éducation pour les larves que les fourmis y transportent à certaines heures du jour.

Le *Lasius brunneus* entretient de très gros pucerons qui fréquentent l'écorce des arbres, et il les enferme sur place sous des voûtes construites au moyen des détritus de l'écorce pourrie. Quand on détruit ces voûtes, les *Lasius* emportent leurs pucerons, comme ils feraient de leurs larves ou de leurs nymphes.

Les *Myrmica* (*lævinodis*, *scabrinodis*, etc.) enferment également leurs pucerons dans des cases en terre dont les unes communiquent avec le sol par une galerie qui descend le long de la tige, et dont d'autres sont complétement isolées et munies seulement d'une petite ouverture pour l'entrée et la sortie des fourmis (1). Ces pavillons, placés souvent à 20 ou 30 centimètres au-dessus du sol, sont généralement traversés par la tige de la plante qui les supporte, et parfois les feuilles voisines sont utilisées pour en constituer la charpente.

Les *Lasius* jaunes (*flavus*, *umbratus*, etc.) ont une vie tout-à-fait souterraine et ne sortent presque jamais de leur nid. Ils ne vont donc pas sur les arbres à la recherche des pucerons, et n'étant ni chasseurs, ni butineurs, on pourrait se demander de quoi ils vivent si Huber ne nous avait appris qu'ils élèvent, dans leurs nids, des pucerons de racines, et que les produits liquides que leur fournissent ces vaches d'un nouveau genre constituent leur unique nourriture. C'est en creusant des canaux souterrains que les fourmis vont chercher les pucerons sur les racines qu'ils habitent, et elles les transportent dans leur demeure en les installant sur d'autres racines qui traversent le sol de leurs galeries

(1) Ce n'est pas seulement leur précieux bétail que les fourmis renferment dans des cases protectrices ; elles emploient encore le même procédé à l'égard d'une autre source de nectar, ainsi que nous l'apprend le Dr Adler, dans son magnifique travail sur la génération alternante des Cynipides. Il existe, nous dit-il, certaines galles de chêne, et notamment celles produites par l'*Andricus Sieboldi-testaceipes*, Hartig, dont l'enveloppe rouge laisse suinter une sécrétion gommeuse très-recherchée par les fourmis. Pour pouvoir jouir de cette liqueur sans être dérangées, elles construisent avec de la terre et du sable un revêtement complet autour des galles, et tout en travaillant pour leur propre compte, ces fourmis rendent un très-grand service aux larves de Cynipides en protégeant leur habitation contre les attaques de divers parasites. (Dr Adler : *Ueber den Generationswechsel der Eichen-Gallespen, 1880.*)

Ce qui démontre e l'importance qu'elles attachent à leur bétail, ce sont le ns assidus dont elles l'entourent et dont a si bien rendu pte Huber, dans son admirable livre tant de fois cité.

« Ell vaient grand soin des pucerons, dit-il (1), et ne leur « faist jamais de mal; ceux-ci ne paraissaient point les « cndre ; ils se laissaient transporter d'une place à une autre, « orsqu'ils étaient déposés, ils demeuraient dans l'endroit hoisi par leurs gardiennes; lorsque les fourmis voulaient les « déplacer, elles commençaient par les caresser avec leurs antennes, comme pour les engager à abandonner leurs racines, « ou à retirer leur trompe de la cavité dans laquelle elle était « insérée ; ensuite, elles les prenaient doucement par dessus ou « par dessous le ventre avec leurs dents, et les emportaient avec « le même soin qu'elles auraient donné aux larves de leur espèce. « J'ai vu la même fourmi prendre successivement trois pucerons « plus gros qu'elle, et les transporter dans un endroit obscur. Il « y en eut un qui lui résista plus longtemps que les autres ; peut-« être ne pouvait-il pas retirer sa trompe, engagée trop profondé-« ment dans le bois. Je m'amusai à suivre tous les mouvements « que se donna la fourmi pour lui faire lâcher prise ; elle le ca-« ressait et le saisissait tour à tour jusqu'à ce qu'il eût cédé à « ses désirs. Cependant les fourmis n'emploient pas toujours les « voies de la douceur avec eux; quand elles craignent qu'ils ne « leur soient enlevés par celles d'une autre espèce et vivant près « de leur habitation, ou lorsqu'on découvre trop brusquement le « gazon sous lequel ils sont cachés, elles les prennent à la hâte « et les emportent au fond des souterrains. J'ai vu les fourmis « de deux nids voisins se disputer leurs pucerons ; quand celles « de l'un pouvaient entrer chez les autres, elles les dérobaient « aux véritables possesseurs, et souvent ceux-ci s'en emparaient « tour à tour ; car les fourmis connaissent tout le prix de ces pe-« tits animaux, qui semblent leur être destinés, c'est leur trésor; « une fourmilière est plus ou moins riche selon qu'elle a plus

(1) Huber, loc. cit. p. 172.

« ou moins de pucerons ; c'est leur bétail,
« et leurs chèvres. »

ortent à cer-

C'est encore Huber qui nous a appris que les rons sont l'objet, de la part des fourmis, des même ui fré- ceux de leurs propres femelles ; qu'elles les lèchent, les des et les transportent comme nous le leur avons vu faire à ie. de ceux de leur espèce.

Ces œufs, dont parle Huber, et qu'il dit contenir des cerons tout formés, sont les produits de la génération parthén génésique, et non les véritables œufs fécondés qui sont beaucoup plus rares et que le célèbre genevois ne parait pas avoir observés. Malgré ses patientes études, il n'a pas, d'ailleurs, épuisé la somme des merveilles que nous offrent les fourmis dans leurs rapports avec leurs animaux domestiques, et j'ai à rapporter des observations qui élargissent beaucoup le champ de notre admiration pour l'instinct de prévoyance qui caractérise quelques espèces. Mais, pour bien faire comprendre ce qui me reste à dire, il est nécessaire que je rappelle, en quelques mots, les phases singulières qui constituent le cycle évolutif des Aphides, et qui, entrevues par Bonnet et Réaumur, et étudiées depuis par plusieurs naturalistes, ne paraissent avoir été à peu près déterminées que tout récemment, par suite des belles et persévérantes recherches de M. Lichtenstein de Montpellier. (1)

D'après ce naturaliste, le cycle entier de l'évolution des Aphides comprend, en règle générale, et sauf des exceptions assez nombreuses, qu'il est inutile de signaler ici, quatre phases, caractérisées par autant de formes spéciales, dont chacune n'arrive à son état définitif qu'après quatre mues successives. Si nous prenons pour point de départ l'œuf fécondé, nous en voyons sortir un petit insecte qui, après avoir accompli ses mues, devient un gros puceron aptère et agame, la *pseudogyne fondatrice*, laquelle met au jour de petits pucerons qui, selon les cas, peuvent naître nus ou revêtus d'une enveloppe ovoïde protectrice. Ces nouveaux venus, après les mues normales, se transforment

(1) Lichtenstein : Considérations nouvelles sur la génération des pucerons, Paris, 1878.

RELATI[illegible]

Ce qui démontre tout [illegible] tail, ce sont les soi[illegible] bien rendu com[illegible] cité.

« Elles a[illegible] « faisaien[illegible] « crain[illegible] « et l[illegible] « c[illegible]

[illegible]sectes ailés, toujours agames, les *pseudo-*[illegible]ui sont chargées de porter aux plantes les suivantes. Ces ailés donnent naissance, tou-[illegible]ation ou bourgeonnement, à une génération ap-[illegible]*dogynes bourgeonnantes*, qui de même que leurs [illegible]uvent naître nues ou enveloppées d'une coque. Cette [illegible]n, à vie aérienne ou souterraine, peut se reproduire indéfiniment par gemmations successives, en donnant [illegible]ance à des êtres semblables à leurs parents. Ce sont les in-[illegible]tes de cette phase, de beaucoup la plus nombreuse en individus, qui ont été l'objet des études de Bonnet, et c'est probablement sur eux aussi qu'ont porté les observations d'Huber. Au milieu de cette population sans cesse renouvelée, et sous l'influence de certaines causes qui nous échappent encore, quelques individus se transforment en un insecte ailé, la *pseudogyne pupifère*, encore agame, mais recélant dans ses flancs des pupes de deux dimensions d'où sortiront, après qu'elle les aura déposées, de petits pucerons aptères, le plus souvent dépourvus de rostre, mais sexués, les uns mâles, les autres femelles, dont le premier soin sera de s'accoupler, après quoi la femelle pondra l'œuf unique ou les œufs fécondés qui deviendront le point de départ d'une nouvelle série d'évolutions comme celle que je viens de passer en revue. Chez certains genres, la *pseudogyne pupifère* n'existe pas, et les sexués se développent directement et séparément, le mâle sous forme ailée et la femelle sous forme aptère.

Après cet exposé sommaire, indispensable pour l'intelligence de ce qui va suivre, je laisse la parole à M. Lichtenstein pour nous faire part d'une des plus curieuses observations qui aient été faites sur les mœurs des fourmis.

« Quand, vers les premiers jours de juillet, dit cet entomolo-
« giste, (1) on arrache quelques touffes de graminées (*Setaria*
« *viridis, Set. verticillata*), on trouve à peu près une plante sur
« dix aux racines de laquelle s'est fixé un gros puceron ailé, à

(1) Annales de la Société entomologique de France, 5e serie, tome X, 1880, Bulletin page CIII.

« abdomen vert, avec une grande tache discoïdale et des points « sur les côtés de couleur noire. C'est le *Schizoneura venusta*, « Passerini. Ce puceron est un *pseudogyne émigrant* qui arrive « je ne sais d'où et se pose au collet de la plante ; là, faible, in- « capable de se frayer une route souterraine, il attend quelque « ami pour l'aider à atteindre les racines où il doit déposer sa « progéniture. Il n'attend pas longtemps : la première fourmi « qui passe, s'arrête, l'examine et court avertir ses compagnes. « Bientôt une demi-douzaine de fourmis arrivent et commencent « par lacérer les ailes de l'Aphidien pour qu'il ne s'échappe pas; « en même temps elles creusent, avec une rapidité inouïe, une « descente facile, un petit tuyau, dans lequel s'engage le *Schi-* « *zoneura*, et qui le conduit droit à une radicelle sur laquelle « il se fixe. Autour de lui un petit réduit est aussitôt pratiqué « par ses intelligentes protectrices qui l'entourent de soins et en « sont récompensées par les sucs que le puceron et sa progéni- « ture vont leur fournir. Tous les pucerons de cette phase ont les « ailes arrachées. J'ai déjà fait anciennement la remarque qu'un « autre Homoptère vivant avec les fourmis (*Tettigometra par-* « *viceps*, Sign.) est traité de même et se voit privé de ses ailes « dans les fourmilières.

« Mais, si les pucerons émigrants et arrivant aux racines sont « aidés puissamment par les fourmis, au détriment de leurs ailes, « la phase pupifère, c'est-à-dire celle qui abandonne les racines « pour rapporter aux arbres les sexués, leur doit encore bien « plus de reconnaissance. Ce sont les fourmis encore qui, quand « les pucerons souterrains prennent des ailes, leur ouvrent une « voie pour arriver à l'extérieur.

« C'est le hasard qui m'en a fourni la preuve. Quand je trouve « la racine d'une plante garnie de pucerons, je la mets dans un « vase avec de la terre pour attendre le développement des ailés. « Comme la majeure partie des insectes est ensevelie sous la terre, « j'ai ordinairement trois ou quatre éclosions provenant des « nymphes qui se sont trouvées à la surface. Or, récemment, « dans un vase où j'avais mis des racines de marguerite (*Aster* « *sinensis*), toutes garnies de pucerons encore inconnus (*Pem-* « *phigus asteris* mihi), je fus étonné de voir, un beau matin, « une trentaine d'ailés. Avec les pucerons j'avais introduit dans

« le vase une cinquantaine de fourmis, et ces travailleuses s'étaient « mises à l'œuvre et avaient criblé la terre de nombreuses ou- « vertures. Ces ouvertures communiquaient toutes aux points « des racines d'*Aster* où se trouvaient les pucerons, et chaque « fois qu'une nymphe prenait des ailes, elle trouvait une issue « toute prête pour s'échapper et s'envoler dans les airs. Ici, les « fourmis n'arrachaient plus les ailes. Ces fourmis protectrices « me paraissent appartenir au genre *Lasius* et à l'espèce *fuli-* « *ginosus* Latr. »

Sir John Lubbock, dans un de ses derniers mémoires, (1) rapporte un fait qui confirme, en quelque sorte, les observations de Lichtenstein. Dans un nid de *Lasius flavus* qu'il conservait chez lui pour servir à ses études, se trouvaient quelques œufs d'où sortirent, à un moment donné, des pucerons destinés à vivre à l'air libre et que, pour cette raison, Lubbock essaya en vain de nourrir avec des racines. Ces pucerons cherchaient à sortir du nid et, chose curieuse, ils étaient souvent emportés au dehors par les fourmis elles-mêmes qui évidemment savaient ce qui leur manquait, mais étaient impuissantes à le leur fournir. Aussi ces pucerons mouraient-ils sans se développer et sans prendre de nourriture. Un jour cependant, il se trouva qu'un vase contenant quelques plantes champêtres et notamment des paquerettes, fut placé dans le voisinage du nid qui renfermait quelques jeunes pucerons récemment éclos. Plusieurs d'entre eux furent portés par les fourmis sur le végétal qu'ils ne quittèrent plus et où ils semblèrent prospérer. Leurs protectrices leur construisirent une petite loge en terre, et les choses restèrent ainsi pendant tout l'été. En octobre les pucerons avaient pondu des œufs destinés à passer l'hiver et semblables à ceux que les fourmis avaient conservés, l'hiver précédent, dans leur nid.

Ainsi donc les fourmis soignent les pucerons, non seulement lorsqu'elles en retirent un profit direct et immédiat, mais elles sont encore mieux au courant que nous de leur biologie, leur

---

(1) Observations on Ants, Bees and Wasps. Part. VII (Linnean Society's Journal Zoology. Vol. XV, 1880. p. 18?.)

facilitent l'accomplissement de leur mission propagatrice soit en les transportant elles-mêmes ou en leur ouvrant le chemin qui doit les laisser échapper, soit enfin en mettant leurs œufs à l'abri des intempéries et des dangers extérieurs ; et cela sans avoir, dans certains cas, à en retirer un avantage actuel; mais par une prévoyance aussi raisonnée que celle du laboureur qui cultive et sème son champ en vue d'une récolte qui n'existera que plus tard et qu'il ne peut se représenter que par un acte intellectuel basé sur l'expérience acquise. Pour les pucerons de la phase *émigrante*, devant donner naissance à des colonies de *bourgeonnants* qui se perpétueront dans leur nid, ces intelligentes petites bêtes ont soin de les traiter comme leurs propres femelles, c'est-à-dire de leur arracher les ailes pour qu'ils ne s'échappent pas, car eux et leur descendance doivent leur payer en produits nourriciers le bienfait qu'ils ont reçu d'elles ; quant aux pucerons de la phase *pupifère*, d'où naîtront des sexués, sans rostre et, par conséquent, incapables de puiser les sucs qu'ils devraient élaborer pour les rendre aux fourmis, ils sont simplement mis en liberté comme des êtres actuellement inutiles, mais ils sont toutefois respectés, car c'est d'eux que doit dépendre l'existence d'un nouveau troupeau de vaches laitières dont les fourmis s'empareront plus tard pour les enfermer dans leurs étables. Je ne crois pas cependant, comme semble l'admettre M. Lichtenstein, que les fourmis, en ouvrant leurs galeries souterraines, aient pour but principal de faciliter aux pucerons leur entrée dans le sol ou leur sortie à l'extérieur ; je pense plutôt qu'elles obéissent à leurs habitudes fouisseuses et qu'elles cherchent surtout à se creuser des canaux pour elles-mêmes. Mais ce qui me semble fort remarquable, c'est la différence du traitement subi par les pucerons dans les deux cas signalés, c'est-à-dire, d'une part, l'emprisonnement et la mutilation de ceux que les fourmis ont intérêt à retenir, et, d'autre part, la mise en liberté, avec respect des organes du vol, pour ceux dont la fuite doit, au contraire, leur être profitable.

D'autres insectes, et notamment certaines larves d'*Homoptères*, paraissent rendre aux fourmis les mêmes services que les pucerons et les gallinsectes ; on a même signalé les *Odontomachus* exotiques comme ayant des rapports analogues avec les *Termites*, mais ces faits ont été trop peu observés jusqu'à ce jour pour qu'on puisse les établir comme certains, et je ne m'y arrêterai pas.

8. — Insectes myrmécophiles. — Un certain nombre d'insectes de tous ordres, mais surtout des coléoptères, se rencontrent dans les fourmilières, et paraissent vivre en bonne intelligence avec les farouches propriétaires du nid qu'ils partagent. Parmi ces insectes, il en est pour lesquels cette cohabitation n'est pas un fait constant et qui mènent souvent une vie indépendante, mais on en connaît d'autres dont l'existence paraît intimement liée à celle des fourmis et qui ne se trouvent jamais que dans les nids d'une ou plusieurs espèces déterminées. Il y a longtemps que ces faits ne sont ignorés d'aucun entomologiste, mais ils n'ont pas encore été expliqués d'une manière satisfaisante, et les opinions divergent sur la nature des rapports qui peuvent exister entre les fourmis et leurs hôtes. D'après Müller et Lespès, certains coléoptères, tels que les *Claviger* et les *Lomechusa*, seraient nourris par les fourmis qui, en retour, profiteraient de quelque sécrétion abdominale ; d'autres naturalistes tiennent, au contraire, cette opinion pour très-incertaine, et ne voient dans les habitants des fourmilières, que des parasites directs ou indirects, c'est-à-dire s'attaquant personnellement à leur hôtes, ou vivant seulement à leurs dépens. Il est évident qu'aucun myrmécophile n'est nécessaire aux fourmis, puisque très-souvent, ils font défaut chez les espèces dont les nids en renferment à l'ordinaire ; mais il n'est pas moins bien établi que plusieurs d'entre eux, qu'on ne rencontre jamais qu'au milieu des fourmis, sont non seulement tolérés par ces dernières, mais encore soignés avec une grande sollicitude, et, s'il n'est pas prouvé que ces petits animaux soient nourris par les ouvrières qui leur dégorgent la miellée, comme le prétend Lespès, aucune observation contraire n'autorise à infirmer cette assertion. Ces êtres si choyés ne peuvent donc guère être considérés comme des ennemis de leur bienfaitrices, et il me paraît difficile d'admettre que les fourmis, dont l'intelligence est si remarquable, s'abuseraient à ce point de soigner et de protéger des traîtres ou des indifférents qui, pour prix de leurs bienfaits, chercheraient à leur nuire ou même ne leur seraient d'aucune utilité. Je crois plutôt, avec la majorité des auteurs, que ces hôtes constants des fourmis sont pour elles une source d'utilité ou d'agrément, soit qu'ils leur procurent, comme les font les pucerons, quelqus mets délicat, soit qu'on les considère, ainsi que l'ont avancé quelques naturalistes, comme de simples animaux de luxe que les fourmis nourrissent à cause de l'odeur qu'ils répandent ou pour tout autre motif qui peut nous échapper.

Je ne parle ici, bien entendu, que des vrais myrmécophiles, et non de cette foule d'insectes qu'on rencontre dans les fourmilières, et dont le parasitisme ne peut être mis en doute. Tels sont un grand nombre de coléoptères carnassiers, quelques hyménoptères, diptères, et d'autres encore ; mais il est à remarquer que tous les insectes dont l'hostilité a été constatée, ne sont pas l'objet des bons offices des fourmis, et que, tout au plus, les tolèrent-elles, sans s'en occuper d'aucune manière.

Le nombre des insectes, amis ou ennemis, trouvés dans les fourmilières, est fort considérable, et la majorité comme je l'ai dit, fait partie de l'ordre des Coléoptères.

Parmi ces derniers, le plus grand nombre appartient à la famille des Brachélytres ; puis viennent les Psélaphides, les Clavigérides, les Paussides, les Scydménides. On y rencontre également quelques Trichoptérides, de rares Histérides, plusieurs Lathridiides, etc, etc. Les Hémiptères comptent aussi un petit nombre de myrmécophiles ; les Orthoptères y sont représentés par le *Myrmecophila acervorum* Panz., et les Hyménoptères, les Diptères et les Thysanoures figurent eux-mêmes pour quelques espèces parmi les hôtes des fourmis. En dehors des insectes proprement dits, on peut citer les *Enyo* et quelques Acariens appartenant à la classe des Arachnides, et enfin un petit crustacé isopode ; le *Platyarthrus Hoffmanseggi* Brandt, qui n'est pas rare chez plusieurs espèces de fourmis.

Quelques insectes, qu'on rencontre dans les fourmilières, y sont attirés par la présence des substances alimentaires dont le nid peut être composé, et n'ont aucun rapport avec ses habitants. C'est ainsi que les nids à matériaux, comme ceux des *F.*

rufa, pratensis, exsecta, etc, recèlent souvent des larves de certains coléoptères (*Cetonia*, *Clythra*, etc,) qui ne paraissent s'attaquer qu'aux débris de toutes sortes dont le dôme est formé. Ces amas de brindilles doivent aussi être l'objectif de plusieurs petits xylophages qui fréquentent les nids des mêmes espèces et qui doivent y trouver la table et le logement.

Je ne m'étendrai pas davantage sur cette question, encore obscure en certains points, des insectes myrmécophiles et je n'entreprendrai pas non plus de donner la nomenclature de ceux actuellement connus. Je me contenterai de renvoyer le lecteur qui pourrait s'y intéresser à la longue liste que j'en ai dressée ailleurs (1), en faisant observer que cette liste est, à la fois, incomplète en ce qu'elle ne signale pas tous les myrmécophiles rencontrés jusqu'à ce jour, et surabondante en mentionnant un grand nombre d'insectes qui n'ont été trouvés qu'accidentellement dans les fourmilières.

§ IV. — DISTRIBUTION GÉOGRAPHIQUE

Les fourmis sont des insectes amis de la chaleur, et plus on se rapproche de l'équateur, plus leurs espèces se multiplient, pour atteindre leur maximum de développement dans les régions intertropicales et disparaître presque complètement après vers le 65e degré de latitude. Sur plus de 1500 espèces aujourd'hui connues et réparties dans environ 130 genres, l'Europe proprement dite, en compte à peine 120, et la disproportion s'accentue encore si l'on songe que la Faune européenne peut être considérée comme à peu près fixée, tandis que les autres régions sont encore presque inexplorées au point de vue myrmécologique, et que le nombre des espèces cataloguées est destiné à s'accroître considérablement par suite des recherches ultérieures des naturalistes. L'Europe, prise isolément, nous offrira la même répartition, et tandis que l'Angleterre, d'après le dernier recensement de M. Saunders, ne

(1) André : Description des Fourmis d'Europe, pour servir à l'étude des insectes myrmécophiles (Revue et magasin de zoologie, 3e série, tome 2, 1874, p. 152 et suiv.).

nourrit que 29 espèces ou races, M. Emery en compte 93 en Italie, et j'en connais moi-même plus de 80 qui vivent dans la France continentale.

Ce qui caractérise surtout les fourmis au point de vue géographique, c'est la grande extension de leur habitat et le cosmopolitisme de beaucoup d'espèces. Aucune famille animale ne présente, je crois, cette diffusion à un même degré, et la patrie des insectes en particulier est généralement beaucoup plus limitée. Les fourmis, au contraire, se rencontrent dans les pays les plus divers, pourvu qu'ils présentent les mêmes conditions de température et d'altitude, et certaines espèces intertropicales se trouvent dans les régions chaudes du monde entier. Aussi est-il très-difficile d'employer, pour nos fourmis, des indications précises d'une patrie déterminée, comme on a l'habitude de le faire dans les ouvrages descriptifs. MM. Emery et Forel, dans leur remarquable catalogue (1), ont remplacé, la plupart du temps, les citations géographiques par l'indication des isothères maxima et minima qui servent de limite à la dispersion des espèces, en établissant comme principe qu'entre les mêmes isothères elles s'étendent presque toujours de l'est à l'ouest de l'Europe, sans distinction et sans interruption.

Ce système, dont je reconnais toute la valeur, ne me parait pas devoir être adopté dans ce travail, pour deux raisons : la première c'est que je dois, autant que possible, conserver l'unité du plan adopté dans l'ensemble de l'œuvre dont je n'écris qu'une faible partie, et la seconde c'est que, pour un grand nombre d'entomologistes, ces indications de chiffres seraient sans valeur, car beaucoup d'entre eux n'ont pas à leur disposition des tables météorologiques, sans lesquelles on ne peut se rendre compte des régions comprises entre telles et telles de ces lignes théoriques.

Je me bornerai donc, quand je ne citerai pas les pays habités par les espèces décrites, à mentionner qu'elles se rencontrent dans l'Europe septentrionale, centrale ou méridionale, et, dans

(1) Emery et Forel : Catalogue des Formicides d'Europe (Mittheil. der Schweiz. entom. Ges. 1879).

bien des cas, cette énonciation sommaire suffira pour indiquer la patrie toujours assez étendue de chaque insecte.

C'est aussi à raison de cette grande extension d'habitat que je ne m'en tiendrai pas à la Faune européenne proprement dite, mais que je l'étendrai aux pays limitrophes de l'Afrique et l'Asie, parce qu'il est démontré que leur Faune est essentiellement européenne, que la plupart des espèces qui la composent se retrouvent dans l'Europe proprement dite, et qu'il est très-probable que le petit nombre de celles qui n'y ont pas encore été rencontrées y seront découvertes plus tard quand les recherches se seront multipliées sur tous les points du territoire.

Mon cadre géographique comprendra donc, en dehors de l'Europe : le nord du Maroc, l'Algérie, la Tunisie, les côtes de Tripoli et de l'Egypte, la péninsule du Sinaï, la Syrie, l'Asie Mineure, la Transcaucasie, le nord de la Perse, le Turkestan et la Sibérie.

Enfin, quand des espèces faisant partie de la Faune assez étendue que j'embrasse, auront été signalées comme vivant aussi en dehors de son domaine, j'indiquerai, d'une façon sommaire, leur habitat exotique pour donner une idée plus précise de la dispersion de ces espèces à la surface du globe. Toutefois on comprend que ces données seront forcément très incomplètes et qu'il restera sur ce point bien des lacunes à combler, car les régions extra-européennes sont loin d'avoir été explorées sérieusement au point de vue qui nous occupe, et la Faune myrmécologique de la majeure partie de ces contrées est encore à peine soupçonnée quand elle n'est pas tout à fait inconnue.

§ V. — ARRANGEMENT DES COLLECTIONS

Pour terminer cette introduction déjà longue et pourtant bien sommaire, je crois utile de donner quelques conseils pratiques sur la façon d'organiser une collection de Fourmis, afin d'en faciliter l'étude et de permettre au travailleur d'en tirer le meilleur parti possible. Chaque espèce étant composée de trois formes très différentes, il convenait de trouver un mode d'arrangement qui permît, à la fois, d'envisager d'un coup d'œil les trois sexes d'une espèce donnée, tout en laissant la facilité de comparer rapidement entre eux les mâles, les femelles et les ouvrières de toutes les espèces d'un même genre. Je crois avoir résolu ce double problème par une disposition fort simple qui consiste à faire figurer dans la collection, avec une étiquette spéciale, chaque sexe d'une espèce sur une ligne horizontale, puis à placer dans le même ordre l'espèce suivante au dessous de la première, la troisième au dessous de la seconde, et ainsi de suite de façon que toutes les ouvrières, toutes les femelles et tous les mâles se correspondent sur une même ligne verticale. Cet ordre une fois établi, veut-on examiner l'ensemble des trois formes d'une espèce, on les trouve réunies en parcourant les rangs horizontaux ; veut-on au contraire, comparer le même sexe chez les différentes espèces, on n'a qu'à suivre, de haut en bas, les rangs verticaux.

Pour mieux faire comprendre cette méthode, je donne plus loin un tableau figuré de l'arrangement du genre *Formica* disposé de cette façon dans un carton ordinaire, du modèle 25 sur 19 cent., qui est le plus généralement adopté.

A B C D représente l'intérieur de la boîte qui est divisée en deux moitiés par un trait noir E F et est placée transversalement devant l'observateur, la charnière du couvercle étant représentée par la ligne A B.

FAC SIMILE

de l'arrangement d'une collection de fourmis

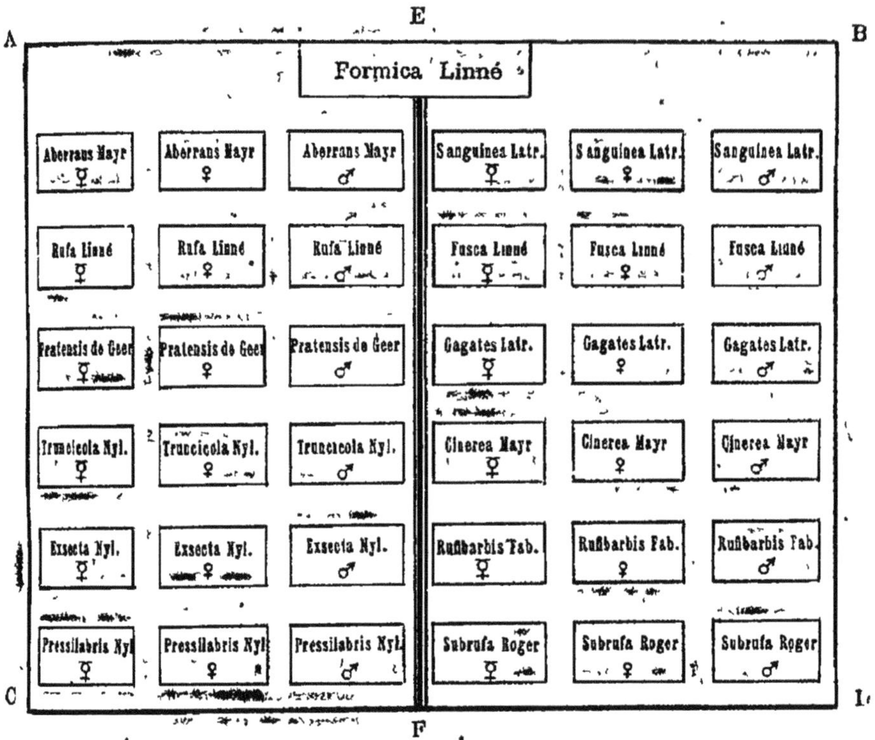

BIBLIOGRAPHIE SPÉCIALE

DES OUVRAGES TRAITANT DES FOURMIS D'EUROPE ET PAYS VOISINS (1)

1. **André (Ernest)** 1874 Manuel descriptif des Fourmis d'Europe pour servir à l'étude des insectes myrmécophiles — *Revue et mag. de Zoologie, 3e série, tome 2, p. 152.*

2. — 1881 Description du Monomorium Abeillei — *Annali del mus. civ. di Stor. nat. di Genova, vol.* XVI, *p. 531, en note.*

3. — 1881 Description de trois nouvelles espèces de fourmis — *Ann. soc. ent. fr. 6e série, tome I, Bull. p.* XLVIII-L.

4. — 1881 Catalogue raisonné des Formicides provenant du voyage en Orient de M. Abeille de Perrin et description des espèces nouvelles — *loc. cit. 6e série, tome I p. 53-78.*

5. **Audouin (J.-V.)** 1825 à 1827 Explication sommaire des planches d'insectes de l'ouvrage de la commission d'Egypte (Voy. Savigny).

Boyer de Fonscolombe Voy. Fonscolombe.

6. **Brullé (A)** 1836 Expédition scientifique de Morée. Section des sciences physiques. Tome III, 1re partie. Insectes, p. 326.

7. — 1839 Animaux articulés recueillis aux îles Canaries, par MM. Webb et Berthelot. — *Paris, in-4.*

8. **Buckley (S. B.)** 1866 et 1867 Descriptions of new species of North American Formicidæ — *Proceedings of the ent. soc. of Philadelphia; 1866, p. 152-172 et 1867, p. 335-350.*

9. **Charsley** 1877 Ponera tarda, nov. sp. found in Britain — *Ent. montly mag. vol.* XIV, *p. 162.*

---

(1) J'ai admis dans cette liste un certain nombre de travaux sur les fourmis exotiques, quand ces travaux mentionnaient quelques espèces se retrouvant dans l'étendue de la faune européo-méditerranéenne.

10. **Christ (J. L.)** 1791 Naturgeschichte. Classific. und Nomencl. der Insecten vom Bienen, Wespen und Ameisengeschlecht, etc. — *Frankfurt a M. Hermann, in-4.*

Cornelius et von Hagens Voy. Hagens (von).

11. **Courtiller** 1863 Formica 4-maculata — *Mém. de la Soc. linéenne du dép. de Maine-et-Loire.*

12. **Curtis (John)** 1829 Myrmecina Latreillei — *British Entomology, being illustrations, etc. tome* VI.

13. — 1854 On the Genus Myrmica and other indigenous Ants — *Transactions of the Linnean Society of London vol.* XXI, *part.* III, *p. 211-220.*

14. **Czwalina (D^r^)** 1878 Neues aus dem Leben der Ameisen — *Schriften der Phys. Œkon. Gesellschaft in Kœnigsberg, années 17 et 18.*

15. **De Geer (Karl)** 1778 Mémoires pour servir à l'histoire des insectes, tome VII, in-4.

16. **Delpino (Fed)** 1872 Sui rapporti delle formiche colle tettigometre e sulla genealogia degli afidi e dei coccidi — *Bull, soc. ent. ital. p. 343.*

17. — 1875 Altre osservazioni sui rapporti tra cicadelle e formiche — *loc. cit. p. 61.*

18. **Dewitz (Dr H.)** 1877 Ueber Bau und Entwickelung des Stachels der Ameisen — *Zeitschrift f. wiss. zool. tome* XXVIII *p. 527-556.*

19. — 1878 Beitræge zur postembryonalen Gliedmassenbildung bei den Insecten — *Zeitschr. für wiss. zool. tome* XXX *Supp. p. 78-105.*

20. — 1878 Ueber die Bildung der Brustgliedmassen bei den Ameisen — *Sitzber. der Gesellsch. Naturf. Freunde, Berlin, p. 122-125.*

21. — 1878 Nachtrag zu « Beitræge zur postembryonalen Gliedmassenbildung bei den Insecten » — *Zeitschr. für wiss. zool. tome* XXXI, *p. 25-28.*

22. **Dours (A)** 1874 Catalogue synonymique des Hyménoptères de France, — *Amiens, 1 vol. in-8.*

23. **Drury (Drew.)** 1770 et 1773 Illustrations of natural History, — *London, tomes* I *et* II.

24. **Dufour (Léon)** 1856 Note sur la Formica barbara — *Ann. soc. ent. fr. 3e série. tome* IV, *p. 341-343.*

25. — 1857 Mélanges entomologiques : III sur la Micromyrma

pygmæa, nouveau genre de Formicides — *loc. cit. 3e série, tome* v, *p. 60-64.*

26. — 1862 Note sur la Formica Savignyi — *loc. cit. 4e série, tome* II, *p, 141,*

27. **Ebrard (Dr E.)** 1861 Nouvelles observations sur les Fourmis. — *Bibliothéque universelle et revue suisse. Genève, juillet 1861 p. 466.*

28. **Elditt (H. L.)** 1847 Die Ameisenkolonien und deren Mitbewohner — *Physic-œcon. Gesellschaft zu Kœnigsberg, tome* I *p. 353.*

29. **Emery (Dr C.)** 1869 Enumerazione dei Formicidi che rinvengonsi nei contorni di Napoli, con descrizioni di Specie nuove o meno conosciute — *Annâli dell' Academia degli Aspiranti Naturalisti.*

30. — 1869 Formicidarum italicorum species duæ novæ — *Bull. soc. ent. ital, tome* I.

31. — 1869 G. Bothriomyrmex — *Annuario del mus. zool. della R. Univ. di Napoli, anno* v *p. 117.*

32. — 1870 Studi myrmecologici — *Bulletino della, soc. ent. italiana, vol.* II.

33. — 1875 Le Formiche ipogee con descr. di Sp. nuove o poco note — *Annali del museo civico di Storia naturale di Genova, vol.* VII, *p. 465.*

34. — 1875 Aggiunta alla nota sulle Formiche ipogee — *loc. cit. vol.* VII, *p. 895.*

35. — 1877 Catalogo delle Formiche del museo civico di Genova Part. I Mar Rosso e Bogos — *loc. cit. vol.* IX, *p. 363.*

36. — 1877 Saggio di un ordinamento naturale dei Myrmicidei e considerazioni sulla filogenesi delle Formiche — *Bull. soc. ent. ital. vol.* IX.

37. — 1878 Catalogo delle Formiche del museo civico di Genova Part. II Europa e regioni limitrofe in Africa e in Asia — *Annali del museo civico di Storia naturale di Genova, vol.* XII, *p. 43.*

38. — 1878 Liste des Fourmis de la collection de feu Camille Van Volxem, avec la description d'une espèce nouvelle — *Comptes-rendus de la Société entomologique de Belgique, séance du 5 janvier 1878.*

39. — 1880 Crociera del Violante, comandato dal capitano armatore Enrico d'Albertis durante l'anno 1877, Formi-

che — *Annali del museo civico di Storia naturale di Genova, vol.* XV, *p* 389.

40. — 1881 Spedizione italiana nell' Africa equatoriale. Risultati zoologici ; Formiche — *loc. cit, vol.* XVI, *p. 270.*

41. — 1881 Viaggio ad Assab nel Mar Rosso, dei signori. G. Doria ed O. Beccari con il R. Aviso « Esploratore » dal 16 novembre 1879 al 26 febbraio 1880. Formiche. — *loc. cit. vol.* XVI, *p. 525.*

42. **Emery et Forel** 1879 Catalogue des Formicides d'Europe — *Mittheil. der Schweiz. entom. Gesellsch. tome* v, *p. 441.*

43. **Emery et Cavanna** 1880 Escursione in Calabria, 1877-78. Formicidei. — *Bull. della Societa ent. Ital. vol.* XII *p. 123.*

44. **Erichson (W. F.)** 1842 Beitrag zur Insectenfauna von Van Diemensland — *Archiv für Naturgeschichte gegründet von Wiegmann, tome* VIII, *p. 83-287.*

45. **Fabricius (J. Chr.)** 1775 Systema Entomologiæ p. 391-396.

46. — 1776 Genera insectorum, p. 130.

47. — 1781 Species insectorum, tome I, p. 488-494.

48. — 1787 Mantissa insectorum, tome I, p. 307-311.

49. — 1793 Entomologia systematica emendata et aucta, tome II, p. 349-365.

50. — 1798 Entomologiæ systematicæ supplementum, p. 279-281.

51. — 1804 Systema Piezatorum secundum ordines, genera et species, p. 395-428.

52. **Fenger (W. H.)** 1863 Anatomie und Physiologie des Giftapparates bei den Hymenopteren. — *Troschels Archiv. f. Naturgesch. tome 29.*

53. **Fitsch (Dr Asa)** 1855 First Report on the noxious, beneficial and other Insects of the State of New York, — *1 vol. in*-8

54. **Flœgel (Dr J. H. L.)** 1878 Ueber den einheitlichen Bau des Gehirns in den verschiedenen Insektenordnungen — *Zeitschr. f. Wiss. Zoologie, tome XXX. Supp. p. 556.*

55. **Fœrster (Arnold)** 1850 Hymenopterologische Studien. I : Formicariæ : Aix-la Chapelle, in-4.

56. — 1850 Eine neue Centurie neuer Hymenopteren — *Verh. des Naturhist. Vereines der preussischen Rheinlande, tome VII.*

57. **Fonscolombe (Boyer de)** 1846 Notes sur huit espèces nouvelles d'Hyménoptères et de Névroptères trouvées aux environs d'Aix. — *Ann. soc. ent. Fr. 2e série, tome* IV, *p. 39-51 et Bull. p. 69.*

58. **Forel (Dr (Auguste)** 1869 Observations sur les mœurs du Solenopsis fugax. — *Mittheil. der Schw, entom. Gesellschaft, vol.* III *p. 105*

59. — 1870 Notices myrmécologiques — Sur le Polyergus rufescens. — Descr. du Cremastogaster sordidula ♂. — *loc. cit. vol.* III *p. 306.*

*60. — 1874 Les Fourmis de la Suisse—*Nouv. Mém. de la Soc. Helv. des sciences naturelles, tome* XXVI.

61. — 1875 Etudes myrmécologiques en 1875, avec remarques sur un point de l'anatomie des Coccides. —*Bull. de la Soc. Vaudoise des sciences naturelles. tome* XIV.

62. — 1878 Der Giftapparat und die Analdrüsen der Ameisen. — *Zeitschrift für Wissenschaftliche Zoologie, tome* XXX, *Supp.*

63. — 1878 Etudes myrmécologiques en 1878. — *Bulletin de la Soc. Vaudoise des sciences naturelles, tome* XV.

64. — 1879 Etudes myrmécologiques en 1879. — *loc. cit. tome* XV.

65. — 1879 Descr. de l'Aphænogaster Schaufussi. — *Nunquam otiosus, p. 465.*

66. — 1881 Die Ameisen der Antille Saint-Thomas. —*Mittheil. der Münchener Ent. Ver. p. 1 à 16.*

Forel et Emery Voy. Emery et Forel.

67. **Fourcroy (A. F.)** 1785 Entomologia parisiensis. Paris, in-12, tome II, p. 451-453.

68. **Fuss (Karl)** 1853 Notizen und Beitræge zur Insectenfauna Siebenbürgens. — *Verhandl. und Mittheil. des Siebenbürgischen Vereins für Naturwissenschaften zu Hermannstadt, tome* IV.

69. — 1855 Beitrag zur Insectenfauna Siebenbürgens. — *loc. cit. tome* IV.

Geer (Karl de) Voir : De Geer.

70. **Géné (C. G.)** 1842 Memoria per servire alla storia naturale di alcuni Imenotteri. —*Mem. soc. Ital. residente in Modena tome* XXIII *p. 30-62.*

71. **Geoffroy (E. L.)** 1762 Histoire abrégée des insectes des environs de Paris, tome II. p. 120-429.

72 **Gerstæcker (C. E. A.)** 1858 Diagnosen der von Peters in Mossambique gesammelten Kæfer und Hymenoptera. — *Bericht Verhandl. Akad. Berlin, p. 251-254.*

73. — 1863 Ueber ein merkwürdiges neues Hymenopteren aus der Abtheilung der Aculeata. — *Stett. ent. Zeit. tome* XXIV, *p. 76-93.*

74. — 1872 Die Gliederthier-Fauna, des Sansibar-Gebietes. Nach dem von Dr O. Kersten waehrend der v. d. Decken'schen Ost-Africanischen Expedition im Jahre 1862, und von C. Cooke auf der Insel Sansibar im Jahre 1864 gesammelten Material. — *Hymenoptera.*

75. — 1872 Ueber die verwandtschaftlichen Beziehungen zwischen Dorylus Fab. und Dichthadia Gerst. nebst Beschreibung einer zweiten Dichthadia-Art. — *Hymenopterologische Beitræge, dans : Stett. ent. Zeit. tome* XXXIII, *p. 254 à 269.*

76. **Gould (William)** 1747 An Account of English Ants, London, Millar, in-8.

77. **Gray (G. R.)** 1832 The class Insecta arranged by Baron Cuvier, with supplementary additions to each order by Edw. Griffith, and notices of new genera and species. — *Animal Kingdom, tome* XV.

78. **Gredler (M. V.)** 1858 Die Ameisen Tirols. — VIII *Programm des Gymnasiums in Botzen.*

79. **Guérin-Méneville (F. E.)** 1852 Notice sur une nouvelle espèce de fourmi découverte à Saint-Domingue par M. A. Sallé, et qui fait son nid dans les plaines marécageuses sur des buissons. (Myrmica Sallei.) — *Revue et magasin de zoologie, tome* IV *p. 73-79.*

80. **Hagens (von)** 1863 Etudes de mœurs. — *Jahresbericht d. Naturw. Vereines v. Elberfeld und Barmen p. 111.*

81. — 1865 Ueber Ameisengæste. — *Berl. ent. Zeitsch. p. 105-112.*

82. — 1867 Ueber Ameisen mit gemischten Colonien. — *loc. cit. p. 101-108.*

83. — 1868 Einzelne Bemerkungen über Ameisen. — *loc. cit. p. 265-268.*

84. **Hagens (von) et Cornelius** 1878 Ameisenfauna von Elberfeld und Umgegend. — *Jahresbericht der Naturwiss. Vereins in Elberfeld. p. 103.*

85. **Heer (Oswald)** 1852 Ueber die Hausameise Madeira's. — *An die Zürcherische Jugend auf das Jahr 1852, von der Naturforschenden Gesellschaft.* LIV *Stück.*

86. **Huber (Jean Pierre)** 1810 Recherches sur les mœurs des Fourmis indigènes. Paris et Genève, 1 vol, in-8.

87. — 1861 Réimpression du même ouvrage, Genève, 1 vol, in-12.

88. **Illiger (J. C. W.)** 1802 Magasin für Insektenkunde, tome I p. 188.

89. **Imhoff (Ludw)** 1838 Insecten der Schweiz, Basel, in-8, tome II.

90. **Joseph (Dr Gustav)** 1882 Erfahrungen im Wissenschaftlichen Sammeln und Beobachten der den Krainer Tropsteingrotten eigenen Arthropoden (Typhlopone Clausii) — *Berl. ent: Zeitschrift, 1882.*

91. **Jurine (Louis)** 1807 Nouvelle méthode de classer les Hyménoptères et les Diptères, tome I, p 269-282.

92. **Kirby (William)** 1837 Fauna boreali-americana or the Zeology of the Northern Parts of British America, Partie IV, insectes.

93. **Kirschner (Léopold)** 1867 Catalogus Hymenopterorum Europæ. — *Les Fourmis par Mayr.*

94. **Kræpelin (Carl)** 1873 Unters. über den Bau, Mechanismus und die Entwickelungsgeschichte des Stachels der Bienenartigen Thiere. — *Zeitschr. für Wiss. Zool. vol.* XXIII, *p. 303-305.*

95. **Lacaze-Duthiers (H)** 1850 Recherches sur l'armure génitale femelle des insectes. — *Annales des sciences naturelles, section de Zoologie, série 3 tome* XIV, *p. 17-52.*

96. **Landois (H)** 1874 31 General. Versamml. Nat. Ver. preuss. Rheinl. p. 820. Stridulationsapparat bei Ameisen.

97. **Latreille (P. A.)** 1798 Essai sur l'histoire des Fourmis de la France, Brives, an VI, in-8.

98. — 1802 Description d'une nouvelle espèce de Fourmi (F. coarctata) — *Bulletin de la Société Philomatique, tome* III, *p. 65.*

99. — 1802 Histoire naturelle des Fourmis, Paris, an. X, 1 vol. in-8.

100. — 1802-1805 Histoire naturelle générale et particulière des Crustacés et des Insectes, Paris, in-8.

101. — 1806-1809 Genera Crustaceorum et Insectorum.

102. — 1818 Nouveau dictionnaire d'histoire naturelle de Déterville. Les insectes par Latreille.

103. **Leach** 1826 Descriptions of thirteen species of Formica found in the Environs of Nice. — *Zoological Journal, vol.* II, *p. 289-293.*

104. **Leeuwenhoeck (Ant. von)** 1719 Arcana naturæ, tome II, p. 79.

105. **Lepeletier de Saint-Fargeau** 1836 Histoire naturelle des Insectes Hyménoptères, tome I, Paris, Roret, in-8.

106. **Lespès (Ch)** 1855 Note sur les mœurs de la *Lomechusa paradoxa.* — *Soc. ent. Fr. 3e série, tome* III, *p. 51-52.*

107. — 1863 Observations sur les Fourmis neutres. — *Annales des sciences naturelles. Zoologie. 4e série. tome* XIX, *p, 241.*

108. — 1866 Conférence sur les Fourmis faite aux soirées scientifiques de la Sorbonne et publiée dans la Revue des Cours scientifiques, 3e année, no du 17 mars 1866, p. 257-265.

109. **Leydig (Dr Frz.)** 1864 Vom Bau des Thierischen Kœrpers, tome I, p. 233 et 236.

110. — 1867 Der Eierstock und die Samentasche der Insekten. — *Verh. d. K. Leop. Carol. deutsch. Acad. d. Naturforscher, p. 21.*

111. **Linné (Carl von)** 1735 Systema naturæ, tome I. — *Il y a eu 13 éditions dont la dernière est de 1788 à 1793.*

112. — 1761 Fauna suecica sistens Animalia Sueciæ regni, etc. 2e édition, Stockholm, in-8.

113. — 1763 Centuria Insectorum rariorum. — *Amœnitates Academiæ, seu dissertationes physicæ, etc. Holmiæ in-8, tome* VI, *p. 384.*

114. — 1764 Museum Ludovicæ Ulricæ Reginæ, etc. Holmiæ, in-8.

115. **Losana (Matteo)** 1834 Saggio sopra le Formiche indigene del Piemonte. — *Memorie della reale Academia delle Scienze di Torino, tome* XXXVII, *p. 307-333.*

116. **Lubbock (Sir John)** 1875 à 1881 Observations on Bees, Wasps and Ants, Part I à VIII. — *Linnean Society's Journal. Zoology, tomes* XII à XV.

117. — 1877 The Habits of Ants. — *Royal Institution of Great Britain. Weekly evening Meeting, Friday, January 26, 1877.*

118. — 1877 On some Points in the Anatomy of Ants. — *The monthly microscopical Journal. no de septembre.*

119. — 1879 On the Anatomy of Ants. — *Transactions of the Linnean Society, Series* II, *Zoology, vol.* II, *p.* 141-154.

120. — 1879 On the habits of Ants, etc. — *Scientific Lectures, Londres,* 1 *vol. in-8 avec pl.*

121. — 1880 Les mœurs des Fourmis, traduction de J. A. Battandier, Alger, 1 vol. in-8

122. **Lucas (Hipp.)** 1849 Histoire naturelle des animaux articulés de l'Algérie. — *Exploration scientifique de l'Algérie pendant les années 1840-1842, publiée par ordre du Gouvernement et avec le concours d'une commission académique. Sciences physiques, Zoologie, tome* III..

123. — 1853 Observations sur la manière de vivre de la Typhlopona oranensis. — *Ann. soc. ent. Fr. série* 3, *tome* I *Bull. p.* XXXVII.

124. — 1856 Note synonymique sur la Formica scutellaris Ol. et la Myrmica testaceo-pilosa, Luc. — *loc. cit. série* 3 *tome* IV, *Bull. p.* XX *et* XXXIV.

125. — 1856 Note sur quelques Formicides d'Europe rencontrés en Algérie. — *loc. cit. série* 3, *tome* IV *Bull. p.* XXIX.

126. — 1858 Note sur un point de géographie entomologique, etc. Sur la Formica fugax causant des dégâts dans un magasin de chocolat. — *loc. cit. série* 3, *tome* VI *Bull. p.* LXXX.

127. — 1873 Note sur la Fourmi des serres, Prenolepis longicornis. — *loc. cit série* 5, *tome* III, *Bull. p.* LXVI.

128. **Lund (A. W.)** 1831 Lettre sur les habitudes de quelques fourmis du Brésil, adressée à M. Audouin. — *Annales des sciences naturelles, tome* XXIII, *p* 113-138.

129. **Mac Cook (Rev. H.)** 1876 Notes on the architecture and habits of Formica pennsylvanica. — *Transactions of the American entomol. Society. tome* V *p. 277.*

130. — 1879 Note on the marriage-flights of Lasius flavus and Myrmica lobicornis — *Proceedings of the Academy of natural science of Philadelphia, p. 33.*

131. — 1879 Combats and Nidification of the Pavement Ant, Tetramorium cæspitum. — *loc. cit. p. 156.*

132. **Maggi (Leop.)** 1874 Sopra un nido singolare della Formica fuliginosa Latr. — *Atti della Societa Italiana di scienze naturali, tome* XVII, *p. 64.*

133. — 1875 Intorno ai nidi della Formica fuliginosa. — *loc. cit. tome* XVIII, *p. 83*

134. **Mayr (D. G)** 1852 Einige neue Ameisen. — *Verhandlungen des Zoologisch-botanischen Vereins in Wien, tome* II p. *143-150.*

135. — 1853 Beitræge zur Kenntniss der Ameisen. — *loc. cit. tome* III, *p. 100-114.*

136. — 1853 Beschreibungen einiger neuen Ameisen. — *loc. cit. tome* III, *p. 277-286.*

137. — 1853 Ueber die Abtheilung der Myrmiciden und eine neue Gattung derselben. — *loc. cit. tome* III *p. 387-394.*

138. — 1854 Ueber die Synonymie der Myrmica rubriceps Nyl. oder Acrocœlia ruficeps Mayr. — *loc. cit. tome* IV *p. 30-32.*

139. — 1855 Formicina austriaca. Beschreibung der bisher in Œsterreichischen Kaiserstaate aufgefundenen Ameisen nebst Hinzufügung jener in Deutschland, in der Schweiz und in Italien vorkommenden Arten. — *loc. cit. tome* V *p. 273-478.*

140. — 1856 Beitræge zur Ungarische Formiciden-Fauna. Ausflug nach Szegedin. — *loc. cit. tome* VI *p. 175-178.*

141. — 1857 Ungarn's Ameisen. — *III Programm der Stædt. Oberrealschule in Pesth.*

142. — 1859 Beitræge zur Ameisenfauna Russlands. — *Stett. ent. Zeit. tome* XX *p. 87-90.*

143. — 1861 Die Europæischen Formiciden, Wien, 1 vol. in-8.

144. — 1862 Myrmecologische Studien. — *Verhandlungen des Zoologisch-botanischen Vereins in Wien, tome* XII *p. 649-776.*

145. — 1863 Formicidarum index synonymicus. — *loc. cit. tome* XIII *p. 385-460.*

146. — 1863 Beitrag zur Orismologie der Formiciden. — *Wiegman's Archiv für Naturg. tome* XXIX *p.* 103-118.

147. — 1864 Das Leben und Wirken der einheimischen Ameisen. — *Œsterr. Revue, tome* III *p. 201-209.*

148. — 1865 Reise der œsterreichischen Fregatte Novara um die Erde. Zoologischer Theil. Tome II. Formicidæ.

149. — 1866 Myrmecologische Beitræge. — *Sitzungsber. der K. Akad. der Wissenschaften in Wien. Math. naturw. Classe, tome* LIII *p. 484-517.*

150. — 1866 Diagnosen neuer und wenig gekannter Formiciden. *Verhandlungen des Zoologisch-botanischen Vereins in Wien, tome* XVI *p. 885-908.*

151. — 1867 Adnotationes in monographiam Formicidarum indo-neerlandicarum. — *Tijdschrift voor Entomologie p. 33-117.*

152. — 1868 Die Ameisen des baltischen Bernsteins. — *Beitræge zur Naturkunde Preussens herausg. v. d. K. phys. œkon. Ges. zu Kœnigsberg.*

153. — 1868 Formicidæ novæ americanæ, collectæ a prof. P. de Strobel. — *Annuario della Societa dei Naturalisti, tome* III, *Modena.*

154. — 1870 Neue Formiciden. — *Verhandlungen des Zoologisch-botanischen Vereins in Wien, tome* XX, *p. 939-996.*

155. — 1876 Die australischen Formiciden. — *Journal des Museum Godeffroy in Hamburg. Fasc.* XII.

156. — 1877 Voyage au Turkestan. Formicides récoltés par A. P. Fedtschenko. — *Société des Amis de la Nature, Saint-Pétersbourg. in-4, texte russe.*

157. — 1877 Ueber Dr Emery's Gruppirung der Myrmiciden. — *Sitzungsberichten der K.K. Zoologisch-botanischen Gesellschaft in Wien, tome* XXVII.

158. — 1878 Beitræge zur Ameisen-Fauna Asiens. — *Verhandlungen der K. K. Zoologisch-botanischen Gesellschaft in Wien, tome* XXVIII, *p. 645-686.*

159. — 1880 Die Ameisen Turkestan's gesammelt von A. Fedtschenko. — *Tijdschrift voor Entomologie, tome* XXIII. C'est la réimpression textuelle en langue allemande du n° 156 ci-dessus imprimé en russe.

160. **Meinert (Fr.)** 1860 Bidrag til de danske Myrers Naturhistorie. — *Dansk. Vetensk. Selskabs, tome* V, *p. 275-340.*

161. **Meyer-Dür (L. R.)** 1859-1861 Die Ameisen um Burgdorf. — *Berner Mittheil. 1859, p. 34-46. Zeitschr. f. d. g. Naturwissensch. 1861, tome* XVIII, *p.* 382.

162. **Moggridge (J. T.)** 1873 Harvesting Ants and Trap-door Spiders, with observ. on their habits and dwellings, Londres, 2 vol. in-8, avec 20 pl.

163. **Motschulsky (V. von.)** 1839 Insectes du Caucase et des provinces transcaucasiennes. — *Bulletin de Moscou tome* XII. *p. 44-68.*

164. — 1855-1859 Etudes entomologiques, Helsingfors. tome IV et VIII.

165. **Nylander (Dr W.)** 1846 Adnotationes in monographiam Formicarum borealium Europæ. — *Actæ Societatis scientiarum Fennicæ, tome* II, *p. 875-944.*

166. — 1846 Additamentum adnotationum in monographiam Formicarum borealium Europæ. — *loc. cit. tome* II, *p. 1041-1062.*

167. — 1848 Additamentum alterum adnotationum in monographiam Formicarum borealium Europæ. — *loc. cit. tome* III, *p. 25-48.*

168. — 1851 Remarks on Hymenopterologische Studien by Arn. Fœrster. — *Annals and Magazine of Natural History, tome* VIII.

169. — 1856 Description de la Formica gracilescens. — *Ann. soc. ent. Fr. série 3 tome* IV. *Bull. p.* XXVIII.

170. — 1856 Synopsis des Formicides de France et d'Algérie. — *Annales des sciences naturelles, série 4, tome* V, *p. 50-109.*

171. **Olivier (A. G.)** 1791 Encyclopédie méthodique. Histoire naturelle, Paris, tome VI, p. 487.

172. **Panzer (G. W. F.)** 1798 Faunæ insectorum Germanicæ initia, oder Deutschlands Insecten.

173. **Perris (Ed)** 1876 Sur la Micromyrma pygmæa Duf. — *Ann. soc. ent. Fr. série* 5, *tome* VI, *p. 219.*

174. — 1878 Rectification à l'article précédent. — *loc. cit. série 5, tome* VIII *p. 379.*

175. **Puls** 1868 Note sur la Fourmi de Pharaon. — *Annales de la Société entomologique de Belgique, tome* XII, *Bull. p.* LV.

176. **Rabl-Rückhard** 1875 Studien über Insektengehirne. Das Gehirn der Ameise. *Reicherts Archiv. für Anatomie und Physiologie, p. 480.*

177. **Radoszkowsky (Gal)** 1875 Compte-rendu des Hyménoptères recueillis en Egypte et en Abyssinie en 1873. — *Horæ societatis entomologicæ rossicæ, tome* XII.

178. **Ratzeburg (J. T. C.)** 1844 Die Forstinsecten oder Abbildung und Beschreibung der in den Wældern Preussens und der Nachbarstaaten als schædlich oder nützlich bekannt gewordenen Insecten, tome III p. 36-45.

179. **Razoumowsky (G. von)** 1789 Histoire naturelle du Jorat et de ses environs, tome I p. 225.

180. **Robert (E.)** 1842 Observations sur les mœurs des Fourmis. — *Annales des sciences naturelles, série 2, tome* XVIII. *p. 151-158.*

181. **Roger (Dr Jul.)** 1857 Einiges über Ameisen. — *Berliner entomologische Zeitschrift, tome* I *p. 10-20.*

182. — 1859 Beitræge zur Kenntniss der Ameisenfauna der Mittelmeerlænder. — *loc. cit. tome* III. *p. 225-259.*

183. — 1860-1861 Die Poneraartigen Ameisen. — *loc. cit. tome* IV *1860 p. 278-311, et tome* V. *1861, p. 1-54.*

184. — 1861 Myrmecologische Nachlese. — *loc. cit. tome* V, *p. 163-174.*

185. — 1862 Einige neue exotische Ameisengattungen und Arten. — *loc. cit. tome* VI, *p. 233-254.*

186. — 1862 Beitræge zur Kenntniss der Ameisenfauna der Mittelmeerlænder, 2e partie. — *loc. cit. tome* VI, *p. 255-262.*

187. — 1862 Ueber Formiciden. Synonymische Bemerkungen. — *loc. cit. tome* VI *p. 283-297.*

188. — 1863 Die neu aufgeführten Gattungen und Arten meines Formiciden Verzeichnisses. — *loc. cit. tome* VII, *p. 131-214.*

189. — 1863 Verzeichniss der Formiciden Gattungen und Arten, Berlin, in-8.

190. **Rossi (Peter)** 1790 Fauna etrusca systematica ; insecta in Provinciis Florentina et Pisana collecta, Libourne, 2 vol. in-4.

191. **Rudow (Dr)** 1881 Die Nester der europæischen Ameisen. — *die Natur. no 36, p. 435.*

192. **Sahlberg (J.)** 1876 Sur la Formica gagates comme auxiliaire de la F. sanguinea. — *Meddelanden af. Societas pro fauna et flora fennica, p. 134-136.*

193. — 1876 Notiser ur Sællskapets pro Fauna et Flora fennica tome XXI, p. 310-313.

194. **Saulcy (Fel. de)** 1874 Pheidole jordanica nov. sp. — *Bulletin de la société d'histoire naturelle de Metz, tome* XIII *p. 17.*

195. **Saunders (Edw.)** 1880 Synopsis of British Heterogyna and Fossorial Hymenoptera. — *Transactions of the entomological Society of London, p. 201 et suiv.*

196 **Savigny (M. J. C. L. de)** 1809-1813 Iconographie des Hyménoptères de l'Egypte. — *planches sans textes.* Voy. : Audouin.

197. **Say (Thomas)** 1836-1837 Descriptions of new species of North American Hymenoptera and Observations on some already described. — *Boston Journal of Natural History. tome* I. Ces descriptions ont été réimprimées en entier sous le titre de : The complete Writings of the Entomology of North-America, ed. Leconte. tome II. p. 672-789.

198. **Schæffer (J. C.)** 1769 Icones insectorum circa Ratisbonam indigenorum coloribus naturam referentibus expressæ.

199. **Schenck (C. F.)** 1852 Beschreibung nassauischer Ameisenarten. — *Jahrbuch des Vereins für Naturkunde im Herzogthum Nassau.*

200. — 1853-1854 Die Nassauischen Ameisen Species. — *Stettiner entomologische Zeitung, tome* XIV, *p.* 157-163 ; *p.* 185-198 ; *p.* 225-232 ; *p.* 296-301 *et tome* XV *p.* 63-64.

201. — 1861 Die deutschen Vesparien nebst Zusætzen und Berichtigungen zu der Bearbeitung der nassauischen Grabwespen, Goldwespen, Bienen. und Ameisen. — *Jahrbuch des Vereins für Naturkunde im Herzogthum Nassau.*

202. — 1877 Ueber Lasius incisus. — *Entomologische Nachrichten, herausg. von D*[r] *Katter. tome* III, *p.* 2.

203. **Schilling (P. S.)** 1838 Bemerkungen über die in Schlesien und der Grafschaft Glatz vorgefundenen Ameisen. — *Uebersicht der Arbeiten und Verænderungen der Schlesischen Gesellschaft für vaterlændische Cultur. Breslau.*

204. **Schrank (Frz.)** 1781 Enumeratio insectorum Austriæ indigenorum. August. Vindelicor. in-8.

205. **Scopoli (J. A.)** 1763 Entomologia carniolica, Vindobonæ, in-8.

206. **Shuckard (W. E.)** 1838 Description of a new species of Myrmica which has been found in houses, both in the Metropolis, and Provinces. — Myrmica domestica. — *Magaz. of Nat. Hist. série 2, tome* II, *p.* 626-627.

207. — 1840 Monograph of the Dorylidæ, a Family of the Hymenoptera Heterogyna. — *Annals of Natural History or Magazine of Zoology, Botany and Geology, tome* V ; *p.* 188-202 ; *p.* 258-272 ; *p.* 315-329 ; *appendice p.* 396-398.

208. — 1841 Differences of Neuters in Ants. — *loc. cit. tome* VII, *p.* 525.

209. **Sichel (Jules)** 1856 Note sur les Fourmis introduites dans les serres chaudes. — *Ann. soc. ent. Fr. série 3, tome* IV. *Bull. p.* XXIII.

210. **Smith (Fred.)** 1842 Notes on the Habits of various Species of British Ants. — *Trans. Ent. Soc. Lond. tome* III, *p.* 151-154.

211. — 1843 Notes on Formica sanguinea and other Hymenoptera. — *Zoologist. tome* I *p.* 262.

212. — 1851 List of the British Animals in the Collection of the British Museum. Part IV : Hymenoptera aculeata, in-8.

213. — 1854 Essay on the Genera and Species of British Formicidæ. — *Trans. Ent. Soc. Lond. série 2, tome* III, *p.* 95-135.

214. — 1855 Notes on British Myrmicidæ and Formicidæ. — *Entomologist's Annual. p.* 87-100.

215. — 1858 Revision of an Essay of the British Formicidæ published in the Transactions of the Society. — *Trans. Ent. Soc. Lond. série 2, tome* IV, *p.* 274-284.

216. — 1858 Catalogue of British fossorial Hymenoptera, Formicidæ and Vespidæ, in the Collection of the British Museum, Londres. 1 vol. in-8, 236 pages et 6 planches.

217. — 1858 Catalogue of Hymenopterous Insects in the Collection of the British Museum. Part. VI, Formicidæ, 216 pages et 14 planches.

218. — 1859 Catalogue of Hymenopterous Insects in the Collection of the British Museum. Part VII. Dorylidæ and Thynnidæ. 76 pages et 3 planches.

219. — 1860 Description of new Genera and Species of Exotic Hymenoptera. — *Journal Entom. Lond. tome* I *p.* 65-84 *et pages* 146-155.

220. — 1861 Descriptions of some new species of Ants from the Holy Land, with a Synonymic List of other previously described. — *Journal of the Proceedings of the Linnean Society, tome* VI, *p.* 31.

221. — 1862 Descriptions of new Species of Aculeate Hymenoptera collected at Panama by R. W. Stretch, with a List of described Species, and the various Localities where they have previously occurred — *Trans. ent. soc. Lond, série 3, tome* I. *p.* 29-44

222. — 1864 Sur l'Asemorhoptrum lippulum ♂. — *Entomological Annual, fig. 2.*

223. — 1865 Sur la Formica exsecta. — *loc. cit. p. 87, fig. 2.*

224. — 1865 Notes on British Formicidæ. — *Ent. mont. Mag.* II. *p.* 28-30.

225. **Spinola (Max.)** 1808 Insectorum Liguriæ species novæ aut rariores, tome I, p. 243, Gènes, in-4.

226. — 1853 Compte-rendu des Hyménoptères inédits provenant du voyage entomologique de M. Ghiliani dans le Para en 1846. — *Memorie della Reale Accademia delle Scienze di Torino. 2e série, tome* XIII, *p.* 19-94.

227. **Swammerdamm (Joh.)** 1737 Biblia naturæ, Leyde, in-folio.

228. **Sykes (W. H.)** 1834 Descriptions of new species of Indian Ants. — *Trans, Ent. soc. Lond, tome* I.

229. **Trimen (Roland)** 1880 On a supposed Female of Dorylus helvolus. — *Trans. of the ent. soc. of London, p.* XXIV *et* XXXIII.

230. **Villers (C. J. de)** 1789 Linnœi Entomologia, tome III, Lyon, in-8.

231. **Wakefield (Robert)** 1854 On some of the habits of Ants. — *Proc. Linn. Soc. Lond. tome* II, *p.* 293-294.

232. **Walker (Francis)** 1871 A list of Hymenoptera collected by J. K. Lord, esq. in Egypt, etc. London, in-8.

233. **Wesmael (Const.)** 1838 Notice sur une nouvelle espèce de fourmi du Mexique. — *Bulletin de l'Académie royale des sciences et belles-lettres de Bruxelles, tome* V.

234. **Westwood (J. O.)** 1840 An Introduction to the modern Classification of Insects, Londres, in-8, tome II.

235. — 1841 Observations on the genus Typhlopone with descriptions of several exotic Species of Ants. — *Annals and Magasine of natural History, tome* VI, *p.* 81-89.

236. **Wood (Will.)** 1821 Illustrations of the Linnean Genera of Insects, Londres, tome II, p. 61.

237. **Zetterstedt (J. W.)** 1840 Insecta Lapponica descripta. Lipsiæ, in-4.

TABLEAU DES FAMILLES

(PL. I.)

1 Pétiole d'un seul article (fig. 4 et 10) 2

— Pétiole composé de deux articles (fig. 11); ☿ et ♀ armées d'un aiguillon parfois rudimentaire; pas d'ocelles chez les ☿ des espèces européennes. **IV. Myrmicidæ**

2 Abdomen proprement dit non étranglé entre le premier et le second segment (fig. 4) 3

— Abdomen étranglé entre le premier et le second segment (fig. 10) ; ☿ et ♀ armées d'un aiguillon ; pas d'ocelles chez les ☿. **II. Poneridæ**

3 Epistome très-petit ou même indistinct ; arêtes frontales très courtes, contournant en avant l'insertion des antennes ; pas d'yeux ni d'ocelles chez les ☿ (fig. 13); pétiole cylindrique ou nodiforme; ☿ armées d'un aiguillon, leur abdomen a le premier segment plus étroit que le second, et le dernier segment est muni de deux petites dents à l'extrémité ; les ♀ probables sont grandes, aptères et larviformes ; les ♂ sont aussi de très grande taille et leur abdomen est long et cylindrique. **III. Dorylidæ** (1)

— Epistome toujours distinct et souvent assez grand; arêtes frontales plus ou moins longues, ne contournant pas l'insertion des antennes (fig. 1); pétiole le plus souvent surmonté d'une écaille ; ☿ et ♀ sans aiguillon ou avec un aiguillon tout à fait rudimentaire ; abdomen non denté à son extrémité, son premier segment n'est pas plus étroit que le second. **I. Formicidæ**

---

(1) La diagnose que je donne est loin de caractériser d'une façon satisfaisante la famille des Dorylides dont les genres multiformes et encore mal connus se prêtent peu a une définition générale et bien tranchée, mais elle suffira, je l'espère, pour distinguer des autres familles les quelques espèces qui font partie de notre faune.

1re FAM. — FORMICIDÆ

Caractères. — Pétiole d'un seul article ordinairement surmonté d'une écaille de forme et d'épaisseur diverses, parfois d'un nœud sphérique ou cubique, rarement sans écaille ni nœud. Ouvrières avec ou sans ocelles. Abdomen non rétréci entre son premier et son second segment. Aiguillon nul ou tout à fait rudimentaire. Nymphes tantôt nues, tantôt renfermées dans un cocon.

TABLEAU DES TRIBUS ET DES GENRES

(Pl. VI)

Ouvrières

1 Arêtes frontales prenant leur origine plus ou moins près du bord postérieur de l'épistome qui ne s'avance pas en arrière entre l'insertion des antennes (fig. 1 et 2) (sauf dans le genre *Brachymyrmex* où il est à peine prolongé entre leur articulation) ; l'abdomen, vu en dessus, montre ses cinq segments dont le dernier est conique et terminal ; l'orifice du cloaque est petit, circulaire, apical, cilié (fig. 7).
(1re **Tribu Camponotidæ**) 2

— Arêtes frontales prenant leur origine aux angles ou aux bords latéraux de l'épistome; ce dernier, en triangle ordinairement arrondi, s'avance plus ou moins en arrière entre l'insertion des antennes (fig. 3) ; l'abdomen, vu en dessus, ne laisse voir que ses quatre premiers segments, le cinquième étant entière-

ment caché sous le précédent; l'orifice du cloaque est grand, en fente transversale, infère et non cilié (fig. 8).
(2ᵉ **Tribu Dolichoderidæ**) (1) 11

2 Antennes de 12 articles, insérées aussi près ou plus près du milieu des arêtes frontales que de leur extrémité antérieure, et distantes du bord postérieur de l'épistome. Fosettes clypéales séparées des fossettss antennaires. Pas d'ocelles. (fig. 1) 3

— Antennes insérées vers l'extrémité antérieure des arêtes frontales, au bord ou très près du bord postérieur de l'épistome. (fig. 2) 4

3 Epistome trapéziforme, ses bords latéraux divergeant plus ou moins en devant; arêtes frontales sinuées en forme d'S (fig. 1); tête non obtuse ni tronquée en avant; écaille ovale, droite, le plus souvent faiblement et également convexe sur ses deux faces. G. 1. — **Camponotus**, Mayr.

— Bords latéraux de l'épistome parallèles, s'écartant seulement un peu aux angles antérieurs; devant de la tête formant un angle obtus avec le reste de sa surface (☿) (fig. 9), ou même nettement tronqué (♃). Ecaille carrée, épaisse, convexe en avant, plane en arrière, plus ou moins échancrée en haut.
G. 2. — **Colobopsis**, Mayr.

4 Mandibules triangulaires, larges, aplaties, à bord terminal denté, (fig. 2) ou, quand exceptionnellement (*Myrmecocystus bombycinus* ♃) elles sont étroites, sans bord terminal, leur bord interne est profondément entaillé vers son tiers antérieur et cette entaille forme une forte dent. 5

---

(1) Cette division en deux tribus proposée par M. Forel dans ses «Fourmis de la Suisse» (division α et β) et élevée au rang de sous-familles dans ses ouvrages subséquents, est extrêmement naturelle, au moins chez les ☿ et les ♀, et repose sur des caractères bien tranchés, reconnus pour la première fois par M. Mayr dans ses *Bernsteins Ameisen*, et qui ne souffrent pas d'exception pour nos Fourmis d'Europe. Elle est en outre très-heureusement confirmée par l'anatomie interne et, notamment par la conformation du *gésier* et de la *vessie à venin* ainsi que j'ai déjà eu accasion de le dire.

Les Camponotides, ont, en effet, le calice du gésier toujours libre et recouvert de muscles qui le séparent de la cavité du jabot, leur vessie à venin est grande et le glande vénénifique forme un coussinet sur le dos de la vessie. Chez les Dollichoderides, au contraire, le gésier n'a pas de calice ou son calice est complètement renfermé dans la cavité du jabot; la vessie à venin est petite et la glande vénénifique ne forme pas de coussinet. Cette dernière tribu se distingue en outre par l'existence des glandes anales dont je parlerai en donnant les caractères de la tribu.

J'ajouterai que la forme du gésier est toujours identique dans les trois sexes, ce qui accroit son importance caractéristique.

— Mandibules presque cylindriques, arquées, très étroites, aigües à l'extrémité, sans bord terminal et sans trace de dents ni d'entaille (fig. 4) ; aire frontale nettement limitée ; des ocelles ; metanotum gibbeux ; écaille épaisse, ovale, droite et élevée.
G. 3. — **Polyergus**, Latr

5 Antennes de 9 articles (fig. 13) ; aire frontale et sillon frontal distincts ; tête échancrée postérieurement ; thorax court, non étranglé ; écaille fortement inclinée en avant.
G. 10. — **Brachymyrmex** Mayr

— Antennes de 11 ou 12 articles. 6

6 Antennes de 11 articles. 7

— Antennes de 12 articles. 8

7 Des ocelles ; thorax grêle, mésothorax contracté ; un profond sillon entre le mesonotum et le metanotum, ce dernier gibbeux, armé de deux dents aigües dirigées en haut et en arrière ; pétiole avec une écaille presque droite, profondément entaillée en dessus et bidentée. (fig. 5 et 6) G. 9. — **Acantholepis**, Mayr

— Pas d'ocelles ; thorax (vu de côté) très peu étranglé en dessus entre le mesonotum et le metanotum, son profil dorsal presque droit ou légèrement arqué d'avant en arrière ; metanotum inerme ; pétiole avec une écaille entière, mince, arrondie en dessus et assez fortement inclinée en avant ; premier segment de l'abdomen un peu prolongé en dessus et en avant.
G. 8. — **Plagiolepis**, Mayr

8 Les deuxième, troisième, quatrième et cinquième articles du funicule plus courts que les autres, (fig. 19) ; ocelles indistincts ou nuls ; aire frontale superficiellement empreinte, presque deux fois aussi large que haute. 9

— Premiers articles du funicule aussi longs ou plus longs que les autres (le dernier excepté) (fig. 18) ; ocelles très visibles ; aire frontale nettement limitée (1). 10

9 Fosettes clypéales non réunies aux fossettes antennaires ; pétiole avec une écaille quadrangulaire ou cunéiforme, oblique, dirigée

(1) Ces caractères se trouvent assez profondément modifiés chez une espèce aberrante de *Formica*, la *F. nasuta* Nyl. En effet, les articles 2 à 5 de son funicule sont un peu plus courts que les suivants et l'aire frontale est mal limitée, ce qui la rapproche des *Lasius* dont elle s'éloigne d'ailleurs par ses ocelles et la forme générale de son corps. La véritable place de cette espèce dans la systématique ne sera définitivement fixée que lorsqu'on connaîtra ses sexes ailés.

en haut et en avant ; abdomen un peu terminé en pointe, élargi et fortement convexe à la partie supérieure de sa base, touchant la face postéro-supérieure de l'écaille (fig. 16). Ocelles nuls. G. 7. — **Prenolepis**, Mayr.

— Fossettes clypéales réunies aux fossettes antennaires ; pétiole avec une écaille verticale ou presque verticale, quadrangulaire et étroite ; abdomen non prolongé en avant (fig 17) ; ocelles très petits et peu distincts, ou même nuls. G. 6. — **Lasius**, Fab.

10 Arêtes frontales ordinairement divergentes en arrière, leur bord externe légèrement convexe ; quatrième article des palpes maxillaires seulement un peu plus long que le cinquième (fig. 12) ; pétiole avec une grande écaille verticale ; abdomen non comprimé. G. 5. — **Formica**, Linné.

— Arêtes frontales presque parallèles, avec leur bord externe concave ; quatrième article des palpes maxillaires presque deux fois aussi long que le cinquième (fig. 11) ; pétiole surmonté d'un nœud ou d'une écaille épaisse ; abdomen souvent comprimé. G. 4. — **Myrmecocystus**, Wesm.

11 Metanotum cubique, sa face horizontale presque plane ou légèrement convexe, sa face verticale concave, leur point de réunion forme une arête vive terminée de chaque côté par une dent (fig. 22) ; épistome impressionné au milieu de son bord antérieur ; pétiole surmonté d'une écaille très épaisse, cunéiforme, fortement inclinée en avant. G. 14. — **Dolichoderus**, Lund.

— Metanotum non cubique, convexe, inerme, sa face déclive plane. 12

12 Epistome sans entaille au milieu de son bord antérieur ; pétiole surmonté d'une écaille droite ou inclinée. 13

— Epistome assez profondément et étroitement entaillé au milieu de son bord antérieur ; ocelles et sillon frontal nuls (fig. 3) ; pétiole quadrangulaire, plan, sans écaille apparente et terminé en avant par un bourrelet transversal ; abdomen élargi en avant et recouvrant le pétiole par le prolongement de sa partie antérieure (fig. 26) ; le dos du thorax est faiblement interrompu entre le mesonotum et le metanotum.

G. 13. — **Tapinoma**, Foerster.

13 Des ocelles ; *épistome fortement prolongé* entre l'insertion des antennes, ses côtés relevés et saillants ; sillon frontal superficiel. Palpes maxillaires de 6 articles, palpes labiaux de 4 articles. Dos du thorax continu. Pétiole avec une écaille droite ou peu inclinée, ovale, arrondie en dessus. Abdomen *non prolongé* en avant. G. 12. — **Liometopum**, Mayr.

— Pas d'ocelles ; épistome faiblement prolongé entre l'insertion des antennes, ses côtés non relevés ni saillants ; sillon frontal indistinct ou nul. Palpes maxillaires de 4 articles, palpes labiaux de 3 articles. Dos du thorax parfois faiblement interrompu entre le mesonotum et le metanotum. Ecaille mince, sensiblement inclinée en avant. Premier segment de l'abdomen légèrement prolongé antérieurement en dessus.
G. 11. — **Bothriomyrmex**, Emery.

Femelles

1 Arêtes frontales prenant leur origine plus ou moins près du bord postérieur de l'épistome qui ne s'avance pas en arrière entre l'insertion des antennes, (sauf dans le genre *Brachymyrmex* où il est à peine prolongé entre leur articulation) ; l'abdomen, vu en dessus, montre ses cinq segments dont le dernier est conique et terminal ; l'orifice du cloaque est petit, circulaire, apical, cilié. Ailes à une seule cellule cubitale, avec ou sans cellule discoïdale. (1re **Tribu Camponotidæ**) 2

— Arêtes frontales prenant leur origine aux angles ou aux bords latéraux de l'épistome ; ce dernier, en triangle ordinairement arrondi, s'avance plus ou moins en arrière entre l'insertion des antennes. L'abdomen, vu en dessus, ne laisse apercevoir que ses quatre premiers segments, le cinquième étant entièrement caché sous le précédent ; l'orifice du cloaque est grand, en fente transversale, infère et non cilié
(2e **Tribu Dolichoderidæ**) 11

2 Antennes de 12 articles, insérées aussi près ou plus près du milieu des arêtes frontales que de leur extrémité antérieure, et distantes du bord postérieur de l'épistome. Fossettes clypéales séparées des fossettes antennaires. Ailes sans cellule discoïdale. 3

— Antennes insérées vers l'extrémité antérieure des arêtes frontales au bord ou très près du bord postérieur de l'épistome. Ailes avec ou sans cellule discoidale. 4

3 Tête non tronquée antérieurement ; épistome trapéziforme, ses bords latéraux divergeant plus ou moins en avant ; arêtes frontales sinuées. Ecaille ovale, verticale, le plus souvent faiblement et également convexe sur ses deux faces.
G. 1. — **Camponotus**, Mayr.

— Tête tronquée antérieurement (fig. 10) ; bords latéraux de l'épistome parallèles, s'écartant seulement un peu aux angles antérieurs. Ecaille carrée, épaisse, convexe en avant, plane en arrière. G. 2. **Colobopsis**, MAYR.

4 Mandibules triangulaires, larges, aplaties, à bord terminal denté. 5

— Mandibules presque cylindriques, arquées, très-étroites, aiguës à l'extrémité, sans bord terminal et sans dents. Ecaille épaisse, ovale, droite et haute. Ailes avec une cellule discoïdale. G. 3. — **Polyergus**, LATR.

5 Antennes de 9 articles; écaille fortement inclinée en avant, mince au sommet. Ailes sans cellule discoïdale. G. 10. — **Brachymyrmex**, MAYR.

— Antennes de 11 ou 12 articles. 6

6 Antennes de 11 articles. Ailes ordinairement sans cellule discoïdale. 7

— Antennes de 12 articles. 8

7 Premiers articles du funicule plus longs que les autres, à l'exception du dernier. Ecaille entaillée en dessus et bidentée. Yeux situés un peu en arrière du milieu de la tête. G. 9. — **Acantholepis**, MAYR.

— Les second, troisième, quatrième et cinquième articles du funicule plus courts que les suivants. Ecaille arrondie en dessus, non dentée, yeux situés un peu en avant du milieu de la tête. Premier segment de l'abdomen un peu prolongé en dessus et en avant. G. 8. **Plagiolepis**, MAYR.

8 Articles 2 à 10 du funicule presque égaux en longueur, les autres plus longs. Aire frontale peu nettement limitée. Ailes avec une cellule discoïdale qui manque quelquefois. 9

— Premiers articles du funicule plus longs que les derniers. Aire frontale nettement limitée. 10

9 Fossettes clypéales non réunies aux fossettes antennaires; pétiole avec une écaille quadrangulaire ou cunéiforme, oblique, dirigée en haut et en avant. Abdomen élargi et fortement convexe à la partie supérieure de sa base, touchant la face postéro-supérieure de l'écaille. G. 7. **Prenolepis**, MAYR.

— Fossettes clypéales réunies aux fossettes antennaires. Pétiole avec une écaille verticale, assez étroite; abdomen non prolongé en avant. G. 6. — **Lasius**, FAB.

10 Bord externe des arêtes frontales convexe. Palpes maxillaires de

6 articles (rarement de 5), dont le quatrième est seulement un peu plus long que le cinquième. Pétiole surmonté d'une écaille ordinairement peu épaisse. Ailes dépassant sensiblement l'abdomen, avec une cellule discoïdale grande qui ne manque presque jamais. G. 5. — **Formica**, Linné.

— Bord externe des arêtes frontales concave. Palpes maxillaires de 6 articles dont le quatrième est deux fois aussi long que le cinquième. Pétiole surmonté d'un nœud ou d'une écaille épaisse. Ailes courtes, atteignant à peine l'extrémité de l'abdomen ; cellule discoïdale très petite ou nulle.
G. 4. — **Myrmecocystus**, Wesm.

11 Palpes maxillaires de 4 articles, palpes labiaux de 3 articles ; épistome peu prolongé en arrière entre les arêtes frontales, non échancré à son bord antérieur ; aire frontale grande, triangulaire, nettement limitée. Pétiole surmonté d'une écaille un peu inclinée en avant. Ailes avec une seule cellule cubitale ; la nervure transverse s'unit au rameau cubital externe.
G. 11. — **Bothriomyrmex**, Emery.

— Palpes maxillaires de 6 articles, palpes labiaux de 4 articles ; épistome se prolongeant notablement en arrière entre les arêtes frontales. Ailes avec deux cellules cubitales ou une seule, mais dans ce dernier cas, la nervure transverse s'unit presque toujours à la nervure cubitale à son point de partage. 12.

12 Ailes avec une seule cellule cubitale. Epistome assez profondément entaillé au milieu de son bord antérieur ; aire frontale et sillon frontal nuls ou très peu distincts. Pétiole quadrangulaire, plan, sans écaille apparente, et terminé en avant par un bourrelet transversal ; abdomen élargi en avant et recouvrant le pétiole par le prolongement de sa partie antérieure.
G. 13. — **Tapinoma**, Fœrster.

— Ailes avec deux cellules cubitales. 13.

13 Metanotum armé de deux dents courtes et robustes, sa face déclive concave. Epistome impressionné au milieu de son bord antérieur ; sillon frontal fin et peu marqué. Pétiole surmonté d'une écaille très épaisse, cunéiforme, fortement inclinée en avant. G. 14. — **Dolichoderus**, Lund.

— Metanotum inerme, sa face déclive plane. Epistome non impressionné au milieu de son bord antérieur, sillon frontal profond. Petiole avec une écaille ovale, droite ou peu inclinée.
G. 12. — **Liometopum**, Mayr.

Mâles

1 Epistome ne s'avançant pas en arrière entre l'insertion des antennes (sauf dans le genre *Brachymyrmex* où il est un peu prolongé entre leur articulation) ; éperons simples. Antennes de 10, 12 ou 13 articles. Ailes à une seule cellule cubitale, avec ou sans cellule discoïdale. (**Ire Tribu, Camponotidæ**). 2

— Epistome s'avançant plus ou moins entre l'insertion des antennes qui sont constamment composées de 13 articles. Eperons pectinés. (**2e Tribu, Dolichoderidæ**). 11

2 Antennes de 13 articles, insérées aussi près ou plus près du milieu des arêtes frontales que de leur extrémité antérieure et distantes du bord postérieur de l'épistome. Fossettes clypéales séparées des fossettes antennaires. Aire frontale mal limitée, beaucoup plus large que longue. Ecaille épaisse. Ailes sans cellule discoïdale. 3

— Antennes insérées vers l'extrémité antérieure des arêtes frontales, au bord ou très près du bord postérieur de l'épistome. Ailes avec ou sans cellule discoïdale. 4

3 Epistome trapéziforme, ses bords latéraux divergeant en avant où ils atteignent les angles latéraux de la tête. Antennes longues, avec le premier article du funicule à peine plus grand que le second (fig, 20); arêtes frontales sinuées, à peine divergentes.
G. 1. — **Camponotus**, Mayr.

— Epistome presque carré, seulement un peu élargi à ses angles antérieurs qui n'atteignent pas les bords latéraux de la tête. Antennes courtes ; premier article du funicule épaissi à l'extrémité, deux fois aussi long et aussi épais que le suivant (fig. 21). Arêtes frontales sinuées, divergeant fortement en arrière.
G. 2. — **Colobopsis**, Mayr.

4 Antennes de 10 articles. Mandibules non dentées, aiguës à l'extrémité. Mesonotum gibbeux et prolongé en avant de façon à voiler en partie la tête. Ecaille petite. Valvules génitales externes triangulaires, larges, courtes, arrondies à l'extrémité. Ailes sans cellule discoïdale. G. 10. — **Brachymyrmex**. Mayr.

— Antennes de 12 ou 13 articles. 5

5 Antennes de 12 articles. Ailes ordinairement sans cellule discoïdale. 6

— Antennes de 13 articles. 7

6 Funicule des antennes cylindrique, à peine plus épais à l'extrémité qu'à la base; tous ses articles plus longs que larges, le premier sensiblement plus court que les deux suivants réunis (fig. 14). Valvules génitales externes petites, en triangle allongé, arrondies à l'extrémité. G. 9. — **Acantholepis**, MAYR

— Funicule des antennes graduellement épaissi de la base à l'extrémité; ses articles plus courts ou à peine plus longs que larges (le premier et le dernier exceptés); le premier article un peu plus long que les deux suivants réunis (fig. 15). Valvules génitales externes assez grandes, subcirculaires, avec une dent obtuse dirigée en bas. G. 8. **Plagiolepis**, MAYR.

7 Fossettes clypéales non réunies aux fossettes antennaires; antennes insérées tout près de l'épistome, mais ne touchant pas son bord postérieur. Ecaille épaisse. Mandibules non dentées. Valvules génitales externes très étroites.
G. 7. — **Prenolepis**, MAYR.

— Fossettes clypéales réunies aux fossettes antennaires. Insertion des antennes contiguë au bord postérieur de l'épistome. 8.

8 Mandibules cylindriques, courtes, étroites, aiguës à l'extrémité, sans bord terminal et sans dents. Epistome triangulaire, fortement arrondi en arrière, convexe; son bord antérieur droit, non avancé. Ecaille verticale, épaisse, quadrangulaire, échancrée en dessus. Valvules génitales externes triangulaires, arrondies à l'extrémité. Ailes avec une cellule discoïdale.
G. 3. — **Polyergus**, LATR.

— Mandibules larges, aplaties, munies d'un bord terminal simple ou denté. Bord antérieur de l'épistome convexe, avancé. 9

9 Aire frontale mal limitée. Organes génitaux externes très petits; valvules génitales externes aplaties, deux fois aussi longues que larges à la base, rétrécies à l'extrémité et arrondies à cet endroit. Premier article du funicule plus épais et pas plus court que le second article (fig. 25). Taille petite, bien inférieure à celle de la femelle. G. 6. — **Lasius**, FAB.

— Aire frontale nettement limitée. Organes génitaux externes grands. Premier article du funicule ordinairement pas plus épais que le second (fig. 23 et 24). Taille plus grande, peu inférieure à celle de la femelle. 10.

10 Abdomen cylindrique, non déprimé. Ailes courtes, ne dépassant pas l'abdomen; cellule discoïdale petite ou nulle. Premier article du funicule aussi long que le second (fig. 23). Thorax comprimé latéralement et d'une largeur assez uniforme; pro-

notum un peu concave transversalement en son milieu. Pinceaux manquant le plus souvent ; valvules génitales externes pourvues, à leur côté interne, d'un appendice en forme de cuiller. (fig. 27) G. 4. — **Myrmecocystus**, WESM.

— Abdomen assez déprimé en dessus. Ailes dépassant l'abdomen; cellule discoïdale grande, manquant rarement. Premier article du funicule d'un tiers plus court que le second (fig. 21). Thorax un peu élargi latéralement en son milieu; pronotum un peu convexe transversalement. Pinceaux toujours existants; valvules génitales externes cultriformes et sans appendices. G. 5. — **Formica**, LINNÉ.

11 Ailes avec deux cellules cubitales. Epistome se prolongeant notablement en arrière entre les arêtes frontales. Scape des antennes court, pas plus long que les deux ou trois premiers articles du funicule. 12

— Ailes avec une seule cellule cubitale, épistome se prolongeant à peine entre les arêtes frontales. 13

12 Pétiole avec une écaille droite ; organes génitaux externes très grands, occupant le tiers postérieur de l'abdomen ; valvules génitales externes larges à la base, rétrécies à l'extrémité qui est arrondie. G. 12. — **Liometopum**, MAYR.

— Pétiole nodiforme, sans écaille. Organes génitaux externes petits; valvules génitales externes presque semicirculaires. G. 14. — **Dolichoderus**, LUND.

13 La nervure transverse s'unit le plus souvent à la nervure cubitale à son point de partage, rarement au rameau cubital externe. Pétiole épais, obliquement comprimé, arrondi en dessus, sans écaille, et paraissant presque rhomboïdal, vu de côté. Mandibules à bord terminal long et denté. Epistome échancré au milieu de son bord antérieur ; scape des antennes presque aussi long que les 5 premiers articles du funicule. Hypopygium avec une profonde échancrure triangulaire. G. 13. — **Tapinoma**, FOERSTER.

— La nervure transverse s'unit toujours au rameau cubital externe. Pétiole surmonté d'une écaille épaisse, arrondie en dessus. Mandibules à bord terminal court, finement denté. Epistome sans échancruré à son bord antérieur; scape court, à peine plus long que les deux premiers articles du funicule. Hypopygium avec une échancrure semicirculaire et peu profonde. G. 11. — **Bothriomyrmex**, EMERY.

1re Tribu. — Camponotidæ (1).

Caractères. — Epistome ne s'avançant pas en arrière entre l'insertion des antennes ; (dans le seul genre *Brachymyrmex* il est très-faiblement prolongé entre cette insertion). Fossettes clypéales et antennaires tantôt confondues, tantôt séparées. Chez les ☿ et les ♀ l'abdomen, vu en dessus, laisse voir ses cinq segments dont le dernier est conique et terminal ; l'orifice du cloaque est petit, rond, apical, cilié. Gésier pourvu d'un calice droit ou réfléchi mais toujours recouvert de muscles circulaires qui le séparent de la cavité du jabot. Glande à venin formant un coussinet ovale sur le dos de la vessie qui est grande et allongée. Pas de glandes anales. Aiguillon nul ou complètement transformé. Nymphes ordinairement renfermées dans un cocon, mais parfois nues. Un certain nombre de *Camponotidæ* font jaillir leur venin à distance, en se dressant sur leurs quatre pattes postérieures et en recourbant en dessous leur abdomen.

Cette tribu comprend 18 genres vivants dont 10 seulement ont des représentants en Europe.

---

(1) Dans ses « Etudes myrmécologiques en 1878 » M. Forel, se basant sur l'ensemble des fourmis vivantes et fossiles du monde entier, a subdivisé sa sous famille des *Camponotidæ* en cinq tribus établies sur divers caractères et particulièrement sur ceux tirés de la forme du gésier. Cette subdivision serait superflue pour le petit nombre de genres que ce travail embrasse, et je me contenterai d'énumérer ici les genres européens que comprend chacune des tribus de M. Forel. Ainsi les *Camponotus* et les *Colobopsis* représenteraient chez nous la 1re tribu de cet auteur; notre faune possède tous les genres de la seconde qui sont les *Myrmecocystus*, les *Polyergus*, les *Formica* et les *Lasius* ; la 3e tribu serait pour nous réduite au genre *Brachymyrmex* ; la 4e est fondée sur le seul genre *Prenolepis ;* la 5e enfin comprendrait, en ce qui nous concerne, les *Acantholepis* et les *Plagiolepis.*

1er GENRE. — CAMPONOTUS, Mayr.

κάμπτή courbure, νῶτος dos

(Pl. VII).

☿ Fossettes clypéales séparées des fossettes antennaires ; épistome trapéziforme, ses bords latéraux divergeant plus ou moins en avant ; arêtes frontales sinuées en forme d'S. Tête non obtuse ni tronquée antérieurement. Mandibules triangulaires, dentées. Palpes maxillaires de 6 articles, palpes labiaux de 4 articles. Antennes de 12 articles, insérées aussi près ou plus près du milieu des arêtes frontales que de leur extrémité antérieure et distantes du bord postérieur de l'épistome ; premiers articles du funicule un peu plus grands que les derniers, (le dernier excepté) (fig. 12). Pas d'ocelles (1). Thorax de forme variable ; tantôt il est plus ou moins large en avant, comprimé latéralement en arrière de façon à présenter sur sa dernière moitié une apparence tectiforme ou caréniforme ; tantôt il est déprimé en dessus avec le metanotum plus ou moins cubique, à arêtes postérieure et latérales assez accentuées, et parfois même bidenté en arrière. Son profil dorsal peut être uniformément droit ou arqué d'avant en arrière ou, au contraire, interrompu par un sillon ou un étranglement entre le mesonotum et le metanotum. Pétiole avec une écaille droite ou presque droite, ovale, plus ou moins épaisse et, le plus souvent, légèrement convexe sur ses faces antérieure et postérieure. Abdomen ovale, son premier segment pas plus long que le second. Gésier étroit, allongé, à calice droit ou un peu évasé antérieurement. (2)

♀ Tête, pétiole et abdomen comme chez l'ouvrière. Thorax

(1) Dans des cas très rares et tout a fait exceptionnels on aperçoit, chez les grands individus, des traces d'un ocelle médian.

(2). Le caractère du gésier est commun aux individus des trois sexes : je ne l'indiquerai qu'à l'ouvrière pour éviter des répétitions.

aussi haut que large. Ailes avec une seule cellule cubitale, sans cellule discoïdale. Taille plus grande que celle de l'ouvrière.

♂ Epistome et arêtes frontales comme chez la ☿ et la ♀. Antennes de 13 articles, insérées comme chez les autres sexes ; scape allongé ; funicule filiforme, son premier article à peine plus long que le second (fig. 11). Pétiole avec une écaille épaisse. Organes génitaux petits ; valvules génitales externes spiniformes (fig. 5). Ailes semblables à celles de la femelle. Taille à peu près égale à celle de l'ouvrière, rarement plus grande, quelquefois plus petite.

Ce genre, qui comprend un nombre considérable d'espèces répandues dans toutes les parties du monde, est relativement assez bien représenté dans notre faune. Il renferme des insectes de taille moyenne ou grande et extrêmement variables sous tous rapports. Les ☿ *major* sont fort souvent très différentes des ☿ *minor* et leur grosse tête pourrait les faire prendre pour des soldats si on ne constatait tous les passages entre elles et les petites ouvrières.

Les Camponotus n'élèvent pas de pucerons dans leurs nids, mais on les voit souvent aller en procession sur les arbres à la recherche de ce petit bétail qu'ils traient sur place. Leurs nymphes se renferment dans un cocon.

Ouvrières

1 Face dorsale du metanotum convexe d'un côté à l'autre, rejoignant ses faces latérales sans limite distincte et sans former d'arête ou d'angle accentué au point de réunion (fig. 7). **2**

— Face dorsale du metanotum plus ou moins déprimée, séparée de ses faces latérales par une arête ou un angle accentué (fig. 8). **11**

2 Profil dorsal du thorax légèrement arqué d'avant en arrière, sans angle ni courbe rentrante au point de jonction du mesonotum et du metanotum (fig. 4) ; le metanotum est, le plus souvent, comprimé, tectiforme, plus étroit en dessus qu'en dessous. 3

— Profil dorsal du thorax formant un angle ou une courbe rentrante bien distincts entre le mesonotum et le metanotum (fig. 13). Noir, brillant, peu pubescent, parsemé de soies dressées blanchâtres ; corps très finement chagriné et éparsement ponctué ; épistome prolongé en lobe en avant, écaille épaisse, peu élevée, obliquement tronquée au sommet ; antennes et pattes grêles, sans poils dressés. Long. 4 à 8^{mm}. (D'après Emery). 10. **Foreli**, Em.

Patrie : Espagne (Catalogne), Algérie.

Cette espèce parait bien distincte de toutes celles d'Europe, à profil dorsal interrompu, par son échancrure thoracique plutôt arquée qu'anguleuse et par son metanotum non aplati en dessus et sans arêtes latérales.

3 Mandibules armées de 4 à 5 dents, épistome avec une légère échancrure de chaque côté de son bord antérieur dont la partie médiane n'est pas sensiblement plus avancée que ses angles latéraux (fig. 10) ; épistome non ou très peu caréné au milieu chez les grands individus, la carène souvent plus visible chez les petits. 4

— Mandibules armées de 6 à 7 dents ; partie médiane du devant de l'épistome avancée en un lobe large et rectangulaire, de sorte qu'il existe de chaque côté, comme une marche d'escalier dont les angles latéraux sont situés bien en arrière de l'extrémité du lobe (fig. 9). Epistome caréné au milieu, au moins chez les grands individus. 8

4 Bords latéraux de l'épistome assez divergents,

son bord antérieur non échancré en son milieu; tête d'épaisseur médiocre, beaucoup moindre en avant. Metanotum assez rétréci en dessus, visiblement tectiforme. Corps plus ou moins mat, au moins en partie. 5

— Bords latéraux de l'épistome peu divergents; son bord antérieur échancré en son milieu; tête courte et très épaisse, même en avant. Metanotum moins rétréci en dessus. Corps entièrement luisant. Ordinairement noir ou d'un noir brun, mandibules, antennes et pattes, souvent aussi la tête et tout ou partie du thorax, d'un brun ou d'un rougeâtre plus ou moins foncé. Pilosité rare; pubescence presque nulle. Tout le corps très finement chagriné et parsemé de points enfoncés, plus forts et surtout plus serrés sur la tête. Long. 4 à 9mm. 9. **Marginatus**, Latr.

Patrie : Europe centrale et méridionale, Asie, Amérique du Nord.

Fait son nid dans l'écorce et le bois mort; il est très timide et sort rarement de son habitation.

Les mâles et les femelles s'accouplent de mai en juillet. (1)

Cette espèce paraît être très variable, surtout sous le rapport de la couleur; certains individus sont parfois de teinte assez claire et presque entièrement rougeâtres, sauf l'abdomen qui est d'un brun noir. Chez une ♀ de l'Illinois l'abdomen était, d'après M. Forel, entièrement jaune avec une bande transversale d'un brun noir au milieu de chaque segment. Moi-même j'ai vu dans la collection de M. le géné-

(1) Je réunis, après la description de l'ouvrière, toutes les notions biologiques et même celles qui concernent exclusivement les sexes ailés. J'ai pensé que ce mode de procéder était préférable en ne disséminant pas les renseignements relatifs à la même espèce. A propos de l'époque d'accouplement, je dois avertir que les indications que je donne n'ont rien d'absolu, car ces époques sont sujettes à varier dans d'assez grandes proportions, selon les localités, la température, l'altitude. etc. On ne doit considérer ces énonciations que comme de simples renseignements basés sur la moyenne des observations recueillies dans les ouvrages spéciaux, dans les communications qui m'ont été faites ou dans mes notes personnelles.

ral Radoszkowski deux ouvrières provenant de Sibérie (Amour), dont le devant de la tête et la majeure partie du pronotum étaient rougeâtres et dont l'abdomen brunâtre portait, de chaque côté de ses deux premiers segments, une tache d'un blanc jaunâtre plus ou moins étendue.

5 Tout le corps et surtout l'abdomen couverts d'une pubescence très longue et abondante d'un jaune doré; pilosité assez forte. Abdomen avec des points enfoncés plus gros et plus serrés sur la partie postérieure des segments. Entièrement mat, assez fortement et densément rugueux. Tantôt l'insecte est en entier d'un noir brun, tantôt le thorax, le devant de l'abdomen, les antennes et les pattes sont, en tout ou en partie, d'un ferrugineux mat. Longueur 8 à 14mm. 3. **Pennsylvanicus**, de GEER.

PATRIE : Sibérie, Chine, Japon, Amérique du Nord.

Nids sculptés dans le bois.

Les mœurs de cette espèce qui ne se distinguent pas d'ailleurs de celles des espèces voisines (*Herculeanus, pubescens, etc.*), ont été étudiées par le Rev. H. Mac Cook et consignées en une brochure (1) qui marque le début des publications de cet habile et consciencieux observateur sur les mœurs des fourmis.

— Pubescence courte, cendrée, et souvent moins abondante. Corps moins fortemement rugueux; points enfoncés de l'abdomen plus uniformément répartis, moins gros et moins serrés. 6

6 Entièrement d'un noir profond, mat, mandibules et tarses d'un brun foncé. Tout le corps couvert de rugosités fines et serrées, médiocrement pubescent et hérissé de poils longs et

(1) Notes on the architecture and habits of Formica pennsylvanica ; Philadelphia 1876.

cendrés, plus serrés sur l'abdomen. Long. 8-13mm. 4. **Pubescens**, Fab.

Patrie : Europe centrale et surtout méridionale, Nord de l'Afrique, Asie moyenne.

Nids sculptés dans les troncs d'arbres, les poteaux et même les poutres des maisons. Habite la plaine et préfère les lieux secs et exposés au soleil. On le trouve rarement dans la montagne ou dans les bois ; je l'ai cependant rencontré dans les Alpes à 800 mètres d'altitude.

Les sexes ailés volent dans le milieu de l'été.

— Thorax, pétiole et pattes, au moins en partie, bruns ou rougeâtres. 7

7 Thorax, pétiole et pattes d'un rouge plus ou moins foncé, arrivant presque au noir, surtout à la partie antérieure du thorax. Abdomen mat, fortement pubescent, avec le premier segment complètement noir ou tout au plus maculé de rouge brunâtre à sa base. Pilosité éparse, un peu plus serrée sur l'abdomen. Long. 6-12mm. 1. **Herculeanus**, L.

Patrie : Europe septentrionale et centrale, Nord de l'Asie et de l'Amérique.

Nids sculptés dans le bois, les vieux troncs, parfois aussi creusés en terre, sous les pierres. Cette espèce habite les bois des lieux élevés et ombragés, elle se plait dans la région des sapins et ne se rencontre presque jamais dans la plaine.

L'accouplement a lieu du commencement au milieu de l'été.

— Thorax, pétiole et cuisses d'un rouge assez vif et peu foncé. Abdomen plus ou moins luisant, peu ou pas pubescent, avec le premier segment ordinairement rouge sur sa moitié antérieure, rarement entièrement noir. Pilosité rare, un peu plus abondante sur l'abdomen. Corps plus allongé et tête relativement plus petite que chez l'espèce précédente. Long. 7-14mm. 2. **Ligniperdus**, Latr. (fig. 3)

PATRIE: Europe centrale et méridionale, Asie, Amérique du Nord.

Nids comme ceux du *C. Herculeanus*, mais plus fréquemment minés en terre avec dômes maçonnés, et sous les pierres. Cette fourmi habite surtout la plaine et se rencontre souvent dans les clairières des bois, mais parfois aussi dans les endroits découverts.

Les ♂ et les ♀ volent du commencement au milieu de l'été.

Les quatre espèces précédentes ont été réunies avec raison par M. Forel comme races du *C. Herculeanus*, et il signale même des formes intermédiaires auxquelles il a donné les noms de **Herculeano-ligniperdus** et **Herculeano-pennsylvanicus**. On observe, en effet, une foule de transitions entre ces espèces, et si les caractères donnés ci-dessus permettent de déterminer assez facilement les individus bien typiques, il n'en est plus de même quand on a affaire à des formes de passage, et il n'est pas rare de rencontrer des exemplaires qu'il est impossible de rapporter, avec quelque certitude, à l'une ou à l'autre de ces espèces ou races.

8 Abdomen sans pubescence ou avec une pubescence très éparse. 9

— Abdomen densément couvert de poils couchés; tout le corps mat. 10

9 Tibias comprimés, prismatiques, les quatre postérieurs cannelés sur leur arête externe. Chez les ☿ major la tête est grosse, courte, très épaisse, large en arrière, fortement rétrécie en avant, le thorax est court, pas plus long que la tête, fortement arqué d'avant en arrière; chez les ☿ minor la tête et le thorax s'allongent pour prendre la forme de ceux du *sylvaticus* dont elles se distinguent d'ailleurs par la structure de leurs tibias et l'opacité de leurs téguments. D'un noir mat avec les mandibules, les antennes, les pattes et parfois le pétiole, plus ou moins rougeâtres. Tête et thorax den-

sément chagrinés et parsemés en outre de points enfoncés assez épars. Abdomen très finement et transversalement ridé, un peu luisant, surtout chez les ☿ minor. Pubescence presque nulle. Pilosité rare, à peine çà et là quelques poils dressés. Ecaille plus convexe en avant qu'en arrière, à bord supérieur tranchant. Long. 6-12mm. **8. Compressus**, Fab.

Patrie : Algérie, Egypte, Inde, Chine, Iles Philippines.

== Tibias de forme ordinaire, sauf dans les très grands individus où les postérieurs sont un peu prismatiques et cannelés comme chez le *compressus*, mais la tête est moins courte, moins épaisse, moins rétrécie en avant, les téguments sont moins mats et le thorax est plus allongé. Corps ordinairement luisant, presque sans pubescence et avec des poils clairsemés. Couleur très-variable, passant du jaune au noir. Les individus typiques ont la tête, le thorax, les mandibules, les antennes et les pattes d'un brun plus ou moins rougeâtre ou jaunâtre; l'abdomen, surtout en arrière, et les cuisses sont d'une couleur plus foncée. Long. 6-16mm.

7. Sylvaticus, Ol.

Patrie : Europe centrale et méridionale, Asie, Afrique et probablement les régions chaudes et tempérées du monde entier, où ses nombreuses races et variétés sont encore considérées comme espèces qu'il faudra réunir un jour au type d'Olivier.

Nids minés ou maçonnés en terre et sous les pierres. Ses dômes sont larges, très plats et irréguliers. Habite en général les lieux secs et exposés au soleil. C'est une espèce craintive et à vie cachée.

Les sexes ailés volent au milieu de l'été

Cette espèce varie d'une façon inouie sous tous rapports. On trouve, dans une même fourmilière, de très grands individus au corps robuste, à la tête forte, profondément échancrée en arrière et rétrécie en avant, et d'autres individus petits, mous, délicats, à tête allongée, ovale ou rectangulaire, non échancrée et presque sans lobe antérieur bien net à l'épistome. Entre ces deux extrêmes il y a toutes les transitions possibles; mais on peut cependant, en général, faire une distinction entre les ☿ major et les ☿ minor.

Comme couleur le *C. sylvaticus* varie à l'infini, et si, dans l'Europe centrale, on ne rencontre guère que le type ci-dessus décrit et la variété noire (*æthiops*), il n'en est plus de même dans les contrées plus méridionales, et surtout en Algérie, dans les parties orientales du sud de l'Europe et les régions asiatiques avoisinantes, où se trouvent des fourmis qui s'éloignent sensiblement du type d'Olivier et qui ont donné lieu à la création de plusieurs espèces, réunies par M. Forel comme simples races, et que M. Mayr (Formicides du Turkestan) ne considère plus que comme des variétés.

L'examen d'un grand nombre d'individus de provenances diverses m'amène à partager cette dernière opinion, et je vais énumérer, en donnant pour chacune d'elles une courte diagnose, les principales variétés et les anciennes espèces, qu'à l'exemple de Mayr, je réunis au *sylvaticus*.

Var **Turkestanus**. Je donne ce nom à une variété de taille moyenne ou grande, entièrement jaune, à téguments presque lisses, et ressemblant, à première vue, au *C. melleus* Say.

Cette variété, signalée par Mayr dans son travail sur les fourmis du Turkestan, n'est connue jusqu'à ce jour que de ce pays. Les exemplaires que j'ai vus provenaient des déserts d'Aral.

Var. **dichrous** Forel. Jaune avec la tête, le scape des antennes et la moitié postérieure de l'abdomen bruns. Les ☿ minor sont quelquefois entièrement jaunes.

Patrie : Algérie.

Var. **maculatus** Fab. Jaune brunâtre avec la tête plus foncée; abdomen ordinairement jaunâtre avec deux rangées de taches brunes sur les côtés. Taille svelte et élancée.

Variété mal définie, offrant de nombreuses transitions au *sylvaticus* typique (**sylvatico-maculatus** For. ou au *cognatus* (**maculato-cognatus** For.). Cette variété qui passe aussi facilement à la suivante, se rencontre en Afrique, en Asie et dans l'extrême orient de l'Europe méridionale.

Var. **variegatus** Sm. D'un brun noir avec le dessous du thorax, le funicule des antennes, les pattes, le devant de l'abdomen et deux rangées de taches latérales, jaunâtres ; quelquefois la couleur jaune envahit tout le corps.

PATRIE : Europe méridionale, Afrique, Turquie d'Asie, Inde, Ceylan, îles de la Sonde.

Var. **cognatus** Sm. Entièrement d'un brun noir sauf le bord postérieur des segments de l'abdomen qui est jaunâtre ; quelquefois la tête, le thorax et le pétiole sont plus ou moins rougeâtres. Taille grande (12-16^{mm}) ; corps robuste, plus fortement sculpté et plus mat, surtout sur la tête, que chez les variétés précédentes.

PATRIE : France méridionale, Espagne, Sicile, Egypte, Algérie, Tunisie et toute l'Afrique jusqu'au Cap, Syrie, Inde, Ceylan.

Var. **æthiops** Latr. Entièrement d'un noir luisant avec les mandibules, le funicule des antennes, les articulations des pattes et les tarses, parfois (**sylvatico-æthiops** For.) toutes les pattes, d'un brun rougeâtre. Corps robuste, peu élancé.

Cette variété, qui n'atteint pas une grande taille, (6-11^{mm}) est la plus constante de toutes celles que je viens d'énumérer et elle paraît aussi se rencontrer plus au Nord que les autres. On la trouve dans l'Europe centrale et méridionale.

Chez toutes les variétés précédentes les antennes et les pattes sont dépourvues de poils dressés. Roger a fait connaître, sous le nom de **pilicornis**, une variété d'Espagne et des îles Baléares qui paraît se rapprocher, pour la couleur, du *sylvaticus* typique et dont les antennes portent quelques poils.

M. Mayr, dans son travail déjà cité sur les fourmis du Turkestan, a décrit comme espèce nouvelle, sous le nom de **C. Fedtschenkoi**, un *Camponotus* qui, de l'aveu même de son auteur, n'offre comme véritable caractère distinctif, que la présence d'une pilosité oblique sur le scape des antennes et les pattes. Les exemplaires du *Fedtschenkoi* que j'ai pu étudier ne me paraissent pas distincts du *sylvaticus*, et je me crois obligé de ne les considérer que comme variété de ce dernier. Les individus du Turkestan ont une coloration se rapprochant du *sylvaticus* typique ; d'autres individus de Syrie se rattachent plutôt, sous ce rapport, au *cognatus*.

10 Tibias, surtout les postérieurs, aplatis sur leurs deux faces latérales, leur tranche externe (celle opposée à l'éperon) étroite et creusée d'une profonde gouttière longitudinale dont les bords forment une arête assez vive. Tête, scape des antennes, la totalité ou la majeure partie du thorax et les derniers segments de l'abdomen, d'un noir mat; les autres parties d'un rouge vineux sombre. Rarement la couleur noire envahit presque tout le corps. Entièrement couvert d'une pubescence fine et jaunâtre, plus dense sur l'abdomen. Pilosité assez éparse. Long. 6-14mm. 6. **Cruentatus**, Latr.

Patrie : France méridionale, Espagne, Portugal, Algérie, Maroc.

Nids minés en terre.

— Tibias conformés comme à l'ordinaire, leur tranche externe arrondie, non sillonnée. Entièrement noir avec les mandibules et les tarses d'un rouge brun; rarement la tête, le thorax et le pétiole sont d'un rouge sombre. Thorax et abdomen densément couverts d'une pubescence blanchâtre, un peu soyeuse; çà et là quelques poils dressés de même couleur. Long. 5-12mm. 5. **Micans**, Nyl.

Patrie : Sicile, Calabre, Espagne méridionale, Algérie, et une grande partie de l'Afrique et de l'Asie.

11 Profil dorsal du thorax légèrement arqué ou plus ou moins rectiligne, sans angle rentrant bien prononcé entre le mesonotum et le metanotum (fig. 18). 12

— Profil dorsal du thorax sensiblement brisé en angle rentrant à la suture du mesonotum et du metanotum (fig. 6). 14

12 — Corps luisant; tête et thorax très-finement ponctués; abdomen avec des rides transversales très superficielles; rarement, chez les ♀ major, la tête est presque mate. Noir, scape des an-

tennes, tibias et tarses bruns. Pubescence presque nulle ; pilosité très éparse. Thorax quelquefois faiblement impressionné entre le mesonotum et le metanotum, ce dernier avec une face basale horizontale et une face déclive presque verticale dans sa première moitié, formant avec la face basale un angle net à sommet arrondi (fig. 18). Long. 4 1/2-7 1/2mm. **11. Gestroi**, Em.

Patrie : Sardaigne, Sicile.

— Tout le corps mat, couvert d'une ponctuation forte et serrée, comme celle d'un dé à coudre. Entièrement noir avec tout ou partie des mandibules, le funicule des antennes, les articulations des pattes et les tarses d'un rougeâtre plus ou moins foncé. Pubescence très fine et éparse, d'un blanc jaunâtre. Pilosité de même couleur et très clairsemée. Thorax court, large et plan en dessus ; metanotum cubique, sa face déclive verticale et un peu concave transversalement. 13

13 Taille grande (10mm). Mesonotum beaucoup plus large que long ; écaille assez comprimée, légèrement convexe sur ses deux faces, ses bords latéraux tranchants, son bord supérieur arrondi. Hanches antérieures assez courtes et très épaisses ainsi que les cuisses. (D'après Roger). **15. Robustus**, Roger.

Patrie : Madagascar, Turquie d'Asie.

— Taille petite (5mm.). Mesonotum (vu en dessus) paraissant presque aussi long qu'il est large à sa partie antérieure (fig. 17) ; écaille épaisse, un peu plus convexe en avant qu'en arrière avec les bords arrondis. Hanches et cuisses d'épaisseur normale. **16. Libanicus**, André.

Patrie : Bethméri (Liban).

14 Abdomen densément couvert d'une pubescence d'un blond cendré ou d'un jaune d'or, brillante, soyeuse et cachant complètement la couleur foncière. Epistome, thorax et écaille avec une pubescence semblable mais beaucoup plus éparse. Pilosité rare. Noir, avec les mandibules, les antennes et les tarses d'un rouge plus ou moins brun ; très souvent la tête et le thorax sont d'un rouge foncé. Tête courte, densément ponctuée, mate, chargée souvent sur le vertex de trois fossettes simulant des ocelles. Thorax densément ponctué; metanotum cubique, sa face basale horizontale, sa face déclive verticale et concave; le point de réunion de ces deux faces forme une arête vive terminée de chaque côté par une dent courte ou un tubercule dentiforme. Long. 7-11mm. 18. **Sericeus**, Fab.

Patrie : Egypte et la plus grande partie de l'Afrique; Arabie, Inde, Ceylan.

— Abdomen, ainsi que tout le corps, glabre ou avec une pubescence très éparse. **15**

15 Corps luisant, très finement ridé ou chagriné. Variant du noir avec les pattes concolores ou rougeâtres, au rouge plus ou moins vif avec l'abdomen seul noir. **16**

— Corps mat, couvert d'une ponctuation granuleuse extrêmement serrée; devant de la tête avec de nombreuses fossettes. Metanotum cubique, sa face basale très légèrement convexe, sa face déclive creusée dans le sens vertical de telle sorte que l'arête qui réunit les deux faces est entaillée de droite à gauche et forme, de chaque côté, une dent obtuse. Noir, pubescence et pilosité assez rares; mandibules, funicule des antennes, articulations des pattes et tarses d'un brun rougeâtre plus ou moins foncé. Long. 5-8 1/2mm. 17. **Kiesenwetteri**, Roger.

Patrie : Grèce, Zante, Chypre.

16 Face basale du metanotum un peu convexe d'avant en arrière, rejoignant sa face déclive par une surface arrondie, sans arête ni angle sensible au point de réunion ; face déclive oblique, plane ou à peine transversalement concave (fig. 14). Long. 4 1/2-7 3/4mm. 12. **Sicheli**, Mayr.

Patrie : Algérie. Maroc.

— Face basale du metanotum plane ou à peine convexe d'avant en arrière, sa face déclive concave ou anguleuse, leur point de jonction formant une arête vive ou un angle arrondi. 17

17 Face basale du metanotum plane, formant avec sa face déclive un angle arrondi mais sensible, droit ou même un peu obtus. Tête courte, épistome souvent largement échancré au milieu de son bord antérieur chez les ☿ major et quelquefois muni d'une petite dent de chaque côté de cette échancrure. Long. 4-7 1/2. (D'après Mayr). 13. **Interjectus**, Mayr.

Patrie : Turkestan.

— Face basale du metanotum plane ou légèrement convexe, formant avec sa face déclive une arête vive ou un angle à peine émoussé, droit ou même un peu aigu ; face déclive fortement concave transversalement. Epistome plus étroitement échancré au milieu chez les ☿ major. Long. 3-7mm. 14. **Lateralis**, Ol.

Patrie : Europe centrale et méridionale, Asie moyenne, nord de l'Afrique et de l'Amérique.

Nids minés en terre, sous les pierres, rarement surmontés d'un dôme maçonné.

Les sexes ailés volent en avril et mai.

La variété **foveolatus** Mayr (ebeninus Em.) est fondée sur la forme du metanotum dont la face basale est plane et la face déclive concave, avec une arête vive à leur point de réunion ; tandis que, dans la forme typique, le point de jonction de la face basale et de la face déclive forme un angle arrondi.

La var. **Dalmaticus** Nyl. a la tête noire et le thorax plus ou moins rouge, tandis que le plus ordinairement c'est l'inverse qui arrive.

Les deux espèces *interjectus* et *lateralis* sont très voisines l'une de l'autre et, la première m'étant inconnue en nature, je n'ai pu insister sur ses caractères distinctifs ; la diagnose que j'en donne est extraite de la description de Mayr.

Femelles

1 Mandibules armées de 4 à 5 dents ; épistome avec une légère échancrure de chaque côté de son bord antérieur dont la partie médiane n'est pas sensiblement plus avancée que ses angles latéraux. 2

— Mandibules armées de 6 à 7 dents ; partie médiane du devant de l'épistome avancé en un lobe large et rectangulaire, de sorte qu'il existe, de chaque côté, comme une marche d'escalier dont les angles latéraux sont situés bien en arrière de l'extrémité du lobe. 8

2 Abdomen densément revêtu en dessus d'une pubescence courte, fine, brillante, d'un blond cendré ou d'un jaune d'or, qui cache entièrement la couleur foncière et donne à cette partie du corps un éclat soyeux très-prononcé. Tête, thorax et pétiole avec une pubescence semblable mais très-éparse ; pilosité rare. Noir, avec les mandibules, les antennes, les tarses et parfois aussi la tête et le thorax d'un rouge sombre ou brunâtre. Corps mat, densément et granuleusement ponctué. Thorax à peine plus étroit

que la tête ; face basale du metanotum convexe, un peu plus courte que sa face déclive ; écaille épaisse, subquadrangulaire, échancrée en dessus. Long. 11mm. (D'après Mayr).

18. **Sericeus**, Fab.

— Abdomen non soyeux ; sa pubescence bien moins serrée et ne cachant pas entièrement la couleur foncière. 3

3 Bord antérieur de l'épistome échancré en son milieu. Long. 9 à 11mm. 4

— Bord antérieur de l'épistome non échancré en son milieu. Longueur 14 à 18mm. 5

4 Tête plus large que le thorax ; ce dernier assez étroit ainsi que l'abdomen qui est allongé. Corps très finement rugueux-ponctué, plus fortement sur la tête. Noir, luisant, mandibules, antennes et pattes d'un brun plus ou moins obscur ; tête et thorax rarement rougeâtres. Très-rarement aussi l'abdomen est maculé de blanchâtre, ou même jaune à bandes noires. Pilosité et pubescence assez rares. Ailes assez fortement enfumées de jaunâtre à la base. Long. 9-11mm. 9. **Marginatus**, Latr.

— Tête plus étroite ou de même largeur que le thorax ; abdomen épais, moins allongé que chez l'espèce précédente. Tête plus grossièrement rugueuse, à ponctuation plus forte, plus éparse et plus irrégulière. Noir, luisant, avec les mandibules, les antennes et les pattes d'un brun ou d'un rougeâtre plus ou moins obscur ; quelquefois la tête et le thorax sont plus ou moins rouges ou mélangés de rouge. Pubescence faible. Ailes très peu enfumées de jaunâtre à la base. Long. 9-10mm. 14. **Lateralis**, Ol.

La ♀ du C. *interjectus* Mayr, qui ne m'est pas connue en nature, doit se rapprocher extrêmement de celle du *lateralis*. Ne pouvant comparer ces insectes, je me borne à donner ici la diagnose de Mayr.

C. **interjectus** ♀. Long. 9,5mm. Ferruginea, abdomine nigro, fronte cum vertice et thorace supra partim fuscis; pilositas et sculptura ut in operaria; clypeus et genæ densissime reticulato-punctata; punctis majoribus dispersis, ille margine antico bidenticulato; petioli squama rotundato-subquadrata, angulis rotundatis, latior quam altior, antice modice convexa, postice plana, margine superiore levissime emarginato ; alæ anticæ subhyalinæ, indistincte flavescentes, pterostigmate et costis testaceis.

5 Abdomen revêtu d'une pubescence très longue et abondante d'un jaune d'or, plus courte et plus éparse sur le reste du corps ; pilosité assez forte. Partie postérieure des segments abdominaux marquée de points enfoncés gros et nombreux ; des points moins gros et bien plus épars sur le reste du corps qui est mat et couvert de rugosités serrées assez fortes. Tantôt entièrement d'un noir brun, tantôt le thorax (sauf le mesonotum et le scutellum), le devant de l'abdomen, les antennes et les pattes sont, en tout ou en partie, d'un ferrugineux mat. Ailes légèrement enfumées de jaunâtre avec le stigma et les nervures d'un roussâtre clair. Longueur 14-17mm.

3. **Pennsylvanicus**, De Geer

— Pubescence abdominale courte, cendrée et souvent moins abondante. Corps moins fortement rugueux ; points enfoncés de l'abdomen plus uniformément répartis, moins gros et moins serrés. 6

6 Noir, thorax, à l'exception du mesonotum et du scutellum, écaille et cuisses d'un rouge brun passant souvent au pourpre noir. Tête et thorax

assez luisants, presque sans pubescence. Quelques longs poils épars, plus nombreux au bord postérieur des segments de l'abdomen. Stigma et nervures d'un roussâtre clair. 7

— Tout le corps noir, mat, surtout sur l'abdomen qui est densément couvert de rides transversales très fines et assez pubescent, avec une pilosité peu serrée ; articulations des pattes et tarses brunâtres. Ailes enfumées de noirâtre à la base; stigma et nervures d'un brun foncé. Longueur 14-16mm. 4. **Pubescens**, Fab.

7 Premier segment de l'abdomen entièrement noir ou tout au plus avec une petite tache d'un rouge brunâtre à la base. Parties rouges du thorax très foncées, parfois presque noires. Les deux tiers postérieurs de chaque segment de l'abdomen pubescents, finement rugueux et ternes. Ailes légèrement enfumées de roussâtre. Long. 15-17mm. 1. **Herculeanus**, L.

— Moitié antérieure du premier segment de l'abdomen, souvent aussi du second, d'un rouge-brun ou jaunâtre assez vif. Parties rouges du thorax moins sombres que chez le *C. Herculeanus*. Tout le corps, y compris l'abdomen, presque lisse, luisant, à peu près sans pubescence. Ailes fortement enfumées de roussâtre. Long. 16-18mm. 2. **Ligniperdus**, Latr. (fig. 2)

8 Corps mat ; abdomen revêtu d'une pubescence serrée. 9

— Corps plus ou moins luisant, presque sans pubescence ; pilosité éparse. Couleur très variable, passant du jaune ou du rougeâtre au noir avec toutes les teintes intermédiaires, soit uniformes, soit mélangées en diverses proportions. Les individus typiques sont d'un noir brun avec les mandibules, le funicule des antennes et les pattes d'un brun rougeâtre ; souvent le thorax est plus ou moins rougeâtre ou jaunâtre en arrière et sur les côtés, ainsi que le pétiole et le devant de l'abdomen. Long. 11-18mm.

7. **Sylvaticus**, Ol.

Pour les variétés de cette espèce, je renvoie à ce que j'ai dit des ouvrières, les mêmes différences de coloration ou de pilosité se présentant également chez les ♀ qui me sont connues. La var. **æthiops** se distingue, en outre, par ses ailes qui sont hyalines, tandis que, chez le type et les autres variétés, elles sont légèrement enfumees de jaunâtre.

9 Tibias aplatis sur leurs deux faces latérales ; les intermédiaires et les postérieurs creusés, sur leur arête externe, d'un sillon longitudinal assez profond au milieu et s'effaçant peu à peu en arrivant aux extrémités. Tête, scape des antennes, pronotum, mesonotum, scutellum et les derniers segments de l'abdomen noirs, tibias et tarses bruns, toutes les autres parties rouges ou mélangées de rouge ; quelquefois l'abdomen est entièrement d'un brun noir, sauf la partie antérieure de son premier segment. Tête et thorax mats, peu pubescents, avec quelques poils dressés ; scutellum ordinairement luisant ; abdomen terne, couvert d'une pubescence jaunâtre assez serrée, et montrant aussi quelques poils dressés. Ailes un peu enfumées de brun ; stigma et nervures d'un brun foncé. Long. 14-16mm.

6. **Cruentatus**, Latr.

— Tibias de conformation ordinaire, leur tranche externe arrondie, non sillonnée. Noir, mandibules et tarses d'un brun rougeâtre ; cuisses et jambes plus obscures. Mat, tout le corps, et surtout le premier segment de l'abdomen, couverts d'une pubescence jaunâtre et soyeuse ; pilosité éparse ; ponctuation fine et peu serrée. Long. 11-12mm. 5. **Micans**,

Les femelles des C. **compressus**, Fab., **Gestroi**, Em., **Foreli**, Em., **Sicheli**, Mayr, **robustus**, Rog., **libanicus**, André et **Kiesenwetteri**, Rog. ne sont pas connues.

Mâles

1 Tête courte, à peu près aussi large que longue ; épistome droit ou légèrement arqué à son bord antérieur, non fortement avancé en forme de lobe semicirculaire (fig. 15).

— Tête visiblement plus longue que large ; épistome ayant sa partie antérieure avancée en forme de lobe semicirculaire proéminent. (fig. 16)

2 Taille relativement grande (9 à 12mm). Mesonotum non parsemé en avant de points fossettés ; bord antérieur de l'épistome presque rectiligne.

— Taille relativement petite (6 à 8mm).

3 Épistome et joues marqués de quelques gros points enfoncés épars. Entièrement noir, mat ou peu luisant ; ailes un peu enfumées de brun. Pubescence cendrée, courte, fine et très éparse. Pilosité assez forte, surtout sur la tête et l'abdomen. Long. 9-11mm. 4. **Pubescens**, F.

Le ♂ du C. **pennsylvanicus** de Geer, qui ne m'est pas connu en nature, ne se distingue du précédent, d'après M. Forel, que par sa pubescence plus abondante et plus allongée.

— Joues sans gros points enfoncés ; épistome ayant seulement deux points fossettés près de son bord antérieur et deux autres près de son bord postérieur. Noir, extrémité des mandibules, articulations des pattes et parfois le funicule des antennes rougeâtres. Pubescence presque nulle. Pilosité rare, surtout sur la tête et le thorax, un peu plus abondante à l'extrémité de l'abdomen. 4

4 Abdomen mat, couvert de rugosités transversales, fines et serrées. Ailes faiblement enfumées de roussâtre. Long. 9-11mm.

1. **Herculeanus**, L.

— Abdomen assez luisant, couvert de rugosités transversales moins fortes et moins serrées. Ailes fortement enfumées de jaune brunâtre. Long. 9-12mm. 2. **Ligniperdus**, Latr. (fig. 1).

5 Mesonotum parsemé en avant de gros points enfoncés. Epistome un peu arqué à son bord antérieur. Mandibules finement et longitudinalement ridées et portant en outre assez souvent quelques points enfoncés épars. Entièrement d'un noir luisant; rarement les articulations des pattes, le funicule des antennes et les tarses sont brunâtres. Ailes presque hyalines, à peine teintées de jaunâtre à la base ; stigma et nervures d'un roussâtre pâle. Pubescence très-rare; pilosité assez abondante, surtout sur le mesonotum. Long. 6-7mm. 14. **Lateralis**, Ol.

— Mesonotum sans gros points enfoncés en avant ou tout au plus avec quelques points isolés. Epistome presque droit à son bord antérieur. Mandibules finement et longitudinalement ridées, sans points enfoncés. Noir luisant, mandibules, funicule des antennes, articulations des pattes et tarses plus ou moins roussâtres ou brunâtres. Ailes assez enfumées de roussâtre; stigma et nervures d'un roussâtre très-pâle. Pubescence à peu près nulle; tête et thorax presque sans poils dressés; quelques poils peu serrés se voient sur la dernière moitié de l'abdomen. Long. 6 1/2-7 1/2mm.

9. **Marginatus**, Latr.

6 Tout le corps mat. Abdomen couvert d'une pubescence assez abondante, fine et blanchâtre, bien plus éparse sur le reste du corps. Pilosité peu abondante. Noir, mandibules, antennes, articulations des pattes et tarses d'un brun rougeâtre ou jaunâtre; quelquefois les côtés de l'épistome, une partie des bords du thorax, le dessous du pétiole, le sommet de l'abdomen et une partie des cuisses sont d'un jaune rougeâtre. Ailes à peine teintées de brunâtre; nervures et stigma d'un brun foncé. Long. 9-10mm.

6. **Cruentatus**, Latr.

— Abdomen avec une pubescence très-éparse et parfois presque nulle; il est ordinairement assez luisant. Pilosité médiocrement abondante, plus serrée sur l'abdomen. Couleur variant du noir au testacé. Ailes un peu teintées de jaunâtre, rarement hyalines; stigma et nervures d'un brun foncé. Long. 6-9mm. 7. **Sylvaticus**, Ol.

Je n'essaierai pas de distinguer les mâles des diverses variétés du *C. sylvaticus* dont j'ai parlé à propos des ouvrières; les quelques exemplaires que je possède ne m'ont offert aucun caractère saisissable et je ne crois pas qu'on puisse leur trouver des différences sérieuses et constantes.

Voici toutefois quelques renseignements généraux qu'on pourra consulter sans y attacher trop d'importance :

Le **sylvaticus** typique, le plus souvent de couleur noirâtre, passe quelquefois au rougeâtre et même au testacé.

Les **maculatus** Fab. et **variegatus** Sm. sont ordinairement testacés ou rougeâtres avec l'abdomen concolore ou noirâtre.

Le **cognatus** Sm. de couleur variable mais généralement sombre, se fait remarquer par sa grande taille et le peu d'éclat de ses téguments.

L'**æthiops** Latr. est au contraire de taille moyenne ou petite, de couleur noire assez luisante, et ses ailes complètement hyalines le distinguent des autres variétés.

Enfin le **Fedtschenkoi** Mayr. se reconnait à la pilosité de ses pattes et du scape de ses antennes.

Les mâles des C. **micans** Nyl., **compressus** Fab., **Gestroi** Em., **Foreli** Em., **interjectus** Mayr, **Sicheli** Mayr, **robustus** Rog., **libanicus** André, **Kiesenwetteri** Rog. et **sericeus** Fab. ne sont pas connus.

2e GENRE. — COLOBOPSIS, Mayr.

κόλοβος, tronqué, ὄψις face

(Pl. VIII)

☿ Fosettes clypéales et antennaires séparées l'une de l'autre ; épistome presque carré, ses bords latéraux parallèles, s'écartant seulement un peu aux angles antérieurs qui n'atteignent pas le bord externe des joues ; devant de la tête formant un angle obtus avec le reste de sa surface, de sorte que la tête, qui est assez courte, paraît aussi épaisse en avant qu'en arrière (fig. 9). Aire frontale nulle ou très indistincte. Arêtes frontales presque droites, divergentes en arrière et assez éloignées l'une de l'autre. Mandibules courtes, fortes, dentées. Palpes maxillaires de 6 articles, palpes labiaux de 4 articles. Antennes de 12 articles, insérées vers le tiers antérieur des arêtes frontales et distantes du bord postérieur de l'épistome. Pas d'ocelles. Thorax comprimé postérieurement ; son profil dorsal régulièrement arqué, sans étranglement prononcé entre le mesonotum et le metanotum ; ce dernier tronqué en arrière. Pétiole avec une écaille assez épaisse, droite, convexe en avant, plane en arrière, souvent échancrée en haut. Abdomen allongé. Pattes courtes. Gésier comme chez les *Camponotus*.

♃ Tête longue, obliquement tronquée en avant (fig. 10) ; la troncature, presque plane ou même légèrement concave, comprend les mandibules, les fossettes clypéales et la partie antérieure des joues et de l'épistome. Les fossettes antennaires et l'insertion des antennes, ainsi que le quart postérieur de l'épistome, qui est brusquement réfléchi en arrière, sont situés en dehors de la partie tronquée. Le reste comme l'ouvrière, mais taille un peu plus forte.

♀ Tête semblable à celle du ♃, mais munie de trois ocelles. Thorax en ovale allongé, presque aussi haut que large. Pétiole et abdomen comme chez les ☿ et ♃. Corps plus allongé et plus étroit. Ailes avec une cellule cubitale, sans cellule discoïdale. Taille un peu supérieure à celle du soldat.

♂ Epistome, aire frontale et arêtes frontales comme chez l'ouvrière. Antennes de 13 articles, insérées loin des angles postérieurs de l'épistome ; scape allongé ; premier article du funicule renflé à son extrémité, deux fois long et épais comme le suivant, les autres cylindriques et subégaux (fig. 11). Pétiole surmonté d'une écaille épaisse. Organes génitaux petits, valvules génitales externes spiniformes, assez larges à leur base. Ailes comme chez la ♀. Taille peu supérieure à celle de l'ouvrière.

Ce genre, très voisin des *Camponotus*, comprend deux castes de neutres bien distinctes, les ouvrières et les soldats. Il renferme une quinzaine d'espèces propres, en majeure partie, à l'Asie et à l'Australie. Une seule est européenne ; elle n'élève pas de pucerons et ses nymphes sont toujours nues.

Ouvrière

— D'un rouge brunâtre ; dessus de la tête, cuisses et derniers articles des antennes d'un brun noirâtre ainsi que l'abdomen, à l'exception de la base de ses premiers segments qui sont souvent blanchâtres ou tachés de blanchâtre. Quelquefois tout le corps est plus ou moins noirâtre. Luisant, très finement rugueux, tête légèrement pointillée. Pilosité éparse, pubescence presque nulle. Long. 3-5mm.

1. **Truncata**, Spin. (fig. 6).

PATRIE : Europe moyenne et méridionale.

Cette espèce vive d'allures et d'un naturel très craintif, établit ses petites fourmilières dans le tronc des arbres, les branches mortes, les galles, etc ; elle vit souvent dans les noyers où on la voit courir à la surface du tronc, mais ses nids petits et très dissimulés sont assez difficiles à découvrir.

Les sexes ailés paraissent en juillet et en août.

Soldat

D'un rouge brunâtre ; devant de la tête souvent plus clair ; vertex, cuisses, funicule des antennes et abdomen bruns ou d'un brun noirâtre ; parfois la base des premiers segments abdominaux est blanchâtre. Tout le corps luisant, sauf le devant de la tête qui est grossièrement réticulé-granulé et mat. Pilosité assez forte sur la tête, très éparse sur le reste du corps ; pubescence presque nulle. Long. 4-6mm.

1. **Truncata**, SPIN.

Femelle

Devant de la tête, scape des antennes et tarses rougeâtres ; occiput, funicule, thorax, pattes et écaille d'un brun rougeâtre plus ou moins foncé ; une bande transversale devant le scutellum, les articulations des ailes et des pattes jaunâtres ; abdomen d'un brun noir avec la base de ses premiers segments souvent blanchâtre. Luisant, sauf le devant de la tête qui est assez fortement réticulé-granulé et mat. Pilosité et pubescence comme chez le soldat. Ailes hyalines. Long. 5 3/4-8mm. 1. **Truncata**, SPIN. (fig. 7).

Mâle

Brun ; mandibules, antennes, thorax, écaille, pattes et articulations des ailes d'un jaune brunâtre plus ou moins clair. Luisant, très finement rugueux-ponctué. Pilosité éparse ; pubescence presque nulle. Ailes hyalines. Long. 5-5 1/2mm. 1. **Truncata**, Spin. (fig. 8).

3e GENRE. — POLYERGUS, Latr.

πολυεργος, très actif.

(Pl. VIII)

☿ Fossettes clypéales et antennaires confondues. Epistome triangulaire, arrondi en arrière, assez convexe, non caréné. Arêtes frontales courtes, presque parallèles. Aire frontale triangulaire, nettement empreinte. Mandibules étroites, arquées, aiguës à l'extrémité, sans bord terminal et sans dents (fig. 4). Palpes maxillaires de 4 articles ; palpes labiaux de 2 articles. Antennes de 12 articles, insérées à l'extrémité antérieure des arêtes frontales et contiguës au bord postérieur de l'épistome. Ocelles bien distincts. Thorax étranglé entre le mesonotum et le metanotum, ce dernier fortement gibbeux. Pétiole surmonté d'une écaille épaisse, ovale, droite et élevée. Abdomen peu allongé. Gésier plus court et plus large que dans les genres précédents, à calice droit.

♀ Caractères de l'ouvrière. Taille un peu plus forte. Ailes avec une cellule cubitale et une cellule discoïdale.

♂ Epistome, aire frontale, palpes et insertion des antennes comme chez l'ouvrière et la femelle. Tête large ; mandibules de même conformation que chez les autres sexes, mais plus courtes, plus minces et plus cylindriques (fig. 5). Arêtes frontales courtes, divergentes en arrière. Antennes de 13 articles ; scape pas plus long que les deux ou trois premiers articles du funicule ; ce dernier filiforme, son premier article aussi large que long, le second au moins deux fois aussi long que le premier, les suivants vont en diminuant insensiblement de longueur jusqu'au dernier, qui est un peu plus grand et acuminé à son extrémité. Ecaille épaisse, plus large que haute, échancrée au sommet. Abdomen étroit ;

valvules génitales externes triangulaires, arrondies à l'extrémité. Ailes comme chez la ♀. Taille de l'ouvrière.

Le genre *Polyergus* ne comprend que deux espèces dont une propre à l'Amérique du Nord. Ce sont des insectes au corps dur et robuste, et n'ayant d'autre industrie que de se procurer des esclaves, sans lesquels il leur serait impossible d'exister. Ils n'ont donc pas d'architecture propre et leurs auxiliaires apportent dans leurs nids l'industrie spéciale qui les caractérise. Les nymphes de ce genre sont renfermées dans un cocon.

Ouvrière

— D'un roux tirant plus ou moins sur le jaune ou le brun. Corps ordinairement très finement rugueux, mat, avec les mandibules et l'aire frontale très luisantes ; rarement le corps est entièrement luisant. Mandibules marquées de quelques points épars ; devant de l'abdomen assez densément ponctué. Pilosité abondante sur l'abdomen, très éparse sur le reste du corps ; pubescence très fine et serrée, surtout sur l'abdomen, très clairsemée sur la tête. Longueur, 5 1/2-7 1/2^{mm}. 1. **Rufescens**, Latr. (fig. 1).

Patrie : Europe moyenne et méridionale, dans les prairies et les broussailles ; ne paraît pas toutefois se rencontrer dans les plaines de l'extrême sud.

Les ♂ et les ♀ volent en juillet et surtout en août.

C'est la *fourmi amazone* d'Huber, dont les mœurs ont été décrites ci-dessus, pages 85 et suivantes. Elle pille les nymphes des *Formica fusca* et *rufibarbis* et son nid renferme toujours un grand nombre d'ouvrières de ces espèces qui lui servent d'auxiliaires.

On rencontre assez souvent, dans les fourmilières de *Polyergus*, des individus plus grands (ils peuvent atteindre jusqu'à 10^{mm}) et d'une couleur plus claire. Ce sont les femelles aptères d'Huber dont le rôle est encore inconnu. M. Forel a constaté, par la dissection, que ces individus possèdent des ovaires bien développés et identiques à ceux de la ♀. Leur aspect général rappelle d'ailleurs celui de cette dernière, et leur thorax présente un petit écusson rudimentaire et quelques traces d'articulations alaires. On peut les considérer comme des intermédiaires entre les ☿ et les ♀, et j'ai déjà dit que d'autres fourmis en avaient également fourni des exemples, quoique moins fréquents.

Femelle

D'un roux plus ou moins clair, parfois un peu brunâtre ; mandibules, pattes et antennes plus foncées ; scutellum, postscutellum et souvent les bords des segments thoraciques bruns ou noirâtres. Tête, mesonotum et scutellum luisants et peu pubescents ; le reste du corps finement rugueux, presque mat et revêtu d'une pubescence serrée ; abdomen densément ponctué, assez garni de poils dressés. Ailes légèrement enfumées à la base, presque hyalines à l'extrémité. Long. 9 1/2-10mm.

1. **Rufescens**, Latr. (fig. 2)

Mâle

Noir ou d'un brun noir, parfois varié de rougeâtre sur certaines parties du thorax ; extrémité des mandibules, bord postérieur des segments abdominaux, parties génitales et quelques portions des pattes et des antennes d'un jaune brunâtre. Tête et thorax mats, finement ridés ; metanotum, écaille et abdomen assez luisants, très finement rugueux. Ailes hyalines. Long. 7mm.

1. **Rufescens**, Latr. (fig. 3)

4e GENRE. — MYRMECOCYSTUS, Wesmael.

(*Cataglyphis, Foerst,* — *Monocombus, Mayr.*)

μύρμηξ, fourmi. κύστις, vessie. (1)

(Pl. IX)

☿. ♃ Fossettes clypéales et antennaires confondues. Epistome fortement trapéziforme ou plutôt triangulaire avec l'angle postérieur tronqué. Arêtes frontales presque parallèles, courtes, leur bord externe légèrement concave. Aire frontale triangulaire, bien limitée. Mandibules aplaties, dentées (sauf chez le ♃ du *M. bombycinus* (fig. 4) où elles sont énormes, étroites, croisées comme deux sabres et munies, à leur bord interne, d'une seule dent formée par une échancrure de ce bord). Palpes maxillaires très longs, de 6 articles dont le 4e est presque deux fois long comme le 5e ; palpes labiaux de 4 articles. Antennes de 12 articles, insérées aux angles postérieurs de l'épistome ; funicule filiforme avec les premiers articles plus longs que les derniers (le dernier excepté). Des ocelles. Thorax étranglé entre le mesonotum et le metanotum. Pétiole surmonté d'un nœud ou d'une écaille épaisse. Abdomen souvent comprimé latéralement. Pattes allongées. Gésier comme celui des *Polyergus*.

Chez une seule espèce européenne (*M. bombycinus*), il existe un véritable soldat qui forme une caste à part et bien tranchée par la conformation de ses mandibules.

♀ Tête et pétiole comme chez l'ouvrière. Abdomen non comprimé. Ailes courtes, avec une cellule cubitale et une très petite cellule discoïdale qui manque même quelquefois. Taille des ☿ major.

♂ Epistome, aire frontale, arêtes frontales et palpes comme chez la ♀. Mandibules assez étroites, avec deux dents dont l'in-

(1) Ce nom, sans signification pour les espèces européennes, a été créé pour le *M. melligerus* dont certaines ☿ ont l'abdomen extrêmement dilaté et rempli de miel. (Voir ci-dessus, pages 21 et 22)

terne est souvent arrondie et peu visible. Antennes de 13 articles; scape allongé, funicule filiforme avec le premier article pas plus épais et aussi long que le second. Thorax comprimé latéralement et d'une largeur assez uniforme; pronotum un peu concave transversalement en son milieu. Pétiole surmonté d'une écaille épaisse. Abdomen cylindrique, non déprimé ni comprimé, aussi convexe en dessus qu'en dessous, et peu ou pas rétréci en arrière. Organes génitaux externes grands, leurs écailles de forme variable; ordinairement pas de pinceaux (1). Valvules génitales externes munies, à leur bord interne, d'un appendice en forme de cuiller. Hypopygium muni, à son extrémité, de dents ou d'échancrures diverses et caractéristiques. Ailes comme chez la ♀. Taille un peu inférieure à celle de cette dernière.

Ce genre renferme une dizaine d'espèces propres au midi de l'Europe, à l'Asie et à l'Afrique; une seule est américaine et une autre provient d'Australie. Ce sont des insectes très agiles, dont les mœurs sont encore peu connues. Parmi un grand nombre d'ouvrières du *M. viaticus* que j'ai reçues d'Algérie, il se trouvait quelques cocons. J'en conclus donc que les nymphes s'abritent dans une coque de soie, mais je ne sais si c'est un fait constant pour toutes les espèces.

Ouvrières

1	Pétiole surmonté d'un nœud bas, plus ou moins sphérique ou cubique.	2
—	Pétiole surmonté d'une écaille épaisse.	3
2	Tête et thorax mats, très densément et granuleusement ridés-ponctués. Pilosité peu abondante. Thorax revêtu d'une pubescence courte, blanchâtre et médiocrement serrée; abdomen	

(1) Tous les auteurs ont donné l'absence des pinceaux comme un caractère absolu des *Myrmecocystus* ♂. Il n'en est pas tout-à-fait ainsi, et les pinceaux peuvent exister exceptionnellement, comme je l'ai constaté chez un ♂ de M. *viaticus* et un autre de M. *cursor*.

plus ou moins luisant, parfois mat, presque sans pubescence et couvert de rides transversales très fines et très serrées. Metanotum assez élevé, régulièrement et assez fortement convexe, sans limite distincte entre sa face basale et sa face déclive; nœud du pétiole arrondi, non anguleux (fig. 6); abdomen toujours comprimé. D'un rouge sombre avec les antennes, les pattes et très souvent aussi le pétiole, plus ou moins brunâtres; abdomen noir ou légèrement bronzé. Parfois la tête, le thorax et le pétiole sont d'un rouge de sang peu foncé (var. **megalocola** Foerst); d'autres fois tout le corps est entièrement noir mat (var. **niger**, André), ou à peine teinté de rouge vineux sombre. Long. 5-13mm

1. **Viaticus**, Fab. (fig. 1).

Patrie : Espagne, Portugal, Hongrie, Dalmatie, Grèce, Turquie et probablement tout l'extrême midi de l'Europe. Se rencontre également dans l'Asie occidentale et dans la moitié nord de l'Afrique. La var. *megalocola* parait propre à l'Algérie et à la Tunisie; la var. *niger* se trouve plus particulièrement en Syrie.

Habite les lieux secs et arides où il creuse son nid dans le sable.

Cet insecte répand une odeur particulière, assez forte, et qui persiste longtemps après la mort.

Tout le corps luisant. Tête et thorax très superficiellement chagrinés. Pilosité rare. Thorax, surtout le métathorax, ainsi que les hanches et le pétiole plus ou moins couverts d'une fine pubescence soyeuse, blanche, brillante. Abdomen presque glabre, très finement et transversalement ridé et très brillant. Metanotum bas; sa face basale peu convexe, rejoignant sa face déclive par un angle arrondi mais sensible. Nœud du pétiole visiblement anguleux (fig. 5). Abdomen souvent non comprimé. D'un brun marron foncé avec les mandibules, les antennes, les tibias et les tarses d'un roux plus ou moins clair. Quelquefois la teinte générale passe au noir avec les antennes et les pattes d'un brun rouge; d'autres fois le corps est en entier d'un rougeâtre clair avec l'abdomen seul brun (var. **viaticoides**, André), ou même entièrement d'un jaune à peine rougeâtre (var. **lividus**, André). Dans ce dernier cas le corps est généralement un peu moins luisant. Long. 3 3/4-8mm. 3. **Albicans**, ROGER.

PATRIE : Espagne méridionale, Portugal, Nord de l'Afrique, Asie occidentale. La variété *lividus* paraît plus exclusivement orientale.

3 Tout le corps couvert d'une pubescence longue, soyeuse, d'un blanc argentin. Pilosité éparse. D'un ferrugineux clair avec l'abdomen brun, souvent rougeâtre à sa base; les trochanters et les cuisses sont quelquefois noirâtres. Chez l'ouvrière la tête est à peu près carrée, arrondie en arrière, et les mandibules sont triangulaires, armées de 5 à 6 dents dont l'antérieure est longue et forte; chez le soldat, la tête est transversale, échancrée en arrière, et les mandibules sont très longues, étroites, arquées et munies d'une seule dent vers leur tiers ou leur quart antérieur (fig. 4). Long. ☿ 5-9mm. ♃ 15mm. 5. **Bombycinus**, ROGER.

PATRIE : Tunis, Tripoli, Algérie, Egypte, Nubie, Suez, Sinaï.

— Corps beaucoup moins pubescent; abdomen glabre ou seulement avec quelques poils dressés et une courte pubescence fine, jaunâtre et peu serrée.

4 Tête et thorax mats, très densément et granuleusement ridés-ponctués; abdomen finement et transversalement ridé, peu luisant, revêtu d'une pubescence jaunâtre courte, très

fine et peu serrée. Ecaille assez élevée, étroite, plus haute que large et plus ou moins arrondie ou acuminée au sommet, parfois même avec des traces d'une légère échancrure à son bord supérieur (fig. 7). Tête, thorax et pétiole variant du rouge sombre au noir brun; mandibules, scape des antennes, articulations des pattes, tibias et tarses plus ou moins rougeâtres; abdomen d'un brun ou d'un vert bronzé olivâtre, légèrement chatoyant. Forme du corps et facies général du M. *viaticus*. Long. 5-12mm.

2. **Altisquamis**, André.

Patrie: Antiliban, Algérie.

Chez les exemplaires de l'Antiliban que M. Abeille de Perrin a recueillis sur des chênes, l'écaille est un peu plus haute, plus large en dessus qu'en dessous, assez acuminée au sommet et d'une forme visiblement lancéolée; la couleur est aussi plus sombre et les téguments plus mats. Chez les individus d'Algérie, l'écaille est un peu moins élevée, d'une largeur plus uniforme, plus arrondie en dessus, et la couleur rouge domine sur la tête, le thorax et le pétiole. Il est, d'ailleurs, probable que cette espèce doit passer par toutes les variétés de coloration qu'on remarque chez le M. *viaticus*, dont elle se distingue facilement par l'écaille élevée de son pétiole.

— Tout le corps luisant. 5

5 Tête, thorax et écaille d'un noir brillant, rarement d'un jaune rougeâtre; abdomen d'un noir bronzé un peu métallique; mandibules, antennes, tibias et tarses d'un brun rougeâtre. Pilosité presque nulle ou très éparse; moitié postérieure du thorax seule revêtue d'une pubescence faible et peu serrée; abdomen parsemé de fins poils couchés presque invisibles. Tout le corps très superficiellement ridé, des rugosités un peu plus fortes sur le mesonotum et le metanotum. Thorax assez fortement étranglé entre le mesonotum et le metanotum, ce der-

nier assez gibbeux. Long. 3-8mm. 6. **Cursor**, Fonsc.

Patrie : Europe méridionale, Asie occidentale.

Cette fourmi qui fait son nid en terre, dans les lieux secs et sablonneux, répand une odeur particulière et persistante comme celle du M. *viaticus*.

J'ai décrit, sous le nom de **frigidus**, une variété de cette espèce, assez remarquable par la forme de son pronotum qui est plus large que long, non rétréci en avant, avec le bord antérieur obtusément arrondi (fig. 9.), tandis que les individus typiques ont le pronotum aussi long ou plus long que large, fortement rétréci en avant (fig. 8). Cette variété a été découverte par M. Abeille de Perrin à Bloudan (Antiliban), au sommet de la montagne, sous les pierres recouvertes par la neige. J'en ai vu depuis de semblables exemplaires qui provenaient d'Orenbourg.

— Testacé, avec le bord postérieur des segments abdominaux et parfois quelques taches sur le thorax, brunâtres. Très superficiellement rugu-leux, brillant, presque sans poils dressés ; corps médiocrement revêtu de pubescence blanche, sauf l'abdomen qui en est dépourvu. Thorax allongé, peu déprimé au milieu, metanotum peu convexe. Long. 3 1/2-4 1/2mm. (D'après Mayr)

4. **Pallidus** Mayr

Patrie : Turkestan, Suez.

Femelles

1 Pétiole surmonté d'un nœud plus ou moins sphérique. Tête et thorax mats, très densément et granuleusement ridés-ponctués. Abdomen avec des rides transversales très-fines, plus ou moins luisant. Pilosité peu serrée. Thorax revêtu d'une pubescence blanchâtre et éparse. D'un rouge plus ou moins sombre, avec les antennes, les pattes et très-souvent aussi le pétiole plus ou moins brunâtres ; abdomen noir ou légèrement bronzé. Long. 9-13mm.

1. **Viaticus**, Fab. (fig. 2)

— Pétiole surmonté d'une écaille. 2

2 Tout le corps plus ou moins revêtu d'une pubescence longue, soyeuse, d'un blanc argentin. Pilosité plus abondante que chez l'ouvrière. Ferrugineux avec la tête et les pattes plus claires et l'abdomen noirâtre, surtout à son sommet. Tête et thorax presque lisses, luisants, abdomen avec des rides extrêmement fines. Ecaille profondément échancrée au sommet. Long. 9-9 1/2mm. (D'après Roger).

5. **Bombycinus**, Roger.

— Tête et abdomen sans pubescence ou avec une pubescence extrêmement fine et éparse; thorax un peu plus pubescent. Pilosité médiocrement abondante. 3

3 Tête et thorax mats, très densément et granuleusement ridés-ponctués ; abdomen avec des rides transversales très fines, assez luisant. D'un rouge sombre avec les pattes brunâtres et l'abdomen d'un noir bronzé. Ecaille peu épaisse, assez haute, avec le bord supérieur profondément et triangulairement échancré. Long. 10mm. (D'après un seul individu provenant d'Algérie).

2. **Altisquamis**, André.

— Tête et thorax finement ridés, assez luisants ; parfois cependant la sculpture s'accentue sur la tête au point de la rendre mate ; abdomen très superficiellement couvert de fines rides transversales et très-luisant. D'un brun noir ou rougeâtre avec les mandibules, les antennes, les tibias et les tarses d'un rougeâtre plus ou moins clair ; abdomen d'un noir bronzé. Ecaille assez épaisse, parfois très-légèrement échan-

crée à son bord supérieur. Long. 9-10mm.
6. **Cursor**, Fonsc.

Les femelles des M. **albicans**, Roger, et **pallidus**, Mayr, ne sont pas connues.

Mâles

1 Hypopygium sans dent, ni lobe, ni échancrure en son milieu ; sa partie médiane en arc convexe, ses angles latéraux saillants, dentiformes (fig. 10). Ecailles des parties génitales en triangle allongé. Ecaille du pétiole peu épaisse et plus ou moins échancrée en dessus. Tête et thorax sans poils dressés à leur partie supérieure ; pilosité éparse en dessous, plus serrée à la partie inférieure de l'abdomen. Pubescence presque nulle, sauf sur le metanotum, où elle est un peu plus apparente. Tête et thorax finement ridés, peu luisants ; abdomen avec des rides transversales extrêmement fines, très-luisant. Noir, abdomen d'un brun souvent rougeâtre, surtout en arrière ; mandibules, antennes et pattes plus ou moins rougeâtres. Long. 8 1/2-10mm. 6. **Cursor**, Fonsc.

— Hypopygium avec une épine, une dent, un lobe ou une échancrure au milieu de son bord postérieur. 2

2 Hypopygium terminé en arrière par trois longues épines mousses, dont la médiane est aussi grande ou presque aussi grande que les latérales (fig. 12). Ecailles des parties génitales semi-circulaires ou en triangle court avec le sommet fortement arrondi. Ecaille du pétiole très épaisse, basse et arrondie en dessus. Tête et thorax avec des poils dressés en dessus ;

dessous de l'abdomen garni d'une pilosité longue et abondante. Pubescence rare. Tête et thorax fortement et granuleusement ridés-ponctués, mats; abdomen finement et transversalement ridé, peu luisant. Noir ou d'un brun noir, avec les antennes, les pattes et l'abdomen d'un rouge plus ou moins brunâtre; souvent aussi le vertex, le mesonotum et le scutellum sont d'un rouge brun ou jaunâtre. Long. 10-12mm. 1. **Viaticus**, Fab. (fig. 3).

— Hypopygium sans dent médiane ou avec une dent ou un lobe plus court que large. 3

3 Bord postérieur de l'hypopygium échancré en son milieu, sans dent ni lobe en cet endroit; ses angles latéraux en saillie tuberculeuse courte et arrondie. Ecaille du pétiole plus ou moins profondément échancrée en dessus. Tête et thorax avec des poils dressés, courts et blanchâtres; abdomen avec de longs poils blancs assez épars sur sa face supérieure, plus serrés sur sa face inférieure et sur les parties génitales. Tout le corps revêtu d'une pubescence soyeuse, blanche, plus dense par places. D'un brun noir; abdomen, écaille, pattes, scape des antennes et mandibules jaunes; quelquefois aussi le milieu de la tête, le métathorax et le scutellum sont d'un jaune plus ou moins clair. Long. 8 1/2-11mm. (D'après Roger et Mayr). 5. **Bombycinus**, Roger

— Partie médiane du bord postérieur de l'hypopygium avec une dent ou un lobe qui peut être lui même échancré en son milieu. 4

4 Hypopygium largement en arc rentrant à son bord postérieur, et portant en son milieu un petit lobe bas et échancré; ses angles latéraux

saillants par suite de cette échancrure semicirculaire, mais non prolongés en forme d'épines (fig. 11). Ecailles des parties génitales larges, en triangle court et arrondi à son sommet. Ecaille du pétiole assez épaisse, non ou très peu échancrée en dessus. Tête et thorax sans poils dressés à leur partie supérieure ; pilosité éparse en dessous, plus serrée et plus longue à la partie inférieure de l'abdomen. Metanotum, écaille et hanches revêtus d'une pubescence blanche, soyeuse et assez épaisse, le reste du thorax et la tête sont bien moins pubescents ; l'abdomen est à peu près dépourvu de poils couchés. Tête et thorax finement ridés, assez luisants, abdomen très brillant, couvert de rides transversales extrêmement fines. D'un brun foncé, abdomen d'un brun marron ; mandibules, antennes, pattes et parties génitales d'un rougeâtre plus ou moins foncé. Long. 8 1/2-9^{mm}.

3. **Albicans**, Roger

La description de ce mâle qui était encore inédit, a été faite d'après deux exemplaires d'Espagne (Madrid) qui accompagnaient des ouvrières d'un brun marron foncé appartenant au type de l'espèce. Il serait donc possible que les mâles des diverses variétés que j'ai indiquées dans le tableau des ouvrières, présentassent des différences plus ou moins sensibles.

— Hypopygium muni, à ses angles latéraux, de deux épines mousses assez longues, et d'un lobe saillant non échancré, au milieu de son bord postérieur (fig. 13). Ecailles des parties génitales longues, laminiformes, droites et munies extérieurement, vers le sommet, d'un grand crochet triangulaire. Ecaille du pétiole plus large que haute, légèrement échancrée à son bord supérieur. Pilosité très éparse sauf au bord de l'épistome, sur les mandibules, les palpes maxillaires et les parties génitales. Corps avec une pubescence très éparse, blanche, plus serrée sur le metanotum, nulle sur l'abdomen. Très luisant; d'un brun noir, moitié postérieure de l'abdomen tirant sur le marron ; mandibules, antennes et pattes d'un testacé blanchâtre. Long. environ 6mm (D'après Mayr). 4. **Pallidus,** Mayr.

Le mâle du M. **altisquamis** André, ne m'est pas connu.

N. B. — J'ai pris, pour principal caractère distinctif des mâles de *Myrmecocystus,* les diverses modifications présentées par l'hypopygium ; mais n'ayant eu sous les yeux qu'un très petit nombre de ces insectes, je n'ai pu m'assurer du degré de constance qu'offre ce caractère, et il se pourrait que l'examen d'un plus grand nombre d'exemplaires décelât certaines variations individuelles dont je n'ai pu tenir compte. La connaissance de ces mâles demande donc encore à être complétée par une étude nouvelle basée sur la comparaison d'une grande quantité d'individus de provenances diverses.

5e — GENRE. FORMICA, Linné

Formica, Fourmi

(Pl. IX)

☿ Fossettes clypéales et antennaires confondues. Épistome fortement trapéziforme, convexe, souvent caréné. Arêtes frontales divergentes en arrière, légèrement convexes extérieurement, rarement presque droites. Aire frontale nettement limitée, triangulaire ; (chez une seule espèce aberrante, *F. nasuta,* Nyl. elle est confuse et plus élargie). Mandibules triangulaires, dentées. Palpes maxillaires de 6 articles dont le 4e est à peine plus long que le 5e ; (chez la F. *pressilabris,* Nyl. les palpes maxillaires n'ont souvent que 5 articles). Palpes labiaux de 4 articles. Antennes de 12 articles, insérées aux angles postérieurs de l'épistome ; funicule filiforme avec les premiers articles plus longs que les derniers (le dernier excepté.) Chez la *F. nasuta,* les articles 2 à 5 du funicule sont, par exception, un peu plus courts que les suivants, ce qui la rapproche des *Lasius.* Trois ocelles sur le vertex. Thorax fortement étranglé entre le mesonotum et le me tanotum, ce dernier gibbeux. Pétiole surmonté d'une écaille droite ordinairement mince avec les bords tranchants, rarement asse épaisse avec les bords arrondis. Abdomen non comprimé latéra lement. Gésier comme dans le genre précédent.

♀ Caractères de l'ouvrière, sauf en ce qui concerne le thorax Ailes assez longues, avec une cellule cubitale et une cellule dis coïdale grande et qui ne manque presque jamais. Taille supérieur à celle de l'ouvrière.

♂ Epistome, aire frontale, arêtes frontales et palpes comm chez l'ouvrière. Mandibules avec le bord terminal tranchant e terminé en avant par une grande dent ; chez une seule espèc (*sanguinea*), il est armé de 4 à 5 dents. Antennes de 13 articles scape long, funicule filiforme, son premier article ordinairemen pas plus épais mais d'un tiers plus court que le second. Thora un peu élargi latéralement en son milieu ; pronotum un peu con vexe transversalement. Pétiole surmonté d'une écaille épaisse carrée, souvent échancrée. Abdomen assez déprimé en dessus un peu rétréci en arrière. Organes génitaux externes grands pinceaux existant ; valvules génitales externes cultriformes, san appendices. Ailes comme chez la femelle. Taille de cette der nière.

Ce genre renferme une vingtaine d'espèces appartenant pres que toutes à la faune européenne et à celle de l'Amérique d Nord. Ce sont des fourmis à vie ouverte, ne craignant pas l grand jour et même le voisinage de l'homme. Elles n'élèvent pas d pucerons dans leurs nids, ou du moins ce fait est extrêmemen rare et n'a encore été observé qu'une seule fois par Forel à propo de la *F. fusca*. Leurs nymphes sont le plus souvent enveloppée d'un cocon, mais parfois nues.

Ouvrières

1 Articles 2 à 5 du funicule des antennes un peu plus courts que les suivants. Aire frontale

mal limitée. Arêtes frontales presque parallèles. Noir ou d'un brun noir avec la tête et l'abdomen plus ou moins bronzés ; souvent le thorax est un peu rougeâtre; mandibules, antennes, tibias et tarses roussâtres ; cuisses plus foncées. Tête allongée, un peu plus étroite en avant qu'en arrière et à côtés subparallèles à partir des yeux jusqu'à son bord antérieur. Epistome non caréné, plus ou moins chargé, ainsi que l'aire frontale, de fines stries longitudinales qui se continuent en arrière entre les arêtes frontales; son bord antérieur n'est pas échancré. Thorax très finement et transversalement ridé, surtout en arrière ; le reste du corps lisse ou presque lisse et luisant. Ecaille assez épaisse et non échancrée. Corps plus ou moins couvert d'une pubescence grise souvent assez serrée, et parsemé en outre de quelques poils dressés. Long. 2 1/2-4 2/3mm. 13. **Nasuta**, Nyl. (1)

Patrie : Grèce, Espagne (Madrid), France méridionale (Beaucaire).

— Premiers articles du funicule aussi longs ou plus longs que les derniers (le dernier excepté). Aire frontale nettement limitée. Taille généralement plus grande. **2**

2 Premier article du funicule presque deux fois aussi long que le second; les suivants subégaux, sauf le dernier qui est plus long. Arêtes fron-

(1) MM. Emery et Forel, dans leur catalogue, placent cette espèce parmi les *Myrmecocystus*. Malgré les raisons alléguées par M. Emery (Crociera del Violante), il m'est impossible de partager cette opinion, car, sans parler de l'abdomen non comprimé, ce qui se rencontre aussi chez les *Myrmecocystus*, la conformation de ses palpes maxillaires la rattache tout à fait aux *Formica*. La configuration de ses antennes et de son aire frontale la rapprochent des *Lasius* dont elle s'éloigne par ses ocelles, son écaille et l'ensemble de sa stature. C'est, en définitive, comme je l'ai déjà dit, une espèce dont la place, dans la série des genres, ne sera fixée que par l'examen des ♀ et des ♂ encore inconnus.

tales presque parallèles, à peine convexes extérieurement. Noir, assez luisant ; mandibules, antennes et pattes plus claires. Pilosité et pubescence assez faibles; scape des antennes et pattes avec des poils dressés courts et blanchâtres. Tête avec des rides longitudinales fines et serrées. Epistome caréné en son milieu et légèrement échancré à son bord antérieur. Thorax finement et transversalement ridé. Ecaille épaisse avec les bords arrondis. Abdomen très-finement ridé transversalement. Long. 5 1/3mm. (D'après Mayr). 1. **Aberrans**, Mayr.

Patrie : Turkestân (vallée de Sarafschan).

— Premier article du funicule à peine plus long que le second; les cinq premiers plus longs que les derniers (l'article terminal excepté). Arêtes frontales divergentes en arrière; leur bord externe convexe. 3

3 Derrière de la tête bas, déprimé en dessus, et avec une forte échancrure semicirculaire à son bord postérieur. Ecaille largement échancrée en dessus. 4

— Derrière de la tête épais, arrondi, non déprimé ni échancré (fig. 17). Ecaille entière ou très-légèrement échancrée à son bord supérieur. 5

4 Palpes maxillaires très-longs, de 6 articles; atteignant presque, en arrière, le trou occipital. Bord antérieur de l'épistome peu ou pas relevé, sans impression transversale. Aire frontale lisse et luisante. Ecaille profondément échancrée. D'un rouge tirant plus ou moins sur le jaune ou le brun ; antennes, pattes et épistome plus foncés. Vertex, front et une tache semi-lunaire sur le pronotum ordinairement bruns; abdomen noirâtre. Long. 5-7 1/2mm. 5. **Exsecta**, Nyl.

PATRIE : Toute l'Europe, sauf quelques parties de l'extrême sud ; Sibérie, Géorgie.

La variété **rubens**, Forel, qui a été trouvée en Suisse, est ordinairement de grande taille et a la tête, le thorax, l'écaille et la moitié antérieure du premier segment abdominal d'un rouge vif ; le reste de l'abdomen et une tache ronde sur le vertex sont seuls bruns.

Cette espèce habite les clairières des bois et des forêts; elle surmonte ses nids souterrains d'un dôme composé principalement de débris végétaux et analogue à ceux qu'édifie la *F. rufa*, mais plus petit et formé de matériaux plus fins. Elle vit souvent en colonies considérables qui, d'après les observations de Forel, peuvent comprendre plus de 200 nids.

Les sexes ailés volent en juin et juillet.

— Palpes maxillaires très-courts, dépassant à peine le bord postérieur de la bouche, et composés de 5 articles, rarement de 6. Bord antérieur de l'épistome relevé et précédé, en arrière, d'une impression transversale peu profonde. Aire frontale avec de fines rides transversales, mate ou peu luisante. Echancrure de l'écaille peu profonde. D'un rouge plus foncé que la précédente espèce; abdomen, vertex, front, une grande tache semilunaire sur le pronotum, bord supérieur de l'écaille et très souvent aussi les pattes, les antennes, la totalité du prothorax, une tache au sommet du mesonotum, l'épistome et le derrière du dessous de la tête d'un brun noirâtre foncé. Long. 3 2/3-6 1/2mm.

6. **Pressilabris**, NYL.

PATRIE : Europe, sauf l'extrême sud.

Habite dans les prés, le long des haies, rarement dans les bois. Ses nids sont analogues à ceux de l'espèce précédente et elle en construit aussi très exceptionnellement à dôme de terre maçonnée. Elle forme souvent, comme l'*exsecta*, d'importantes colonies et se rapproche plus des habitations que cette dernière espèce.

Les ♂ et les ♀ s'accouplent en juillet ou en août.

La *F. pressilabris* n'est considérée par M. Forel que comme une race de l'*exsecta*, et cet auteur mentionne même, sous le nom de *exsecto-pressilabris*, une race intermédiaire entre ces deux formes.

5 Epistome échancré au milieu de son bord antérieur (fig. 18), sans carène distincte. Aire frontale mate, finement ridée. D'un rouge de sang plus ou moins vif, quelquefois brunâtre ou jaunâtre ; front et vertex ordinairement rembrunis ; abdomen d'un noir brun. Pilosité presque nulle, sauf quelques poils sur l'abdomen. Long. 6-9mm. 7. **Sanguinea**, Latr.

Patrie : Europe centrale et méridionale, Sibérie, Amérique du Nord.

Habite les clairières des bois, les prairies et les broussailles, le bord des routes, le voisinage des haies. Ses nids, d'architecture très variée, sont souvent surmontés d'un dôme à matériaux analogues à ceux de la *F. exsecta* ; parfois le dôme est maçonné en terre pure ou plus rarement ses nids sont simplement minés. Cette espèce, qui aime à changer de domicile, s'empare fréquemment des nids d'autres fourmis dont elle a chassé les habitants.

La F. *sanguinea* vit parfois seule mais forme souvent des fourmilières mixtes en prenant pour auxiliaires les F. *fusca* et *rufibarbis* et plus rarement d'autres espèces. Je renvoie pour ses mœurs à ce qui en a été dit, pages 90 et suivantes, où se trouvent décrites, d'après Huber, les expéditions de cette fourmi esclavagiste.

Les ♂ et les ♀ volent en juin et juillet.

— Epistome sans échancrure au milieu de son bord antérieur (fig. 17). 6

6 Ecaille assez petite, épaisse, trapéziforme, à bord supérieur épais et arrondi. D'un rouge brun ou d'un brun rouge, avec une pubescence blanche assez abondante et des soies dressées courtes, de même couleur, mais plus éparses ; écaille et abdomen d'un brun foncé. Tête, thorax, écaille et abdomen finement et densément

ridés; aire frontale mate, couverte de rides fines et serrées. Long. 6-6 1/2mm. 12. **Subrufa,** Roger.

Patrie : Espagne méridionale, Portugal, Turkestan, Géorgie.

— Bord supérieur de l'écaille mince, tranchant. 7

7 Aire frontale mate, finement ridée. 8

— Aire frontale très brillante, lisse ou avec des rides extrêmement fines. 10

8 Tout le corps couvert d'une épaisse pubescence qui lui donne un éclat soyeux prononcé. Tête, thorax, écaille et abdomen hérissés de poils courts, perpendiculaires sur la tête, le thorax et l'écaille, dirigés en arrière sur l'abdomen. D'un noir brun avec les mandibules, les antennes, les tibias et les tarses rougeâtres; quelquefois les joues et les bords du pronotum sont d'un brun rouge; rarement le thorax est entièrement ferrugineux. Long. 5-7mm.

10. **Cinerea,** Mayr.

Patrie : Europe centrale et méridionale, Turkestan, Amérique du Nord.

Nids minés en terre, sous les pierres, surmontés parfois d'un dôme maçonné. Fréquente les endroits arides, le sable, le bord des eaux, les prés humides; on ne la trouve jamais dans les bois.

Cette espèce vive et audacieuse s'établit parfois en immenses colonies dont tous les nids sont reliés entre eux par des canaux souterrains.

— Corps médiocrement pubescent, non soyeux; pilosité éparse. 9

9 Ordinairement d'un brun noir avec les mandibules, les antennes, les tibias et les tarses rougeâtres. Quelquefois, surtout dans les prés, on rencontre des variétés de couleur plus claire où le thorax, le devant de la tête et le pétiole

arrivent à être entièrement jaunâtres ou rougeâtres, sauf pourtant une tache brune qui subsiste toujours sur le pronotum. La pubescence devient aussi plus abondante et légèrement soyeuse. Long. 5-7mm. 8. **Fusca**, Linné.

Patrie : Toute l'Europe, Asie occidentale, Nord de l'Afrique et de l'Amérique.

Nids de terre pure, simplement minés ou surmontés d'un dôme maçonné ; plus rarement creusés dans le bois ou établis à la base des vieux troncs. (Voir pour son architecture, comme maçonne, page 41 et suivantes)

Cette espèce, très timide, est la fourmi esclave par excellence. On la rencontre partout, dans les bois, les prés, les broussailles, au bord des routes, etc. Elle atteint de très grandes hauteurs et vit jusqu'à la limite des neiges éternelles aussi bien que dans la plaine.

Les sexes ailés s'accouplent au milieu ou à la fin de l'été.

— D'un ferrugineux plus ou moins clair ; abdomen, souvent aussi le vertex et le front, d'un brun plus ou moins noirâtre. Parfois tout le corps passe au brun, mais les joues et les bords du pronotum sont toujours rougeâtres. Long. 5-7 1/2mm. 11. **Rufibarbis**, Fab.

Patrie : Europe moyenne et méridionale (remonte moins au nord que la précédente), Asie occidentale, Amérique du Nord.

Nids minés, sous les pierres, plus rarement à dômes maçonnés. Vit dans les prés, les broussailles, les lieux secs, mais ne se rencontre jamais dans les bois.

Cette fourmi agile et audacieuse est, moins fréquemment que la précédente, prise pour esclave par le *Polyergus rufescens* et la *Formica sanguinea*.

Les ♂ et les ♀ volent en juin et juillet.

10 Corps luisant, avec des stries ou rides extrêmement fines et des points fins et épars. D'un noir foncé avec les mandibules, les antennes et les pattes brunes. Pubescence médiocre, pilosité rare. Long. 5-7 1/2mm. 9. **Gagates**, Latr.

Patrie : Europe moyenne et méridionale, Finlande, Sibérie, Asie Mineure, Mongolie, Amérique du Nord.

Nids minés, sous les pierres, parfois à dômes maçonnés. Habite les broussailles et surtout les bois de chêne.

Les sexes ailés s'accouplent de juillet à août.

Les cinq espèces précédentes (*fusca, gagates, cinerea, subrufa* et *rufibarbis*) ont été réunies par M. Forel comme simples races de la *F. fusca*, et cet auteur reconnaît en outre un certain nombre de races intermédiaires auxquelles il a donné les noms de **fusco-gagates, fusco-cinerea, cinereo-rufibarbis** et **fusco-rufibarbis.**

— Corps mat, thorax rouge, avec ou sans taches d'un brun noir au pronotum et au mesonotum. 11

11 D'un ferrugineux clair. Funicule des antennes et abdomen (sauf le devant du premier segment), parfois aussi une petite tache sur le vertex d'un brun noirâtre. Chez les petits individus, les teintes brunissent, se confondent et il devient difficile de les distinguer de l'espèce suivante. Tout le corps ainsi que les pattes densément hérissés de poils courts, perpendiculaires, d'un jaune doré. Yeux avec une pilosité visible. Longueur 4-9mm. 4. **Truncicola**, Nyl.

Patrie : Toute l'Europe, sauf l'extrême sud, Turkestan, Amérique du Nord.

Nids surmontés d'un dôme de matériaux divers, parfois établis dans le tronc des arbres creux et très exceptionnellement a dôme de terre maçonnée.

Cette espèce habite les clairières des bois, le voisinage des haies, le bord des routes. Ses mâles et ses femelles volent en juillet ou en août.

= D'un rouge brun ; front, vertex, abdomen et souvent une tache sur le pronotum d'un brun noir. Pilosité plus longue et moins serrée. 12

12 Yeux avec des poils dressés. Pronotum avec une grande tache noirâtre qui s'étend jusqu'à

son bord postérieur; souvent le dos du mesonotum, celui du metanotum et le bord supérieur de l'écaille sont noirâtres. Ces teintes brunissent et se confondent chez les petits individus. Long. 4-9mm. **3. Pratensis**, DE GEER.

PATRIE : Europe sauf l'extrême sud, Sibérie, Turkestan, Géorgie, Nord de l'Amérique.

Nids surmontés d'un dôme à matériaux, rarement maçonnés en terre ou établis dans les arbres creux.

Vit le long des haies, des routes, dans les prairies, rarement dans les clairières des bois.

Les sexes ailés volent du commencement à la fin de l'été.

— Yeux sans poils. Pronotum entièrement d'un rouge brun ou parfois marqué d'une petite tache noirâtre qui n'atteint pas son bord postérieur. Long. 6-9mm. **2. Rufa**, LINNÉ. (fig. 14).

PATRIE : Europe, sauf l'extrême sud, Sibérie, Amérique du Nord.

Nids comme ceux de l'espèce précédente, mais souvent plus volumineux (Voir page 45 pour ses procédés de construction).

La *F. rufa* vit à peu près exclusivement dans les bois, où ses nids atteignent parfois des proportions considérables. Elle établit souvent des chemins battus et bien entretenus pour la conduire aux arbres habités par les pucerons qu'elle convoite. C'est une fourmi hardie et belliqueuse qui sait faire jaillir son venin à une assez grande distance et même à 60 centimètres de hauteur.

La réunion des sexes ailés a lieu depuis avril jusqu'en automne.

Les *F. pratensis* et *truncicola* ne sont, pour M. Forel, que des races de la *F. rufa* et il a reconnu des races intermédiaires auxquelles il a donné les noms de **rufo-pratensis** et **truncicolo-pratensis**.

Femelles

1 Derrière de la tête bas, déprimé en dessus, et avec une forte échancrure semicirculaire à son bord postérieur. Ecaille largement échancrée en dessus. Aire frontale luisante. 2

— Derrière de la tête épais, arrondi, non déprimé ni échancré. Ecaille entière ou très légèrement échancrée à son bord supérieur. 3

2 Palpes maxillaires longs, de six articles, atteignant ou dépassant en arrière le milieu de la tête. Bord antérieur de l'épistome peu ou pas relevé, sans impression transversale. D'un brun peu luisant ; mandibules, joues, souvent le scape des antennes, bord antérieur du pronotum, metanotum, écaille et pattes, d'un rougeâtre tirant plus ou moins sur le jaune. Ailes un peu enfumées. Long. 7-9 1/2mm. 5. **Exsecta**, Nyl.

— Palpes maxillaires très courts, dépassant à peine, en arrière, le bord postérieur de la bouche, composés de 5 petits articles, rarement de 6. Bord antérieur de l'épistome relevé et précédé, en arrière, d'une impression transversale peu profonde. D'un brun foncé assez luisant; devant de la tête, dessous et côtés du thorax, pétiole et bas de l'écaille, quelquefois aussi les cuisses et le scape des antennes, quelques taches sur le mesonotum et l'anus, d'un rougeâtre plus ou moins foncé. Ailes à peine rembrunies, presque hyalines. Long. 6-7 1/2mm.

6. **Pressilabris**, Nyl.

3 Epistome échancré au milieu de son bord antérieur. Aire frontale mate. D'un rouge brun, abdomen noirâtre, front, vertex, tarses, funicule des antennes et tibias plus ou moins bruns. Pilosité éparse. Ailes enfumées. Abdomen court. Long. 9-11mm. 7. **Sanguinea**, Latr.

— Epistome non échancré au milieu de son bord antérieur. 4

4 Aire frontale mate, finement ridée. 5

— Aire frontale lisse et luisante, au moins en partie. 7

5 Abdomen ordinairement lisse, luisant, marqué seulement de quelques points épars, très peu pubescent, et presque sans pilosité. (Quelquefois cependant, dans la variété des prés, l'abdomen est mat et assez pubescent ; les teintes générales tendent également à s'éclaircir). D'un noir brun, mandibules, antennes et pattes d'un brun rouge. Long. 9-10 1/2mm. 8. **Fusca**, L.

— Abdomen densément ridé-ponctué, mat, couvert, ainsi que le reste du corps, d'une pubescence serrée. 6

6 Corps revêtu en entier d'une pubescence épaisse, avec un léger éclat soyeux ; il est également hérissé de poils courts, droits, assez serrés, plus rares et plus obliques sur l'abdomen. D'un noir brun, mandibules, antennes, extrémité de l'abdomen et pattes, très souvent aussi les joues et partie du thorax, surtout le pronotum, d'un brun rougeâtre. Long. 9-11mm. 10. **Cinerea**, Mayr.

— Pubescence un peu moins abondante que chez l'espèce précédente ; pilosité éparse. Couleur très variable ; tantôt d'un noir brun avec les mandibules, le scape des antennes, les joues, les bords du pronotum, la moitié postérieure du metanotum, le pétiole, le dessous de l'écaille et les pattes d'un brun rouge ; tantôt d'un rouge jaunâtre, avec le front, le vertex, le funicule des antennes, quelques taches sur le mesonotum et le dessus de l'abdomen d'un noir-brun. Long. 9-11mm. 11. **Rufibarbis**, Fab.

7 D'un noir foncé ; abdomen très luisant, allongé ; mandibules, antennes, extrémité de

l'abdomen et pattes brunâtres. Ailes enfumées. Tête et thorax peu luisants, légèrement pubescents. Quelquefois l'aire frontale est mate en partie, très rarement en totalité. Long. 9-11mm.

9. **Gagates**, Latr.

— Corps varié de rouge et de noir, abdomen court, presque sphérique. Long. 9-11mm. 8

8 Abdomen sans pubescence et très luisant, marqué de quelques points fins et épars. Dessus du corps sans poils dressés. D'un rouge foncé, abdomen, dessus du thorax, vertex, front, funicule des antennes, tarses et souvent l'épistome et les tibias d'un brun noir. 2. **Rufa**, Linné, (fig. 15).

— Abdomen mat, couvert d'une pubescence abondante. 9

9 Dessus du corps densément pubescent mais sans poils dressés ; le dessous du corps et les pattes sont seuls médiocrement poilus. Couleur de l'espèce précédente. 3. **Pratensis**, De Geer.

— Tout le corps et les pattes hérissés de poils dorés très fins et assez longs. D'un ferrugineux clair ; front et vertex en totalité ou en partie, antennes, trois lignes longitudinales sur le mesonotum, ou le mesonotum tout entier ainsi que le scutellum, l'abdomen, sauf la moitié antérieure de son premier segment, et très souvent aussi le bord postérieur du pronotum, d'un brun noir. 4. **Truncicola**, Nyl.

Les femelles des F. **aberrans** Mayr, **subrufa** Roger et **nasuta** Nyl. sont encore inconnues.

Mâles

1 Bord terminal des mandibules armé de 4 à 5

dents. Epistome échancré au milieu de son bord antérieur. D'un noir brun, pattes et parties génitales d'un rouge jaune. Long. 7-10mm.

7. **Sanguinea**, Latr.

— Bord terminal des mandibules tranchant, non denté, terminé en avant en pointe mousse. Epistome non échancré. 2

2 Derrière de la tête et bord supérieur de l'écaille échancrés en arc sur toute leur étendue. Pilosité très éparse. Noir, avec les parties génitales jaunes, et les pattes d'un brun plus ou moins rougeâtre ou jaunâtre. Taille plus petite (5 à 9mm). 3

— Derrière de la tête rectiligne ou légèrement convexe transversalement. Ecaille ordinairement peu ou pas échancrée. Taille plus grande (8 à 11mm). 4

3 Palpes maxillaires longs, de 6 articles, atteignant presque en arrière, le trou occipital. Yeux avec des poils dressés. Long. 6-9mm. 5. **Exsecta**, Nyl.

— Palpes maxillaires courts, de 5 articles, dépassant à peine le derrière de la bouche. Yeux ordinairement sans pilosité. Long. 5-7 1/2mm.

6. **Pressilabris**, Nyl.

Dans la race intermédiaire, **exsecto-pressilabris** Forel, les palpes ont 6 petit articles, ou 5 dont un à moitié divisé.

4 Corps robuste, large ; tête et thorax avec des poils dressés abondants ; abdomen revêtu d'une pubescence non soyeuse. Corps noir ; parties génitales et ordinairement les pattes d'un jaune rouge. 5

— Corps étroit, allongé ; tête et thorax avec des

poils dressés épars, rarement avec une pilosité abondante, et, dans ce cas, l'abdomen est revêtu d'une pubescence soyeuse. Noir ou d'un brun noir; parties génitales et presque toujours les pattes d'un jaune un peu rougeâtre. 7

5 Extrémité des mandibules largement d'un rougeâtre clair. Ecaille épaisse, basse, sensiblement plus large que haute. Abdomen avec des poils dressés assez abondants. Long. 9-10ᵐᵐ. 4. **Truncicola**, Nyl.

— Mandibules entièrement noires ou avec la pointe à peine d'un rouge sombre. Ecaille plus haute et un peu moins épaisse. Abdomen avec des poils dressés moins abondants. 6

6 Yeux et abdomen avec des poils dressés très épars. Long. 9-11ᵐᵐ. 2. **Rufa**, Linné. (Fig. 16).

— Yeux et abdomen avec des poils dressés moins rares. Long. 9-11ᵐᵐ. 3. **Pratensis**, de Geer.

7 Ailes fortement enfumées. Pubescence serrée, ce qui donne au corps un faible éclat soyeux. Long. 9-10ᵐᵐ. 9. **Gagates**, Latr.

— Ailes faiblement enfumées. 8

8 Tête et thorax hérissés de poils abondants. Pubescence très serrée, épaisse, surtout sur l'abdomen qui a un fort éclat soyeux. Long. 8-10ᵐᵐ. 10. **Cinerea**, Mayr.

— Tête et thorax avec une pilosité éparse; pubescence faible, non soyeuse. 9

9 Ecaille largement mais peu profondément échancrée. Abdomen sans reflet métallique. Long. 8-10ᵐᵐ. 11. **Rufibarbis**, Fab.

— Ecaille peu ou pas échancrée. Abdomen avec un léger reflet un peu métallique. Long. 7-10mm.

8. **Fusca,** Linné.

Les mâles des **F. aberrans** Mayr, **subrufa** Roger et **nasuta** Nyl. ne sont pas connus.

On voit, par les descriptions qui précèdent, que les mâles des *Formica* et surtout ceux appartenant à chacun des groupes réunis par M. Forel comme simples races d'une même espèce, (voir le tableau des ouvrières), ne diffèrent entre eux que par des caractères très légers et souvent presque nuls. Aussi suis-je obligé d'avouer que le seul moyen de les déterminer sûrement est de les prendre dans le nid avec leurs ouvrières.

6e GENRE. — LASIUS, Fab.

λάσιος, velu.

(Pl. X)

☿ Fossettes clypéales et antennaires confondues. Epistome trapéziforme, convexe. Arêtes frontales assez courtes. Aire frontale large, mal délimitée. Mandibules triangulaires, dentées. Palpes maxillaires de 6 articles ; palpes labiaux de 4 articles. Antennes de 12 articles, insérées aux angles postérieurs de l'épistome ; funicule s'épaississant un peu de la base à l'extrémité, ses articles 2 à 5 plus courts ou au moins pas plus longs que les suivants. Ocelles rarement visibles, le plus souvent indistincts ou nuls. Thorax étranglé entre le mesonotum et le metanotum, ce dernier gibbeux. Pétiole surmonté d'une écaille droite ou très peu inclinée. Abdomen non comprimé latéralement et ne s'avançant pas, en avant, au-dessus de l'écaille. Gésier comme chez les trois genres précédents.

♀ Tête et pétiole comme chez l'ouvrière. Articles 2 à 9 du funicule des antennes subégaux. Abdomen gros et mou. Ailes longues, avec une cellule cubitale et une cellule discoïdale assez grande, mais qui manque quelquefois. Taille toujours plus grande que celle de l'ouvrière et souvent même énorme relativement à cette dernière.

♂ Mandibules larges avec le bord terminal muni d'une seule dent en avant ou dentelé sur toute son étendue. Palpes comme chez l'ouvrière et la femelle. Antennes de 13 articles ; scape de longueur moyenne ; funicule filiforme, ses articles subégaux, le premier plus épais et le dernier plus long que les autres. Organes génitaux externes petits, valvules génitales externes aplaties, deux fois longues comme la largeur de leur base, arrondies à l'extrémité. Ailes comme chez la femelle. Taille de l'ouvrière.

Ce genre renferme une vingtaine d'espèces dont la majeure partie est propre à l'ancien monde et à l'Amérique du Nord. Certains *Lasius* ont une vie ouverte, et d'autres, au contraire, une vie extrêmement cachée. Ils élèvent des pucerons de différentes sortes. Leurs nymphes sont toujours enveloppées d'un cocon.

Ouvrières

1 Corps très luisant, presque dépourvu de pubescence et parsemé de poils dressés, courts et très épars. D'un noir foncé ; mandibules, funicule et tarses d'un rouge jaune ; cuisses, tibias et scapes brunâtres. Tête cordiforme, assez fortement échancrée en arrière. Ocelles très petits mais distincts. Long. 4-5mm.

1. Fuliginosus, Latr.

Patrie : Europe centrale et méridionale, sauf quelques parties de l'extrême sud.

Vit en colonies très peuplées dans les lieux ombragés, dans les bois. Ses nids fabriqués avec une sorte de carton ligneux ont été décrits ci-dessus, page 49.

Cette espèce, dont l'existence est très ouverte, recherche les pucerons des grands arbres et surtout ceux du chêne. Elle répand une odeur particulière, pénétrante et un peu aromatique.

Les sexes ailés s'accouplent en juin ou juillet.

— Corps peu luisant ; abdomen très pubescent. Thorax brun, jaune, rouge, ou d'un rouge jaune. Ocelles indistincts ou nuls. 2

2 Tête, thorax et abdomen d'un brun plus ou moins foncé ; mandibules, antennes et pattes, en tout ou en partie, d'un brun rougeâtre ou jaunâtre. Sillon frontal nul ou visible seulement près de l'aire frontale. 3

— Entièrement jaune ou, au moins, le thorax d'un rouge jaune. 5

3 Scape des antennes et tibias avec des poils dressés presque perpendiculaires. Taille généralement plus grande, couleur plus foncée. Long. 3-4mm. 2. **Niger**, L. (fig. 1)

PATRIE : Europe, Asie Mineure, Turkestan, Géorgie, Algérie, Madère, Amérique du Nord.

Très commun partout. Ses nids en terre, à dômes maçonnés, ont été décrits plus haut (page 37) d'après Huber. Il fait également, mais moins souvent, des nids purement minés, sous les pierres. Il s'établit aussi parfois dans les vieux troncs ou sculpte ses galeries dans le bois, comme on peut le voir, pl. IV fig. 1 et 2, où se trouve représenté un fragment de nid creusé par cette fourmi dans un tronc d'arbre mort.

Cette espèce établit des chemins couverts pour aller visiter ses pucerons et sait aussi construire des pavillons pour les renfermer.

Les mâles et les femelles volent en juillet et en août.

— Scape des antennes et tibias sans poils dressés. Taille un peu plus petite, couleur souvent plus claire. Long. 2 1/2 à 4mm. 3. **Alienus**, FOERST.

PATRIE : Europe, où il paraît remonter moins au nord que le précédent; Asie Mineure, Turkestan, Algérie, Amérique du Nord.

Ses mœurs sont analogues à celles de l'espèce précédente ; toutefois ses allures paraissent plus calmes, sa vie moins ouverte; ses nids sont plus fréquemment établis sous les pierres et parfois aussi dans les interstices des murailles.

Les sexes ailés volent du milieu à la fin de l'été.

4 Thorax d'un rouge jaune ou d'un jaune bru-

nâtre, tête ordinairement plus foncée, abdomen brun. 5

— Tout le corps jaune. 6

5 D'un rouge jaune; dessus de la tête et pattes brunâtres, articulations et tarses jaunâtres, abdomen brun. Scape des antennes et tibias avec des poils dressés. Sillon frontal nul ou visible seulement près de l'aire frontale. Corps assez allongé. Long. 3-4mm. 5. **Emarginatus**, Latr.

Patrie: Europe centrale et méridionale.

Cette espèce niche souvent dans les maisons, dans les murs, les rocailles; on la trouve aussi dans les vieux troncs et plus rarement dans la terre ou sous les pierres.

Elle ne paraît pas élever de pucerons dans son nid mais va les solliciter sur les arbres qu'ils habitent.

Quand cet insecte est vivant, il émet une odeur particulière et un peu musquée.

Ses mâles et ses femelles s'accouplent en juillet et en août.

— Thorax d'un jaune brunâtre, tête un peu rembrunie, abdomen d'un brun foncé. Scape des antennes et tibias sans poils dressés. Sillon frontal bien visible, s'étendant jusqu'à l'ocelle antérieur. Corps court, massif. Long. 2 1/2-4mm.

4. **Brunneus**, Latr.

Patrie: Europe, Asie Mineure, Géorgie, Palestine, Algérie, Amérique du Nord.

Nids le plus souvent dans les vieux troncs ou sculptés dans le bois, et dans l'écorce, parfois aussi dans les maisons et les murailles.

Cette espèce est très timide, sort peu de son nid et vit presque exclusivement de la liqueur qui lui est fournie par de très-gros pucerons qu'elle élève dans ses galeries.

M. Forel a observé, une fois, sous des pierres adossées au pied d'un noyer, une fourmilière de *L. brunneus* dont le nid se continuait dans la terre, autour des racines et dans l'écorce du tronc. Dans celles des cases du nid établies sous les pierres, étaient amassées, en quantité considérable, de petites graines noires, oblongues, dures, à hile blanc et mou. Ces graines, grosses environ comme des grains de millet, étaient arrangées en tas proportionnés à la hauteur et à la surface des cases. Les ☿ les portaient comme leurs cocons. (Fourmis de la Suisse, page 378) — Cette observation, très curieuse, tendrait à faire supposer que cette fourmi a parfois un régime granivore comme certains *Aphænogaster* ou *Pheidole*.

Les mâles et les femelles volent en juin et juillet.

Les quatre espèces précédentes (*niger*, *alienus*, *emarginatus* et *brunneus*) ont été réunies par M. Forel comme simple races du *L. niger*. Souvent, en effet, elles sont très peu distinctes, et il est difficile d'attribuer des individus isolés à l'une ou à l'autre d'entre elles.

M. Forel a même caractérisé certaines races intermédiaires, assez constantes, ce sont :

Alieno-niger : La pubescence des tibias se redresse et passe insensiblement à la pilosité, le scape a quelques poils isolés.

Alieno-brunneus : Taille ordinairement petite (2 1/2mm), sillon frontal plus ou moins distinct, couleur d'un gris brunâtre ou jaunâtre, abdomen brun.

C'est, je crois, à cette race qu'il faut rapporter les *L. fumatus* Em. et *fusculus* Em. qui remplacent le *L. alienus* dans une partie de l'Italie, et qui ne se distinguent de cette espèce que par les caractères que je viens de rapporter et qui sont ceux donnés par Forel pour son *alieno-brunneus*. Cette opinion, qui paraît être aussi celle de M. Emery lui-même, est fondée sur l'examen de quelques exemplaires de l'ouvrière du *fumatus*, qu'a bien voulu me donner M. Emery et surtout sur l'étude de la femelle que je tiens du même naturaliste et qui a les plus grands rapports avec celle du *L. brunneus*.

Nigro-emarginatus : Couleur intermédiaire entre les deux races.

6 Taille variable, ordinairement petite. Tête et thorax souvent rougeâtres ; quelquefois, au contraire, le thorax est plus clair et la tête ainsi que l'abdomen passent au rougeâtre. Écaille basse, un peu plus large au sommet qu'à la base, peu ou pas échancrée en dessus (fig. 6). Thorax et abdomen avec une pilosité plus ou moins

abondante en dessus ; tibias pubescents, sans poils dressés. Long. 2-4mm. 6. **Flavus**, Fab.

Patrie : Toute l'Europe, Asie occidentale, Amérique du Nord.

Une variété remarquable par sa petite taille (2mm), ses yeux très petits, sa couleur d'un jaune blanchâtre laiteux, et l'absence de gros individus dans ses fourmilières, a été trouvée par M. Forel en Suisse, où elle vit sous les pierres ; j'ai reçu moi-même de semblables exemplaires provenant du Midi de la France.

Cette espèce affectionne les lieux humides, les prairies les clairières des bois. Elle mine ses nids en terre, sous les pierres, ou les surmonte de dômes maçonnés où l'on n'aperçoit ordinairement aucune ouverture. C'est une fourmi lucifuge, à existence souterraine, qui ne sort presque jamais de son nid et qui vit exclusivement de la liqueur fournie par les pucerons qu'elle élève sur les racines qui traversent ou qui avoisinent son habitation.

Elle émet, quand elle est vivante, une odeur particulière, mais assez légère et peu persistante.

Le vol nuptial des sexes ailés a lieu de la fin de juillet au mois d'octobre.

— Taille peu variable, ordinairement grande. Tout le corps de même couleur, d'un jaune parfois un peu rougeâtre. Ecaille assez élevée, plus étroite en haut qu'en bas (fig. 7). 7

7 Tibias hérissés de longs poils fins. Thorax et abdomen avec une pilosité abondante. Ecaille assez haute, pas ou très peu échancrée en dessus. Long. 3 1/2-4 1/2mm. 7. **Umbratus**, Nyl.

Patrie : Europe centrale et méridionale, Amérique du Nord.

Vit dans les broussailles, les jardins, les maisons. Ses nids, le plus souvent simplement minés en terre, sont parfois surmontés d'un dôme maçonné comme ceux du *L. flavus* dont cette espèce a d'ailleurs les mœurs lucifuges et souterraines. Elle répand aussi, comme le précédent, une légère odeur.

Les mâles et les femelles s'accouplent de juillet à septembre.

— Tibias sans poils dressés. 8

8 Tête, thorax et abdomen avec des soies dressées courtes et éparses. Ecaille médiocrement haute et souvent faiblement échancrée en dessus. Long. 3 1/2-4mm. 8. **Mixtus**, Nyl.

Patrie : Europe centrale.

Cette espèce qui a la même architecture et les mêmes mœurs que la précédente, vit surtout dans les broussailles et les clairières. Elle émet une légère odeur analogue à celle de l'*umbratus*.

Les sexes ailés volent de juillet à septembre.

— Thorax avec une pilosité abondante ; abdomen avec quelques poils épars et une rangée de poils plus serrés derrrière chaque segment. Ecaille élevée, avec une échancrure triangulaire profonde. Long. 4 1/2mm. 9. **Bicornis**, Foerst.

Patrie : Europe centrale et méridionale.

Nids commme ceux du précédent.

Le **L. affinis** Schenck, est une variété de cette espèce, dont l'abdomen porte une pilosité aussi abondante que celle du thorax.

Les *L. umbratus, mixtus* et *bicornis* sont, d'après Forel, des races de l'*umbratus*, et il signale, sous le nom de **mixto-umbratus**, une race de transition chez laquelle la pilosité est intermédiaire entre les deux formes.

L'ouvrière du **L. carniolicus**, Mayr, n'est pas connue.

Femelles

1 D'un noir foncé, très-luisant; mandibules, funicule et tarses d'un rouge jaune ; cuisses, tibias et scapes brunâtres. Corps peu pubescent et parsemé de poils dressés courts et très épars. Tête cordiforme, fortement échancrée en arrière. Corps presque lisse, couvert de rides extrêmement fines et peu visibles. Ailes assez fortement enfumées de brun sur leur première moitié. Long. 6-8mm. 1. **Fuliginosus**, Latr.

— Couleur brune ou jaune. Abdomen très pubescent. 2

2 Tête petite, plus étroite ou à peine aussi large que le thorax, sans échancrure distincte à son bord postérieur. Thorax assez large, mais cependant beaucoup plus étroit que l'abdomen. Taille généralement très grande et souvent énorme relativement à celle de l'ouvrière. 3

— Tête plus large que le thorax, fortement échancrée à son bord postérieur. Thorax assez étroit; abdomen seulement un peu plus large que lui. Taille moins grande relativement à celle de l'ouvrière. 7

3 Scape des antennes et tibias avec des poils dressés. Ailes hyalines. 4

— Scape des antennes et tibias sans poils dressés ou à peine avec quelques poils isolés. 5

4 Thorax pubescent, assez élevé; mesonotum convexe. D'un brun foncé; mandibules, scapes, tibias et tarses d'un brun rougeâtre. Long. 7-10mm. 2. **Niger**, L. (fig. 2).

— Thorax luisant, peu pubescent, plus large et plus bas que chez l'espèce précédente; mesonotum assez plan en dessus. D'un brun plus ou moins clair, thorax en totalité ou en partie, devant de la tête, pétiole, partie antérieure du premier segment de l'abdomen, antennes et pattes, plus ou moins rougeâtres ou jaunâtres. Long. 8-10mm. 5. **Emarginatus**, Latr.

5 Tête presque aussi large que le thorax. Ailes fortement enfumées de brun sur leur première moitié. D'un brun foncé; mandibules, antennes

et pattes d'un rouge jaunâtre. Long. 6-9mm.
4. **Brunneus**, Latr.

— Tête beaucoup plus étroite que le thorax. 6

6 Ailes hyalines. D'un brun plus ou moins foncé; mandibules, antennes et pattes plus ou moins rougeâtres. Dessous du corps pas ou à peine plus clair que le dessus. Long. 7-9mm.
3. **Alienus**, Foerst.

Dans la race intermédiaire **alieno-niger**, les scapes et les tibias ont quelques poils dressés.

Chez le **nigro-emarginatus**, le thorax est intermédiaire comme forme et comme pubescence; la couleur du corps tient également le milieu entre celle des deux formes.

L'**alieno-brunneus** (*fumatus Em.*) est de petite taille (6-7mm); sa couleur est à peu près semblable à celle du *brunneus*, et ses ailes sont légèrement enfumées.

— Ailes enfumées de brun sur leur première moitié. D'un brun plus ou moins clair, dessous du corps, mandibules, antennes et pattes jaunes ou d'un jaune brunâtre. Long. 7-9mm. 6. **Flavus**, Fab.

7 Taille petite (4mm). Ecaille très petite, épaisse, seulement moitié aussi haute que le metanotum, en ovale allongé, avec le bord supérieur épais et arrondi. Pubescence abondante surtout sur l'abdomen; pilosité assez serrée. D'un jaune rougeâtre; front et vertex plus foncés, abdomen d'un brun jaunâtre. Tête et thorax très finement ridés-ponctués, un peu luisants; abdomen finement et densément ponctué, couvert d'une pubescence serrée qui lui donne un aspect chatoyant. Pattes sans poils dressés. Ailes inconnues. (D'après Mayr). 10. **Carniolicus**, Mayr.

Cette espèce, dont l'ouvrière et le mâle sont inconnus, a été décrite par Mayr, d'après un seul individu reçu de M. Ferd. Schmidt, et provenant de Laybach (Carniole).

Peut-être n'est-elle qu'une variété ou une aberration d'une des espèces connues?

— Taille plus grande (5-8mm).Ecaille plus haute, avec les bords tranchants. Ailes enfumées de brun sur leur première moitié. 8

8 Tibias avec des poils dressés. Dessus du thorax et de l'abdomen couvert d'une pilosité courte et abondante. D'un brun rougeâtre, bouche, antennes et très souvent aussi les pattes plus claires. Ecaille presque toujours un peu échancrée à son bord supérieur. Long. 7-8mm.

7. **Umbratus**, Nyl.

— Tibias sans poils dressés. 9

9 Thorax presque sans pilosité en dessus; abdomen avec des poils dressés courts et très épars. Ecaille peu ou pas échancrée à son bord supérieur. D'un brun rougeâtre; bouche, dessous de la tête et du thorax, metanotum, la plus grande partie de l'écaille et les pattes d'un rougeâtre clair. Long. 6-8mm. 8. **Mixtus**, Nyl.

Dans la race intermédiaire **mixto-umbratus**, la pilosité tient le milieu entre celle des deux types, comme chez l'ouvrière.

— Thorax et abdomen revêtus supérieurement d'une pilosité longue et abondante. D'un brun foncé, abdomen plus clair; mandibules, bord antérieur de l'épistome, antennes et pattes d'un jaune rougeâtre. Ecaille presque aussi haute que le metanotum, étroite, profondément et circulairement échancrée à son bord supérieur, de sorte que cette échancrure forme, de chaque côté, deux cornes recourbées en dedans. Long. 5-8mm (de 5 à 6mm seulement chez les individus typiques). 9. **Bicornis**, Foerst.

La variété **affinis** Schenck ne paraît se distinguer

que par sa taille plus grande (6-8mm), sa couleur moins foncée, et l'échancrure de son écaille qui est anguleuse et non arrondie.

Mâles

1 Bord terminal des mandibules tranchant, muni seulement d'une grosse dent en avant (fig. 5). (Chez quelques rares individus du *L. flavus*, les mandibules présentent en outre quelques petites dents, mais le sillon frontal indistinct et les ailes hyalines ou à peine enfumées à la base, le distinguent facilement des espèces de la division suivante). 2

— Bord terminal des mandibules armé de cinq dents (fig. 4). Tête grosse ; sillon frontal toujours visible. Ailes enfumées de brun sur leur première moitié. Couleur générale du corps d'un brun noirâtre. 7

2 Tête assez fortement échancrée en arc à son bord postérieur. Abdomen brillant, parsemé de gros points enfoncés. Pilosité médiocre. Corps d'un noir luisant ; funicule des antennes, articulation des pattes et tarses d'un jaune brun. Ailes enfumées de noirâtre sur leur première moitié. Long. 4-5mm. 1. **Fuliginosus**, Latr.

— Tête peu ou pas échancrée en arrière. Abdomen sans gros points enfoncés. D'un brun noirâtre, moins luisant ; funicule des antennes, articulations des pattes et tarses, souvent même la totalité des pattes, d'un brun jaune. 3

3 Sillon frontal nul ou indistinct ; front souvent marqué d'une impression transversale. Scape des antennes et tibias avec des poils dressés. Ailes souvent un peu enfumées à la base. Ra-

rement quelques individus ont les mandibules plus ou moins dentées. Long. 3-4mm.

6. **Flavus**, Fab.

— Sillon frontal bien marqué ; front sans impression transversale. 4

4 Ailes enfumées de brun sur leur première moitié. Scape des antennes et tibias sans poils dressés. Ecaille anguleusement échancrée à son bord supérieur. Long. 4-5mm. 4. **Brunneus**, Latr.

— Ailes hyalines. 5

5 Scape des antennes et tibias sans poils dressés. Front brillant. Long. 3 1/2-4mm.

3. **Alienus**, Foerst.

— Scape des antennes et tibias avec des poils dressés. 6

6 Front brillant, très superficiellement ridé. Bord des segments du thorax concolore ou à peine rougeâtre. Long. 3 1/2-5mm.

2. **Niger**, L. (fig. 3).

— Front mat ou peu luisant, moins superficiellement ridé. Bord des segments du thorax jaunâtre. Long. 3 1/2-4 1/2mm. 5. **Emarginatus**, Latr.

7 Mandibules entièrement d'un brun noir ; rarement leur bord terminal est d'un brun jaunâtre. Yeux pourvus de quelques poils microscopiques. Long. 4-4 1/2mm. 9. **Bicornis**, Foerst.

— Mandibules entièrement d'un brun jaune ou, au moins, avec le bord terminal de cette couleur. 8

8 Yeux avec des poils distincts. Long. 4-4 1/2mm
7. **Umbratus**, Nyl.

— Yeux presque sans poils. Long 4-4 1/2mm.
8. **Mixtus**, Nyl.

Comme je l'ai déjà constaté pour le genre précédent, la plupart des mâles de *Lasius* sont excessivement difficiles à distinguer, et, pour des individus isolés, la détermination est souvent à peu près impossible. Je renouvelle donc ma recommandation de les prendre dans la fourmilière, si l'on veut être sûr de leur identité.

Le mâle du **L. carniolicus** Mayr n'est pas connu.

7e GENRE. — PRENOLEPIS, Mayr.

πρηνής, penché, λέπίς, écaille

(Pl. X)

☿ Fossettes clypéales séparées des fossettes antennaires. Epistome convexe, parfois largement mais peu profondément échancré à son bord antérieur. Arêtes frontales courtes, droites. Mandibules étroites, dentées. Aire frontale mal limitée. Palpes maxillaires de 6 articles ; palpes labiaux de 4 articles. Antennes de 12 articles, insérées à une petite distance des angles postérieurs de l'épistome ; scape allongé, funicule filiforme ou s'épaississant un peu à l'extrémité ; les articles 2 et suivants croissent en longueur jusqu'au dernier qui est le plus long. Pas d'ocelles. Thorax court et fortement étranglé entre le mesonotum et le metanotum ; chez une seule espèce (*longicornis*), il est très allongé, presque cylindrique, et peu étranglé. Pétiole avec une écaille souvent épaisse, cunéiforme et fortement inclinée en avant. Abdomen terminé en pointe, très élargi et convexe à la partie antéro-supérieure de sa base qui touche le dessus de l'écaille. Pattes grêles et allongées. Gésier assez étroit et allongé ; son calice droit à la base, réfléchi à son extrémité antérieure.

♀ Caractères de l'ouvrière. Facies des femelles de *Lasius*. Ailes à une cellule cubitale, avec ou sans cellule discoïdale. Taille bien plus grande que celle de l'ouvrière.

♂ Epistome, arêtes frontales et palpes comme chez les ☿ et les ♀. Mandibules non dentées. Antennes de 13 articles; scape de longueur variable, funicule filiforme. Ecaille épaisse. Valvules génitales très étroites. Ailes comme chez la femelle. Taille peu supérieure à celle de l'ouvrière.

Les *Prenolepis*, très voisins des *Lasius*, dont ils ont le facies, se font remarquer par leur corps parsemé, chez les trois sexes, de soies longues et fortes, bien plus grosses que chez le genre précédent. Parmi nos espèces européennes, la ♀ du *P. longicornis* fait seule exception à cette régle par son corps à peu près dépourvu de pilosité.

Ce genre renferme une douzaine d'espèces répandues dans toutes les parties du monde, et dont plusieurs sont cosmopolites. Leurs mœurs sont encore presque inconnues.

Ouvrières

1' Thorax cylindrique, allongé, presque aussi long que la tête et l'abdomen réunis, très peu étranglé entre le mesonotum et le metanotum (fig. 11). Antennes grêles, aussi longues que le corps; scape atteignant presque, en arrière, l'extrémité du thorax. D'un brun noir ou d'un brun rougeâtre, thorax souvent plus clair; antennes et pattes d'un rougeâtre plus ou moins pâle. Corps très luisant, presque lisse, hérissé de longues soies jaunâtres. Long. 2 1/2-3 mm.

3. **Longicornis**, Latr.

Patrie : Egypte, Syrie et les régions tropicales de l'Asie, de l'Afrique, de l'Amérique et de l'Océanie.

Cette espèce cosmopolite s'est acclimatée dans quelques serres chaudes de l'Europe (Paris, Londres, Kew, etc.), où elle a été transportée avec des plantes exotiques.

Ceux de ses nids qui ont pu être observés étaient établis dans les fissures des rochers et des murailles ou sous les pierres. M. Moens qui l'a vue à Batavia où elle est fort commume, rapporte qu'à une certaine époque de l'année cette fourmi se montre en rangs serrés, portant une quantité de terre fine, et chargée de ses cocons qu'elle transporte avec elle (Mayr).

Les ☿ qui courent avec une rapidité prodigieuse, vont sur les arbustes à la recherche des pucerons et des gallinsectes et font aussi la chasse aux petits articulés qu'elles emportent dans leur nid.

— Thorax court, à peine plus long que la tête, assez fortement étranglé entre le mesonotum et le metanotum (fig. 12). Antennes moins grêles; scape ne dépassant pas la partie postérieure du mesonotum. 2

2 Scape des antennes et tibias avec une pilosité médiocrement longue, abondante et oblique, mais non hérissée comme des soies. Tête, thorax et abdomen sans pubescence, hérissés de soies plus ou moins nombreuses. D'un brun rougeâtre ou noirâtre avec le thorax ordinairement plus clair, les mandibules d'un rouge brun, les antennes et les pattes jaunâtres. Corps lisse et très brillant. Long. 3-3 1/2mm.

1. **Nitens**, Mayr.

Patrie : Angleterre, Autriche méridionale, Turquie, Amérique du Nord.

— Scape des antennes et tibias finement pubescents et, en outre, hérissés, ainsi que tout le corps, de soies longues et éparses. Tête et abdomen revêtus d'une fine pubescence qui peut faire quelquefois défaut. Variant du brun foncé au brun jaunâtre, avec le thorax rougeâtre et les pattes et les antennes plus claires. Corps lisse ou presque lisse et brillant. Long. 2-2 1/2mm.

2. **Vividula**, Nyl. (Fig. 8)

Patrie : Egypte, Palestine, Texas, Australie, îles du grand Océan. Cette espèce s'est acclimatée dans quelques serres chaudes d'Europe et notamment à Munich, Leyde et Helsingfors.

Femelles

1 Corps densément pubescent, sans poils dressés, sauf parfois quelques rares poils isolés sur la tête. Antennes assez grêles ; scape allongé, dépassant le derrière de la tête d'au moins moitié de sa longueur ; tous les articles du funicule plus de deux fois aussi longs que larges. Ecaille très basse et très inclinée en avant, presque couchée sur le pétiole. Brun ou d'un brun rougeâtre; mandibules, antennes et pattes plus claires ou même d'un roux jaunâtre. Corps très finement rugueux-ponctué, peu luisant, mais avec un léger éclat soyeux provenant de sa forte pubescence. Long. 5-5 1/2mm. 3. **Longicornis**, LATR.

— Corps avec des poils dressés. Antennes assez robustes ; scape ne dépassant pas le derrière de la tête de moitié de sa longueur ; articles du funicule, sauf le premier et le dernier, moins de deux fois aussi longs que larges. Ecaille moins couchée sur le pétiole. **2**

2 Taille grande (8 1/2-9mm). Scape des antennes et tibias pubescents, sans soies hérissées. Corps revêtu d'une pubescence fine, jaunâtre, plus dense sur l'abdomen, et en outre, de fins poils dressés assez abondants. D'un jaune rougeâtre, thorax, derrière de la tête, funicule et extrémité de l'abdomen plus ou moins brunâtres. (D'après Roger). 1. **Nitens**, MAYR.

— Taille plus petite (3 1/2-5mm). Scape des antennes et tibias finement pubescents et, en outre, parsemés ainsi que tout le corps, de soies dressées médiocrement longues et peu nombreuses. Pubescence assez serrée sur la tête et l'abdomen, plus rare sur le thorax. D'un testacé sale avec l'abdomen et le dessus de la tête brunâtres. Parfois tout le corps, sauf les mandibules, les antennes et les pattes, est d'un brun foncé ou noirâtre. 2. **Vividula**, Nyl. (fig. 9).

Mâles

1 Corps étroit, allongé ; tête plus longue que large. Antennes longues et grêles ; scape sans poils dressés, beaucoup plus long que les quatre premiers articles du funicule. Sillon frontal large et profond, atteignant l'ocelle antérieur. Corps parsemé de quelques grosses soies. Pattes grêles. Luisant ; d'un jaune sale plus ou moins brunâtre par places ; abdomen plus foncé ; stigma et nervures d'un jaune pâle. Long. 2 1/2mm 3. **Longicornis**, Latr

— Corps moins allongé ; tête aussi large ou plus large que longue ; antennes moins grêles ; scape avec quelques poils dressés ; sillon frontal superficiel ou nul. 2

2 Taille grande (4mm). Scape de la longueur des quatre premiers articles du funicule. Noir, ou d'un noir brun brillant, plus ou moins taché de rougeâtre. Corps hérissé de poils assez longs. (D'après Roger). 1. **Nitens**, Mayr.

— Taille petite (2-2 1/2mm). Scape de la longueur des 7 ou 8 premiers articles du funicule. Testacé ou d'un testacé noirâtre, brillant ; tête et abdomen plus foncés. Pilosité assez longue, fine et peu serrée. 2. **Vividula**, Nyl. (fig. 10)

8e GENRE. — PLAGIOLEPIS, Mayr.

πλάγιος, oblique, λέπις, écaille

(Pl. XI)

☿ Fossettes clypéales et antennaires confondues. Epistome convexe. Arêtes frontales courtes, presque parallèles. Mandibules dentées. Aire frontale large et le plus souvent indistincte ou mal limitée. Palpes maxillaires de 6 articles ; palpes labiaux de 4 articles. Antennes de 11 articles, insérées à l'extrémité des arêtes frontales et contiguës au bord postérieur de l'épistome ; scape de longueur moyenne et asssez robuste ; funicule épaissi de la base à l'extrémité, son premier article allongé, les suivants courts mais grandissant insensiblement jusqu'au dernier qui est presque aussi long que les trois précédents réunis (fig. 4). Yeux assez grands. Pas d'ocelles. Thorax plus ou moins étranglé entre le mesonotum et le metanotum, ce dernier inerme. Pétiole surmonté d'une écaille un peu inclinée, étroite et non dentée. Abdomen de conformation ordinaire. Gésier à calice entièrement réfléchi en forme de parasol.

♀ Tête et pétiole comme chez l'ouvrière, sauf la présence des ocelles. Thorax bas, assez aplati en dessus. Ailes à une cellule cubitale et ordinairement sans cellule discoïdale. Taille beaucoup plus grande que celle de l'ouvrière.

♂ Epistome, arêtes frontales et palpes comme chez l'ouvrière et la femelle ; aire frontale large et profonde. Antennes de 12 articles, conformées comme chez les autres sexes ; premier article du funicule un peu plus long que les deux suivants réunis. Thorax assez déprimé ; mesonotum grand, recouvrant en dessus le pronotum. Pétiole comme chez la ☿. Valvules génitales externes assez grandes, subcirculaires, avec une dent obtuse dirigée en bas. Ailes comme chez la femelle. Taille de l'ouvrière.

Ce genre comprend 8 à 10 espèces répandues dans toutes les parties du monde. Les *Plagiolepis* entretiennent parfois des pucerons dans leurs nids. Leurs nymphes sont toujours enveloppées d'un cocon.

Ouvrières

1 Corps sans pubescence visible, médiocrement revêtu de poils dressés. D'un brun noir luisant, tibias et tarses plus clairs, mandibules jaunâtres. Presque lisse, tête et thorax avec des rugosités à peine visibles à un fort grossissement. Taille relativement grande, de 2 2/3-3mm. (D'après Mayr)

3. **Mediterranea**, Mayr.

Patrie : Egypte.

— Corps plus ou moins pubescent ; taille plus petite (1 1/5-2 1/3mm). 2

2 Aire frontale et sillon frontal indistincts. Brun très luisant, lisse, avec quelques points piligères épars. Mandibules, scape des antennes, tibias et tarses, souvent aussi l'épistome et les cuisses jaunes ou d'un jaune rougeâtre. Tout le corps revêtu d'une pubescence éparse ; abdomen portant en outre de longues soies dressées. Long. 1 1/5-2 1/3mm. 1. **Pygmæa**, Latr. (fig. 1).

Patrie : Europe centrale et méridionale, Turkestan, Syrie, Géorgie, Algérie, Madère.

Cette espèce, à allures lentes, affectionne les endroits arides et rocailleux. Elle fait son nid dans les fentes des murs et des rochers et, plus souvent encore, l'établit en terre, sous les pierres.

Les sexes ailés volent au milieu de l'été.

— Aire frontale et sillon frontal distincts, ce dernier court. Entièrement jaune, luisant. Pilosité très éparse, pubescence plus abondante, surtout sur l'abdomen. Tête avec des rides très fines et peu serrées. Abdomen très finement et densément ponctué-ridé. Scapes et tibias glabres ou avec des cils très courts. Long. 1 1/2mm. (D'après Roger). 2. **Flavidula**, Roger.

Patrie : Cuba.

Je fais figurer ici cette petite fourmi, d'origine

exotique, par ce qu'elle s'est acclimatée dans les serres chaudes du jardin de Kew près Londres.

Femelles

1 Variant du brun noirâtre au brun rougeâtre avec les mandibules, le scapo des antennes, les tibias et les tarses plus clairs. Pilosité éparse, pubescence peu serrée, sauf sur l'abdomen où elle est assez abondante. Sculpture de l'ouvrière, mais un peu plus prononcée, ce qui rend l'insecte moins luisant. Abdomen gros, thorax déprimé. Ailes un peu enfumées. Long. 3 1/2-4 1/2mm. 1. **Pygmæa**, Latr. (fig, 2).

Les femelles des **flavidula** Rog. et **mediterranea** Mayr sont encore inconnues.

Mâles

1 D'un brun foncé, peu luisant, antennes et pattes jaunâtres. Corps légèrement pubescent, presque sans pilosité, lisse, avec seulement quelques points épars. Ailes un peu enfumées. Long. 1 1/2-2 1/2mm. 1. **Pygmæa**, Latr. (fig. 3).

Les mâles des **flavidula** Rog. et **mediterranea** Mayr. ne sont pas connus.

9e GENRE. — ACANTHOLEPIS, Mayr.

ακανθα, épine, λέπις, écaille

(Pl. XI)

☿ Fossettes clypéales et antennaires confondues. Epistome trapéziforme, obtusément caréné. Arêtes frontales droites, parallèles. Mandibules dentées. Aire frontale triangulaire et bien marquée. Palpes maxillaires de 6 articles ; palpes labiaux de 4 articles. Antennes de 11 articles ; leur insertion contiguë au bord postérieur de l'épistome ; scape très long et épaissi à l'extrémité ; funicule filiforme, tous ses articles allongés (fig 10). Des ocelles.

Thorax long et assez grêle, mésothorax contracté ; un profond étranglement entre le mesonotum et le metanotum, ce dernier gibbeux, armé de deux fortes dents aigües et dirigées en haut, entre lesquelles il est excavé. Pétiole surmonté d'une écaille ovale, fortement échancrée en dessus et armée de deux dents aigües de chaque côté de cette échancrure. Gésier comme dans le genre *Plagiolepis*.

♀ Tête comme celle de l'ouvrière, mais épistome non caréné. Thorax assez large et peu élevé, metanotum inerme ou rarement muni de deux tubercules dentiformes. Ecaille du pétiole entaillée comme chez l'ouvrière, mais les dents moins aigües. Ailes à une cellule cubitale et ordinairement sans cellule discoïdale. Taille plus grande que celle de l'ouvrière.

♂ Caractères de la tête et palpes comme chez l'ouvrière, mais l'aire frontale est mal limitée, surtout en arrière. Antennes de 12 articles ; scape long et grêle ; funicule filiforme, tous ses articles allongés, le premier moins long que les deux suivants réunis. Thorax à peu près aussi haut que large ; metanotum oblique, inerme, sans limite distincte entre sa face basale et sa face déclive. Ecaille assez inclinée en avant, sans échancrure ni dents. Valvules génitales externes petites, en triangle allongé, arrondies à l'extrémité. Ailes comme chez la ♀. Taille de l'ouvrière.

Ce genre ne comprend jusqu'à ce jour que deux espèces, dont l'une est propre à l'Afrique tropicale et dont l'autre appartient à notre faune.

Ouvrière

1 D'un brun noir, avec le thorax, les mandibules, les antennes, les articulations des pattes, les tibias et les tarses d'un jaune brunâtre ou rougeâtre. Parfois la tête, le thorax, le pétiole et l'abdomen sont entièrement noirs. Corps à peu près glabre, très luisant, presque lisse ou couvert de rides superficielles et extrêmement fines. Long. 2-3mm. 1. **Frauenfeldi**, Mayr. (fig. 5).

PATRIE : Baléares, Italie, Sicile, Dalmatie, Grèce, Syrie, Turkestan, Perse, Aden, Algérie.

Vit en sociétés nombreuses installées dans les crevasses des rochers, ou dans des nids creusés en terre, sous les pierres.

La var. **bipartita** Sm. se distingue par sa grande taille (2 2/3 à 3mm, tandis que les individus typiques ne dépassent guère 2 1/2mm), par sa couleur généralement rougeâtre avec l'abdomen brun, et par sa sculpture un peu plus forte, ce qui rend l'insecte moins luisant. Cette variété habite la Palestine et l'Algérie.

La var. **syriaca** André qui provient de Beyrouth, est, au contraire, de petite taille (2-2 1/2mm) mais se rapproche extrêmement de la précédente par sa couleur et le peu d'éclat de ses téguments. D'après M. Abeille de Perrin, ses allures sont différentes de celles de la *bipartita*. et on verra plus loin que sa femelle est extrêmement distincte des femelles typiques ainsi que de celles de la var. *bipartita*.

Femelle

1 D'un brun noir, peu luisant ; mandibules, antennes et pattes, souvent aussi le thorax et le devant de la tête d'un rouge brunâtre ou jaunâtre. Pilosité éparse ; pubescence fine et peu serrée, sauf sur l'abdomen où elle est beaucoup plus dense, ce qui donne à cette partie du corps un éclat d'un gris soyeux très prononcé. Tête et thorax très finement ridés-ponctués ; abdomen très densément et très légèrement ponctué. Long. des individus typiques 5-5 1/2mm.

1. **Frauenfeldi**, MAYR (fig. 6).

La var. **bipartita**, Sm. se distingue par sa taille plus grande (5 1/2-6mm), sa couleur d'un brun marron plus clair et par la pubescence soyeuse de son abdomen plus épaisse.

La var. **syriaca** André, présente des caractères tellement remarquables que j'ai eu tout d'abord l'intention d'en faire une espèce distincte, mais l'ouvrière et le mâle étant identiques ou presque identiques à ceux du *Frauenfeldi*, je n'ai pas cru devoir les séparer spécifiquement. Cette femelle se distingue des précédentes par sa petite taille (4 1/4-5mm), par sa couleur entièrement d'un noir-brun foncé avec les mandibules, le funicule des antennes, les articulations des pattes et les tarses d'un rougeâtre sombre ; par sa pubescence uniforme, courte, extrêmement fine, jaunâtre et non soyeuse ; par le second article du funicule aussi long que le troisième ; par son prothorax large en avant avec le bord antérieur à peine arqué et les angles antérieurs très marqués, presque droits ; enfin par son metanotum armé, de chaque côté, vers son tiers antéro-supérieur, d'une forte dent mousse, aplatie latéralement et dirigée en arrière, en haut et en dehors (fig. 9). Chez les autres femelles, au contraire, la pubescence abdominale est très serrée, le second article du funicule est plus court que le troisième, le pronotum est arrondi, sans épaules marquées, et le metanotum est inerme (fig. 8).

Mâle

1 D'un noir luisant ; scape des antennes, cuisses et tibias d'un brun noir ; funicule, tarses et bord terminal des mandibules d'un brun roussâtre. Pilosité presque nulle ; pubescence extrêmement fine et très éparse. Tête presque lisse, avec quelques points épars ; thorax très finement ridé et parsemé de gros points enfoncés ; abdomen presque lisse, très légèrement ridé-ponctué. Long. 2 1/2-2 3/4^{mm}.

1. **Frauenfeldi**. Mayr (fig. 7).

Je ne connais pas le ♂ de la variété **bipartita** Sm. ; quant à celui de la var. **syriaca**, André, il n'est pas distinct du précédent.

10e GENRE. — BRACHYMYRMEX, Mayr.

βραχύς court, μύρμηξ fourmi.

(Pl. XII)

☿ Tête échancrée en arrière. Fossettes clypéales et antennaires confondues. Epistome très convexe, s'avançant légèrement entre l'insertion des antennes. Arêtes frontales courtes. Aire frontale triangulaire. Sillon frontal distinct. Mandibules assez étroites, courtes, armées de 4 à 5 dents. Palpes maxillaires de 6 articles, palpes labiaux de 4 articles. Antennes de 9 articles ; scape allongé; funicule s'épaississant de la base à l'extrémité, son premier article aussi long que les deux suivants réunis; le dernier très grand et fusiforme (fig. 4). Pas d'ocelles chez l'espèce décrite plus loin, mais,au contraire,des ocelles visibles chez les autres espèces exotiques. Thorax petit, court, sans étranglement ; metanotum inerme. Pétiole avec une écaille à bord supérieur mince et fortement inclinée en avant. Abdomen grand, son premier segment prolongé en avant et recouvrant l'écaille. Gésier très court,large, à calice très court et droit.

♀ Caractères de l'ouvrière. Facies des femelles de *Lasius*. Thorax ovale. Ailes avec une cellule cubitale, sans cellule discoïdale. Taille beaucoup plus grande que celle de l'ouvrière.

♂ Fossettes clypéales et antennaires, épistome, aire frontale et arêtes frontales comme chez l'ouvrière et la femelle. Mandibules courtes, presque linéaires, sans bord terminal, non dentées, et acuminées à l'extrémité. Palpes maxillaires de 4 articles ; palpes labiaux de 2 articles. Antennes de 10 articles ; scape long et grêle, funicule avec les articles 2 à 8 cylindriques et presque égaux, le premier et le dernier articles plus longs (fig. 5). Thorax aplati en dessus ; pronotum très court ; mesonotum fortement gibbeux et avancé antérieurement, cachant une partie de la tête. Ecaille du pétiole petite. Valvules génitales externes triangulaires, larges, courtes, arrondies à l'extrémité. Ailes comme chez la ♀. Taille de l'ouvrière.

Ce genre renferme, jusqu'à ce jour, trois espèces toutes américaines. L'une d'elles, le *B. Heeri* Forel, s'est acclimatée dans la serre des Orchidées tropicales du jardin botanique de Zurich. et c'est pour cette raison que je la comprends dans ce travail.

Les *Brachymyrmex* n'élèvent pas de pucerons dans leurs nids. Leurs nymphes s'entourent d'un cocon.

Ouvrière

1 D'un jaune plus ou moins brunâtre ou rougeâtre; dessus de la tête et abdomen plus foncés. Corps luisant. Epistome et face déclive du metanotum lisses; quelques fortes rugosités sur les joues; tout le reste du corps très-finement rugueux-ponctué. Pubescence assez forte sur l'abdomen, plus éparse sur la tête et le thorax, nulle sur l'épistome et la face déclive du metanotum. Pilosité rare, les pattes et les antennes en sont dépourvues. Long. 1 1/5-2 1/5mm.

1. **Heeri**, Forel (fig.1)

Patrie : Antilles (St-Thomas). Importé dans la serre des Orchidées tropicales au jardin botanique de Zurich.

Cette minuscule espèce fait son nid à la base des plantes, avec de la terre mélangée à des débris végétaux de toute nature, et s'établit peut être aussi dans les fentes des rochers. Elle se nourrit à peu près exclusivement de la liqueur fournie par diverses espèces de Coccides qu'elle va traire sur les feuilles qu'ils habitent. (1)

Femelle

1 D'un jaune plus ou moins rougeâtre ou brunâtre, avec le dessus de la tête et une bande à l'extrémité postérieure de chaque segment abdominal plus foncés; le dessus du corps est même parfois uniformément brunâtre ; mandibules, épistome, pattes et antennes jaunâtres ou roussâtres. Epistome et face déclive du metanotum lisses; abdomen très finement ridé-ponctué; le reste du corps très finement ponctué. Assez abondamment couvert de poils dressés, sauf les antennes et les pattes qui en sont dé-

(1) Voir pour plus de détails: Forel, Etudes myrmécologiques en 1875 — Die Ameisen der Antille St. Thomas.

pourvues. Pubescence très dense sur l'abdomen, moins serrée sur la tête, le thorax, les antennes et les pattes, nulle sur l'épistome et la face déclive du metanotum. Abdomen mat, le reste du corps plus ou moins luisant. Long. 3 2/3-4 1/2mm. 1. **Heeri**, Forel (fig. 2).

Mâle

1 D'un jaune pâle ou roussâtre. Pilosité abondante sur les valvules génitales externes et au bord postérieur des ailes, éparse sur la tête, le mesonotum, l'extrémité et le dessous de l'abdomen, nulle sur le reste du corps. Pubescence éparse. Epistome, aire frontale, scutellum, metanotum et côtés du thorax luisants, presque lisses et glabres ; front, vertex, mesonotum, dessous du thorax, abdomen, pattes et antennes très finement ponctués ; quelques rugosités sur les joues. Long. 1 1/2-2mm.
1. **Heeri**, Forel. (fig. 3)

2me Tribu. — Dolichoderidæ

(Pl. XII)

Caractères. — Epistome s'avançant plus ou moins en arrière entre l'insertion des antennes. Fossettes clypéales et antennaires toujours confondues. Chez les ☿ et les ♀ l'abdomen, vu en dessus, ne laisse voir que ses quatre premiers segments, le cinquième étant entièrement caché sous le précédent. L'orifice du cloaque est grand, en fente transversale, infère et non cilié. Gésier sans calice ou avec un calice réfléchi et entièrement renfermé dans la cavité du jabot. Un aiguillon très petit, rudimentaire. Glande à venin ne formant pas de coussinet sur le dos de la vessie qui est généralement petite ou même entièrement rudimentaire. La glande débouche dans la vessie par un renflement en forme de bouton ou de bourrelet qui, dans le seul genre *Bothriomyrmex*, suit directement la glande, sans tube intermédiaire; tandis que chez les autres genres, il est relié à la glande par un tube plus ou moins long qui pénètre avec lui dans l'intérieur de la vessie.

Les ouvrières et les femelles des *Dolichoderidæ* se distinguent encore anatomiquement de toutes les autres fourmis par la présence des *glandes anales*, sécrétant un liquide altérable ou non, odorant ou inodore, que ces insectes émettent à volonté, et qui est pour eux un moyen de défense dont l'effet paraît assez énergique sur les ennemis qui les attaquent.

Ces organes, qui avaient déjà été observés chez beaucoup d'insectes et particulièrement de Coléoptères, n'avaient pas encore été constatés chez les fourmis, et c'est M. Forel qui le premier en a révélé l'existence chez les *Dolichoderidæ*. Ils consistent, dans leur ensemble, en deux grandes vessies juxtaposées ou même soudées entre elles sur une partie de leur étendue, les *vessies anales* (fig. 11, c), qui occupent l'espace compris entre l'anus, le rectum (e) et le canal intestinal d'une part, et, d'autre part, la partie dorsale interne (a) des derniers segments abdominaux. Ces deux vessies se réunissent, à leur extrémité postérieure, en une sorte d'ampoule terminée par un tube court qui débouche à l'extérieur par l'ouverture commune du cloaque (h). C'est au côté externe de chacune des vessies anales que s'étendent deux belles glandes en grappe, les *glandes anales* (*d*), dont les cellules sont munies de petits canaux sécréteurs qui, selon les cas, débouchent chacun isolément dans les vessies anales, ou se rendent, au contraire, à un vaisseau central qui apporte à la vessie correspondante le produit réuni de toutes les sécrétions partielles.

Ce liquide particulier semble venir puissamment en aide au venin ordinaire ou même le remplacer complètement quand il manque par suite de l'atrophie de la vessie à venin. Toutefois la structure spéciale de leur dernier segment abdominal ne permet pas à ces fourmis de faire jaillir cette liqueur à distance, mais elles savent fort bien néanmoins en couvrir leur ennemi, en le touchant de l'extrémité de leur abdomen généralement très mobile.

Nymphes toujours nues.

Cette tribu renferme 10 genres dont 4 appartiennent à notre faune.

11° GENRE. — BOTHRIOMYRMEX, Emery

βόθριον fossette, μυρμηξ fourmi.

(Pl. XII)

☿ Tête assez grande, presque carrée. Epistome triangulaire, convexe en son milieu, déprimé sur les côtés, tronqué en arrière et non échancré à son bord antérieur ; il ne s'avance que faiblement entre l'insertion des antennes. Arêtes frontales très courtes. Aire frontale triangulaire, superficielle. Mandibules triangulaires, de largeur moyenne, dentées. Palpes maxillaires de 4 articles ; palpes labiaux de 3 articles. Antennes de 12 articles ; scape de longueur moyenne, funicule assez épais, ses deux premiers articles ainsi que le dernier plus longs que larges, les autres presque carrés ou même légèrement transverses (fig. 9). Yeux assez petits, situés en avant du milieu de la tête. Pas d'ocelles. Dos du thorax non ou à peine interrompu entre le mesonotum et le metanotum, ce dernier anguleusement arrondi en arrière et inerme. Pétiole surmonté d'une écaille amincie au sommet, assez étroite et sensiblement inclinée en avant. Abdomen légèrement prolongé en dessus et en avant. Gésier à calice assez grand, réfléchi, à sépales distinctes, en forme d'ancre.

♀ Caractères de l'ouvrière, mais la tête est un peu plus allongée et plus rétrécie en avant ; l'écaille est moins inclinée et le devant de l'abdomen moins proéminent. Ocelles petits. Ailes avec une cellule cubitale et une cellule discoïdale ; la nervure transverse s'unit au rameau cubital externe. Taille à peine plus grande que celle de l'ouvrière.

♂ Tête courte, rétrécie en arrière. Epistome trapézoïdal ; fossettes antennaires très grandes, s'étendant presque jusqu'aux ocelles. Palpes comme chez l'ouvrière et la femelle. Antennes de 13 articles ; scape à peine plus long que les deux premiers articles du funicule ; funicule assez allongé, son premier article conique ; le second un peu plus long, cylindrique, les suivants subégaux et un peu plus courts que le second, sauf le dernier qui est plus long (fig. 10). Thorax aussi haut que large. Pétiole avec une écaille épaisse, assez droite. Organes génitaux petits ; valvules génitales externes cultriformes, arquées, acuminées au sommet. Ailés comme chez la ♀. Taille de l'ouvrière ou même plus petite.

Ce genre a été fondé sur la seule espèce européenne ci-après décrite, mais il est probable qu'il existe aussi des espèces exotiques, soit encore inconnues, soit comprises aujourd'hui dans d'autres genres dont il faudra les distraire.

Ouvrière

1 D'un brun jaunâtre ou grisâtre avec l'abdomen plus foncé ; mandibules, funicule des antennes et tarses jaunes ; quelquefois tout le corps est jaune et l'insecte ressemble, à première vue, aux petits individus du *Lasius flavus*. Tête assez luisante en avant, moins en arrière ; thorax et abdomen peu luisants ou mats. Tout le corps, et surtout l'abdomen, couvert d'une pubescence grise, abondante. Pilosité rare. Long. 2-3^{mm}. 1. **Meridionalis**, ROGER (fig. 6).

PATRIE : Europe centrale et surtout méridionale, Algérie, Tunisie, Liban, Turkestan.

Cette fourmi se plait dans les endroits rocailleux et exposés au midi ; elle établit ses nids dans les fentes des rochers et très souvent aussi les creuse en terre, sous les pierres. C'est une espèce timide, à démarche lente et dont les antennes toujours animées de mouvements vibratiles donnent à ses réunions un aspect singulier.

D'après M. Rouget, les mâles et les femelles volent en septembre.

Femelle

1 D'un brun noir tirant souvent sur le rougeâtre ou le jaunâtre ; mandibules, antennes, tibias et tarses presque toujours jaunâtres. Corps très pubescent et légèrement soyeux. Presque pas de poils dressés. Ailes hyalines. Long. 2 1/2-3mm.
1. **Meridionalis**, Roger (fig. 7).

Mâle

1 Brun ou d'un brun rougeâtre, assez luisant ; peu pubescent et sans poils dressés ; mandibules et pattes jaunes ou d'un brun jaunâtre. Ailes hyalines. Long. 2mm. 1. **Meridionalis**, Roger (fig. 8).

12e GENRE. — LIOMETOPUM. Mayr

λύω je délie, μέτωπον front.

(Pl. XIII)

☿ Tête assez grande, élargie postérieurement. Epistome plan, triangulaire, fortement prolongé entre l'insertion des antennes, ses côtés relevés et saillants. Arêtes frontales parallèles en avant, divergentes en arrière. Aire frontale triangulaire, peu marquée ou même indistincte. Mandibules assez larges, armées de 8 à 10 dents. Palpes maxillaires de 6 articles ; palpes labiaux de 4 articles. Antennes dn 12 articles ; scape assez long ; funicule très faiblement épaissi à l'extrémité, ses premiers articles plus longs que les suivants, à l'exception du dernier qui est à peu près de la longueur du premier article (fig. 3). Yeux situés un peu en avant du milieu de la tête. Des ocelles. Sillon frontal superficiel. Dos du thorax arqué d'avant en arrière, non étranglé entre le mesonotum et le metanotum ; ce dernier arrondi, inerme, sans limite entre sa face basale et sa face déclive. Pétiole surmonté d'une écaille droite ou peu inclinée, ovale, arrondie au sommet. Abdomen non prolongé en avant. Gésier à boule allongée et étroite, calice réfléchi, assez grand, sépales peu distinctes.

♀ Tête comme celle de l'ouvrière, mais l'aire frontale est plus marquée. Thorax bas, déprimé. Ecaille du pétiole souvent échancrée. Ailes avec deux cellules cubitales. Taille beaucoup plus grande que celle de l'ouvrière.

♂ Tête très petite. Epistome, mandibules et palpes comme chez l'ouvrière et la femelle. Arêtes frontales très courtes, arquées. Aire frontale et sillon frontal superficiels ou nuls. Antennes de 13 articles ; scape un peu plus court que les trois premiers articles du funicule ; ce dernier filiforme avec les premiers articles plus longs que les autres, sauf le dernier qui est un peu plus long que le premier ; second article le plus long de tous. Thorax haut ; mesonotum déprimé, ne dépassant pas le pronotum. Pétiole avec une écaille droite. Parties génitales très grandes, occupant le tiers de la longueur de l'abdomen. Valvules externes triangulaires. Ailes comme chez la ♀. Taille supérieure à celle de l'ouvrière.

Ce genre comprend 4 ou 5 espèces propres à l'Amérique et à l'Australie ; une seule est européenne.

Ouvrière

1 D'un rouge jaunâtre avec le dessus de la tête, les cuisses, les tibias et la moitié supérieure de l'écaille d'un brun-rougeâtre. Une pubescence blanche très serrée recouvre la tête, les pattes et surtout l'abdomen qui est très soyeux. Pilosité éparse. Ponctuation forte sur les mandibules, fine et serrée sur la tête, moins dense sur le thorax. Taille très variable. Long. 3-7^{mm}.

1. **Microcephalum,** Panzer (fig. 1).

Patrie : Europe méridionale (n'a pas encore été trouvé en France ou en Espagne), Asie Mineure.

Cette espèce habite en nombreuses sociétés dans les troncs d'arbres creux à la surface desquels on la voit former de longues processions. Elle émet une odeur analogue à celle des *Tapinoma*.

Les sexes ailés volent en juin (Emery).

Femelle

1 D'un brun foncé, avec les mandibules, le bord antérieur de l'épistome, les joues, les antennes et les pattes d'un brun jaunâtre ou rougeâtre. Tout le corps abondamment couvert de poils dressés et densément revêtu d'une pubescence courte, plus serrée sur la tête et l'abdomen. Mandibules avec de gros points enfoncés; tête et abdomen très finement et densément ponctués; thorax ponctué-ridé. Ailes jaunâtres, stigma et nervures bruns ou d'un brun jaunâtre. Long. 10-11mm. 1. **Microcephalum**, Panz (fig. 2).

Mâle

1 D'un brun foncé; extrémité des antennes, articulations des pattes et plusieurs taches sur les parties génitales jaunâtres. Corps avec une pilosité et une pubescence abondantes, finement et densément ridé-ponctué, peu luisant. Ailes légèrement jaunâtres avec les nervures brunâtres et le stigma d'un brun noir. Long. 9mm. (D'après Mayr) 1. **Microcephalum**, Panz.

13e GENRE. — TAPINOMA, Foerster.

(*Micromyrma*, Dufour)

ταπείνωμα, abaissement. (1)

(Pl. XIII)

♀ Tête élargie en arrière. Epistome triangulaire, convexe, profondément et étroitement entaillé au milieu de son bord antérieur,

(1) Par allusion au peu d'élévation de l'écaille du pétiole.

fortement prolongé entre l'insertion des antennes. Arêtes frontales parallèles. Aire frontale, sillon frontal et ocelles nuls. Mandibules larges, proéminentes, à bord terminal long et denté sur toute son étendue. Palpes maxillaires de 6 articles, palpes labiaux de 4 articles. Antennes de 12 articles ; scape assez allongé ; funicule cylindrique, à peine épaissi à l'extrémité, ses premier et dernier articles longs, les autres plus courts et subégaux (fig. 7). Thorax assez faiblement étranglé entre le mesonotum et le metanotum, ce dernier court, inerme. Pétiole paraissant sans écaille, celle-ci étant petite, couchée et soudée avec lui. Abdomen fortement prolongé en avant et recouvrant entièrement le pétiole. Gésier très large et très court, à calice réfléchi et lui même très court.

♀ Tête comme chez l'ouvrière, sauf les ocelles et la présence plus ou moins distincte de l'aire frontale et du sillon frontal. Pétiole également conformé comme ci-dessus. Ailes avec une cellule cubitale et une cellule discoïdale qui peut faire défaut ; la nervure transverse s'unit le plus souvent à la nervure cubitale à son point de partage, rarement au rameau cubital externe. Taille un peu plus grande que celle de l'ouvrière.

♂ Tête et palpes comme chez la femelle. Antennes de 13 articles ; scape allongé ; funicule assez épais, tous ses articles subégaux sauf le dernier qui est plus long. Ecaille soudée au pétiole qui parait rhomboïdal, vu de côté. Organes génitaux externes assez grands ; hypopygium fortement échancré en son milieu ; valvules génitales externes en forme de cuillers, convexes en dehors. Ailes comme chez la femelle. Taille de cette dernière.

Ce genre renferme une dizaine d'espèces répandues en Asie, en Amérique et en Océanie. Une seule est européenne.

Ouvrière

1' Noir ou d'un brun noir, mandibules, souvent aussi les antennes et les pattes d'un brun foncé, tarses jaunâtres. Pubescence abondante, pilosité rare. Tout le corps très finement ridé-ponctué, assez luisant. Long. du type 2 1/2-3 1/2mm.

1. **Erraticum**, Latr (fig. 4).

PATRIE : Presque toute l'Europe sauf l'extrême nord; Syrie, Turkestan, Liban, Algérie.

La var. **nigerrimum** Nyl. dont l'habitat est exclusivement méridional et qui a été rencontrée dans le sud de l'Europe, la Perse, l'Algérie, la Tunisie, l'Egypte, se distingue du type par sa taille plus grande (3 1/2-4mm), et par la couleur de ses antennes et de ses pattes qui sont presque entièrement d'un roussâtre pâle chez les petits individus, tandis que chez les grands exemplaires le funicule, les articulations et les tarses sont seuls plus ou moins rougeâtres.

Cette espèce habite les prairies, les clairières, le bord des routes, les lieux rocailleux. Elle fait son nid en terre, sous les pierres, ou dans les interstices des murs et des rochers. Elle abonde dans les prés où, à certaines époques, ses nids sont surmontés de dômes temporaires, formés d'une légère croûte de terre et dont l'intérieur vide, ne contenant ni chambres ni galeries, est traverse de toutes parts par les tiges et les feuilles des graminées dont l'entrelacement, maintenu par quelques parcelles de terre, forme une charpente à laquelle les fourmis s'accrochent en tenant dans leurs mandibules les œufs ou les larves qu'elles veulent faire profiter de la chaleur solaire.

Ces insectes sont très agiles, marchent avec vivacité en relevant légèrement l'abdomen, changent facilement de demeure et vont souvent établir leur nouveau domicile dans un lieu fort éloigné de leur nid primitif. Ils n'entretiennent pas de pucerons dans leurs galeries et vont même rarement les solliciter sur les plantes qu'ils habitent. Leurs mœurs sont plutôt carnassières, et on les voit fréquemment assister aux combats que se livrent les grosses fourmis, pour s'emparer des morts et les emporter chez eux.

Comme toutes les fourmis de cette tribu, les *Tapinoma* ne font pas jaillir leur venin, mais elles n'en sont pas moins redoutables pour leurs ennemis, grâce à la mobilité de leur abdomen qui arrive facilement à toucher leur adversaire en l'inondant de la liqueur mortelle.

Les *Tapinoma* exhalent une odeur volatile, forte et caractéristique.

Les mâles et les femelles s'accouplent en juin.

Femelle

1 D'un brun noir, peu luisant; articulations des pattes et tarses, quelquefois aussi les tibias

et le funicule des antennes roussâtres. Pubescence abondante. Corps très finement ridé-ponctué ; abdomen couvert d'une ponctuation extrêmement fine et parsemé; en outre, de points enfoncés plus grands et allongés. Long. du type, 4 1/2-5mm. 1. **Erraticum**, LATR. (fig. 5).

La var. **nigerrimum** Nyl. se distingue par sa taille plus grande (6-6 1/2mm) par la couleur roussâtre du dessous de la tête, des joues et des pattes, par sa pubescence encore plus serrée, donnant au corps un reflet cendré presque soyeux, surtout sur les bords des segments abdominaux, et par l'absence de gros points enfoncés sur l'abdomen. Les ailes présentent parfois une faible trace d'une seconde cellule cubitale.

Mâle

1 D'un noir brun ; articulations des pattes, tarses et souvent aussi les tibias d'un brun jaunâtre ou roussâtre. Pubescence abondante. Tout le corps très finement ridé-ponctué. Chez les individus typiques, l'entaille de l'hypopygium est deux fois aussi longue qu'elle est large à son extrémité, et la longueur du corps est de 4-5mm. 1. **Erraticum**, LATR. (Fig. 6).

La var. **nigerrimum** Nyl. est plus grande (5 1/2-6mm) avec les antennes souvent roussâtres. L'entaille de l'hypopygium est presque deux fois aussi large que longue et les ailes présentent souvent des traces d'une seconde cellule cubitale.

14e GENRE. — DOLICHODERUS, LUND

(*Hypoclinea*, Mayr. — *Monacis*, Roger)

δολιχός long ; δέρη cou (1)

(Pl. XIII)

☿ Tête ovale. Epistome triangulaire, déprimé en avant. Arêtes

(1) Ce nom n'est significatif que pour l'ancien genre *Dolichoderus* composé d'espèces exotiques, et auquel ont été réunies les *Hypoclinea* de Mayr, qui n'ont pas la tête étranglée en arrière.

frontales droites, un peu divergentes en arrière. Aire frontale petite et peu distincte. Mandibules assez larges, dentées. Palpes maxillaires de 6 articles ; palpes labiaux de 4 articles. Antennes de 12 articles ; scape médiocrement long ; funicule robuste, insensiblement épaissi vers l'extrémité (fig. 9). Pas d'ocelles. Thorax étranglé entre le mesonotum et le metanotum ; face basale de ce dernier séparée de sa face déclive par une arête vive qui se termine de chaque côté par une dent. Pétiole avec une écaille épaisse, fortement inclinée en avant. Abdomen non prolongé en avant au-dessus de l'écaille. Gésier étroit, allongé, sans calice et sans partie moyenne.

♀ Tête comme chez l'ouvrière, sauf la présence des ocelles. Thorax haut, assez étroit ; metanotum, écaille et abdomen conformés comme ceux de l'ouvrière. Ailes avec deux cellules cubitales. Taille plus grande que celle de l'ouvrière.

♂ Tête et palpes comme chez l'ouvrière et la femelle. Antennes de 13 articles ; scape à peu près de la longueur des deux premiers articles du funicule ; ce dernier filiforme avec le premier article plus court que tous les autres, le second long, les suivants courts. Thorax haut, assez étroit ; metanotum inerme. Pétiole épaissi, sans écaille. Valvules génitales externes arrondies. Ailes comme chez la ♀. Taille de l'ouvrière.

Ce genre, très nombreux en espèces exotiques de l'Amérique, de l'Australie, de la Malaisie et de l'Asie tropicale, n'est représenté dans notre faune que par une seule espèce qui ne paraît pas élever de pucerons dans son nid.

Ouvrière

1 Tête noire ; mandibules, antennes, articulations des pattes, tibias et tarses d'un jaune rouge ; cuisses ordinairement d'un brun noir ; thorax et écaille rouges ; abdomen noir, presque toujours orné de quatre taches d'un blanc-jaunâtre dont deux sur le premier et deux sur le second segment, mais ces taches disparaissent cependant quelquefois. Tête, thorax et écaille

finement rugueux et couvert de points enfoncés très gros et peu serrés. Abdomen très luisant, avec des rides extrêmement fines. Pilosité presque nulle. Pubescence très éparse. Long. 3-4mm.

1. **Quadripunctatus**, L. (fig. 8).

PATRIE : Europe centrale et méridionale.

Vit à peu près exclusivement dans les bois où on trouve presque toujours les ouvrières courant sur les arbres, surtout les chênes et les noyers. Ses nids sont creusés dans l'écorce ou le bois mort, et ses fourmilières sont peu nombreuses en individus.

Les sexes ailés paraissent s'accoupler à la fin de l'été.

Femelle

1 Couleur, sculpture et pubescence comme chez l'ouvrière; mais plusieurs taches noires sur le thorax. Ailes hyalines. Long. 4 1/2-5mm.

1. **Quadripunctatus**, L.

Mâle

1 Noir; mandibules, scape, premier article du funicule, tibias et tarses d'un jaune brun. Pubescence éparse et pilosité presque nulle, sauf en dessous de l'abdomen. Tête et thorax finement rugueux et avec de gros points enfoncés. Pronotum strié ; metanotum à rugosités profondes et grossières. Abdomen très-finement ridé. Long. 4 1/2-4 3/4mm (D'après Mayr).

1. **Quadripunctatus**, L.

2me FAM. — PONERIDÆ

Caractères. — Pétiole d'un seul article cylindrique, cubique, nodiforme, ou surmonté d'une écaille épaisse. Pas d'ocelles chez les ouvrières. Abdomen rétréci entre son premier et son second segment. Corps allongé, plus ou moins cylindrique. Chez les ouvrières et les femelles, l'aiguillon, la glande et la vessie à venin sont toujours bien développés; la glande ne forme pas de coussinet sur le dos de la vessie, mais débouche dans son intérieur par un renflement en forme de bourrelet, comme chez les *Dolichoderidæ*. Pas de glandes anales. Gésier sans calice et sans partie moyenne. Nymphes toujours enfermées dans un cocon.

Cette famille, assez pauvrement représentée dans notre faune, comprend des fourmis à vie souterraine et cachée, dont les mœurs sont à peu près inconnues. Leurs sociétés sont peu nombreuses en individus et leur intelligence paraît assez bornée.

TABLEAU DES TRIBUS ET DES GENRES

(Pl. XIV)

Ouvrières

1 Mandibules insérées très près l'une de l'autre, vis à vis l'articulation des antennes, au milieu du bord antérieur de la tête qui est hexagonale et fortement rétrécie en avant; elles sont longues, droites, proéminentes et recourbées brusquement en dedans à leur extrémité qui est tridentée (fig. 2). Yeux assez grands. Antennes de 12 articles. Pétiole surmonté d'une écaille libre, ovale et assez épaisse.

(1re Tribu. **Odontomachidæ**). G. 1. **Anochetus**, Mayr.

— Mandibules insérées aux angles antérieurs de la tête et notable-

ment en dehors du point d'articulation des antennes. Yeux (chez les espèces européennes) très petits et parfois nuls.
(2e Tribu. **Poneridæ veræ**). 2

2 Mandibules longues, étroites, aiguës à l'extrémité, sans bord terminal, et dentées le long de leur bord interne (fig 4 et 5). Epistome dentelé à son bord antérieur. Yeux situés en arrière du milieu des bords latéraux de la tête. Antennes de 12 articles. Pétiole presque cylindrique, attaché à l'abdomen par toute sa face postérieure G. 2. **Amblyopone**, Er.

— Mandibules aplaties, triangulaires, avec un bord terminal simple ou denté. Yeux (quand ils existent) situés en avant du milieu des bords latéraux de la tête. Epistome non dentelé. Pétiole libre, cubique ou surmonté d'une écaille épaisse. 3

3 Antennes de 11 articles dont le dernier est aussi long que les 5 précédents réunis (fig. 8). Joues munies d'une carène qui limite en dehors les fossettes antennaires. Pétiole cubique, au moins aussi long que large. Yeux petits, situés un peu en avant du milieu des côtés de la tête. G. 3. **Parasyscia**, Em.

— Antennes de 12 articles dont le dernier est moins long que les 5 précédents réunis (fig. 12). Joues non munies d'une carène en dehors des fossettes antennaires. Pétiole surmonté d'une écaille plus ou moins épaisse mais toujours d'une largeur beaucoup plus grande que son épaisseur. Yeux très petits, ponctiformes, situés très en avant des côtés de la tête, ou même manquant complètement. G. 4. **Ponera**, Latr.

Femelles

1 Mandibules insérées très près l'une de l'autre, au milieu du bord antérieur de la tête et vis à vis l'articulation des antennes. Elles sont longues, droites, proéminentes et recourbées en dedans à leur extrémité. Antennes de 12 articles. Pétiole surmonté d'une écaille libre, ovale et épaisse. (D'après les espèces exotiques).
(1re Tribu. **Odontomachidæ**). G. 1. **Anochetus**, Mayr.

— Mandibules insérées aux angles antérieurs de la tête et notablement en dehors du point d'articulation des antennes.
(2e Tribu. **Poneridæ veræ**). 2

2 Mandibules longues, étroites, aiguës à l'extrémité, sans bord terminal et dentées le long de leur bord interne. Epistome dentelé à son bord antérieur. Yeux situés en arrière du milieu des côtés de la tête. Antennes de 12 articles. Pétiole cylindrique, attaché à l'abdomen par toute sa face postérieure.
G. 2. **Amblyopone**, Er.

— Mandibules aplaties, triangulaires, avec un bord terminal dentelé. Yeux situés très en avant des côtés de la tête. Epistome non dentelé. Antennes de 12 articles. Pétiole libre et surmonté d'une écaille épaisse. G. 4. **Ponera**, Latr.

La femelle du G. **Parasyscia** n'est pas connue.

Mâles

Un seul genre connu (voir plus loin pour ses caractères.) G. 4. **Ponera**, Latr.

1e Tribu. — Odontomachidæ (1)

Caractères. — ☿ ♀ Mandibules insérées très près l'une de l'autre, se touchant à leur base qui est située en face de l'articulation des antennes, au milieu du bord antérieur de la tête. Elles sont longues, droites, parallèles, et se recourbent en dedans et à angle droit à leur extrémité qui est armée de dents. Antennes de 12 articles, insérées dans des fossettes antennaires très grandes, se prolongeant en un large sillon entre les yeux et les arêtes frontales.

♂ Le caractère très remarquable tiré du mode d'insertion des mandibules, et qui distingue cette tribu de celle des *Ponérides vrais*, manque chez les mâles, dont les mandibules sont distantes à leur base, comme chez les autres fourmis. On ne connait pas, d'ailleurs, le mâle du seul genre européen dont nous ayons à nous occuper, mais il est probable que sa conformation ne diffère pas, sous ce rapport, de celle des *Odontomachus* exotiques.

La tribu des *Odontomachidæ*, qui ne comprend que trois genres, renferme de très curieux insectes, souvent de grande taille, et qui sont propres aux contrées tropicales du monde entier. Elle n'est représentée en Europe que par le genre et l'espèce suivants.

---

(1) Cette tribu tire son nom du genre *Odontomachus* Latr. qui n'a pas de représentants en Europe.

1er GENRE. — ANOCHETUS, Mayr

ἀνόχετος, qui n'a pas de gouttière. (1)

(Pl. XIV)

☿ Tête presque hexagonale, ayant sa plus grande largeur au niveau des yeux, rétrécie fortement en avant, un peu moins en arrière où elle est semicirculairement échancrée avec les angles postérieurs arrondis. Arêtes frontales assez longues, épaisses, arquées en dedans ; elles limitent des fossettes antennaires larges et profondes qui commencent près de l'articulation des mandibules pour finir un peu en arrière des yeux. Aire frontale nulle. Epistome étroit, triangulaire. Mandibules insérées l'une à côté de l'autre, au milieu du bord antérieur de la tête ; elles sont allongées, rectilignes, parallèles, recourbées en dedans à angle droit vers leur extrémité qui est armée de trois fortes dents (fig. 2). Palpes maxillaires de 4 articles ; palpes labiaux de 3 articles. Antennes de 12 articles ; scape grêle et allongé ; funicule légèrement épaissi à l'extrémité, ses articles subégaux, sauf le dernier qui est presque deux fois aussi long que le précédent, et le second qui est un peu plus court que le premier. Yeux de grandeur moyenne, situés en avant du milieu de la tête, à sa partie la plus élargie. Thorax allongé, non étranglé entre le mesonotum et le metanotum, ce dernier inerme. Pétiole surmonté d'une écaille ovale, épaisse, à bords arrondis. Abdomen en ovale allongé, étranglé entre le premier et le deuxième segment. Pattes assez courtes.

♀ Caractères de l'ouvrière. Des ocelles. Thorax cylindrique, légèrement arqué en dessus d'avant en arrière ; pronotum court, metanotum arrondi, sans limite distincte entre sa face basale et sa face déclive. Ailes courtes, avec deux cellules cubitales et une

(1) Ce nom fait allusion à l'absence du sillon profond qui sépare le front du vertex, ou de la rainure postoculaire qui existent chez les autres genres exotiques de la même tribu.

cellule discoidale. Taille un peu plus grande que celle de l'ouvrière. (D'après les espèces exotiques).

♂ Inconnu.

Ce genre renferme, à ma connaissance, cinq espèces décrites dont une seule est européenne ; les autres sont propres à l'Australie, aux iles du Grand Océan et à l'Asie tropicale.

Les mœurs de ces fourmis sont encore inconnues.

Ouvrière

1 D'un rouge jaune ; mandibules, funicule des antennes et pattes d'un jaune rougeâtre ; segments de l'abdomen en partie brunâtres. Tête, pétiole, abdomen et pattes lisses et luisants ; front finement et longitudinalement ridé, thorax avec des rides fines, plus fortes sur le metanotum. Pilosité du corps courte et peu serrée. Long. 6 1/5-6 2/5mm (D'après Mayr).

1. **Ghilianii**, Spin. (fig. 1).

Patrie : Andalousie.

Femelle

Inconnue.

Mâle

Inconnu.

2e Tribu. — Poneridæ veræ

Caractères. — Mandibules insérées aux angles antérieurs de la tête et notablement en dehors du point d'articulation des antennes ; elles ne se touchent pas à leur base et leur forme est très variable selon les genres, mais elles ne sont jamais rectilignes et parallèles comme dans la tribu précédente. Les fossettes antennaires ne se prolongent pas en un large sillon jusqu'au vertex.

Cette tribu comprend, dans son ensemble, environ 35 genres généralement peu riches en espèces, mais renfermant des fourmis de taille moyenne ou grande, à corps robuste et allongé. Ces insectes ne sont représentés dans notre faune que par 3 genres et 8 espèces.

2e GENRE. — AMBLYOPONE, Erichson

(Stigmatomma, Roger)

ἀμβλυωπός, qui a la vue faible

(Pl. XIV)

☿ Tête quadrangulaire, carrée ou un peu plus longue que large, un peu plus étroite en arrière qu'en avant. Arêtes frontales courtes, légèrement arquées. Aire frontale nulle. Epistome étroit, denticulé sur tout son bord antérieur (fig. 4 et 5). Mandibules étroites, longues, presque droites sur leurs deux tiers basilaires, un peu arquées à l'extrémité qui est terminée en pointe ; elles n'ont pas de bord terminal et sont dentées irrégulièrement tout le long de leur bord interne (fig. 4 et 5). Palpes maxillaires de 5 articles ; palpes labiaux de 3 articles. Antennes de 12 articles, insérées très près de l'extrémité antérieure de la tête ; scape de longueur moyenne ; funicule composé d'articles subégaux et s'épaississant peu à peu de la base à l'extrémité. Yeux extrêmement petits et situés en arrière du milieu de la tête. Thorax plus large en avant qu'en arrière, non étranglé et seulement un peu comprimé latéralement en son milieu. Pétiole épais, en carré arrondi ou presque cylindrique, un peu déprimé en dessus, aussi haut que le thorax et l'abdomen auquel il adhère par toute sa face postérieure. Abdomen allongé, étranglé entre le premier et le second segment. Pattes assez courtes, ongles simples.

♀ Tête comme chez l'ouvrière, sauf la présence des ocelles et les yeux qui sont de grandeur moyenne. Thorax allongé, subparallèle ; mesonotum traversé en son milieu par une ligne longitudinale enfoncée et accompagnée, de chaque côté, d'une légère carène, ce qui le divise, dans le sens de sa longueur, en quatre parties subégales ; metanotum obliquement tronqué en arrière. Pétiole conformé comme celui de l'ouvrière. Ailes inconnues. (D'après Emery).

♂ Aucun mâle des espèces européennes de ce genre n'est encore connu. Smith (Cat. Brit. Mus. p. 109) a donné du mâle d'une espèce exotique (*A. australis*, Sm.) une description tellement incomplète qu'il est impossible d'en tirer des caractères sérieux. Il se borne, en effet, à dire : « Tête transverse, antennes de 13 articles, scape court et conique, funicule allongé, filiforme. » Toutefois on peut induire de l'examen de la figure qu'il donne de ce mâle, que son pétiole est conformé comme chez les autres sexes, c'est-à-dire qu'il est à peu près cylindrique et qu'il s'attache à l'abdomen par toute sa face postérieure. Si ce caractère est exact, il suffirait, à lui seul, pour distinguer les ♂ des *Amblyopone* de ceux de tous les autres Ponérides de notre faune.

Ce genre curieux renferme deux espèces européennes et six ou sept autres d'Amérique, d'Asie ou d'Australie.

Ouvrières

1 Tête nettement échancrée en arrière, ses angles postérieurs distincts, les antérieurs munis d'une petite dent peu visible ; front avec une impression longitudinale à peine distincte ; épistome garni, à son bord antérieur, de denticules inégaux, dont les trois ou quatre intermédiaires sont plus petits et plus rapprochés (fig. 5). Mandibules robustes. Testacé, pattes plus claires. Tête mate, légèrement ruguleuse, le reste du corps luisant ; thorax légèrement et densément ponctué ; pétiole et abdomen avec une ponctuation plus fine et plus éparse. Long. 4-4 1/2mm.

1. **Denticulata**, Roger.

Patrie : Florence, Rome, Naples, Zante.
Nids en terre, sous les pierres.

— Tête à peine échancrée en arrière, ses angles postérieurs arrondis, les antérieurs armés d'une épine très apparente ; front avec une impression longitudinale assez distincte ; épistome garni, à son bord antérieur, de denticules subégaux ; mandibules plus étroites (fig. 4). Brun ou d'un testacé brun, abdomen et pattes plus clairs. Tête plus obscure, mate, moins finement rugueuse que chez l'espèce précédente ; thorax assez fortement ponctué, peu luisant ; abdomen légèrement ponctué, luisant. Long. 6 1/2-7 1/2mm.

2. **Impressifrons**, Em. (fig. 3),

Patrie : Naples, Palerme.
Nids en terre, sous les pierres.

Femelles

1 Brun ou d'un testacé brun ; abdomen et pattes plus clairs, tête plus foncée. Tête de moitié plus large que le thorax ; très légèrement échancrée en arrière, ses angles postérieurs arrondis, les antérieurs armés d'une courte épine ; front avec une impression longitudinale distincte ; dents de l'épistome subégales. Thorax plus fortement rugueux que chez l'ouvrière, metanotum plus granuleux. Long. 6 1/2-7 1/2mm. (D'après Emery).

2. **Impressifrons**, Em.

La femelle de l'**A. denticulata** Roger, n'est pas connue.

Mâles

Inconnus.

3e GENRE. — PARASYSCIA, Emery, nov. gen. (1)

παρά, à côté de, *Syscia*, nom de genre,

(Pl. XIV)

☿ Tête allongée, ayant les côtés légèrement arqués, tronquée antérieurement, échancrée en arrière avec les angles postérieurs aigus et fortement saillants. Arêtes frontales courtes et très élevées, rapprochées entre elles, comprenant un prolongement de l'épistome ; celui-ci est transversal et presque perpendiculaire. En dehors des arêtes frontales se trouve la fossette antennaire très large et profonde, entourée d'un rebord tranchant constitué par l'arête frontale, le bord postérieur de l'épistome et une carène saillante de la joue. Mandibules triangulaires, convexes en dessus, creusées en dessous, à bord tranchant sans aucune dent. Yeux petits, situés un peu avant le milieu des côtés de la tête, composés d'un petit nombre (8 à 10) de facettes. Antennes de 11 articles ; scape très épais, en massue ; deuxième article du funicule le plus petit de tous, les suivants grossissant graduellement jusqu'au pénultième, le dernier très grand, allongé, aussi long que les cinq précédents pris ensemble (fig. 8). Thorax convexe sur le dos, offrant à peine une trace insensible de suture entre le mesonotum et le metanotum ; le contour de la face déclive est nettement accusé ; celle-ci est plane, munie de deux lames verticales saillantes qui protégent l'insertion du pétiole. Ce dernier (écaille) à peu près aussi large que le thorax, presque carré, aminci en une tige courte et étroite à son insertion sur le thorax, muni d'une forte dent en dessous, articulé en arrière au milieu de la face antérieure du premier segment abdominal (fig. 7). Ce-

---

(1) Je dois à la complaisance de M. le Dr Emery de pouvoir comprendre dans mon travail ce genre encore inédit, dont la description et les figures m'ont été gracieusement envoyées par leur auteur. Je les reproduis ici sous sa signature et j'adresse à M. Emery tous mes remerciements pour cette nouvelle preuve de bienveillance à mon égard.

lui-ci est peu plus large que l'écaille, légèrement creusé sur sa face antérieure ; dans son extrémité postérieure s'emboîte la partie articulaire du second segment, fortement bombée et rayée de stries transversales (peut-être un organe de stridulation) ; ce segment recouvre la majeure partie de l'abdomen. Pattes assez allongées, peu épaisses ; éperons pectinés, ceux de la première paire atteignent à peine la moitié du métatarse. Ongles simples.

Ce genre est très voisin du genre *Syscia* Roger, dont il paraît ne différer que par la présence des yeux et par les antennes qui sont de 11 articles tandis qu'elles n'en ont que 9 chez *Syscia*.

C. EMERY

Le mâle et la femelle de ce genre qui ne comprend qu'une espèce, sont encore inconnus.

Ouvrière

1 D'un jaune ferrugineux avec l'extrémité de l'abdomen rembrunie. Téguments lisses et luisants ; toute la surface du corps, excepté la face postérieure du metanotum, est criblée de gros points de chacun desquels sort un poil jaune couché ; la ponctuation et les poils sont plus serrés et plus fins sur les quatre derniers segments du ventre ; les antennes et les pattes ont une pubescence couchée très fine, avec quelques poils dressés. Long. 3 1/2mm.

1 **Piochardi** Em. NOV. SP. (fig. 6 et 7)

PATRIE : Syrie.

Deux exemplaires de cette espèce ont été récoltés par feu Ch. Piochard de la Brûlerie et appartenaient à M. Sédillot qui a bien voulu m'en céder un.

C. EMERY.

Femelle

Inconnue.

Mâle

Inconnu.

4ᵉ GENRE. — PONERA, Latr.

πονηρος, méchant

(Pl. XIV)

☿ Tête allongée, quadrangulaire. Epistome triangulaire, aigu au sommet. Arêtes frontales courtes, rapprochées l'une de l'autre. Aire frontale indistincte. Joues sans carène qui limite, en dehors, les fossettes antennaires. Mandibules grandes, triangulaires, avec le bord terminal plus ou moins dentelé et plus long que le bord interne. Palpes maxillaires de 1 à 2 articles ; palpes labiaux de 2 articles. Antennes robustes, de 12 articles ; scape de longueur moyenne ; funicule fortement claviforme, le premier article plus long que le second, les suivants courts, grandissant insensiblement jusqu'au dernier qui est notablement moins long que les 5 précédents réunis. Yeux extrêmement petits, placés à la partie antérieure des côtés de la tête, plus ou moins près de l'articulation des mandibules ; chez certaines espèces ils font même complètement défaut. Thorax non étranglé entre le mesonotum et le metanotum, ce dernier inerme. Pétiole surmonté d'une écaille épaisse, droite, aussi large et aussi haute que le premier segment de l'abdomen, et toujours d'une largeur beaucoup plus grande que son épaisseur. Abdomen allongé, cylindrique, étranglé entre le premier et le second segments. Pattes courtes ; ongles des tarses simples.

♀ Caractères de l'ouvrière, mais les yeux sont assez grands et les ocelles existent. Thorax allongé, un peu arqué en dessus d'avant en arrière, metanotum inerme. Ailes avec deux cellules cubitales et une cellule discoïdale. Taille un peu plus grande que celle de l'ouvrière.

♂ Epistome convexe, mandibules étroites, non dentées. Palpes maxillaires de 4 articles ; palpes labiaux de 3 articles. Antennes de 13 articles ; scape court, parfois même à peine plus long que le premier article du funicule ; funicule filiforme, son premier article extrêmement court et presque transversal, les suivants allongés. Yeux grands, ocelles convexes. Thorax semblable à celui de la femelle. Ecaille un peu moins élevée et parfois nodiforme ou subglobuleuse. Dans certains cas l'épipygium se prolonge postérieurement en une épine assez longue et recourbée en bas. Ailes comme chez la femelle. Taille de l'ouvrière, rarement plus grande.

♂/☿ J'ai déjà parlé (page 20) de ces singuliers individus moitié mâles, moitié ouvrières, qu'on rencontre toujours ou presque toujours dans les fourmilières de la *P. punctatissima* et dont le rôle est encore inconnu. Sont-ce des hermaphrodites, comme le suppose M. Forel ? sont-ce des neutres provenant de mâles transformés et arrêtés dans leur développement, de même que les ouvrières ordinaires sont des femelles à organes générateurs avortés et à forme générale modifiée ? On pourrait encore y voir les analogues de ces individus intermédiaires entre les ouvrières et les femelles (femelles aptères d'Huber) qui se rencontrent accidentellement chez plusieurs espèces de fourmis, comme je l'ai indiqué (page 22) en parlant de la distinction des sexes. Toutes ces suppositions sont admissibles et, pour justifier l'hypothèse d'ouvrières à origine masculine, on peut citer l'exemple des *Termites* dont les neutres, d'après Lespès et Fritz Müller, proviennent tantôt de femelles et tantôt de mâles transformés. N'ayant pas les éléments nécessaires pour trancher la question, je me borne à signaler le problème, en ajoutant qu'il est d'autant plus intéressant que l'existence de ces ♂/☿ chez la *P. punctatissima*, constitue jusqu'à présent un fait unique en myrmécologie, et que, contrairement à ce qui se passe pour les ☿/♀ qu'on ne trouve jamais qu'accidentellement chez les espèces où on les a signalées, les mâles anormaux de *P. punctatissima* paraissent faire constamment partie de la communauté, où ils doivent jouer un rôle utile, mais encore ignoré.

Voici les caractères que présentent ces individus, et que j'établis à l'aide de l'excellente description qu'en a donnée M. Forel dans ses « Fourmis de la Suisse. »

Leur aspect général est tout-à-fait celui d'une ouvrière. Tête de même conformation que chez cette dernière ; elle est également dépourvue d'ocelles et ses yeux sont très petits ; les palpes maxillaires n'ont qu'un article et les antennes ne diffèrent de celles des véritables neutres que par le scape qui est plus court, n'atteignant pas le derrière de la tête, mais qui est cependant loin d'être aussi court que celui du mâle. Le thorax est dépourvu d'ailes et d'articulations alaires, son mesonotum est simplifié et il a la même forme que celui de l'ouvrière, sauf que l'échancrure séparant le mesonotum du metanotum est beaucoup plus accusée. Le pétiole n'offre rien de particulier. L'abdomen proprement dit a les 6 segments caractéristiques des mâles et les organes génitaux externes présentent un développement presque aussi complet que chez les mâles ordinaires de l'espèce. On y voit, en effet, des pinceaux très courts, des écailles arrondies, des valvules génitales externes en triangle allongé, des valvules intermédiaires assez courtes, terminées par deux appendices étroits en forme de cornes, enfin des valvules internes soudées à leur base et dont l'extrémité libre ne porte pas de dents à son bord interne.

La taille de ces individus hybrides est relativement grande et même supérieure à celle de la femelle.

Le genre *Ponera* comprend environ 25 espèces répandues dans toutes les parties du monde et dont 4 ou 5 seulement sont européennes.

Ouvrières (1)

1 Des yeux extrêmement petits mais visibles. Bord terminal des mandibules distinctement denté en avant, entièrement inerme ou indistinctement denticulé en arrière. Suture entre le mesonotum et le metanotum toujours bien mar-

(1) Je ne comprends pas dans ce tableau une espèce décrite par Losana (Bibl. 115) sous le nom de *quadrinotata* et qui proviendrait du Piémont. Personne n'a jamais vu cette fourmi qui n'appartient peut être même pas au genre *Ponera*, et je me borne à reproduire ici la diagnose qu'en donne l'auteur :

P. quadrinotata Los. Elongata, subcylindrica, albido-flavescens, oculis nullis ; squama subtriangula, crassa, superius convexa, basi antice utrinque spinosa ; abdomine hinc inde inferius nigro quadripunctato. Long. 4 1/2mm.

Piémont.

quée. Couleur noire ou d'un brun foncé, rarement d'un brun rougeâtre ou jaunâtre. 2

— Pas d'yeux. Bord terminal des mandibules distinctement denté sur toute son étendue. Couleur toujours jaune ou d'un jaune un peu rougeâtre. 3

2 Palpes maxillaires de deux articles assez allongés dont le dernier se termine par une soie (fig. 13). Mandibules avec 3 ou 4 fortes dents en avant, le plus souvent inermes ou indistinctement denticulées en arrière. Ponctuation de la tête et du thorax assez forte et surtout beaucoup moins serrée que chez l'espèce suivante ; l'abdomen finement et peu densément ponctué en dessus, est fortement rugueux en dessous à la partie antérieure rétrécie de son second segment. Pubescence assez forte. D'un brun foncé assez luisant avec les mandibules, le devant de l'épistome, les antennes, les pattes et l'extrémité de l'abdomen rougeâtres ; quelquefois le corps est entièrement ou presque entièrement d'un rougeâtre ou d'un jaunâtre sale. Long. 2 1/2-3 1/2mm.

1. **Contracta**, Latr. (fig. 9)

Patrie : Europe, Algérie, Madère, Caucase, Géorgie, Amérique du Nord.

Cette espèce fait son nid en terre, sous les pierres et au pied des arbres. Elle vit en très petites sociétés dans des galeries très souterraines et ne sort jamais au grand jour. Sa démarche est lente, et comme on n'a jamais trouvé de pucerons dans son nid, on ignore quelle est sa nourriture.

Les sexes ailés paraissent au milieu ou à la fin de l'été.

— Palpes maxillaires d'un seul article, très court, sans soie terminale (fig. 15). Mandibules avec 3 ou 4 dents antérieures plus grandes et de nombreux denticules extrêmement fins, irréguliers et peu visibles derrière celles-ci. Tout le corps couvert d'une ponctuation très fine et extrêmement serrée qui le rend presque mat ; abdomen très finement rugueux en dessous, à la partie rétrécie de son second segment. Pubescence très abondante, surtout sur le thorax et l'abdomen. Couleur variable de l'espèce précédente mais généralement plus foncée et le plus souvent noire. Long. 2 1/2-2 3/4mm.

2. **Punctatissima**, Roger.

Patrie : Europe centrale et méridionale, Liban.

Cette fourmi établit son habitation dans les interstices des murs et des rocailles et aussi en terre, sous les pierres. Elle vit en sociétés plus nombreuses et mène une existence moins cachée que la précédente.

M. Charsley d'Oxford a décrit, sous le nom de *P. tarda,* une espèce trouvée en Angleterre et qui n'est autre que la *P. punctatissima* ainsi que j'ai pu m'en assurer par l'examen d'exemplaires typiques ☿, ♀ et ♂/☿ qu'a bien voulu me communiquer l'auteur.

Les mâles et les femelles volent en août et septembre.

3 Suture méso-métanotale profonde, metanotum visiblement plus étroit que le mesonotum. Tête seulement un peu plus longue que large, ses bords latéraux légèrement arqués ; elle est couverte d'une ponctuation assez forte et serrée qui la rend presque mate; cette ponctuation, plus fine mais bien visible sur le thorax, devient très superficielle sur l'abdomen. Tout le corps assez pubescent, la pubescence plus longue et plus épaisse sur l'abdomen. Ecaille épaisse, amincie en dessus. Taille relativement grande, de 3-3 1/2mm.

3. **Ochracea**, Mayr.

Patrie : France méridionale, Corse, Italie.

— Suture méso-métanotale indistincte en dessus ; metanotum ne paraissant pas visiblement plus étroit que le mesonotum. Tête en rectangle allongé, une fois et demie aussi longue que large, ses bords latéraux droits. Tout le corps luisant, presque lisse ; tête et thorax avec une ponctuation extrêmement fine et peu serrée ; abdomen assez fortement pubescent surtout en arrière, le reste du corps presque glabre. Ecaille épaisse, à peine amincie en dessus. Taille petite, de 2 1/5-2 1/4mm. 4. **Abeillei**, ANDRÉ.

PATRIE : Corse (Ajaccio) où elle a été récoltée par M. Abeille de Perrin.

Femelles

1 Yeux assez gros, contigus au bord postérieur de l'épistome ; mandibules armées d'assez fortes dents en avant et d'autres irrégulières, extrêmement petites, derrière celles-ci. Palpes maxillaires d'un seul article court, sans soie terminale. Cellules cubitales étroites, en quadrilatère allongé, parallèles, à peu près quatre fois aussi longues que larges (fig. 16). Ponctuation très fine et extrêmement serrée qui rend le corps presque mat. Pubescence assez abondante, surtout sur le thorax et l'abdomen. Noir ou d'un brun très foncé avec les mandibules, le devant de l'épistome, les antennes, les pattes et l'extrémité de l'abdomen rougeâtres. Rarement la couleur du corps passe au brun rougeâtre. Long. 3-3 1/3mm. 2. **Punctatissima**, ROGER.

— Yeux non contigus au bord postérieur de l'épistome. Palpes maxillaires de deux articles. Cellules cubitales larges, non parallèles, la première de forme irrégulière, la seconde triangulaire. 2

2 Yeux séparés des bords de l'épistome par un espace à peu près égal à leur diamètre. Mandibules armées de fortes dents en avant, le plus souvent inermes ou indistinctement denticulées

en arrière. Ponctuation peu serrée, assez forte sur la tête et le thorax, plus fine sur l'abdomen. Corps assez pubescent, d'un brun noir foncé, un peu luisant, avec les mandibules, le devant de l'épistome, les antennes, les pattes et l'extrémité de l'abdomen rougeâtres. Rarement tout le corps passe au brun rougeâtre ou jaunâtre. Ailes légèrement enfumées. Long. 3-3 3/4mm.

1. **Contracta**, LATR. (fig. 10).

— Yeux séparés du bord de l'épistome par un espace à peu près égal à moitié de leur diamètre. Mandibules assez fortement et régulièrement dentées sur toute la longueur du bord terminal; la dernière dent grande et recourbée. Ponctuation assez forte et serrée sur la tête, plus fine sur le thorax et très superficielle sur l'abdomen. Corps assez pubescent. D'un jaune d'ocre ou d'un roussâtre pâle avec les articulations alaires rembrunies. Ailes hyalines. Long. 4-4 1/3mm.

3. **Ochracea**, MAYR.

La femelle de la P. **Abeillei**, André n'est pas connue.

Mâles

1 Antennes très longues, grêles ; les articles deux et suivants du funicule trois ou quatre fois plus longs que larges (fig. 17). Tout le corps grêle et allongé, abdomen bien plus long que le thorax. Pétiole surmonté d'un nœud arrondi (fig. 18). Cellules cubitales larges ; la nervure récurrente rejoint la nervure cubitale à son point de partage. Epipygium sans épine. Luisant, d'un brun rougeâtre clair, pattes et antennes plus pâles. Pilosité courte et assez abondante ; pubescence fine et rare. Long. 3 3/4-4mm.

3. **Ochracea**, MAYR.

— Antennes plus courtes, plus épaisses ; les articles deux et suivants du funicule (sauf le dernier) à peu près deux fois aussi longs que larges (fig. 14). Corps trapu, abdomen pas plus long que le thorax. Pétiole surmonté d'une écaille épaisse mais non nodiforme. 2

2 Epipygium prolongé en arrière en une épine forte, assez longue et recourbée en bas. Scape des antennes très petit, à peine plus long que le premier article du funicule et beaucoup moins long que son second article. Ailes légèrement enfumées ; cellules cubitales larges ; la nervure récurrente s'unit à la nervure cubitale à son point de partage, ou au rameau cubital interne très près de son origine. Corps luisant avec quelques points enfoncés épars ; pilosité courte et abondante ; pubescence presque nulle. Noir ou d'un brun noir avec la bouche jaune et les pattes brunâtres. Long. 2 1/2-3 1/2mm.

1. **Contracta,** LATR. (fig. 11).

— Epipygium inerme. Scape des antennes presque aussi long que le second article du funicule. Ailes hyalines ; cellules cubitales longues et étroites ; la nervure récurrente s'unit au rameau cubital interne à une distance de son origine égale à la longueur du tronc de la nervure cubitale. Corps peu luisant, couvert d'une ponctuation fine et serrée et d'une pubescence abondante ; pilosité très éparse, sauf au dessous et à l'extrémité de l'abdomen où elle est un peu plus abondante. D'un brun plus ou moins noirâtre ; mandibules, antennes et pattes plus claires. Long. 2 1/2-2 3/4mm. (D'après Forel).

2. **Punctatissima,** ROGER.

Le mâle de la P. **Abeillei** André n'est pas connu.

Mâle-ouvrière

1 D'un jaune-rougeâtre luisant. Pilosité médiocre ; pubescence assez abondante. Ponctuation extrêmement fine et beaucoup moins serrée que chez l'ouvrière. Long. 3-3 1/2mm. (Pour les autres détails, voir les caractères du genre).

2. **Punctatissima**, Roger.

C'est la seule *Ponera* et même la seule fourmi qui ait offert, jusqu'à ce jour, un exemple de ces mâles anormaux. Roger, qui le premier a décrit cet hybride, en avait fait une espèce particulière à laquelle il avait donné le nom de P. *androgyna*.

3me FAM. — DORYLIDÆ

Caractères. — Pétiole d'un seul article chez nos espèces européennes, de deux articles chez certains genres exotiques. Abdomen allongé, plus étroit en avant qu'en arrière, non rétréci entre le premier et le second segment en ce qui concerne les espèces de notre faune, mais souvent, au contraire, plus ou moins étranglé chez celles qui habitent les régions extra-européennes. Epistome très petit ou indistinct. Arêtes frontales très courtes, prolongées en avant où elles se recourbent en dehors pour contourner l'insertion des antennes. Pas d'ocelles chez les ouvrières. Gésier sans calice et sans partie moyenne. Aiguillon, glande et vessie à venin comme chez les *Poneridæ*, mais souvent moins développés. Pas de glandes anales.

Aucune famille d'insectes ne présente, je crois, un problème analogue à celui que nous offrent les Dorylides. Les mâles, les femelles et les ouvrières sont si différents chez ces fourmis et se rencontent si rarement réunis, que tous les genres créés jusqu'à ce jour ont été fondés sur un seul sexe, et qu'on n'est pas encore parvenu à identifier les trois formes d'aucune des espèces assez nombreuses qui ont été décrites. Aussi, sur les 11 genres qui renferment aujourd'hui l'ensemble des Dorylides du monde entier, il en devra disparaître près d'une moitié quand des observations postérieures auront démontré leur identité. J'entre moi même, dès à présent, dans la voie de la synthèse, à propos du genre suivant qui seul fait partie de notre faune.

GENRE DORYLUS, FABR.

(*Typhlopone* Westw. ☿ — *Cosmaecetes* Spin. ☿ —

Labidus Shuck. ☿ nec Jurine. — *Dichthadia* Gerst. ♀.)

(PL. XV)

A l'exemple de Smith (1), je réunis à ce genre les *Typhlopone* et les *Dichthadia*, par ce que si l'on n'a pas encore la preuve absolue de leur identité générique, les présomptions à cet égard sont tellement fortes que je vois moins d'inconvénients à adopter une probabilité qui touche à l'évidence, qu'à perpétuer une erreur presque certaine, en maintenant la séparation de ces trois formes que tout concourt à faire considérer comme les trois sexes d'un même genre.

A propos des *Dorylus* ♂, je ne rappellerai pas les observations de Jerdon et d'Elliot qui ont rencontré ces mâles dans des fourmilières de *Typhlopone*, et je ne rééditerai pas l'argumentation de Gerstæcker sur leurs affinités, mais j'ajouterai seulement aux preuves sérieuses fournies par ces auteurs, une considération d'habitat qui me parait décisive; c'est que les *Dorylus* et les *Typhlopone* sont les seuls Dorylides qui aient été rencontrés dans l'étendue de la faune européo-méditerranéenne, et que de tous les pays d'où j'ai reçu des *Dorylus* ♂ (Algérie, Tunisie, Égypte et Syrie), j'ai eu aussi un certain nombre d'ouvrières de

(1) Smith : Scientific Results of the second Yarkand Mission, Calcutta, 1878, p. 13.

Typhlopone. L'opinion de quelques auteurs qui donnaient les *Labidus* comme mâles aux *Typhlopone*, n'est plus soutenable depuis que plusieurs espèces de *Typhlopone* ont été découvertes dans l'ancien monde,tandis que les *Labidus* sont restés exclusivement américains. Partant d'une observation de Savage qui avait rencontré des *Dorylus* au milieu d'une procession d'*Anomma*, Shuckard et Mayr ont supposé que les *Dorylus* pourraient être les mâles des *Anomma*, et cette hypothèse ne me paraît pas inconciliable avec l'opinion que j'adopte d'accord avec la plupart des naturalistes tels que Smith, Gerstæcker, Emery, Forel, etc. En effet les *Typhlopone* et les *Anomma* sont des formes très voisines, et d'après ce que nous savons des fourmis en général, il est permis d'admettre que leurs mâles présentent des différences encore moins accentuées, d'où il suit que certains *Dorylus* peuvent très bien être les mâles des *Typhlopone*, tandis que d'autres seraient ceux des *Anomma*, c'est-à-dire que des caractères regardés jusqu'ici comme spécifiques devraient être considérés comme génériques.

A l'égard des *Dichthadia*, leur assimilation s'impose avec moins d'autorité, mais des documents nouveaux sont cependant venus depuis peu appuyer l'hypothèse de Gerstaecker, et on ne peut plus aujourd'hui les considérer avec Mayr comme des ouvrières, ou même comme des intermédiaires entre ouvrières et femelles d'après la supposition d'Emery et de Forel. Il résulte en effet d'une communication faite en 1880 par M. Roland Trimen à la Société entomologique de Londres (1), qu'un naturaliste du Cap, M. Fairbridge, importuné par la présence d'un nid de petites fourmis rouges qui existait dans sa propriété de Sea Point, donna l'ordre de le détruire, mais en recommandant expressément au manouvrier chargé de ce travail, de rechercher avec soin les femelles que ce nid pouvait renfermer. Ces instructions furent suivies et eurent pour résultat la découverte d'une grosse femelle unique, tout à fait semblable aux *Dichthadia* de Gerstaecker et peut-être même identique à la *D. furcata* de cet auteur. Cette

(1) On a supposed Female of *Dorylus helvolus* Linné. (Trans. of the ent. Soc. of London, 1880 p.XXIV.)

femelle, envoyée vivante à M. Trimen, fut présentée par lui à la Société entomologique de Londres, accompagnée de trois de ses ouvrières trouvées adhérentes à l'extrémité légèrement mutilée de son abdomen. Avec une simple loupe on pouvait distinguer, à travers la paroi abdominale, les œufs massés dans son intérieur, ce qui donne la certitude qu'on avait réellement affaire à la mère féconde de la communauté. Il est fâcheux que les ouvrières qui accompagnaient cette *reine* n'aient pas été exactement déterminées, ce qui eût permis de trancher définitivement la question des *Dichthadia*, mais la note où je puise ces renseignements se borne à dire que ces fourmis semblent voisines des *Anomma* sans toutefois leur être identiques. Ces vagues données justifient cependant la supposition que ces insectes pouvaient être des *Typhlopone*, dont l'aspect général se rapproche en effet beaucoup de celui des *Anomma*. N'est-il pas d'ailleurs probable que les femelles de ces deux genres doivent avoir de grands rapports de conformation, et si l'observation précédente ne nous permet pas de décider auquel doit appartenir la femelle en question, elle nous apporte au moins la certitude que les *Dichthadia* sont bien des femelles, qu'elles appartiennent soit aux *Typhlopone*, soit aux *Anomma*, et que si on veut les attribuer à ce dernier genre, il est du moins presque certain que les femelles des *Typhlopone* doivent présenter des caractères très analogues. Aussi, bien que les rares individus rencontrés jusqu'à ce jour fassent partie de la faune extraeuropéenne, je crois utile de donner plus loin les caractères et même de figurer un spécimen de ces insectes si remarquables, rappelant tout à fait le facies des femelles de Termites, et que leur privation des organes de la vision et du vol éloigne de toutes les fourmis du même sexe aujourd'hui connues. La connaissance de leurs caractères pourra engager les naturalistes à les rechercher, et si un insecte de semblable conformation était un jour rencontré dans les limites de notre faune, on pourrait le considérer, sans aucun doute, comme une femelle de *Dorylus*, puisque les *Anomma* n'habitent pas les régions tempérées.

Après ces préliminaires indispensables, je passe à l'exposé des caractères génériques :

☿ (*Typhlopone*). Tête rectangulaire, plus ou moins échancrée en arrière(fig. 2). Epistome très étroit et presque indistinct, paraissant comme un liseré transversal occupant le bord antérieur de la tête. Arêtes frontales courtes, rapprochées l'une de l'autre, se recourbant en avant pour contourner l'insertion des antennes. Aire frontale nulle. Pas d'yeux ni d'ocelles. Mandibules étroites, à bords parallèles, aiguës à l'extrémité, sans bord terminal et munies d'une ou deux dents à leur bord interne. Palpes maxillaires et labiaux de deux articles. Antennes robustes, de 11 articles, (de 12 chez quelques espèces exotiques), insérées très près du bord de la bouche ; scape court, épais, fortement élargi de la base à l'extrémité ; funicule graduellement épaissi de la base au sommet, sans massue distincte, ses articles courts, les premiers transverses, les suivants presque carrés, le dernier assez allongé et aussi long que les trois précédents réunis. Thorax en rectangle allongé, déprimé en dessus, son profil dorsal droit, non interrompu ; mesonotum invisible en dessus ; metanotum inerme. Pétiole épais, cylindro-cubique, muni en dessous d'une arête longitudinale saillante. Abdomen en ovale très allongé, plus étroit en avant qu'en arrière, son dernier segment tronqué à l'extrémité et muni de chaque côté d'une petite dent dirigée en bas (fig. 4). Pattes courtes et robustes ; cuisses assez larges en leur milieu, faiblement comprimées ; éperons pectinés.

♀ (*Dichthadia*). (fig 7). Tête convexe, divisée par un sillon médian en deux moitiés plus ou moins gibbeuses (fig. 8). Mandibules de largeur médiocre, arquées, falciformes, non dentées. Pas d'yeux ni d'ocelles. Palpes maxillaires nuls ; palpes labiaux d'un seul article. Antennes courtes (fig. 9), de 11 ou 12 articles, (probablement de 11 articles chez les espèces de notre faune). Thorax relativement court, étroit, étranglé à chacun de ses segments ; mésothorax et métathorax sans suture visible en dessus. Pas d'ailes, ni d'articulations alaires. Pétiole transverse, trapéziforme, convexe, ses angles postérieurs saillants, aigus, dentiformes. Abdomen très long, cylindrique, légèrement déprimé, ses côtés presque parallèles, son dernier segment terminé par un appendice fourchu, très saillant. Pattes courtes ; cuisses et tibias comprimés. Taille énorme relativement à celle de l'ouvrière. (D'après les descriptions de Gerstæcker basées sur deux espèces exotiques).

♂ (*Dorylus*). Tête beaucoup plus large que longue, son bord antérieur presque droit, son bord postérieur en arc convexe irrégulier (fig. 11). Epistome très petit ou indistinct. Arêtes frontales très courtes, se recourbant en avant pour contourner l'insertion des antennes. Aire frontale nulle. Yeux très grands, globuleux, occupant toute l'étendue des bords latéraux de la tête, sauf un petit espace près de l'articulation des mandibules. Ocelles gros, hémisphériques, très saillants. Mandibules arquées, falciformes, sans bord terminal et sans dents ; elles sont larges et se rétrécissent fortement jusqu'au sommet qui est en pointe mousse. Palpes maxillaires et labiaux d'un seul article. Antennes courtes, de 13 articles ; scape presque cylindrique et un peu plus épais à la base qu'à l'extrémité ; funicule atténué, ses articles vont en grandissant et en s'amincissant de la base au sommet. Thorax ovale ; pronotum très court, invisible en dessus ; mesonotum grand, peu convexe ; metanotum court, inerme. Pétiole cylindro-cubique (cupuliforme chez certaines espèces exotiques), muni en dessous d'une lame ou arête longitudinale saillante (fig. 12). Abdomen très long, cylindrique, un peu plus étroit en avant qu'en arrière. Ailes courtes, avec une cellule cubitale et une cellule discoïdale ; stigma étroit, allongé. Pattes courtes ; hanches globuleuses, trochanters et cuisses très comprimés, triangulaires ; éperons pectinés. Taille très grande, analogue à celle de la femelle.

Ce genre comprend environ 35 espèces mais qui, ayant toutes été décrites d'après un seul sexe, devront être en partie réunies quand on connaîtra mieux leur état civil. Ces insectes, dont les mœurs sont tout à fait inconnues, habitent les régions chaudes du monde entier, à l'exception de l'Australie qui ne paraît pas en avoir fourni jusqu'à ce jour.

Leurs nids, creusés souvent à de grandes profondeurs dans la terre ou le sable, renferment une quantité prodigieuse d'ouvrières dont la taille varie dans d'énormes proportions, mais dont la forme reste la même. Il semblerait résulter de l'observation de M. Fairbridge rappelée plus haut, que les femelles sont uniques dans chaque fourmilière, ce qui, joint à leur vie souterraine, expliquerait leur extrême rareté dans les collections. Quant aux mâles, ils sont bien plus abondants mais on les trouve presque toujours au dehors et ils paraissent ne rester que fort peu de temps dans l'intérieur du nid où on ne les rencontre presque jamais.

J'ai déjà dit que les individus reproducteurs des deux sexes se font remarquer par leur stature vraiment colossale, car tandis que les plus grandes ouvrières ne sont encore que des fourmis de moyenne taille et que les plus petites n'atteignent pas trois millimètres de longueur, les mâles et les femelles peuvent mesurer jusqu'à 33 millimètres et dépasser par conséquent de beaucoup la taille des plus grandes fourmis de nos régions.

Ouvrières

1 Arêtes frontales non prolongées en avant en une saillie dentiforme, mais munies en arrière, à leur partie la plus élevée, d'une forte dent ou épine en forme de crochet aigu et recourbé en dehors (fig. 5). Bord interne des mandibules armé d'une grande dent près de la pointe apicale et d'une autre plus courte vers le milieu de sa longueur. Antennes médiocrement épaisses, premiers articles du funicule pas beaucoup plus larges que longs. Tête et thorax parsemés de points fossettes très gros et peu serrés. Metanotum non ou indistinctement sillonné longitudinalement. Pétiole un peu ruguleux; abdomen finement ponctué. Corps revêtu d'une pubescence fine et peu serrée, presque invisible sur la tête. D'un jaune rougeâtre luisant; mandibules, antennes, devant de la tête et parfois la tête entière d'un brun-marron, surtout chez les grands individus dont la teinte générale est plus foncée que chez les petits. Long. 2 1/2-8^{mm}.

4. Punctatus, Smith.

Patrie : Sud de l'Afrique. Il existe au musée de Berlin des exemplaires de cette espèce décrits par Roger, sous le nom de *Typhlopone europæa* et qui auraient été trouvés par Bonelli, aux environs de Turin, mais cette provenance ne paraît pas certaine.

— Arêtes frontales inermes en arrière, mais leur bord supérieur se prolonge en avant en une dent robuste, saillante et aigüe qui est un peu plus avancée que le devant de l'épistome (fig. 3 et 6). Bord interne des mandibules muni d'une forte dent près de la pointe apicale et d'un petit tubercule dentiforme, souvent peu visible, vers le milieu de sa longueur. Antennes très épaisses; premiers articles du funicule beaucoup plus larges que longs. Corps très-finement et éparsement ponctué, les points un peu plus forts sur le pronotum. Couleur de l'espèce précédente.

2 Arêtes frontales convergeant en arrière, jusque vers la moitié de leur longueur, puis se continuant en divergeant un peu à partir de ce point, de sorte que leur longueur totale égale plus de deux fois l'espace compris entre leurs dents antérieures (fig. 3). Pubescence du corps très éparse, presque nulle sur la tête qui est très luisante. Metanotum ordinairement creusé d'un sillon longitudinal bien marqué. Long. 2 1/2-10mm.

2. **Oraniensis**, Lucas (fig. 1).

Patrie : Algérie, Tunisie, Egypte, Abyssinie, Asie-Mineure. Je n'ai jamais reçu cette espèce de France, mais d'après Dours, elle aurait été rencontrée dans nos Pyrénées (Port-Vendres).

C'est probablement l'ouvrière du *D. juvenculus* Shuck. qui habite les mêmes localités.

— Arêtes frontales ne se continuant pas au delà de leur point de convergence, de sorte que leur longueur totale n'égale pas deux fois l'espace compris entre leurs dents antérieures (fig. 6). Pubescence peu serrée, mais bien visible partout, même sur la tête. Sillon longitudinal du metanotum peu marqué. Long. 2 3/4-9mm.

3. **Clausii**, Joseph

PATRIE : Carniole, (grottes de S. Ranzian, de Corgnale et de S. Servolo).

Cette espèce, découverte dans les grottes de la Carniole par M. le docteur Gustav Joseph, de Breslau, qui a bien voulu m'en envoyer deux exemplaires, est extrêmement voisine de l'*oraniensis* dont elle ne constitue peut-être qu'une race locale, ce que je ne puis décider, d'après les seuls individus que j'ai sous les yeux. Son habitat est, en tous cas, très remarquable, car c'est la seule fourmi cavernicole qui soit encore connue, et j'ignorais sa découverte quand j'écrivais (page 51) que l'exploration des grottes n'avait, jusqu'à ce jour, révélé l'existence d'aucune fourmi vivant dans leurs profondeurs.

Femelles

Les femelles des espèces de notre faune sont encore inconnues. Les seuls individus rencontrés jusqu'à présent proviennent de Java et du Sud de l'Afrique, et c'est d'après leurs descriptions que j'ai établi plus haut les caractères génériques de ce sexe.

Mâles

1 Sillon frontal large et profond, divisant la tête en deux moitiés convexes. Mandibules falciformes, croisées, assez larges à la base, insensiblement acuminées jusqu'à l'extrémité qui se termine en pointe mousse (fig. 11). Pétiole cylindro-cubique, à peine plus large que long, un peu plus étroit que le premier segment de l'abdomen, et muni en dessous d'un appendice ou arête longitudinale en triangle arrondi (fig. 12). Entièrement d'un jaune roux avec les mandibules, les antennes et les pattes d'un rouge marron clair et la tête plus ou moins rembrunie, passant même au noir chez certains individus. Tête irrégulièrement ridée, un peu luisante, dépourvue de pubescence, mais hérissée de longs poils frisés d'un

jaune d'or, dont un flocon existe entre les antennes, au milieu du bord antérieur de l'épistome. Thorax, pétiole et abdomen (sauf le dernier segment) entièrement revêtus d'une pubescence jaune, courte, très fine et très serrée, qui donne à ces parties du corps un éclat mat et chatoyant. De longs poils frisés se voient à la base des mandibules, sur les hanches, à la face interne des cuisses antérieures et derrière l'appendice inférieur du pétiole. Le bord postérieur du metanotum et du pétiole ainsi que le dernier segment abdominal sont également pourvus d'une pilosité longue et abondante. Les mandibules, le scape des antennes et les pattes sont lisses et très-luisants ; le dernier segment de l'abdomen est aussi très luisant par suite de son défaut de pubescence. Ailes un peu teintées de jaunâtre avec les nervures brunes. Long. 28-33^{mm}

1. Juvenculus, SHUCK (fig. 10).

PATRIE : Algérie, Tunisie, Egypte, Barbarie, Asie Mineure.

C'est probablement le ♂ de l'*oraniensis* qui habite les mêmes régions, mais tous les exemplaires que j'ai vus ayant été capturés au vol, je n'ai pas la certitude de l'identité de ces deux espèces.

Shuckard a décrit, sous le nom de *glabratus*, un Dorylus qui m'est inconnu en nature (1), et que M. le général Radoszkowsky (Bibl. 177) indique comme se trouvant en Egypte. La description de Shuckard ne me permet pas d'établir ici les caractères distinctifs de cette espèce qui me parait d'ailleurs si voisine de la précédente que je ne serais pas étonné qu'elle n'en fût pas spécifiquement distincte.

— Front presque plan, sans sillon longitudinal. Thorax et pétiole revêtus, indépendamment de

(1) C'est à tort que j'ai donné le nom de *glabratus* à l'exemplaire mutilé rapporté de Syrie par M. Abeille de Perrin, (voir Bibl. 4) ; cet insecte ne se distingue pas du *juvenculus* et c'est ce dernier nom qui devra lui être restitué.

la pubescence, d'une pilosité longue et peu serrée. Tête finement et éparsement ponctuée, assez luisante. Le reste des caractères comme chez l'espèce précédente. Long. 20-21mm (D'après Mayr). 5. **Ægyptiacus**, Mayr.

Patrie : Egypte.

4me FAM. — MYRMICIDÆ

Caractères. — Pétiole composé de deux articles le plus souvent nodiformes. Pas d'ocelles chez les ouvrières des genres européens, ou tout au plus des traces à peine distinctes de ces organes chez des individus isolés. Abdomen non contracté entre son premier et son second segment. Gésier sans partie moyenne et presque toujours sans calice. Chez les ouvrières et les femelles l'aiguillon est généralement bien développé, rarement rudimentaire, mais jamais transformé. La glande à venin ne forme pas de coussinet sur le dos de la vessie, mais est conformée comme dans la tribu des *Dolichoderidæ*. Pas de glandes anales. Nymphes toujours nues.

Cette famille, considérée dans son ensemble, se divise assez naturellement en quatre tribus, savoir :

Les *Myrmeciidæ* qui se composent de trois genres, tous étrangers à l'Europe, et renfermant de grandes et belles fourmis répandues surtout dans les régions tropicales de l'Australie et de l'Amérique.

Les *Attidæ* réduites à deux genres, et comprenant des insectes généralement très épineux et jusqu'à ce jour exclusivement américains.

Les *Myrmicidæ veræ* qui comptent un nombre considérable d'espèces répandues dans toutes les parties du monde.

Enfin les *Cryptoceridæ*, à espèces plus clairsemées, mais la plupart fort curieuses par l'étrangeté de leur facies, et dont trois seulement, d'assez petite taille, font partie de la faune européenne.

Nous n'avons à nous occuper ici que des deux dernières tribus qui seules ont des représentants en Europe.

TABLEAU DES TRIBUS ET DES GENRES

(Pl. XVI)

Ouvrières

1 Pas d'ouvrière. G. 4. — **Anergates**, Forel.

— Une ouvrière. 2

2 Arêtes frontales situées à la partie supérieure de la tête et plus près de sa ligne médiane que de ses bords latéraux. Antennes composées de plus de 6 articles.
(**1re Tribu Myrmicidæ veræ**) 3

— Arêtes frontales situées aux bords latéraux de la tête ou plus près de ces bords que de la ligne médiane; elles limitent des fossettes antennaires grandes, dont la concavité n'est pas visible en dessus. Chez les espèces européennes, les antennes sont composées de 4 ou 6 articles.
(**2e Tribu Cryptoceridæ**) 24

3 Antennes de 10 articles, avec la massue très grande et composée seulement de 2 articles (fig. 8). Épistome chargé de deux arêtes latérales qui se terminent, à son bord antérieur, par deux petites dents. Yeux très petits. Metanotum inerme.
G. 18. — **Solenopsis**, Westwood.

— Antennes de 11 ou de 12 articles. 4

4 Antennes de 11 articles. 5

— Antennes de 12 articles. 11

5 Pétiole attaché à la face antéro-supérieure de l'abdomen qui est cordiforme, déprimé en dessus, convexe en dessous et acumi-

uné en arrière (fig. 1). Metanotum muni, le plus souvent, de deux dents ou de deux épines, rarement inerme. Premier article du pétiole aplati, trapéziforme. G. 19. — **Cremastogaster**, LUND.

— Pétiole attaché à l'extrémité antérieure de l'abdomen qui est ovale (fig. 2). 6

6 Deuxième article du pétiole muni en dessous d'une longue et forte épine dirigée en bas et en avant (fig. 3). Metanotum armé de deux dents ou de deux épines. 7

— Deuxième article du pétiole sans épine en dessous. 8

7 Bord terminal des mandibules denté. Epistome grand; arêtes frontales courtes. Massue des antennes de trois articles.
G. 2. — **Formicoxenus**, MAYR.

— Bord terminal des mandibules tranchant, non denté. Épistome petit; arêtes frontales s'étendant jusqu'à la partie postérieure de la tête. Massue des antennes de quatre articles.
G. 5. — **Tomognathus**, MAYR.

8 Massue des antennes de deux articles. Tête arrondie, lenticulaire, peu convexe en dessus. Pronotum et metanotum convexes; mesonotum fortement déprimé. Pas de traces de sutures en dessus entre les diverses parties du thorax. Metanotum inerme. G. 20. — **Phacota**, ROGER.

— Massue des antennes de trois ou quatre articles. Tête ovale ou quadrangulaire. 9

9 Massue des antennes de quatre articles. Yeux très grands, occupant le tiers antérieur des côtés de la tête et touchant presque l'articulation des mandibules. Thorax fortement étranglé entre le mesonotum et le metanotum; ce dernier armé de deux épines. Abdomen non tronqué à la base.
G. 16. — **Oxyopomyrmex**, ANDRÉ.

— Massue des antennes de trois articles. Yeux petits ou de grandeur ordinaire, éloignés de l'articulation des mandibules. Abdomen tronqué à la base. 10

10 Metanotum armé de deux épines. Thorax très peu interrompu entre le mesonotum et le metanotum.
G. 8. — **Leptothorax**, MAYR.

— Metanotum inerme. Thorax assez fortement étranglé entre le mesonotum et le metanotum. G. 13. — **Monomorium**, MAYR.

11 Pas d'yeux. Corps très étroit et très allongé. Funicule des antennes très épais; tous ses articles transversaux, sauf le pre-

mier et le dernier. Les deux articles du pétiole sont cylindriques, assez plans en dessus (fig. 4). Metanotum inerme.
G. 1. — **Leptanilla**, Emery.

— Des yeux toujours bien visibles. Corps moins allongé. Pétiole autrement conformé. 12

12 Mandibules très étroites, presque cylindriques, arquées, finissant en pointe, sans bord terminal et sans dents (fig 11). Tête rectangulaire, plus ou moins échancrée en arrière. Metanotum plus ou moins distinctement bidenticulé.
G. 6. — **Strongylognathus**, Mayr.

— Mandibules plus larges, aplaties, avec un bord terminal ordinairement denté. (fig. 12) 13

13 Premier article du pétiole à peu près cubique (fig. 5). Bord terminal des mandibules confusément dentelé, anguleux, de sorte que lorsque les mandibules sont fermées, il existe un espace triangulaire libre entre elles et l'épistome. Ce dernier court et chargé de deux arêtes longitudinales qui se terminent en avant par deux dents obtuses. Massue des antennes de trois articles. Thorax non étranglé en dessus; metanotum avec deux fortes épines en arrière et deux très petites dents en avant, vers son bord antérieur. G. 3. — **Myrmecina**, Curtis.

— Premier article du pétiole rétréci et cylindrique en avant, épaissi en arrière et en dessus (fig. 6). 14

14 Les trois derniers articles du funicule pris ensemble sont sensiblement plus courts que les précédents réunis (fig. 9). 15

— Les trois derniers articles du funicule pris ensemble sont aussi longs ou plus longs que les précédents réunis (fig. 10). 17

15 Epistome légèrement concave en son milieu; cette concavité de forme triangulaire, très lisse et très luisante, est limitée, de chaque côté, par une fine carène terminée en avant par une petite dent plus ou moins distincte. Aire frontale obsolète. Thorax étranglé en dessus entre le mesonotum et le metanotum; pronotum et mesonotum réunis sans traces de suture; metanotum inerme. Abdomen tronqué à sa base (fig. 13).
G. 14. — **Holcomyrmex**, Mayr.

— Epistome plan ou convexe, sans carènes latérales ni dents en avant. Aire frontale nettement empreinte. Suture entre le pronotum et le mesonotum distincte. Metanotum tantôt inerme, tantôt armé de deux dents, ou de deux épines. Abdomen non tronqué à sa base (fig. 14). 16

16 Aire frontale profonde, arrondie en arrière. Palpes maxillaires

de 4 à 5 articles; palpes labiaux de 3 articles. Thorax étranglé entre le mesonotum et le metanotum; le pronotum et le mesonotum, pris ensemble, sont plus ou moins hémisphériques et plus élevés que le metanotum. Eperons simples ou manquant. G. 15. — **Aphænogaster**, Mayr.

— Aire frontale aiguë en arrière. Palpes maxillaires de 6 articles; palpes labiaux de 4 articles. Thorax avec ou sans entaille en dessus entre le mesonotum et le metanotum, assez plan en avant de ce dernier. Cuisses claviformes; éperons pectinés. G. 11. — **Myrmica**, Latreille

17 Metanotum tout à fait inerme. Thorax fortement étranglé en dessus entre le mesonotum et le metanotum; pronotum et mesonotum réunis sans trace de suture. Epistome sillonné longitudinalement en son milieu; son bord antérieur proéminent et avancé au-dessus des mandibules qui sont assez étroites. Tête paraissant comme tronquée en avant. Massue des antennes de trois articles dont le dernier est plus long que les deux précédents réunis. Abdomen tronqué à la base. G. 13. — **Monomorium**, Mayr.

— Metanotum armé de deux dents ou de deux épines (Chez le *Tetramorium cœspitum* var. *inerme*, il n'est muni que de deux petits tubercules peu visibles, mais les mandibules larges, les épaules anguleuses et le thorax à peine interrompu distinguent facilement cette espèce de celles du genre précédent.) 18

18 Tête énorme, courte, plus de deux fois aussi large que le thorax; sillon frontal très profond, traversant le vertex et s'étendant jusqu'au trou occipital, de sorte qu'il divise le derrière de la tête en deux lobes convexes. Mandibules larges, leur bord terminal tranchant, inerme ou armé seulement de deux dents en avant. Thorax profondément étranglé entre le mesonotum et le metanotum. G. 17. — **Pheidole**, Westwood, ♃.

— Tête de grandeur normale, non profondément entaillée ni divisée en deux lobes en arrière. 19

19 Deuxième article du pétiole très-grand, déprimé, plus ou moins transversal ou cordiforme, plus de deux fois aussi large que le nœud du premier article (fig. 7). Dernier article du funicule plus long que les trois précédents réunis. Thorax étranglé entre le mesonotum et le metanotum. G. 12. — **Cardiocondyla**, Emery.

— Deuxième article du pétiole de grandeur normale, plus ou moins nodiforme et moins de deux fois aussi large que le nœud du premier article. 20

20 Funicule des antennes s'épaississant graduellement de la base

à l'extrémité, sans former de massue limitée; son premier article est deux fois aussi long que large, les autres, d'abord très courts, s'allongent insensiblement. Yeux très petits. Mandibules larges, armées de 8 à 9 dents. Aire frontale étroite et profonde, sans limite du côté de l'épistome avec lequel elle forme un angle obtus. Thorax un peu étranglé entre le mesonotum et le metanotum; dents de ce dernier très larges à la base, triangulaires, terminées en pointe fine. Premier article du pétiole avec une partie antérieure cylindrique au moins aussi longue que sa partie postérieure nodiforme. Abdomen non tronqué à la base. G. 10. — **Stenamma**, Westwood.

— Antennes avec une massue bien distincte, de trois articles. Yeux de grandeur moyenne. 21

21 Thorax fortement étranglé entre le mesonotum et le metanotum. 22

— Thorax peu ou pas étranglé entre le mesonotum et le metanotum. 23

22 Mandibules très larges; leur bord terminal au moins aussi long que leur bord interne et muni de 8 à 10 petites dents. Aire frontale petite, mais bien limitée. Massue des antennes de 3 articles dont le premier est plus de deux fois aussi long que le précédent; le dernier article n'est pas deux fois aussi long que l'avant dernier. Cuisses ayant leur plus grande largeur vers leur milieu, se rétrécissant graduellement de là aux deux extrémités, sans parties basale et apicale cylindriques.

G. 17. — **Pheidole**, Westwood, ☿

— Mandibules de largeur ordinaire; leur bord terminal moins long que leur bord interne et muni de 5 dents. Aire frontale grande, profonde, mais mal limitée. Massue des antennes grêle, de 3 articles, dont le premier n'est pas deux fois long comme le précédent; le dernier article est plus de deux fois aussi long que l'avant dernier. Cuisses claviformes en leur milieu, cylindriques aux deux extrémités. G. 9. — **Temnothorax**, Mayr.

23 Bord postéro-latéral de l'épistome contourné et relevé entre les arêtes frontales et l'articulation des mandibules, formant une arête saillante qui limite antérieurement les fossettes antennaires. Thorax court, haut, légèrement impressionné entre le mesonotum et le metanotum; pronotum avec les épaules anguleuses et bien marquées, (fig. 15); metanotum armé de deux dents généralement courtes et pouvant même être réduites à un petit tubercule à peine distinct. Eperons simples. Poils du corps filiformes, finissant en pointe. G. 7. — **Tetramorium**, Mayr.

— Bord postérieur de l'épistome non contourné ni relevé. Thorax

plus allongé, plus de deux fois aussi long que haut, peu ou pas interrompu entre le mesonotum et le metanotum ; pronotum avec les épaules arrondies, non anguleuses (fig. 16), sauf chez une seule espèce (*angulatus*) où elles sont marquées comme dans le genre précédent. Metanotum armé de deux dents ou de deux épines souvent assez longues. Pas d'éperons aux pattes intermédiaires et postérieures. Poils du corps courts, barbelés, claviformes ou tronqués à l'extrémité (fig. 17).
G. 8. — **Leptothorax**, MAYR.

24 Antennes de 6 articles. Mandibules larges, triangulaires, pourvues d'un bord terminal denté. Labre court, de conformation ordinaire. Metanotum non denté en arrière.
G. 21. — **Strumigenys**, SMITH.

— Antennes de 4 articles. Mandibules étroites, proéminentes, sans bord terminal, et dentées le long de leur bord interne. Labre long, acuminé, s'avançant entre les mandibules en forme de rostre. Metanotum bidenté en arrière. G. 22. — **Epitritus**, EMERY.

Femelles

1 Arêtes frontales situées à la partie supérieure de la tête et plus près de sa ligne médiane que de ses bords latéraux. Antennes de 11 ou 12 articles. (1re Tribu. **Myrmicidæ veræ**) 2

— Arêtes frontales situées aux bords latéraux de la tête ou plus près de ces bords que de la ligne médiane ; elles limitent des fossettes antennaires grandes, dont la concavité n'est pas visible en dessus (2e Tribu. **Cryptoceridæ**). Antennes de 4 articles. Labre long, acuminé, s'avançant entre les mandibules en forme de rostre. Mandibules étroites, proéminentes, sans bord terminal, et dentées le long de leur bord interne.
G. 22. — **Epitritus**, EMERY.

2 Pétiole attaché à la face antéro-supérieure de l'abdomen qui est cordiforme, déprimé en dessus, convexe en dessous et acuminé en arrière. Metanotum muni, le plus souvent, de deux dents ou de deux épines, rarement inerme. Antennes de 11 articles. Ailes avec une cellule cubitale et une cellule discoïdale ; la nervure transverse s'unit au rameau cubital externe.
(G. 19). — **Cremastogaster**, LUND.

— Pétiole attaché à l'extrémité antérieure de l'abdomen qui est ovale. 3

3 Premier article du pétiole à peu près cubique. Epistome court, chargé de deux arêtes longitudinales qui se terminent en avant par deux dents obtuses. Antennes de 12 articles. Metanotum muni en arrière de deux fortes épines. Ailes avec une cellule cubitale; la nervure transverse s'unit au rameau cubitale externe; la nervure humérale, au lieu de se confondre avec la nervure marginale après le stigma, revient s'unir au rameau cubital externe. G. 3. — **Myrmecina**, Curtis.

— Premier article du pétiole non cubique. La nervure humérale se confond avec la nervure marginale après le stigma. 4

4 Premier article du pétiole épais, plus large que long, arrondi en dessus; second article transversal, en forme de calotte hémisphérique, embrassant l'abdomen par sa concavité (fig. 18). Antennes de 11 articles. Ailes avec une cellule cubitale, sans cellule discoïdale. Metanotum muni, en arrière, de deux forts tubercules. Pas d'éperons aux pattes intermédiaires et postérieures. G. 4. — **Anergates**, Forel.

— Premier article du pétiole rétréci et cylindrique en avant, épaissi en arrière et en dessus. 5

5 Mandibules très étroites, presque cylindriques, arquées, finissant en pointe, sans bord terminal et sans dents. Tête rectangulaire, plus ou moins échancrée en arrière. Antennes de 12 articles. Ailes avec une cellule cubitale; la nervure transverse s'unit à la nervure cubitale à son point de partage. G. 6. — **Strongylognathus**, Mayr.

— Mandibules plus larges, aplaties, avec un bord terminal ordinairement denté. 6

6 Antennes de 11 articles; massue très grande, de deux articles. Épistome chargé de deux arêtes longitudinales. Metanotum inerme. Ailes avec une cellule cubitale; la nervure transverse s'unit au rameau cubital externe. G. 18. — **Solenopsis**, Westwood.

— Antennes de 11 ou de 12 articles, avec la massue de plus de deux articles ou sans massue distincte. 7

7 Mandibules larges, leur bord terminal tranchant, non denté, ou armé seulement de deux dents en avant. Sillon frontal s'étendant jusqu'au trou occipital. Antennes de 12 articles avec une massue de 3 articles aussi longue que la moitié du funicule. Thorax large, bas, déprimé en dessus; métanotum bi-

denté. Deuxième article du pétiole transversal, élargi sur les côtés en forme de tubercules coniques. Ailes avec deux cellules cubitales. G. 17. — **Pheidole**, WESTWOOD.

— Bord terminal des mandibules pluridenté. 8

8 Deuxième article du pétiole muni, en dessous, d'une forte épine dirigée en bas et en avant. Antennes de 11 articles. Ailes avec une cellule cubitale et une cellule discoïdale; la nervure transverse s'unit à la nervure cubitale à son point de partage.. G. 2. — **Formicoxenus**, MAYR.

— Deuxième article du pétiole sans épine en dessous. 9

9 Deuxième article du pétiole très grand, déprimé, plus ou moins transversal ou cordiforme, plus de deux fois aussi large que le nœud du premier article. Antennes de 12 articles. Metanotum armé de deux fortes épines. Ailes avec une nervulation incomplète; nervure cubitale courte, non divisée; cellule cubitale petite; cellule radiale à peine indiquée. G. 12. — **Cardiocondyla**, EMERY.

— Deuxième article du pétiole de grandeur normale, plus ou moins nodiforme et moins de deux fois aussi large que le nœud du premier article. 10

10 Ailes avec deux cellules cubitales (1). Aire frontale arrondie en arrière. Antennes de 12 articles. Éperons simples ou manquant. G. 15. — **Aphænogaster**, MAYR.

— Ailes avec une seule cellule cubitale. 11

11 Ailes avec une cellule cubitale à demi divisée. Aire frontale aiguë en arrière. Éperons pectinés. G. 11. — **Myrmica**, LATREILLE.

— Ailes avec une cellule cubitale non divisée, la nervure transverse s'unit à la nervure cubitale à son point de partage. Éperons simples ou manquant. 12

12 Bord postéro-latéral de l'épistome contourné et relevé entre les arêtes frontales et l'articulation des mandibules, formant une arête saillante qui limite antérieurement les fossettes anten-

(1) Toutes les femelles connues des espèces comprises dans ce travail ont deux cellules cubitales, mais il est probable que la ♀ de l'*A. raphidiiceps*, qui est encore inconnue, n'a qu'une seule cellule cubitale, car cette espèce appartient à l'ancien genre *Ischnomyrmex* Mayr, dont la seule femelle connue (*longiceps* Smith) ne présente qu'une seule cellule cubitale. Toutefois la nervure transverse, s'unissant au rameau cubital externe, la distinguera des genres suivants où la nervure transverse s'unit à la nervure cubitale à son point de partage.

naires. Antennes de 12 articles. Second nœud du pétiole fortement transversal, à peu près deux fois aussi large que long. Thorax déprimé en dessus; metanotum bidenté. Stature courte et robuste. Taille souvent très grande relativement à celle de l'ouvrière. G. 7. — **Tetramorium**, Mayr.

— Bord postérieur de l'épistome non relevé. Second nœud du pétiole moins de deux fois aussi large que long. Taille plus élancée. 13

13 Metanotum tout-à-fait inerme. Antennes de 11 ou 12 articles. Devant de l'épistome (vu de côté) proéminent et surplombant la base des mandibules. Thorax étroit et allongé, à peu près aussi haut que large. G. 13. — **Monomorium**, Mayr.

— Metanotum muni de deux dents ou de deux épines. 14

14 Antennes de 12 articles; funicule s'épaississant graduellement de la base à l'extrémité, sans former de massue distincte. Aire frontale étroite, allongée, formant un angle obtus avec l'épistome qui est chargé en son milieu de deux arêtes longitudinales. Mandibules larges, armées de 8 à 9 dents. Metanotum armé de deux dents courtes, larges à la base, aiguës à l'extrémité. Premier article du pétiole allongé, cylindrique sur sa première moitié, nodiforme en arrière.
G. 10. — **Stenamma**, Westwood.

— Antennes avec une massue bien distincte, de 3 articles. Premier article du pétiole plus court, commençant à se dilater avant la moitié de sa longueur. 15

15 Antennes de 12 articles; massue du funicule grêle et allongée, ses trois articles notablement plus longs que larges, le dernier à peine plus long que les deux précédents réunis. Stigma et nervures d'un brunâtre foncé. Pattes grêles; cuisses claviformes en leur milieu. Poils du corps filiformes, assez longs, finissant en pointe. G. 9. — **Temnothorax**, Mayr.

— Antennes de 11 ou 12 articles; massue du funicule plus robuste; ses deux premiers articles faiblement plus longs que larges, le dernier visiblement plus long que les deux précédents réunis. Stigma et nervures pâles. Pattes plus courtes; cuisses moins renflées au milieu. Poils du corps courts, barbelés, claviformes ou tronqués à l'extrémité.
G. 8. — **Leptothorax**, Mayr.

Les femelles des genres **Leptanilla** Mayr, **Tomognathus** Mayr, **Holcomyrmex** Mayr, **Oxyopomyrmex** André, **Phacota** Roger et **Strumigenys**, Smith, ne sont pas connues.

Mâles

1 Pas d'ailes. Mandibules non dentées, arrondies à l'extrémité. Antennes de 11 articles. Mesonotum sans lignes convergentes; metanotum inerme. Les deux articles du pétiole très larges, ressemblant à des segments abdominaux. (fig. 19). Abdomen grand, recourbé en dessous. G. 4. — **Anergates**, Forel.

— Des ailes. 2

2 Antennes de 10 articles; second article du funicule aussi long ou plus long que les deux suivants réunis (fig. 20). Mesonotum pourvu, en dessus, de deux sillons convergents, se réunissant vers son milieu pour se continuer en ligne droite jusqu'au scutellum. Ailes avec une seule cellule cubitale; la nervure transverse s'unit à la nervure cubitale à son point de partage. 3

— Antennes de plus de 10 articles. 4

3 Mandibules aplaties, triangulaires, munies d'un bord terminal denté. Metanotum inerme ou bidenté.
G. 7. — **Tetramorium**, Mayr.

— Mandibules très étroites, cylindriques, aiguës à l'extrémité, sans bord terminal et sans dents. Metanotum avec deux denticules souvent peu distincts. G. 6. — **Strongylognathus**, Mayr.

4 Ailes avec deux cellules cubitales. 5

— Ailes avec une seule cellule cubitale simple ou à demi divisée et parfois peu distincte. 6

5 Premier article du funicule sphérique, les autres cylindriques (fig. 21). Thorax large, bas, déprimé en dessus.
G. 17. — **Pheidole**, Westwood.

— Premier article du funicule cylindrique comme les suivants (fig. 22). Thorax plus élevé et plus convexe.
G. 15. — **Aphænogaster**, Mayr.

6 Mandibules étroites, aiguës à l'extrémité, sans bord terminal et

sans dents(fig 23). Antennes de 13 articles; scape plus court que les deux premiers articles du funicule réunis. Metanotum inerme ou indistinctement denticulé. Second article du pétiole transversal, déprimé en dessus, à peu près deux fois aussi large que le nœud du premier article. Ailes avec une cellule cubitale souvent peu distincte; stigma aussi rapproché de la base de l'aile que de son extrémité; la nervure transverse s'unit au rameau cubital externe. Pas d'éperons aux quatre pattes postérieures. G. 22. — **Epitritus,** EMERY.

— Mandibules munies d'un bord terminal simple ou denté. 7

7 Pétiole attaché à la face antéro-supérieure de l'abdomen qui est un peu cordiforme, plus convexe en dessous qu'en dessus et acuminé à l'extrémité. Antennes de 11 ou 12 articles; scape très court, seulement un peu plus long que le premier article du funicule qui est sphérique. Mesonotum sans lignes convergentes ou n'en présentant que de faibles traces; metanotum inerme. Ailes avec une cellule cubitale quelquefois peu visible; la nervure transverse s'unit au rameau cubital externe. G. 19. — **Cremastogaster,** LUND.

— Pétiole attaché à l'extrémité antérieure de l'abdomen qui est, le plus souvent, ovale. 8

8 Ailes avec une cellule cubitale à demi divisée. Antennes de 13 articles; premier article du funicule plus court que le second. Mesonotum avec deux sillons convergents; metanotum inerme, bituberculeux ou bidenté. Tous les éperons pectinés. G. 11. — **Myrmica,** LATR.

— Ailes avec une cellule cubitale non divisée. 9

9 La nervure transverse s'unit au rameau cubital externe 10

— La nervure transverse s'unit à la nervure cubitale à son point de partage, ou bien la nervure cubitale est simple, non divisée. 11

10 Antennes de 13 articles; premier article du funicule cylindrique. Mandibules assez étroites, tridentées, cachées sous le labre. Mesonotum avec deux sillons convergents; metanotum bidenté. La nervure humérale, au lieu de se confondre avec la nervure marginale après le stigma, revient s'unir au rameau cubital externe. G. 3. — **Myrmecina,** CURTIS.

— Antennes de 12 articles; premier article du funicule globuleux. Mesonotum sans sillons convergents; metanotum inerme. La nervure humérale se confond avec la nervure marginale après le stigma. G. 18. — **Solenopsis,** WESTW.

11 Scape plus long que les trois premiers articles du funicule réunis. Antennes de 13 articles. **12**

— Scape pas plus long ou même plus court que les trois premiers articles du funicule réunis. **13**

12 Scape de la longueur des 4 ou 5 premiers articles du funicule réunis; premier article du funicule assez épais; massue robuste, de 4 articles. Aire frontale indistincte. Mesonotum avec deux lignes convergentes qui s'effacent avant leur réunion et ne se continuent pas jusqu'au scutellum; metanotum muni de deux tubercules ou peut-être (*Rogeri?*) de deux dents. Second nœud du pétiole de grandeur normale. La nervure cubitale se divise, comme d'ordinaire, en deux rameaux.

G. 9. — **Temnothorax,** Mayr.

— Scape de la longueur des 7 ou 8 premiers articles du funicule qui s'épaissit légèrement à l'extrémité sans former de massue bien limitée. Aire frontale nettement empreinte. Mesonotum sans sillons convergents; metanotum armé de deux épines. Second nœud du pétiole très grand, bas, beaucoup plus large que le nœud du premier article. Nervure cubitale simple, non divisée. G. 12. — **Cardiocondyla,** Emery.

13 Mesonotum sans sillons convergents. Aire frontale triangulaire. Funicule le plus souvent atténué à l'extrémité, rarement un peu épaissi au sommet, sans massue distincte. Metanotum inerme ou parfois muni de deux légers tubercules.

G. 13. — **Monomorium,** Mayr.

— Mesonotum avec deux sillons convergents, parfois superficiels mais toujours visibles. Funicule avec ou sans massue limitée, mais jamais atténué et toujours plus épais à l'extrémité qu'à la base. Metanotum muni de deux dents ou de deux tubercules dentiformes. **14**

14 Aire frontale linéaire, étroite et profonde. Antennes de 13 articles, sans massue distincte. Premier article du pétiole allongé, longuement cylindrique en avant (fig. 24).

G. 10. — **Stenamma,** Westw.

— Aire frontale mal limitée ou nulle. Antennes tantôt de 12 articles et sans massue distincte, mais avec le second article du funicule plus long que le scape, tantôt de 13 articles avec une massue de quatre articles. Premier article du pétiole peu allongé (fig. 25). G. 8. — **Leptothorax,** Mayr.

Les mâles des genres **Leptanilla** Mayr, **Formicoxenus** Mayr, **Tomognathus** Mayr, **Holcomyrmex** Mayr, **Oxyopomyrmex** André, **Phacota** Roger et **Strumigenys** Smith, sont encore inconnus.

1re Tribu. — Myrmicidæ veræ

Caractères. — Arêtes frontales situées à la partie supérieure de la tête et plus près de sa ligne médiane que de ses bords latéraux. Les fossettes antennaires sont généralement courtes, peu profondes, et leur concavité est visible quand l'insecte est examiné en dessus. Les antennes qui, chez nos espèces européennes n'ont jamais moins de 10 articles, sont toujours libres et terminées le plus souvent par une massue plus ou moins distincte.

Cette tribu comprend 36 genres dont 20 seulement font partie de notre faune.

1er GENRE. — LEPTANILLA, Emery.

λεπτός grêle, ἀνίλλω je déroule ?

(Pl. XVII)

☿ Tête très allongée, à côtés subparallèles, largement échancrée en arrière. Epistome très petit. Aire frontale indistincte. Arêtes frontales très courtes. Mandibules étroites, légèrement arquées, acuminées à l'extrémité et munies de 4 petites dents. Pas d'yeux. Antennes robustes, insérées très près de la bouche et peu éloignées l'une de l'autre, de 12 articles ; scape claviforme, beaucoup moins long que la tête ; les articles du funicule courtement transverses, à l'exception du premier et du dernier (fig. 2). Thorax allongé, non étranglé ; mesonotum invisible en dessus. Pétiole à articles cylindriques, un peu déprimés en dessus, le premier plus long et un peu plus étroit que le second. Abdomen allongé ; son premier segment formant à peu près la moitié de sa longueur. Pattes robustes, assez courtes ; éperons pectinés.

♀ et ♂ Inconnus.

Ce genre, très voisin des Dorylides, parmi lesquels son auteur l'avait primitivement placé, ne comprend qu'une très petite espèce dont les mœurs sont inconnues.

Ouvrière

Entièrement d'un jaune clair ; lisse, luisante et revêtue d'une pubescence blanchâtre, fine et peu serrée. Long. 1mm. 1. **Revelièrii**, Emery (fig. 1).

Patrie : Corse.

Cette espèce est l'une des plus petites, sinon la plus petite de toutes les fourmis connues. Elle a une vie extrêmement souterraine et a été trouvée sous de grosses pierres profondément enfoncées dans le sol.

M. Emery signale un individu de taille plus grande (2mm), avec le thorax plus large, le mesonotum découvert, et le second article du pétiole presque réuni à l'abdomen. Il faut probablement le rattacher à ces intermédiaires entre les ouvrières et les femelles qui ont été observés chez un certain nombre d'espèces (Voir ci-dessus, page 23).

Femelle

Inconnue.

Mâle

Inconnu.

2e GENRE. — FORMICOXENUS, Mayr.

(*Stenamma*, auctorum nec Westw.)

Formica, nom de genre ; ξένος, hôte

(Pl. XVII)

☿ Tête ovale. Epistome grand, triangulaire, peu convexe. Arêtes frontales courtes, parallèles, assez distantes l'une de l'autre. Aire frontale presque indistincte. Mandibules assez étroites, à peine élargies à l'extrémité, dentées à leur bord terminal. Palpes maxillaires de 4 articles ; palpes labiaux de 3 articles. Antennes de 11 articles ; scape n'atteignant pas le derrière de la tête ; funicule robuste, ses articles 2 et suivants transverses, les trois derniers formant une massue épaisse, dont le dernier article est notablement plus long que les deux précédents réunis (fig. 5). Yeux de grandeur moyenne, situés vers le milieu des bords latéraux de la tête. Chez quelques individus on aperçoit des traces d'ocelles. Thorax assez plan en dessus ; transversalement mais peu profondément sillonné entre le mesonotum et le metanotum ; ce dernier armé de deux dents robustes, dirigées en arrière. Premier article du pétiole court, sans partie cylindrique en avant, épaissi en dessus en forme de nœud anguleux ; second article nodiforme, armé en dessous d'une forte épine dirigée en bas et un peu en avant (fig. 6). Abdomen ovale, recouvert presque en entier par son premier segment.

♀ Caractères de l'ouvrière. Thorax étroit ; metanotum bidenté. Pétiole conformé comme chez l'ouvrière, mais son premier article est encore plus court et plus épais en avant. Ailes avec une cellule cubitale et une cellule discoïdale ; la nervure transverse s'unit à la nervure cubitale à son point de partage. Taille à peine supérieure à celle de l'ouvrière.

♂ Inconnu.

L'insecte qui, à lui seul, constitue ce genre, est décrit par tous les auteurs modernes sous le nom de *Stenamma Westwoodi* Westw., par suite d'une confusion que je vais tâcher d'expliquer.

En 1840, Westwood (234) figura assez exactement et décrivit, d'une façon sommaire mais parfaitement reconnaissable, sous le nom de *Stenamma Westwoodi*, Stephens (in litt.), une petite Myrmicide dont le mâle seul lui était connu. Ce même insecte fut décrit à nouveau, et d'une manière plus complète, par Foerster (55) en 1850, sous le nom de *Myrmica debilis*. Plus tard, en 1852, Schenck (199), sans rappeler la description originale de Westwood, donna la *Myrmica debilis* Foerst. comme mâle à une fourmi dont l'ouvrière et la femelle avaient été publiées par Nylander, en 1846 et 1848 (166 et 167), sous le nom de *Myrmica nitidula*, et dont Foerster avait décrit à nouveau la femelle en 1850 (55), sous la dénomination de *Myrmica læviuscula*. En 1855 Mayr (139) fonda sur la *Myrmica nitidula*, qui vit exclusivement dans les nids des *Formica rufa* et *pratensis*, son genre *Formicoxenus*, et, en 1856, Nylander (170) fit observer que le mâle n'était autre que la *Stenamma Westwoodi* de Westwood. Depuis lors tous les auteurs, Smith, Mayr, Forel, Saunders, etc., restituèrent à cette fourmi son nom primitif de *Stenamma Westwoodi*, et c'est ainsi que la jolie petite commensale de la *F. rufa* est aujourd'hui encore en possession de ce nom usurpé.

N'ayant eu moi-même, pendant longtemps, que l'ouvrière et la femelle de cet insecte, je les avais placées dans ma collection avec cette même étiquette, et je restais plein de confiance en la décision de mes devanciers. Mais, dans ces derniers temps, il me tomba entre les mains un mâle pris au vol et que je déterminai facilement, d'après Mayr et Forel, comme étant celui de la *Stenamma Westwoodi*. Toutefois l'absence totale de rapports entre la structure de ce mâle et celle de ses prétendues ☿ et ♀ ne me satisfaisait pas et je lui trouvais, au contraire, une frappante analogie avec une autre fourmi appartenant à un genre bien différent, la *Myrmica lippula* Nyl., sur laquelle Mayr avait fondé son genre *Asemorhoptrum*. Le mâle de ce dernier genre n'étant décrit nulle part, je ne pouvais m'assurer de la vérité et changer en certitude mes graves présomptions. Je savais que M. von Hagens avait capturé le véritable mâle de l'*Asemorhoptrum* en compagnie de ses ouvrières, et je me décidai à recourir à ce naturaliste distingué pour avoir des renseignements positifs sur l'état civil de cet insecte. M. von Hagens me répondit très courtoisement et eut de plus l'obligeance de m'envoyer en communication l'exemplaire même qu'il avait recueilli avec les neutres. Son examen confirma pleinement mon opinion préconçue et il est maintenant tout à fait hors de doute que le mâle décrit par Westwood appartient à l'*Asemorhoptrum lippulum*, et qu'en conséquence, le nom de *Stenamma Westwoodi* ayant la priorité, celui d'*Asemorhoptrum lippulum* doit passer en synonymie.

Quant à l'insecte connu à tort aujourd'hui sous le nom de *Stenamma Westwoodi*, il doit reprendre celui de *Formicoxenus nitidulus*, sous lequel il a été décrit pour la première fois, comme je l'ai indiqué plus haut.

Le mâle du *Formicoxenus* est encore à découvrir, et, bien que tout récemment, en 1880, Sir Edward Saunders (195) ait décrit les mâles des deux genres (*Stenamma* et *Formicoxenus*), j'ai pu, grâce à l'obligeance des possesseurs des types qui ont servi à ces descriptions, me convaincre que ces mâles sont les mêmes et se rapportent tous deux à la *Stenamma Westwoodi* (ancien *Asemorhoptrum*). Le véritable mâle du *Formicoxenus* doit être, d'ailleurs, très différent du précédent, car les ouvrières et les femelles de ces deux genres n'ont absolument aucun rapport entre elles.

Ce qui a pu produire la confusion que je viens d'essayer de dissiper, c'est probablement ce fait que, si les *Formicoxenus* vivent constamment dans les fourmilières de *Formica rufa* et *pratensis*, les *Stenamma* (*Asemorhoptrum*) s'y rencontrent aussi fort souvent, comme l'ont constaté Smith, Schenck, von Hagens et d'autres. Il est donc supposable que Schenck qui, le premier, a opéré l'assimilation erronée, aura eu entre les mains un mâle trouvé dans une fourmilière de *F. rufa* avec des ouvrières de *Formicoxenus*, et que cette similitude d'habitat l'aura fait conclure à l'unité spécifique des sexes rencontrés ainsi dans les mêmes conditions.

Ouvrière

Variant du jaune rougeâtre au brun rouge, avec l'abdomen presque en entier d'un brun noir. Pubescence et pilosité presque nulles. Corps lisse et très luisant. Long. 2 1/2-3 1/3mm.

1. Nitidulus, Nyl. (Fig. 3)

Patrie : Europe septentrionale et centrale.

Cette espèce vit exclusivement dans les nids des *Formica rufa* et *pratensis*, mais on ignore la nature des rapports qu'elle peut avoir avec ses hôtes. Tout ce qu'on sait, c'est que ces derniers la tolèrent au milieu d'eux et paraissent la considérer comme un animal domestique auquel ils font à peine attention. On a aussi constaté que lors des migrations des *F. rufa* et *pratensis*, les *Formicoxenus* savent les suivre dans leur nouvelle demeure.

Les allures de cette fourmi sont vives, sa démarche est rapide et ses sociétés paraissent peu populeuses.

Femelle

Variant du jaune rougeâtre au brun rouge, avec le dessus de la tête et du thorax, ainsi qu'une partie de ses flancs et la presque totalité de l'abdomen d'un brun noir. Pubescence et pilosité presque nulles. Tout le corps lisse et très luisant. Long. 3-3 1/2mm. **1. Nitidulus**, Nyl. (Fig. 4)

Mâle

Inconnu.

3e GENRE. — MYRMECINA, Curtis.

μύρμηξ, ηκος, fourmi

(Pl. XVII)

♀ Tête quadrangulaire, avec les angles postérieurs arrondis. Epistome court, triangulaire, chargé, de chaque côté, d'une arête longitudinale qui se termine à son bord antérieur par une dent obtuse. Arêtes frontales courtes, divergentes en arrière. Aire frontale peu distincte. Mandibules larges, très confusément dentelées à leur bord terminal qui est anguleux, de sorte que, lorsque les mandibules sont fermées, il se forme entre elles et l'épistome un vide triangulaire. Palpes maxillaires de 4 articles ; palpes labiaux de 3 articles. Antennes de 12 articles ; scape brusquement arqué à sa base ; premier article du funicule plus large et un peu plus long que les suivants ; les articles 2 à 8 très courts, deux fois aussi larges que longs, les trois derniers formant une massue dont le dernier article est plus long que les deux précédents réunis (fig. 10). Yeux petits et situés en avant du milieu de la tête. Thorax très court, arqué d'avant en arrière, non interrompu en dessus, beaucoup plus large en avant qu'en arrière ; pronotum avec les épaules assez anguleuses ; metanotum armé en arrière de deux fortes épines aiguës et muni, en outre, de deux petites dents en avant vers son bord antérieur. Premier article du pétiole épais, à peu près cubique, obliquement tronqué en avant, mais sans partie antérieure rétrécie ; second article nodiforme, en carré un peu transverse, muni en dessous d'un petit denticule dirigé en avant (fig. 11). Abdomen ovale, tronqué à la base, recouvert presque en entier par son premier segment. Pattes courtes et robustes.

♀ Tête comme chez l'ouvrière, sauf la grandeur des yeux et la présence des ocelles. Thorax court ; metanotum descendant presque verticalement derrière le scutellum, de sorte qu'il compte à peine dans la longueur du thorax ; il est armé de fortes et longues épines en arrière, mais ne présente pas de dents à son bord antérieur. Pétiole et abdomen comme chez l'ouvrière. Ailes avec une cellule cubitale, sans cellule discoïdale ; la nervure transverse s'unit au rameau cubital externe ; la nervure humérale, au lieu de se confondre avec la nervure marginale après le stigma, se recourbe et vient rejoindre le rameau cubital externe. Taille peu supérieure à celle de l'ouvrière.

♂ Tête large, courte, rétrécie en arrière. Mandibules tridentées, étroites, cachées sous le labre. Epistome large, convexe, ni caréné ni denté. Antennes de 13 articles ; scape un peu plus court que les deux premiers articles du funicule ; funicule filiforme, à peine épaissi vers l'extrémité ; son premier article est le plus court, les suivants sont subégaux et un peu plus longs que larges, le dernier est plus long que les deux précédents réunis (fig. 12). Mesonotum muni de deux lignes convergentes enfoncées ; metanotum bidenté en arrière. Premier article du pétiole conformé comme chez les autres sexes ; le second article est un peu plus long que large. Ailes comme chez la femelle. Taille de l'ouvrière.

Ce genre ne comprend que deux espèces dont l'une est originaire de l'Inde et dont l'autre est européenne.

Ouvrière

— Noire, hérissée de poils abondants ; devant de la tête, mandibules, antennes, face déclive du metanotum, dessous du pétiole et souvent l'extrémité de l'abdomen, d'un rouge un peu brunâtre ou jaunâtre. Tête et thorax longitudinalement et grossièrement ridés ; pétiole avec des rides irrégulières moins accentuées ; abdomen lisse et luisant. Long. 2 3/4-3 1/3mm.

1. **Latreillei**, Curtis. (fig. 7)

Patrie : Europe centrale et méridionale, Amérique du Nord.

J'ai reçu de Sicile une variété remarquable à laquelle je donnerai le nom de **sicula**. Elle a la tête, le thorax, le pétiole et les pattes entièrement d'un rouge brunâtre uniforme ; l'abdomen est noir avec le sommet rougeâtre. La tête est longitudinalement mais superficiellement ridée ; le thorax est presque lisse et très luisant en dessus, longitudinalement ridé sur les côtés ; le pétiole est légèrement rugueux. La pilosité du corps est moins abondante et plus oblique que chez la forme typique.

La *M. Latreillei* vit en petites communautés dans des nids souterrains établis dans les bois, les lieux ombragés et cachés sous la mousse, les feuilles sèches, les pierres, dans les interstices des murailles ou au pied des arbres. Ses cases et ses galeries sont petites et très resserrées ; l'ensemble de son habitation n'a guère plus de 5 centimètres de diamètre et ne communique avec aucun canal souterrain.

C'est une fourmi à allures très lentes et dont la timidité est exemplaire. Dès qu'elle se croit inquiétée, elle se roule en boule, repliant ses pattes et ses antennes, et se laisse tomber à terre où elle reste immobile jusqu'à ce que le danger soit passé. La dureté de ses téguments la protége efficacement contre ses ennemis, et elle n'a à peu près rien à craindre des attaques d'autres fourmis plus belliqueuses. On ignore presque complètement son genre de vie et on ne sait pas si elle recherche les pucerons. Elle émet une légère odeur, un peu framboisée, mais difficile à percevoir sur des individus isolés.

Les sexes ailés s'accouplent en août et septembre.

Femelle

Couleur de l'ouvrière, mais le pronotum, les côtés du thorax et les bords du mesonotum sont presque toujours rougeâtres. Tête, thorax et pétiole ridés ; mesonotum strié-rugueux longitudinalement, souvent lisse et luisant sur son disque. Ailes fortement enfumées de noirâtre. Long. 3 1/3-4mm. 1. **Latreillei**, Curtis (fig. 8).

La femelle de la Var. **sicula** ne m'est pas connue.

Mâle

Noir, très luisant, presque lisse ; bouche jaune, antennes et pattes brunes. Pilosité longue et médiocrement abondante. Ailes fortement enfumées de noirâtre. Long. 3-3 2/3mm. 1. **Latreillei**, Curtis (fig. 9).

Je ne connais pas le mâle de la Var. **sicula**.

4e GENRE. — ANERGATES, Forel

α, sans ; ἐργάτης, ouvrier

(Pl. XVIII)

☿ Pas d'ouvrière.

♀ Tête presque carrée, fortement échancrée en arrière. Epistome triangulaire, profondément excavé sur toute la longueur de sa partie médiane, largement échancré à son bord antérieur. Arêtes frontales courtes, élevées, presque parallèles. Aire frontale grande, triangulaire, quelquefois assez bien limitée, d'autres fois indistincte. Front généralement plus ou moins concave. Mandibules peu larges, leur bord terminal court, tranchant, armé d'une seule dent à son extrémité. Palpes maxillaires de 2 articles ; palpes labiaux d'un seul article. Antennes de 11 articles ; scape robuste, cylindrique, plus épais au sommet ; premier article du funicule plus gros et plus long que le second, celui-ci plus long que le troisième qui est le plus court de tous, les suivants augmentent insensiblement de grosseur et de longueur jusqu'à l'extrémité, le dernier est aussi long que les deux précédents réunis (fig 4). Yeux situés vers le milieu des bords latéraux de la tête. Thorax court, assez élevé ; metanotum muni, en arrière, de deux forts tubercules dentiformes. Premier article du pétiole épais, transversal, arrondi en dessus ; second article convexe, deux fois aussi large que long, plus large en arrière qu'en avant, embrassant, comme une calotte hémisphérique, le premier segment de l'abdomen (fig. 5). Pattes courtes et robustes ; pas d'éperons aux quatre postérieures. Ailes avec une cellule cubitale, sans cellule discoïdale ; la nervure transverse s'unit soit avec la nervure cubitale, soit avec le rameau cubital externe.

♂ Pas d'ailes. Tête moins profondément échancrée en arrière que celle de la femelle. Epistome, arêtes frontales, aire frontale et palpes comme chez cette dernière. Mandibules étroites, arrondies au sommet, sans dent et sans bord terminal distinct (fig. 6). Antennes de 11 articles, conformées comme celles de la femelle, mais plus courtes et plus épaisses. Thorax muni d'un præscutellum, d'un scutellum et d'un postscutellum, comme chez les mâles ailés ; un tubercule tient la place de l'articulation des ailes supérieures. Pronotum court ; mesonotum sans lignes convergentes ; metanotum un peu concave en son milieu, mais sans tubercules. Les deux articles du pétiole courts, très larges, ressemblant à des segments abdominaux. Abdomen grand, épais, fortement recourbé en dessous ; sa partie dorsale convexe, sa partie ventrale concave. Ecailles des parties génitales grandes, presque circulaires, dépassant beaucoup le dernier segment de l'abdomen ; valvules génitales externes petites, triangulaires ; les internes très grandes, recourbées en arrière à leur extrémité. Pattes courtes et robustes. Taille de la femelle.

Ce genre curieux, qui offre le seul exemple connu d'une fourmi sans ouvrière et à mâle aptère, ne comprend qu'une seule espèce encore peu répandue dans les collections.

Femelle

D'un brun noirâtre ; mandibules, antennes et pattes jaunâtres. Tout le corps fortement et densément ponctué, légèrement rugueux, presque mat. Pilosité et pubescence rares. Ailes un peu enfumées. Long. 2 1/2-3mm.

1. **Atratulus**, Schenck (fig. 1).

Patrie : France, Suisse, Allemagne et problablement toute l'Europe centrale. Il a été trouvé dans le Tessin à 1500 mètres d'altitude.

Cette espèce n'a pas d'architecture propre et vit constamment dans les nids de *Tetramorium cæspitum*. Je renvoie, pour le peu qu'on sait de ses mœurs, à ce que j'en ai dit ci-dessus (page 81).

Les insectes parfaits paraissent dès le mois de mai (Rougel), et l'accouplement doit avoir lieu en juin ou juillet.

Mâle

D'un gris jaunâtre assez clair. Densément ponctué-rugueux, la ponctuation plus forte et moins serrée sur le mesonotum. Pas de poils dressés ; peu ou pas de pubescence. Long, 2 3/4-3mm.

1. **Atratulus**, Schenck (fig. 2).

5e GENRE. — TOMOGNATHUS, Mayr

τομός, tranchant ; γνάθος, mandibule

(Pl. XVIII)

☿ Tête grande, presque rectangulaire, échancrée en arrière. Epistome petit, déprimé en son milieu. Arêtes frontales très longues, atteignant presque le derrière de la tête et limitant des fossettes antennaires profondes, pouvant recevoir en entier le scape des antennes. Mandibules larges, avec le bord terminal inerme et tranchant (fig. 8). Palpes maxillaires de 5 articles ; palpes labiaux de 3 articles. Antennes de 11 articles ; scape aplati ; deuxième à sixième articles du funicule courts, plus larges que longs, les quatre derniers allongés, formant une massue qui est plus longue que le reste du funicule (fig. 7). Thorax étranglé entre le mesonotum et le metanotum, ce dernier armé de deux épines. Dessous du second article du pétiole muni, en avant, d'un fort appendice dentiforme. (D'après Mayr).

♀ et ♂. Inconnus.

Ce genre ne renferme qu'une seule espèce assez rare et que je n'ai pas vue en nature.

Ouvrière

— D'un rouge-brun pâle, abdomen brunâtre. Pilosité abondante. Tête lisse, luisante ; front superficiellement et longitudinalement strié ainsi que le thorax ; pétiole légèrement ridé. Long. 3 1/2-4 1/2mm. (D'après Mayr).

1. **Sublævis**, Nyl.

Patrie : Finlande, Danemark.

Cette espèce, dont les mœurs sont encore ignorées, vit en parasite dans les nids des *Leptothorax acervorum* et *muscorum*.

Femelle

Inconnue.

Mâle

Inconnu.

6e GENRE — STRONGYLOGNATHUS, Mayr.

(*Myrmus* Schenck)

στρογγύλος, cylindrique; γνάθος, mandibule

(Pl. XVIII)

☿ Tête en rectangle allongé, plus ou moins échancrée en arc en arrière. Epistome triangulaire, étroit sur les côtés; sa partie médiane, convexe ou un peu concave, arrondie en arrière, s'avance notablement entre l'insertion des antennes qui sont articulées très près du bord antérieur de la tête. Arêtes frontales courtes, assez écartées. Aire frontale petite et parfois peu distincte. Mandibules très étroites, presque cylindriques, arquées, finissant en pointe, sans bord terminal et sans dents (fig. 14). Palpes maxillaires de 4 articles; palpes labiaux de 3 articles. Antennes de 12 articles; scape n'atteignant pas le derrière de la tête; le premier article du funicule est plus long que le second, les suivants sont courts sauf les trois derniers qui forment une massue assez épaisse, dont le dernier article est plus long que les deux précédents réunis (fig. 12). Yeux de grandeur moyenne et situés vers le milieu des côtés de la tête. Thorax non étranglé, mais avec un léger sillon transverse entre le mesonotum et le metanotum; ce dernier muni, en arrière, de deux petites dents qui disparaissent quelquefois. Premier article du pétiole courtement cylindrique en avant, nodiforme en arrière; second article nodiforme, plus large, mais moins haut que le premier. Abdomen en ovale court, recouvert aux trois quarts par son premier segment. Pattes robustes et médiocrement longues.

♀ Tête et pétiole comme chez l'ouvrière. Metanotum bidenté. Ailes avec une cellule cubitale et une cellule discoïdale, la nervure transverse s'unit à la nervure cubitale à son point de partage. Taille un peu plus grande que celle de l'ouvrière.

♂ Mandibules et palpes comme chez l'ouvrière et la femelle. Antennes filiformes, de 10 articles; scape plus court ou à peine aussi long que le second article du funicule; premier article du funicule court, à peine plus long que large, second article très grand et aussi long que les trois suivants réunis (fig. 13). Mesonotum marqué de deux sillons convergents; metanotum muni de deux denticules qui disparaissent quelquefois. Nœuds du pétiole offrant, de chaque côté, deux petites expansions tuberculeuses plus ou moins accentuées. Pattes grêles. Ailes comme chez la femelle. Taille de cette dernière.

Ce genre ne comprend que deux espèces qui vivent en communauté avec le *Tetramorium cæspitum*,

Ouvrières

1 Epistome plan ou un peu concave en son milieu qui est lisse et très luisant. Corps assez court. Tête, y compris les mandibules, aussi longue ou plus longue que le thorax; elle est très profondément échancrée en arc à son bord postérieur, de sorte que ses angles postérieurs sont très proéminents et ressemblent à deux cornes. Thorax court; metanotum muni de deux petits denticules très-obtus. Tête et thorax longitudinalement et assez grossièrement ridés, les rides s'effaçant plus ou moins sur le vertex et le disque du pronotum et du mesonotum; l'intervalle des dents du metanotum est presque lisse et luisant. Pétiole finement ridé; abdomen lisse. Pilosité longue et peu serrée. Luisant; d'un jaune un peu brunâtre, tête souvent plus foncée; le premier segment de l'abdomen porte,

la plupart du temps, une large bande transversale, mal limitée, d'un brun rougeâtre. Long. 2 1/3-3mm. **1. Testaceus,** SCHENCK (fig. 9).

PATRIE : Europe centrale et méridionale.

Cette espèce qui vit constamment, en fourmilières mixtes, avec des ouvrières de *Tetramorium cæspitum,* (voir ci-dessus, page 89), habite plus particulièrement les prairies ou les côteaux arides et exposés au midi. Il est difficile de l'apercevoir au milieu des *Tetramorium* qui sont toujours beaucoup plus nombreux et dont la similitude de taille et souvent de couleur favorise encore la confusion.

Les sexes ailés s'accouplent en juillet ou en août.

Epistome convexe en son milieu qui est lisse et luisant. Corps allongé. Tête, y compris les mandibules, plus courte que le thorax ; elle est très peu échancrée en arc à son bord postérieur. Thorax allongé ; metanotum muni en arrière de deux petites dents aiguës qui disparaissent quelquefois. Voisinage de l'épistome, côtés de la tête et du thorax longitudinalement ridés ; front et vertex lisses, marqués de points gros et épars ; dessus du thorax lisse, sauf le metanotum qui est très finement granulé en dessus et transversalement rugueux entre les denticules. Pétiole finement rugueux et ponctué. Abdomen lisse avec quelques points épars. Pilosité peu serrée. Luisant, d'un roussâtre sale, front et dessus de l'abdomen, parfois aussi toute la tête et le pétiole plus ou moins rembrunis. Long. 3-3 1/2mm. **2. Huberi,** FOREL.

PATRIE : Fully en Valais, Marseille, Pyrénées.

Espèce plus rare que la précédente et qui paraît plus méridionale. Elle n'a pas d'industrie propre et pille les nids du *Tetramorium cæspitum* dont les ouvrières lui servent d'esclaves. J'ai exposé plus haut (page 89) le peu qu'on sait des mœurs de cette fourmi qui n'a encore été observée que par M. Forel.

Femelles

Epistome, forme et échancrure postérieure de la tête comme chez l'ouvrière. Dents du metanotum plus accentuées. Epistôme et aire frontale lisses et luisants; le reste de la tête ainsi que le thorax grossièrement et longitudinalement striés; le metanotum est transversalement strié entre les dents; pétiole rugueux; abdomen lisse et luisant. Pilosité assez abondante. D'un brun marron, vertex souvent noirâtre; mandibules, antennes, pattes, pronotum et dessous du corps plus ou moins rougeâtres ou jaunâtres. Ailes hyalines, stigma et nervures très pâles. Long. 3 1/2-4mm.

1. **Testaceus**, Schenck (fig. 10).

La femelle du S. **Huberi**, Forel n'est pas connue.

Mâles

Tête fortement échancrée en arrière, ses angles postérieurs saillants et presque aigus. Dents du metanotum courtes ou nulles. Tête et thorax longitudinalement striés, sauf le devant du mesonotum qui est lisse et luisant; pétiole rugueux; abdomen lisse. Pilosité éparse. D'un noir brun ou d'un brun rougeâtre, luisant; parties de la bouche, antennes et pattes jaunâtres. Long. 4-4 1/2mm.

1. **Testaceus**, Schenck (fig. 11)

Le mâle du S. **Huberi**, Forel est encore inconnu.

7e GENRE. — TETRAMORIUM, Mayr.

(*Tetrogmus*, Roger).

τετρα, de quatre; *μοριον*, partie (1).

(Pl. XIX)

☿ Tête quadrangulaire. Epistome convexe, triangulaire

(1) Par allusion aux palpes maxillaires de 4 articles.

arrondi en arrière; son bord postéro-latéral contourné et relevé entre les arêtes frontales et l'articulation des mandibules, formant une arête saillante qui limite antérieurement les fossettes antennaires ; son bord antérieur n'est pas relevé, mais, au contraire, infléchi. Arêtes frontales droites, un peu divergentes en arrière ; tantôt elles finissent au niveau des yeux, tantôt elles se continuent postérieurement, de façon à limiter des fossettes antennaires peu profondes et aussi longues que le scape des antennes. Aire frontale indistincte. Mandibules larges, dentées à leur bord terminal. Palpes maxillaires de 4 articles; palpes labiaux de 3 articles. Antennes de 12 articles (de 11 chez quelques espèces exotiques); scape assez long, atteignant presque le derrière de la tête; funicule avec les articles 2 et suivants courts; les trois derniers formant une massue assez épaisse et qui est à peu près aussi longue que le reste du funicule; le dernier article est plus long que les deux précédents réunis (fig. 4). Yeux de grandeur moyenne. Thorax court, haut, un peu arqué d'avant en arrière, à peine impressionné entre le mésonotum et le metanotum; pronotum avec les épaules anguleuses et bien marquées; metanotum armé de deux dents généralement courtes et pouvant même être réduites à un petit tubercule à peine distinct. Premier article du pétiole cylindrique en avant, nodiforme en arrière; second article nodiforme et plus large que long. Cuisses intermédiaires et postérieures fusiformes; éperons simples. Abdomen ovale. Poils du corps filiformes, aigus à l'extrémité.

♀ Tête et pétiole conformés comme chez l'ouvrière. Thorax déprimé en dessus; métanotum armé de deux épines ou de deux dents qui sont ordinairement plus longues que chez l'ouvrière. Ailes avec une cellule cubitale et une cellule discoïdale, la nervure transverse s'unit à la nervure cubitale à son point de partage. Taille plus grande que celle de l'ouvrière et quelquefois énorme par rapport à cette dernière.

♂ Mandibules aplaties, dentées à leur bord terminal. Antennes de 10 articles (fig. 5); scape plus court ou pas plus long que les deux premiers articles du funicule réunis; funicule filiforme, son premier article beaucoup plus court que le second, celui-ci aussi long que les trois suivants réunis, les autres subégaux, sauf le dernier qui est plus long. Mesonotum marqué de deux sillons convergents. Metanotum oblique, presque inerme ou faiblement bidenté. Ailes comme chez la femelle. Taille un peu inférieure à celle de cette dernière.

Ce genre renferme une quinzaine d'espèces répandues dans le monde entier et dont plusieurs sont cosmopolites.

Ouvrières

1 Arêtes frontales assez courtes, s'étendant seulement jusqu'au niveau du bord antérieur des yeux. Variant du brun noir avec les mandibules, les antennes, les articulations des pattes et les tarses plus clairs, au rougeâtre ou au jaune clair, en passant par toutes les teintes intermédiaires. Les exemplaires typiques, du Nord et du Centre de l'Europe, ont la tête et le thorax longitudinalement et fortement striés, le pétiole rugueux et l'abdomen lisse et luisant ; mais, dans les contrées plus méridionales, la sculpture se modifie ou s'efface plus ou moins jusqu'à disparaître presque complètement, surtout sur la tête et le pétiole qui sont alors lisses ou presque lisses. Le metanotum est armé de deux dents variables de taille, mais toujours assez courtes et dirigées en haut et en arrière. Long. 2 1/3-3 3/4mm. **1. Cæspitum, L.** (fig. 1).

PATRIE : Europe, nord de l'Afrique, Asie, Amérique du Nord.

Cette espèce, l'une des plus répandues, se trouve à peu près partout ; elle affectionne particulièrement les prairies et s'établit rarement dans les bois. Ses nids souterrains sont très souvent surmontés d'un dôme maçonné et fréquemment accompagnés de petits dômes secondaires ; elle habite aussi sous les pierres, dans les interstices et au pied des murs ; rarement elle s'installe dans les vieux troncs.

C'est une fourmi robuste et très courageuse ; elle cultive peu les pucerons, bien qu'on en trouve sur les racines qui traversent son nid, mais elle ne parait pas aller les chercher au dehors. En Algérie et probablement dans le midi de l'Europe, elle fait des provisions de grains qu'elle entasse dans des cases spéciales de son habitation. J'ai reçu d'Oran un grand nombre d'individus appartenant à la forme typique et dont les greniers contenaient, au mois de décembre, une quantité de petites graines d'un jaune sale que je n'ai pu déterminer.

Les sexes ailés s'accouplent en juin ou juillet.

On consultera avec intérêt, sur les nombreuses variations du *T. cæspitum*, deux notices de M. le Dr Mayr publiées, l'une dans ses « Neue Formiciden», et l'autre dans ses « Formicides du Turkestan ». Je me bornerai à signaler ici les variétés les plus importantes, qui se relient d'ailleurs entre elles par une foule de formes intermédiaires.

Var. **meridionale** Em. D'un roussâtre sale, dessus de la tête et de l'abdomen ainsi que tout ou partie des pattes plus ou moins rougeâtres ou brunâtres. Derrière de la tête transversalement ridé ; le reste de la tête et le thorax longitudinalemt striés, pétiole ruguleux, abdomen lisse et luisant. Dents du metanotum bien accentuées, un peu spiniformes. Taille petite (2-2 1/2mm).

Cette variété, que M. Emery avait primitivement considérée comme espèce, est en effet l'une des mieux caractérisées par les *stries transversales* de son vertex qui ne se retrouvent *ni dans* la forme typique, *ni chez* les variétés suivantes. Je l'ai reçue d'Italie, de Corse et de Syrie.

Var. **striativentre** Mayr. D'un brun noir foncé ou d'un brun rougeâtre avec les joues, les mandibules, les antennes, les pattes et souvent l'extrémité de l'abdomen plus claires. Tête, thorax et pétiole fortement et longitudinalement striés, plus ou moins rugueux dans les intervalles des stries. Premier segment abdominal marqué, surtout à sa base, de stries longitudinales, régulières, fines et très serrées. Dents du metanotum variables, mais souvent transformées en épines assez longues et peu aiguës. Taille assez grande. Patrie : Turkestan, Nazareth.

Var. **semilæve** Nov. var. D'un jaune rougeâtre plus foncé sur la tête et le dessus de l'abdomen qui passent au rouge brunâtre. Tête et thorax longitudinalement striés ; pétiole et abdomen lisses et luisants. Dents du metanotum courtes. Taille petite (2-2 1/2mm).

Cette variété qui parait méridionale est répandue

dans toute la région méditerranéenne de l'Europe, de l'Afrique et de l'Asie.

Var. **punicum** Smith. Entièrement d'un jaune à peine rougeâtre, dessus de la tête et de l'abdomen parfois plus foncés. Tête faiblement et longitudinalement striée, au moins sur le vertex ; pronotum et mesonotum presque lisses, face basale du metanotum finement et densément ponctuée ; pétiole et abdomen lisses et luisants. Dents du metanotum courtes, sillon méso-métanotal bien visible. Taille assez grande (3-3 1/2mm). Palestine.

Var. **inerme** Mayr. D'un brun jaune ou d'un jaune brun avec la tête lisse et très luisante, sauf les joues qui sont longitudinalement striées ; dessus du thorax, pétiole et abdomen lisses et luisants ; le metanotum est très finement et très superficiellement réticulé et à peu près inerme ou muni seulement de deux tubercules à peine visibles.

Cette variété provient du Turkestan.

— Arêtes frontales grandes, atteignant le vertex et limitant extérieurement des sillons antennaires peu profonds et aussi longs que le scape. 2

2 Premier nœud du pétiole visiblement plus large que long. D'un ferrugineux ou d'un roux plus ou moins jaunâtre ou brunâtre, dessus de l'abdomen noirâtre en son milieu. Tête et thorax longitudinalement ridés ; pétiole finement rugueux ; abdomen lisse et luisant. Metanotum armé de deux petites dents très courtes, pas plus longues que la largeur de leur base. Taille petite. Long. 1 3/4-2 1/4mm. 2. **Simillimum**, Smith.

Patrie : Jaffa, Beyrouth, Aden, Cap de Bonne-Espérance, Java, Samoa, Antille Saint-Thomas et probablement les régions chaudes du monde entier.

Cette espèce s'est acclimatée dans quelques serres chaudes d'Angleterre, du Danemark et de la Silésie.

— Premier nœud du pétiole pas plus large que long. D'un roux testacé avec l'abdomen noirâtre, souvent roussâtre à la base. Epistome et front longitudinalement striés ; vertex, côtés de la tête, thorax et pétiole réticulés ; abdomen lisse et luisant. Metanotum armé de deux épines robustes et notablement plus longues que la largeur de leur base. Taille grande. Long. 3 3/4-4mm. 3. **Guineense**, Fab

Patrie : Presqu'île du Sinaï, Inde, Ceylan, Philippines, Australie, Afrique, Amérique méridionale, et probablement les régions tropicales et subtropicales de tout le globe.

Comme la précédente, cette espèce a été importée et s'est acclimatée dans quelques serres chaudes d'Europe, notamment en Autriche et en Angleterre.

Femelles

1 Arêtes frontales assez courtes, s'étendant seulement jusqu'au niveau du bord antérieur des yeux. D'un brun noir, avec les mandibules, les antennes et les pattes plus ou moins rougeâtres ou jaunâtres. Les exemplaires typiques ont la tête et le thorax longitudinalement striés; sauf le scutellum et le mesonotum qui sont ordinairement lisses et luisants ; nœuds du pétiole finement rugueux ; abdomen lisse et luisant. Long 5-8mm. 1. **Cæspitum**, Linné (fig. 2)

Var. **meridionale** Er. Derrière de la tête transversalement ridé; premier nœud du pétiole bas, légèrement échancré en dessus, second nœud transversal, déprimé, presque droit en avant. D'un jaune rougeâtre ou brunâtre, abdomen noirâtre en dessus. Le reste comme chez la femelle typique. Long. 4-5mm.

Var. **striativentre** Mayr. Se distingue du type par sa petite taille (4 1/3mm) et par son premier segment abdominal finement et longitudinalement strié (Mayr).

Je ne connais pas de femelles que je puisse rapporter avec certitude aux autres variétés, et il est probable que leurs caractères distinctifs ne sont pas appréciables. Chez quelques exemplaires de ma collection, pris au vol ou rencontrés isolément, la sculpture s'efface plus ou moins sur la tête, le thorax et le pétiole, qui deviennent lisses ou presque lisses, et ces individus doivent peut-être se rattacher aux variétés **semilæve** ou **punicum**, mais je ne puis rien affirmer à cet égard.

— Arêtes frontales grandes, atteignant le vertex et limitant extérieurement des sillons antennaires aussi longs que le scape. 2

2 D'un jaune rougeâtre avec les mandibules, les antennes et les pattes plus claires; quelques taches sur le thorax, milieu de l'abdomen et parfois l'abdomen presque entier d'un brun noir. Tête et thorax longitudinalement ridés ; pétiole assez fortement rugueux ; abdomen lisse et luisant. Metanotum muni de deux petites dents courtes et pas plus longues que la largeur de leur base. Taille petite. Long. 2 1/2-2 2/3mm.

2. **Simillimum**, SMITH.

— Couleur de l'espèce précédente, mais l'abdomen est, le plus souvent, d'un noir brun, plus ou moins roussâtre à la base. Epistome, front, mesonotum et scutellum longitudinalement striés ; vertex, côtés de la tête, pronotum et pétiole réticulés ; face basale et côtés du metanotum ridés, sa face déclive transversalement striée ; abdomen lisse et luisant. Metanotum armé de deux épines robustes et plus longues que la largeur de leur base. Taille grande. Long. 5 1/4-5 3/4.

3. **Guineense**, FAB.

Mâles

1 Scape des antennes de la longueur des deux premiers articles du funicule réunis ; second article du funicule à peine deux fois aussi long que le premier. D'un jaune rougeâtre clair, tête

et abdomen rembrunis. Tête et thorax finement et longitudinalement ridés ; abdomen lisse et luisant. Metanotum inerme. Long. 2 2/3mm. (D'après Roger). 2. **Simillimum**, SMITH.

— Scape des antennes de la longueur du second article du funicule ; ce second article au moins trois fois aussi long que le premier. Taille bien plus grande. 2

2 D'un jaune brunâtre, luisant ; antennes et pattes d'un jaune pâle ; vertex, quelques taches sur le thorax et abdomen d'un brun noir. Dessus de la tête finement et longitudinalement ridé; pronotum finement ridé-granulé, mesonotum presque lisse, scutellum longitudinalement strié, metanotum rugueux ; premier nœud du pétiole finement ridé, le second presque lisse; abdomen lisse et luisant. Long. 4 1/2-5mm. (D'après Mayr). 3. **Guineense**, FAB.

— D'un noir brun, luisant ; mandibules, antennes et pattes d'un jaune brunâtre ou rougeâtre ainsi que le bord postérieur des segments abdominaux. Dessus de la tête assez fortement et longitudinalement ridé ; thorax plus ou moins ridé ou strié, ordinairement lisse entre les lignes convergentes du mesonotum ; nœuds du pétiole finement ridés ; abdomen lisse et luisant. Long. 6-7mm. 1. **Cæspitum**, LINNÉ. (fig. 3).

Je ne connais pas de mâles que je puisse rattacher aux diverses variétés du *cæspitum*, mais on peut supposer que ces variétés ne sont pas distinctes chez les individus de ce sexe.

8e GENRE. — LEPTOTHORAX. MAYR

(*Macromischa*, Emery)

λεπτός, grêle : θώραξ, thorax.

(Pl. XIX)

☿ Tête quadrangulaire, avec les angles postérieurs arrondis, non échancrée en arrière. Epistome triangulaire, son bord antérieur un peu relevé près de l'articulation des mandibules. Arêtes frontales assez courtes, presque droites, à peine divergentes en arrrière. Aire frontale mal limitée. Mandibules de largeur moyenne, plus ou moins distinctement dentées à leur bord terminal. Palpes maxillaires de 5 articles; palpes labiaux de 3 articles. Antennes de 11 ou de 12 articles (fig. 9); scape n'atteignant pas ou ne dépassant pas le derrière de la tête. Premier article du funicule plus long que large, les suivants courts, sauf les trois derniers qui forment une massue dont le dernier article est plus long que les deux précédents réunis. Yeux de grandeur moyenne, situés vers le milieu des côtés de la tête. Thorax allongé, pas ou à peine sillonné entre le mesonotum et le metanotum. Pronotum à épaules arrondies, sauf chez une seule espèce (*angulatus*) où elles sont anguleuses ; metanotum armé de deux dents ou de deux épines. Premier article du pétiole cylindrique en avant, nodiforme en arrière : second article nodiforme. Cuisses intermédiaires et postérieures fusiformes ; les quatre tibias postérieurs dépourvus d'éperons. Toutes les espèces ont le corps parsemé de poils courts ; barbelés, claviformes ou tronqués à l'extrémité (fig. 11). Abdomen en ovale court, tronqué à la base.

♀ Tête et pétiole comme chez l'ouvrière. Massue des antennes robuste, ses deux premiers articles faiblement plus longs que larges, le dernier visiblement plus long que les deux précédents réunis. Metanotum armé de deux dents ou de deux épines. Ailes avec une cellule cubitale et une cellule discoïdale ; la nervure transverse s'unit à la nervure cubitale à son point de partage.

Pattes et poils du corps comme chez l'ouvrière. Taille un peu supérieure à celle de cette dernière.

♂ Epistome convexe. Aire frontale nulle ou indistincte. Mandibules aplaties, inermes ou munies de 4 à 5 dents. Antennes de 12 ou de 13 articles; scape court; chez les espèces qui ont les antennes de 12 articles, le funicule s'épaissit insensiblement sans former de massue limitée, son premier article est très court, le second est allongé, plus long que le scape, les suivants sont également allongés et subégaux, sauf le dernier qui est plus long que le précédent (fig. 15); chez les espèces qui ont 13 articles aux antennes, les quatre derniers forment une massue distincte et les autres sont courts (fig. 10). Mesonotum marqué de deux lignes convergentes, plus ou moins accentuées, qui se réunissent en son milieu et se prolongent en un sillon médian atteignant le scutellum. Metanotum muni de deux tubercules plus ou moins dentiformes. Pétiole comme chez l'ouvrière et la femelle. Ailes semblables à celles de cette dernière. Taille de l'ouvrière.

Les espèces du genre *Leptothorax* sont encore, pour la plupart, l'objet d'une grande confusion, et les matériaux assez restreints dont je dispose ne me permettront pas d'apporter la lumière dans ce chaos de formes, dont les caractères s'entrecroisent et deviennent insaisissables, si, comme il arrive le plus souvent, on n'a affaire qu'à des individus isolés. Ces insectes vivent, en effet, en petites communautés, leurs nids sont assez difficiles à découvrir, et on ne récolte le plus ordinairement que des individus errants, sur lesquels il est à peu près impossible d'asseoir une opinion acceptable. La difficulté s'accroît encore pour les sexes ailés, qui sont à peine connus, et qu'il est tout à fait téméraire de vouloir rattacher à telle ou telle espèce, quand on ne les a pas pris en compagnie de leurs ouvrières. Ce qu'il y a de certain, c'est que les *Leptothorax* sont très variables et que la couleur, la sculpture et la longueur relative des épines du metanotum, qui servent aujourd'hui de caractères pour distinguer les espèces, n'ont rien de constant et peuvent varier en toutes proportions selon les individus. J'ai, à plusieurs années de distance, capturé deux fourmilières relativement nombreuses de *L. tuberum*, établies chacune dans une tige sèche de ronce, et j'ai observé, entre les habitants d'un même nid, des variations telles que j'aurais pu les séparer en plusieurs prétendues espèces, et que tel individu, trouvé isolément, aurait été certainement rapporté au *Nylanderi*, par exemple, tandis que d'autres auraient été déterminés comme *tuberum* ou *interruptus*. Déjà M. Forel a réuni, sous le nom de races, toute une série d'espèces établies sur des caractères fugitifs, et je crois que ce sagace naturaliste n'est pas encore allé assez loin dans la voie de la synthèse, et que la plupart de ces races ne sont que de simples variétés plus ou moins reconnaissables. Les quelques ailés d'origine certaine que je possède m'ont confirmé dans cette opinion, et je pourrais citer telle espèce dont j'ai trouvé les trois sexes réunis, et auxquels j'aurais cependant donné trois noms différents si j'avais dû les déterminer isolément d'après les descriptions des auteurs. Comme j'aurai soin, d'ailleurs, de caractériser séparément les variétés autrefois décrites comme espèces, chacun sera libre de leur restituer leur rang spécifique, s'il ne veut pas adopter ma classification ou si des recherches ultérieures démontrent qu'elle est erronée.

Les *Leptothorax* sont des fourmis très agiles qui vivent en petites sociétés et ne paraissent pas rechercher les pucerons. Indépendamment des espèces européennes ci-après décrites, on en connaît encore cinq autres, dont une du Japon, et quatre de l'Amérique du Nord.

Ouvrières

1 Antennes de 11 articles. Thorax avec un léger sillon enfoncé entre le mésonotum et le métanotum. 2

— Antennes de 12 articles. Pattes sans poils dressés. 4

2 Massue des antennes jaune ainsi que tout le corps, sauf l'extrémité du premier segment de l'abdomen qui est légèrement noirâtre, et le dessus de la tête qui est un peu rembruni. Tête, ainsi que l'épistome, longitudinalement striés,

thorax et pétiole superficiellement chagrinés. Épines du metanotum assez longues, divergentes, légèrement arquées. Pattes sans poils dressés. Long. 1 3/4-2 1/3mm. 3. **Flavicornis**, Emery.

Patrie : Naples, Mendrisio (Tessin).

Fait son nid dans les interstices des murs, sous les pierrailles.

— Massue des antennes noire ou brune. Epistome un peu impressionné au milieu dans le sens de sa longueur et ordinairement lisse dans cette concavité. Tête longitudinalement striée ; thorax assez fortement rugueux ; pétiole plus légèrement ridé. Taille plus grande. 3

3 Pattes avec des poils dressés. D'un rouge jaune ou d'un rouge brun, dessus de la tête et de l'abdomen d'un brun noir ; rarement la couleur brune envahit tout le corps. Epines du metanotum assez grandes, longues comme les deux tiers environ de la face basale. Long. 3 1/3-3 2/3mm. 1. **Acervorum**, Fab.

Patrie : Europe, sauf l'extrême sud.

Cette espèce se trouve surtout dans la zône alpine ou subalpine ; elle est rare dans la plaine. Elle sculpte ses nids dans l'écorce ou le bois mort, s'établit dans les vieux troncs, dans les rocailles, parfois creuse ses galeries en terre, sous la mousse ou sous les pierres.

Les sexes ailés s'accouplent au milieu ou à la fin de l'été.

— Pattes sans poils dressés, ou seulement avec quelques rares poils isolés. D'un jaune rougeâtre avec le dessus de la tête et de l'abdomen brun. Epines du metanotum moins grandes que chez l'*acervorum*, dépassant à peine en longueur le tiers de la face basale. Long. 2 3/4-3 1/2mm. 2. **Muscorum**, Nyl.

PATRIE : Europe.

Habite les mêmes lieux que la précédente, mais paraît plus rare. Ses nids sont analogues à ceux de cette dernière, mais plus exclusivement sculptés dans le bois ou l'écorce.

Le L. **Gredleri** Mayr, n'est qu'une variété du *muscorum*, de couleur un peu plus claire, de taille un peu plus grande (3-3 1/2mm), et dont l'impression longitudinale de l'épistome est plus étroite et plus profonde.

Les L. *acervorum* et *muscorum*, très voisins l'un de l'autre, ont été réunis par M. Forel comme races d'une même espèce, et si je maintiens leur séparation, c'est que les quelques individus du *muscorum* que j'ai pu examiner m'ont paru assez distincts pour ne pas être considérés comme simple variété.

4 Thorax avec les épaules nettement accusées, anguleuses, comme chez les *Tetramorium*. Epistome convexe, finement ridé, assez étroit en arrière et arqué à son bord antérieur. Thorax sans traces de sutures en dessus ; metanotum armé de deux dents courtes, triangulaires, peu aiguës, dirigées en haut et en arrière. Nœuds du pétiole arrondis; le premier est épais, plus long que large et presque aussi long en dessus qu'en dessous, le second est plus large que long. D'un jaune vif. Massue des antennes d'un brun noir avec le sommet jaune. Tête, thorax et pétiole finement striés ou ridés, mats; abdomen médiocrement luisant. Long. 3 1/2mm. (d'après Mayr). 4. **Angulatus**, MAYR.

PATRIE : Presqu'île du Sinaï, Tunisie.

— Thorax avec les épaules arrondies, non anguleuses. 5

5 Premier article du pétiole cylindrique en avant, surmonté en arrière d'un nœud presque hémisphérique, non anguleux en dessus (fig. 12). Tête

assez fortement rugueuse, mate ; thorax avec des rides longitudinales irrégulières ; pétiole plus finement ridé ; abdomen lisse et luisant. Une légère impression entre le mesonotum et le metanotum ; épines de ce dernier longues, arquées, souvent rougeâtres à l'extrémité. D'un noir brun ; mandibules, articulations des pattes et tarses roussâtres. Long. 3-4mm.

10. **Rottenbergi**, Emery

Patrie : Italie méridionale, Sicile, Palestine, nord de l'Afrique.

J'ai décrit (Bibl. 4), sous le nom de *semiruber*, une variété de cette espèce, provenant de Tibériade, qui a les mandibules, le bord antérieur de l'épistome, les arêtes frontales, les antennes, sauf la massue, la totalité du thorax et du pétiole, la base et l'extrémité des cuisses, les tibias et les tarses d'un rouge brun. L'impression entre le mesonotum et le metanotum est aussi plus marquée et les épines de ce dernier sont un peu moins longues et à peine arquées.

Premier article du pétiole cylindrique en avant, surmonté en arrière d'un nœud plus ou moins anguleux ou aminci en dessus et non hémisphérique (fig. 13 et 14). Taille moins grande. 6

6 Epistome avec une forte impression longitudinale, lisse et limitée de chaque côté par une arête saillante qui se termine en avant par une petite dent émoussée. Tête couverte de rides longitudinales fines et serrées ; thorax plus fortement ridé ; pétiole finement rugueux ; abdomen lisse et luisant. Epines du metanotum assez longues. D'un rouge jaune ainsi que la massue des antennes ; abdomen brun, souvent rougeâtre à la base et à l'extrémité.

Long. 3-3 1/2mm (D'après Mayr) 7. **Clypeatus**, Mayr

Patrie : Berlin, Vienne, Corse.

Nids sculptés dans l'écorce.

— Epistome sans impression médiane et sans arêtes latérales. 7

7 Vertex avec une impression longitudinale, courte et profonde. D'un rouge brun ; massue du funicule et dessus de la tête d'un brun noir, dessus de l'abdomen et cuisses bruns. Long. 3 1/3mm (D'après Mayr). 6. **Tirolensis**, GREDLER.

PATRIE : Tyrol.

Cette espèce, que je ne connais pas en nature, est classée dubitativement par MM. Emery et Forel comme race du *tuberum*. Je ne sais jusqu'à quel point l'impression de son vertex, qui me paraît constituer son seul caractère distinctif, peut présenter de constance, et je ne serais pas étonné qu'on dût un jour rattacher cette fourmi aux nombreuses variétés du *L. tuberum*, mais je n'ai pas les éléments nécessaires pour trancher ici la question.

— Vertex sans impression longitudinale. 8

8 Couleur principale du corps brune ou noire. Epines métathoraciques grandes, aussi longues ou plus longues que la moitié de la face basale du metanotum. 9

— Couleur principale du corps jaune ou rougeâtre, rarement brune, mais alors les épines métathoraciques sont plus courtes que la moitié de la face basale du metanotum. Tête longitudinalement striée ; pétiole finement ridé ; abdomen lisse et luisant. Les individus typiques sont d'un jaune souvent rougeâtre avec le dessus de la tête et surtout du vertex, ainsi que la massue des antennes, d'un brun noirâtre ; l'abdomen est plus ou moins largement brunâtre en dessus. Le thorax est longitudinalement et finement ridé et son profil dorsal n'est pas interrompu entre le mesonotum et le metanotum. Les épines du metanotum sont toujours assez développées et longues environ comme la moitié de sa face basale. Long. 2 1/3mm-3mm. 5. **Tuberum**, FAB. (fig. 6).

PATRIE : Europe, Nord de l'Afrique, Asie Mineure.

Nids sculptés dans l'écorce, dans les tiges sèches de ronces, établis dans les vieux troncs ou dans les interstices des murs ou des rocailles, parfois dans la mousse ou sous les pierres.

Les sexes ailés s'accouplent au milieu ou à la fin de l'été.

Cette fourmi varie énormément et a donné lieu à la création de plusieurs espèces que je suis obligé de réunir au type principal comme simples variétés, ainsi que je l'ai expliqué plus haut dans les généralités sur le genre *Leptothorax*. Voici l'énumération de ces variétés qui ne sont pas toujours faciles à reconnaitre :

Var. **nigriceps**, Mayr. Rougeâtre ; tête, massue des antennes, cuisses et abdomen d'un brun noir, sauf une tache jaunâtre à la base du premier segment abdominal. Tête longitudinalement striée, mate ; thorax assez grossièrement ridé, à profil dorsal continu. Epines du metanotum étroites, rectilignes et longues comme la moitié environ de la face basale. Long. 2 1/2-3mm.

Variété assez méridionale qui fait son nid sous les pierres, dans les fentes des rochers.

Var. **melanocephalus**, Em. Entièrement rougeâtre, sauf la tête et la massue des antennes qui sont d'un noir brun ; le bord du premier segment de l'abdomen est plus ou moins légèrement enfumé. Tête et thorax striés ou rugueux, mats ; thorax à profil dorsal non interrompu. Epines du metanotum très courtes, dentiformes. Long. 2 1/2-3 1/2mm.

Corse.

Var. **corticalis**, Schenck. Rougeâtre, mandibules, antennes, articulations des pattes et tarses d'un jaune rouge ; cuisses et tibias d'un rouge brun ; dessus de la tête et de l'abdomen d'un brun noir. Thorax assez grossièrement ridé, non interrompu. Epines du metanotum très courtes, dentiformes ; leur face supérieure, presque horizontale, forme le prolongement du dos du thorax, leur face inférieure est à peu près verticale. Long, 2 1/2-3 1/5mm.

Europe centrale et méridionale. Fait son nid dans l'écorce et les galles vides.

Var. **exilis**, Emery. Rougeâtre ou brunâtre ; tête et souvent les deux tiers postérieurs de l'abdomen d'un brun noir ; antennes et pattes d'un roux pâle, massue du funicule et partie médiane des cuisses noirâtres. Tête très légèrement rugueuse, luisante, surtout en arrière ; thorax légèrement rugueux, un peu luisant, parfois faiblement sillonné entre le mesonotum et le metanotum, comme chez le *Nylanderi*. Épines métathoraciques de la longueur du tiers environ de la face basale du metanotum, mais quelquefois plus grandes. Long. 2 1/2mm.

Portici, Ile d'Ischia, Calabre, Cagliari, Caprera, Corse, Pantelleria, Zante.

Var. **affinis** Mayr. D'un jaune un peu rougeâtre ; milieu des cuisses, front, vertex et dessus de l'abdomen, sauf le devant du premier segment, brunâtres ; massue des antennes tantôt brune, tantôt d'un jaune rougeâtre. Thorax grossièrement et longitudinalement ridé ; son profil dorsal non interrompu. Épines du metanotum très étroites, à peine plus larges à la base qu'à l'extrémité, un peu arquées au sommet et de la longueur des deux tiers environ de la face basale. Long. 2 1/2–3 1/3mm.

Europe centrale et méridionale. Ses nids sont le plus souvent sculptés dans l'écorce ou le bois mort.

Var. **unifasciatus** Latr. Jaune, devant de la tête et massue des antennes d'un brun noir ou rougeâtre ; le premier segment de l'abdomen offre une bande transversale noire ou brune nettement limitée et non interrompue. Thorax finement rugueux ; son profil dorsal continu. Épines du metanotum dépassant en longueur le tiers ou même la moitié de sa face basale. Long. 2 1/3 – 3 1/2mm.

Variété répandue dans toute l'Europe centrale et méridionale. Elle fait son nid dans l'écorce ou le bois mort, dans les interstices des rochers, sous la mousse ou les pierres.

Var. **interruptus**, Schenck. Semblable à la précédente, mais plus petite, et la bande médiane de son abdomen est plus pâle, mal limitée, interrompue au milieu, ou même indistincte. Long. 2 1/5–2 1/2.mm

Même habitat et même genre de vie que le *L. unifasciatus*.

Var. **luteus**, Forel. Entièrement jaune ; massue

des antennes et devant de la tête à peine un peu rougeâtres. Thorax finement rugueux, à profil dorsal continu. Épines du metanotum assez larges à la base, longues comme les deux tiers de la face basale et un peu arquées au sommet. Long. 2 1/5 — 2 2/3mm.

Salève, Tessin, France méridionale, Palestine. Fait son nid dans les interstices des rocailles et sous les pierres.

Var. **anoplogynus**, Emery. Entièrement jaune avec une bande enfumée au bord du premier segment de l'abdomen. Thorax finement rugueux, à dos continu. Épines du metanotum robustes, très courtes. Taille très petite. Long. 1 1/2mm.

Naples.

Var. **Nylanderi**, Foerst. Entièrement jaune; dessus de la tête souvent légèrement brunâtre; premier segment de l'abdomen traversé par une bande d'un noir brun. Thorax finement rugueux, avec une légère ligne enfoncée entre le mesonotum et le metanotum. Épines de ce dernier larges à la base, longues comme les deux tiers de sa face basale. Long. 2 1/3—3mm.

Moitié sud de l'Europe, Algérie, Palestine. Habite les lieux ombragés, les bois et les broussailles. Ses nids sont le plus souvent creusés dans le bois ou l'écorce, parfois établis à la base des vieux troncs.

Var. **parvulus**, Schenck. Ne se distingue de la var. *Nylanderi* que par la bande brune de son abdomen qui est très pâle et visible seulement sur le disque du premier segment.

Toutes les variétés précédentes, très voisines les unes des autres, sont encore reliées par une foule de formes intermédiaires qu'il est impossible d'énumérer, et dont quelques-unes ont été indiquées par M. Forel qui leur a donné les noms de **tubero-interruptus**, **corticalo-Nylanderi**, **unifasciato-Nylanderi**, et **unifasciato-interruptus**.

9 Premier nœud du pétiole nettement anguleux en dessus; son bord supérieur en arête étroite, à peine émoussée; sa face antérieure plane (fig. 13). Entièrement d'un brun noir ou d'un brun rougeâtre; mandibules, antennes, articu-

lations des pattes et tarses plus clairs. Tête longitudinalement striée en avant, presque lisse et luisante en arrière ; épistome tantôt lisse et luisant, tantôt légèrement strié. Thorax assez grossièrement ridé ; pétiole plus finement rugueux ; abdomen lisse et luisant. Profil dorsal du thorax à peine interrompu entre le mesonotum et le metanotum ; épines de ce dernier au moins aussi longues que la moitié de sa face basale. Long. 2-2 1/2mm.

18. **Angustulus**, Nyl.

Patrie : France méridionale, Italie.

Je ne serais pas étonné que cette espèce dût un jour être comptée au nombre des variétés du *tuberum*, mais je n'en ai eu sous les yeux qu'un trop petit nombre d'exemplaires pour pouvoir risquer ici cette assimilation, et je la maintiens provisoirement à son rang spécifique en attirant sur ses affinités l'attention des naturalistes plus riches que moi en matériaux de comparaison.

— Premier nœud du pétiole obtusément anguleux ; son bord supérieur très arrondi ; sa face antérieure visiblement concave (fig. 14). Entièrement noir avec les pattes en tout ou en partie d'un brun rougeâtre. Tête légèrement et longitudinalement striée, assez luisante ; thorax plus ou moins fortement ridé ; pétiole ruguleux ; abdomen lisse et luisant. Profil dorsal du thorax légèrement interrompu entre le mesonotum et le metanotum ; épines de ce dernier au moins aussi longues que la moitié de sa face basale. Long. 2 1/2-3mm.

19. **Nigrita**, Emery

Patrie : France méridionale, Algérie, Palestine.

Dans mon travail sur les fourmis de Syrie, j'ai signalé une variété plus claire, d'un brun rougeâtre avec la tête et l'abdomen noirâtres, les épines métathoraciques presque aussi longues que la face basale du metanotum, fortement arquées et entièrement d'un jaune sale. J'avais assigné à cette forme, qui provient de Jaffa, le nom de *curvispinosus*, mais ce nom ayant déja été employé, par Mayr pour un *Leptothorax* américain, devra être remplacé par celui de **flavispinus**.

Femelles

1 Antennes de 11 articles. Cellule radiale ouverte et assez allongée. 2

— Antennes de 12 articles. Pattes sans poils dressés. Cellule radiale fermée et assez petite. 4

2 Massue des antennes jaune ainsi que tout le corps, sauf une bande transversale sur chaque segment de l'abdomen, l'extrémité du scutellum et les articulations des ailes qui sont brunâtres. Pattes sans poils dressés. Long. 3-3 1/2mm.

3. **Flavicornis**, Emery.

— Massue des antennes brune ou noire. 3

3 Pattes avec des poils dressés. D'un jaune rouge ; abdomen, dessus de la tête, du thorax et souvent aussi du pétiole, d'un brun noirâtre ; mesonotum marqué fréquemment de taches noirâtres. Long. 3 1/2-4 1/4mm.

1. **Acervorum**, Fab.

— Pattes sans poils dressés. D'un jaune rougeâtre avec le dessus de la tête, du thorax et de l'abdomen brun ; articulations des ailes noirâtres. Long. 2 2/3-4mm. 2. **Muscorum**, Nyl.

Les grands individus, de couleur un peu plus claire, se rapportent à la variété **Gredleri** Mayr.

4 Premier article du pétiole cylindrique en avant, surmonté en arrière d'un nœud presque

hémisphérique, non anguleux en dessus. Tête assez fortement rugueuse, mate ; thorax longitudinalement ridé ; pétiole finement rugueux. Épines du metanotum à peine plus longues que l'intervalle de leur base. D'un noir brun ; mandibules, articulations des pattes et tarses roussâtres. Ailes hyalines. Long. 6mm. (d'après Emery) 10. **Rottenbergi**, Emery.

La femelle de la var. **semiruber**, André, ne m'est pas connue.

Premier article du pétiole cylindrique en avant, surmonté en arrière d'un nœud plus ou moins anguleux ou rétréci en dessus et non hémisphérique. Taille moins grande. Tête longitudinalement striée, thorax plus ou moins strié ou rugueux au moins en partie ; pétiole ridé, abdomen lisse et luisant. Les individus typiques sont d'un brun marron foncé avec les mandibules, les pattes, les antennes et parfois le devant du premier segment abdominal d'un jaune rougeâtre ; la massue des antennes est noirâtre ; le mesonotum est longitudinalement strié et les épines du metanotum sont assez longues. Long. 3-4 1/2mm. 5. **Tuberum**, Fab.

Var. **nigriceps** Mayr. Semblable au type, mais couleur plus foncée, presque noire ; cuisses brunes. Le mesonotum est plus grossièrement strié et les épines du metanotum sont plus courtes. Long. 4—4 1/2mm.

Var. **corticalis** Schenck. Facile à distinguer de toutes les autres variétés par son mesonotum lisse et luisant, sans stries longitudinales. Entièrement d'un brun marron foncé avec les pattes, les mandibules et les antennes, y compris la massue, d'un jaune rougeâtre. Épines du metanotum courtes. Long. 3 1/2—4mm.

Var. **affinis** Mayr. Variant du jaunâtre au brun

clair ; la massue des antennes, le milieu des cuisses, quelques taches sur le thorax et des bandes transversales plus ou moins confuses sur chacun des segments abdominaux, d'un brun noir. Mesonotum fortement strié. Épines du metanotum longues. Long. 4—4 1/2mm.

Var. **unifasciatus** Latr. Jaune ; massue des antennes, scutellum, articulations des ailes, quelques taches sur le thorax, une large bande sur le premier segment abdominal et une plus étroite sur chacun des suivants d'un brun noir. Mesonotum finement strié. Épines du metanotum très courtes, dentiformes. Long. 4—4 1/2mm.

Var. **interruptus** Schenck. Comme la variété précédente, mais couleurs *moins tranchées*, plus confuses. Épines du metanotum plus longues. Taille plus petite. Long. 3—4mm.

Var. **luteus** Forel. Semblable à *l'interruptus*, mais massue des antennes jaune et épines du metanotum encore plus longues. Long. 3—4mm.

Var. **Nylanderi** Foerst. Comme la var. *unifasciatus*, mais la massue des antennes est jaune et les épines métathoraciques sont assez longues. Long. 4—4 1/2mm.

Les femelles des autres variétés du *tuberum* ainsi que celles des **L. angulatus** Mayr, **tirolensis** Gredler, **clypeatus** Mayr, **angustulus** Nyl., et **nigrita** Em. ne me sont pas connues.

Mâles

1 Antennes de 12 articles ; scape plus court que le second article du funicule ; ce second article très long ; funicule s'épaississant insensiblement de la base à l'extrémité, sans former de massue distincte. Mandibules courtes, assez étroites, tronquées au sommet et sans dents. Cellule radiale ouverte et assez allongée. 2

— Antennes de 13 articles ; scape plus long que le second article du funicule ; ce second article de même longueur que les autres ; funicule avec une massue assez grêle mais bien distincte, de quatre articles. Mandibules armées de 4 à 5 dents. Cellule radiale fermée et assez courte, avec l'angle du sommet ordinairement arrondi. D'un noir brun ; mandibules, antennes, pattes et extrémité de l'abdomen d'un jaune ou d'un rougeâtre plus ou moins foncé. Chez les individus typiques, la tête, le thorax et la majeure partie du pétiole sont grossièrement rugueux et l'abdomen est lisse et luisant. Les deuxième à cinquième articles du funicule des antennes sont ordinairement près de deux fois aussi longs que larges. Long. 2 1/2-3 1/2mm.

5. **Tuberum**, Fab.

Si les variétés de cette espèce sont souvent difficile à reconnaître chez les ☿ et plus encore chez les ♀, on peut dire que leur distinction est à peu près impossible chez les ♂, car les différences dans la sculpture du thorax et dans la longueur des articles des antennes sont des caractères si inconstants qu'ils n'ont presque aucune valeur, et que mieux vaudrait peut-être les passer complètement sous silence. Toutefois, comme ces caractères ont été indiqués par quelques auteurs, je les rappellerai à propos des trois variétés suivantes qui seules sont connues, mais en répétant qu'on ne doit leur attribuer qu'une importance extrêmement faible.

Var. **Nylanderi** Foerst. Mesonotum lisse et luisant en avant, entre les lignes convergentes ; le reste du thorax et le pétiole luisants avec de très légères rugosités par places. Deuxième à cinquième articles du funicule environ deux fois aussi longs que larges. Long. 2 1/2—3 1/5mm

Var. **unifasciatus** Latr. Semblable, mais le mesonotum est finement et densément ridé en avant entre les lignes convergentes. Long. 2 1/2—3 1/2mm.

Var. **interruptus** Schenck. Thorax finement ridé, sauf l'extrémité antérieure du mesonotum qui est lisse et luisante. Deuxième à cinquième articles du funicule à peu près aussi longs que larges. Long. 2 1/3—2 3/4mm.

2 D'un brun noir souvent très foncé; mandibules brunes ainsi que les pattes, sauf les tarses et les articulations qui sont jaunâtres. Tout le corps et les pattes hérissés de longs poils blancs; antennes avec une pilosité plus courte. Long. 3 1/2-5mm. 1. **Acervorum**, FAB.

— D'un brun noir avec les mandibules d'un brun jaune. Pattes d'un brun clair. Dessus de la tête, thorax et abdomen avec des poils épars. Long. 3 1/2mm (D'après Mayr.) 2. **Muscorum**, NYL.

Les mâles des L. **flavicornis** Em., **angulatus** Mayr., **tirolensis** Gredler, **clypeatus** Mayr, **angustulus** Nyl., **nigrita** Em. et **Rottenbergi** Em. ne sont pas connus.

9e GENRE. — TEMNOTHORAX, MAYR.

τέμνω, je coupe; θωραξ, thorax.

(PL. XX.)

♀ Tête ovale, sensiblement plus longue que large. Epistome peu convexe, muni d'une carène médiane parfois peu distincte. Arêtes frontales faiblement sinuées. Aire frontale grande, profonde, mais mal limitée. Sillon frontal nul. Mandibules de largeur moyenne, armées de 5 dents. Palpes maxillaires de 5 articles; palpes labiaux de 3 articles. Antennes de 12 articles (fig. 4); scape long, dépassant l'occiput; funicule avec une massue allongée, de trois articles, qui est aussi longue que tous les précédents réunis; premier article du funicule plus long que le second, les articles 2 à 8 transverses et subégaux, le neuvième (premier de la massue) moins de deux fois aussi long que le précédent, le dernier un peu plus du double de l'avant dernier. Yeux de grandeur moyenne. Thorax fortement étranglé entre le mesonotum et le metanotum; ce dernier armé de deux dents ou de deux épines. Premier article du pétiole cylindrique en avant, chargé en arrière d'une arête ou nœud transversal ; second article nodiforme. Pattes peu allongées ; cuisses brusquement épaissies en leur milieu, cylindriques aux deux extrémités ; éperons simples. Abdomen petit, en ovale court, tronqué à la base, recouvert presque en entier par son premier segment. Facies des ♀ de *Pheidole*.

♀ Tête et pétiole comme chez l'ouvrière. Massue des antennes grêle et allongée, ses trois articles notablement plus longs que larges, le dernier à peine plus long que les deux précédents réunis. Thorax assez court, large, plan en dessus ; metanotum avec deux dents ou deux épines. Ailes avec une cellule cubitale et une cellule discoïdale ; la nervure transverse s'unit à la nervure cubitale à son point de partage ou avant ce point. Cellule radiale petite, fermée. Taille plus grande que celle de l'ouvrière. Facies des ♀ de *Leptothorax*.

♂ Epistome convexe en arrière, un peu concave en avant, chargé le plus souvent d'une carène médiane longitudinale. Aire frontale indistincte. Mandibules armées de 5 dents. Palpes comme chez l'ouvrière et la femelle. Antennes de 13 articles ; scape aussi long que les 4 ou 5 premiers articles du funicule réunis ; premier article du funicule assez épais, les suivants grêles et assez courts, les quatre derniers forment une massue longue et forte (fig. 5). Mesonotum avec deux sillons convergents qui n'atteignent pas son milieu et disparaissent avant de se réunir. Metanotum pourvu de deux tubercules ou peut-être (*Rogeri?*) de deux dents. Pétiole allongé, valvules génitales externes triangulaires, arrondies à l'extrémité. Ailes comme chez la femelle. Taille de l'ouvrière.

Ce genre ne comprend, jusqu'à ce jour, que deux espèces qui vivent en très petites sociétés et dont les mœurs paraissent analogues à celles des *Leptothorax*.

Ouvrières

1 Metanotum armé de deux fortes dents trian-

gulaires, à peine plus longues qu'elles sont larges à leur base. D'un jaune parfois un peu rougeâtre; dessus de la tête, milieu des cuisses, côtés du mesosternum et du metasternum brunâtres. Premier segment de l'abdomen entièrement brun à l'exception de sa base, les autres segments annelés de brun. Mandibules, épistome et partie antérieure des joues longitudinalement ridés; parties latérales du mesosternum et du metasternum ridées-granulées; metanotum transversalement rugueux; pétiole légèrement chagriné; le reste du corps lisse et luisant. Pilosité longue et peu serrée. Long. 2 1/2—3 1/5mm. 1. **Recedens**, Nyl. (fig. 1).

PATRIE : France méridionale, Espagne, Portugal, Tessin, Italie, Sicile et probablement toute l'Europe méridionale, mais assez rare partout.

Cette fourmi, aux allures vives et rapides, établit ses nids dans les rocailles, les interstices des murs, ou les sculpte dans l'écorce des arbres. Les mâles et les femelles paraissent en juillet.

— Metanotum armé de deux longues épines un peu arquées. Jaune, luisant; cuisses et abdomen, à l'exception de la base de ce dernier, bruns. Mandibules et épistome longitudinalement ridés; côtés du thorax ridés-granulés; le reste du corps lisse et hérissé de longues soies plus rares sur les pattes. Long. 3mm. (D'après Mayr.) 2. **Rogeri**, Emery.

PATRIE : Grèce.

Cette espèce qui ne m'est pas connue en nature, ne paraît se distinguer de la précédente que par la longueur des épines de son metanotum, et n'est peut-être qu'une variété du *recedens*.

Femelles.

1 Metanotum armé de deux fortes dents trian-

gulaires et pas plus longues qu'elles sont larges à leur base. D'un jaune parfois un peu rougeâtre ; dessus de la tête, côtés du mesosternum et du metasternum, scutellum, postscutellum, articulations des ailes et dessus des articles du pétiole plus ou moins bruns ou noirâtres; premier segment de l'abdomen entièrement brun, à l'exception de sa base ; les autres segments annelés de brun. Joues, derrière de la tête, côtés du mesosternum et du metasternum plus ou moins rugueux; metanotum transversalement ridé entre les épines, nœuds du pétiole chagrinés ; le reste du corps lisse et luisant. Pilosité longue et peu serrée. Long. 4—4 1/2mm. 1. **Recedens**, Nyl (fig.2)

— Metanotum armé de deux longues épines. Le reste comme l'espèce précédente. (D'après Roger.) 2. **Rogeri**, Emery.

Mâles

— Tête rugueuse. Côtés du thorax et premier article du pétiole faiblement rugueux. Le reste lisse et luisant. Ailes presque hyalines. Dents des mandibules rouges. D'un jaune brunâtre clair; abdomen annelé de brun avec le premier segment presque entièrement de cette couleur. Tête et côtés du thorax bruns ou brunâtres ; antennes et pattes pâles. Long. 2 3/4-3mm. (D'après Forel.) 1. **Recedens**, Nyl. (fig. 3).

M. Forel, en décrivant cet insecte, fait observer que les individus qu'il a eus sous les yeux étant fraichement éclos, il se pourrait que la couleur des téguments ne fut pas tout-à-fait normale.

Le mâle du T. **Rogeri** Em. n'est pas connu.

10e GENRE. — STENAMMA, Westw., nec auctorum (1)

(*Asemorhoptrum* Mayr.)

στένος, resserré ; ἅμμα, nœud.

(PL. XX)

☿ Tête quadrangulaire, plus longue que large. Epistome triangulaire, chargé en son milieu de deux fines carènes longitudinales, convergentes en arrière et entre lesquelles il est un peu concave. Arêtes frontales courtes, à peine divergentes. Aire frontale profondément empreinte, plane, plus longue que large, sans limite distincte du côté de l'épistome et formant avec lui un angle obtus. Mandibules larges, armées de 8 à 9 dents dont l'antérieure est longue et pointue. Palpes maxillaires de 4 articles ; palpes labiaux de 3 articles. Antennes de 12 articles (fig. 8) ; scape n'atteignant pas le derrière de la tête ; premier article du funicule presque deux fois aussi long que large, les suivants, d'abord très courts, vont en s'allongeant et en s'épaississant beaucoup jusqu'à l'extrémité, mais cet épaississement a lieu d'une manière graduelle et sans former de massue limitée à un certain nombre d'articles ; le dernier article du funicule est presque aussi long que les trois précédents réunis. Yeux très petits, situés un peu en avant du milieu de la tête. Thorax à épaules arrondies, un peu étranglé entre le mesonotum et le metanotum; ce dernier armé de deux fortes dents triangulaires, aiguës à l'extrémité. Premier article du pétiole longuement cylindrique en avant, nodiforme en arrière ; second article nodiforme. Abdomen ovale, non tronqué à la base et recouvert presque en entier par son premier segment. Pattes robustes ; éperons simples.

♀ Tête, épistome, arêtes frontales, aire frontale, mandibules,

(1) Voir ci devant, page 271, les explications que j'ai données au sujet de la confusion que tous les auteurs ont faite entre les genres *Stenamma* et *Formicoxenus*.

palpes et antennes comme chez l'ouvrière. Yeux de grosseur moyenne ; ocelles assez petits. Thorax court et assez élevé ; mesonotum recouvrant presque en entier le pronotum ; metanotum armé de deux dents aiguës, dirigées en arrière et en haut. Pétiole et abdomen tout à fait comme chez l'ouvrière. Ailes avec une cellule cubitale et une cellule discoïdale ; la nervure transverse s'unit à la nervure cubitale à son point de partage. Taille un peu plus grande que celle de l'ouvrière.

♂ Tête (fig. 9) un peu plus longue que large, légèrement rétrécie en arrière. Mandibules tantôt larges et armées de 4 à 5 dents aiguës, tantôt assez étroites, à bord terminal court et muni seulement de 3 dents dont l'antérieure est la plus forte. Arêtes frontales courtes. Yeux gros, convexes, situés à la partie antérieure des côtés de la tête. Ocelles non placés sur une éminence du vertex. Antennes de 13 articles ; scape épaissi à l'extrémité, à peu près aussi long que les trois premiers articles du funicule ; funicule s'épaississant légèrement de la base à l'extrémité, mais sans former de massue limitée ; son premier article conique, plus épais et un peu plus court que le second, celui-ci allongé, un peu plus long que le troisième, les suivants grandissent peu à peu, le dernier est plus long que les deux précédents réunis. Thorax à peu près aussi large que haut ; pronotum invisible en dessus ; mesonotum avec deux lignes convergentes parfois superficielles ; metanotum médiocrement allongé, avec une face basale oblique et une face verticale un peu concave transversalement ; au point de jonction de ces deux faces se trouve, de chaque côté, une petite dent courte et pointue. Premier article du pétiole très allongé, cylindrique en avant, nodiforme en arrière (fig. 10) ; second article nodiforme et à peu près aussi long que large. Abdomen en ovale allongé. Ailes comme chez la femelle. Taille de l'ouvrière.

Ce genre dont le mâle a été longtemps attribué au *Formicoxenus* (Voir ci-dessus page 271), ne comprend qu'une seule espèce peu commune et dont les mœurs sont inconnues.

Ouvrière

— Ferrugineux ; antennes, pattes et dessous de

l'abdomen plus clairs ; tête et thorax plus ou moins rembrunis en dessus ; disque de l'abdomen noirâtre. Front longitudinalement strié, le reste de la tête grossièrement réticulé ; thorax fortement rugueux, à l'exception de la face déclive du metanotum qui est presque lisse et luisante ; pétiole légèrement ridé ; abdomen lisse et luisant. Pilosité et pubescence peu abondantes. Long. 3 1/4-3 1/2mm.

1. **Westwoodi**, Westw. (Fig. 6.)

Patrie : Europe centrale et méridionale.

Cette espèce affectionne les lieux ombragés, les bois et les forêts. Elle fait son nid en terre, sous la mousse, les feuilles mortes, et sa retraite très dissimulée est fort difficile à découvrir. Schenck, Smith et Von Hagens ont souvent trouvé ses ouvrières dans le voisinage ou même dans l'intérieur des nids des *Lasius fuliginosus* et *brunneus* ainsi que des *Formica rufa* et *fusca*, mais ces faits doivent être accidentels et les *Stenamma* ne peuvent être considérés comme des hôtes ou des parasites d'autres espèces de fourmis.

Femelle

Couleur et sculpture de l'ouvrière ; tête et thorax parfois plus noirâtres en dessus. Long. 5mm.

1. **Westwoodi**, Westw.

Mâle

D'un brun noir, passant au rougeâtre sur le pronotum, le dessus et les côtés du thorax, le pétiole et le bord des segments de l'abdomen ; mandibules, antennes et pattes testacées ou d'un testacé rougeâtre, cuisses un peu rembrunies. Tête chargée de rides longitudinales ordinairement assez fortes ; elle est mate sauf l'aire frontale et une fossette allongée en avant de l'ocelle antérieur, qui sont plus lisses et assez luisantes. Thorax un peu moins fortement ridé et plus luisant, surtout sur la partie du mesonotum comprise entre les lignes convergentes; côtés du metanotum finement ridés, ses faces basale et déclive lisses et luisantes. Pétiole finement ridé, dessus des nœuds lisse et luisant ainsi que l'abdomen. Tout le corps revêtu d'une pubescence assez éparse. Pilosité peu abondante et parfois presque nulle. Ailes légèrement enfumées de jaunâtre; stigma et nervures pâles. Long. 3 1/2mm.

1. **Westwoodi**, Westw. (fig. 7).

11e GENRE. — MYRMICA, Latr.

(*Manica* Jurine)

μύρμηξ, ηκος, fourmi.

(Pl. XXI)

☿ Tête en ovale court, ou quadrangulaire avec les angles postérieurs arrondis. Epistome très convexe, arrondi en arrière. Arêtes frontales courtes, sinuées. Aire frontale triangulaire, aiguë en arrière. Mandibules larges, dentées. Palpes maxillaires de 6 articles; palpes labiaux de 4 articles. Antennes de 12 articles (fig 4 à 7); scape arqué ou coudé vers sa base; funicule épaissi à l'extrémité, terminé par une massue de 3, 4 ou 5 articles; son premier article est plus long que le second, les 5 suivants sont aussi longs ou à peine plus longs que larges; les autres s'allongent plus ou moins, mais les 3 derniers réunis sont plus courts que le reste du funicule. Yeux de grandeur moyenne, situés un peu en avant du milieu des côtés de la tête. Thorax ordinairement peu ou pas sillonné en dessus entre le mesonotum et le metanotum; chez une seule espèce (*rubida*), il est fortement étranglé entre ces deux segments. Pronotum à épaules arrondies; metanotum ordinairement armé de deux dents, rarement inerme. Premier article du pétiole cylindrique en avant, nodiforme en arrière; second article nodiforme et à peu près aussi long que large. Abdomen ovale, non tronqué à la base, recouvert aux deux tiers par son premier segment. Cuisses intermédiaires et postérieures claviformes; éperons pectinés.

♀ Caractères de l'ouvrière. Ailes avec une cellule cubitale à demi divisée et une cellule discoïdale. Taille un peu supérieure à celle de l'ouvrière.

♂ Epistome et palpes comme chez l'ouvrière et la femelle. Mandibules plus ou moins larges, dentées. Antennes de 13 articles; scape de longueur variable; funicule le plus souvent légèrement claviforme (fig. 8), rarement (*rubida*) filiforme; son premier article est plus court que le second, les suivants sont plus ou moins allongés. Yeux gros et convexes. Mesonotum creusé de deux sillons convergents; metanotum inerme, bidenté ou bituberculeux. Nœuds du pétiole très arrondis en dessus et presque globuleux. Eperons pectinés. Ailes comme chez la femelle. Taille de l'ouvrière ou à peine plus grande.

Les Myrmica sont des fourmis robustes et intelligentes, à allures calmes et à vie ouverte. Elles recherchent avidement les pucerons et les élèvent fréquemment dans leurs nids, en leur construisant même des retraites spéciales. L'audace de certaines espèces est remarquable et favorisée par la puissance de leur aiguillon dont l'atteinte n'est pas toujours indifférente à l'homme.

On en connait une quinzaine d'espèces répandues en Europe, en Asie et en Amérique.

Ouvrières

1 Mandibules armées de deux fortes dents en avant et de 13 à 14 plus petites et assez régulières derrière celles-ci. Massue des antennes de 5 articles (fig. 4). Thorax fortement étranglé

en dessus, entre le mesonotum et le metanotum; ce dernier sans épines, muni seulement de deux tubercules. D'un rouge jaunâtre ou brunâtre, abdomen noirâtre au milieu. Tête et thorax striés; disque du pronotum et du second article du pétiole lisse et luisant ainsi que l'abdomen; le reste du pétiole finement rugueux. Long. 7-8 1/2mm. 8. **Rubida**, LATR.

PATRIE : Régions alpines et subalpines de l'Europe centrale et méridionale, Géorgie, Turquie d'Asie. M. le Dr Paolo Magretti m'en a envoyé des exemplaires capturés sur le mont Stelvio à 1800 mètres d'altitude.

Fait son nid en terre, sous les pierres, dans les endroits sablonneux et humides, le long des ruisseaux ou des rivières. Parfois l'entrée de ses galeries est cratériforme comme celles de certains *Aphænogaster*, mais ce cas est exceptionnel.

Cette fourmi est la plus redoutable de toutes les espèces de notre faune, sa piqûre est très-sensible, même pour l'homme, et peut être comparée à celle d'une guêpe. J'ai toutefois constaté qu'elle n'est pas très irritable et qu'on peut même, avec certaines précautions, la prendre à la main sans qu'elle fasse usage de son aiguillon.

Les mâles et les femelles volent au milieu de l'été.

— Mandibules munies de 7 à 8 dents. Massue des antennes de 3 ou 4 articles (fig. 5 à 7). Thorax non ou faiblement interrompu en dessus, entre le mesonotum et le metanotum; ce dernier armé de deux épines. Taille moins grande. 2

2 Scape des antennes arqué près de sa base mais non géniculé à angle droit (fig. 5 et 6). 3

— Scape des antennes géniculé à angle droit près de sa base; la partie convexe du genou le plus souvent munie d'une dent ou d'un lobe saillant. Massue du funicule de trois articles (fig. 7). 6

3 Scape des antennes insensiblement arqué

et cylindrique près de sa base ; l'arc grand, de beaucoup moins de 90 degrés (fig. 5). Massue du funicule de quatre articles. Côtés de la tête grossièrement réticulés ; les mailles sont grandes, presque lisses et luisantes. Aire frontale lisse et luisante. 4

— Scape des antennes brusquement arqué près de sa base; l'arc court, se rapprochant de 90 degrés (fig. 6). Massue du funicule de trois articles. Aire frontale striée sur toute sa surface ou seulement sur son extrémité postérieure. Epines du metanotum aussi longues que sa face basale. 5

4 Pétiole presque lisse, seulement avec quelques faibles rides latérales; metanotum lisse et luisant entre les épines qui sont plus courtes que sa face basale. Tout le corps moins rugueux que chez les autres espèces. D'un rouge plus ou moins jaunâtre avec le dessus de la tête et de l'abdomen brunâtre. Long. 4-5mm.

1. **Lævinodis**, Nyl. (fig. 1

Patrie : Europe centrale et méridionale, Sibérie, Turkestan, Amérique du Nord.

Habite les lieux humides et ombragés, les bois, les marais, le voisinage des ruisseaux et des rivières. Ses nids sont simplement minés en terre et établis, soit à découvert, soit sous les mousses ou les pierres. Ils ne sont jamais surmontés de monticules de terre ou dômes permanents, mais sont souvent pourvus de dômes temporaires. Cette fourmi établit aussi, mais moins fréquemment, ses nids dans les vieux troncs d'arbres. Elle prend grand soin de ses pucerons qu'elle renferme souvent dans des cases en terre.

La *Myrmica lævinodis* est d'humeur assez agressive; la piqûre de son aiguillon est sensible, mais la douleur qu'il produit n'est ni vive ni persistante.

Les sexes ailés s'accouplent de juillet à septembre.

— Pétiole grossièrement ridé et même sillonné

sur les côtés: Metanotum transversalement ridé entre les épines qui sont aussi longues que sa face basale. Tout le corps plus rugueux que chez l'espèce précédente. Même coloration. Long. 5-5 1/2mm. 2. **Ruginodis**, Nyl.

Patrie: Europe centrale et méridionale, Turkestan, Géorgie, Amérique du Nord.

Cette espèce, dont les nids sont analogues à ceux de la précédente, habite les lieux incultes ou ombragés, le bord des routes, la lisière ou les clairières des bois. Elle s'élève souvent plus haut que la *lœvinodis* et atteint la région alpine. Son aiguillon est assez fort mais ses effets sont peu durables.

La réunion des sexes ailés a lieu de juillet à septembre.

5 Aire frontale couverte de stries longitudinales grossières; mailles des côtés de la tête lisses et luisantes; stries du front fortes et peu serrées. Pétiole grossièrement rugueux; metanotum lisse et luisant entre les épines. D'un rouge brunâtre, dessus de la tête et abdomen d'un brun noir. Long. 5-6mm. 3. **Sulcinodis**, Nyl.

Patrie: Europe septentrionale et centrale, Sibérie, Nord de la Chine.

Cette espèce exclusivement alpine, au moins dans l'Europe centrale, atteint souvent de grandes élévations. Elle habite les hauts pâturages où elle fait son nid en terre, sous les pierres, et plus rarement dans les rocailles.

Les mâles et les femelles volent en août et septembre.

— Aire frontale lisse et luisante, sauf à sa partie postérieure où elle porte quelques stries; mailles des côtés de la tête mates, granulées; stries du front fines et serrées. Pétiole finement ridé, un peu granulé, avec quelques sillons longitudinaux; metanotum lisse et luisant entre les épines. D'un jaune rougeâtre; dessus de la tête et de l'abdomen plus ou moins brun. Long. 3 1/2-4 1/2mm. 4. **Rugulosa**, Nyl.

PATRIE : Europe centrale et méridionale, Turkestan.

Cette fourmi, assez rare, affectionne les lieux secs, les prairies, les broussailles, où elle creuse ses nids en terre.

D'après Meinert les sexes ailés s'accouplent en septembre.

6 Partie coudée du scape des antennes chargée extérieurement d'un lobe ou d'une écaille transversale, paraissant (vue de profil) comme une épine placée sur le scape (fig. 7), et qui parfois s'efface plus ou moins, (var **lobulicornis** Nyl.) ; la partie concave du coude est plutôt arquée qu'anguleuse. Aire frontale avec de grosses stries longitudinales. Metanotum lisse et luisant entre les épines qui sont un peu plus courtes que sa face basale. D'un brun rougeâtre sale, pattes plus claires ; le plus souvent le dessus de la tête et de l'abdomen, quelquefois tout le corps d'un brun noirâtre. Long. 4-6mm.

5. **Lobicornis**, Nyl.

PATRIE : Europe, Sibérie, Turkestan, Amérique du Nord.

C'est une espèce alpine qui se trouve rarement dans la plaine. Elle établit ses nids en terre ou dans les rocailles et se plaît dans les lieux arides, secs et sablonneux. Elle est d'humeur assez douce et la piqûre de son aiguillon est peu sensible.

Les mâles et les femelles volent en août et en septembre.

La M. *sabuleti* Meinert n'est qu'une variété ou plutôt une aberration de cette espèce fondée surtout sur la présence de deux cellules cubitales complètes aux ailes antérieures du mâle. J'ai vu moi-même un exemplaire du même sexe dont l'une des ailes était normale et dont l'autre présentait la nervulation aberrante signalée par Meinert.

— Partie coudée du scape des antennes soit simple, soit chargée d'un petit lobe oblique ou d'une petite dent obtuse ; le coude est ordinairement anguleux à sa concavité. Aire frontale lisse et luisante, sauf à sa partie postérieure où les stries du front se continuent souvent sur elle. Metanotum finement rugueux entre les épines qui sont aussi longues que sa face basale. D'un rouge jaunâtre ou brunâtre, dessus de la tête et de l'abdomen plus ou moins rembruni. Long. 4-5 1/2^{mm}. 6. **Scabrinodis**, Nyl.

Patrie : Europe, Asie Mineure, Géorgie, Turkestan, Amérique du Nord.

Cette espèce s'élève moins haut que la précédente et habite surtout la plaine. Ses nids, analogues à ceux de la précédente, sont également établis dans les lieux secs, dans les prairies, au bord des routes, etc. Elle sait, comme la plupart de ses congénères, construire des cases en terre pour abriter ses pucerons.

La M. *scabrinodis* est d'humeur peu belliqueuse et son aiguillon assez faible n'est pas à redouter. Elle supplée toutefois à la force par la ruse et l'adresse, et ses instincts pillards s'exerçent aux dépens d'autres espèces dont elle va ravir la proie jusque dans leurs nids. On la voit aussi souvent assister aux combats que se livrent les grosses fourmis et s'emparer des morts restés sur le champ de bataille, comme le font les *Tapinoma* dont elle partage les mœurs carnassières.

Le vol nuptial des sexes ailés a lieu en août et en septembre.

Les six espèces précédentes ont été démembrées par Nylander de la *M. rubra* L. dont le nom a disparu faute de pouvoir être appliqué à l'une plutôt qu'à l'autre de ses subdivisions. M. Forel a de nouveau réuni les espèces de Nylander comme simples races de la *M. rubra*, et a indiqué des races de transition auxquelles il a donné les noms de **ruguloso-scabrinodis, ruginodo-lævinodis, scabrinodo-lobicornis** et **sulcinodo-ruginodis.**

Je ne connais pas l'ouvrière de la M. **granulinodis** Nyl. de Sibérie, dont la femelle et le mâle ont été seuls et très incomplètement décrits par Nylander. Il ne me paraît même pas certain que cette espèce ne soit pas une simple variété de la *scabrinodis*.

Femelles

1 Mandibules munies de deux fortes dents en

avant et de 13 à 14 plus petites derrière celles-ci. Massue des antennes de 5 articles. Metanotum pourvu de deux dents très obtuses. D'un rouge brunâtre, rarement jaunâtre ; mandibules, bords du scutellum et une bande mal limitée sur le bord postérieur du premier segment abdominal noirâtres. Long. 9 1/2-12mm.

8. **Rubida**, Latr.

— Mandibules munies de sept à huit dents. Massue des antennes de trois ou quatre articles. Metanotum armé de deux épines. Taille plus petite. 2

2 Scape des antennes arqué près de sa base, mais non géniculé à angle droit. 3

— Scape des antennes géniculé à angle droit près de sa base, la partie convexe du genou le plus souvent armée d'une dent ou d'un lobe saillant ; massue des antennes de trois articles. Epines du metanotum deux ou trois fois aussi longues qu'elles sont larges à leur base. 6

3 Scape des antennes insensiblement arqué et cylindrique près de sa base ; l'arc grand, de beaucoup moins de 90 degrés ; massue du funicule de 4 articles. Côtés de la tête grossièrement réticulés ; les mailles sont grandes, presque lisses et luisantes. Aire frontale lisse et luisante. 4

— Scape des antennes brusquement arqué près de sa base ; l'arc court, se rapprochant de 90 degrés ; massue du funicule de trois articles. Aire frontale striée sur toute sa surface ou seulement sur son extrémité postérieure. Metanotum lisse et luisant entre les épines qui sont deux ou trois fois aussi longues qu'elles sont larges à leur base. 5

4 Epines du metanotum courtes, pas plus longues qu'elles sont larges à leur base ; leur intervalle lisse et luisant. Pétiole presque lisse, seulement avec quelques faibles rides latérales. D'un rouge jaunâtre ou brunâtre, dessus de la tête, bord postérieur du pronotum, une tache à l'articulation des ailes, la plus grande partie du scutellum et souvent le disque du premier segment de l'abdomen, bruns ou noirâtres. Long. 6 1/2-7mm. 1. **Lævinodis**, Nyl.

— Epines du metanotum environ trois fois aussi longues qu'elles sont larges à leur base ; leur intervalle transversalement ridé. Pétiole grossièrement rugueux, avec de profonds sillons latéraux. Couleur et taille de la précédente espèce. 2. **Ruginodis**, Nyl. (Fig. 2).

5 Aire frontale entièrement striée. Mailles des côtés de la tête lisses et luisantes ; stries du front grossières et peu serrées. Pétiole fortement rugueux ou sillonné. D'un brun rougeâtre ; mandibules, antennes et pattes d'un jaune brunâtre ; tête, abdomen, scutellum et diverses taches sur le thorax d'un brun noirâtre. Long. 6 1/2-7mm. 3. **Sulcinodis**, Nyl.

— Aire frontale en partie striée. Mailles des côtés de la tête mates, granulées ; stries du front fines et serrées. Pétiole finement ridé et sillonné. D'un rouge jaunâtre ou brunâtre, dessus de la tête, bord postérieur du pronotum, une tache à l'articulation des ailes, la plus grande partie du scutellum et souvent le disque du premier segment de l'abdomen, bruns ou noirâtres. Long. 5 1/2-6 1/2mm. 4. **Rugulosa**, Nyl.

6 Partie coudée du scape des antennes chargée extérieurement d'un lobe ou d'une écaille trans-

versale ; le coude arrondi et arqué à sa partie concave. Aire frontale longitudinalement striée. Metanotum lisse et luisant entre les épines qui sont à peu près deux fois aussi longues que larges à leur base. D'un brun rouge sale ; dessus de la tête, du thorax et de l'abdomen d'un brun noir ; quelquefois le thorax est tacheté de brun ou de rougeâtre, et l'abdomen est rougeâtre à sa base et à son sommet. Long. 5-6 1/2mm. 5. **Lobicornis**, Nyl.

— Partie coudée du scape des antennes soit simple, soit chargée d'un petit lobe oblique ou d'une petite dent obtuse ; le coude ordinairement anguleux à sa concavité. Aire frontale lisse et luisante. Metanotum transversalement rugueux entre les épines qui sont trois fois aussi longues que larges à leur base. D'un rouge jaunâtre ; dessus de la tête, abdomen et plusieurs taches sur le thorax, bruns. Long. 5 1/2-6 1/2mm. 6. **Scabrinodis**, Nyl.

Ne connaissant pas en nature la *M. granulinodis*, je n'ai pu la comprendre dans le présent tableau et je me bornerai à reproduire ici la description très insuffisante qui en est donnée par Nylander.

7. **granulinodis**, Nyl. Tout à fait semblable à la *M. scabrinodis* ♀, mais le coude du scape des antennes n'est pas excavé en avant, les dilatations des arêtes frontales sont un peu plus petites, les nœuds du pétiole sont roux et un peu plus fortement granuloso-rugueux.

N.-B. — On remarque entre les femelles des espèces démembrées de la *M. rubra* L. les mêmes transitions que celles qui ont été indiquées chez les ouvrières.

Mâles

1 Mandibules larges, armées de deux grandes dents en avant et de 13 à 14 plus petites derrière celles-ci. Scape des antennes un peu plus court

que les deux premiers articles du funicule qui est filiforme et sans massue distincte. Metanotum sans dents ni tubercules. Noir ; moitié terminale du funicule, articulations des pattes, tarses et sommet de l'abdomen d'un rouge brunâtre ou jaunâtre. Tête longitudinalement striée en dessus ; thorax rugueux, metanotum avec des stries transversales en arrière ; pétiole finement ridé, disque des nœuds presque lisse et luisant ; abdomen lisse et très luisant. Tout le corps abondamment pourvu de longs poils dressés. Long. 8 1/2-10mm. 8. **Rubida**, Latr.

— Mandibules armées d'environ 4 à 8 dents. Scape des antennes aussi long ou plus long que les deux premiers articles du funicule qui se termine par une massue faible (fig. 8). Pilosité abondante et plus ou moins relevée. Taille plus petite. **2**

2 Scape des antennes à peu près moitié aussi long que le funicule (fig. 8) ; massue de 4 à 5 articles. **3**

— Scape des antennes long seulement comme les deux ou trois premiers articles du funicule ; massue de 4 articles. **6**

3 Scape arqué près de sa base (fig. 8). **4**

— Scape coudé presque à angle droit près de sa base. Massue du funicule assez épaisse et distincte, de 4 articles. Aire frontale lisse ou à peine striée ; tête et thorax striés ou ridés ; devant du mesonotum et face déclive du metanotum lisses et luisants ; pétiole finement ridé, sauf le disque de son second nœud qui est lisse et luisant ainsi que l'abdomen. Pattes revêtues de poils obliques, assez courts. Noirâtre, luisant ; mandibules, tarses, massue des antennes articulations des pattes et sommet de l'abdomen, roussâtres. Long. 5-6mm. 5. **Lobicornis**, Nyl.

4 Aire frontale luisante, lisse, ou avec des rides extrêmement fines. Massue du funicule de 5 articles (fig. 8). 5

— Aire frontale avec des stries longitudinales grossières. Massue des antennes assez épaisse et distincte, de 4 articles. Pilosité longue et abondante. Tête assez fortement et longitudinalement striée; thorax et pétiole ridés, sauf le devant du mesonotum, la face déclive du metanotum et le disque du second nœud du pétiole qui sont lisses et luisants ainsi que l'abdomen. D'un brun noir, luisant; mandibules, funicule des antennes, pattes et quelquefois aussi l'extrémité de l'abdomen plus ou moins roussâtres. Long. 5 1/2-6mm. 3. **Sulcinodis**, Nyl.

Tibias intermédiaires et postérieurs munis de longs poils fins, presque perpendiculaires. Tête et thorax finement striés ou ridés; dessus du mesonotum, devant du scutellum, face déclive du metanotum, nœuds du pétiole et abdomen lisses et luisants. D'un brun noirâtre; mandibules, funicule des antennes et pattes plus clairs ainsi que souvent l'extrémité de l'abdomen. Long. 5 1/2-6mm. 1. **Lævinodis**, Nyl. (fig. 3)

Tibias intermédiaires et postérieurs avec des poils courts, très obliques, presque couchés. Couleur de l'espèce précédente, mais sculpture un peu plus forte, scutellum et mesonotum plus rugueux, ce dernier n'étant lisse qu'entre les lignes convergentes. La taillle est aussi généralement plus grande et se rapproche plus fréquemment de son maximum. Long. 5 1/2-6mm.
2. **Ruginodis**, Nyl.

6 Front et vertex finement granulés et n'ayant que quelques rugosités longitudinales; thorax ridé, sauf le devant du mesonotum et la face déclive du metanotum qui sont lisses et luisants; pétiole finement rugueux, disque du second nœud et abdomen lisses et luisants. Cuisses postérieures non épaissies au milieu. Tarses avec des poils peu abondants et obliques. D'un brun noir, luisant; mandibules, funicule des antennes, tarses et extrémité de l'abdomen d'un jaune roussâtre. Long. 4 1/2-4 $3/4^{mm}$.

4. **Rugulosa**, Nyl.

— Front et vertex finement granulés et fortement rugueux longitudinalement. Cuisses postérieures un peu épaissies au milieu. Tarses, ainsi que tout le corps, abondamment pourvus de longs poils presque perpendiculaires, ceux du funicule des antennes ayant parfois une apparence verticillée. Le reste des caractères comme chez l'espèce précédente. Taille plus grande. Long. 5 1/2-6^{mm}. 6. **Scabrinodis**, Nyl.

Voici la description que donne Nylander du mâle de la *M. granulinodis* qui ne m'est pas connu en nature.

7. **Granulinodis**, Nyl. Semblable au mâle de la *M. scabrinodis*, mais le scape est légèrement arqué à la base et dépasse peu en longueur le tiers de toute l'antenne, il est à peu près long comme les sept premiers articles du funicule ; ce dernier est modérément poilu, ses articles apicaux sont un peu plus épais que les autres; l'antenne tout entière est à peine plus longue que le funicule du *ruginodis*. Les pattes sont presque glabres, légèrement pubescentes; les pleures et le metanotum sont un peu striés en long ; les ailes, de même que celles de la femelle, sont un peu plus claires que chez le *scabrinodis*; les nervures et le stigma sont d'un jaunâtre cendré, tandis que, chez le *scabrinodis*, le stigma est un peu plus obscur.

N.-B. — Les mâles des différentes espèces démembrées de la *M. rubra* L. présentent entre eux de nombreuses transitions, ce qui en rend la distinction souvent fort difficile.

12e GENRE. — CARDIOCONDYLA, Emery.

καρδία, cœur; κονδυλος, article.

(Pl. XXI)

☿ Tête plus longue que large. Epistome arrondi en avant, cachant la base des mandibules, tout en restant éloigné de ces dernières; il forme postérieurement un angle obtus avec l'aire frontale qui est profondément empreinte. Arêtes frontales droites. Mandibules larges, dentées. Yeux de grandeur moyenne, situés vers le milieu des côtés de la tête. Antennes de 12 articles dont les trois derniers sont aussi longs que les précédents articles du funicule réunis (fig. 11). Scape n'atteignant pas le derrière de la tête; premier article du funicule trois fois aussi long que le suivant, les articles 2 à 8 courts et subégaux, les trois derniers forment une massue grande et épaisse, le dernier est aussi long ou plus long que les trois précédents réunis. Thorax robuste, étranglé entre le mesonotum et le metanotum, ce dernier armé de deux épines. Pétiole allongé; son premier article longuement cylindrique en avant, nodiforme en arrière, le second large, cordiforme ou en ovale court, plus de deux fois aussi large que le nœud du premier article (fig. 13 et 14). Abdomen ovale, plus convexe en dessous qu'en dessus, recouvert presque en entier par son premier segment.

♀ Tête comme chez l'ouvrière, mais plus courte et munie sur le vertex de trois ocelles peu saillants. Thorax allongé; pronotum visible en dessus, metanotum armé de deux épines. Pétiole et abdomen comme chez l'ouvrière. Ailes avec une cellule cubitale petite et sans cellule discoïdale; la nervure cubitale n'est pas divisée et se termine peu après sa rencontre avec la nervure transverse, de sorte que la cellule radiale n'existe pas ou est à peine amorcée; le stigma est situé aussi près ou plus près de la base de l'aile que de son extrémité, contrairement à ce qu'on observe chez la plupart des autres fourmis (fig. 15). Taille un peu plus grande que celle de l'ouvrière.

♂ Tête comme chez l'ouvrière et la femelle. Antennes de 13 articles, tous plus longs que larges; scape de la longueur des sept ou huit premiers articles du funicule; premier article du funicule pas plus long que le second, les derniers s'allongent et s'épaississent insensiblement mais sans former de massue limitée; le dernier article est plus long que les deux précédents réunis (fig. 12). Thorax peu allongé; mesonotum sans sillons convergents; métanotum armé de deux épines. Pétiole et abdomen comme chez l'ouvrière et la femelle; ailes comme celles de cette dernière. Taille à peine plus grande que celle de l'ouvrière.

Ce genre curieux ne renferme, jusqu'à ce jour, que trois espèces dont l'une est originaire de l'Inde et de la Polynésie, et dont les deux autres font partie de notre faune.

Les mœurs des *Cardiocondyla* sont encore inconnues.

Ouvrières

1 Dernier article du funicule à peine plus long que les trois précédents réunis. Epines du métanotum moins longues que l'intervalle de leur base. Premier nœud du pétiole (vu en dessus) paraissant en ovale transverse, visiblement plus large que long; second nœud fortement transversal, presque deux fois aussi large que long, largement échancré en avant, fortement rétréci en arrière, courtement cordiforme (fig. 13). Noir ou d'un brun noir; mandibules, antennes, articulations des pattes, tarses et partie cylindrique du premier article du pétiole d'un testacé plus ou moins pâle; massue ordinairement rembrunie. Epistome et aire frontale presque lisses et luisants; joues longitudinalement ridées, le reste de la tête mat, très finement chagriné et couvert de petites fossettes rondes, superficielles, portant chacune en leur milieu un

point piligère. Thorax assez luisant, très finement chagriné et marqué de points piligères fins et serrés. Nœuds du pétiole et abdomen lisses et luisants, revêtus d'une pubescence assez abondante. Long. 2 1/5-2 1/2mm. **1. Elegans**, Em.

Patrie : France méridionale, Espagne, Italie, Palestine, Turkestan.

Nids en terre ou dans les interstices des murailles.

Dernier article du funicule très épais et visiblement plus long que les trois précédents réunis. Epines du metanotum aussi longues que l'intervalle de leur base. Premier nœud du pétiole (vu en dessus) paraissant en ovale allongé, distinctement plus long que large ; second nœud en ovale transverse, à peine plus large que long, peu ou pas échancré antérieurement, à peine rétréci en arrière et non cordiforme (fig. 14). D'un jaune rougeâtre ; pattes et scape des antennes plus clairs, massue d'un brun foncé, abdomen noir ou d'un brun noir. Tête et thorax peu luisants, très finement rugueux et marqués de petites fossettes serrées dans chacune desquelles il existe un point piligère. Premier nœud du pétiole très finement pointillé ; second nœud presque lisse et très luisant ainsi que l'abdomen. Pétiole et abdomen avec une pubescence fine et assez serrée. Long. 1 1/2-1 3/4mm.

2. Emeryi, Forel, (fig. 9).

Patrie : Jaffa (Palestine), Antille Saint-Thomas.

Femelles

1 Tête mate, rugueuse et densément couverte de points fossettes ; pronotum, mesonotum et devant du scutellum avec de semblables points moins serrés, assez luisants entre les points ; une ligne médiane longitudinale sur le mesonotum,

derrière du scutellum et intervalle des épines du metanotum luisants ; pétiole et abdomen lisses et luisants. Tout le corps revêtu d'une pubescence peu serrée, plus abondante sur l'abdomen. D'un brun noir : mandibules, antennes, articulations des pattes, tarses et partie cylindrique du premier article du pétiole d'un testacé plus ou moins pâle ; massue des antennes et milieu des cuisses brunâtres. Long. 3mm. (D'après Emery). 1. **Elegans**, Emery.

La femelle du **C. Emeryi** n'est pas connue.

Mâles

1 D'un testacé rougeâtre ; dessus de la tête et des nœuds du pétiole, funicule des antennes et quelques taches sur le thorax plus ou moins noirâtres ; abdomen d'un noir brun. Tête et thorax mats, couverts de petites fossettes arrondies, au fond de chacune desquelles existe un point piligère. Pétiole presque lisse et assez luisant ; abdomen lisse et très luisant. Pilosité nulle ; pubescence fine et peu serrée. Ailes presque hyalines. Long. 2mm.

2. **Emeryi**, Forel, (fig. 10).

Le mâle du C. **elegans** est encore inconnu (1).

(1) M. Emery a bien voulu me communiquer l'insecte signalé par lui (Bibl. 10) comme pouvant être le ♂ du *C. elegans*, et j'ai pu me convaincre que cette fourmi n'appartient pas au genre *Cardiocondyla*, mais doit être un *Cryptocéride* encore inédit.

13e GENRE. — MONOMORIUM Mayr.

μόνος, seul; μόριον, article (1)

(Pl. XXII)

☿ Tête ovale ou quadrilatérale, presque toujours plus longue que large et paraissant comme tronquée en avant. Epistome grand, convexe, triangulaire, s'avançant un peu au-dessus de la base des mandibules, sans toutefois les toucher; il porte ordinairement en son milieu un sillon longitudinal large et superficiel, et rejoint l'aire frontale sans limite distincte, en formant avec elle un angle obtus quand il est vu de côté. Arêtes frontales presque parallèles. Aire frontale assez distincte en arrière; ses côtés visiblement déclives. Mandibules assez étroites, leur bord terminal denté. Palpes maxillaires d'un ou de deux articles; palpes labiaux de deux articles. Antennes de 11 ou de 12 articles; scape atteignant ordinairement le derrière de la tête; premier article du funicule allongé, les suivants courts, sauf les trois derniers qui forment une massue aussi longue ou plus longue que le reste du funicule et dont le dernier article dépasse en longueur celle des deux précédents réunis (fig. 4 et 5). Yeux ovales, parfois très petits. Thorax arrondi en avant, plus ou moins étranglé ou impressionné entre le mesonotum et le metanotum; pas de traces de suture entre le pronotum et le mesonotum; metanotum tout à fait inerme (2). Premier article du pétiole cylindrique en avant, chargé en arrière d'un nœud transversal; second article nodi-

(1). Ce genre a été fondé sur le *M. minutum* Mayr, qui n'a qu'un seul article aux palpes maxillaires, mais l'étymologie du nom est aujourd'hui inexacte, car la plupart des espèces ont les palpes maxillaires de deux articles.

(2) Ce caractère n'est pas absolu, car les *M. fulvum* Mayr et *rubriceps* Mayr, tous deux d'Australie, ont deux légers tubercules ou dents au metanotum.

forme et plus bas que le premier. Abdomen ovale, tronqué en avant, avec les angles antérieurs distincts.

♀ Tête et pétiole comme chez l'ouvrière. Thorax étroit, plus haut que large; pronotum invisible en dessus; metanotum inerme. Ailes avec une seule cellule cubitale, sans cellule discoïdale; la nervure transverse s'unit à la nervure cubitale à son point de partage. Taille bien plus grande que celle de l'ouvrière.

♂ Tête de forme variable. Epistome assez grand, non caréné en son milieu, mais portant parfois deux carênes latérales. Aire frontale triangulaire et bien marquée. Mandibules dentées. Antennes de 13 articles (peut-être de 12 articles seulement chez le *M. clavicorne*); scape court, pas plus long ou moins long que les trois premiers articles du funicule réunis; funicule tantôt légèrement épaissi au sommet, mais sans massue limitée, tantôt cylindrique ou même atténué à l'extrémité; son premier article est court, les suivants sont plus allongés et grandissent insensiblement de la base à l'extrémité. Thorax au moins aussi haut que large; mesonotum sans sillons convergents; metanotum inerme ou muni seulement de légers tubercules. Les organes génitaux sont parfois petits et peu visibles; parfois, au contraire, les valvules génitales externes sont longues, proéminentes et recourbées en dedans en forme de tenailles (fig. 10). Ailes comme chez la femelle. Taille intermédiaire entre celle de l'ouvrière et celle de la femelle.

Les *Monomorium* comprennent environ 25 espèces répandues dans toutes les parties du monde, et dont 11 seulement habitent les régions les plus chaudes du territoire européo-méditerranéen.

Leurs mœurs ne sont pas connues.

Ouvrières

1 Antennes de 11 articles (fig. 5); second article du funicule un peu plus long que large, les trois derniers formant une massue grande et épaisse dont l'article terminal est à peu près

deux fois aussi long que les deux précédents réunis. Jaune ou d'un testacé clair. Abdomen parfois un peu rembruni en arrière. Lisse, très luisant; pubescence presque nulle, pilosité très éparse. Long. 1 2/5mm. 11. **Clavicorne**, ANDRÉ.

PATRIE: Jaffa.

Quelques exemplaires de cette petite espèce ont été trouvés par M. Abeille de Perrin sous des détritus.

— Antennes de 12 articles (fig. 4). **2**

2 Tête non granuleuse, luisante, lisse ou légèrement striée en avant et sur les côtés, parsemée de points piligères. **3**

— Tête (sauf tout ou partie de l'épistome) entièrement et plus ou moins finement granuleuse, peu luisante ou mate. **5**

3 Yeux grands, occupant presque le tiers des côtés de la tête. Thorax subopaque, finement ponctué-ridé, sauf le disque du pronotum qui est lisse et luisant; nœuds du pétiole presque lisses; abdomen lisse et très luisant. Pubescence et pilosité éparses; de très longs poils se voient sur l'épistome et au dessous de la tête. D'un noir de poix, funicule et pattes brunâtres, sommet des mandibules et tarses testacés. Long. 2 1/2-3mm. (D'après Mayr). 8. **Barbatulum**, MAYR.

PATRIE: Turkestan.

— Yeux petits, n'occupant pas le quart ou le cinquième des côtés de la tête. Tout le corps luisant; thorax lisse ou presque lisse, sauf quelques rides transversales sur le metanotum; nœuds du pétiole et abdomen lisses. **4**

4 Pétiole peu allongé; son premier article courtement pédiculé en avant, son second article plus large que long. Noir ou d'un brun noir; mandibules, première moitié du funicule, articulations des pattes et tarses d'un jaune rougeâtre. Pubescence presque nulle; pilosité très éparse. Long. 1 1/2-2^{mm}. 10. **Minutum**, Mayr

Patrie : Europe méridionale, Syrie, Algérie, Madère, Amérique du Nord.

Le M. **carbonarium** Sm., qui n'a pas été rencontré en Europe, mais qui habite l'Afrique et l'Amérique, paraît n'être qu'une variété du *minutum*, de taille un peu plus grande, de couleur plus foncée, et dont l'épistome montre une profonde impression longitudinale limitée, de chaque côté, par une carène qui se termine en avant par deux dents aiguës.

Pétiole grêle et allongé; son premier article longuement pédiculé en avant; son second article plus long que large. Variant du jaune testacé au rouge brun et même au brun foncé, avec l'abdomen d'un brun noir, surtout en arrière; chez les variétés foncées, les mandibules, les antennes et les pattes sont d'une teinte plus claire que le reste du corps. Pilosité éparse, pubescence presque nulle. Long. 2 1/5-3^{mm}. 9. **Gracillimum**, Smith.

Patrie : Algérie, Palestine, Sinaï, Arabie, Ceylan.

5 Premier article du funicule aussi long que les trois suivants réunis. Corps finement granulé ou réticulé, mat, sauf le sillon médian de l'épistome et l'abdomen qui sont lisses et luisants. Entièrement d'un jaune parfois un peu rougeâtre, avec l'abdomen plus ou moins largement noirâtre en arrière. Pubescence presque nulle; pilosité très éparse. Long. 1 3/4-2 $1/3^{mm}$.
1. **Pharaonis**, L.

Patrie : Algérie, Palestine et les régions tropicales et subtropicales du monde entier.

Cette espèce cosmopolite, qui vit le plus souvent dans les maisons et dans les fissures des murailles, s'est acclimatée dans quelques grandes villes, telles que Paris, Lyon, Londres, Copenhague, Hambourg, etc. Elle cause souvent de grands dommages en perforant les meubles et les boiseries pour y établir ses galeries, et en ravageant les substances alimentaires.

— Premier article du funicule à peu près de la longueur des deux suivants réunis. Taille plus grande ; couleur plus foncée. 6

6 Tête assez allongée, notablement échancrée à son bord postérieur. 7

— Tête peu allongée, ovale, ses côtés arrondis, non ou à peine échancrée à son bord postérieur, et à peine plus large vers l'insertion des mandibules qu'aux angles de l'occiput. 8

7 Tête avec les côtés presque droits, parallèles. Entièrement d'un rouge clair avec l'abdomen d'un noir brun, souvent taché de rougeâtre à la base. Tête, thorax et pétiole densément granulés, mats, abdomen superficiellement chagriné, terne en dessus, lisse et luisant en dessous. Pubescence fine et éparse ; pilosité rare. Long. 2 1/2-3 1/2mm. 5. **Bicolor**, Em.

PATRIE : Egypte (Le Caire), Abyssinie.

— Tête plus large en avant qu'en arrière. Thorax d'un rouge clair ; tête, pétiole et pattes d'un rouge brun, abdomen noir. Tête, thorax et pétiole très finement chagrinés, un peu luisants ; abdomen presque lisse et brillant. Long. 3-3 1/3mm. (D'après Emery). 6. **Niloticum**, Em.

PATRIE : Le Caire.

8 Metanotum creusé en dessus d'un sillon longitudinal large et bien accentué, qui se pro-

longe presque jusqu'à la suture du mesonotum. Tête, thorax et pétiole d'un brun noir foncé, rarement un peu rougeâtre, funicule des antennes, cuisses et tibias bruns, tarses plus clairs, abdomen noir. Corps finement chagriné, mat ou peu luisant, abdomen lisse et luisant. Long. 3-3 1/2mm. 7. **Abeillei**, ANDRÉ.

PATRIE : Jaffa.

Vit dans le sable, à la racine des plantes.

= Metanotum non ou à peine sillonné en dessus. Tête, thorax et pétiole d'un rouge clair ou d'un rouge brun plus ou moins obscur. 9

9 Tête, thorax, pétiole et pattes d'un rouge clair, abdomen d'un brun noir. Tête finement granulée, presque luisante ; épistome luisant, creusé d'un profond sillon longitudinal que limite, de chaque côté, une carène terminée en avant par une petite dent. Thorax et pétiole finement chagrinés, peu luisants ; abdomen lisse et luisant. Le thorax est fortement impressionné en dessus entre le mesonotum et le metanotum. Long. 3-4mm. 4. **Venustum**, SMITH.

PATRIE : Syrie.

Dans l'une des fourmilières de cette espèce, M. Abeille de Perrin a rencontré des individus très-remarquables qu'il faut probablement rapporter aux intermédiaires entre les ouvrières et les femelles (voir plus haut page 22). Leur taille est grande (4mm) et très massive ; la tête est forte, carrée, pas plus longue que large, plus lisse et plus luisante ; l'épistome est un peu convexe, sans sillon ni carènes ; sur le vertex se voient trois ocelles petits, mais bien distincts. Le thorax est plus large et plus convexe en avant, plus étranglé après le mesonotum ; la suture pro-mésonotale est apparente, et le metanotum est assez fortement concave pour que ses angles postérieurs, à la jonction de ses faces basale et déclive, prennent l'apparence de deux dents larges et courtes. Le pétiole, très différent de celui des ouvrières normales, est composé de deux articles larges et aplatis en forme d'écailles; le premier article, vu par devant, est cordiforme et échancré en dessus, le second article est transversal et plus large que haut.

L'allure de ces individus est différente de celle des autres ouvrières et, quand on soulève la pierre sous laquelle est construit le nid, ils se retirent lentement dans leurs souterrains, sans chercher à contribuer au salut commun comme les véritables neutres.

— Tête, thorax et pétiole d'un rouge-brun plus ou moins obscur, peu luisants ou mats. Sillon longitudinal de l'épistome superficiel. Taille généralement plus petite. 10

10 Tête un peu luisante, abdomen assez luisant. Thorax fortement impressionné entre le mesonotum et le metanotum. D'un brun marron plus ou moins foncé avec la tête souvent noirâtre et l'abdomen d'un brun noir. Long. 2 1/2-3 1/2^{mm}.
2. **Salomonis**, L. (fig. 1).

PATRIE : Tout le littoral méditerranéen de l'Afrique et de l'Asie, Egypte, Abyssinie, Inde, Ceylan. N'a encore été rencontré en Europe que dans l'île de Pantelleria située entre la Sicile et l'Afrique.

— Tout le corps plus mat, abdomen terne. Thorax faiblement impressionné entre le mesonotum et le metanotum. Couleur de l'espèce précédente, mais la tête, le thorax et le pétiole sont ordinairement plus rougeâtres. Long. 2 1/2-3^{mm}. 3. **Subopacum**, SMITH.

PATRIE : Espagne méridionale, Sardaigne, Sicile, Algérie, Tunisie, Madère, Egypte, Syrie, Arabie.

Vit en nombreuses sociétés et creuse ses nids en terre, sous les pierres, ou les établit dans les interstices des murs et des rocailles.

Cette espèce, très voisine de la précédente, n'en est peut-être qu'une variété de taille un peu plus faible, de couleur plus claire et de sculpture plus accentuée. Toutefois le mâle du *M. subopacum* ne m'étant pas connu, les exemplaires bien caractérisés de l'ouvrière et de la femelle étant assez distincts, et le *M. Salomonis* ne paraissant pas se rencontrer dans l'Europe continentale, je crois devoir maintenir provisoirement la séparation de ces deux formes tout en signalant mes doutes sur la valeur spécifique de leurs caractères différentiels.

M. Emery, dans une récente publication (Bibl. 44), a réuni ces deux insectes sous le nom collectif de *subopacum* Smith., et en a formé deux races sous la dénomination de *mediterraneum* Mayr et *Salomonis* Roger. Bien que je reconnaisse, avec lui, que la description linnéenne du *M. Salomonis* puisse s'appliquer à plusieurs espèces voisines, je crois néanmoins que, pour ne pas compliquer la synomymie, il convient de conserver ce nom ancien pour l'espèce à laquelle il a été rapporté par les auteurs modernes d'après les caractères précisés par Roger et par Emery lui même, et qu'il n'y a pas lieu de ressuciter le nom de *mediterraneum* qui n'est et ne doit rester qu'un simple synonyme de *subopacum*. Par suite, et dans l'hypothèse probable où l'une des deux espèces devrait passer à l'état de race ou de variété, je pense qu'il faudrait consacrer l'appellation de Linné au nom principal ou spécifique, et réserver à la race ou à la variété le nom de *subopacum*.

Femelles

1 Tout le corps luisant. Tête lisse, non striée ni granulée, au moins sur sa moitié postérieure, et parsemée seulement de points enfoncés. 2

— Tête striée, ridée ou granulée, mate. 3

2 Long. 6 1/2-7mm. Thorax, vu en dessus, présentant la forme d'un ovale allongé, fortement rétréci en arrière et non déprimé sur le dos. Second nœud du pétiole non transversal. D'un brun rougeâtre; région des ocelles, dessus du thorax, nœuds du pétiole et abdomen plus obscurs; pattes d'un testacé pâle. Pilosité éparse. 9. **Gracillimum**, Smith.

— Long. 4-4 1/2mm. Thorax, vu en dessus, paraissant presque cylindrique avec les côtés à peu près parallèles ; sa partie dorsale visiblement déprimée. Second nœud du pétiole transversal. Entièrement d'un brun marron foncé, parfois presque noir ; mandibules, antennes et pattes plus claires. Pilosité assez abondante.

10. **Minutum**, Mayr.

3 Premier article du funicule aussi long que les trois suivants réunis ; les articles 2 à 7 plus larges que longs, le dixième article (premier de la massue) plus de deux fois aussi long que le précédent. Jaune ou d'un jaune rougeâtre avec l'abdomen d'un brun noirâtre sur sa dernière moitié ; parfois le mesonotum est taché de brun et le scutellum est plus ou moins brunâtre en arrière. Pilosité éparse ; pubescence à peu près nulle. Tête, thorax et pétiole finement granuleux ou réticulés, mats ; abdomen presque lisse et luisant. Long. 3 1/2-4mm.

1. **Pharaonis**, Linné.

— Premier article du funicule moins long que les trois suivants réunis ; tous les articles aussi longs ou plus longs que larges ; le dixième (premier de la massue) moins de deux fois aussi long que le précédent. Taille supérieure à 4mm. 4

4 Profil dorsal du thorax fortement interrompu et formant un angle rentrant très apparent à la suture du mesonotum et du scutellum. Pubescence et pilosité éparses. Tête, thorax, pétiole, antennes, pattes, moitié antérieure du premier segment de l'abdomen et bord postérieur de ce même segment et des suivants d'un rouge ferrugineux peu foncé. Tête assez fortement striée et granulée, mate, sauf la partie

postérieure de l'épistome et l'aire frontale qui sont presque lisses et luisantes. Thorax fortement strié, mat, à l'exception du disque du mesonotum qui est lisse et luisant. Pétiole transversalement ridé, mat. Premier segment de l'abdomen finement ridé-granulé, peu luisant ; le reste de l'abdomen brillant. Long. 6 1/2mm.

4. **Venustum**, Smith.

— Profil dorsal du thorax rectiligne depuis sa partie antérieure jusqu'après le scutellum, sans angle rentrant entre ce dernier et le mesonotum. **5**

5 Pilosité courte et peu serrée, mais bien apparente ; pubescence éparse. Entièrement d'un brun noir, sauf les mandibules, les antennes, les pattes, le thorax et le pétiole qui sont en totalité ou en partie d'un brun plus ou moins rougeâtre. Tête, thorax et pétiole assez fortement striés ou rugueux et mats. Abdomen très finement coriacé, assez luisant. Long. 6-7mm.

2. **Salomonis**, L. (fig. 2).

— Pilosité presque nulle ; pubescence éparse. D'un rouge brun ; tête généralement plus foncée ; thorax et pétiole plus ou moins tachés de brunâtre ; abdomen noir ou d'un brun noir, sauf la moitié de son premier segment qui est d'un rouge sombre. Tête, thorax et pétiole assez fortement striés ou granulés et mats ; premier segment de l'abdomen avec des granulations fines et serrées et terne, les autres segments plus superficiellement ridés et assez luisants. Long. 5 1/2-6mm. 3. **Subopacum**, Smith.

Les femelles des M. **bicolor** Em., **niloticum** Em., **Abeillei** André, **barbatulum** Mayr, et **clavicorne** André ne sont pas connues.

Mâles

1 Premier article du funicule cylindrique ou un peu conique, à peine plus épais que l'article suivant (fig. 7). Yeux situés vers le milieu des côtés de la tête, assez éloignés de l'articulation des mandibules (fig. 6). 2.

— Premier article du funicule très gros, globuleux, à peu près deux fois aussi large que le second article (fig. 9). Yeux très grands, occupant la moitié antérieure des côtés de la tête et touchant l'articulation des mandibules (fig. 8). Tête trapézoïdale, rétrécie en arrière. Mandibules étroites, bidentées. Epistome convexe, non caréné. Antennes insérées très près l'une de l'autre ; scape très court, à peine plus long que le premier article du funicule. Funicule un peu moniliforme et atténué à l'extrémité ; ses articles deux et suivants en ovale allongé, les derniers à peu près cylindriques. Premier article du pétiole rétréci en avant, nodiforme en arrière ; second article nodiforme et un peu plus large que le premier. Organes génitaux peu apparents ; valvules génitales externes non prolongées en arrière en forme de tenaille. Corps lisse ou presque lisse et très luisant. Pubescence presque nulle ; pilosité très éparse, sauf sur les antennes qui sont densément hérissées de poils obliques. D'un brun rougeâtre, tête et abdomen plus foncés ; antennes et pattes d'un jaune pâle. Long. 3 1/5mm. 9. **Gracillimum**, Smith.

Deux exemplaires de ce mâle, provenant de Palestine, m'ont été obligeamment communiqués par M. Emery.

2 Funicule des antennes légèrement épaissi à l'extrémité. 3

— Funicule des antennes cylindrique ou même atténué à l'extrémité. (Fig. 7). 4

3 D'un noir brun; mandibules, antennes et pattes d'un brun clair. Pilosité assez éparse, surtout sur l'abdomen; pubescence invisible. Tête finement striée-ridée longitudinalement. Partie médiane de l'épistome assez fortement élevée et limitée, de chaque côté, par une carène plus ou moins visible qui s'étend des arêtes frontales jusqu'au bord de la bouche. Pronotum et côtés du thorax en majeure partie lisses et luisants; mesonotum avec des stries transversales arquées en avant, longitudinales en arrière; face basale du metanotum avec des stries longitudinales, sa face déclive transversalement striée. Pétiole luisant et en majeure partie lisse; ses deux nœuds un peu impressionnés en dessus. Abdomen lisse et luisant. Valvules génitales externes très grandes et recourbées en dedans en forme de tenaille. Long. 4mm. (D'après Mayr). 10. **Minutum**, Mayr.

— D'un brun foncé; mandibules, scape des antennes, moitié apicale du funicule, cuisses et tibias d'un jaune brun; moitié basale du funicule, tarses et sommet de l'abdomen d'un jaune pâle. Pilosité longue, très éparse et d'un jaune clair. Tête densément et finement ponctuée. Epistome convexe, obtusément arrondi en arrière, non caréné, finement chagriné. Sillon frontal s'étendant jusqu'à l'ocelle antérieur. Thorax ponctué en dessus et en avant; sur le metanotum et les côtés du thorax les points sont tellement aplatis que la sculpture paraît réticulée; les côtés du thorax sont en partie presque lisses. Pétiole ponctué. Abdomen presque lisse et très luisant; les autres parties du corps n'ont au contraire qu'un faible éclat. Long. 3^{mm}. (D'après Mayr, dont la description est muette sur les valvules génitales, qui peut-être sont développées comme chez la précédente espèce). 1. **Pharaonis**, L.

4 Valvules génitales externes très grandes, laminiformes, prolongées en arrière et recourbées en dedans à leur extrémité (fig. 10). Pétiole de conformation ordinaire; ses deux articles non amincis en dessus en forme d'arêtes transverses, le premier étant courtement cylindrique en avant, épaissi en arrière, le second nodiforme, arrondi en dessus, à peu près aussi long que large et à peine plus large que le nœud du premier article. Noir; sommet des mandibules et antennes d'un jaune rouge, pattes et valvules génitales externes d'un jaune à peine rougeâtre, milieu des cuisses d'un brun noir. Pubescence presque nulle; pilosité éparse, sauf à l'extrémité et en dessous de l'abdomen où elle est plus longue et plus abondante. Tête, y compris l'épistome et l'aire frontale, thorax et pétiole densément ponctués-rugueux, mats; abdomen très finement ruguleux, assez luisant. Ailes presque hyalines ou à peine teintées de jaunâtre; nervures et stigma d'un jaunâtre pâle. Long. 5^{mm}. 2. **Salomonis**, L. (fig. 3).

La description de ce mâle encore inédit a été faite d'après un exemplaire provenant de Tunisie.

— Valvules génitales externes courtes, indistinctes. Nœuds du pétiole transverses, amincis en dessus, squamiformes; le premier échancré à son bord supérieur, le second bien plus large que long, rétréci en arrière et sensiblement plus large que le premier. Noir ; articulations des pattes, tibias et tarses d'un brun rougeâtre, antennes et cuisses d'un brun noir. Tête et thorax assez densément ponctués-rugueux, mats ; pétiole et abdomen presque lisses et luisants. Pubescence à peu près nulle ; pilosité très éparse, sauf à l'extrémité et en dessous de l'abdomen, où elle est plus longue et plus abondante. Ailes légèrement enfumées avec le stigma concolore ; nervures d'un brun jaunâtre. Long. 4mm. 4. **Venustum**, Smith.

En décrivant ce mâle (Bibl. 4) d'après un seul individu que M. Abeille de Perrin avait capturé isolément mais dans la même localité qui lui avait fourni des ☿ et des ♀ de *M. venustum*, j'ai dit que je croyais devoir le rapporter à cette espèce, à cause de la frappante analogie que présente son pétiole avec celui des grandes ouvrières anormales décrites ci-dessus. Depuis lors, aucun nouveau document n'est venu confirmer ou infirmer cette hypothèse qui présente de grandes apparences de probabilité.

Les mâles des **M. subopacum** Smith, **bicolor** Em., **niloticum** Em., **Abeillei** André, **barbatulum** Mayr et **clavicorne** André ne sont pas connus.

14e GENRE. — HOLCOMYRMEX, Mayr.

όλκος, sillon ; μύρμηξ, fourmi

(Pl. XXII)

☿ Tête rectangulaire, courte, à peine plus longue que large, avec les angles arrondis (fig. 12). Epistome grand, triangulaire, légèrement concave en son milieu ; cette concavité, également de forme triangulaire, très lisse et très luisante, est limitée de chaque côté par une fine carène qui se termine en avant par une dent saillante et parfois difficile à apercevoir chez les petits exemplaires. Aire frontale tout à fait superficielle. Sillon frontal nul ou indistinct chez les ☿ *minor*, s'accentuant chez les ☿ *major*, surtout en arrière où il divise le vertex en deux lobes plus ou moins prononcés. Arêtes frontales courtes. Mandibules assez étroites ; leurs bords externe et interne peu divergents, leur bord terminal court et armé de 3 ou 4 dents plus courtes et plus obtuses chez les ☿ *major* que chez les ☿ *minor*. Antennes de 12 articles ; scape n'atteignant pas le derrière de la tête ; funicule avec une massue de 3 articles qui ne forme pas la moitié de sa longueur et dont le dernier article est plus long que les deux précédents réunis (fig. 13). Yeux assez petits, situés un peu en avant du milieu des côtés de la tête. Thorax arrondi antérieurement, sans trace de suture entre le pronotum et le mesonotum, étranglé entre le mesonotum et le metanotum qui est inerme. Premier article du pétiole cylindrique en avant, chargé en arrière d'un nœud assez petit ; second article nodiforme, un peu plus large que le premier. Abdomen ovale, tronqué en avant avec les angles antérieurs distincts. Eperons simples ou manquant.

♀ et ♂ inconnus.

Ce genre, créé par Mayr (Bibl. 158) pour deux espèces de l'Asie tropicale, est intermédiaire entre les genres *Monomorium* et *Aphænogaster*. Rapproché du premier par la forme de son épistome, de son thorax et de son abdomen, il s'en éloigne par la conformation de sa tête et de ses antennes qui, au contraire, rappellent les *Aphænogaster*. L'existence d'ouvrières *major* et *minor* de taille très différente lui donne une analogie marquée avec certaines espèces de ce dernier genre, telles que les *A. barbara* et *structor*, et les plus grands exemplaires, avec leur tête plus ou moins bilobée postérieurement, ne sont pas sans analogie avec les soldats du genre *Pheidole*.

Indépendamment des deux espèces exotiques décrites par Mayr

et d'une autre encore inédite, provenant également de l'Inde (1), le genre *Holcomyrmex* doit recevoir une quatrième espèce qui fait partie de notre faune, l'*A. dentigera* Roger, placée à tort jusqu'à ce jour dans le genre *Aphænogaster*. Déjà, dans mon étude sur les Fourmis d'Orient (Bibl. 4), je signalais les affinités de cette fourmi avec les *Monomorium* et j'émettais la supposition qu'elle pouvait appartenir au genre *Holcomyrmex* que je ne connaissais pas alors en nature. Depuis, ayant reçu de Pondichéry plusieurs exemplaires de l'*H. criniceps* Mayr, j'ai pu étudier ses caractères et m'assurer ainsi de l'identité générique de l'*A. dentigera* avec l'espèce indienne.

Les *Holcomyrmex* sont extrêmement variables de taille, et on trouve dans un même nid des ☿ *major* à tête énorme et des ☿ *minor* à tête normale, avec tous les intermédiaires entre ces deux formes. Leurs mœurs sont encore inconnues, mais la conformation de leurs mandibules semble déceler des habitudes granivores, et cette supposition est corroborée par la présence, dans le tube qui contenait les *H. glaber* nov. sp. que j'ai reçus de l'Inde, d'une certaine quantité de petites graines jaunâtres que je ne suis pas en état de déterminer, mais qui ont dû évidemment être recueillies dans le nid en même temps que les fourmis.

(1) Voici la description sommaire de cette nouvelle espèce:

H. glaber nov. sp.

☿ Très luisant. Variant du brun rouge au brun noir avec le funicule des antennes et les pattes d'un jaune rougeâtre, et l'abdomen d'un noir brun ; parfois la tête et le thorax passent au rouge marron soit ensemble soit séparément. Pubescence fine et très éparse ; pilosité a peu près nulle, à peine aperçoit-on çà et là un poil isolé ; pattes et antennes avec des poils courts, peu abondants et très-obliques. Mandibules fortement et longitudinalement striées. Joues, en dehors des arêtes frontales, avec des stries nettes et arquées; partie du front comprise entre les arêtes frontales finement et longitudinalement striée ; le reste de la tête lisse avec des points fins et épars ; l'occiput est parfois transversalement strié. Sillon frontal faible en avant, très accusé en arrière chez les ☿ *major* et divisant le vertex en deux lobes comme chez les *Pheidole*. Le 8e article du funicule est un peu plus court que le neuvième. Pronotum et mesonotum presque lisses ; côtés du mesonotum granulés; metanotum densément strié et granulé, les stries transversales en dessus; pétiole légèrement ruguleux ; abdomen lisse. Long. 3 1/2-7mm.

Patrie : Madras (Inde Anglaise).

Cette espèce est voisine du *criniceps* Mayr, mais s'en distingue facilement par ses téguments plus luisants et surtout par sa pilosité presque nulle sur le corps très oblique et peu abondante sur les antennes et les pattes.

Ouvrière

— D'un rouge brun plus ou moins foncé ou taché de noirâtre, funicule des antennes et pattes d'un jaune rougeâtre, abdomen d'un brun noir. Très luisant ; mandibules longitudinalement striées, tête finement et éparsement ponctuée, metanotum et côtés du mesonotum plus ou moins striés ou rugueux, pétiole finement ridé, le reste du corps lisse ou presque lisse. Pilosité éparse ; pubescence indistincte. Huitième article du funicule seulement un peu plus court que le neuvième. Pas d'éperons aux pattes postérieures et intermédiaires. Long. 1 1/2-3 1/2mm.

1. **Dentiger**, Roger (Fig. 11)

Patrie ; Syrie, Mésopotamie. Liban.

Femelle

Inconnue.

Mâle

Inconnu.

15° GENRE. — APHÆNOGASTER, Mayr.

(*Atta* auctorum nec Fab. — *Ischnomyrmex*, Mayr.)

αφαινος, non brillant ; *γαστηρ*, abdomen. (1)

(Pl. XXIII)

☿ (2) Tête arrondie, quadrangulaire, ovale ou en ovale allongé, parfois (ancien genre *Ischnomyrmex*) rétrécie en arrière en forme

(1) Ce genre a été fondé par Mayr sur les *A. testaceo-pilosa* et *sardoa* qui ont en effet l'abdomen mat, mais le nom a une fausse signification pour la plupart des autres espèces qui ont, au contraire, l'abdomen très luisant.

(2) Dans l'exposé des caractères génériques je ne tiens pas compte des modifications que pourrait y apporter l'*A. Schaufussi* Forel, parce que, d'après l'aveu même de son auteur, il n'est pas certain que ce soit un *Aphænogaster* et que sa place dans la systématique n'est pas encore fixée.

de cou. Epistome convexe, inerme. Arêtes frontales courtes. Aire frontale nettement empreinte, arrondie en arrière. Mandibules triangulaires, plus ou moins dentées à leur bord terminal. Palpes maxillaires de 4 à 5 articles; palpes labiaux de 3 articles. Antennes de 12 articles de longueur variable dont les quatre derniers forment une massue plus ou moins distincte qui est ordinairement plus courte que le reste du funicule; le dernier article est moins long que les deux précédents réunis. Yeux de grandeur et situation variables. Thorax étranglé entre le mesonotum et le metanotum. Pronotum et mesonotum, pris ensemble, plus ou moins hémisphériques et plus élevés que le metanotum; ce dernier inerme ou armé de deux tubercules, de deux dents ou de deux épines. Premier article du pétiole cylindrique en avant, nodiforme en arrière; second article nodiforme, pas ou peu plus large que le nœud du premier article. Eperons simples ou manquant. Abdomen en ovale court, non tronqué en avant.

♀ Caractères de la tête et du pétiole comme chez l'ouvrière. Thorax de forme variable. Ailes avec deux cellules cubitales et une cellule discoïdale. Chez la seule femelle connue de l'ancien genre *Ischnomyrmex* (*I. longiceps Mayr*) les ailes n'ont qu'une cellule cubitale et la nervure transverse s'unit au rameau cubital externe; il est donc probable que la femelle de l'*A. raphidiiceps* Mayr, qui n'est pas encore connue, mais dont l'ouvrière appartient au même groupe, doit offrir une semblable nervulation. Taille plus grande que celle de l'ouvrière.

♂ Mandibules, aire frontale et palpes comme chez l'ouvrière. Antennes de 13 articles ; scape peu allongé; funicule filiforme, tous ses articles cylindriques et de longueur variable. Mesonotum recouvrant le pronotum et dépourvu de lignes convergentes enfoncées. Metanotum affectant des formes très-diverses et souvent singulières; il peut être inerme ou muni de tubercules, de dents ou d'épines. Ailes comme chez la femelle. Valvules génitales externes triangulaires, fortement arrondies à l'extrémité. Taille généralement inférieure à celle de l'ouvrière.

Ce genre renferme de 25 à 30 espèces répandues dans toutes les parties du globe, mais habitant surtout les régions tempérées de l'ancien monde et de l'Amérique du Nord. Leurs mœurs sont encore peu connues, sauf en ce qui concerne les *A. barbara* et *structor* dont les habitudes granivores ont donné lieu à des observations intéressantes. Ces mêmes espèces et un petit nombre d'autres se font remarquer par l'existence d'ouvrières *major* de grande taille et à tête énorme, comme dans le genre précédent, mais présentant également tous les passages entre elles et les plus petites ouvrières.

Ouvrières (1)

1 Tête allongée, conique en arrière, très rétrécie depuis les yeux jusqu'à son articulation au thorax et plus étroite que ce dernier à cet endroit. Mandibules larges au sommet ; leur bord terminal distinctement denté en avant, denticulé en arrière. Antennes grêles ; scape long et

(1) A ce genre appartient peut-être une espèce rapportée avec doute aux *Aphænogaster* par M. Forel qui a décrit l'ouvrière sous le nom de *Schaufussi*. Ne connaissant pas cet insecte, je me borne à donner ici un extrait de la description de l'auteur.

Aphænogaster ? Schaufussi Forel. ☿ Forme de la tête et yeux comme chez les *Myrmica*. Aire frontale mal limitée. Antennes de 12 articles, avec une massue épaisse de trois articles. Thorax ayant quelque analogie de forme avec celui de l'*Aph. subterranea*, mais plus court ; le pronotum est deux fois aussi large que le metanotum et rétréci en avant en forme de cou ; le metanotum est armé de deux épines assez longues et un peu arquées à l'extrémité. Cuisses fortement épaissies en leur milieu ; pas d'éperons aux pattes intermédiaires et postérieures. Pubescence presque nulle, sauf sur les tibias et les tarses où elle est plus apparente mais très éparse. Tout le corps, sauf les mandibules et les antennes, est médiocrement garni de soies dressées, blanches, claviformes et denticulées comme chez les *Leptothorax*. Entièrement luisant, a l'exception du métathorax et du pétiole. Joues et côtés de la tête longitudinalement ridés ; épistome et arêtes frontales presque lisses ; milieu du front, vertex, occiput, pronotum et mesonotum très finement et irrégulièrement granulés ; face basale du metanotum et côtés du thorax assez fortement et longitudinalement ridés ; pétiole ridé et granulé ; abdomen lisse. D'un brun marron assez foncé ; tarses, articulations des pattes et des antennes, mandibules et base de l'abdomen d'un brun rouge ; le reste de l'abdomen et milieu des cuisses d'un noir brun. Long. 3 1/2-4mm.

PATRIE : Valence en Espagne. Une seule ouvrière faisant partie du Museum Ludwig Salvator a Dresde.

mince, dépassant le vertex ; premier article du funicule plus long que le second, les suivants sensiblement plus allongés, les quatre derniers plus robustes que les précédents. Metanotum armé de deux épines courtes, aigües et médiocrement divergentes. Epistome, joues, disque du vertex, partie antérieure du thorax, nœuds du pétiole et abdomen lisses ou presque lisses ; le reste du corps plus ou moins strié ou rugueux. Pilosité assez courte ; antennes avec de nombreux poils peu dressés ; pattes garnies de poils courts, et presque couchés, sauf à la marge inférieure des cuisses où il existe une série de soies dressées. D'un brun marron brillant, avec les mandibules, les antennes, les articulations des pattes et les tarses d'un testacé roux. Pas d'éperons aux pattes intermédiaires et postérieures. Long. 5 1/2mm. (D'après Mayr)

15. **Rhaphidiiceps**, Mayr.

PATRIE : Turkestan.

Cette espèce appartient à l'ancien genre *Ischnomyrmex* Mayr, que son auteur a réuni depuis aux *Aphænogaster*.

— Tête ovale ou rectangulaire, non fortement rétrécie en arrière en forme de cou, et aussi large ou plus large que le thorax. Tibias intermédiaires et postérieurs munis d'un éperon simple. 2

2 Yeux très grands, en ovale allongé, situés très en avant des côtés de la tête et descendant obliquement, de sorte que leur partie antérieure, qui est aussi la plus étroite, se recourbe en dessous et arrive presque à toucher l'articulation des mandibules (fig. 6). Tête carrée, pas plus longue que large, assez régulièrement et longitudinalement striée, les stries s'effaçant vers

l'occiput. Mandibules de largeur moyenne, fortement striées, armées de 6 à 8 dents. Aire frontale étroite et profonde. Antennes insérées assez près l'une de l'autre ; scape n'atteignant pas le derrière de la tête ; premier article du funicule plus long que les deux suivants réunis ; les articles deux à sept courts, presque transverses ; les quatre derniers, plus allongés, forment une massue à peine moins longue que le reste du funicule. Pronotum presque lisse ; mesonotum et metanotum légèrement rugueux, ce dernier armé de deux épines fortes et aiguës, un peu divergentes ; il est lisse et luisant entre les épines. Tête avec une pubescence longue et serrée ; le reste du corps presque sans pubescence, mais hérissé de poils assez abondants et un peu plus serrés sur l'abdomen. Noir, avec les mandibules, le funicule, les articulations des pattes et les tarses plus ou moins rougeâtres ; parfois le thorax et le pétiole sont d'un brun rougeâtre foncé. Long. 3–4mm. 3. **Blanci**, André.

Patrie : Marseille.

Cette espèce est facile à distinguer de toutes celles du genre par la grandeur et la situation de ses yeux.

— Yeux de grandeur moyenne ou petite, arrondis ou en ovale court, situés vers le milieu des côtés de la tête ou un peu en avant de ce milieu, et, en tous cas, très éloignés de l'articulation des mandibules (fig. 4 et 5)............ 3

3 Mandibules robustes, médiocrement larges, avec le bord terminal court et le bord externe assez arqué ; quand elles sont fermées, elles forment une saillie presque semicirculaire en avant de la bouche (fig. 4) ; leur bord terminal est armé, au plus, de 6 à 7 dents ordinairement

courtes et obtuses. Tête grande, presque carrée, le plus souvent aussi large ou plus large que longue (mandibules non comprises). Metanotum inerme, denté ou épineux. Taille très variable, souvent grande, dépassant parfois 8 millimètres. Les fourmilières de toutes les espèces qui rentrent dans cette division sont presque toujours composées d'individus très dissemblables de taille et de conformation. Leur grandeur varie du simple au double et même au triple dans un même nid, et les ☿ *major* sont pourvues d'une tête très grosse qui les ferait prendre pour de véritables soldats si on ne constatait tous les passages entre ces grandes ouvrières et les plus petits individus de la communauté. 4

— Mandibules larges, fortement triangulaires; avec le bord terminal allongé et le bord externe presque droit; quand elles sont fermées (mais non croisées) elles forment, en avant de la bouche, une saillie très proéminente, nettement triangulaire (fig. 5); leur bord terminal est généralement armé de dents moins larges, plus aiguës et parfois plus nombreuses. Tête ordinairement plus petite, plus allongée, souvent ovale. Metanotum muni, dans la plupart des cas, de deux dents ou de deux épines, plus rarement inerme. Taille beaucoup moins variable, souvent plus petite, ne dépassant pas 8mm. Chez aucune des espèces qui composent cette division on ne peut reconnaître l'existence simultanée d'ouvrières *major* et d'ouvrières *minor* sensiblement distinctes. 7

4 Premiers articles du funicule beaucoup plus courts que les derniers, le premier est à peine plus long que le second; antennes assez grêles,

tous leurs articles plus longs que larges (fig. 7); scape dépassant souvent le derrière de la tête. Corps allongé, luisant, d'un jaune rougeâtre ; antennes et pattes plus claires ; abdomen ordinairement noirâtre sur son disque. Tête finement et longitudinalement striée antérieurement, lisse en arrière. Thorax finement ridé, pronotum presque toujours lisse. Abdomen lisse et très brillant. Pilosité éparse et assez longue ; pattes et antennes avec des poils obliquement dressés. Metanotum armé de deux dents courtes, dirigées en haut et en arrière, et qui disparaissent quelquefois. Long. 4-7 1/2mm.

6. **Rufo-testacea**, Foerst.

Patrie : Syrie, Algérie.

— Premiers articles du funicule plus longs ou à peine plus courts que les derniers ; antennes assez robustes ; scape court, n'atteignant pas ou dépassant très peu le derrière de la tête. Corps plus court, moins élancé. Couleur plus foncée, souvent noire. 5

5 Premiers articles du funicule plus longs que les derniers ; le premier article n'est pas plus long que le second (fig. 8). Premier nœud du pétiole (vu de côté) arrondi et peu anguleux en-dessus. Abdomen finement réticulé, cette sculpture notablement accentuée sur la moitié antérieure de son premier segment. Tête densément rugueuse, avec des rides ou stries longitudinales très fortes, surtout chez les grands individus dont l'occiput est sensiblement échancré ; les intervalles sont finement réticulés. Thorax avec des rugosités transversales très grossières ; métathorax armé de deux dents ou de deux épines courtes, dirigées en haut. Nœuds du pétiole fortement et irrégulièrement rugueux ;

le premier est quelquefois longitudinalement sillonné en-dessus. D'un noir mat, abdomen plus luisant, surtout en arrière ; parfois la tête est d'un rouge plus ou moins clair, et le thorax ainsi que le pétiole et les pattes passent au rougeâtre. Pilosité longue, forte et peu serrée, plus abondante sur l'abdomen ; scape des antennes et pattes avec des poils obliques. Long. 7-16mm.

1. **Arenaria**. Fab.

Patrie : Syrie, Algérie, Egypte.

Les mœurs de cette espèce n'ont pas été observées, mais la conformation de sa tête et de ses mandibules, semble déceler, par analogie, le régime granivore qui a été constaté chez d'autres espèces du même groupe.

— Articles deux et suivants du funicule à peine plus longs ou même un peu plus courts que les derniers ; le premier article est plus long que le second (fig. 9). Metanotum souvent inerme. Premier nœud du pétiole (vu de côté) formant en dessus un angle plus ou moins vif. Abdomen presque toujours lisse et luisant. 6

6 Tout le corps couvert d'une pilosité abondante. Tête et thorax, y compris le pronotum, fortement ridés et striés, mats ; metanotum inerme. Variant du jaune brunâtre au brun noir, avec les mandibules, l'épistome, les joues, le dessous de la tête, le funicule, les articulations des pattes et les tarses rougeâtres. Long. 3 1/2-10mm. 5. **Structor**, Latr.

Patrie : Europe centrale et méridionale, régions moyennes de l'Asie; Java. Paraît manquer en Afrique.

Fait son nid en terre, en donnant aux ouvertures extérieures une apparence cratériforme; s'établit aussi parfois sous les pierres ou dans les interstices des murs et des rochers.

Cette espèce affectionne les lieux rocailleux, le

bord des routes ou le voisinage des habitations dont les murailles lui servent quelquefois de retraite. Elle amasse des graines dans son nid, et ses habitudes moissonneuses, étudiées par plusieurs observateurs, ont été rappelées avec quelques détails dans le cours de ce livre, pages 58 et suiv. Elle ne paraît pas cultiver de pucerons, et ses mœurs sont assez douces, malgré l'apparence formidable de ses grandes ouvrières.

Les sexes ailés s'accouplent au printemps et en automne (avril et octobre).

— Pilosité éparse. Tête, surtout en arrière, et pronotum ordinairement lisses ou presque lisses et luisants, parfois cependant plus ou moins fortement ridés ou striés; le reste du thorax assez grossièrement sculpté. Metanotum souvent inerme, quelquefois muni de dents ou d'épines. Couleur très variable : tantôt l'insecte est entièrement noir ou d'un brun noir, avec les mandibules, le funicule, les tibias et les tarses plus clairs ou rougeâtres; tantôt la tête est d'un rouge de sang, surtout chez les grands individus; parfois tout le corps, sauf l'abdomen, est d'un brun rouge ou d'un rougeâtre clair. Long. 4-12mm. . . . 4. **Barbara**, L. (fig. 1.)

PATRIE : Toute l'Europe méridionale et certains points de l'Europe centrale. Remonte moins au nord que l'*A. cursor* et se retrouve sur tout le littoral méditerranéen de l'Asie et de l'Afrique.

Nids comme ceux de l'espèce précédente dont elle partage aussi les habitudes moissonneuses et granivores.

Le vol nuptial des sexes ailés a lieu en septembre et octobre.

Cette espèce varie dans d'énormes proportions sous le rapport de la taille, de la couleur et de la sculpture. M. Emery, dans deux études successives (bibl. 37 et 39), a passé en revue toutes les variétés qui lui étaient connues, et on pourrait en signaler beaucoup d'autres plus ou moins importantes. Pour ne pas excéder les limites qui me sont imposées, je renverrai mes lecteurs aux notices précitées de M. Emery, et je me bornerai à caractériser ici quelques-unes des variétés principales de cette espèce polymorphe.

Barbara, *in specie*. Les individus qu'on peut considérer comme typiques ont le corps luisant, la sculpture faible, le derrière de la tête et le pronotum presque lisses. La couleur est d'un noir brun avec la tête souvent d'un rouge vif; la pilosité est rare, le metanotum est inerme, ou muni seulement de deux faibles tubercules. La taille est très variable, même chez les habitants d'un même nid, et peut être comprise entre 4 et 12mm.

Cette forme est très répandue et habite la Bretagne ainsi que toute la France méridionale, l'Espagne, le Portugal, l'Italie, la Corse, la Sicile, l'Algérie, la Tunisie et l'Asie-Mineure.

Var. **nigra**. Semblable à la précédente, mais toujours constamment noire et le metanotum porte souvent des dents très prononcées.

PATRIE : France méridionale, Italie, Corse, Sardaigne, Sicile, Algérie.

Var. **semirufa**. Tout le corps d'un rouge plus ou moins clair avec l'abdomen seul d'un noir brun. Taille grande, tête presque lisse en arrière, pronotum finement rugueux. Dents du metanotum variables, quelquefois bien développées.

PATRIE : Bords de la mer Caspienne, Syrie, Perse, Abyssinie.

Var. **meridionalis**. Entièrement noire ou brun de poix avec le thorax d'un rouge obscur. Taille moyenne. Tête plus ou moins luisante, parfois légèrement striée; pronotum transversalement ridé; metanotum à peine denté.

PATRIE : Grèce, Albanie, Constantinople, Algérie, Tunisie.

Var. **minor**. Taille assez petite (7mm au maximum); tête souvent rouge, plus ou moins densément mais assez faiblement striée, à l'exception de l'occiput qui est lisse; thorax souvent en partie rougeâtre; pronotum transversalement rugueux; metanotum à peu près inerme ou muni de tubercules presque indistincts.

PATRIE : Italie, Corse, Sardaigne, Sicile.

Var. **ægyptiaca** Em. Ferrugineuse, tête généralement plus obscure, abdomen d'un noir brun. Tête finement et assez densément striée dans le sens de sa longueur, avec l'occiput granuleux ;

elle est entièrement mate ou à peine luisante sur les côtés. Prothorax densément granuleux, presque sans rides ; metanotum armé de dents ou d'épines bien saillantes, parfois arquées ; pétiole finement rugueux ; abdomen légèrement granuleux à la base, peu luisant. Taille petite, ne dépassant pas 6mm.

PATRIE : Egypte, Tunisie, Algérie.

Var. **rugosa** André. Taille constamment petite (de 4-6mm). Couleur noire ou d'un brun noir, avec souvent le thorax et le pétiole, plus rarement la tête, d'un rouge sombre. La tête, ainsi que l'épistome et l'aire frontale, sont entièrement couverts de fortes rugosités longitudinales divergentes en arrière ; le thorax est transversalement et grossièrement rugueux ; le metanotum est inerme ou muni seulement de deux faibles tubercules peu visibles : le pétiole porte également des rides transversales, mais moins grossières, et l'abdomen est lisse et luisant.

PATRIE : Jaffa.

Cette variété est remarquable par sa petite taille et sa forte sculpture qui rappelle celle de l'*A. arenaria*.

Var. **striaticeps**. Semblable à la précédente par la forte sculpture de la tête et du thorax, mais en diffère par sa taille bien plus grande, par sa couleur plus constamment noire et par la présence d'épines bien accentuées au metanotum.

PATRIE : Caucase, Tunisie.

Cette forme est encore plus voisine de l'*A. arenaria*, dont elle est cependant facile à distinguer par la structure de ses antennes et de son pétiole.

7 Articles 2 à 7 du funicule courts, faiblement plus longs que larges ; deuxième article souvent presque aussi large que long et, en tous cas, beaucoup plus court que le premier article ; les quatre derniers, qui composent la massue, sont assez allongés et presque aussi longs, pris ensemble, que les précédents articles du funicule réunis. 8

— Tous les articles du funicule allongés ; le deuxième article beaucoup plus long que large.

et presque aussi long que le premier ; les quatre derniers articles sont évidemment plus courts, pris ensemble, que le reste du funicule. 10

8 Tête et thorax, au moins en partie, lisses et luisants. 9

— Tête et thorax entièrement mats. Corps d'un jaune rouge, pattes plus claires, abdomen parfois légèrement rembruni en son milieu. Pubescence presque nulle, sauf sur les antennes et les pattes. Pilosité rare ; quelques poils isolés se voient sur la tête, le thorax et le pétiole, et quelques autres un peu plus nombreux existent sur l'abdomen. Pattes et antennes sans poils dressés. Mandibules longitudinalement striées ; tête superficiellement granuleuse, avec des rugosités longitudinales fines qui existent même sur l'épistome et l'aire frontale ; scape des antennes longitudinalement strié ; thorax finement granuleux avec des rides irrégulières, plus fortes et longitudinales sur les côtés ; pétiole finement rugueux, peu luisant ; abdomen lisse et luisant. Tête ovale, allongée ; scape des antennes long, dépassant notablement l'occiput ; premier article du funicule presque deux fois aussi long que le second, les articles 2 à 7 courts, à peine plus longs que larges, les quatre derniers formant une massue grêle qui est presque aussi longue que le reste du funicule. Yeux petits. Metanotum muni, en arrière et de chaque côté, d'une petite dent à peine visible. Nœuds du pétiole arrondis en dessus, le premier un peu plus haut que le second. Long. 3-4 1/4mm. **14. Crocea** André.

Patrie : Oran (Algérie).

Cette espèce est voisine de l'*A. sardoa* Mayr, dont elle diffère par la structure de ses antennes, par sa taille plus petite, ses yeux moins grands, sa pilosité bien plus éparse, nulle sur les antennes et les pattes, par son metanotum à peine denticulé et par son abdomen entièrement lisse.

9 Presque entièrement lisse, luisant ; épistome non strié. D'un jaune pâle, parfois un peu brunâtre ; tête et abdomen souvent plus foncés. Pilosité longue et rare. Mandibules armées de 9 dents ordinairement distinctes. Metanotum tantôt inerme, tantôt muni de deux petites épines. Corps relativement court, peu élancé. Long. 3 1/2-4 1/2mm. 10. **Pallida**, Nyl.

Patrie : France méridionale (Marseille), Espagne, Sicile, Zante, Algérie, Liban.

Cette espèce lucifuge fait son nid en terre et ne quitte jamais ses galeries. On ignore de quoi elle peut se nourrir dans sa retraite ; peut-être cultive-t-elle des pucerons de racines, comme le font les *Lasius* jaunes, mais le fait n'a pas encore été constaté.

M. Emery (Bibl. 41) a donné le nom de **subterranoïdes** à une variété établie sur un individu de Zante, à metanotum denté, mais ce caractère n'a absolument aucune valeur chez l'*A. pallida*, dont le thorax est au moins aussi souvent denté qu'inerme, même chez les individus d'une seule fourmilière, comme j'ai pu le constater sur des exemplaires de France, d'Espagne, de Sicile et d'Afrique.

Plus voisine de la *subterranea* par sa forme grêle et sa couleur un peu plus obscure est la var. **Leveillei** Em. dont le metanotum est inerme. J'ai reçu cette variété de Sicile et d'Algérie.

Corps assez luisant ; tête très faiblement striée, presque lisse en arrière ; épistome longitudinalement strié, thorax finement rugueux, à l'exception du pronotum ; abdomen lisse et luisant. D'un brun rougeâtre ou jaunâtre, avec le dessus de la tête plus foncé et l'abdomen d'un brun noir ; mandibules, antennes et pattes d'un jaune brun. Pilosité éparse. Mandibules armées de 3 ou 4 assez fortes dents en avant, presque indistinctement denticulées derrière celles-ci.

Metanotum avec deux dents assez courtes, dirigées en haut et en arrière. Corps relativement plus élancé. Long. 4-5mm. 9. **Subterranea**, LATR.

PATRIE : Europe centrale et méridionale, Asie Mineure.

Nids en terre, sous les pierres et dans les interstices des rochers.

Cette espèce, moins hypogée que la précédente, a cependant une vie assez cachée et sort rarement au grand jour. Elle affectionne les lieux rocailleux et incultes, mais ombragés, les broussailles, les décombres.

Les sexes ailés volent au milieu de l'été.

Certains individus de forme un peu plus allongée, de couleur un peu plus claire, à téguments un peu plus mats et à épines métathoraciques un peu plus courtes, semblent se rapprocher de l'espèce suivante (*A. splendida*), et constituent la var. **subterraneo-splendida** de MM. Emery et Forel. La structure des antennes tient aussi de celle des deux espèces. Cette variété intermédiaire a été rencontrée en Sicile et au Liban. Les exemplaires du premier pays sont plus voisins de l'*A. subterranea*, ceux du second se rapprochent, au contraire, davantage de l'*A. splendida*.

L'existence de ces formes intermédiaires ne me paraît pas toutefois suffisante pour justifier la réunion des deux espèces dont les exemplaires typiques sont bien distincts, dont les mœurs sont très différentes et dont les mâles surtout n'ont aucun rapport entre eux.

10 Couleur principale du corps jaune ou d'un jaune rougeâtre. Tête en ovale très allongé. 11

— Couleur principale du corps brune ou noire. 12

11 Corps avec une pilosité éparse ; scape et tibias sans poils dressés. D'un jaune rougeâtre ; pattes plus claires ; abdomen avec une large bande noire qui ne laisse souvent à découvert que sa base. Thorax et pétiole légèrement ridés, assez luisants ; tête finement ridée et granulée, un peu plus mate ; abdomen lisse et très brillant. Partie antérieure du mesonotum (vu de

côté) en gibbosité obtuse, plus élevée que le pronotum (fig. 10) ; cette gibbosité, souvent bien accentuée, s'affaiblit quelquefois au point de disparaître presque entièrement. Metanotum armé de deux épines courtes, presque verticales. Long. 5-6mm. 11. **Splendida**, Roger.

Patrie : France méridionale (Marseille), Italie, Sicile, Grèce, Palestine, Liban, Antiliban.

Cette espèce établit ses nids en terre ou dans les interstices des murailles ; elle est très carnassière et sort fréquemment pour chasser, à une grande distance de son habitation. D'après M. Abeille de Perrin, elle niche surtout dans les murs des maisons habitées d'où elle ne sort que le soir, tout à fait à la tombée de la nuit.

Les sexes ailés paraissent en juillet.

Je renvoie à ce que j'ai dit à propos de l'*A. subterranea* pour les caractères de transition constatés entre les deux espèces.

— Corps hérissé de poils longs et blanchâtres, assez abondants sur le scape des antennes et les pattes. Jaune ou d'un jaune rouge, avec le disque de l'abdomen quelquefois un peu rembruni. Tête et thorax mats, couverts de rugosités granuleuses assez serrées ; nœuds du pétiole plus finement rugueux ; abdomen couvert de fines stries transversales, au moins à la base de son premier segment ; il est plus ou moins mat ou luisant selon l'abondance et la force de cette sculpture. Mesonotum sans gibbosité antérieure ; metanotum armé de deux épines souvent assez longues, mais parfois réduites à deux petites dents. Long. 4 1/2-6 3/4mm. 13. **Sardoa**, Mayr.

Patrie : Sardaigne, Sicile, Algérie, Tunisie.

Après avoir créé cette espèce dans un de ses premiers ouvrages, Mayr, dans ses « europaeischen Formiciden » la considéra comme une variété de la *testaceo-pilosa*, puis, dans son « Novara Reise », il revint sur cette décision et lui restitua son rang spécifique, en lui donnant pour principal caractère distinctif l'absence d'échancrure au bord antérieur de l'épistome et la forme de ses épines métathoraciques. J'avoue n'avoir pu saisir aucune différence entre l'épistome des deux espèces qui présentent aussi toutes deux les variations les plus grandes dans la forme et la longueur des dents de leur metanotum; mais comme je n'ai jamais vu d'exemplaires de transition entre ces deux insectes de couleur si absolument distincte, je crois devoir maintenir ici leur séparation.

12 Pronotum lisse ou presque lisse, au moins sur son disque ; abdomen toujours lisse et luisant. 13

— Tête, thorax et pétiole entièrement couverts de rides et de granulations fines et serrées, et tout à fait mats ; abdomen finement et densément strié en divers sens, au moins sur son premier segment. Corps noir ou d'un brun noir, hérissé de poils blanchâtres même sur les antennes et les pattes ; mandibules, funicule et pattes bruns. Long. 4 1/2-7mm.

12. **Testaceo-pilosa**, Lucas.

Patrie : France méridionale, Espagne, Portugal, Italie, Corse, Sardaigne, Sicile, Dalmatie, Grèce, Asie Mineure, Algérie, Tunisie.

Nids en terre.

Le type de cette espèce a l'abdomen entièrement strié et mat, le metanotum armé d'épines assez grandes, minces, dirigées en arrière et un peu relevées; le premier article du pétiole a sa face antérieure concave d'avant en arrière. Sa taille est grande et comprise entre 5 1/2 et 7mm.

A ce type, dont les mœurs paraissent carnassières et qui est répandu dans tout le sud de l'Europe et le nord de l'Afrique, se rattachent diverses races ou variétés étudiées par M. Emery (Bibl. 37) et dont je vais donner les caractères distinctifs, en me basant surtout sur le travail de cet auteur.

Var **Campana** Em. Epines du metanotum plus courtes, horizontales; premier segment du pétiole presque plan sur sa face antérieure. Taille plus faible (4 1/2-5 1/2mm).

Cette variété, qui est très carnassière et vit de proie, a été rencontrée au bord du Vésuve, dans la Campanie et aux îles Baléares.

Var **semipolita** Nyl. Sculpture plus faible; abdomen finement strié sur son premier segment, lisse et luisant à sa partie postérieure. Epines du metanotum souvent plus courtes, peu relevées ou presque horizontales; premier article du pétiole assez allongé; pilosité ordinairement moins abondante; couleur moins foncée. Long. 5-6mm. Italie méridionale, Sicile, Grèce.

M. Emery, qui a observé cette variété à Palerme, dit qu'elle est bien moins vagabonde que la précédente et que son régime est exclusivement végétal. Elle recueille des pétales de fleurs, des graines vertes et molles qu'elle porte dans son nid et qu'elle rejette ensuite après en avoir retiré les sucs nutritifs et les principes utilisables.

Var **spinosa** Em. Noire ou d'un brun noir ; sculpture analogue à celle de la variété précédente ; épines du metanotum longues, un peu arquées et se dirigeant obliquement en haut et en arrière; premier article du pétiole court et épais. Long. 5-6mm.

Habite l'Italie, la Corse, la Sardaigne et l'Algérie. Ses mœurs sont très carnassières.

Var **gemella** Roger. Semblable à la *testaceo-pilosa* typique, mais le metanotum est armé de deux petites dents extrêmement courtes. Long. 6-6 1/2mm. (D'après Roger).

Patrie : Baléares, Algérie.

13 D'un brun noir, quelquefois un peu plus clair sur le thorax ; mandibules, antennes et pattes d'un roussâtre foncé. Tête presque mate, avec de fortes rides longitudinales ; pronotum finement ridé, son disque presque lisse et luisant ; le reste du thorax est assez grossièrement ridé ; l'abdomen est lisse et luisant. Epines du metanotum peu larges à leur base, de la longueur de moitié seulement de sa face basale. Long 4-6mm. **8. Striola**, Roger.

Patrie : France, Suisse, Espagne, Portugal, Grèce, Chypre, Asie Mineure.

Nids en terre.

Les mâles et les femelles volent en juin et juillet (Rouget).

MM. Emery et Forel, dans leur catalogue, ne considèrent cette espèce que comme une race de l'*A. subterranea.* Tout en reconnaissant qu'il peut y avoir des ouvrières et des femelles qui, sous le rapport de la couleur et de la sculpture, participent des deux espèces, je ne puis adopter l'opinion de ces auteurs, car la structure des antennes est très différente chez les deux insectes et leurs mâles sont extrêmement distincts.

La *F. gibbosa* Latr. doit, à mon avis, être rapportée à l'*A. striola* Rog. En effet Latreille, après l'avoir décrite dans ses « Fourmis de France », ne la considère plus, dans son « Histoire naturelle des Fourmis », que comme une variété de la *subterranea,* et l'on ne peut nier qu'à première vue du moins, elle n'ait les plus grands rapports avec cette espèce. Mais, ce qui est encore plus concluant, c'est que l'insecte figuré pl. XI, fig. 70 G de son grand ouvrage et que la légende indique comme étant la femelle de la *F. gibbosa,* est évidemment le mâle de l'*A. striola,* très reconnaissable à la forme bizarre de son thorax longuement rétréci en arrière et surplombant fortement la tête en avant. Ce mâle, que je décris plus loin, n'a pas été connu des auteurs modernes, et on peut voir, par la figure que j'en donne, Pl. XXIII, que c'est bien là l'insecte figuré par Latreille. Quant à celui indiqué par la lettre D de sa planche, c'est, sans aucun doute, le mâle de l'*A. subterranea*.

Malgré la conviction que j'ai de l'identité des *F. gibbosa* Latr. et *A. striola* Roger, je respecte cependant ce dernier nom parcequ'il est seul connu des naturalistes, qu'il est consacré par tous les auteurs, et que malgré mon profond respect pour la loi de priorité, je crois qu'on ne doit pas, dans l'intérêt de la science, bouleverser la nomenclature en substituant, après de longues années, un nom inconnu à celui universellement adopté, et qu'il est plus sage d'accorder à ce dernier le bénéfice de la prescription.

Le catalogue Emery et Forel rapproche dubitativement la *F. gibbosa* Latr. de l'*A. testaceo-pilosa* Luc. Cette opinion me paraît erronée, car sans parler des raisons que j'ai invoquées ci-dessus à l'appui de ma thèse, l'*A. testaceo-pilosa* est une fourmi tout à fait méridionale, tandis que Latreille indique Brives pour patrie de son espèce. D'autre part, en décrivant l'ouvrière, il dit : « jambes et tarses d'un *brun ferrugineux* », puis il indique le mâle comme étant « noir *luisant* » toutes choses qui s'allient peu avec une variété de l'*A. testaceo-pilosa*.

— Noir ; cuisses d'un brun foncé ; mandibules, funicule, tibias et tarses d'un brun rougeâtre. Sculpture comme chez l'espèce précédente. Epines du metanotum très fortes, très larges à la base, aussi longues que la face basale du metanotum. Long. 7^{mm} (D'après Mayr).

7. **Obsidiana**, Mayr.

Patrie : Caucase.

L'ouvrière de l'**A. hispanica** André, n'est pas connue.

Femelles

1 Antennes robustes ; scape court, n'atteignant pas l'occiput ; premier article du funicule presque aussi long que les deux suivants réunis ; les articles 2, 3 et 4 transverses, les suivants à peu près aussi longs que larges, sauf le dernier qui est de la longueur des deux avant derniers réunis (fig. 11). L'antenne est terminée par une massue épaisse, de 4 articles, qui est presque aussi longue que le reste du funicule. Tête carrée, pas plus longue que large (mandibules non comprises) et pas plus étroite en avant qu'en arrière. Mandibules de largeur moyenne, armées de dents dont l'apicale est très longue et très aiguë. Thorax aussi haut que large ; pronotum visible en avant et sur les côtés quand l'insecte est examiné en-dessus ; metanotum armé de deux dents fortes et aiguës. Premier nœud du pétiole assez aminci en dessus, moins large que le second nœud qui est globuleux. Ab-

domen court, recouvert en majeure partie par son premier segment. Tête, à l'exception de l'aire frontale, fortement et longitudinalement striée avec des points gros et serrés dans l'intervalle des stries, ce qui lui donne une apparence réticulée. Pronotum transversalement strié; mesonotum et scutellum fortement et longitudinalement striés et ridés ; metanotum avec des stries transversales plus faibles et s'effaçant entre les épines où il est presque lisse et luisant. Pétiole finement rugueux ; abdomen lisse et luisant. Tête, thorax, scape des antennes et pattes revêtus de longs poils irrégulièrement couchés, médiocrement serrés et entremêlés de quelques-uns plus relevés ; pétiole et abdomen avec une pilosité oblique et plus régulière. Noir ou d'un noir brun ; mandibules, articulations des pattes, tarses et funicule des antennes plus ou moins rougeâtres ; tout le corps, sauf l'abdomen, est peu luisant à cause de sa forte sculpture. Ailes un peu teintées de jaunâtre ; seconde cellule cubitale petite, à peine plus longue que large ; la nervure récurrente s'unit vers le milieu du tronc de la nervure cubitale ; la nervure transverse n'émet point de rameau latéral. Taille petite. Long. 4 3/4-5 1/4^{mm}. **2. Hispanica**, NOV. SP.

PATRIE : Espagne (Madrid).

Cette espèce, dont l'ouvrière m'est inconnue, est peut-être la femelle de l'*A. Blanci* dont elle se rapproche beaucoup par sa petite taille, par la forme de sa tête, par la structure de ses antennes, par sa forte sculpture et par les dents robustes de son metanotum ; toutefois le remarquable caractère que présentent les yeux de l'*A. Blanci* ne se retrouvant pas chez l'*A. hispanica*, l'identité spécifique des deux insectes reste fort incertaine.

— Tous les articles du funicule aussi longs ou plus longs que larges. Taille ne descendant jamais au-dessous de 7 millimètres. **2**

2 Mandibules médiocrement larges, avec le bord terminal assez court et le bord externe un peu arqué ; quand elles sont fermées, elles forment une saillie presque semi-circulaire en avant de la bouche. Tête presque carrée, pas plus longue que large. Taille grande, dépassant ordinairement 9^{mm}. 3

— Mandibules larges, fortement triangulaires, avec le bord terminal allongé et le bord externe presque droit ; quand elles sont fermées (mais non croisées), elles forment, en avant de la bouche, une saillie très proéminente, nettement triangulaire. Tête souvent plus allongée, parfois ovale. Taille inférieure à 9^{mm}. 5

3 Premier nœud du pétiole (vu de côté) arrondi et peu anguleux en dessus. Abdomen finement réticulé ; cette sculpture notablement accentuée sur son premier segment qui est mat. Tête densément rugueuse, avec des rides ou stries longitudinales très fortes et dont les intervalles sont finement réticulés. Pronotum fortement et transversalement rugueux ; mesonotum et scutellum plus finement et longitudinalement ridés, souvent lisses et luisants sur leur disque qui est marqué de gros points piligères ; metanotum grossièrement et transversalement ridé, armé de deux fortes dents un peu émoussées. Pilosité longue et médiocrement abondante. Corps noir avec les mandibules, le funicule des antennes, les articulations des pattes et les tarses d'un brun rougeâtre. Long. 17^{mm}.

1. **Arenaria**, Fab.

— Premier nœud du pétiole (vu de côté) formant en dessus un angle plus ou moins vif. Metanotum souvent inerme. Abdomen presque toujours lisse et luisant. 4

4 Tout le corps revêtu d'une pilosité longue et abondante. Tête assez fortement et longitudinalement ridée-striée ; pronotum nettement et densément strié ; mesonotum ridé latéralement, marqué en dessus de points enfoncés gros et nombreux ; metanotum avec des stries transversales assez serrées, inerme en arrière ou pourvu seulement de deux tubercules. Pétiole grossièrement ridé ; abdomen lisse et luisant. D'un noir brun ; pattes brunâtres ; mandibules, joues, tout ou partie des antennes, articulations des pattes et tarses d'un roussâtre plus ou moins foncé. Long. 9-10 1/2^{mm}. 5. **Structor**, Latr.

— Pilosité assez éparse. Sculpture analogue à celle de l'*A. structor* mais moins forte, ce qui donne au corps plus d'éclat ; souvent l'occiput et le pronotum sont presque lisses et le mesonotum est marqué de points très épars. D'un noir de poix avec les mandibules et souvent toute la tête d'un rouge brun ; le funicule, les articulations des pattes et les tarses sont d'un rouge brunâtre ou jaunâtre. Le metanotum, fréquemment inerme, est parfois armé de dents ou d'épines bien accentuées. Long. 11-14^{mm}.
4. **Barbara**, L. (fig. 2).

Les individus appartenant au type de l'espèce sont de grande taille (14^{mm}), avec la tête rugueuse, parfois rouge, et l'occiput presque lisse ; le metanotum est inerme. Ailes jaunâtres ; la nervure cubitale se divise à une distance notable de l'insertion de la nervure récurrente ; la nervure transverse n'émet pas de rameau parallèle au bord antérieur de l'aile ou en offre seulement un léger vestige.

Voici, d'après M. Emery, les caractères que présentent les variétés connues de cette espèce :

Var. **nigra**. Semblable au type, mais toujours noire ; ailes jaunâtres ; la nervure cubitale se divise à une courte distance de l'insertion de la récurrente et quelquefois même au point d'insertion de cette nervure ; la nervure transverse émet constamment un rameau qui se dirige vers le sommet de l'aile, en passant entre les deux branches de la nervure cubitale.

Var. **semirufa.** Ailes presque hyalines ; la nervure cubitale se bifurque à une certaine distance de l'insertion de la récurrente ; la nervure transverse présente de légers vestiges d'un rameau longitudinal.

Var. **minor.** Taille petite (11mm). Tête souvent rouge, avec l'occiput lisse. Ailes pâles ; nervure cubitale se divisant à peu de distance de la récurrente ou parfois même à son point de rencontre avec cette dernière ; la nervure transverse n'a pas de rameau.

Var. **ægyptiaca** Em. Tête entièrement et densément striée ; abdomen finement rugueux, peu luisant, avec des points épars plus gros et plus profonds ; metanotum denté. Taille petite.

5 Articles 2 à 7 du funicule courts, moins de deux fois aussi longs que larges ; le second article est presque aussi large que long et seulement moitié aussi long que le premier. **6**

— Articles 2 à 7 du funicule au moins deux fois aussi longs que larges ; le second article est presque aussi long que le premier. **7**

6 Tête, devant du pronotum et côtés du métathorax assez légèrement striés ou ridés ; aire frontale, derrière de l'épistome et le reste du thorax, y compris le dessus du metanotum ou au moins sa face déclive, lisses et luisants ; pétiole finement ridé ; abdomen lisse et très luisant. Tête un peu plus étroite que le thorax ; metanotum inerme ou bidenté. Passant du jaune rougeâtre au rouge brun avec le mesonotum, le scutellum et souvent la tête plus foncés ; mandibules, antennes et pattes d'un jaune brun ou rougeâtre. Pilosité éparse, plus abondante sur l'abdomen. Long. 8-9mm. 10. **Pallida**, Nyl.

— Aire frontale légèrement striée ; tête avec des rides longitudinales assez fortes mais s'effaçant un peu vers l'occiput ; metanotum transversalement ridé en dessus ; prothorax et métapleures plus ou moins ridés ou striés ; le reste du thorax lisse et luisant ; pétiole finement rugueux ; abdomen lisse et luisant. Tête aussi large que le thorax ; metanotum armé de deux fortes épines. D'un brun rougeâtre ; dessus de la tête, du thorax et de l'abdomen plus foncé ; pattes d'un jaune brun. Pilosité éparse. Long. 7-8mm.

9. **Subterranea**, Latr.

7 Couleur principale du corps jaune ou d'un jaune rouge. 8

— Couleur principale du corps brune ou noire. 9

8 Scape des antennes et tibias sans poils dressés. Abdomen lisse et très luisant ; le reste du corps plus ou moins ridé ou ruguleux, mat ou peu luisant. D'un jaune testacé ; dents des mandibules, voisinage des ocelles et une bande sur le premier segment de l'abdomen d'un noir brun. Pilosité du corps courte et éparse. Metanotum armé de deux fortes épines assez courtes. Long. 7 1/2-9mm.

11. **Splendida**, Roger.

— Scape des antennes et tibias hérissés, ainsi que tout le corps, de longues soies blanchâtres. Abdomen finement strié ou granulé sur son premier segment et mat, presque lisse et plus ou moins luisant en arrière; tête et thorax densément couverts de rugosités granuleuses assez fortes ; pétiole moins rugueux. D'un jaune rougeâtre terne ; abdomen quelquefois un peu rembruni en dessus. Métathorax armé de deux fortes dents légèrement émoussées. Long. 7-8mm.

13. **Sardoa**, Mayr.

9 Scape des antennes et tibias hérissés, ainsi que tout le corps, de longues soies blanchâtres. Abdomen finement strié et granulé au moins sur son premier segment, mat ou avec un éclat soyeux. Tête, thorax et pétiole fortement ridés-granulés. Entièrement d'un noir terne ; abdomen parfois assez luisant en arrière. Métathorax armé de deux épines de longueur et de direction variables. Long, 8-9mm.

12. **Testaceo-pilosa,** Lucas.

Chez les individus typiques la face basale du metanotum est oblique et les épines, de longueur moyenne, sont relevées de façon à former un angle obtus avec la face basale. L'abdomen est entièrement striolé et mat ou avec un éclat un peu soyeux.

La var. **semipolita** Nyl. a le thorax semblablement conformé, mais les épines métathoraciques sont un peu plus courtes et l'abdomen est presque lisse et luisant en arrière.

La var. **campana** Em. se distingue par ses épines métathoraciques assez courtes, formant le prolongement de la face basale du metanotum qui est elle-même horizontale. L'abdomen est entièrement sculpté comme chez la *testaceo-pilosa* typique.

Les autres variétés ne me sont pas connues.

= Scape des antennes et tibias sans longues soies dressées, mais seulement avec une pubescence un peu relevée. Abdomen lisse et luisant. Tête mate, longitudinalement et fortement striée sur sa moitié antérieure, avec de grosses rides irrégulières sur sa partie postérieure ; prothorax médiocrement et transversalement ridé ; metanotum avec de fortes rides transversales ; côtés du métathorax assez grossièrement rugueux ; le reste du thorax lisse et luisant ; pétiole légèrement ridé. D'un noir brun, souvent un peu rougeâtre ; mandibules, antennes, genoux et tarses plus ou moins clairs. Pilosité du corps éparse. Metanotum armé de deux fortes épines. Long. 7-9mm.

8. **Striola,** Roger.

Les femelles des **A. Blanci** André, **rufo-testacea** Foerst., **obsidiana** Mayr, **crocea** André et **raphidiiceps** Mayr, ne me sont pas connues.

Mâles

1 Metanotum de conformation analogue à celui de la femelle, pas notablement plus bas ni plus grêle que le reste du thorax ; sa face basale plane ou légèrement convexe à partir du postcutellum jusqu'à la rencontre de la face déclive, non brisée en angle rentrant entre ces deux points. (Fig. 12 et 21). 2

— Metanotum bas, plus ou moins grêle, allongé, contracté ou même pétiolé; sa face basale brisée en angle rentrant sur un point de l'espace compris entre le postscutellum et la face déclive (1) (Fig. 16 à 20). 4

2 Tête visiblement plus longue que large, rétrécie en arrière (fig. 13). Mandibules assez étroites, armées de 3 à 4 dents. Scape des antennes à peu près de la longueur des 4 ou 5 premiers articles du funicule. Premier article du funicule un plus long que le second, celui-ci et les suivants, assez courts, vont en s'allongeant légèrement et en s'épaississant jusqu'à l'extrémité ; les cinq derniers pris ensemble sont aussi longs que le reste du funicule. Face basale du metanotum peu inclinée, un peu plus longue que sa face déclive ; le point de réunion de ces deux faces est concave et armé, de chaque côté, d'une dent bien accentuée et un peu émoussée à l'extrémité (fig. 21). Noir, peu luisant,

(1) Pour faciliter les descriptions qui vont suivre, j'appellerai *partie antéangulaire* la portion de la face basale qui précède l'angle rentrant, et *partie postangulaire* celle qui la suit.

sommet des mandibules, articulations des pattes et tarses d'un jaune brunâtre. Tête longitudinalement et densément striée, avec des points gros et serrés dans l'intervalle des stries, ce qui lui donne une apparence réticulée. Pronotum transversalement strié et ponctué ; mesonotum et scutellum densément et longitudinalement striés, avec les intervalles ponctués ; la sculpture s'efface plus ou moins à la partie antérieure du mesonotum qui est plus lisse et plus luisante ; metanotum rugueux-ponctué sur les côtés, sa face basale ponctuée-réticulée ; l'intervalle des dents et la face déclive très superficiellement ponctués et assez luisants. Pétiole finement rugueux. Abdomen lisse et luisant. Pilosité longue et assez abondante sur tout le corps. Ailes à peine teintées de jaunâtre ; seconde cellule cubitale petite, à peine plus longue que large ; la nervure récurrente s'unit vers le milieu du tronc de la nervure cubitale ; la nervure transverse n'émet point de rameau latéral. Long. 4-4 1/2mm. 2. **Hispanica**, NOV. SP.

Pour la patrie de cette espèce et ses rapports avec l'*A. Blanci* André, voir la description de la femelle.

—— Tête à peine plus longue que large, non rétrécie en arrière (fig. 14). Mandibules larges, armées de 6 à 7 dents. Scape des antennes de la longueur des trois premiers articles du funicule. Premier article du funicule plus court que le second ; celui-ci et les suivants au moins aussi longs ou plus longs que les derniers (l'article terminal excepté) ; les cinq derniers articles sont évidemment plus courts, pris ensemble, que le reste du funicule. Metanotum inerme ou muni de deux légers tubercules. Sculpture du corps beaucoup moins forte et moins régulière ; corps plus luisant. Taille plus grande. 3

3 Noir, luisant ; sommet des mandibules, articulations des pattes, tarses et souvent aussi le funicule des antennes d'un rouge jaunâtre ou brunâtre. Dessus de la tête plus ou moins finement ridé ; pronotum avec des rides longitudinales ordinairement superficielles et peu serrées ; mesonotum éparsement ponctué ; dessus du metanotum le plus souvent lisse ou presque lisse et luisant. Pétiole ridé. Pilosité longue et assez abondante. Long. 9-11mm. 4. **Barbara**, L.

Les mâles des diverses variétés que j'ai pu examiner ne m'ont pas offert de caractères distinctifs appréciables. Il se pourrait cependant que, chez les formes de petite taille et à forte sculpture, comme les A. *ægyptiaca* et *rugosa*, les mâles, que je ne connais pas, offrissent quelques vestiges probablement très affaiblis des particularités que présentent les ouvrières.

— Noir, luisant ; sommet des mandibules, antennes, articulations des pattes et tarses d'un jaune plus ou moins brunâtre. Tête assez fortement rugueuse ; pronotum et metanotum densément et grossièrement striés ; mesonotum couvert de rugosités plus ou moins serrées qui s'effacent en avant. Pilosité longue et abondante. Long. 7 1/2-8mm. 5. **Structor**, Latr.

4 Tête (fig. 15) plus large en arrière qu'en avant, ses angles postérieurs dilatés en forme d'oreilles ou de lobes arrondis, son bord postérieur presque droit ; elle est déprimée, peu épaisse, légèrement convexe en dessus, plane ou concave en dessous. Mandibules courtes et étroites, armées d'une grande dent en avant et indistinctement denticulées derrière celle-ci. Yeux très grands, occupant plus de la moitié

des côtés de la tête et touchant en avant l'articulation des mandibules. Antennes grêles, à peine épaissies à l'extrémité ; scape très court, moins de deux fois aussi long que le premier article du funicule ; ce premier article un peu plus long que large et plus court que le second ; les suivants s'allongent insensiblement, le dernier est moins long que les deux précédents réunis. Thorax de forme singulière (fig. 16) : sa partie antérieure (pronotum et mesonotum, vus de côté) est conique ou pyriforme, large en dessus, rétrécie en dessous, et d'une hauteur au moins égale à sa longueur. La partie antéangulaire de la face basale du metanotum est longue, presque perpendiculaire ; au bas de celle-ci le metanotum se rétrécit d'abord brusquement en une tige grêle, courte et cylindrique, à peine plus épaisse que le premier article du pétiole, puis se boursoufle ensuite en forme de grand nœud sphérique. C'est la partie postérieure de cette sphère qui constitue la face déclive du metanotum, à la naissance de laquelle on ne voit ni dents ni tubercules. Premier article du pétiole cylindrique en avant, peu épaissi en arrière ; second nœud bas et plus large que le premier. Pattes grêles et longues. D'un jaune rougeâtre clair avec la tête brune, à l'exception de l'épistome et des parties de la bouche ; mesonotum et scutellum tachés de brunâtre ; premier segment de l'abdomen avec une large bande transversale, mal limitée, d'un brun noirâtre ; antennes et pattes d'un jaune pâle. Tête et thorax superficiellement ridés, un peu luisants. Pubescence à peu près nulle, sauf sur les antennes et les pattes ; pilosité rare, plus abondante sur l'abdomen ; les pattes et les antennes sont dépourvues de poils dressés. Ailes hyalines. Long. 4 1/2-5mm. **11. Splendida**, Roger.

Ce mâle, qui était encore inédit, se distingue facilement de tous ses congénères par la forme remarquable de sa tête et de son thorax.

— Tête plus ou moins ovale ou quadrangulaire, ses angles postérieurs non dilatés. Metanotum autrement conformé. 5

5 Tête (y compris l'épistome et l'aire frontale), pronotum, mesonotum et partie du metanotum densément ridés-granulés et mats ; pétiole finement ridé ; abdomen lisse et luisant. D'un noir foncé ; extrémité des mandibules et articulations des pattes d'un rouge brun, le reste des mandibules et des pattes d'un brun noir. Tout le corps, y compris le scape des antennes et les pattes, hérissé de longs poils blanchâtres. Chez les individus typiques, le metanotum est muni en arrière de deux forts tubercules très arrondis, et la partie antéangulaire de sa face basale est au moins aussi longue que sa partie postangulaire (fig. 17). Long. 5-6mm.

12. **Testaceo-pilosa**, Lucas.

Chez la var. **semipolita** Nyl. les tubercules métathoraciques sont plus faibles, le thorax est moins grêle, la partie antéangulaire de sa face basale est plus haute et la face antérieure du premier article du pétiole est plus concave d'avant en arrière.

La var. **campana** Em. se fait remarquer par sa tête petite, son thorax allongé, muni en arrière de faibles tubercules, par la face basale de son metanotum convexe en son milieu, avec la partie antéangulaire trés courte ou presque nulle, et par le premier article de son pétiole à peine concave antérieurement.

Les autres variétés me sont inconnues.

— Épistome et mesonotum lisses ou presque lisses et luisants. Pilosité beaucoup moins abondante. 6

6 Metanotum étranglé à la base de sa partie

postangulaire qui est très basse, grêle, allongée, en cylindre ovoïde, légèrement déprimée en dessus et un peu plus longue que sa partie antéangulaire ; sa face déclive est très courte et rejoint la face basale par une surface arrondie, sans limite distincte et sans trace de dents ou de tubercules au point de réunion (fig. 18). Partie antérieure du thorax très haute et courte; mesonotum fortement convexe en avant et surplombant notablement le derrière de la tête. Antennes grêles et allongées ; scape court, à peu près de la longueur des deux premiers articles du funicule ; premier article du funicule un peu plus court que le second ; le dernier article moins long que les deux précédents réunis. Premier article du pétiole faiblement nodiforme en arrière ; second article peu élevé et plus large que le premier. D'un brun noir ou d'un brun rougeâtre ; mandibules, antennes et pattes plus claires. Tête finement ridée, un peu luisante ; épistome, mesonotum, dessus du metanotum et des nœuds du pétiole avec des rides ou stries superficielles. Pilosité éparse, plus abondante sur l'abdomen ; scape des antennes et pattes sans poils dressés. Ailes hyalines ou à peine teintées de jaunâtre. Long. 4-5^mm.

8. **Striola**, Roger.

Ce mâle a été trouvé dans les environs de Dijon en compagnie de ses ouvrières et de ses femelles, par mon ami, M. Rougel, qui a bien voulu m'en céder quelques exemplaires. Il était encore inédit (1), car l'insecte décrit sous ce nom par Roger et Mayr n'a aucun rapport avec cette espèce et doit appartenir à une variété de l'*A. barbara* ou peut être à l'*A. arenaria* dont le mâle n'est pas connu.

(1) Le mot « inédit » n'est peut être pas très exact puisque, d'après l'opinion que j'ai émis à la suite de la description de l'ouvrière, ce mâle aurait été assez exactement figuré par Latreille sous le nom de *F. gibbosa*, mais la description qu'en donne cet auteur est absolument insuffisante et peut être considérée comme nulle.

— Metanotum non étranglé à la base de sa partie postangulaire qui est moins grêle et visiblement cubique ; mesonotum moins prolongé en avant et ne surplombant pas notablement le derrière de la tête. 7

7 Partie antéangulaire de la face basale du metanotum plus courte que sa partie postangulaire ; cette dernière plane en dessus et bien plus longue que la face déclive dont elle est séparée par un angle accentué, mais sans dents ni tubercules au point de réunion (fig. 19). Yeux et ocelles gros et très saillants ; le diamètre de ces derniers est au moins aussi grand que l'espace qui sépare l'ocelle antérieur des deux postérieurs. Scape des antennes court, pas plus long que les deux premiers articles du funicule réunis ; premier article du funicule plus court que le second. D'un brun noir ou rougeâtre ; dessus de la tête et du thorax ordinairement plus foncé ; épistome, mandibules, antennes, pattes et abdomen d'un jaune brun. Tête finement ridée ; épistome, thorax, pétiole et abdomen presque lisses et très luisants ; rarement le pronotum et le mesonotum sont plus ou moins ridés et moins luisants que le metanotum. Pilosité éparse ; tibias avec quelques poils dressés. Ailes presque hyalines avec les nervures jaunâtres et le stigma brun. Long. 4-5mm.

10. **Pallida**, Nyl.

— Partie antéangulaire de la face basale du metanotum plus longue que sa partie postangulaire ; cette dernière longitudinalement concave, à peine aussi longue que la face déclive, et munie en arrière de deux forts tubercules terminés par une dent émoussée (fig. 20). Yeux peu convexes ; ocelles assez petits et peu saillants, leur diamètre est moins grand que l'espace qui sépare l'ocelle antérieur des deux postérieurs. Scape des antennes un peu plus long que les deux premiers articles du funicule réunis ; premier article du funicule plus long que le second. D'un brun rougeâtre plus ou moins clair ; dessus de la tête, du thorax et de l'abdomen plus foncé ; épistome, mandibules, antennes et pattes d'un jaune à peine rougeâtre. Tête finement rugueuse ; épistome, thorax (sauf quelques rides sur ses parties latérales) ; pétiole et abdomen lisses ou presque lisses et très luisants. Pilosité très éparse ; tibias sans poils dressés. Ailes presque hyalines ; nervures et stigma jaunâtres. Long. 4-5mm.

9. **Subterranea**, Latr.

Je ne connais pas les mâles des A. **arenaria** Fab., **Blanci** André, **rufo-testacea** Foerst., **obsidiana** Mayr, **sardoa** Mayr, **crocea** André et **raphidiiceps** Mayr.

16e GENRE. — OXYOPOMYRMEX, André

οξυωπός qui a la vue perçante, μυρμηξ fourmi.

(Pl. XXII)

☿ Tête presque carrée, à peine plus longue que large, ses bords latéraux presque droits, ses angles postérieurs arrondis. Mandibules larges, armées de dents dont l'antérieure est la plus forte. Epistome assez petit, peu convexe, ni sillonné, ni caréné, son bord antérieur droit ; il s'avance légèrement en arrière entre l'insertion des antennes. Aire frontale profonde, arrondie en arrière ; sillon frontal nul. Arêtes frontales courtes, droites, parallèles. Antennes de 11 articles (fig. 15) ; scape n'atteignant pas le derrière de la tête ; premier article du funicule presque aussi long que les trois suivants réunis, les articles 2 à 6 courts, transversaux, les quatre derniers vont en grandissant et en s'épaisissant de façon à former une massue assez forte, mais mal limitée ;

le dernier article est aussi long que les deux précédents réunis. Yeux très grands, ovales, occupant à peu près le tiers des côtés de la tête et placés obliquement en avant de ses bords latéraux, très près de l'articulation des mandibules. Thorax court, plus large en avant qu'en arrière, fortement étranglé entre le mesonotum et le metanotum. Suture entre le pronotum et le mesonotum distincte. Vu en dessus, le pronotum est légèrement dilaté et arrondi latéralement, avec les épaules non anguleuses; le mesonotum n'est pas plus large que le metanotum. Face basale de ce dernier horizontale, sa face déclive presque verticale et fortement concave transversalement ; au point de réunion de ses deux faces, le metanotum est armé, de chaque côté, d'une épine forte et aigüe, dirigée en haut et en arrière. Premier nœud du pétiole courtement cylindrique en avant, nodiforme en arrière, plus haut que large et un peu plus élevé que le second article ; celui-ci nodiforme, un peu plus large que long, paraissant (vu en dessus) en ovale transverse et presque deux fois aussi large que le nœud du premier article. Abdomen ovale, recouvert presque en entier par son premier segment, non tronqué à la base, ni acuminé à son extrémité. Pattes assez longues et robustes; cuisses légèrement épaissies au milieu, mais non fortement claviformes; éperons simples.

♀ et ♂ Inconnus.

Ce genre, ne comprenant qu'une seule espèce, est voisin des *Aphænogaster* auxquels il devra peut-être être réuni quand on connaitra les sexes ailés. Le caractère tiré de la grandeur et de la position des yeux s'est déjà retrouvé dans l'*Aphænogaster Blanci* André, récemment découvert, et il ne reste guère, pour le distinguer du genre précédent, que le nombre des articles de ses antennes, la forme moins globuleuse de son pronotum et la grandeur relative du second nœud de son pétiole.

Ouvrière

Entièrement d'un noir brun très-foncé, avec l'extrémité des mandibules, les coins de la bouche, le funicule des antennes et les pattes d'un brun rougeâtre; cuisses plus obscures. Mandibules fortement striées dans le sens de leur longueur ; tête légèrement et longitudinalement striée, peu luisante ; aire frontale lisse et luisante. Thorax ridé-réticulé, peu luisant ; metanotum presque lisse et luisant entre les épines ; pétiole finement rugueux ; abdomen lisse et très luisant. Pilosité rare; pubescence très éparse, sauf sur les antennes et les pattes, où elle est un peu plus abondante. Scapes et tibias sans poils dressés. Long. 2 1/4mm. **1. Oculatus,** André (fig. 14).

PATRIE : Bet-Dejjan, près Jaffa (Palestine).

Un seul individu, trouvé sous une écorce d'olivier et qui fait partie de la collection de M. Abeille de Perrin.

Femelle

Inconnue.

Mâle

Inconnu.

17e GENRE. — PHEIDOLE, Westwood.

(*Oecopthora* Heer)

φειδωλος, économe

(Pl. XXIV)

☿ Tête (fig 4) à peine plus longue que large, un peu plus large que le thorax. Epistome convexe, non caréné. Arêtes frontales droites. Aire frontale petite, bien distincte, mais peu profonde. Sillon frontal nul. Mandibules très-larges ; leur bord terminal au moins aussi long que leur bord interne et muni de 8 à 12 dents dont l'antérieure ou les deux antérieures sont plus grandes et les autres très petites. Palpes maxillaires et labiaux de deux articles.

Antennes longues et grêles, de 12 articles (fig. 5), (de 11 seulement chez quelques espèces exotiques); scape dépassant l'occiput; funicule avec une massue allongée, de trois articles, qui est aussi longue que le reste du funicule ; premier article du funicule plus long que le second, les articles 2 à 8 de longueur variable et subégaux, le neuvième (premier de la massue) aussi long ou plus long que les trois précédents réunis, le dernier moins de deux fois aussi long que l'avant-dernier. Yeux de grandeur moyenne. Thorax fortement étranglé entre le mesonotum et le metanotum, ce dernier bidenté en arrière. Premier article du pétiole cylindrique en avant, chargé en arrière d'une arête ou d'un nœud transversal ; second article nodiforme, souvent anguleux latéralement. Pattes allongées ; cuisses ayant leur plus grande largeur en leur milieu, se rétrécissant graduellement de là aux deux extrémités, sans parties basale et apicale cylindriques ; éperons simples. Abdomen petit, arrondi, obtusément tronqué à la base.

♃ Tête trés-grosse, courte, plus de deux fois aussi large que le thorax. Epistome peu convexe, non ou faiblement caréné. Aire frontale distincte. Sillon frontal très-profond, trés-élargi en arrière, traversant le vertex et s'étendant jusqu'au trou occipital, de sorte qu'il divise le derrière de la tête en deux lobes convexes. Antennes et palpes comme chez l'ouvrière. Mandibules larges, leur bord terminal tranchant, inerme ou armé seulement de deux dents en avant. Thorax profondément étranglé entre le mesonotum et le metanotum, ce dernier muni de deux dents ou de deux épines en arrière. Pétiole, abdomen et pattes comme chez l'ouvrière. Taille plus grande.

♀ Epistome, mandibules, palpes et antennes comme chez le soldat. Un sillon peu profond commence à l'ocelle antérieur pour s'étendre jusqu'au trou occipital. Thorax large, bas, déprimé; metanotum bidenté ou biépineux. Premier article du pétiole cylindrique en avant, chargé en arrière d'une arête ou d'un nœud transversal; second article transversal, souvent muni de chaque côté d'un élargissement conique et armé ou non en dessous d'une forte dent. Abdomen peu convexe en dessus, très-convexe en dessous, recouvert à moitié par son premier segment. Ailes avec deux cellules cubitales. Taille plus grande que celle de l'ouvrière et du soldat.

♂ Mandibules avec le bord terminal assez large, armé de 4 à 5 dents. Front transversalement impressionné. Palpes maxillaires de 3 articles ; palpes labiaux de 2 articles. Antennes de 13 articles (fig. 6) ; scape court, à peine plus long que les deux premiers articles du funicule réunis ; funicule filiforme, son premier article épais, sphérique, les suivants cylindriques ou en ovale très-allongé, le dernier est le plus long de tous. Thorax bas, déprimé ; mesonotum sans sillons convergents ; metanotum muni en arrière de deux tubercules ou de deux dents souvent peu distincts. Valvules génitales externes aplaties, obliquement tronquées à l'extrémité et assez saillantes, ainsi que l'hypopygium. Ailes comme chez la femelle. Taille intermédiaire entre elle et l'ouvrière.

Ce genre renferme environ 80 espèces répandues dans toutes les parties du monde, mais propres surtout aux contrées tropicales ; trois seulement se rencontrent dans les parties méridionales du territoire de notre faune.

Les *Pheidole* sont remarquables par la présence de soldats formant une caste bien tranchée, et reconnaissables, au premier coup d'œil, à leur tête énorme et profondément divisée en arrière. Ce sont des fourmis courageuses et carnassières mais paraissant aussi s'accommoder d'un régime végétal, car on a constaté que plusieurs espèces approvisionnaient leurs nids de graines diverses, à la manière de certains *Aphænogaster*. Elles n'élèvent pas de pucerons dans leurs cases et semblent même ne pas les rechercher au dehors.

Ouvrières

1 Tous les articles du funicule, sauf le second article, plus longs que larges. Corps en majeure partie lisse et luisant ; joues avec quelques rides longitudinales ; mesonotum et metanotum densément ponctués, ce dernier armé de deux épines dirigées en haut. Pubescence rare ; pi-

losité longue et peu serrée. D'un jaune brunâtre ou rougeâtre ; front, vertex et abdomen d'un brun foncé. Long. 2 3/4-3mm. (d'après Mayr)

3. **Sinaïtica**, Mayr.

Patrie : Sinaï, Egypte.

— Articles 2 à 5 du funicule transversaux ou au moins pas plus longs que larges (fig. 5). **2**

2 Metanotum muni, de chaque côté, d'un petit tubercule dentiforme large et extrêmement court. Corps en majeure partie lisse et luisant; joues superficiellement ridées, metanotum ponctué-rugueux. Variant du jaune pâle avec la tête à peine plus obscure et l'abdomen plus ou moins noirâtre, au rouge brun avec les pattes et les antennes plus claires et la tête ainsi que l'abdomen d'un brun noirâtre. Pubescence et pilosité comme chez le *Sinaïtica*. Longueur, 1 2/3-2 2/3mm. 2. **Pallidula**, Nyl.

Patrie : Europe méridionale, Asie occidentale, nord de l'Afrique.

Fait son nid en terre, sous les pierres, dans les rocailles, et s'établit aussi dans les maisons où les provisions de ménage ont à souffrir de ses déprédations.

Cette espèce, dont les fourmilières très populeuses sont extrêmement communes dans tout le sud de l'Europe, affectionne les côteaux arides et exposés au soleil ; elle mène une vie ouverte et sort souvent de son nid, soit pour aller à la chasse des petits insectes dont elle se nourrit, soit pour recueillir les graines qu'elle emmagasine, comme l'a observé Moggridge (Bibl. 162).

Les sexes ailés volent en juin et juillet.

— Metanotum armé de deux dents aiguës assez fortes. Le reste comme chez l'espèce précédente. Long. 2-2 3/4mm. 1. **Megacephala**, Fab.

Patrie : Espagne méridionale, Algérie, Turkestan et toutes les régions tropicales et subtropicales du monde entier.

Cette fourmi cosmopolite, qui s'est acclimatée dans quelques serres chaudes d'Angleterre, a les mêmes mœurs que la précédente dont il est souvent difficile de la distinguer. C'est donc avec raison que MM. Emery et Forel ont considéré ces deux espèces comme deux races du même insecte, en donnant le nom de **megacephalo-pallidula** à une race intermédiaire signalée par Mayr dans ses « Formicides du Turkestan ». Toutefois, comme les exemplaires de transition ne sont pas fort communs et n'ont pas encore été rencontrés dans l'Europe proprement dite, je ne crois pas devoir réunir ces deux espèces en une seule, malgré leur très grande affinité.

On consultera avec intérêt, à propos des habitudes de cette fourmi, l'ouvrage de Heer (Bibl. 85), et je renvoie à ce que j'ai dit plus haut, d'après cet auteur (page 81), sur une fonction assez singulière qui paraît dévolue au soldat dans la communauté.

Soldats

1 Tous les articles du funicule, sauf le second, plus longs que larges. Tête, sauf le disque de l'épistome, avec des stries longitudinales qui s'étendent jusqu'à sa partie postérieure. Metanotum et côtés du mesonotum finement ponctués, le reste du corps lisse et luisant. Metanotum armé de deux épines grêles, dirigées en haut. Second nœud du pétiole sphérique, non élargi latéralement (1). D'un rouge jaune plus ou moins brunâtre avec l'abdomen plus foncé, le funicule et les pattes jaunes. Long. 4mm. (D'après Mayr). **3. Sinaïtica**, Mayr.

— Articles 2 à 5 du funicule pas plus longs que larges. Moitié postérieure de la tête lisse. Second nœud du pétiole élargi latéralement en tubercules coniques (fig. 7). **2**

(1) J'ai signalé, dans mon travail sur les fourmis d'Orient (Bibl. 4), un individu ♃ récolté par M. Abeille de Perrin à Alexandrie et qui paraît se rattacher au *sinaitica*, bien que le second article de son pétiole soit élargi latéralement comme chez le *pallidula*, mais il n'est pas possible de rien décider d'après ce seul exemplaire.

2 Metanotum muni, de chaque côté, d'une dent qui n'est pas plus longue qu'elle n'est large à sa base. Lisse, luisant ; moitié antérieure de la tête longitudinalement striée ; metanotum ridé. Variant du jaune pâle avec la tête rougeâtre et l'abdomen noirâtre, au rouge brun avec les antennes et les pattes plus claires, l'occiput et l'abdomen plus foncés. Long. 3 2/3-4 1/2mm. 2. **Pallidula**, Nyl. (Fig. 1)

— Metanotum armé, de chaque côté, d'une dent deux fois aussi longue qu'elle est large à la base. Le reste comme l'espèce précédente. Long. 4-4 1/2mm. 1. **Megacephala**, Fab.

Femelles

1 Metanotum muni, en arrière, de deux arêtes larges et dentiformes. Second article du pétiole sans dent en dessous. D'un brun marron foncé; pattes, antennes, mandibules, devant de la tête, souvent aussi le scutellum, le metanotum et le pétiole d'un rouge plus ou moins brunâtre; le bord postérieur des segments de l'abdomen est ordinairement d'un jaune rougeâtre. Dessus de la tête, sauf l'occiput, fortement et longitudinalement ridé-strié ; pronotum, metanotum et premier article du pétiole plus ou moins rugueux ; le reste du corps lisse et luisant. Long. 6-8 1/2mm. 2. **Pallidula**, Nyl. (Fig. 2)

— Metanotum armé de deux dents aiguës en triangle équilatéral ; deuxième article du pétiole muni en dessous d'une forte dent (fig. 8). Le reste comme chez l'espèce précédente. Long. 7-8 1/2mm. 1. **Megacephala**, Fab.

La femelle du **P. sinaitica**, Mayr, n'est pas connue.

Mâles

1 Mesonotum lisse et luisant ainsi que tout le corps, sauf les côtés de la tête, les mandibules, le metanotum et le premier article du pétiole qui sont plus ou moins rugueux. Passant du rougeâtre clair au brun foncé, avec les mandibules, les antennes, les pattes et souvent aussi le pétiole plus clairs. Long. 3 3/4-5mm.
2. **Pallidula**, Nyl. (fig. 3).

— Mesonotum avec des rides arquées, transversales. Le reste comme chez le *pallidula*. Long. 4 1/2-5mm. 1. **Megacephala**, Fab.

Le mâle du **P. sinaitica** Mayr est encore inconnu.

18e GENRE. — SOLENOPSIS, Westw.

(*Diplorhoptrum*, Mayr)

σωλήν, rainure ; ὄψις, face

(Pl. XXIV)

♀ Tête presque carrée ou en rectangle allongé. Epistome un peu concave longitudinalement en son milieu ; cette concavité limitée latéralement par deux arêtes qui se terminent en avant par deux petites dents aiguës. Arêtes frontales assez courtes. Aire frontale étroite et mal limitée en arrière où elle se continue en un sillon frontal court, mais large et profond. Mandibules assez étroites, dentées à leur bord terminal. Palpes maxillaires et labiaux de deux articles. Antennes de 10 articles (fig. 12) ; scape de longueur moyenne ; funicule terminé par une massue grande et forte, de deux articles, qui est aussi longue ou plus longue que les précédents articles du funicule réunis. Yeux petits ou même remplacés par deux ocelles à peine visibles et situés en avant des bords latéraux de la tête. Thorax sans trace de suture en dessus, entre le pronotum et le mesonotum, à peine impressionné transversalement entre le mesonotum et le metanotum ; ce dernier inerme. Premier article du pétiole cylindrique en avant, nodiforme en arrière ; second article nodiforme. Pattes courtes. Abdomen ovale, son premier segment recouvrant plus de la moitié de sa longueur totale.

♀ Tête comme chez l'ouvrière. Antennes de même conformation mais composées de 11 articles. Yeux et ocelles de grandeur ordinaire. Metanotum inerme ou muni en arrière de deux légers tubercules à peine visibles. Pétiole comme chez l'ouvrière. Abdomen allongé, plus large que le thorax. Ailes avec une cellule cubitale et une cellule discoïdale ; la nervure transverse s'unit au rameau cubital externe. Taille énorme relativement à celle de l'ouvrière.

♂ Tête courte. Mandibules étroites, tridentées. Epistome très convexe. Aire frontale mal limitée. Antennes de 12 articles (fig. 13) ; scape très court, pas plus long que les deux premiers articles du funicule réunis ; funicule filiforme, son premier article sphérique. Mesonotum sans lignes convergentes enfoncées; metanotum oblique, très convexe, tout à fait inerme. Premier article du pétiole cylindrique en avant, s'épaississant insensiblement en arrière et surmonté d'un nœud échancré ; second article plus large que long. Abdomen ovale ; son premier segment recouvrant plus de la moitié de sa longueur totale. Ailes comme chez la femelle. Taille intermédiaire entre elle et l'ouvrière.

Ce genre comprend une quinzaine d'espèces dont moitié environ est propre à l'Amérique ; les autres sont disséminées en Asie, en Afrique et en Australie; deux seulement sont européennes.

Ouvrières

1 Tête (sans les mandibules) presque carrée, à peine plus longue que large, ses bords latéraux légèrement arqués, son bord postérieur droit ou à peine concave. Yeux petits, mais bien visibles et composés de 6 à 9 facettes. D'un

jaune clair avec le dessus du premier segment de l'abdomen ordinairement brunâtre; quelquefois tout le corps passe au brun clair, surtout chez les grands individus. Lisse, luisant, peu ponctué; pilosité abondante. Long. 1 1/2-2 1/2mm.

1. **Fugax**, LATR. (fig. 9)

PATRIE: Europe centrale et méridionale, Nord de l'Afrique, Syrie, Turkestan, Amérique du Nord.

Nids en terre, sous les pierres, et parfois établis dans les parois de ceux d'autres espèces (Voir ci-dessus page 55).

Cette petite fourmi vit en sociétés très populeuses et entretient dans ses cases de microscopiques pucerons de racines dont les produits constituent probablement sa principale nourriture. Malgré ses allures lentes et sa petite taille elle est fort courageuse mais a peu d'occasion de montrer son audace; car elle mène une existence cachée et très sédentaire et ne sort à peu près jamais de son habitation.

Les mâles et les femelles volent en septembre et octobre.

— Tête (sans les mandibules) allongée, beaucoup plus longue que large, ses bords latéraux droits et parallèles, son bord postérieur légèrement échancré. Yeux à peine visibles, simples, réduits à une seule facette. D'un jaune pâle, luisant, parsemé de fins poils dressés. Long. 1 1/3-1 1/2mm.

2. **Orbula**, EMERY.

PATRIE: Corse.

Femelles

— D'un brun noir luisant; mandibules, antennes, pattes et bord postérieur des segments abdominaux d'un brun jaunâtre. Pilosité abondante. Tout le corps avec une ponctuation assez forte et très éparse sauf sur la tête et le mesonotum où elle est plus serrée; front, mandibules, et face déclive du metanotum finement ridés. Long. 6-6 2/3mm.

1. **Fugax**, LATR. (Fig. 10)

M. Emery a décrit (Bibl. 39) une femelle de *Solenopsis* qu'il rapporte très dubitativement au *S. orbula*. Voici la courte description qu'il en donne :

S. **orbula**, Em. ?? Diffère de la ♀ du *S. fugax*, par la tête et le thorax plus étroits et plus allongés, ainsi que par les antennes plus grêles. Long. 5mm.

Cette femelle a été trouvée à Galità.

Mâles

D'un noir luisant avec les mandibules, les antennes et les pattes brunâtres ou d'un jaune brun. Pilosité abondante. Tête, à l'exception de l'épistome, pronotum, souvent aussi tout ou partie du mesonotum, metanotum et pétiole finement rugueux ; mandibules et front avec des stries longitudinales ; mesonotum marqué de points enfoncés gros et épars ; abdomen lisse. Long. 4-4 1/2mm. 1. **Fugax** LATR. (Fig. 11)

Voici la description que donne M. Emery du mâle qui accompagnait la femelle de Galita et qui se rapporte peut-être au *S. orbula* :

S. **orbula**, Em. ?? Plus petit que le *S. fugax* ♂ ; thorax plus bas et plus étroit, avec le scutellum moins élevé au-dessus du metanotum. Long. 3mm.

19e GENRE. — CREMASTOGASTER, LUND.

(*Acrocœlia*, Mayr)

κρεμαστός, suspendu ; *γαστηρ*, abdomen

(Pl. XXV)

♀ Tête assez courte, arrondie. Epistome grand, non caréné, arrondi semicirculairement en arrière. Arêtes frontales courtes, parallèles, éloignées l'une de l'autre. Aire frontale plus ou moins distincte. Sillon frontal peu visible ou nul. Mandibules de largeur moyenne, dentées. Palpes maxillaires de 5 articles, palpes labiaux de 3 articles. Antennes de 11 articles (fig. 4) ; scape tantôt ne dépassant pas l'occiput, tantôt s'étendant un peu au delà ; funicule terminé par une massue plus ou moins distincte, de deux ou trois articles. Yeux situés un peu en arrière du milieu des côtés de la tête. Thorax étranglé entre le mesonotum et le metanotum, ce dernier armé de deux dents ou de deux épines et parfois inerme. Premier article du pétiole aplati, trapéziforme, sans tige cylindrique en avant ; second article nodiforme, portant en dessus, dans la plupart des cas, un sillon longitudinal qui le divise en deux moitiés. Abdomen s'unissant au pétiole non par son bord antérieur, comme chez toutes les autres fourmis, mais par sa face antéro-supérieure (fig. 6), ce qui lui donne une apparence toute particulière ; il est peu convexe en dessus, très convexe en dessous, transversalement tronqué en avant, prolongé en pointe en arrière et presque cordiforme.

♀ Caractères de l'ouvrière. Sillon frontal ordinairement bien marqué. Thorax comprimé latéralement et un peu déprimé en dessus. Ailes avec une cellule cubitale et une cellule discoïdale; la nervure transverse s'unit au rameau cubital externe. Taille supérieure à celle de l'ouvrière.

♂ Antennes de 11 ou 12 articles (fig. 5) ; scape très court, seulement un peu plus long que le premier article du funicule ; funicule filiforme, son premier article sphérique. Mesonotum sans lignes convergentes enfoncées ou n'en présentant que de faibles traces. Abdomen conformé et uni au pétiole comme chez l'ouvrière et la femelle. Ailes semblables à celles de cette dernière, mais les nervures sont parfois atrophiées et les cellules incomplètes. Taille égale ou inférieure à celle de l'ouvrière.

Ce genre comprend environ 80 espèces répandues dans toutes les parties du monde et dont 5 seulement se rencontrent dans le midi de l'Europe et les contrées voisines.

Ces fourmis sont remarquables par la conformation de leur pétiole et par son mode tout particulier d'attache à l'abdomen qui rend ce dernier très mobile et capable de se renverser en dessus jusqu'à toucher la tête de l'insecte. C'est cette position que prennent les *Cremastogaster* quand ils veulent piquer ou plutôt couvrir un ennemi de leur venin, car leur aiguillon est trop faible pour servir efficacement à leur défense. Ce mode de procéder les distingue des autres fourmis qui, en pareil cas, recourbent au contraire leur abdomen en dessous, en se dressant sur leurs pattes postérieures.

Ouvrières

1 Premier article du pétiole plus large en arrière qu'en avant (fig. 8) ; sa face inférieure un peu épaissie se termine antérieurement par une forte dent légèrement recourbée, un peu plus longue que large et dirigée obliquement en bas. Second article sans sillon longitudinal en dessus. Metanotum armé en arrière de deux fortes épines. Tout le corps luisant ; pilosité assez longue et éparse. D'un brun plus ou moins noirâtre ou jaunâtre ; mandibules, antennes et tarses plus clairs ; moitié postérieure de l'abdomen rembrunie. Long. 2 1/2-3^{mm}.

5. **Sordidula**, Nyl.

Patrie : Europe méridionale, Algérie, Syrie, Turkestan, Géorgie.

Nids dans les interstices des murs ou des rocailles.

— Premier article du pétiole plus large en avant qu'en arrière (fig. 7), sa face inférieure inerme. Second nœud avec un sillon longitudinal profond qui le divise supérieurement en deux moitiés plus ou moins gibbeuses. 2

2 Metanotum armé de deux dents ou de deux épines bien accentuées. Massue des antennes de trois articles. 3

— Metanotum inerme ou muni seulement de deux dents ou tubercules extrêmement petits et peu distincts. Massue des antennes de deux ou de trois articles. 4

3 Premier article du pétiole trapéziforme, plus large que long, ses angles antérieurs fortement

arrondis, ses bords latéraux arqués. Epines du metanotum assez courtes, épaisses et peu aiguës. D'un rouge brun, extrémité du funicule et de l'abdomen noirâtre, pattes jaunes. Long. 4 1/2-5 1/5mm. 2. **Ægyptiaca**, MAYR.

PATRIE : Algérie, Egypte.

— Premier article du pétiole aussi long ou plus long que large, ses angles antérieurs moins fortement arrondis, ses bords latéraux presque droits. Epines du metanotum aiguës à l'extrémité ; chez les individus typiques elles sont peu divergentes, en triangle allongé, bien plus longues qu'elles sont larges à leur base, diminuant insensiblement d'épaisseur de la base au sommet. Chez ces mêmes individus la couleur est le plus souvent noire avec la tête d'un rouge vif et les antennes ainsi que les pattes d'un rouge brunâtre ; parfois le thorax et le pétiole sont rouges, rarement tout le corps est d'un brun noir à peine rougeâtre sur la tête, le thorax et le pétiole. Long. 3 1/2-5 1/2mm.

1. **Scutellaris**, OL. (fig. 1)

PATRIE : Europe méridionale, Algérie, Asie Mineure, Amérique du nord.

Nids sculptés dans le bois ou établis dans les interstices des murs et des rocailles, parfois creusés en terre, sous les pierres.

Cette espèce, dont les fourmilières sont très populeuses, se rencontre le plus souvent sur les troncs d'arbres où elle va en longues files à la recherche de ses pucerons. D'après une observation que m'a communiquée M. Lichtenstein, elle construit, le long des ceps de vigne, des tuyaux protecteurs pour renfermer les cochenilles qui vivent sur cet arbuste (*Pulvinaria vitis* et *Dactylopius vitis*).

C'est une fourmi robuste et très courageuse qui se défend vaillamment ; elle aime la vie au grand jour et s'éloigne souvent beaucoup de son habitation.

Les sexes ailés volent en septembre et octobre.

Le *C. scutellaris* varie dans d'assez grandes proportions sous le rapport de la taille, de la couleur ainsi que de la forme et de la grandeur des épines de son metanotum.

M. Emery a créé à ses dépens deux espèces qui ne sont que de simples variétés, ainsi qu'il l'a reconnu lui-même postérieurement et que j'ai pu moi-même le constater par l'examen d'un assez grand nombre d'exemplaires de provenances diverses.

Voici les caractères distinctifs de ces variétés.

Var. **læstrygon**, Em. Epines du metanotum courtes, fortes, triangulaires, pas beaucoup plus longues qu'elles sont larges à leur base; mesonotum chargé d'une carêne longitudinale nette et bien marquée. Entièrement noir ou d'un noir brun, avec les mandibules, les antennes, les articulations des pattes et les tarses rougeâtres. Long. 3-4 1/2^{mm}.

Europe méridionale, Syrie, Algérie.

Var. **Auberti**, Em. Epines du metanotum longues, assez divergentes, grêles, presque cylindriques et d'égale épaisseur de la base à l'extrémité, à peine atténuées à la pointe; mesonotum sans carène longitudinale. D'un brun roussâtre ou rougeâtre avec l'abdomen souvent noirâtre; mandibules, pétiole, funicule des antennes, articulations des pattes, tarses et quelquefois la base de l'abdomen plus clairs. Long. 2 3/4-4^{mm}.

France méridionale, Espagne, Algérie.

D'après M. Abeillle de Perrin cette variété nichcrait exclusivement en terre, sous les pierres.

4 Metanotum, vu de côté, paraissant anguleux avec une face basale horizontale et une face déclive assez oblique ; il est muni, de chaque côté, de deux petits tubercules dentiformes. Premier article du pétiole arqué à son bord antérieur. Massue des antennes de deux articles. Tibias avec des poils dressés presque perpendiculaires. D'un testacé roux, luisant ; abdomen rembruni surtout sur sa moitié postérieure. Long. 3 1/3-3 3/4^{mm}. (D'après Mayr).

3. **Subdentata**, Mayr.

Patrie : Turkestan.

Metanotum ordinairement inerme, tout au plus avec deux légers tubercules à peine visibles ; il est uniformément oblique , non anguleux, et sans face basale distincte de sa face déclive. Premier article du pétiole assez droit à son bord antérieur. Massue des antennes de trois articles. Tibias avec des poils très obliques, plus rares et presque couchés. D'un rouge brunâtre peu luisant; tête et moitié postérieure de l'abdomen rembrunis, tarses d'un brun jaunâtre ; rarement tout le corps passe au brun noirâtre. Long. 3 1/2-4 1/4mm. 4. **Inermis**, Mayr.

Patrie : Presqu'île du Sinaï, Palestine.

Une variété de cette espèce a été rencontrée à Madagascar.

Femelles

1 Premier article du pétiole plus large en arrière qu'en avant ; sa face inférieure un peu épaissie se termine antérieurement par une forte dent dirigée obliquement en bas. Second article non sillonné longitudinalement en dessus. Metanotum armé de deux épines courtes. Tout le corps luisant ; pilosité longue et peu serrée. D'un brun rougeâtre ou noirâtre ; mandibules, antennes, pattes et base de l'abdomen ordinairement plus clairs. Long. 6-6 1/2mm.
5. **Sordidula**, Nyl.

— Premier article du pétiole plus large en avant qu'en arrière ; sa face inférieure inerme. Second article muni en dessus d'un sillon longitudinal profond qui le divise en deux moitiés plus ou moins gibbeuses. 2

2 Metanotum armé en arrière de deux dents ou de deux épines bien accentuées. Massue des antennes de trois articles. Tantôt le corps est d'un brun noir avec la tête d'un rouge plus ou moins vif et les pattes ainsi que les antennes rougeâtres ; tantôt le thorax et le pétiole sont également rougeâtres en tout ou en partie ; tantôt enfin l'insecte est entièrement d'un brun

noir avec les mandibules, les antennes et les pattes plus ou moins rougeâtres. Long. 9-10mm.

1. **Scutellaris**, OL. (Fig. 2).

Un exemplaire de la var. **Auberti** Em. provenant de Marseille et capturé dans le nid avec ses ouvrières, est entièrement d'un brun noir avec les mandibules, le funicule et les pattes d'un rouge brun. Cette femelle n'offre d'ailleurs aucune différence essentielle avec les individus typiques, les épines de son metanotum ne sont ni plus longues ni plus grêles, et cette similitude de caractères confirme l'identité spécifique du *C. Auberti* et du *C. scutellaris*.

Je ne connais pas la femelle de la var. **læstrygon,** Em.

— Metanotum inerme. Massue des antennes de deux ou de trois articles. 3

3 Massue des antennes de deux articles. Metanotum avec une face basale très courte et une face déclive presque verticale. Premier article du pétiole arqué à son bord antérieur. Tibias avec de courts poils dressés. Corps très luisant; d'un roux testacé tirant sur le marron en dessus. Tête lisse, mandibules et joues fortement striées, côtés de l'épistome et front avec des stries plus faibles ; thorax lisse ou presque lisse, ses côtés postérieurs un peu striés ; abdomen lisse. Long. 8mm. (D'après Mayr).

3. **Subdentata**, MAYR.

— Massue des antennes de trois articles. Metanotum sans face basale distincte de sa face déclive. Premier article du pétiole presque droit à son bord antérieur. Tibias avec des poils courts et très obliques. Sculpture analogue à celle de l'espèce précédente. Le seul exemplaire que j'ai sous les yeux est entièrement noir avec les mandibules, les antennes et les pattes d'un brun rougeâtre, mais il est probable que la couleur doit varier comme chez l'ouvrière. Long. 9 1/2mm.

4. **Inermis**, MAYR.

La femelle du **C. ægyptiaca,** Mayr n'est pas con-

Mâles

1 Antennes de 12 articles ; dernier article du funicule beaucoup plus long que le précédent. Premier article du pétiole à peu près aussi large en avant qu'en arrière. Nervulation des ailes bien accentuée ; cellules cubitale et discoïdale fermées et très distinctes. D'un brun noir ou d'un brun rougeâtre ; mandibules, antennes, pattes, souvent aussi le pétiole d'un rougeâtre plus clair. Corps très finement rugueux, très luisant. Pilosité rare. Long 4 1/2-5mm.

1. **Scutellaris**, Ol. (Fig. 3).

— Antennes de 11 articles ; le second article du funicule plus ou moins divisé au milieu de sa face dorsale, de façon à simuler deux articles ; le dernier article n'est pas plus long que le précédent. Premier article du pétiole très rétréci en avant. Nervulation des ailes très faible et incomplète ; cellules cubitale et discoïdale ouvertes ou nulles. D'un brun noir avec les mandibules, les antennes, les pattes et souvent tout ou partie de l'abdomen d'un brun jaunâtre. Tout le corps presque lisse, luisant. Pilosité assez abondante surtout sur l'abdomen. Long. 2 1/5-3mm.

5. **Sordidula**, Nyl.

Les males des **C. ægyptiaca** Mayr, **subdentata** Mayr et **inermis** Mayr sont encore à trouver.

20e GENRE. — PHACOTA, Roger.

φακωτός, lenticulaire

(Pl. XXV)

♀ Tête (fig. 9) ronde, lenticulaire, assez petite, légèrement convexe en dessus. Epistome assez grand, très convexe, s'avançant en arrière entre l'insertion des antennes (1), légèrement

(1) Dans la figure de Roger, qui accompagne sa description, et que je reproduis sur la planche XXV, l'épistome ne s'avance pas entre l'insertion des antennes.

échancré au milieu de son bord antérieur. Aire frontale sans limite distincte. Sillon frontal superficiel. Arêtes frontales très courtes, à peine sinuées et très faiblement divergentes. Mandibules petites, assez étroites, à bords interne et externe parallèles, à peine un peu élargies vers le bord terminal qui paraît armé de 4 dents dont l'antérieure est la plus forte. Antennes de 11 articles, scape dépassant le derrière de la tête et épaissi vers son extrémité ; premier article du funicule aussi long que les deux suivants réunis, les autres subégaux et s'allongeant un peu vers l'extrémité, les deux derniers sont les plus grands et forment une massue peu épaisse, le dernier est ovale et de longueur double du précédent. Yeux de grandeur moyenne et situés un peu en arrière du milieu des bords latéraux de la tête. Thorax au moins deux fois aussi long que la tête ; pronotum convexe, très arrondi en avant et un peu rétréci en forme de cou vers la tête ; mesonotum fortement comprimé et déprimé en forme de selle ; metanotum convexe, obliquement tronqué en arrière, inerme. Les trois parties du thorax sont soudées sans trace de sutures en dessus. Premier article du pétiole courtement cylindrique en avant, épaissi en arrière ; second article nodiforme. Abdomen ovale, beaucoup plus large que la tête. Pattes grêles, peu longues ; pas d'éperons aux pattes intermédiaires et postérieures (D'après Roger).

♀ et ♂ inconnus.

Ce genre ne comprend, jusqu'à ce jour, qu'une seule espèce dont les mœurs sont ignorées.

Ouvrière

— D'un jaune brunâtre ; tête et antennes d'un brun noir, moitié antérieure des mandibules jaunâtre, abdomen brun vers l'extrémité. Tout le corps ainsi que les antennes médiocrement couverts de poils dressés. Tête finement granuleuse, presque mate ; thorax un peu luisant ; abdomen très brillant. Le pronotum est lisse, le mesonotum et le metanotum sont couverts de rides transversales, fines et peu serrées. Pattes avec des poils épars. Long. 3 2/3mm. (D'après Roger) 1. **Sicheli** ROGER.

PATRIE : Espagne, (Malaga).

Roger, après avoir décrit cette espèce sur un seul exemplaire, ajoute qu'il croit en avoir vu un autre individu provenant de Pesth (Hongrie) qui a été détruit par accident.

2° Tribu. — Cryptoceridæ (1)

Caractères. — ☿ ♀ Arêtes frontales situées aux bords latéraux de la tête ou plus près de ces bords que de la ligne médiane; elles limitent des fossettes antennaires transformées en un scrobe grand, profond et allongé, dont la concavité n'est pas ou est à peine visible quand l'insecte est examiné en dessus. Ce scrobe peut recevoir tout ou partie du scape des antennes ou même cacher entièrement ces dernières chez un grand nombre d'espèces exotiques.

♂ On connait un trop petit nombre de mâles appartenant à cette tribu pour qu'il soit possible de donner un caractère fondamental qui permette de les différencier de ceux de la tribu précédente. Je dirai seulement qu'on ne retrouve pas chez eux la disposition particulière des arêtes frontales que présentent les ☿ et les ♀, et que leur aspect général ne s'écarte pas de celui des autres Myrmicides.

Cette tribu renferme dix genres, dont deux seulement, de faciès tout particulier, appartiennent à notre faune.

21° GENRE. — STRUMIGENYS, Smith

(*Labidogenys*, Roger. — *Pyramica*, Roger)

Sous-Genre **Trichoscapa**, Emery

τρίξ, poil ; σκάπος, scape

(Pl. XXV)

☿ Tête (fig. 11) subcordiforme, large en arrière, rétrécie en avant, échancrée à son bord postérieur. Epistome grand, triangulaire. Aire frontale très-petite, indistincte. Arêtes frontales parallèles.

(1) Cette tribu tire son nom du genre exotique *Cryptocerus* qui en forme le type.

Mandibules triangulaires, denticulées, médiocrement proéminentes. Labre de conformation ordinaire, ne s'avançant pas en forme de rostre. Antennes de 6 articles (fig. 12), scape robuste, assez court, grêle à la base, coudé vers son premier tiers et très dilaté à cet endroit; funicule plus long que le scape, son premier article aussi long que les deux suivants réunis, le quatrième à peu près égal au premier mais plus épais, le dernier très grand, aussi long que les quatre précédents réunis. Yeux petits, infères. Thorax assez plan en dessus; pas d'étranglement entre le mesonotum et le metanotum, ce dernier creusé en arrière d'un sillon médian perpendiculaire recevant la partie cylindrique du premier article du pétiole; les côtés de ce sillon sont prolongés en arrière en un appendice laminaire. Premier article du pétiole cylindrique en avant, dilaté en arrière en forme de nœud épais, et muni, en dessous et sur les côtés, d'appendices membraneux; second article nodiforme, transversal, presque deux fois aussi large que long, muni également d'appendices membraneux en dessous et sur les côtés. Abdomen ovale, recouvert presque en entier par son premier segment. Pattes courtes, robustes. (D'après Emery

♀ et ♂ inconnus.

Les *Strumigenys* vrais comprennent 8 espèces propres à l'Amérique, à l'Asie et aux îles du Grand Océan. Le sous-genre *Trichoscapa* a été créé par M. Emery sur la seule espèce suivante.

Ouvrière

Testacé, devant de la tête et marge des segments de l'abdomen légèrement rembrunis. Tête mate, marquée de nombreux points-fossettes; épistome luisant. Thorax légèrement chagriné, assez luisant. Nœuds du pétiole lisses en dessus, leurs appendices inférieurs et latéraux d'un blanchâtre écailleux et mats. Des squamules d'un jaune blanchâtre sont isposées transversalement entre les deux nœuds du pétiole et entre le pétiole et l'abdomen. Ce dernier luisant, son premier segment fortement et longitudinalement rugueux à la base. Scape des antennes hérissé, à son côté interne, de 5 grands poils courbes et terminés en massue. Des poils semblables se voient sur les tibias et sur le premier article des quatre tarses postérieurs. Long. 1 3/4mm (d'après Emery)

1. **Membranifera**, Em. (Fig. 10)

Patrie : Italie (Portici).

Un seul individu capturé sous un amas de détritus.

Femelle

Inconnue.

Mâle

Inconnu.

22e GENRE. — EPITRITUS, Emery

επι sur ; τριτος troisième (1)

(Pl. XXV)

☿ Tête (fig. 16 et 18) subcordiforme, large en arrière, rétrécie en avant, échancrée à son bord postérieur. Épistome triangulaire, s'avançant en arrière jusqu'au niveau de l'insertion des antennes. Mandibules plus ou moins allongées, droites, recourbées ou non à leur extrémité, sans bord terminal, et plus ou moins fortement denticulées le long de leur bord interne. Labre acuminé, convexe, s'avançant comme un rostre entre les mandibules et recouvrant les mâchoires et la languette. Palpes maxillaires et labiaux d'un seul article. Antennes robustes, de 4 articles (fig. 17 et 19); scape assez court; funicule de forme variable, son dernier article ovale, très grand. Yeux petits, infères. Thorax un peu déprimé en dessus, large en avant, rétréci en arrière, sans étranglement bien sensible entre le mesonotum et le metanotum, ce dernier bidenté en arrière. Premier article du pétiole

(1) Par allusion aux antennes de 4 articles.

cylindrique en avant, nodiforme en arrière, avec ou sans expansions membraneuses ; second article très large, transversal, muni en dessous et sur les côtés d'expansions membraneuses réticulées. Abdomen ovale, longitudinalement strié à la base. Pattes robustes, les quatre postérieures dépourvues d'éperons.

♀ Caractères de l'ouvrière. Des ocelles ; yeux plus grands. Thorax avec le pronotum découvert, grand, à épaules marquées et obtuses ; metanotum bidenté. Ailes inconnues. Taille faiblement supérieure à celle de l'ouvrière.

♂ Tête (fig. 20) plus longue que large, rétrécie en avant des yeux, arrondie en arrière. Mandibules étroites, très faiblement arquées, diminuant graduellement de largeur de la base à l'extrémité, et finissant en pointe fine et aigüe, sans bord terminal et sans dents. Entre les mandibules et au dessous de l'épistome s'avance le labre en forme de saillie bilobée et peu proéminente. Epistome grand, faiblement convexe, arrondi en arrière, son bord antérieur un peu saillant en arc convexe. Arêtes frontales courtes, assez élevées antérieurement, peu distantes l'une de l'autre. Derrière l'épistome, entre la partie antérieure des arêtes frontales, existe une dépression, assez profonde mais mal limitée, qui tient la place de l'aire frontale. Yeux grands, convexes, situés en avant des côtés de la tête. Ocelles de grandeur moyenne. Antennes (fig. 21) assez longues, filiformes, de 13 articles, insérées sur le front, assez près l'une de l'autre, et au niveau du milieu des yeux ; scape très court et assez épais, à peu près de la longueur du second article du funicule ; premier article du funicule très court, à peine plus long que large, les suivants cylindriques et subégaux, sauf le dernier qui est à peu près aussi long que les deux précédents réunis. Thorax court, aussi haut que large ; pronotum à peine visible en dessus, avec les épaules légèrement marquées ; mesonotum à peu près aussi large que long, légèrement convexe, portant seulement de faibles traces de sillons convergents ; metanotum oblique, sans limite distincte entre sa face basale et sa face déclive, inerme ou offrant à peine une trace de denticules indistincts. Premier article du pétiole assez régulièrement épaissi d'avant en arrière, présentant, vu de côté, un profil presque conique ; second article assez bas, large, transversal, au moins deux fois aussi large que le nœud du premier article. Abdomen ovale, plus convexe en dessous qu'en dessus et se terminant en pointe. Pattes intermédiaires et postérieures sans éperons. Ailes avec une seule cellule cubitale souvent peu marquée, la nervure cubitale étant fort peu apparente et visible seulement à un jour frisant; la nervure transverse s'unit au rameau cubital externe; cellule radiale grande et peu distincte ; pas de cellule discoïdale; le stigma est assez grand, de couleur foncée, et situé plus près de la base de l'aile que de son extrémité. Taille de l'ouvrière.

Ce genre curieux ne renferme que deux espèces hypogées dont les mœurs sont inconnues.

Ouvrières

1 Tête (fig. 16) très large en arrière, fortement rétrécie dans sa seconde moitié, parsemée de poils écailleux ressemblant à des tubercules blancs ocelliformes. Mandibules longues, étroites, à peu près aussi longues que la partie rétrécie de la tête, droites, écartées à leur base, brusquement recourbées au sommet, et armées à leur bord interne de 7 ou 8 petites dents ou épines inégales et très aiguës. Antennes (fig. 17) courtes, épaisses ; second article du funicule à peu près deux fois aussi long que le premier, le dernier article presque deux fois aussi long que les deux précédents réunis. Premier article du pétiole sans expansion membraneuse ; second article muni, en dessous et sur l'arrière de ses côtés, d'une expansion membraneuse réticulée d'un blanc jaunâtre. Corps testacé, mat ; tête et thorax très finement réticulés, nœuds du pétiole légèrement rugueux, abdomen assez luisant. Tout le corps, sauf la tête, parsemé de soies subclaviformes, plus longues sur l'abdomen. Long. 1 3/4-2 mm.

1. Argiolus, Em. (Fig. 13)

Patrie : France méridionale, Corse, Italie.

Espèce tout à fait lucifuge qui n'a été trouvée que sous de grosses pierres profondément enfoncées dans le sol, ou à la base de piquets fichés en terre.

— Tête (fig. 18) assez large en arrière, très rétrécie en avant, sans tubercules blancs, mais parsemée, ainsi que tout le corps, de soies courtes, simples ou claviformes. Scape des antennes hérissé de poils assez longs, arqués et terminés en massue. Epistome grand, recouvrant la base des mandibules ; ces dernières droites, à peu près contigües, leur bord interne droit, très finement dentelé ; elles sont moins longues que la partie rétrécie de la tête et non recourbées mais seulement un peu défléchies au sommet. Antennes (fig. 19) assez allongées ; premier article du funicule trois ou quatre fois plus court que le second, dernier article à peine plus long que les deux précédents réunis. Premier article du pétiole muni, en dessous, d'une expansion membraneuse réticulée, d'un blanc jaunâtre ; second nœud avec une membrane semblable à sa partie inférieure et à ses angles latéraux postérieurs. D'un testacé mat ; tête et thorax très finement réticulés ; premier nœud du pétiole légèrement rugueux ; second nœud et abdomen luisants. Long. 1 3/4-2 mm.

2. **Baudueri**, Em.

PATRIE : France méridionale, Corse.

Se trouve, comme le précédent, sous les pierres profondément enfoncées dans le sol.

Femelles

1 Tout à fait semblable à l'ouvrière, sauf la forme du thorax, la grandeur des yeux et la présence de trois ocelles sur le vertex. Long. 2-2 1/4 mm.

1. **Argiolus**, Em. (Fig. 14).

— Egalement semblable à l'ouvrière, avec les mêmes différences que ci-dessus. Long. 2 1/4 mm.

2. **Baudueri**, Em.

Un exemplaire de cette femelle, qui n'avait pas encore été décrite, se trouve dans la collection de M. Fairmaire, à Paris.

Mâles

1 Tête d'un brun noir foncé, avec les mandibules testacées et le devant de l'épistome rougeâtre; scape et premier article du funicule d'un jaune un peu rougeâtre, le reste du funicule brun. Thorax d'un testacé rougeâtre, un peu rembruni en dessus, surtout sur le scutellum ; pétiole et pattes d'un testacé clair, abdomen d'un brun noir foncé, parfois un peu rougeâtre. Ailes hyalines. Tête très fortement ponctuée-réticulée, thorax plus finement ponctué, nœuds du pétiole et abdomen lisses et luisants. Pilosité nulle ; pubescence très éparse. Long. 1 3/4-2mm. **1. Argiolus**, Em ? (Fig. 15).

C'est avec une certaine hésitation que je rapporte à cette espèce le mâle qui vient d'être décrit. Le premier exemplaire que j'en ai connu avait été récolté par M. Abeille de Perrin, à Ajaccio, sous une grosse pierre profondément enterrée. Cet insecte n'était pas, il est vrai, accompagné d'ouvrières, mais il en avait été recueilli un certain nombre dans le voisinage et dans des conditions identiques. Je crois donc que l'identification de ce mâle présente un certain degré de probabilité, d'autant plus que la conformation de ses mandibules, la forme de son pétiole, l'absence d'éperon aux quatre jambes postérieures, et sa petite taille semblent militer en faveur de cette assimilation. M. Abeille de Perrin en a depuis retrouvé un certain nombre d'exemplaires à Sorgues et à Marseille, soit au vol, soit au milieu de toiles d'araignées où ils s'étaient laissé prendre. M. Emery en a également rencontré aux environs de Naples, localité qui lui avait fourni un certain nombre d'ouvrières. (1)

Le mâle de l'**E. Baudueri** est encore inconnu.

(1) Je signale ici pour mémoire un mâle qu'a bien voulu me communiquer M. Emery et qui, tout à fait semblable au précédent pour la taille et la conformation en diffère entièrement par sa coloration qui est d'un brun rougeâtre avec la tête d'un brun noir et les antennes ainsi que les pattes d'un jaune brun. Cet insecte dont deux exemplaires ont été recueillis à Naples, est-il une variété très remarquable du précédent, où appartient-il a une autre espèce ? c'est ce que je ne puis décider.

LES GUÊPES

AVANT-PROPOS

Après avoir cédé la plume à mon frère pour lui permettre de nous donner la belle monographie des Fourmis qui précède, je reviens de nouveau dans la lice pour présenter aux entomologistes le résultat de mes études sur les Guêpes sociales et solitaires.

J'ai tâché, en outre des documents inédits que j'ai utilisés en grand nombre, de ne rien oublier de ce qu'avaient découvert mes devanciers, afin de rendre ce travail aussi complet que possible et d'en faire, ce qui est véritablement le but du *Species des Hyménoptères*, la base, malheureusement trop peu solide encore, sur laquelle pourront s'appuyer les travailleurs.

Les communications nombreuses et si bienveillantes, que j'ai reçues de tous les entomologistes, m'ont permis de résoudre, dans les pages qui suivent, bien des questions controversées et de combler bien des lacunes, tant dans l'histoire de la biologie et des mœurs de ces intéressants insectes que dans leur classification. J'adresse à tous ces collaborateurs anonymes mes remerciements les plus sincères.

Mais il en est un que je ne puis passer sous silence, en raison des innombrables observations qu'il m'a communiquées et qui toutes, marquées au coin de l'exactitude la plus scrupuleuse, m'ont aidé puissamment, pour toute la partie biologique, à faire sortir de l'ombre la plupart des points obscurs. Au risque de blesser sa trop grande modestie, je veux nommer M. Aug. Rouget, de Dijon, qui, non seulement, comme je l'ai dit, m'a fait part du fruit de ses recherches personnelles, mais aussi a bien voulu relire une partie des chapitres relatifs à la biologie et m'indiquer diverses rectifications dont j'ai profité. Les très nombreuses citations que je fais de son nom suffiront d'ailleurs à montrer quels grands services il a rendus à la science. Qu'il accepte donc ici l'expression de ma profonde reconnaissance.

Si les pages qui suivent contribuent à faire aimer et étudier plus encore qu'elle ne l'est l'histoire de la nature, je me trouverai assez récompensé.

ÉD. ANDRÉ

Beaune, ce 1er juin 1883.

8ᵉ GROUPE

Les Guêpes

Insectes vivant ou non en société. Trois sortes d'individus dans les espèces sociales, tous ailés, semblables entre eux. Lobes du pronotum atteignant les écaillettes. Abdomen pédiculé, mobile. Ailes le plus souvent pliées au milieu dans le repos. La nervulation se compose, pour la partie caractéristique, d'une cellule radiale, de deux ou, le plus souvent, de trois cellules cubitales fermées et de trois cellules discoïdales dont la première est très allongée et plus grande que la cellule médiane. Antennes coudées. Femelles et ouvrières pourvues d'un aiguillon très actif et d'une vessie à venin. Larves apodes, aveugles, inactives.

I. — OBSERVATIONS GÉNÉRALES

Comme on va le voir plus loin, quelle que soit la dissemblance que présentent, dans leurs habitudes, les insectes formant la famille des Vespides, leur aspect extérieur est assez uniforme pour qu'il soit souvent très difficile de les distinguer les uns des autres. Cependant, par l'examen attentif des diverses parties de leurs téguments, on arrive à les séparer, d'une façon assez nette, en trois catégories correspondant aussi aux différences les plus marquées qui existent dans leurs mœurs. Ces trois groupes ont reçu les noms de *Vespiens* ou Guêpes sociales, *Euméniens* ou Guêpes solitaires et *Masariens*.

Le petit tableau qui suit permettra de les distinguer facilement:

Ailes munies de trois cellules cubitales fermées.
Ongles non dentés.................... *Vespiens.*
Ongles dentés .... *Euméniens.*
Ailes munies de deux cellules cubitales fermées. *Masariens.*

Avant d'aborder l'examen des caractères généraux de la famille des Vespides, je dois d'abord en examiner les éléments mêmes et en justifier la composition.

La méthode la plus rationnelle pour diviser judicieusement la foule des êtres et les séparer en groupes réellement naturels, s'appuie, comme je l'ai déjà dit (1), non seulement sur l'aspect extérieur des individus, mais aussi, et dans une large mesure, sur leur manière de vivre, leur biologie et leur anatomie. Or nous nous trouvons précisément, sur ce point, en entrant dans l'étude des Guêpes, en face d'une grande difficulté qui a donné lieu à bien des controverses.

En effet, les insectes qui doivent nécessairement rentrer ensemble dans la famille des Vespides, si l'on s'en rapporte aux formes des organes et des téguments, se séparent au contraire d'une façon complète, si l'on prend pour base de cette appréciation, non plus la conformation des insectes eux-mêmes, mais leur biologie et l'étude de leurs mœurs. Tandis que les uns vivent en société, se construisent des nids communs et comportent des femelles stériles ou *neutres*, les autres vivent chacun de leur côté, travaillent isolément à la confection du réduit qui devra abriter leur progéniture et; de plus, ne présentent jamais que des individus féconds mâles et femelles. Pendant qu'une partie donne à ses larves une bouillie de matières animales broyées, d'autres leur apportent de jeunes insectes entiers et seulement paralysés, et enfin quelques-uns, s'éloignant du type encore davantage, ne les nourrissent que de nectar et de substances mielleuses.

Lepèletier le premier, et presque le seul, a protesté contre cette manière de faire et a nettement séparé ses *Polistides* ou Guêpes sociales de ses *Euménides* ou Guêpes solitaires, plaçant les premiers dans sa grande division des *Ovitithers phytiphages*

(1) Species, vol. I p. CXXII.

et les seconds dans ses *Ovitithers zoophages*. Son exemple n'a pas été suivi, quelle que soit l'autorité qui s'attache à son nom, et M. H. de Saussure (1), dans son magnifique ouvrage sur les Vespides, comprend encore dans son cadre les divers insectes que les premiers entomologistes avaient confondus sous le nom de *Vespa*.

Ainsi nous avons des insectes tout-à-fait semblables par leurs caractères extérieurs et anatomiques, entièrement différents sous le rapport des mœurs, et ce qui rend encore la difficulté plus grande, c'est que ces mêmes caractères extérieurs sont loin d'être banaux et qu'ils offrent des particularités tellement spéciales que, à ne considérer que ce point de vue, la famille est bien homogène et irréductible. Cette contradiction est bien capable d'exciter l'étonnement du naturaliste philosophe et de le pousser à en chercher la raison ou au moins une explication plausible. Aussi une semblable étude a-t-elle déjà préoccupé d'éminents esprits (2) et, si je la reprends ici, c'est que je dois, pour ce cas si spécial, dégager tout-à-fait la question et lui donner toute la clarté désirable.

Les caractères externes, aussi bien que la composition des organes internes, varient certainement d'un groupe à l'autre de la famille, mais ces variations ne dépassent pas le degré générique et, en tous cas, ne répondent aucunement à la division si bien accentuée par les mœurs. Ainsi nous trouvons chez les Guêpes solitaires des espèces à abdomen pétiolé et contracté (*Eumenes*, par exemple); la même disposition se représente chez quelques genres exotiques des Guêpes sociales (*Icaria*, *Ischnogaster*, *Mischocyttarus*, *Tatua*, etc.,). Les *Polistes*, qui sont sociaux, présentent des détails anatomiques tranchés qui semblent les séparer des *Vespa* proprement dites (aussi sociales) pour les rapprocher des Euméniens dont la vie est solitaire. Ainsi les *Vespa* ont 6 ou 7 gaînes ovigères, tandis que les Polistes et les Euméniens n'en présentent que trois; le ventricule chylifique, allongé et formant une ou deux circonvolutions sur lui-même chez les Guêpes, est presque droit et du double plus court

(1) Études sur la fam. des Vespides. Paris et Genève, 1852 à 1858.

(2) V. Westwod, Introduction to the modern classification of Insects. Lond. 1842

chez les Polistes et chez les Euméniens (1). Sans vouloir multiplier ces exemples, je dirai encore cependant qu'une de nos espèces de Guêpes européennes (*V. austriaca*) semble ne point avoir d'ouvrière, même ne pas construire de nid ; peut-être vit-elle en parasite chez quelques espèces congénères, comme font les Psithyres chez les Bourdons. M. de Saussure enfin, même pour des Guêpes nidifiantes « soupçonne que (2) certains genres exotiques ne possèdent peut-être pas d'ouvrières, et que tous les travaux s'exécutent par des femelles fécondes. ».

Il serait donc assurément peu philosophique de disjoindre deux groupes d'insectes dont la structure ressort si complètement à un type unique, les variations qu'elle subit se retrouvant aussi bien d'un côté que de l'autre. La présence des individus neutres, ne pouvant plus être considérée comme constante, ne peut servir non plus de délimitation, d'autant plus qu'il n'y a là qu'atrophie et non disparition de certains organes et que cette atrophie même est assez peu complète pour que les découvertes récentes sur la parthénogenése aient pu venir en démontrer le peu d'importance.

Il est donc dès maintenant certain que le seul motif qui pourrait donner lieu à une disjonction des insectes sociaux et solitaires résiderait dans les manifestations instinctives différentes. Mais ce motif même ne peut être pris en considération. Il serait en effet tout-à-fait illogique de conserver dans le genre *Vespa* une espèce (*austriaca*) qui, tout semble le démontrer, vit solitairement, et d'en éloigner au contraire les Euméniens.

Parmi les Hyménoptères mellifères, les uns savent se construire des habitations tandis que d'autres ne peuvent que s'emparer de celles édifiées par des congénères plus industrieux. Il est cependant tout-à-fait impossible de les séparer. Peut-on éloigner des Abeilles, dont les colonies se perpétuent d'année en année, les Bourdons dont les familles se renouvellent à chaque printemps ?

Nous avons vu chez les fourmis des espèces complètement inaptes non seulement à se construire un nid, mais même à se

(1) Dufour. Recherches anatom. et physiol. s. l. Orthoptères, les Hyménoptères et les Névroptères. Paris 1841 p. 466 et suiv. pl. 7.

(2) Monog. des Guêpes sociales. II, p. XIII.

nourrir seules et devant forcément avoir recours aux services d'autres espèces réduites par elles en esclavage. Personne cependant ne peut songer à en faire un groupe distinct.

Nous arrivons nécessairement à nous convaincre que nous ne pouvons soumettre la nature à des lois aussi simples que notre esprit le désirerait, et qu'il y a dans ses productions un enchevêtrement qui n'en exclut pas la parfaite harmonie, et dont notre science est bien éloignée encore d'avoir dénoué tous les fils. Nous ne pouvons, sur ce sujet, qu'émettre des hypothèses destinées, le plus souvent, à être renversées dès qu'un nouveau fait vient à surgir et dont, par cela même, je ne puis absolument pas m'occuper ici. Je crois seulement avoir montré d'une façon suffisante que, pour des raisons nombreuses et assez concluantes, nous pouvons très bien et sans violer les lois naturelles, associer sous un même drapeau les Vespides solitaires aux Vespides sociaux. On peut donc dire que cette famille, qui renferme des êtres si industrieux, est aussi l'une des plus complètes puisqu'elle contient des individus sociaux et solitaires, carnassiers et mellivores, et peut-être même quelques-uns franchement parasites. Je reste convaincu que la science, en marchant de progrès en progrès, et en accumulant de nouvelles observations, ne fera que confirmer la légitimité de la réunion des Euméniens aux Vespiens. Quant à la tribu des Masariens, nous possédons encore sur son compte trop peu de données certaines pour que sa place à côté des deux autres groupes soit irrévocable et ne soit au contraire bien plus provisoire, quoique, jusqu'ici, les raisons, résultant de l'identité de beaucoup de caractères externes, qui nous poussent à l'admettre dans la famille des Vespides, soient bien réelles et sérieuses.

En histoire naturelle, il est toujours dangereux de se laisser guider par des théories préconçues ou des hypothèses, si ingénieuses qu'elles paraissent, et pour se permettre d'être tout-à-fait affirmatif sur bien des questions, la seule voie sûre que l'on puisse suivre est celle qui est tracée par des observations précises et dont les étapes sont marquées par des faits bien authentiques.

II. — ÉTUDE PARTICULIÈRE DES GUÊPES SOCIALES

§ I. — CARACTÈRES GÉNÉRAUX (Pl. XXVI et XXVII)

1. — Ensemble du Corps. — Les Guêpes sociales présentent dans leur ensemble une unité de formes qui, tout en variant d'une façon sérieuse, conservent cependant des affinités qui ne se démentent pas, soit que l'on considère les espèces européennes, soit que l'on étudie les exotiques. L'identité de structure reste même complète dans un même genre, quelle que soit la partie du monde qu'habitent ses représentants.

Toutes les Guêpes ont la tête mobile, le corps allongé, l'abdomen pointu et relié au thorax par un pédicule si ténu que leur fine taille a pu passer en proverbe. Cet abdomen est aussi très mobile et capable soit de se relever, soit de s'abaisser dans une assez large mesure. Les couleurs ont encore une uniformité qui est moins générale, si l'on examine la masse des Guêpes exotiques, mais qui est absolue si l'on se borne à nos espèces européennes. Toutes celles-ci ont une couleur foncière noire ou brune, coupée par des bandes transversales ou des dessins variés d'un jaune plus ou moins éclatant. Les ailes pliées dans le repos ne s'opposent pas à ce que l'insecte s'envole avec une grande facilité et possède une puissance de vol remarquable, en faisant entendre en même temps un bourdonnement particulier.

2. — Tête. — (Pl. 26). La tête des Guêpes sociales est aplatie, verticale, concave en dessous, mobile autour de son point d'attache et de forme circulaire si l'on fait abstraction des mandibules dont la saillie en avant lui donne un aspect allongé (fig. 1) Le *front* est saillant, un peu tuberculeux au moins entre les antennes; le *vertex* est assez nettement séparé de l'occiput par une arête un peu arrondie ; il porte toujours trois ocelles. L'*occiput* est concave. Les *yeux*, fortement échancrés au côté interne, présentent un profond sinus intérieur plus ou moins étroit; ils n'atteignent pas la base des mandibules ; les *joues* sont petites. L'*épistome* est grand, un peu convexe, plus ou moins sinué ou prolongé en avant et contigu à la partie inférieure des yeux.

Le *labre* (fig. 4), est invisible, caché sous l'épistome ; il est petit et aussi sinué en avant. Les *mandibules* (fig. 3) sont fortes, convexes, plus ou moins ponctuées, à peine sillonnées, aigües, dentées et tranchantes à leur extrémité.

Les *mâchoires* (fig. 5) se composent d'une tige allongée, épaissie sur l'une de ses faces ; le *lobe maxillaire* externe qui la surmonte est oblong et très velu. Les *palpes maxillaires* assez longs sont composés de six articles dont la longueur diminue progressivement du premier au dernier. Enfin la *lèvre* (fig. 5) offre une *languette* bifurquée, courte, terminée par deux parties calleuses qui se retrouvent aussi à l'extrémité des *paraglosses*. Les *palpes labiaux* ont quatre articles dont les deux premiers sont un peu renflés.

Les *antennes* (fig. 6 à 7) sont coudées, fusiformes, plus ou moins allongées, de 12 articles chez les femelles et les ouvrières et de 13 articles chez les mâles. M. G. Hauser a étudié d'une façon complète l'appareil olfactif antennaire de la *Vespa Crabro*. Il a trouvé que cette Guêpe possède, à chaque article du funicule, de 1300 à 1400 fossettes olfactives, près de 60 appendices conoïdes spéciaux et environ 70 poils tactiles (fig. 8). L'article terminal au contraire possède plus de 200 appendices conoïdes. Chaque antenne a donc de 13.000 à 14.000 fossettes olfactives et environ 700 appendices conoïdes. (1)

3. — Thorax. — (fig. 9 et 10) Le thorax est globuleux, renflé, fortement déclive en arrière, avec le prothorax plus ou moins

(1) On trouvera de nombreux détails sur ce sujet dans: Gustave Hauser, *Physiologische und histiologische Untersuchungen uber das Geruchsorgan der Insekten*, inséré dans Zeitschrift fur Wissenschaftliche Zoologie T. XXXIV. Leipzig 1880 p. 367 à 403 pl XVII, XVIII et XIX.

Ce mémoire a été traduit en français par M. H. Gadeau de Kervillé sous le titre de Recherches physiologiques et histologiq. sur l'organe de l'odorat des insectes, inséré dans le bulletin de la société des amis des scienc. naturelles de Rouen 1881. 1r semestre.

nettement tronqué en avant, cette troncature étant souvent limitée par une carène saillante. Le *pronotum* atteint la base des écaillettes, le *mesonotum* est convexe, le *scutellum* transversal, rectangulaire ; le *postscutellum* étroit, un peu arrondi en arrière. Le *metanotum* est lisse, sillonné en son milieu.

4. — Pattes et Ailes. — Les pattes (Fig. 14 à 18) n'offrent pas de caractère bien spécial ; elles sont robustes avec les tibias plus courts que les cuisses. Tibias antérieurs avec un seul éperon aigu (fig. 14), aplati vers sa base; tibias intermédiaires avec deux éperons semblables, aigus; tibias postérieurs avec deux éperons, l'un plus court en forme de stylet aigu, l'autre allongé, aplati et courbé en forme de sabre. Tarses plats, larges, de cinq articles dont le premier est de beaucoup le plus long et le quatrième est le plus court ; le bord inférieur de tous les articles est muni de courtes soies épineuses. Ongles sans aucune denture.

Les ailes (Fig. 12 et 13) sont assez longues et dépassent, dans le repos, l'extrémité de l'abdomen ; elles sont soutenues par de fortes nervures. Les supérieures présentent une cellule radiale allongée, trois cellules cubitales fermées, la première grande, les deux autres de moitié plus petites, presque égales entre elles, trois cellules discoïdales dont la première très allongée dépasse en longueur la cellule médiane. Ailes inférieures sans cellule discoïdale fermée et avec ou sans lobe basilaire. Le trait caractéristique de ces ailes réside dans la plicature qu'affectent les supérieures pendant le repos de l'insecte. Ce pli ne se place pas le long d'une nervure, mais il commence sur le bord inférieur près de la base de la cellule médiane, suit à peu près la nervure anale, pénètre dans la troisième cellule discoïdale et atteint le bord de l'aile en droite ligne. La partie inférieure de l'aile se plie sur la partie supérieure du côté externe et le plan de l'aile devient à peu près vertical. Cette faculté est partagée seulement par les Vespides avec un genre de Chalcidites parasites, les *Leucospis*, chez lesquels le mode de plicature est le même, sauf que le pli commence peut-être un peu plus loin de la base de l'aile. Le but de cette disposition spéciale n'a pas encore été découvert.

5. — Abdomen. — (Fig. 19 et 20) L'abdomen des Vespiens est allongé, pointu, plus long que le thorax, un peu aplati en dessous, tronqué ou fusiforme en avant, composé de six segments visibles chez les femelles et les ouvrières, de sept chez les mâles. Le premier segment est aminci en un court pédicule s'insérant à l'extrémité du métathorax.

6. — Appareil digestif. — (Pl. 27, fig. 10) Cet appareil, dans le détail duquel je n'ai pas à entrer ici, a été étudié d'une façon magistrale par L. Dufour (1) qui en donne une description complète à laquelle je ne puis que renvoyer le lecteur, me contentant de reproduire la belle figure qui l'accompagne. On remarquera que les vaisseaux biliaires sont en nombre très considérable et il est à observer à ce propos que la larve offre un appareil hépatique (2) beaucoup plus simple, se composant seulement de quatre vaisseaux biliaires. Le jabot contient un gésier analogue à celui des fourmis, mais qui est tout-à-fait interne et armé intérieurement de quatre solides colonnes calleuses (fig. 11) ; son extrémité renflée porte, comme cela a toujours lieu, une ouverture qui, formée par une simple incision cruciale (fig. 12), peut s'ouvrir ou se fermer comme une soupape suivant les besoins, de façon à intercepter ou à laisser libre la communication de l'avant avec l'arrière du canal digestif. On voit aussi d'assez volumineuses glandes salivaires qui cependant, vu leur texture délicate et diaphane, restent excessivement difficiles à constater. Nous verrons plus loin que la Guêpe a souvent à utiliser le produit sécrété par ces glandes.

Le ventricule chylifique, assez long chez les *Vespa* proprement dites, se raccourcit beaucoup chez les *Polistes* qui ont ce caractère commun avec les Euméniens.

7. — Système nerveux. — (Pl. 27, fig. 13 à 17). Le système nerveux des Guêpes a été bien étudié dans plusieurs mémoires (3) par M. le Dr Ed. Brandt. Ce savant a trouvé chez les Guêpes

(1) Rec. anat. et phys. sur les Orthopt. les Hyménopt. et les Névroptères Paris 1841. p 467. pl. VII.

(2) L. Dufour. Sur le foie des Insectes. Ann. des Sciences naturelles 1843. Tome 19 2e série.

(3) V. la Bibliographie.

deux ganglions cérébraux, l'un supraœsophagien et l'autre infraœsophagien ; deux ganglions thoraciques et 5 ou 6 ganglions ventraux ; les mâles et les femelles en possèdent six, tandis que les ouvrières n'en présentent que cinq. Cette différence essentielle entre les ouvrières et les femelles se retrouve, mais en sens inverse, chez les abeilles dont les ouvrières ont cinq ganglions abdominaux, tandis que les femelles et les mâles n'en ont que quatre. Chez les Bourdons, les ouvrières et les femelles ont le même nombre de six ganglions ventraux, les mâles n'en offrant que cinq.

Le dernier ganglion abdominal émet plusieurs paires de nerfs qui se rendent aux derniers segments, au rectum et aux organes génitaux, tandis que les autres n'en envoient chacun qu'une seule paire.

La différence constatée ci-dessus entre les ouvrières et les femelles peut se comprendre en ce que chez l'ouvrière les deux derniers ganglions se rapprochent et se soudent, ce qui, *en apparence*, diminue leur nombre d'une unité.

La larve a treize ganglions, dont huit abdominaux, et c'est par des réunions successives des deux premiers ganglions ventraux avec le second ganglion thoracique, pendant l'état de nymphe, que l'insecte parfait arrive à n'en avoir plus que cinq ou six.

8. — Appareils génitaux. — (Pl. 27, fig. 1 à 10). L'appareil génital mâle externe, ou armure copulatrice, est de forme oblongue et remarquable par deux épines plus ou moins allongées qui terminent en arrière les *pinces* extérieures. La forme de cet organe varie chez les diverses espèces et j'ai cru intéressant de donner le dessin de quelques-unes de ces armures. Le frelon seul (*V. crabro*) ne présente pas de semblables épines terminales (fig. 6). Les *pinces intérieures* sont seulement allongées en pointe et le pénis est protégé par un fourreau dont la forme conique n'a rien de spécial.

J'ai déjà étudié et décrit l'appareil génital externe de la femelle en parlant de l'aiguillon des Hyménoptères (1), et je l'ai fait d'une

(1) Spécies. vol I p. LXXXVI. pl. VI, fig. 1. 2. 3. 4.

façon assez complète pour qu'il soit superflu de donner encore ici les mêmes détails. Le stylet est finement dentelé à son extrémité et verse, dans la plaie qu'il vient de faire, un venin très-actif secrété par la glande vénénifique (fig. 1 et 2).

Les *Vespa* ont six ou sept gaînes ovigères, tandis que les Polistes et les Guêpes solitaires n'en offrent que trois, et cette identité de conformation montre bien que les Euméniens et les Vespiens ont des rapports intimes entre eux et son reliés par les Polistes.

9. — Distinction des sexes. — Les mâles de Vespides se distinguent avec la plus grande facilité des femelles et des ouvrières. Outre la présence de l'armure copulatrice, ordinairement rentrée dans l'abdomen et invisible, le nombre des segments de celui-ci (six chez les et♀ les ☿, sept chez les ♂) est un indice très-sûr. Mais il existe encore d'autres particularités spéciales aux mâles. Ainsi leurs antennes sont de dimension bien plus grandes, le nombre de leurs articles est de treize tandis que celui des femelles n'est que douze.

Mais quand il s'agit de discerner les ouvrières des femelles, la difficulté devient beaucoup plus grave. Les ouvrières sont en réalité des femelles stériles, il est vrai, mais conformées absolument comme celles qui sont fécondes. Tout ce qu'on peut dire à cet égard, c'est que, en général, les ouvrières sont de taille plus petite; mais il n'y a là encore absolument rien de positif, car toutes les transitions se rencontrent dans une même colonie, comme aussi, selon l'opinion, très-probablement exacte, de M. de Saussure, « toutes les nuances possibles peuvent se retrouver depuis l'ouvrière la plus complètement asexuée jusqu'à la femelle la plus féconde, nuances qui peuvent tenir aux circonstances ambiantes au cours du développement de l'insecte(1). » La distinction entre l'ouvrière et la femelle est donc très-souvent douteuse. On peut obtenir facilement des femelles fécondes authentiques en capturant celles qui, au premier printemps, cherchent à jeter les bases d'une colonie, car il n'existe alors aucune ouvrière ; mais plus tard le problème est bien plus

(1) de Saussure. Mon. des Guêpes sociales, p. XIII.

ardu. Avant l'éclosion des jeunes femelles de l'année, on a bien des chances de ne trouver que des ouvrières, mais il n'y a pas certitude.

La question est encore bien plus difficile et le plus souvent insoluble quand il s'agit de déterminer l'état réel d'un Vespide exotique isolé. On ne peut guère alors que faire des suppositions plus ou moins fondées.

§ II. PREMIERS ÉTATS (PL. XXVIII)

1.—Œuf.—L'œuf des Guêpes (fig.1) ne présente aucun phénomène particulier. Il a une forme allongée, ovale, un peu courbée d'un côté. L'enveloppe semble parcheminée sans aucun détail spécial de structure. Sa longueur varie de un millimètre et demi à deux millimètres. L'une des extrémités un peu ridée ou sillonnée présente un petit tubercule plus ou moins translucide, qui est l'emplacement du pôle antérieur de l'œuf (vorderer Polkern) et qui sera sans doute un des points où l'enveloppe se déchirera pour donner passage à la jeune larve. Près de là on voit le point où l'œuf est collé par la mère contre les parois de la cellule. Un œuf détaché après la ponte y présente une sorte de filament membraneux, composé d'un mucus adhésif à dessication très-rapide, et que la guêpe secrète au moyen d'une glande spéciale nommée *glande sébifique* située dans le voisinage de l'oviducte et dont l'ouverture est placée près de son extrémité. L'œuf est ainsi fixé dans un des angles de la paroi de l'alvéole (fig. 2), à une distance du fond variant du quart au tiers de la hauteur de celle-ci; il est dressé contre cette arête, la partie fixée située en bas.

2.—Larve.—Les larves des Vespides sociales sont toutes construites sur le même modèle, et pour en donner au lecteur une idée en même temps exacte et complète, je ne puis mieux faire que de donner la description un peu détaillée de l'une d'elles. Je choisirai celle de la *V. media* comme étant moins connue, et, par suite plus intéressante (fig. 3).

Vue dans son ensemble, la larve de la *Vespa media* a une apparence massive, charnue, légèrement courbée, plus large en avant, et surtout vers son tiers antérieur, qu'en arrière. La peau est d'un blanc jaunâtre, lisse, glabre, luisante; vue au microscope sous un assez fort grossissement, elle se montre très-finement chagrinée par de très-petits et très-nombreux tubercules qui la couvrent en entier.

Elle est partagée en treize segments, plus la tête, peu visiblement séparés sur le dos, mieux distincts sur les côtés et sous le ventre.

Chaque segment présente encore, sur les côtés et à la limite des régions dorsale et ventrale, des tubercules irréguliers séparés des autres parties par de profonds sillons. Dans l'angle, situé au-dessus de ces tubercules, près de la partie antérieure de chaque segment, se voit un *stigmate* ou orifice respiratoire. Ces organes, au nombre de dix paires, sont placés le premier sur le deuxième segment ou segment mésothoracique et les autres à la suite jusqu'au onzième, les deux derniers en étant privés. Ils se présentent sous la forme d'une dépression légèrement ovalaire, assez pointue d'un côté, enfermant à sa partie inférieure un espace oblong encore plus déprimé, transversalement strié, au centre duquel est une très-petite et très fine pellicule arrondie, luisante, un peu convexe, correspondant à un tube trachéen.

La tête (fig. 4) très-petite relativement au corps et très-inclinée, a une forme circulaire, un peu transversalement ovale, marquée de divers sillons et dépressions. De chaque côté du vertex se voient deux lignes rousses obliques, droites; sur la ligne médiane, un sillon incolore peu profond divise la tête en deux lobes sur chacun desquels se voit une ligne droite rousse, inclinée obliquement; au-dessus de l'épistome sont deux autres petites lignes aussi rousses et encore plus obliques, au-dessus desquelles se placent deux petits points enfoncés, incolores. Au bas de la tête se trouvent les parties de la bouche : d'abord un gros mamelon carré, divisé par un sillon médian, représente l'*épistome (a)*, et à sa suite existe un autre mamelon charnu, échancré au milieu qui est le *labre (b)* ou partie supérieure de la bouche. Ce labre offre cette particularité que sur son bord antérieur se place une série de petites granulations tuberculeuses, rougeâtres placées en ligne les unes à côté des autres et dont le but m'échappe.

Sous le labre et un peu recouvertes par lui à leur base, viennent se placer les *mandibules (c)*. Celles-ci, en grande partie incolores, offrent une teinte rouge vers leur bord. Elles sont quadrangulaires, un peu relevées en dessus en forme d'arête mousse, de façon à se creuser, au contraire en dessous, pour former une sorte de cuillère cornée. Elles sont terminées en avant par un angle un peu saillant, obtus, fortement coloré et limitant le bord travaillant qui est mince, tranchant, décoloré (la teinte rouge s'arrêtant à une certaine distance) et irrégulièrement crénelé (fig. 5).

Immédiatement au-dessous des mandibules et de chaque côté de la tête sont deux autres mamelons allongés, charnus, ovalaires qui sont les *mâchoires (d)*; à leur extrémité, on aperçoit d'abord un tubercule légèrement saillant et entouré à la base d'une auréole rousse, puis plus près du bord, une sorte de courte antennule plus pointue, tout en restant mousse; le tubercule doit être sans doute l'analogue d'un *lobe externe maxillaire* tandis que l'antennule semble représenter un *palpe maxillaire*.

Enfin, entre les mâchoires et tout à fait en bas de la tête, la bouche se trouve formée par un gros mamelon de forme un peu carrée, charnu et offrant en avant un appendice rectangulaire qui en est séparé par un profond sillon. Le gros mamelon est le *menton (e)*, tandis que l'appendice est la *lèvre (f)*. Le menton porte en avant deux tubercules entourés de roux à leur base, qui sont peut-être les *filières*; la lèvre présente aussi deux petites antennules qui sont les *palpes labiaux*.

La tête ne présente aucune trace d'yeux et tous les organes que je viens d'énumérer sont presque confondus les uns avec les autres et séparés seulement par des sillons plus ou moins profonds, de sorte qu'ils sont assez difficiles à distinguer. Cependant, comme on vient de le voir, toutes les pièces essentielles s'y trouvent représentées.

A l'autre extrémité du corps est la région anale qui est entourée de mamelons charnus de forme assez irrégulière, dont les deux supérieurs plus gros et plus allongés, servent à fixer la larve au fond de sa cellule pendant tout le cours de son existence. Ils forment comme une pince qui saisit soit les débris de l'œuf, soit plutôt quelque filament soyeux collé à la paroi de l'alvéole. L'anus est tout au-dessous.

La longueur de cette larve, à l'état adulte, et pour les Guêpes ouvrières, atteint 12 à 14^{mm}, sur 6 à 7^{mm} dans sa plus grande largeur.

3.— Nymphe. — La nymphe de *Vespa germanica* ☿ que je prendrai comme type (fig. 7), remplit à peu près complètement, lorsqu'elle est près d'éclore, la cellule où elle a pris naissance. Les formes sont celles de l'insecte parfait qui serait emmailloté dans une fine tunique. Les antennes sont couchées le long de la tête, passent sur la base des mandibules et continuent en se croisant sur la poitrine. Les pattes sont tout à fait appliquées contre le corps, les tibias repliés sur les cuisses et les tarses leur faisant simplement suite. Les ailes consistent d'abord en un moignon enfermé dans une membrane et appliqué sur les côtés du thorax, de façon que la largeur totale ne dépasse pas celle de l'abdomen. Quand approche l'éclosion, les ailes se développent complètement hors des ptérothèques, les autres organes restant dans le même état, et elles s'étendent sur le dos de l'abdomen sans se replier sur elles-mêmes, comme elles le feront plus tard. La couleur générale, d'abord blanche, prend peu à peu celle qu'aura l'insecte pendant le reste de son existence, sauf que les parties jaunes sont plus pâles et d'une teinte moins chaude qui persiste même quelque temps après l'éclosion. Quand la nymphe n'a encore que des ailes en moignon, le funicule des antennes est souvent jaune ainsi que l'extrémité du scape, tandis que lorsque les ailes sont développées, ces parties deviennent toutes noires. Ce sont donc les dernières parties qui se colorent; les premières ont été les yeux, puis des taches thoraciques.

La position des nymphes dans les cellules est la même que celle des larves, c'est-à-dire que la tête est près de l'orifice et immédiatement sous la calotte ou opercule qui ferme la cellule. Il y a cependant un certain intervalle, d'abord entre la tête et l'opercule, et ce n'est qu'au moment de l'éclosion que l'insecte, qui a déjà à peu près tous ses moyens d'action, s'approche de la porte de sa cellule et la ronge avec ses mandibules pour s'échapper.

L'extrémité ventrale est appuyée sur une sorte de matelas laineux qui n'est sans doute qu'une continuation de la fine enveloppe nymphale et sert à la fixer au fond de l'alvéole. En-dessous de cet amas se trouve une masse noirâtre disposée en couches superposées et toutes en forme de cuvette, composées, comme nous le verrons, des excréments accumulés et desséchés de la larve. Cette masse atteint quelquefois près de la moitié de la hauteur de la cellule et se confond presque à sa base avec la paroi papyracée du fond du gâteau ; celle-ci, vers le milieu du fond des alvéoles, est d'ailleurs très mince.

4.— Insecte parfait.— L'insecte parfait, décrit longuement plus haut, ne demande pas d'autres explications. C'est lui qui est véritablement l'âme du guêpier, qui en est l'architecte et l'ordonnateur, et qui a la mission de pourvoir à tous les besoins de sa population, au moyen des merveilleuses ressources de son instinct. C'est là ce qu'il nous reste à étudier et ce ne seront pas les pages les moins attrayantes de son histoire.

§ III. NIDIFICATION

(Pl. XXVIII à XXXIII)

1.—Formes diverses des nids de Guêpes.— La première conséquence de l'état social est la nécessité, pour les individus qui en jouissent, d'avoir une habitation commune soit simple, soit composée d'abris distincts, réunis en un même point. Ce logis, approprié à leurs besoins, dont l'édification dépasserait de beaucoup la mesure des forces isolées de chacun d'eux, est formé par un apport commun d'efforts et d'aptitudes ; c'est lui seul qui permet à la société de jouir pleinement des bénéfices que doivent lui procurer sa constitution même et l'union de ses membres.

Cet état social se trouve porté chez les Hyménoptères au plus haut point de perfection. Nous l'avons vu déjà réalisé d'une façon complète chez les Fourmis; nous le retrouverons encore chez les Abeilles et les Bourdons, mais les Guêpes dont nous allons nous occuper maintenant, nous le présentent dans des conditions peut-être encore plus curieuses.

Leur nid est sans contredit le plus compliqué de tous ceux que construisent les espèces sociales d'Hyménoptères, et celui dont les formes sont les plus bizarres et les plus variées. Aussi son étude est-elle si attrayante et si instructive que je ne puis me dispenser d'entrer à ce sujet dans des détails assez étendus.

Les nids des Abeilles et leurs travaux ont de tous temps frappé l'imagination des hommes bien avant que les naturalistes s'en soient emparés pour les décrire, et cela en raison de l'utilité qu'ils en ont tiré de temps immémorial; mais il n'en est pas de même des Guêpes qui ont été plutôt toujours un objet de répulsion. Aussi, sans nous attarder à passer en revue les fables absurdes que les anciens ont accumulées sur ces insectes et sur leur origine, hâtons-nous d'arriver aux observations si judicieuses qu'ont mises au jour, d'abord Réaumur, puis il y a à peine trente ans, l'un de nos plus grands hyménoptérologistes, M. Henri de Saussure, dans l'ouvrage magistral qu'il a consacré à l'étude des Vespides. Le premier, en effet, celui-ci a pu réunir des documents assez multipliés non seulement sur les nids des Guêpes européennes, mais aussi sur ceux d'un grand nombre de Vespides exotiques pour pouvoir, de leur examen comparatif, déduire une théorie, si je puis m'exprimer ainsi, de la nidification des Guêpes.

Bien que l'ouvrage que j'écris se rapporte d'une façon spéciale aux insectes européens, je croirais faire un travail incomplet si je ne donnais en quelques lignes, une indication rapide des découvertes de M. de Saussure. Je pourrai ensuite aborder en détail l'étude des guêpiers européens et il me sera plus facile alors, d'expliquer la raison de bien des faits obscurs.

Les guêpiers en général (1) peuvent se classer en deux grandes divisions, savoir :

(1) V. à ce sujet: de Saussure, Monog. des Guêpes sociales. pl. XIX à CXXXV. 1858 et : de Saussure, Nouv. considérations sur la nidification des Guêpes (bibliot. univers. de Genève, février 1855. Ce travail est analysé dans les : Annales des sc. nat.-zool. 1855 p. 153-178, pl. 1).

1° Nids pouvant s'accroître seulement en hauteur, la largeur restant la même; la communication d'un étage à l'autre se faisant par une ouverture centrale dans les rayons; ceux-ci soutenus par une enveloppe extérieure qui ne forme qu'un tout avec eux et dont chaque partie, une fois achevée, n'est jamais modifiée ou détruite lors d'un agrandissement ultérieur du nid. Ces nids ont reçu le nom de *nids phragmocyttares* (φραγμα, cloison, κυτταρον rayon). (fig. 12).

2° Nids pouvant s'accroître dans plusieurs directions, composés (le plus souvent) de plusieurs rayons superposés, séparés et soutenus par des piliers spéciaux, avec ou sans enveloppe générale; la communication d'un étage à l'autre se faisant par l'intervalle compris entre l'enveloppe et les rayons, ou étant périphérique. L'enveloppe n'est plus essentielle; lorsqu'elle existe, elle est indépendante des rayons et l'accroissement du nid ne peut avoir lieu sans qu'une partie de cette enveloppe soit alors modifiée ou détruite et remplacée par une autre en rapport avec les nouvelles dimensions ou le nombre plus grand des rayons. On nomme ces nids ; *nids stélocyttares* (στηλη, colonne, κυτταρον, rayon). (fig. 13 à 19).

NIDS PHRAGMOCYTTARES. — Ces nids ne se rencontrent que dans les régions chaudes de l'Amérique; ils se divisent en *sphériques* et *rectilignes* suivant qu'ils se composent de sphères englobées les unes dans les autres ou qu'ils s'étendent en longueur. Dans ce dernier cas, ils peuvent être *rectilignes parfaits*, suspendus à des branches par une sorte d'anneau, ou *rectilignes imparfaits*, collés sur une surface plane et composés seulement d'un ou deux étages.

NIDS STÉLOCYTTARES. — Ces nids se divisent en *calyptodomes*, c'est-à-dire munis d'une enveloppe (καλυπτω, je cache; δομος, maison) (fig. 13) et *gymnodomes*, c'est-à-dire sans enveloppe (γυμνος, nu ; δομος, maison) (fig. 14 à 19).

Les nids stélocyttares calyptodomes comprennent deux espèces qui se rencontrent toutes deux en Europe (*Vespa*).

1° Nids construits à l'air libre, avec enveloppe foliacée, en couches concentriques, plus ou moins régulières, ovoïde, sphérique.

2° Nids à enveloppe celluleuse irrégulière, construits dans des cavités souterraines (1).

Les nids stélocyttares gymnodomes sont ou accolés contre un objet ou munis d'un pédicelle.

Ils comprennent trois genres :

Les *gibbinides*,

Les *rectinides*,

Les *latérinides*.

Les nids gibbinides sont sans pédicelles, composés d'une calotte celluleuse hémisphérique servant de plancher à une couche de cellules. Ils sont fixés dans les branches des buissons. Ils se rapportent à des insectes exotiques (*Apoïca*) (fig. 19).

Les nids rectinides offrent des rayons superposés et traversés par un axe central qui sert en même temps de pédicelle. Ils comprennent deux espèces :

1° Nids à plusieurs étages (*Ischnogaster*). Exotiques (fig. 17.)

2° Nids à un seul étage et à cellules cylindriques (*Mischocittarus*). Exotiques (fig. 16).

Les nids latérinides ont un pédicelle ou un support latéral et les gâteaux sont soutenus comme par un manche ; ils comprennent :

1° Nids sans pédicelle ; c'est un simple gateau traversé par une branche qui sert d'appui (Poliste exotique) (fig. 18).

2° Nids irréguliers, oblongs ou circulaires, avec un pétiole plus ou moins central, ou sans pétiole et accolés au point d'appui (Polistes exotiques et européens) (fig. 15).

3° Pétiole entièrement latéral ; nid représentant souvent un secteur parfait et triangulaire (exotique) (fig. 14).

4° Nid entièrement latéral, réduit à une étroite bande de cellules alternes (exotique).

Les guêpiers européens sont tous *stélocyttares calyptodomes* pour les *Vespa*, et *stélocyttares gymnodomes latérinides* pour les Polistes.

(1) On verra plus loin que cette division doit supporter une exception, puisque la *Vespa sylvestris* construit parfois son nid en terre, tout en lui laissant, pour son enveloppe, une structure foliacée, en couches concentriques.

2. — Origine des Nids. — Bien que tous les nids des espèces européennes de Guêpes proprement dites (*Vespa*) rentrent dans une même classe Saussurienne, ils présentent cependant entre eux des différences souvent très grandes, en tous cas suffisantes pour permettre à un œil un peu exercé, de reconnaître quel est l'artisan d'un nid donné, comme nous le verrons un peu plus loin.

Mais quelle que soit la forme des nids, ils ont tous une origine semblable, et c'est ce qui me permet de l'indiquer dès maintenant avant même d'entrer dans le détail des constructions diverses.

Nous verrons bientôt qu'un certain nombre de Guêpes femelles fécondées se retirent, chacune de son côté, aux approches de l'hiver, dans des abris plus ou moins cachés, s'y engourdissent et y passent la mauvaise saison. Aux premiers beaux jours du printemps, elles se réveillent et elles vont, sans sortir de leur isolement, à la recherche d'un endroit convenable pour y installer le berceau de leur famille. Un lieu favorable étant découvert soit sur le penchant d'un fossé ensoleillé, soit sur la branche d'un arbre ou d'un buisson facilement accessible, tout en étant suffisamment éloignée des regards indiscrets ou ennemis, ou dans la cavité d'un tronc séculaire, la Guêpe femelle se met au travail avec ardeur ; sollicitée par le besoin de pondre, elle se hâte, recueille les premiers matériaux qui lui sont nécessaires, et tout affairée, guidée par la science innée que lui dicte son instinct, elle a bientôt jeté les fondements de son édifice ; un premier rayon est ébauché, un fragment d'enveloppe le recouvre. A peine quelques cellules sans profondeur encore sont-elles placées que la ponte commence et la jeune mère redouble encore d'activité. Avant que les premières larves soient écloses, de nouvelles alvéoles sont venues s'ajouter aux côtés des premières, de suite pourvues aussi d'un œuf, et l'enveloppe s'agrandit pour mieux abriter ce précieux dépôt. Puis, les premières larves sortent de l'œuf ; alors sans que s'arrêtent les travaux d'agrandissement, les parois des premières cellules sont surélevées par cette mère infatigable, des provisions appropriées sont recueillies par elle et distribuées sans cesse à la couvée. Le labeur vraiment énorme qu'elle s'impose finirait par dépasser ses forces, si, les premières éclosions survenant, les jeunes ouvrières ne lui venaient en aide en se mettant elle-mêmes au travail. La mère abandonne alors bientôt toute excursion pour se borner à pondre et à accroître ainsi la population du guêpier.

Telle est, dans ses lignes générales, l'origine de tout nid de Guêpes, et ces rudiments d'habitations, composés tous d'un rayon de quelques alvéoles abrité par une enveloppe plus ou moins ébauchée, ne peuvent donner qu'une idée incomplète de ce que sera dans la suite la structure réelle du nid. Nous pouvons donc maintenant passer à l'examen détaillé des guêpiers des différentes espèces.

3. — Etude générale des nids, leur emplacement et leur établissement. — Tout d'abord nous devons séparer les nids en deux catégories distinctes, les *nids souterrains* ou au moins abrités, et les *nids aériens*; les premiers construits dans une cavité du sol, d'un arbre, etc., les autres suspendus à une branche à l'air libre.

1. NIDS SOUTERRAINS. — La Guêpe mère, qui a hiverné et a jeté les bases d'un nouvel établissement, n'aurait pu, le plus souvent avec ses seuls efforts, arriver à creuser une cavité suffisante pour y installer convenablement son nid, quelque exigu que soit encore celui-ci. Aussi, pour peu que le terrain soit un peu compact, elle sait parfaitement utiliser les fouilles déjà existantes et s'approprier les souterrains abandonnés soit par une taupe, soit par un mulot, et que les rigueurs de l'hiver n'auront pas trop dégradés. Ce sera ensuite la tâche des ouvrières d'agrandir ce premier logis à mesure que leur nombre deviendra plus considérable et que, par suite, l'habitation se trouvera plus étroite. Des mandibules et des pattes, nos insectes, véritables mineurs, grattent les parois et, grain à grain, pierre à pierre, enlèvent et emportent hors du trou le terrain qui les gêne. Tant qu'il ne s'agit que de terre ou de sable fin, chaque fragment dégagé de la masse, est saisi entre les mandibules et emporté au loin à tire d'ailes, afin qu'aucune accumulation de matériaux ne vienne déceler à l'extérieur l'existence du nid. Mais le sol contient souvent des graviers trop gros et trop lourds

venant compliquer le travail. S'ils dépassent deux fois le poids de la Guêpe (Rouget), les ouvrières ne peuvent plus les disperser au loin en volant et elles sont obligées de les traîner au-dehors et de les déposer à proximité de l'ouverture. Aussi voit-on souvent dans certains terrains, des amoncellements de ces petits graviers indiquant l'entrée des nids de Guêpes.

Cependant tout cela n'est encore qu'un jeu pour nos travailleuses, et des difficultés bien autrement considérables peuvent se présenter. Le nid étant établi, déjà gros, ne peut plus être abandonné et il faut, de toute nécessité, à moins d'impossibilité absolue, qu'il s'accroisse et qu'il trouve pour cela la place nécessaire. Or, il peut arriver qu'en poursuivant ce travail de mine, les Guêpes rencontrent des cailloux de poids et de dimensions tels qu'elles ne puissent, quels que soient leurs efforts, songer à les transporter au-dehors. Alors une autre tactique est mise en œuvre ; il ne s'agit plus ici d'emporter l'obstacle de haute lutte, mais seulement de chercher à le déplacer, de façon à ce qu'il ne soit plus gênant. Pour arriver à ce but, nos insectes se réunissent en nombre autour de la pierre, une véritable montagne relativement à leur grosseur, enlèvent vivement et de tous côtés la terre qui la retient en place, creusent des mines en dessous et par côté, jusqu'à ce que le poids seul du caillou le fasse descendre au fond de la cavité où il trouve un espace suffisant pour se loger.

Après cet obstacle, un second, puis un troisième et ainsi de suite, sont vaincus tour à tour et rien ne saurait arrêter le courage et l'ardeur de nos Guêpes. Parfois une première pierre à moitié descellée repose sur une seconde qui la soutient et l'empêche de s'abaisser ; celle-ci quelquefois est maintenue par une troisième. La difficulté est bien vite découverte et de nouvelles mines venant s'ajouter aux premières, tout l'édifice, qui se tenait mutuellement en équilibre, ne tarde pas à choir et à descendre au fond du trou.

Il résulte de tout ceci que c'est surtout par le bas que doit être agrandie la cavité, puisque tous ces matériaux encombrants doivent y trouver place sans gêner le nid. Il serait même assez merveilleux de constater quelle union d'idées devrait se faire dans le cerveau de la Guêpe, à quel raisonnement elle devrait se livrer pour comprendre qu'un caillou, suspendu aux parois latérales, doit trouver dans le fond une place prête à le recevoir; mais la réalité est déjà assez extraordinaire pour qu'il soit inutile de chercher dans la tête la Guêpe plus qu'il ne peut s'y trouver. Il est au moins probable qu'un caillou ne se loge pas d'emblée au fond du trou et que ce sont des déblaiements successifs qui l'amènent à trouver une place convenable; que lorsque le bas de la cavité en contient déjà plusieurs, c'est par un travail nouveau, fait tout en dessous de la masse pierreuse, que celle-ci tout entière descend peu à peu pour laisser la place au dessus d'elle encore à une autre pierre.

Le dessus de la cavité n'est au contraire jamais touché, car c'est le toit de la maison, et il a besoin d'une grande solidité pour résister aux causes extérieures d'effondrement; plus il est épais mieux cela vaut, et l'accroissement, à moins de circonstance de force majeure, ne se fait jamais que par le bas. En tous cas l'épaisseur minimum du sol au dessus d'un nid paraît être de 10 centimètres (1). Il y a cependant certaines espèces de Guêpes (*Vespa rufa*, *V. sylvestris*) qui semblent négliger cette précaution et dont le nid souterrain est souvent en partie découvert d'un côté ou au moins se trouve à une profondeur très-insuffisante. J'aurai d'ailleurs à revenir sur ce sujet.

Tous les obstacles ainsi enlevés directement ou déplacés par leur propre poids, le nid conserve à peu près sa forme sphérique qui est la plus favorable, puisqu'elle permet d'y placer le plus grand nombre possible de cellules dans un trou déblayé de capacité minimum. Et si l'on se rend compte de l'énormité du travail que demandent des terrassements aussi rudes pour un insecte aussi faible, on verra que l'économie de la place est absolument nécessaire. Il arrive cependant que des obstacles réellement insurmontables peuvent se présenter, soit une pierre de dimensions telles qu'il soit tout à fait illusoire de songer à la miner, soit une racine malencontreuse, soit la fondation d'une construction quelconque, un pieu, etc. Les Guêpes doivent alors, sans doute bien à contre-cœur, se résoudre à un autre expédient

(1). Cette épaisseur minimum doit être rarement dépassée, quand le terrain n'est pas trop perméable; car un enfouissement trop profond du nid serait une cause d'altération par l'humidité.

qui consiste à déformer le nid, à y insérer tout ou partie de l'objet encombrant ou à continuer la construction d'un seul côté. Mais ce n'est évidemment qu'à la dernière extrémité que nos insectes se résolvent à une pareille manœuvre qui use sans résultat une partie de leur travail et de leurs forces vives, et nuit par conséquent d'une façon plus ou moins sensible à la colonie.

Le nid souterrain ainsi placé communique au dehors par une sorte de boyau plus ou moins tortueux et de longueur variable, pouvant atteindre parfois jusqu'à cinquante centimètres. Cette communication avec l'extérieur est unique et souvent gardée par des sentinelles vigilantes, surtout lorsque quelque inquiétude règne parmi les habitants du nid.

Le guêpier, enfermé dans sa cavité souterraine, semblerait n'avoir pas besoin d'enveloppe spéciale ; cependant plusieurs considérations importantes rendent compte de sa nécessité.

« Le rôle de l'enveloppe consiste à protéger la colonie contre l'introduction des insectes étrangers et des autres petits animaux qui peuvent alors pénétrer difficilement dans le nid, les ouvertures étant ordinairement surveillées, surtout pendant le jour, par quelques-uns de ses habitants. L'enveloppe sert en outre à préserver ce nid de l'humidité et à maintenir dans son intérieur une température plus élevée que celle de l'air ambiant, et ce par suite des nombreux intervalles qui existent dans l'épaisseur de cette enveloppe, intervalles dans lesquels se trouve de l'air immobile et qui ont été comparés avec raison aux doubles portes et aux doubles fenêtres de nos habitations » (1).

Cette température a été mesurée par M. Guiot (de Dijon). Cet observateur a placé un thermomètre dans un nid de *V. germanica* conservé en cage ; ce thermomètre ayant été fixé et son réservoir encastré dans le nid par les Guêpes, marqua + 31°, alors que l'air de la chambre où était placé le nid n'était qu'à + 16°.

L'enveloppe composée de 8 à 12 feuillets superposés, irrégulièrement soudés les uns aux autres, mais plus ou moins écartés cependant, de façon à former des sortes de cellules ou de vacuoles, n'est pas appliquée immédiatement contre les parois

(1) Rouget. l. c. p. 16.

du trou ; il y a entre elles un intervalle de un ou deux centimètres maintenu par des piliers spéciaux vers la partie supérieure ou jusque vers la moitié de la hauteur. Cet intervalle est nécessaire pour la circulation des Guêpes qui ont besoin, à chaque instant, d'enlever des parcelles terreuses et de petites pierres pour agrandir la cavité, ou bien qui doivent confectionner une enveloppe supplémentaire au nid, afin de pouvoir en enlever d'autres plus intérieures et, par suite, accroître la dimension des gâteaux ; il a aussi pour destination très importante de protéger l'enveloppe contre l'humidité du sol. L'épaisseur totale de l'enveloppe varie de un à trois centimètres et demi. Elle est percée d'une ouverture permettant l'accès vers les gâteaux, rarement et exceptionnellement de deux. Réaumur (Mém., tome VI, p. 168) indique deux orifices servant l'un pour l'entrée, l'autre pour la sortie. Schenck (die Vesparien, p. 101) reproduit cette assertion. Cependant elle paraît être erronée et l'observation ne montre presque toujours qu'une seule ouverture.

J'ajouterai enfin que ces nids souterrains sont orientés de façon que l'ouverture se présente le plus souvent au nord ou à l'est ; mais on rencontre à cette règle de nombreuses exceptions, surtout dans les pays septentrionaux où l'exposition du midi semble préférée. Suivant les espèces, ils sont situés dans les lieux secs ou près des cours d'eaux, sans qu'il y ait cependant non plus rien d'absolu.

Enfin ils peuvent atteindre des dimensions vraiment extraordinaires. Il n'est pas rare de voir des gâteaux de *Vespa germanica* atteindre cinquante centimètres de diamètre ; voici les dimensions d'un grand nid observé par M. Rouget, près de la ville de Dijon, c'est-à-dire dans les conditions les plus favorables pour acquérir un grand développement, à cause de la facilité qu'y trouvaient ses habitants de se procurer d'abondants matériaux pour sa construction et pour la nourriture des larves.

Hauteur. . . . 0,67.
Circonférence. 0,89.
14 rayons — poids 4 kilog.

Voici encore celles d'un grand nid de la même espèce trouvé à Palerme (Sicile), dans un jardin d'orangers et dans une cavité exposée au Nord ; sa plus grande longueur était d'un mètre, sa largeur 0,80 et sa hauteur 0,25. Il est probable que l'accroissement en hauteur étant gêné par des obstacles insurmontables, les Guêpes ont été obligées d'étendre le nid en largeur et en longueur.

Les nids construits dans les bois, par conséquent loin des ressources que présentent les abords d'une ville, sont bien plus petits. Aussi c'est pour cette raison que les plus considérables appartiennent à la *Vespa germanica*, qui est véritablement la Guêpe domestique et celle qui nous importune ordinairement dans les villes. Ceux des *V. vulgaris* et *rufa* sont bien moins grands. Les premiers ne dépassent guère 20 à 25 centimètres de diamètre, rarement 30 centimètres. Les seconds sont encore bien plus petits.

Avant d'arriver à l'organisation interne des nids, je dois indiquer quelques anomalies signalées dans le choix du lieu de construction. Ainsi on a trouvé en différentes occasions des nids de *V. germanica* et *vulgaris* dans des troncs d'arbres creux. M. Rouget a même observé, près de Dijon, un saule creux qui contenait deux nids, l'un de *V. vulgaris*, l'autre de *V. germanica*, ayant chacun leur ouverture du côté du tronc opposé à celle de l'autre nid, et à une hauteur différant à peine de 40 à 50 centimètres. Le musée de Dijon possède un nid de *V. germanica* qui avait été construit dans un tonneau. La même Guêpe s'empare aussi parfois des ruches abandonnées. Le musée de Beaune en contient un beau spécimen dans ces conditions, fixé à la partie supérieure d'une ruche vide.

M. Rouget enfin possède un petit nid qui, d'après l'apparence des matériaux, doit appartenir à la *V. germanica* et qui est fixé sur un gâteau de cire d'abeilles trouvé dans une ruche abandonnée. Le même observateur me signale encore un nid de la même espèce construit dans un terrain un peu humide, et dont la partie supérieure était protégée par des parcelles d'herbes sèches disposées en masse assez serrée entre le rayon supérieur et le dessus de la cavité souterraine.

Chez les *Vespa crabro* et *orientalis*, l'exception semble être au contraire, surtout pour la première, la situation souterraine et la règle la construction à demi-aérienne dans des troncs creux, des cavités de murailles, sous les toits de chaume ou dans les angles des greniers peu fréquentés.

Les troncs cariés dont l'intérieur se réduit facilement en poudre sont particulièrement affectionnés par la *Vespa crabro*. Avec ses fortes mandibules, elle a bientôt creusé dans cette matière friable un trou suffisant pour loger son habitation ; si même le tronc se trouve un peu étroit, les frelons savent très bien attaquer le bois sain pour l'agrandir. Il arrive souvent que les parois même du tronc servent d'enveloppe et que celle-ci n'existe que dans les parties où elle est réellement nécessaire.

Dans le cas où les nids de frelons sont au contraire dans les greniers, sous un chaume, dans un lieu enfin où l'enveloppe est nécessaire, celle-ci subsiste en entier comme chez les autres espèces.

Les nids de ces Guêpes de forte taille sontrelativement moins volumineux et surtout moins populeux que ceux d'espèces plus petites. A l'origine, ils sont comme tous les autres, très réduits.

« Au commencement de juin, les nids (de frelons) sont très peu volumineux. J'en ai trouvé (le 6), un dans lequel il n'existait encore que la femelle fondatrice ; les cellules au nombre de 15 à 20 formaient un petit rayon circulaire d'environ 5 à 6 centimètres de diamètre recouvert d'une enveloppe simple : les 4 ou 5 cellules médianes étaient closes, ce qui indiquait qu'elles seules avaient dû constituer le premier commencement du nid ; les autres cellules contenaient des larves d'autant plus petites qu'elles s'éloignaient davantage du centre » (1).

« Au mois de septembre ou au commencement d'octobre, les nids qui se trouvent placés dans des conditions favorables pour un développement complet, contiennent leur maximum de population ; le nombre des rayons peut, à cette époque, s'élever jusqu'à dix et le diamètre du plus grand dépasser vingt centimètres. Le nombre des ouvriers doit souvent alors excéder trois cents ; il y existe en outre des mâles et des femelles en nombre très variable, de sorte qu'à cette époque la population totale, y compris les larves et les nymphes, dépasse ordinairement le chiffre de mille individus » (2).

(1) Rouget. l. c. p. 25.
(2) Rouget. l. c. p. 26.

M. Peragallo(1) cite un nid de frelons capturé près de Nice, par M. le comte de Blancardi, mesurant 55 centimètres de hauteur, sur 35 centimètres de largeur et qui pouvait peser 1 kilog. Le même auteur évalue à plus de 3,000 le nombre des habitants des grands nids de frelons.

M. Rouget(2) a observé aussi un nid souterrain de frelons dans lequel l'intervalle compris entre le premier rayon et la partie supérieure de la cavité était garni de mousse sèche assez serrée.

En ce qui regarde la *Vespa orientalis*, je ne puis mieux faire que de donner ici des extraits d'un article paru récemment sur ce sujet et qui est peut-être le premier donnant quelques renseignements certains sur ces nids. L'auteur qui est l'un des naturalistes les plus distingués de la Sicile, a réuni ces documents sur ma demande et d'après mes indications, et je suis heureux de le remercier ici du soin qu'il a mis à ce petit travail :

« La *Vespa orientalis* Fab., dit M. Teodosio De Stefani-Perez (3), est très-commune en Sicile et éminemment nuisible aux divers arbres fruitiers et particulièrement à la vigne.

« ...... Je puis aujourd'hui donner la confirmation de ce que j'ai écrit antérieurement à M. André, savoir que le nid que j'ai visité le 22 août et celui que j'ai trouvé le 3 septembre manquaient absolument d'enveloppe. Mais maintenant, je connais encore trois autres nids de cette Guêpe que je me réserve d'examiner en octobre, époque à laquelle ils seront dans leur plein développement et où j'espère pouvoir rencontrer les parasites qui faisaient défaut dans ceux que j'ai déjà observés. Les nids que j'ai pu étudier étaient exposés tous deux au sud, construits sous terre et l'accès s'y faisait au moyen d'un petit couloir long d'environ 25 centimètres et assez large pour permettre à deux Guêpes d'y passer de front. La porte d'entrée était encore bien rétrécie au moyen d'un disque de terre construit par l'insecte, de sorte qu'une seule Guêpe pouvait entrer à la fois. Dans l'un des nids, le conduit descendait doucement et d'une façon continue jusqu'à

(1) Le Frelon et son nid. p. 168.
(2) L. c. p. 25.
(3) Naturalista Siciliano. 1882. II année. p. 17.

arriver sous les cellules ; dans l'autre, il était parfaitement horizontal et menait sous le nid comme le premier ; mais je crois que cette disposition peut varier beaucoup. En effet, dans l'un des nids qui me restent à examiner, et qui est situé dans une roche gypseuse, l'accès s'y fait rapidement de bas en haut, sur une longueur d'environ 30 centimètres.

« Les deux nids étudiés étaient placés simplement dans le trou dont les parois étaient assez lisses ; ils n'étaient revêtus d'enveloppe ou d'abri d'aucune sorte. Ces trous étaient à environ 40 centimètres de profondeur dans le sol ; ils étaient creusés dans un terrain cultivé où une averse eût très-bien pu les inonder ; mais cet inconvénient était probablement conjuré par la nature même du sol, qui, très-perméable, ne permet pas à l'eau de séjourner.

« L'un de ces nids était fixé par deux piliers à la paroi supérieure du trou ; l'autre n'avait qu'un seul support ; mais dans tous deux l'ouverture des cellules regardait la partie inférieure ou le fond du trou. Ils avaient à peu près la forme sphérique ; dans l'un seulement se trouvaient deux disques ou gâteaux dont le supérieur était le plus grand et contenait 214 cellules complètes ; l'inférieur, plus petit, n'en montrait que 25, dont chacune renfermait un œuf, tandis que les cellules du rayon supérieur étaient pour la plupart operculées et plus petites que celles de l'autre gâteau. Ces dernières mesuraient 11 millimètres d'angle en angle et 9 seulement entre les côtés parallèles ; les cellules du rayon supérieur n'avaient que 8 millimètres d'angle en angle et 7 entre les côtés parallèles. Je déduis de cela que les cellules du second rayon servaient de berceau aux jeunes femelles devant éclore en octobre.

« La consistance de ces nids est très-fragile ; ils sont construits en terre et diffèrent beaucoup de celui que j'ai envoyé l'an dernier à M. André, et qui était formé de parcelles ligneuses, ayant la consistance d'un nid de *Poliste* ou de *V. germanica* (1).

(1) Ce nid offre à peu près la texture de celui du frelon, avec des zones alternatives plus ou moins claires ou foncées. Il montre aussi, vu à la loupe, des parcelles terreuses ou sablonneuses agglutinées et étendues en lames très minces pour former les parois des cellules. Ce nid n'a qu'un seul pilier, et aucun vestige d'enveloppe. Il était situé dans la cavité d'une muraille a Palerme. ED. ANDRÉ.

« Le nid de cette Guêpe se rencontre en des lieux divers; on le trouve le plus souvent dans la terre même, mais il est aussi construit fréquemment dans la cavité d'un rocher, d'une muraille, dans les ruches vides; M. Costa-Mazzoni, de Vizzini, qui s'occupe avec tant de zèle de l'étude des Hyménoptères siciliens, m'a fait connaître qu'il a trouvé un de ces nids entre les radicelles d'un figuier d'Inde. »

De cette intéressante narration on peut déduire que les mœurs de la *Vespa orientalis* ressemblent beaucoup à celles de notre frelon. Celui-ci place bien son nid dans une enveloppe plus ou moins incomplète ; mais il est permis de supposer que l'influence d'un climat moins clément l'oblige à prendre cette précaution ; il serait même fort intéressant de savoir si, en Sicile, la *Vespa crabro* continue à construire son enveloppe, ou si elle n'imite pas simplement la *Vespa orientalis* en s'en dispensant. Malheureusement la *V. crabro* est fort rare en Sicile ; le même auteur ajoute en effet :

« La *V. orientalis* remplace chez nous la *V. crabro* qui est beaucoup plus rare ; depuis plusieurs années que je m'occupe de cet ordre d'insectes, je n'ai trouvé qu'un très-petit nombre d'exemplaires de la *crabro* et même je n'ai jamais découvert son nid. »

Il est bon de noter encore ici cette phrase que j'extrais d'une lettre de M. Rouget :

« Je crois me rappeler que les nids *souterrains* de *V. crabro* que j'ai observés, étaient sans enveloppe. »

2. NIDS AÉRIENS. — Entre les nids tout à fait abrités et ceux purement aériens, la *Vespa saxonica* nous présente un type spécial qui se trouve plus particulièrement sous les pierres, sous les tuiles des constructions ou des murs, souvent aussi dans les greniers ou magasins abandonnés. Les nids de cette espèce sont simplement fixés par une attache collée aux pierres ou aux charpentes.

Les nids véritablement aériens n'ont plus aucun abri et ils doivent se suffire à eux-mêmes de toute façon. Simplement suspendus à une branche d'arbre qui s'y trouve enchassée partiellement ainsi que ses petits rameaux, ils ont ordinairement une forme soit ovoïde, soit pyriforme, l'ouverture étant située en bas et tournée du côté du sol.

En raison même de leur position, tous ces nids ne peuvent être que de dimensions relativement restreintes. Je possède un nid de *V. media*, originaire de Lombardie, qui mesure 0,25 de hauteur, sur 0m,16 de diamètre à sa plus grande largeur.

Dans les Vosges, M. le Dr Puton a recueilli, dans des greniers, des nids de *V. saxonica* assez volumineux de 20 à 25 centimètres de diamètre. Au musée d'histoire naturelle de Beaune, existent plusieurs de ces nids de dimensions analogues. L'un d'eux, trouvé abandonné dans un magasin peu fréquenté de la ville, a jusqu'à 35 centimètres de diamètre ; mais il faut attribuer ce développement exceptionnel aux facilités qu'avaient trouvés, au milieu de la ville, les artisans de ce nid à se pourvoir abondamment de nourriture et de matériaux de construction qu'ils rencontraient probablement dans le magasin même.

La *Vespa sylvestris* construit aussi ses nids à l'air libre et les suspend à une branche comme ceux de *V. media*. Mais on les distingue facilement d'abord à la texture de l'enveloppe, ensuite à la forme même du nid. Chez cette espèce, l'extrémité du nid est tronquée carrément ou est à peine pyriforme, tandis que chez la *V. media*, elle est presque toujours prolongée en forme de goulot de bouteille. Je possède un petit nid de *V. sylvestris* provenant des environs de Rouen, et qui mesure seulement 5 centimètres de hauteur, sur 5 cent. 1/2 de diamètre, c'est-à-dire qu'il est à peu près sphérique ; il était suspendu à une branche.

C'est ici le lieu d'appeler l'attention des naturalistes sur un fait dûment constaté, mais bien extraordinaire et qui peut jeter quelque lumière sur les modifications lentes des espèces et de leurs mœurs par suite de circonstances extérieures.

Je viens de dire que la *V. sylvestris* attache son nid aux branches des arbres. J'en possède un semblable : MM. de Saussure (1), et Schenck (2), d'accord avec tous les auteurs l'affirment dans leurs écrits. Cependant, dans les environs de Dijon, de

(1) Monog. des Vesp. III. p. 125.

(2) Die Vesparien, p. 26.

même que dans quelques autres localités, cette espèce niche souterrainement, et voici à ce sujet les très-intéressants détails qui me sont donnés par M. Rouget qui a pu personnellement observer une dizaine de nids dans ces conditions près de Dijon, où il n'en a pas rencontré d'aériens :

« M. J. Erber (Verhandl. d. z. b. Gess. Wien., 1867, t. XVII, Sitz. ber., p. 107), regarde comme inexacte l'assertion d'après laquelle cette Guêpe ne construirait jamais son nid que suspendu au grand air. Il dit en avoir extrait un de la terre et il fait observer qu'alors l'opercule des cellules était presque jaune.

« M. Drewsen, de Strandmollen (Danemark), écrivait le 2 novembre 1873, qu'un de ses collègues avait trouvé la *Vespa sylvestris* nidifiant dans la terre.

« J'en ai déterré un nid le 2 juillet 1875, d'un diamètre de 12 centimètres environ et de hauteur un peu moindre, un peu pyriforme, à enveloppe composée de couches continues, d'autant moins complètes en bas qu'elles étaient plus extérieures (environ 12 couches). Population environ 100 ouvrières.

« Ces nids, dans nos environs, sont situés en général sur des talus de chemins de fer ou sur des parties de terrains inclinées ou abruptes, et ils présentent cette particularité remarquable d'être presque toujours construits ou plutôt situés d'une manière défectueuse, en ce sens que l'enveloppe du nid est à découvert sur une partie de sa surface, parce que la cavité a été trop élargie du côté de la pente du terrain. Cela n'arrive que très-rarement, et peut-être accidentellement, chez les *V. germanica* et *V. vulgaris*, par exemple sur les talus d'une grande route, lorsque ces talus sont composés ou recouverts de boues jetées en vidant les fossés ; le terrain est alors facilement désagrégé et entraîné sur la pente par les pluies d'orage et peut, dans ce cas, laisser le nid à découvert, bien qu'il ait été placé convenablement dans le principe.

« Ne dirait-on pas que ce mode défectueux de situation du nid de la *V. sylvestris* est le résultat d'une sorte d'inexpérience, suite naturelle d'un changement récent opéré dans ses habitudes de nidification » (1).

(1) Rouget. Communication inédite.

Les raisons qui poussent ainsi parfois la *V. sylvestris* à déroger aux habitudes de ses congénères, ne sont pas connues, mais le fait lui-même est maintenant indéniable et digne d'être soumis aux méditations des naturalistes.

4. — Etude spéciale des nids. — Instruits maintenant par les considérations qui précèdent sur l'ensemble des nids de Guêpes, les conditions de leur emplacement et de leur établissement, leurs dimensions, etc., nous pouvons aborder d'une manière plus détaillée leur étude intime et les divers modes de construction adoptés pour chacun d'eux.

1. NIDS A ENVELOPPE. — Les nids pourvus d'une enveloppe spéciale donnent lieu à deux séries d'observations distinctes, les unes se rapportant aux enveloppes, les autres aux rayons.

1° *Enveloppe.* — Considérée dans son ensemble et sous le rapport de la nature des matériaux employés, l'enveloppe des nids de Guêpes varie d'une façon assez considérable avec l'architecte.

L'enveloppe construite par la *V. germanica* (pl. XXIX, fig. 1), se compose d'une série d'écailles irrégulières, minces, papyracées, imbriquées les unes sur les autres et formant ainsi un nombre variable de couches successives allant jusqu'à dix ou douze et laissant toutes entre elles des intervalles assez sensibles. Au sommet, le nid est fixé à la partie supérieure de la cavité souterraine par une sorte de grossier pédicule, se confondant ordinairement avec le dessus du nid, et formé d'une matière cartonneuse d'autant plus épaisse et compacte, que la saison est plus avancée. Une sorte de croûte épaisse forme la fondation de l'habitation, fondation qui à l'inverse de celles de nos constructions, se trouve à la partie la plus élevée. Cette croûte donne peu à peu naissance à ces sortes d'écailles imbriquées dont je parlais tout à l'heure. Celles-ci, plus ou moins contournées sur leurs bords, laissent entre elles des vides très nombreux où l'air interposé sert à la fois à conserver la température intérieure et à favoriser l'évaporation de l'humidité qui aurait pu y pénétrer. La couleur en est grise, très-rarement un peu aunâtre, et la substance en est composée de fibres ligneuses arrachées aux bois morts, aux pieux exposés depuis longtemps aux intempéries. Par sa texture, cette enveloppe ressemble tout à fait à du fort papier brouillard, avec cette différence que les feuillets imprégnés et recouverts d'une sécrétion spéciale sont imperméables à l'humidité. Cette condition était absolument essentielle pour la conservation en bon état des diverses parties du nid.

Les nids souterrains de la *Vespa rufa* (pl. XXX, fig. 1), sont peu connus ; ils ont la couleur et la consistance de ceux de la *V. germanica*, mais restent toujours de dimensions beaucoup plus restreintes; en outre, ils ne se rencontrent à peu près que dans les bois.

Les *Vespa vulgaris* et *crabro* tout en construisant l'enveloppe de leur nid d'une manière analogue, emploient un mode de tissage essentiellement différent, car au lieu d'avoir la résistance d'un fort papier, l'enveloppe est composée de feuillets plus épais, de couleur jaune, mais excessivement fragiles et friables, au point qu'il est fort difficile de les extraire et de les transporter sans les briser.

Chez la *V. vulgaris* (pl. XXX; fig. 2) l'enveloppe se compose d'une série de plaquettes irrégulières plus ou moins imbriquées et superposées de façon à former une succession de couches distinctes. Chez la *V. crabro* (pl. XXXI) ce sont plutôt des feuillets de dimensions diverses, épais et superposés avec d'assez grands intervalles, offrant aussi sur leur surface des enroulements assez grands et comparables à des goulots tubulaires. Ces espèces de canaux externes ne communiquent pas avec l'intérieur du nid ; ce ne sont que des entrées d'air ou des réservoirs destinés à maintenir la température intérieure. Cette enveloppe, très-souvent incomplète comme nous l'avons vu, de couleur foncière jaune, présente des zones à direction plus ou moins tourmentées et contournées et de teinte plus claire.

Quant aux nids aériens proprement dits, le mode de construction de l'enveloppe est tout autre que celui des espèces à vie souterraine. Ce ne sont plus des sortes d'écailles séparées et imbriquées, mais des feuillets continus, enveloppant tout le nid, comme le ferait un sac, Un nombre plus ou moins grand de ces fourreaux se superposent l'un à l'autre, maintenus à distance par des sortes d'appendices foliacés et tout à fait irréguliers. Les feuillets extérieurs sont un peu plus longs que les intérieurs, mais tous offrent à l'extrémité inférieure une ouverture qui donne accès dans le nid. Chez la *V. media* (pl. XXXII, fig 1) l'extrémité de la construction est amincie en forme de col; chez les *V. saxonica et sylvestris* (fig. 3) elle est au contraire dépourvue de tout rebord et l'ensemble du nid prend un aspect beaucoup plus sphérique. Toutes ces enveloppes aériennes sont grises, tirant quelquefois un peu sur le jaune.

Si maintenant passant de l'aspect général des enveloppes à l'examen de leur texture intime, nous en soumettons des fragments à des amplifications suffisantes, nous arriverons facilement à reconnaître le mode de construction adopté. Ici encore nous sommes obligés de considérer successivement les diverses espèces de Guêpes, chacune d'elles ayant une manière de faire spéciale.

Vespa sylvestris. Un morceau de l'enveloppe du nid de cette Guêpe, observé sous le microscope à un faible grossissement, présente d'abord à la vue une série de fibres de couleur grise, croisées et recroisées entre elles rans être cependant tissées (pl. XXVIII, fig.9), c'est-à-dire qu'elles sont seulement posées les unes sur les autres. De distance en distance (2^{mm} environ) on aperçoit un faisceau de fibres assez volumineux; tous ces faisceaux sont dirigés dans le même sens et transversalement par rapport à l'axe du nid. Ils sont à peu près parallèles, sans précision cependant. Puis, entre les faisceaux successifs, se voit un entrecroisement de fibres plus ou moins dense, parfois assez peu épais pour que le jour le traverse très-facilement et même qu'on y remarque de nombreux espaces vides. De plus ces fibres, qui remplissent l'intervalle des faisceaux épais, ont deux directions obliques, opposées l'une à l'autre de façon à faire un lacis. Si nous augmentons le grossissement, nous distinguerons encore mieux cette structure. Nous verrons les fibres, engagées à l'une de leurs extrémités dans le cordon ou faisceau supérieur, se recourber en en sortant et s'étendre obliquement à la direction de ce cordon. Les fibres elles-mêmes sont presque toutes détachées les unes des autres; on constate que la Guêpe s'est livrée à un travail complet de désagrégation, respectant les fibrilles dans leur longueur mais les disjoignant l'une de l'autre avec le plus grand soin, ou au moins n'en laissant ensemble que le nombre le plus restreint. Accessoirement on voit aussi, dans l'entrecroisement des mailles, un assez grand nombre de corpuscules irréguliers ou plus ou moins arrondis, qui remplissent quelques uns des vides et semblent ajouter à la solidité de la texture. Mais on ne peut y reconnaître pourtant que des poussières ou ces corps infiniment petits qui flottent incessamment dans l'atmosphère ; ils s'attachent au papier au fur et à mesure de sa formation, ils s'y collent et y adhèrent tant que la masse fibreuse est encore humectée du liquide salivaire.

Il nous sera facile maintenant de déduire de l'étude qui précède le mode de construction employé par l'architecte. Revenant de provision avec une masse plus ou moins petite de matière fibreuse, dont nous verrons tout à l'heure l'origine, l'ouvrière se place sur le bord du feuillet commencé, y dépose la petite boule de pâte ductile ; puis avec les mandibules aidées des pattes, elle l'étire sur ce bord de façon à l'y coller sur une longueur plus ou moins considérable et que, d'après la dimension des faisceaux dont j'ai parlé plus haut et qui sont bien distincts les uns des autres, on peut évaluer à 3 ou 4 millimètres. Alors avec les pattes antérieures et les poils raides qui les garnissent, elle étend la matière du cordon ainsi formé et cela obliquement à celui-ci. Les fibres entrainées se redressent donc et forment une partie de ce lacis qui remplit l'intervalle des faisceaux. Il est même probable que ce travail de peignage ou d'étirage oblique se fait successivement sur les deux faces du faisceau, en dessus et en dessous, et en sens contraire, de façon que l'ensemble de ces deux opérations produit un entrecroisement des fibres tel que l'observation ultérieure les montre, les unes allant de droite à gauche, les autres de gauche à droite. Il y a donc deux temps dans ce travail, le premier consistant à coller tout entière la masse molle des matériaux ligneux le long du bord de l'ouvrage déjà fait; le second à étirer obliquement une partie de cette masse, de facon à l'amincir et à en constituer une portion notable de l'enveloppe. Ceci fait, l'ouvrière repart et, chargée d'un nouveau fardeau, elle revient le placer à coté du premier, de façon à constituer à la longue, et tout le long du tour de l'enveloppe, une petite bande de deux millimètres de largeur environ. Si l'on se rend bien compte que ce n'est généralement pas une ouvrière seule qui travaille, mais un groupe plus ou moins nombreux, et si l'on considère les diverses manœuvres opérées par la Guêpe, on arrive à comprendre très-aisément qu'une certaine irrégularité doit nécessairement exister, dans la structure du papier ainsi formé, et l'on peut même dire que cette irrégularité, si minime qu'elle soit, en mêlant un peu les parties fortes et les parties faibles, ne peut que venir en aide à la solidité du tout.

Pour terminer ce qui est relatif à cette construction, je n'ai plus qu'à noter la manière de faire de la Guêpe, non plus déduite théoriquement pour ainsi dire, mais observée directement, et pour cela, je préfère laisser la parole à Réaumur dont les études sur ce point sont d'une très grande exactitude. Il parle, il est vrai, d'une autre espèce de Guêpe, mais la manœuvre est absolument identique.

« La guêpe qui travaille à bâtir . . . . revient chargée « d'une petite boule qui est la matière prête à être mise en œu- « vre. La guêpe, arrivée dans le guêpier, la porte à l'endroit « qu'elle veut étendre. Supposons une voûte commencée qu'elle « veut élargir ; elle se place à un des bouts de cette voûte contre « lequel elle applique et presse la petite boule ; celle-ci qui est « faite d'une espèce de pâte molle, s'attache à la partie contre « laquelle elle est pressée. Aussitôt on voit la mouche marcher « à reculons ; à mesure qu'elle marche, elle laisse devant elle « une portion de sa boule, cette portion est aplatie et n'est pour- « tant pas détachée du reste, la guêpe tient ce reste entre ses « deux premières jambes pendant que les deux serres allongent, « étendent et aplatissent ce qu'elle en veut laisser et coller à « chaque pas contre le bord de la bande ou du cintre qu'elle se « propose d'élargir. Qu'on imagine une pâte qui se laisse filer « aisément ou un morceau de terre molle qu'on veut ajouter « autour d'un vase de terre qu'on a dessein d'élever, et on se « fera une idée de la façon dont la guêpe travaille ; ses deux « serres agissent comme feraient les deux premiers doigts du

« potier qui colléraient une nouvelle bande de terre contre les « bords du vase, qui l'allongeraient et l'aplatiraient.

« Cette bande qui ne vient que d'être appliquée par la guêpe « est trop épaisse, mal unie, l'ouvrage n'est encore que dégrossi, « il reste à l'émincer et à l'aplanir ; elle va le reprendre où elle « l'a commencé, et cela sans perdre un instant ; elle met l'épais- « seur de la nouvelle bande entre ses deux dents et répète un « manége assez semblable au premier, je veux dire qu'elle s'en « retourne à reculons avec vitesse, en donnant sans disconti- « nuation des coups à la nouvelle bande avec les deux dents « entre lesquelles elle se trouve, mais sans y rien ajouter ; or- « dinairement toute la matière a été employée dès la première « fois; ses serres, en frappant la matière molle, l'étendent, l'effet « de leurs coups est sensible. Si l'on compare l'endroit que la « tête de l'insecte vient de quitter avec ceux qu'il lui reste à « parcourir, les premiers sont visiblement plus larges. Elle re- « tourne de la sorte quatre ou cinq fois, sans comprendre celle « qui a été employée à appliquer le matière, après quoi l'ou- « vrage est fini. La nouvelle bande est réduite à n'avoir que « l'épaisseur du reste ou celle d'une feuille de papier. Mais il « est à remarquer que c'est toujours avec une extrême vitesse « que la guêpe travaille et toujours à reculons; par là elle est en « état de juger continuellement du succès de son travail, le « mouvement de ses dents est encore plus prompt que celui de « ses jambes. On distingue du reste facilement la nouvelle bande, « elle est plus brune parce qu'elle est encore mouillée. » (1)

Vespa media. C'est chez la *V. sylvestris* que la texture indiquée plus haut se voit avec le plus de netteté et que le tissu est le plus fin, et c'est pour cela que je l'ai choisie comme type pour donner cette description. La *V. media* en offre une toute semblable (fig. 10) avec des faisceaux également distants et leur intervalle rempli par un lacis plus ou moins serré. Mais celui-ci, tout en étant assez lâche, est beaucoup plus irrégulier et on ne distingue presque plus les fibres des unes des autres. car elles sont moins désagrégées et plus réunies en petits faisceaux. Il semblerait que la quantité de matière liquide employée par la

(1) Réaumur. Mémoires. VI. p. 177.

Guêpe soit plus considérable et donne lieu à des agglomérations plus grande de fibrilles. Le lacis intermédiaire est donc plus épais et composé de petits faisceaux secondaires plutôt que de fibres isolées. Du reste le travail est le même et la couleur du papier est identique. Peut-être peut-on supposer que ce papier plus épais résiste mieux aux intempéries que celui de la *V. sylvestris*. Serait-ce une des raisons qui poussent cette dernière à essayer de placer son nid sous terre ?

Vespa saxonica. Chez la V. *saxonica*, la mise en œuvre des matériaux semble être encore la même, mais elle est bien plus irrégulière, moins serrée; en un mot le tissu est moins bien fait et beaucoup plus grossier. On ne voit guère que des fibrilles croisées en tous sens, sans que l'architecte paraisse avoir eu de règle bien fixe pour le former. Ce travail, évidemment moins parfait, est d'ailleurs suffisamment expliqué par la situation particulière de ces nids toujours plus ou moins complètement abrités. La couleur est à peu près la même que pour les précédentes, peut-être cependant est-elle un peu plus jaunâtre.

En général les nids de *V. sylvestris* et *saxonica* ont une apparence bien plus spongieuse que ceux de *V. media* qui sont plus brillants, plus satinés, plus gommés.

Vespa germanica. Chez celle-ci la structure intime de l'enveloppe est à peu près semblable à la précédente et il n'y a rien de plus à en dire.

V. rufa. Je n'ai pu examiner aucune enveloppe du nid de cette Guêpe et ne puis la comparer à celle des autres espèces.

V. vulgaris. Tout autre est la structure du papier élaboré par la *V. vulgaris*. Ici on ne voit plus de fibrilles nettement séparées et l'on n'aperçoit plus guère la marche du travail de l'insecte. On ne voit plus qu'une série de petites masses ligneuses (fig. 11), ovales ou allongées, juxtaposées, assez épaisses et laissant souvent entre elles de petits vides irréguliers. Après une bande assez uniforme de ces petits morceaux, on en voit d'autres placés en tous sens, de sorte qu'il est assez probable que la masse ligneuse apportée par l'ouvrière n'est plus étirée comme par celles que nous venons de voir travailler, mais est au contraire divisée en petits fragments collés les uns contre les autres, puis un peu aplatis à l'aide des mandibules. L'ensemble paraît bien plus grossier et l'épaisseur du feuillet est aussi beaucoup plus grande. De ce mode plus primitif de construction résulte une cohésion infiniment moins grande des diverses parties de la feuille entre elles, puisqu'il n'y a plus entrecroisement ni lacis. Aussi rien n'est fragile comme l'enveloppe du nid de *V. vulgaris* et il est à peu près impossible de le transporter sans le briser. Sa couleur n'est plus grise, mais d'un jaune argileux. Examinées sous un plus fort grossissement, les particules qui composent cette enveloppe offrent un aspect tout différent de celles des précédents. Ce ne sont plus des fibres isolées et séparées autant que possible les unes des autres ; on y voit au contraire des lambeaux foliacés d'écorce ou d'épiderme de plantes de dimensions relativement grandes, des fragments ligneux très-petits, mais non désagrégés et simplement coupés et tronçonnés, des plaques diverses et plus ou moins étendues, le tout relié par un produit salivaire.

C'est donc là un type essentiellement distinct du précédent, une industrie toute spéciale et beaucoup moins avancée en apparence. On ne peut mieux comparer le résultat obtenu par les *V. sylvestris* et *media* qu'à du bon papier gris très-fin et celui de *V. vulgaris* à un carton de très-mauvaise qualité.

Il ne faudrait pas en conclure que la *V. vulgaris* soit déshéritée à un point de vue quelconque, mais on doit au contraire se demander si cette texture spéciale de l'enveloppe n'est pas nécessitée par certaines obligations particulières auxquelles cette Guêpe serait soumise, et si cette manière de faire n'est pas la meilleure eu égard au rôle et aux conditions de vie de la *V. vulgaris*.

Nous avons encore trop à apprendre pour qu'il nous soit permis de rien critiquer dans les œuvres de la nature, et nous ne devons, au contraire, jamais accuser que notre ignorance.

Vespa crabro.—Chez cette dernière Guêpe, nous voyons encore une architecture plus simple. La texture de l'enveloppe est à peu près la même que celle de *V. vulgaris*; elle est aussi fragile, mais plus épaisse encore, et les éléments qui la constituent sont assemblés sans ordre et faiblement collés l'un à l'autre. En raison de la taille de la Guêpe, ces éléments sont plus gros. Ce sont des fragments irréguliers où l'on reconnait la matière friable et spongieuse, résultant de la pourriture sèche du bois, et qui existe dans l'intérieur des vieux troncs ou des poutres d'anciennes constructions, mais non celle qui est causée par l'exposition permanente du bois à l'air et à la pluie. Ces fragments sont réunis et collés par une sécrétion salivaire ou une expectoration dont cette Guêpe trouve peut-être les éléments dans les écorces fraîches de frêne et de quelques autres arbres qu'elle est accusée de détériorer quelquefois d'une manière sensible.

M. Bouvart, inspecteur des forêts, rapporte (1) que le Frelon ronge la jeune écorce des frênes dont il se montre très-friand. Les frênes de un à quatre ans, seraient principalement attaqués soit à l'aisselle des rameaux, soit entre les nœuds et en des points très-rapprochés.

Cet observateur attribue en grande partie à ces attaques des Frelons, la mort de la flèche des jeunes arbres et la bifurcation qui en résulte si souvent. M. le Dr Robert (2) cite et figure le même fait, et suppose que la Guêpe a pour but de s'abreuver de la sève descendante. Sans contester en aucune façon les faits rapportés, je crois, d'accord avec M. le Dr Giart qui reproduit cette observation (3), que l'opinion de M. Bouvart doit être très-exagérée et que les dommages constatés pour la flèche des frênes doivent être imputés à d'autres ennemis.

Vespa orientalis. — Cette espèce qui ne vit que dans des lieux exempts d'intempéries trop rigoureuses, a encore un nid plus simplifié que celui de *V. crabro*.

M. de Stefani Perez, de Palerme, me fait connaître que le nid de cette belle Guêpe ne présente aucune enveloppe et que les rayons occupent simplement une cavité dans la terre, les rochers ou les murailles.

Origine des matériaux. — Après avoir passé en revue la série des enveloppes de nos nids de Guêpes, j'ai encore à indiquer

(1) Bulletin de la Société linnéenne du Nord. Janvier 1873.
(2) Les Destructeurs des arbres d'alignement. Paris, 1867. p. 95. fig. 4.
(3) Bulletin scientifique et littéraire du dép. du Nord. Décembre 1873.

quelle est la nature des matériaux employés par chacune d'elles.

J'ai dit que la V. *crabro* trouvait les siens dans les bois en partie décomposés. La V. *vulgaris* semble les rechercher dans les branches sèches, mais non encore altérées par les intempéries et plus ou moins garnies de lichens, ce qui produit parfois des veines verdâtres dans le carton de cette Guêpe.

Les bois privés de leur écorce et détériorés par une exposition prolongée et permanente à l'air, à la pluie et au soleil se succédant depuis longtemps, sont utilisés par la V. *germanica* et peut être par les Guêpes à nids aériens. Les échalas de nos vignes bourguignonnes offrent de très abondants matériaux de cette nature. Cependant on peut aussi supposer que les V. *media* et *sylvestris* recherchent dans le même but les excoriations des écorces papyracées des érables, des frênes ou des mélèzes. Quant à la V. *saxonica*, ses matériaux doivent très-probablement être extraits de la surface des vieux bois de construction non encore suffisamment détériorés pour que la V. *crabro* puisse s'en emparer.

Il faut ajouter que nous manquons absolument à ce sujet d'observations précises, par ce seul fait que le nom général de *Guêpe* a toujours été employé par les personnes qui ont pu faire connaître des faits se rapportant à cet ordre d'idées, et qu'on ne peut attribuer ceux-ci à une espèce plutôt qu'à une autre.

Réaumur a surpris les Guêpes en train de récolter leurs matériaux, et les quelques lignes qu'il y consacre termineront convenablement cet exposé. Examinant une Guêpe occupée sur un vieux châssis, il dit :

« Je vis qu'elle (la Guêpe, probablement *V. germanica*) semblait ronger le bois, que ses deux dents agissaient avec une extrême activité ; elles coupaient des brins de bois très-fins. La guêpe n'avalait point ce qu'elle avait ainsi détaché ; elle l'ajoutait à une petite masse de pareille matière qu'elle avait déjà ramassée entre ses jambes. Peu après elle changea de place, mais elle continua de ronger le bois, et d'ajouter ce qu'elle en arrachait au petit amas déjà fait...

« Les parcelles ligneuses enlevées par la Guêpe étaient de vrais filaments, de petits brins extrêmement déliés, quoiqu'ils eussent souvent plus d'une ligne de longueur... Elle ne se contentait pas de hacher le bois, ce qui ne lui eût donné que des morceaux courts, pareils à ceux de la sciure ; avant que de le couper, elle le charpissait, pour ainsi dire, elle pressait les fibres entre ses serres, elle les tirait en haut ; par là elle les écartait les unes des autres et ce n'était qu'après les avoir réduites en charpie qu'elle les coupait. » (1).

2° *Rayons.* — Nous connaissons assez bien maintenant l'extérieur du nid et l'enveloppe qui le protège. Pénétrons donc dans son intérieur afin de nous initier d'une manière plus complète à la vie de nos bestioles.

C'est par analogie avec le travail des Abeilles et ce qui a lieu dans leurs ruches que l'on a donné le nom de *gâteaux* ou *rayons* aux parties analogues des nids de Guêpe composées de cellules ou d'alvéoles juxtaposées en nombre plus ou moins grand. Mais des différences énormes existent entre les rayons des Abeilles et ceux des Guêpes. Les premiers sont doubles et formés de deux séries d'alvéoles collées par le fond, et une partie d'entre eux sert de magasin. Les seconds, au contraire, sont toujours simples, composés d'une seule rangée d'alvéoles, et les Guêpes, sauf de rares exceptions, ne conservent point de provisions.

Nids souterrains. — Si l'on déchire l'enveloppe d'un nid de *Vespa germanica*, on aperçoit une série de ces rayons superposés (pl. XXIX), remplissant à peu près tout l'intérieur, les plus larges placés au milieu, et tous reliés d'une manière rigide l'un à l'autre et aussi soudés latéralement à différents points de l'enveloppe.

Chacun d'eux considéré séparément, n'est qu'une réunion d'alvéoles juxtaposées, dont l'ouverture est tournée vers le bas et dont les fonds soudés à un même niveau forment comme un plancher.

A la partie supérieure du nid et sous cette croûte épaisse qui, nous l'avons vu, forme la base de l'enveloppe, apparaît d'abord le premier rayon (pl. XXXIII, fig. 1) plus ou moins large et plus ou moins régulier, suivant la forme et l'ancienneté du nid. L'un des plus grands que j'aie vu mesurait 15 centimètres sur 8 centi-

(1) Réaumur. l. c. p. 181.

mètres. Ce premier rayon est fixé à la plaque de fondation au moyen de véritables piliers de carton en nombre suffisant pour le maintenir d'une façon complète. Ce rayon dont les cellules médianes ont été construites par la mère fondatrice du nid, s'accroît peu à peu jusqu'à ce qu'un second vienne s'y attacher en-dessous. Son accroissement continue ensuite par l'adjonction de nouvelles cellules, à mesure qu'augmente aussi la capacité intérieure de l'enveloppe. Il est toujours composé de petites cellules destinées uniquement à recevoir des larves d'ouvrières.

Le plafond de tous les rayons a l'apparence d'un papier grossier, analogue à ceux qui servent pour les emballages. Son épaisseur est inégale, plus mince à l'endroit qui correspond au centre des cellules, un peu plus grande ailleurs, de sorte que la forme exacte du fond des cellules est peu distincte. De distance en distance et d'une façon tout à fait irrégulière, s'implantent sur ce plafond des piliers fixés d'autre part aux bords des cellules du rayon supérieur (pl. XXXIII, fig. 2). Ces piliers fortement élargis à leurs deux extrémités, amincis dans le milieu, montrent des sortes de nervulations à leurs points d'attache, indiquant que l'ouvrière a étendu à dessein sa pâte de façon à élargir et à rendre plus adhérente la base des piliers. L'extrémité qui se fixe aux cellules supérieures cesse d'être à peu près arrondie, et la matière cartonneuse prend des formes irrégulières et foliacées, pour se souder aux parois des alvéoles, sans risquer d'en boucher l'ouverture ou de déranger leur régularité; parfois ils viennent aussi à se bifurquer.

Ces piliers sont plus nombreux relativement sur les petits rayons que sur ceux qui sont très-grands. Il est probable qu'ils ne sont construits qu'au fur et à mesure des besoins, et lorsqu'un rayon chargé de larves menace de prendre une certaine inflexion par suite de son poids. Quand la population est encore peu nombreuse, que tous les soucis doivent avoir pour objet l'augmentation du nombre des cellules, les piliers paraissent passer en seconde ligne et les petits rayons ont une surface supérieure moins plane, un peu plus ondulée que celle des très-grands rayons construits par une armée d'ouvrières. Il semble que dans ce dernier cas, le travail puisse être plus perfectionné. On peut dire aussi que dans ces grands rayons où de très-nombreuses cellules construites en même temps ne contiennent encore que des œufs, l'influence de la pesanteur se fait sentir moins vite, et que de larges surfaces peuvent exister entre les piliers, sans qu'aucune courbure se manifeste dans le plafond. Enfin on peut constater qu'aucun pilier ne se trouve tout près du bord des rayons.

Les cellules (fig. 3), de même que celles des Abeilles et pour les mêmes raisons, ont une forme hexagonale permettant d'en loger un nombre maximum dans un espace minimum. On doit en effet noter que de même que nous l'avons constaté pour la forme générale du nid, l'économie la plus grande possible de la place rentre dans les préoccupations constantes des Guêpes. Ces hexagones sont assez réguliers pour que les séries de cellules juxtaposées forment des lignes parfaitement droites d'un bout à l'autre du rayon. De plus et par suite du même principe économique, les rayons ne contiennent en général que des cellules de même dimension, celles qui doivent contenir des femelles ou des mâles occupant toujours des rayons spéciaux.

Ajoutons enfin que si les plafonds sont à peu près plans, la surface ouverte des cellules est loin de garder la même régularité et que des excavations et des monticules s'y rencontrent bien plus nombreux et plus prononcés, surtout dans les gâteaux anciens et vers leur centre. Nous trouvons d'ailleurs facilement l'explication de ce phénomène dans ce fait que les nourrices, pendant la croissance de la larve, et celle-ci même, hors de la nymphose, surélèvent les bords des cellules, et que lors d'un second emploi, ces surélévations subsistent d'une façon plus ou moins complète.

Les parois des cellules, tout en étant très-résistantes, sont d'une grande minceur qui ne peut s'évaluer qu'en dixième de millimètre. Elles sont composées d'une réunion de faisceaux de fibres ligneuses juxtaposés et liés par des fibrilles plus petites allant de l'un à l'autre. Ces parois ont un aspect satiné, brillant, légèrement rugueux, et leur teinte varie du blanc presque pur au gris d'écorce, restant en général plus claire que celle du fond des rayons ou de l'enveloppe. La matière beaucoup plus fine paraît choisie spécialement. Chaque paroi se compose de deux feuillets superposés, car toutes les cellules ont leur enveloppe propre et complète, s'appliquant exactement sur celle des voisines. L'épaisseur de chaque feuillet est donc presque inappréciable.

La surélévation et l'opercule des cellules construits par les larves sont des produits uniquement soyeux, composés de fils secrétés par des glandes spéciales (fig. 4). Ce tissu soyeux se prolonge dans l'intérieur et le garnit tout entier, de sorte que la larve s'enferme dans un véritable cocon. Ces opercules n'ont donc aucun rapport de structure avec les cellules elles-mêmes et leur couleur aussi reste tout à fait blanche.

Ordinairement les cellules sont fixées perpendiculairement sur le fond des rayons, ceux-ci étant horizontaux. Cependant, lorsque, par suite des dispositions incommodes du terrain, de la présence de pierres ou pour des raisons inconnues, le rayon se trouve plus ou moins oblique, les cellules, pour conserver leur verticalité, s'inclinent plus ou moins sur le fond. Les alvéoles ont aussi souvent une légère inclinaison qui fait que leurs bases convergent vers le centre du rayon.

Pour obéir toujours à cet instinct qui les pousse à économiser la place autant que possible, les Guêpes ne laissent entre chaque rayon que le moins d'espace possible, sans gêner cependant leur circulation. On ne peut guère constater que sept à dix millimètres entre l'ouverture des cellules d'un rayon et le plafond de celui qui est construit au-dessous. C'est donc aussi la hauteur des piliers.

Pour le calcul de cet espace intermédiaire, il faut tenir compte de la surélévation que construisent les larves et aussi de l'espace nécessaire à la jeune Guêpe pour sortir commodément de son réduit lors de son éclosion.

Latéralement les gâteaux sont enduits de la même matière grossière qui compose le fond. Ces bords sont assez informes et on voit que ce n'est que le résultat d'un travail inachevé.

Les gâteaux s'élargissant du dessus au milieu du nid, pour décroître ensuite jusqu'au bas, débordent donc l'un sur l'autre, et la forme de leur ensemble est épousée autant que possible par l'enveloppe et par suite par la cavité où le nid est situé. Entre le bord des rayons et l'enveloppe est aussi ménagé un espace assez étroit, mais suffisant cependant pour la libre circulation des habitants. Cet espace est maintenu par des piliers spéciaux qui rattachent l'enveloppe aux rayons.

Il n'est guère possible de donner un chiffre pour le nombre des cellules de chaque gâteau, ce nombre variant dans de très-grandes limites avec la grosseur du nid. Je dirai seulement que dans un nid composé de douze gâteaux, ce qui semble le maximum, on peut estimer à vingt mille le nombre total des cellules.

Dans les gâteaux à grandes cellules destinées à l'éducation des larves de femelles, on voit souvent, sur les bords, des cellules de dimensions réduites, analogues à celles des ouvrières. Ce sont celles des mâles et le raccord entre les deux sortes de cellules ne se fait pas subitement, mais a lieu au contraire par transition insensible, ce qui empêche de voir bien nettement où commencent les unes et où finissent les autres.

Les dimensions des cellules de *V. germanica* sont les suivantes :

4 1/2 m/m entre les côtés parallèles ou 5 à 5 1/2 m/m entre deux angles opposés, pour celles qui serviront aux larves d'ouvrières ; 6 1/2 à 7 m/m entre les côtés parallèles ou 7 à 7 1/2 m/m d'un angle à l'autre, pour celles destinées aux larves de femelles. La profondeur des cellules est beaucoup plus variable et dépend du degré d'ancienneté de sa construction. Une cellule qui a servi plusieurs fois est plus profonde qu'une autre plus neuve ; celles des bords des gâteaux ne sont même le plus souvent qu'ébauchées. En moyenne, les cellules d'ouvrières ont 13 à 14 m/m de hauteur, celles des femelles atteignant 17 à 18 m/m. Ces dimensions ne comprennent pas la surélévation soyeuse construite par les larves et qui peut atteindre 3 à 4 m/m.

La V. *vulgaris* offre un mode de construction en tout semblable à celui de V. *germanica*. Les alvéoles sont cependant un peu plus petites et les rayons peut-être un peu plus rapprochés encore. Leur teinte est jaune sale.

Chez la *Vespa crabro* qui se loge le plus souvent dans des troncs assez vastes ou même dont le nid est presque aérien, le travail nécessité pour son édification est infiniment moins considérable ; aussi la place est-elle beaucoup moins économisée. Les rayons fixés très-solidement aux parois, en raison du poids de ses grosses larves, sont relativement bien plus écartés que chez *Vespa germanica* et *vulgaris*, et cet écartement atteint 15 m/m. Les alvéoles ont jusqu'à 25 m/m de hauteur et leur diamètre à l'ouverture est de 10 à 11 m/m d'angle en angle. Ce diamètre ne change pas, quelle que soit la destination des cellules, les larves des femelles se contentant d'une surélévation plus considérable. On remarque aussi que les alvéoles, au lieu de rester tout à fait parallèles, sont presque toujours un peu divergentes, leur direction étant portée du côté du centre du rayon.

Chez la *V. orientalis*, le diamètre des cellules d'angle en angle varie de 8 à 10 m/m, et leur profondeur atteint aussi 25 m/m. La surélévation soyeuse sécrétée par les larves est très grande et peut avoir jusqu'à 6 à 7 m/m. La teinte est jaune un peu rougeâtre, veiné de brun ou de noirâtre. La contexture paraît être la même que celle des rayons de *V. crabro*. J'en possède un rayon de forme ovale, mesurant 10 cent. sur 9 cent., avec un seul pilier vers son milieu.

Nids aériens. — Les rayons des nids aériens présentent quelques particularités utiles à signaler. Les cellules qui sont les berceaux de la famille ont des parois plus ténues encore, si c'est possible, que les feuillets de l'enveloppe.

Chez la V. *media*, leur couleur est un peu différente, plus jaunâtre et d'une pâte plus homogène, en ce sens qu'on n'y voit pas ces zones de couleur différente qui caractérisent l'enveloppe. Vues sous le microscope, les parois de ces cellules sont composées d'un lacis ou d'un entrecroisement de fibrilles plus divisées encore que pour l'enveloppe, mais on ne peut, en rien, apercevoir le mode de construction.

Les gâteaux successifs des nids aériens sont encore réunis entre eux par des piliers, mais ceux-ci, au lieu d'avoir une section plus ou moins arrondie et d'être répartis sur la surface des rayons, se bornent le plus souvent à un pilier central plus ou moins volumineux, qui suffit, eu égard aux dimensions restreintes des gâteaux. Cependant dans de gros nids, on le voit s'étendre et émettre des feuillets foliacés, s'attachant aux rayons de façon à ne boucher aucune cellule, mais suivant au contraire les inflexions de leurs parois qui sont seulement parfois un peu déformées.

Ces rayons sont toujours à peu près circulaires ou à peine anguleux; ils diminuent progressivement de grandeur du premier au dernier. Leur nombre, dans les gros nids de *V. media*, varie de 4 à 5 seulement. Enfin une remarque importante à faire est que l'ouvrière n'ayant plus à se livrer à un travail de creusement et de déblaiement des plus pénibles, surtout dans certains terrains compactes, mais ayant au contraire toute facilité pour étendre son nid de tous côtés, a bien moins de tendances à économiser la place, et, en effet, l'intervalle des rayons successifs est plus de deux fois aussi grand que celui qu'on remarque dans les nids de *V. germanica*, par exemple. Il est vrai que la *V. media* est de taille plus forte.

Ces rayons ne sont pas réunis aux parois ni maintenus en place, car je n'y ai point trouvé de points d'attache avec l'enveloppe, de sorte qu'on pourrait craindre que par suite des grands vents, les rayons ne vinssent se heurter contre elle. Le rayon supérieur seul est fixé à l'enveloppe d'une façon complète. Le second rayon est relié à celui-ci par un simple pilier central sans appendices rayonnants,et c'est ce pilier qui supporte tous les autres rayons et forme un axe d'oscillation. Au contraire, les troisième et quatrième rayons sont rattachés complètement les uns aux autres de la manière que j'ai indiquée, de façon à ne former qu'une masse. Il est probable que l'élasticité du support supérieur donne aux oscillations qui doivent se produire une douceur qu'elles n'auraient pas, si les rayons étaient fixés d'une manière rigide aux parois du nid.

2. Nids sans enveloppe. — Il me reste enfin à parler d'un mode de nidification qui est beaucoup plus simple que ceux que je viens de décrire et qui est particulier aux Vespides, nommées *Polistes*.

Ces insectes construisent des nids aériens (pl. XXXIII, fig. 5 et 6) ou semi-aériens, c'est-à-dire qu'ils les suspendent aux rameaux de quelque arbrisseau ou les cachent dans les anfractuosités d'un mur. Mais, dans les deux cas, la façon est la même. Les uns et les autres sont complètement dépourvus d'enveloppe et se bornent à un seul rayon fixé au support au moyen d'un petit pédicule. Ce rayon ne diffère guère, d'ailleurs, de ceux des autres nids. Sa couleur est grisâtre, quelquefois un peu brune, et ses éléments en sont recueillis sur les vieux bois morts et plus ou moins détériorés par les intempéries, et sur les tiges sèches de diverses plantes.

Les Polistes utilisent cependant parfois des matériaux d'autre nature, qu'un heureux hasard peut leur procurer. Ainsi le docteur Giraud rapporte qu'il a trouvé près de Vienne (Autriche), deux nids de ces Guêpes, élégamment ornés de bandes bleues. Une feuille de papier de cette couleur était étendue sur la terre, dans le voisinage, et il vit un des Polistes en détacher un morceau.

A l'origine, ces nids, très-restreints, ne contiennent que quelques cellules, mais ils s'accroissent peu à peu et peuvent atteindre jusqu'à 10 ou 11 centimètres. Un nid de cette dernière dimension, qui ne semble pas être jamais dépassée, contenait environ 500 cellules servant indifféremment pour les ouvrières, les mâles ou les femelles. Dans ce dernier cas seulement, les cellules qui ont servi aux ouvrières sont rendues plus profondes par le prolongement de leurs parois, à l'époque où se développent les larves des individus sexués(1).

Quelquefois, mais beaucoup plus rarement, ce nid offre plusieurs supports fixés sur une ligne à peu près verticale. S'il n'y en a qu'un, il est placé un peu excentriquement, du côté du bord supérieur du rayon.

M. Rouget qui a si bien observé toutes les habitudes de ces insectes, nous donne d'intéressants détails, non seulement sur leur nidification normale, mais aussi sur une modification qu'il est d'autant plus important de signaler, qu'elle appelle encore, pour en élucider les causes, de nouvelles observations des entomologistes :

« Le *P. diadema*, comme partout ailleurs, construit ici son nid sur les rameaux des arbustes, surtout ceux du prunellier (*prunus spinosa*), sur ceux des jeunes plants d'arbres dans les pépinières (pins notamment), sur les tiges sèches de diverses

(1) Rouget, l. c. p. 35.

plantes (principalement sur les terrains en pente, les talus bordant les chemins et les fossés exposés au midi ou à l'est), sur les pierres, les murs, les rochers, etc., aux mêmes expositions. Le rayon est en général placé dans un plan à peu près perpendiculaire ; les cellules sont alors horizontales et ont presque toujours leur ouverture dirigée vers le sud, le sud-est ou l'est. Ces nids sont complètement exposés à l'air et à la pluie, et, pour cette cause, la matière dont ils sont composés est plus fortement gommée.

« A Dijon, le *P. gallicus* construit son nid dans des conditions tout à fait différentes. Ce nid est fixé à la paroi inférieure des pierres calcaires plates, peu régulières, dont on se sert ici pour couvrir les murs de clôture et qu'on désigne sous le nom de *laves*. On emploie ces pierres en les disposant comme les tuiles d'un toit sur le sommet du mur, où elles forment par leur assemblage, soit un seul plan incliné dont l'arrête supérieure se trouve alors dans le prolongement d'un des côtés du mur, soit deux plans inclinés opposés dont l'arête supérieure commune correspond, dans ce cas, à un plan fictif qui passerait par le milieu de l'épaisseur du mur ; ces pierres débordent un peu la paroi à la partie inférieure du plan ou des plans inclinés. C'est dans les cavités formées par les intervalles existant entre ces laves, à raison de leur irrégularité, que le *P. gallicus* établit son nid, placé ainsi *complètement à l'abri* et *dans l'obscurité* ; la communication de ces cavités avec l'extérieur a lieu par les interstices qui existent presque toujours entre les laves superposées et juxtaposées. C'est principalement lorsque ces petits toits sont inclinés à l'exposition du sud ou de l'est qu'on y trouve les nids du *P. gallicus*. Le rayon se trouve ainsi dans une position à *peu près horizontale; les cellules sont verticales et ouvertes en bas;* il a une forme moins réguliere que celle des nids construits à l'air libre, et est souvent, par suite de la forme même de la cavité (qu'il est impossible à l'insecte de modifier) plus allongé dans un sens que dans l'autre.

« Il me paraît difficile, non pas seulement d'expliquer, mais même de soupçonner la cause de ces habitudes spéciales au *P. gallicus* dans nos environs... Peut-être pourrait-on hasarder l'hypothèse que le *P. gallicus* cherche par ce moyen à éviter l'inconstance de notre température vernale et à se mettre à l'abri des gelées tardives, fréquentes dans notre pays au mois d'avril et au commencement de mai.

« Observons, toutefois, si nous ne pouvons en découvrir la cause, que ce besoin pour le *P. gallicus* de se procurer un abri, lui fait établir son nid dans des conditions qui remplacent en quelque sorte l'enveloppe du nid des véritables guêpes, et qui surtout assimilent presque entièrement ce nid à ceux que construisent les Guêpes dans certaines cavités où ils sont dépourvus d'enveloppe (1).

Le même observateur me fait connaître qu'il a remarqué plusieurs nids de *P. gallicus* dans une serre où ils étaient fixés aux angles supérieurs.

Réaumur parle (2) de nids de Polistes composés de deux rayons superposés. Ce ne peut être qu'une exception fort rare, car sur le grand nombre de nids que j'ai pu observer, je n'en ai jamais vu dans ces conditions.

5. — **Accroissement des nids.** — Bien que, d'après la théorie Saussurienne exposée plus haut, les nids stélocyttares définis ne puissent subir aucun accroissement lorsqu'ils sont terminés, il faut se garder de croire qu'ils ne puissent augmenter de volume. Il faut seulement savoir expliquer la théorie pour la rendre applicable aux phénomènes observés. Le terme de nids définis indique que ces nids complètement enfermés dans une enveloppe, ne peuvent s'accroître sans que celle-ci soit plus ou moins détruite ou déchirée. C'est ce qui arrive en effet, et, lorsque la mère fondatrice a construit un certain nombre d'alvéoles, et que des ouvrières sont nées en nombre suffisant, l'exiguité du domicile devient chaque jour plus manifeste, de sorte qu'au bout de peu de temps, il devient urgent de l'agrandir.

Les espèces souterraines sont obligées pour cela de déployer un travail vraiment excessif, puisqu'elles doivent d'abord, de la manière que j'ai indiquée, rendre plus vaste la cavité où elles se sont logées. Puis, ce résultat obtenu, il faut que les travail-

(1) Rouget, l. c. p. 37 à 40.

(2) Réaumur, l. c. vi. p. 234 et pl. 25 fig. 7.

leuses construisent, par dessus le nid entier, un ou plusieurs feuillets nouveaux pour l'enveloppe, embrassant tous les autres. Elles peuvent alors, par conséquent, sans nuire à son épaisseur, arracher un plus ou moins grand nombre des petits feuillets primitifs existant tout à l'intérieur. Ces suppressions fournissent des matériaux pour l'édification de nouvelles alvéoles ou d'un nouveau rayon. Le même travail, répété aussi souvent que cela est nécessaire, permet à la colonie d'obtenir un logis constamment en rapport avec ses besoins.

Quelques auteurs ont avancé que lorsqu'un nid devenait trop étroit, il était abandonné et qu'un autre plus vaste était construit près de là. Ce fait est notamment signalé par M. Erber (1), pour des nids de *Vespa sylvestris*. Il y a encore quelque obscurité sur ce point, mais il est difficile d'admettre, sans de nombreuses preuves, qu'un travail qui a coûté tant de peines soit abandonné, pour un autre édifice être construit près de là de toutes pièces et dans de plus grandes proportions. On peut, en tous cas, supposer que ce qui est relativement facile pour un nid aérien, le devenant beaucoup moins pour un nid souterrain, les premiers sont plus souvent abandonnés et reconstruits. M. de Saussure (2) n'indique ce mode d'accroissement que sous toutes réserves, et il n'est guère disposé à l'admettre que lorsque l'endroit, par suite de circonstances imprévues, peut être devenu désagréable ou incommode aux habitants du nid déserté.

On observe souvent, surtout dans les nids déjà anciens, que le rayon supérieur, quelquefois aussi le deuxième et même le troisième, ne sont plus occupés, se trouvent délaissés au moins en partie, et que les parois des alvéoles sont détruites sur la presque totalité de leur hauteur. Peut-être cet abandon tient-il à l'accumulation trop grande des excréments dans le fond de ces cellules.

6. — Entretien des nids. — *Soins de propreté*. — Il y a peu à dire sur cette question mal étudiée encore. Les seuls soins particuliers que l'on constate dans les nids sont ceux qui con-

(1) Verhandl. Z. b. gess. Wien. 1867, t. XVII, Sitzungsberichte, p. 107.
(2) Monog. Guêpes soc. p. 98.

sistent à débarrasser les anciennes cellules des débris des nymphes écloses, pour que la femelle puisse y pondre de nouveau. Les excréments des larves restent accumulés au fond des cellules qui, toutes, contiennent sur une partie plus ou moins grande de leur hauteur, une matière très-noire, dure, formée de ces déjections desséchées et solidifiées. Le plafond des rayons retirés des nids de Guêpes paraît assez net et débarrassé de tout immondice. Enfin les larves qui, victimes d'un accident quelconque, ont péri dans l'alvéole avant leur arrivée à la nymphose, sont extraites du nid et emportées à quelque distance. Si leur taille est déjà assez grande pour que les Guêpes ne puissent les enlever, celles-ci se contentent de fermer hermétiquement la cellule avec un tampon papyracé. De plus, il est à peu près certain que les Guêpes à l'état parfait se placent en-dehors du nid pour y déposer leurs excréments, et que la salubrité de l'habitation est ainsi conservée autant que possible.

On voit parfois, surtout dans les nids qui commencent à se détériorer, des Guêpes rester longtemps à l'entrée du nid, immobiles, sauf les ailes qui se meuvent, au contraire, avec une extrême rapidité. Ch. Lespès, qui avait observé ce fait, l'attribuait au besoin qu'avait l'air du nid d'être renouvelé et donnait à ces Guêpes le rôle d'un ventilateur.

7. — Cause d'altération des nids. — Cependant il peut se produire des causes extérieures d'altération des nids contre lesquelles les Guêpes se trouvent impuissantes. L'invasion de l'eau dans les cavités souterraines ou simplement une humidité trop grande et trop prolongée du terrain, produite par une saison particulièrement pluvieuse, sont les causes les plus habituelles de détérioration. Il se produit souvent alors un développement de moisissures qui leur est fort nuisible ; des larves parasites spéciales viennent encore dans ce cas en hâter la destruction ; une certaine fermentation peut aussi, sous l'influence de la chaleur développée dans l'intérieur du nid, se produire dans les immondices accumulés au fond des cellules. Mais ce qui surtout cause souvent la perte et l'abandon d'un nid, c'est la mort de la mère fondatrice avant que de nouvelles femelles soient écloses.

Le nid se dépeuple alors très-rapidement et les ouvrières, perdant toute énergie, l'abandonnent peu à peu, surtout lorsque toutes les nymphes existant dans les alvéoles sont écloses. Cette disparition de la mère doit être assez fréquente, car, jusqu'à la fin de mai, elle est presque seule au travail, et obligée à des courses multipliées au dehors où l'attendent de nombreux ennemis, soit le bec d'un oiseau, soit même la main de l'homme.

Enfin le développement anormal d'un grand nombre de larves parasites, faisant de grands ravages parmi les larves et les nymphes, est encore une cause importante de découragement des ouvrières et d'abandon du nid.

Si la colonie s'est trouvée à l'abri de toutes ces circonstances désastreuses ou leur a résisté victorieusement, il peut encore se produire des faits de diverse nature entravant son développement. Ainsi on rencontre quelquefois, même à une époque avancée de la saison, des nids souterrains de petite dimension, ce qui peut tenir soit à la difficulté de faire une excavation suffisante, résultant de la dureté exceptionnelle du terrain, soit à la rareté ou à l'éloignement des matériaux nécessaires à la construction du nid où à la nourriture des larves, soit aussi à la rigueur inaccoutumée des saisons, à l'abondance et à la fréquence des pluies ne permettant pas aux habitants d'aller recueillir ce qui leur est nécessaire.

Au contraire, un nid placé dans de bonnes conditions, aux abords d'une ville où abondent les récoltes faciles, édifié dans une année chaude, peu pluvieuse, prospèrera d'une façon particulière et pourra atteindre des dimensions beaucoup plus importantes et réunir une population bien plus nombreuse.

Mais en dehors de toute cause spéciale d'altération, et lorsque viennent les premiers frimas, dès la fin d'octobre, les Guêpes ne tardent pas à subir la loi commune à leur espèce et à succomber les unes après les autres, ne laissant pour perpétuer leur race que quelques femelles fécondées; celles-ci s'engourdissent dans quelque abri ignoré pour attendre l'heure du réveil au printemps prochain.

Le nid que nous avons vu si populeux, si affairé, qui a coûté tant d'efforts et tant de travaux pénibles, qui a été témoin de tant de soins dévoués donnés aux larves, reste dépeuplé et se trouve bientôt détruit par suite des intempéries de la mauvaise saison et de l'humidité qui s'y accumule et que ne chasse plus la chaleur considérable développée par la famille qui l'habitait naguère. Les alvéoles se déforment, les immondices qu'elles contiennent à leur base entrent en putréfaction, attirant de nombreux travailleurs, chargés spécialement de faire disparaitre ce logis maintenant inutile et d'en faire rentrer les éléments dans le torrent de transformation qui emporte incessamment la matière.

8.—Recherche des nids.— Nous avons vu naître le nid et nous avons étudié sa construction. Nous devons maintenant, connaissant leur habitation, suivre les Guêpes dans leur évolution et entrer plus à fond dans l'étude de leurs mœurs. Mais l'observation de celles-ci n'est rien moins que facile pour des nids souterrains et défendus par des hôtes aussi bien armés et aussi irascibles. Aussi a-t-il été nécessaire d'imaginer des procédés spéciaux pour éviter le danger de leur fréquentation tout en suivant pas à pas leur manœuvres.

Ces procédés consistent dans l'emploi de cages particulières où l'on enferme le nid avec toute sa population. Celle-ci, travaillant ainsi sous les yeux vigilants du naturaliste, lui livre peu à peu tous ses secrets. Il faut donc d'abord savoir trouver les nids dans la campagne, puis les extraire sans danger, et enfin les conserver et en nourrir les habitants pendant un temps assez long.

Les nids souterrains sont souvent difficiles à découvrir, en raison des précautions que prennent les Guêpes pour les dissimuler. Pour un œil exercé, une accumulation de petits graviers peut en indiquer l'orifice ; on peut aussi observer les allées et venues des Guêpes que l'on voit circuler dans la campagne, et si l'on s'aperçoit qu'elles gardent une direction à peu près constante dans leur vol à l'aller et au retour, on est à peu près certain qu'un nid est à proximité. Il est utile alors, pour s'assurer qu'on n'est pas le jouet d'une illusion et pour mieux voir les insectes observés, de se coucher un peu de façon que le vol passe au moins au niveau des yeux et qu'il se laisse apercevoir sur un fond un peu sombre formé par un rideau d'arbres, une haie, etc. On doit alors se rendre compte de quel côté se dirigent les Guêpes chargées d'un fardeau, et en suivant leur direction et renouvelant à plusieurs reprises la même observation, on arrive à peu près sûrement au nid. C'est là une œuvre de patience et pour laquelle un peu d'habitude et de bons yeux sont nécessaires. Le hasard peut aussi montrer une Guêpe entrant étourdiment devant le promeneur dans un trou souterrain, ou en sortant.

Mais le moyen le plus pratique et le plus fructueux consiste à requérir l'aide des personnes vivant habituellement dans la campagne, cultivateurs, gardes-champêtres, bergers, etc., qui le plus souvent pourront donner de bonnes indications sur l'emplacement des nids de la région. Plus la saison sera avancée, plus on aura de facilités pour découvrir ces nids alors plus populeux. Les mois de juillet à octobre sont les plus favorables sous ce rapport.

« C'est principalement dans les prés, au bord des chemins peu fréquentés et garnis d'herbe, surtout sur les talus exposés au sud et à l'est, et sur lesquels se trouvent quelques arbustes, au bord des vignes, à la partie supérieure du talus des fossés, sur les friches, les coteaux, la lisière des bois, dans les chemins qui traversent ceux-ci, dans les coupes en exploitation, qu'on découvrira l'orifice des nids souterrains ; les endroits où l'on aura vu voler le plus de femelles au printemps devront être explorés avec soin »(1).

Les nids aériens se décèlent d'eux-mêmes et les habitants des campagnes, surtout les agents forestiers, pourront donner d'utiles indications. Pour ce qui regarde spécialement les nids de frelons, voici les excellents conseils que donne M. Rouget(2).

« On devra principalement explorer les bords des cours d'eau et des fossés, le long desquels sont plantés des saules dont la partie supérieure a été coupée, lorsque ces saules ont acquis une certaine grosseur et que plusieurs de leurs troncs présentent des cavités, surtout dans le haut. Les bois dont le sol est profond et humide et dans lesquels se trouvent de gros arbres

(1) Rouget, l. c. p. 73.
(2) Id. id. 43.

creux, doivent également être visités avec attention, principalement lorsque dans ces bois ou dans leur voisinage, il existe des étangs, des mares ou des eaux courantes.

« Il faudra observer avec soin les frelons lorsqu'ils se trouveront en certain nombre dans un endroit limité, par exemple dans les lieux où ils font la chasse aux insectes, sur les arbres morts où ils vont prendre des matériaux pour l'agrandissement de leur nid, sur les arbres malades dont l'écorce présente des suintements (notamment les ormes attaqués par les Scolytes), sur les arbres où se tiennent beaucoup de pucerons, sur les frênes dont les rameaux ont l'écorce rongée, quelquefois sur toute la circonférence, par les frelons ; on cherchera à voir la direction que prennent ces insectes en quittant cet endroit pour retourner à leur habitation, chargés quelquefois d'une proie ou de provisions qu'on peut apercevoir entre leur mandibules. Ce n'est souvent qu'après bien des courses et des essais infructueux qu'on sera guidé par ces Hyménoptères près de leur nid; plus on approchera de celui-ci et plus il sera facile de juger de la direction où il se trouve et d'en découvrir l'entrée.

« Les recherches d'une année serviront quelquefois pour les années suivantes, et lorsqu'on connaîtra bien les localités fréquentées par les frelons, on trouvera beaucoup plus facilement les nids; il n'est même pas rare de trouver, pendant plusieurs années de suite, un nid dans la même place, par exemple dans un arbre présentant des conditions favorables » (1).

9. — Capture des nids.— Connaissant l'emplacement des nids de Guêpes, il s'agit maintenant de les conquérir. Ici on peut se proposer deux buts, soit s'emparer simplement du nid vide, soit au contraire faire en même temps prisonnière la population vivante. Quelques-uns des procédés qui suivent ne permettent que d'obtenir le nid; la plupart des autres peuvent, avec quelques modifications, s'appliquer à l'un ou à l'autre cas, comme nous allons le voir.

Un premier moyen, favorable surtout pour les nids de frelons peu populeux, consiste à prendre successivement avec un filet

(1) Rouget, l. c. p. 43.

tous les insectes qui se présentent pour entrer dans le nid ou en sortir, et à les tuer en les écrasant en partie, dans le filet même, avec une pince ou seulement avec les doigts garantis par de vieux gants de peau. Quand l'opération touche à sa fin, il faut frapper sur le tronc d'arbre et exciter le plus possible les Guêpes qui y sont restées afin de les faire sortir. En fouillant le nid, on trouvera bien encore dans l'intérieur quelques individus nouvellement éclos, mais en petit nombre et l'on s'en défera rapidement.

Dans un autre procédé utilisable contre toutes les espèces de Guêpes et pouvant servir à les prendre toutes vivantes, on fait usage d'un liquide asphyxiant, éther, benzine, pétrole, chloroforme, etc. On en imbibe fortement des tampons de coton et on les introduit avec une pince dans l'ouverture des nids. Quand l'effet anesthésique s'est produit, on découvre le nid et l'on s'en empare. Mais il peut arriver que l'asphyxie soit incomplète et alors en résulter des accidents assez sérieux. Aussi, tant à cause de ces inconvénients que peut amener l'inexpérience du chasseur de nids, que pour faciliter autant que possible une opération qui permet de faire des études réellement sérieuses et profitables, aussi bien sur les Guêpes elles-mêmes que sur leurs parasites, je ne crois pas pouvoir me dispenser de reproduire ici tout au long ce qu'en dit l'excellent observateur que j'ai déjà cité tant de fois (1).

« Lorsqu'on aura découvert un nid, on devra observer pendant le jour la direction suivie par les Guêpes lorsqu'elles viennent d'entrer dans l'orifice extérieur, car il existe presque toujours entre celui-ci et l'ouverture même du nid (pour les nids souterrains) une sorte de conduit, dont la longueur et la direction sont très-variables. Le soir, un certain temps après le coucher du soleil (en s'aidant d'une lumière s'il en est besoin), lorsque tous les habitants du nid sont rentrés, ou de très-grand matin, on fait imbiber dans un petit vase contenant de l'éther, du chloroforme ou un autre liquide anesthésique, comme la benzine, une pelote d'ouate, de coton ou d'étoupe proportionnée à la largeur du conduit; on l'y fait pénétrer au moyen d'une

(1) Rouget, l. c. p. 99.

longue pince dite brucelles, en poussant cette pelote jusqu'à ce qu'on éprouve une certaine résistance ; on peut, ce qui n'est pas indispensable, introduire de la même manière une seconde pelote imbibée, puis on ferme l'ouverture extérieure, avec de la terre humide, lorsqu'on peut s'en procurer à proximité, ou avec de la mousse, de l'herbe fine, de l'ouate, de l'étoupe et même avec de la terre sèche.

« Lorsqu'on a opéré le soir, il faut attendre au lendemain matin pour procéder à l'extraction du nid ; si on a opéré le matin, il suffit d'attendre une demi-heure environ. Après avoir pris, à l'aide du filet, les Guêpes qui viennent pour rentrer dans le nid et qui sont ordinairement peu nombreuses (elles le seraient excessivement si on commençait l'opération de jour) ; on débouche l'orifice en creusant avec précaution au moyen d'un fort couteau, de manière à atteindre les pelotes imbibées ; on les enlève et on s'assure que les Guêpes sont bien engourdies, ce qu'on peut présumer si l'on n'en aperçoit aucune vivante dans le conduit au-delà des pelotes ; on continue alors à creuser autour du conduit avec le couteau ou un petit piochon à manche court (30 cent.) et tenu d'une seule main, jusqu'à ce qu'on arrive au nid ; à ce moment, et même avant, si le conduit est un peu long, il faut s'assurer de nouveau que le liquide a produit son effet ; dans le cas contraire, il faudrait placer une nouvelle pelote imbibée et la recouvrir le mieux possible.

« Après s'être rendu compte, en procédant avec précaution, de la forme et du volume du nid, on le dégage (en ayant soin de ne pas l'endommager) au moyen d'une large excavation pratiquée d'un ou de deux côtés ; lorsque cette opération est assez avancée, on met des gants et on enlève le nid qu'on place après l'avoir retourné, sur un linge, pour éviter l'écrasement ; il est facile alors, en relevant les coins de ce linge, d'emporter le nid chez soi, si l'on ne veut pas le fouiller sur le lieu même.

« Il est quelquefois difficile de suivre la direction du conduit, lorsqu'il a une certaine longueur et lorsque la terre est sèche et friable ; on doit alors employer seulement le couteau et n'avancer qu'avec précaution, de manière à éviter les petits éboulements qui pourraient se produire et faire perdre la trace du conduit. Pour éviter cet inconvénient, il serait peut-être convenable d'introduire dans ce conduit une petite tige de plante très-flexible, en la dirigeant en avant et à mesure qu'on avancerait, de telle sorte que l'extrémité de cette tige fût toujours engagée de quelques centimètres dans le conduit, au delà de la partie creusée avec le couteau. Si d'un autre côté on trouvait de l'eau à proximité et si on avait un ustensile convenable, on pourrait arroser le terrain dans le voisinage de l'ouverture et le rendre ainsi tout à la fois plus commode à creuser et moins sujet à laisser évaporer au dehors le liquide contenu dans les pelotes.

« Les précautions sont nécessaires, non seulement pour suivre le conduit, mais encore pour éviter la sortie des guêpes si elles n'étaient pas atteintes par les émanations du liquide anesthésique. Il faut alors avoir à sa portée soit une pelote sèche de coton, soit de la terre molle, de manière à pouvoir les employer à l'instant, s'il en était besoin, et en attendant qu'on ait pu introduire une pelote imbibée à la place de la pelote sèche, ou imbiber celle-ci sans la déplacer.

« Il est à remarquer que les mâles et les femelles de guêpe résistent beaucoup mieux à la vapeur anesthésique que les ouvriers, mais on ne doit pas trop se préoccuper de cette circonstance; pourvu qu'il n'y ait plus d'ouvriers en état de prendre leur vol immédiatement, on peut creuser le conduit avec sécurité et même déterrer et enlever le nid *lors même qu'il y aurait des centaines de guêpes mâles et femelles parfaitement agiles et aptes à voler*. Ces dernières peuvent piquer, il est vrai, mais elles ne se servent de leur aiguillon que lorsqu'elles sont soumises à une certaine pression exercée par la main ou par une autre partie du corps de celui qui opère. »

Une modification de ce procédé a été indiquée par M. H. du Buysson (1).

« Lorsque j'ai rencontré un nid de guêpes, ce n'est que de grand matin que j'y retourne, amenant avec moi un aide muni d'une bêche et d'une bouteille d'essence de pétrole. Sitôt arrivé, je bouche le trou avec de la terre, puis, à l'aide de la bêche, je fais enlever le gazon qui couvre le nid. En frappant le sol avec le doigt, je me rends compte exactement de sa position; alors je

(1) Feuille des Jeunes Naturalistes, 12e année, 1882, p. 133.

verse en plein milieu environ un verre d'essence qui filtre instanément à travers le carton dont se composent les cellules et asphyxie larves et insectes à l'état parfait. Lorsque le silence se fait dans la colonie, cela signifie que l'essence a produit son effet ; au bout de quelques minutes, on peut dégarnir le nid en enlevant la terre tout autour et l'arracher en entier pour le visiter à son aise. »

M. Rouget nous indique encore un autre procédé (1) spécial aux nids de frelons à population peu nombreuse :

« Je prends, dit-il, un tube de verre pas trop mince, d'un diamètre intérieur d'environ 15 millimètres et d'une longueur de 15 à 20 centimètres ; j'introduis l'une de ses extrémités dans un trou pratiqué dans un gros bouchon de liège ou de bois tendre, en l'y fixant solidement ; j'adapte le bouchon à l'ouverture de la cavité du nid, en ayant soin que le tube ne dépasse pas ce bouchon à l'intérieur de cette cavité et qu'il ne reste, entre les bords de l'ouverture et le bouchon, aucun intervalle par où les insectes puissent s'échapper ; dans ce dernier cas il faudrait remplir ces intervalles avec de la boue épaisse, de la mousse, etc. L'autre extrémité du tube, dépassant le bouchon à l'extérieur, doit être fermée provisoirement par un petit morceau de branche taillé en pointe et introduit par cette extrémité. Quand tout est bien disposé, je me munis d'une forte pince dite *brucelles*, je débouche l'extrémité du tube et je tue, en le pressant avec cette pince, chaque frelon qui se présente pour sortir du nid par cet unique passage. Il est nécessaire le plus souvent que pendant l'opération, une autre personne prenne, à l'aide du filet, les frelons qui se trouvaient au dehors lorsqu'on a disposé le tube.

« On peut varier ce procédé en introduisant l'extrémité du tube, à travers un second bouchon, dans une bouteille ou un ballon de verre transparent, dans lesquels ce tube, un peu plus long dans ce cas, doit pénétrer assez avant. On fixe ensuite cette bouteille en l'attachant solidement à des piquets plantés dans le sol. Les frelons entrent alors dans le récipient de verre où ils ne peuvent retrouver l'endroit par lequel ils ont pénétré, car ils cherchent, au contraire, à s'échapper en volant contre les parois.

(1) Rouget, l. c. p. 63.

On peut, lorsqu'ils y sont en certain nombre, les faire périr en introduisant quelques gouttes d'éther ou d'un autre liquide analogue.

« Il faut avoir soin, à la fin de l'opération, de frapper fortement contre le tronc de l'arbre dans lequel est situé le nid pour obliger les frelons à en sortir. »

On peut aussi par ce dernier moyen rapporter chez soi toute la nichée vivante dans la bouteille, et la mettre en cage avec son nid pour l'étudier. On arrive encore au même but en prenant au filet tous les individus d'un nid et les enfermant, au fur et à mesure, chacun dans un cornet de fort papier.

Signalons enfin un tour de main pratiqué par M. Rouget et qui permet de se débarrasser des Guêpes qui se trouvent hors du nid au moment où l'on vient de le boucher avec un tampon asphyxiant. On prend une motte de terre un peu grasse qu'on place dans l'orifice de la cavité du nid par dessus les pelotes ; puis avec un bâton rond et poli vers l'extrémité, on y pratique un trou de 7 à 8 centimètres de profondeur qu'on moule bien avec un mouvement de rotation. Les Guêpes, en arrivant, pénètrent dans ce trou artificiel, et chaque fois on les y écrase en introduisant le bâton.

Pour toutes ces opérations, chaque observateur apportera les modifications ou les simplifications que lui suggèreront les circonstances. Seulement il faut noter encore qu'il est presque indispensable de se munir de gants et de masques analogues à ceux qui servent aux apiculteurs. Si l'on n'en a pas en sa possession, on peut très-bien y suppléer par d'épais gants de peau et une pièce de tulle noir assujettie sur le chapeau et maintenue à certaine distance de la face et du cou au moyen de fils de fer ou de légers ressorts.

10 — Moyens d'observation. — Que l'on ait employé l'un quelconque des moyens ci-dessus, il faut se hâter, lorsqu'on retient vivante la population d'un nid et qu'on veut la conserver pour en surprendre les mœurs ou en étudier les parasites, de la placer dans une cage d'observation installée de la façon la plus convenable pour le but qu'on se propose.

Un simple garde-manger suffirait au besoin, si la porte était plus petite. Réaumur faisait usage d'une ruche vitrée. M. Rouget a imaginé un appareil plus pefectionné, quoique très-simple et qui permet d'observer complètement les allées et venues des Guêpes, tout en les laissant dans des conditions à peu près normales.

« Il faut, dit-il, faire construire une cage spéciale et disposer dans le bas de la porte principale (qui doit être grande, afin de permettre l'introduction du nid), une petite porte qui sert pour donner la nourriture aux guêpes. On peut établir cette cage avec des dimensions plus ou moins grandes, mais qui ne devront pas être moindres de 25 centimètres dans le sens le moins étendu.

« Il est très-commode, si l'on ne craint pas d'avoir une cage un peu volumineuse, de lui donner une longueur double et de la diviser en deux compartiments, pouvant à volonté rester indépendants ou communiquer l'un avec l'autre ; dans ce cas il faut bien entendu un double système de portes ; l'un des compartiments est destiné à recevoir le nid et l'autre à placer la nourriture des guêpes. On pourrait aussi, si l'on avait également pour but d'observer les guêpes elles-mêmes, ménager dans la cage une petite ouverture, qu'on mettrait en communication avec l'extérieur au moyen d'un tube en fer blanc, et qu'on tiendrait ouverte ou fermée, selon qu'on voudrait soit laisser ces insectes chercher eux-mêmes leur nourriture au dehors, soit les nourrir artificiellement.

« La disposition d'un nid dans la cage demande quelques précautions. En le plaçant simplement sur le fond, dans sa position naturelle, son poids, pour peu que le nid soit considérable, écrase le rayon inférieur, et les larves contenues dans les cellules de ce rayon ne tardent pas alors à se putréfier complètement. Pour remédier à cet inconvénient, j'emploie un procédé qui, je l'avoue, ne fait que le diminuer sans le faire disparaître ; il consiste à suspendre le nid à l'aide de deux bandes d'étoffe qui se croisent en bas et qui sont liées en haut à deux planchettes disposées en croix et fixées elles-mêmes solidement à la paroi supérieure de la cage...

« Pour éviter la malpropreté résultant de ce que les guêpes se placent sous leur nid ou sur ses bords pour rejeter leurs excréments liquides, qui s'accumulent alors au bas de la cage, je dispose ordinairement au dessous du nid, lorsqu'il est suspendu, une assiette suffisamment large, garnie de poussière de terre sèche, pour recevoir et absorber ces déjections liquides....

« Il est facile de nourrir les guêpes en captivité avec des fruits sucrés (raisins, prunes, etc.); et surtout avec des matières sucrées (sucre brut ou raffiné, cassonade, glucose, mélasse); si on emploie le sucre cristallisé, il faut le faire dissoudre dans l'eau..... Il est indispensable de leur fournir de l'eau, mais il faut employer à cet usage un petit vase plat, très-peu profond; autrement elles se noieraient facilement » (1).

Quand on se propose spécialement de nourrir un nid de Guêpes pour en obtenir les parasites, on peut adopter la cage qu'indique (2) M. Erné, de la manière suivante :

On prend une caisse (Pl. XXXIII, fig. 7) de grandeur convenable : 75 centimètres de long et 35 centimètres pour les deux autres dimensions. On place le couvercle en dessus. Dans l'intérieur, on dispose une série de fils de fer espacés de 5 centimètres et distants de 5 à 6 centimètres du fond de la caisse, destinés à supporter le nid.

Sur la paroi du devant, on pratique dans le milieu une grande ouverture carrée de 5 centimètres de côté que l'on garnit de toile métallique et qui peut se fermer au moyen d'un châssis glissant dans une petite rainure. Cette ouverture sert à observer les Guêpes et à vérifier si elles ont assez de nourriture. En dessous de cette ouverture et dans son axe, au niveau du plancher de fils de fer, on fait un trou rond, d'un diamètre de 4 centimètres, qui sert à introduire la nourriture. De chaque côté de l'ouverture carrée, on fait encore un trou rond de 4 centimètres de diamètre, à peu près au niveau du bas de cette ouverture. Ces trous donnent passage aux Guêpes et aux parasites. On les bouche au moyen de bocaux soutenus par deux petites planchettes et retenus en arrière par une lame transversale qui réunit les planchettes. On peut, suivant la grosseur du nid, mettre les deux bocaux ou un seul, en fermant l'une des ouvertures au moyen d'une petite lame de fer blanc tournant autour d'une vis

(1) Rouget, l. c. p. 80 et s.

(2) Erné. — Mittheil. der Schweizer. entom. Gesellsch. 1877, p. 557.

ou d'un clou. Enfin à la partie supérieure de la caisse et sur son couvercle, se trouve en avant un autre trou de 4 centimètres qui sert pour l'observation et aussi pour introduire les Guêpes lorsque le nid a été déjà mis en place.

On a soin qu'aucune lumière ne pénètre dans la caisse autrement que par les bocaux de verre. Quand un parasite éclot, il gagne immédiatement ces bocaux où il est facile de le capturer et où, si l'on y a disposé des feuillages plus ou moins humides, on peut observer son accouplement et autres phases de sa vie.

Il faut avoir soin de garnir de sable le fond de la caisse ; on donne pour nourriture aux Guêpes du sucre légèrement humecté.

§ IV. — BIOLOGIE

L'hiver vient enfin de disparaître et le soleil se montre chaque jour plus longtemps ; de tous côtés la nature se réveille ; le prunellier va se couvrir de sa blanche parure, les bourgeons s'enflent et éclatent, l'herbe reverdit, s'émaillant de mille fleurs, l'air se repeuple de ses légers hôtes ; le silence hibernal a fait place à tout un joyeux concert, en un mot, le printemps est revenu.

A ce moment, aux beaux jours d'avril, se montrent les premières Guêpes. Ce ne sont pas ces insectes de petite taille que nous voyons pulluler en été et dont nous redoutons l'aiguillon, ce sont au contraire les géants de l'espèce, d'énormes insectes affairés, ne se laissant pas détourner d'une besogne pressante par les importuns qui cherchent à observer leurs manœuvres. Ce sont, en effet, ces femelles qui, seules, ont pu affronter les rigueurs de l'hiver, et qui, les beaux jours venus, doivent fonder les bases d'une nouvelle famille destinée à devenir bientôt un grand peuple. Aussi les voyons-nous sans relâche fréquenter les vieux bois où elles trouveront des matériaux pour la construction qu'elles ont à édifier, les jeunes écorces où elles recherchent les exsudations gommeuses utiles à leurs travaux. C'est à peine si leur propre nourriture les inquiète et les fleurs ne reçoivent guère encore leur visite.

Une cavité favorable, à une exposition convenable pour éviter l'entrée des pluies, a été découverte ; le plus souvent le soleil levant vient l'échauffer dès le matin. La Guêpe, qui a hiverné, après avoir été fécondée, et qui abrite dans son sein, les nombreux germes d'une population nouvelle, a hâte de les mettre au jour et son premier soin est de jeter dans cette cavité les fondements d'un nid. Quelques alvéoles sont à peine formées, et déjà un œuf y est placé, tout au fond. Sans s'interrompre, la jeune mère continue sans relâche son travail, comme je l'ai indiqué précédemment, de façon à composer un premier rayon abrité par un commencement d'enveloppe.

Au bout de peu de jours, les premiers œufs se sont ouverts et ont donné passage à de très-petits vers qui fixent leur partie postérieure au fond de l'alvéole, et, ainsi suspendus la tête en bas, attendent la nourriture que ne tarde pas de leur apporter la mère. Celle-ci voit alors ses occupations se multiplier chaque jour. Il ne s'agit plus seulement de construire de nouvelles alvéoles ou d'agrandir une enveloppe ; un travail plus urgent encore consiste à recueillir toute la subsistance que réclament les nouvelles larves, d'abord quelques gouttes sucrées facilement absorbées, puis lorsque les organes ont pris de la force, des provisions plus nutritives, comme des insectes pétris et broyés. Ce sont surtout des Diptères aux téguments si mous qui sont incessamment chassés et réduits en une sorte de bouillie par les puissantes mandibules de la Guêpe.

Sous l'influence favorable de cette nourriture fortifiante, la jeune larve grossit rapidement et bientôt elle remplit l'alvéole où elle est née et dont la mère a soin d'élever les parois à mesure qu'il en est besoin. Chaque œuf éclot ainsi tour à tour et les jeunes larves reçoivent successivement la becquée de la bouche de leur mère. Entre temps, celle-ci poursuit ses travaux de construction, élève et parfait les premières cellules, en ajoute de nouvelles au rayon, et son activité, surexcitée encore par les ardeurs croissantes du soleil printanier, ne connaît bientôt plus de bornes.

Mais les larves premières écloses ne tardent pas à atteindre le terme de leur croissance ; par suite des soins incessants dont elles ont été entourées, leur corps a pris une taille et un embonpoint suffisants, leurs organes se sont développés et, après avoir probablement subi quelques mues, elles se mettent en devoir de garnir le bord de leur cellule d'un tissu blanc et soyeux, et elles la ferment enfin complètement avec un bouchon ou opercule légèrement convexe et de même matière. Alors ne craignant pas une chute hors de la cellule, elles se détachent du fond et continuent d'en garnir les parois du même enduit soyeux qui finit par les enfermer dans une sorte de sac ou cocon sans issue, de sorte que l'opercule se trouve avoir à la fin de l'opération une double paroi.

Ce travail accompli, la larve se replace dans sa première position, c'est-à-dire avec la tête en bas ou du côté de l'opercule, et, au milieu d'un repos complet, elle attend l'heure prochaine de sa métamorphose en nymphe. Son corps se vide de tout ce qui y restait d'aliments ; sa peau se fend et, sous l'influence des frémissements et des mouvements plus ou moins saccadés de son corps, cette peau, devenue inutile, se déchire et se pelotonne en se réunissant en une masse au fond de la cellule.

La nymphe ainsi mise au jour est encore extrêmement débile ; sa couleur est entièrement blanche, mais elle offre déjà toutes les parties qui devront ultérieurement se retrouver dans la Guêpe elle-même ; les antennes et les pattes sont collées contre le corps, l'abdomen est distinct ; cependant tous les organes, enveloppés d'une fine membrane qui en arrondit les contours, semblent plus épais et mal délimités. Les ailes seules sont encore embryonnaires et renfermées tout entières dans de petits sacs blanchâtres où elles se trouvent pliées et repliées.

Chaque jour ou plutôt chaque heure amène un changement dans cette nymphe : les yeux se colorent, puis certaines parties de la tête, les portions les plus saillantes du thorax, enfin les autennes, les pattes et les dessins les plus foncés de l'abdomen. Bientôt la tête n'offre plus rien d'incolore, sauf quelques points délicats de la bouche ; les zones noires s'accentuent et le jaune paraît tout en restant encore pâle. Enfin, la coloration ne tarde pas à être complète, ne laissant plus de côté que les ailes qui semblent deux plaques vitreuses appliquées de part et d'autre du corps. Un jour ou deux sont encore employés à l'affermissement de tous les organes, puis la mince pellicule, qui enveloppait le tout, se déchire et l'insecte apparaît tel qu'il sera toute sa vie, avec seulement une teinte plus pâle. Les pattes et les antennes, dégagées de leurs langes, s'agitent tant pour chasser les derniers vestiges de la tunique nymphale que pour faire jouer leurs articulations. Enfin les mandibules entrent en action et le couvercle soyeux filé par la larve est crevé et déchiré pour donner passage au nouveau venu.

Les premiers moments sont consacrés à une sorte de brossage et de nettoyage ; les ailes, encore toutes fripées et sans consistance, sont peu à peu étendues au moyen des pattes de derrière, lissées et séchées. La face est nettoyée, bassinée au moyen des pattes de devant ; les poils encore couchés et collés se relèvent et se raidissent : l'insecte est né et il va pouvoir prendre sa part du travail pour soulager d'autant sa mère.

Accordons lui encore quelques heures de repos pour affermir définitivement ses organes, et, sans apprentissage, sans avoir eu aucun exemple sous les yeux, il s'élance dans les airs et commence son rôle d'architecte et de nourrice.

La durée totale de l'évolution de cet individu a duré de 26 à 30 jours, variant sans doute avec l'état plus ou moins favorable de la saison qui permet ou non à la mère de recueillir la nourriture nécessaire.

Les premières éclosions étant ainsi arrivées, d'autres suivent rapidement de la même manière, et chaque instant voit s'augmenter la population du guêpier.

Mais le nid est encore bien imparfait et bien restreint, et une seule pondeuse suffit amplement à garnir d'œufs les quelques cellules que peut construire la mère fondatrice aidée de ses premiers enfants. Aussi ceux-ci, condamnés dès le berceau à la stérilité, sont-ils tous neutres, c'est-à-dire du sexe féminin à organes avortés.

La mère Guêpe ainsi secondée peut enfin prendre un peu de répit. Ses courses deviennent plus rares et bientôt même elle les cesse tout-à-fait, se contentant de pondre et recevant même sa nourriture des jeunes ouvrières. Cette réclusion lui est aussi commandée par la prudence. Nous ne sommes encore qu'en juin, et pendant deux mois, le nid qui a si grand besoin d'être agrandi et complété ne contiendra que des ouvrières infécondes. Tout l'avenir de ce nid repose donc sur la mère et sa disparition causerait en même temps la destruction de la colonie. Aussi, enfermée dans son palais souterrain, elle évite tous les dangers que mille ennemis lui feraient courir au dehors, et elle a beaucoup plus de chances de vivre jusqu'à la naissance de nouvelles femelles aptes à être fécondées.

Les travaux se continuent donc dans le nid par les soins des ouvrières seules. Celles qui sont écloses depuis peu s'occupent plus spécialement des travaux de l'intérieur, nettoyage des cellules, enlèvement des couches internes de l'enveloppe, etc. Réaumur et avec lui quelques auteurs plus récents supposent que les ouvrières d'un nid se partagent la besogne, les unes affectées spécialement aux travaux de construction, les autres s'occupant plutôt de la chasse et de la nourriture des larves, des ouvrières occupées à l'intérieur et de la mère, d'autres enfin seraient préposées à la garde des nids et de son entrée. Tous ces travaux ne peuvent évidemment se faire simultanément par une même Guêpe, mais à moins d'observations nouvelles parfaitement concluantes, je me résoudrai difficilement à admettre une division du travail aussi caractérisée, et je préfère croire, jusqu'à plus ample informé, que l'ouvrière accomplit tour à tour et suivant les besoins du moment, les diverses fonctions que lui enseigne son instinct.

Leurs occupations les plus importantes sont toujours l'agrandissement continuel de l'habitation et les soins à donner aux jeunes larves qu'il faut nourrir constamment. J'ai indiqué plus haut comment le nid s'accroissait et je n'ai pas à y revenir. Quant à l'alimentation des larves, elle se fait par des courses incessantes dans la campagne à la recherche de la prébende nécessaire.

Dès l'apparition des premiers fruits, les cerises, d'abord, puis les abricots, les pêches, surtout les prunes, sont recherchés par les Guêpes qui se hâtent de profiter des moindres fissures de l'épiderme pour sucer les sucs intérieurs. Mais le fond de la nourriture des larves consiste en une matière animale, plus ou moins imprégnée de jus sucrés.

Les Abeilles, les grosses mouches comme les Eristales, les papillons sont les victimes de ces voraces chasseurs, profitant en même temps des muscles de ces insectes et du nectar qu'ils viennent de puiser dans les fleurs. D'autres fois les chenilles et les larves de Tenthrédines (1) broyées et réduites en une sorte de bouillie, peut-être avalées, mêlées de sucs sucrés, puis dégorgées, servent à cet approvisionnement.

M. de Saussure (2) rapporte, comme suit, quelques observations intéressantes de plusieurs auteurs :

« Une observation piquante a été faite par Davis (Entomol., mag. I, p. 90) : — J'étais fort ennuyé, dit-il, par des bandes de guêpes qui entraient dans la maison, venant d'un nid établi dans le voisinage. Je mettais sur une tablette de cheminée les papillons nocturnes que je capturais tous les soirs, Un beau jour, je vis une guêpe entrer par la fenêtre, se diriger sans tâtonnement vers ma cheminée, s'y arrêter et séparer avec ses mandibules le corps d'un papillon fraîchement étalé. Bientôt, je m'aperçus que tous les autres papillons avaient subi le même sort ; il ne me restait d'eux que les épingles et les ailes qui, retenues par les liens, étaient restées en place, en sorte que le larcin n'avait pas été remarqué quoique ayant continué pendant plusieurs jours ! — M. Davis a également vu les guêpes prendre des mouches, les mutiler et les emporter dans leur nid. — J'ai aussi observé, dit-il encore, une guêpe qui, se tenant suspendue à une feuille par les crochets d'un des tarses postérieurs, avait l'air d'être très occupée de ses autres pattes. En examinant de plus près, je la vis tenant une mouche qu'elle était en devoir de mutiler, et cette opération faite, elle s'envola avec le tronc. Une autre fois une guêpe saisit devant mes yeux une mouche bien plus grande (l'*Eristalis nemorum*) ; à l'instant même elle se suspendit et lui coupa avec ses mandibules, ailes, pattes et tête. — Depuis M. Newport est venu confirmer tous ces faits par une autre observation du même genre : (Trans. Ent. Soc. of Lond., I, série I, 228). Il écrit que, par le grand soleil de midi, moment où les guêpes sont le plus actives, ces insectes volent de fleur en fleur, de chardon en chardon, cherchant une proie. Souvent elles attaquent les papillons de diverses espèces : il en vit fondre

(1) De Siebold, Zoolog. scient. vol. 20, cahier 2.

(2) Mon. Guêpes soc. p. CXLIII.

sur la *Pontia rapæ*, ce commun papillon blanc de nos campagnes, lui couper les ailes et les pattes et s'envoler en emportant le tronc. Elles s'arrêtent sur la première plante qui leur paraît favorable, se pendent par les pattes de derrière et achèvent de mâcher le corps de leur victime, qui, façonné en un maillot, est emporté entre les jambes de la guêpe. »

M. Fabre, avec ce charme qu'il met dans ses écrits, raconte ainsi les rapines des Guêpes et nous peint les luttes de ces insectes, les résistances qu'ils éprouvent et qu'ils surmontent (1).

« L'air est d'un calme parfait, le soleil violent, l'atmosphère lourde, signes d'un prochain orage, mais conditions éminemment favorables au travail des hyménoptères, qui semblent prévoir les pluies du lendemain et redoublent d'activité pour mettre à profit l'heure présente. Les abeilles butinent donc avec ardeur, les éristales volent gauchement d'une fleur à l'autre. Par moments, au sein de la population paisible, se gonflant le jabot de liqueur nectarée, fait soudaine irruption la guêpe, insecte de rapine qu'attire ici la proie et non le miel.

« Egalement ardentes au carnage, mais de force très-inégale, deux espèces se partagent l'exploitation du gibier ; la guêpe commune *(Vespa vulgaris)* qui capture des éristales, et la guêpe frelon (*Vespa crabro)* qui ravit des abeilles domestiques. Des deux parts, la méthode de chasse est la même. D'un vol impétueux, croisé et recroisé de mille manières, les deux bandits explorent la nappe de fleurs, et brusquement se précipitent vers la proie convoitée, qui, sur ses gardes, s'envole tandis que le ravisseur, dans son élan, vient heurter du front la fleur déserte. Alors la poursuite continue dans les airs; on dirait l'épervier chassant l'alouette. Mais l'abeille et l'éristale, par de brusques crochets, ont bientôt déjoué les tentatives de la guêpe, qui reprend ses évolutions au-dessus de la gerbe de fleurs. Enfin, moins prompte à la fuite, tôt ou tard une pièce est saisie. Aussitôt la guêpe commune se laisse choir avec son éristale parmi le gazon ; à l'instant aussi, de mon côté, je me couche à terre, écartant doucement des deux mains les feuilles mortes et les brins d'herbes qui pourraient gêner le regard, et voici le drame

(1) J.-H. Fabre. Souvenirs entomologiques. 1879, p. 128.

auquel j'assiste si les précautions sont bien prises pour ne pas effaroucher le chasseur.

« C'est d'abord entre la guêpe et l'éristale, plus gros qu'elle, une lutte désordonnée dans le fouillis du gazon. Le diptère est sans-armes, mais il est vigoureux; un aigu piaulement d'ailes dénote sa résistance désespérée. La guêpe porte poignard ; mais elle ne connaît pas le méthodique emploi de l'aiguillon, elle ignore les points vulnérables. Ce que réclament ses nourrissons, c'est une marmelade de mouches broyées à l'instant même, et dès lors peu importe à la guêpe la manière dont le gibier est tué. Le dard opère donc sans méthode aucune, à l'aveugle. On le voit s'adresser au dos de la victime, aux flancs, à la tête, au thorax, au ventre indifféremment, suivant les chances de la lutte corps à corps... Aussi la résistance de l'éristale est longue, et sa mort est la suite plutôt de coups de ciseaux que de coups de dague.

« Ces ciseaux sont les mandibules de la guêpe, taillant, éventrant, dépeçant. Quand la pièce est bien garrotée, immobilisée entre les pattes du ravisseur, la tête tombe d'un coup de mandibules, puis les ailes sont tranchées à leur jonction avec l'épaule; les pattes les suivent, coupées une à une; enfin le ventre est rejeté, mais vide d'entrailles que la guêpe paraît adjoindre au morceau préféré. Ce morceau est uniquement le thorax plus riche en muscles que le reste de l'éristale. Sans tarder davantage, la guêpe l'emporte au vol, entre les pattes. Arrivée au nid, elle en fera marmelade pour distribuer la becquée aux larves.

« A peu près ainsi agit le frelon qui vient de saisir une abeille; mais avec lui, ravisseur géant, la lutte ne peut être de longue durée, malgré l'aiguillon de la victime. Sur la fleur même où la capture a été faite, plus souvent sur quelque rameau d'un arbuste du voisinage, le frelon prépare sa pièce. Le jabot de l'abeille est tout d'abord crevé, et le miel qui en déroule lapé. La prise est ainsi double : prise d'une goutte de miel, régal du chasseur, et prise de l'hyménoptère, régal de la larve. Parfois les ailes sont détachées ainsi que l'abdomen; mais en général le frelon se contente de faire de l'abeille une masse informe, qu'il emporte sans rien dédaigner. C'est au nid que les parties de valeur nutritive nulle, que les ailes surtout doivent être rejetées.

Enfin il lui arrive de préparer la marmelade sur les lieux mêmes de chasse, c'est-à-dire de broyer l'abeille entre ses mandibules après en avoir retranché les ailes, les pattes et quelquefois aussi l'abdomen. »

Les fruits sucrés semblent exercer une atttraction si grande sur ces insectes, que leur instinct carnassier fait trève quand, suçant un raisin bien mûri, de vulgaires mouches viennent près de là prendre leur part du festin. La proie ordinaire devient alors, pour quelques instants, un commensal jusqu'à ce que la Guêpe rassasiée songe à faire une victime pour la rapporter au nid.

Le miel non suffisamment protégé, le sucre emmagasiné dans les villes, les fabriques et les raffineries, sont pillés par les Guêpes qu'attirent de loin ces amoncellements de matières si délicieuses pour elles.

Les viandes de boucherie sont aussi fort de leur goût. Laissons-nous raconter par un savant ces visites bien connues que font les Guêpes à l'étal du pays :

« Il est encore à la campagne, dit le Dr Giart(1), une maison que les Guêpes fréquentent assidûment, c'est celle du boucher; elles touchent un peu à toutes les viandes et cela n'a rien d'étonnant, puisqu'on sait que la chair musculaire, surtout celle des herbivores renferme une certaine quantité de dextrine. Mais c'est surtout le foie du bœuf et du veau qui obtient de beaucoup leur préférence. Réaumur qui a signalé ce fait dans ses admirables *Mémoires* (2), dit qu'il a vu des bouchers abandonner aux guêpes le foie entier d'un bœuf ou d'un mouton. Ils se proposaient un double but en sacrifiant à la voracité des guêpes ce viscère bientôt dévoré; d'abord ils faisaient, comme on le dit, la part du feu et de plus, en retenant dans la boucherie un escadron de Vespiens, ils établissaient une police sévère à l'égard des mouches bleues de la viande. (*Calliphora vomitoria*), des mouches vertes (*Lucilia*, etc.), ennemis bien plus terribles par les œufs qu'ils laissent après eux et qui amènent si rapidement la corruption. »

« D'où vient cette préférence des guêpes pour la glande hépa-

(1) Bulletin scientifique du département du Nord. 1875, p. 49.

(2) Mémoires. VI. p. 166.

tique ; on ne peut alléguer la mollesse du tissu, puisqu'à cet égard le cerveau, le poumon et bien d'autres organes mériteraient d'être placés au moins sur le même rang que le foie. C'est évidemment la présence du sucre en plus grande quantité...... Comme quoi les guêpes ont découvert la fonction glycogénique du foie longtemps avant M. Cl. Bernard. »

Les sucs gommeux, les amas de sève extravasée, exsudant du tronc d'un arbre malade ou blessé, savent aussi attirer les Guêpes, surtout lorsque, l'arrière saison survenant, les fruits deviennent plus rares et les insectes disparaissent. A l'époque des vendanges, les récipients qui servent à conduire au pressoir les raisins cueillis et en partie écrasés sont aussi assidument fréquentés par les Guêpes.

« La *V. orientalis*, dit M. De Stefani-Perez (1), fréquente assidument les rameaux d'arbres fruitiers dont elle convoite les exsudations sucrées, et elle ne souffre auprès d'elle aucun autre individu de son espèce, ni aucune autre mouche ; à l'arrivée d'un autre insecte, elle agite les ailes d'une façon menaçante et dirige ses mandibules contre le nouveau convive. Elle suce ainsi longtemps et il est facile de l'observer pendant qu'elle prend un peu de repos, dans les heures les plus chaudes des journées de juillet ou d'août ; pendant plus de deux heures, on peut constater qu'elle ne quitte pas la branche blessée ; quand elle s'envole, une autre arrive aussitôt pour la remplacer. La *V. germanica* a les mêmes habitudes ; mais elle est chassée par l'*Orientalis* et aucun autre voleur ne s'approche de la place occupée par l'usurpatrice. »

Il résulte d'observations consciencieusement faites, que les Guêpes qui font un tort énorme aux fruits mûrs et particulièrement aux raisins, ne peuvent en entamer l'épiderme et que les grains seuls qui présentent une fissure sont attaqués.

« Nous croyons pouvoir affirmer de nouveau (2) que ni les mouches, ni les abeilles, ni même les guêpes n'entament la peau du fruit ; elles s'abattent sur une grappe, parcourent la plupart des grains ; s'ils sont tous sains, elles volent à une autre et ainsi

(1) Il naturalista Siciliano. II, 1882, p. 19 et 20.

(2) Ch. Chevalier. — Bulletin d'insectologie agricole. 1882, p. 127.

de suite, jusqu'à ce qu'elles aient trouvé un grain entamé, soit par les oiseaux, soit par les pluies qui occasionnent souvent la fente et la pourriture d'une grande quantité de grains. Lorsque le raisin est bien mûr, la partie du grain exposée à la pluie, se fend ou subit un commencement de décomposition qui amène la pourriture ; à ce moment la guêpe l'attaque avec facilité; souvent la fente est très-petite et c'est ce qui a fait croire que la guêpe perçait la peau, mais elle l'était déjà. »

« C'est une chose merveilleuse, dit Réaumur (1), que de voir l'activité avec laquelle une mère guêpe parcourt, les unes après les autres, les cellules d'un gâteau ; elle fait entrer sa tête assez avant dans celles dont les vers sont petits; ce qui s'y passe est dérobé à l'observateur, mais il est aisé d'en juger par ce qu'elles font dans les cellules dont les vers plus gros sont prêts à se métamorphoser. Ceux-ci plus forts, sont moins tranquilles; souvent ils avancent leur tête hors de la cellule, et par de petits baillements semblent demander la becquée ; on voit la guêpe la leur apporter; après qu'ils l'ont reçue, ils restent tranquilles, ils se renfoncent pour quelques instants dans leur petite loge. Les guêpes de la grosse espèce, les frelons, avant que de donner de la nourriture à leurs petits, leur pressent un peu la tête entre leurs deux serres. »

Quand on possède un rayon de guêpier garni de larves déjà grosses, il est facile de les nourrir au moyen de sirop, de miel, qu'on leur présente avec une paille ou un mince fragment de bois. On les voit très-bien chercher avidement la gouttelette qui leur est présentée et on peut les élever comme on ferait d'une jeune nichée d'oiseaux.

A mesure que les Guêpes éclosent, laissant des cellules vides, les ouvrières les nettoient, en enlèvent les débris des dépouilles de la larve et de la nymphe, ceux de l'opercule, puis la femelle vient y pondre un nouvel œuf; dans cet emploi des anciennes cellules, la même peut servir trois à quatre fois. Chaque larve qui l'habite successivement y tisse l'enduit soyeux qui doit former le logement de la nymphe, de sorte que ces enveloppes si délicates se superposent l'une à l'autre et que, de leur examen,

(1) Mémoires, t. VI, p. 188.

on peut déduire le nombre de larves qui ont vécu dans une cellule.

Il résulte de ces pontes nouvelles dans d'anciennes alvéoles que, tandis qu'à l'origine les larves les plus avancées se trouvent au centre et les plus jeunes à la circonférence du rayon, peu à peu les éclosions se font sur des zones circulaires, s'éloignant de plus en plus du centre pour arriver au bord, puis repartent encore du milieu pour s'avancer de nouveau vers le bord et ainsi de suite.

« Une circonstance très-intéressante à noter (1), c'est qu'à très peu d'exceptions près; toutes les larves, les nymphes et les insectes parfaits, tant qu'ils ne sont pas sortis de leur cellule, occupent dans celle-ci une position symétrique et présentent les mandibules dirigées vers le centre du rayon. »

Vers le milieu ou la fin d'août, pour les nids souterrains, en juillet, pour les nids aériens, alors que le nid se compose déjà de plusieurs rayons, les ouvrières en entreprennent un nouveau dont les cellules, de taille plus considérable, sont destinées à contenir des larves de femelles fécondes et de mâles. Ces individus naissent ainsi toujours dans un nid en pleine prospérité et tous les travaux antérieurs semblent n'avoir été qu'une préparation pour arriver à ce but définitif, la conservation de l'espèce au moyen d'individus féconds. C'est là le couronnement de l'œuvre entreprise par la mère fondatrice. Désormais celle-ci peut disparaître; le but de sa vie est rempli.

« Il est ordinairement possible, dit M. Rouget (2), de distinguer, sans trop de difficultés, la femelle fondatrice du nid d'avec celles qui sont nouvellement développées; ses couleurs sont plus foncées et plus vives, sa tête et son thorax sont plus brillants, presque dépourvus de poils, par suite de l'usure de ceux-ci, et l'extrémité de ses ailes est presque toujours, par suite de la même cause, un peu déchirée. »

Dans cette production d'individus féconds, il reste encore bien des points obscurs à élucider. Les larves des gâteaux à larges alvéoles ont-elles besoin d'une nourriture spéciale, où l'empla-

(1) Rouget, l. c. p. 18.

(2) L. c. p. 19.

cement plus grand est-il seul suffisant pour produire ce développement des organes génitaux? Il reste à faire sur ce point des expériences spéciales; mais si l'on se reporte à l'histoire des abeilles mieux étudiée, on sera d'abord convaincu que dans l'œuf pondu par la mère ne préexiste pas la qualité féconde ou non de l'insecte qui en proviendra.

Un œuf d'ouvrière transporté dans une cellule de femelle y donnera certainement naissance à une femelle féconde. Mais sous quelle influence cette transformation se produira-t-elle? C'est ce qu'il est difficile de dire.

Il semble admis que chez les Abeilles, la qualité spéciale de la nourriture suffit à faire d'une larve d'ouvrière une femelle féconde. En est-il de même des Guêpes? Il serait téméraire de généraliser ces observations et, dans les deux familles si distinctes des Vespides et des Apiaires, ce qui est vrai pour l'une peut très-bien ne plus l'être pour l'autre. La quantité de nourriture absorbée doit être aussi un facteur important dans cette question.

Le nombre des jeunes femelles qui naissent ainsi dans un nid populeux, peut être fort grand et s'élever jusqu'à 2,000. Aucune observation spéciale n'indique si quelques-unes de ces femelles pondent dès l'automne dans l'ancien nid. Il y a beaucoup de probabilités pour qu'il n'en soit point ainsi, hors peut être le cas de la mort fortuite de la mère. Le nid, en effet, semble alors ne plus guère s'accroître et les rayons qui produisent les individus féconds sont les derniers construits. Il est donc à peu près certain que toutes ces jeunes femelles, après être restées dans leur nid quelque temps après leur éclosion et s'y être fait nourrir par les ouvrières, sortent pour s'accoupler, puis la fécondation accomplie, se hâtent de chercher un abri pour leur retraite hivernale.

Quoiqu'il en soit, l'éclosion des mâles a lieu la première, puis celle des femelles et l'apparition de ces individus se poursuit pendant tout le mois d'octobre. En même temps et peu après la sortie du nid, a lieu l'accouplement. Écoutons à ce sujet les détails intéressants que nous fournissent sur le Frelon les observations si nombreuses et si consciencieuses de M. Rouget (1).

(1) l. c. p. 26.

« J'ai observé, le 7 octobre, plusieurs accouplements de la *V. crabro*. Les femelles s'étaient cramponnées à de petites branches d'arbustes et avaient recourbé leur abdomen presque à angle droit, de manière à lui faire faire le plus de saillie possible. Les mâles, guidés sans doute par leur odorat, passaient et repassaient près de ces femelles sans les découvrir.

« Enfin, après un temps assez long, le mâle finissait par trouver la femelle, mais comme fortuitement ; les deux insectes s'unissaient ; bientôt la femelle, entrainant le mâle, se laissait tomber avec lui sur le sol, où l'accouplement se continuait encore pendant quelques minutes ; la femelle relevait ensuite la partie antérieure de son corps et, se plaçant sur le mâle, pressait l'abdomen de celui-ci entre ses mandibules, comme si elle eût voulu indiquer que l'acte était accompli et provoquer une séparation, qui, en effet, avait lieu quelques instants après. La femelle s'envolait presque aussitôt, mais le mâle restait encore à terre pendant un certain temps avant de prendre son vol.

« J'ai pu, le même jour, constater que le même mâle peut s'accoupler avec plusieurs femelles. Ayant pris un mâle à la suite du dernier accouplement que j'avais observé, je le rapportai à la maison et le mis dans une cage où étaient renfermées plusieurs femelles non fécondées. Il ne tarda pas à poursuivre l'une de ces femelles, avec laquelle il s'accoupla ; mais je ne pus alors observer les circonstances de cet accouplement. Quelques temps après, je vis le même mâle poursuivre encore une femelle dans la cage. »

Les mâles devenus inutiles survivent peu au temps de l'accouplement. La saison s'avance d'ailleurs, les nuits deviennent fraîches et les conditions favorables à leur existence diminuent de jour en jour.

Ces indices d'un changement prochain de saison et de température sont aussi le signal d'une révolution complète dans le guêpier. Jusqu'ici les ouvrières, comme des nourrices attentives, ne négligeaient ni soins ni peine, pour mener à bien les jeunes larves confiées à leur tendresse. Toutes leurs actions, toutes leurs pensées, si je puis m'exprimer ainsi, se rapportaient au bien-être de ces petits vers et jamais elle n'étaient rebutées ni par les travaux pénibles et toujours renouvelés, ni par les accidents, pluies continues ou éboulements partiels de leur souterrain, qui venaient entraver leurs courses ou leurs plans architecturaux. Mais voici venir les rosées abondantes, les brouillards d'automne; le soleil est moins ardent, les fleurs disparaissent les unes après les autres, la température s'abaisse rapidement surtout pendant la nuit ou au matin, et, comme par un coup de théâtre, l'instinct de ces bestioles se trouve perverti, changé du tout au tout. L'amour de la progéniture se transforme en rage aveugle, et ces nourrissons si adulés sont violemment arrachés de leurs cellules ; ils sont mis en pièces et jetés au loin hors du nid.

La prévision qu'il leur sera bientôt impossible de nourrir toute cette famille, paraît être le mobile qui pousse ces nourrices naguère si dévouées à sacrifier ainsi tout ce qui n'a pas encore atteint l'état parfait. D'après M. Rouget (l. c. p. 20), la destruction des larves ne semble pas s'appliquer à celles des femelles qu'on peut observer dans les nids, même vers la fin d'octobre. Enfin cette exécution n'a pas lieu en même temps dans tous les nids d'une région. On peut constater que certains d'entre eux possèdent encore des larves quand d'autres en sont déjà privés depuis une quinzaine.

Après ce massacre général, les Guêpes n'ont plus rien à faire dans le nid, leur tâche est terminée et, dans tout le courant d'octobre, sous l'influence des premiers froids, elles périssent en grand nombre, surtout dans la deuxième quinzaine de ce mois. La nourriture même commence à leur faire défaut, et les insectes absents, les fleurs disparues, les fruits rentrés au cellier ne laissent plus guère de ressources. Aussi, à défaut d'autre nourriture, la sève des arbres est-elle mise elle-même à contribution, comme l'a observé M. de Saussure (1) :

« J'ai vu, dans ces moments, des *Vespa crabro* s'accrocher aux branches des arbustes des jardins, les ronger par place pour pénétrer jusqu'au bois et sucer les restes de sève qui circulaient encore sous l'écorce. Le 1er octobre 1852, par un temps sombre et pluvieux et par un vent du nord assez froid, j'ai observé plusieurs frelons fixés contre un arbuste dans une attitude presque immobile.

(1) De Saussure. Monog. Guêpes sociales, p. CXLIV.

« Ils étaient si bien à leur affaire et si engourdis par le froid, qu'ils ne semblaient pas se préoccuper le moins du monde de ma présence, si ce n'est lorsque je m'approchais de très-près et sans aucune précaution. Ils se retiraient alors par un mouvement brusque et prenaient une attitude guerrière, les pattes de devant levées ; mais ils se remettaient presque aussitôt à leur ouvrage. Chacun d'eux se trouvait placé devant un trou circulaire qu'il avait fait à l'écorce et dont les bords déchirés étaient entourés d'un cercle humide, provenant probablement de l'imbibition des sucs de l'arbre. Je pensai d'abord que cette humidité n'était autre que la salive de la guêpe, au moyen de laquelle celle-ci cherchait à ramollir le bois afin de l'entamer plus facilement ; mais bientôt je m'aperçus en l'observant à la loupe, que l'insecte ne faisait que lécher les sucs du bois mis à nu, et qui sont arrêtés par l'ablation de l'écorce. Dans cette opération, les mandibules entrouvertes ne servent qu'à râcler le bois pour mettre à découvert les parties humides.

« Lorsqu'une nouvelle guêpe arrivait sur une branche, la plus voisine de celles qui y étaient déjà fixées se tournait vers elle ; toutes les deux faisaient alors vibrer leurs antennes en les croisant, et la première conduisait la seconde à son repas. Le même arbuste portait un grand nombre d'anciens trous desséchés ; il y en avait même dont le bois avait été fortement entamé. »

A cette époque tardive, les ouvrières sont à peu près seules restées au nid, les mâles et les femelles l'ayant abandonné pour procéder à la conservation de l'espèce, et elles y attendent que le terme de leur existence ait sonné, ce qui ne tarde pas. Les mâles périssent tous ; la femelle fondatrice ne peut espérer affronter un second hiver et la fin de sa vie a fatalement sonné. Les ouvrières peu à peu diminuent de nombre et finissent par disparaître. Les femelles mieux partagées sont destinées à hiverner. Elles cherchent alors à s'abriter d'une manière suffisante, dans quelque trou bien garni de mousse, dans un arbre creux, une fissure de rocher à bonne exposition. Mais le nid lui-même est définitivement abandonné et, si parfois on peut y trouver en hiver quelques femelles engourdies, c'est que ce réduit, comme toute autre cavité souterraine, leur offrait de bonnes conditions de sécurité. Ce qui le prouve, c'est qu'on rencontre quelquefois des femelles de *Vespa vulgaris* dans des nids de *Vespa germanica*.

Dès le commencement de novembre, toutes les femelles sont ainsi cachées ; elles s'engourdissent d'une façon à peu près complète ; la vie semble suspendue chez elles et elles passent ainsi de longs mois sans mouvement et sans nourriture. Pendant ce sommeil hivernal, elles affectent une position spéciale, les pattes serrées contre le corps, les antennes appuyées sur les côtés de la face et les ailes repliées et placées sous le ventre où elles se rejoignent à peu près, en passant entre le thorax et les cuisses postérieures.

Cet état ne cesse que vers le mois d'avril, où chaque femelle réchauffée par le soleil de printemps se réveille et se met au travail pour fonder, comme nous l'avons vu, une nouvelle colonie. Cet état de sommeil les rend peu sensibles aux intempéries, et si beaucoup ne se réveillent point, c'est à d'autres ennemis que le froid qu'il faut attribuer leur mort. C'est surtout après leur réveil qu'il en succombe un grand nombre, alors qu'elles ont tout à faire pour fonder leur nid.

Cette profusion de femelles écloses à l'automne, démontre même que de grands dangers les attendent et que beaucoup devront succomber ; les inondations ou seulement la grande humidité, en hiver, les animaux insectivores, les oiseaux, mille autres ennemis les surprennent à chaque heure, auxquels elles sont tout à fait impuissantes à résister.

Mais leur fécondité répond à tous les besoins et celles qui survivent ont bientôt repeuplé la contrée d'individus de leur espèce. Ces grosses femelles, que l'on voit si affairées au premier printemps, ont une tâche sacrée à remplir, perpétuer l'espèce et en empêcher la disparition. Aussi sont-elles tout entières à leur travail et, pour éviter même le danger que pourrait leur faire courir une ardeur trop belliqueuse, ces insectes si forts et si bien armés, qui pourraient être formidables, sont à peu près inoffensifs. Il faut une attaque directe dirigée contre eux, un attouche-chement imprudent pour qu'ils consentent à user de représailles et à se servir de leur aiguillon. Combien plus irascibles seront leurs enfants, simples ouvrières infécondes, qu'un simple geste mettra en fureur et qui ne craindront pas de se précipiter sur vous si vous ne vous éloignez à temps ; mais combien moins utile aussi est l'existence d'une ouvrière isolée !

Il ne me reste plus maintenant qu'à examiner quelques circonstances particulières ou accidentelles qui peuvent modifier en un point ou un autre la biologie des Guêpes. La plus importante transformation que peuvent subir leurs mœurs se rencontre lorsque, la Guêpe fondatrice étant morte ou disparue avant le temps, le nid se trouve soudain privé des œufs qui sont nécessaires à son maintien et à son accroissement. M. de Siébold a fait à ce sujet, les observations les plus curieuses, analogues à celles auxquelles ont donné lieu les Abeilles dans de semblables circonstances. Ces observations ont été attaquées de la façon la plus violente par quelques naturalistes, mais elles n'en subsistent pas moins et, bien plus, elles se trouvent corroborées par des expériences d'autres savants se rapportant, il est vrai, à des espèces différentes d'Hyménoptères; je veux parler de la ponte parthénogétique des ouvrières vierges et nées cependant inféconde des. Ce fait paraît actuellement indéniable. Cette très-importante question de la parthénogenèse mérite une étude approfondie et se rapportant en même temps à tous les groupes qui possèdent cette faculté. De plus, des détails nombreux nous manquent encore et, au lieu de l'aborder ici incidemment, je crois préférable de la réserver pour en faire un tout complet lorsque des expériences et des observations commencées auront donné leurs résultats, et quand de plus nombreux documents seront à la disposition des travailleurs.

§ V. — MŒURS GÉNÉRALES DES GUÊPES

Si, maintenant laissant de côté les mœurs des Guêpes, en tant que société, nous examinons celles des individus pris isolément, nous trouverons encore ample matière pour de fructueuses observations,

1.— Organes des sens.— Les études que nous venons de faire sur les sociétés de Guêpes, nous amènent naturellement à conclure en leur faveur à un développement intellectuel et sensitif très-prononcé. En consultant les travaux des anatomistes, nous voyons que le système nerveux des Guêpes correspond à peu près exactement et sauf de légères modifications, à celui que l'on constate chez les Abeilles et les Bourdons, à celui aussi des Nécrophores, ces Coléoptères quasi-sociaux, aussi bien par le nombre des ganglions que par leur disposition. En effet, chez les uns comme chez les autres, on remarque, outre un double ganglion susœsophagien ou céphalique bien développé (pl. XXVII), deux ganglions thoraciques et cinq abdominaux (1). Cependant, si l'on examine comparativement le système nerveux de la Guêpe avec celui de l'Abeille et de la Fourmi, on remarque chez la première une réduction assez notable dans l'étendue des circonvolutions postérieures du ganglion céphalique, ce qui ne peut d'ailleurs avoir lieu de nous étonner.

Les sens sont assez développés, au moins ceux pour lesquels on peut avoir quelques données sérieuses. La vue semble porter assez loin.

Sir J. Lubbock(2) a fait diverses expériences qui lui ont prouvé que nos insectes peuvent, dans une certaine mesure, apprécier la différence des couleurs. Elles seraient cependant moins habiles sous ce rapport que les Abeilles.

L'ouïe, de son côté, bien que fort réduite, ne semble pas complètement absente quoique l'organe percepteur nous ait encore échappé. Le sens du goût existe très-certainement et entre deux friandises, la plus sucrée est toujours choisie. Les terminaisons nerveuses qui font naître ce sens sont probablement placées sur la languette, de la même manière que celles des Volucelles, découvertes récemment par un de nos plus consciencieux anatomistes, M. J. Kunckel d'Herculais. L'odorat et le lieu ou réside ce sens sont mieux connus depuis les curieuses recherches de M. Gust. Hauser (3) d'Erlangen. Chacun a pu d'ailleurs à première vue s'en rendre compte, en voyant arriver des lé-

(1) Brandt-Vergleichend-Anatomische Skizze des Nervensystems der Insekten. (Horæ Soc. Ent. Rossicæ. 1880, p. 19, pl. III).

(2) Fourmis, Abeilles et Guêpes. 2 vol. in-8° Paris, 1883. (Bibliot. internat.).

(3) Zeitschrift für Wissenschaftliche Zoologie, t. XXXIV, 1880 (p. 307-403, pl. 17, 18, 19) Article traduit par M. Henri Gadeau de Kerville, dans le « Bulletin de la Société des amis des sciences naturelles de Rouen, 1881, 1er semestre.

gions de Guêpes à la provision de miel ou de cassonade laissée imprudemment à découvert ou même seulement incomplètement fermée. L'observateur que je viens de citer nous apprend que l'odorat des Guêpes, à en juger du moins par la complication de l'organe récepteur, doit être extrêmement étendu, atteignant presque la perfection de celui de l'Abeille. Ce sens a son siège dans les antennes et l'insecte perçoit les sensations odorantes au moyen de fossettes innombrables, mais tout à fait microscopiques, et de divers appendices conoïdes qui garnissent la surface extérieure des antennes, comme je l'ai déjà dit.

Le sens du toucher a son siège un peu partout, mais le tact se fait encore surtout au moyen des antennes ou des poils très-fins, aboutissant à des terminaisons nerveuses spéciales, et qui existent au nombre de 70 environ sur chacun des articles antennaires du Frelon.

Les antennes sont donc d'une très-grande importance pour les Guêpes, comme d'ailleurs pour la plupart des autres Hyménoptères ; leur agitation continuelle, en quête d'émanations quelconques, en sont une preuve, et leur situation en avant de la tête les sert admirablement dans l'exercice des deux sens importants qui y résident. On dirait, quand la Guêpe est en marche, que les antennes tâtent le terrain ou qu'elles cherchent continuellement la direction la plus favorable.

Tous ces organes, ainsi que ceux du vol, de la respiration, etc., ont besoin d'être maintenus dans un état complet de propreté et il ne faut pas qu'aucune poussière, aucun de ces corpuscules microscopiques qui encombrent l'atmosphère, viennent entraver leurs fonctions. Aussi rien n'est-il plus intéressant que de voir une Guêpe au repos. Si elle ne se trouve pas inquiétée, l'observateur ne tarde pas à voir les pattes entrer en action, d'abord celles de la paire antérieure nettoyer la face avec les brosses des tarses, passer sur les antennes à plusieurs reprises pour en enlever tout corps étranger. Les yeux sont aussi l'objet des mêmes soins. Puis le devant du corps étant en état, les pattes postérieures et quelquefois les intermédiaires entrent en mouvement ; avec les poils dont elles sont munies, elles passent et repassent sur les ailes, jusque vers leur base, dans le même but de nettoyage. L'abdomen ensuite est soigné de la même manière tant en dessus qu'en dessous, et les stigmates qu'il porte débarrassés de tout ce qui pourrait nuire à leurs fonctions, surtout la paire antérieure qui est beaucoup plus à découvert que les suivants.

Mais qu'un mouvement un peu brusque vienne éveiller l'attention de l'insecte, soit qu'il ait aperçu quelque chose d'insolite, soit qu'une simple trépidation l'ait engagé à se mettre sur ses gardes, immédiatement les pattes se reposent à terre, la tête se relève, les antennes se dressent; puis si rien de suspect n'est découvert, la Guêpe, dérangée dans sa toilette, fait quelques pas comme pour explorer les environs et recommence de plus belle. Si, au contraire, le danger se révèle plus imminent, elle se raidit sur ses pattes, déploie ses ailes et s'envole à la recherche de quelque fleur ou de quelque victime.

Lorsque, brusquement et sans que la Guêpe ait pu le pressentir, vous faites mine de l'attaquer avec un fétu ou une brindille, ainsi surprise, elle ne s'envole pas immédiatement, mais son premier mouvement est de se dresser sur ses pattes, de relever les antennes et de prendre une attitude défensive et guerrière tout à fait caractéristique.

2.—Irascibilité des Guêpes.—Si, au lieu de ces observations assez pacifiques, un imprudent vient à troubler une colonie de Frelons au siège même de son établissement, soit qu'il veuille s'emparer du nid ou le détruire, soit qu'inconsciemment il ait agité le tronc qui l'abrite, la fuite est son seul refuge; car ces Guêpes de forte taille, d'accord en cela avec la plupart des insectes sociaux, Abeilles, Fourmis, etc., loin d'abandonner le terrain et de confier elles-mêmes leur salut à la rapidité de leurs ailes, s'élancent à la poursuite de leur ennemi et celui-ci ne s'en tire presque jamais sans quelque douloureuse piqûre, heureux encore si celles-ci ne se multiplient pas trop. La réputation d'irascibilité qu'ont eu de tous temps les Guêpes n'est que trop mise en lumière par les faits, et c'est ce qui doit engager les chercheurs de nids à s'entourer de toutes les précautions utiles.

Il faut ajouter que ce qui précède s'applique surtout aux Guêpes proprement dites, du genre *Vespa*. Les Polistes sont moins à craindre et ils ne piquent guère que lorsqu'on les touche. On peut très-bien les observer pendant leur travail sans risquer d'être attaqué.

3. — Piqûre, accidents, remèdes. — Chacun a appris à connaître à ses dépens la piqûre des Guêpes et ses principaux effets. L'enflure d'abord qui suit immédiatement et qui s'étend quelquefois d'une façon considérable, se joignant à une auréole violacée qui entoure le siège du mal, est bien connue et l'on sait que ces premiers effets sont d'autant plus accusés que la personne attaquée a la peau plus fine, les chairs plus délicates, comme les enfants ou les femmes par exemple. Mais en dehors de ces accidents peu graves en eux-mêmes, les recueils médicaux ont réuni et enregistré un grand nombre de cas où des piqûres multipliées ont amené non seulement la fièvre, le délire, les vomissements, des sueurs abondantes, un état de prostration et de faiblesse plus ou moins complet, mais même la mort. Sur certains sujets doués sans doute d'une réceptivité spéciale, la piqûre d'une seule Guêpe a pu avoir les inconvénients les plus sérieux, mais il s'agit là de faits exceptionnels.

Ainsi, un médecin rapporte qu'une piqûre de Guêpe, sur le corps, fut suivie de lipothymies et de desquamation de toute la surface du corps :

« Une dame(1), dit Richerand, fut piquée par un frelon sur le droigt medius de la main gauche. La douleur fut très-vive ; en moins de quelques secondes, son corps entier se tuméfia ; la peau devint généralement rouge et boutonneuse et une fièvre ardente se développa. Cabanis traita heureusement la malade. En quelques heures le gonflement, la fièvre, la rougeur disparurent. Au quatrième jour, rien ne subsistait d'un si grand désordre, qu'un petit point noir dans l'endroit de la piqûre. »

Il paraît avéré qu'un grand nombre de piqûres de Guêpes amènent la mort assez rapidement chez les animaux et chez l'homme, surtout chez les enfants. La piqûre la plus dangereuse et qui peut se présenter assez fréquemment est celle du pharynx ou du voile du palais. L'enflure qui survient dans ces parties délicates suffit alors pour provoquer l'asphyxie :

« Moquin-Tandon rapporte trois faits de ce genre. En 1776, un

(1) Mabaret du Basty. Thèse pour le doctorat. 1875.

jardinier de Nancy, ayant porté à la bouche une pomme qui renfermait une guêpe, fut piqué par celle-ci au voile du palais. Il en résulta une inflammation rapide et un gonflement douloureux. Le blessé périt au bout de quelques heures. »

« Chaumeton assure qu'un jeune homme n'ayant pas aperçu une guêpe qui se trouvait au fond de son verre, avala l'insecte qui le piqua dans la gorge. L'effet fut très-prompt. La gorge s'enflamma et le jeune homme mourut suffoqué. »

« Enfin, un jeune homme âgé de 16 ans, buvait dans une bouteille ; une guêpe qu'il ne pouvait voir s'introduisit dans sa gorge, le piqua et l'enflure interceptant l'air, il expira avant qu'il fût possible de lui porter secours » (1).

Pour ces sortes de piqûres, on recommande des gargarismes avec une solution très-concentrée de sel marin. Parfois la trachéotomie peut devenir nécessaire.

Il paraît (2) que les constitutions lymphathiques donnent lieu à des accidents plus graves que les autres. Généralement on pense que si l'insecte n'a pas piqué depuis longtemps, sa blessure est plus douloureuse et plus dangereuse. Quand la piqûre est faite sur le trajet d'un nerf, la douleur peut être très grande et durer très-longtemps. D'autres fois, il n'est pas rare de voir, quand les phénomènes inflammatoires atteignent une certaine limite, se développer autour de la partie atteinte des stries rouges provenant de l'inflammation des vaisseaux lymphatiques. Les autres accidents signalés par les auteurs sont des abcès, de phlegmons, des gangrènes, des escharres, des ulcères, des érysipèles.

Voici maintenant les traitements conseillés. On doit d'abord vérifier si l'aiguillon n'est pas resté dans la plaie et, dans ce cas, l'enlever ou au moins le couper au ras de la peau pour en rejeter la base encore imprégnée de venin; puis il faut bassiner la blessure avec de l'eau contenant soit un peu d'ammoniaque caustique, soit quelques gouttes d'acide phénique. Quand les piqûres sont très-nombreuses et qu'il peut se produire des accidents secondaires généraux, l'intervention du médecin devient nécessaire.

(1) Mabaret, l. c. p. 20.
(2) l. c. p. 22.

En général, quand une Guêpe est à portée pour piquer, le meilleur est d'éviter tout mouvement brusque ; surtout il faut avoir grand soin de ne pas gesticuler, comme on le fait trop souvent pour la chasser. La Guêpe ne pique jamais que pour se défendre contre une attaque ou pour se venger. Si l'on fait de grands mouvements dans le but d'effrayer l'insecte, celui-ci, au contraire, se croyant attaqué, s'irrite et se précipite sur l'imprudent. Si au contraire on reste immobile ou si, au moins, par des mouvements très-mesurés, on cherche à éveiller seulement l'inquiétude chez l'insecte sans exciter sa colère, on n'en éprouvera aucun inconvénient. Ainsi si l'on se trouve par hasard auprès d'un nid de Guêpes et que celles-ci viennent à entourer plus ou moins le promeneur, il ne doit point fuir précipitamment, mais plutôt rester complètement immobile et se retirer ensuite très-lentement et en reculant. Les Guêpes le laisseront bientôt. Cependant si l'on a affaire à un groupe de Frelons déjà irrités, la fuite rapide est commandée, car ils savent très-bien reconnaître leur agresseur parmi les objets environnants.

Les grandes chaleurs du milieu de la journée semblent encore redoubler leur activité et leur furie. Les matinées ou les nuits fraîches, les jours nébuleux de l'arrière saison les rendent beaucoup plus pacifiques. La perte de la femelle fondatrice paraît aussi leur enlever toute énergie et tout entrain ; dans ce cas d'après Réaumur, les Frelons eux-mêmes sont infiniment moins redoutables.

Ajoutons enfin, en terminant, que la composition du venin des Guêpes n'est pas connue. C'est un liquide clair comme de l'eau, se desséchant rapidement, d'une saveur âcre et styptique ; son action chimique est légèrement acide, et cette réaction serait due, dit-on, à une petite quantité d'acide formique. Comme les accidents généraux que l'on observe le plus souvent dépendent du système nerveux, on peut être amené à conclure à son analogie avec le venin de la vipère, du scorpion, des arachnides qui, absorbé par le torrent circulatoire, a une grande action sur le système cérébro-spinal.

4.—Action nuisible des Guêpes.—*Leur utilisation.*—Les Guêpes ne produisent rien pour l'homme et elle lui sont, au contraire, éminemment nuisibles. Leur piqûre, comme on vient de le voir, peut avoir des effets très-graves. De plus chacun sait quelles déprédations elles commettent sur nos fruits mûrs, nos raisins, etc. Les fabriques de sucre, les raffineries, les magasins d'épicerie ou de patisserie ont grandement à s'en plaindre; enfin le Frelon attaque les Abeilles, et ces insectes utiles périssent en grand nombre sous ses coups. Aussi ne tenterai-je pas un plaidoyer en leur faveur et, malgré les travaux si curieux qu'elles savent exécuter, les abandonnerai-je à la réprobation qui les a toujours poursuivies. Je conseillerai, au contraire, la destruction des nids sur la plus grande échelle et surtout la capture et la mise à mort des femelles au premier printemps, alors qu'elles existent encore seules. C'est le meilleur moyen pour diminuer, dans une région, facilement et sans danger, le nombre des nids.

Cependant je ne veux pas quitter ce sujet sans apporter ici à leur décharge l'indication des rares services qu'elles sont capables de nous rendre.

Le premier, et peut être le plus important, réside dans la chasse qu'elles font dans nos habitations et surtout dans les boucheries, aux mouches bleues ou vertes qui pondent sur les viandes et hâtent ainsi dans une grande mesure leur décomposition.

Une curieuse application du venin des Guêpes à la thérapeutique semble montrer que, si l'on en connaissait mieux la composition et les effets, on pourrait en tirer utilement profit :

« Un rhumatisme (1) articulaire, écrit M. de Gasparin, me tenait dans un état de souffrances continues, et j'avais en vain employé les eaux d'Aix et de Saint-Laurent, lorsqu'un jour je fus piqué fortuitement par une guêpe au poignet droit. Mon bras, qui était très-douloureux, enfla immédiatement, mais la douleur disparut de même. En voyant cet heureux résultat, je me fis piquer le lendemain sur le trajet de la cuisse et de la jambe, ce qui me délivra de mes douleurs. Quand la douleur ou un simple refroidissement reparurent, j'eus recours au même moyen, toujours avec succès. Je me fis également piquer au cou, sur les côtés et le devant du thorax pour une bronchite intense qui disparut rapi-

(1) Mabaret. l. c. p. 40.

dement, et, depuis, le catarrhe qui est mon indisposition habituelle de tous les hivers n'a pas reparu. (*Union médicale*, juin 1861). »

« Voici, si l'on croyait, d'après ces indications, pouvoir recourir à ce mode de révulsion ou de modification organique, quel serait le moyen qu'il faudrait employer. C'est celui indiqué par M. de Gasparin lui-même. Il suffit de placer les abeilles ou les guêpes sous un vase où, après s'être agitées, elles restent bientôt immobiles. On les saisit avec de petites pinces, et, en les appliquant sur la partie douloureuse, elles piquent immédiatement sans produire un grand mal. On peut se demander si les bons résultats obtenus sont dus à la révulsion ou à l'absorption du virus des insectes employés. »

5.—Apprivoisement des Guêpes.—Il semble que des insectes aussi susceptibles, qu'un mouvement met en fureur, qui cherchent à se venger, avec une persistance singulière, de l'imprudent qui les a effrayés, ne puissent jamais connaître les douceurs de la civilisation et de l'apprivoisement. Il n'en est rien cependant et le pasteur P.W.J. Müller, à force de patience, est parvenu à se faire connaître, je dirai presque aimer par une colonie entière de Frelons. Voici, d'après Schenck(1), le récit curieux de ce fait décrit originairement dans le *Magasin der Entomologie*, de Germar, t. III, 1818 :

« Il est extrêmement remarquable que les frelons si irascibles et si redoutables se laissent apprivoiser. Le pasteur Müller y a réussi en 1811. Il trouva, dans une ruche de paille, qui était vide, le commencement d'un nid de frelons, et à côté une grosse femelle de cette espèce. En soulevant et en renversant la ruche tous les jours et fréquemment, il arriva à ce résultat qu'il pouvait enlever et retourner la ruche, et voir les ouvrières qui ne cessaient d'augmenter le nid. Plus tard, les frelons s'habituèrent, lorsqu'ils rentraient dans leur nid avec des matériaux de construction et que Müller avait la ruche à la main, à voler dans le panier qu'il leur présentait et à continuer de travailler au nid ; il pouvait même parcourir avec ce panier la distance du rucher

(1) Die deutschen Vesparien. (Jahrbucher des Vereins für Naturkunde im Herzogthum Nassau, 1861, p. 131).

au jardin sans qu'ils parussent se déranger pendant le chemin. Enfin il pouvait les toucher et les caresser sans qu'ils en fussent irrités. Pendant qu'il portait le panier devant lui renversé, la femelle pondait des œufs. Müller observa l'élevage des larves écloses ; il put même, avec une longue aiguille ou un brin de bois pointu, enlever aux frelons nourrisseurs la pâture, qui consistait en une pelote de mouches mâchées, en abeilles et autres aliments analogues. Les frelons prenaient à l'extrémité d'un brin de bois mince, le miel qu'il leur présentait et ils en nourrissaient leurs larves ; ils prenaient de la même manière les larves d'abeille et les abeilles vivantes. Il les habituait chaque jour, souvent 10 à 15 fois, à prendre la nourriture qu'il leur présentait. Les larves se laissaient aussi nourrir par Müller, avec du miel ou des larves d'abeilles écrasées. Le 15 juin eût lieu l'éclosion des premiers jeunes frelons, plusieurs autres encore éclosaient plus tard. Ils s'envolaient peu de jours après, apportaient de la matière pour bâtir et de la nourriture, et ils aidaient la guêpe-mère à agrandir le nid et à nourrir les larves. Ils se laissaient aussi manier tout-à-fait comme les vieux frelons, car Müller, depuis leur éclosion, les y avaient habitués, en les touchant, en les nourrissant, en les inspectant fréquemment. Il prenait souvent le panier garni de 30 à 40 frelons dans le lieu où il était placé et le portait dans le jardin pour y montrer à d'autres personnes, l'ouvrière de cet insecte dans l'intérieur de son habitation. Il portait toujours le panier renversé, cependant jamais un seul frelon ne s'irritait; toutes les ouvrières continuaient, au contraire, à travailler paisiblement. Afin de voir dans l'intérieur du nid, il détachait toujours un morceau de son enveloppe, lorsqu'ils le fermaient presque entièrement en dessous, et cela sans exciter la colère ou provoquer une attaque des frelons. Ils avaient déjà construit trois rayons, lorsqu'un jour la vieille mère guêpe ne revint plus, ayant sans doute péri hors du nid, tuée par un ennemi ou par suite d'un accident. Les 40 à 50 ouvrières continuèrent à travailler encore quelques temps, mais elles disparurent bientôt peu à peu et le nid fut ainsi abandonné. »

6. — Rapports des Guêpes entre elles. — *Langage.* — Nous n'avons que bien peu de renseignements sur les rapports que les Guêpes peuvent avoir les unes avec les autres. Je ne crois pas qu'ait été faite l'expérience qui consisterait à placer, dans un nid tenu prisonnier, quelques individus provenant d'un autre nid et marqués de blanc ou de rouge sur le thorax, pour permettre de bien suivre leurs allées et venues. Si l'on s'en rapporte à ce qui se passe chez d'autres espèces sociales et aux rares observations publiées, l'accueil ne serait rien moins que favorable. Les intrus sont immédiatement reconnus et repoussés. Cependant des nids différents peuvent être très-voisins sans qu'il en résulte de déclaration de guerre.

Dans la vie commune d'un même nid, entre sœurs par conséquent, l'accord ne peut qu'être complet. On pourrait même supposer une certaine tendresse dans les rapports qu'elles ont les unes avec les autres, quand on se rend compte des soins qu'elles se prodiguent mutuellement; de l'aide qu'elles ne se refusent jamais pour un travail pénible, de l'esprit de corps, en un mot, qui règne dans ces petites républiques.

Il n'est pas jusqu'à un certain langage particulier qu'on ne se voie forcé de leur accorder. Elles ont besoin, en effet, de se concerter pour un travail commun, de se comprendre dans mille circonstances de leur vie, de pouvoir faire un appel aux armes en cas de danger, etc. M. Saunders rapporte à ce sujet une observation trop intéressante pour que je ne la consigne pas ici en entier (1) :

« Le nid d'un *Polistes gallicus* me fut apporté, bien fourni de jeunes larves, avec un seul individu de la colonie ailée. Je déposai ce nid, avec l'ouvrière, en dehors d'une fenêtre, mais en dedans des jalousies. Celles-ci faisaient partie d'une série d'autres toutes semblables se trouvant sur les trois étages de plusieurs maisons bâties l'une à côté de l'autre. Je couvris d'abord le nid avec un gobelet, que je retirai pendant la nuit. Le lendemain matin, le Poliste partit pour se rendre à la recherche de ses compagnons et revint en en ramenant avec lui deux autres pour l'aider à nourrir les larves. Il a fallu nécessairement qu'il usât de quelque moyen pour faire comprendre à ses associés l'objet

(1) An Adress read before the Entom. Soc. of London an the Anniversary Meeting on the 25 th. January, 1875, by sir Sydney Smith Saunders, C. M. G., président (p. 14 à 16 du tirage à part).

de sa démarche et pour les inciter à le suivre avec confiance. Mais reconnaître parmi tant d'autres semblables la fenêtre qui cachait le nid, persuader aux autres Polistes de l'accompagner pendant un voyage si étrange et déraisonnable, aussi dans un lieu si lointain et si insolite pour retrouver le nid disparu, sont des faits qu'on ne peut expliquer que par l'exercice d'une haute intelligence et d'une faculté de communication assez considérable.

« On ne peut douter que ces Polistes n'appartinssent réellement à la même colonie, puisque d'autres n'auraient pu se rendre qu'à leur propre demeure ; mais à ce sujet et pour le prouver surabondamment, je leur ai amené quelques étrangers pris dans d'autres nids ; ils furent aussitôt assaillis et repoussés. Le nid en question est devenu remarquable par la nature des matériaux employés pour l'agrandir et qui provenaient en grande partie des affiches de théâtre de diverses couleurs collées dans le voisinage, reconnaissables aux zones diversement colorées dont se composèrent les cellules. »

« Sir John Lubbock nous a montré autrefois que les sons produits par les vibrations des ailes chez les Hyménoptères varient selon les circonstances ; que l'insecte fatigué fait entendre une note différente de celle que produit un individu alerte, car les vibrations, dans le premier cas, se trouvent être plus lentes ; que ce changement dans le ton est certainement subordonné à la volonté et qu'on peut lui accorder un certain rapport avec une voix véritable ; que l'Abeille en quête de miel a un joyeux bourdonnement en *la*, mais que, si elle se trouve excitée et mise en fureur, elle fait sortir une note bien différente, de sorte que les sons produits par les insectes peuvent leur servir à exprimer leurs sentiments, comme un véritable langage. Le même auteur fait remarquer aussi que, puisque nous pouvons nous-mêmes, bien que notre organisation, nos habitudes et nos sentiments soient si éloignés de ce que peuvent être ceux d'une mouche ou d'une abeille, sentir la différence du bourdonnement joyeux et du cri de la colère, il serait peu vraisemblable que la faculté d'exprimer leurs sentiments s'arrêtât là ; on ne peut donc guère douter qu'ils ne possèdent aussi le moyen de se communiquer entre eux d'autres sensations et d'autres idées. »

« Revenant à nos Polistes, sans vouloir cependant pénétrer trop avant dans les facultés mystérieuses qu'ils peuvent avoir à cet égard, nous pouvons bien facilement concevoir la joie et le ravissement indiqués par le nouveau venu à l'emplacement du domicile perdu, et d'autre part, la tristesse et le désespoir que montrént les autres Polistes égarés et cherchant en vain leur logis ; nous ne nous écarterons pas de la saine raison en admettant que, s'étant d'abord reconnus par les salutations habituelles à l'endroit où était le nid enlevé, quelque sentiment attractif a pu être inspiré aux individus en quête de leur domicile, pour les engager a se rendre aux incitations pressantes de le suivre que leur faisait leur guidé, celui-ci atteignit son but absolument comme si les bonnes raisons qu'il pouvait donner eussent été énoncées au moyen de la voix ou d'un véritable langage et qu'elles eussent entendues et comprises. »

Il résulte de diverses expériences de sir. J. Lubbock (1) que « si les Guêpes, quand elles ont découvert une provision d'une nourriture agréable, possèdent la faculté de s'en informer l'une l'autre, elles n'en font certainement pas un fréquent usage. »

Il a montré, au contraire, que dans des cas semblables, les fourmis sont bien plus aptes à se faire part de leurs impressions.

7. — Comment meurt une Guêpe. — Le même auteur (2) a observé la mort d'un Poliste, mort qui semble bien naturelle, mais qu'on ne peut cependant, sur un seul fait, regarder avec certitude comme tout à fait normale, d'autant plus qu'il s'agit d'un insecte captif.

« ..... Elle sortit encore quelquefois et sembla se porter aussi bien que d'habitude presque jusqu'à la fin de février, lorsqu'un jour, je vis qu'elle avait à peu près perdu l'usage de ses antennes, bien que le reste de son corps ne présentât rien de particulier. Le lendemain j'essayai encore de la faire manger ; mais sa tête paraissait morte, bien qu'elle pût encore mouvoir ses pattes, ses ailes et son abdomen. Le jour suivant, je lui offris de la nourriture pour la dernière fois, mais sa tête et son thorax étaient morts ou paralysés ; à peine pût-elle encore mouvoir l'extrémité

(1) Fourmis, Abeilles et Guepes. Paris, 1883, II, p. 76.
(2) l. c. p. 78.

de son abdomen, dernier témoignage, j'aime à le croire, de gratitude et d'affection. Autant que j'ai pu en juger, sa mort arriva sans douleur, et maintenant elle occupe une place au British Museum. ».

Rien n'est plus intéressant, et des expériences suivies sur ce sujet auraient une très-grande importance pour nous mettre sur la voie de tant de mystères qui enveloppent encore bien des actes des insectes et des moyens qu'ils mettent en œuvre pour les accomplir.

§ VI. — ENNEMIS DES GUÊPES

(Pl. XXXIV et XXXV)

Si bien armées que soient les Guêpes, si redoutables qu'elles paraissent, elles ont pourtant à compter avec un grand nombre d'ennemis qui les déciment et qui leur font une guerre acharnée. Ce sont donc pour nous de très-utiles auxiliaires.

Parmi ces auxiliaires, les uns s'attaquent indifféremment à toutes les espèces de Guêpes, d'autres se spécialisent davantage et ne cherchent chacun à détruire qu'une ou deux espèces.

Parmi les premiers, il faut citer d'abord quelques mammifères fouisseurs et carnassiers, ou insectivores, le hérisson, la musaraigne, le renard, puis un assez grand nombre d'oiseaux qui gobent les Guêpes, comme tout autre insecte aérien ; parmi eux, deux espèces surtout méritent d'être citées par la consommation plus large qu'elles font de ces insectes, ce sont la Buse bondrée (*Pernis apivorus*) et le Guêpier (*Merops apiaster*).— La Bondrée dédaigne les Guêpes ailées, mais elle aime beaucoup leurs larves et elle entreprend souvent de déterrer leurs nids, ce qu'elle fait avec une grande persévérance. Elle les dévore elle même et en apporte à ses petits dans le nid. Ce n'est, d'ailleurs, pas sa nourriture exclusive, mais cependant un de ses plats de prédilection. La Bondrée habite toute l'Europe, sauf la partie la plus septentrionale. Cet oiseau appartient à la tribu des Rapaces.

Le Guêpier se voit un peu dans toute l'Europe, mais il n'est réellement abondant et ne niche régulièrement que dans les pays circaméditerranéens. Ainsi il est très-abondant en Crète, en Grèce, en Espagne. Sa nourriture favorite consiste en insectes à aiguillon et particulièrement en Abeilles et en Guêpes. Quand il a découvert un nid de Guêpes, il s'installe auprès et happe successivement au passage tous les habitants de ce nid. Quand il a jeté au contraire son dévolu sur une ruche, il détruit beaucoup d'abeilles et fait le désespoir des apiculteurs. Il se range dans la tribu des Lévirostres.

Le plus grand nombre des ennemis des Guêpes appartient aux animaux invertébrés. Presque tous les ordres y apportent leur contingent. Quelques-uns de ces parasites s'attaquent à une espèce spéciale de Guêpe, d'autres s'adressent à deux ou plusieurs espèces. Je vais les passer succintement en revue.

Vespa orientalis. — Jusqu'à ce jour on ne connaît aucun insecte parasite de cette Guêpe, mais il y a tout lieu de penser qu'elle n'en est pas exempte et que des observations ultérieures en feront découvrir.

Vespa crabro. — Plusieurs naturalistes ont exploré les nids de Frelons au point de vue des hôtes étrangers qu'ils peuvent renfermer. Celui qu'ils ont trouvé le plus communément, est un insecte coléoptère, le *Quedius dilatatus* Fabr. et surtout sa larve (fig. 1 et 2). Celle-ci se rencontre presque toujours dans les nids de cette Guêpe et parfois en grande quantité. Elle habite les parois du nid, le fond des cellules, et aussi, au moins à l'arrière saison, les détritus accumulés au bas de la cavité où il est situé. M. Rouget(1) rapporte que d'un grand nid de Frelons comprenant 10 rayons, et des débris sous-jacents, il a pu extraire 169 larves et il est probable qu'un certain nombre d'autres lui ont échappé.

La larve de *Quedius* arrivée à l'état adulte est brun rougeâtre ; la tête est carrée, plate, pourvue en avant de deux fortes mandibules pointues; le labre est arrondi et caréné ; on aperçoit sur les côtés deux courtes antennes de quatre articles, dont le der-

(1) l. c. p. 52.

nier, bien plus petit que les autres, est muni de deux longs poils. On n'y voit aucune trace d'yeux. Le prothorax est grand, les deux autres segments bien plus étroits; le reste du corps un peu aplati, corné, montre en dessus, de chaque côté, de larges mamelons plats et porteurs de quelques poils raides ainsi que les bords des segments. Le grand segment abdominal, beaucoup plus étroit que les précédents, porte deux appendices articulés et composés de deux pièces ; la seconde, bien plus mince que la basilaire est prolongée encore par un poil fin. Anus en forme de saillie cylindrique saillante simulant un pseudopode. Les segments ventraux offrent des poils raides assez nombreux. Les segments thoraciques supportent trois paires de pattes. La longueur est de 18 à 20 m/m.

Presque tous les exemplaires de cette larve que j'ai pu examiner avaient le thorax garni de petits Acariens qui, soumis au savant examen de M. Mégnin, ont été reconnus comme les *Hypopes* ou formes voyageuses du *Tyroglyphis longior*. La larve de *Quedius* ne leur sert absolument que de voiture pour gagner un lieu plus favorable à leur développement, et toute autre peut leur rendre le même service.

Ces larves du *Quedius* quittent le nid lui-même vers le milieu ou la fin d'octobre, et s'enfoncent dans le terreau placé au dessous pour s'y enfermer dans une petite loge et y passer l'hiver dans l'immobilité. Dans le courant d'avril de l'année suivante, a lieu la transformation en nymphe et l'éclosion se fait vers le milieu de mai. Dans les éducations qu'il a suivies, M. Rouget a perdu beaucoup de ces larves, victimes d'un petit Diptère parasite ayant vécu dans leur corps; ce Diptère n'a pas été déterminé. Quel est maintenant le rôle du *Quedius* dans les nids de Guêpes? La plupart des auteurs ont supposé que ses larves devaient dévorer celles du Frelon. Mais il résulte des consciencieuses observations de M. Rouget que leur rôle se bornerait à consommer « les résidus excrémentiels rejetés par les larves des Frelons lors de leur transformation en nymphe ou par celle-ci, lors de sa métamorphose, et qui sont alors accumulés au fond de la cellule sous forme de matière noire et solide. Ce serait, dans cette hypothèse, après l'éclosion du Frelon que la larve parasite s'introduirait au fond de la cellule pour se nourrir de ces résidus, lorsqu'ils n'ont pas encore acquis une grande dureté. » Le *Quedius dilatatus* serait donc plutôt un auxiliaire du Frelon qu'un de ses parasites, puisqu'il l'aiderait à se débarrasser des immondices qui encombrent son habitation.

Vespa germanica et *V. vulgaris*. — Plusieurs parasites ou commensaux signalés dans les nids de Guêpes sont communs à ces deux espèces.

I. De ce nombre, est un Coléoptère dont les mœurs ont été observées par plusieurs entomologistes.

Le *Rhipiphorus paradoxus* Linné (fig. 3, 4 et 5), a été indiqué pour la première fois comme vivant dans les nids de Guêpes par Ramdohr (1). Depuis, ce fait a été confirmé nombre de fois. La larve de cet insecte est un parasite proprement dit, car elle dévore celle des Guêpes dans leur cellule. — Un éminent naturaliste anglais, M. le Dr Chapman, a donné dans un intéressant travail qu'il a publié (2) sur ce sujet, la description de cette larve et sa manière de vivre qu'il est le premier à avoir surprise, au moins dans le commencement de son existence.

Elle est (fig. 4) blanche, allongée, charnue, pourvue de trois paires de pattes fort petites, munies de ventouses. En devant de la tête se voient deux grosses mandibules aiguës, placées devant l'ouverture de la bouche. A l'intersection de chaque segment existe, sur le dos, une petite plaque cornée, allongée, d'apparence chagrinée et de couleur noirâtre ; deux autres fragments très-réduits leur font suite. Sur la face ventrale se trouvent d'autres petites plaques munies de cils ambulatoires ; enfin, le dernier anneau du corps porte à son extrémité, au moins pendant le jeune âge, deux appendices transparents, terminés par des sortes de disques. La tête est noire et triangulaire avec de petites antennes de trois articles aux angles postérieurs. La longueur de la larve est, à ce moment, de 4 à 5 m/m.

Les œufs sont blancs, oblongs, d'environ un demi millimètre de long ; chaque femelle, d'après M. Rouget, peut en pondre environ 500. Cet observateur a obtenu une ponte semblable arti-

(1) Germar. Magazin der Entomologie. t. I, 1813, p. 137.

(2) Annals and Magazine of natural History. Octobre 1870, pl. XVI.

ficiellement dans un tube de verre où la mère les avait placés dans les interstices du bouchon et de fragments de papier. Mais l'endroit réel choisi par cet insecte pour déposer ses œufs dans l'état de liberté est encore inconnu. Dès son éclosion, il s'échappe du nid pour procéder à l'accouplement et on n'a point observé qu'il y rentrât, car tous les nids détruits n'ont présenté aux observateurs que des *Rhipiphorus* fraîchement éclos. Il est fort probable, en raison de la faculté qu'a la larve de se mouvoir dès sa naissance, que la ponte a lieu en dehors du nid. Cependant des observations spéciales faites dans ce but n'ont offert au Dr Chapman ces petites larves sur aucune Guêpe prise en liberté, comme cela se voit au contraire pour les larves de *Meloe* et de *Sitaris* dont les Andrènes et les Anthophores se chargent sur les fleurs qu'elles visitent. Il y a donc encore là un point obscur à élucider.

Quoiqu'il en soit, on retrouve les très-jeunes larves dans l'intérieur du corps des larves de Guêpes. Ce parasitisme interne n'est d'ailleurs que transitoire, car dès qu'elle a acquis une longueur de 2 à 3 millimètres, elle sort de sa victime au point où commence le quatrième segment, la partie antérieure restant vide ; cette exode correspond probablement à une mue. Elle continue à dévorer sa proie et devient ainsi parasite externe.

A ce moment, la larve de *Rhipiphorus* change de physionomie (fig. 5). Elle devient entièrement blanche, glabre, molle, charnue, enflée ; elle perd les petites plaques cornées qu'elle portait naguère, mais sa peau reste légèrement plissée. Sa tête aussi devient blanche et les mandibules seules ont leur extrémité rembrunie. Celle-ci, armée de trois dents aiguës et tranchantes, se trouve être bien en rapport avec les instincts carnivores de la larve. Sa longueur, à l'état adulte, atteint 12 à 13mm, et sa largeur, en son milieu, 4 à 5mm. — Les stigmates ont leur position habituelle sur les côtés du corps, et l'on n'aperçoit aucune trace d'organes ni de vision, ni de locomotion.

Des œufs étant encore pondus dans le courant ou à la fin d'octobre, on peut se demander ce qu'ils deviennent à cette époque de l'année où les larves de Guêpes font défaut et où les nids vont être abandonnés. L'éclosion n'a-t-elle lieu qu'au printemps ou la larve elle-même hiverne-t-elle dans quelque abri ignoré ? Ce sont autant de problèmes non résolus. De diverses observations, il résulte que l'accroissement est assez rapide; on peut donc en conclure qu'il doit y avoir une génération printanière, provenant des œufs pondus avant l'hiver, et une autre à l'automne. Malgré le très-grand nombre d'œufs mis au jour par la mère, on ne rencontre guère de *Rhipiphorus* avant les mois d'août ou septembre. Peut-être y en a-t-il un très-grand nombre qui périssent avant d'avoir trouvé la larve de Guêpe qui leur est nécessaire; cette fécondité excessive serait aussi un signe de dangers très-grands attendant les jeunes larves. On peut encore supposer qu'un petit nombre des œufs pondus à l'automne arrivent à bien, par la raison que s'il en survivait un grand nombre, les nids de Guêpes, encore en voie de formation, seraient dévastés dans des proportions beaucoup trop grandes relativement à leur population restreinte.

A l'automne, au contraire, on trouve des nids populeux qui contiennent jusqu'à 78 de ces parasites, ainsi que l'a observé M. Rouget. Mais c'est un chiffre exceptionnel et en moyenne on peut compter 10 à 15 parasites par nid. Ceux de *Vespa germanica* et de *V. vulgaris* paraissent aussi fréquentés l'un que l'autre. Il ne semble pas que les nids d'autres espèces en possèdent aussi, du moins l'observation n'en a point découvert jusqu'ici.

Enfin, M. Rouget a observé que les individus sortis des nids de *V. germanica* appartenaient à la variété à mésosternum noir et ceux des nids de *V. vulgaris* à celle qui a le mésosternum roux; cette règle n'est enfreinte que par un très-petit nombre d'exceptions.

II. Un autre parasite des mêmes Guêpes appartient comme elles à l'ordre des Hyménoptères et vient se ranger dans la grande famille des Ichneumonides, ces ennemis si innombrables de tous les autres insectes; c'est le *Tryphon vesparum* Rutz (fig. 6, 7 et 8). Sa larve est encore un véritable ennemi pour les Guêpes, puisqu'elle tue leurs larves, vivant dans l'intérieur de de leur corps aux dépens d'abord des matières graisseuses, ensuite de tout ce qui reste des organes internes. Des observations un peu complètes manquent sur la biologie de ce parasite.

On sait seulement que l'éclosion a lieu en septembre. La ponte se fait immédiatement et il est au moins probable qu'elle se produit dans le nid même et dans les alvéoles garnies de larves. La croissance du parasite doit être assez rapide pour que la transformation en nymphe ait lieu avant l'hiver. La larve construit une sorte de coque, très-dure, à côtes longitudinales (fig. 7), de couleur grise ou rougeâtre. Au commencement de l'été, en mai ou juin, a lieu une première éclosion peu nombreuse, dont la ponte donne lieu à la seconde génération automnale. Voici enfin sur ce parasite de curieuses observations dues à M. Rouget, de Dijon, et que je ne puis omettre ici.

« Le *Tryphon vesparum*, dit-il (1), peut causer dans certaines circonstances, des ravages considérables dans les nids de guêpes. Sa larve pénètre au fond de la cellule, sous la larve à peu près adulte de la guêpe ; elle mange les trois quarts environ de l'abdomen de sa victime et se construit ensuite une coque solide dans le fond de la cellule ; la larve de guêpe a pu néanmoins clore cette cellule et se métamorphoser en nymphe. Lorsqu'on enlève l'opercule peu de temps après la transformation, tout semble à l'état normal ; mais en retirant la nymphe de guêpe, on aperçoit bientôt qu'il ne lui reste plus de l'abdomen que la base nettement tronquée. Si, au contraire, on ouvre la cellule plus longtemps après la transformation de la nymphe, on trouve celle-ci plus ou moins desséchée et réduite à un petit volume. »

« J'ai observé deux nids de *Vespa germanica* dans chacun desquels, indépendamment d'un grand nombre de larves de *Tryphon* contenues dans des cellules non encore closes, quatre ou cinq mille cellules au moins étaient occupées par des coques de ce parasite. Plusieurs de ces cellules étaient néanmoins garnies soit d'œufs de guêpe, soit de larves ou très-petites ou présentant déjà un certain développement. Les cellules des guêpes femelles présentaient également des coques de *Tryphon ;* mais ici, par suite du volume plus considérable des nymphes contenues dans les cellules, la larve parasite n'avait mangé que le tiers environ de l'abdomen de ces nymphes ; les coques, en raison du plus grand diamètre de la cellule, avaient elles-mêmes

(1) l. c. p. 119. Note.

un diamètre proportionné, mais aussi une hauteur moins considérable. »

La larve du *Tryphon vesparum* est assez allongée, un peu courbée, effilée aux deux bouts et un peu renflée au milieu. Elle est molle, charnue, blanche. La tête, qui est plus étroite encore que la partie postérieure, est blanche aussi et présente seulement en avant quelques lignes brunes formant des dessins symétriques indiquant les lèvres et les mandibules qui sont à peine distinctes.

Cette larve est aveugle et apode. On remarque seulement sur le dos des segments abdominaux, des mamelons charnus transversaux qui doivent évidemment servir à la translation de la larve d'un endroit à l'autre de la cellule qui est son berceau ; ce sont de véritables pseudopodes dorsaux. La longueur de cette larve adulte est de 9 à $10^{m}/^{m}$ et son diamètre au milieu environ trois millimètres.

III. Chacun sait que les ruches sont trop souvent visitées par la chenille d'un petit papillon connu vulgairement sous le nom de Teigne de la cire et qui y fait les ravages les plus sérieux. Les habitations des Guêpes ont un ennemi à peu près semblable. C'est aussi un Microlépidoptère appartenant à la même tribu que la Teigne des ruches, mais à un autre genre. On le nomme *Melissoblaptes anellus* H. (fig. 9). M. Jourdheuille (*Ann. Soc. ent. fr.* 1870, p. 248); M. L.-M. Sand (*Cat. des Lepid. du Berry et de l'Auvergne*, p. 132), attribuent les dégâts faits dans les nids de Guêpes à l'*Aphomia colonella* L. (*sociella* L.). Mais il semble que ce soit là une erreur de détermination ou d'observation et que le véritable parasite des Guêpes est le *Melissoblaptes*, de l'avis des spécialistes les plus compétents. Zeller, en parlant de cet insecte (Stett., Ent. Zeit. 1818, p. 413), rapporte d'après Zimken, que cette chenille vit dans les nids des « Erdbienen », ce qui ne peut s'entendre que des Guêpes ou des Bourdons. M. von Horning (in litt.) affirme que c'est bien le parasite des Guêpes et que son éducation dans les guêpiers est connue depuis longtemps par tradition chez les entomologistes viennois. Zeller donne (*l. c.*; p. 414) la description de cette chenille et sa diagnose s'écrit ainsi :

Larva (sedecimpes) cylindrica, gracilis, capite antice attenuato, nitida, fusconigra, rare pilosa, prothorace lævi, scuto anali magno, semiovato, convexo, pedibus sordide flavescentibus.

Sa longueur est d'un peu plus de deux centimètres.

La chrysalide est assez étroite, d'un jaune brun, garnie sur le dos d'une petite carène longitudinale tranchante. Pour passer d'un endroit à l'autre, la chenille se cache dans un tube soyeux, garni des débris qu'elle trouve à sa portée et elle s'attaque à la substance du nid, aux déjections ou aux dépouilles des larves plutôt qu'à celles-ci elles-mêmes. M. de Saussure rapporte cependant que M. Perrot a trouvé des nymphes dévorées par cette chenille(1). On la rencontre en juillet et le papillon éclot à la fin du même mois. On retrouve ensuite une seconde génération en septembre ; celle-ci subit ses métamorphoses dans un temps infiniment plus court que la première, qui doit passer l'hiver et qui ne se réveille que fort tard au printemps. Son éducation en captivité a fait connaître qu'elle est exposée aux atteintes de plusieurs parasites. Zeller a observé des coques noires d'Ichneumonide et a, de plus, obtenu l'éclosion d'un petit Diptère, la *Dexia (Wiedemannia) compressa.*

Ces auxiliaires des Guêpes sont donc encore des hôtes assidus de leurs nids et, comme tels, intéressants à constater ici. Tous les détails qui précèdent ont été obtenus au moyen de chenilles élevées en boites. Mais il y a encore beaucoup à apprendre sur leur compte, et leur genre de vie ainsi que l'étendue de leurs dégâts sont encore pleins de mystères pour nous. M. von Hornig dit aussi que cette chenille vit dans les nids aériens de *Vespa sylvestris* et dans ceux des *Polistes*,

IV. — Le grand ordre des Diptères oppose encore aux Guêpes diverses sortes de parasites. Le genre Volucella en renferme plusieurs, savoir : les *V. zonaria* (fig. 10 et 11); *V. inanis L.*, et V. *pellucens*. La *V. liquida* Ev., qui habite l'Espagne et l'Algé-

(1) Mon. des Guêpes sociales, p. CLXIX et CLXX.

rie, attaque peut-être aussi les mêmes nids, mais on ne peut l'affirmer, ses mœurs n'ayant pas encore été observées.

En septembre, alors que les nids sont le plus populeux, qu'y règne la plus grande activité, les Volucelles butinent aux alentours, attendant une occasion favorable pour y pénétrer. L'observateur patient, qui se plairait à observer ces diverses manœuvres, ne pourrait s'empêcher d'admirer avec quelle persévérance ces mères, pressées de pondre, renouvellent leurs tentatives; repoussées par les sentinelles postées à l'entrée du nid, elles ne se découragent point et finissent toujours, à un moment donné, par y pénétrer. Ce n'est pas, d'ailleurs, dans le nid lui-même que la Volucelle va déposer ses œufs, mais sur les feuillets qui composent l'enveloppe. Beaucoup d'entre-elles, sans doute, doivent payer de leur vie leur témérité, et bien peu aussi doivent, la ponte faite, sortir intactes du nid. Mais qu'importe, si les œufs sont placés en lieu convenable et si le vœu de la nature est rempli.

Bientôt de petites larves sortent de ces œufs; elles sont aveugles, grisâtres, hérissées d'épines, et les Guêpes ne semblent pas s'en inquiéter beaucoup. L'une d'elles est-elle cependant attaquée? elle se contracte, sa peau se plisse, sa tête se retire et elle ne présente plus qu'une masse informe et presque impénétrable.

Ces larves connaissent bien le chemin des cellules; elles s'y rendent de suite et commencent leur œuvre de destruction. Elles cheminent d'une alvéole à l'autre, perçant les opercules pour dévorer les nymphes de Guêpes qui y sommeillent.

Les larves de *Vol. zonaria* (fig. 11) et *pellucens* portent d'assez longues épines; celles de *V. inanis* n'ont que des spinules assez peu apparentes. Lorsqu'on les saisit, les unes et les autres rejettent par l'anus un liquide excrémentiel qui se répand par capillarité sur tout leur corps et qui exhale une odeur urineuse assez désagréable pour qu'on puisse y voir un moyen de protection efficace.

Bientôt elles atteignent la taille qu'elles doivent avoir; mais le nid, pendant ce temps, s'est dépeuplé, les premiers froids vont bientôt le rendre désert. Les larves de Volucelles gagnent alors le sol et s'y enfoncent souvent très-profondément afin de se trouver toujours dans un milieu suffisamment saturé d'humidité.

Elles restent ensuite immobiles et sans nourriture pendant cinq mois d'hiver. Dès que la température commence à s'adoucir, elles se rapprochent peu à peu de la surface du sol, tout en étant toujours assez abritées. Alors a lieu la transformation en pupe et, quelques semaines plus tard, paraît l'insecte parfait que l'on voit voler quelquefois dès le mois d'avril, le plus souvent en mai et juin ; quelques-unes n'éclosent même qu'en juillet ; les mâles paraissent les premiers.

Ces insectes sont donc pour les Guêpes, au même titre que les *Rhipiphorus*, de véritables parasites. Il ne semble pas cependant qu'elles cherchent à les éloigner de leur nid et encore moins qu'elles s'en emparent, comme elles font pour d'autres gros Diptères, les *Eristalis* par exemple. Il est probable que, issues de larves carnivores, ces mouches ne peuvent être pour cela du goût des larves de Guêpes. On peut aussi invoquer, pour expliquer cette innocuité, l'existence d'un vêtement à peu près semblable, mais je ne puis croire qu'un piège assez grossier pour que nous puissions nous-mêmes le découvrir à première vue, suffise à tromper des insectes aussi circonspects que les Guêpes.

La *Vol. zonaria* habite aussi souvent les nids de Frelons, quand ils ne sont pas en lieux trop secs et trop distants de la terre qui est nécessaire aux larves pour leur hivernation.

La plupart des indications qui précèdent proviennent des savantes recherches de M. J. Künckel d'Herculais, que ses travaux sur l'organisation et les mœurs des Volucelles ont placé au premier rang de la science.

V. — La famille des Diptères conopsiens nous offre encore un parasite véritable des Guêpes. C'est le *Conops scutellatus* Meig. Il est possible que quelques congénères de cette espèce partagent son goût pour les Vespides, mais les documents sont encore trop incomplets sous ce rapport.

M. le Dr Bugnion, de Lausanne, a bien voulu me communiquer une observation qu'il a pu faire le 3 septembre 1871, tandis qu'il était arrêté auprès d'un nid de Guêpes. Il s'agit du *Conops scutellatus* :

« Ces jolies mouches jaunes et noires, m'écrit-il, bien reconnaissables à leur abdomen aminci à la base et recourbé vers le bout, entraient et sortaient librement par l'ouverture du nid. Les Guêpes si avides d'*Eristalis*, passaient et repassaient à côté des *Conops* sans les inquiéter. Comment expliquer un traitement si différent à l'égard de ces deux Diptères? On sait depuis les intéressantes observations de L. Dufour(1), de Sichel (2) et de Brémi (3), que les Conopsiens sont parasites des Guêpes, Bourdons, Osmies, etc., et que leur larve se développe dans la larve de ces Hyménoptères ; ceux que j'observais le 3 septembre entraient probablement dans le nid pour y pondre leurs œufs ; mais pourquoi les Guêpes les laissent-elles entrer alors qu'elles pourraient s'en défendre si aisément. Faut-il invoquer la couleur du parasite, les bandes jaunes et noires de son abdomen qui rappellent vaguement celle de la Guêpe? mais la forme est si différente que nous distinguons ces insectes au premier coup d'œil. Peut-être est-ce plutôt une question d'odorat, et le fait d'une odeur *sui generis* que posséderaient tous les habitants du nid et qui leur servirait de laisser passer. »

M. le Dr Sichel (2) rapporte qu'il a trouvé un *Myopa* (famille des Conopsiens) dans une boite contenant des *Vespa vulgaris* élevées de nids. Cet insecte aurait donc vécu dans le corps de la Guêpe elle-même et non dans celui de sa larve. Le même fait d'ailleurs a été observé bien des fois chez des Andrènes, des Bombus, etc. Mais l'observation de Sichel est la seule qui soit relative à une *Vespa*. Jointe à l'observation du Dr Bugnion, elle suffit pour qu'on puisse donner ce parasitisme comme certain. Malheureusement les détails de la vie de ces *Conops* nous ont encore échappé.

VI. — Voici encore un fait que raconte M. le Dr Bugnion. Il s'agit d'un autre Diptère, l'*Acanthiptera* (Anthomyia) *inanis* Pall. (Pl. XXXV, fig. 1, 2, 3) :

« La larve de cette mouche vit dans les nids des guêpes à nids

(1) Ann. soc. ent. fr, 1840, p. 12.
(2) Ann. Soc. ent. fr. 1856, p. LXIII,
(3) Cité par Schiner. fauna austriaca, I, p. 370.

souterrains, mais sans qu'elle en soit un parasite proprement dit. Elle se nourrit probablement des détritus que les guêpes abandonnent autour du nid. Ce sont des vers blancs et de forme conique. J'en ai trouvé à deux reprises en assez grand nombre dans la terre au dessous des nids, en compagnie des larves de Volucelles. Placées dans un bocal rempli de terre humide, en septembre 1879, ces larves donnèrent l'insecte parfait environ neuf mois après, en juin 1880. J'en dois la détermination à l'amabilité de M. Bigot. »

Ce parasite est encore signalé par Ed. Perris(1), qui l'a cru d'abord nouveau et l'avait décrit comme tel sous le nom de *Sphecolyma flava*. Mais il a reconnu plus tard son erreur et l'a rectifiée(2).

M. Ritzema(3) a trouvé aussi ce parasite dans des nids de *Vespa germanica*, près de Haarlem, et il l'a vu entrer et sortir librement dans la galerie qui conduit au nid souterrain, sans être attaqué ou mis en fuite par les Guêpes. L'enveloppe de ces nids était garnie d'une quantité d'œufs blancs, allongés (fig. 3).

J'ai eu moi-même occasion de rencontrer ces mêmes œufs en nombre considérable sur les feuillets de l'enveloppe d'un nid de *Vespa vulgaris* et j'ai pu faire à leur sujet les remarques suivantes : Ces œufs sont placés en groupes irréguliers, ils ne se touchent généralement pas et se trouvent parfois en files assez longues. Observés après l'éclosion, ils montrent une grande déchirure vers l'une des extrémités. Ils ont un millimètre et demi à deux millimètres de long, sont d'un blanc sale, devenant lactescent après l'éclosion ; l'intérieur est lisse et nacré, tandis que l'extérieur est un peu rugueux.

Observée au microscope, l'enveloppe externe paraît composée d'une série de bandes blanches, opaque, solides, plus ou moins festonnées et juxtaposées, séparées seulement par un intervalle extrêmement étroit, laissant voir la membrane interne qui laisse traverser la lumière.

Les larves qui sortent de ces œufs conservent bien le type des

(1) Soc. ent. fr. 1876, p. 241.
(2) Soc. ent. fr. 1877, p. 370.
(3) Petites nouv. entom. 1874, nº du 15 janvier.

larves d'*Anthomya*, telles que les a si bien décrites L. Dufour(1). Elles sont d'un blanc un peu jaunâtre (fig. 2), renflées vers l'extrémité. Chaque segment porte plusieurs tubercules charnus ponctiformes dont l'ensemble forme sur le dos des rangées régulières. On voit, en outre, latéralement sur chacun d'eux, d'assez longs appendices, les uns courtement ciliés, les autres lisses, donnant un aspect velu à cette larve. Au moment de l'éclosion, elle ne mesure que deux millimètres environ ; à l'état adulte, elle peut atteindre huit à dix millimètres. Elle est fort curieuse à étudier dans tous ses détails, les organes de la respiration surtout étant fort singuliers ; mais ce n'est pas ici le lieu d'insister sur ce sujet.

A côté des œufs de ce Diptère, le même nid de *V. vulgaris* m'en a offert d'autres (fig. 4), de forme et de dimension toutes différentes. Ils sont plus petits, n'ayant qu'un millimètre et quart au plus de longueur. Ils sont très-allongés, leur diamètre au milieu n'est que d'un demi millimètre. L'une des extrémités est obtuse, l'autre étant au contraire plus pointue, la couleur est blanc jaunâtre. Ils sont déposés en petits paquets, par trois ou quatre, surtout dans les anfractuosités et dans les angles de l'enveloppe. Mais ce que ces petits œufs ont surtout de remarquable, ce sont des carènes longitudinales élevées, allant d'une extrémité à l'autre et leur donnant un aspect particulier. Je ne sais à quel insecte rapporter cet œuf.

VII. — Perris, en élevant des larves trouvées dans des nids de Guêpes, a obtenu encore la *Phora mordellaria*(2), et M. Ritzema (3) indique aussi comme ayant été trouvées dans les mêmes conditions la *Phora pulicaria*. Des mœurs connues d'autres espèces de *Phora*, on peut conclure que ces Diptères ne s'attaquent pas aux larves vivantes, mais aux débris, aux déjections et aux cadavres.

VIII. — M. Schenck cite encore (4) le *Dromius linearis* comme

(1) Anatomie de la larve d'Anthomya melania, in Ann. des sciences naturelles, 2e série, t. XII, 1839.

(2) Soc. ent. fr. 1876, p. 241.

(3) Petites nouv. entom. 1874, 15 janvier.

(4) Die deutschen Vesparien, p. 126.

étant parasite de *Vespa vulgaris* et se nourrissant, à l'état de larve, de celle des Guêpes. Cette assertion, que n'appuie aucun fait certain, est au moins douteuse.

IX. — Latreille (1) indique que l'on peut trouver des larves de *Trichodes alvearius* dans les cellules des Guêpes. Aucune observation précise n'est venue depuis corroborer ce fait qui peut, d'ailleurs, très-bien être exact. Le même parasite a été signalé par Schenck dans les nids de *Polistes*.

X. — Pour ne rien omettre enfin, je reproduirai ici une observation de L. Dufour (2). Il indique que la *Vespa vulgaris* présente quelquefois, dans son intérieur, une larve dont le diagnose est celle-ci. Apode, oblongue, blanche, de trois lignes de longueur, dont la plus grosse extrémité présente deux plaques demi-circulaires, brunâtres, sur lesquelles on voit une tache obscure bifide.

Ne serait-ce pas une larve de *Conops?*

XI. — En dehors des parasites cités ci-dessus, on trouve encore, dans les nids de Guêpes, un grand nombre d'autres insectes qui ne s'attaquent qu'aux déjections, aux débris de nids abandonnés ou détruits. Ainsi, on peut citer l'*Homalota nigricornis*, trouvée en grand nombre par M. Rouget dans les débris d'un nid de Frelons, l'*Homalota ravilla*, l'*Oxypoda vittata* rencontrées par Tennstedt (3) dans des nids de Guêpes, les *Cryptophagus scanicus* et *pubescens* rencontrés dans des nids dépeuplés, par MM. Rouget et Perris, le *Dermestes lardarius* que l'on trouve en grand nombre, à tous ses états, dans les vieux nids conservés par les amateurs dans leur musée. M. Levoiturier (4) a signalé la présence, dans un nid de Frelon inhabité, placé entre une fenêtre et sa persienne, de l'*Haemonia impustulata*, mais il est évident que ce fait est entièrement accidentel et que l'insecte en question ne cherchait là qu'un abri contre les rigueurs de l'hiver. On pourrait probablement citer encore beaucoup

(1) Hist. gén. et part. des Crustacés et des Insect. t. IX, p. 151.

(2) Ann. des Sc. nat. 1837, p. 17.

(3) Cat. des Staphyl. de Belgique, p. 34 et 40. 1862.

(4) Pet. nouv. entom. 1873, 15 novembre.

d'autres noms, mais je veux me borner à ceux auxquels se rapportent les observations les plus sérieuses.

XII. — Dans l'ordre des Arachnides, les Guêpes ont à redouter les Araignées-Crabes et certains *Acarus*. Mais je ne puis donner aucun détail sur ce parasitisme. C'est assez rarement que l'on trouve des Guêpes emprisonnées dans les toiles des Araignées. Ainsi l'Epeire diadème, qui fait tant de victimes parmi les abeilles que j'ai si souvent trouvées emmaillotées et étouffées par ses fils de soie, ne m'a jamais, au contraire, présenté de Guêpes ni de Polistes dans les mêmes conditions. Il est cependant plus que probable que quelques individus doivent être victimes de la voracité de cette Aranéide.

Par contre, une autre espèce d'Arachnide fait de nombreuses prises parmi les Guêpes et les Polistes, non plus en leur tendant des pièges soyeux, mais en les saisissant à l'improviste, par un véritable acte de brigandage, sur les fleurs dont le nectar les avait attirés. Si bien armés que soient les Vespides, l'araignée en a bientôt raison en l'enserrant dans ses pattes longues et robustes, l'empêchant par suite de faire usage de son aiguillon et la tuant par sa morsure envenimée.

Si nous considérons maintenant d'une façon spéciale les Polistes, nous aurons à signaler quelques autres parasites qui leur sont particuliers, en outre du *Trichodes alvearius* dont il a été déjà parlé.

XIII. — Le premier que j'aie à indiquer est un Hyménoptère ichneumonide, le *Crypturus argiolus* (pl. XXXV, fig. 5 et 6). Sa larve vit aux dépens même de celle du Poliste qu'elle dévore peu à peu et souvent sans lui ôter la faculté de former elle-même sa cellule et de s'y transformer en nymphe. On la rencontre dans les nids en juin et juillet. Dans le courant de ce dernier mois, elle se construit dans l'alvéole même, dont le Poliste a été dévoré, une coque allongée, étroite, d'un jaune brun terreux d'où le *Crypturus* à l'état parfait s'échappe peu après dans le courant et jusqu'à la fin d'août. Après l'accouplement de nouvelles pontes donnent lieu à une autre génération dont les larves atteignent rapidement leur grandeur.

Elles s'enferment dans une coque plus résistante que la première et même souvent les alvéoles sont complètement fermées. Elles passent ainsi l'hiver, se transforment en nymphe au printemps et éclosent en mai.

XIV. — Les Polistes, d'après la relation de Robineau-Desvoidy (1), sont attaqués par un Diptère spécial, l'*Amobia conica*, R.-D. Mais il ne donne aucun détail à ce sujet.

XV. — Les Polistes sont enfin exposés aux attaques d'un autre ennemi dont le genre de vie est bien plus curieux et plus extraordinaire, le *Xenos Vesparum* Rossi (2) (*Rossii* Kirby), qui, selon les uns, fait partie de l'ordre des Coléoptères, selon les autres, doit rentrer dans un ordre particulier, celui des Strepsiptères ou Rhipiptères. (Pl. XXXV, fig. 7).

Le *Xenos Vesparum* habite dans le corps même des Polistes parvenus à l'état parfait. Les larves des deux sexes et la femelle adulte, toujours aptère, vivent dans son abdomen et cette dernière ne laisse apercevoir, à certaines époques de l'année, que la partie antérieure du corps saillant entre les anneaux qui en sont plus ou moins déformés. Le mâle, arrivé à l'état parfait prend des ailes et s'échappe à l'air libre.

« La femelle des *Xenos* (3) est vivipare ; les œufs en nombre très-considérable (5 à 6000 d'après Newport) éclosent dans l'intérieur du corps de la mère et donnent naissance à de petites larves pourvues de six pattes. Ces larves sortent au dehors peu de temps après, et se meuvent sur l'abdomen du Poliste dans l'intérieur duquel a vécu leur mère. De là, elles passent sur les larves logées dans les cellules du nid de l'Hyménoptère, et pénètrent ensuite dans le corps de ces larves où elles vivent en parasites sous une forme nouvelle. Elles sont alors apodes, et il est possible de reconnaître déjà le sexe de l'insecte futur à certains caractères extérieurs et au développement progressif des organes génitaux internes ; elles se nourrissent du tissu graisseux de la larve du Poliste, laquelle continue à vivre et accom-

(1) Hist. nat. des Diptères des environs de Paris, 1883, t. II, p. 131 et 868.

(2) Mantissa insectorum. Appendix p. 114.

(3) Rouget. l. c. p. 106.

plit ses métamorphoses. Il y a donc là une véritable *seconde larve*, analogue à celle des Méloïdes ; il existe ainsi dans les *Xenos*, une sorte d'*hypermétamorphose* partielle, chez le mâle, et, en même temps, une métamorphose incomplète chez la femelle, qui ne passe pas par l'état de nymphe, avant d'arriver à celui d'insecte parfait. »

« Pour arriver à l'état parfait, la larve femelle fait sortir son céphalothorax entre les segments abdominaux de l'Hyménoptère, qui a lui-même acquis à cette époque son entier développement. »

« La larve mâle, pour se métamorphoser en nymphe, fait aussi sortir son céphalothorax entre les segments de l'abdomen du Poliste, qui s'écartent alors notablement l'un de l'autre par suite du volume de ce céphalothorax. Cette métamorphose accomplie, la peau de la nymphe prend, à sa partie antérieure, une consistance cornée et une couleur noirâtre ; la partie postérieure reste cachée dans le corps de l'Hyménoptère, et conserve des téguments mous et une couleur blanchâtre. Lors de l'éclosion de l'insecte parfait, l'extrémité du céphalothorax de la nymphe s'entr'ouvre, puis se sépare comme un couvercle ; le *Xenos* mâle sort par cette ouverture et prend immédiatement son vol. »

Les Polistes stylopisés (c'est ainsi qu'on nomme ceux qui sont attaqués par les *Xenos*) peuvent porter de un à sept *Xenos*. C'est, je crois, le chiffre le plus grand que l'on ait constaté. On a pu calculer aussi qu'en certaines années, 2 p. 0/0 des Polistes étaient stylopisés. (Fig. 8.)

« Pour se procurer (1) des individus stylopisés du *Polistes gallicus*, isolés et hors de leur nid, il faut les rechercher principalement près des lieux où il existe un certain nombre de nids, car ces individus paraissent s'en éloigner beaucoup moins que ceux qui n'ont pas de parasites. Ils sont moins souvent dans le nid, sont moins vifs que les autres et aiment à se tenir pendant longtemps dans la même place ; il m'est arrivé certains jours, lorsque le ciel était couvert, la température peu élevée, le vent assez fort, en un mot dans de mauvaises conditions en apparence,

(1) Rouget, l. c. p. 109.

de trouver assez facilement des Polistes stylopisés et d'en voir, au contraire, un très-petit nombre sans parasites. »

La déformation causée dans l'abdomen des Polistes par les *Xenos* mâles est bien plus considérable que celle qu'amène la présence des *Xenos* femelles. Cette déformation consiste en une surélévation du bord du segment qui se trouve presque plié angulеusement.

Il faut surtout les rechercher en juillet et au commencement d'août. Cette recherche est indispensable pour obtenir d'éclosion les *Xenos* mâles qui, une fois éclos, ne se retrouveraient plus qu'avec une très-grande difficulté, en raison du peu de temps qu'ils passent à l'état ailé. On les obtient très-facilement en conservant et nourrissant pendant quelques jours, dans une cage ou une boîte, des Polistes stylopisés.

« J'ai pu voir (1) quelques *Xenos* mâles s'approcher, en volant avec leur vivacité habituelle, de l'abdomen d'un Poliste, mais sans s'y poser ; ce dernier insecte essayait de se débarrasser de l'importun, sans toutefois chercher à le tuer ou à le blesser avec son aiguillon ou ses mandibules ; une seule fois (à cause du grand nombre de Polistes renfermés dans la cage), j'ai pu vérifier que celui qui était l'objet des poursuites d'un *Xenos* mâle portait dans son corps une femelle de ce parasite ; il en était bien certainement de même des autres Polistes poursuivis par un parasite mâle.

C'étaient là des tentatives d'accouplement, cet acte devant nécessairement s'accomplir sur le corps même de l'Hyménoptère. »

« Les *Xenos* femelles ne sortent pas du corps des Polistes. Pour les recueillir, il faut tuer l'hyménoptère et, à l'aide d'un très-petit scalpel, d'une aiguille ou d'une pince très-fine, extraire le parasite, qui ne peut être convenablement conservé que dans l'alcool. Ces femelles ont le corps mou, ressemblant à celui d'une larve, sans ailes ni pattes ; leur céphalothorax seul est corné, un peu convexe en dessus et concave en dessous, sans aucune trace d'yeux ni d'antennes. »

On peut se demander quel est le rôle de ces *Xenos* qui ne

(1) Rouget, l. c. p. 112.

tuent pas le Poliste et n'entravent pas sa multiplication. C'est un hôte incommode, mais qui n'apporte aucun obstacle au développement de sa victime. A quoi sert-il donc? La réponse est encore à faire.

Ajoutons enfin, pour terminer ce sujet, que ce sont surtout les femelles et ouvrières de Polistes qui sont stylopisés. Les mâles le sont bien plus rarement. Exceptionnellement, le Dr Sichel a observé, une année, que les mâles stylopisés ont été plus communs que les femelles et ouvrières.

XVI.— Je citerai enfin ici, d'après le Dr Rudow (1), deux autres Hyménoptères ichneumonides comme ayant été obtenus de larves de Polistes, mais en très-petits exemplaires. Ce sont les *Mesostenus gladiator* Scop. et *Ephialtes extensor*.

XVII. — M. de Stefani Perez (2) a rencontré, en Sicile, des femelles de *Mutilla brutia* et *littoralis* enfoncées dans les cellules de nids de *Polistes*. Ces insectes ne laissaient émerger au dehors que le dernier ou les deux derniers segments abdominaux. Il a pu constater aussi qu'il était très difficile de les enlever même avec une pince, car elles se tenaient accrochées aux parois de la cellule avec leurs mandibules. Que faisaient-elles dans cette position? C'est ce que cet éminent observateur n'a pu constater; mais connaissant les habitudes carnassières des Mutilles, il est permis de supposer qu'elles se livraient à des déprédations soit contre les larves, soit contre les œufs des Polistes.

XVIII.— J'arrive enfin, pour terminer ce sujet, à un parasitisme tout spécial et d'autant moins connu que les spécimens rencontrés en Europe sont excessivement rares. C'est un parasite végétal, un cryptogame nommé *Torrubia sphecocephala*. C'est surtout en Amérique, dans les Antilles, que ce parasite a été observé sur diverses espèces de Polistes. Mais il doit trouver place ici, puisqu'il a été reconnu quelquefois en Europe.

Beaucoup d'insectes appartenant à tous les ordres sont attaqués par de semblables champignons, et leur découverte date de

(1) Die Faltenwespen in Nord Deutschland, 1876, p. 23.
(2) Il naturalista Siciliano, Tome II, p. 58. 1882.

bien loin déjà; puisque Joseph Torrubia (1), en 1754, et Géorges Edwards (2), en 1757, en font déjà mention. Mais ces anciens auteurs, de même que ceux qui les suivirent pendant de nombreuses années, confondirent les diverses espèces entre elles et n'en firent qu'une qu'ils désignèrent sous différents noms indiquant leur origine: *Mouche végétante*, *Mouche-plante*, *Mouche des Caraïbes*, etc: On attribuait même la production de ce végétal à une transformation directe des animaux en plantes. Aujourd'hui, mieux instruits, nous savons que la spore de ces cryptogames, tombant sur un insecte au milieu de conditions favorables, se développe, émet des filaments qui pénètrent dans l'intérieur du corps par les parties molles séparant les segments. Il se forme alors un mycelium plus ou moins abondant, prenant sa nourriture dans les matières grasses de l'insecte, et la plante arrive ainsi à sa première phase qui prend le nom d'*état conidial*.

Chez les Vespides, comme chez beaucoup d'autres insectes, le cryptogame s'implante à la partie inférieure du thorax, entre l'insertion des deux premières paires de pattes.

L'état conidial avait reçu des auteurs, avant qu'ils eussent connu sa transformation ultérieure, les noms de *Isaria sphecophila* Ditm et *Ceratonema crabronis* Pers. Cette phase qui est figurée par Payer (3) (fig. 10), dure plusieurs semaines, parfois plusieurs mois. Il est probable que l'insecte succombe dès que le mycelium a pris assez d'importance et que le parasite commence à se faire jour au dehors. Vient ensuite une deuxième période dans l'existence du cryptogame, c'est l'*état ascophore* figuré par M. Tulasne (4) (fig. 9), et qui comporte alors des appareils reproducteurs. Il se présente, au dehors de l'insecte, sous forme d'un long filament (3 à 6 cent.), simple, filiforme, flexueux et rigide, terminé par un renflement creux, irrégulier, long de 3 à 5m/m, avec un diamètre de 2 à 3m/m, et couvert de petites pustules auxquelles aboutissent des corpuscules intérieurs ou *conceptacles* donnant eux-mêmes naissance aux corps repro-

(1) Para la Historia nat. Espan. 1754.
(2) Glanures of nat. Hist. 1757.
(3) Botanique Cryptogamique.
(4) Selecta fungorum carpologia, T. III. p. 16, 17, 18, pl. I, fig. 5 à 9. 1865.

ducteurs ou *Endospores* en nombre infini. Quelquefois la tige peut se bifurquer et chaque branche porte alors son réceptacle renflé.

§ VII. — DISTRIBUTION GÉOGRAPHIQUE

L'étude de la distribution géographique des Guêpes sociales est bien simplifiée quand l'on se borne à considérer les espèces européennes, puisque presque toutes se retrouvent indifféremment non seulement dans la plus grande partie du territoire, mais en dépassent même notablement les limites pour arriver dans toute la partie moyenne de l'Asie jusqu'au Japon et dans tout le nord de l'Afrique.

Quelques-unes même, franchissant l'Océan, sont allées établir des colonies dans l'Amérique du Nord. C'est, d'ailleurs, à dessein que j'emploie le mot : *colonies*, car si les Guêpes Nord-Américaines ont, pour la plupart, les plus grands rapports avec nos Guêpes indigènes, nous n'avons aucune preuve que notre *Vespa germanica*, par exemple, n'y ait pas été importée comme tant d'autres insectes, enfermée avec quelque matière sucrée à destination des Etats-Unis ou du Canada. Il y a même certaines considérations qui pourraient faire donner quelque base à cette supposition, mais je ne saurais les exposer ici sans sortir du cadre dans lequel je dois me renfermer. Seules les *V. Schrenckii* et *orientalis* ont un habitat beaucoup plus spécialisé; encore la première confinée jusqu'à présent dans les régions septentrionales de la Sibérie, se trouvera-t-elle ailleurs quand les immenses espaces inexplorés de la Russie et des régions Ouraliennes auront été mieux visités. La seconde ne quitte pas les parties les plus chaudes des rivages méditerranéens. Je dois ajouter qu'en Sicile, par exemple, M. De Stefani (1) n'a pas signalé toutes les espèces connues d'Europe, mais on ne peut affirmer cependant qu'elles ne s'y rencontrent pas; un supplément d'observation sur ce sujet me semblant nécessaire. La même remarque peut avoir lieu pour l'Espagne et le Portugal.

(1) Il naturalista Siciliano. II, 1883. p. 86.

Dans tous les cas, il est déjà certain que les régions centrales et tempérées semblent préférées par nos Guêpes, les envois nombreux que j'ai reçus des pays méditerranéens ne m'ayant pas fourni, à beaucoup près, autant d'espèces, ni même autant d'individus que ceux de provenance française, allemande ou autrichienne. Tout en admettant volontiers que l'Europe renferme presque toutes les espèces dans toute son étendue, je crois que l'on peut signaler pour chacune d'elles des tendances à préférer les régions ou septentrionales ou méridionales, et j'aurai soin d'indiquer plus loin ce que j'aurai pu déduire, sous ce rapport, de mes recherches et de mes observations.

Ainsi, pour n'en citer qu'un exemple ici, notre Poliste qui est peut être en France l'insecte le plus commun en été, ne semble pas se trouver dans le département du Nord(1); il n'est pas signalé en Hollande(2), en Angleterre (3-4). etc. Tout cela ne signifie pas du tout que l'espèce n'existe pas, au moins dans quelques-uns de ces pays, puisque d'autres observateurs l'y ont rencontrée, mais c'est là, toutefois, un indice certain qu'elle y est infiniment moins répandue que dans la France centrale ou méridionale, par exemple, où l'entomologiste le moins actif et le moins consciencieux ne pourrait absolument pas l'omettre s'il voulait dresser une liste des insectes de son pays, et quelque incomplète que soit celle-ci, le Poliste y figurerait à coup sûr. Par contre, je l'ai reçu assez abondamment de Portugal, d'Espagne, d'Algérie, de Sicile, de Grèce, du Caucase, du Turkestan, de Syrie, même d'Egypte, malgré la tendance de la faune à y devenir tropicale, ce pays étant comme une porte ouverte de l'intérieur de l'Afrique vers la Méditerranée. On peut donc, tout en constatant la présence des Polistes dans presque toutes les contrées de l'Europe et même en Suède et en Norwège, regarder les pays tempérés et méridionaux comme étant leur *Centre d'expansion*. Quelques espèces du genre *Vespa* (*media, saxonica, sylvestris, rufa, austriaca*) sont plutôt, au contraire, septentrionales; la *Vespa orientalis* est tout-à-fait

(1) Giart. Bulletin scientifique du dép. du Nord. 1873. p. 238.
(2) Ritzema Tijdschrift voor Entomol, 1878. p. 79.
(3) Roebuck, Transact. of the Yorkshires Naturalist's Union, p. 49. 1877.
(4) E. Saunders, Trans. of the Ent. Soc. of London, 1882. p. 167.

méridionale ; enfin, les *V. vulgaris, germanica* et *crabro* ne permettent guère qu'on leur reconnaisse un *centre d'expansion*, car on les rencontre partout du nord au midi, dans les mêmes proportions.

Il est encore bon de remarquer à ce propos que la localisation des espèces est d'autant plus grande, qu'elles habitent un pays plus froid, ce qui s'explique par la lenteur de la reproduction. Ainsi les Polistes de Suède ne fréquentent guère, d'après Thomson(1), que le centre ou le nord de ce pays, la *Vespa Schrenckii* n'a été rencontrée que dans la province d'Amour en Sibérie.

Une autre cause de localisation des espèces réside dans leur nature même. Ainsi la *Vespa austriaca*, à laquelle on ne connaît point d'ouvrière et qui vraisemblablement n'en possède point, est bien moins répandue que ses congénères; ce n'est réellement plus une espèce sociale et sa multiplication ne peut qu'être beaucoup restreinte. Aussi les Vosges en France, une partie de l'Allemagne et de l'Autriche, quelques cantons de Suède l'ont-ils seuls livrée aux chercheurs, tandis que la *Vespa orientalis*, limitée dans son expansion, au nord et au sud, par les conditions climatériques, qui lui sont nécessaires, de chaleur et d'humidité, s'étend, au contraire, sans interruption, de l'ouest à l'est, sur une étendue énorme depuis la Sicile jusqu'aux Indes.

§ VIII. — COLLECTIONS DE GUÊPES

Comme les Fourmis, les Guêpes sociales présentent, pour chaque espèce, trois sortes d'individus et je n'ai, pour leur arrangement en collection, qu'à renvoyer le lecteur à la page 107 de ce volume, où tous les renseignements désirables sont donnés à l'occasion des Fourmis.

J'ajouterai seulement ici qu'il me semble excessivement utile, pour l'étude des Guêpes, de joindre à la collection des insectes parfaits, des cartons spéciaux contenant des spécimens des différents nids qu'elles construisent; les uns entiers, les autres coupés longitudinalement pour en faire voir la disposition inté-

(1) Hymenoptera Skandinaviae III. 1874. p. 30.

rieure. Quand les nids sont trop volumineux pour les faire entrer dans des cartons ordinaires, je me contente d'y placer un spécimen de chacun des rayons importants à connaître, c'est-à-dire celui de la base, un rayon d'ouvrière intermédiaire et un rayon de femelle, puis, à côté, au moins un fragment d'enveloppe comprenant, autant que possible, l'entrée du nid. Toutes ces pièces se fixent très-facilement au moyen de grosses épingles enfoncées profondément dans le liège.

Enfin une addition importante consisterait encore dans des tubes d'alcool renfermant les larves et les nymphes. Des spécimens des parasites et de leurs larves compléteraient enfin dignement cette collection.

Je ne crois pas inutile de rappeler, en terminant, que les Guêpes ayant séjourné longtemps dans les vapeurs de cyanure de potassium voient la couleur jaune des dessins qui les ornent tourner au rouge vif. Il faut donc éviter soit l'emploi de ce poison, soit un séjour trop prolongé de l'insecte dans le flacon. Au contraire, des Guêpes tuées au moyen des vapeurs d'une mèche soufrée voient leurs couleurs s'aviver et devenir plus éclatantes.

III. — ETUDE PARTICULIÈRE DES GUÊPES SOLITAIRES

A. — EUMÉNIENS OU GUÊPES SOLITAIRES PRÉDATRICES

§ I. — CARACTÈRES GÉNÉRAUX (PL. XXXVI — XXXVII)

1. — **Ensemble du corps.** — Les formes des *Euméniens* se rapprochent assez de celles des *Guêpes sociales* pour que l'on puisse reconnaître, entre ces deux groupes, un parallélisme qui ne laisse pas d'être singulier, si l'on considère l'ensemble des

espèces du monde entier. Les couleurs même ont parfois une identité telle, chez certains insectes des deux familles, qu'il faut nécessairement recourir à des caractères de détail pour mettre les uns et les autres dans leur véritable place. Mais, en ce qui concerne la faune européenne considérée isolément, de semblables ressemblances n'existant pas, il est toujours facile d'éviter toute méprise.

Les *Euméniens* ont le corps en général assez allongé, les antennes très mobiles, les segments abdominaux presque toujours en mouvement, et offrant une facilité particulière pour s'emboîter les uns dans les autres, de sorte que la forme de cette partie du corps peut varier beaucoup chez un même individu, selon le moment où l'on procède à son examen. Leur vol est silencieux, et semble assez facile. Les couleurs, à peu d'exceptions près, sont semblables à celles des Guêpes sociales, c'est-à-dire que le fond noir est orné de dessins jaunes, parfois rouges. Les ailes longues et dont les supérieures sont très visiblement repliées sur elles-mêmes, comme celles des *Vespa* et des *Polistes*, donnent à tous ces insectes un air de famille indéniable.

2. — Tête. — La *tête* des *Euméniens* (Pl. XXXVI, fig 1), est aplatie, assez large, verticale, concave en dessous; elle est fixée au thorax par un mince pédicule qui lui permet des mouvements variés. Les mandibules (fig. 2) sont fortes, aiguës et dentées; elles sont courtes et alors la tête, vue par devant, paraît arrondie, ou allongée en forme de bec, ce qui rend la face plus ou moins triangulaire; chez certaines espèces exotiques, les mâles (*Synagris*) portent des mandibules démesurément longues et diversement courbées et dentées; en Europe, ces organes sont semblables dans les deux sexes. L'épistome (fig. 3, 4), relativement grand, offre des formes très diverses et souvent variables avec le sexe; il peut être arrondi, allongé ou rectangulaire, avec l'extrémité tronquée, sinuée, etc. Le labre (fig. 5), très petit, est arrondi en avant, sans caractère remarquable. Les autres organes buccaux diffèrent un peu entre eux suivant les genres que l'on considère. En général, la languette (fig. 7) est longue, bifide, chacun des lobes terminaux étant terminé par une petite plaque cornée; les palpes labiaux qui sont assez grêles, offrent de trois à quatre articles, plus ou moins velus, quelquefois longuement ciliés ou plumeux ; les paraglosses sont allongés, souvent filiformes, munis aussi à leur extrémité de deux plaques calleuses. Les mâchoires (fig. 6) assez longues, offrent aussi un lobe corné à leur extrémité ; les palpes maxillaires ont six articles dont les derniers sont très courts.

Les yeux, grands et quelquefois un peu saillants, sont réniformes, la partie supérieure plus petite que celle placée au dessous du sinus ; ils atteignent ou non les mandibules. Au niveau de leur lobe supérieur se placent les ocelles comme un brillant diadème triangulaire.

Les antennes (fig. 8, 9), de douze articles chez les femelles, en offrent treize chez les mâles. Elles sont simples, fusiformes, coudées après le premier article chez celles-là ; chez les derniers au contraire, l'article terminal offre des différences de formes très remarquables ; tantôt il est simple, comme chez les femelles (*Symmorphus*), tantôt il se transforme en une sorte de dent aiguë et repliée contre l'antenne (*Eumenes*, *Odynerus*, *etc*), tantôt enfin il est arrondi, et les trois ou quatre derniers articles plus ou moins aplatis, se recourbent sur eux-mêmes, de façon à former, par leur ensemble, une véritable spirale (*Epipona*, fig. 10). Dans les deux sexes, l'antenne est un peu renflée avant l'extrémité ; le scape est relativement assez court, un peu courbé ; le second article est très petit, globuleux ; le suivant est ordinairement plus allongé que les autres qui sont à peu près subégaux.

3. — Thorax. — En général, la forme du thorax est un peu globuleuse avec de nombreux sillons plus ou moins profondément accentués pour en séparer les diverses parties. Mais si, en dehors de cet aspect d'ensemble, on vient à l'examiner plus en détail, on y remarque mille caractères différents, souvent réunis dans un même genre. Le pronotum (fig. 11, 12), peut être tronqué droit, avec les angles épineux ou non, ou être arrondi, rebordé, etc. Le mesonotum et le scutellum sont plus uniformes, mais le postscutellum et le metanotum varient beaucoup et d'une façon suffisamment constante pour qu'il soit possible d'appuyer sur leurs diverses formes, des caractères divisionnaires des plus utiles. Ainsi on trouve des postscutellum aplatis, lisses, non saillants, d'autres tronqués; fortement élevés, munis ou non d'une crête dentée (fig. 13) ou d'épines latérales (fig. 14). Le metanotum peut avoir les bords de sa face postérieure arrondis ou tranchants ; dans ce dernier cas, l'arête peut être unie ou dentée ou même armée d'épines de diverses sortes.

4. — **Pattes et Ailes.** — Les pattes ne diffèrent pas sensiblement de celles des *Guêpes sociales* dans leur aspect général ; les hanches sont fortes, les cuisses plus allongées que les tibias, les tarses de cinq articles dont le premier est de beaucoup le plus long ; le dernier est muni d'ongles dentés. Les tibias de la première et de la deuxième paire portent un seul éperon styloide, ceux de la troisième paire en ont deux, l'un en pointe aiguë, l'autre en forme de lamelle mince, sinueuse, pointue à l'extrémité et garnie de cils courts. L'extrémité des tibias et des articles des tarses porte, surtout aux pattes antérieures, des poils raides, destinés à faire office de brosse ou de râteau. Chez quelques espèces, le mâle a les hanches intermédiaires longuement épineuses, les cuisses profondément dentées en dessous (fig. 15); ce caractère coïncinde avec celui qui résulte des antennes enroulées en spirale à l'extrémité.

Les ailes (fig. 16, 17), assez longues, sont conformées comme chez les *Guêpes sociales* avec la même nervulation et la même duplicature dans le repos. Un genre (*Alastor*) se distingue cependant par la forme spéciale de la deuxième cubitale qui est pétiolée.

5. — **Abdomen.** — Cette partie du corps des *Euméniens* varie beaucoup de formes dans les diverses espèces. En général, il est ovoïde, pointu vers l'extrémité, les derniers segments sont très mobiles, et peuvent rentrer les uns dans les autres, ou s'allonger au contraire d'une façon inusitée, surtout chez les mâles. Parfois, il prend et conserve après la mort une forme latéralement courbée peu gracieuse. Mais la portion qui présente le plus d'aspects divers, c'est le premier segment; il peut en effet être tronqué en devant avec (fig. 18) ou sans une arête transversale saillante (fig. 19), ou être simplement arrondi (fig. 20) et de mê-

me diamètre que les suivants; d'autres fois, il est plus étroit et séparé du deuxième anneau par un étranglement plus ou moins prononcé (fig. 21); par suite de ce rétrécissement, la forme du premier segment est tantôt nodiforme ou cupuliforme, tantôt campanuliforme ou infundibuliforme, etc; ses côtés sont ou arrondis ou presque parallèles, son bord est lisse ou muni d'un bourrelet saillant; le pétiole enfin, formé par sa partie antérieure, peut être très court ou très allongé. Le deuxième segment présente aussi certaines particularités qu'il faut signaler; chez quelques espèces, son bord libre est prolongé par une lame cornée plus mince que ce bord même (fig. 22), ayant l'apparence d'un dédoublement du tégument; chez d'autres, le bord antérieur du côté ventral offre une déclivité très-prononcée (fig. 23).

Toutes ces variations servent utilement pour la distinction des espèces; car, dans beaucoup de cas, il serait illusoire de se fier à la seule différence des couleurs et même de la taille. Celles-ci varient, en effet, d'une façon singulière et, chez quelques espèces, il devient impossible de numéroter et de nommer les variétés, tant elles se multiplient. Aussi un grand nombre de descriptions s'appliquent-elles à une même espèce et, pour jeter un peu de lumière dans ce chaos, est-il absolument nécessaire d'examiner de très-près les formes et les sculptures.

6. — Anatomie interne. — L'appareil digestif des *Euméniens* est à peu près identique à celui des *Polistes*; le gésier s'insère directement dans le ventricule chylifique qui est court et presque droit. L'intestin est encore plus court que chez les *Vespa* et quelquefois renflé à sa partie antérieure.

L'appareil génital mâle (Pl. XXXVII. fig. 1), est composé des glandes testiculaires, du canal déférent et des organes externes ou copulateurs. Les premières, au nombre de deux, sont contenues dans une membrane unique, unicolore, ou *scrotum*, allongée ou plus ou moins triangulaire. Le canal déférent, ordinairement en partie inclus dans la bourse scrotale, offre, dans cette portion interne, un renflement ovoïde; ce canal se poursuit ensuite par une partie externe d'une longueur quelquefois très grande (*Eumenes*), d'autre fois, au contraire, fort courte (*Odynera*). L'appareil copulateur est ovale et n'a de remarquable que deux longues épines droites, fixées aux pinces extérieures. Sa forme est d'ailleurs très-variable.

Les femelles n'ont que trois gaînes ovigères à chaque ovaire, comme les *Polistes*. L'aiguillon n'offre rien que d'ordinaire. L. Dufour, qui m'a fourni (1) la plupart des détails qui précèdent, soupçonne chez un *Eumenes*, qu'il a disséqué avec soin, l'existence d'une glande séricifique voisine des organes génitaux et qui lui faisait supposer que quelques fils de soie pourraient bien être nécessaires à cet insecte, soit dans la confection de son nid, soit dans quelque autre circonstance. Nous verrons, en effet, plus loin qu'une découverte récente a montré l'œuf suspendu par un fil à la voûte du nid.

7. — Distinction des sexes. — Il est ordinairement très-facile de se rendre compte du sexe des *Euméniens* par l'examen de l'extrémité des antennes, qui est le plus souvent dentée ou en spirale chez les mâles, et par celui du nombre de leurs articles. Lorsque ces caractères font défaut, ou si les antennes manquent, le nombre des segments abdominaux (six chez les femelles, sept chez les mâles), la présence ou l'absence d'un organe génital mâle ou d'un aiguillon, suffisent parfaitement pour faire reconnaître à quel sexe on a affaire. Ordinairement, les mâles sont plus petits que les femelles, mais il n'y a pas à tenir grand compte de cette particularité ; car, outre que le contraire arrive quelquefois, la taille, comme je l'ai dit, est très-variable.

§ II. — PREMIERS ÉTATS

(PL. XXXVII)

1. — Œuf. — L'Œuf des *Euméniens* présente une forme cylindroïde, un peu arquée, arrondie et obtuse à chaque extrémité. Sa délicatesse est extrême, et le moindre choc peut le détruire. Sa couleur est hyaline, diaphane, ou bien jaune, peut-être même

(1) Recherches anat. s. les Orthoptères, les Hyménoptères et les Névroptères. Paris, 1841.

d'une autre teinte parmi les espèces non encore observées sous ce rapport.

2. — Larve. — Les larves des *Euméniens* (fig. 2) sont, pour la plupart, renflées, surtout du côté du dos; elles offrent en dessus et latéralement des protubérances qui, par leur ensemble, forment des bandes longitudinales saillantes.

Rarement elles ont une apparence un peu différente (*Raphiglossa*), sans bande mamelonnée (fig. 3) latérale, avec seulement le bord postérieur des segments renflé sur le dos, tandis que le ventre est creusé en forme de gouttière. Chez les *Psiliglossa*, la forme est plus cylindrique, sans cavité ventrale ni renflement sur le dos (fig. 4).

Les stigmates sont placés au dessus de ces mamelons latéraux; d'après Perris (1), ils sont disciformes, roussâtres et au nombre de dix paires, placées au tiers antérieur du deuxième segment et des suivants jusqu'au onzième inclusivement.

Toutes ces larves sont composées de treize segments plus la tête; elles sont apodes, molles, glabres, avec la partie antérieure ordinairement inclinée en avant. La tête est petite, légèrement colorée, arrondie; elle porte deux antennules de deux articles, le premier très-court, le second plus allongé. En avant se trouvent des mandibules tridentées, courtes, coniques et rétractiles; leur base semble presque membraneuse, mais l'extrémité qui est plus colorée, presque noire, est bien cornée et constitue un appareil masticateur parfait; en dessous un mamelon trilobé représente la lèvre et les mâchoires; celles-ci montrent chacune, sur leur surface, un petit tubercule, vestige d'un palpe rudimentaire. Le lobe central, qui est la lèvre, porte aussi deux très-petites saillies, indices des palpes labiaux.

3. — Nymphe. — La nymphe des *Euméniens* ne présente aucune particularité spéciale; elle est blanche et se compose de toutes les parties de l'insecte parfait emmaillotées dans une fine tunique.

(1) Annales Soc. ent. Franç. 1847, p. 187 (Eumenes infundibuliformis).

§ III. — MŒURS ET NIDIFICATION

(PL. XXXVII)

L'étude des *Fourmis* et des *Guêpes sociales* nous a initiés à des mœurs qui, par leur complication aussi bien que par la variété des résultats obtenus, ont dû exciter notre étonnement et notre admiration. Les insectes, qui vivent solitairement, exécutent évidemment des travaux moins grandioses et moins divers ; mais si nous tenons compte de la faiblesse d'un être si délicat et réduit à ses seules forces, nous ne pourrons lui refuser le même intérêt sympathique, à la vue des efforts si multipliés qu'il prodigue sans se lasser, des précautions sans nombre dont il s'entoure pour assurer à sa progéniture un abri sûr et hors de l'atteinte des intempéries ou du brigandage. C'est en effet la conservation de l'espèce qui est la principale, pour ne pas dire la seule préoccupation de nos insectes. C'est pour remplir cet unique devoir que nous voyons, dans les beaux jours, toutes ces mères affairées, pleines d'activité et de courage, sillonner les airs, emportant une proie ou chargées de quelques matériaux. Elles ne verront cependant jamais ces enfants pour lesquels elles s'exténuent, et c'est l'impulsion seule de leur instinct qui, aussi puissant qu'immuable, les oblige à exécuter leurs travaux, si variés qu'ils soient. Mais si, moins favorisées que les espèces sociétaires, elles ne doivent jamais connaître leur descendance, elles n'en ont pas moins la stricte obligation de recueillir la nourriture qui lui sera nécessaire dans ses premiers états, et d'en accumuler à l'avance toute la provision utile. Elles dépensent dans ces préparatifs et dans les précautions sans nombre prises pour que la nichée vienne à bien, toute la tendresse que les autres mères prodiguent à leurs petits, lorsqu'elles ont la joie de les voir naître, de les élever et de soutenir leur jeune âge toujours si faible dans ce cas.

Dès après l'acte qui l'a fécondée, la femelle sent en elle se développer, en même temps que le besoin de pondre, celui d'accomplir toute une série de travaux préliminaires qui doivent précéder cette ponte, et sans la réalisation desquels celle ci n'aurait, pour ainsi dire, pas de raison d'être, puisque s'ils n'étaient pas faits d'abord, l'œuf ou la larve qui en proviendra ne sauraient survivre. Ce sont de véritables obligations imposées par la nature, qui, se succédant toujours dans le même ordre, ont d'abord pour but d'établir, à grands efforts, un logis sûr et commode pour l'œuf et la larve à éclore, puis d'accumuler la quantité de victuailles qui sera nécessaire à cette jeune larve pour la faire parvenir à l'état adulte, enfin d'y déposer un œuf, puis de clore et de dissimuler au mieux l'abri où gît ce précieux dépôt.

Notons encore que, dans le cours de ces travaux, quelle que soit la nécessité qu'il y ait à revenir en arrière pour recommencer une partie d'entre eux, par suite, par exemple, d'un accident fortuit qui les aurait anéantis, jamais l'instinct de la mère ne lui permettra cette dérogation aux habitudes de sa race, et le nid entrepris sera abandonné plutôt que d'être réparé, si la période de construction est terminée et celle d'approvisionnement commencée. Cette immuabilité de l'instinct a été bien démontrée par M. J.-H. Fabre (1), sinon pour les *Guêpes solitaires*, au moins pour d'autres insectes à mœurs analogues.

La première besogne consiste donc à découvrir le lieu où devra être installé le nid. Ici, quelle que soit la similitude d'aspirations et de mœurs de nos insectes, leurs diverses espèces se séparent nettement les unes des autres par le choix tout différent auquel les pousse leur instinct. Tandis que certaines mères, des mandibules et des ongles, creusent de longs réduits, les unes dans la paroi verticale d'une tranchée, les autres dans le sol battu de quelque guéret, nous en voyons de plus industrieuses encore édifier une habitation complète en ciment à la surface d'une pierre, d'un arbre ou sur une mince tige ; il en est enfin qui préfèrent s'installer dans la cavité d'une branche sèche débarrassée de sa moëlle. Pour bien connaître l'industrie des *Guêpes solitaires prédatrices*, nous avons donc à observer trois nidifications distinctes ; puis nous nous attacherons aux procédés de chasse qui, le logis terminé, devront l'approvisionner ; enfin nous aurons à examiner la ponte et le mode de fermeture des nids.

(1) Souvenirs entomologiques. Paris, 1880.

1. — Nids maçonnés de toutes pièces. — Ces nids, édifiés par les espèces du genre *Eumène*, ressemblent, à première vue et lorsqu'ils sont terminés, à une boulette de terre appliquée ordinairement contre une pierre, quelquefois sous les écorces soulevées du chêne ou du pin, sur les chaumes de seigle. Perris en a même observé un à la surface inférieure d'une feuille vivante de chêne tauzin. Ces nids ont soit une forme hémisphérique très-régulière (fig. 5), et ils ne contiennent alors qu'une seule cellule et qu'un seul œuf; soit une forme allongée en ellipsoïde irrégulier, et ils comprennent dans ce cas plusieurs alvéoles accolées l'une contre l'autre (fig. 6 et 7), dont les intervalles sont comblés au moyen de petites masses de mortier grossièrement appliqué. Dans les deux cas, le procédé de construction est le même, une seule cellule étant établie à la fois.

Dès que l'insecte a fait choix d'une surface, pierre ou bois, qui lui paraît réunir les meilleures conditions de sécurité et de bonne exposition (le levant semble être préféré), il commence par apporter successivement un certain nombre de petites boulettes de terre humectée de sa propre salive, laquelle a la propriété d'en faire un véritable ciment à prise rapide. Ces boulettes sont placées circulairement à la surface de la pierre et bien appuyées sur celle-ci, pour qu'elles fassent tout à fait corps avec elle. Les mandibules et les tarses étendent quelques unes des particules terreuses pour les appliquer davantage sur le point d'appui, et en constituer des fondations plus solides en élargissant leur base. Un premier anneau étant ainsi solidement fixé, l'*Eumène* continue ses approvisionnements de terre et les y étale avec le plus grand soin, en lissant surtout la partie intérieure. La paroi s'élève ainsi peu à peu; les mandibules l'amincissent et lui donnent la forme hémisphérique qu'elle doit avoir. Enfin, lorsque l'ouvrage est presque terminé et qu'il ne reste plus qu'une petite ouverture au sommet, l'insecte, au lieu de la laisser béante et irrégulière, continue en dessus une sorte de très-courte cheminée saillante qui s'évase vers l'extérieur, et dont la forme est des plus gracieuses. C'est par cette ouverture que l'approvisionnement, puis l'œuf, seront introduits dans l'intérieur. Ces nids mesurent 12 à 15^{mm} de diamètre sur une hauteur de 7 à 8^{mm} pour les plus petites espèces. Ces dimensions s'augmentent naturellement suivant la taille d'espèces plus grandes et peuvent atteindre un diamètre de 20mm. Ce travail, ainsi accompli, n'est encore qu'une ébauche, et l'Eumène passe un certain temps à le consolider. Perris raconte ainsi cette phase de perfectionnement chez une grande espèce d'Eumène (*E. infundibuliformis*).

« L'objet dont je l'avais reconnu porteur était une petite boulette de terre, grosse comme un grain de vesce. La tenant entre ses deux pattes antérieures sur le plan de position, il en détachait quelques parcelles avec ses mandibules, puis les appliquait sur le morceau de terre au moyen d'un ciment qu'il a la faculté de sécréter. Il se promenait ainsi sur son nid, cherchant les endroits faibles, les trous à boucher. Durant la marche, il tenait la boulette dans les mandibules, et ce n'était qu'au moment du travail qu'il la replaçait entre ses pattes. La provision de matériaux dura à peu près un quart d'heure, puis l'Eumène reprit son essor, et je le perdis de vue. Dix minutes après, il était de retour et il recommença son travail. »

Certaines espèces, surtout celles qui n'établissent en un même lieu qu'une cellule unique, exécutent leur œuvre en terre pure, où ne figurent au plus que quelques très-petits grains pierreux. La surface extérieure est alors presque lisse et l'on n'y voit que des sortes de cordons indiquant les assises successivement placées.

D'autres, au contraire, savent enchâsser dans leur mortier des fragments de gravier, de silex, de quartz choisis avec soin, et qui servent à rendre les parois plus compactes et plus solides. Ce mortier employé dans la confection des nids, doit sa cohésion au liquide sécrété par l'insecte et déversé par la bouche ; il est très-fin, très-serré et très-dur ; sa couleur varie énormément suivant les localités et la nature des matériaux que l'Eumène a à sa disposition. Si le terrain avoisinant est ferrugineux, les nids sont rouges ou jaunes; s'il est calcaire, ils sont blancs, etc.

Dans les nids à cellules multiples, les parois de l'une peuvent servir à sa voisine, ce qui diminue le travail et la dépense de matériaux, mais détruit aussi en partie la régularité de l'alvéole, celle-ci est alors plus longue que large. Mais tous les intervalles étant, comme je l'ai dit, garnis de pelotes de mortier, on ne voit à l'extérieur qu'une masse terreuse irrégulière.

Dès qu'une cellule est garnie de provisions, et que l'œuf y a été pondu, la petite cheminée est détruite et l'ouverture est bouchée avec le même mortier. On ne distingue plus alors, à son emplacement, qu'une sorte de petit bourrelet circulaire enfermant une surface un peu plus rugueuse. L'eau n'attaque pas ces constructions et le ciment employé y résiste parfaitement. Nos Eumènes indigènes ne construisent que des nids de dimensions restreintes, ayant seulement au plus cinq à six alvéoles pour ceux qui sont composés, mais je possède quelques nids d'espèces exotiques qui atteignent quinze centimètres de long et contiennent un bien plus grand nombre de cellules (1).

2. — Nids creusés dans la terre. — Le mode de nidification qui consiste à perforer la terre pour y installer des galeries plus ou moins profondes, est préféré par un certain nombre d'*Odynères*. Tantôt le terrain choisi est vertical, tantôt c'est le sol horizontal lui-même qui est utilisé. Dans l'un ou l'autre cas, le mode de travail est le même : peu à peu, grain à grain, l'insecte entame la surface, puis le forage avançant, la tête, et ensuite le corps, disparaissent dans le couloir déblayé ; l'œuvre cependant est loin d'être achevée, car ce trou atteint jusqu'à dix ou douze centimètres.

Ce n'est pas au hasard que le lieu est choisi, et les endroits tout à fait favorables sont assez peu répandus ; aussi, quand l'un d'eux est découvert, est-il habité bientôt par une nombreuse colonie qui ne l'abandonne jamais et qui, d'année en année, s'y perpétue et s'agrandit.

Le terrain sablonneux à grains très-fins, le tuf même très-dur sont particulièrement recherchés ; il faut que les éboulements ne soient jamais à craindre et que l'habitation, construite à grand peine, résiste à toutes les intempéries, et surtout à l'humidité. L'exposition entre aussi pour une large part dans ce choix, et le midi et le levant sont aussi désirés que le nord est évité avec soin. Les anciennes carrières abandonnées, les excavations naturelles bien ensoleillées et placées dans un terrain convenable, sont particulièrement fréquentées et semblent réunir les meilleures conditions pour plaire à nos insectes.

(1) Voyez aussi : Maindron, Ann. Soc. ent. fr. 188?.

D'après ce qui précède, on comprend combien doit être difficile, dans de pareilles conditions, une fouille un peu profonde. La surface du terrain, au moins, est ordinairement très-dure, et on ne comprendrait pas comment un débile insecte pourrait arriver à exécuter un travail aussi pénible, si la nature n'y avait pourvu par un artifice très-simple. Tandis que l'*Eumène* humecte sa boulette de terre pour en faire un ciment impénétrable, l'*Odynère* mouille de la même façon, et avec une véritable salive, l'endroit qu'elle veut percer, pour le ramollir et en désagréger les éléments. Aussi est-elle obligée à de fréquentes courses pour renouveler sa provision de liquide, et lui faut-il toute sa fiévreuse activité pour arriver, dans le peu de temps qui lui est dévolu pour cela, à mener son œuvre à bien.

Ainsi établi, le nid semblerait satisfaire à toutes les exigences. Tel n'est pas cependant l'avis de son architecte qui, dans un but qui n'est que soupçonné, prend à tâche d'accroître encore la somme de travail nécessaire et déjà cependant si grande. A peine le trou commence-t-il à se montrer sous les premiers coups de pioche, que l'habile ouvrière, au lieu de rejeter au loin les décombres qui en résultent, s'ingénie à les ajuster sur le bord du trou et à les y maçonner, de façon à édifier une véritable cheminée cylindrique de même diamètre que la fouille, et dont la longueur augmente à mesure que celle-ci s'approfondit (fig. 8, 9, 10).

Cette cheminée est un simple cylindre vertical quand le nid est creusé dans le sol même; c'est au contraire un couloir gracieusement courbé vers le bas quand le travail est fait sur une surface verticale. C'est une sorte de vestibule aux parois minces et friables qui, loin d'avoir un aspect lourd et compact, ressemblent au contraire à une dentelle irrégulière; chaque fragment, collé à son voisin, laisse de place en place un espace vide, de sorte qu'il en résulte un réseau terreux élégant, mais si fragile, que l'observateur doit renoncer au désir bien naturel qu'il aurait de le rapporter chez lui et de le faire figurer dans une collection. Il ne peut être arraché de l'orifice du trou sans tomber en poussière, et le dessin fait sur place permet seul d'en conserver le souvenir. C'est un peu l'analogue, mais sur une bien plus grande échelle, de la curieuse cheminée des Eumènes, évasée comme le bord d'une amphore antique.

Lorsque l'insecte juge cet appendice assez long, il avance de temps à autre jusqu'au bord et rejette au dehors les grains détachés du fond du trou, et qui lui sont dès lors inutiles. Cette longueur est d'ailleurs assez variable, certains individus, pour une même espèce, la faisant double de celle qui semble suffire à leurs voisins. En moyenne, elle atteint vingt-cinq à trente millimètres. La partie descendante est peu éloignée de la surface verticale du terrain, un centimètre et demi à peu près ; son diamètre, enfin n'excède pas sept à huit millimètres. La galerie elle-même a ordinairement une direction oblique de haut en bas sur une longueur de douze à quinze centimètres. Tout au fond est creusée une chambre un peu plus large, et latéralement s'ouvrent de petits couloirs donnant accès à d'autres cellules voisines, au nombre de huit, dix, douze, et peut-être davantage.

Lorsque l'approvisionnement et la ponte sont terminés, la cheminée disparaît, l'*Odynère* reprend chacun de ses fragments et les emporte dans la galerie souterraine pour en faire une cloison, un obturateur destiné à défendre la nichée contre toute invasion. La construction de la cheminée paraît donc avoir pour but de ménager à la travailleuse une réserve de matériaux très-convenables et placés à sa portée, pour clore ses cellules et terminer son ouvrage. Quand toute ou presque toute la cheminée est ainsi enlevée, il faut encore songer à fermer l'orifice extérieur de la galerie elle-même, et l'*Odynère*, pour ce dernier travail, va chercher plus loin de nouvelles doses de mortier qui ont bientôt muré le trou. Ces matériaux d'autre provenance se distinguent souvent au premier coup d'œil par la couleur toute différente que présente parfois l'opercule.

3. — Nids creusés dans les branches sèches. — Un bon nombre d'espèces ont des habitudes toutes différentes de celles que je viens de décrire et choisissent, pour y installer leur progéniture, les branches sèches de la ronce, du sureau, de l'églantier, des roseaux, etc., toutes plantes dont la moelle, facilement attaquable par les mandibules, peut laisser, après son érosion (fig. 11), un conduit de largeur suffisante pour la taille de l'insecte. Les branches trop vieilles et déjà un peu désagrégées, sont dédaignées ; celles de l'année précédente, offrant à l'extrémité, une large section, sont presque seules choisies, et encore est-il désirable, autant que possible, qu'elles soient courbées ou horizontales, avec la coupure tournée vers le bas, afin d'éviter, dans l'intérieur, l'introduction de la pluie ou d'autres corps étrangers. Lorsqu'une semblable disposition est trop difficile à rencontrer, l'insecte se contente d'une tige verticale ; mais alors la cavité n'est plus ouverte directement au dehors ; elle est d'abord un peu sinueuse et disposée de façon à présenter un certain obstacle à l'introduction trop directe de la pluie (fig. 12).

Le canal est ainsi évidé sur une grande longueur, puis, les débris de moëlle étant rejetés au dehors, il est divisé en un grand nombre d'étages. L'*Odynère* y apporte de la terre délayée avec de la salive et y construit une série de coques allongées, cylindriques, brunes ou d'un gris sale, remplissant exactement l'intérieur de la tige et engagées au milieu de la moëlle qui n'est pas toujours détruite jusqu'au bois. Elles sont ainsi disposées à la suite les unes sur les autres, au nombre de dix ou quinze, et quelquefois davantage. Après approvisionnement et ponte, le bout supérieur de chaque coque est fermé par un couvercle soyeux que déborde un court prolongement du tube terreux. L'extrémité supérieure est ainsi tronquée, tandis que le bout inférieur est toujours arrondi. En dessus du couvercle est placé un tampon formé de débris de moëlle, de terre, etc., qui servira de matelas pour recevoir une nouvelle cellule dont la construction commence immédiatement. Au dessus de la dernière coque est réservé encore un canal d'une grande longueur, rempli du même mélange, et qui sert à protéger les coques contre tout danger extérieur.

4. — Nids divers. — D'autres Vespides, voisins des *Odynères* (*Rhygchium*), choisissent de préférence les tiges creuses des bambous ou des joncs, qui leur évitent presque tout travail. Ils se contentent de diviser la longueur libre jusqu'au premier nœud, au moyen de tampons de terre, plus minces au milieu qu'aux bords.

Les *Odynères* aiment encore à profiter des cavités qu'ils trouvent toutes préparées, et un tube creux, de diamètre approprié, placé à une exposition convenable, ne reste pas longtemps sans habitant. Les nids abandonnés des *Eumènes* ou des *Pélopées* sont aussi par eux adroitement divisés en cellules par des cloisons de terre, et quelques espèces moins industrieuses y trouvent un abri parfait et qui ne leur a pas coûté de grands efforts.

5. — Approvisionnement des nids. — Le berceau étant ainsi préparé, il faut encore que des provisions convenables y soient emmagasinées pour être mises à la portée des jeunes larves qui écloront plus tard. C'est le plus souvent la seconde phase de la mission imposée à l'Hyménoptère fouisseur ainsi qu'aux *Guêpes solitaires* dont nous nous occupons ici. On a cependant noté des exceptions à cette règle, et l'on a vu que certaines espèces opéraient leur ponte avant d'avoir garni le nid de victuailles. L'opération n'en est pas moins identique, et c'est elle qui va faire l'objet de ce chapitre.

Des difficultés spéciales entourent cet approvisionnement et nécessitent de la part de la mère un savoir-faire et, pour ainsi dire, une prescience que son instinct lui apprend d'ailleurs surabondamment. Les jeunes larves ne doivent se nourrir que de proie vivante pendant tout le temps de leur croissance; de plus, la quantité de nourriture qu'elles doivent absorber est strictement réglée à l'avance, et il n'en faut ni plus ni moins, sous peine de voir l'excédant, dans le premier cas, se corrompre et mettre la nymphe dans un foyer de putréfaction où elle succombera nécessairement, et, dans le second cas, d'arrêter la larve au milieu de sa croissance et de nuire à ses transformations ultérieures ou même de les empêcher complètement.. Cette condition relative à la quantité de nourriture, est toujours parfaitement remplie par la mère qui sait très-bien compter le nombre de victimes qu'elle doit fournir à chaque larve et les choisir de la grosseur convenable. L'importance des provisions varie avec chaque espèce; les unes ne réunissent dans le nid que huit ou dix larves ou chenilles, d'autres en accumulent jusqu'à vingt-quatre. La nature des victimes est encore bien différente, selon les espèces, et consiste en diverses chenilles de Lépidoptères pour quelques-unes, en larves de Coléoptères pour les autres. Enfin pour terminer cette question, je dois faire connaître ici un fait bien curieux et qui a été récemment dévoilé par les infatigables recherches de M. J. H. Fabre (1). Ce savant émule de Réaumur a montré que, pour une même espèce, le nombre de victimes apportées au nid peut varier quelquefois du simple au double. D'où vient cette inégalité dans dans la proportion des vivres ? L'explication donnée semble assez vraisemblable pour que nous l'adoptions sans scrupules, bien qu'aucune preuve directe ne soit venue la contrôler. Il en résulte que les loges maigrement pourvues donneraient naissance à des mâles de taille souvent beaucoup plus petite que celle des femelles, et que celles-ci naîtraient des cellules comportant un approvisionnement complet. Mais le sexe à naître dépend-il donc de la quantité de nourriture absorbée par la larve ? Ce ne peut être la vérité, car le sexe est déjà fixé dans la larve bien avant que la provision ne soit épuisée, et on est conduit, par la force des choses, à admettre qu'il préexiste même dans l'œuf pondu. Cette très-grosse question ne peut être débattue ici, mais elle semble tout-à-fait acquise après les travaux remarquables dont elle a été l'objet de la part de divers savants, Berlepsch, Leuckard, von Siebold, etc.

La larve mâle, devant se développer beaucoup moins que la larve femelle, ne doit absorber qu'une quantité plus restreinte de nourriture ; celle-ci, d'autre part, ne peut excéder les besoins du vermisseau auquel elle est destinée, car le superflu, comme je l'ai dit plus haut, finirait par se corrompre et par transformer la cellule en un véritable cloaque où le ver adulte ne pourrait vivre. Il y a donc absolue nécessité que, lorsqu'un œuf mâle doit être pondu, l'approvisionnement soit moindre. Mais alors il faut admettre, ce qui touche au merveilleux et au mystère, que la mère connaît à l'avance le sexe de l'œuf qui est encore dans son sein, mais qui doit en être expulsé le premier. Ce sexe préexiste-t-il jusque dans l'ovaire ou est-il acquis par l'œuf lors de son passage près du spermatophore, comme cela a été ardemment controversé au sujet des Abeilles. On ne peut ici que se livrer à des hypothèses ; il semble cependant à peu près certain que non seulement chez nos *Guêpes solitaires*, mais chez tous les *fouisseurs*, chez les *Mellifères* et chez le premier d'entre eux, l'*Abeille*, l'œuf pondu l'est toujours dans les conditions ap-

(1) Nouveaux souvenirs entomologiques. 1883.

propriées au sexe qu'il a, et par suite on est conduit à admettre que chez la plupart des Hyménoptères, en attendant que d'autres ordres d'insectes aient donné lieu à des observations de même nature, la mère possède une aptitude particulière, je dirai presque un sens spécial, qui lui indique le sexe de l'œuf qu'elle doit pondre. On a cité quelques faits venant contredire cette conclusion, et l'on a dit que des Abeilles avaient pondu des œufs d'ouvrières dans des cellules de mâle. Je crois que des expériences sur les Abeilles, dont l'instinct est mis à de si fortes épreuves par la curiosité de l'homme, dont l'état de nature a été si modifié par lui en vue d'une production spéciale, je crois, dis-je, que ces expériences sont réellement peu concluantes, et que des faits comme ceux que les *Guêpes solitaires* m'ont permis de signaler, ont une bien plus grande portée scientifique, puisque les insectes agissent ici dans la plénitude de leur instinct et sans que des expériences ingénieuses soient venues les dérouter. Sur tout cela, il faut encore des observations réitérées et parfaitement précises, car on sait qu'en histoire naturelle, les hypothèses non établies sur des faits sont la source des pires erreurs. Tout ce que l'on peut avancer, sans trop risquer de se tromper, c'est que la quantité relative des provisions doit varier, dans chaque espèce, proportionnellement à la différence de taille des deux sexes.

J'ai dit que la jeune larve ne devait jamais avoir à sa disposition qu'une proie vivante. Cette condition est remplie par le mode même de capture que la mère met en usage.

Quand la cavité du nid est suffisamment grande, quand elle est débarrassée de tous les débris qui pouvaient l'encombrer, qu'elle est enfin bien lissée à l'intérieur, la mère change immédiatement la nature de son travail ; elle laisse là la pioche et le râteau et part en chasse. Le gibier n'est pas rare et bientôt la Guêpe, se précipitant sur l'objet de sa convoitise, l'enserre entre ses pattes, recourbe son abdomen, et, d'un coup d'aiguillon habilement dirigé, lui enlève, avec la faculté motrice, toute velléité de résistance, sans toucher en rien aux organes essentiels à la vie. Le venin a pénétré dans un centre nerveux et a amené une paralysie au moins partielle, suffisante, en tous cas, pour rendre impossible la fuite hors du nid ou une défense trop énergique contre les attaques de la jeune larve. Le siége de la vie n'est pas atteint et, pendant douze à quinze jours encore, le ver ainsi blessé résiste parfaitement à la mort. Il s'affaiblit seulement peu à peu par suite du manque de nourriture et, si la larve de Guêpe lui en laissait le temps, l'inanition seule viendrait mettre fin à son existence. Le ver paralysé est donc transporté à tire d'ailes vers le nid et, placé au fond, il s'y enroule pacifiquement, ne pouvant faire davantage. Après celui-là, un autre vient bientôt le rejoindre, puis un troisième, et ainsi jusqu'à ce que la provision soit complète.

6. — Ponte et croissance de la larve. — La mère laisse alors échapper l'œuf qu'elle tenait en réserve pour cette cellule. Mais ici, il y a encore lieu d'admirer avec quelle prévoyance ont été prises toutes les précautions les plus minutieuses pour la conservation de l'espèce. J'ai dit que les chenilles emmagasinées par l'*Eumène*, par exemple, étaient en partie paralysées ; mais cet état de torpeur est loin d'être complet, et le moindre attouchement suffit pour leur faire exécuter des mouvements d'abdomen plus ou moins étendus ; les mandibules peuvent s'ouvrir et se fermer, et le corps entier, incapable de changer de place, peut cependant se tordre sous l'influence de quelque excitation, comme serait, par exemple, celle produite par le chatouillement d'une pointe d'épingle ou la morsure du très-petit ver qui doit le dévorer. L'œuf de l'*Eumène* est si délicat que le plus léger froissement peut l'anéantir ; la petite larve qui va en sortir est si frêle que le moindre des mouvements que je signalais suffirait à l'écraser. Il faut cependant que l'œuf se trouve à l'abri, que la larve entame ses victimes sans avoir rien à craindre de leurs soubresauts. Si elle se trouvait simplement déposée au milieu de ces quinze ou vingt chenilles, véritables montagnes vivantes à côté d'elle, les risques à courir seraient si grands que l'espèce aurait disparu depuis longtemps. Il fallait donc une disposition spéciale, qui avait jusqu'à ce jour échappé aux observateurs les plus sagaces, aux Réaumur, aux Dufour, aux Audouin, aux Perris, aux Goureau. M. J.-H. Fabre (1), dont j'ai parlé déjà plusieurs fois, a été plus heureux, et c'est à lui que revient

(1) Nouveaux souvenirs entomologiques. Paris, 1883, p. 74.

l'honneur d'une découverte difficile entre toutes. Je voudrais pouvoir transcrire ici ce qu'il en dit dans son langage merveilleux, mais, puisqu'une pareille citation m'est interdite (2), je vais tâcher de résumer le mieux possible ses observations.

Considérons d'abord le nid de mortier de l'*Eumène* (pl. XXXVII, fig. 13). La provision plus ou moins abondante de chenilles est en place. La mère utilise alors pour sa ponte cette glande séricifique que signalait L. Dufour, sans pouvoir en expliquer l'usage. Au sommet du nid, au-dessus du gibier, un fil, comparable par sa finesse à celui d'une araignée, est collé et descend verticalement; c'est à son extrémité, hors de la portée des victimes placées au bas, qu'est attaché l'œuf si fragile. Il est là qui se balance d'abord; puis il reste suspendu en pleine sécurité, tandis que la mère, avec un tampon de mortier, bouche l'ouverture du nid. Après un délai sans doute fort court, mais qui est encore inconnu, la jeune larve crève l'enveloppe de l'œuf et se montre au dehors; elle a garde cependant de l'abandonner, et elle a bien soin de rester suspendue comme était l'œuf. La dépouille de celui-ci allonge déjà son câble; mais ce prolongement ne suffit pas encore. La larve l'agrandit alors en forme de cylindre creux et elle finit par pouvoir, en s'allongeant, atteindre une première chenille. Celle-ci, se sentant mordue, doit certainement se livrer à des contorsions désespérées, au moins autant que peut le lui permettre son état partiel de paralysie. La jeune larve, immédiatement mise en éveil, se recule dans la gaîne à laquelle elle est suspendue, et va se blottir tout au fond, hors des atteintes de la chenille. Puis, celle-ci, étant redevenue calme, elle redescend et renouvelle son attaque jusqu'à ce que le gibier, épuisé par tant d'efforts infructueux, aussi de plus en plus grièvement blessé, se laisse dévorer sans résistance. Une seconde pièce est sacrifiée de même, puis une troisième, et la besogne va d'autant plus vite que le bourreau augmente en force et en taille, en même temps que la faim affaiblit de plus en plus ses adversaires. Le ver, se sentant enfin hors de péril, quitte son fil de suspension et se laisse choir au milieu de ce qui reste des chenilles. Ses repas deviennent alors plus faciles, et de l'amas de proies apportées

(1) Toute reproduction, meme partielle, est défendue par l'éditeur.

par la mère, il ne reste bientôt plus que quelques particules cornées, débris du festin jugés trop indigestes.

Le même observateur a pu explorer aussi des nids d'*Odynères*, et, comme il le prévoyait bien du reste, il y a retrouvé le fil suspenseur des *Eumènes*. Seulement, il y a constaté une variante importante. En effet, l'*Odynère* blesse encore moins sa proie que ne le fait l'*Eumène*, et, par suite, s'accroît le danger pour l'œuf et pour la larve. Aussi, des précautions spéciales sont-elles devenues nécessaires. Ici, l'œuf est pondu d'abord au bout d'un fil, l'approvisionnement est fait ensuite, ce qui est jusqu'à présent un fait unique dans l'histoire des insectes fouisseurs. Mais les larves emmagasinées ne le sont pas au hasard, et la mère a eu le soin de les placer en lieu convenable. D'abord l'œuf est pondu tout au fond de la cellule (fig. 14), vis à vis de l'entrée ; les victimes sont ensuite placées une à une à quelque distance de cet œuf, jusqu'à ce que soit atteint le nombre voulu. L'alvéole est alors pleine et l'entrée calfeutrée. Que va-t-il se passer ? L'approvisionnement n'a pu se faire bien vite, et il y a certainement une différence entre la vigueur des premières larves déposées et celles apportées les dernières. Or le petit ver va, au sortir de l'œuf, avoir à sa portée précisément la pièce de gibier la plus vieille, la moins remuante par conséquent. Entre elle et le fond du trou est un espace encore étroit, mais suffisant cependant pour sauvegarder l'œuf qui s'y trouve suspendu. A l'éclosion, le petit ver s'attache aux débris de l'œuf, puis attaque la première victime, se contracte sans rentrer dans une gaîne, comme l'*Eumène*, mais suffisamment pour échapper à tout danger. Le premier repas s'achève ainsi sans encombres ; il a duré environ vingt-quatre heures. La jeune larve semble alors subir une mue, reste quelque temps inactive, puis se laisse tomber sur le plancher de la cellule. Elle a alors devant elle tout un magasin de vivres. Les premières pièces qui se présentent sont précisément les plus affaiblies par le jeûne, et grâce à l'espace qui reste vide, le ver dévorant peut échapper aux dangers qui le menaceraient, puis les forces lui viennent, et en dix ou douze jours tout est consommé.

Il faut encore, pour se rendre bien compte du mode d'approvisionnement, remarquer que les larves enroulées en anneaux sont exactement superposées l'une à l'autre ; ces anneaux vivants tendent toujours à se dérouler, et, par leur pression même et leur effort de détente, se maintiennent en place sans glisser, quelque vertical que soit le conduit. Cette disposition oblige encore les victimes à conserver l'ordre dans lequel elles ont été conquises et à laisser par conséquent en avant les plus inertes. La loge même de l'*Odynère*, cylindrique dans la partie qui reçoit les vivres, s'élargit un peu en ovoïde vers le fond où se meut la petite larve. Enfin, dernière précaution, les premières larves emmagasinées sont un peu éloignées les unes des autres, pour laisser ensuite un plus large espace au jeune ver.

7. — Métamorphoses de la larve et éclosion. — La larve de Vespide a achevé ses provisions; elle est parvenue à l'état adulte; elle n'a plus alors qu'à se préoccuper de ses métamorphoses ultérieures. Son premier soin est de tapisser les parois de sa loge d'une fine pellicule de soie; puis elle se tisse une coque d'un blanc jaunâtre, opaque, aussi en mince étoffe de soie. Dans un coin de la cellule de mortier restent accumulés les excréments, dont quelques-uns se retrouvent souvent encore dans la coque elle-même. Puis toute activité disparaît, et un long repos vient lui permettre d'attendre en paix le printemps suivant. La ponte des mères a eu lieu en effet de juillet en septembre, la vie active de la larve ne dure que quelques jours, dix à douze; le repos hibernal, au contraire, se prolonge pendant près de huit mois, jusqu'au commencement du mois de juin suivant. A cette époque seulement, la larve se transforme en nymphe, pour ne rester que très peu de temps sous cette forme. A la fin du même mois, ou au commencement de juillet, apparaissent les insectes parfaits, d'abord les mâles, plus tard les femelles. La sortie s'effectue au moyen d'un trou rond percé dans la paroi du nid pour l'*Eumène*, dans le plafond des cellules pour les *Odynères*. L'accouplement a lieu aussitôt, puis la construction et l'approvisionnement des nids, puis la ponte, et le même cycle de faits se renouvelle indéfiniment, comme je l'ai indiqué.

Pour les espèces qui nichent dans les tiges sèches des ronces, de sureau ou de roseau, quelques mots sont encore nécessaires. L'approvisionnement a lieu de la même manière; l'œuf est-il aussi suspendu à un fil? c'est ce que la science ignore encore; il y a même lieu d'en douter; l'instabilité des branches, balancées par la moindre brise, ne permettant guère ce mode de protection qui serait dans ce cas fort dangereux, à cause des chocs que ne manquerait pas de subir l'œuf contre les parois de sa coque. Les cellules successives sont superposées les unes aux autres, comme je l'ai dit; la plus ancienne est la plus profonde, et si, après un laps de temps de huit ou neuf mois, une différence d'âge de quelques jours suffisait pour régler l'ordre des naissances, ce serait la cellule la plus inférieure qui livrerait passage la première à son hôte, si celui-ci n'y était emprisonné par suite de la présence des cellules supérieures. M. J.-H. Fabre (1) a encore montré que cet ordre d'éclosion était, sinon quelconque, au moins indépendant de l'ordre de superposition des coques. Ses observations, pour avoir porté sur d'autres insectes rubicoles, n'en sont pas moins applicables à nos *Odynères*, dont le logis est identique.

La règle est que les habitants mâles éclosent les premiers, quelle que soit leur position dans la série, puis les individus femelles à des intervalles de temps réglés par une loi qui nous échappe. Il en résulte que les premiers éclos, s'ils ne se trouvent pas près de l'orifice de sortie de la branche, doivent attendre que leurs sœurs placées au-dessus d'eux se soient aussi réveillées pour leur laisser le chemin libre. Mais ce n'est pas sans impatience que les individus les plus précoces restent ainsi dans leur prison. Ils rongent d'abord le sommet de leur propre coque et la masse de détritus qui les sépare de la coque suivante: puis ils s'arrêtent là, cette coque qu'ils ont devant eux étant, avant l'éclosion de son propriétaire, digne de tout leur respect et n'étant jamais attaquée.

Quand les tiges sont larges et que la moëlle n'a pas été enlevée en entier pour y loger les cellules, les premiers éclos en profitent pour se frayer un chemin latéral. Mais souvent cette circonstance favorable ne se présente pas, et cependant des efforts nombreux sont tentés dans le même sens; le bois de l'écorce montre des traces d'érosion, l'*Odynère* se fait petit, se glisse entre la paroi et les coques de ses voisins, et parvient quelquefois à son but;

(1) l. c. p. 232.

le plus souvent ses forces le trahissent et il est obligé de rétrograder et d'attendre patiemment dans sa cellule l'éclosion de ses confrères moins diligents.

Cette attente est souvent bien longue, lorsque, par exemple, la coque superposée à la sienne n'a pas réussi et ne contient qu'une larve morte. Le malheureux prisonnier subit alors, dans bien des cas, le même sort. Quant à perforer latéralement le mur de sa coque pour en sortir directement, je ne sais s'il y songe ou surtout s'il y parviendrait. D'autres habitants de la ronce plus vigoureux viennent quelquefois à bout de ce travail difficile, mais le fait n'ayant pas été observé pour les *Odynères*, il serait téméraire de l'avancer sans preuves.

§ IV. — PARASITES

Malgré le soin que prend la mère Guêpe de calfeutrer solidement ses œufs, malgré toutes les précautions que son instinct lui enseigne pour les mener à bien, un bon nombre cependant ne répondent pas à tant d'efforts et le parasitisme s'exerce à l'égard de ces insectes comme à celui de tous les autres.

Lorsqu'on s'arrête en face d'une muraille sablonneuse garnie de trous d'Odynères, par exemple, on attend quelquefois longtemps avant de voir apparaître l'architecte des nids que l'on observe, mais, par contre, on a toujours le spectacle d'une quantité de *Chrysides* aux brillantes couleurs, voltigeant d'une ouverture à une autre, surveillant les entrées et les sorties du propriétaire, pour faire acte de brigandage, s'introduire, pendant le temps de son absence, dans le fond des couloirs et y déposer, à son insu, un œuf qui amènera la ruine des espérances de l'industrieuse mère. Cet œuf donnera naissance à une larve qui, vraisemblablement, fera son premier repas de l'œuf de l'*Odynère* avant d'attaquer les provisions qui ne lui étaient cependant pas destinées. Comment cet œuf étranger et cette larve parasite échappent-ils aux causes de destruction contre lesquelles la mère *Odynère* déploie toutes les ressources de son instinct, c'est ce que nous ne savons pas encore. Il y a là, comme partout, bien des études intéressantes à poursuivre et bien des voiles à soulever.

Les *Chrysides* de diverses espèces sont les ennemis les plus redoutables des *Eumènes* et des *Odynères* ; je les énumèrerai à leur place. Je dois, en outre, signaler plusieurs *Ichneumonides* et *Chalcidites*, quelques *Diptères* et même le *Rhipiphorus paradoxus* dont l'histoire a été faite à l'occasion des *Guêpes sociales*.

La nature, tout en prodiguant aux *Guêpes solitaires* les dons instinctifs les plus précieux, n'a pas voulu les favoriser pour cela plus que les autres insectes, et les parasites viennent bien souvent les décimer et rendre inutiles tant de travaux si merveilleux.

§ V. — DISTRIBUTION GÉOGRAPHIQUE

La distribution géographique des *Euméniens* présente peu d'intérêt lorsqu'on se borne aux espèces européennes. Elles sont en effet en proportion relative bien inférieure au nombre de ceux qui habitent les pays plus chauds.

Un bon nombre d'espèces sont répandues dans toute l'Europe ; quelques-unes en petit nombre n'ont été rencontrées que dans le Nord. La majeure partie des espèces habite surtout les parties centrale et méridionale de l'Europe. Il en est dont la répartition s'étend fort loin ; on a rencontré des espèces européennes jusqu'en Lybie. Certains genres se confinent plus particulièrement dans les contrées orientales du midi de l'Europe, la Grèce, la Turquie. Les côtes méditerranéennes ont aussi des espèces spéciales en Syrie, en Egypte, en Algérie, en Espagne, en Sicile. Malheureusement les mœurs de la plupart d'entre elles n'ont pas été étudiées et il est difficile de dire si un mode de nidification plutôt qu'un autre est préféré dans le Nord ou dans l'extrême Midi. Les parties centrales de l'Europe les présentent tous en égale proportion.

B. — MASARIENS OU GUÊPES SOLITAIRES MELLIFÈRES

§ I. — CARACTÈRES GÉNÉRAUX

(Pl. XXXVIII)

1. — Ensemble du corps. — Beaucoup moins homogène que les deux autres familles, celle des *Masariens* présente des types dont les formes diffèrent beaucoup entre elles, en même temps que quelques unes s'éloignent considérablement de celles qu'affectent d'ordinaire les Vespides.

Le genre *Masaris*, représenté par des insectes si extraordinairement rares qu'on n'en a jamais rencontré qu'un très petit nombre d'individus, a un corps allongé et recourbé en dessous chez les mâles. Les *Ceramius*, de forme analague, se rapprocheraient mieux, à première vue, des *Vespiens sociaux*, si les ailes non ou incomplètement pliées ne leur donnaient de suite un autre aspect. Les *Celonites*, au contraire, à formes trapues, arrondies, avec l'abdomen plat et même creusé en dessous, capable de se recourber jusqu'à atteindre la tête avec son extrémité, rappellent d'une part les petites espèces de *Chrysides*, d'autre part un genre de Mellifères coloré d'une façon analogue (*Anthidium*), et offrant comme eux des denticulations diverses au bout de l'abdomen. Mais les ailes ordinairement repliées et les antennes fortement épaissies en massue leur donnent un faciès assez spécial pour que toute confusion soit impossible. La nervulation particulière des ailes fournit aussi, comme nous allons le voir, des caractères qui séparent nettement les *Masariens* de tout autre insecte voisin.

2. — Tête. — La tête (Pl. XXXVIII, fig. 1) n'offre pas de grandes différences dans sa forme générale avec celle que nous avons reconnue chez les *Vespiens* et les *Euméniens*. Les yeux sont, en général, réniformes, l'échancrure tendant cependant à disparaître chez quelques espèces. Les mandibules ordinairement courtes, peu saillantes, deviennent arquées et terminées en pointe très-aiguë chez quelques mâles. L'épistome, assez grand, recouvre le labre dont la forme arrondie en avant rappelle celui des *Euméniens*. Les mâchoires (fig. 2 et 3) présentent, dans la série des *Masariens*, au moins dans leurs palpes, des modifications, je pourrais presque dire des dégradations successives, qui, partant d'un type presque identique à celui des *Euméniens*, arrivent peu à peu à celui des *Masaris*, infiniment plus simple. Ainsi un genre exotique (*Paragia*) présente les six articles des palpes maxillaires que nous avons reconnus chez les *Euméniens*. Les *Ceramius*, *Celonites* n'offrent plus que quatre articles assez distincts. Chez les *Masaris* enfin, nous ne trouvons plus que trois articles rudimentaires à peine appréciables.

Les mêmes considérations peuvent s'appliquer avec encore plus de raison, s'il est possible, à la lèvre (fig. 4 et 5). En effet nous retrouvons la languette bilobée, non rétractile, des *Euméniens* dans le genre exotique dont je parlais tout-à-l'heure ; chez les *Ceramius* et genres voisins, elle devient plus ou moins rétractile et se transforme en deux filets terminés chacun par une verrue cornée, avec deux autres filaments plus petits et portant les mêmes points cornés, qui représentent les paraglosses, si développés chez les *Euméniens*. Les *Masaris* exagèrent encore cette disposition et nous voyons la lèvre se composer d'abord de deux longues lanières rétractiles venant se souder à leur base et, en arrière du menton, se réunir à une grande lame membraneuse verticale faisant une forte saillie et destinée, sans nul doute, à projeter fortement en avant la languette par une contraction convenable. Les palpes labiaux, qui ont ordinairement quatre articles, en prennent cinq chez les *Masaris*.

Avant de quitter cette description des pièces buccales des *Masariens*, il est bon de remarquer la gradation qui, partant des *Euméniens*, modifie peu à peu les organes jusqu'aux *Masaris*, types de la famille, en même temps que de prédateurs, ces insectes deviennent mellifères, comme cela a été reconnu depuis peu. Il faut avouer que la transition est peu connue, d'autant plus que les mœurs du genre exotique, qui ouvre la série, sont encore ignorées. Bien des faits restent encore obscurs dans cette histoire des *Masariens* ; leur rareté extrême, surtout pour certains types, n'a pas permis de multiplier suffisamment les observations, et il faut s'en tenir jusqu'à présent aux quelques conceptions un peu vagues qui sont exposées plus haut et dont M. H. de Saussure a donné la première idée.

Cependant la même gradation se reconnaît encore dans un autre organe important : les antennes.

Chez les types les plus voisins des *Euméniens*, elles sont bien articulées, surtout chez les mâles, et on peut y compter douze articles très distincts. Chez les femelles (fig. 6, 7, 8) les derniers articles, formant massue, se confondent et se soudent un peu entre eux. Si nous avançons plus loin dans la série, nous voyons la massue s'accentuer davantage, les articles se souder de plus en plus, le premier article ou scape devenir de moins en moins long pour prendre une forme globuleuse, et enfin, chez les *Masaris* qui s'éloignent le plus du type *Euménien*, les antennes ne présentent plus que sept à huit articles à peu près distincts, tous les autres restant tellement confondus ensemble qu'il est à peu près impossible de les analyser. De là ces discussions interminables entre les entomologistes les plus éminents, dont les Annales de la Société entomologique de France de 1851 à 1853 ont conservé la trace.

3. — Thorax. — Le thorax est court, globuleux, tronqué à l'arrière. Le scutellum, en forme de triangle transversal avec les angles antérieurs aigus, se relève en son milieu en forme de bosse, les cotés s'affaissant au contraire plus ou moins. Le post-scutellum est à peine visible et, restant en partie caché sous le scutellum, il ne montre au dehors qu'une sorte de lame saillante. Le metanotum n'est pas creusé en arrière.

4. — Pattes et Ailes. — Les pattes n'offriraient rien de remarquable si elles ne présentaient deux éperons aigus aux pattes intermédiaires, contrairement à ce qui a lieu chez les *Euméniens*. La paire postérieure porte aussi deux éperons et l'antérieure un seul comme chez ces derniers. Aux pattes antérieures, on voit aussi des cils raides, mais les deux autres paires en sont dépourvues et elles ne portent pas d'organe spécial de récolte comme on en trouve chez les *Apiaires*. Les ongles sont dentés, comme chez les *Euméniens*, mais souvent d'une façon presque indistincte.

Les ailes se distinguent par un caractère très net qui sépare facilement les *Masariens* des deux autres familles de Vespides. Elles n'ont que trois cellules cubitales au lieu de quatre ; elles sont aussi moins longues et la duplicature existe d'une façon moins générale, puisque chez plusieurs espèces de *Ceramius* elle est à peu près indistincte.

5. — Abdomen. — L'abdomen des *Masariens* (fig. 9, 10) est sessile ou presque sessile, ses segments s'emboitent moins facilement les uns dans les autres que chez les premiers Vespides. Ce qu'il présente surtout de remarquable, c'est la courbure vers le bas qu'il affecte presque généralement surtout dans le repos ; l'extrémité peut ainsi arriver à toucher la partie inférieure de la tête et ces insectes peuvent se suspendre en s'enroulant simplement autour des tiges minces ou des chaumes. Ils ressemblent alors à une boule. Cette faculté est absolument analogue a celle de même nature qu'offrent la plupart des *Chrysides*. C'est en se rappelant cette habitude commune, la forme concave de la face ventrale de beaucoup d'espèces, et les dentelures qui se montrent à l'extrémité anale, qu'on arrive à comprendre bien facilement le rapprochement que tentait d'amener Spinola (1) entre ces familles pourtant si distinctes.

§ II — PREMIERS ÉTATS, MŒURS ET MÉTAMORPHOSES

Sur ce sujet si important, je ne puis dire qu'un mot, par suite du défaut de matériaux et d'observations. Les premiers états des *Masariens* nous seraient inconnus, si le Dr Giraud n'avait eu la bonne fortune de rencontrer, dans le Midi de la France, une colonie nombreuse d'une de leurs espèces, et l'excellente pensée de l'étudier avec ce talent d'observateur qu'on lui connait. Je ne puis mieux faire que de transcrire ici tout au long ce qu'il nous en dit; il nous apprendra en même temps ce qu'avaient vu avant lui Boyer de Fonscolombe pour une autre espèce de *Ceramius* et M. J. Lichtenstein pour un *Celonites*. Cette citation résume tout ce qui, à ma connaissance, a été découvert sur les mœurs des *Masariens*. Il en résulte que ce sont des insectes mellifères, et la similitude de leurs constructions avec celles des *Eumenes* est encore un argument qui milite en faveur du maintien de cette petite famille à côté des *Vespides*.

« (2) Le genre *Ceramius*, du groupe des *Masariens*, créé en 1810 par Latreille, ne renferme que peu d'espèces européennes, qui n'ont été rencontrées jusqu'à présent que dans le Midi de la France,

(1) Osservazioni soprà i caratteri naturali di tre famiglie d'insetti imenotteri cioè le Vesparie, le Masaride, e le Crisidide. Gênes, 1843.

(1) Annales de la Soc. ent. franç. 1871, p. 375-379.

en Espagne et en Portugal. Fonscolombe qui avait découvert, dans les environs d'Aix, en Provence, l'espèce que Latreille lui avait dédiée, avait remarqué qu'elle niche dans la terre et qu'elle construit une cheminée à l'orifice de ses galeries ; mais là s'arrêtait son observation, et je ne sache pas que depuis, elle ait été complétée par personne. Il ne s'agit pas ici de l'espèce de Fonscolombe, mais d'une autre, déjà entrevue par cet observateur, et regardée par lui comme une variété de la précédente. C'est cette prétendue variété que Klug, en 1824 dans ses monographies entomologiques, a décrite sous le nom de *Ceramius lusitanicus*, parce que les individus qu'il a vus provenaient du Portugal.

« En 1863, dans un mémoire inséré dans les actes de la société zoologico-botanique de Vienne, j'avais signalé la présence de cette espèce dans le département des Hautes-Alpes ; mais il ne m'avait été possible de rien apprendre sur ses mœurs. J'ai visité de nouveau, en 1871, plusieurs localités où je l'avais rencontrée, et j'ai eu la satisfaction de trouver cette fois ce que je cherchais avec avidité. Le 4 juillet, en parcourant la vallée dite de Vallouise, située à quelque distance de Briançon, j'ai rencontré, au pied du contrefort de la montagne des Puits-Prés, qui est couronné par la chapelle de Saint-Romain, une colonie nombreuse de l'insecte qui me préoccupait. Arrivé, vers neuf heures du matin, dans une petite clairière couverte d'un maigre gazon et de touffes très basses de *Rosa spinosissima*, et ombragée de quelques jeunes mélèzes très clairsemés, je vis d'abord un certain nombre de mâles. A dix heures les femelles commencèrent à paraître. Je m'attachai à les suivre des yeux, dans l'espoir qu'elles me révéleraient leurs nids. Je ne tardai pas à en voir une pénétrant dans la terre par un trou circulaire et paraissant perpendiculaire au sol ; quelques recherches dans le voisinage me firent découvrir un assez grand nombre de trous semblables, les uns sans couronnement, les autres surmontés d'une cheminée, tantôt complète, tantôt seulement commencée, assez ressemblante à celle que construit l'*Anthophora parietina* ou à celle de l'*Odynerus spinipes*. L., dont Réaumur a donné l'histoire dans le tome VI de ses Mémoires. Les galeries les moins profondes ou encore inachevées étaient celles qui n'avaient pas de cheminée. J'ai éprouvé un vrai plaisir à suivre des yeux les travaux de ces laborieuses petites bêtes. Le creusement de la galerie est conduit jusqu'à une certaine profondeur, sans que l'insecte s'occupe de la cheminée : il détache avec ses mandibules un petit nombre de parcelles de terre, qu'il réunit en petite masse à peu près du volume de sa tête, apporte au dehors cette charge, en marchant à reculons, et va la jeter à quelque distance au-dessous du trou de la galerie. L'accumulation de ces petits déblais suffit pour annoncer le voisinage d'un nid, quand même son ouverture serait masquée ou bouchée, mais il suffit que le sol vienne à être mouillé pour que la forme de ces matériaux s'efface. Ce travail est continué ensuite de la même manière, mais l'ouvrière s'occupe alternativement du déblaiement et de la construction de la cheminée. Pour ce dernier ouvrage, elle apporte, toujours avec ses mandibules, une portion de terre plus petite que dans le premier cas, et la fixe sur les bords de sa construction. Chaque partie qui vient d'être ajoutée se distingue du reste par son état d'humidité.

« La cheminée est terreuse, friable, uniforme; non fénêtrée ; elle est généralement un peu courbée et quelquefois couchée sur le sol.

« La galerie est cylindrique, à peu près perpendiculaire et lon- de six centimètres environ ; au bout se trouve la coque, placée un peu obliquement sur un coté de manière à former avec elle un angle très ouvert.

« *Coque.* — Long. 2 à 2 3/4, épaiss. 1 cent. — Elle est terreuse, à parois épaisses, de forme tantôt subcylindrique, tantôt ovoïde, à bouts plus ou moins arrondis. La surface extérieure est assez régulière et se détache nettement de la terre ambiante : l'intérieure est unie, mais nullement tapissée chez les coques fraîches. Après la transformation de sa larve, elle est au contraire revêtue d'une fine membrane très adhérente. Une espèce de bouchon plat, de couleur rousse et très résistant, ferme cette coque à quelque distance de l'un des bouts de l'ovoïde.

« Pour apprendre en quoi consistait l'approvisionnement destiné à nourrir les larves, je dus attendre jusqu'au 12 du mois. A ce moment quelques coques ne contenaient encore qu'une très petite quantité de pâtée, déposée au fond de la cavité, sous la forme d'une goutte de miel qui se serait solidifiée en tombant d'autres en avaient davantage, une seule était à peu près pleine; Dans chaque coque se trouvait une larve, dont la taille était assez en rapport avec la quantité de la pâtée. Deux coques, dans lesquelles il n'y avait encore aucune provision, contenaient déjà chacune une larve extrêmement petite, et paraissant attendre les premiers secours de sa mère. La pâtée est d'un jaune tendre, non sirupeuse comme celle des Apides mellifères, mais plus sèche, un peu friable, et ressemble à un amas de poussière fraîche de pollen. J'emportai un certain nombre de coques toutes ouvertes pour les étudier à la première station de mon voyage ; mais quatre à cinq jours avaient suffi pour faire périr les larves à l'exception d'une seule, qui avait fermé sa cellule avec le couvercle dont j'ai déjà parlé. Deux mois plus tard, j'ouvris cette cellule pour examiner la larve, que je trouvai fraîche et immobile, ayant la tête fortement fléchie sous le corps et, placée du côté du bout opposé à celui où se trouvait le bouchon.

« *Larve*. — Apode, molle, d'un blanc opalin et de forme ovoïde, allongée dans son jeune âge ; épaisse et moins allongée dans l'état adulte, et d'un blanc faiblemeut jaunâtre, de 10 millimètres de longueur. Douze segments, y compris le bout anal ; dix paires de stigmates ; une série de mamelons latéraux et une ligne enfoncée le long du dos. La tête est petite, subovale, les organes de la bouche, de couleur un peu rousse, sont très peu développés. Chaperon plus large que long, un peu émarginé au bout ; labre saillant, bilobé, mandibules rousses au bout, triangulaires, avec une dent apicale aiguë, précédée de deux plus petites et plus courtes ; menton formé de trois mamelons, dont le médian est plus fort et presque carré ; à la loupe, on ne distingue la place des palpes que par un point roux microscopique. De chaque côté de la tête, et un peu au-dessous du chaperon, on distingue deux points ronds paraissant indiquer la place des antennes, mais ne formant aucune saillie appréciable. Dernier segment en dessous avec quelques aspérités de chaque côté de la ligne médiane.

« Il me paraît évident que la mère continue à apporter des aliments après l'éclosion de la larve, ce qui est assez démontré par l'insuffisance des provisions déposées dans la cellule des plus jeunes, et par la présence de cette mère, que j'ai constatée plusieurs fois, dans les galeries conduisant à ces cellules. La consommation des provisions doit-être fort rapide, car une coque qui en contenait une assez bonne portion avait déjà été fermée, quand, quatre ou cinq jours plus tard, je voulus voir les progrès du travail. Soit que la mère attende que la coque ait été fermée par la larve, soit qu'il suffise d'avoir apporté une quantité suffisante d'aliments, elle doit s'occuper de terminer son travail en complétant l'ovoïde de la coque par l'adjonction d'un bout terreux. Je n'ai pas eu l'occasion de voir comment l'insecte ferme la galerie ; quant à la cheminée, l'action de la pluie paraît suffisante pour la faire disparaître, si ses matériaux ne sont pas employés pour former le bouchon.

« J'ajouterai seulement que la colonie, qui se composait pour le moins de quatre cents individus, devait vivre depuis longtemps sur la même place, car, en fouillant la terre, j'ai rencontré un nombre très considérable de coques anciennes, les unes vides, les autres entières, mais dont les habitants avaient péri à l'état de larve, de nymphe ou d'insecte déjà développé. Parmi ces restes souvent couverts de moisissure, se trouvaient des larves à segments renflés et très distincts par leurs articulations profondes et un mamelon saillant de chaque côté. Les nymphes étaient trop détériorées pour pouvoir en apprécier la forme.

« Pendant mes recherches, le 12 juillet, j'ai rencontré sur la terre plusieurs mâles dans la position du repos et sans blessures, mais ils étaient morts ; ils paraissaient avoir perdu la vie tout doucement et sans convulsions.

« J'ai vu l'insecte accouplé pendant le vol, mais je n'ai pu observer ni le commencement, ni la durée de cet accouplement. J'ai observé seulement plusieurs fois que le mâle se précipitait sur la femelle pendant qu'elle volait près de terre. Les mâles passent dans les galeries tout le temps pendant lequel le manque de chaleur et de lumière ne leur permet pas de voltiger ; ils s'y réfugient aussi pendant les heures les plus chaudes de la journée, mais ils n'y séjournent pas longtemps.

« L'éclosion a lieu au mois de juin.

« Les mœurs des *Masariens* ont été peu étudiées. L'observation, restée incomplète, de Boyer de Fonscolombe, au sujet du *Cera-*

mius qui porte son nom, permet de croire que le mode de nidification de cette espèce a la plus grande analogie avec celui du *C. Lusitanicus*.

« Il y a aussi un certain rapprochement à faire avec le *Celonites abbreviatus* Vill. D'après ce que M. Jules Lichtenstein nous a appris (Ann. Soc, ent. Fr., 1869; Bull., p. XXIX), cet insecte ne fouit pas, il construit des coques de mortier qu'il place bout à bout sur les tiges sèches des plantes, mais les approvisionne aussi d'une espèce de miellée blanche qui, d'après les détails qui m'ont été donnés verbalement, a la consistance et l'aspect de celle de notre *Ceramius*.

« Ces coques, selon les échantillons que M. Lichtenstein a eu l'obligeance de me donner, sont minces et assez friables, et construites, non d'un vrai mortier, mais seulement d'une terre très fine dans laquelle on ne trouve pas un grain de sable. Tels sont aussi les matériaux qu'emploie le *Ceramius*. Quelques fragments du bouchon restés adhérents à la coque du *Celonites* font voir que, comme chez le *Ceramius*, ce bouchon est aussi placé à quelque distance du bout. »

Voici encore une autre observation de M. J. Lichtenstein relative à la nidification du *Celonites Fischeri*.

« (1) Cette année-ci, j'ai encore obtenu l'éclosion du *Celonites Fischeri*, considéré jusqu'à ce jour comme insecte africain et qu'il faut inscrire aussi comme du midi de la France. Son nid est formé, comme celui de son congénère, d'un petit cylindre en mortier très fin, d'un centimètre à un centimètre et demi de long; mais, au lieu d'être placées bout à bout contre une tige sèche comme chez l'*abbreviatus*, les cellules sont accolées contre une pierre parallèlement l'une à l'autre, en forme de tuyaux d'orgue. Avant de sortir de leur nid, ces insectes ont les ailes bizarrement placées ; elles passent dans l'échancrure entre le thorax et l'abdomen et sont appliquées contre le ventre. A l'état de liberté et quand ils veulent se reposer, les *Celonites* font aussi prendre cette position aux mêmes organes et leur corps se plie en anneau autour d'une tige. »

(1) Soc. ent. franç. 1875. Bulletin, p. CCXI.

§ III. — PARASITES

On ne connaît aucun parasite des *Masariens*. La collection Sichel renferme seulement le nid d'un *Celonites* piqué avec la *Chrysis cuprata* Dhlb. sans étiquette; ce qui semblerait indiquer que la *Chrysis* est parasite du *Celonites*.

§ IV. — DISTRIBUTION GÉOGRAPHIQUE

Les *Masariens* sont tous des insectes méridionaux. On les a rencontrés dans le midi de la France, surtout en Espagne, en Portugal, en Algérie. J'en ai reçu de Hongrie, de Dalmatie, de Suisse et d'Allemagne. Les espèces exotiques proviennent toutes du Cap de Bonne Espérance, sauf celles qui rentrent dans deux genres tout-à-fait étrangers à l'Europe, l'un (*Paragia*) propre à la Nouvelle Hollande, l'autre (*Trimeria*) ne comprenant qu'une seule espèce, originaire du Brésil.

BIBLIOGRAPHIE SPÉCIALE

DES OUVRAGES TRAITANT DES GUÊPES SOCIALES ET SOLITAIRES D'EUROPE ET PAYS LIMITROPHES

1. **André (Ed.** 1883 Description de quelques espèces nouvelles d'Odynères (*Il naturalista siciliano, III. p. 229*).

2. **Ankum (H.-J. van)** 1870 Inlandsche sociale Wespen. Groningue, grand in-4°.

3. **Anonyme.** 1758 Mittel zur Verbreitung der Wespen (*Stuttg. phys. oek. Ausz. t. 2, p. 482*).

4. — 1765 Method of destroying Wasps and Hornets (*Gentlem. Magazine, t. 35. p. 328*).

5. — 1771 Mittel für einen Wespenstich (*Hannœver Magazin, p. 1327*).

6. — 1776 Der kunstliche Bau eines Wespennestes (*Wittenberg. Wochenblatt, tome 9, p. 320-322*).

7. — 1833 Vespa campanaria (*Magazine of natural History, t. 6, p. 538-540*).

8. — 1834 Wasps their relative abundance or rarity in 1833 (*Mag. of nat. Hist., t. 7, p. 265*).

9. — 1835 On Vespa Britannica (*Mag. of nat. Hist., t. 8, p. 626-627*).

10. **Armstrong. J.** 1843 On destroying Wasps (*Garden. Magazine, t. 19, p. 42*).

11. **Audouin.** 1839 Observations sur les mœurs des Odynères (*Ann. des sciences natur. 2e série, tome 11. p. 104-113, 1 pl.*).

12. — 1840 Histoire des insectes nuisibles à la vigne, (Discœlius Zonalis). Paris in-4°.

13. **Barchard.** 1817 On the Cells and Combs of Bees and Wasps (*Annals of Philos. t. 10. p. 310-313*).

14. **Barclay. J.** 1818 Note concerning the structure of the Cells in the Combs of Bees and Wasps (*Mem. Vern. hist. nat. Soc. tome 2, p. 259-260*).

15. **Baupin, J.** 1758 Mittel wider die Wespen und Hummeln (*Hannœv. nützl. Samml. tome 4, p. 1453 56*).

16. **Bigot, J.** 1881 Note sur un diptère parasite des Polistes (*Soc. ent. fr. 6e série, tome I. Bulletin p. X*).

17. **Blanchard.** 1845 Histoire des Insectes. I. Paris.

18. — 1853 Note sur le Masaris vespiformis (*Ann. Soc. ent. fr. série 3, tome I. Bulletin VI*).

19. **Bomme, L.** 1780 Natuurkundige Waarneeming van een zonderling wespennestje (*Verhandl. van het Maatsch. te Vlissingen, tome 7, p. 213-226, pl. 1*).

20. **Bond, W. J.** 1837 Notes on various Insects: Nests of the common Wasp. (*Entomol. Magaz. Tome 4, p. 225*).

21. **Boyer de Fonscolombe.** 1835 Description du Ceramius Fonscolombei (*Ann Soc. ent. fr. 1re série, tome 4, p. 421*).

22. **Brandt, Ed.** 1876 Recherches anatomiques et morphologiques sur le système nerveux des insectes hyménoptères (*Compte-rendus de l'Académie des sciences, in-4°, Paris*).

23. — 1878 Ueber das Nervensystem der Wespen (texte russe) St-Pétersbourg. 1 pl. lith. in-8.

24. — 1879 Même titre (texte allemand) (*Sitzungsberichte der russ. Entom. Gesellsch. Tome XIV*).

25. — 1879 Vergleichend-anatomische Untersuchungen ueber das Nervensystem der Hymenopt. (texte russse). St-Pétersbourg. in-8.

26. — 1880 Vergleichend anatomische-Skizze der Nervensystem der Insekten (*Horæ entom. rossicæ*).

27. — 1880 Ueber die Metamorphosen des Nervensystems der Insekten (*Horæ ent. rossicæ*).

28. **Brullé, A.** 1832 Expédition scientifique de Morée., p. 361. Paris.

29. — 1836 1846 Histoire naturelle des Iles Canaries (Insectes). Paris, in-4°.

30. **Büchner, A. E.** 1767 Cryptogame parasite. — (*Nova acta phys. med. nat. curios. Tome III, p. 437, pl. VII. fig. 13*).

31. **Cagnati, M.** 1581 Locus Aristotelis de nidis Vesparum emendatus. Romæ, in-8.

32. **Cameron.** 1875 On the social Wasps four near Glascow.—*Proceed. of the nat. History Soc. of Glascow, vol. I.*

33. **Carpenter, W. B.** 1843 The popular Cyclopœdia of natural science, n° 711, Wasps. Londres, in-8.

34. **Cederjhelm, J.** 1798 Faunæ Ingricæ prodromus. Lipsiæ, p. 598.

35. **Chapman, T. A.** 1870 Some Facts towards a Life-History of Rhipiphorus paradoxus — *Annals and Mag. of natural History.*

36. — 1879 On the Chrysides parasitic an Odynerus spinipes. Londres.

37. **Christius, J. L.** 1791 Naturgeschichte der Insekten vom Bienen, Wespen und Ameisengeschlecht, p. 229.

38. **Cloquet, H.** 1822 Faune des médecins. Tome V, Paris, in-8. 1840

39. **Cooke et Berkeley** 1878 Les Champignons. — Voir p. 198.

40. **Cornelius.** 1879 Ueber Wespennester. — *Entom. Nachrichten, p. 249-252.*

41. **Costa, A.** 1858 Ricerche entomologiche sopra Monti Partenii (Vespa pilosella n. sp.) p. 28. Naples, in-8.

42. — 1863 Entomologia della Calabri ulteriore (*Atti della Academia delle scienze fisiche et matem. di Napoli, p. 67*).

43. — 1875 Relazione di un viaggio per l'Egitto, la Palestina e le coste della Turchia asiatica per ricerche zoologiche, p. 8, 15 et 20 (*Atti della R. Académia delle scienze Fisiche e matematiche di Napoli*).

44. — 1881 Relazione di un viaggio nelle Calabrie per Ricerche zoologiche, p. 54. — *Atti della reale accademia delle scienze fisiche ei matem. di Napoli.*

45. — 1882 Notizie ed osservazioni sulla Geo-fauna Sarda (Odynerus laborans, n. sp). — p. 37 — *Atti della reale accademia di Napoli.*

46. **Curtis, J.** 1840 British Entomology. XVI. Londres.

47. **Dahm, O.-E. L.** 1881 Nagra iakttagelser rorande getingar. — Quelques observations sur les mœurs des Guêpes. — *Entomologish Tidshrift, vol. I,* p. *97.*, *résumé en français, p. 115.*

48. **Dale, J. C.** 1883 Two Instances of finding a Nest and Individual o the Wasp. Vespa britannica inside a Beehive. — *Mag. of natur. His. série I. Tome 6, p. 535-538.*

49. **Dalla Torre et Kohl.** 1878 Die Chrysiden und Vesparien Tirols. — *Naturw. med. Verein.*

50. **Dalla Torre, K.** 1877 Entomol. Notizen aus dem Egerlande. — *Jahres Bericht des Natur-historischen Vereines « Lotos » p. 91.*

51. **Davis, A. H.** 1832. Observ. on Vespa vulgaris. — *Entomol. Magaz. vol. I. p. 90.*

52. **Derham, W.** 1724 Observations about wasps and the difference of their sexes. — *Philos. transact. vol. 33, p. 53-59.*

53. **Destefani Perez, T.** 1882 Notizie imenotterologiche (Diploptera). — *Il naturalista Siciliano, II, p. 55.*

54. **Disderi, Stephen.** an XII (1805) Fasciculus entomologicarum pars altera. § IV. Vesparum observationes. — *Mémoires de l'Académie imp. des sciences, littérature et beaux-arts de Turin, pour les années XII et XIII. Sciences physiques et mathématiques. Turin, p. 190.*

55. — 1806 Observationes variæ entomologicæ (exhibitæ Januar 1806), p. 86. § V. Hymenopterorum observationes. — *Mémoires de l'Académie, etc. pour les années 1805-1808. Sciences physiques et mathématiques, Turin, 1809.*

56. — 1813 Vespæ gallicæ historia (lecta septembre 1813) *Mémoires de l'Academ. etc. de Turin, pour les années 1813-1814. Turin, 1816.*

57. **Donovan, E.** 1792 1813 The natural History of British Insects. Lond. in-8.

58. **Drury, D.** 1773 Illustr. of natural History II. Londres.

59. **Dufour, L.** 1837 Recherches sur quelques entozoaires et larves parasites des Insectes Orthoptères et Hyménoptères — (*Ann. des sciences natur. Tome 7, p. 5-20. pl. 1.*

60. — 1839 Mémoire pour servir à l'histoire de l'industrie et des métamorphoses des Odynères et description de quelques nouvelles espèces de ce genre des insectes. — *Ann. des sciences natur. série 2, tome 11, p. 85-1035.*

61. — 1841 Recherches anatomiques sur les Orthoptères, les Hyménoptères et les Névroptères (*Mémoires présentés par divers savants à l'Académie, vol.* VII, 2e *série, p.* 265-647.

62. — 1841 Explications, notes, errata et addenda au mémoire ci-dessus. St-Sever, in-4°.

63. — 1851 Sur une nouvelle espèce de Celonites. — *Ann. soc. ent. Série 2, tome IX, p. 58, pl. 3.*

64. — 1851 Remarques sur la famille des Masarides. — *Ann. soc. ent. fr., série 2, tome IX, p. 61.*

65. — 1852 Encore Masaris et Celonites. — *Ann. soc. ent. fr. Série 2, tome 10, p. 448.*

66. — 1853 Signalement de quelques espèces nouvelles ou peu connues d'Hyménoptères algériens (Masariens) — *Ann. soc. ent. fr. Série 3, tome 1, p. 375.*

67. **Dufour, L. et Perris, Ed.** 1840 Mémoires sur les Insectes hyménoptères qui nichent dans l'intérieur des tiges sèches de la ronce. — *Ann. soc. ent. fr. Série 1, tome IX, p. 5, pl. 1, 2 et 3.*

68. **Duméril, C.** 1855 Rapport sur un insecte trouvé vivant dans l'intérieur d'une pierre (Odynerus Muraria). — Comptes-rendus de l'Acad. d. scienc., tome XLI, p. 778-782.

69. **Erné.** 1877 Ueber das Aufriehen der Rhipiphorus paradoxus — *Mitth. der Schweiz. Ent. Gesellch. T. IV, p. 556-566.*

70. — 1878 Weitere Beobachtungen ueber die Lebenweise von Vellejus dilatatus. — *Mitth. d. Schw. Ent. Gesellsch. T. V, p. 369.*

71. **Eversmann** 1844 Zoolog. Erinnerungen (Polistes diadema). — *Bulletin acad. St-Petersb. T. 2, p. 128.*

72. **Fabre, J.H.** 1855 Notes sur les mœurs des Vespides. — *Ann. des sciences natur. 4e série, T. IV, p. 146.*

73. — 1882 Nouveaux souvenirs entomologiques. — *Paris, p. 57-98.*

74. **Fabricius, J.** 1775 Systema entomologiæ, p. 304.

75. — 1781 Species insectorum, tome I, p. 460.

76. — 1787 Mantissa insectorum, tome I, p. 287.

77. — 1793 Entomologia systematica, tome II, p. 256.

78. — 1804 Systema Piezatorum, p. 255, 271, 287 et 292.

79. **Fairmaire.** 1853 Rapport relatif au Masaris vespiformis. — *Ann. soc. entom. fr. Série 3, t. I. Bull. p. XVI.*

80. **Felton, S.** 1764 An account of a singular Species of wasp and Locust. — *Philos. Trans. vol. 54, p. 53-57.*

81. **Ferussac.** 1825 Cryptogames. — *Ephem. scient. nat. p. 66-68.*

82. **Fischer de Waldheim.** 1843 Observata quædam de Hymenopteris rossicis. — *Magasin de zoologie, pl. 122.*

83. **Fourcroy (de)** 1785 Entomologia parisiensis, p. 429.

84. **Frisch.** 1730 Beschreibung von allerley Insecten in Teutschland, t. IX.

85. **Fritsch, K.** 1878 Jæhrliche Periode der Insecten fauna von Œsterreich-Ungarn (Diploptera) p. 116 et 143.

86. **Fritze, J. G.** 1780 Bemerkungen über Bienen, Heuschrecken, Raupen, Wespen, Maiwurmer. — *Medicin-Annalen, Leipzig.*

87. **Friwaldszki, J.** 1876 Data ad faunam Hungriæ merid. comitatum Temes et Krasso-Pterochilus formosus Fr. — *Math. ès Termez. Kozl. p. 357.*

88. **Gadeau de Kerville.** 1881 Voyez Hauser, G.

89. **Geer, C. de** 1752-78 Mémoires pour servir à l'histoire des Insectes, vol. II.

90. **Geoffroy, E. L.** 1762 Histoire abrégée des Insectes qui se trouvent aux environs de Paris, tome II, p. 362.

91. **Giard, D^r.** 1873 Les Guêpes du Nord de la France. — *Bulletin scientifique du département du Nord, p. 234.*

92. — 1875 Les Guêpes. — *Bulletin scient. du départ. du Nord, p. 49.*

93. **Giraud, D^r** 1863 Hyménoptères recueillis aux environs de Suze, en Piémont, et dans le département des Hautes-Alpes. — *Verandl. der K. K. Zool. bot. Gesellsch. in Vien. p. 11.*

94. — 1866 Mémoire sur les Insectes qui habitent les tiges sèches de la ronce. *Ann. soc. ent. fr. 4e série, tome IV, p. 443.*

95. — 1869 Note biologique sur la Melittobia Audouini (parasite d'Odynerus lævipes). — *Ann. soc. ent. fr. 4e série tome IX, p. 151.*

96 — 1871 Note sur les mœurs du Ceramius lusitanicus Kl. — *Ann. soc. ent. fr. 5e série, tome I. p. 375.*

97. **Gmelin, F. J.** 1874 Cryptogames. — *Ephem. Hist. nat. Hallens, t. IV, pl. IV.*

98. — 1788 C. Linnæi system. naturæ. Editio XIII. Lipsiæ I.

99. **Gœze. J. A.** 775 Ueber die Oekonomie der Wespen. — *Neue Mannigfaltigh. tome II, p. 153-160.*

100. **Goureau.** 1839 Description du nid de l'Eumenes coarctata. — *An. soc. ent. fr. 1re série, tome VIII, p. 531.*

101. **Gradl, H.** 1879 Metœcus paradoxus L. — *Entomolog. Nachrichten, p. 326.*

102. **Gray, G.** 1858 Notices of Insects that are know to form the bases of Fungoid parasites. London.]

103. **Gribodo, J.** 1881 Escursione in Calabria (Odynerus, n. sp. — *Bull. soc. ent. ital. p. 148.*

104. **Guérin-Méneville.** 1835 Iconographie du règne animal de Cuvier, p. 445-447, pl. 72.

105. — 1864 Note sur les mœurs des Guêpes communes. — *Soc. ent. fr. Série 4, tome IV, Bul. p. III.*

106. **Halsey, A.** 1821 Cryptogames. — *Annals of Lycœum of Nat. Hist. of NewIfork, tome I, p. 125.*

107. **Hampe, Dr.** 1861 Ueber die Lebenweise des Metœcus paradoxus und Attagenus pantherinus. — *Wiener entomol. Monatschrift, p. 69.*

108. **Hanow, M.** 1753 Von den Wespen und Hummeln. — *Titius seltenheiten, tome I, p. 388-411.*

109. **Harris, M.** 1776 An exposition of English Insects, p. 127. Londres.

110. **Hasenest, J.** 1757 Von einer Wildpret-und Hornviehseuche die vom Stich giftiger Wespen entstanden. — *Hasenest Medicins, part. 3, p. 99.*

111. **Hauser, G.** 1880 Physiologische und histiologische Untersuchungen über das Geruchsorgan der Insecten (Vespa crabro). — *Zeitschrift für Wissenschaftl. Zoologie tome XXXIV. Leipzig, p. 367-403, pl. XVII à XIX.* — Ouvrage traduit en français par M. H. Gadeau de Kerville sous le titre de: Recherches physiologiques et histologiques sur l'organe de l'odorat des Insectes. — *Inséré dans le Bulletin de la Société des amis des sciences naturelles de Rouen*, 1881.

112. **Henslow, J.** 1849 Parasitic larvæ observed in the Nest of Hornets, Waps and Humble Bees. — *The Zoologist, p.* 2534-2536.

113. **Herrich-Schæffer.** 1829-44 Continuation de Fauna Insectorum Germaniæ initia par Panzer.

114. — 1840 Nomenclator entomologicus. II. Regensburg.

115. **Hoffer.** 1883 Ueber die Lebenweise des Metœcus paradoxus. — *Entomol. Nachrichten, p. 45.*

116. **Hogg, J.** 1849 On a large and remarkable Wasps nest (Vespa vulgaris). — *Proceed. Linnean Society of London, tome II, p. 33-34.*

117. **Hunter, J.** 1861 Essays and observations on natural History, anatomy, physiology, psycology and geology. Londres, in-8.

118. **Illiger, C.** 1807 Editio faunæ etruscæ Rossii, p. 137.

119. **Imhoff, L.** 1836 Inseckten der Schweiz, Bâle, in-8°.

120. — 1840 Lebensweise der gemeinen Wespe. — *Bericht über Verhandl. d. naturf. Gesellsch. in Basel. Tome VIII, p. 41.*

121. — 1863 Ueber einige seltene Schweiz. Hymen. — *Milth. der Schweiz. ent. Ges. vol. I, p. 89.*

122. **Jourdheuille, C.** 1869-1870 Calendrier du microlépidoptériste. — *Ann. Soc. ent. fr. 4e série. Tome IX p. 533 et 548; tome X p. 111 à 134; p. 233 à 266.*

123. **Jurine, L.** Nouvelle méthode de classer les hyménoptères et les diptères, p. 164, pl. 9. Genève.

124. **Kelch, A.** 1832 Für schlesich neue Hautflüger. — *Schriften der Schlesisch. Gesellsch. p. 71.*

125. **Kellner, A.** Neue Brachelytren und eine Beobachtung über Quedius dilatatus. — *Stettiner entom. Zeitung, p. 415.*

126. **Kirby et Spence.** 1856 Introduction to Entomology. 7e édit. Londres, in-8°.

127. **Kirchner, L.** 1867 Catalogus hymenopterorum Europæ. Vienne, p. 226-230.

128. **Klug, J. C. F.** 1805 Pterocheilus, eine neue Insecten Gattung. — *Weber und Mohr Beitraege zur Naturkunde, p. 143, pl. III.*

129. — 1824 Entomol. Monographien (Ceramius), p. 219-232.

130. **Kriechbaumer.** 1879 Eumeniden Studien. — *Entomol. Nachricht. p. 57, 85, 201 et 309.*

131. **Kristof.** 1878 Ueber einheimische gesellig lebende Wespen und ihre Nestbau. — *Mittheil. der natur. Verein für Stieiermark, p. 38.*

132. **Künckel, J.** 1869 Notes diverses. — *Soc. ent. fr. Bulletin. 4e série, tome IX. p. 17, 20, 22 et 24.*

133. — 1875 Recherches sur l'organisation et le développement des Volucelles, tome I, Paris, in-4°.

134. **Kuwert.** 1875 Ein Riesenbau von Vespa germanica. — *Stett. entomol. zeitung. p. 221.*

135. **Laboulbène, Dr** 1848 Vespa rubra. — *Soc. ent. fr. série 2, tome VI. Bulletin p. XLVIII.*

136. — 1858 Note sur l'Anthrax sinuata et la Chrysis ignita, parasites des Odynères. — *Soc. ent. fr. série 3, tome VI. Bull. p.* 112-113.

137. **Lacaze Duthiers, H.** 1849 Recherches sur l'organe génital femelle des hyménoptères. — *Annales des sciences natur. 3e série tome 12, p.* 353-374.

138. **Lacordaire, J. T.** 1834 Introduction à l'entomologie. Paris, in-8°.

139 **Lamark, J.-B.** 1801 Système des animaux sans vertèbres, p. 271. Paris.

140. — 1816 Hist. natur. des anim. sans vertèbres. Tome III. Paris.

141. **Latreille, P. A.** 1802 Observations sur quelques guêpes. — *Ann. du Museum d'hist. nat. t. I, p. 287-294. pl.* XXI.

142. — 1806-9 Genera Crustaceorum et Insectorum. Paris in-8.

143. — 1816-19 Dictionnaire dit de Déterville.
Article Colonites. 1816, vol. 5, p. 465.
— Ceramie. 1816, vol. 5, p. 501.
— Eumène. 1817, vol. 10, p 537.
— Guêpe. 1817, vol. 14, p. 1.
— Masaris. 1818, vol. 19, p. 431.
— Odynère. 1811, vol. 23, p. 220.
— Poliste. 1818, vol. 27, p. 414.
— Pterochile, 1819. vol. 28, p. 224.

144. **Leach, E.** 1814 The zoologieal miscellany, l. Londres.

145. **Lepeletier de St-Fargeau.** 1836 1841 Histoire naturelle des Hyménoptères. Paris in-8, vol. I, p. 473 et vol. II, p. 584.

146. — 1835 Observations sur les Odynères — *Soc. ent. fr. 1re série, t. 4, Bull. p.* LXVIII.

147. **Leriche, J.** 1876 Les guêpes ennemies des abeilles. — *Bulletin de la Soc. d'agriculture de la Somme.*

148. **Lespès Ch.** 1855 Nid et larve d'une espèce d'Odynère. — *Soc. ent. fr. série 3 t. 3, Bull. p.* LVIII.

149. **Leuckart, Dr R.** 1858 Zur Kenntniss des generations wechsels und der Parthenogenesis bei den Insecten. p. 51 et suiv.

150. **Levade.** 1790 Observations sur l'histoire naturelle des Guêpes. — *Mém. de Lausanne, t. 3, p.* 23-27.

151. **Lichtenstein, J.** 1869 Notes diverses. — *Soc. ent. fr. Bulletin*

152. — 1873 — —

153. — 1874 — —

154. — 1875 — —

155. — 1888 Note sur le nid de l'Eumènes dimidiatus. — *Soc. ent. fr. Bull.*

156. **Linné, C.** 1746 Fauna Suecica, 1re édit., p. 948.

157. — 1767 Systema naturæ, t. 1, p. 948.

158. **Lubbock.** 1874-83 Observations on Ants, Bees and Wasps. Londres.

159. — 1883 Fourmis, Abeilles et Guêpes. Paris in-8, t. 2, p. 74-86

160. **Lucas, H.** 1847 Note sur la Chrysis ignita trouvée parasite dans un nid d'Odynerus spinipes. — *Soc. ent. fr. 2e série t. 5. Bulletin p. 90 92.*

161 — 1849 Histoire naturelle des animaux articulés de l'Algérie. Paris in-folio, t. 3.

162. — 1851 Observations sur le nombre des articles qui composent les antennes du Masaris vespiformis et des Celonites. — *Soc. ent. fr. série 2, t. 9. Bull. p.* xcv.

163. — 1883 Note sur un hyménoptère social. — *Soc. ent. fr. série 6, t. 3. Bull. p.* xxxiv.

164. — 1883 Note sur le nid de l'Eumenes Amedæi.— *Soc. ent. fr. série 6, t. 14. Bull. p.* 138.

165. **Lucciani.** 1845 Lettre sur les mœurs des Euméniens et de quelques coléoptères. — *Soc. ent. fr. 2e série, t. 3. Bull. p.* cx-cxii.

166. **Mabaret du Basty.** 1875 Des accidents produits par la piqûre des hyménoptères porte-aiguillon. — *Thèse, Paris in-8.*

167. **Mac Intosch, J.** 1855 The common Wasp. — *Morris naturalist, t. 5, p. 32-34, 139-141, tome 6, p. 30-31.*

168. **Magretti, Dr P.** 1881 Sugli imenotteri degla Lombardia, p. 81. — *Boll. d. Soc. ent. ital. 13e année.*

169. **Malinowski** 1808 Beitrag zur naturgeschichte der Vespa crabro. — *Magaz. der. naturforsch. Gesellschaft zu Berlin, p. 151.*

170. **Marquet, C.** 1876 Aperçu des Hyménoptères qui habitent une partie du Languedoc. — *Bull. de la Soc. d'hist. nat. de Toulouse.*

171. **Mayr, Dr.** 1875 Die Encyrtiden.—Encyrtus varicornis parasite d'Eumenes coarctata. — *Verh. d. k. k. zool. bot. Gesellsch. in Vien. p.* 709.

172. **Ménétriès E.** 1849 Catalogue des insectes recueillis par Lehmann (Polistes Bucharensis). — *Mém. de l'Acad. I. des Sciences de St-Pétersb. p.*307.

173. **Mocsary, Al.** 1877 Hymenoptera nova in Collect. Musei nationalis hungarici. — *Term. Füzetek vol.* I, *p.* 89.

174. — 1878 Data ad faunam hymenopterol. Sibiriæ. — *Tidjchrift voor Entomologie, p. 198.*

175. — 1879 Data nova ad faunam hymenopterol. Hungariæ meridionalis comit. Temesiensis. — *Mathem. és term. Kozl.— Publicationes mathematicæ et physicæ ab Academia Hungarica editæ) vol. XVI, p. 6.*

176. **Mœbius,** 1856 Die Nester. der geselligen Wespen. — *Abhandl. naturw, Verein Hamburg, tome 3, p. 117-171. 19 pl. col.*

177. — 1856 Vergleichende Betrachtungen über die Nester der geselligen Wespen. — *Wiegmann Archiv, tome* 22, p. 321-322.

178. **Morawitz, K. A.** 1864 Ueber Vespa austriaca. — *Bull. de la Soc. des Naturalistes de Moscou, p. 439.*

179. — 1867 Uebersicht der im Gouvernement von Saratow und um St-Pétersburg vorkommenden Odynerus Arten. — *Horæ entomol. rossicæ, tome IV, p. 109-144.*

180. — 1868 Ueber einige Faltenwespen und Bienen aus der Umgegend von Nizza. — *Horæ entomol. rossicæ, tome V. p. 145-156.*

181. — 1872 Faltenwespen aus Krasnodoosk. — *Horæ entomol. rossicæ, tome IX, p. 294.*

182. **Mueller.** 1764 Fauna insectorum Fridrichsdalina, Gleditsch in-8° (n° 634 à 636).

183. **Murray.** 1869 On some points in the history of Rhipiphorus. — *Ann. and Mag. of natural history, p.* 347.

184. — 1870 Conclusions of the history of the Wasps and Rhipiphorus paradoxus. — *Ann. and Mag. of natur. Hist.* p. 8, *pl. XIV.*

185. **Newmann, C.** 1841 Notice of a Nest of Vespa Britannica. — *Entomologist, p. 106.*

186. **Newport**, 1836 On the predaceous habits of the Common Wasp. Vespa vulgaris. — *Trans. ent. Soc. of London, tome 1, p. 228-229.*

187. **Ormerod, E. L.** 1859 Contributions to the natural History of the British Vespidæ. — *Zoologist. tome 17, p. 6641-6655.*

188. — 1868 The British Social Wasps : natural Hist. anatomie physiologie. Londres, in-8°, 14 pl. col.

189. **Olivier, A. G.** 1791 Encyclopédie méthodique.

190. **Panzer,** 1793-1813 Faunæ insectorum Germaniæ initia.

191. **Paris.** 1864 Note sur une guêpe en état d'hibernation. — *Soc ent. fr. 4e série, tome II, Bullet. p.* xxxIII.

192. **Peragallo,** 1882 Le frelon et son nid. Nice, in-8°.

193. **Perris, Ed.** 1849 Notice sur les habitudes et métamorphoses de l'Eumenes infundibuliformis. — *Ann. Soc. ent. fr. 2e série, tome VII, p. 185, pl. VI,*

194. — 1851 Note additionnelle à l'article précédent. — *Ann. soc. ent. fr. 2e série, tome IX. p. 557.*

195. — 1876 Nouvelles premenades entomologiques. — *Ann. Soc. ent. fr. 5e série, tome VI. p. 241.*

196. **Poda, N. v.** 1761 Insecta musaei græcensis. Widmanstad.

197. **Radoskowski, O.** 1862 Description de nouvelles espèces d'Hyménoptères. — Vespa Schrencki. (texte russe)—*Bulletin de l'Académie de St-Pétersbourg.*

198. — 1863 Description des Vespides des environs de St-Pétersbourg (texte russe). — *Horæ ent. rossicæ.*

199. — 1865 Description de quelques espèces du genre Eumenes. — *Horæ ent. rossicæ.*

200. — 1876 Compte-rendu des Hyménoptères recueillis en Egypte et en Abyssinie. — *Horæ soc. ent. rossicæ, p. 1 pl. II.*

201. **Ratzeburg J. T. C.** 1844 Die Forst Insecten, III, p. 45-57, pl IV Berlin, in-4°.

202. **Réaumur, de** 1719 Histoire des Guêpes. — *Mém. de l'Acad. des sciences de Paris, tome 21, p. 230.*

203. — 1734-42 Mémoires pour servir à l'histoire des Insectes, t. 6.

204. **Ritzema, Cz.** 1879 Naamlijst der tot Leden in Nederland waargenomen soorten Wespen. — *Tidjchrift voor Ent. XXII, p. 186.*

205. **Roesel, S.** 1749 Insecten belustigungen Nurnberg. Partie 2, p. 29.

206. **Romand, de** 1851 Lettre à M. Dufour sur les Masaris et les Celonites — *Soc. ent. fr. série 2, tome IX.* Bull. *p.* 51.

207. **Rosenhauer, W. G.** 1842 Ueber Xenos Rossii. — *Stettiner entom. Zeitung, p. 53.*

208. **Rossi, P.** 1790 Fauna etrusca, p. 83.

209. **Rouget, A.** 1873 Sur les Coléoptères parasites des Vespides. — *Mém. de l'Acad. des sciences, arts et belles-lettres de Dijon. 3e série, tome 1, p. 161 et suiv.*

210. **Rudow, F.** 1876 Die Faltenwespen in Norddeutschland.

211. — 1878 Hymenopterologische Mittheil. — *Zeits. f. d. ges. Naturwiss. LI, p. 237.*

212. — 1881 Die Nester der europ. Bienen Arten; II Wespen. — Die *Natur, p.* 397. Halle. s. S.

213. **Saunders, S. S.** 1851 Descriptions of some new aculeate Hymenoptera from Epirus (*Trans. entomol. Soc. of London, 2e série, vol. 1, p. 72, pl. 6*).

214. — 1872 Psiliglossa (*Trans. Ent. soc. of London, p. 42*).

215. — 1873 On the habits and economy of certain Hymenopterous Insects which nidificate in Briars; and their Parasites (*Trans. Ent. Soc. of London, p. 407-414*).

216. — 1875 On adresse read before the entomological Society of London (Observ. sur Polistes, p. 14). — *Transact. Ent. Soc. of London.*

217. **Saunders, Ed.** 1879 On the british Species of the Genus Odynerus. — *Ent. Monthly Magaz.*

218. — 1882 Synopsis of British hymenoptera diploptera. — *Trans. Ent. Soc. of London, p. 167-181.*

219. **Saussure, H. de** 1852 Monographie des Guêpes solitaires ou de la tribu des Euméniens. Paris. in-8°, 22 pl. col.

220. — 1853 Note sur la tribu des Masariens et principalement sur le Masaris vespiformis. — *Soc. ent. fr. série 3, tome 1. Bulletin p. 17-21*).

221. — 1853-58 Monographie des Guêpes Sociales ou de la tribu des Vespiens. Paris, in-8. 37 pl. col.

222. — 1854-63 Mélanges hyménoptérologiques. 2 fascicules. — *Mém. Soc. phys. Genève.*

223. — 1855 Nouvelles considérations sur la Nidification des Guêpes. — *Bibliothèque universelle de Genève, tome 28, p. 89-123.*

224. — 1854-56 Monographie des Masariens et supplément à la Monog. des Euméniens. Paris. in-8, 16 pl. col.

225. — 1857 Note sur les organes buccaux des Masaris. — *Annales des Sciences naturelles, tome VII, p. 107-112, pl. 1.*

226. — 1867 Reise der Novara : Hymenoptera (Odynerus ibericus, p. 17, pl. I). Vienne, in-4°.

227. **Savigny.** 1809-1813. Description de l'Egypte. Hyménoptères, pl. VIII.

228. **Schæffer, J.C.** 1766 Elementa entomologica, pl. 130.

229. — 1766-79 Icones insectorum circa Ratisbonam indigenorum coloribus naturam referentibus expressæ.

230. **Schaum H.R.** 1852 Note sur le Masaris Vespiformis et le Celonites dispar. — *Soc. ent. fr. 2e série, tome X. Bull. p. LXXXVI.*

231. — 1853 Encore un mot sur le genre Masaris. — *Ann. Soc. ent. fr. série 3, tome I. p. 653-656.*

232. **Schenck, C.F.** 1853 Monographie der geselligen Wespen mit besonderer Berucksichtigung der nassauischen Species. — *Gymnasiums programm zu Weilburg.*

233. — 1853 Beschreibung der nassauischen Arten der Familie der Faltenwespen. — *Jahrbucher des Vereins fur Naturk. Herzogthum Nassau. Vol. 9. p. 1-87.*

234. — 1861 Die deutschen Vesparien. — *Jahrbuch. des Vereins fur Naturkunde im Herzogthum Nassau. Vol. 16, p. 1, Wiesbaden.*

235. — 1867 Verzeichniss der Nassauischen Hymenoptera aculeata. — *Berliner Ent. Zeitschrift, p. 342-345.*

236. **Schilling, P.S.** 1850 Die in Schlesien und der Grafschaft Glatz gesammelten Arten der Gattung Vespa. — *Arbeite Schles. Gesellschaft. p. 76.*

237. **Schmiedecknecht, O.** 1881 Ueber einige deutsche Vespa Arten. — *Entomol. Nachrichten, p. 313.*

238. **Schmitt.** 1842 Beitraege zur Kenntniss der in Wespennestern lebenden Insecten (Larve v. Volucella zonaria). — *Stett. Ent. Zeitung, p. 18-19.*

239. **Schoyen, W.M.** 1880 Bemœrkninger til H. Siebkés Enumeratio insectorum Norvegiæ (Hymenoptera). — *Christiania Videnskabsselskabs Forhandlinger, p. 9.*

240. **Schranck, F. de P.** 1781 Enumeratio insectorum Austriæ indigenorum, p. 389.

241. **Schummel, T. E.** 1829 Ichneumoniden larven in Nestern von Vespa holsatica. — *Schriften der Schlesisch. Gesellsch. p. 55.*

242. — 1830 Vespa holsatica und vulgaris. Bewohner alter Nester derselben. — *id.* p. 92.

243. — 1830 Die maennlichen Genitalen der Wespen sind nach den Arten verschieden. — *id. p, 92.*

244. **Scopoli, J. A.** 1763 Entomologia carniolica, p. 308.

245. **Shaw, G.** 1806 General Zoology, vol. VI.

246. **Shuckard, W. E.** 1837 Description of a new British Wasp. — *Magazin of Nat. Hist. p.* 490.

247. — 1839 On the pensile Nets of British Wasp. — *Mag. of Nat. Hist. p. 458.*

248. **Sichel, D^r.** 1854 Réunion des P. biglumis, gallicus et Geoffroyi, en une seule espèce. — *Soc. ent. fr.* 3e *série, tome II. Bull. p. XII.*

249. — 1856 Myopa développée dans des guêpes. — *Soc. ent fr. série* 3, *tome IV, bull. p. LXIII.*

250. — 1863 Note sur le sexe des noms génériques de Polistes et Eumenes. — *Soc. ent. fr.* 4e *série, vol. I, p. 20.*

251. **Siebke, H.** 1880 Enumeratio insectorum Norvegicorum (Hymenoptera), édité par J. S. Schneider, p. 51. Christiania.

252. **Siebold, de** 1839 Lange Lebensdauer der Spermatozoen bei Vespa rufa. — *Wiegmann Archiv. tome V, p.* 107-108.

253. — 1842 Addition au mémoire de Rosenhauer sur le Xénos. *Stett. Ent. Zeit. p.* 113.

254. — 1871 Beitraege zur Parthenogenesis der Arthropoden. Leipzig, in-8, p. 1 à 105.

255. **Smith, F.** 1843 Descriptions of British Wasps. — *Zoologist. tome 1, p.* 161-171.

256. — 1846 On the habits of Odynerus Antilope. — *Ann. and Mag. of Nat. History; tome* 17, *p.* 60-61.

257. — 1850 Observations on the Stylopites and their affinities. *Zoologist. tome 8, p.* 2826-2829.

258. — 1851 On the specific differences of the Vespa vulgaris and Vespa germanica. — *Zoologist, Appendix. tome 9: p.* 173.

259. — 1852 Observations on the habits of Vespa Norvegica and Vespa germanica. — *Zoologist, tome 10,* p. 3699-3703.

260. — 1853-59 Cat. of British fossorial Hymenopt. in the Coll. of the british Museum. Partie 5 (1857) Vesparisæ, p. 1-147.

261. — 1856 On the Manner in which Vespa rufa builds its Nests. — *Zoologist, tome* 14, *p.* 5169-5174.

262. — 1858 Catalogue of British fossorial Hymenoptera, Formicidæ and Vespariæ in the Collection of the British Museum. London, *in*-8.

263. — 1864 On the construction of Hexagonal Cells by Bees and Wasps. — *Trans. Ent. Soc. of London, p.* 131.

264. — 1879 Observ. on the Parasitism of Rhipiphorus. — *Ann. and Magaz. of Nat. Hist. p. 393.*

265. **Spinola.** 1809 Insectorum Liguriæ species novæ aut rariores, Tome I. p. 82, tome II, p. 179.

266. — 1838 Compte-rendu des Hyménoptères recueillis par M. Fischer en Egypte. — *Ann. soc. ent. fr. série 1, tome VII, p.* 457-546.

267. — 1839 Notice sur les Odynères des environs de Gênes. — *Soc. ent. fr. 1e série, vol. VIII. Bull. p. XXXVII.*

268. — 1843 Osservazioni sopra i caratteri naturali di tre famiglie d'insetti imenotteri cioe le Vesparie, le Masaride, e le Crisidide. Gênes, in-8.

269. **Spitzner, J.-E.** 1783 Wie die Wespen und Hornissen ihre Nester bauen — *Wittenberg. Wochenblatt. Tome 16, p. 313*-317.

270. — 1798 Beschreibung einiger gemachten Erfahrungen an den gesellschaftlichen Wespen und Hornissen zur Erlauterung der Begattung und Befruchtung der Bienenmutter. — *Neues. Wittenberg Wochenblatt. Tome 6. p.* 217-223; p. 225-229; p. 281-283.

271. **Stainton, H. T.** 1860 Capture of a Nest of Hornets with a specimen of Velleius dilatatus. — *The entomologist's weekly Intelligencer, p. 188.*

272. **Steele, Elmes.** 1868 Odynerus spinipes and its Parasites. — *Trans. of the Cardiff. Club.*

273. **Stone, St.** 1860 Facts connected with the history of a Wasp's Nest; with observations on Rhipiphorus paradoxus. — *Trans. of the Ent. Soc. of London, série 2, tome 5; Proceeding, p. 86.*

274. — 1864-66 Wasps and their parasites. — *Trans. of the Ent. Soc. of London.*

275. **Stone et Westwood.** 1861 Notes. — *Proceed. of the Ent. Soc. of London, p.* 23.

276. — 1862 Notes. — *Proceed. of the Ent. Soc. of London, p. 77.*

277. **Strickland H. E.** 1834 Vespa britannica occasionally builds underground, as well as in Beehives. — *Magaz. of nat. Hist. Tome 7, p. 264-265.*

278. **Swammerdam, J.** 1682 Histoire générale des Insectes. Utrecht. p. 99.

279. — 1758 Biblia naturæ. Traduction française. Dijon. Desventes, p. 177.

280. **Taschenberg, E. L.** 1866 Die Hymenopteren Deutschlands, p. 245.

281. **Thomson, C. G.** 1869 Opuscula entomologica, fasc. I, Lund.

282. — 1874 Hymenoptera Scandinaviæ. III. (Vespa L.) Lund, in-8.

283. **Tulasne.** 1861-65 Selecta Fungorum Carpologia. Paris, vol. III, p. 16, 17 et 18, pl. I, fig. 5 à 9.

284. **Vallot, J. N.** 1802 Concordances system. de l'ouvr. de Réaumur. Paris. p. 170.

285. — 1851 Sur les nids de plusieurs insectes hyménoptères. — *Mém. de l'Académie de Dijon, p. 85.*

286. **Villiers, de** 1789 Car. Linnæi Entomologia, vol. 3, p. 262.

287. **Wailes, G.** 1860 The hibernation of Vespa vulgaris. — *Trans. ent. Soc. of London. Proceed. p. 109.*

288. **Walkenaer, de** 1802 Faune parisienne, vol. II, p. 88.

289. **Walker, F.** 1871 A List of hymenoptera collected by K. Lord in Egypt and in Arabian. Londres.

290. **Waltl, J.** 1835 Reise durch Tirol, Oberitalien und Piemont nach dem sudlichen Spanien. Passau, in-8.

291. **Waterhouse, G. R.** 1864 On the formation of the Cells of Bees and Wasps. — *Trans. Ent. Soc. of London. p. 115.*

292. **Wesmael,** 1833 Monographie des Odynères de la Belgique. Bruxelles, in-8.

293. — 1836 Supplément à la monographie des Odynères. — *Bull. Acad. Bruxelles. Tome, 3, p. 44-54.*

294. — 1837 Deuxième supplément à la Monographie des Odynères. — *Bull. Acad. Brux. tome 4, p.* 389-391.

295. — 1837 Note sur la Vespa muraria. — *Soc. ent. fr. Bulletin p. XCIV.*

296. **Westwood, J. O.** 1830 Wasps nest. — *Magaz. of Nat. Hist. Tome 3, p.* 476.

297. — 1835 Notice of the Habits of Odynerus Antilope. — *Trans. Ent. Soc. of London, tome 1, p. 78-80.*

298. — 1837 Nomenclure of the Subgenera separated from Odynerus. — *Mag. of nat. Hist. série 2, tome 1, p.* 554.

299. — 1840 On Introduction to the modern Classification of Insects. Londres. vol. 2, in-8

300. — 1845 On the Proceedings of a Colony of Polistes gallica introduced into my Garden at Hammersmith from the neighbourhood of Paris. — *Trans. Ent. Soc. of London, tome 4. p.* 123-141.

301. **Zetterstedt J. W.** 1838 Insecta lapponica descripta. Lipsiæ, in-4°.

Ire FAM. — GUÊPES SOCIALES

OU VESPIDÆ

TABLEAU DES GENRES (1)

Abdomen tronqué en devant. Métathorax n'offrant en arrière aucun prolongement foliacé vers l'insertion de l'abdomen. Bord antérieur de l'épistome droit ou arrondi, sinué ou échancré. G. 1. — **Vespa**, L.

— Abdomen fusiforme, rétréci en avant et en arrière. Métathorax prolongé vers l'insertion de l'abdomen par des oreillettes foliacées. Bord antérieur de l'épistome anguleusement prolongé en avant. G. 2. — **Polistes**, Fabr.

Ier GENRE. — VESPA, Linné.

Vespa, Guêpe

(Pl. XXXIX).

♀ ☿. Mandibules robustes, quadridentées; palpes labiaux de quatre articles; palpes maxillaires de six articles; lèvre quadrilobée. Epistome grand, labre invisible. Yeux réniformes, arrivant presque jusqu'à la base des mandibules; trois ocelles. Antennes de douze articles, un peu renflées avant l'extrémité. Tête concave en arrière.

Thorax globuleux, arrondi et rétréci en arrière, large et tronqué en avant. Hanches courtes et fortes; pattes antérieures bien plus courtes que les postérieures; articles des tarses emboîtés.

(1) Les espèces exotiques infiniment plus nombreuses que celles propres à l'Europe, se répartissent en treize genres comprenant environ 250 espèces connues. Ce nombre s'augmentera encore certainement dans de notables proportions, à mesure que des contrées nouvelles seront explorées et que les envois d'Hyménoptères deviendront plus nombreux et seront mieux étudiés.

les uns dans les autres, terminés par des cils raides, leur dernier article allongé, aplati, portant deux grands ongles simples, très-aigus ; éperon des pattes antérieures deux fois recourbé avec une partie interne foliacée ; éperons intermédiaires inégaux, en forme de pointe aiguë ; éperons postérieurs inégaux, le plus petit en pointe à large base, le plus grand étroit, courbé ; premier article des tarses coudé à sa base avec une cavité pour recevoir l'éperon. Ailes grandes, dépassant l'abdomen, soutenues par de fortes nervures ; stigma petit.

Abdomen tronqué en avant, pointu en arrière, un peu courbé vers la partie inférieure, très mobile autour de son point d'attache qui est situé tout en bas de la troncature et au niveau de la face ventrale ; aiguillon très mobile. Ovaires composés chacun soit de six, soit de sept gaînes ovigères. Appareil digestif deux fois long comme le corps, offrant un gésier conoïde, plus gros en avant qu'en arrière, enfermé dans le jabot, ouvert à sa partie antérieure comme par une incision cruciale, ce qui constitue quatre panneaux triangulaires fermant l'orifice par leur rapprochement.

♂ Semblable à la femelle, sauf les différences suivantes. Antennes bien plus allongées, droites, de treize articles, plus filiformes. Abdomen plus obtus en arrière. Appareil génital externe de forme variable suivant les espèces. Taille moindre que celle de la femelle.

Ce genre, qui comprend dans le monde entier une cinquantaine d'espèces, n'en offre que douze dans la région européenne. Beaucoup d'espèces tropicales atteignent une taille relativement très grande, sans que les formes changent sensiblement, ce qui rend le genre très-homogène.

Enfin aucune *Vespa* n'a encore été rencontrée dans l'Amérique du Sud ni en Australie, où pullulent d'autres Vespides sociaux. En thèse générale, on peut dire que les *Vespa* sont spécialisées dans l'hémisphère boréal, à l'exclusion de l'hémisphère austral, en tenant compte cependant que Sumatra, Java et la Nouvelle-Guinée nourrissent un certain nombre d'espèces équatoriales.

1 Le bord supérieur des yeux et celui des ocelles sont sur une même ligne parallèle au bord du vertex (fig. 1). Pronotum offrant ou non une carène parallèle au bord postérieur de la tête. Espèces de taille médiocre ou petite. 5

— Le bord supérieur des yeux et celui des ocelles sont sur une ligne qui coupe en leur milieu les lobes supérieurs des yeux (fig. 2). Pronotum offrant toujours une carène parallèle au bord postérieur de la tête. Espèces de grande taille. (Groupe de *Vespa Crabro*) 2

Le groupe de *Vespa crabro*, représenté dans l'Europe proprement dite seulement par deux espèces, est au contraire le plus nombreux et le plus répandu, si l'on considère les Guêpes du monde entier. C'est ce groupe qui embrasse aussi l'étendue géographique la plus considérable. La plupart des Guêpes exotiques viennent en effet s'y rattacher, et l'Amérique du Nord est seule à offrir des représentants des autres coupes.

Ces Guêpes affectionnent les troncs creux ou les trous de rochers pour y établir leur nid, souvent sans enveloppe, quand le climat et la nature de l'emplacement le permettent. A l'exception d'un petit nombre d'espèces, ce sont des insectes méridionaux ou tropicaux.

2 Abdomen noir ou brun, sans partie jaune claire. 3

— Abdomen roux ou brun, avec les segments plus ou moins garnis ou bordés de jaune clair. 4

3 Scape rouge comme le reste de l'antenne. Tête rouge sombre, éparsement ponctuée, avec une tache noire au-dessous de l'ocelle inférieur. Bord tranchant des mandibules noir; épistome ponctué, avec trois points noirs, présentant en avant une échancrure arrondie garnie de cils roux assez longs; bord postérieur de la tête offrant de longs poils roux. Antennes rouges. Pronotum noir en avant de la carène, rouge sur le reste de sa surface; mesonotum

noir avec deux bandes rouges peu marquées de chaque côté de son milieu qui est indiqué par une suture noire; écaillettes rougeâtres. Mesopleures noires, tachées de rouge sous la base des ailes; scutellum rouge avec une ligne noire enfoncée en son milieu; postscutellum rouge seulement au bord supérieur. Metanotum noir mat ainsi que le dessous du thorax. Pattes rouge sombre avec un reflet gris soyeux sur les tibias et les tarses; cuisses postérieures tachées de noirâtre en dehors. Ailes teintées de jaune, non rembrunies vers l'extrémité; cellule brachiale rougeâtre; nervures costale et médiane noires, les autres rouges. Abdomen lisse, luisant, noir de poix avec l'extrême bord des segments un peu plus clair en-dessus et en-dessous et garni de longs cils rouges surtout en dessus. Long. 24mm. Env. 49mm.

Dybowskii. ☿. RAD. in litt.

Le ♂ et ♀ sont inconnus.

PATRIE : Sibérie.

= Scape jaune en devant; vertex noirâtre. Ailes un peu rembrunies vers l'extrémité.

Orientalis. VAR. *Jurinei.* SSS.

4 Deuxième segment abdominal entièrement ferrugineux, ou brun plus ou moins foncé, ou très rarement avec une très-étroite bordure jaune régulière. Epistome pas plus large que haut, éparsement ponctué, prolongé en avant en deux lobes assez saillants, ciliés, jaune vif, avec quelquefois deux petites taches presque indistinctes. Mandibules rousses ou ferrugineuses avec le bord noir. Entre les antennes est un grand triangle jaune vif, surmonté d'une partie noire qui comprend aussi la base de la région des ocelles. Joues rebordées.

Antennes ferrugineuses, plus claires en dessous, avec une ligne jaune clair sous le scape. Thorax roux ferrugineux, éparsement ponctué, courtement velu et garni d'une pubescence blanchâtre, soyeuse, visible à certains jours. Ecaillettes tachées de jaune blanchâtre en leur milieu. Pattes rousses, pubescentes, soyeuses. Ailes jaunes, surtout vers la base et la région marginale ; nervure sous-costale noire, les autres rousses ; extrémité des ailes un peu brunâtre. Abdomen roux ferrugineux avec une pubescence soyeuse ; premier segment très-étroitement bordé de jaune, ordinairement seulement en son milieu, cette bordure interrompue sur la ligne médiane. Deuxième segment ordinairement unicolore, rarement avec une très étroite bordure jaune régulière. Troisième et quatrième segments avec une très large bordure jaune pâle dans laquelle la partie basilaire rousse envoie un prolongement médian triangulaire et deux taches arrondies latérales, lesquelles (☿) peuvent devenir libres. Cinquième et sixième segments entièrement roux. Ventre roux avec les angles postérieurs du deuxième, quelquefois du quatrième et presque tout le troisième segment jaune clair; ce dernier présente seulement deux petites taches latérales et une étroite base rousses. Surtout chez les mâles, le quatrième segment peut aussi avoir une très large bordure jaune. Long. ♂ 22^{mm}, ♀ 26^{mm}, ☿ 15 à 19^{mm}, Env. ♂ 39^{mm}, ♀ 52^{mm}, ☿ 33 à 41^{mm}.

Orientalis Fabr. (fig. 3).

Patrie : Espèce méridionale répandue dans toute la partie orientale des côtes méditerranéennes, Sicile, Grèce, Albanie, Caucase, Syrie, Egypte.

Cette espèce offre quelques variétés locales qu'il est important de signaler :

Abdomen entièrement brun. Var. *Jurinei*. Sss.

Patrie : Albanie.

Abdomen avec le quatrième segment entièrement brun et présentant seulement deux taches latérales jaune clair. Var. *Ægyptiaca*, MIHI.

PATRIE : Egypte (Le Caire, Alexandrie).

— Deuxième segment abdominal roux avec une large bordure jaune, festonnée. Mandibules jaunes, avec le bord denté et l'extrémité noirs. Epistome assez densément ponctué, non bilobé en avant, seulement un peu échancré, pas plus long que haut, de couleur orangée ; quelquefois avec deux taches indistinctes plus livides. Entre les antennes, la saillie frontale est jaune et son extrémité est séparée de l'épistome par une courte partie noire. Le reste de la tête est roux. Antennes rousses, avec le dessous du scape jaunâtre plus clair. Le front, le vertex et le dessous de la tête sont couverts de poils assez longs, roux. Thorax roux, avec le mesonotum noir, sauf en devant et sur sa partie médiane ; le métathorax est aussi très assombri et porte quelquefois latéralement des taches éparses rouges. Mésopleures noires, avec seulement une tache rousse sous l'insertion des ailes antérieures. Le thorax est éparsement ponctué, mat, couvert de longs poils dressés roux, plus courts, plus blanchâtres et plus denses sur le métathorax. Le scutellum porte un sillon médian assez profond, noir. Pattes rousses, velues ; hanches noires en arrière ainsi que les trochanters ; cuisses antérieures assez fortement courbées vers le haut ; une ligne noire existe au côté interne des cuisses. Outre leurs poils plus longs, les pattes sont garnies d'un duvet doré très-brillant sous certaines incidences de la lumière. Ailes jaunâtres, surtout dans la région marginale ; le reste un peu gris sale, plus foncé à l'extrémité. Nervure sous-costale noire, les autres rousses. Abdomen roux foncé noirâtre, avec le devant du premier segment tirant au jaune sombre. Bord postérieur de ce segment avec une étroite ligne jaune régulière. Deuxième à cinquième segments portant une large bordure jaune orangé, dans laquelle la partie basale sombre envoie au milieu un large prolongement et de chaque côté un petit lobe arrondi de même couleur. Sixième segment entièrement jaune. L'abdomen est entièrement couvert de longs poils dressés, jaunâtres. La face ventrale porte les mêmes couleurs que le dos, sauf que le premier segment n'y offre pas sa bordure jaune.

♂ semblable à la femelle, sauf que les parties rousses deviennent quelquefois presque rouges et que le jaune peut aussi souvent être plus vif. Les sinus des yeux sont remplis par une tache orangée ou plus ou moins rougeâtre. Les antennes, en plus de la différence de forme, offrent sous chacun de leurs articles deux tubercules dont l'ensemble donne un aspect écaillé ou festonné au dessous de l'antenne. Les cinquième et sixième segments abdominaux portent deux points noirs et le septième est entièrement jaune, tronqué et échancré à l'extrémité.
Long. ♂ 21 à 23mm ♀ 26 à 28mm ☿ 19 à 23mm
Env. ♂ 42 à 45mm ♀ 48 à 50mm ☿ 38 à 41mm.

Crabro L. (fig. 4).

PATRIE : Cette espèce est répandue dans toute l'Europe, surtout dans ses parties septentrionale et centrale. On l'a rencontrée aussi en Sibérie et dans l'Amérique du Nord. La *V. orientalis* la remplace, en grande partie, dans les pays les plus chauds de l'Europe, et l'on s'est même demandé si cette dernière n'était pas seulement une modification méridionale de la *V. crabro*. Mais il suffit de considérer que les deux espèces se retrouvent côte à côte dans bien des pays, au Caucase, en Sicile, etc., et surtout de se rendre compte des différences que présentent leurs organes génitaux mâles, pour repousser cette assimilation et conclure au maintien de la validité des deux espèces.

La *Vespa crabro* varie peu ; ses plus sérieuses modifications consistent dans l'éclaircissement des parties rousses qui deviennent parfois tout-à-fait rouges. On voit aussi des individus presque brillants, tandis que la plupart d'entre eux sont tout-à-fait mats. Enfin une variété désignée sous le nom de *Var. borealis*, Rad. (in litt.) remplace au contraire la couleur de plusieurs de ses parties brunes par une teinte noire foncée. Elle est originaire de Sibérie.

5 Pronotum garni d'une carène transversale parallèle au bord postérieur des yeux, facilement visible surtout sur les côtés ; cette carène limite un léger aplatissement du devant du pronotum (Groupe de *Vespa media*). 6

Le groupe de la *Vespa media* ne fait pas de nids souterrains, et ses représentants nichent à l'air libre ou dans les greniers inhabités, sauf l'exception relative à la *V. sylvestris*, et signalée p. 437. On en trouve de nombreux specimens dans les espèces de l'Amérique du Nord. Ces insectes affectionnent les climats froids ou tempérés.

— Pronotum sans trace de carène, tout-à-fait arrondi en avant. 8

6 Carène du pronotum jaune au moins en partie, la bordure jaune du sinus des yeux en atteint le fond et le remplit le plus souvent. Antennes ♂ tuberculées en dessous.

♀ Tête d'un jaune orangé passant au roux sur le vertex, garnie de longs poils jaune clair. Mandibules jaunes avec le bord travaillant noir ; épistome jaune orangé avec tout le bord libre rouge brun, et deux ou trois petits points un peu plus sombres, peu distincts, sur sa surface ; une tache noire au dessous des ocelles, envahissant aussi la région qui les contient. Antennes noires, le scape jaune en dessous. Thorax velu comme la tête ; pronotum brun rouge, jaune sur le bord et sur la carène. Mesonotum noir, taché de rouge sombre en arrière, mesopleures noires avec une petite tache rouge sombre sous l'insertion des ailes antérieures ; écaillettes rouges. Scutellum rouge, partagé par un sillon médian noir; postscutellum noir avec une ligne orangée interrompue en son milieu. Metanotum noir, pattes jaunâtres ; cuisses rouges. Ailes jaunes, surtout vers leur base ; nervures sous costale et médiane noires, les autres brunes ou rouges. Abdomen noir ; le premier segment avec une bordure claire, régulière, portant seulement une petite échancrure au milieu ; deuxième segment avec la même bordure plus large, échancrée au milieu et admettant latéralement l'entrée de deux lobes de la couleur noire; troisième, quatrième et cinquième segments avec la bordure très-large, échancrée au milieu et offrant latéralement un point noir oblong, diminuant de grandeur du troisième au cinquième segment ; sixième segment seulement taché de noir aux angles antérieurs. du côté du ventre, tous les segments sont noirs avec une étroite bordure claire donnant naissance latéralement à un petit lobe saillant ; le sixième segment seul n'a qu'une étroite ligne noire à sa base. Toutes les parties claires de l'abdomen sont d'un jaune sombre un peu rougeâtre, veiné de parties plus orangées. Tout l'abdomen est aussi couvert de longs poils jaunâtre clair.

☿ L'ouvrière diffère sensiblement de la femelle par son système de coloration. Les teintes noires et jaunes sont plus vives et plus tranchées, et les parties rousses ont ordinairement disparu. L'épistome porte une ligne noire médiane sur sa moitié supérieure. Le thorax est noir brillant, avec les bords et la carène du pronotum jaune vif ainsi que deux taches sur le scutellum, deux autres sur le postscutellum et une semblable en haut des mésopleures. L'abdomen est noir brillant, avec une bordure jaune vif festonnée à chaque segment, quelquefois à peu près régulière ; le dernier segment est presque entièrement jaune. La tête et le thorax sont assez velus, mais l'abdomen l'est très-peu.

Le mâle n'offre aussi ordinairement que du noir et du jaune comme l'ouvrière, mais la teinte du jaune se rapproche de celle que l'on remarque chez la femelle. L'épistome porte une ligne noire sur la moitié supérieure de la ligne médiane. Le pronotum est noir, avec la carène et le bord jaune vif. Le scutellum montre parfois deux petites taches rousses. L'abdomen est courtement velu, noir foncé, avec les bordures festonnées, moins larges que chez la femelle, sans points noirs enfermés dans le jaune. Long. ♂ 15 à 17 mm. ♀ 18 à 20 mm. ☿ 15 à 16 mm. Env. ♂ 28 à 31 mm. 34 à 36 mm. ☿ 25 à 26 mm.

Media, DE GEER.

PATRIE : Cette espèce se rencontre dans toute l'Europe septentrionale et centrale. Tandis qu'on la trouve jusque dans la Norvège septentrionale, elle fait défaut dans la Sicile, le Portugal et le midi de l'Espagne.

— Carènes du pronotum noires ; la bordure jaune du sinus des yeux n'en atteint pas le fond. Antennes ♂ non tuberculées en dessous. 7

7 Epistome régulièrement ponctué, sans espace lisse imponctué au milieu, entièrement jaune ou avec seulement un point ou une ligne médiane noirs. Tibias entièrement jaunes.

Tête noire avec une tache rousse derrière le sommet des yeux, se continuant sur leur bord externe en une ligne étroite jusqu'au niveau de leur extrémité inférieure. Mandibules jaunes, avec le bord tranchant noir brun. Une tache jaune entre les antennes ; celles-ci noires, un peu ferrugineuses en dessous du funicule et offrant une ligne jaune sous le scape. Poils noirs sur le dessus de la tête, gris jaunâtre sur les joues. Thorax noir brillant, couvert de poils noirs en dessus, grisâtres en dessous, par côté et par derrière. Bord des lobes du pronotum garni d'une ligne jaune légèrement élargie vers l'arrière. Mesonotum noir. Mesopleures avec une tache jaune, manquant quelquefois, sous l'insertion des ailes antérieures. Scutellum noir, marqué de deux larges taches jaunes. Postscutellum noir, rarement avec deux points jaunes. Metanotum noir. Pattes jaunes tachées de rouge, avec la plus grande partie des cuisses, les trochanters et les hanches noirs. Ailes jaunes, grisâtres vers l'extrémité ; nervure sous-costale brune, les autres rougeâtres. Abdomen noir avec une bordure jaune à chaque segment uni- ou tri-échancrée, dernier segment presque entièrement jaune. A la face ventrale, les bordures jaunes existent aussi, mais sont beaucoup plus étroites.

L'ouvrière et le mâle ressemblent beaucoup à la femelle pour les couleurs ; seulement les bordures jaunes abdominales sont moins larges. Chez le mâle, le funicule est toujours noir en dessous. Long. ♂ 14 à 15 mm. ♀ 14 à 16 mm. ☿ 11 à 13 mm. Env. ♂ 27 à 30 mm. ♀ 27 à 30 mm. ☿ 20 à 24 mm **Sylvestris**, SCOPOLI.

PATRIE : Toutes les régions septentrionales et centrales de l'Europe. Ne se rencontre pas dans l'extrême midi.

Epistome éparsement ponctué avec le milieu presque lisse; jaune avec le bord et une grande tache lanciforme ou seulemen trois points noirs. Tibias rayés de noir ou de brun en dedans, au moins à la paire antérieure. Tête noire avec des poils noirs; mandibules jaunes avec le bord denté noir; une tache jaune en haut et souvent aussi en bas du bord externe des yeux; une petite ligne de même couleur au bord inférieur du sinus. Antennes noires, avec le scape taché de jaune en dessous. Thorax noir, velu de poils noirs. Pronotum avec une bordure régulière jaune sur les côtés; mesonotum noir; mésopleures avec une tache jaune sous l'insertion des ailes antérieures; écaillettes en partie jaunes. Scutellum et postscutellum portant chacun une ligne jaune interrompue au milieu. Pattes jaunes, avec la plus grande partie des cuisses noire et une tache de même couleur au coté interne des tibias antérieurs. Ailes jaunes; nervure sous-costale noire, les autres rouges. Abdomen velu, chez la femelle, presque glabre chez l'ouvrière; tous les segments bordés de jaune; cette bordure sinueuse sur le premier segment, plus largement festonnée sur les suivants et enfermant de chaque coté un point noir, au moins sur les quatrième et cinquième segments, le dernier presque entièrement jaune; face ventrale avec les mêmes dessins que le dos; chez la femelle, les bordures y sont plus étroites. Chez quelques spécimens les bordures sont plus étroites, à peine sinuées, sans point noir, le postscutellum est aussi presque entièrement noir. Cette variété, en s'exagérant, amène chez certains individus la disparition de toute tache sur le scutellum, le postscutellum et les mésopleures.

Le mâle diffère peu des ouvrières pour la coloration; les bordures abdominales sont seulement un peu plus étroites, moins festonnées. Il présente aussi les mêmes variations dans les taches scutellaires.

Enfin dans les trois sortes d'individus, la tache noire de l'épistome peut varier beaucoup dans sa forme et sa dimension; tantôt elle se présente sous un aspect lanciforme, tantôt, cette tache se démembre, elle ne présente plus que trois points noirs, rarement l'épistome est entièrement jaune sans tache appréciable. Long. ♂ 13 à 15mm, ♀ 15 à 17mm, ☿ 11 à 13mm. Env. ♂ 25 à 28mm, ♀ 28 à 32mm, ☿ 20 à 22mm. **Saxonica**, Fabr.

Patrie : Toute l'Europe septentrionale et centrale; elle n'a pas été signalée dans les parties les plus méridionales.

A côté des variétés indiquées ci-dessus, et qu'il est impossible d'isoler et de spécifier, en raison des transitions infinies qui font passer de l'une à l'autre, s'en présente une spéciale à laquelle sa singularité a permis de donner un nom particulier, celui de *norvegica*.

Le premier et le second segments offrent latéralement deux taches rouges mal délimitées et prenant une extension très-variable d'un individu à l'autre, parfois n'affectant que le second segment. Les autres caractères restent d'ailleurs les mêmes.

Patrie : Les mêmes régions que l'espèce typique.

8 Sinus des yeux entièrement jaune, ou cette couleur atteignant au moins une partie du bord supérieur du sinus (Groupe de *Vespa germanica*). 9

Le groupe de *V. germanica*, très restreint sous le rapport du nombre des espèces, est au contraire l'un des plus répandus si l'on considère le nombre des individus. Les espèces appartenant à ce groupe font des nids souterrains parfois considérables; rarement elles s'établissent dans de vieux troncs creux ou d'autres cavités artificielles. Elles se rencontrent également dans toute l'Europe, aussi bien en Algérie et en Sicile que dans les froides régions de la Scandinavie.

Sinus des yeux non entièrement jaune, cette couleur pouvant rarement atteindre le fond, mais sans garnir le bord supérieur du sinus. (Groupe de *Vespa rufa*). 10

Le groupe dont le type est la *Vespa rufa* renferme des espèces beaucoup moins vulgaires que le précédent, répandues surtout dans les régions septentrionales. Sous le rapport de la nidification, on n'a que peu de renseignements, plusieurs espèces ne nous ayant pas encore dévoilé leur manière de faire. La *V. rufa* fait des nids souterrains, mais ceux-ci sont plus ou moins incomplets ou défectueux, comme je l'ai indiqué p. 429. Placés à une profondeur insuffisante, ils se trouvent souvent en partie découverts et, par suite, soumis à toutes les injures du temps. Il semble qu'il y ait là une transition entre les nids tout-à-fait souterrains et les nids franchement aériens. De plus, l'une des espèces ne semble pas nidifier du tout, mais vivre en parasite dans les nids de ses congénères à nids aériens.

9 Bordure claire du pronotum étroite, régulière. Partie jaune du sinus des yeux échancrée (fig. 5). Epistome jaune, orné d'une ligne médiane noire plus ou moins dilatée sur les côtés, non accompagnée de points noirs libres, cette ligne pouvant se rétrécir et se réduire à un ou plusieurs points. Partie noire du premier segment ordinairement prolongée sur la bordure jaune sous la forme d'un angle. Tête noire, velue de poils noirs en dessus, blanchâtre par côté, avec une large tache entre les antennes, une bande derrière les yeux, et leur sinus jaunes. Mandibules jaunes avec une étroite ligne noire sur le bord denté. Antennes noires. Thorax noir, avec des poils gris mêlés de noirs; lobes du pronotum avec une bordure interne régulière, jaune. Scutellum et postscutellum portant deux taches jaunes. Écaillettes tachées de jaune, mésopleures ornées d'une tache supérieure semblable. Metanotum noir, avec deux lignes ou taches laté-

rales jaunes. Pattes jaunes avec les hanches, les trochanters et la plus grande partie des cuisses noirs; tibias souvent tachés de même au côté interne, surtout chez la ☿. Ailes jaunes, rougeâtres à la base, grises à l'extrémité; nervures sous-costale et médiane brunes, les autres un peu plus rougeâtres. Abdomen noir avec de courts poils blanc-jaunâtre, brillants; tous les segments sont bordés de jaune vif; la première bordure est simplement échancrée au milieu; parfois cette échancrure tend à se refermer en dessus et est accompagnée de deux autres lobules latéraux noirs, très petits. Les autres bordures sont tri-échancrées assez profondément, les échancrures latérales arrondies, celle du milieu angulaire; les premières peuvent, surtout chez la ♀, en pénétrant dans le jaune, se séparer du fond noir de la base pour former deux taches libres. Les segments ventraux ont aussi une bordure jaune tri-échancrée (♀, ☿).

Le mâle se rapproche beaucoup des ouvrières par la coloration; les bordures abdominales sont plus étroites, plus régulièrement échancrées, sans points noirs libres; elles deviennent même quelquefois presque tout-à-fait régulières. La tache noire de l'épistome est plus fréquemment réduite à un ou plusieurs points. Enfin le scape présente inférieurement une tache jaune. Long. ♂ 13 à 16mm, ♀ 15 à 18mm, ☿ 11 à 13mm. Env. ♂ 25 à 27mm, ♀ 27 à 33mm, ☿ 20 à 25mm. **Vulgaris**, Linné.

Patrie: Cette guêpe, qui est l'une des plus communes, se plait surtout loin des habitations; quelques observateurs ont pensé qu'elle affectionnait surtout le voisinage des eaux, mais cette assertion ne se vérifie pas d'une façon assez générale pour pouvoir être maintenue. On la rencontre dans toute l'Europe, et elle a été signalée jusqu'aux îles Canaries et dans l'Amérique du Nord.

— Bordure claire du pronotum élargie en dehors. Partie jaune du sinus des yeux non échancrée (fig. 6), mais au contraire renflée, saillant en dehors de ce sinus, allant quelquefois jusqu'à se réunir à la tache frontale. Epistome jaune orné de trois points noirs ou d'une ligne et de deux points noirs libres. Partie noire du premier segment ordinairement prolongée sur la partie jaune en forme de fer de flèche. Mandibules jaunes avec le bord travaillant noir. Une tache jaune derrière les yeux. Poils noirs en dessus de la tête, jaunâtres sur les joues et en dessous. Thorax avec des poils noirs et gris mêlés. Bordure jaune du pronotum élargie en dehors. Ecaillettes jaunes, mésopleures avec une tache de même couleur à la partie supérieure; scutellum et postscutellum portant chacun deux taches jaunes. Métanotum taché latéralement de jaune, mais seulement chez l'ouvrière. Pattes jaunes avec les hanches, les trochanters et la plus grande partie des cuisses noirs. Ailes jaunes à la base, grises à l'extrémité; nervures sous-costale et médiane noires, les autres rougeâtres. Abdomen noir avec tous les segments plus ou moins largement bordés de jaune; cette bordure triéchancrée, l'échancrure du milieu la plus grande, les deux autres se transforment, surtout chez la ♀ et à partir du second segment, en points noirs libres enfermés dans le jaune. Chez la plupart des ouvrières, les échancrures subsistent sur toutes les bordures, sans se transformer en points libres, mais le contraire se voit aussi fréquemment. Segments ventraux bordés de jaune, le premier très faiblement, sauf sur les côtés, les suivants assez largement et offrant dans cette bordure une triple échancrure dont celle du milieu est la plus étroite, quelquefois presque linéaire, les autres restant larges et carrées; chez quelques ouvrières, on voit aussi des points noirs libres (♀, ☿).

Le mâle a les bordures jaunes du pronotum moins élargies; le scape est taché de jaune en dessous, le metanotum n'a pas de taches jaunes; pour le reste, sa coloration ressemble à celle de l'ouvrière. Long. ♂ 13 à 16mm, ♀ 17 à 19mm, ☿ 11 à 13mm. Env. ♂ 25 à 30mm, ♀ 32 à 35mm, ☿ 20 à 25mm. **Germanica**, Fabr.

Patrie : La *V. germanica* est la plus commune de nos guêpes; elle se réunit en familles considérables que l'on rencontre aussi bien en Suède et en Norwège qu'en Sicile, en Algérie, au Portugal, en Syrie et aux Indes. Elle est aussi très fréquente dans l'Amérique du Nord.

Cette espèce, de même que la *V. vulgaris*, varie beaucoup dans la répartition des taches jaunes et la forme des échancrures ou des points noirs. Tandis que les parties jaunes se réduisent beaucoup chez certains individus, d'autres arrivent, par l'extension de cette même couleur, à prendre un aspect spécial qui ferait hésiter à les faire rentrer dans cette espèce, si l'on s'en tenait à un examen superficiel. Les deux espèces, *vulgaris* et *germanica* sont si voisines, leurs variétés innombrables rentrent si bien l'une dans l'autre, qu'il est impossible de les distinguer autrement que par les caractères indiqués plus haut de la forme de la bordure du pronotum et de la partie jaune du sinus des yeux; il peut même y avoir quelquefois hésitation. Aussi de nombreux auteurs ont-ils cru, même dans ces derniers temps, pouvoir annoncer l'identité probable des deux espèces et indiquer leur réunion presque comme une nécessité. Il n'en est rien cependant et, malgré leur ressemblance extraordinaire, malgré la difficulté que nous trouvons à signaler entre elles des caractères distinctifs suffisamment constants, nous devons maintenir complètement la séparation des deux espèces, le mode de constructiou des nids étant très différent et ne permettant pas de les faire signer par un seul et même architecte. Il en résulte une grande confusion dans les synonymies, confusion presque inextricable, car il est à peu près impossible de se rendre compte aujourd'hui si les auteurs avaient en vue, dans leurs descriptions, l'une ou l'autre des espèces. Aussi, les indications que je pourrai donner, sous ce rapport, seront-elles probables, mais non absolument certaines.

10 Angles de l'épistome ♀ et droits (fig. 7), ♂ obtus. Epistome ♂ jaune taché de noir. 11

— Angles de l'épistome ♀ et ☿ spinuliformes (fig. 8), ♂ obtus. Epistome ♂ jaune.

♀ Tête noire avec des poils noirs. Epistome jaune bordé de noir, avec un point noir en son milieu. Mandibules jaunes avec le bord denté brun ou noir; une tache frontale jaune entre les antennes. Bord inférieur du sinus des yeux jaune; une tache allongée de même couleur en arrière du lobe supérieur des yeux. Antennes noires avec le scape jaune en devant. Thorax noir velu de poils bruns. Lobes du pronotum avec une bordure jaune élargie en son milieu. Ecaillettes jaunes, tachées de brun. Scutellum avec deux larges taches jaunes, postscutellum avec souvent deux très petits points de même couleur. Pattes jaunes; hanches, trochanters et la plus grande partie des cuisses noirs; tibias velus, tachés de rouge en dedans. Ailes un peu brunes, plus rougeâtres vers la base; nervures sous-costale et médiane noires, les autres brunes. Abdomen noir; premier segment avec une étroite bordure régulière jaune et deux taches un peu rougeâtres au bord de la partie déclive; ces taches peuvent se réunir à la bordure par un mince pédicelle aboutissant en leur milieu, de façon à laisser entre elles une tache noire en forme de T renversé. Deuxième segment avec une bordure jaune dilatée sur les côtés et deux taches latérales jaunes libres, pouvant se réunir à la bordure, en enfermant une tache noire libre. Troisième, quatrième et cinquième segments également bordés de la même manière; seulement les taches jaunes libres se réunissent latéralement à la bordure, qui s'élargit aussi au milieu. Cette réunion de la tache jaune à la bordure laisse subsister, entre les deux, une étroite ligne noire qui tend à s'isoler et à former une tache libre, noire, sur le fond jaune de la bordure. Sixième segment presque entièrement jaune, quelquefois avec une tache noire au milieu de sa base. Segments ventraux avec une bordure sinueuse jaune.

♂. Le mâle est coloré comme la femelle, l'épistome est entièrement jaune. Les bordures abdominales enferment un petit point noir qui se reproduit de la même manière sur les segments ventraux. Long. ♂ 13mm, ♀ 15mm. Env. ♂ 25mm, ♀ 28mm. **Austriaca**, FABR.

Cette espèce ne possède point d'ouvrière; au moins n'en a-t-on jamais rencontré. Il a été impossible aussi de se rendre compte de son système de nidification et l'on a été amené à admettre, ce qui paraît aujourd'hui à peu près certain, qu'elle vit en parasite dans les nids de ses congénères, sa larve tuant d'abord celle de la guêpe choisie pour victime, puis se substituant à elle pour accaparer la nourriture apportée par la mère fondatrice du nid. Cette particularité, extrêmement curieuse, a besoin pour être acceptée avec certitude, d'être vérifiée sur nature, ce qui n'a pas encore eu lieu. Se fondant sur ce fait, M. de Schmiedecknecht (Ent. Nachricht, 1881, p. 313) a pensé qu'il suffisait pour motiver la création d'un nouveau genre (*Pseudovespa*). Je ne pense pas qu'un trait de mœurs, si étrange qu'il soit, puisse, indépendamment de tout caractère externe, suffire à l'édification d'un genre dans la systématique. Il serait en effet tout à fait impossible de le reconnaître et ce serait une subdivision inutile et par conséquent nuisible. Les observations de F. Smith, relatives à la *V. arborea* (identique à celle-ci) montrent que la victime de cette guêpe serait une espèce à nid aérien.

La réunion de la *V. arborea* à la *V. austriaca* me semble rendue obligatoire par la concordance extraordinaire que présentent tous les caractères des deux espèces. La trouvaille de la seule femelle de l'*arborea*, aussi bien par F. Smith que par M. de Saussure, l'ignorance où se trouvaient ces deux auteurs, lors de leurs publications, relativement à la *V. austriaca*, militent aussi beaucoup en faveur de cette réunion qui me paraît indiscutable. Le dernier auteur anglais qui a signalé la *V. arborea*, M. W. Saunders (Trans. Ent. Soc. of London, 1882, p. 171) ne paraît pas avoir connu non plus la *V. austriaca*. L'espèce de mystère qui enveloppait jusqu'ici la *V. arborea*, connue seulement à un nombre infime d'exemplaires femelles, se trouve donc ainsi éclairci. Sa rencontre dans les régions montagneuses de l'Ecosse concorde aussi, comme habitat, avec celle de l'*austriaca*, faite si heureusement dans les Vosges par M. le Dr Puton. Enfin, pour donner plus de poids à cette opinion, je dirai que le Dr Giraud avait déjà, dès 1863, indiqué comme probable cette réunion des deux espèces (V. Bibl. n° 93).

PATRIE : Encore peu répandue, elle a été trouvée seulement en Ecosse, en Suisse, en Allemagne et dans les Vosges.

11 Deuxième segment abdominal noir, étroitement bordé de jaune clair.

♀♀. Tête noire, velue de poils noirs ; mandibules jaunes, avec une petite tache noire à leur base et le bord denté brun. Epistome jaune bordé de noir, avec une grande tache médiane de même couleur, élargie vers le bas, n'atteignant pas le bord antérieur ; une tache frontale jaune entre les antennes ; bord inférieur du sinus avec une petite ligne jaune qui n'en atteint pas le fond ; une ligne de même couleur se voit derrière le sommet des yeux. Antennes noires. Thorax noir avec des poils noirs ; lobes du pronotum avec une ligne jaune régulière à leur bord interne ; scutellum avec deux taches jaunes. Ecaillettes jaunes, marquées de brun rougeâtre en leur milieu ; en dessous, à la partie supérieure des mésopleures, est une petite tache arrondie jaune. Pattes jaune rougeâtre avec les hanches, les trochanters et les cuisses, excepté les genoux, noirs. Ailes jaune rougeâtre avec le tiers apical gris ; nervures sous-costale et médiane brunes, les autres rouges. Abdomen noir luisant avec de courts poils noirs ; tous les segments, sont garnis d'une étroite bordure jaune régulière ; le premier segment offre en outre (1), au bord de la partie déclive, deux étroites lignes jaunes légèrement rougeâtres, le dernier segment enfin a l'extrémité teintée de roux. Les segments ventraux sont étroitement bordés de même couleur claire. Toutes les parties jaunes signalées ci-dessus n'ont pas une teinte vive comme chez les autres espèces, mais sont presque blanches.

Le mâle diffère peu de la femelle pour la coloration. Les bordures abdominales sont un peu plus étroites et plus régulières ; le scape est taché de jaune en avant ; enfin le deuxième segment ventral présente une tache claire, un peu rouge, à sa base. Long. ♂ 12mm, ♀ 14mm, ☿ 12mm. Env. ♂ 23mm, ♀ 26mm, ☿ 23mm.

Sibirica, Nov. sp.

Patrie : Je dois la communication des trois sexes de cette espèce à M. le général Radoskowski qui m'a généreusement permis de la décrire. Elle provient de Sibérie. J'ai pu aussi en acquérir une ouvrière tout à fait semblable et originaire du même pays.

Nidification inconnue.

— Deuxième segment abdominal plus ou moins rouge ou taché de rouge. **12**

(1) C'est un caractère qui semble être à peu près général dans les espèces qui composent le groupe de la *V. rufa*. Le premier segment présente, en même temps que la bordure claire ordinaire, une sorte de deuxième bordure, plus ou moins interrompue au milieu, et située en avant de la partie horizontale du segment, au bord même de la face déclive. Si le premier segment entier est de couleur claire, cette ligne antérieure se détache encore en plus clair sur le fond.

12 Deuxième segment abdominal noir bordé de jaune, avec deux petites taches rouges isolées.

♀ ☿. Tête noire avec des poils noirs; mandibules jaunes avec le bord tranchant brun. Epistome jaune, bordé de noir, portant dans son milieu une tache allongée, noire, élargie dans le bas en forme de trapèze, mais n'atteignant pas le bord antérieur de l'épistome; une tache frontale jaune entre les antennes; une autre derrière le sommet des yeux. Antennes noires. Thorax noir, velu de noir. Bords internes des lobes du pronotum portant une ligne régulière jaune. Ecaillettes jaunes, largement tachées de brun rougeâtre. Scutellum avec deux petites taches latérales jaunes. Pattes jaunes, passant au rouge; hanches, trochanters et cuisses, excepté les genoux, noirs; cuisses velues. Ailes un peu grises sur presque toute leur étendue; nervures sous-costale et médiane brunes, les autres rouges. Abdomen noir luisant avec des poils noirs. Bordure jaune des segments régulière, étroite, un peu élargie sur les côtés, légément sinueuse sur les quatrième et cinquième segments. Premier segment avec une ligne jaune interrompue au bord de la face déclive, souvent réunie à la bordure par une teinte rouge. Deuxième segment offrant au milieu de sa longueur deux petites taches libres, rouges; le dernier segment est un peu roux à son extrémité. Segments ventraux avec des bordures étroites, jaunes, sinueuses et échancrées. Le deuxième segment ventral présente parfois, comme son correspondant, des taches rouges réunies ou non à la bordure.

Le mâle m'est inconnu.

Long. ♀ 16mm ☿ 12mm Env. ♀ 30mm ☿ 24mm

Schrencki Radosk.

PATRIE : M. le général Radoskowski, auquel je dois la possession de la femelle de cette espèce, l'avait reçue de Sibérie occidentale (région de l'Amour). J'ai pu aussi acquérir l'ouvrière provenant du même pays. Nidification inconnue.

Deuxième segment abdominal plus ou moins jaune ou rouge, sans tache claire isolée.

♀, ☿. Tête noire avec des poils noirs. Mandibules jaunes avec le bord denté brun; épistome jaune bordé de noir, avec une tache médiane élargie à son extrémité, n'atteignant que rarement le bord antérieur ; une tache frontale jaune entre les antennes et une ligne de même couleur derrière le sommet des yeux ; une petite ligne au bord inférieur du sinus des yeux n'en atteignant pas le fond. Antennes noires. Thorax noir velu de noir. Pronotum pourvu, au bord interne de ses lobes, de lignes jaunes ordinairement assez régulières, rarement un peu dilatées en dehors. Ecaillettes jaunes, largement marquées de rouge; mésopleures offrant une petite tache jaune à leur partie supérieure ; scutellum avec deux grandes taches de même couleur; le poscutellum rarement est aussi taché de même. Pattes jaune rougeâtre ; hanches, trochanters et base des cuisses noirs. Ailes jaunes, un peu grisâtres au tiers apical ; nervures sous-costale et médiane noires, les autres rouges. Abdomen noir avec quelques poils noirs ; premier segment ordinairement rouge avec une double ligne jaune, l'une au bord, l'autre au-dessus de la face déclive, celle-ci interrompue en son milieu par un point noir ; face déclive entièrement noire. Deuxième segment noir, avec une bordure jaune un peu sinueuse et deux grandes taches latérales rouges ; souvent ces taches s'élargissent de façon à ne laisser voir le fond noir que sur une ligne plus ou moins étroite, anguleuse au milieu; elles enferment alors deux points noirs libres; les segments suivants peuvent être colorés de la même manière que le second, et le dernier est entièrement jaune rougeâtre. D'autres fois, les segments trois à six sont tout à fait noirs, avec une simple bordure régulière jaune, assez étroite; entre ces deux extrêmes peuvent se placer toutes les transitions. Du côté du ventre, les deux premiers segments sont presque entièrement rougeâtres avec le bord plus jaune, les segments suivants sont noirs, avec une large bordure sinueuse jaune, enfermant deux points noirs, ou, d'autres fois au contraire, une bordure étroite jaune plus ou moins échancrée.

Le mâle diffère peu de la femelle et de l'ouvrière. Le scape est ordinairement taché de jaune en dessous; l'épistome peut ne présenter qu'un seul point noir.

Cette espèce présente ainsi deux variétés principales, l'une avec l'abdomen très largement couvert de couleurs claires en dessus et en dessous, l'autre ayant au contraire seulement à ses divers segments une étroite bordure claire. Il est difficile de les distinguer d'une façon nette et de les nommer, à cause des transitions infinies qui les réunissent.

Long. ♂ 13 à 16mm. ♀ 15 à 17mm ☿ 10 à 12mm.
Env. ♂ 25 à 30mm. ♀ 28 à 32mm ☿ 20 à 22mm.

Rufa Linné (fig. 9)

La *Vespa rufa* est moins répandue que les *V. germanica* et *vulgaris*; mais elle n'est cependant nullement rare. Elle fait son nid en terre avec les particularités que j'ai indiquées plus haut.

Patrie: Toute l'Europe, surtout les parties septentrionales. On l'a cependant signalée en Algérie.

2e GENRE. — POLISTES, Fabricius

πολιστής, fondateur de ville

(Pl. XXXIX)

♀ ☿. Mandibules moins grosses et moins puissantes que celles des espèces du Genre *Vespa*, presque rectangulaires, épaisses, quadridentées, l'une des dents, la plus interne, obtuse, peu visible ; palpes labiaux de quatre articles, palpes maxillaires de six articles ; lèvre quadrilobée. Epistome grand, presque carré, terminé en avant par un prolongement angulaire ; labre invisible. Yeux réniformes, n'atteignant pas la base des mandibules ; trois ocelles. Antennes de douze articles, un peu renflées avant l'extrémité. Tête large et plane en avant, concave en arrière.

Thorax globuleux, un peu allongé à l'arrière ; métathorax oblique, terminé en arrière, vers son articulation avec l'adbomen, par deux oreillettes foliacées. Hanches courtes et fortes ; pattes antérieures bien plus courtes que les postérieures ; articles des tarses s'emboitant les uns dans les autres, terminés par des cils raides, leur dernier article allongé, aplati, portant deux ongles simples ; éperons comme chez les *Vespa*. Ailes grandes, dépassant l'abdomen ; stigma très petit.

Abdomen fusiforme, régulièrement rétréci en avant et en arrière, le premier segment aplati en dessous, le second au contraire très bombé, ce qui produit comme un sillon entre les deux; les suivants sont plans et toute la courbure de l'abdomen se produit sur les segments dorsaux. Ovaires composés chacun seulement de trois gaines ovigères. Appareil digestif bien plus court que chez les *Vespa* ; tandis que chez ces dernières, le ventricule chylifique fait une ou deux circonvolutions sur lui-même, il est droit chez les *Polistes* et du double plus court. Il contient aussi un gésier à ouverture en forme de croix et soutenu intérieurement par quatre piliers calleux.

♂ Semblable à la femelle, mais les antennes, de 13 articles, sont courbées à l'extrémité avec le dernier article pointu. Appareil génital externe étroit.

Ce genre est extrêmement répandu dans toutes les parties du monde ; ses espèces sont très nombreuses et atteignent le chiffre de quatre-vingts environ, réparties sur tous les continents. Malgré cette abondance de types divers, l'Europe n'en renferme qu'un seul représentant, dont les individus innombrables habitent toutes ses contrées, spécialement les pays du centre et du midi. Quelle que soit leur patrie, les *Polistes* présentent toujours les mêmes formes, mais leur couleur est si variable qu'il est souvent très difficile de les distinguer spécifiquement les uns des autres.

— ♀ ♀ Tête noire avec de courts poils gris ou roussâtres. Mandibules entièrement noires, brillantes, ou souvent avec une tache jaune à leur base. Epistome soit entièrement jaune, soit avec un, deux ou trois points, ou une tache qui s'agrandit chez certains individus jusqu'à former une large bande transversale au milieu de sa hauteur ; cette bande elle-même peut envahir tout le dessus de l'épistome de façon à ne laisser qu'une ligne jaune arquée à la base. Au-dessus de l'insertion des antennes existe presque toujours une tache frontale jaune, sous la forme d'une ligne sinueuse qui va d'un sinus oculaire à l'autre. Cette ligne ne disparaît que très rarement ; deux taches triangulaires, situées entre l'insertion des antennes et les yeux (taches génales), complètent l'ornement de la face ; ces deux taches ne manquent aussi que très rarement ; elles se lient quelquefois avec la bande frontale. Derrière le sommet des yeux est une tache jaune temporale qui ne disparaît presque jamais. Antennes d'un roux jaunâtre assez vif, avec le scape noir en dessus ou seulement à la base ; souvent (var. *biglumis*) les articles, à partir du quatrième, sont noirâtres ou au moins un peu bruns en dessus. Thorax noir, brièvement pubescent ; pronotum avec une bande jaune en devant et le bord interne de ses lobes pourvus d'une ligne très-étroite de même couleur ; cette ligne n'atteint que rarement la partie supérieure de ce bord. Mesonotum ordinairement avec deux petites taches jaunes en avant qui disparaissent chez quelques exemplaires. Ecaillettes jaunes ; mésopleures avec une tache jaune sous l'insertion des ailes antérieures. Scutellum et postscutellum offrant chacun une bande jaune plus ou moins interrompue en son milieu. Mesonotum avec deux taches jaunes latérales en forme de virgule, manquant très rarement, et deux autres taches plus petites et plus ovales, en dehors des premières, tout-à-fait sur les côtés du métathorax. Appendices foliacés jaunes. Pattes jaune rougeâtre, avec les hanches, les trochanters et les cuisses, excepté les genoux, noirs ; rarement les tibias antérieurs sont tachés de noir. Ailes grises, un peu enfumées, surtout vers l'extrémité, avec la base et la région marginale jaune rougeâtre ; nervure sous costale noire, les autres rouges.

Abdomen pubescent, noir taché de jaune ; premier segment avec une bordure jaune échancrée au milieu, et deux petites taches latérales soit libres, soit réunies à la bordure, manquant enfin quelquefois ; deuxième segment avec une bordure trisinuée, remontant latéralement jusqu'à sa base ; deux grandes taches jaunes, libres, occupent latéralement le milieu de la hauteur du segment ou se réunissent à la bordure latérale ; les troisième, quatrième, et cinquième segments ont une large bordure profondément festonnée ; le dernier est presque entièrement jaune et ne présente qu'un triangle noir à sa base ; en dessous, le premier segment est entièrement noir et le dernier entièrement jaune ; tous les autres ont une large bordure jaune, échancrée latéralement.

♂ Le mâle ne présente que quelques points de dissemblance avec l'autre sexe. La face est jaune en entier, jusqu'au niveau des lobes supérieurs des yeux, très-rarement avec de petites taches ou une ligne noires. Les bordures jaunes des lobes du pronotum manquent quelquefois ; par contre, les mésopleures peuvent présenter en avant une large ceinture jaune, se réduisant parfois à un point. Les hanches et les trochanters sont ordinairement jaunes en dessous, rarement noirs. Long. ♂ 13 à 16mm. ♀ 15 à 18mm. ☿ 11 à 13mm. Env. ♂ 25 à 27mm. ♀ 27 à 33mm. ☿ 20 à 25mm. **Gallicus**, Linné (fig. 10).

L'examen des lignes qui précèdent montre combien cette espèce est variable. Les dessins jaunes peuvent être très étendus et se réduire peu à peu, en présentant tous les passages entre les plus grands et les plus petits. Ces variations ont lieu aussi sans règle fixe et indépendamment les unes des autres. On ne rencontre point de races locales bien accusées, ce qui rend impossible l'établissement de variétés suffisamment caractérisées. Les auteurs ont cru cependant remarquer une certaine fixité dans deux variations; l'une relative à la couleur du dessus des antennes qui du roux passe au noir ou au brun, l'autre aux taches du premier segment abdominal qui peuvent disparaître. On en a profité pour faire de ces deux variétés de véritables espèces, la première sous le nom de *P. biglumis*, L., la seconde sous celui de *P. Geoffroyi*, Lep., que d'autres cependant n'ont considéré que comme une variété du *biglumis*. Mais l'observation par plusieurs savants et particulièrement par le Dr Sichel (1) d'un très grand nombre d'individus, a pu les convaincre que ces caractères sont complètement insuffisants. Des séries d'insectes, provenant d'un même nid, ont montré des passages en nombre infini de l'une à l'autre coloration. Nous pensons donc qu'il faut renoncer à subdiviser cette espèce et admettre au contraire l'existence d'un seul type en Europe, se modifiant beaucoup, il est vrai, et par des nuances in-

(1) Ann. Soc. ent. fr. 1854. Bull. p. XII.

nombrables, mais sans qu'il soit cependant possible de tracer entre les diverses variétés une ligne de démarcation suffisamment nette.

J'ai reçu de M. le général Radoskowski un Poliste provenant du Caucase et qui, considéré isolément, constituerait à coup sûr une espèce distincte. Mais je devais déjà antérieurement à l'obligeance de M. le Dr Waga, la connaissance d'autres individus se rapprochant davantage du *gallicus*, et formant transition entre la coloration ordinaire et celle si particulière que je vais décrire :

Le spécimen le plus éloigné du type est presque tout noir, et les ornements qu'il présente sont d'un blanc d'ivoire à peine jaunâtre. Sur la tête il n'y a de cette couleur que le labre, une ligne arquée au sommet de l'épistome avec une tache contiguë aux lobes inférieurs des yeux, et une autre linéaire bien plus petite derrière leur sommet ; sur le thorax, une très fine bordure en avant du pronotum, le bord des écaillettes et quatre points, dont deux aux angles supérieurs du scutellum, et deux autres à ceux du postscutellum. Sur l'abdomen, les segments dorsaux, du premier au cinquième, offrent seulement une étroite bordure régulière du même blanc. Les pattes et les antennes sont colorées comme d'habitude, avec le dessus du funicule noir.

Chez l'individu intermédiaire, les parties blanches sont plus larges et plus nombreuses ; les lobes du pronotum ont une bordure claire, le métathorax est taché latéralement et le second segment abdominal porte deux taches libres, tandis que les arceaux ventraux sont un peu bordés latéralement de blanc. Les antennes ne sont noires en dessus que sur le scape et à la base du funicule.

M. de Saussure signale aussi en Laponie des individus à dessins blancs.

Je crois qu'il ne s'agit encore là que d'une variété ; mais j'ai cru utile de la signaler spécialement en raison de sa particularité.

PATRIE : Cette espèce est l'une des plus répandues ; elle existe à profusion dans toutes les parties méridionales et centrales de l'Europe et dans le nord de l'Afrique, en Syrie, au Caucase, au Turkestan, en Perse et jusqu'en Chine et au Japon. On la rencontre aussi dans les régions plus septentrionales de la Russie et de la Suède ; mais on ne l'a pas signalée en Angleterre, et elle est relativement rare en Hollande, en Belgique et même dans le nord de la France.

2e FAM. — GUÊPES SOLITAIRES PRÉDATRICES OU EUMENIDÆ

TABLEAU DES GENRES (1)

(Pl. XL)

1 La deuxième et la troisième cellules cubitales reçoivent chacune une nervure récurrente. 2
— La deuxième cellule cubitale reçoit les deux nervures récurrentes. 3
2 Abdomen pétiolé. G. 1. — **Raphiglossa,** Saunders.
— Abdomen sessile ou subsessille. G. 2. — **Psiliglossa,** Saunders.
3 Abdomen pétiolé. 4
— Abdomen sessile ou subsessile. 5
4 Tibias intermédiaires munis de deux éperons. G. 3. — **Discoelius,** Latr.
— Tibias intermédiaires munis d'un seul éperon. G. 4. — **Eumenes,** Fabr.
5 Deuxième cellule cubitale pédiculée. G. 9. — **Alastor,** Lep.
— Deuxième cellule cubitale non pédiculée. 6
6 Palpes labiaux de trois articles (fig. 3). 7
— Palpes labiaux de quatre articles (fig. 6). 8
7 Antennes ♂ terminées par un crochet (fig. 1). Palpes labiaux plumeux. G. 8. — **Pterochilus,** Klug.
— Antennes ♂ enroulées à leur extrémité (fig. 2). Palpes labiaux non plumeux. Lèvre longue. G. 5. — **Micragris,** Sss.

(1) Si l'on considère les Euméniens du globe, on voit qu'ils se divisent en dix-huit genres, comprenant ensemble près de six cents espèces. Leur classification demande à être revue d'une façon complète, et j'espère que le travail que je donne ici pour l'Europe engagera quelque entomologiste dévoué à le continuer pour les pays étrangers.

8 Trois derniers articles des palpes maxillaires pris ensemble à peine aussi longs que le précédent (fig. 4).
G. 6. — **Rhygchium**, SPINOLA.

— Trois derniers articles des palpes maxillaires égaux entre eux et aux précédents (fig. 5). G. 7. — **Odynerus**, LATR.

Ier GENRE. — RAPHIGLOSSA, SAUNDERS

ῥαφίς, aiguille; γλῶσσα, langue

(Pl. XL)

Mandibules fortes, courtes, munies de quatre dents bien distinctes (fig. 10). Lèvre très-longue, bifide, atteignant le second segment de l'abdomen; palpes labiaux de trois articles, le dernier assez petit; palpes maxillaires aussi de trois articles. Tête grosse; épistome plus large que haut, échancré en avant chez la femelle; yeux réniformes, atteignant la base des mandibules; trois ocelles. Antennes renflées à l'extrémité, semblables chez les deux sexes, sauf le nombre des articles.

Thorax élargi et carré en avant. Pattes antérieures courtes.

Abdomen ovale avec le premier segment pyriforme, longuement pétiolé, et bien plus étroit que le second.

Ailes atteignant seulement l'extrémité de l'abdomen, les deuxième et troisième cubitales reçoivent chacune une nervure récurrente. Stigma quadrangulaire, petit.

Ce genre, représenté dans le monde entier par cinq espèces seulement, n'en offre qu'une seule dans la faune européenne proprement dite. Sa larve vit dans l'intérieur des tiges de ronce sèches. Trois autres habitent probablement l'Algérie; la collection Lepeletier de Saint-Fargeau, qui les renferme, n'est pas très explicite à cet égard. La cinquième est originaire du sud de l'Afrique.

1 Epistome noir. 2

— Epistome jaune. 3

2 Pétiole noir bordé de jaune. Tête noire, glabre, luisante, fortement ponctuée; épistome

échancré (♀) bidenté dans l'échancrure, sinué chez le ♂; une tache jaune pentagonale entre les antennes; un point jaune au sommet des yeux et une tache de la même couleur derrière leur lobe supérieur. Antennes ferrugineuses, noires sur le dessus de la moitié apicale; scape jaune en dessous. Thorax glabre, luisant, fortement ponctué, noir. Epaules du pronotum jaune soufre; deux taches triangulaires de même couleur sur le scutellum et deux autres sur le postscutellum; écaillottes jaunes avec une tache ferrugineuse au milieu, lisses, luisantes; mésopleures portant une tache jaune soufre sous l'insertion des ailes antérieures. Métathorax avec deux taches jaunes à son extrémité. Pattes ferrugineuses, avec les hanches, les trochanters, la base des cuisses intermédiaires et presque toutes les cuisses postérieures noirs; cuisses et tibias rayés de jaune en dessous. Ailes hyalines avec la région marginale jaune, la cellule radiale enfumée et le bout de l'aile un peu gris; nervures ferrugineuses. Abdomen avec le premier segment fortement ponctué, glabre, noir, orné en dessus d'une bordure jaune clair, échancrée au milieu. Deuxième segment beaucoup plus large, très finement ponctué, plus mat, noir avec une bordure jaune clair assez étroite et festonnée; les autres segments noirs avec une étroite bordure jaune, sauf le dernier qui est tout noir. Les bordures jaunes sont interrompues au milieu du ventre sur les segments trois, quatre et cinq (♂.♀). Long. 18mm. Env. 30mm.

1. Eumenoïdes, Saunders (fig. 17).

Patrie : Albanie. Epire.

— Pétiole roux, avec une bordure jaune indistincte. Tête fortement bombée, sans dépression en arrière des ocelles, noire, ornée d'une tache rousse derrière la partie supérieure de chaque œil. Epistome un peu échancré, noir. Antennes ferrugineuses à leur base (le reste inconnu). Thorax allongé, insensiblement rétréci en avant, noir, avec la partie antérieure du prothorax, l'écaille des ailes, une petite ligne en avant de cette dernière, une teinte indistincte sous l'aile, la bordure postérieure de l'écusson et du postécusson, et une tache de chaque côté du métathorax, rousses. Pétiole grêle, coloré comme il est dit ci-dessus, avec une dépression sensible sur le milieu de la bordure jaune. Abdomen petit, noir; deuxième segment orné d'une bordure rousse festonnée, troisième segment à peine bordé, les autres noirs. Pattes ferrugineuses; hanches noires. Ailes transparentes, enfumées, surtout dans la cellule radiale (♀) (de Saussure).

♂ Inconnu.

Long. 13mm. Env. 21mm. 2. **Zethoïdes**, Saussure.

Patrie : L'Algérie ? (Musée de Paris. Collection Lepeletier de St-Farg).

3 Pétiole noir bordé de jaune; sinus des yeux noir. Tête bombée sur le front, noire; épistome un peu échancré au milieu, jaune ainsi qu'un triangle sur le front; un point en arrière des yeux et une bande sur les mandibules, ferrugineux. Antenne jaunes à la base, noires vers le bout ainsi que sur le côté postérieur du premier article. Thorax noir, très-large en avant; pronotum bordé de jaune antérieurement, écaille et bordure postérieure du postécusson ferrugineuses; métanotum portant de chaque côté une tache jaune. Pétiole noir, terminé par une large bordure jaune, interrompue au milieu par la dépression dorsale. Abdomen

noir, le deuxième segment portant une bordure festonnée jaune, les autres une simple tache marginale sur leur milieu. Pattes ferrugineuses avec des teintes jaunes; hanches noires avec un point jaune du côté antérieur. Ailes transparentes, un peu enfumées, surtout dans la cellule radiale, un peu jaunâtres le long de la côte (♀) (de Saussure).

♂ Inconnu.

Long. 13mm. Env. 21mm. 3. **Filiformis**, Saussure.

Patrie : Algérie? (Musée de Paris. Coll. Lep.)

Pétiole roux avec la base noire ainsi qu'une tache sur sa partie dorsale, et portant une large bordure jaune. Bord du sinus des yeux jaune. Tête noire ; épistome, un grand triangle sur le front, une tache en arrière des yeux et une sur les mandibules, jaunes. Antennes ferrugineuses à la base, noires dans le reste de leur étendue, avec le premier article jaune en dessus. Thorax aussi large en avant qu'au milieu, noir et orné de jaune comme dans l'espèce précédente, portant en outre une petite tache ferrugineuse sous l'aile. Pétiole assez large en arrière, coloré comme il est dit ci-dessus, avec une dépression dorsale allongée sur la bordure jaune. Abdomen noir ; le deuxième segment roux sur les côtés et tous les anneaux ornés d'une bordure festonnée jaune ou orangée. Pattes jaunes; hanches noires en arrière, jaunes en avant. Ailes transparentes, jaunâtres le long de la côte (♀) (de Saussure).

♂ Inconnu.

Long. 13mm. Env. 21mm. 4. **Symmorpha**, Saussure.

Patrie : Algérie? (Musée de Paris. Coll. Lep.)

2e GENRE. — PSILIGLOSSA, Saunders

ψιλη, nue; γλωσσα, langue

(PL. XL).

Mandibules courtes, fortes, avec quatre dents aiguës. Lèvre excessivement longue, atteignant presque le second segment abdominal, bifide à son extrémité; palpes labiaux de trois articles, le premier très-long, le dernier très-court; palpes maxillaires de six articles. Tête grosse, renflée, plus large que le thorax, épistome plus large que haut, échancré, presque bidenté en son milieu. Yeux réniformes, atteignant la base des mandibules; trois ocelles. Antennes un peu épaissies à l'extrémité chez la femelle, filiformes, assez grosses, et terminées par un crochet chez le mâle.

Thorax globuleux, carré en avant; pattes antérieures courtes. Ailes atteignant à peine l'extrémité de l'abdomen; la deuxième et la troisième cubitales reçoivent chacune une nervure récurrente. Stigma petit, allongé, presque linéaire.

Abdomen ovale, le premier segment subsessile, en forme de cloche, plus étroit que le second.

Ce genre ne renferme encore qu'une seule espèce qui est européenne et vit, pendant ses premiers états, dans les tiges sèches de ronce.

M. S. S. Saunders l'avait d'abord placée (1) dans une seconde section du genre *Raphiglossa*, mais M. de Saussure en fit ensuite un genre spécial sous le nom de *Stenoglossa* (2). Plus tard (3), M. S. S. Saunders ayant remarqué que ce nom générique avait été déjà employé (4) par M. le baron de Chaudoir, pour désigner un groupe de Coléoptères, lui a substitué celui de *Raphiglossa* actuellement adopté. L'année suivante (5), le même auteur décrivit et figura sa larve et celle du *Raphiglossa eumenoïdes*.

(1) Trans. ent. Soc. of Lond. 1851. p. 72.
(2) Mon. Guêpes solit. p. 4. 1852.
(3) Trans. Ent. Soc. of Lond. 1872. p. 42
(4) Bull. Soc. nat. Moscou, 1848. p. 117.
(5) Trans. ent. Soc. of Lond. 1873. p. 408.

Tête glabre, lisse, luisante, fortement ponctuée, noire. Epistome tronqué en devant, avec une tache jaune en forme de cœur; une grande tache jaune triangulaire entre les antennes; une autre suit le contour supérieur du sinus des yeux. Le derrière de ceux-ci porte encore deux grandes taches ovales, jaunes. Antennes ferrugineuses avec l'extrémité noire en dessus. Scape jaune en dessous. Thorax glabre, lisse, luisant, fortement ponctué.

Pronotum avec deux grandes taches carrées, jaunes, à ses angles antérieurs; mésopleures avec une tache ovale jaune au-dessous de l'insertion des ailes antérieures; écaillettes lisses, brillantes, jaunes, tachées de ferrugineux; scutellum largement bordé de jaune sur les côtés et postérieurement; postscutellum bidenté à ses angles postérieurs, avec une petite tache jaune au pied de chaque dent, et ses côtés se relèvent en forme d'étroites lamelles transparentes. Metanotum orné de deux grandes taches ovales, jaunes, vers son extrémité.

Pattes jaunes avec les hanches et les trochanters noirs ainsi que la base des cuisses intermédiaires et postérieures; base des cuisses antérieures, dessus des autres cuisses, extrémité des tibias et tarses ferrugineux.

Ailes subhyalines, jaunes dans la région marginale, grises à l'extrémité, avec une tache enfumée dans la cellule radiale; nervures ferrugineuses à la base, brunes à l'extrémité de l'aile. Abdomen avec le premier segment très renflé, glabre, fortement ponctué, court, jaune avec une ligne médiane noire n'atteignant pas son bord postérieur; deuxième segment finement ponctué, luisant, bordé de jaune; cette bordure émettant une grande tache latérale; les autres segments sont noirs et étroitement bordés de jaune. Dernier segment entièrement noir. En dessous, les segments deux et trois sont seuls bordés de jaune (♀).

Le mâle a l'épistome entier et le milieu des mandibules jaunes. Epistome un peu échancré au milieu. La grande tache du derrière des yeux se réduit à un point; scutellum quelquefois tout noir. Le postscutellum est entièrement noir ainsi que le métathorax. Le premier segment abdominal est simplement bordé de jaune. Les pattes sont jaune clair, excepté les hanches, les trochanters et la base des cuisses. Les deuxième, troisième, quatrième et cinquième segments ventraux sont bordés de jaune. Enfin les antennes sont noires en dessus dans toute leur longueur y compris le scape. Long. 14mm Env. 22mm. **1. Odyneroïdes** SAUNDERS.

PATRIE : Epire.

3e GENRE. — DISCOELIUS, LATREILLE

δίς, en deux; κοιλία, ventre

(PL. XL).

Mandibules courtes, obtusément tridentées; palpes labiaux de quatre articles, palpes maxillaires de six articles. Lèvre courte, bilobée, avec un petit point calleux à l'extrémité de chaque lobe.

Tête assez grosse, épistome arrondi, un peu plus large que haut. Yeux réniformes, atteignant la base des mandibules; trois ocelles. Antennes s'épaississant avant l'extrémité, pointues au bout; chez les mâles, l'article terminal est en forme de crochet. Thorax arrondi en avant, un peu allongé; pattes courtes, surtout les antérieures ; tibias courts relativement aux cuisses; les intermédiaires portent exceptionnellement deux éperons. Ailes dépassant un peu l'abdomen. Premier segment abdominal visiblement pétiolé, campaniforme, plus de deux fois plus étroit que le second; le reste de l'abdomen ovale, court.

Ce genre comprend une dizaine d'espèces dont deux seulement appartiennent à la faune européenne. Les autres se répartissent entre l'Amérique du sud et l'Australie.

— Epistome arrondi, jaune à sa partie antérieure.

Tête éparsement rayée-ponctuée, luisante, glabre, noire. Epistome à peu près arrondi, avec la partie antérieure ou postérieure jaune, bordée de noir en avant et festonnée à l'arrière. Mandibules noires avec une petite tache jaune à leur base. Antennes noires avec le scape rayé de jaune en dessous. Thorax noir, glabre, couvert de fines stries longitudinales courtes, entremêlées de points enfoncés. Métathorax rugueux, garni d'un duvet roux.

Dans quelques variétés de la femelle et plus souvent encore chez le mâle, le pronotum porte deux taches jaunes triangulaires, et d'autres taches de même couleur se trouvent au sommet des mésopleures et sur le postscutellum. Pattes noires avec les tibias plus ou moins rayés de jaune en arrière; tarses ferrugineux. Ailes rousses, un peu enfumées, un peu violacées et irisées à l'extrémité; côte et stigma ferrugineux; nervure brunes. Abdomen noir luisant, couvert de poils villeux, blanchâtres, avec le premier segment marqué de points enfoncés qui le rendent très rugueux. Deuxième segment ponctué à sa base, lisse et brillant sur le reste ainsi que tous les autres segments; le premier est orné d'une étroite bordure jaune un peu festonnée en avant, le deuxième porte aussi une bordure jaune assez large, presque régulière, le troisième en montre encore une semblable très étroite et qui manque quelquefois chez la femelle.

Dessous de l'abdomen noir brillant avec seulement le bord du second segment jaune. Long. 18mm Env. 30mm. **1. Zonalis**, PANZER.

Cette espèce a été signalée par Audouin (Bibl. n° 12) comme prédatrice des chenilles de la Pyrale de la vigne, dont elle se sert pour approvisionner son nid.

« J'ai vu, dit Lepeletier (Bibl. n° 145, II. p. 559) un *Discoelius* qui avait choisi, pour y déposer un de ses œufs, un trou dans une pierre de ma fenêtre, trou produit anciennement par la pose d'un assez gros clou enlevé depuis; j'ai vu, dis-je, ce Discœlius y transporter une larve éruciforme. Mais ayant remis à un autre voyage de l'hyménoptère à m'emparer de sa proie, je ne pus y parvenir; apparemment cette larve que j'avais vue, complétait l'approvisionnement. Car, au voyage suivant, il ne se présenta que portant une petite boule de mortier pour commencer à boucher l'ouverture du trou. Je ne pus retirer la proie du trou; il était trop profond dans la pierre. »

PATRIE : Presque toute l'Europe.

— Epistome avec deux petites dents, jaune à sa partie supérieure. Coloration et sculpture semblables à celles du *Zonalis* ♀

♂ inconnu

Long. 14mm. Env. 27mm **2. Dufourii**, LEP.

PATRIE : France méridionale, Landes.

4e GENRE. — EUMENES, FABRICIUS

εὐμενής, bienveillant

(PL. XLI)

Mandibules longues, étroites, quadridentées, se croisant comme les lames d'un ciseau, ou se juxtaposant en forme de bec pointu. Palpes labiaux de quatre articles ; palpes maxillaires de six articles. Lèvre assez longue, dépassant l'extrémité des mandibules, bifide, les deux lobes offrant un point calleux à leur extrémité. Tête petite, aplatie en avant, moins large que le thorax ; yeux réniformes; trois ocelles. Epistome plus long que large avec l'extrémité soit sinuée, soit anguleuse en avant ; labre arrondi. Antennes pointues, renflées vers l'extrémité, terminées chez les mâles par un crochet infléchi.

Thorax globuleux ; pattes grêles, relativement courtes ; surtout celles de la paire antérieure. Ailes courtes, atteignant à peine l'extrémité de l'abdomen.

Abdomen longuement pétiolé ; ce pétiole de forme variable, filiforme, campaniforme, pyriforme ; etc., toujours très-étroit ; le reste de l'abdomen de forme conique, arrondi en avant, pointu en arrière.

Ce genre, répandu dans le monde entier, est un des plus nombreux en espèces de ceux qui composent le groupe des guêpes solitaires ; on y compte environ 120 espèces appartenant à toutes les parties du globe et dont 19 rentrent dans la faune européenne et circaméditerranéenne. Les *Eumenes* construisent, pour y abriter leur progéniture, des nids de mortier dont chaque cellule est isolée ou fait partie d'une agglomération, selon l'architecte. Les mères y enferment des chenilles de Lépidoptères, surtout arpenteuses, pour servir à la nourriture des jeunes larves (1) et, comme il est indiqué dans la partie introductive (p. 545), usent d'artifices singuliers pour préserver celles-ci des atteintes de leurs victimes.

1 Epistome tronqué (fig. 2) ou avec le bord plus ou moins anguleux en avant (fig. 3) ou arrondi (fig. 4). 2

— Espistome à bord rentrant ou plus ou moins fortement échancré 10

2 La partie la plus large du pétiole est à son extrémité (fig. 5). Tête noire, ponctuée, avec quelques poils blancs ; labre brun grisâtre ; épistome tronqué droit, jaune ; une tache entre les antennes jaune ainsi que l'orbite interne et le dessus de l'orbite externe. Mandibules ferrugineuses avec la base noire. Antennes ferrugineuses avec le dessus du scape et des articles terminaux noir ; quelquefois le dessous du scape jaune. Thorax noir, ponctué, avec quelques

(1) On trouve les détails les plus curieux et les plus intéressants sur la nidification des grandes espèces exotiques dans le récent travail de Mr M. Maindron, inséré dans les Ann. Soc. ent. fr. 1882, et accompagné d'excellentes planches.

poils blancs. Pronotum jaune ainsi qu'une grande tache sous l'insertion des ailes antérieures ; mesonotum noir avec quelquefois une petite tache en avant ; écaillettes et écusson roux ; postécusson jaune ; métathorax jaune avec seulement au milieu une ligne rousse, ou entièrement roux. Pattes antérieures jaunes ; intermédiaires et postérieures ferrugineuses, tachées de jaune à l'extrémité des tibias. Ailes ferrugineuses ou rousses dans la région marginale ; extrémité grise, cellule radiale munie d'une tache plus foncée. Abdomen avec le pétiole lisse, brillant, noir à la base et à l'extrémité, ferrugineux sur le reste et offrant deux taches jaunes dans la partie noire de l'extrémité. Deuxième segment noir, largement bordé de jaune, avec la base le plus souvent ferrugineuse, et ornée de deux grandes taches jaunes disparaissant quelquefois. Les autres segments, en dessus et en dessous, jaunes presque en entier avec la base noire, celle-ci le plus souvent invisible. En dessous, le deuxième segment est ferrugineux, bordé successivement d'une ligne noire et d'une ligne jaune. (♀)

Le mâle a le mesonotum tout noir, les antennes noires en dessus en entier, ferrugineuses en dessous au moins vers la base. La base des cuisses et tous les tarses sont noirs, sauf sur le premier article de ceux-ci. Le second segment abdominal peut, comme dans la femelle, offrir ou non des taches jaunes et la base ferrugineuse. Dans quelques variétés, les taches jaunes deviennent elles-mêmes ferrugineuses. Long. 16 à 19mm. Env. 25 à 28mm. **1. Esuriens**, Fabr.

Nidification inconnue.

Patrie : Perse, Egypte. Habite depuis le Sénégal jusqu'aux Indes, la Chine et les îles de la Sonde.

— La partie la plus large du pétiole est, ou au moins commence en son milieu (fig. 6). . 3

3 Corps entièrement noir. Pétiole campaniforme (fig. 7). Tête et thorax couverts de courts poils gris. Épistome presque lisse, arrondi en avant, le bord antérieur brillant, sillonné en son milieu. Thorax noir, ponctué ; mesonotum avec une carène médiane lisse. Pattes noires ; ongles rouges. Ailes opaques, violettes, avec l'extrême pointe subhyaline ; nervures noires. Abdomen court, glabre ; pétiole campaniforme, granuleux, sillonné en son milieu ; le reste de l'abdomen presque ovoïde, noir, lisse, brillant.

Le mâle a les antennes ferrugineuses à l'extrémité et l'épistome couverts de poils fauves argentés. Long. ♂ 16mm. Env. 30mm. Long. ♀ 19mm. Env. 37mm. 2. **Nigra**, BRULLÉ.

Nidification inconnue.

PATRIE : Egypte, îles Canaries.

— Corps noir taché de jaune ou de ferrugineux. 4

4 Mesonotum tout noir. 5

— Mesonotum taché de jaune ou de ferrugineux. 8

5 Taches arrondies du deuxième segment abdominal ferrugineuses. Pétiole campaniforme (fig. 6).

Arbustorum H. S. Var. *dimidiatus*, BRULLÉ.

PATRIE : Grèce, Syrie.

— Taches arrondies du deuxième segment abdominal jaunes, ou pas de taches arrondies. 6

6 Deuxième segment abdominal avec seulement une bordure jaune, sans taches arrondies. Tête noire ; épistome arrondi et relevé un peu vers le bout, mandibules, un point entre les antennes, bordures des orbites et deux lignes

derrière les yeux, jaunes. Les antennes brunes, jaunes en dessous dans toute la longueur. Thorax noir avec une bordure assez large, jaune, en avant du pronotum; écailles des ailes, une ligne sur le postécusson, un point au-dessus des mésopleures, sous la naissance des ailes antérieures, et un autre point de chaque côté du métathorax jaunes. Pétiole pyriforme, noir avec un cordon jaune à son bord postérieur. Abdomen noir ; tous les segments avec un cordon jaune, celui du second plus large. Pattes jaunes à cuisses et hanches rousses et noires. Ailes un peu ferrugineuses (♂) (Radoskowski.) Long. 25mm. 3. **Tabidus**, Eversmann.

Nidification inconnue.

Patrie : Russie (gouvernement de Kasan, Spask).

— Deuxième segment abdominal avec une bordure et deux taches arrondies jaunes, quelquefois reliées latéralement à la bordure. 7

7 Pétiole pyriforme, allongé (fig. 8), noir bordé de jaune, avec deux petits points latéraux ferrugineux au milieu de sa longueur. Tête noire, rugueuse, velue de poils blancs ; épistome tronqué droit ou à peine saillant, jaune en entier ; une petite tache de même couleur entre les antennes ; orbite interne des yeux et bords postérieurs de ceux-ci marqués de lignes jaunes. Antennes ferrugineuses avec le scape jaune en dessous, noir en dessus. Deuxième article noir en dessus ainsi que tout le bout de l'antenne, à partir du sixième article. Mandibules ferrugineuses. Thorax noir, rugueux, avec de courts poils blancs. Pronotum jaune, taché de noir à ses angles postérieurs. Scutellum avec une large ligne courbée noire, divisée en son milieu par un mince trait noir. Postscutellum

jaune. Métathorax avec une tache jaune formant crochet sur les côtés. Ecaillettes jaunes. Mésopleures tachées de jaune sous les ailes antérieures. Pattes ferrugineuses, avec les hanches, les trochanters et la base des cuisses noirs, les premières avec un petit point jaune à la paire du milieu ; les cuisses antérieures et intermédiaires tachées de jaune en dessus ; les cuisses postérieures sont noires presque sur toute la moitié basilaire. Ailes subhyalines, jaunes jusqu'au niveau de la partie caractéristique, enfumées sur le reste. La cellule radiale porte une ligne courbée d'un noir plus intense. Nervures en grande partie ferrugineuses. Abdomen noir taché de jaune ; pétiole pyriforme, rugueux, avec une bordure jaune échancrée au milieu et marquée latéralement de deux taches ferrugineuses. Les côtés du pétiole portent vers leur milieu deux taches rondes ferrugineuses. Deuxième segment noir, lisse, luisant, avec une large bordure apicale jaune et deux grandes taches allongées jaunes, affectant aussi un peu l'arceau ventral. Tous les segments suivants, sauf le dernier, ont une très large bordure jaune. Cette bordure est plus étroite en dessous où cependant elle s'élargit au milieu du ventre. Le dernier segment est seulement un peu taché de jaune à son extrémité en dessus, tandis qu'il est largement bordé de la même couleur en dessous. (♀).

♂ inconnu. Long. 20mm Env. 36mm. 4. **Sicheli**, Saussure.

On ne connait pas son mode de nidification.

Patrie : Albanie, Grèce, Astrabad.

—— Pétiole campaniforme, très-élargi (fig. 6), court, noir, seulement bordé de jaune ou encore avec deux points jaunes. Tête noire, ponctuée, avec une villosité roussâtre; labre jaune rougeâtre, épistome arrondi en avant, jaune avec le bord ferrugineux; un point jaune entre les antennes; orbites internes et dessus du bord postérieur des yeux ornés d'une étroite ligne jaune; mandibules ferrugineuses. Antennes ferrugineuses avec le scape taché de jaune en dessous et l'extrémité noire en dessus. Thorax noir, ponctué, fortement velu de roux surtout en avant. Pronotum avec le bord contigu aux mésopleures noir; écaillettes jaunes. Mesonotum sillonné au milieu, en arrière, et avec deux courtes lignes latérales lisses et brillantes. Scutellum avec deux taches jaunes, séparées seulement par un mince trait noir, se réduisant rarement aussi à deux petits points; chez le mâle, il est souvent tout noir. Postscutellum jaune. Métathorax avec de grandes taches latérales jaunes laissant entre elles, au dessus du pétiole, une ligne noire plus ou moins rameuse. Mésopleures marquées sous les ailes antérieures d'une tache irrégulière jaune ou ferrugineuse. Pattes jaunes, avec les tranches et les trochanters noirs ou plus ou moins tachés de jaune; cuisses noires à leur base. Ailes subhyalines jaunes, rougeâtres surtout vers la côte, avec l'extrémité grise et la cellule radiale marquée d'une ligne courbée sombre. Abdomen avec le pétiole fortement ponctué, un peu pubescent, très élargi en arrière en forme de cloche, noir avec une bordure jaune de grandeur variable, pouvant occuper presque toute la partie renflée, échancrée en son milieu. Deuxième segment lisse, brillant, avec une large bande jaune plus ou moins interrompue en son milieu, sur le dos et se continuant parfois sous le ventre. Bord de ce segment garni d'une très-large bordure jaune, plus étroite en dessous; les segments suivants presque tout jaunes en dessus, seulement et étroitement bordés en dessous; dernier segment noir avec une ou deux taches ponctiformes jaunes. Les mâles ont l'épistome à peu près tronqué droit.

Long. ♀ 20 à 25mm Env. 32 à 35mm Long. ♂ 15 à 20mm Env. 25 à 26mm 5. **Arbustorum** H. Sch.

Patrie : Algérie. Allemagne, Autriche, France méridionale, Italie, Tyrol, Hongrie, Portugal, Espagne, Suisse.

Certains individus, originaires de Grèce et qui se rapportent à cette espèce, offrent des modifications de couleur qu'il est important de signaler. Les lobes du pronotum, au lieu d'être noirs à leur extrémité, sont ferrugineux. Les antennes ne sont noires que sur leurs derniers articles. Le scutellum, le postscutellum, les écaillettes, le métathorax et le pétiole voient leurs taches jaunes devenir ferrugineuses, et les deux grandes taches supérieures du second segment abdominal prennent aussi la même couleur. Le ventre, sauf la bande médiane du second segment, est tout noir. Cette variété habite exclusivement la Grèce et Corfou, et elle a été décrite par Brullé, sous le nom d'**E. dimidiatus**. Ce nom a été jusqu'ici appliqué a l'espèce elle même, comme se rapportant à la première description qui en ait été donnée; mais de l'examen attentif que j'ai fait de la description et de la figure de l'*E. arbustorum* d'Herrich-Shæffer, il est résulté pour moi la conviction qu'il s'agit bien là de l'espèce typique, et que ce nom doit lui être restitué, en abandonnant celui de *dimidiatus* à la variété grecque.

Une autre variété a été décrite par M. de Saussure, sous le nom d'**E. tauricus** (1). Elle ne diffère du type qu'en ce que la bordure jaune du dessus des derniers segments disparaît. Elle est originaire de Crimée.

Cette espèce construit toujours ses nids à plusieurs loges, de 4 à 6. Voici les intéressants détails que donne M. Lucas (Soc. ent. Fr. 1883. Bull. p. XCVII) sur la manière dont elle édifie son nid en Algérie.

« Ces nidifications, qui ont été rencontrées à des altitudes de 600 à 1100 mètres, égalent en longueur

(1) Mon. des Guêpes solit. III. Suppl. p. 137.

38 à 45mm et mesurent 40 à 50 millimètres dans leur plus grande largeur; elles sont de forme arrondie et présentent une épaisseur de 15 millimètres environ. Elles sont d'un jaune légèrement ferrugineux et le mortier ou terre gachée qui les compose est fin, serré et très dur au toucher. L'eau est sans action sur ces constructions, car lorsqu'on les mouille, ce mortier ne se désagrège pas. Leur surface, convexe, est très rugueuse, et cela est dû à de nombreuses saillies et surtout à de petits cailloux placés çà et là. Ces nidifications, extérieurement, ne présentent rien pouvant attirer l'attention; cependant, lorsqu'on les examine, on remarque que ces cailloux, de forme irrégulière, affectant cependant un carré plus long que large, sont destinés à solidifier ces constructions; de plus, on aperçoit de petites excavations circulaires, assez profondes, surmontées d'une petite saillie arrondie et correspondant aux cellules. Ces habitations sont fortement attachées et très adhérentes aux corps sur lesquels elles sont construites, et l'on éprouve une certaine difficulté lorsqu'on veut les en détacher. Les cellules, au nombre de quatre à six, sont ovalaires, profondes et séparées par des cloisons assez épaisses. Lorsqu'on les examine, on remarque que les parois en sont lisses, revêtues d'une couche gommeuse, brillante, papyracée, afin d'empêcher l'humidité. J'ai observé aussi que ces loges présentent une concavité profonde, correspondant à celle extérieure, et qui est, sans aucun doute, la voie préalablement préparée et par laquelle doit sortir l'insecte parfait. Cet *Eumenes* a probablement aussi la faculté de secréter un liquide particulier, qui a la propriété de ramollir cette concavité, qui doit facilement céder aux efforts de cet hyménoptère solitaire lorsqu'il éprouve le besoin de se mettre en communication avec le monde extérieur.

« Observé dans sa cellule, il est tout à fait ramassé sur lui-même et présente une forme ovale; en effet, l'abdomen, recourbé sur le pétiole, repose sur les hanches des deuxième et troisième paires de pattes, lesquelles sont entièrement cachées par les organes du vol. »

Les diverses cellules d'un même nid se font successivement et, à l'origine du travail, une seule alvéole est en construction et fait l'objet des soins de l'Eumène. C'est ce qui explique l'erreur où ont pu tomber quelques observateurs qui ont avancé à tort que cet insecte n'édifiait que des cellules isolées. M. J. Lichtenstein a confirmé (Ann. soc. ent. Fr. Bulletin p. CV, 1883) les faits avancés par M. Lucas, contrairement à ce que dit M. J. H. Fabre, dans ses

Nouveaux souvenirs entomologiques, p. 60 et suiv. Ce dernier n'a vu certainement que des nids commencés.

8 Deuxième segment abdominal noir, avec une large bordure et deux taches arrondies jaunes ou orangées 9

— Deuxième segment abdominal jaune avec une fascie transversale noire. Tête noire avec une tache jaune entre les antennes; épistome un peu bombé; mandibules, bordures des orbites, deux lignes derrière les yeux d'un jaune orangé ainsi que les antennes dont le bout seul est noir. Thorax jaune orangé avec le dos noir, sur lequel se trouvent deux lignes verticales en crochet, plus ou moins larges, ferrugineuses; bord du pronotum, écailles et écusson jaunes. Pétiole jaune orangé avec sa base et son bord postérieur noirs. Second segment jaune orangé en dessus et en dessous, avec une large bordure noire au milieu; les autres segments jaunes en dessus, noirs en dessous, avec leur bord postérieur jaune. Pattes d'un jaune orangé. Ailes jaunâtres avec le bout enfumé et légèrement violacé. ♀ (Radoskowski).
♂. inconnu. Long. 30mm. 6. **Fulvus**, Eversmann.

On ignore son mode de nidification.

Patrie : Russie, gouvernement d'Orembourg, steppes des Kirghis et Kalmouks.

9 Epistome tronqué droit. Funicule noir. Pétiole noir avec une bordure orangée. Tête noire, velue sur le vertex. Epistome jaune sur sa moitié postérieure, un trait intra-antennaire et la bordure postérieure des orbites jaunes. Antennes noires. Thorax globuleux, velu, noir avec le bord antérieur du pronotum, un point sous les ailes, les écaillettes, deux points sur la partie antérieure du mesonotum, deux autres sur

le scutellum, le postscutellum et une tache triangulaire de chaque côté du métathorax, jaunes. Pattes jaunes avec les hanches et la première moitié des cuisses noires ainsi que le bout des tibias postérieurs; hanches intermédiaires marquées d'un point jaune en devant. Ailes subhyalines, un peu ferrugineuses. Abdomen moins velu que le thorax, finement ponctué; pétiole pyriforme, couvert de ponctuations enfoncées, avec une large bordure festonnée et deux points au milieu jaunes. Second segment largement bordé de jaune et orné de deux taches près de sa base, d'un jaune obscur, presque ferrugineux. Les autres segments portent une bordure de même couleur. Le dernier est noir. Long. 14mm Env. 28mm. 7. **Bipunctis**, SAUSSURE

M. J. Lichtenstein en a observé un nid entre les plis du rideau d'une chambre à St-Sauveur. Il était garni des chenilles vertes arpenteuses d'une géomètre. Il doit sans doute nicher ordinairement entre les feuilles sèches.

PATRIE : France méridionale, Pyrénées.

Epistome arrondi. Funicule en partie ferrugineux. Pétiole ferrugineux en entier, ou avec la base noire et l'extrémité jaune. Tête noire, ponctuée, avec de courts poils blancs; labre jaune, cilié; épistome jaune, finement bordé de roux; une tache jaune entre les antennes, une ligne transversale de même couleur sur le front. Orbites internes et externes rayés de jaune. Mandibules ferrugineuses, tachées de jaune à la base. Antennes ferrugineuses avec le scape taché de jaune en dessous et les articles terminaux, sauf le dernier, noirs en dessus. Thorax noir, finement granuleux, avec une ligne lisse longitudinale au milieu du mesonotum. Pronotum entièrement jaune, mesonotum noir avec seulement, de chaque côté, une tache en triangle courbe, contiguë au pronotum et partant des écaillettes, jaune, ornée en arrière d'un mince liseré ferrugineux. Ecaillettes jaunes. Scutellum jaune, avec une ligne noire entre lui et le postscutellum qui est aussi jaune; sur les côtés, le scutellum émet deux petites lignes jaunes en courbe relevée qui vont rejoindre l'insertion des ailes postérieures. Métathorax presque entièremeet jaune, avec seulement une ligne noire verticale en son milieu; mésopleures tachées de jaune. Pattes d'un jaune mêlé de ferrugineux sur les cuisses et les tarses et avec un peu de noir sur les hanches. Ailes subhyalines, jaunes sur la région marginale, enfumées à l'extrémité, avec une tache plus sombre dans la cellule radiale. Abdomen avec le pétiole finement ponctué, allongé, pyriforme, ferrugineux, avec la base noire et l'extrémité jaune, cette portion précédée d'une petite partie noire. La tache apicale jaune offre une petite ligne ferrugineuse qui y pénètre sans atteindre le bord postérieur, et, de chaque côté, est encore un point brun. Second segment noir, lisse, avec une large bordure jaune rétrécie sur les côtés, et deux grandes taches arrondies, jaunes, se rejoignant presque en dessous. Les autres segments sont presque entièrement jaunes avec la base noire. Les arceaux ventraux sont plus étroitement bordés de jaune. Long. 19 à 22mm Env. 33 à 35mm 8. **Baeri**, RADOSK. (fig. 13).

Nidification inconnue.

PATRIE : Caucase, bords de la mer Caspienne.

10 Pétiole linéaire, à bords parallèles (fig. 9). Tête noire, ponctuée, avec de rares poils courts et blancs; labre jaune un peu brunâtre; épistome fortement échancré, avec les côtés formant deux dents, jaune, garni chez le mâle

d'un duvet argenté, avec seulement un petit point noir en son milieu chez la femelle ; une tache jaune entre les antennes. Orbites internes et bords postérieurs des yeux pourvus d'étroites lignes jaunes ; mandibules très-courtes, ferrugineuses. Antennes avec le scape jaune en dessous, noir en dessus, le funicule fortement renflé au bout, noir en dessus, ferrugineux au dessous, au moins aux deux extrémités ; crochet des antennes du mâle très-petit, ferrugineux. Thorax noir, fortement ponctué, avec un court duvet blanc. Pronotum jaune, noir seulement à l'extrémité de ses angles postérieurs ; scutellum portant une large bande d'un jaune brillant ; postscutellum jaune. Métathorax avec de larges taches jaunes sur les côtés. Mesopleures tachées de jaune sous les ailes antérieures ; écaillettes jaunes. Pattes jaune-rougeâtre avec les hanches, les trochanters et la base des cuisses noirs ; cette partie noire des cuisses va en augmentant d'étendue de la première à la troisième paire de pattes ; extrémité des tarses brune. Ailes subhyalines, un peu grises, cellule radiale marquée d'une tache enfumée ; nervures ferrugineuses vers la base, noires vers l'extrémité. Abdomen noir, varié de jaune. Pétiole finement ponctué, aussi long que le thorax, se renflant de suite pour rester ensuite linéaire avec ses côtés parallèles. Il est noir, avec une bordure apicale jaune, échancrée, et deux taches latérales jaunes en son milieu ; le dessous est ferrugineux sur sa moitié apicale. Deuxième segment lisse, brillant, noir avec une large bordure jaune se rétrécissant sur les côtés et en dessous et légèrement échancrée au milieu du dos ; il porte en outre, sur son milieu, une large bande jaune interrompue au

milieu. Les autres segments sont noirs bordés de jaune, sauf le dernier qui est noir en entier.
Long. 11mm. Env. 16mm. **Picteti**, SAUSSURE.

Il niche contre les murs, dans de petits nids de mortier. Sa victime est inconnue.

PATRIE : Espagne.

— Pétiole pyriforme ou campaniforme. 11

11 Ailes noires, opaques, soit en entier, soit sur la moitié apicale seulement. 12

— Ailes subhyalines, plus ou moins jaunâtres avec seulement l'extrémité légèrement grise. 13

12 Ailes complètement noires, opaques. Tête et thorax noirs ou rougeâtres au moins en partie, avec de courts poils blancs, granuleusement ponctués ; labre rouge, échancré en devant, cilié de poils dorés. Epistome rouge, à peine excavé en devant ; mandibules rougeâtres. Antennes noires en dessus vers l'extrémité, rougeâtres sur le reste. Thorax noir en entier ou avec le pronotum rouge sombre ainsi que les écaillettes. Pattes noires ou avec les cuisses un peu rougeâtres. Ailes opaques avec un beau reflet bleu et violet ; nervures noires. Abdomen lisse, brillant, noir en entier, ou avec le pétiole rouge sombre à l'extrémité. (♀).

Le mâle a l'épistome jaune pâle, parfois marqué de lignes brunes et une tache jaune entre les antennes. L'extrémité de l'abdomen est ferrugineuse.

Long. (♀) 22 à 30mm. Env. 40 à 52mm. Long. (♂) 20 à 23mm. Env. 38 à 45mm. **Tinctor**, CHRIST.

Cette grande espèce construit un nid composé de plusieurs alvéoles, dans lequel elle amasse des chenilles arpenteuses. Elle est souvent victime d'un parasite, le *Stilbum splendidum*, hyménoptère de la famille des Chrysides.

PATRIE : Presque toute l'Afrique : Sénégal, Angola, Congo, le Cap, Madagascar, Nossi-Bé, Mayotte, Mozambique, l'Egypte, les déserts de Lybie. Malgré sa présence en Egypte, qui m'a engagé à la faire figurer ici, c'est plutôt une espèce tropicale que méditerranéenne.

— Ailes jaunes avec la moitié apicale foncée, violette. Tête et thorax ferrugineux, obscurs, ponctués, avec une pubescence jaunâtre. Epistome un peu excavé en devant. Extrémité des antennes noire en dessus. Quelquefois le mesonotum est marqué de petites taches noirâtres. Pattes ferrugineux sombre avec l'extrémité des articles des tarses noire. Ailes jaune-roussâtre avec la moitié de leur étendue brun noir, ornée d'un reflet irisé violet et vert. Abdomen lisse, luisant, ferrugineux, avec l'extrémité noire à partir de la moitié du deuxième segment (♀).

Le mâle a le labre et l'épistome jaune clair, ce dernier avec un point noir au milieu. Les antennes sont d'une teinte plus claire et la couleur générale du corps est moins obscure. Le mesonotum est noir. Le front et le vertex sont noirs ; les orbites des yeux portent des lignes d'un rouge clair. Extrémité du ventre ferrugineuse. Long. (♀) 25 à 28mm. Env. 45 à 48mm. Long. (♂) 23 à 25mm. Env. 38 à 42mm.

Dimidiatipennis, SAUSSURE.

Nidification inconnue.

PATRIE : Egypte, Arabie, Aden, Syrie, Indes.

13 Abdomen tout jaune avec une croix noire en dessus. La partie la plus large du pétiole est à son extrémité. Tête noire, ponctuée, avec de courts poils blancs ; labre, épistome, intervalle des antennes et front jaunes ; échancrure des yeux jaune en entier ; orbites externes bordés de jaune ; mandibules ferrugineuses avec le dessus du scape et de l'extrémité de l'antenne

(sauf le dernier article) jaune. Epistome un peu excavé en devant. Thorax noir, granuleux, couvert d'une fine pubescence rousse; pronotum entièrement jaune ainsi que toute la partie antérieure du scutellum, le postscutellum et deux grandes taches latérales en arrière du métathorax ne laissant entre elles qu'une ligne noire verticale. Mésopleures largement tachées de jaune entre le niveau des ailes et le pronotum; poitrine tachée de ferrugineux au milieu. Pattes jaunes avec les hanches et les trochanters ferrugineux, ces derniers tachés de noir à leur base. Extrême base des cuisses antérieures et la deuxième paire presque en entier ferrugineuses; extrémité des tibias antérieurs et tarses antérieurs et intermédiaires ferrugineux; pattes postérieures entièrement ferrugineuses. Ailes subhyalines, jaunes à la base, surtout dans la région marginale; extrémité un peu grise; cellule radiale presque entièrement noire, sauf à sa base. Abdomen avec un pétiole allongé, étroit, augmentant insensiblement de largeur de la base à l'extrémité, lisse, brillant, noir à la base, ferrugineux sur le reste de son étendue, avec deux taches jaunes vers son extrémité, séparées par une ligne ovalaire ou cruciforme, noire, occupant le quart de la longueur du pétiole; tous les segments suivants jaune clair en dessus avec une ligne noire continue allant du pétiole à la base du dernier segment où elle devient ferrugineuse. Le second segment porte en son milieu une large fascie noire coupant la première ligne longitudinale de façon que leur ensemble forme une croix parfaitement dessinée (fig. 10). Dessous de l'abdomen ferrugineux, vaguement taché de noir. Long. 19mm. Env. 32mm.

Lepeletieri, Saussure.

Nidification inconnue.

PATRIE : Egypte, Abyssinie. Cette espèce n'appartient certainement pas à la région méditerranéenne, et les exemplaires égyptiens doivent provenir de la haute Egypte. Si je la fais figurer ici, c'est seulement pour permettre la détermination de toutes les espèces qui peuvent être envoyées d'Egypte.

— Abdomen varié de noir, de jaune ou de ferrugineux, sans croix noire bien dessinée. Pétiole campaniforme ou pyriforme. 14

14 Pétiole et deuxième segment abdominal tachés de rouge ou de ferrugineux. Epistome légèrement excavé. Taille grande.

♀ Tête noire, ponctuée, avec une longue villosité rousse ; labre ferrugineux, épistome jaune ; une tache jaune entre les antennes ; orbites internes et dessus des orbites externes ornés d'une étroite ligne jaune ; mandibules ferrugineuses, noires à la base. Antennes noires en dessus avec le scape jaune et le funicule ferrugineux en dessous. Thorax noir, ponctué, avec des poils roux. Pronotum entièrement jaune, rarement avec l'extrémité des angles postérieurs noire ; quelquefois ces mêmes angles sont ferrugineux et cette dernière couleur peut s'étendre, dans les cas extrêmes, sur tout le pronotum. Mesonotum noir avec seulement un petit triangle jaune, rarement ferrugineux en avant des écaillettes et contigu aux côtés du pronotum. Mésopleures marquées sous les ailes antérieures d'une tache ferrugineuse et d'une autre au dessus des hanches intermédiaires. Ecaillettes ferrugineuses ; scutellum et postscutellum jaunes, quelquefois bordés inférieurement de ferrugineux, plus rarement ferrugineux en entier. Métathorax avec deux larges taches latérales postérieures jaunes, séparées seulement par une ligne noire verticale; ces taches peuvent aussi être en tout ou en partie ferrugineuses, rarement elles sont marquées en haut d'un point rond noir. Pattes ferrugineuses avec les hanches et les trochanters noirs ou tachés de jaune ou de ferrugineux; souvent les genoux sont jaunes; tarses postérieurs noirâtres. Ailes subhyalines, rousses, enfumées à l'extrémité, avec une légère ombre dans le haut de la cellule radiale; nervures ferrugineuses, noires au bout de l'aile. Abdomen lisse, brillant; pétiole allongé, pyriforme, lisse, brillant, éparsement ponctué, noir, couvert latéralement et à l'extrémité de ferrugineux; la bordure apicale peut être aussi jaune. Deuxième segment noir avec une large bordure jaune occupant le tiers de sa longueur, marquée à son centre d'un petit point noir. En haut de ce segment, se trouvent deux grandes taches arrondies, ferrugineuses. Les autres segments sont aussi très largement bordés de jaune en dessus, et cette bordure porte au milieu de sa surface, sur chacun deux, un petit point noir. Les arceaux ventraux ont aussi une bordure jaune plus étroite et diversement échancrée. Le dernier segment est presque tout noir en dessus.

Le mâle est de taille bien plus petite et est moins renflé. Les antennes sont entièrement ferrugineuses sur les trois ou quatre derniers articles. Les angles postérieurs du pronotum sont toujours noirs. Les mésopleures sont noires sans taches. Celles du métathorax deviennent plus petites et souvent disparaissent tout à fait. Le scutellum et le postscutellum sont aussi moins largement colorés, souvent même tout-à-fait noirs. Le pétiole n'a qu'une petite bordure apicale jaune. Les taches ferrugineuses du deuxième segment sont plus réduites et couvertes d'un duvet argenté soyeux. Les bordures jaunes des segments suivants sont étroites et même interrompues en dessous. Long. ♂ 18mm Env. 30mm Long. ♀ 25 à 35mm Env. 30 à 40mm. **Unguiculus**, VILLIERS (fig. 11)

Cet *Eumenes*, le plus grand de nos régions tempérées, construit un nid de mortier pluricellulaire, que notre maître, Ed. Perris, a observé et décrit avec le plus grand soin (1), comme je l'ai déjà indiqué p. 536. Je n'ai pas à revenir ici sur le détail de cette construction. Je dirai seulement qu'elle semble être assez rare partout; des observations incomplètes ont fait dire à quelques savants que ce nid était sous forme d'une cellule isolée; il s'agissait là certainement de nid destiné à être continué et à comprendre d'autres alvéoles juxtaposées à la première. J'ai reçu un de ces nids d'une localité assez froide, située sur la limite du Morvan, ce qui semble indiquer que cette espèce n'est pas aussi méridionale que sa congénère, l'*E. arbustorum*. L'*E. unguiculus* est victime d'une Chryside, la *Chr. ignita*, observée par Ed. Perris. Elle construit sa coque dans un coin de la cellule usurpée et qui se trouve être beaucoup trop grande pour elle. Cette coque est d'un brun marron.

La larve et la nymphe de l'*Eumenes unguiculus* ne diffèrent pas sensiblement de la silhouette générale que j'ai tracée p. 532, pour toutes celles du genre. Aussi est-il inutile d'en donner ici une description spéciale. Elle existe d'ailleurs avec détails, et écrite de main de maître, dans le travail de Perris, cité plus haut. Je dirai seulement que la nymphe se trouve enfermée dans une coque soyeuse qui occupe toute la capacité de la cellule.

PATRIE : Portugal, Espagne, France centrale (Dijon) et méridionale, Hongrie, Suisse, Italie, Tyrol, Russie méridionale, Crimée, Egypte.

— Pétiole et deuxième segment abdominal tachés seulement de jaune. Epistome ordinairement anguleusement et profondément échancré (fig.14), de façon à former deux dents, rarement avec le bord seulement excavé. Taille relativement petite. 15

(1) Ann Soc. ent. ent. fr. 1849, p. 185.

15 Pronotum entièrement jaune. Tête noire, finement chagrinée; épistome bidenté, jaune, ainsi que le labre; mandibules et un point entre les antennes jaunes ainsi que des traits sur les orbites. Antennes noires avec le devant du scape jaune. Thorax noir, finement chagriné; pronotum jaune; Mesonotum avec une tache jaune, triangulaire, un peu arquée sur les côtés, et souvent une autre au milieu; en avant du scutellum; celui-ci jaune ainsi que le postscutellum. Mésopleures tachées de jaune. Métathorax jaune avec une ligne noire en son milieu. Pattes jaunes; hanches variées de noir. Ailes subhyalines avec la région marginale jaune ou rougeâtre. Abdomen jaune; pétiole assez long, campaniforme, arrondi à son extrémité, jaune avec la base noire. Deuxième segment jaune avec sa base noire; il porte en son milieu trois points noirs rangés sur une ligne transversale et dont celui du milieu est le plus gros. Les autres segments noirs avec une bordure festonnée jaune; dernier segment jaunâtre (♀).

Chez les mâles, le mesonotum n'a pas les taches jaunes antérieures, et le deuxième segment abdominal, au lieu des trois points que présente la femelle, porte une large fascie noire triéchancrée. (Saussure) Long. (♂) 13mm Env. 27mm Long. (♀) 15mm. Env. 31mm. **Tripunctatus**, Christ.

Nidification inconnue.

Patrie : Russie, bords de l'Oural.

— Pronotum noir ou taché seulement de jaune. Le bord du deuxième segment abdominal offre le plus souvent un prolongement simulant un dédoublement. 16

16 Pétiole campaniforme. Segments ventraux entièrement noirs, non bordés de jaune, à par-

tir, du troisième. Tête noire, assez finement ponctuée avec de longs poils roux dressés; un petit point jaune derrière le sommet des yeux, et un autre entre les antennes. Epistome soit entièrement noir, soit avec une ligne jaune à sa partie supérieure; labre noir ou bordé de brun. Antennes noires. Thorax noir, velu de poils blancs, un peu brillant, finement ponctué, avec le pronotum bordé de jaune en avant; une tache jaune sous l'insertion des ailes et une ligne de même couleur sur le postscutellum; écaillettes jaunes tachées de noir. Pattes noires avec les tibias jaunes, les genoux, l'extrémité des tibias et les tarses ferrugineux; tibias tachés de noir en dessous; extrémité des tarses rembrunie, surtout en dessus. Ailes jaunes à la base et sur la région marginale, grises sur le reste; nervures sous-costale et médiane noires, les autres rouges. Abdomen noir; pétiole ponctué, longuement velu de poils blancs, sillonné sur sa ligne médiane, avec une étroite bordure jaune ou rougeâtre; deuxième segment brillant, très finement ponctué ; avec de courts poils grisâtres; il porte à sa partie antérieure deux taches jaunes allongées, et à l'extrémité une bordure jaune régulière, largement échancrée au milieu; dédoublement noir; troisième et quatrième segments avec une bordure jaune, étroite, n'atteignant pas les côtés. En dessous, le bord du pétiole offre une petite tache jaune, et celui du deuxième segment présente une bordure semblable à celle qui existe sur le dos; les autres segments ventraux entièrement noirs. Long. 12mm Env. 20mm (♀) — **Obscurus** NOV. SP.

PATRIE : France.

— Pétiole pyriforme; segments ventraux bordés de jaune, ou au moins le troisième.

17 Dessins d'un jaune d'or brillant; cuisses plus ou moins tachées de noir. 18

— Dessins d'un blanc à peine jaunâtre; cuisses entièrement rouges. Tête noire, garnie de poils roux; deux taches isolées sur l'épistome, une autre entre les antennes et deux petites lignes derrière le sommet des yeux, d'un blanc jaunâtre. Antennes noires avec le scape jaune en devant. Thorax noir avec de courts poils roux dressés. Bord du pronotum, une tache sous les ailes antérieures, deux autres sur le scutellum à peine séparées par un mince trait noir, une ligne sur le postscutellum et deux taches triangulaires sur les côtés du métathorax, d'un blanc jaunâtre. Pattes rouges avec les hanches et les trochanters noirs. Ailes jaunes à la base et sur la région marginale, grises à l'extrémité; nervures sous-costale et médiane noires, les autres rouges. Abdomen noir, à peine pubescent, brillant; pétiole fortement mais peu densément ponctué, avec le bord et deux taches latérales blanc jaunâtre; deuxième segment très finement ponctué avec la bordure élargie au milieu, cet élargissement très fortement échancré; deux taches allongées vers le milieu du segment; le bord de ce segment offre un prolongement noir; troisième et quatrième segments, avec une bordure blanc jaunâtre bi-échancrée. En dessous, les segments sont lisses, brillants, à peine ponctués, étroitement bordés de blanc jaunâtre sale. (♀) Long. 12mm. Env. 20mm. **Sareptanus**, Nov. Sp.

Patrie : Sarepta.

18 Deuxième segment ventral offrant, au milieu de son bord postérieur, une grande tache semi-circulaire, jaune, occupant plus du tiers du segment, à peine échancrée à son sommet et reliée aux côtés par une très étroite et très courte li-

gné jaune. Tête noire avec de longs poils gris ; épistome et labre jaunes, le premier avec une petite tache noire au milieu, pouvant s'étendre sous forme d'une ligne qui atteint la base. Derrière des yeux orné d'une très petite tache jaune. Antennes noires, avec le scape jaune en devant et l'extrémité rougeâtre en dessous. Thorax noir avec des poils gris dressés ; bord antérieur du pronotum, une tache sous l'insertion des ailes antérieures, une ligne à la base du scutellum pouvant se scinder en deux points, une autre sur le postscutellum et deux grandes taches sur les côtés du métathorax, jaunes. Écaillettes jaunes avec une tache brune ou noire au milieu. Pattes jaunes avec la base des cuisses noire ; cette dernière couleur s'étend davantage à mesure que l'on passe de la première à la troisième paire de pattes, de façon que sur celle-ci, les genoux seuls sont jaunes ; tarses rembrunis en dessus. Ailes grises avec la base et la région marginale un peu rougeâtres ; nervures sous-costale et médiane noires, les autres rouges. Abdomen noir, à peine pubescent ; pétiole allongé, étroit, avec une bordure jaune, échancrée au milieu, et deux petits points isolés de même couleur. Deuxième segment avec une tache marginale jaune, très élargie au milieu, et offrant un petit point triangulaire noir dans cet élargissement ; celui-ci à peine échancré au sommet ; deux grandes taches latérales jaunes, libres, existent sur le milieu du segment ; troisième, quatrième et cinquième segments avec une étroite bordure jaune bi-échancrée. En dessous, le pétiole est bordé de jaune, le second segment porte une tache comme il est dit plus haut, et les suivants offrent une étroite bordure bi-échancrée (♀).

Le mâle a la taille plus petite, l'épistome entièrement jaune et garni de poils argentés ; parfois le scutellum est tout à fait noir. Le crochet des antennes est ferrugineux ainsi que le dessous des articles qui le précèdent. Long. ♀ 9 à 11^{mm}. Env. 18 à 20^{mm}. Long. ♂ 7 à 9^{mm}. Env. 16 à 18^{mm}. **Mediterraneus**, KRIECHBAUMER.

PATRIE : Cette espèce, qui n'est peut-être qu'une variété constante et locale de la *pomiformis*, se rencontre sur tous les bords de la mer Méditerranée, en Algérie, Egypte, Grèce, Italie, Hyères, Espagne, même en Portugal.

— Deuxième segment ventral avec une bordure jaune, plus ou moins irrégulière ou échancrée, mais non prolongée sous forme d'un lobe semi-circulaire. 19

19 Deuxième segment abdominal glabre ou avec seulement une petite pubescence soyeuse argentée ou roussâtre, visible seulement sous certaines incidences de lumière, en tous cas toujours couchée. Tête noire, fortement ponctuée, velue de poils roux ; labre arrondi ou plus ou moins tronqué, jaune brun ou presque noir. Epistome de couleur très variable, allant du jaune au noir en présentant toutes les variations de dessin imaginables : tantôt il est entièrement jaune-clair avec seulement une bordure translucide à peine ferrugineuse ; tantôt il porte en son milieu un point imperceptible noir. Celui-ci peut s'élargir plus ou moins, de façon à donner des taches de forme très variées, soit une ligne verticale noire renflée au milieu, soit un triangle noir remplissant tout ou partie de l'extrémité de l'épistome ; d'autres fois, la partie noire se borne à une mince ligne droite, verticale, allant du point central à la base ; enfin le noir peut envahir successivement les deux tiers, les trois quarts, etc. de l'épistome, de façon à ne plus laisser qu'une mince bordure jaune à

la base. Celle-ci, à son tour, peut se diviser en deux points latéraux. Antennes noires, avec le scape en tout ou en partie jaune, rarement tout noir. Une tache jaune dans l'espace intra-antennaire. L'orbite interne des yeux, dans le sinus, est ordinairement tout noir, rarement il montre les rudiments d'une bordure jaune; l'orbite externe porte en haut une petite ligne étroite et courte, jaune, qui manque très rarement. Les mandibules sont noires en entier ou avec l'extrémité rousse. Thorax noir, fortement ponctué, garni de poils roux dressés. Pronotum jaune avec le bord antérieur noir, ainsi que les deux angles postérieurs d'une façon plus ou moins étendue; écaillettes jaunes avec une petite tache ferrugineuse ou noire. Une tache jaune sous l'insertion des ailes. Scutellum avec deux grandes taches jaunes, diminuant parfois d'étendue jusqu'à disparaître complètement. Postscutellum avec une ligne jaune se divisant parfois en deux points. Metanotum soit noir, soit avec deux larges taches latérales jaunes. Pattes jaune rougeâtre avec les hanches, les trochanters et la base des cuisses noirs. Quelquefois les hanches intermédiaires portent une tache jaune plus ou moins grande; tarses assombris, surtout ceux des pattes postérieures. Ailes jaunâtres à la base et sur la région marginale, grises sur le reste. On remarque souvent dans la cellule radiale une tache enfumée qui n'en occupe que la partie supérieure. Nervures brunes, sauf la nervure costale. Abdomen noir; pétiole pyriforme, ponctué, velu de poils blanchâtres assez longs; son extrémité apicale est garnie d'une bordure jaune plus ou moins irrégulière, quelquefois large, d'autresfois très étroite, échancrée en son milieu où pénètre une fine ligne noire; de chaque côté de cette ligne médiane se voit une légère tache ferrugineuse représentant les stigmates ; le pétiole peut en outre porter à sa partie moyenne deux taches rondes, jaunes, soit excessivement petites, soit assez grandes et se rapprochant l'une de l'autre sans jamais se rencontrer ; ces taches manquent souvent. Le second segment, finement ponctué, présente aussi à son extrémité une bordure jaune ordinairement assez large, échancrée au milieu ; ce même segment porte encore vers son milieu deux taches latérales isolées, allongées, irrégulières. Les segments suivants, plus lisses et brillants, n'ont qu'une étroite bordure jaune bi-échancrée. Du côté du ventre, le pétiole et les autres segments n'offrent qu'une étroite bordure jaune plus ou moins irrégulière ou échancrée.

Chez le mâle, l'extrémité des antennes est ordinairement ferrugineuse en dessous ainsi que le crochet terminal ; l'épistome est entièrement jaune, étroit et garni de duvet argenté soyeux. Long. ♀ 10 à 15^{mm}. Env. 20 à 22^{mm}. Long. ♂ 9 à 14^{mm}. Env. 18 à 20^{mm}.

Pomiformis, Rossi.

Les variations de couleur que je viens de signaler bien incomplètement sont, à ce qu'il m'a paru après examen d'un très grand nombre d'individus de provenances diverses, tout à fait indépendantes l'une de l'autre, de façon qu'il n'est pas possible d'assigner telle coloration à une variété, telle autre à une autre variété; il faudrait faire autant de variétés que d'exemplaires. Les différences de taille sont aussi très remarquables. Ces variations sans nombre ne seraient-elles pas l'indice d'un état transitoire pendant la fusion, ou peut-être, au contraire, la séparation de deux ou plusieurs espèces voisines, sous des influences que nous ne pouvons apprécier.

Cette espèce, si répandue partout, bâtit des cellules isolées en mortier de diverses couleurs, selon la teinte du terrain avoisinant. Ces cellules sont assez lisses en dehors ; elles sont fixées, soit à des pierres, des murailles ou des brindilles; la mère les approvisionne de quatre ou cinq chenilles vertes de géomètres. On rencontre ces nids en juillet et août. Il en sort divers parasites:

Encyrtus varicornis.
Chrysis ignita,

et un diptère.

Sous ce rapport, il règnera toujours une certaine incertitude; car il est possible et probable que certains parasites, issus des nids d'Eumenes, peuvent provenir non de la larve de l'Eumenes lui-même, mais bien être un ennemi des chenilles emmagasinées, et portant déjà dans leur corps, lors de leur capture, les germes de ces bestioles.

PATRIE: L'*Eumenes pomiformis* est répandu dans l'Europe entière et l'Algérie.

— Deuxième segment abdominal plus ou moins couvert de poils roussâtres, assez longs, bien visibles, toujours dressés. 20

20 Mesonotum tout noir. Insecte extrêmement voisin du précédent et présentant comme lui la plus grande variabilité. La grandeur, la forme et les couleurs sont exactement les mêmes. Aussi, ne voulant pas allonger démesurément ces descriptions, je vais me borner à signaler les points qui séparent les deux espèces l'une de l'autre. On pourra donc adapter à l'*E. coarctatus* la description de l'*E. pomiformis*, sauf les restrictions suivantes:

Les antennes, surtout chez le mâle, sont plus souvent de couleur rougeâtre en dessous, et cette teinte s'étend beaucoup plus et peut exister le long du funicule presque entier. L'épistome des femelles peut être absolument noir. Quelques exemplaires ont même une tête entièrement noire. Les écaillettes ont plus souvent une teinte sombre et peuvent ne plus présenter qu'une petite bordure rougeâtre. Le scutellum peut aussi devenir entièrement noir.

Les ailes sont souvent plus sombres, plus enfumées. Long. 11 à 15mm. Env. 16 à 22mm.

Coarctatus, LINNÉ.

Les différences entre les deux espèces qui précèdent sont trop fugitives pour que l'on puisse les reconnaître dans les descriptions des anciens auteurs. Seulement, comme elles sont toutes deux très communes, il est à peu près certain qu'ils ont possédé l'une et l'autre ; et bien qu'ils n'aient certainement pu les distinguer sûrement, au moyen des caractères qu'ils signalent, on peut cependant les placer dans les synonymies.

Cette espèce nidifie de la même façon que l'*Eumenes pomiformis*. Peut-être peut-on remarquer que ses nids offrent extérieurement des côtes ou bourrelets plus accusés ; mais je n'ai pu faire cette observation que d'une manière trop insuffisante, pour que je me croie autorisé à l'indiquer comme étant la règle.

Les parasites signalés sont les mêmes que pour l'espèce précédente.

PATRIE : Cette espèce est aussi répandue que l'*E. pomiformis* ; on la rencontre dans toute l'Europe, en Algérie, en Egypte, dans le Turkestan, le Daghestan, etc.

— Mésonotum avec deux taches jaunes en forme de virgule, contiguës au pronotum et situées au dessus des écaillettes. Insecte très semblable aux E. *pomiformis* et *coarctatus*. Epistome très diversement coloré ; labre brun. Antennes noires avec le scape taché de jaune en dessous ; un point entre les antennes et deux autres derrière le sommet des yeux, jaunes. Pronotum jaune avec seulement l'extrémité des lobes noire. Mesonotum taché comme il est dit ci-dessus ; écaillettes, un point sous l'insertion des ailes antérieures, deux taches presque contiguës sur le scutellum ; une ligne sur le postscutellum et deux grandes taches sur le métanotum, jaunes. Pattes jaunes avec seulement les hanches, les trochanters et la base des cuisses noirs. Pétiole avec une bordure échancrée en son milieu et deux points libres jaunes. Bord du second segment ventral avec une bordure jaune émettant des lobes allongés de même couleur. Les derniers segments ventraux à peine bordés de jaune; le reste de l'abdomen comme chez le *coarctatus*. Long. 15mm Env. 24mm. **Bimaculatus**, NOV. SP.

PATRIE : Europe méridionale.

5e GENRE. — MICRAGRIS, SAUSSURE

μικρός, petit; ἀγρευς, chasseur

(Pl. XLII)

Mandibules relativement courtes; palpes labiaux de trois articles; palpes maxillaires de cinq ou six articles. Antennes ♂ avec un petit enroulement très-serré à l'extrémité. Lèvre très-longue. Epistome bidenté, plus large que long. Pronotum carré en avant, anguleux.

La femelle est inconnue, et il n'existe du mâle qu'un seul exemplaire conservé au musée zoologique de Turin et provenant de la collection Spinola. Cet insecte a été observé avec beaucoup de soins par M. de Saussure, et cet auteur consciencieux l'a placé d'abord (1) dans le genre *Synagris*; mais, en raison des différences notables qu'il présentait avec les vrais *Synagris* africains, il a dû créer pour cet insecte une division spéciale qu'il a nommée *Micragris*. Plus tard (2) tout en ne distrayant pas ce sous-genre des *Synagris*, il indiqua qu'il ne pensait pas que cet insecte fût un vrai *Synagris*. De l'examen de ses descriptions et de ses figures, je suis arrivé à tirer la conclusion qu'il n'y avait que des avantages à séparer nettement ces deux groupes et à élever la division *Micragris* au rang de genre spécial. Il se distinguera des *Synagris* par les palpes de cinq articles au moins, le métathorax non épineux, le postécusson non bidenté et enfin les antennes ♂ enroulées à l'extrémité. Le nombre des articles des palpes la-

(1) Mon. d. Guêpes solitaires, III. 1854, p. 158, pl. VIII, fig. 9 et 9a.
(2) Mélanges hyménoptérologiques, II. 1863, p. 34.

biaux, qui sont non plumeux, et la longueur de la lèvre le séparent complètement des autres genres.

— ♂. Insecte noir; mandibules, épistome, deux points entre les antennes, devant de leur premier article, une bande interrompue sur le pronotum, l'écaillette, un point sous l'aile et le postscutellum, jaunes. Métathorax offrant deux angles très-mousses et revêtu d'un duvet gris. Tous les segments de l'abdomen liserés de jaune. Pattes jaunes; hanches et base des cuisses noires. Ailes un peu enfumées. Les parties jaunes sont d'une couleur pâle, presque blanchâtre (SAUSSURE). Long. 10^{mm} Env. 19^{mm}.

Spinolæ, SAUSSURE (fig. 1).

PATRIE : Espagne, royaume de Grenade.

6e GENRE. — RHYGCHIUM, SPINOLA

ῥύγχιον, petit bec.

(Pl. XLII)

Tête petite, plus étroite que le thorax; épistome plus long que large, pointu en avant; lèvre assez longue; palpes labiaux gros, de quatre articles (fig. 2); palpes maxillaires de six articles dont les trois derniers très petits (fig. 3); mandibules assez longues, à peine dentées, croisées. Antennes légèrement renflées en massue allongée. Thorax déprimé, tronqué en avant; pattes ordinaires; ailes n'atteignant pas l'extrémité de l'abdomen. Celui-ci sessile, conique, le premier segment très légèrement déprimé en avant.

— Epistome tronqué droit à son extrémité (fig. 5), non échancré. Abdomen plus ou moins taché de jaune.

♀ Tête très finement granulée, brièvement velue de poils roux, ferrugineuse; épistome triangulaire en avant, arrondi à la base, d'un ferrugineux plus clair que le reste de la tête; antennes ferrugineuses. Thorax ponctué, pubescent de petits poils roux, ferrugineux avec seulement le mesonotum noir; celui-ci lisse en arrière ainsi que le scutellum. Côtés du métathorax tranchants et armés de six à huit petites dents; écaillettes ferrugineuses. Pattes ferrugineuses, pubescentes; les extrémités des articles des tarses épineuses. Ailes jaunes ou rousses à la base avec le tiers apical sombre, opaque, violacé; nervures de la couleur des ailes. Abdomen ponctué avec les deux premiers segments d'un ferrugineux jaunâtre, le second noirci un peu en dessus et portant sur ses côtés et ses angles latéraux une bordure jaune soufre. Cette bordure augmente ou diminue selon les individus, se réduisant à une tache aux angles extrêmes ou s'étendant très largement sur tout le pourtour postérieur et surtout latéral de ce segment. Les segments suivants sont ferrugineux avec la base des troisième, quatrième et cinquième un peu noirâtre en dessous, très rarement avec un peu de jaune sur les côtés. Dans quelques variétés, l'abdomen est jaune avec le premier segment ferrugineux clair, et les suivants portant une tache triangulaire brune, ou bien la bordure jaune est mêlée de ferrugineux.

Le mâle est en tout semblable, sauf que l'épistome est jaune et qu'une tache de même couleur se trouve entre les antennes. Long. ♀ 16 à 20^{mm}. Env. 32 à 35^{mm}. Long. ♂ 12 à 15^{mm} Env. 25 à 27^{mm}. **Oculatum**, Fabricius (fig. 6).

M. J. Lichtenstein a fait de curieuses observations sur la nidification de cet insecte. « J'ai élevé depuis quatre ans, dit-il (1), le *Rhygchium oculatum* qui niche dans les roseaux; il approvisionne pour sa

(1) Soc. ent. fr. 1869. Bullet. p. LXXIII.

progéniture, 8 à 12 chenilles de *Plusia gamma*, autant que j'ai pu en juger. Cet hyménoptère présente une forme intermédiaire entre celle de larve et de nymphe, c'est-à-dire que la larve blanche ayant pris toute sa nourriture, change de peau et présente une espèce de pseudo-chrysalide de forme ovale, jaunâtre, se terminant en pointe des deux côtés. Elle passe l'hiver en cet état; en avril, elle se transforme en nymphe blanche d'abord, puis se colorant successivement comme celle de tous les hyménoptères.

« J'appelle tout particulièrement l'attention sur l'utilité très réelle et directe des hyménoptères des genres *Eumenes*, *Odynerus* et *Rhygchium*, qui se nourrissent, ou plutôt nourrissent leurs larves de chenilles de Lépidoptères. Ils sont faciles à élever ou du moins à propager dans un jardin, en leur offrant des conditions favorables d'établisement. Les *Rhygchium* ne demandent qu'un roseau planté en terre, et présentant une cavité de 2 à 3 pouces, mis à côté de celui où ils ont pris naissance; ils viennent y nicher de suite. Très rustiques et peu méfiants, ils se laissent observer facilement. Chaque femelle détruit 150 à 200 chenilles dans les 15 à 20 loges qu'elle établit. Il est facile de voir par là, qu'un jardin est plus vite et plus adroitement échenillé avec dix *Rhygchium* qu'avec dix jardiniers. Nous devrions avoir de ces guêpes contre les chenilles, comme nous avons des chats contre les souris. »

M. Maindron (l. c.) nous apprend que les *Rhygchium* exotiques (il a observé ceux de Nouvelle-Guinée) ont des mœurs toutes semblables; ils nichent dans les tiges ouvertes de bambou, qui forment la toiture des maisons. Ces tiges sont partagées en loges par des disques de terre gâchée.

Les Chrysides sont encore les principaux ennemis de ces insectes.

PATRIE : France méridionale, Espagne, Italie, Dalmatie, Grèce, Eubée, Chypre.

—— Epistome échancré, bidenté. Abdomen non taché de jaune.

♀ Tête finement ponctuée avec une faible pubescence rousse, d'un ferrugineux sombre. Antennes ferrugineuses. Thorax fortement ponctué sur le pronotum et le metanotum, éparsement ponctué sur le devant du mesonotum, presque lisse sur l'arrière de celui-ci et sur le scutellum, un peu pubescent, ferrugineux sombre ; écaillettes de même couleur. Pattes ferrugineuses avec les tarses plus foncés. Ailes rousses à la base avec plus de la moitié apicale opaque, enfumée, avec un beau reflet bleu et violet ; nervures colorées comme l'aile. Abdomen d'un ferrugineux plus pâle que la tête et le thorax sur le premier segment, les côtés antérieurs et le dessous du deuxième ; noir mat sur le reste ; quelquefois le second segment n'offre que peu ou pas de partie noire ; celle-ci en tous cas n'est pas délimitée et se fond avec la teinte ferrugineuse.

Le mâle a le second segment à peu près entièrement ferrugineux, l'épistome et une tache entre les antennes jaune blanchâtre clair. Long. 17mm. Env. 30mm. **Cyanopterum**, SAUSSURE.

PATRIE : Égypte, Aden, Sénégal. Cette espèce est plutôt tropicale, et sa présence en Egypte ne la fait rentrer qu'accidentellement dans notre faune.

7e GENRE. — ODYNERUS, LATREILLE

ὀδυνηρός, douloureux

(Pl. XXXVI, XLII, XLIII).

Mandibules le plus souvent allongées, striées longitudinalement, portant parfois vers la base des échancrures ou des dents particulières. Elles sont toutes dentées sur le bord travaillant, ces dents quelquefois très courtes, toujours mousses ; l'extrémité est très aiguë. Les mandibules se croisent ordinairement devant la bouche comme les lames d'un ciseau.

Lèvre courte, bifide, offrant, ainsi que les paraglosses, un point calleux aux extrémités des lobes. Palpes labiaux de 4 articles, ciliés. Palpes maxillaires de 6 articles. Labre étroit, à bords parallèles, arrondi et cilié en avant.

Tête aplatie, concave en arrière et en dessous ; face arrondie ou triangulaire ; épistome de forme variable, tronqué ou denté. Yeux réniformes ; trois ocelles. Le vertex offre, dans quelques cas, soit un espace rectangulaire, soit deux petits points arrondis, enfoncés et garnis d'un duvet feutré, très court. Antennes coudées, épaissies vers l'extrémité chez les femelles, offrant le plus souvent, comme dernier article chez le mâle, une dent infléchie, aiguë ; d'autres fois, les trois ou quatre derniers articles des antennes du mâle s'aplatissent plus ou moins et s'enroulent sur eux-mêmes en forme de spirale décolorée ou non.

Thorax globuleux, plus ou moins tronqué ou carré en avant ; les épaules quelquefois spiniformes. Scutellum ordinairement rectangulaire, quelquefois carré, rarement gibbeux ; postscutellum de forme très variable, tantôt aplati, uni, lisse, d'autres fois élevé, tronqué, l'arête fortement crénelée ou offrant seulement une élévation spiniforme à chaque extrémité. Métathorax déclive, tronqué, ordinairement concave, avec les bords ou arrondis ou tranchants, parfois dentés ou spiniformes ; rarement l'angle supérieur se prolonge en forme d'épine de chaque côté du postscutellum, laissant ainsi subsister comme une fissure entre ces deux parties. La portion concave est carénée longitudinalement au milieu, ponctuée, lisse ou striée. Pattes ordinaires. Ailes dépassant légèrement l'extrémité de l'abdomen.

Abdomen subpétiolé ou sessile, pointu à son extrémité, surtout chez les femelles, ovoïde ou d'aspect divers, selon la forme très variable du premier segment ; celui-ci peut être, en effet, aplati en avant, la moitié postérieure séparée ou non de la base par une carène transversale, ou bien offrir une forme de cupule arrondie en avant.

Il peut exister un étranglement plus ou moins prononcé entre le premier et le deuxième segment ; le premier peut être encore rebordé ou non, ou bien présenter des points et d'autres sculptures très diverses. Le second segment est bien plus stable dans sa forme ; le bord supérieur offre cependant parfois une série de points enfoncés ou une sorte de dédoublement simulé du tégument ; la face ventrale porte ou non en avant une partie déclive ou diverses rides.

Les segments successifs, très mobiles les uns sur les autres, peuvent allonger ou diminuer l'abdomen d'une façon considérable, selon leur position rentrée ou distendue.

Ce genre, le plus nombreux en espèces de la famille qui nous occupe, est représenté abondamment dans toutes les parties du monde. Il est aujourd'hui à peu près impossible de dénombrer le total des espèces ; car une révision générale est absolument nécessaire pour coordonner les nombreuses descriptions données isolément de tous côtés, supprimer les doubles emplois et séparer les espèces distinctes réunies sous un même nom. Tant que ce travail ne sera pas effectué pour toutes les espèces exotiques, toute détermination ne pourra être qu'approximative, sauf pour les insectes vulgaires ou très nettement caractérisés. On peut cependant évaluer le nombre total des espèces à trois cents environ, dont un peu moins de moitié appartiennent à la faune européenne. Que sera-ce lorsque tant de pays inconnus ou incomplètement explorés nous auront livré les innombrables insectes qui ne sont pas encore parvenus jusqu'à nous.

Les *Odynères* constituent un des groupes d'Hyménoptères dont l'étude est le plus ardue, et je ne crois pas trop m'avancer en disant que, dans ces dernières années, par suite de l'encombrement des descriptions isolées et du grand nombre d'espèces restées inédites dans les cartons des amateurs, la détermination sûre de la plupart des exemplaires était devenue à peu près impossible. J'ai essayé de jeter quelque lumière dans ce chaos, et, tout en m'éloignant aussi peu que possible des divisions admises par les Wesmael, les de Saussure, etc., de les appuyer sur des caractères fixes et surtout faciles à vérifier. J'ai tenu compte, dans l'arrangement de mon cadre, des anomalies que peuvent présenter les espèces exotiques, afin qu'elles puissent rentrer dans les divers groupes établis, et que les grandes lignes de mon travail servent à asseoir plus tard, pour qui voudra l'entreprendre, la base sérieuse d'une monographie générale du genre.

Les différences de couleur et de taille donnent le plus souvent des résultats trop illusoires pour qu'il soit permis de s'y arrêter, au moins dans les coupes principales ; les caractères appuyés sur les formes sont ici absolument nécessaires.

Les *Odynères* nichent soit dans des trous creusés en terre et munis de cheminées spéciales, soit dans les tiges sèches de ronces ou d'autres arbrisseaux à moëlle tendre, soit dans des cavités toutes préparées, comme les tiges des roseaux, par exemple. Les nids sont approvisionnés de larves diverses, surtout de celles de coléoptères ou de lépidoptères.

Le lecteur devra, pour ces données générales, se reporter à l'introduction spéciale, et les faits particuliers à chaque espèce se trouveront inscrits à la suite de sa description.

Considéré dans son ensemble, le genre *Odynerus* présente des formes assez différentes l'une de l'autre pour que l'on soit tenté d'en faire des types de genres tout à fait distincts ; mais si l'on veut chercher la limite de ces genres, on se trouve de suite arrêté par le grand nombre de formes intermédiaires qui passent sous les yeux de l'observateur, et l'on finit par ne plus rencontrer de caractère générique suffisamment constant. On n'aperçoit que des différences permettant seulement d'instituer des subdivisions ou des groupes rentrant dans une seule et même grande coupe générique.

Pour simplifier et faciliter l'étude des *Odynères*, je vais donc commencer par établir une division préalable en groupes, qui nous conduira ensuite plus rapidement au nom spécifique.

Le nombre total des espèces européennes du genre s'élève à 149.

DIVISION EN GROUPES DU GENRE ODYNERUS

1	Premier segment abdominal divisé en dessus transversalement par une carène élevée (Pl. XXXVI, fig. 18).	8
—	Premier segment abdominal sans carène transversale bien distincte en dessus (fig. 19).	2
2	Angles supérieurs du métathorax séparés des côtés du postscutellum par une fissure ouverte plus ou moins profonde, ces angles supérieurs étant un peu épineux ou dentiformes (pl. XLIII, fig. 13).	III. Groupe de **O. simplex**.
—	Pas de fissure ouverte entre les angles supérieurs du métathorax et le postscutellum.	3
3	Postscutellum élevé, tronqué, avec sa crête crénelée sur toute sa longueur (pl. XXXVI, fig. 13).	IV. Groupe de **O. Dantici**.
—	Postscutellum élevé ou non, en tous cas la crête non crénelée sur toute sa longueur.	4

4 Postscutellum élevé avec deux petites épines latérales ou deux tubercules spiniformes, exceptionnellement un troisième au milieu (pl. XXXVI, fig. 14). V. Groupe de **O. parvulus**.

— Postscutellum élevé ou non, en tous cas la crête, si elle existe, sans épines ni dents, lisse. 5

5 Scutellum carré. Abdomen souvent un peu fusiforme, ordinairement avec seulement deux bordures blanches. Premier segment séparé du second par un étranglement. Taille petite (pl. XLIII, fig. 5). VII. Groupe de **O. exilis**.

— Scutellum visiblement rectangulaire. Abdomen non fusiforme (pl. XLIII, fig. 6). 6

6 Premier segment abdominal arrondi en forme de cupule, très distinct du deuxième dont il est séparé par un fort étranglement; deuxième segment globuleux. Bords du métathorax tranchants. Le plus souvent le premier et le deuxième segments sont seuls bordés de couleur claire; rarement les segments suivants sont un peu jaunes ou blancs au milieu de leur bord (pl. XXXVI, fig. 20). VI. Groupe de **O. minutus**.

— Premier segment abdominal un peu aplati en devant. Bords du métathorax arrondis, deuxième segment abdominal non séparé du premier par un étranglement. Plus de deux segments bordés de couleur claire. 7

7 Abdomen déprimé, offrant vers le milieu du bord du premier segment abdominal une impression linéaire parfois bien visible, d'autres fois assez légère, mal délimitée, ne se décelant quelquefois que par l'ombre qui se produit d'un côté, entamant le plus souvent la bordure claire de ce segment. Antennes des mâles enroulées en spirale à leur extrémité (pl. XXXVI, fig. 10). IX. Groupe de **O. spinipes**.

— Abdomen non ou très peu déprimé, sans trace d'impression ou de ligne enfoncée sur le milieu marginal du premier segment abdominal. Antennes des mâles terminées par un crochet infléchi. VIII. Groupe de **O. floricola**.

8 Premier segment abdominal sans sillon longitudinal vers le milieu de son bord. Antennes des mâles terminées par un crochet infléchi (pl. XXXVI, fig. 18). II. Groupe de **O. parietum**.

— Premier segment abdominal portant un sillon longitudinal vers le milieu de son extrémité. Antennes des mâles simples (pl. XXXVI, fig. 10 et pl. XLII, fig. 8 et 9). I. Groupe de **O. murarius**.

TABLEAU DES ESPÈCES

I. — GROUPE DE L'*ODYNERUS MURARIUS*

Formes très élancées; premier segment abdominal cupuliforme avec une suture transversale vers la moitié de sa longueur et un sillon longitudinal partant de cette suture et se dirigeant vers le bord du segment. Abdomen faiblement pédicellé. Antennes des mâles simples.

1 Vertex pourvu de fossettes tomenteuses, grandes ou allongées chez les femelles; dernier article des antennes des mâles deux fois aussi long que large. 2

— Vertex pourvu de fossettes tomenteuses petites, ponctiformes, ou indistinctes chez les femelles ; dernier article des antennes des mâles pas plus long ou moins de deux fois aussi long que large. 3

2 Scape ♀ noir, ou sexe mâle. Tête noire, épistome échancré avec une bande arquée jaune à sa base ; antennes noires ; un point géminé entre les antennes, une tache derrière le sommet des yeux, jaunes. Thorax deux fois plus long que large, avec une légère pubescence grise ; pronotum avec deux grandes taches latérales jaunes, une grande tache sous l'insertion des ailes, quelquefois deux points sur le scutellum, jaunes; écaillettes jaunes tachées de roux. Pattes noires ; tibias jaunes rayés de noir en dessous, genoux et tarses testacés. Ailes enfumées. Abdomen noir ; premier segment très rugueux, avec une bordure jaune un peu rétrécie latéralement ; deuxième, troisième et quatrième segments aussi bordés de jaune ; du côté ven-

tral, les segments deux à quatre sont jaunes sur les côtés de leur bord. ♀

Le mâle a l'épistome presque entièrement jaune, le scape jaune en dessous, les mandibules tachées de jaune en dessus, le pronotum soit noir en entier, soit muni de deux petites taches jaunes. (Pl. XLII, fig. 9).

Long. 10 à 15mm. Env. 22 à 32mm.

1. **Murarius**, Linné.

Cet insecte creuse son nid en terre et y adapte une cheminée (Voir p. 537).

Patrie : Suède.

Scape marqué d'une ligne jaune en dessous (♀). Mâle inconnu. Tête noire, ponctuée, avec une pubescence blanche ; épistome échancré, jaune à sa base, la partie noire pouvant se réduire à une simple bordure ; un point entre les antennes et une tache derrière le sommet des yeux, jaunes ; mandibules noires avec une tache rougeâtre vers leur milieu ; antennes noires ; scape rayé de jaune en dessous. Thorax noir, finement ponctué, avec une pubescence blanche ; pronotum avec une bande jaune en devant, un peu interrompue au milieu, échancrée à son extrémité de chaque côté ; une tache sous l'insertion des ailes antérieures, deux points ou une ligne plus ou moins large sur le scutellum, parfois aussi deux petits points sur le postscutellum, jaunes ; écaillettes jaunes, tachées de roux en leur milieu. Pattes jaunes avec les hanches, les trochanters et la plus grande partie des cuisses noirs ; le dessous des hanches intermédiaires et postérieures est aussi taché de jaune. Ailes à peine enfumées avec la région marginale jaune et le bord extrême du limbe noirâtre ; nervure costale ferrugineuse ; les autres nervures et le stigma bruns. Abdomen noir avec le premier segment rugueusement ponctué, les autres lisses, brillants ; premier segment plus ou moins largement bordé de jaune, cette bordure s'amincissant ordinairement vers les côtés ; deuxième segment avec une bordure jaune festonnée, quelque fois élargie sur les côtés de façon à couvrir la plus grande partie du segment. Troisième, quatrième et cinquième segments plus ou moins largement bordés de jaune ; sixième segment seulement taché de jaune en dessus ; sous le ventre, les segments deux à cinq sont étroitement bordés de jaune, le dernier est tout noir. ♀ (pl. XLII, fig. 7 et 8).

Mâle inconnu.

Long. 13 à 15mm. Env. 28 à 32mm.

2. **Nidulator**, Saussure.

Patrie : France, Italie, en général Europe centrale et méridionale.

3 Angles du pronotum avec des pointes plus ou moins saillantes. 4

— Angles du pronotum sans pointes saillantes. 8

4 Troisième segment abdominal bordé de jaune. Tête noire, finement ponctuée ; épistome tronqué, noir, avec une tache triangulaire ou une ligne arquée jaune vers sa base ; une tache entre les antennes, un point derrière le sommet des yeux, jaunes. Antennes noires ; dessous du scape jaune. Thorax noir, finement ponctué ; pronotum avec une grande tache triangulaire jaune de chaque côté ; une tache sous l'insertion des ailes antérieures, une bande sur le scutellum, rarement deux points sur le postscutellum, jaunes ; écaillettes jaunes marquées d'un point roux. Pattes jaunes avec les hanches, les trochanters et les cuisses, sauf les genoux, noirs. Extrémité interne des tibias ferrugineuse ; ex-

trémité des tarses rembrunie. Ailes presque hyalines, un peu enfumées dans la radiale; nervure costale ferrugineuse, les autres nervures et le stigma noirs. Abdomen noir; premier segment fortement ponctué, les autres beaucoup plus faiblement; segments un à cinq avec une bordure jaune un peu festonnée; sixième segment noir; en dessous, segments deux à cinq bordés de jaune. ♀

Le mâle a l'épistome échancré, jaune en entier, le scutellum noir, ainsi que les sixième et septième segments abdominaux.

Long. 8 à 9^{mm}. Env. 18^{mm}. 3. **Elegans**, Wesmael.

Patrie : Europe centrale et septentrionale.

— Troisième segment abdominal non bordé de jaune. **5**

5 Thorax taché de jaune en dessus. Tête noire, finement ponctuée; une petite tache (manquant souvent) à la base de l'épistome, une autre entre les antennes et un petit point derrière le sommet des yeux, jaunes; extrémité des mandibules rouge ; antennes noires. Thorax noir, ponctué ; deux taches sur les côtés du pronotum, une autre sous l'insertion des ailes antérieures, deux points sur le scutellum, jaunes. Pattes noires avec la base des tibias et les tarses jaunes, ceux-ci noirâtres à leur extrémité. Ailes enfumées ; nervure costale ferrugineuse; les autres nervures et le stigma noirs. Abdomen noir, premier segment rugueux; les autres brillants, lisses; premier, deuxième et quatrième segments bordés de jaune ; en dessous, deuxième segment seul bordé de jaune. ♀

Le mâle a l'épistome en partie jaune.

Long. 9^{mm}. Env. 17^{mm}. 4. **Sinuatus**, Saussure.

Parasite : *Hedychrum minutum*, Rudow.

Patrie : Europe centrale, France, Allemagne, Italie, Hongrie.

— Thorax noir en dessus. 6

6 Pattes noires ou brunes. Tête noire; une tache entre les antennes, un très petit point derrière le sommet des yeux, jaunes. Antennes noires. Thorax noir. Pattes noires, avec les tibias antérieurs bruns en devant, ainsi que les tarses. Ailes enfumées, nervures et stigma noirs. Abdomen noir avec les premier, deuxième et quatrième segments bordés de blanchâtre. ♀

Le mâle a l'épistome jaune soufre, la face externe des tibias antérieurs et le premier article des tarses jaunes (de Saussure).

Long. 8mm. 10. **Fuscipes**, HERRICH. SCHÆFFER.

PATRIE : Allemagne, Suède.

— Pattes en partie jaunes ou ferrugineuses. 7

7 Epistome noir. Tête noire, finement ponctuée; une tache entre les antennes, et un très petit point derrière le sommet des yeux, jaune pâle. Antennes noires. Thorax noir, avec seulement un point jaune pâle sous l'insertion des ailes antérieures. Pattes noires avec le côté interne et la base des tibias jaunes ; base des tarses un peu ferrugineuse. Ailes légèrement enfumées ; nervures et stigma noirs. Abdomen noir, ponctué surtout sur le premier segment; premier et second, rarement quatrième segments bordés de jaune; en dessous, le second segment est aussi bordé de jaune. ♀

Le mâle a l'épistome et le devant des mandibules jaunes; les tibias jaunes tachés de noir, les tarses jaunes avec les derniers articles obscurs.

Long. 8mm. Env. 15mm. 5. **Bifasciatus**, LINNÉ.

Obtenu des tiges sèches de ronce (Rudow).

M. Dalla Torre (49) rapporte que M. Gredler a

capturé cet insecte tandis qu'il transportait une larve anesthésiée de l'*Agelastica alni*. Il est donc probable que c'est là le nom de sa victime.

PATRIE : Europe septentrionale et centrale.

— Epistome taché de jaune. Tête plus haute que large, noire, avec une tache vers la base de l'épistome, deux points entre les antennes, un autre très petit derrière le sommet des yeux, jaunes. Thorax noir, une tache sous l'insertion des ailes antérieures jaune ; écaillettes noires. Pattes noires ; tibias jaunes tachés de noir ; tarses ferrugineux avec le dernier article plus obscur. Ailes enfumées. Abdomen noir avec les segments un, deux et quatre régulièrement et étroitement bordés de jaune soufre. ♀

Le mâle a un point au bout des mandibules, une tache en haut de l'épistome, jaunes ; pas de tache sous l'aile ; extrémité des antennes ferrugineuse en dessous ; pattes jaunes (de Saussure).

Long. 7mm. Env. 14mm.

6. **Debilitatus**. SAUSSURE.

PATRIE : Suisse (Genève).

8 Tibias postérieurs entièrement jaunes ou seulement un peu rembrunis à leur extrémité. Tête noire, ponctuée, pubescente ; épistome jaune avec le bord noir ; mandibules tachées de roux vers la base. Une tache entre les antennes, un point derrière le sommet des yeux, jaunes. Antennes noires, dessous du scape jaune. Thorax noir, ponctué, pubescent, pronotum avec deux taches humérales jaunes ; une tache sous l'insertion des ailes antérieures, deux autres carrées sur le scutellum, jaunes ; écaillettes jaunes tachées de roux. Pattes jaunes avec les hanches, les trochanters et la base des cuisses, noirs ; extrémité des tarses rembrunie. Ailes légèrement enfumées ; nervure costale ferrugi-

neuse, les autres et le stigma noirs. Abdomen noir; premier segment rugueux, les autres lisses; les cinq premiers segments avec des bordures jaunes festonnées; celles des premier et second segments élargies sur les côtés. Sixième segment taché de noir en dessus; du côté ventral, deuxième, troisième, quatrième et cinquième segments irrégulièrement tachés de jaune sur le bord.

Le mâle a l'épistome jaune.

Long. 12mm. Env. 24mm.

11. Crassicornis, Panzer.

Cet insecte creuse son nid en terre et y ajuste une cheminée (V. p. 537).

Ce sont ses mœurs que Réaumur a décrites avec tant de soin et avec des détails si exacts dans ses Mémoires pour l'Histoire des Insectes, tome VI, p. 251 à 268, pl. 26, fig. 1 à 10. Sa victime (Lichtenstein) serait la larve d'un *Phytonomus*, peut-être *Ph. variabilis*.

Patrie : Europe centrale, Turkestan.

Tibias postérieurs noirs au moins sur leur partie médiane. 9

9 Suture transversale du premier segment abdominal placée au milieu de ce segment. Tête noire avec un point jaune entre les antennes et l'extrémité des mandibules rousse; rarement un point jaune derrière le sommet des yeux. Thorax noir avec deux taches sur le pronotum; écaillettes ferrugineuses. Pattes noires, genoux, tibias et tarses roux; dessous des tibias noir, extrémité des tarses rembrunie. Ailes enfumées, surtout dans la cellule radiale. Abdomen noir avec les deux premiers segments bordés de jaune soufre ainsi que le quatrième, celui-ci d'une façon plus ou moins complète; en dessous, le second segment est seul bordé de jaune. ♀

Le mâle a l'épistome jaune, ainsi que les tarses et la base des tibias (de Saussure).

Long. 12 à 14^{mm}. Env. 20 à 24^{mm}.

7. **Suecicus**, DE SAUSSURE.

PATRIE : Suède.

— Suture transversale du premier segment plus près de sa base que de son extrémité. 10

10 Troisième segment abdominal bordé de jaune au moins sur les côtés. Tête noire, ponctuée ; extrémité des mandibules rouge ; une ligne arquée à la base de l'épistome, une tache entre les antennes, un point derrière le sommet des yeux, jaunes. Antennes noires. Thorax noir ; deux taches aux angles du pronotum, deux points sur le scutellum, une tache sous l'insertion des ailes antérieures, jaunes. Pattes noires avec la base des tibias jaune et leur extrémité ferrugineuse ; tarses jaunes, rembrunis à leur extrémité. Ailes enfumées, surtout vers la radiale ; nervure costale brune ; les autres nervures et le stigma noirs. Abdomen noir ; premier segment rugueux, les autres presque lisses ; premier, second, troisième et quatrième segments bordés de jaune, les deux premiers assez largement, les deux autres très étroitement et irrégulièrement ; en dessous le second segment seul est bordé de jaune. ♀

Le mâle a l'épistome et une ligne sur les mandibules, jaunes, le thorax et les écaillettes noirs.

Long. 9^{mm}. Env. 16^{mm}.

8. **Herrichianus**, SAUSSURE.

PATRIE : Allemagne.

— Troisième segment abdominal noir en entier. Tête noire, finement ponctuée ; une tache entre les antennes, un point derrière le sommet des yeux, jaunes ; extrémité des mandibules rouge.

Antennes noires. Thorax ordinairement noir en entier, quelquefois cependant deux points sur les côtés du pronotum, une tache sous l'insertion des ailes antérieures, deux points sur le scutellum, jaunes. Pattes noires; dessous des tibias antérieurs et intermédiaires jaune, ainsi que la base des postérieurs ; l'extrémité de ceux-ci ferrugineuse ; tibias un peu ferrugineux avec leur extrémité rembrunie. Ailes enfumées, violacées, surtout dans la radiale, nervures et stigma noirs. Abdomen noir, ponctué, plus fortement sur le premier segment ; premier, deuxième et quatrième segments bordés de jaune, ce dernier très étroitement et même quelquefois pas du tout; deuxième segment seul bordé de jaune du côté ventral. ♀

Le mâle a l'épistome, une tache sur les mandibules et le bout des antennes en dessous jaunes ; quelquefois le scape est orné d'un point jaune.

Long. 10^{mm}. Env. 20^{mm}.

9. **Allobrogus**, Saussure.

Patrie : France, Allemagne, Suède.

II. — GROUPE DE L'*ODYNERUS PARIETUM*

Premier segment abdominal partagé par une ou deux sutures saillantes, transversales. Métathorax tronqué. Antennes des mâles terminées par un crochet infléchi.

1 Premier segment abdominal avec deux sutures transversales. Tête et thorax assez fortement ponctués ; tête grosse, noire, avec le sinus des yeux, une tache entre les antennes, deux autres derrière le sommet de la tête, jaunes; épistome échancré, les bords de l'échancrure pointus,

noir ou marqué de jaune à sa base; mandibules rouges; antennes insérées très bas, noires avec le dessous du scape jaune et celui du funicule ferrugineux. Thorax noir avec le dessus du pronotum taché de jaune au milieu; écaillettes jaunes, marquées d'une tache brune en leur milieu. Scutellum, postscutellum et métathorax plus grossièrement ponctués que le reste du thorax; scutellum avec deux petites taches jaunes. Pattes jaunes avec les hanches, les trochanters et la base des cuisses noirs; une tache de même couleur se trouve sous l'extrémité des tibias; tarses ferrugineux. Ailes un peu enfumées; cellule radiale avec une tache noirâtre; nervures et stigma brun foncé. Abdomen noir, luisant, finement ponctué, excepté le premier segment qui est plus rugueux en arrière de la deuxième suture, lisse du côté du thorax; ce segment porte deux sutures élevées, transversales, bien visibles, son bord est renflé en cordon et est étroitement coloré en jaune; deuxième segment plus largement bordé de jaune, cette bordure régulière; en outre, deux taches jaunes libres existent au sommet de ce segment; troisième, quatrième et cinquième segments faiblement bordés de jaune; sous le ventre, les deux premiers ont seuls une bordure semblable. ♀ (Pl. XLIII, fig. 12).

Mâle inconnu.

Long. 6^{mm}. Env. 11^{mm}. 1. **Rhodensis**, SAUSSURE.

PATRIE: Rhodes, Caucase.

— Premier segment abdominal avec une seule suture transversale. 2

2 Métathorax prolongé en arrière du postscutellum, puis tronqué, arrondi, les bords peu

ou pas rebordés ; épistome fortement bicaréné. Tête noire ; une ligne à la base de l'épistome et une tache entre les antennes, jaunes. Antennes noires, scape jaune en dessous. Thorax noir, deux taches sur le pronotum, écaillettes et post-scutellum, jaunes. Pattes jaunes avec les cuisses et les hanches brunes. Ailes hyalines, nervures brunes. Abdomen noir avec les deux premiers segments bordés de jaune, une tache semblable sur le sixième segment. ♀ (De Saussure).

Mâle inconnu.

Long. 8^{mm}. Env. 14^{mm}.

2. **Ægyptiacus**, Saussure.

Patrie : Egypte.

— Métathorax non prolongé en arrière du post-scutellum, tronqué immédiatement ; le post-scutellum peut souvent lui-même être considéré comme tronqué. Epistome non caréné. 3

3 Deuxième segment abdominal avec deux taches jaunes, libres ou à peine reliées à la bordure par un mince filet ou pédicule coloré. 4

— Deuxième segment abdominal sans tache jaune libre. 5

4 Mesonotum avec trois carènes sur son milieu postérieur. Tête noire, ponctuée, luisante, un peu pubescente ; épistome allongé, bidenté, ponctué, brillant, noir, avec deux taches ovales jaune pâle vers sa base; mandibules noires et en partie rougeâtres ; deux points entre les insertions des antennes, une tache dans le sinus des yeux n'en atteignant pas tout à fait le fond, et une ligne derrière le sommet des yeux, jaune pâle. Antennes noires avec le dessous du scape

jaune et celui du funicule ferrugineux clair. Thorax fortement et rugueusement ponctué, luisant; le mesonotum offre sur le milieu de sa moitié postérieure trois lignes longitudinales élevées, un peu divergentes, et deux autres de chaque côté, à l'endroit des parapsides, soit sept en tout ; le postscutellum est un peu saillant avec deux tubercules latéraux et un autre assez gros, arrondi, dans le milieu. Métathorax tronqué avec les côtés un peu tranchants ; pronotum coupé droit, les angles assez vifs ; sa partie antérieure avec deux taches jaune clair triangulaires, se touchant par un angle ; une ligne sur le scutellum et deux taches sur le métathorax, de la même couleur ; écaillettes jaune clair. Pattes mêlées de jaune et de ferrugineux, avec les hanches, les trochanters et la base des cuisses noirs ; extrémité des hanches et des trochanters bordée de ferrugineux. Ailes hyalines avec la cellule radiale assombrie et la cellule costale en partie enfumée ; nervure costale ferrugineuse, les autres et le stigma noirs ou bruns. Abdomen noir, assez fortement ponctué sur les premier et deuxième segments, seulement granuleux sur le milieu des autres. Segments un à cinq bordés de blanc jaunâtre ; bordure du premier segment un peu élargie au milieu, celle du deuxième biéchancré, les autres presque régulières, seulement un peu sinuées ; celles des segments quatre et cinq n'atteignent pas tout à fait leur bord latéral ; le deuxième segment porte en outre à ses angles antérieurs une tache libre, assez grande, irrégulière ; le deuxième segment ventral offre à sa base une partie déclive ; il porte une bordure biéchancrée et il y a une tache sur les côtés du troisième segment ventral. ♀

Le mâle n'en diffère que parce qu'il a l'épistome entièrement jaune et les angles du pronotum plus épineux.

Long. 6mm. Env. 13mm. 6. **Jucundus**, Mocsary.

Patrie : Hongrie.

Mesonotum sans carène au milieu de son bord postérieur. Tête noire, ponctuée, luisante ; épistome beaucoup plus large que long, échancré, les côtés offrant deux petites dents aiguës, noir, rougeâtre en avant avec deux taches jaunes de chaque côté de sa base ; labre ferrugineux ainsi que les mandibules ; une tache jaune triangulaire entre les insertions des antennes ; sinus des yeux jaune ; une tache allongée de même couleur derrière les yeux ; scape jaune avec une tache ferrugineuse en dessus ; funicule noir, testacé en dessous. Thorax fortement et grossièrement ponctué, noir, avec le devant du pronotum, les écaillettes, une tache au-dessus des mésopleures, une autre tache festonnée sur le scutellum, manquant quelquefois, et deux taches sur le métathorax, jaunes. Pattes jaunes avec les tarses un peu ferrugineux ; hanches noires tachées de jaune, surtout en avant. Ailes presque hyalines, un peu enfumées vers l'extrémité, nervures et stigma bruns. Abdomen noir, finement ponctué, surtout sur les deux premiers segments ; premier segment bordé de jaune ; cette bordure un peu élargie sur les côtés ; deuxième segment avec une bordure un peu plus large au milieu, mais se joignant sur les côtés à deux grandes taches jaunes qui atteignent presque le bord du premier segment ; segments trois, quatre et cinq avec une bordure jaune festonnée ; sixième segment noir ; du côté ventral, le deuxième segment est assez largement bordé de jaune, les deux suivants seulement un peu tachés sur les côtés. ♀

Le mâle est semblable à la femelle, sauf que l'épistome et le labre sont entièrement jaunes; l'extrémité du funicule est testacée ainsi que la dent terminale. Le postscutellum est rayé de jaune; les taches du deuxième segment deviennent libres.

Long. 6 à 7 1/2^{mm}. Env. 13 à 15^{mm}.

7. **Lobatus**, N. SP.

PATRIE : Caucase, Grèce, Sicile.

5 Premier segment abdominal allongé, subpétiolé, infundibuliforme, c'est à dire que la ligne qui va du point culminant de la suture à la base du pédicule, est droite ou à peu près droite. 6

— Premier segment abdominal arrondi, c'est à dire que la ligne caractérisée ci-dessus est plus ou moins sinueuse et courbée. 8

6 Premier segment abdominal noir à partir de la suture, avec la base jaune. Tête noire, glabre; partie supérieure de l'épistome jaune; une tache entre les antennes, une autre qui remplit le sinus des yeux, une ligne derrière le sommet de ceux-ci, jaunes; épistome échancré. Antennes noires avec les trois premiers articles et le dessous des suivants jaunes. Thorax noir; une bande jaune sur le devant du pronotum, un point sous l'insertion des ailes antérieures, une large bande sur le scutellum, une étroite ligne sur le postscutellum et côtés du métathorax, jaunes; écaillettes jaunes. Pattes jaunes, les deux cuisses postérieures noires avec l'extrémité jaune. Ailes assez transparentes, d'un roux brun vers la côte; nervures et stigma bruns. Abdomen noir, glabre, premier segment jaune sur la partie antérieure jusqu'à la suture, avec une tache trilobée noire sur la base;

deuxième segment noir, portant deux larges bandes jaunes, l'une sur sa base, l'autre sur son bord postérieur ; le bord postérieur des trois autres segments porte une bande jaune ondulée ; côté ventral à peu près comme le dessus. Dernier segment noir avec une tache jaune en dessus. ♀

Le mâle a l'épistome et le dessus des mandibules jaunes ; il n'a pas de ligne jaune derrière les yeux ; le scape est jaune avec une tache noire en dessus ; le funicule est ferrugineux en dessous ; le thorax est tout noir, sauf deux petites lignes jaunes sur le devant du pronotum ; le premier segment abdominal est entièrement noir, le sixième porte une bande jaune comme les précédents, le septième est tout noir ; toutes les cuissses sont noires avec l'extrémité jaune. (Lepeletier).

Long. 6 à 7^{mm}. Env. 11 à 14^{mm}.

3. **Atropos**, Lepeletier.

Patrie : Algérie.

— Premier segment abdominal bordé de jaune. 7

7 Antennes entièrement jaunes avec le scape ferrugineux. Tête entièrement jaune avec le vertex noir. Thorax jaune, ayant un peu de noir en dessous sur les flancs et au milieu du métathorax ; disque du mesonotum jaune avec une tache jaune adossée au scutellum ; scutellum et postscutellum jaunes. Pattes jaunes. Ailes transparentes, nervures brunes. Abdomen jaune, le premier segment noir à sa base ; le deuxième portant en dessus un dessin noir en forme de sablier, en dessous un peu de noir à sa base. ♀ (De Saussure).

Mâle inconnu.

Long. 8mm. Env. 12mm. 4. **Turca**, SAUSSURE.

PATRIE : Turquie d'Asie, Bagdad.

Antennes noires en dessus. Tête noire ; une tache entre les antennes, bordure interne des orbites jusque dans le sinus des yeux, épistome, une ligne derrière le sommet des yeux, jaunes. Thorax noir, avec une bordure bilobée en avant du pronotum, les écaillettes, une bande sur le scutellum, deux taches sur les angles du métathorax, jaunes. Pattes jaunes ; cuisses un peu ferrugineuses. Ailes hyalines, nervures brunes. Abdomen noir avec une large bordure jaune sur le premier segment, échancrée au milieu ; une bordure régulière échancrée sur le deuxième, une bordure raccourcie pour les suivants, jaunes. Dernier segment entièrement jaune. ♀

Le mâle n'a pas de taches au métathorax. (De Saussure).

Long. 8mm. Env. 14mm. 5. **Pharao**, SAUSSURE.

PATRIE : Egypte.

8 Postscutellum non crénelé ; suture du premier segment non interrompue. 9

Postscutellum finement crénelé ; suture du premier segment interrompue au milieu. Tête noire, ponctuée ; épistome un peu échancré, noir, avec deux taches ou une bande à sa base, jaunes ; labre jaune ; intervalle des antennes et un triangle en dessus ferrugineux ou jaunes, ainsi que le sinus des yeux et une ligne en arrière de ceux-ci. Scape jaune avec une courte ligne noire en dehors vers son extrémité ; funicule ferrugineux avec une étroite ligne noire en dessus, n'atteignant pas son extrémité. Thorax rugueux, noir ; pronotum avec deux grandes taches en devant, une tache sous l'insertion des ailes, le milieu du scutellum et des taches latérales en arrière du métathorax, jaunes ; écaillettes lisses, blanc jaunâtre, un peu tachées de brun. Pattes jaunes avec une partie des hanches, les trochanters et la base des cuisses noirs; tarses un peu ferrugineux. Ailes un peu enfumées dans la région costale; nervures et stigma bruns. Abdomen noir, ponctué ; premier segment avec une bordure jaune soufre élargie sur les côtés; second segment avec une bordure étroite, sinueuse, se reliant à ses extrémités avec de grandes taches latérales; les segments trois à six avec une bordure étroite, régulière, blanchâtre; sur la face ventrale, le second segment seul est largement bordé de jaune. ♀

Le mâle a l'épistome jaune ou ferrugineux.

Long. 7 à 8mm. Env. 11 à 12mm.

8. **Transitorius**, Morawitz.

Patrie : Russie méridionale.

9 Côtés du métathorax lisses ou en partie lisses et brillants. Tête noire, finement ponctuée, luisante; épistome sinué, noir, avec deux taches ou une bande jaunes à sa base; une tache entre les antennes, un point derrière les yeux, jaunes. Antennes noires; dessous du scape jaune; dessous du funicule ferrugineux. Extrémité des mandibules rougeâtre, leur base tachée de jaune. Thorax finement ponctué, luisant, velu, noir, avec une bande jaune en devant du pronotum, presque interrompue en son milieu, rarement deux points jaunes sur le scutellum. Pattes noires avec les genoux et les tibias jaunes, ces derniers marqués de roux à leur base et à leur extrémité; tarses testacés, noirâtres en dessus. Ailes enfumées; nervure costale ferrugineuse, les autres nervures et le stigma noirs.

Abdomen noir avec le premier segment velu, bordé régulièrement de jaune; deuxième, troisième et quatrième segments presque lisses, bordés de jaune en dessous, le bord du second segment et les côtés du troisième, quelquefois du quatrième, jaunes. ♀.

Le mâle a le dessus des mandibules, le labre et l'épistome jaunes.

Long. 14 à 15mm. Env. 26 à 28mm.

9. **Antilope**, Panzer.

Niche dans les parois sableuses.

Patrie : Toute l'Europe.

— Côtés du métathorax rugueux, striés, mats en entier. 10

10 Deuxième segment ventral offrant une partie droite, puis, avant d'arriver au sillon basilaire, une partie fortement déclive. (Pl. XXXVI, fig. 23). 11

— Deuxième segment ventral sans déclivité semblable. 13

11 Epistome seulement sinué (♀), semicirculairement échancré (♂). 12

— Epistome visiblement échancré (♀), profondément et elliptiquement échancré (♂). Tête noire, ponctuée, légèrement pubescente ; épistome noir, brillant, avec deux larges taches jaunes vers sa base ; une tache entre l'insertion des antennes, un très petit point derrière le sommet des yeux, une petite tache à la base des mandibules, jaunes. Antennes noires ; dessous du scape jaune, celui du funicule ferrugineux. Thorax noir, ponctué, à peine pubescent ; devant du pronotum bordé de jaune ; écaillettes jaunes tachées de brun. Pattes noires, avec les genoux et les tibias jaunes, les tarses ferrugineux. Ailes légèrement enfumées; nervure costale testacée, les autres nervures et le stigma testacés. Abdomen noir, bordure jaune du premier segment élargie sur les côtés; celles des deuxième, troisième et quatrième légèrement sinuées; cinquième segment taché de jaune au milieu du bord. En dessous, deuxième et troisième segments bordés de jaune. ♀

Le mâle a l'épistome et le labre entièrement jaunes, le premier segment abdominal souvent avec une bordure non élargie sur les côtés. (Pl. XXXVI, fig. 23).

Long. 9 à 10mm. Env. 16 à 18mm.

15. **Excisus**, Thomson.

Patrie : France, Allemagne, Suède.

12 Deuxième segment avec le bord précédé d'une gouttière profonde et relevée. Tête noire, fortement ponctuée; épistome faiblement échancré, jaune pâle, ainsi que le labre et la plus grande partie des mandibules; une tache entre les antennes, une dans le sinus des yeux, une autre derrière le sommet des yeux, jaune orangé; scape jaune en-dessous, funicule noir. Thorax assez fortement ponctué, luisant, noir; devant du pronotum avec une bande étroite, d'un jaune orangé; écaillettes jaunes tachées de brun; postscutellum en partie jaune orangé; pattes jaunes avec les hanches, les trochanters et la base des cuisses noirs; cuisses postérieures noires jusqu'aux genoux. Ailes enfumées, noirâtres; nervures et stigma noirs. Abdomen ponctué, surtout au premier segment, celui-ci un peu épaissi sur le bord avec une bordure jaune orangé un peu plus étroite au milieu. Deuxième segment noir avec une bordure jaune

orangée ; le bord, un peu relevé, est précédé par un sillon assez profond et est borné en avant par des points enfoncés. Dessous avec une face un peu déclive en avant; segments trois à six au moins en partie bordés de jaune, septième segment noir. ♂

Femelle inconnue.

Long. 7mm. Env. 14mm. **16. Sulcatus,** ANDRÉ.

PATRIE : Sicile.

—— Deuxième segment avec le bord simple. Tête noire, ponctuée, pubescente ; épistome sinué, taché de jaune ou de ferrugineux à sa base ; une tache entre les antennes, un point derrière le sommet des yeux, une tache sur la base des mandibules, jaunes ou ferrugineux ; dessous du scape jaune. Thorax noir, ponctué, pubescent, avec le devant du pronotum bordé de jaune ou de ferrugineux ; une tache sous l'insertion des ailes manquant quelquefois, deux taches sur le scutellum et deux sur le postscutellum pouvant aussi disparaître toutes les quatre, jaunes ou ferrugineuses; écaillettes jaunes tachées de ferrugineux. Pattes noires avec les genoux, les tibias et les tarses jaunes, ces derniers légèrement assombris ou ferrugineux. Ailes enfumées ; nervure costale testacée, les autres nervures et le stigma noirs. Abdomen noir, ponctué, un peu velu ; premier segment avec une bordure jaune, élargie sur les côtés ; segments deux, trois, quatre et cinq avec des bordures jaunes un peu sinuées ; en dessous, deuxième, troisième et quatrième segments ornés d'nne étroite bordure jaune biéchancrée ; le cinquième seulement un peu taché au milieu du bord. ♀

Le mâle a le dessus des mandibules, le labre

et l'épistome jaunes, le dessous du funicule testacé.

Long. 6 à 11mm. Env. 14 à 23mm.

17. **Callosus**, Thomson.

Patrie : France, Allemagne, Suède.

13 Ecaillettes noires ou d'un brun foncé. 14

— Ecaillettes jaunes ou tachées de jaune ou de ferrugineux. 18

14 Pas de taches jaunes sous l'insertion des ailes antérieures ; épistome plus large que long ; angles du pronotum aigus. 15

— Une tache jaune sous l'insertion des ailes antérieures. Epistome pas plus large que long ; angles du pronotum droits ou obtus. 16

15 Ornements rouges. Tête noire en entier avec seulement un point rouge entre les antennes, finement et régulièrement ponctuée, luisante. Antennes noires ; épistome à peine sinué. Thorax noir, finement ponctué, avec une ligne lisse au milieu du metanotum vers sa base. Pronotum presque entièrement rouge, ses angles droits. Métathorax offrant sur ses côtés un angle épineux assez saillant. Pattes noires avec le dessous des tibias et des tarses antérieurs ferrugineux. Ailes grises, nervures noires. Abdomen noir, assez fortement ponctué sur le premier segment, très finement sur les suivants, qui sont luisants ; premier segment entièrement rouge, sauf à sa base. La suture est comprise dans la partie rouge ; deuxième segment avec une large bordure rouge assez régulière, très étroite en dessous. ♀

Mâle inconnu.

Long. 11^{mm}. Env. 21^{mm}.

10. **Ebusianus**, Lichtenstein.

Patrie: Ivizza (Iles Baléares).

Ornements jaunes. Tête noire, une tache entre les antennes, un point derrière le sommet des yeux, jaunes. Antennes noires. Thorax noir; devant du pronotum jaune; écaillettes noires. Pattes noires avec les genoux et le dessous des tibias et des tarses jaunes. Ailes enfumées; nervure costale ferrugineuse à la base, les autres nervures et le stigma noirs. Abdomen noir; premier, second et troisième segments régulièrement bordés de jaune. En dessous, le second segment seul a une bordure semblable. ♀

Le mâle a l'épistome et le dessus des mandibules jaunes; les antennes sont orangées en dessous; le quatrième et quelquefois aussi le cinquième segments sont aussi étroitement bordés de jaune en dessus et en dessous.

Long. 9 à 10^{mm}. Env. 18 à 20^{mm}.

11. **Viduus**, Herr. Sch.

Patrie: France, Allemagne, Russie.

16 Antennes noires. Tête noire, ponctuée; une tache entre les antennes, un point derrière le sommet des yeux, jaunes. Epistome noir, ou rarement avec deux ou quatre taches jaunes. Mandibules noires avec l'extrémité rougeâtre. Thorax noir, ponctué; devant du pronotum avec deux taches ou une bande jaunes. Scutellum noir ou taché de jaune; écaillettes brunes ou noires; un point sous l'insertion des ailes antérieures jaune. Pattes noires avec les genoux ferrugineux, les tibias et les tarses jaunâtres. Ailes enfumées; nervure costale ferrugineuse, les autres nervures et le stigma noirs.

Abdomen noir; les deux ou trois premiers segments bordés de jaune; la bordure du second se prolonge du côté ventral. ♀

Le mâle a le dessus des mandibules et l'épistome jaunes.

Long. 12mm. Env. 21mm.

12. **Trimarginatus**, Zett.

Patrie : Allemagne, Suède.

— Antennes en partie de couleur claire. 17

17 Abdomen avec trois fascies jaunes; angles du pronotum obtus. Tête noire; une tache entre les antennes et un point derrière le sommet des yeux, jaunes; extrémité des mandibules rougeâtre; dessous du scape jaune. Thorax noir; devant du pronotum, un point sous l'insertion des ailes antérieures, jaunes. Ecaillettes à peine ferrugineuses sur le bord. Pattes noires avec les genoux, les tibias et les tarses jaunes. Ailes enfumées, surtout vers l'extrémité; nervure costale ferrugineuse, les autres nervures et le stigma bruns. Abdomen noir avec les trois premiers segments bordés de jaune; sous le ventre, le second segment présente aussi une bordure étroite. ♀

Le mâle a l'épistome, le dessus des mandibules, le dessous du scape, jaunes, celui du funicule testacé clair.

Long. 9mm. Env, 18mm. 18. **Gazella**, Panzer.

Patrie : Allemagne.

— Abdomen avec cinq à six fascies jaunes. Angles du pronotum droits.

Parietum (Var.). L. (Voir n° 20).

18 Abdomen avec deux bandes jaunes seulement. 19

— Abdomen avec plus de deux bandes jaunes. 20

19 Epistome lisse. Noir; base des mandibules, dessous du scape, épistome, une tache entre l'insertion des antennes, deux taches sur le scutellum, une autre de chaque côté sur les mésopleures, une bande assez large le long du bord des deux premiers segments abdominaux, jaunes. Pattes et extrémité des antennes ferrugineuses. Hanches tachées de noir. Ailes obscures. Nervures noires. ♂ (Spinola).

Femelle inconnue.

Long. 5mm. 13. **Impunctatus**, Spinola.

Patrie : Egypte.

— Epistome granuleux. Tête noire, ponctuée, velue, une tache ferrugineuse de chaque côté de l'épistome, une tache entre les antennes, un point derrière le sommet des yeux, jaunes. Dessous du scape jaune, celui du funicule ferrugineux. Thorax noir, ponctué, velu. Pronotum bordé de ferrugineux en avant ; écaillettes ferrugineuses. Pattes jaunes, un peu ferrugineuses ; hanches et cuisses, sauf le bout, noires. Ailes transparentes, enfumées et un peu violettes le long de la côte. Abdomen noir avec les deux premiers segments ornés chacun d'une large bordure jaune, la première élargie sur les côtés, la seconde assez régulière, un peu biéchancrée tant en dessus qu'en dessous. ♀

Le mâle a l'épistome entièrement jaune. (De Saussure).

Long. 10 1/2mm. Env. 22mm.

14. **Biphaleratus**, Saussure.

Patrie : Egypte.

20 Antennes entièrement noires (♀). Quatrième segment abdominal ♂ non taché de jaune. Tête noire, luisante, finement ponctuée, avec des poils un peu roussâtres ; épistome bidenté, noir, marqué de deux petites taches jaunes vers son extré-

mité; un point entre l'insertion des antennes, un autre derrière le sommet des yeux, jaunes. Mandibules tachées de jaune à leur base. Antennes noires. Thorax ponctué, un peu luisant, garni de poils roux; pronotum tronqué en avant, avec les angles peu saillants, non spiniformes; sa partie antérieure jaune; scutellum avec deux taches jaunes; écaillettes noires tachées de ferrugineux; côtés du métathorax avec de longs poils blancs. Pattes jaunes mêlées de ferrugineux, surtout à l'extrémité des tibias et sur les tarses. Hanches, trochanters et cuisses, jusqu'aux genoux, noirs; tibias antérieurs et intermédiaires marqués de noir en dedans. Ailes subhyalines; régions costale et radiale enfumées; nervure costale ferrugineuse, les autres nervures et le stigma noir brun. Abdomen peu ponctué. un peu pubescent, noir luisant, avec les segments un, deux et trois bordés de jaune, la bordure du premier segment élargie sur les côtés. ♀

Le mâle a les mandibules, l'épistome et le devant du scape, jaunes.

Long. 10^{mm}. Env. 20^{mm}. 19. **Pictus**, Curtis.

Patrie: Angleterre, Suède, Finlande, Hongrie.

— Antennes (♀) non entièrement noires. Quatrième segment abdominal (♂) taché de jaune. Tête noire, ponctuée, velue de poils blancs; épistome soit noir, soit jaune, soit diversement taché de noir sur un fond jaune. Mandibules tachées de jaune en dessus vers leur base, une tache entre l'insertion des antennes, un point derrière le sommet des yeux, jaunes; dessous du scape jaune, celui du funicule orangé. Thorax noir, ponctué, pubescent. Pronotum bordé de jaune en devant; une tache sous l'insertion des ailes antérieures, deux points sur le scutellum, pouvant disparaître complètement, une ligne sur le postscutellum pouvant aussi ne pas exister, deux taches sur les côtés de métathorax souvent absentes, jaunes. Ecaillettes jaunes avec un point plus sombre sur leur surface. Pattes jaunes avec les hanches, les trochanters et la base des cuisses, noirs. Ailes enfumées; nervure costale ferrugineuse vers la base; les autres nervures et le stigma noirs. Abdomen noir avec le premier segment assez ponctué, celui-ci orné d'une bordure jaune fortement élargie sur les côtés; les segments deux à cinq pourvus d'une bordure jaune assez régulière, mais biéchancrée; ces bordures se retrouvent sous le ventre plus étroites et un peu élargies en leur milieu. ♀

Le mâle a le dessus des mandibules, le labre et l'épistome jaunes; les côtés du pronotum deviennent assez épineux; il arrive, plus souvent que chez les femelles, que le thorax est tout noir, sauf le devant du pronotum. Souvent aussi le premier segment abdominal a sa bordure non élargie sur les côtés. (Pl. XXXVI, fig. 11. 12 et 18; pl. XLIII, fig. 1).

Long. 8 à 12mm. Env. 18 à 22mm.

20. Parietum, Linné.

Patrie : Toute l'Europe, le Caucase, l'Algérie.

Cette espèce creuse ses nids en terre et les garnit d'une cheminée.

On a signalé comme étant ses parasites :

Chrysis micans.
— ignita.
— fulgida.
— cyanea.
Hedychrum lucidulum.

III. — GROUPE DE L'*ODYNERUS SIMPLEX*

Premier segment abdominal aplati en devant sans carène ni sillon, son bord mince non rebordé, légèrement décoloré. Postscutellum tronqué, séparé des angles supérieurs spiniformes du métathorax par une fissure ouverte ; bords latéraux du métathorax dentés irrégulièrement, un peu tranchants. Parapsides visibles seulement en avant du scutellum. Antennes des mâles terminées par un crochet infléchi.

1 Postscutellum crénelé. 2

— Postscutellum non crénelé. 10

2 Premier segment abdominal ferrugineux ou ferrugineux et jaune. 3

— Premier segment abdominal noir bordé de jaune. 4

3 Troisième segment abdominal jaune avec deux points bruns. Corps assez grêle. Tête densément ponctuée, ferrugineuse avec la face jaunâtre et le vertex occupé par une bande noire ou seulement obscure. Antennes ferrugineuses avec le scape jaune en devant chez le mâle. Thorax rectangulaire, un peu déprimé et tout criblé d'énormes ponctuations réticuleuses; ferrugineux ; pronotum très fortement rebordé ; postécusson très court, transversal, tronqué verticalement, crénelé ; métathorax tronqué verticalement, excavé dans toute sa largeur, offrant de chaque côté une dent spiniforme, sa plaque postérieure ruguleuse, ponctuée ; les bords très tranchants ; les latéro-supérieurs formant une crête tranchante

très élevée qui se termine supérieurement, de chaque côté, par une dent pyramidale aussi élevée que le postécusson et séparée de ce dernier par une large et profonde fissure ; bords latéro-inférieurs armés de chaque côté, au devant de l'épine latérale, d'une seconde épine ou plutôt apophyse obtuse et crénelée ou bifide, ou de deux épines aiguës, ou seulement de dentelures. Chez quelques individus, les sutures thoraciques sont noirâtres et le mesonotum est obscur ; d'autres fois le bord du prothorax est jaune. Pattes ferrugineuses. Ailes pâles, lavées de jaunâtre le long de la côte, de gris-brun dans le reste de leur étendue, avec une tache brune dans la radiale. Abdomen conique, tronqué à sa base, ferrugineux ; deuxième segment jaune avec sa base brune ; troisième segment jaune avec deux points bruns ; en dessous, les segments deux et trois jaunes seulement sur les côtés. (de Saussure).

♂ Long. 13mm. Enverg. 23mm.

♀ inconnue. **1. Stigma**, Sauss.

Patrie : Egypte. Abyssinie.

Troisième segment ferrugineux, bordé de jaune. Tête ferrugineuse ; épistome pyriforme, terminé par deux petites dents très rapprochées ; épistome, devant du scape, front, sinus des yeux et joues derrière les yeux, jaunes. Thorax ferrugineux avec une large bordure au pronotum, des taches sous les ailes, les écaillettes, le scutellum, deux taches sur le métathorax, jaunes ; ce dernier tronqué verticalement, fortement excavé dans toute sa largeur ; sa concavité finement striée, offrant de chaque côté un angle dentiforme distinct ; ses arêtes supérieures très saillantes, très tranchantes, se terminant en haut par deux dents, séparées du postécusson par une fissure en gouttière. Pattes ferrugineuses, tibias jaunes. Ailes transparentes, nervures costales ferrugineuses; une tache grise ou brune dans la radiale. Abdomen conique; le bord du deuxième segment légère- enfoncé, ferrugineux avec une large bordure jaune échancrée au milieu sur tous les segments; le premier offrant une échancrure ferrugineuse triangulaire, les derniers entièrement jaunes, partagés par une bande ferrugineuse. (♀)

Long. 12mm. Env. 20mm (de Saussure).

♂ Inconnu. 2. **Saussurei**, André.

Patrie: Egypte, Abyssinie.

4 Mesonotum taché de jaune en dessus. 5

— Mesonotum sans tache jaune. 6

5 Epistome très échancré, bidenté. Postscutellum finement crénelé. Tête noire, chagrinée; un point jaune en haut des mandibules; un triangle jaune entre les antennes; épistome jaune, son bord inférieur et deux taches latérales noires, rugueuses. Thorax noir, bord du pronotum, une tache sous l'aile, écaillettes, postécusson, deux points à l'écusson, deux petits traits à côté des écaillettes et deux lignes sur le mesonotum, jaunes, pattes noires; genoux et tibias jaunes, face postérieure de ces derniers et dessus des tarses gris ou un peu obscurs. Ailes enfumées. Abdomen noir avec la face supérieure du premier segment jaune; le deuxième porte une bordure jaune très élargie sur les côtés, ou même enfermant une tache noire; les trois autres segments régulièrement bordés de jaune (♀).

Long. 10mm. Env. 22mm. (de Saussure).

Mâle inconnu. 3. **Notatus**, Jurine.

Patrie: Suisse.

Epistome presque tronqué droit. Mesonotum avec un point arrondi jaune. Tête noire, ponctuée; épistome jaune avec une tache noire en son milieu; sinus des yeux, une tache au milieu du front, une ligne derrière le sommet de chaque œil, jaunes. Antennes noires avec le dessous du funicule et le scape ferrugineux. Thorax noir, ponctué, rugueux, avec le pronotum bordé de noir en avant; cette bordure presque interrompue au milieu, mesonotum avec une tache arrondie jaune en son milieu au-dessus du scutellum; une tache jaune sous l'insertion des ailes antérieures. Ecaillettes jaunes tachées de brun en leur milieu. Scutellum avec deux taches jaunes, postscutellum orné d'une ligne transversale de même couleur. Côtés du métathorax jaunes. Pattes jaunes avec la base des hanches noire ainsi que la base des cuisses intermédiaires et postérieures; extrémité des tibias et tarses ferrugineux. Ailes grises avec la région marginale un peu rougeâtre, nervures noires, rouges à leur base. Abdomen finement ponctué, luisant, noir; premier segment portant une bordure jaune très élargie sur les côtés; deuxième segment avec une bordure de même couleur élargie et remontant sur les côtés, un peu plus épaisse en son milieu, les autres segments étroitement bordés de jaune; deuxième segment ventral avec une très étroite bordure émettant deux petits lobes recourbés; troisième et quatrième segments ventraux tachés aussi de jaune sur le bord. ♀ Long. 10mm. Env. 17mm. Mâle inconnu. 4. **Disconotatus**, Lichtenstein, in litt.

Patrie: Montpellier.

6 Tête et thorax densément velus et pubescents. 7

— Tête et thorax presque glabres. 9

7 Pattes presque entièrement noires. Vertex avec une tache tomenteuse. Tête velue de poils blanc-roussâtre, noire avec un point derrière le sommet des yeux et une tache au-dessus des antennes, jaunes. Antennes noires, avec le scape plus clair chez le mâle. Thorax velu comme la tête, noir avec le bord du pronotum, celui des écaillettes, souvent une ligne sur le postscutellum, jaunes. Pattes noires avec les genoux et quelquefois le dessus des tibias jaunes aux pattes antérieures. Ailes légèrement enfumées. Abdomen noir avec les segments un à quatre bordés de jaune.

Chez le mâle les mandibules sont tachées de jaune à la base, l'épistome est jaune et plus profondément échancré.

Long. 10 à 15mm. 5. **Pubescens**, Thomson.

Patrie : Suède, Russie, Caucase.

— Pattes en grande partie rouges ou jaunes au moins sur les tibias. Vertex sans plaque tomenteuse. 8

8 Epistome légèrement échancré. Tête noire avec une pubescence cendrée, une tache entre les antennes, un point derrière le sommet des yeux et la base des mandibules, jaunes. Thorax noir, pubescent, avec une bordure jaune interrompue sur le pronotum ; postscutellum quelquefois taché de jaune ; pattes noires avec les tibias rouges, parfois tachés de noir ; tarses ferrugineux, leur dernier article noir. Ailes à peine enfumées. Abdomen noir avec les segments un à quatre bordés de jaune ; le second segment pourvu en outre d'une tache latérale jaune.

Chez le mâle, l'épistome, le dessous du scape, les mandibules, les tibias et les tarses sont jaunes. Long. 10 à 15mm. 6. **Tomentosus**, Thomson.

Patrie : Suède, Finlande, Sibérie, Italie septentrionale.

— Epistome profondément excavé en demi-cercle. Tête noire avec une dense pubescence blanche, un point entre les antennes, une tache derrière le sommet des yeux, et les mandibules jaunes. Thorax noir, pubescent, avec le bord du pronotum jaune. Pattes noires avec les tibias et les tarses jaunes ; les tibias antérieurs noirs en dessous en leur milieu ; les hanches et les cuisses intermédiaires jaunes en dessous. Abdomen noir avec les segments bordés de jaune, les deux derniers entièrement noirs. ♂.

Long. 10mm. (Thomson).

♀ Inconnue. 7. **Clypealis**, Thomson.

Patrie : Suède.

9 Dernier segment abdominal noir taché de jaune. Sinus des yeux tachés de jaune. Tête noire, dessus des mandibules taché de jaune ; épistome jaune, à peine échancré chez la femelle, davantage chez le mâle ; une tache entre les antennes, une ligne remplissant plus ou moins le sinus des yeux, un point derrière le sommet des yeux, jaunes. Antennes noires ; scape jaune ; les deux premiers articles du funicule ferrugineux ; le reste noir en dessus, ferrugineux en dessous. Thorax noir ; pronotum soit jaune en entier, soit avec l'extrémité des lobes noire ; écaillettes ; une tache en haut des mésopleures sous l'insertion des ailes antérieures, le scutellum, le postscutellum et deux grandes taches latérales sur le métathorax jaunes ; les écaillettes offrent en outre une petite tache brune en leur milieu. Pattes jaunes avec la base des cuisses posté-

rieures et l'extrémité des tarses ferrugineuses. Ailes presque hyalines avec une tache sombre dans la cellule radiale, s'étendant dans la première cubitale. Abdomen noir, premier segment largement bordé de jaune, cette bordure fortement échancrée au milieu ; deuxième segment avec une bordure jaune, offrant trois lobes, deux latéraux et un médian, rarement les lobes latéraux se transforment en taches lisses ; tous les autres segments bordés de jaune de la même manière, mais plus étroitement ; dernier segment noir avec une tache jaune au milieu de sa base. En dessous, les deux premiers segments sont presque tout jaunes ; le second porte seulement une ligne noire médiane, les suivants, excepté les deux derniers, portent une bordure jaune festonnée.

Long. ♀ 10mm. Env. 20mm,

Long. ♂ 7 à 8mm. Env. 10 à 17mm.

9. **Crenatus**, Lepeletier.

Patrie : France méridionale. Espagne, Portugal, Algérie, Italie, Grèce.

Sinus des yeux sans tache jaune ; dernier segment abdominal noir en entier. Tête noire, mandibules noires, un peu rougeâtres au bord externe ; épistome jaune avec sa partie antérieure noire, quelquefois noir en entier. Une tache jaune entre les antennes et une autre derrière le sommet des yeux. Antennes noires avec le scape jaune en dessous. Thorax noir avec le bord antérieur du pronotum jaune ; écaillettes jaunes tachées de brun ; scutellum soit noir en entier, soit avec deux taches jaunes de grosseur variable ; postcutellum marqué d'une ligne jaune. Mésopleures tachées de jaune sous l'insertion des ailes antérieures ; métathorax avec deux grandes taches latérales jaunes. Pattes jaunes avec les hanches, les trochanters, et la base des cuisses noirs, les tarses ferrugineux; hanches intermédiaires et postérieures tachées de jaune en dessous. Ailes enfumées, jaunâtres dans la région marginale, la cellule radiale un peu plus sombre. Abdomen noir, luisant, premier segment jaune sur toute sa partie horizontale sauf une échancrure noire plus ou moins prononcée; quelquefois la largeur de cette bordure jaune se rétrécit et l'échancrure s'agrandit, de sorte qu'on ne voit qu'une bordure ordinaire élargie sur les côtés. Les autres segments portent aussi des bordures jaunes un peu renflées au milieu et sur les côtés, montrant très rarement deux points libres sur le second segment; le dernier segment est entièrement noir. En dessous le second segment a une bordure claire extrêmement fine; les autres n'offrent qu'un triangle jaune de chaque côté (Pl. XLIII, fig. 7, 8 et 13).

Chez le mâle, l'épistome est entièrement jaune; il présente à son extrémité deux très petites dents.

Long. ♀ 12 à 16mm. Env. 20 à 25mm.

Long. ♂ 9 à 12mm. Env. 15 à 20mm.

8. **Simplex**, Fabricius.

Patrie : Toute l'Europe.

10 Corps entièrement de couleur claire, jaune-citron; vertex avec une ligne noire s'étendant d'un œil à l'autre; deux taches noires variables sur le disque du mésothorax. Tête et thorax granuleux. Ailes hyalines, nervures radiale et cubitale ferrugineuses, les autres brunes. ♀

Long. 8 à 9mm. Env. 17mm. (Spinola et de Saussure). 10. **Chloroticus**, Spinola.

Patrie : Egypte.

— Corps noir varié de jaune. 11

11 Dessous des antennes ferrugineux. Tête noire, glabre, luisante, ponctuée. Epistome pas plus long que large, coupé droit en avant ; extrémité des mandibules ferrugineuse ; épistome avec deux petites taches jaunes vers le haut. Une tache entre l'insertion des antennes et une autre derrière chaque œil, jaunes. Antennes noires, ferrugineuses en dessous ; scape jaune en devant. Thorax noir, ponctué ; pronotum un peu concave en avant, ses angles arrondis, son bord antérieur jaune, parfois un peu interrompu au milieu. Une tache sous les ailes, une ligne sur le postscutellum et deux taches au dessus de chacun des côtés du métathorax, jaunes ou jaune orangé. Postscutellum plat, sans dents, côtés du métathorax anguleux. Ecaillettes grandes, jaunes, marquées d'un point brun. Pattes orangées avec les hanches et une partie des trochanters noirs. Ailes enfumées, un peu rougeâtres vers la région costale. Abdomen noir, très finement ponctué ; tous les segments bordés de jaune ou d'orangé, cette bordure légèrement festonnée ; les deux premiers ou seulement le second segments portent en outre deux taches libres ou reliées plus ou moins fortement à la bordure ; celle-ci, dans le premier segment, est rétrécie de chaque côté. Son milieu offre un petit sillon enfoncé. Ventre noir. ♀.

Long. 10^{mm}. Env. 20^{mm}.

Mâle avec l'épistome jaune, le dernier segment noir, l'avant-dernier noir de chaque côté.

11. **Egregius**, H. Sch.

Patrie : Espagne, Italie, Sicile, Caucase.

— Dessous des antennes noir. 12

12 Deuxième segment abdominal avec deux taches jaunes libres. Tête et thorax rugueuse-

ment chagrinés, noirs; mandibules rousses à leur extrémité; une tache entre les antennes, une faible ligne le long des orbites jusque dans le sinus des yeux, jaunes. Pattes noires; genoux, tibias et tarses jaunes. Ailes enfumées le long de la côte. Abdomen finement chagriné, le premier segment le plus fortement; les deux premiers segments abdominaux pourvus de bordures jaunes faiblement échancrées au milieu, la première moins large sur les cotés qu'au milieu; second segment offrant en outre deux taches jaunes libres; troisième, quatrième et cinquième segments pourvus d'une bordure jaune presque régulière, sixième segment seulement taché de jaune en dessus. ♂ (De Saussure).

Femelle, inconnue.

Long. 8 1/2mm. Env. 16mm

12. Bohemani, SAUSSURE.

PATRIE : Iles Ioniennes, Rhodes.

♀ Deuxième segment abdominal sans taches jaunes libres. Tête noire; épistome jaune, tronqué à l'extrémité; un petit point jaune en arrière du sinus des yeux et une tache entre les antennes, jaunes. Thorax noir avec le bord du pronotum jaune ainsi que les écaillettes; une tache sous l'aile antérieure, deux petites taches sur l'écusson et une ligne sur le postécusson, jaunes. Pattes jaunes avec la base des cuisses noire. Ailes hyalines, rembrunies dans la cellule radiale, un peu ferrugineuses le long de la nervure costale. Abdomen noir avec les segments bordés de jaune, la bordure du premier segment fortement échancrée au milieu; celle des autres régulière.

♂ Long. 10mm. Env. 22mm.
♀ inconnue. **13. Innumerabilis.** Saussure.

Patrie : Algérie.

IV. — GROUPE DE L'*ODYNERUS DANTICI*

Premier segment abdominal aplati en devant, sans carène ni sillon. Postscutellum tronqué, crénelé sur toute sa longueur ; bords latéraux du métathorax tranchants, plus ou moins dentés ; parapsides visibles sur une petite longueur en avant du scutellum.

1 Métathorax pourvu à sa partie inférieure de deux très longues épines. Tête noire, glabre, ponctuée, un peu luisante ; épistome jaune, bidenté, ferrugineux à son extrémité. Antennes noires : scape orangé, funicule noir. Thorax noir, finement ponctué ; pronotum coupé droit en avant, un peu subépineux sur les côtés, jaune avec l'extrémité des lobes noire ; bord postérieur du scutellum jaune ; postscutellum un peu crénelé avec la crète jaune. Métathorax un peu tranchant sur les bords, sa concavité ponctuée, jaune avec une large tache noire au milieu ; en bas, les rebords du métathorax s'allongent en pointe simulant deux longues épines ; mesopleures avec une tache jaune sous l'insertion des ailes antérieures ; écaillettes jaunes avec un point roux au milieu. Pattes noires avec les genoux, les tibias et les tarses jaunes mêlés de ferrugineux. Ailes un peu enfumées surtout vers le bord supérieur. Abdomen noir, finement ponctué, luisant ; premier segment cupuliforme, fortement rebordé comme par un cordon avec une très large bordure jaune, un peu rougeâtre et occupant le tiers de la lon-

gueur de ce segment ; sur cette bordure, se trouve une petite ligne médiane d'un ferrugineux sombre ; deuxième segment avec une bordure jaune étroite et deux points jaunes libres ; le bord de ce segment est rebordé, garni de gros points enfoncés et pourvu d'un feuillet qui le double ; troisième et quatrième segments bordés de jaune sur le milieu. Faciès du groupe de l'*O. minutus* auquel il appartiendrait si la forme de son postscutellum ne venait le ranger à côté du *Dantici*. C'est un des passages si nombreux d'une espèce ou d'un groupe à l'autre qui rendent si complexe l'étude des Odynères.

♂ ♀. Long. 5 1/2mm. Env. 10mm. 2. **Regulus**, SAUSS.

PATRIE : Algérie

— Métathorax sans épine particulièrement longue 2

2 Premier segment abdominal portant une légère suture transversale rappelant celle du groupe de l'*O. parietum*, qui n'est bien visible que sur le dos et parait formée surtout par la contiguité d'une partie lisse avec une autre fortement ponctuée. C'est encore un exemple d'un curieux passage d'un groupe à l'autre.

Tête ponctuée, noire, avec l'épistome, le sinus des yeux, une tache triangulaire ou en forme de V entre les antennes, une ligne derrière la partie supérieure de l'orbite des yeux, jaunes. Antennes noires en dessus, avec le scape jaune en dessous, et le funicule ferrugineux en dessous ; épistome court, plus large que long, bidenté. Thorax assez fortement ponctué, noir, avec le devant du pronotum, deux taches sur le scutellum pouvant se réunir, et deux autres taches latérales sur le métathorax, jaunes. Postécusson finement crénelé. Métathorax à bords latéraux tranchants, offrant sur la moitié inférieure de ce bord des dents mousses près desquelles se trouve une petite dépression sur sa face postérieure. Pronotum coupé droit en devant, ses angles non épineux; écaillettes jaunes, éparsement ponctuées, les points paraissant noirs. Pattes jaunes avec les hanches antérieures en entier, le dessus des autres hanches, des trochanters et de la base des cuisses, noir. Tarses passant au ferrugineux. Ailes presque hyalines, à peine assombries vers leur extrémité; nervures et stigma noirs. Abdomen noir avec les cinq premiers segments bordés de jaune; premier segment distinctement tronqué en devant, offrant en son milieu une apparence de suture comme celle de l'O. *parietum*; sa bordure, régulière en son milieu, s'élargit subitement de chaque côté jusqu'au niveau de la troncature. La bordure du deuxième segment est étroite et sinuée et elle se relie à chaque extrémité avec une tache qui se dirige vers le milieu du segment; les autres bordures sont régulières. ♂, ♀.

Long. 9mm. Env. 18mm.

1. Blanchardianus, SAUSSURE.

PATRIE : Algérie.

— Premier segment abdominal sans trace de suture. 3

3 Premier segment abdominal rouge ou en partie rouge. 4

— Premier segment abdominal jaune ou noir, bordé ou taché de jaune. 8

4 Premier segment abdominal rouge en entier, avec seulement une bordure blanc jaunâtre. Tête noire, ponctuée, un peu luisante; épistome échancré, orné d'une large ligne jaune à sa base.

Dessous du scape des antennes, bordure inférieure du sinus des yeux, un point triangulaire entre les insertions des antennes, une large tache derrière le sommet des yeux, jaunes ou rougeâtres. Mandibules longues, rouges. Thorax noir, ponctué; pronotum tronqué droit en avant, avec les angles légèrement saillants, jaune avec l'extrémité des lobes noire. Ecaillettes jaunes marquées d'un point sombre en leur milieu. Mésopleures offrant une tache arrondie, jaune, sous l'insertion des ailes antérieures. Scutellum avec une tache jaune à son bord postérieur, plus étroite sur les côtés qu'au milieu, et se prolongeant de part et d'autre par deux étroites lignes de même couleur jusque sous les écaillettes. Postscutellum avec une bordure semblable en arrière, se prolongeant aussi de chaque côté. Métathorax flanqué de deux grosses taches latérales jaunes. Pattes rougeâtres avec les hanches et les trochanters noirs. Ailes un peu enfumées vers l'extrémité ; côte rousse, les autres nervures et le stigma noirs. Abdomen avec le premier segment entièrement rouge pâle, bordé d'une teinte blanchâtre; les autres segments noirs bordés de jaune, ces bordures biéchancrées ; deuxième et troisième segments ventraux aussi bordés de jaune; le dernier segment, au lieu d'une bordure, ne présente en dessus qu'une tache ovale jaunâtre. ♀

Le mâle ne diffère de la femelle qu'en ce que l'épistome est plus fortement échancré et jaune en entier ; le dernier segment abdominal est noir sans tache jaune.

Long. 9 à 12mm. Env. 20 à 25mm.

3. **Augustus**, Morawitz.

Patrie : Russie mérid., Caucase.

— Premier segment abdominal rouge taché de noir. 5

5 Troisième segment abdominal taché de rouge. Tête orangée, densément ponctuée; une large tache comprenant la région des ocelles sur le vertex, une autre entre les antennes, noires; mandibules brun rouge avec l'extrémité sombre. Antennes orangées avec le funicule rembruni en dessus. Thorax noir avec le pronotum, le scutellum, le postscutellum, une très grande tache sur les mésopleures allant du pronotum aux métapleures, orangés, ainsi que les écaillettes. Pattes orangées, hanches noires, celles du milieu orangées en dessous. Ailes fortement enfumées, nervures et stigma noirs. Abdomen noir; premier segment ferrugineux avec la base et une grande tache sur le bord, noires; deuxième segment ferrugineux avec une grande tache noire parallèle au bord; troisième segment brun rouge sur le milieu, noir partout ailleurs; quatrième segment noir avec une tache médiane rouge; les deux derniers segments sont noirs. ♀ (Morawitz).

Mâle inconnu.

Long. 8mm. 4. **Magnificus,** Morawitz.

Patrie : Russie mérid.

— Troisième segment abdominal non taché de rouge. 6

6 Deuxième segment abdominal taché de rouge. Tête noire, densément ponctuée, avec une très fine pubescence argentée; épistome fortement échancré, jaune; une tache triangulaire entre les antennes, une petite ligne derrière le sommet des yeux, orangées; mandibules jaunes avec l'extrémité brune; scape jaune, funicule ferru-

gineux avec les derniers articles noirs en dessus. Thorax noir, ponctué ; pronotum, une ligne sur le scutellum, une autre sur le postscutellum, une tache sous l'insertion des ailes antérieures, orangés. Ecaillettes ponctuées, orangées. Pattes ferrugineuses avec les hanches, les trochanters et la base des cuisses, noirs. Ailes légèrement enfumées, surtout dans la radiale ; nervure costale jaune, les autres nervures et le stigma bruns. Abdomen noir, ponctué ; premier segment avec une large bande transversale ferrugineuse sur son milieu, laissant du noir à la base et à l'extrémité ; deuxième segment ferrugineux avec seulement une grande tache ovale transversale, noire ; troisième et quatrième segments noirs bordés de jaune, ces bordures plus larges au milieu que sur les bords, un peu échancrées au milieu ; les trois derniers segments entièrement noirs ; en dessous, les premier et second segments sont entièrement ferrugineux ; tout le reste noir. ♂

Femelle inconnue.

Long. 7mm. Env. 13mm. **5. Morawitzi**, N. SP.

PATRIE : Sarepta.

— Deuxième segment abdominal non taché de rouge. 7

7 Premier segment abdominal taché de noir seulement à sa base. Tête noire, mandibules allongées, rouges ; épistome rouge, un peu plus long que large, faiblement échancré en avant. Antennes noires avec le dessous du funicule et la base du scape rouges ; sinus des yeux, épistome, une tache entre les antennes et deux autres derrière le sommet des yeux, rouges. Pronotum tronqué avec les angles aigus, jaune en avant ; scutellum, postscutellum, écaillettes

et une tache sous l'insertion des ailes antérieures, jaunes. Métathorax orné de grandes taches rouges. Pattes rouges. Abdomen avec le premier segment rouge, taché de noir à sa base et bordé de jaune blanchâtre à son extrémité, entièrement rouge en dessous; les autres segments sont noirs bordés de jaune blanchâtre, et le dernier est seulement taché de jaune en dessus vers son milieu. ♀.

♂ Le mâle a l'épistome jaune ainsi que le dessous du scape, et le dernier segment abdominal est entièrement noir (Morawitz).

Long. 7 à 8mm. Env. 18 à 20mm.

6. **Superbus**, Morawitz.

Patrie : Russie méridionale, Saratow.

Premier segment abdominal taché de noir à sa base et vers son extrémité. Tête noire, finement ponctuée, luisante; épistome bidenté, noir avec une ligne circulaire ou deux taches à sa base, jaunes; bord inférieur du sinus des yeux et une tache derrière le sommet de chaque œil, jaunes. Antennes noires. Thorax noir, un peu luisant, finement ponctué; pronotum tronqué droit, ses angles antérieurs bien accentués; jaune avec seulement l'extrémité de ses lobes noire; écaillettes rousses; scutellum orné à sa partie postérieure d'une ligne jaune assez régulière; postscutellum irrégulièrement crénelé, offrant sur sa ligne médiane un large sillon qui donne à la crête la forme de deux gros tubercules juxtaposés; le postscutellum peut être tout noir ou offrir en arrière soit deux petits points, soit une ligne plus ou moins visible, jaunes. Pattes rouges avec les tarses postérieurs un peu assombris en dessus; hanches, trochanters et extrême base des cuisses noirs. Ailes un peu enfumées, côte et base des autres nervures rouges, le reste noir ; stigma brun. Abdomen noir, presque lisse sauf le premier segment qui est assez fortement ponctué; celui-ci offre sur le milieu de son bord une teinte jaune sale et de chaque côté une large tache rouge brique, qui envahit presque tout le dessous. Deuxième segment bordé de jaune, cette couleur légèrement élargie sur les côtés. Les autres segments soit entièrement noirs, soit garnis d'une étroite bordure jaune; quelquefois n'apparaissant que sur les côtés. ♀.

Le mâle a l'épistome en entier, les mandibules et le dessous du scape d'un jaune blanchâtre ainsi qu'une petite tache triangulaire entre l'insertion des antennes, celles-ci sont ferrugineuses en dessous. Les écaillettes sont jaunes et une tache semblable se trouve au dessus des mésopleures. Les hanches intermédiaires et postérieures sont presque entièrement jaunes en dessus et les cuisses sont complètement rouges. Tous les segments abdominaux sont bordés de jaune en dessus; et, sous le ventre, les segments 2 et 3 ont une bordure semblable. Pour tout le reste, il est tout-à-fait semblable à sa femelle.

Long. 8 à 10mm. Env. 20 à 22mm.

7. **Herrichii**, SAUSSURE.

PATRIE : Allemagne du Sud, Russie mérid. (Orenburg, Sarepta, Saratow), Sibérie, Italie (Calabre).

8 Premier segment abdominal jaune avec une échancrure noire bien nette, ou seulement taché de jaune. 9

— Premier segment abdominal jaune en entier avec seulement une tache brunâtre mal délimitée sur la partie déclive. Tête jaune avec le vertex et la région des ocelles roux en arrière, noirs en avant; funicule des antennes noir à partir du troisième article. Thorax jaune avec le mesonotum, une tache au milieu du métathorax et une autre au milieu de la poitrine, noirs, ces deux dernières taches entourées de roux; cette même couleur apparaît aussi sur le mesonotum à côté des écaillettes; celles-ci portent un point sombre en leur milieu. Le pronotum est tronqué en avant et rebordé. Pattes jaunes avec la base ferrugineuse. Ailes hyalines, un peu jaunes sur la région marginale, avec une tache noire enfumée sur les régions radiale et cubitale, le reste de l'extrémité de l'aile seulement un peu nuageux. Abdomen noir avec le premier segment jaune taché de brun en devant sur sa partie déclive; le second segment est bordé d'une large bande jaune se reliant à une large tache de même couleur formant crochet vers le milieu; les autres segments sont aussi largement bordés de jaune excepté le dernier qui est tout noir; en dessous, les deux premiers segments sont entièrement jaunes excepté une petite tache rousse en leur milieu; les suivants sont noirs en entier. ♂♀.

♂ Long. 9mm. Env. 21mm. ♀ Long. 12mm. Env. 27mm. . . . . . . 8. **Caspicus**, Morawitz.

Patrie : Caucase, Krasnowodsk.

9 Premier segment abdominal noir bordé de jaune. 10

— Premier segment abdominal noir taché de jaune vers son milieu. Tête noire, finement ponctuée, luisante. Mandibules rouges; un point jaune dans le sinus des yeux et un autre derrière le sommet de chaque œil; antennes rouges avec seulement le dessus du funicule noir. Thorax noir, finement ponctué, luisant ; pronotum tronqué droit en devant, sans angles saillants, jaune en son milieu, écaillettes blanches. Pattes rouges avec les hanches et les trochanters noirs. Ailes enfumées, nervures et stigma noirs. Abdomen noir mat, très finement ponctué ; le premier segment avec deux taches oblongues latérales jaunes situées vers son milieu, deuxième segment régulièrement bordé de jaune avec deux taches latérales oblongues, jaunes vers sa base, les autres segments entièrement noirs. ♀

Long. 8mm. Env. 15mm.

9. **Quadrimaculatus**, N. SP.

PATRIE : Sarepta (Russie mérid).

10 Echancrure noire du premier segment abdominal triangulaire ou ovale. 11

— Echancrure noire du premier segment abdominal pentagonale. Tête noire, densément ponctuée ; épistome jaune, longitudinalement ridé, tronqué droit avec l'extrémité tachée triangulairement de noir ou de brun ; une tache jaune passant entre les antennes et s'élargissant en triangle sur la base du front relie celui-ci à l'épistome ; bord inférieur du sinus des yeux taché de jaune ; une autre tache allongée derrière le sommet des yeux. Antennes noires avec le scape jaune en dessous. Mandibules noires avec une tache jaune à leur base et leur extrémité rouge. Thorax plus large que la tête, noir rugueusement ponctué, bord antérieur du pronotum, écaillettes, deux taches sur le scutellum, deux autres de chaque côté de la base du métathorax, une assez grande tache sur les mésopleures sous l'insertion des ailes antérieures, jaunes ; un point plus sombre se trouve au milieu des écaillettes. Pronotum coupé droit en devant, ses angles non saillants. Pattes avec les hanches noires, tachées de jaune en dessus ; trochanters et base des cuisses noirs ; cuisses et tibias jaunes en dessous, ferrugineux en dessus ; tarses ferrugineux plus ou moins sombres. Ailes un peu enfumées avec la base et la partie marginale d'un jaune rougeâtre ; nervures brunes. Abdomen plus étroit que le thorax, assez finement ponctué ; le premier segment noir avec deux très larges taches latérales jaunes réunies par une bordure jaune qui est quelquefois un peu coupée sur sa partie médiane par une très fine ligne sombre ; le deuxième segment, qui est le plus large, est noir avec deux taches latérales, plus petites que celles du premier segment, réunies par une bordure jaune qui s'élargit un peu sur la partie médiane. Les segments trois à cinq offrent aussi une bordure jaune un peu élargie à chaque extrémité et en leur milieu. Sixième et dernier segment noir. Sur la face ventrale, les deuxième, troisième et quatrième segments ont les angles jaunes ; le bord antérieur du deuxième segment ventral est obtusément tronqué, ♀.

Chez le mâle, l'épistome est un peu plus échancré, entièrement jaune ; les segments abdominaux sont moins largement bordés de jaune. Les segments six et sept sont entièrement noirs. Le deuxième segment ventral offre deux taches jaunes presque libres. Le crochet des antennes est noir (Pl. XXXVI, fig. 13 et 19).

♀. Long. 12 à 13mm. Env. 24mm.

♂. Long. 9mm. Env. 17mm. **10. Dantici**, Rossi.

A pour parasite : *Chrysis basalis*. Dahlb. (Dours, Catal).

PATRIE : Toute l'Europe.

11 Ecusson entièrement ferrugineux, l'pistome échancré. Tête et thorax chagrinés, luisants, avec une très courte pubescence blanche; épistome échancré, ponctué, brillant, jaune orangé; un triangle de même couleur est placé entre les antennes; sinus des yeux coloré de même ainsi que le dessous du scape et les orbites postérieurs; funicule noir. Pronotum tronqué droit, rebordé en avant, ferrugineux ainsi que le scutellum et une grande tache sur les mésopleures. Ecaillettes jaunes avec un point sombre au milieu; postscutellum crénelé avec une pointe plus forte aux extrémités. Côtés du mésothorax ferrugineux, crénelés, avec une pointe assez forte dans le milieu. Pattes d'un jaune orangé avec les hanches tachées de noir en dessous; tarses ferrugineux à l'extrémité. Ailes enfumées avec la cellule radiale sombre; nervure costale ferrugineuse, les autres nervures et le stigma noirs. Abdomen noir luisant, très finement ponctué; le premier segment jaune en avant, une tache ovale noire entrant dans cette partie jaune; tous les autres segments largement bordés de jaune, cette bordure remontant le long du bord; dernier segment tout jaune en dessus, noir en dessous. Les autres segments sont bordés de jaune sous le ventre. ♀. Long. 12mm. Env. 24mm.

11. **Humeralis**, N. SP.

PATRIE : Turkestan (Tachkend).

Ecusson taché seulement de deux lignes jaunes ou entièrement noir. Epistome droit. Tête noire; une tache entre les antennes, un demi cercle au haut de l'épistome, devant du scape, une bande sur le devant du pronotum, large sur ses côtés, rétrécie, presque interrompue au milieu, écaillettes et une bande interrompue, manquant quelquefois, sur l'écusson, jaunes ; écaillettes un peu ferrugineuses. Tête et thorax couverts de poils noirs qui manquent parfois ; mésothorax portant, à partir du scutellum, quatre sillons longitudinaux, et le scutellum une petite carène médiane longitudinale. Angles du métathorax formant chacun une forte épine. Pattes jaunes ; hanches et base des cuisses noires. Ailes transparentes, ferrugineuses le long de la côte, un peu brunes vers le bout avec quelques reflets violacés. Les parties jaunes sont en général d'un jaune pâle. Abdomen noir ; premier segment jaune sur sa face supérieure avec une échancrure noire, triangulaire au milieu ; deuxième et troisième segments portant une bande jaune assez régulière ; le quatrième souvent entièrement noir, parfois bordé d'une bande jaune étroite. ♀

Le mâle a l'épistome jaune, anguleusement échancré ; crochet des antennes noir. (De Saussure).

Long. 12mm. Env. 24mm.

12. **Bidentatus.** LEPELETIER.

PATRIE : Algérie.

V. — GROUPE DE L'*ODYNERUS PARVULUS*

Premier segment abdominal hémisphérique, deuxième segment un peu globuleux. Postscutellum tronqué, la crête non ou à peine crénelée sur toute sa longueur, offrant seulement une épine bien plus saillante à chacune de ses extrémités, rarement un tubercule dans le milieu. Bords du métathorax ordinairement peu tranchants, quelquefois légèrement crénelés. (Pl. XXXVI. Fig. 14).

1 Premier article des tarses postérieurs ren-

flé en ellipsoïde. Tête noire, ponctuée ; épistome jaune pâle, fortement échancré en avant ; une tache triangulaire entre l'insertion des antennes, une ligne au bord inférieur du sinus des yeux, un point derrière le sommet de ceux-ci, mandibules jusque vers leur extrémité et dessous du scape jaune pâle. Bout des antennes ferrugineux. Thorax noir, assez fortement ponctué, luisant ; devant du pronotum avec deux larges taches jaune clair pouvant se réunir ; écaillettes jaune pâle avec un point sombre au milieu. Pattes jaune pâle avec les hanches et les trochanters noirs ainsi que la moitié basilaire des cuisses antérieures et intermédiaires et la presque totalité des cuisses postérieures ; hanches intermédiaires tachées de jaune pâle en devant ; tibias et tarses intermédiaires et postérieurs ferrugineux. Ailes légèrement enfumées avec la base plus hyaline ; nervure costale rouge ; les autres nervures et le stigma noirs. Abdomen noir très-finement ponctué, luisant ; premier segment orné d'une bordure jaune pâle élargie sur les côtés ; deuxième segment avec une semblable bordure presque régulière ; en dessous, le second segment a seul une bordure jaune qui est biéchancrée. ♂ ♀ inconnue.

Long. 7 à 8mm. Env. 14mm. 1. **Doursii**, Saussure.

Patrie : Espagne, Algérie.

— Premier article des tarses postérieurs ordinaire, non renflé. 2

2 Funicule noir en entier 3

— Funicule ferrugineux en dessous 11

3 Pronotum bordé de jaune 4

— Pronotum noir en entier. Epistome presque polygonal, aussi large que long. Tête et thorax très rugueux ; pronotum à peine anguleux ; métathorax chagriné ; ses arêtes latérales tranchantes, mais sa concavité non entourée de bords tranchants. Abdomen finement chagriné ; bord du premier segment assez épais. Tête noire ; mandibules rousses avec la base noire ; entre les antennes, un point jaune, et derrière l'œil, un autre très petit, de même couleur. Antennes noires. Thorax entierement noir, n'ayant que les écaillettes rousses et bordées de jaune. Abdomen noir, ses deux premiers segments bordés de jaune blanchâtre. Pattes rousses ; hanches noires. Ailes enfumées avec un reflet violet (de Saussure) ♀.

♂ non connu.

Long. 8 1/2mm. Env. 6 1/2mm. 2. **Pontebæ**, Saussure.

Patrie : Algérie (Ponteba).

4 Pattes jaunes ou seulement en partie un peu orangées. 7

— Pattes rouge vif où ferrugineuses en entier. 5

5 Abdomen avec plus de trois segments bordés de couleur claire. 6

— Abdomen avec deux, rarement trois segments bordés de couleur claire. Tête noire, ponctuée ; une tache entre les antennes, une ligne sur l'orbite interne des yeux jusque dans le sinus, une autre derrière le sommet des yeux, jaunes ; épistome noir, avec la base jaune ; cette partie claire quelquefois trilobée ou donnant naissance à des taches isolées sur le disque ; mandibules noires avec l'extrémité rougeâtre ; antennes noires, scape jaune en dessous. Thorax noir ; pronotum jaune en devant ; une tache sous l'insertion des ailes antérieures et le postscutellum jaunes ; métathorax taché latéralement de jaune ; écaillettes jaunes, bordées de brun. Pattes ferrugineuses avec les hanches, les trochanters et la base des cuisses noirs. Ailes légèrement enfumées, nervures et stigma noirs. Abdomen noir ; les deux premiers segments bordés de jaune ; la bordure du premier segment élargie sur les côtés ; la deuxième s'unit à une grosse tache jaune latérale, ou s'accompagne de deux taches libres de cette couleur. ♀ Le mâle a l'épistome et le dessous du scape jaune. Quelquefois son troisième segment abdominal est aussi bordé de jaune. (Morawitz) Long. 10 à 11mm. **3. Opacus** Morawitz.

PATRIE : Russie méridionale

6 Pattes ferrugineuses. Ornements blanc jaunâtre. Hanches intermédiaires entièrement noires. Tête et thorax noirs, finement ponctués. Mandibules tachées de jaune en leur milieu, épistome avec une ligne semicirculaire blanchâtre vers sa base ; une tache quadrangulaire entre l'insertion des antennes ; bordure inférieure du sinus des yeux ; une tache allongée derrière le sommet des yeux, blanchâtres. Bord antérieur du pronotum, écaillettes, sauf un point noirâtre en leur milieu, une tache arrondie sous l'insertion des ailes antérieures, deux taches carrées sur le scutellum, quelquefois une petite ligne sur le postscutellum, et deux taches latérales sur le métanotum, jaune blanchâtre. Pattes ferrugineuses en entier avec seulement les hanches et les trochanters noirs. Ailes un peu enfumées, surtout vers l'extrémité. Abdomen noir, brillant, presque lisse avec les quatre premiers segments bordés de jaune pâle ;

les deux premières bordures les plus larges très peu élargies latéralement; en dessous le second et le troisième segments sont seuls bordés de jaune pâle ♀.

♂ inconnu.

Long. 8mm. Env, 15mm. 4. **Proximus**, MORAWITZ.

PATRIE : Russie méridionale (Sarepta, Saratow).

Pattes rouge vif. Ornements orangés. Hanches intermédiaires ornées d'une tache orangée. Tête aplatie en devant, d'un noir brillant, et ponctuée de même que le thorax. Epistome un peu sinué, noir, presque lisse, avec le bord supérieur orangé; une tache entre les antennes, une ligne derrière le sommet des yeux et le dessous du scape orangés; funicule noir. Pronotum tronqué, orangé en avant, une tache de même couleur sous les écaillettes et deux autres sur le scutellum; écaillettes brillantes, lisses, orangées, tachées de brun au milieu; postscutellum noir. Pattes rouge vif avec les hanches et les trochanters noirs; hanches intermédiaires portant une tache orangée. Ailes presque hyalines; côte rougeâtre, les autres nervures et le stigma noirs. Abdomen presque lisse, noir luisant, avec tous les segments régulièrement bordés d'orangé, cette bordure plus large et un peu agrandie sur les côtés aux deux premiers segments. Les trois premiers segments ventraux sont bordés d'orangé ♀.

♂ Inconnu.

Long. 8mm. Env. 16mm. 5. **Rubripes**, N. SP.

PATRIE : Russie méridionale (Orenburg).

7 Épines du postscutellum petites, parfois peu distinctes, noires; les deux premiers segments seuls bordés de jaune, rarement aussi le milieu du bord du troisième. Tête noire ponctuée, ta-

chée de jaune entre les antennes, dans le sinus des yeux et derrière ceux-ci ; épistome jaune avec l'extrémité noire, antennes noires avec le scape jaune en dessous. Thorax noir, grossièrement ponctué, avec le devant du pronotum, deux taches sur le scutellum, une ligne sur le postscutellum, une tache sous l'insertion des ailes antérieures et les côtés du métathorax, jaunes ; écaillettes jaunes avec un petit point noir. Pattes d'un jaune mêlé de ferrugineux, avec les hanches, les trochanters et la base des cuisses noirs. Ailes enfumées, un peu rougeâtres dans la région costale, plus sombres dans la radiale. Abdomen noir, plus finement ponctué. Premier segment avec une bordure jaune élargie carrément de chaque côté ; deuxième segment avec une bordure jaune renflée au milieu et s'élargissant de chaque côté en deux larges appendices arrondis, jaunes ; souvent le troisième segment est bordé en tout ou en partie de jaune. La coloration jaune de cet insecte est bien accusée, se rapprochant du jaune de chrome. ♀.

Le mâle a l'épistome plus étroit, entièrement jaune, le scutellum noir, les bordures abdominales plus étroites et plus régulières ; le deuxième segment ne présente pas les mêmes élargissements latéraux de sa bordure, ou du moins ils ne sont représentés que par des points qui sont même souvent absents.

Long. 8 à 9mm. Env. 13 à 17mm.

9. **Dubius**, SAUSSURE.

PATRIE : France mérid.

Épines du postscutellum relativement grandes ; tous les segments abdominaux bordés de jaune vif, ou les trois premiers bordés de blanc à peine jaunâtre. **8**

8 Ornements blancs. 9

— Ornements jaunes. 10

9 Postscutellum noir. Tête noire, ponctuée; épistome luisant, bombé, très rétréci en avant, tronqué droit; mandibules noires avec l'extrémité rousse; un point entre l'insertion des antennes, ainsi que dans les sinus des yeux, un point derrière le sommet de ceux-ci, jaunes. Antennes noires, avec quelquefois une éclaircie ferrugineuse sous le scape. Thorax noir, ponctué, deux taches jaunes arrondies sur le pronotum; écaillettes jaunes avec une tache d'un roux noirâtre. Métathorax tronqué, strié, avec la partie supérieure de sa concavité ponctuée, le bas restant lisse. Pattes ferrugineuses avec les hanches, les trochanters et une partie des cuisses, noirs. Tarses un peu assombris au milieu. Ailes enfumées, surtout à la partie supérieure. Nervures et stigma bruns. Abdomen noir, très finement ponctué, luisant. Premier et second segments bordés de jaune pâle; la bordure du premier segment offre un renflement à chaque extrémité; celle du second est étroite dans le milieu et plus large sur les côtés. ♀.

♂ Inconnu.

Long. 10mm. Env. 22mm. 6. **Ionius**, Saussure.

Patrie : France mérid, Rhodes.

— Postscutellum portant une ligne blanchâtre. Tête noire, finement ponctuée, luisante; épistome un peu échancré en avant, ridé, noir avec seulement une bande ou deux taches claires vers sa base, une tache entre les antennes, une autre au fond du sinus des yeux et une troisième allongée, derrière le sommet de ceux-ci, blanc jaunâtre. Antennes noires avec le dessous du scape jaunâtre. Thorax noir, luisant, finement ponctué ; pronotum marqué en avant de deux taches claires presque contiguës et se confondant très souvent ; dessus des mésopleures marqué d'une tache arrondie blanchâtre sous l'insertion des ailes antérieures ; scutellum et postscutellum ornés de bandes blanc-jaunâtre ; celle du scutellum est la plus large ; côtés du métathorax tachés de même. Pattes d'un jaune un peu orangé, avec les genoux, l'extrémité des tibias et les tarses presque ferrugineux ; hanches, trochanters et base des cuisses noirs. Ailes légèrement enfumées, nervure costale rousse, les autres nervures et les stigma noir-brun. Abdomen noir, finement ponctué, luisant, la bordure du premier segment est élargie sur les côtés ; celle du second est biéchancrée latéralement, les bordures des autres segments sont étroites, régulières et souvent incomplètes. Toutes ces bordures sont d'un blanc un peu jaunâtre ; elles se reproduisent semblables en dessous, sauf au premier segment et parfois aux derniers ; le second segment présente toujours une bordure. ♀.

Le mâle ne diffère de la femelle que par son épistome entièrement jaune-pâle et son scutel- noir en entier ; les bordures abdominales manquent à partir du quatrième segment. Le dessous du scape est aussi plus largement jaune clair. Long. 7 à 9^{mm}. Env. 13 à 16^{mm}.

7. **Ballioni** Morawitz.

Patrie : Russie méridionale (Sarepta, Saratow).

10 Postscutellum avec deux tubercules assez gros, noirs, un peu avant ses extrémités ; épistome ponctué, échancré circulairement. Tête noire, épistome jaune marqué d'une tache noire ; une tache entre les antennes, une autre dans le sinus des yeux et une dernière

derrière le sommet de ceux-ci, jaunes. Thorax noir avec le devant du pronotum jaune; une tache au dessus des mésopleures sous l'insertion des ailes antérieures, le scutellum et les côtés du métathorax jaunes. Pattes jaunes, mêlées de fauve avec les hanches noires, celles des pattes intermédiaires sont tachées de jaune. Ailes hyalines avec la cellule radiale et la base de la région cubitale enfumées; nervures brunes, stigma rougeâtre. ♀.

Mâle inconnu.

Long. 11mm. Env. 22mm. **8. Andrei**, Mocsary

Patrie. Espagne (Grenade).

—— Postscutellum avec deux petites épines, le plus souvent jaune à ses extrémités. Épistome allongé, striolé longitudinalement et échancré en avant. Tête luisante, ponctuée, avec une pubescence gris-roussâtre; épistome noir, jaune à la base, quelquefois aussi à son extrémité, ponctué avec la base presque lisse; une tache jaune presque carrée entre les antennes, une autre dans le sinus des yeux, une ligne de même couleur derrière le sommet de ceux-ci; mandibules noires ou rougeâtres avec souvent un peu de jaune pâle à la base. Antennes noires, scape jaune presque en entier, le dessus marqué seulement par une ligne noire. Thorax fortement ponctué, un peu pubescent comme la tête; pronotum coupé droit en avant, sa partie antérieure jaune, une large ligne de même couleur occupe le milieu du scutellum et une autre plus étroite se trouve sur le postscutellum; le haut des mésopleures, sous l'insertion des ailes antérieures, offre un point de même couleur; enfin le métathorax porte une tache allongée, jaune, de chaque côté. Écaillettes lisses, brillantes, jaunes avec une tache brune en leur milieu. Pattes orangées avec les hanches, les trochanters et la base des cuisses noirs. Ailes presque hyalines, un peu assombries vers la région radiale, la cellule radiale est occupée en partie par une tache noirâtre ; nervures noires, stigma rougeâtre. Abdomen noir, assez fortement ponctué, glabre avec seulement une pruinosité grisâtre et les segments bordés de jaune ; la bordure du premier segment est élargie sur les côtés, celle du deuxième est seulement un peu sinuée avec la partie la plus large au milieu, ses côtés le plus souvent se prolongent latéralement de façon à revenir vers le milieu du disque ; les bordures des troisième et quatrième segments sont régulières, celle du cinquième soit entière, soit réduite à une tache médiane ; enfin la dernière est transformée en une tache rectangulaire occupant presque tout le segment ; le bord des segments deux à cinq lisse et décoloré paraît être dédoublé. En dessous, les segments deux, trois et quatre sont seuls bordés de jaune, souvent le second offre seul cette bordure. ♀.

♂ Mâle semblable à la femelle avec l'épistome entièrement jaune, échancré triangulairement en avant, bidenté ; souvent le scutellum est noir ; le septième segment est noir. Crochet des antennes roux (Pl. XXXVI, fig. 14).

Long. 7 à 9mm. Env. 13 à 18mm.

10. Parvulus, Lepeletier.

Patrie : Toutes les régions circaméditerranéennes, la Hongrie, le Caucase, le midi de la Russie, etc., l'Autriche, le Tyrol, l'Egypte, l'Abyssinie, la Perse, etc.

Cette espèce est très variable dans sa coloration et elle a donné lieu à de nombreuses descriptions basées sur des variétés locales ou accidentelles. Sous le nom d'*Orbitalis*, Herrich Schæffer a décrit une variété d'Autriche dont les ornements jaunes sont beaucoup moins développés, et qui a notamment le sinus des yeux et le postscutellum noirs. Le Dr F. Morawitz a indiqué la variété *ruthenicus* originaire de Saratow (midi de la Russie), qui se distingue aussi par une diminution notable des parties jaunes. Le second segment abdominal, au lieu d'avoir latéralement un lobe se rattachant à la bordure jaune, peut montrer ce lobe isolé et formant un point libre plus ou moins volumineux. Ce point lui-même peut disparaître de façon à ne laisser qu'une bordure à peu près régulière. La bande jaune du pronotum diminue aussi en même temps d'ampleur, et les lignes claires du scutellum et du postscutellum varient aussi de la même façon jusqu'à s'annuler parfois sur le postscutellum. Les individus les plus colorés, mis en parallèle avec les plus sombres, ont tout à fait l'apparence de deux espèces distinctes. En général, les specimens les mieux dotés sous le rapport de l'abondance des ornements jaunes, proviennent des localités les plus chaudes, sans que ce soit cependant en aucune façon une règle absolue.

11 Bordure des deux premiers segments abdominaux très élargie. Tête et thorax fortement ponctués, chagrinés; épistome presque tronqué droit, ponctué, jaune luisant, bordé de noir sur les côtés; une tache jaune orangée, en forme d'ω renversé, réunit les sinus des yeux et les remplit; le scape est jaune en entier; le funicule est noir en dessus, ferrugineux en dessous; l'orbite externe des yeux porte aussi une ligne jaune. Pronotum tronqué droit, jaune avec le bord des lobes noir; écaillettes jaunes ainsi que deux taches sur le dessus des mésopleures et qui leur sont contiguës; une petite tache de même couleur sur le mesonotum touche les écaillettes. Scutellum, postscutellum, et côtés du métathorax largement jaunes. Postscutellum avec deux tubercules saillants. Pattes jaunes avec les hanches un peu tachées de noir en dessous et les tarses ferrugineux. Ailes hyalines; nervure costale ferrugineuse, les autres nervures et le stigma

noirs. Abdomen ponctué, noir; premier segment bordé de jaune; cette bordure se relie a deux grosses taches de même couleur situées latéralement au dessus de la bordure ; deuxième segment largement bordé de jaune et avec deux grosses taches semblables aux angles basilaires, reliées à la bordure par un mince filet. Les autres segments ont une large bordure festonnée jaune; dernier segment noir en dessus et en dessous; tous les autres bordés de jaune en dessous. ♀

♂ Inconnu

Long. 6mm. Env. 12mm. 11. **Ornatus.** N. SP.

PATRIE: Tachkend.

Bordure des deux premiers segments abdominaux régulière, non élargie. Tête noire, presque glabre; une petite tache entre les antennes et une ligne derrière le sommet des yeux, jaunes. Epistome échancré. Antennes avec les deux premiers articles entièrement noirs, les suivants noirs en dessus, ferrugineux en dessous. Pronotum noir avec une bande ferrugineuse à son bord antérieur. Mesonotum et métathorax entièrement noirs ; scutellum noir, portant de chaque côté un point jaune ou ferrugineux. Postscutellum noir. Ecaillettes ferrugineuses. Pattes antérieures ferrugineures avec les hanches et la base des cuisses, jusqu'après le milieu, noires; les quatre pattes postérieures noires avec seulement les genoux ferrugineux. Ailes hyalines; nervure costale rousse; les autres nervures et le stigma bruns. Abdomen noir; premier et deuxième segments ornés d'une bordure jaune, simple; en dessous le second segment offre de chaque côté une tache jaune, triangulaire. ♀

Le mâle a le labre et l'épistome blanchâtres

avec un reflet soyeux, argentin. Scape blanchâtre en avant. Bordure du dessous du second segment abdominal complète; genoux et tibias ferrugineux, un peu mêlés de jaune; tarses ferrugineux. (Lepeletier).

Long. 7 à 8^{mm}. Env. 13 à 16^{mm}.

12. **Bispinosus**, LEPELETIER.

PATRIE; Algérie (Oran).

VI. — GROUPE DE L'O. *MINUTUS*

Scutellum rectangulaire. Abdomen court. Premier segment abdominal hémisphérique, cupuliforme, nettement séparé du second qui s'élargit rapidement et est de dimensions bien plus grandes que le premier. Postscutellum souvent un peu élevé, tronqué. Bords du métathorax tranchants. Presque toujours les deux premiers segments abdominaux seuls sont ornés d'une bordure de couleur claire (Pl. XXXVI, fig. 20).

1 Pronotum bordé ou taché de jaune ou de blanc. 2

— Pronotum non bordé ni taché de jaune ou de blanc. 18

2 Bord du second segment abdominal double ou garni de gros points enfoncés. 8

— Bord du second segment abdominal ni double, ni garni de gros points enfoncés. 3

3 Tibias jaunes en entier ou ferrugineux. 4

— Tibias tachés de noir en dessous. Tête noire ponctuée, luisante; une tache entre l'insertion des antennes et un point derrière les yeux, jaunes; scape jaune en dessous; antennes noires. Thorax noir, assez grossièrement ponctué, luisant; deux taches sur le pronotum, une ligne sur le postscutellum, rarement un petit point sous l'insertion des ailes antérieures, jaunes; écaillettes jaunes, tachées de noir ou de brun. Pattes noires avec les genoux et les tibias jaunes, ces derniers tachés de noir en dessous et les tarses ferrugineux noirâtres. Ailes sombres, surtout dans les régions costale et radiale. Abdomen noir; premier segment fortement ponctué, bordé de jaune; deuxième segment plus finement ponctué, luisant, noir, bordé régulièrement de jaune; les autres segments noirs, luisants, à peine ponctués; quelquefois le troisième segment avec une bordure jaune écourtée latéralement.

Long. 7^{mm}. Env. 14^{mm}. 1. **Chevrieranus**, Saussure.

Patrie ; Suisse, Jura, France centrale et mérid.

Je ne puis me résoudre à séparer l'O. *Dufourianus*, Sauss., de l'O. *Chevrieranus*, avec lequel il a de tels rapports qu'il est fort difficile, pour ne pas dire impossible, de l'en distinguer. Je suis persuadé qu'il n'y a là qu'un même type, une seule espèce, dont on pourrait dire au plus qu'elle n'est pas absolument fixée. Il existe de plus grandes différences entre l'O. *Chevrieranus* et l'O. *Jurinei*, Sauss., et je les conserverai provisoirement comme espèces distinctes. Cependant j'ai vu des individus de la première tendant à faire une transition du côté de la seconde, et d'autres de celles-ci variant du côté de la première. Je ne serais nullement étonné que l'on parvînt à réunir une série d'exemplaires formant des passages successifs de l'une à l'autre espèce.

4 Bordure du premier segment régulière. Ordinairement pas de point jaune sous l'aile. 7

— Bordure du premier segment échancrée. Un point jaune sous l'insertion des ailes antérieures. 5

5 Epistome jaune sans verrues ferrugineuses. 6

Epistome garni de verrues ferrugineuses. Tête noire fortement ponctuée ; épistome échancré, aussi long que large, jaune avec de petits points ferrugineux ; une tache entre les antennes, une autre pénétrant dans le sinus des yeux, un point derrière le sommet de ceux-ci et le dessous du scape, jaunes ; dessous du funicule ferrugineux ; dernier article et crochet noir cendré. Thorax noir, ponctué ; pronotum avec les épaules largement jaunes ; écaillettes, une tache sous l'aile, une ligne sur le postscutellum et deux taches latérales sur le metanotum, jaunes. Pattes jaunes ; extrémité des tarses un peu ferrugineuse. Ailes grisâtres, surtout vers l'extrémité ; nervures d'un brun rougeâtre. Abdomen noir, fortement ponctué sur le premier segment, plus faiblement sur les autres ; premier et deuxième segments fortement bordés de jaune ; en dessous le second segment seul a une bordure semblable ♂.

♀ inconnue.

Long. 6mm. Env. 11mm. **2. Laborans**, COSTA.

PATRIE : Sardaigne.

6 Echancrure de la bordure du premier segment abdominal en forme de triangle à pointes mousses. Ornements jaunes, Epistome ♀ tronqué. Tête noire, ponctuée, presque glabre, luisante ; épistome marqué de deux taches jaunes ; une tache de même couleur entre les antennes et deux points semblables derrière le sommet des yeux ; antennes noires avec le scape jaune en dessous. Thorax noir, brillant, ponctué avec deux taches jaunes sur le pronotum, une tache sous l'insertion des ailes antérieures et une ligne sur le postscutellum, jaunes. Ecaillettes jaunes avec un point roux. Pattes jaunes avec

les hanches, les trochanters et la base des cuisses noirs; tarses roux devenant noirs aux pattes postérieures. Ailes légèrement enfumées avec un reflet violet à l'extrémité. Abdomen noir, ponctué, luisant; premier segment avec une bordure régulière, très élargie sur les côtés; deuxième segment avec une bordure assez large, un peu sinuée dans le milieu; troisième segment avec quelquefois une étroite bordure jaune en son milieu; deuxième segment ventral seul bordé de jaune ♀.

Long. 6^{mm}. Env. 13^{mm}. 3. **Jurinei**, Saussure.

Patrie: France méridionale.

Voyez les observations à la suite de la description de *O. Chevrieranus*.

Echancrure de la bordure du premier segment abdominal carrée; troisième, quatrième et quelquefois cinquième segments plus ou moins complètement bordés de jaune. Epistome ♂ et ♀ échancré. Tête et thorax noirs, ponctués, légèrement pubescents; épistome jaune, un peu échancré en devant avec l'extrémité brune, mandibules noires, ferrugineuses à l'extrémité; une tache entre les antennes et une autre derrière le sommet des yeux, jaunes; scape jaune, rayé de noir en dessus; funicule noir. Thorax noir avec le devant du pronotum marqué de deux larges taches jaunes qui sont séparées entre elles par une mince ligne noire; écaillettes jaunes avec une tache noirâtre; une tache au dessus des mésopleures, une ligne sur le postscutellum et deux taches sur le métathorax, jaunes. Pattes jaunes avec les hanches, les trochanters et la base des cuisses noirs; tarses et extrémités des tibias ferrugineux. Ailes enfumées, un peu noirâtres, surtout dans la radiale; nervures et stigma noirs. Abdomen noir, finement ponctué, excepté sur le premier segment où il l'est plus grossièrement; bordure du premier segment jaune, élargie carrément de chaque côté; segments deux, trois et quatre bordés de jaune presque régulièrement; la bordure du deuxième segment est cependant un peu bi-échancrée; ce segment est le seul qui soit bordé de jaune en dessous. ♀.

Le mâle diffère par les orbites des yeux bordés de jaune, le funicule testacé en dessous, le cinquième et un peu le sixième segments légèrement tachés de jaune sur le bord. Epistome entièrement jaune, échancré.

Long. 7mm. Env. 14mm. 4. **Insularis**, ANDRÉ.

Patrie; Sicile.

Ecaillettes blanches. Mésopleures noires. Tête noire, ponctuée; épistome un peu bidenté; une tache jaune entre l'insertion des antennes et deux points de cette couleur derrière le sommet des yeux; antennes noires avec un peu de ferrugineux sous le scape. Thorax noir, ponctué avec deux taches triangulaires sur le pronotum, une autre sous l'insertion de chacune des ailes antérieures et une ligne sur le postscutellum, presque blanches. Ce dernier est peu élevé avec la crète lisse à peine bilobée; écaillettes blanc jaunâtre avec une tache brune. Pattes noires avec les genoux, les tibias et les tarses ferrugineux. Ailes un peu enfumées, surtout à leur bord supérieur; nervures et stigma bruns. Abdomen noir, finement ponctué, luisant, avec les deux premiers segments bordés de blanc à peine jaunâtre; ces bordures sont régulières ou très peu sinueuses. ♀.

Le mâle a l'épistome, les mandibules, le devant du scape, les genoux, les tibias et les tarses jaunes; le funicule est ferrugineux en dessous. (Pl. XXXVI fig. 20, XLIII fig. 6.)

Long. 7 à 8mm. Env. 15 à 17mm. 5. **Minutus**, FABRICIUS.

Patrie ; Toute l'Europe continentale.

— Ecaillettes rouges. Mésopleures avec un point blanc sous les ailes. Tête noire, brillante, assez finement ponctuée ; épistome échancré à son extrémité qui est très rétrécie ; une petite tache entre l'insertion des antennes et deux très petits points derrière le sommet des yeux jaune blanchâtre. Antennes noires ; scape et funicule ferrugineux en dessous. Thorax noir, luisant, finement ponctué ; deux taches triangulaires sur le pronotum, un point sous l'insertion des ailes antérieures et une ligne sur le postscutellum sont d'un jaune blanchâtre ; écaillettes rouges. Pattes rouges avec les hanches, les trochanters et l'extrême base des cuisses noirs. Ailes légèrement enfumées ; nervure costale rougeâtre à sa base ; les autres nervures et le stigma noirs. Abdomen noir, très finement ponctué, luisant, premier et second segments ornés d'une bordure blanc jaunâtre ; en dessous les côtés seulement du bord du second segment abdominal sont de couleur claire. ♀.

♂ Inconnu.

Long. 7mm. Env. 15mm. 6. **Orenburgensis**, N. SP.

PATRIE ; Russie mérid. (Orenbourg)

8 Bord du deuxième segment abdominal double. 9

— Bord du deuxième segment abdominal garni d'une série de gros points enfoncés. Tête plus haute que large, noire ; mandibules rousses avec la base noire ; antennes noires ; scape roux en dessous ; épistome tronqué ou à peine échancré. Thorax noir avec deux taches sur le pronotum blanches ; écaillettes blanches avec un point brun. Pattes rousses tachées de jaune ; hanches et base des cuisses noires ainsi que le bout des tarses postérieurs. Ailes faiblement enfumées. Abdomen ponctué avec le premier segment rugueux, son bord formant un bourrelet saillant ; le deuxième segment est bien plus long que large, et son bord présente en dessus et en dessous une forte zone de gros points enfoncés ; le bord de ces deux segments est blanc ; tout le reste de l'abdomen est noir. ♀ (de Saussure)

Le mâle a l'épistome blanc, médiocrement échancré au bout et muni d'une petite dent de chaque côté de l'échancrure ; le premier article des antennes est blanc en avant, les deux derniers et le sommet de l'anté-pénultième sont ferrugineux, le dernier ou le crochet est long et assez écarté des précédents. Les hanches et les cuisses, presque jusqu'au bout, sont noires, les tibias jaune blanchâtre, marqués de noir en arrière ; les tarses passent au roux-pâle. (Giraud)

Long. 7mm. Env. 14mm. 7. **Gallicus**, Saussure.

Patrie : France méridionale (Aix).

9 Premier segment noir bordé de jaune ou de blanc. 10

— Premier segment ferrugineux, bordé et taché de jaune. 14

10 Angles antérieurs du pronotum arrondis, droits ou obtus. 11

— Angles antérieurs du pronotum spiniformes. Tête noire, finement ponctuée, luisante. Epistome à peine échancré, noir, taché de jaune orangé à sa base. Mandibules noires, ferrugineuses à l'extrémité. Thorax ponctué, noir luisant. Pronotum bordé de jaune en avant, cette bordure légèrement interrompue au milieu par une ligne noire; ses angles un peu spiniformes. Ecaillettes noires marquées de brun; une tache en haut des mésopleures, une ligne sur le postscutellum et deux taches sur le métathorax, jaunes. Pattes ferrugineuses avec un peu de jaune; les hanches, les trochanters et la base des cuisses, noirs. Ailes légèrement enfumées; nervures et stigma noirs. Abdomen noir, finement ponctué; premier segment renflé sur le bord, qui est jaune; cette bordure s'élargit de chaque côté en deux taches irrégulières un peu orangées; deuxième segment doublé à son extrémité, bordé de jaune et offrant en outre deux taches jaunes libres latérales près de sa base; cette bordure se continue du côté ventral. ♀

Mâle inconnu.

Long. 6^{mm}. Env. 11^{mm}. 8. **Siculus**, DESTEFANI.

PATRIE : Sicile.

11 Ornements blanc d'ivoire. Tête et thorax très finement ponctués, luisants, noirs. Epistome bombé, anguleusement échancré; extrémités des mandibules rouges. Antennes noires. Pronotum noir ou avec deux taches humérales blanches. Ecaillettes blanches avec la base noire. Epistome saillant, avec la crête lisse, bilobée. Pattes noires avec les genoux, les tibias et les tarses ferrugineux; dernier article de ceux-ci noir. Ailes très légèrement enfumées; nervures et stigma noirs. Abdomen noir, luisant, à peine ponctué, avec le premier segment renflé sur le bord et le second dédoublé à son extrémité; ces deux segments ont le bord blanc; le second seul a le bord taché de blanc en dessous. ♀

Le mâle a l'épistome blanc ainsi que le dessous du scape ; l'extrémité du funicule est ferrugineuse en dessous. Les parties jaunes des pattes sont d'un jaune très clair ; l'extrémité des tibias postérieurs ferrugineuse et noire ; le premier article des tarses postérieurs est très grand et forme un renflement elliptique, comprimé, caractéristique, noir en dessus, ferrugineux en dessous.

Long. 6 à 7mm. Env. 13 à 15mm. 9. **Tarsatus**, Saussure.

Patrie : Suisse, Lombardie, Alpes.

— Ornements ou au moins les écaillettes jaunes. 12

12 Les deux premiers segments abdominaux, très rarement le milieu du bord du troisième, sont bordés de couleur claire. 13

— Tous les segments abdominaux, sauf le dernier, sont bordés de jaune. Tête noire, avec seulement une tache jaune à la base de l'épistome. Thorax noir, rugueusement et densément ponctué. Angles du pronotum droits ; deux grandes taches sur celui-ci, une autre au sommet des mésopleures, le scutellum et une ligne sur le postscutellum, jaunes. Ecaillettes brun jaune avec une tache médiane noire. Pattes ferrugineuses avec les cuisses antérieures tachées de jaune. Abdomen bordé ou taché de jaune sur le bord de tous les segments, excepté du dernier ; la bordure du second segment est élargie latéralement à angle droit. ♀

Le mâle a l'épistome jaune, plus échancré, le scape jaune en dessous, le funicule ferrugineux au sommet et l'extrémité des tarses noirs. (Morawitz).

Long. 8 à 9mm. 11. **Limbiferus**, Morawitz.

Patrie : Dalmatie.

13 Premier segment abdominal à peine ponctué, sa bordure blanche. Pronotum avec deux taches jaunâtres. Ecaillettes jaunes avec leur base brune. Genoux, tibias et tarses variés de noir et de ferrugineux. Pour le reste, entièrement semblable à l'*O. tarsatus* ♀ (de Saussure).

Long. 7mm. Env. 12mm. 10. **Hannibal**, SAUSSURE.

PATRIE : Algérie.

— Premier segment abdominal assez fortement ponctué, sa bordure jaune. Tête noire, chagrinée, épistome aussi long que large, bidenté, avec une tache jaune rougeâtre en son milieu ; mandibules longues, noires, avec leur extrémité rouge sombre. Antennes noires, scapes ferrugineux en dessous. Thorax noir, chagriné ; devant du pronotum jaune, au moins sur les côtés, tronqué droit, les angles à peine saillants. Scutellum noir ou avec deux très petites taches indistinctes ferrugineuses ; postscutellum élevé, formant une arête peu tranchante, déprimée en son milieu ; une ligne ferrugineuse occupe souvent le bas du postscutellum. Métathorax à côtés peu tranchants, presque arrondis, la face postérieure striée; écaillettes rougeâtres, lisses. Pattes ferrugineuses avec les hanches, les trochanters et la base des cuisses, noirs ; les deux derniers articles des tarses postérieurs noirâtres en dessus. Ailes presque hyalines, un peu enfumées sur le bord costal ; nervures et stigma bruns ou noirs. Abdomen noir, peu ponctué ; premier segment à ponctuation plus forte, avec le bord renflé, de couleur jaune, précédée d'une teinte ferrugineuse ; deuxième segment à bord renflé, laissant passer une lame bien visible, mince, simulant un autre segment rentré par dessous celui-ci ; cette lame est brune ; la face ventrale est noire, avec seulement une tache latérale jaune au deuxième segment; tous les autres segments entièrement noirs, presque lisses. ♀

Le mâle a l'épistome blanc-jaunâtre, garni de poils soyeux argentés; le dessous du scape est jaune et le crochet ferrugineux; le bord du troisième segment abdominal est parfois taché de jaune (Pl. XXXVI, fig. 22).

Long. 7^{mm}. Env. 14^{mm}. 15. **Alpestris.** Sauss.

Patrie. Allemagne, Tyrol, France mérid.

14 Scutellum noir. 15

— Scutellum taché de jaune. 17

15 Bordure du second segment régulière. Tête finement ponctuée, entièrement noire; épistome très étroitement échancré, antennes noires. Thorax ponctué, un peu luisant avec une tache blanc-jaunâtre aux angles antérieurs du pronotum; écaillettes blanc-jaunâtre taché de ferrugineux à la base. Pattes ferrugineuses avec les hanches et les trochanters en partie noirs. Ailes enfumées, surtout vers la partie costale; nervures et stigma noirs. Abdomen peu ponctué, luisant; premier segment ferrugineux avec une étroite bordure jaune; deuxième segment noir bordé de blanchâtre avec le bord doublé. ♀

♂ inconnu.

Long. 6^{mm}. Env. 10^{mm}. 12. **Trinacriæ,** André.

Patrie: Sicile.

— Bordure du deuxième segment très-élargie sur les côtés. 10^{mm}. 16

16 Pronotum bordé de jaune en avant. Tête plus large que le thorax, noire, uniformément ponctuée sauf un espace allongé, irrégulier et sans ponctuation en arrière de chaque ocelle;

mandibules noires; épistome noir avec un pentagone orangé sur son milieu; palpes maxillaires très grêles, noirs; palpes labiaux assez forts, un peu velus, jaune rougeâtre. Thorax noir, finement et uniformément ponctué; pronotum jaune soufre en avant, ainsi que le postscutellum; écaillettes ferrugineuses. Pattes ferrugineuses avec les hanches, les trochanters et l'extrême base des cuisses, noirs. Métathorax arrondi, seulement déprimé en son milieu. Ailes enfumées, foncées, avec un reflet violet dans toute sa partie supérieure, le reste moins foncé. Abdomen avec le premier segment assez fortement ponctué, ferrugineux, garni d'une étroite bordure jaune soufre sinuée, et de deux taches latérales pointues dont les pointes semblent se rejoindre sur la ligne médiane; un étroit espace ferrugineux existe entre la bordure et ces taches; enfin une petite tache semi-circulaire noire se trouve sur le premier tiers de la ligne médiane; deuxième segment finement et peu densément ponctué, noir, luisant, avec une bordure jaune soufre sinuée en son milieu et fortement élargie de chaque côté en un lobe arrondi; son bord offre un feuillet qui le dédouble; les autres segments noirs presque lisses, mats ou très peu luisants. ♀

Le mâle a l'épistome jaune en entier avec des poils couchés argentins; le scape est plus ou moins jaune; le troisième et le quatrième segments peuvent avoir une bordure jaune qui n'atteint pas leurs côtés. (Pl. XLIII, fig. 3).

Long. 9 à 10^{mm}. Env. 20^{mm}.

13. **Mauritanicus**, LEPELETIER.

PATRIE: Algérie.

*Pronotum noir non bordé de jaune en avant. Tête noire, velue, ses poils roux brun. Antennes noires; épistome échancré en avant. Thorax noir, velu de roux brun, Postscutellum élevé, échancré dans son milieu. Ecaillettes ferrugineuses. Pattes ferrugineuses; hanches et base des cuisses noires. Ailes assez transparentes, noirâtres le long de la côte. Nervures et stigma bruns. Abdomen presque glabre; premier segment ferrugineux en dessus avec une tache noire à la base; le deuxième est noir avec le bord postérieur portant une bande ferrugineuse qui s'élargit en deux endroits sur le dos; tous les autres segments sont noirs. Ventre noir, sauf le premier segment qui est en entier ferrugineux, ainsi que des taches sur les côtés du bord du deuxième. ♀

Mâle inconnu.

Long. 9mm. Env. 18mm.

14. **Oraniensis**, Lepeletier.

Patrie: Algérie, Oran.

17 Metanotum noir; bord antérieur du pronotum relevé. Tête finement ponctuée, noir luisant; épistome tronqué, noir. Antennes rousses. Pronotum noir avec le devant jaune bordé d'orangé. Ecaillettes blanc jaunâtre avec un point rouge à la base. Scutellum et postscutellum jaunes. Pattes blanc jaunâtre avec les hanches, les trochanters et la base des cuisses, noirs. Ailes hyalines, nervures et stigma pâles. Abdomen lisse, luisant; premier segment rouge bordé de blanc, deuxième segment avec une bordure blanche un peu élargie sur les côtés, doublé par une portion membraneuse transparente; tout le reste noir. ♀

Mâle inconnu.

Long. 5 à 6mm. Env. 8 à 14mm.

16. **Membranaceus**, Morawitz.

Patrie: Russie mérid. Turkestan.

— Metanotum ferrugineux. Bord antérieur du pronotum non relevé. Tête et thorax ponctués, noirs, brillants; épistome bidenté. Antennes rouges, rembrunies en dessus du funicule, face et épistome garnis de poils argentés. Pronotum jaune en devant, rouge sur le bord postérieur et sur les lobes latéraux. Ecaillettes brillantes, lisses, jaune blanchâtre avec une tache rouge à la base. Scutellum taché de jaune; postscutellum rouge, ainsi que tout le métathorax; postscutellum élevé, un peu tranchant en dessus. Pattes rouges tachées de blanc sur les tibias; hanches, trochanters et base des cuisses, noirs. Ailes hyalines; nervure costale pâle; les autres nervures et le stigma noirs. Abdomen finement ponctué, luisant; premier segment rouge, bordé de blanc; deuxième segment noir, bordé de blanc; les autres entièrement noirs; deuxième segment bordé de rouge en dessous. ♀

Mâle inconnu.

Long. 6^{mm}. Env. 11^{mm}.

17. **Radoschowskii**, N. SP.

PATRIE: Turkestan, Tachkend.

18 Ecaillettes noires. 19

— Ecaillettes tachées de jaune. 21

19 Pronotum rebordé. Tête noire, ponctuée, avec avec un point jaune entre les antennes ; épistome presque tronqué droit ; antennes noires. Thorax entièrement noir, ponctué. Pattes noires avec les genoux, les tibias et une partie des tarses, jaunes ; l'extrémité de ces derniers, et parfois aussi celle des tibias, sont noires. Ailes enfumées, surtout dans les régions marginale et radiale ; nervures et stigma noirs. Abdomen noir avec le premier segment très fortement, le

second plus finement ponctué; ces deux segments portent une étroite bordure jaune régulière qui, pour le second segment, se continue sur la partie ventrale. ♀

Le mâle se distingue par son épistome bidenté jaune, ainsi que le dessous du scape.

Long. 6 à 7mm. Env. 13 à 14mm.

18. **Parisiensis**, SAUSSURE.

PATRIE : France.

— Pronotum non rebordé. 20

20 Angles du pronotum aigus, un peu épineux. Tête noire, ponctuée, avec une tache entre les antennes et une ligne sous le scape, jaunes; épistome faiblement bidenté. Thorax noir, ponctué, rarement avec le postscutellum et les écaillettes tachées de jaune. Pattes noires avec les genoux, les tibias et la partie supérieure des tarses, jaunes, l'extrémité de ces derniers noirâtre. Ailes enfumées, surtout dans les parties marginale et radiale; nervures et stigma noirs. Abdomen avec le premier segment très fortement, le second plus finement ponctué; noir avec les deux premiers segments étroitement et régulièrement bordés de jaune; cette bordure se continue sous le second segment ventral. ♀

Le mâle diffère en ce que l'épistome est jaune ainsi que la base des mandibules.

Long. 7 à 8mm. Env. 13 à 15mm.

19. **Xanthomelas**, H. S.

PATRIE : France, Allemagne.

— Angles du pronotum obtus. Tête et thorax finement ponctués, luisants; épistome échancré; une petite tache blanche entre les antennes et une autre derrière le sommet de chaque œil. Thorax allongé, fusiforme, noir en entier ainsi que les écaillettes. Pattes noires avec les genoux et le dessus des tibias antérieurs et intermédiaires jaunâtres. Ailes enfumées, surtout vers la nervure costale ; celle-ci noire avec la base blanchâtre ; les autres nervures et le stigma noirs. Abdomen noir, luisant, plus fortement ponctué sur le premier segment ; les deux premiers segments bordés de jaune en dessus ; le deuxième seul en dessous. ♀

Mâle inconnu.

Long. 8^{mm}. Env. 16^{mm}. **20. Funebris**, N. SP.

PATRIE : Sibérie orientale.

21 Postécusson taché de jaune. **Xanthomelas**, H. S. var. (V. n° 20).

— Postécusson noir. 22

22 Tarses jaunes à leur base, scape taché de jaune en dessous. **Chevrieranus** ♂ var. (V. n° 3).

— Tarses et scape noirs. Tête noire, ponctuée, avec une tache jaune entre les antennes ; épistome bidenté. Antennes noires. Thorax noir, ponctué ; angles du pronotum aigus. Pattes noires, avec les genoux et la moitié basilaire des tibias jaunes. Ailes enfumées, nervures et stigma noirs. Abdomen avec le premier segment fortement, le second plus finement ponctués, tous deux pourvus d'une bordure régulière jaune. ♀

Long. 7 à 8^{mm}. Env. 13 à 15^{mm}.

21. Germanicus, SAUSSURE.

PATRIE : France, Allemagne, Russie.

VII. — GROUPE DE L'*ODYNERUS EXILIS*

Scutellum carré. Abdomen allongé, fusiforme ; le premier segment petit, hémisphérique, nettement séparé du second ; le bord de celui-ci en général aminci, incolore, précédé de points enfoncés. Ces deux segments sont seuls bordés de couleur claire, presque toujours blanche.

Ces insectes ont une très petite taille qui les a fait réunir par le docteur Thomson, sous la dénomination de *Microdynerus*. (Pl. XLIII, fig. 5).

1 Epistome bien distinctement bidenté. 2

— Epistome tronqué droit, à peine bidenté. Tête noire, ponctuée, luisante. Intervalle des antennes occupé par une carène saillante s'arrêtant brusquement. Antennes noires. Mandibules rousses à leur extrémité. Thorax ponctué, luisant, noir. Pronotum tronqué en avant, rebordé, marqué de deux taches blanches ou rousses; postécusson peu saillant. Métathorax non ou peu tranchant, rugueux en arrière, striolé. Ecaillettes lisses, bordées de blanchâtre. Pattes noires avec les genoux, la base et l'extrémité des tibias et leur côté interne ferrugineux ou jaune brunâtre. Ailes hyalines, à peine grisâtres, plus foncées sur le bord costal. Abdomen presque lisse, luisant, noir; premier segment rugueux avec une impression au milieu de son bord postérieur, qui est blanc ou jaunâtre et un peu épaissi; deuxième segment assez largement bordé de blanc, cette bordure se continuant sur la face ventrale. ♀

Le mâle diffère en ce que son épistome est très échancré et bidenté, entièrement jaune ainsi que la plus grande partie des mandibules, le dessous du scape et quelquefois une tache derrière le sommet des yeux jaune blanchâtre. Les côtés du pronotum, les écaillettes et souvent le postscutellum sont marqués de la même couleur.

Long. 7 à 8mm. Env. 13 à 15mm.

1. **Exilis**, H. Sch.

Patrie : France mérid., Allemagne, Tyrol, Russie méridionale.

2 Premier segment abdominal avec un point enfoncé ou une dépression au milieu de son bord postérieur. 3

— Premier segment abdominal sans point enfoncé ni dépression à son bord postérieur. 5

3. Premier segment abdominal avec le dessous et les côtés d'un brun roux. Cette couleur passe quelquefois sur les côtés du second segment et peut même, dans de rares cas, envahir tout l'abdomen. Les deux premiers segments avec un étroit liseré blanc.

Tête noire, finement ponctuée ; épistome faiblement bidenté. Antennes noires. Thorax noir, ponctué, avec deux taches blanches sur le pronotum et le bord des écaillettes de même couleur. Postscutellum un peu élevé en crête lisse. Métathorax tranchant, rugueux en arrière. Pattes noires avec les genoux, les tibias et les tarses en partie brunâtres. Ailes grises, plus foncées sur la portion costale et radiale ; nervures et stigma noirs. Abdomen noir, lisse, brillant, excepté le premier segment qui est rugueux; celui-ci coloré comme il est dit ci-dessus ainsi que les autres segments. ♀.

Mâle inconnu.

Long. 6mm. Env. 10mm.

2. **Timidus**, Saussure.

Niche dans les tiges sèches de ronces (Giraud).

Patrie : Paris, Grenoble.

— Premier segment abdominal noir bordé de blanc. 4

4 Postscutellum un peu élevé, ponctué ; premier segment abdominal rugueux. Tête noire, faiblement chagrinée, presque lisse, luisante. Epistome bidenté. Antennes noires. Thorax noir, peu ponctué, luisant, avec deux taches blanches sur le pronotum et rarement deux autres sur l'écusson ; bord des écaillettes blanchâtre. Postscutellum un peu élevé. Métathorax lisse et brillant en arrière, ses bords inférieurs relevés latéralement et simulant deux épines aiguës. Pattes noires avec les genoux, le dessous des tibias et une partie des tarses ferrugineux, un peu brunâtres. Ailes légèrement grisâtres, plus sombres dans la radiale et la région costale. Abdomen lisse, brillant ; premier segment à bord blanc un peu épaissi, et relevé avec un point enfoncé au milieu et en avant de ce bord. Deuxième segment bordé de blanc en dessus, un peu décoloré en dessous. ♀

Le mâle a l'épistome, la base des mandibules et le dessous du scape blancs. Le scutellum est noir et les pattes jaunes avec seulement une partie des cuisses et l'extrémité des tarses noires. (Pl. XLIII, fig. 2 et 5).

Long. 5 à 6mm. Env. 9mm.

3. **Helvetius**, Saussure.

Patrie : France, Suisse, Tyrol.

— Premier segment abdominal lisse ; postscutellum élevé, crénelé en son milieu. Tête finement ponctuée, noire en entier. Mandibules rousses à l'extrémité. Epistome large, bombé, offrant en avant deux petites dents aiguës. Antennes épaisses, noires en entier. Thorax finement ponctué, noir. Ecaillettes lisses, brillantes, jaune blanchâtre avec la base noire. Pronotum ordinairement orné de deux points blancs. Pattes noires avec les genoux, les tibias et les tarses ferrugineux. Extrémité des tibias et tarses un peu assombris aux quatre pattes postérieures. Ailes hyalines avec une teinte grise dans la radiale et sur le bord du limbe. Nervures et stigma noirs. Abdomen noir finement chagriné, luisant; premier segment avec le bord épaissi, blanc, précédé d'un petit sillon médian longitudinal; deuxième segment avec une bordure blanche. ♀

Le mâle a l'épistome jaune argenté avec deux points noirs au milieu; le devant du scape et les mandibules sont jaunes; les deux ou trois derniers articles des antennes sont ferrugineux; les hanches sont tachées de blanc; les genoux, les tibias et les tarses jaunes, avec le dernier article des tarses brun.

Long. 7 à 8mm. Env. 12 à 14mm.

4. Nugdunensis, Saussure.

Patrie : France, Suisse, Tyrol.

5 Antennes séparées par une carène élevée.

Exilis ♂ (V. n° 1).

— Antennes non séparées par une carène. Tête noire en entier, ponctuée. Antennes noires. Thorax noir, ponctué. Pronotum avec deux points huméraux jaunes. Ecaillettes blanchâtres avec la base brune. Pattes ferrugineuses avec la base des cuisses et l'extrémité des tarses noires. Ailes enfumées dans la région radiale. Abdomen noir, finement ponctué, avec le premier et le second segment bordés de blanc. ♀

Le mâle a l'épistome et le dessous du scape blanc jaunâtre, l'extrémité des antennes et leur crochet ferrugineux; le devant de la tête porte des poils argentés, les pattes sont souvent mêlées de jaune, le bord des deux premiers segments abdominaux est blanc, celui des suivants est lisse et brunâtre.

Long. 5mm. Env. 9mm.

5. **Abd-el-Kader**, SAUSSURE.

PATRIE : France méridionale. Algérie, Sardaigne.

VIII. — GROUPE DE L'*ODYNERUS FLORICOLA*

Abdomen non ou peu déprimé ; premier segment imparfaitement arrondi, un peu aplati en devant. Côtés du métathorax arrondis ou à angles mousses. Postscutellum lisse. Presque tous les segments abdominaux bordés de couleur claire. Antennes des mâles terminées par un crochet infléchi.

1 Bord du premier segment abdominal non épaissi, ordinairement lisse, mais non saillant sur le reste du segment. 2

— Bord du premier segment abdominal épaissi, bordé comme avec un petit cordon lisse, un peu saillant. Tête noire, ponctuée, luisante avec une courte pubescence légèrement roussâtre ; épistome jaune, taché de noir en son milieu ou entouré de noir ; une tache entre les antennes, l'orbite des lobes inférieurs des yeux, une courte ligne derrière le sommet de ceux-ci, la base des mandibules, jaunes ; scape jaune en dessous ; funicule ferrugineux en dessous. Thorax noir, ponctué, légèrement pubescent ; devant du pronotum, une tache sous l'insertion des ailes antérieures, jaunes : écaillettes jaunes marquées de roux en leur milieu ; scutellum orné de deux taches carrées ou triangulaires jaunes, ou noir en entier ; postscutellum jaune ; métathorax garni de deux larges taches latérales jaunes, rarement noir. Pattes jaunes avec les hanches, les trochanters et la base des cuisses, noirs; hanches intermédiaires et postérieures tachées de jaune en dessous; extrémité des tibias et tarses un peu ferrugineux. Ailes enfumées; nervure costale ferrugineuse; les autres nervures et le stigma noirs. Abdomen noir, ponctué, plus fortement sur le premier segment; celui-ci bordé de jaune, cette bordure élargie latéralement et se recourbant vers le milieu; les segments deux à cinq avec des bordures jaunes à peine sinuées; le second avec ou sans deux taches jaunes, libres; dernier segment noir ou à peine taché de jaune; en dessous, le second et le troisième segments sont bordés de jaune; le quatrième n'est taché de cette couleur que sur les côtés. Chez le mâle, l'épistome est jaune et le dernier article des tarses noir ou brun.

Long. 11mm. Env. 18mm. **2. Floricola,** Saussure.

Patrie : Toute l'Europe méridionale, l'Algérie.

2 Les deux premiers segments abdominaux noirs bordés de jaune. 3

— Les deux premiers segments abdominaux au moins en partie rouges, ou jaunes avec seulement une très-petite tache noire en avant. 14

3 Deuxième segment abdominal sans taches jaunes libres. 4

— Deuxième segment abdominal avec deux taches jaunes libres. Tête noire, finement ponctuée avec une pubescence blanche; épistome jaune, taché de noir en son milieu, et bordé de noir; labre roux; une tache entre les antennes, une bordure le long de l'orbite inférieur des yeux, une ligne derrière le sommet de ceux-ci, jaunes. Antennes noires, dessous du scape jaune et du funicule ferrugineux. Thorax, noir, ponctué, luisant, avec une pubescence blanche; pronotum jaune en devant; une grande tache sous l'insertion des ailes antérieures, deux points sur le scutellum, une ligne sur le postscutellum, deux taches latérales sur le métathorax, jaunes. Pattes jaunes ou orangées, avec les hanches, les trochanters et la base des cuisses, noirs. Ailes légèrement enfumées, un peu plus assombries dans la cellule radiale; nervure costale ferrugineuse, les autres et le stigma noirs. Abdomen noir, assez finement ponctué, glabre, luisant; premier segment avec une fine bordure jaune, très-élargie latéralement, cet élargissement se dirigeant vers le milieu du segment; deuxième segment avec une bordure jaune bisinuée et en outre deux taches jaunes libres; troisième, quatrième et cinquième segments avec des bordures jaunes sinuées; dernier segment noir ou peu taché de jaune en son milieu; ventre noir avec le second et le troisième segments irrégulièrement bordés de jaune. ♀

Mâle inconnu.

Long. 10 à 12^{mm}. Env. 19 à 22^{mm}.

1. Graphicus, Saussure.

Patrie: France mérid.

4 Bordure jaune du premier segment abdominal largement dilatée sur les côtés. 5

— Bordure jaune du premier segment abdominal non ou à peine dilatée. 8

5 Métathorax arrondi sur les côtés; les deux premiers segments abdominaux séparés par un fort étranglement. 6

— Métathorax avec des angles mousses sur les

côtés; séparation des deux premiers segments abdominaux bien visible, mais sans étranglement particulier. 7

6 Une tache jaune sous les ailes. Tête noire, finement chagrinée, luisante, à peine pubescente de poils roux; épistome noir avec une tache trilobée blanchâtre à la base; une tache entre les antennes, un point derrière le sommet des yeux et quelquefois leur orbite inférieur, blancs. Antennes noires, quelquefois le scape rougeâtre en dessous. Thorax noir, chagriné, glabre; devant du pronotum, une tache sous l'insertion des ailes antérieures, le scutellum, le postscutellum et les côtés du métathorax, jaunes; écaillettes jaunes. Pattes rouges avec la base noire. Ailes faiblement enfumées. Abdomen avec les cinq premiers segments bordés de jaune pâle; les bordures des deux premiers sont fortement élargies latéralement; en dessous, le deuxième segment est bordé de jaune et les deux suivants sont seulement tachés de même latéralement. ♀

Le mâle a l'épistome jaune, ainsi que les mandibules, le labre et le dessous du scape; les trois derniers articles du funicule sont orangés (Morawitz).

Long. 9 à 12mm. **3. Beckeri**, Morawitz.

Patrie : Russie méridionale (Sarepta).

— Pas de tache jaune sous les ailes. Tête noire, rugueuse, rarement avec une tache rousse au milieu de l'épistome; devant du scape ferrugineux. Thorax noir, rugueux, avec le pronotum orné d'une bande d'un jaune blanchâtre, brièvement interrompue au milieu; bord postérieur du scutellum avec une bande ou seulement deux points jaunâtres; bord postérieur du postscutellum orné de roux; écaillettes ferrugineuses. Pattes noires, bout des cuisses, tibias et tarses, ferrugineux. Ailes transparentes, un peu enfumées le long de la côte. Abdomen noir avec les deux premiers segments bordés de jaune; la bordure du premier un peu élargie sur les côtés ; celle du deuxième assez régulière, nulle en dessous. ♀

Le mâle a l'épistome jaune, argenté, le devant du scape jaune, les deux derniers articles du funicule ferrugineux, les écaillettes jaunes (de Saussure).

Long. 8mm. Env. 13mm. 4. **Modestus**, Saussure.

Patrie : Algérie.

7 Sinus des yeux non tachés de jaune. Tête noire; épistome presque tronqué à l'extrémité; mandibules noires avec l'extrémité rouge, scape rougeâtre en dessous. Thorax noir, rugueux, avec deux petites taches sur le pronotum, une autre sous l'insertion des ailes antérieures, le postscutellum et les écaillettes, jaunes. Pattes rouges. Abdomen noir, densément ponctué; les cinq premiers segments bordés de jaune pâle; les deux premiers ont leur bordure élargie latéralement; le sixième segment est noir avec une tache jaune en son milieu. ♀

Le mâle a l'épistome jaune ainsi que les mandibules et le devant du scape; le funicule est ferrugineux en dessous; il n'y a pas de tache sous les ailes; le dernier segment abdominal est entièrement noir (Morawitz).

Long. 7 à 8mm. 5. **Ephippium**, Germar.

Patrie : Russie méridionale, Dalmatie, Espagne.

— Sinus des yeux un peu tachés de jaune. Tête noire, rugueusement ponctuée ; épistome pyriforme, jaune avec le bord antérieur noir brunâtre, échancré, un peu déprimé ; orbite antérieur des yeux depuis l'épistome jusqu'au fond du sinus, jaune ; une tache de même couleur entre les antennes et une autre derrière les yeux ; antennes noires ; scape jaune en dessous ; mandibules rougeâtres avec la base noire. Thorax noir, rugueusement ponctué ; pronotum jaune excepté l'extrémité de ses deux lobes latéraux ; écaillettes, une tache sous l'insertion des ailes antérieures, une ligne sur la moitié postérieure du scutellum, une autre sur le postscutellum et une tache de chaque côté du métathorax, jaunes; écaillettes avec une petite tache sombre en leur milieu ; scutellum presque plat, à peine convexe ; postscutellum tronqué, le bord supérieur de la troncature à peu près droit ; la partie supérieure noire, la partie tronquée jaune. Métathorax tronqué, noir. Pattes jaunes avec les hanches, les trochanters et la base des cuisses, noirs; une partie des tibias et des tarses ferrugineuse. Ailes un peu enfumées ; la partie marginale rougeâtre ; nervures et stigma bruns. Abdomen plus large que le thorax, très finement ponctué, sauf sur le premier segment qui l'est d'une façon plus rugueuse, noir ; premier segment avec deux larges taches jaunes, réunies par une bordure de même couleur ; deuxième segment noir avec une large bordure jaune un peu renflée aux extrémités et au milieu ; segments trois, quatre et cinq bordés de même, mais plus étroitement ; sixième segment noir. Du côté ventral, le premier segment est un peu ferrugineux et bordé de jaune ; le deuxième et le troisième sont bordés de jaune ; cette bordure est échancrée de chaque côté ; le quatrième segment offre seulement une petite tache latérale jaune. ♀.

Le ♂ a l'épistome entièrement jaune ainsi que

les mandibules dont l'extrémité est cependant noire ou rougeâtre; la tache sous les ailes manque souvent; le sixième segment est bordé de jaune; comme les précédents le septième est noir.

Long. 8 à 9^{mm}. Env. 17 à 20^{mm}.

6. **Fastidiosissimus**, Saussure.

Patrie : Europe méridionale, Espagne, Algérie.

8 Angles du pronotum aigus, légèrement spiniformes. 9

— Angles du pronotum droits ou obtus, nullement spiniformes. 11

9 Epistome et scape tachés de jaune. Tête noire, ponctuée; épistome avec deux points jaunes; une tache entre les antennes et une ligne sous le scape, jaunes. Thorax noir, ponctué. Pronotum avec deux taches jaunes presque contiguës; un petit point sous l'insertion des ailes antérieures, une ligne sur le postscutellum, jaunes. Ecaillettes jaunes avec un point brun en leur milieu. Pattes noires; genoux, tibias et tarses, jaunes. Ailes enfumées, nervures et stigma noirs. Abdomen noir, ponctué; les deux premiers segments, souvent les quatre premiers, bordés de jaune d'une façon étroite et régulière; deuxième segment ventral bordé de jaune. ♀

Le mâle a l'épistome entièrement jaune.

Long. 7 à 10^{mm}. Env. 12 à 20^{mm}.

7. **Rossii**, Lepeletier.

Patrie : Europe centrale et méridionale.

— Epistome et scape noirs; ce dernier peut avoir de très petites taches ferrugineuses à la base et à l'extrémité. 10

10 Postscutellum noir. Tête noire, ponctuée, lui-

sante, une petite tache entre les antennes, une autre dans le sinus des yeux, jaune orangé. Epistome seulement sinué à son extrémité. Thorax noir, ponctué. Pronotum avec une ligne jaune, étroite en avant, interrompue en son milieu; ses angles antérieurs épineux. Epaillettes blanches avec leur base noire. Pattes testacées avec les hanches, les trochanters et la base des cuisses, noirs. Ailes faiblement enfumées, nervures et stigma noirs. Abdomen noir avec le premier segment fortement, les autres très finement ponctués; premier segment avec une étroite bordure régulière blanc jaunâtre; deuxième segment avec une bordure de même couleur trisinuée; troisième segment entièrement noir; quatrième avec seulement le milieu de son bord coloré en blanc jaunâtre; en dessous le second segment seul est étroitement bordé de même. ♀

Mâle inconnu.

Long. 8mm. Env. 15mm. 9. **Mocsaryi**, N. SP.

PATRIE : Sarepta.

Postscutellum taché de jaune. Tête noire, avec une pubescence grise, ponctuée. Base des mandibules, un point entre les antennes et un autre derrière le sommet des yeux, jaunes. Base et extrémité du scape ferrugineux. Thorax noir, ponctué, pubescent, avec une ligne interrompue sur le postscutellum et les écaillettes, jaunes. Pattes noires avec les genoux, les tibias et les tarses, jaunes. Ailes hyalines, enfumées seulement dans la région marginale; nervures et stigma bruns. Abdomen noir avec les segments un à cinq étroitement bordés de jaune; les bordures des troisième, quatrième et cinquième segments sont raccourcies sur les côtés. ♀ (de Saussure).

Mâle inconnu.

Long. 10mm. Env. 18mm. 10. **Ibericus**, SAUSSURE.

PATRIE : Gibraltar.

11 Métathorax et pronotum tachés de rouge. Tête et thorax fortement ponctués, noirs, luisants. Epistome tronqué, orangé, avec le bord antérieur noir. Sinus des yeux, une tache entre les antennes et d'autres derrière le sommet des yeux, ferrugineux. Antennes noires avec le scape jaune en dessous. Scutellum avec deux taches rondes ferrugineuses. Côtés du métathorax largement tachés de ferrugineux. Ecaillettes jaunes, lisses, tachées de ferrugineux. Une tache semblable sous les ailes, au sommet des mésopleures. Pattes jaunes avec les hanches, les trochanters et la base des cuisses, noirs. Ailes légèrement enfumées; nervure costale ferrugineuse; les autres nervures et le stigma noirs. Abdomen ponctué, surtout sur le premier segment, celui-ci noir en arrière, jaune en devant, le noir pénétrant dans le jaune sous forme d'un triangle allongé atteignant presque le bord du segment; noir en dessous; deuxième segment et les suivants avec des bordures régulières jaunes, en dessus et en dessous; dernier segment tout noir. ♀

Mâle inconnu.

Long. 12mm. Env. 23mm.

11. **Rubrosignatus**, N. SP.

PATRIE : Turkestan (Tachkend).

— Métathorax et pronotum noirs ou tachés de jaune. 12

12 Métathorax et postscutellum noirs. 13

— Métathorax et postscutellum tachés de jaune. Tête noire. Epistome triangulaire, faiblement échancré, jaune avec une bordure étroite, noire, et une tache centrale triangulaire, pouvant se réunir. Mandibules ornées en dehors d'une ligne jaune; une tache entre les antennes, une autre entre celles-ci et les yeux, n'atteignant pas leur sinus et une autre derrière le sommet des yeux, jaunes. Antennes noires avec le dessous du scape jaune, celui du funicule ferrugineux à sa base. Thorax noir, ponctué. Pronotum à angles antérieurs mousses, presque arrondis, ornés d'une bande jaune en avant; une tache ovale sous l'insertion des ailes antérieures, une ligne sur le postscutellum et une tache de chaque côté du métathorax, jaunes. Ecaillettes jaunes avec un point brun au centre ou à la base. Pattes noires avec les genoux et les tibias jaunes, les tarses ferrugineux. Ailes légèrement enfumées; nervures et stigma bruns. Abdomen noir; le premier segment offre une bordure jaune, étroite, régulière; les quatre suivants ont encore des bordures régulières jaunes, un peu plus larges; celle du second segment est un peu élargie sur les côtés ; en dessous, les segments deux et trois portent une bordure semblable. ♀

Le mâle a l'épistome entièrement jaune, profondément échancré.

Long. 10mm. Env. 17mm.

8. **Delphinalis**, Giraud.

Cette espèce niche dans les tiges sèches de la ronce et elle éclot en juin.

Patrie : France méridionale et centrale.

13 Dessous des tibias non rayé de noir. Tête noire, ponctuée, pubescente. Epistome, labre, dessus des mandibules, une tache entre les antennes, une ligne derrière le sommet des yeux, jaunes, antennes noires, scape jaune. Thorax noir, ponctué, pubescent; une ligne jaune interrompue, sur le devant du pro-

notum; deux petites taches rougeâtres, peu visibles, sur le scutellum. Ecaillettes jaunes avec la base un peu tachée de noir. Pattes noires avec les genoux, les tibias et les tarses, jaunes. Hanches intermédiaires jaunes en dessus. Ailes un peu enfumées, surtout vers l'extrémité; nervures et stigma brun noir. Abdomen finement ponctué et pubescent sur le premier segment, presque lisse et brillant sur les autres. Les six premiers segments étroitement et régulièrement bordés de jaune; les bordures des segments quatre, cinq et six n'atteignent pas tout à fait les côtés; en dessous, le second segment et les côtés des deux suivants sont bordés de jaune. ♂.

Femelle inconnue.

Long. 9mm. Env. 17mm. **12. Hospes,** DUFOUR.

La description de cet insecte, qui n'a plus été retrouvé, a été faite d'après le type de la collection Dufour. Ce type m'a été communiqué par M. le Dr Laboulbène, à l'obligeance duquel on n'a jamais recours en vain. Je n'ai pu malheureusement retrouver dans cette collection le type de l'O. *industrius* décrit en même temps que celui-ci par L. Dufour, mais d'une façon trop insuffisante pour parvenir à son classement.

Ces deux espèces nichent dans les tiges sèches de ronce.

PATRIE: France méridionale (Landes).

Dessous des tibias rayé de noir. Tête noire, ponctuée, pubescente. Epistome échancré. Labre, épistome, mandibules; une tache entre les antennes, un point derrière le sommet des yeux, jaunes. Scape des antennes jaune en dessous. Thorax noir, ponctué, pubescent, avec une petite ligne écourtée jaune sur le pronotum. Pattes noires avec les genoux, les tibias et les tarses, jaune pâle. Les tibias sont aussi rayés de noir en dessous. Ailes presque hyalines, enfumées seulement dans la cellule radiale. Abdomen noir avec le premier segment fortement, les autres plus finement ponctués; les trois premiers segments sont bordés de jaune en dessus. ♂ (Thomson).

Femelle inconnue.

Long. 10mm. **13. Tristis,** THOMSON.

PATRIE : Suède.

14 Premier segment abdominal jaune avec une petite tache noire en devant. Tête jaune avec une grande tache noire sur le vertex entre les yeux. Epistome tronqué droit. Mandibules jaunes avec l'extrémité brune. Scape jaune. Funicule ferrugineux avec l'extrémité noire. Thorax jaune; angles du pronotum un peu saillants: mesonotum brun clair, ainsi qu'une grande tache pectorale. Pattes entièrement jaunes, les tarses seulement légèrement ferrugineux. Ailes hyalines, un peu assombries à leur bord extrême. Nervure costale jaune, les autres nervures et le stigma noirs. Abdomen jaune avec une petite tache noire, ovale, à la base du premier segment et une autre lenticulaire, transversale, à la base du second; ce dernier à peine teinté de ferrugineux. ♀ (Pl. XLIII, fig. 4).

Mâle inconnu.

Long. 13mm. Env. 25mm.

14. Stramineus, N. SP.

PATRIE : Turkestan (Tachkend).

— Premier segment abdominal en partie rouge. 15

15 Deuxième segment abdominal en partie ferrugineux. 16

— Deuxième segment abdominal noir ferrugineux. Tête noire, luisante, finement ponctuée. Epistome un peu sinué, noir; une tache entre les antennes et l'orbite interne des yeux, ferrugineuse. Mandibules en grande partie rouges; une tache derrière le sommet des yeux, jaune pâle. Dessous du scape et du funicule ferrugineux. Thorax noir brillant. Pronotum marqué en avant de deux taches carrées blanc jaunâtre; une tache sous l'insertion des ailes antérieures, une ligne sur le scutellum, une autre plus étroite sur le postscutellum, une autre entre le scutellum et les écaillettes, blanc jaunâtre. Ecaillettes de même couleur avec une tache noirâtre à leur base. De chaque côté du métathorax, une tache ferrugineuse. Pattes ferrugineuses avec les hanches et les trochanters noirs. Ailes hyalines avec la région costale à peine teintée de jaune. Nervure costale jaune, les autres nervures et le stigma noirs. Abdomen noir, finement ponctué; premier segment orné d'une étroite bordure régulière blanc jaunâtre, et, en outre, de deux grosses taches latérales rouges; segments deux à cinq avec une bordure légèrement sinueuse, blanc jaunâtre; dernier segment avec une tache médiane semblable; premier segment ferrugineux en dessous, le reste du ventre noir brillant. ♀

Mâle inconnu.

Long. 7mm. Env. 14mm.

15. **Hyalinipennis**; N. SP.

PATRIE : Sarepta.

16 Deuxième segment abdominal ferrugineux avec une petite tache noire en avant. Tête et thorax fortement ponctués. Epistôme tronqué, bicaréné, ferrugineux, ainsi que la face jusqu'au niveau du sinus, l'orbite interne et une grande tache derrière le sommet des yeux. Antennes ferrugineuses avec l'extrémité du dessus du funicule noire. Thorax ferrugineux avec le mi-

lieu de la poitrine, le mesonotum et le milieu du métathorax, noirs, une petite tache ferrugineuse, isolée, lisse, est au milieu du mesonotum. Pattes ferrugineuses. Ailes jaune rougeâtre jusqu'au stigma, enfumées, noirâtres, du stigma à l'extrémité; les nervures sont colorées de la même façon. Abdomen ferrugineux avec une petite tache noire à la base du premier segment, une autre à la base du second; les segments trois, quatre, cinq et six sont noirs en entier. ♀

Mâle inconnu.

Long. 13mm. Env. 24mm. 16. **Rubiginosus**, N. SP.

PATRIE : Caucase.

Deuxième segment abdominal noir avec une bordure blanche biéchancrée. Tête et thorax noirs avec une pubescence soyeuse, argentée. Mandibules jaune pâle avec l'extrémité rougeâtre. Antennes fauves, scape jaune. Pronotum, écaillettes, postscutellum et côtés du metanotum, jaune pâle. Pattes brunes. Hanches et trochanters tachés de jaune pâle; genoux et dessous des quatre cuisses antérieures jaune pâle, ainsi que le côté externe des tibias; tarses rouge pâle, assombris. Ailes hyalines, nervures et stigma bruns. ♀

Mâle inconnu.

Long. 6mm. Env. 11mm.

17. **Aurantiacus**, MOCSARY.

PATRIE : Hongrie centrale.

IX. — GROUPE DE L'*ODYNERUS SPINIPES*.

Abdomen ovale, déprimé, avec le premier segment à peu près cupuliforme, moins large que le second; premier segment montrant sur son bord postérieur un sillon ou une dépression; mandibules des mâles avec une échancrure surmontée d'un éperon; hanches des mâles souvent éperonnées; leurs cuisses parfois dentées ; leurs antennes enroulées à l'extrémité. (pl. XLIII. fig. 9 et 10).

(En raison des caractères spéciaux qui facilitent d'une façon considérable la détermination des mâles, je crois devoir les traiter à part et faire un tableau spécial pour chacun des sexes de ce groupe).

TABLEAU DES MALES

1 Epistome tronqué droit en avant. Tête noire, ponctuée, un peu luisante, velue de poils dressés blancs; mandibules noires tachées de jaune blanchâtre; épistome aussi long que large, coupé droit en avant, jaune clair, couvert d'un duvet argenté soyeux; bordure du sinus des yeux et un point derrière le sommet de chaque œil, jaune blanchâtre; antennes noires avec le devant du scape jaune pâle. Thorax noir; les deux côtés du pronotum jaune pâle ainsi qu'une tache sous l'insertion des ailes et les écaillettes; celles-ci tachées en outre d'un point gris; scutellum marqué de deux petits points jaunes ou noir en entier. Pattes d'un jaune un peu ferrugineux avec les hanches, les trochanters et la base des cuisses, noirs. Ailes enfumées, plus foncées dans les régions cubitale et radiale; nervures et stigma roussâtres. Abdomen noir, finement ponctué, luisant, avec tous les segments bordés de jaune; cette bordure ordinairement un peu rétrécie au milieu; ventre noir avec les côtés des segments, sauf du premier, étroitement tachés ou bordés de jaune.
Long. 8mm. Env. 14mm. 1. **Lutéolus**, Lep.
Patrie : Algérie.

— Epistome plus ou moins échancré. 2

2 Hanches intermédiaires inermes. 3

— Hanches intermédiaires fortement éperonnées. 22

3 Cuisses intermédiaires lisses. 4

— Cuisses intermédiaires dentées. 17

4 Spire des antennes entièrement noire avec seulement le bord supérieur des articles un peu testacé. 5

— Spire des antennes en partie de couleur claire, au moins à la base des articles. 9

5 Tibias roux ou ferrugineux au moins en partie. 6

— Tibias jaunes. Tête noire, ponctuée, velue de longs poils gris, avec le labre, l'épistome, la plus grande partie des mandibules, une tache entre les antennes, le dessous du scape et une courte ligne derrière le sommet des yeux, jaunes; extrémités des mandibules rouges ou brunes; épistome semicirculairement échancré; le reste des antennes noir. Thorax noir, fortement ponctué et pourvu de longs poils gris. Pronotum avec une bordure antérieure jaune, rétrécie au milieu; scutellum marqué de deux taches jaunes; écaillettes jaunes, brillantes, avec la base noire. Pattes jaunes avec les hanches, les trochanters et la base des cuisses, noirs; les articles des tarses sont un peu teints de ferrugineux ainsi que l'extrémité interne des tibias postérieurs. Ailes enfumées vers l'extrémité, un peu jaunes ou rousses sur la moitié antérieure; nervures et stigma bruns. Abdomen assez ponctué sur le premier segment, presque lisse sur les autres; tous les segments offrent une bordure d'un jaune vif, biéchancrée; se continuant de même en dessous sur les deuxième, troisième et quatrième segments; les cinquième et sixième segments ventraux sont seulement tachés sur les côtés; le septième segment est entièrement noir en dessus et en dessous.

Long. 11^{mm}. Env. 21^{mm}.

3. **Consobrinus**, Dufour.

Patrie : France méridionale, Algérie, Espagne.

6 Scutellum taché de blanc jaunâtre. Bandes abdominales blanches, ininterrompues. Tête noire, ponctuée avec l'orbite inférieur et le sinus des yeux, blancs; épistome blanc jaunâtre avec une forte échancrure carrée; labre testacé; une tache blanche derrière le sommet des yeux; front couvert de poils blanchâtres. Scape ferrugineux en dessus avec une ligne noire, jaune pâle en dessous; funicule entièrement noir ainsi que la spire. Thorax finement chagriné, luisant, noir, avec deux taches blanches sur le pronotum, une autre sous l'insertion des ailes antérieures et deux autres sur le scutellum; sur le postscutellum se voit une ligne interrompue blanchâtre. Pattes rouges, testacées, avec les hanches et les trochanters noirs, tachés de jaune ou de ferrugineux; base des cuisses noire. Ailes hyalines, rougeâtres vers la base; nervure costale ferrugineuse, les autres noires ainsi que le stigma. Abdomen lisse, luisant, avec les segments bordés régulièrement et étroitement de blanc, cette bordure n'atteignant pas tout-à-fait le côté des segments trois à cinq; ventre noir avec les côtés du bord du deuxième segment noirs; dernier segment noir en dessus et en dessous.

Long. 9^{mm}. Env. 19^{mm}. 4. **Calabricus**, n. sp.

Patrie : Italie (Calabre).

— Scutellum noir ou ferrugineux 7.

7 Scutellum noir en entier. Tête noire avec l'épistome, deux points entre les antennes, une ligne dans le sinus des yeux et une autre derrière leur sommet, blanchâtres ainsi que le dessous du scape. Thorax noir avec le devant du pronotum blanc et les écaillettes rousses. Pattes rousses avec les hanches et les trochanters noirs. Ailes enfumées, nervures brunes (de Saussure).

Long. 13mm. Env. 20mm. 6. **Interruptus**, Brullé.

Patrie : Grèce.

— Scutellum noir orné d'une bande ferrugineuse. 8

8 Premier segment abdominal bordé de jaune, ordinairement avec une tache rouge de chaque côté ; bordure du deuxième segment festonnée, mais non élargie sur les côtés. Tête ponctuée, mate, un peu luisante sur le vertex ; épistome plus large que long avec une échancrure assez profonde, arrondie, et formant deux dents assez aigues, jaune orangé ainsi que le labre qui est arrondi en avant et muni de deux faisceaux de poils jaunes simulant des épines ; mandibules brunes avec l'extrémité noire. Une tache orangée entre l'insertion des antennes ; bordure interne de l'orbite garnie de jaune orangé jusque dans le fond du sinus, mais seulement à sa partie inférieure ; cette bordure étroite et élargie au fond du sinus a la forme d'une virgule ; derrière le sommet des yeux est encore une tache rougeâtre. Scape jaune orangé en avant ; funicule entièrement noir, y compris la spire de l'extrémité. Thorax granuleux, noir mat, avec le pronotum jaune orangé, sauf à l'extrémité de ses lobes qui est d'abord rougeâtre, puis noire tout au bout. Ecaillettes orangése, tachées

largement de brun sombre ; scutellum orné de deux taches orangées, quadrangulaires, occupant le milieu de sa hauteur et séparées seulement par une mince ligne noire ; postscutellum en partie jaune orangé. Pattes jaune orangé passant au ferrugineux sur les tarses et certaines parties des tibias ; hanches et trochanters noirs, tachés de jaune en devant ; cuisses postérieures noires au tiers basilaire avec une teinte ferrugineuse à la suite jusque près des genoux. Ailes jaunes, rougeâtres à la base, avec l'extrémité un peu enfumée, surtout dans la cellule radiale. Abdomen ponctué, plus fortement sur le premier segment que sur les autres ; noir ; premier segment avec une bordure jaune orangée, légèrement plus large au milieu ; ce même segment porte encore de chaque côté deux taches ferrugineuses parfois très réduites ; la partie ventrale est aussi en partie ferrugineuse ; deuxième segment avec une bordure jaune assez large, festonnée. Segments trois à six avec une bordure jaune plus étroite, dilatée sur la portion médiane ; septième segment noir. Sous le ventre, le deuxième segment est seul bordé de jaune, cette bordure étant biéchancrée.

Long. 12mm. Env. 23mm. 8. **Destefanii.** ANDRÉ.

PATRIE : Sicile.

Premier segment abdominal bordé de jaune seulement ; bordure du deuxième segment très élargie de chaque côté. Tête noire ; épistome jaune, très échancré ; scape ferrugineux, jaune en devant ; une tache entre les antennes, la partie inférieure du sinus des yeux et une tache derrière leur sommet, ferrugineuses. Thorax noir, pronotum jaune ou ferrugineux, sauf à ses angles postérieurs. Ecaillettes de même couleur. Scutellum avec une bande ferrugineuse en sommilieu. Postscutellum entièrement de cette couleur; metanotum avec deux taches semblables. Pattes jaunes ou ferrugineuses; hanches et moitié basilaire des cuisses noires. Ailes presque hyalines, enfumées et roussâtres le long de la côte, ainsi qu'au bord postérieur. Nervures et stigma bruns. Abdomen noir avec les segments garnis d'une bordure jaune, large, irrégulière; celle du premier segment offre en son milieu une échancrure profonde; les autres bordures triéchancrées. Dernier segment noir. (Lepeletier)

Long. 8mm. **9. Variegatus**, Fabricius.

Patrie : Algérie, Egypte.

9 Avant-dernier article de la spire noir. 10

— Avant-dernier article de la spire fauve au moins en partie. 14

10 Articles 10 et 11 des antennes blanchâtres ou ferrugineux 11

— Article 10 des antennes noir. 13

11 Epistome échancré triangulairement. Tête noire, luisante, ponctuée avec une légère pubescence grise; épistome, labre et mandibules jaunes, l'extrémité de ces dernières étant seulement noire ou rougeâtre. Une tache entre les antennes, orbite interne du lobe inférieur des yeux et bord inférieur du sinus, jaunes ainsi qu'une étroite ligne derrière leur sommet; scape jaune en dessous; funicule légèrement brunâtre en dessous; articles 10 et 11 entièrement jaune pâle. Thorax noir, ponctué; bord antérieur du pronotum jaune ainsi qu'une tache sous l'insertion des ailes antérieures, deux autres sur le scutellum et deux très-petites sur

le postscutellum. Pattes jaunes avec les hanches, les trochanters et l'extrême base des cuisses, noirs; hanches intermédiaires et postérieures tachées de jaune; tarses un peu teintés de ferrugineux. Ailes légèrement enfumées, un peu jaunâtres, surtout vers la nervure costale; nervures et stigma roux ou noirs. Abdomen noir, luisant, garni d'une très-courte pubescence roussâtre, très-finement ponctué; tous les segments bordés de jaune, sauf le dernier; la première bordure régulière, les autres élargies sur les côtés; en dessous, les mêmes bordures se reproduisent à partir du second segment, mais elles sont interrompues au milieu.

Long. 12^{mm}, Env. 20^{mm}. 10. **Terricola**, Mocsary.

Patrie : Hongrie.

— Epistome échancré semi-circulairement. 12

12 Hanches entièrement noires. Ornements jaune blanchâtre; pattes ferrugineuses. Tête chagrinée, luisante, noire; épistome blanc à peine jaunâtre, échancré, bidenté, plus large que long; mandibules noires; une tache échancrée en devant entre les antennes, une ligne le long du bord inférieur du sinus des yeux jusqu'au fond, blanc un peu jaunâtre; une ligne derrière le sommet des yeux un peu plus jaune et bordée d'une ombre ferrugineuse. Antennes noires; scape ferrugineux à sa base en dessus, blanc jaunâtre en dessous; funicule un peu ferrugineux en dessous, surtout dans sa deuxième moitié, y compris la spire dont le dernier article parait être noir en entier. Thorax finement chagriné, noir. Pronotum arrondi en avant, noir avec deux taches triangulaires d'un blanc

jaunâtre, n'atteignant pas son bord antérieur et se touchant par la pointe. Ecaillettes jaunes tachées de ferrugineux. Postscutellum, lisse et brillant dans sa partie tronquée. Métathorax fortement creusé en arrière de façon à former deux sortes de mamelons dont les côtés extérieurs forment un bord un peu anguleux. Pattes ferrugineuses avec les hanches, les trochanters et le dessous de la base des cuisses, noirs. Ailes ferrugineuses à la base, noirâtres à l'extrémité avec un reflet violacé; nervure costale ferrugineuse; les autres nervures et le stigma brun noir. Abdomen noir, très finement chagriné, un peu moins sur le premier segment; celui-ci avec une bordure régulière blanc jaunâtre, échancrée au milieu; segments deux à six noirs avec la bordure jaune pâle festonnée, triéchancrée; septième segment noir. Ventre noir avec le deuxième segment orné d'une bordure blanc jaunâtre biéchancrée, les échancrures carrées; troisième et quatrième segments avec, de chaque côté, une tache latérale de même couleur.

Long. 11mm. Env. 21mm. 11. **Bulgaricus**, MOCSARY.

PATRIE: Bulgarie.

— Hanches jaunes en devant; ornements jaune vif. Pattes jaunes. Tête noire, ponctuée avec une pubescence rousse; épistome, labre et mandibules, jaunes, l'extrémité de celles-ci noire, une tache entre les antennes, l'orbite interne du lobe inférieur des yeux jusqu'au fond du sinus, une étroite ligne derrière leur sommet, jaunes; dessous du scape jaune; dessous du funicule un peu roux ou ferrugineux surtout vers l'extrémité; articles 10 en partie, 11 entièrement pâles. Thorax noir, ponctué, à peine pubescent. Devant du pronotum jaune, cette bordure réduite à un point en son milieu; une grande tache sous l'insertion des ailes antérieures, deux taches sur le scutellum, deux autres sur le postscutellum, jaunes; écaillettes jaunes avec un petit point sombre en leur milieu. Pattes jaunes; dessous des hanches, trochanters, dessus des cuisses antérieures et intermédiaires et cuisses postérieures presque en entier, sauf les genoux, noirs; tarses un peu teintés de ferrugineux. Ailes légèrement enfumées; plus sombres à leur extrémité; partie costale un peu jaune; nervures et stigma noirs. Abdomen noir mat; segments bordés de jaune; la bordure du premier est échancrée en son milieu et n'existe pas en dessous; celle des suivants est biéchancrée, élargie sur les côtés en dessus et en dessous; dernier segment entièrement noir.

Long. 10mm; Env. 17mm. 12. **Lœvipes**, Shuckard.

Patrie : France, Algérie.

13 Scutellum noir. Tête noire; devant des mandibules, épistome, une tache entre les antennes, bordure des yeux jusqu'au fond de leur sinus, et une petite ligne en arrière de chaque œil, d'un jaune pâle. Antennes noires. Devant du scape et l'avant dernier article en entier, jaunes; le dernier noir; le onzième brun avec ses bords jaunâtres. Thorax noir; deux taches triangulaires sur le pronotum, écaillettes et un point sous l'aile, jaune pâle. Pattes d'un jaune pâle. Base des cuisses et leur côté interne, noirs; hanches noires, toutes tachées de jaune par devant. Ailes transparentes, un peu ferrugineuses. Abdomen noir avec tous les segments ornés d'une bordure, presque régulière, jaune; la seconde un peu élargie sur les côtés; dernier segment portant deux points jaunes. En des-

sous, tous les segments portent une bordure jaune festonnée ; le dernier segment est jaune. (de Saussure).

Femelle inconnue.

Long. 12^{mm}. Env. 24^{mm}.

13. **Fairmairi**, SAUSSURE.

PATRIE : Espagne, Madrid.

Scutellum taché de jaune. Tête ponctuée, luisante, noire, velue de poils blancs. Labre, épistome et une tache à la base des mandibules, jaune pâle. Epistome échancré quadrangulairement ; une ombre grise s'étend sur son bord ; le labre porte en son milieu une impression assez profonde. Une tache entre les antennes, le bord interne du lobe inférieur des yeux jusqu'au fond du sinus et une tache derrière le sommet des yeux, jaunes, ainsi que le dessous du scape. Funicule noir avec le onzième article taché de testacé en dessus. Thorax noir, ponctué ; pronotum jaune avec seulement l'extrémité de ses lobes noire. Scutellum avec une large bande jaune en son milieu à peine interrompue par une mince ligne noire en son milieu ; postscutellum portant une bande jaune plus étroite. Metanotum à peine taché de jaune latéralement. Ecaillettes jaunes, largement tachées de roux. Pattes jaunes avec le dessous et l'extrémité des tibias un peu teintés de ferrugineux ; le dessous des hanches, les trochanters, la base et le dessus des cuisses antérieures et intermédiaires, noirs, les cuisses postérieures presque entièrement noires, sauf les genoux. Ailes légèrement enfumées, surtout vers leur extrémité ; nervures et stigma noirâtres. Abdomen noir, très finement pointillé ; premier segment largement bordé de jaune, cette bordure plus étroite au milieu ; deuxième segment orné d'une bordure jaune festonnée très élargie sur les côtés, les autres segments avec aussi une bordure jaune festonnée ; le dernier segment jaune, avec l'extrémité noire. En dessous, le premier segment est noir, le second porte une bordure jaune bilobée en son milieu, les autres une bordure festonnée, y compris le dernier segment.

Long. 11^{mm}. Env. 23^{mm}. 14. **Nobilis**, SAUSSURE.

Ce mâle, que je dois à la générosité de M. J. Lichtenstein, était inédit.

PATRIE : France méridionale, Montpellier.

14 Epistome jaune étroitement bordé de noir. Tête noire ; sur le front, deux petits points, deux autres très petits dans le sinus des yeux, deux derrière leur sommet, jaunes. Mandibules jaunes avec la moitié apicale noire. Epistome jaune, ses bords liserés de noir. Antennes noires avec une très fine ligne jaune sous le scape et les articles onze et douze fauves. Thorax noir avec le pronotum orné d'une ligne jaune subinterrompue. Ecaillettes noires, leur bord brun. Pattes noires ; une tache sur les hanches intermédiaires, genoux, tibias et tarses, jaunes. Ailes un peu ferrugineuses. Abdomen noir, les segments bordés d'un cordon blanchâtre ou jaune ; ces bordures incomplètes sur les derniers segments. (de Saussure).

Femelle inconnue.

Long. 8^{mm}. Env. 16^{mm}.

15. **Scandinavus**, SAUSSURE.

PATRIE : Europe.

— Epistome jaune en entier. 15

15 Ornements blancs. Tête noire avec une tache transversale subinterrompue entre les antennes.

Bord inférieur du sinus et une tache derrière le sommet des yeux, labre et épistome, blancs. Scape blanc en dessous. Funicule fauve à l'extrémité. Thorax noir avec le pronotum, les écaillettes, une tache sous l'aile, deux points sur le scutellum, une ligne interrompue sur le postscutellum, blancs. Pattes noires, extrémité des cuisses, tibias et tarses jaunes. Hanches et trochanters tachés de jaune. Abdomen noir avec les segments deux à six largement bordés de blanc, cette bordure bisinuée sur le second segment; en dessous, la bordure du second segment se continue entière; celle des autres segments est interrompue au milieu; dernier segment noir. (Herrich Schæffer).

Long. 14mm. Env. 28mm. 16. **Tinniens,** Scopoli.

Patrie : Autriche.

— Ornements jaunes ou ferrugineux. 16

16 Mandibules avec une ligne noire dans leur milieu. Tête noire, couverte de poils roux. Labre, épistome, orbite du lobe inférieur des yeux jusqu'au milieu du sinus, une tache entre les antennes et une autre derrière le sommet des yeux, jaunes. Mandibules jaunes avec l'extrémité et une ligne enfoncée sur leur longueur, noires. Scape jaune en dessous, noir en dessus; funicule roux avec le dessus de ses premiers articles légèrement taché de noir. Les articles six et suivants sont aussi tachés de noir en dessus et en dessous; les trois derniers articles sont entièrement noirs en dessous, et le dernier est aplati en forme de lamelle. Thorax noir, garni de poils roux. Pronotum jaune en devant; une tache sous l'insertion des ailes, deux très petits points sur le scutellum et une étroite ligne interrompue sur le postscutellum, jaunes. Ecail-

lettes jaunes tachées de roux en leur milieu. Pattes jaunes avec le dessus des hanches, les trochanters, la base et le dessus des cuisses, noirs. Extrémité des tarses un peu ferrugineuse. Ailes légèrement enfumées, jaunâtres vers leur base; nervure costale ferrugineuse; les autres nervures et le stigma noirs. Abdomen noir, fortement ponctué, avec des poils blanchâtres; premier segment avec une bordure jaune échancrée au milieu; les suivants ont une bordure jaune sinuée, élargie sur les côtés. Ces bordures se reproduisent en dessous, sauf celles du premier segment; le dernier, noir en dessous, a seulement une tache carrée, jaune, en dessus.

Long. 16mm. Env. 28mm. 17. **Spiricornis**, SPINOLA.

PATRIE : Nord de l'Italie, Lombardie, Piémont.

Mandibules fauves sans ligne noire au milieu. Tête noire; épistome, une ligne le long des orbites, qui s'épaissit dans le sinus des yeux, une ligne derrière leur sommet, une tache entre les antennes, fauve blanchâtre. Dessous du scape de même couleur, ainsi que celui des articles neuf à treize; le onzième est entièrement fauve. Epistome faiblement argenté. Thorax noir; bord du pronotum, une grande tache sous l'aile, écaillettes, deux taches sur le scutellum, souvent deux points sur le postscutellum et deux autres sur les angles du métathorax, jaunes. Pattes jaunes; base des cuisses et face postérieure des hanches, noires. Abdomen noir avec tous les segments ornés d'une bordure jaune trisinuée; celle du premier la plus large, échancrée en angle très obtus. (de Saussure).

Long. 9mm. 18. **Notula**, LEPELETIER.

PATRIE : Algérie.

17 Spire des antennes entièrement noire. 18

— Spire des antennes ferrugineuse ou en partie blanchâtre. 21

18 Tibias intermédiaires élargis en forme de dents. Tête noire, velue de poils grisâtres; labre, épistome, mandibules (sauf leur partie dentée qui est noire), une petite tache entre les antennes et un très-petit point derrière le sommet des yeux, jaunes. Antennes noires en dessus, jaunes en dessous, excepté les quatre derniers articles qui sont noirs. Thorax noir, velu; angles du pronotum jaunes. Pattes jaunes avec les hanches, les trochanters et une partie des cuisses, noirs; tarses un peu ferrugineux; hanches antérieures tachées de jaune en devant. Ailes enfumées, un peu rougeâtres à la base et sur la partie marginale; nervures et stigma bruns. Abdomen noir avec une bordure festonnée, jaune, se réduisant à une tache médiane sur les segments 4 à 6; dernier segment et ventre noirs.

Long. 8^{mm}. Env. 16^{mm}. 20. **Cruralis**, SAUSSURE.

PATRIE : Algérie.

— Tibias intermédiaires ordinaires. 19

19 Ecusson noir. Tête noire; épistome et labre jaunes, ainsi qu'une tache entre les antennes et une très-petite ligne derrière le sommet des yeux. Antennes noires en dessus, ferrugineuses en dessous, sauf aux quatre derniers articles qui sont noirs en entier; les deux précédents sont aussi tachés de noir en dessous. Thorax noir avec le devant du pronotum jaune; écaillettes bordées de jaune. Pattes jaunes avec les hanches, les trochanters et une partie des

cuisses, noirs; hanches intermédiaires tachées de jaune en dessous; tibias et tarses un peu teintés de ferrugineux. Ailes à peine enfumées, plus sombres à leur bord postérieur; nervure costale ferrugineuse; les autres nervures et le stigma d'un noir brun. Abdomen chagriné et un peu mat sur le premier segment, lisse et brillant sur les autres; les segments 1 à 3 ornés d'une étroite bordure jaune régulière; les segments 4 à 6 avec seulement une ligne jaune occupant le milieu de leur bord; le dernier segment est entièrement noir; en dessous, le second segment est seul bordé de jaune. (pl. XLIII. fig. 10).

Long. 9mm. Env. 20mm. 21. **Spinipes**, Linné.

Patrie : Toute l'Europe.

Ecusson noir avec deux taches jaunes. 10

10 Dernier segment abdominal noir; tête noire avec des poils bruns; labre épistome, une tache entre les antennes, et une petite tache derrière le sommet des yeux, jaunes; scape jaune en dessous. Thorax noir, velu de poils bruns, mat, densément ponctué; devant du pronotum, une tache sous l'insertion des ailes antérieures, deux gros points sur le scutellum, jaunes. Pattes jaunes avec les hanches, les trochanters et une partie des cuisses, noirs; tarses en partie ferrugineux. Ailes un peu enfumées, rougeâtres vers la base; nervures costale et sous costale jaune rougeâtre; les autres nervures et le stigma d'un noir brun. Abdomen noir, lisse, luisant; premier et second segments régulièrement bordés de jaune; les trois suivants avec seulement une ligne jaune au milieu de leur bord; dernier segment entièrement noir; ventre noir avec seulement les

côtés des bords des deuxième, troisième et quatrième segments tachés de jaune.

Long. 9mm. Env. 17mm.

22. **Rotundiventris**, SAUSSURE.

PATRIE : Algérie, Grèce, Corfou.

— Dernier segment abdominal taché de jaune. Tête noire, finement et densément ponctuée; épistome jaune, bordé de noir; une tache entre les antennes et un point en arrière des yeux jaunes. Antennes noires; dessous du scape jaune; dessous du funicule avec seulement les trois premiers articles brun rouge en dessous. Thorax noir; devant du pronotum et deux taches sur le scutellum pâles. Pattes testacées avec la base des cuisses noire. Abdomen noir, brillant, orné de six bordures jaunes ou blanches. Dernier segment taché de jaune (Morawitz).

Long. 8mm. 23. **Serripes**, MORAWITZ.

PATRIE : Russie.

21 Spire des antennes annelée de blanc ou de roux. Echancrure entre la dent basilaire et la dent médiane des cuisses intermédiaires, carrée. Ecaillettes en partie noires. Tête noire, velue, finement ponctuée, mate; épistome et labre, mandibules (sauf leur extrémité qui est noir rougeâtre), une petite ligne entre les antennes et un point derrière le sommet des yeux, jaune très pâle. Antennes noires; dessous du scape jaune; dessous du funicule fauve à sa base; le reste noir avec les articles formant la spire annelés de blanc ou de roux. Thorax noir; devant du pronotum bordé de blanc sur sa partie médiane. Pattes noires avec les genoux, les tibias et les tarses jaune pâle, ces derniers un peu ferrugineux. Ailes enfumées; nervure costale ferrugineuse; les autres nervures et le stigma

noirs. Abdomen noir luisant avec tous les segments, sauf le dernier, étroitement bordés de blanc; ventre noir avec les côtés des bords des segments tachés de blanc. (Pl. XXXVI, fig. 15)

Long. 8^{mm}. Env. 16^{mm}.

25. **Melanocephalus**, GMELIN.

Patrie : Toute l'Europe.

— Spire des antennes ou une partie de ses articles entièrement jaunes ou ferrugineux. Écaillettes jaunes ou rousses. Échancrure entre la dent basilaire et la dent médiane des cuisses intermédiaires arrondie. Tête noire; épistome jaune; mandibules jaunes avec l'extrémité noire; une ligne entre les antennes et un point derrière le sommet des yeux, jaunes; bord des orbites jusque dans le sinus des yeux, jaune. Antennes noires avec tout le dessous largement jaune; la spire ou les quatre derniers articles des antennes jaunes, un peu ferrugineux. Thorax noir; bord du pronotum jaune ainsi que les écaillettes qui offrent aussi une tache rousse. Pattes jaunes avec les hanches, les trochanters et une partie des cuisses, noirs. Ailes un peu enfumées, plus sombres à l'extrémité; nervures et stigma bruns. Abdomen noir avec les segments bordés irrégulièrement de jaune, sauf le dernier qui est entièrement noir; en dessous, les côtés des deuxième, troisième et quatrième segments sont seulement tachés de noir.

Long. 9^{mm}. Env. 18^{mm}. 28. **Femoratus**, SAUSSURE.

PATRIE : France.

22 Bordures abdominales jaunes. Tête noire, finement ponctuée, velue de poils roux; épistome, labre, mandibules (sauf leur extrémité qui est noire), un point entre les antennes, et un autre plus petit derrière le sommet des yeux, jaunes. Antennes noires en dessus, jaunes en

dessous ; spire presque entièrement noire. Thorax noir, chagriné, velu comme la tête ; devant du pronotum, une ligne sur le postscutellum et une tache latérale sur le metanotum, jaunes ; écaillettes jaunes marquées d'une tache rousse. Pattes jaunes avec les hanches, les trochanters et la base des cuisses, noirs ; hanches intermédiaires tachées de jaune en dessous ; extrémité des tibias et des tarses un peu ferrugineuse. Ailes légèrement enfumées, plus sombres à l'extrémité ; nervure costale rouge ; les autres nervures et le stigma, bruns. Abdomen noir, luisant, presque lisse avec les segments régulièrement bordés de jaune, sauf le dernier qui est noir en entier ; ces bordures sont très faiblement festonnées. En dessous, le second segment seul est bordé de jaune ; les deux suivants sont seulement tachés snr les côtés (Pl. XLIII, fig. 11).

Long. 10^{mm}. Env. 20^{mm}. 30. **Reniformis**, Gmelin.

Patrie ; Europe centrale et méridionale.

— Bordures abdominales blanches. 23

23 Une tache sous l'insertion des ailes antérieures. 24

— Pas de tache sous l'aile antérieure. Tête noire ; épistome jaune, un peu ferrugineux ; une tache entre les antennes et mandibules jaunes. Antennes noires avec le dessous jaune. Thorax noir ; pronotum épineux, bordé de jaune en avant ; postscutellum jaune. Pattes noires ; devant des hanches intermédiaires jaune ; tibias jaunes, tarses ferrugineux. Ailes transparentes, un peu enfumées le long de leur bord externe. Abdomen noir avec tous les segments ornés d'une bordure blanchâtre (de Saussure).

Long. 8^{mm}. Env. 16^{mm}.

31. **Alexandrinus**, Saussure.

Patrie : Egypte.

24 Métapleures avec un tubercule arrondi. Tête noire; épistome jaune avec une profonde échancrure semicirculaire; mandibules jaunes avec une épine noire à la base; une tache entre les antennes et un point derrière le sommet des yeux, jaunes. Antennes noires; scape jaune en dessous; dessous du funicule légèrement enfumé. Thorax noir avec le bord du pronotum, une ligne sur le postscutellum, blancs. Abdomen noir avec les segments garnis d'une bordure jaune ou blanche, se continuant en dessous seulement pour le second segment (Morawitz). Long. 8mm. 32. **Simillimus**, MORAWITZ.

PATRIE ; Russie.

— Métapleures sans tubercule arrondi. Tête noire, finement ponctuée, garnie de longs poils jaunâtres; épistome plus large que long, échancré au milieu, jaune ainsi que le labre et les mandibules; un tubercule entre les antennes et un point derrière les yeux, jaunes. Antennes noires avec le scape jaune en dessous et le funicule ferrugineux pâle en dessous; la spire brunâtre. Thorax finement ponctué, garni de poils d'un jaune blanchâtre, noir, avec le pronotum taché latéralement de jaune ou entièrement jaune en devant. Un point sous l'insertion des ailes antérieures et le postscutellum, jaunes. Pattes jaunes avec les hanches, les trochanters et la base des cuisses, noirs; extrémité des tarses intermédiaires et postérieurs noire. Ailes un peu grises au bout, jaunâtre sur le bord costal; nervure costale jaune, les autres et le stigma noirs ou bruns. Abdomen noir avec le premier segment un peu ponctué, les autres presque lisses; les six premiers bordés de jaune verdâtre ou blanchâtre; ces bordures, un peu sinueuses, se continuent sous le ventre, sauf la première et les dernières.

Long. 9mm. Env. 16mm. 33. **Albopictus**, SAUSSURE.

PATRIE : Europe méridionale.

TABLEAU DES FEMELLES

1. Epistome entier ou très légèrement sinué. 2

— Epistome bidenté ou échancré d'une façon bien distincte. 17

2. Scape noir en entier ou à peine ferrugineux aux extrémités. 3

— Scape jaune ou ferrugineux en dessous. 6

3. Front couvert de poils blanchâtres. 4

— Front couvert de poils noirs ou bruns. 5

4. Pronotum, écaillettes et scutellum tachés de blanc. Tête noire, assez rugueusement ponctuée, hérissée sur le front de poils blanc jaunâtre; épistome tronqué droit, luisant, ponctué, noir avec une tache blanche à chacun des angles supérieurs; une tache semblable derrière le sommet de chaque œil. Antennes noires; mandibules noires avec une tache blanche à leur base et l'extrémité rougeâtre. Thorax finement chagriné, luisant, noir, avec deux petites taches blanches sur le pronotum; une tache semblable sous les écaillettes, celles-ci blanches aussi; deux petites taches ponctiformes blanches sur le scutellum. Pronotum tronqué droit, avec ses angles antérieurs droits; mesonotum avec un sillon au milieu et deux autres latéraux; scutellum partagé par une petite ligne élevée longitudinale; partie postérieure

du métathorax transversalement striée. Pattes rouges, testacées avec les hanches, les trochanters et l'extrême base des cuisses, noirs. Ailes hyalines, rougeâtres vers leur base; nervure costale ferrugineuse; les autres nervures et le stigma noirs. Abdomen lisse, luisant, sans ponctuation visible à la loupe; les cinq premiers segments régulièrement et étroitement bordés de blanc, cette bordure n'atteignant pas tout à fait les côtés des troisième, quatrième et cinquième segments. Ventre noir avec les côtés du bord du deuxième segment blancs.

Long. 10^{mm}. Env. 21^{mm}. 4. **Calabricus**, N. SP.

PATRIE : Italie (Calabre)

Pronotum, écaillettes et scutellum non tachés de blanc. Tête noire avec une pubescence cendrée ; épistòme pubescent, noir, tronqué ou à peine sinué au milieu du bord ; mandibules noires avec l'extrémité rouge ; deux taches jaunes sur le front, d'autres plus petites sur les orbites des yeux et derrière le sommet de ceux-ci. Thorax noir, un peu pubescent ; une tache sous l'insertion des ailes antérieures et le bord postérieur du postscutellum blanc jaunâtre ; mesonotum et scutellum rugueusement ponctués. Ecaillettes noires, tachées de blanc à leur base. Pattes noires avec les tibias rayés en dehors de blanc jaunâtre et rouges en dedans ; tarses rouge sombre. Ailes légèrement enfumées, un peu violacées ; nervures brunes. Abdomen noir, brillant, finement ponctué ; les cinq premiers segments bordés de blanc jaunâtre ; la base du sixième tachée de même ; en dessous, le second segment est bordé de blanchâtre et les côtés des bords des troisième et quatrième segments sont tachés de la même couleur.

Long. 10^{mm}. Env. 19^{mm}. 24. **Albicinctus**, Mocsary.

Patrie : Espagne (Malaga).

5 Postscutellum saillant ; tibias intermédiaires peu élargis vers leur extrémité ; abdomen court, sessile. Tête noire, finement ponctuée, fortement velue de poils roux ; une ligne entre l'insertion des antennes et un point derrière le sommet des yeux, jaunes ; épistome tronqué, ou seulement légèrement sinué. Antennes noires ; scape avec une très petite tache ferrugineuse à ses deux extrémités en dessous. Thorax ponctué, velu de poils roux, noir avec le devant du pronotum et deux taches sur le scutellum, jaunes ; écaillettes rousses, lisses, brillantes, tachées de ferrugineux. Pattes orangées avec les hanches, les trochanters et la base des cuisses, noirs. Ailes ferrugineuses à la base et dans la région costale, enfumées sur le reste, surtout vers la cellule radiale et le long du bord du limbe. Abdomen court, arrondi, déprimé, très finement ponctué sur le premier segment qui est velu ; les autres segments lisses et glabres ; ils sont tous noirs avec une étroite bordure régulière jaune ; celles des deuxième, troisième et quatrième segments sont sinuées, bi-échancrées ; celle du cinquième n'existe que sur le milieu du bord. En dessous, on ne voit qu'une petite tache latérale de chaque côté du deuxième segment.

Long. 9^{mm}. Env. 20^{mm}. 22. **Rotundiventris**, Sauss.

Patrie : Algérie, Grèce, Corfou.

— Postscutellum non saillant ; tibias intermédiaires visiblement élargis vers leur extrémité. Abdomen un peu pétiolé. Tête noire, ponctuée, velue de poils noirâtres ; épistome un peu sinué ; une ligne entre les antennes et un point derrière le sommet des yeux, jaunes. Antennes noires avec le scape faiblement rayé de jaune en dessous vers ses extrémités. Thorax noir, ponctué, velu de poils roussâtres ; bord antérieur du pronotum jaune ; écaillettes rousses. Pattes noires avec les genoux, les tibias et les tarses jaunes ; extrémités des tibias et des tarses lavées de ferrugineux, le bout des tarses noirâtre en dessus. Ailes un peu enfumées, plus foncées sur le bord ; région costale fauve ; nervure costale et base des autres ferrugineuses ; le reste des nervures et le stigma bruns. Abdomen noir, brillant, finement ponctué sur le premier segment. Segments un à trois régulièrement et étroitement bordés de jaune ; les deux suivants sont aussi bordés de même, mais cette bordure souvent n'atteint pas les côtés des segments ; en dessous, le bord du second segment est taché de jaune sur les côtés (pl. XLIII, fig. 9).

Long. 12^{mm}. Env. 21^{mm}. **21. Spinipes**, LINNÉ.

Mr T. A. Chapman (36), qui a étudié avec soin les habitudes des Chrysides parasites de cet Odynère, en cite deux espèces comme étant attachées spécialement à sa destruction. Ce sont les *Chr. neglecta* et *bidentata* La *Chr. ignita* attaque aussi l'O. spinipes, mais bien moins souvent.

Giraud (93) cite, comme son parasite le plus fréquent, la *Chrysis integrella*. Kirchner (127) indique aussi *Chrysis bidentata*.

Patrie. Toute l'Europe.

6 Métathorax noir. 7

— Métathorax taché de jaune. 15

7 Funicule ferrugineux en dessous. 8

— Funicule noir en entier. 10

8 Scutellum jaune ou taché de jaune. Tête noire, revêtue d'un duvet de poils fauves,

courts et à peine apparents à l'œil. Epistome tronqué, noir, avec une large tache trilobée ou deux petites lignes jaunes à son sommet; entre les antennes, une ligne horizontale et derrière le sommet des yeux un point, jaunes. Antennes noires avec le devant du scape jaune et le devant du funicule ferrugineux. Thorax noir, velu de courts poils fauves; bord du pronotum, une tache sous l'insertion des ailes antérieures, les écaillettes, une large bande parfois interrompue sur le scutellum, jaunes. Pattes jaunes; hanches, trochanters et base des cuisses, noirs. Ailes enfumées. Abdomen noir avec tous les segments ornés d'une étroite bordure jaune, dont les dernières sont biéchancrées, un peu élargies sur les côtés (de Saussure).

Long. 12^{mm}. Env. 22^{mm}. 26. **Pœcilus**, SAUSSURE.

PATRIE : France méridionale.

— Scutellum noir. 9

9 Epistome entièrement noir. Tête noire avec des poils blancs, une ligne étroite entre les antennes et une autre derrière le sommet des yeux, jaune pâle. Antennes noires avec le dessous du scape et du funicule ferrugineux. Thorax noir, ponctué, avec une courte pubescence blanche; devant du pronotum marqué de deux taches triangulaires jaune pâle; écaillettes testacées avec la base noire. Pattes ferrugineuses avec les hanches, les trochanters et la base des cuisses, noirs. Ailes peu enfumées; nervure costale ferrugineuse; les autres nervures et le stigma noirs. Abdomen noir: premier segment finement chagriné, les autres presque lisses; le premier offre une bordure étroite régulière, jaune pâle, les suivants ont une bordure de même couleur, élargie sur les côtés, qui, sur

le cinquième, n'occupe que le milieu du bord. Sixième segment entièrement noir. En dessous, les côtés seulement des deuxième, troisième et quatrième segments sont tachés de jaune pâle.

Long. 7^{mm}. Env. 16^{mm}. 27. **Sareptanus**, N. SP.

PATRIE : Sarepta.

— Epistome bordé de jaune vers sa base. Tête noire, un peu ponctuée, garnie de poils dressés, roux; épistome un peu sinué, noir avec une ligne jaune circulaire à sa base; un tubercule entre l'insertion des antennes et un petit point derrière le sommet des yeux, jaunes. Antennes noires; dessous du scape jaune un peu rougeâtre. Thorax noir, mat, densément ponctué; devant du pronotum jaune, une tache jaune sous l'insertion des ailes antérieures, une ligne de même couleur sur le postscutellum et quelquefois deux petits points sur le scutellum; écaillettes jaunes avec une tache rousse. Pattes ferrugineuses avec les hanches, les trochanters et la base des cuisses, noirs, les genoux et les tibias jaunes. Ailes un peu grisâtres, plus foncées sur le bord du limbe et dans les régions costale et radiale. Abdomen noir, luisant avec les cinq premiers segments bordés de jaune ou de blanc; la bordure du premier segment presque régulière, celle des autres segments biéchancrée; segments ventraux deux et trois bordés de jaune.

Long. 9^{mm}. Env. 18^{mm}. 28. **Femoratus**, SAUSSURE.

PATRIE : France.

10 Les trois premiers segments abdominaux ferrugineux à peine tachés de noir. Tête noire, un peu velue, ses poils noirs; une ligne presque en demi-cercle sur le haut de l'épistome,

une tache sur le front et une ligne derrière les yeux, de couleur ferrugineuse. Bord antérieur de l'épistome à peine échancré; antennes noires avec le devant du scape ferrugineux. Pronotum noir avec une bande antérieure large, ferrugineuse, ses angles latéraux antérieurs aigus. Mesonotum noir. Metanotum noir avec les côtés de sa plaque postérieure anguleux, obtus. Scutellum noir. Postscutellum ferrugineux. Écaillettes ferrugineuses. Pattes ferrugineuses; hanches et base des cuisses noires. Ailes noires avec un beau reflet violet; nervures et stigma noirs. Abdomen ferrugineux; le premier segment a une tache noire à sa base; le deuxième a une tache semblable qui s'allonge sur le dos en s'élargissant; le troisième segment est noir avec une large bande ferrugineuse échancrée à son bord antérieur, de chaque côté du dos; le quatrième est noir avec un point dorsal ferrugineux; le cinquième et le sixième sont noirs en entier; en dessous, l'abdomen est noir avec seulement le second segment presque entièrement ferrugineux (Lepeletier).

Long. 10mm. Env. 20mm.

2. **Rufidulus**, LEPELETIER.

PATRIE : Algérie.

— Segments abdominaux noirs, bordés de jaune ou de blanc. 11

11 Bordures abdominales étroites, régulières, ordinairement blanches. 13

— Bordures abdominales larges, sinuées ou échancrées, jaunes. 12

12 Postscutellum taché de jaune.

Reniformis L. (V. nº 16).

— Postscutellum noir; tête noire, très velue de poils noirs, finement ponctuée ; un point à la base de l'épistome, une ligne entre l'insertion des antennes et le dessous du scape, jaunes; funicule noir. Thorax noir, velu comme la tête; devant du pronotum jaune, scutellum soit noir, soit orné de deux taches jaunes de dimensions très variables ; écaillettes jaunes marquées de ferrugineux en leur milieu. Pattes jaunes avec les hanches, les trochanters et la base des cuisses, noirs, l'extrémité des tibias et les tarses passant au ferrugineux. Ailes presque hyalines avec le bord du limbe enfumé et la région costale rougeâtre; nervure costale ferrugineuse; les autres nervures et le stigma bruns. Abdomen court, arrondi, déprimé, presque lisse, seulement très finement ponctué sur le premier segment; tous les segments, sauf le dernier, avec une assez large bordure jaune biéchancrée et un peu élargie sur les côtés; le dernier segment seulement taché de jaune vers sa base; ventre noir avec le second segment bordé de jaune et les côtés du troisième tachés de même.

Long. 10^{mm}. Env. 23^{mm}. 3. **Consobrinus**, Dufour.

Cet insecte se creuse un terrier, dans le sable gras ou le terrain argileux, surmonté extérieurement d'un tuyau de terre guillochée.

Patrie : France mérid., Algérie, Espagne.

13 Scutellum taché de jaune ; bordures abdominales jaunes ou rougeâtres. Tête noire, luisante, chagrinée, garnie de courts poils blancs; épistome à peine sinué, noir avec une ligne circulaire jaune pâle à sa base ; une ligne entre

les antennes et un point derrière le sommet des yeux jaune pâle. Thorax noir, chagriné, peu velu; devant du pronotum jaune; un point sous l'insertion des ailes antérieures et deux autres sur le scutellum, jaunes. Pattes ferrugineuses avec les genoux et la base des tibias jaunes, les hanches, les trochanters et la base des cuisses, noirs. Ailes légèrement enfumées; nervure costale ferrugineuse, les autres nervure et le stigma noirs. Abdomen noir avec le premier segment ponctué, les autres presque lisses; le premier porte une bordure étroite, régulière, jaune; les segments deux à cinq offrent une bordure jaune biéchancrée et un peu élargie sur les côtés; le sixième est entièrement noir, ainsi que le ventre où les côtés seuls des segments deux à cinq sont tachés de jaune (♀ encore inédite). Long. 8mm. Env. 14mm.

21. **Serripes**, Morawitz.

Patrie : Caucase.

— Scutellum noir, bordures abdominales blanches. 14

14 Postscutellum noir. Tête noire, ponctuée, velue de poils blancs; une tache entre les antennes et une autre derrière le sommet des yeux jaune pâle; antennes noires; dessous du scape et du funicule testacé. Thorax noir, ponctué, pubescent; devant du pronotum avec une bordure interrompue, jaune; écaillettes brillantes, rousses avec la base noire. Pattes ferrugineuses; hanches, trochanters et base des cuisses, noirs. Ailes enfumées; nervure costale ferrugineuse; les autres nervures et le stigma noirs. Abdomen noir; premier segment ponctué, les autres presque lisses; les cinq premiers segments ornés d'une bordure presque blanche,

étroite et régulière sur le premier, bisinuée sur les autres ; dernier segment noir ou portant une tache carrée blanchâtre vers la base ; ventre noir avec les côtés des segments deux à cinq tachés de blanchâtre.

Long. 8 à 9mm. Env. 17mm.

25. **Melanocephalus**, GMELIN.

PATRIE : Toute l'Europe.

Postscutellum rayé de blanc. Métapleures pourvus de tubercules latéraux arrondis. Tête noire ; épistome noir, rugueux, avec quelquefois deux lignes arquées, jaunes à la base ; une tache entre les antennes et un point derrière le sommet des yeux, jaunes ; antennes noires avec le dessous du scape jaune. Thorax noir ; devant du pronotum, une ligne sur le postscutellum, une tache sous l'insertion des ailes antérieures, blancs ou jaune pâle. Abdomen noir avec les segments bordés de jaune pâle ou de blanchâtre ; la bordure du second segment se reproduit sur la partie ventrale (Morawitz).

Long. 9mm

32. **Simillimus**, MORAWITZ.

PATRIE : Russie.

15. Deuxième segment ventral avec deux grandes taches jaunes libres. Tête noire, ponctuée, velue de courts poils gris. Labre jaune ; épistome faiblement sinué en devant, ponctué, ferrugineux ; une tache ferrugineuse entre les antennes. Thorax fortement ponctué, luisant ; pronotum avec le bord antérieur un peu concave, les angles bien marqués, non arrondis, mais point saillants, avec deux taches triangulaires jaunes se rejoignant par la pointe au milieu ; une tache ovale sous l'insertion des ailes,

jaune; postscutellum marqué d'une ligne jaune; métathorax à bords un peu tranchants, avec deux grandes taches latérales jaunes en forme de virgule; écaillettes jaunes avec une grande tache ferrugineuse passant au noir à la base. Pattes jaunes avec le dessous des hanches, les trochanters et l'extrême base des cuisses, noirs; ces dernières entièrement noires en dessous (sauf aux genoux), aux pattes intermédiaires et postérieures; tibias un peu ferrugineux en dessous. Ailes presque hyalines, un peu jaunâtres dans la cellule brachiale, un peu grises à l'extrémité. Abdomen très finement ponctué, presque lisse, luisant, avec le premier segment tronqué en avant, largement bordé de jaune, cette bordure échancrée au milieu, élargie sur ses bords, cet élargissement formant une pointe qui se dirige vers le milieu du segment; segments deux à cinq bordés régulièrement de jaune; deuxième segment ventral avec une mince bordure jaune un peu élargie sur les côtés, et de plus deux grandes taches carrées jaunes; troisième segment ventral avec une bordure jaune indistincte; les suivants avec seulement de très petites taches latérales. Long. 13mm. Env. 22mm.

29. **Hungaricus**, N. SP.

PATRIE : Hongrie.

— Deuxième segment ventral sans tache jaune libre. 16

16 Scutellum noir. Tête noire, finement ponctuée, avec des poils gris; épistome noir avec une ligne ciculaire jaune à sa base, seulement un peu excavé; labre noir, quelquefois roussâtre à sa base; une tache entre les antennes, une autre derrière le sommet des yeux, jaunes;

scape jaune en dessous; funicule noir. Thorax granuleusement ponctué, noir avec le devant du pronotum, une tache sous l'insertion des ailes, une ligne sur le postscutellum et parfois deux taches sur le métathorax, jaunes; écaillettes jaunes, tachées de brun. Pattes jaunes tachées de ferrugineux, avec les hanches, les trochanters et la base des cuisses, noirs. Ailes jaune-rougeâtre à la base, un peu enfumées à l'extrémité et tachées de brun dans la radiale et au bout du limbe; nervures et stigma bruns. Abdomen noir, brillant, déprimé; premier segment un peu granuleux, les autres presque lisses; les cinq premiers assez largement bordés de jaune, cette bordure festonnée, biéchancrée du côté du ventre; le deuxième et quelquefois le troisième segments sont seuls bordés de jaune.

Long. 10mm, Env. 20mm. 30. **Reniformis**, Linné.

Patrie. Toute l'Europe.

—— Scutellum taché de jaune. Tête noire, finement et densément ponctuée, velue de poils roux; épistome tronqué droit, plus large que long, jaune, avec le bord et une tache au milieu de sa surface noirs; cette tache est de forme variable; elle est soit isolée, soit contiguë au bord inférieur ou au bord supérieur par un pédicule plus ou moins large; elle peut même contenir, dans son intérieur, deux points jaunes. Les mandibules sont noires avec une tache ferrugineuse avant leur extrémité; une tache triangulaire entre les antennes; l'orbite des lobes inférieurs des yeux jusqu'au milieu du bord inférieur du sinus, une grosse tache ovale derrière le sommet des yeux sont jaunes. Antennes noires avec le dessous du scape jaune et celui du funicule ferrugineux. Thorax noir, finement et ruguleusement ponctué, avec des poils roux. Pronotum jaune, excepté à l'extrémité de ses lobes ; une grosse tache arrondie sous l'insertion des ailes antérieures, deux autres sur le scutellum, une ligne interrompue en son milieu sur le postscutellum et deux grosses taches triangulaires latérales sur le métathorax, jaunes. Ecaillettes jaunes avec une tache rousse au milieu de son bord. Pattes jaunes avec les tibias et surtout l'extrémité des tarses teintés de ferrugineux ; hanches, trochanters et base des cuisses, noirs. Ailes soit obscures à reflets violets (Giraud), soit seulement teintées de jaune avec l'extrémité grise ; radiale avec une petite ligne plus sombre formée par un repli qui simule une nervure supplémentaire ; nervure costale ferrugineuse, les autres et le stigma d'un brun roux. Abdomen aussi long que le thorax et la tête, avec le premier segment un peu ponctué, pubescent, les autres presque lisses, à peu près glabres ; noir avec une large bordure jaune fortement échancrée au milieu sur le premier segment ; les segments deux à cinq ornés d'une bordure jaune, quelquefois ferrugineuse, moins large, festonnée ou biéchancrée, élargie sur les côtés ; dernier segment noir avec un triangle jaune à son extrémité. Ventre noir avec le second segment muni d'une bordure jaune biéchancrée, les deuxième, troisième et quatrième offrant seulement sur leur bord une ligne étroite, jaune, interrompue au milieu et offrant un renflement ponctiforme au point d'interruption.

Long. 16^{mm}. Env. 31^{mm}. 17. **Spiricornis**, Spinola.

Nous ne connaissons des mœurs de ce bel Odynère que ce qu'en a rapporté le Dr Giraud, dans l'un de ses écrits (93). Aussi ne puis-je mieux faire que de transcrire ici littéralement ce qu'il en dit. La scène se passe, le 25 juin 1862, sur le fort de la Brunette, près de Suse (Piémont) :

« Les circonstances dans lesquelles j'ai capturé cet Odynère pouvant jeter quelque lumière sur ses mœurs, je les rapporterai en détail. Sur un monticule de terre argileuse, je trouvai trois nids faciles à remarquer, à l'espèce de cheminée ou de tuyau de terre gâchée qui les surmontait. Ces tuyaux étaient hauts d'un pouce environ et avaient une direction perpendiculaire au sol. Je ne découvris d'abord qu'un seul insecte visitant l'un de ces nids et ce ne fut qu'avec une peine extrême et beaucoup de temps perdu que je pus m'en emparer. Par une imprudence fâcheuse, il échappa de mes mains et ce fut inutilement que je l'épiai longtemps encore ; il ne me permit plus de l'approcher assez pour pouvoir jeter mon filet. Cependant, ayant reconnu le prix de ma découverte, il m'en coûtait trop de quitter la place les mains vides. J'ouvris d'abord le nid dont le propriétaire m'avait fait éprouver une si grande déception ; je le trouvai approvisionné de trois larves vertes que je reconnus aussitôt pour celles de *Lyda inanita*, Vill., qui construisent ces longs fourreaux composés de feuilles enroulées en spirale que l'on trouve sur plusieurs espèces de rosiers. L'espoir d'y trouver un Odynère me porta encore à bouleverser les deux autres, mais mon attente fut trompée ; ils ne contenaient, comme le premier, que des larves de *Lyda* ; mais il me sembla que deux d'entre elles appartenaient à une autre espèce ; elles étaient un peu plus fortes, jaunâtres et avaient le bout anal armé un peu différemment. Quoique toutes mes dispositions fussent prises pour partir par le prochain courrier, le regret que j'éprouvais d'avoir manqué ma chasse était si grand que j'ajournai mon départ pour tenter de nouveau la fortune. Le lendemain, à huit heures du matin, j'étais sur la place que j'avais abandonnée la veille à sept heures du soir. Quelles ne furent pas ma surprise et ma joie quand, à côté des nids détruits le jour précédent, j'aperçus les cheminées de trois nouveaux nids. En moins d'un quart d'heure, les trois propriétaires furent en mon pouvoir. Les tuyaux fraîchement bâtis avaient les dimensions des premiers, mais la galerie souterraine n'avait pas encore toute sa profondeur ; elle ne contenait d'ailleurs aucune provision. Cette observation semble démontrer que l'insecte travaille à l'édification du tuyau en même temps qu'il creuse sa galerie dans la terre et se sert pour cela des matériaux extraits ; mais, ce qui est surprenant et incontestable, c'est que les trois insectes avaient dû travailler avec ardeur, pendant la nuit, pour mener leur nouvelle construction au point où je la trouvai.

« Je crois la *Chrysis segusiana* parasite de cet Odynère. »

PATRIE : Piémont, Gênes, Tyrol.

17 Cuisses intermédiaires avec deux fortes dentelures en dessous vers l'extrémité. Tête et thorax fortement ponctués, de couleur brun feuille morte. Front, vertex, mesonotum, une bande oblique sur les flancs entre le mésothorax et le métathorax ainsi qu'une ligne entre l'écusson et le postécusson et une au fond du métathorax, noirs. Antennes brunes avec le bout noirâtre en dessus. Pattes ferrugineuses. Ailes brunes avec des reflets dorés. Abdomen brun avec le premier segment noir à sa base, tous les segments jaunâtres le long de leur bord postérieur, noirâtres à leur base, le deuxième offrant en outre en dessus une ligne noirâtre irrégulière et sinuée en avant de la partie jaunâtre de son bord postérieur (de Saussure).

Mâle inconnu.

Long. 11^{mm}. Env. 22^{mm}.

19. **Emortualis**, SAUSSURE.

PATRIE : Algérie ?

— Cuisses intermédiaires sans dentelures en dessous. 18

18 Postscutellum noir. 19

— Postscutellum taché de jaune. 24

19 Pronotum entièrement noir. Tête noire, ponctuée, avec une courte pubescence blanche; épistome échancré, noir ou avec une ligne arquée

blanche vers sa base; une tache entre les antennes et un point derrière le sommet de chaque œil, blancs. Antennes noires, avec une ligne ou seulement un point à la base en dessous du scape, blanc. Thorax noir, ponctué; pronotum tronqué droit, un peu épineux à ses angles latéraux; scutellum noir ou orné de deux petits points blancs. Ecaillettes blanches avec une tache grise en leur milieu. Pattes noires avec le dessous des tibias blancs, leur extrémité et les tarses ferrugineux; base du premier article des tarses postérieurs noire. Ailes enfumées; nervure costale ferrugineux sombre; les autres nervures et le stigma bruns. Abdomen finement ponctué sur le premier segment, presque lisse sur les autres; noir avec les cinq premiers segments bordés de blanc, ces bordures légèrement élargies sur les côtés; en dessous le ventre est noir avec seulement une petite tache blanche sur les côtés des deuxième, troisième et quatrième segments.

Long. 7 à 8 mm. Env. 16 à 18 mm.

31. **Alexandrinus**, SAUSSURE.

Patrie : Egypte.

— Pronotum taché de couleur claire. 20

20 Métathorax noir. 21

= Métathorax taché de jaune. Tête noire; épistome échancré, jaune en entier ou avec deux taches noires en son milieu; mandibules noires avec l'extrémité rousse; une tache entre les antennes, deux autres dans le sinus des yeux et deux derrière le sommet de ceux-ci, jaunes. Thorax noir avec deux grandes taches sur le pronotum, les écaillettes, une tache en haut des mésopleures, une ligne sur le scutellum et deux taches sur le métathorax, jaunes. Pattes jaunes avec une partie des cuisses noire. Ailes un peu enfumées, surtout dans la radiale. Abdomen noir, avec les quatre premiers segments bordés de jaune; la bordure du premier segment échancrée au milieu, celles des autres biéchancrées et élargies sur les côtés. En dessous, le second segment est bordé de jaune (Radoskowski).

Long. 9 à 10mm.

7. Eversmanni, Radoskowski.

Patrie : Égypte.

21 Scape des antennes noir en entier. 22

— Scape roux ou jaune. 23

22 Epistome orangé avec une ligne transversale plus ferrugineuse au milieu. Tête noire, ponctuée; extrémité de l'épistome noire, échancrée; une tache arrondie rouge entre les antennes; celles-ci noires avec le dessous du scape jaune; une petite tache rouge derrière le sommet de chaque œil. Thorax noir, finement ponctué; épaules du pronotum orangées, plus ferrugineuses au bout des lobes; écaillettes jaunes tachées de noir. Pattes d'un jaune un peu ferrugineux avec les hanches, les trochanters et la base des cuisses, noirs. Ailes grises avec la région marginale rougeâtre; nervures rouges à la base de l'aile, noires à l'extrémité. Abdomen noir, brillant, très finement ponctué; premier segment avec une large bordure jaune fortement échancrée au milieu. Deuxième à cinquième segments avec des bordures jaunes festonnées; dernier segment avec seulement deux petites taches jaunes; en dessous, le se-

cond segment a seul une étroite bordure jaune. (♀, inédite).

Long. 12mm. Env. 23mm. 8. **Destefanii**, ANDRÉ.

PATRIE : Italie méridionale (musée de Naples).

— Epistome noir. Tête noire avec le bout des mandibules, le scape et un point derrière le sommet des yeux, roux. Thorax noir avec une bande blanchâtre au bord antérieur du pronotum et les écaillettes rousses. Pattes rousses; hanches et trochanters noirs. Ailes enfumées; nervures brunes. Abdomen noir avec tous les segments ornés d'une bordure blanchâtre, un peu festonnée et interrompue, la première à peine, les deux suivantes largement, les deux dernières à peine; dernier segment noir (Saussure).

Long. 14mm. Env. 21mm. 6. **Interruptus**, BRULLÉ.

PATRIE : Grèce.

23 Epistome noir. Tête noire, finement ponctuée, velue de poils roux; épistome plus large que long, fortement échancré; une petite ligne blanc jaunâtre entre l'insertion des antennes et un point de même couleur derrière le sommet des yeux. Antennes noires. Thorax noir, finement ponctué, avec de courts poils roux. Pronotum tronqué droit, les angles un peu avancés en dehors; deux petites lignes jaunâtres en avant vers son bord antérieur. Écaillettes noires, tachées de jaune ou de ferrugineux. Pattes ferrugineuses avec les hanches, les trochanters et la plus grande partie des cuisses, noirs. Ailes enfumées, surtout vers l'extrémité; nervure costale ferrugineuse, les autres nervures brun noir ainsi que le stigma.

Abdomen noir, presque lisse, luisant avec quelques poils roux sur le premier segment; segments un à quatre ornés d'une étroite bordure jaune-rougeâtre. En dessous, le deuxième segment est seul bordé de même.

Long. 9mm. Env. 20mm. 5. **Sibiricus**, Mocsary.

Patrie: Sibérie.

Epistome avec une ligne arquée jaune à sa base. Tête noire velue de poils roux; une tache entre l'insertion des antennes, une petite tache dans le sinus des yeux et une autre derrière leur sommet, jaunes. Antennes noires. Thorax noir avec une pubescence rousse; une tache sous l'insertion des ailes antérieures, et une petite ligne sur le scutellum, jaunes. Écaillettes jaunes tachées de roux. Pattes jaunes avec les hanches, les trochanters et la base des cuisses, noirs; extrémité des tarses teintée de ferrugineux. Ailes lavées de jaune, légèrement enfumées vers la région radiale et à leur extrémité; nervures et stigma bruns. Abdomen noir avec une bordure jaune, festonnée aux cinq premiers segments, celle du cinquième n'atteignant pas ses côtés; dernier segment noir en entier. Ventre noir avec une bordure jaune, irrégulière, aux deuxième et troisième segments, et une tache sur les côtés du bord du quatrième.

Long. 9mm. Env. 20mm. 12. **Lœvipes**, Shuckard.

Léon Dufour, en 1839 (60), a longuement décrit, sous le nom d'*Odynerus rubicola*, les mœurs et les métamorphoses de cet insecte, dont, suivant l'expression d'un autre maître, le Dr Giraud (94), il a tracé « un tableau aussi exact que complet. » Dans l'impossibilité de reproduire ici le mémoire entier de L. Dufour, je me vois obligé de le résumer à grands traits, regrettant de ne pouvoir reproduire en même temps les peintures si vives et les aperçus si intéressants de l'auteur.

Pour établir son nid, l'Odynère rubicole creuse la moelle des tiges sèches de la ronce en choisissant celles qui sont courbées vers la terre ou au moins horizontales. Quand l'excavation a quelques pouces de profondeur, la mère y apporte de la terre qu'elle délaie avec de la salive et elle y construit une coque allongée, cylindrique, brune ou d'un gris sâle, remplissant exactement l'intérieur de la tige; cette coque est engagée au milieu de la moelle qui n'est pas toujours détruite jusqu'au bois; elle a 6 à 7 lignes de longueur (15mm) sur 3 lignes (6mm 1/2) de largeur. Tantôt au nombre de deux ou trois, tantôt à celui de huit ou dix, ces coques sont toujours disposées à la file les unes des autres et elles renferment chacune une larve. Elles sont séparées par un intervalle de deux lignes (4mm) occupé par de la moelle pétrie ou des débris de l'approvisionnement apporté par la mère. Extérieurement, ces coques sont unies; à l'intérieur, elles sont tapissées par une membrane soyeuse, lustrée, blanchâtre, secrétée par la larve lorsqu'elle a fini de croître et de manger. L'extrémité supérieure de la coque est tronquée et correspond à la tête de la larve; elle est fermée par un diaphragme soyeux et débordée par un prolongement du tube terreux d'une demi ligne de saillie. Le bout inférieur est arrondi, sans diaphragme. La mère Odynère fait son travail dans la première quinzaine de juin. Elle place, au fond de chaque coque, un œuf jaune, oblong, cylindroide, légèrement arqué, arrondi aux deux extrémités. L'approvisionnement de la larve consiste en une douzaine de petites larves vivantes, vertes, roulées en cercle sur elles-même et empilées les unes au-dessus des autres. La larve adulte est apode, de douze anneaux plus la tête, de cinq lignes de long (11mm), sur deux (4mm) de large, d'un jaune assez vif. Ces larves prennent tout leur accroissement en dix ou douze jours, puis elles s'engourdissent pendant dix ou onze mois. L'insecte parfait éclôt de la fin de mai à la mi-juin. La transformation en nymphe avait eu lieu dans le courant d'avril ou de mai. La sortie de l'insecte parfait ne se fait pas latéralement; mais il perce le couvercle de sa cellule et c'est le dernier pondu qui éclôt le premier et ainsi de suite. D'après Audouin enfin, les larves vertes enfouies dans les nids de la ronce sont celles du *Phytonomus variabilis* (coléoptère curculionite) qui rongent les feuilles de la luzerne.

A propos des éclosions des insectes rubicoles, c'est le lieu de placer ici un renseignement important qui m'a été fourni par le regretté Sir Sydney Smith Saunders, que la science vient de perdre si inopinément cette année. Ce renseignement vient modifier tant soit peu ce que je disais, page 548 de ce volume, relativement à l'ordre des éclosions des habitants d'une même tige de ronce.

Cet ami m'écrivait en effet le 23 novembre 1883 : « ..... J'ai pu maintes fois vérifier, tant chez les Odynères (*loevipes* et cinq ou six autres espèces dont quelques-unes me sont inconnues) que chez les Euménides (*Raphiglossa* et *Psiliglossa*) aussi bien que chez les *Prosopis rubicola*, les Osmies (*tridentata, ruborum*, etc.), les *Anthidium* (*contractum*), enfin chez les Crabronides et tous les insectes rubicoles qui placent leurs coques en série (1) — que les mâles se trouvent toujours par dessus et que les femelles sont placées en bas dans les premières cellules construites. Les mâles, comme vous le dites, éclosent les premiers, mais ils n'ont jamais besoin d'attendre que leurs sœurs leur laissent le chemin libre, puisqu'elles se trouvent au-dessous d'eux. M. F. Smith indique aussi que c'est l'histoire de toutes les abeilles qui percent le bois, dont il a élevé presque toutes les espèces indigènes à l'Angleterre. (Cat. British. Hymen. 2e édition, 1876, page 150.)

L'explication de cette loi tiendrait, à ce qu'il semble, à ce fait, que les femelles occupent des logis plus grands et sont pourvues de la meilleure nourriture, d'une façon plus abondante et s'engraissent d'avantage ; leurs tissus adipeux les retiennent plus longtemps pour subir leur dernières métamorphoses ; tandis que les mâles occupent des cellules moins grandes, prennent moins d'embonpoint, ce qui fait par conséquent que leur éclosion a lieu avant celles de leurs sœurs..... »

J'ai cru devoir citer tout au long l'opinion de mon savant ami sur cette question si controversée qui se rapporte, en dernière analyse, à la préexistence des sexes dans l'œuf, à la connaissance que peut avoir la mère de la nature de l'œuf qu'elle va pondre. C'est un document de plus dans ce dossier si intéressant, mais qui attend encore de nombreuses pièces pour qu'il soit permis d'arriver à une affirmation positive.

Parasites : *Melittobia Audouini.*
Cryptus bimaculatus.
Chrysis splendidula (Giraud) (93 et 95).
Chrysis rutilans (Perris) (195).

Patrie : Toute l'Europe.

(1) Les *Stigmus* et les *Cemonus* les distribuent çà et là dans la moelle.

24 Cuisses et tibias noirs et ferrugineux. 25

— Cuisses et tibias noirs et jaunes. Tête noire; épistome jaune avec une tache trilobée noire en son milieu; une tache entre les antennes, une autre derrière le sommet des yeux; bord inférieur du sinus, jaunes; antennes noires avec le dessous du scape jaune et celui du funicule ferrugineux. Thorax noir avec le pronotum, une tache sous les ailes, deux points sur le scutellum, une ligne sur le postscutellum, jaunes; la poitrine et une tache latérale du mesonotum fauves. Pattes noires avec l'extrémité des cuisses, les tibias et les tarses, jaunes. Abdomen noir avec les segments deux à cinq ornés d'une bordure jaune biéchancrée; en dessous, le second segment est aussi bordé de jaune, les suivants n'ont qu'une bordure interrompue; le dernier segment est entièrement noir (de Saussure).

Long. 22mm; Env. 44mm. 16. **Tinniens**, Scopoli.

Patrie : Autriche.

25 Epistome noir avec seulement deux petites taches ou une bande arquée claires à la base. 26

— Epistome entièrement roux, sauf à l'extrémité inférieure. Tête noire; mandibules tachées de ferrugineux; une tache entre les antennes, orbite du lobe inférieur des yeux, une ligne derrière leur sommet, ferrugineux. Thorax noir avec le pronotum ferrugineux ou jaune, parfois deux taches sur le mesonotum et une large bande sur le scutellum de même couleur. Postscutellum jaune ou ferrugineux. Pattes ferrugineuses; hanches, trochanters et base des cuisses noirs. Ailes légèrement enfumées, surtout vers l'extrémité; région marginale jaunâtre; nervure costale testacée, les autres nervures et le stigma bruns. Abdomen noir ; premier segment avec une large bordure jaune échancrée en son milieu ; les segments deux à cinq avec une bordure jaune triéchancrée et élargie sur les côtés ; en dessous, le second segment est ferrugineux avec une bande noire ; dernier segment noir avec une tache cordiforme jaune ou ferrugineuse en dessus.

Long. 9mm. Env. 20mm.

9. **Variegatus**, Fabricius.

Patrie ; Algérie.

26 Premier et second segments abdominaux avec des bordures claires très fortement élargies sur les côtés. Scape ferrugineux et jaune. Tête noire, ponctuée, avec des poils blancs ; épistome noir avec deux très petites taches ferrugineuses vers sa base ; une tache entre les antennes et bord inférieur du sinus ferrugineux ; une tache triangulaire derrière le sommet des yeux jaune. Antennes noires avec le scape ferrugineux en dessus, jaune en dessous. Thorax noir, ponctué, luisant, presque glabre ; pronotum jaune avec l'extrémité de ses lobes noire, les deux couleurs séparées par un liseré ferrugineux. Scutellum et postscutellum largement tachés de jaune mêlé de ferrugineux ; deux taches sous l'insertion des ailes antérieures, une autre de chaque côté du metanotum, jaunes. Ecaillettes brillantes, ferrugineuses. Pattes ferrugineuses, avec les hanches, les trochanters et la base des cuisses noirs ; les cuisses et les tibias un peu tachés de jaune. Ailes rougeâtres à la base, enfumées sur le reste de leur surface ; nervure costale ferrugineuse ainsi que la base des autres nervures ; celles-ci et le stigma bruns. Abdomen noir, assez fortement ponctué sur le premier segment, à peine pointillé sur les autres. Sur

le premier segment, la couleur jaune rougeâtre envahit presque toute la surface et ne laisse apparaître en noir qu'une tache médiane allongée. Le second segment porte une bordure jaune, échancrée en son milieu et se prolongeant de chaque côté par une large tache de teinte un peu plus rougeâtre; les autres segments portent une large bordure jaune, triéchancrée, un peu élargie latéralement; le dernier segment est jaune, sauf à son bord extrême qui reste noir. En dessous, le premier segment est ferrugineux, le second porte une très large bordure jaune, fortement échancrée en son milieu et enfermant latéralement deux taches linéaires noires; les segments n'ont qu'une tache triangulaire sur les côtés de leur bord; le dernier reste entièrement noir.

Long. 14mm. Env. 25mm. **14. Nobilis**, SAUSSURE.

M. Lichtenstein, qui a pu étudier la nidification de cet insecte, croit qu'il doit amasser des larves de *Balaninus glandium* ou autre charançon de ce groupe.

PATRIE: France méridionale, Espagne.

Premier et second segments abdominaux avec des bordures régulières, étroites, à peine élargies sur les côtés. Scape noir. Tête noire, ponctuée, avec des poils gris. Epistome éparsement pointillé, lisse, brillant, noir, avec une ligne basilaire arquée, ferrugineuse; une tache entre les antennes, une ligne le long de l'orbite inférieur des yeux jusqu'au fond du sinus, une tache allongée derrière leur sommet, jaunes ou ferrugineuses. Antennes noires. Thorax noir, ponctué, luisant, presque glabre. Pronotum jaune ou ferrugineux, avec l'extrémité de ses lobes noire; une grande tache sous l'insertion des ailes antérieures, deux taches sur le scutellum, deux autres sur le postscutellum, jaunes. Ecaillettes jaunes avec un point brun en leur milieu. Pattes jaunes avec les hanches et les trochanters noirs, les tarses ferrugineux. Ailes légèrement enfumées avec la base rougeâtre; nervure costale ferrugineuse; les autres nervures et le stigma bruns ou noirs. Abdomen noir, finement ponctué sur le premier segment, presque lisse sur les autres, avec une bordure ferrugineuse régulière au premier segment, une bordure jaune sombre, régulière, légèrement élargie sur les côtés aux autres segments; le dernier est entièrement noir; en dessous, le second segment porte une bordure de même couleur, étroite, biéchancrée; le troisième en offre une autre encore plus mince, interrompue en son milieu; le quatrième n'est taché que sur ses côtés.

Long. 14^{mm}. Env. 26^{mm}. 10. **Terricola**, Mocsary.

Les mâles des *O. rufidulus, sibiricus, Eversmanni, emortualis, albicinctus, pœcilus, sareptanus, hungaricus*, ne sont pas connus.

Les femelles des *O. luteolus, bulgaricus, Fairmairei, scandinavus, notula, cruralis, albopictus*, sont encore inconnues.

Patrie : Hongrie.

8e GENRE. — ALASTOR, Lepeletier

(ἀλάστωρ, scélérat)

Pl. XLIV

Les caractères de ce genre se rapprochent tellement de ceux des *Odynerus* du groupe *floricola* qu'il serait peut-être logique de l'y rattacher. Le fait d'une cellule pétiolée est ordinairement assez peu important pour qu'on ne puisse s'en servir comme d'un caractère générique. Mais le grand genre *Odynerus* est déjà si chargé, et il tend si bien, chaque jour, à le devenir davantage, que je crois devoir conserver cette coupe ; je le fais d'ailleurs avec d'autant plus de liberté que la division générique n'a rien d'absolu et qu'elle laisse place au contraire à un peu d'arbitraire.

Voici comment l'on peut résumer les caractères les plus saillants de ce genre :

Pièces de la bouche conformées à peu près comme dans les Odynères ; palpes labiaux de quatre articles ; palpes maxillaires de six articles.

Antennes des mâles terminées par un crochet infléchi (fig. 3).

Deuxième cellule cubitale pétiolée (fig. 2). Abdomen subsessile, sans suture sur le premier segment, celui-ci globuleux, cupuliforme. Postscutellum plat, lisse. Metanotum un peu arrondi sur les côtés.

Ce genre comprend aujourd'hui à peu près vingt-cinq espèces très inégalement réparties sur la surface du globe. L'Europe n'en présente qu'une seule ; quelques autres appartiennent à la région sud-américaine et la plus grande partie, une vingtaine environ, rentre dans la faune australienne.

Nous n'avons encore aucun renseignement au sujet des mœurs de ces insectes qui sont peu répandus ; elles doivent nécessairement se rapprocher beaucoup de celles des Odynères, mais on ne sait encore si ces Vespides sont rubicoles ou s'ils se creusent des terriers dans le sable.

Voici la description de l'espèce européenne :

— Tête fortement ponctuée, avec de courts poils blancs, noire, avec une tache dans le sinus des yeux, le labre, rarement une autre très petite tache entre les antennes, deux autres derrière le sommet des yeux, jaunes ; antennes et mandibules noires. Epistome échancré, bidenté. Thorax noir, ponctué, hérissé de courts poils blancs, avec une bande jaune interrompue sur le devant du pronotum ; les angles de celui-ci saillants ; extrémité du métathorax terminée de chaque côté par une dent mousse. Ecaillettes grandes, jaunes, avec un point sombre dans leur milieu. Pattes d'un jaune ferrugineux avec les hanches, les trochanters et plus de la moitié basilaire des cuisses noirs. Ailes subyalines, légèrement enfumées, surtout dans la région marginale ; cellule radiale nébuleuse. Abdomen glabre, ponctué, noir avec les premier et deuxième segments bordés de jaune en dessus ; plus rarement le troisième et le quatrième aussi un peu bordés de même ; en dessous le second segment ventral est seul bordé de jaune. ♀

Le mâle a la tête noire, avec le labre, l'épistome, une tache transversale entre les antennes et d'autres petites derrière le bord supérieur des yeux, jaunes ainsi qu'une tache en forme de virgule dans chacun des sinus des yeux. Le thorax et les ailes sont comme ceux de la femelle; les pattes sont plus jaunes, moins ferrugineuses ; enfin l'abdomen porte toujours une bande jaune à l'extrémité des premier, second et quatrième segments, et quelquefois aussi une ligne de la même couleur sur les troisième et cinquième segments. En dessous le deuxième segment seul est bordé de jaune. (fig. 1)

Long. ♀ 8 à 10mm. Env. 12 à 15mm.

Long. ♂ 7mm. Env. 14mm. **Atropos**, Lepeletier.

Patrie : France, surtout méridionale, Lombardie, Tyrol, Portugal, Sicile, Russie méridionale.

9e GENRE. — PTEROCHEILUS, Klug.

(πτερὸν, plume ; χεῖλος, lèvre)

Pl. XLIV

Mandibules arquées, larges, dentées, tranchantes, plus larges au tiers supérieur qu'à la base, un peu contournées, offrant en dessus des lignes saillantes. Palpes labiaux de trois articles, les deux derniers munis de longs poils qui leur donnent l'aspect d'une plume (fig. 6), le premier est gros et renflé. Palpes maxillaires de six articles (fig. 9). Lèvre longue, linéaire, bifide, l'extrémité des lobes occupée par un point calleux. Antennes assez longues, terminées chez les mâles par un crochet infléchi ou par un enroulement des derniers articles. Yeux réniformes.

Thorax globuleux, court. Pattes ordinaires. Ailes dépassant l'extrémité de l'abdomen.

Abdomen subsessile, un peu globuleux ; le premier segment nettement séparé du second, court.

Ce genre, représenté par des insectes aux couleurs tranchées, s'est rencontré seulement jusqu'à ce jour en Europe, Asie, Afrique et Amérique. L'Europe nourrit la plupart des espèces (14) ; on n'en compte que deux ou trois en Amérique, quatre ou cinq en Afrique, et à peu près dix-huit en totalité. Aucune indication n'a encore été donnée sur les mœurs de ces insectes qui sont généralement rares et qui n'ont pu encore être observés sous ce rapport.

La place de ce genre dans la systématique est assez difficile à préciser. Quelques espèces offrent absolument tous les caractères des Odynères du groupe du *spinipes*, sauf ceux des organes buccaux.

Les antennes des mâles sont enroulées au bout (fig. 7); la forme de l'abdomen est la même et le premier segment présente une impression comme celle que j'ai signalée chez ces insectes (1).

D'autres espèces, au contraire, ont les antennes terminées par un crochet infléchi et se rapprochent tout-à-fait des Odynères du groupe *floricola*. Il en est enfin dont le postscutellum est légèrement crénelé (*bembeciformis*) et qui rentreraient mieux par ce fait dans le groupe du *Dantici*.

Il y a donc lieu de diviser ce genre, comme nous l'avons fait pour les Odynères ; mais il n'est guère possible de le faire d'une

(1) Ce n'est qu'après la confection du tableau de la page 698 que j'ai eu connaissance de cette disposition des antennes. Il faut donc supprimer le premier membre de phrase dans le dichotome et se contenter du second qui est commun aux deux sexes.

façon aussi précise dans l'état actuel de la science, à cause du grand nombre d'espèces dont un seul sexe est connu, souvent même d'une façon insuffisante.

Le genre *Pterocheilus*, trés naturel sous le rapport du nombre des articles des palpes, devient au contraire tout-à-fait hétérogène si l'on considère la conformation des antennes et d'autres parties du corps. Le caractère basé sur les palpes plumeux, qui est excellent en ce qui concerne les espèces européennes, devient insuffisant quand l'on étend ses études aux individus exotiques, puisqu'une espèce du Sénégal (*glabripalpis*) est privée d'un pareil ornement.

On trouve encore ici la confirmation de la grande difficulté qu'il y a à diviser bien nettement les Vespides solitaires par des caractères génériques; il y a, de l'un à l'autre genre, des passages et des transitions qui unissent entre elles les coupes en apparence les plus distinctes.

1 Scutellum noir. **2**

— Scutellum rouge, jaune, ou seulement taché de ces couleurs. **4**

2 Abdomen noir bordé de jaune.
14. **Phaleratus**, PANZER, var, (V. n° 13).

— Abdomen en partie ferrugineux. **3**

3 Troisième segment abdominal noir. Tête noire, ponctuée, luisante, garnie de poils bruns. Mandibules noires avec l'extrémité rouge. Antennes noires. Epistome bidenté, rouge, avec l'extrémité noire; une tache entre les antennes et un point derrière le sommet des yeux, rouges. Thorax noir, ponctué, brillant, garni de poils bruns. Pronotum avec une tache rouge sur chaque épaule. Ecaillettes noires. Pattes ferrugineuses avec les hanches, les trochanters et la base des cuisses, noirs. Ailes fortement enfumées, brunâtres, avec un reflet violet brillant. Nervure costale rouge; les autres nervures et le stigma noirs. Abdomen presque lisse, velu sur le premier segment, celui-ci noir ; le second segment rouge avec un point ou une tache en forme de losange, noire, en son milieu. ♀

Mâle inconnu.

Long. 8mm. Env. 17mm. **5. Unipunctatus,** LEPELETIER.

PATRIE : Algérie.

— Troisième segment abdominal ferrugineux. Tête noire, velue avec des poils roussâtres. Mandibules ferrugineuses avec le bout noir. Epistome échancré, entièrement jaune ; un point entre les antennes, une tache dans le sinus des yeux et une ligne derrière le sommet de ceux-ci, de couleur ferrugineuse. Antennes ferrugineuses, noires en dessus, excepté vers le milieu ; les derniers articles aplatis, enroulés en spirale les uns sur les autres. Thorax noir, velu, ses poils roussâtres. Pronotum avec une grande tache ferrugineuse sur chaque épaule. Ecaillettes ferrugineuses. Pattes ferrugineuses. Hanches noires. Ailes enfumées, surtout vers leur bord supérieur ; nervures et stigma bruns. Abdomen avec le premier segment noir, portant de chaque côté une grande tache ferrugineuse ; deuxième segment entièrement ferrugineux ; troisième segment ferrugineux avec un gros point noir sur le dos. ♂ (Lepeletier).

Femelle inconnue.

Long. 10mm. Env. 21mm. **1. Ornatus,** LEPELETIER.

PATRIE : Algérie.

4 Abdomen plus ou moins ferrugineux. 5

— Abdomen noir et jaune. 10

5 Premier segment abdominal en partie rouge. 6

Premier segment abdominal noir ou noir bordé de jaune ou de blanc. Tête noire. Labre et mandibules blanchâtres, ces dernières avec le bord sombre; une tache entre l'insertion des antennes, une ligne sur l'orbite inférieur des yeux jusque dans le sinus, une tache ovale derrière le sommet des yeux, jaunes. Epistome semicirculairement échancré, jaune. Scape des antennes jaune en dessous, noir en dessus. Funicule ferrugineux avec quelques articles noirs en dessus, les derniers très jaunes. Thorax finement et densément ponctué. Pronotum orné de deux grandes taches jaunes. Mésopleures avec une tache jaune sous l'insertion des ailes antérieures. Scutellum avec deux taches semblables. Postscutellum et écaillettes colorés de même. Pattes ferrugineuses, hanches et trochanters noirs; les premières tachées de jaune en devant. Ailes fortement enfumées. Abdomen brillant, finement et densément ponctué en dessus; le premier segment offre en dessus une petite strie longitudinale bien visible; tous les segments, excepté le dernier, sont bordés de blanc en dessus; de plus, le second segment présente de chaque côté une grosse tache rouge; en dessous, le premier et le dernier segments sont noirs, le deuxième est rouge et marqué de chaque côté d'une tache blanche, de même que le troisième, le quatrième et le cinquième; ces derniers sont en outre ciliés de poils nombreux, dorés, ♂ (Morawitz).

Femelle inconnue.

Long. 11mm. 7. **Crabroniformis**, MORAWITZ.

PATRIE: Russie méridionale.

6 Deuxième segment abdominal noir à la base ou au milieu. 7

Deuxième segment abdominal noir vers l'extrémité. Tête noire, finement ponctuée. Epistome large, tronqué droit, jaune ou ferrugineux avec la partie antérieure noire; un point entre l'insertion des antennes, l'orbite interne des yeux jusqu'au fond du sinus, une grande tache derrière leur sommet, jaunes ou ferrugineux. Antennes noires avec le scape rayé de jaune ou d'orangé en dessous, le funicule noir ou un peu brunâtre en dessous. Mandibules noires ou tachées de couleur claire à la base. Thorax noir, finement ponctué, velu; deux taches sur le devant du pronotum, une autre sous l'insertion des ailes antérieures, deux points sur le scutellum, une ligne sur le postscutellum, jaunes. Métathorax noir ou orné latéralement de grandes taches jaunes ou ferrugineuses. Parfois le pronotum arrive à être tout entier de couleur claire. Pattes ferrugineuses avec les hanches et les trochanters noirs. Ailes légèrement enfumées, un peu rougeâtres vers la base; nervure costale et la base de toutes les autres ferrugineuses, leur extrémité et le stigma de couleur brune. Abdomen brillant, lisse; premier segment bordé de blanc avec une grande tache noire en dessus de cette bordure et le reste rouge. La tache noire peut s'aplatir ou s'élargir au milieu de façon à atteindre presque la base; ses contours ordinairement bien limités peuvent en d'autres cas devenir moins nets et se fondre avec la couleur rouge; deuxième segment rouge avec une grande tache noire vers son extrémité et une bordure blanche; la tache peut aussi s'élargir dans le milieu jusqu'à atteindre la base du segment. Les autres segments sont noirs bordés de blanc. En dessous, les deux premiers segments sont rouges en entier et les autres tout à fait noirs. ♀

Mâle inconnu.

Long. 12 à 16mm. Env. 20 à 30mm.

6. **Pallasii**, Klug.

Patrie : Russie mérid., Asie mineure, Turkestan.

7 Quatrième et cinquième segments en grande partie rouges. 8

— Quatrième et cinquième segments noirs ou bordés de blanc. 9

8 Mesonotum orné de deux grands dessins orangés en forme de crochets. Tête noire, fortement ponctuée, chagrinée. Mandibules jaunes à la base, ferrugineuses au milieu, noires à l'extrémité, fortement dentées. Epistome jaune vif, striolé, avec son bord libre rouge sombre ; une tache cordiforme, bordure interne des yeux et leur sinus, une très grande tache occupant tout le derrière des yeux et une autre plus petite rectangulaire au sommet de ceux-ci, jaune orangé. Antennes noires avec le scape en entier et le premier article du funicule ferrugineux. Thorax noir, ruguousement ponctué. Pronotum arrondi en avant avec les épaules un peu saillantes, offrant en devant une partie un peu tronquée, lisse et brillante ; il est entièrement jaune orangé, sauf une petite tache carrée noire sur la partie antérieure lisse, se prolongeant, suivant la direction de ses diagonales, en forme de très petit pédicule qui coupe au milieu la partie orangée en deux portions symétriques et égales. Mesonotum noir, offrant en dessus deux grandes taches en forme de crochets dont le sommet est dirigé en avant, l'une des branches, assez mince, courant parallèlement au bord du pronotum ; l'autre, plus épaisse, descendant parallèlement à la ligne médiane et à une petite distance de celle-ci

jusqu'aux deux tiers de la longueur du mesonotum; à cet endroit, ces deux branches sont réunies par une tache rouge. Une grande tache jaune se trouve au sommet des mésopleures, sous l'insertion des ailes antérieures; les mésopleures portent encore trois petites taches rougeâtres, irrégulièrement placées sur leur bord postérieur. Ecaillettes jaunes avec une tache grise sur leur bord. Scutellum orné de deux grandes taches jaunes. Postscutellum jaune un peu orangé, lisse et brillant. Métathorax avec deux grandes taches jaunes marquées de ferrugineux, ne laissant comme place noire que la partie médiane. Pattes ferrugineuses avec les hanches jaunes, les trochanters brun foncé, les tibias et les tarses garnis de poils soyeux dorés; ongles des tarses fortement bifides, noir brun avec l'extrémité rougeâtre. Ailes hyalines, un peu teintées de jaune sale; nervures et stigma rougeâtre clair, sauf la nervure sous-costale qui est brune. Abdomen noir mat, très finement pointillé; premier et second segments rouges avec une tache noire incluse; cette tache, sur le premier segment, est parallèle au bord postérieur dont elle est assez rapprochée; elle est étroite, élargie au milieu, terminée en pointe aiguë sur les côtés; celle du second segment a la forme d'un demi-cercle assez grand, relié à la base du segment par un large pédicule. Les segments trois, quatre et cinq sont noirs, largement bordés de rouge sur leurs bords postérieurs et latéraux; le dernier est entièrement jaune grisâtre en dessus avec son contour noir. En dessous, le premier segment est entièrement rouge, le second est rouge avec une tache médiane allongée noire, terminée vers le bord par une partie mal limitée, jaune; les troisième, quatrième et cinquième segments sont noirs, avec des taches latérales rouges; celles du troisième segment enferment en outre un point allongé noir; le sixième segment est entièrement noir. ♀.

Mâle inconnu.

Long. 14mm. Env. 26mm. **Punicus**, Gribodo, in litt.

Je dois la communication de cette belle et grande espèce, encore inédite, à l'obligeance de M. l'ingénieur J. Gribodo, de la collection duquel elle fait partie. Je le prie d'en agréer ici tous mes remerciements.

Patrie : Tunis.

— Mesonotum entièrement noir. Tête noire, luisante, finement ponctuée, à peine pubescente. Mandibules, épistome, orbite inférieur et sinus des yeux, une grande tache derrière le sommet de ceux-ci et une tache en forme de chevron entre l'insertion des antennes, rouges ; l'extrémité des mandibules est un peu noirâtre. Épistome étroit, deux fois plus large que long, tronqué droit. Scape rouge en entier. Funicule noir avec le dessous ferrugineux. Thorax noir, luisant, finement chagriné, glabre. Pronotum rouge en entier ; une tache au sommet des mésopleures, scutellum, postscutellum, une tache de chaque côté du métathorax et les écaillettes, rouges. Pattes rouges, hanches et trochanters noirs, les premières tachées de rouge en devant. Ailes enfumées, avec un reflet un peu violacé sur le bord ; nervure costale rouge ; les autres nervures et le stigma noirs. Abdomen très finement ponctué, presque lisse. Premier segment rouge avec une tache allongée noire à sa base; son bord postérieur est légèrement renflé en bourrelet; deuxième segment rouge avec une tache noire à sa base, élargie en son milieu ; troisième segment noir faiblement bordé de rouge au milieu de son bord postérieur; quatrième segment rouge avec deux points noirs isolés vers son milieu ; cinquième segment entièrement rouge ; sixième segment rouge en son milieu, noir sur les côtés. En dessous, le premier segment est entièrement rouge ainsi que le second ; ce dernier montre seulement quatre très petites taches noires, isolées ; le troisième segment est entièrement noir ; le quatrième et le cinquième sont rouges tachés de noir ; le dernier est tout noir, à peine rougeâtre à son extrémité. ♀ (fig. 4).

Mâle inconnu.

Long. 7mm. Env. 14mm. 2. **Coccineus**, N. SP.

PATRIE : Algérie.

9 Quatrième et cinquième segments abdominaux noirs. Tête et thorax finement et densément ponctués, noirs. Epistome court, tronqué à son extrémité, rouge bordé de noir ; une tache entre les antennes, deux autres assez grandes derrière le sommet des yeux, orbites inférieurs, rouges. Scape rayé en dessous de brun ferrugineux. Pronotum rouge en entier ; deux taches confluentes sur le scutellum, une ligne sur le postscutellum, une tache sous l'insertion des ailes antérieures et côtés du métathorax, rouges. Ecaillettes rouges. Pattes rouges. Abdomen avec le premier segment rouge orné au centre d'une tache subtriangulaire ; second segment rouge avec une bande noire à sa base ; le reste de l'abdomen noir. ♀ (Morawitz).

Mâle inconnu.

Long. 9mm. 4. **Sibiricus**, MORAWITZ.

PATRIE : Sibérie (Kjachta).

— Quatrième et cinquième segments abdominaux noirs bordés de blanc. Tête noire, luisante, finement ponctuée, à peine pubescente.

Mandibules rouges, un peu noires à leur base. Epistome large, tronqué droit, rouge sombre, bordé de noirâtre avec une tache jaune clair en son milieu; une tache longitudinalement allongée entre l'insertion des ailes, orbites inférieurs des yeux et leur sinus, une grande tache derrière leur sommet, jaunes. Thorax noir, luisant, finement ponctué, presque glabre; angles antérieurs du pronotum, une grande tache sur les mésopleures, sous l'insertion des ailes antérieures, et écaillettes, jaunes; ces dernières marquées d'un point noirâtre en leur milieu; scutellum orné de deux taches carrées, jaunes, bordées inférieurement de rouge. Post-scutellum jaune avec une petite tache noire en son milieu supérieur; côtés du métathorax tachés de rouge, ces taches bordées de jaune en dessus. Pattes rouges avec les hanches et les trochanters noirs, tachés en devant de ferrugineux. Ailes hyalines, un peu assombries dans la région costale; nervure costale rouge; les autres nervures et le stigma noirs. Abdomen presque lisse, luisant; premier segment marqué d'une impression longitudinale vers le milieu de son bord, rouge avec une bordure jaune pâle, triéchancrée, et une tache noire triangulaire, mal limitée, en son milieu; deuxième segment rouge avec une bordure jaune clair, triéchancrée, et une grande tache noirâtre couvrant presque tout le dos; les autres segments noirs bordés de jaune pâle; cette bordure se réduit à deux points au cinquième segment, et elle est tout à fait nulle sur le sixième, qui est complètement noir; en dessous, le premier et le second segments sont à peu près entièrement rouges; le second segment présente seulement deux petites taches noires à ses angles inférieurs; tout le reste du ventre est noir. ♀ (fig. 8).

Long. 7^{mm}. Env. 12^{mm}.

3. Chevrieranus, Saussure.

Le mâle sera décrit plus loin. Cette femelle était encore inédite. J'ai reçu les deux sexes des environs de Genève. Cet insecte offre les plus grands rapports avec les Odynères du groupe de l'O. *spinipes*, tant par l'impression du premier segment abdominal que par la forme enroulée de l'extrémité des antennes du mâle. C'est une transition complète entre les deux genres.

Patrie : Suisse.

10 Les deux premiers segments abdominaux jaunes, tachés de noir en leur milieu. **11**

— Les deux premiers segments abdominaux noirs bordés de jaune. **12**

11 Mesonotum jaune avec trois lignes noires (♀), ou noir en entier (♂). Tête densément et finement ponctuée, jaune, avec seulement les yeux, le funicule des antennes à partir du troisième article, les dents des mandibules et une tache ovale dans la région des ocelles, noirs. Epistome tronqué à l'extrémité. Palpes labiaux très dilatés et densément ciliés de longs poils dressés. Thorax grossièrement et éparsement ponctué. Pronotum entièrement jaune ; ses angles latéraux sont droits. Mesonotum très brillant, jaune, avec trois lignes longitudinales noires ; celle du milieu part de son bord antérieur et se prolonge jusqu'au milieu du disque; les deux autres latérales naissent de la base du scutellum et remontent jusqu'au niveau des écaillettes ; les mésopleures, presque entièrement jaunes, ne sont noires que sur la poitrine. Scutellum et postscutellum jaunes. Métathorax jaune avec une petite ligne médiane noire et une autre plus large de même couleur sur les côtés. Ecaillettes jaunes. Pattes uniformément jaunes. Ailes fortement teintées de jaune, la région costale plus sombre avec un reflet violet; nervures et stigma brun rouge. Abdomen finement chagriné, indistinctement ponctué, presque mat; jaune; premier segment taché de noir au milieu de son bord postérieur; troisième segment noir à sa base. Ventre brillant, jaune, avec le troisième segment largement marqué de noir à sa base. ♀

Le mâle a l'occiput, le mesonotum et la poitrine entièrement noirs. En sus des ornements noirs de l'abdomen indiqués chez la femelle, il présente encore, sur le disque du second segment, une tache sombre irrégulière ; les segments ventraux, à partir du troisième, sont presque entièrement noirs au milieu. L'épistome est obtusément échancré en triangle à son extrémité, les ailes sont aussi un peu plus pâles que chez la femelle. (Morawitz).

Long. ♀ 18mm. ♂ 13mm. 10. **Fausti**, Morawitz.

Patrie : Russie méridionale (Krasnowodsk).

— Mesonotum noir avec deux taches jaunes en forme de chevron. Tête noire; base des mandibules, labre, épistome, une tache cordiforme entre l'insertion des antennes, une autre dans le sinus des yeux et un point derrière le sommet de ceux-ci et les joues, jaune blanchâtre. Epistome tronqué droit en avant. Antennes noires avec les deux premiers articles jaunes, rayés de noir en dessous. Thorax noir. Pronotum jaune en entier. Mesonotum noir avec une tache jaune en forme de chevron brisé de chaque côté; une tache ronde, jaune, au sommet des mésopleures, sous l'insertion des ailes antérieures. Métathorax avec une grande tache jaune de chaque côté. Scutellum noir orné de deux taches jaunes. Postscutellum jaune.

Ecaillettes jaunes. Pattes jaunes avec les tarses un peu ferrugineux. Ailes hyalines, seulement un peu enfumées à leur extrémité ; nervures et stigma ferrugineux. Abdomen avec le premier segment entièrement jaune, seulement un peu marqué de noir à sa base et orné d'une bande noire irrégulière, n'atteignant pas les côtés, un peu avant son bord postérieur ; deuxième segment jaune avec une bande semblable élargie sur le dos de manière à atteindre la base du segment ; troisième, quatrième et cinquième segments jaunes avec une bande noire irrégulière sur la base ; dernier segment noir avec une grande tache jaune irrégulière sur la base. ♀ (Lepeletier).

Mâle inconnu.

Long. 17mm. Env. 28mm. 9. **Grandis**, Lepeletier,

Patrie : Algérie (Oran).

12 Ornements blanchâtres. Tête finement et densément ponctuée, très légèrement pubescente. Epistome blanc, tronqué, couvert de poils argentés. Mandibules blanches avec l'extrémité rougeâtre d'abord, puis noire. Orbites inférieurs des yeux et leur sinus, une tache derrière leur sommet, blancs. Antennes noires avec le scape rayé de blanc en dessous, leurs quatre derniers articles un peu aplatis, contournés en spirale, comme chez les Odynères du groupe *spinipes* ; cette partie contournée est un peu ferrugineuse. Thorax noir, luisant, finement ponctué, à peine pubescent. Bord antérieur du pronotum blanc, une tache sous l'insertion des ailes antérieures, deux autres sur le scutellum, une ligne sur le postscutellum, blanches. Pattes ferrugineuses avec les hanches, les trochanters et la base des cuisses postérieures, noirs ; les hanches tachées de blanc

en dessous; cuisses et tibias tachées aussi de blanc en avant. Ailes hyalines, à peine enfumées sur le bord costal; nervure costale ferrugineuse; les autres nervures et le stigma bruns. Abdomen luisant, presque lisse, avec les six premiers segments bordés de blanc; la bordure des premiers triéchancrée; en dessous, le second segment offre seul une étroite bordure blanche. ♂ (V. plus haut, n° 8, la description de la femelle). (Fig. 7).

Long. 5mm. Env. 9mm.

3. **Chevrieranus**, Saussure.

Patrie : Suisse.

— Ornements jaune vif. 13

13 Postscutellum entièrement noir. 14

— Postscutellum jaune ou taché de jaune. 15

14 Long. 13 à 16mm. Tête noire, densément et grossièrement ponctuée, chagrinée; une tache entre l'insertion des antennes, une autre dans le sinus des yeux, un point derrière le sommet de ceux-ci, blanchâtres; épistome noir avec une bande jaune à la base, finement bidenté en avant; antennes et mandibules entièrement noires. Thorax densément ponctué, chagriné; pronotum avec deux taches jaunes; deux autres taches semblables sur le scutellum; mésopleures marquées de jaune sous l'insertion des ailes antérieures; écaillettes jaunes avec une tache sombre en leur milieu. Pattes orangées; hanches noires, tachées de jaune en avant. Abdomen ponctué surtout vers sa base, tous ses segments, sauf le dernier, sont bordés de jaune clair; cette bordure élargie sur les côtés. Du côté du ventre, les deuxième, troisième et quatrième segments sont seuls bordés de jaune; la bordure du se-

cond est la plus large et se trouve profondément échancrée de chaque côté, celle du troisième est de plus interrompue dans le milieu; celle du quatrième se divise en quatre taches. ♀

Le mâle a les mandibules tachées de jaune, le scape rayé de jaune en dessous ainsi que les deux premiers articles du funicule. Les hanches sont tachées de blanc en avant ; les cuisses et les tibias sont jaunes en partie. (Morawitz)

Long. 13 à 16mm. 8. **Bembeciformis**, MORAWITZ.

PATRIE : Russie méridionale.

— Long. 8 à 9mm. Tête noire ; mandibules ferrugineuses avec le bout noir ; épistome, un point entre les antennes, orbite inférieure du sinus des yeux et une tache derrière le sommet de ceux-ci d'un jaune ferrugineux; épistome tronqué droit en avant; antennes noires. Thorax noir avec les côtés du pronotum jaune ferrugineux; une tache semblable sous l'insertion des ailes antérieures; métathorax noir avec une tache jaune de chaque côté ; scutellum noir ou avec deux taches jaunes; postscutellum noir; écaillettes jaunes. Pattes d'un jaune ferrugineux, hanches et base des cuisses noires. Ailes enfumées le long de la côte et à l'extrémité ; nervure costale et stigma un peu ferrugineux, les autres nervures noires. Abdomen avec les cinq premiers segments bordés de jaune, la cinquième bordure raccourcie sur les côtés ; dernier segment avec un point jaune sur le dos. ♀

Le mâle a l'épistome entièrement jaune, le scape jaune en dessous, le postscutellum jaune.

Long. 8 à 9mm. Env. 14 à 15mm.

14. **Phaleratus**, PANZER.

Patrie : Toute l'Europe.

15. Antennes noires. Tête ponctuée, noire ; un

point entre les antennes, une grande tache ovale derrière le sommet des yeux et la bordure inférieure des yeux jusqu'au fond du sinus, jaunes; mandibules noires avec l'extrémité noire; antennes noires. Thorax ponctué, noir; un point de chaque côté du pronotum, une tache sous l'insertion des ailes antérieures, une autre de chaque côté du métathorax, deux petits points sur le scutellum et deux autres sur le postscutellum, jaunes. Ecaillettes jaunes avec un point ferrugineux au milieu. Pattes d'un jaune roussâtre avec les hanches et la base des cuisses noires. Ailes hyalines, un peu enfumées, surtout le long de la côte. Abdomen noir, lisse, le premier segment porte une bordure jaune, large, festonnée et élargie sur les côtés, triéchancrée; les autres segments ont une bordure plus étroite, régulière et interrompue au milieu; dernier segment noir. ♂

Femelle inconnue.

Long. 11 à 14mm. 13. **Interruptus**, Klug.

Patrie : Allemagne.

— Antennes en partie claires. 16

16 Epistome entièrement jaune.

14. **Phaleratus**, Panzer. ♂ (V. n° 13)

— Epistome taché de noir au milieu ou à la base. 17

17 Scutellum et postscutellum jaunes. Tête noire; mandibules, une tache carrée au milieu de l'épistome, scape, orbite inférieur et sinus des yeux, une tache entre l'insertion des antennes, deux autres derrière le sommet des yeux, jaunes. Thorax noir; pronotum, scutellum, postscutellum, écaillettes, deux grandes taches sur le métathorax, jaunes. Pattes jau-

nes. Ailes presque hyalines; cellule costale, une partie de la cellule médiane, stigma et la partie située au-dessus de l'appendice radial, roux. Abdomen noir avec le bord de tous les segments ornés de larges bandes jaunes ; celle du premier faiblement échancrée au milieu, celle du deuxième échancrée au milieu, élargie sur les côtés, celle du troisième bi-échancrée, les suivantes interrompues et très minces; dernier segment jaune. ♀ (Radoskowski).

Le mâle est inconnu.

Long. 8mm. 11. **Dives**, Radoskowski.

Patrie : Egypte.

Scutellum et postscutellum noirs, marqués chacun de deux taches jaunes. Tête noire ; base des mandibules, labre, partie supérieure de l'épistome, quelquefois aussi les dents de son bord antérieur, un point entre les antennes, une tache dans le sinus des yeux et une autre derrière leur sommet, jaunes; bord antérieur de l'épistome échancré; antennes noires, scape jaune en dessous. Thorax noir ; une grande tache jaune sur les épaules du pronotum; une tache sous l'insertion des ailes antérieures, deux points sur le scutellum, deux autres fort écartés sur le postscutellum et écaillettes jaunes. Pattes noires avec les cuisses ferrugineuses; les tibias et les tarses blanchâtres, ferrugineux en dessous; les hanches sont aussi tachées de blanchâtre en devant et les cuisses ont du noir à leur base. ♀ (Lepeletier)

Mâle inconnu.

Long. 14mm. 12. **Numida**, Lepeletier.

Patrie : Algérie (Oran).

3ᵉ FAM. — GUÊPES SOLITAIRES MELLIFÈRES
OU MASARIDÆ

TABLEAU DES GENRES (1)

1	Antennes renflées en massue à l'extrémité.	2
—	Antennes allongées, non renflées en massue à l'extrémité.	4
2	Deuxième article des antennes globuleux, égalant plus de la moitié de la longueur du premier.	3
—	Deuxième article des antennes atteignant au plus le quart de la longueur du premier.	2. **Jugurtia,** SAUSSURE.
3	Ventre convexe.	3. **Quartinia,** GRIBODO, in litt.
—	Ventre plat ou concave.	4. **Celonites,** LATREILLE.
4	Antennes n'offrant que huit articles distincts, les suivants étant intimement soudés.	5. **Masaris,** FABRICIUS.
—	Antennes offrant douze articles bien distincts.	1. **Ceramius,** LATREILLE

Iᵉʳ GENRE. — CERAMIUS, LATREILLE

κεραμεὺς, potier, céramiste

(Pl. XLV)

Tête assez grosse, yeux peu échancrés, antennes courtes, épistome tronqué droit. Lèvre courte, ses lobes terminés par de

(1) Trente-huit espèces distinctes ont été décrites dans cette famille pour le monde entier, et elles se répartissent entre sept genres dont deux sont exclusivement exotiques.

parties cornées. Palpes labiaux de quatre articles, palpes maxillaires très petits, de quatre articles.

Thorax globuleux; scutellum saillant, avançant sur le postscutellum. Pattes courtes. Ailes non ou à peine plissées, n'atteignant pas l'extrémité de l'abdomen.

Abdomen ordinaire, ovale, sessile.

Ce genre, qui renferme une quinzaine d'espèces, n'en présente que quatre dans la faune européenne. Les autres sont toutes originaires du cap de Bonne-Espérance.

1 Antennes ♂ enroulées en spirale à leur extrémité (fig. 4 et 5). Scutellum ♀ offrant vers sa base et sur sa ligne médiane un petit tubercule longitudinal en forme de carène. 2

— Antennes ♂ non enroulées en spirale à leur extrémité. Scutellum ♀ sans tubercule caréniforme saillant vers sa base. 3

2 Scutellum avec un tubercule caréniforme à sa base dans les deux sexes. Front sans points jaunes. Tête et thorax noirs, ponctués, velus de poils roussâtres. Epistome tronqué avec une bande jaune à sa base; cet épistome est grand, saillant, et son bord libre est rebordé, tout à fait lisse et brillant, ainsi que la portion qui l'avoisine et qui est un peu plus ponctuée que le reste; les mandibules sont noires avec une tache jaune sur leur base et une teinte rouge à leur extrémité; les sinus des yeux sont remplis par une tache jaune; de chaque côté du vertex, derrière le sommet des yeux, se trouve une grande tache jaune; les antennes sont entièrement noires, le scape aplati en dessous. Le pronotum a ses lobes noirs et le devant jaune, sauf en son milieu où il y a une très petite interruption noire, brillante. Le mesonotum

porte deux taches jaunes contiguës aux écaillottes, et les mésopleures deux taches triangulaires assez grandes sous l'insertion des ailes antérieures; le scutellum a sa moitié apicale jaune; le métathorax offre aussi de chaque côté deux grandes taches jaunes. Pattes noires avec l'extrémité des cuisses jaune, les tibias et les tarses ferrugineux; les cuisses intermédiaires portent aussi, vers leur base et du côté interne, une petite tache allongée jaune. Ailes très légèrement enfumées, surtout à l'extrémité du limbe; nervure costale et la base des autres rouges; le reste des nervures et une partie du stigma, bruns. Abdomen noir, luisant, presque lisse, avec le premier segment obtusément tronqué en avant; tous les segments portent une bordure jaune biéchancrée, très élargie sur les côtés, un peu renflée en son milieu; le dernier segment est presque entièrement jaune et ne montre que son bord qui soit brun. En dessous, le premier segment est entièrement noir; les deuxième, troisième, quatrième et cinquième offrent latéralement deux grandes taches jaunes un peu salies çà et là; le sixième segment est tout noir en dessous. ♀

Le mâle diffère de la femelle par ses antennes enroulées en spirale, l'épistome bordé de noir seulement sur les côtés. Les antennes sont d'un jaune ferrugineux avec la base noire ou brune en dessus. Quelquefois le métathorax est tout noir. (Fig. 5, 8, 9, 10).

Long. 16 à 17mm. Env. 24 à 25mm.

Lusitanicus, Klug.

Les mœurs de cette espèce ont été observées par le Dr Giraud. Voyez plus haut, page 555.

Patrie; France mérid., Espagne, Autriche.

Scutellum ♂ sans tubercule caréniforme à sa base ; ce tubercule existe chez la femelle. Celle-ci porte deux petits points jaunes sur le front, au-dessus de l'insertion des antennes. Tête et thorax noirs, ponctués, velus de courts poils blancs. Mandibules obtusément dentées, tachées de jaune sur leur base, rouges à leur extrémité ; épistome avec une grande tache jaune à sa base et une autre plus petite au-dessous de la première ; sinus des yeux garnis de jaune ; deux points ronds de cette couleur sur le front ; une grande tache triangulaire jaune de chaque côté du vertex, derrière le sommet des yeux ; antennes noires. Pronotum avec l'extrémité des lobes noire et tout le devant largement jaune, cette couleur à peine interrompue au milieu et irrégulièrement terminée à sa jonction avec le noir ; mesonotum avec une tache quadrangulaire jaune, contiguë aux écaillettes, et deux petits traits assez fins et de la même couleur en devant du scutellum. Celui-ci, muni d'une carène saillante, est jaune sur toute sa partie postérieure ; de chaque côté du scutellum se voit une tache jaune en dessous de l'écaillette ; sous l'insertion des ailes antérieures et en haut des mésopleures, est une grande tache jaune carrée, continuée vers la poitrine par une sorte de queue effilée ; écaillettes rousses, bordées de jaune en arrière. Postscutellum avec une petite ligne jaune en son milieu. Métathorax avec deux très larges taches jaunes, se rejoignant presque à leur partie supérieure. Pattes noires avec le dessus et l'extrémité des cuisses jaunes, les tibias et les tarses ferrugineux. Ailes un peu enfumées, surtout à l'extrémité du limbe ; nervure costale rouge, les autres nervures et le stigma bruns. Abdomen noir, très finement pointillé ; velu de poils blancs sur le premier segment ; celui-ci obtusément tronqué, largement sillonné sur le milieu de sa partie antérieure ; tous les segments sont bordés de jaune, ces bordures très fortement élargies sur les côtés ; au premier segment, le milieu de la bordure est étroit ; sur tous les autres, il est biéchancré et un peu plus élargi ; le sixième segment est presque entièrement jaune avec seulement son extrême base noire et son pourtour brun cilié de poils roux. En dessous, le premier segment est tout noir, les quatre suivants, largement tachés de jaune sale ; le dernier est entièrement noir. ♀ (inédite) (fig. 1). Le mâle diffère par ses antennes fortement enroulées en une spirale serrée ; elles sont d'un jaune ferrugineux avec le premier article noir, jaune en devant, les deux suivants noirs, les quatre ou cinq suivants bruns en dessus ; le scutellum est sans carène saillante à sa base ; le mesonotum est tout noir (fig. 4).

Long. 13 à 16mm. Env. 24 à 28mm. **Spiricornis**, Sauss.

Patrie : France méridionale, Espagne.

3 Crochets des tarses dentés. Tête noire, finement ponctuée, velue de poils roux ; mandibules un peu rouges vers l'extrémité ; épistome avec une tache à la base ou même toute sa partie supérieure jaune ; quelquefois ses angles latéraux tachés de jaune ; scape ferrugineux en dessus, noir en dessous ; funicule ferrugineux en dessous ; sinus des yeux bordés de jaune ; une grande tache triangulaire de même couleur derrière le sommet des yeux. Thorax noir, finement ponctué, avec de courts poils blanchâtres ; devant du pronotum jaune ; une ligne jaune contiguë aux écaillettes, et une autre, devant le scutellum, un peu allongée ; une tache semblable sous l'insertion des ailes antérieures ;

une autre sous les écaillettes de chaque côté du scutellum ; écaillettes rousses ; scutellum orné d'une ligne médiane jaune, effilée, partant de son extrémité, mais n'atteignant pas sa base ; postscutellum jaune en son milieu ; métathorax avec deux larges taches jaunes latérales. Pattes noires avec l'extrémité des cuisses, les tibias et les tarses ferrugineux. Ailes enfumées à l'extrémité, teintées de roux à leur base ; nervure costale et base des autres nervures rouges ; le reste de ces nervures brun ; stigma roux clair. Abdomen noir, presque lisse ; premier segment très finement pointillé, velu de courts poils blancs ; premier segment avec deux larges taches latérales jaunes, ordinairement réunies par une mince bordure de même couleur ; les autres segments avec une large bordure jaune, élargie sur les côtés, cet élargissement formant une sorte de pointe obtuse ; avant cet élargissement se voit, de chaque côté, une petite tache noire, pénétrant dans le jaune de la bordure et quelquefois réunie au noir de la base par un mince pédicelle de cette couleur ; le dernier segment est presque entièrement jaune, sauf à l'extrême base ; en dessous, le premier segment est tout noir ou présente au plus une mince bordure ferrugineuse ; le second segment est bordé de jaune et présente en outre latéralement, de grandes taches mal délimitées, ferrugineuses ; cette couleur se voit même sur les côtés de l'arceau supérieur de ce segment ; les troisième, quatrième et cinquième n'offrent qu'une assez large bordure jaune, biéchancrée, et ces échancrures sont carrées ; le dernier segment enfin est tout noir. ♀

Le mâle diffère de la femelle par son épistome entièrement jaune, ses bords seuls étant liserés de noir ; les antennes sont plus noires, moins ferrugineuses en dessous ; le scape est jaune en dessous avec une ligne noire en dessus. Les taches noires de la bordure des segments abdominaux sont ordinairement sessiles.

Long. 13 à 14mm. Env. 24 à 26mm.

Fonscolombei, LATREILLE.

Il s'est établi une assez grande confusion au sujet de cet insecte parmi les nomenclateurs. Le type de l'espèce est évidemment celui décrit par Latreille et par Boyer de Fonscolombe. La variété indiquée par ce dernier appartient au *C. lusitanicus*. Lepeletier a bien décrit le mâle du vrai *Fonscolombei* et n'en a pas connu la femelle ou du moins il l'a décrite sous le nom d'*Oraniensis*. M. de Saussure, de son côté, en reprenant ce nom : *oraniensis*, l'a appliqué aux deux sexes d'un insecte que le Dr Dours lui avait rapporté d'Algérie et qui constituait en effet une espèce distincte du *Fonscolombei*. En donnant à cette espèce le nom d'*Oraniensis*, Saussure, nec Lepeletier, je crains d'amener une confusion qui finirait par devenir inextricable : je préfère laisser tomber le nom *Oraniensis* complètement dans l'oubli et donner à l'espèce décrite par de Saussure sous ce nom, celui de *Doursii*, qui rappellera l'éminent entomologiste auquel la science doit cette trouvaille. Le catalogue synonymique éclaircira d'ailleurs très bien cet imbroglio. J'ai pu moi-même reconnaitre une troisième espèce très voisine, mais bien distincte, et originaire du Caucase.

Le *C. Fonscolombei* fait ses nids en terre et les surmonte d'une petite cheminée, d'après ce qu'a vu Boyer de Fonscolombe. Cet observateur n'a malheureusement pas pu sonder les mystères de l'intérieur de ce nid et surprendre la nature des aliments fournis aux larves par la mère.

PATRIE : Europe méridionale, Algérie.

— Crochet des tarses simples. 4

4 Funicule des antennes ferrugineux en dessous. Tête noire ; mandibules jaunes au milieu ou le long de leur bord antérieur ; dessus de l'épistome, deux points sur le front, bords du sinus des yeux, une grande tache derrière le sommet de ceux-ci et un très petit point de

chaque côté au bord postérieur de la tête, jaunes. Antennes noires en dessus, ferrugineuses en dessous avec les trois premiers articles roux. Thorax noir; bord antérieur du pronotum et une tache sous l'insertion des ailes antérieures, jaunes. Ecaillettes jaunes avec un point roux; à côté de chaque écaillette, une ligne jaune; une tache de même couleur en avant du milieu du scutellum et une autre semblable entre l'aile postérieure et le scutellum; extrémité de celui-ci, un petit point à chacun de ses angles antérieurs, postscutellum et deux grandes taches sur les côtés du métathorax, jaunes. Pattes jaunes, hanches noires tachées de jaune; cuisses en partie noires. Ailes lavées de ferrugineux à la base, enfumées sur le bout. Abdomen noir; tous ses segments largement bordés de jaune, les deux ou trois premières bordures portant deux taches pédonculées ou libres, noires, sauf le premier qui porte une échancrure noire, élargie en arrière; les bordures sont élargies sur les côtés; le dernier segment est jaune en dessous. ♀

Le mâle diffère par son épistome entièrement jaune ainsi que les mandibules; ornements jaunes du thorax plus développés. (De Saussure).

Long. 15mm. Env. 24mm. **Doursii**, André

Cette espèce, comme je l'ai dit plus haut, a été décrite par de Saussure sous le nom de *Oraniensis*. Je ne serais pas éloigné de croire que l'insecte décrit par le même auteur comme femelle du C. *Fonscolombei* se rapportât aussi à cette espèce.

Patrie : Algérie.

Funicule entièrement noir. Tous les ornements jaune pâle. Tête noire; mandibules jaunes avec seulement l'extrémité noire; épistome jaune bordé de noir sur tout son pourtour libre. Orbites du lobe inférieur des yeux étroitement et régulièrement bordés de jaune jusqu'au fond du sinus; labre, deux points arrondis entre l'insertion des antennes, une ligne et un point derrière le sommet des yeux, jaunes. Thorax noir; pronotum entièrement jaune, sauf une tache trapéziforme, noire, presque entièrement enfermée dans la partie jaune de ses lobes. Mesonotum avec une ligne contiguë aux écaillettes et une autre ligne étroite, en forme de lance, sur sa ligne médiane en avant du scutellum, jaunes; une tache triangulaire de même couleur sous l'insertion des ailes antérieures; une double tache entre les ailes postérieures et le scutellum, une ligne sur le milieu de celui-ci n'atteignant pas sa base, une autre assez petite sur les côtés du métathorax, jaunes. Ecaillettes rousses, bordées de jaune à leur base. Pattes jaunes avec le dessus des hanches et des trochanters et celui de la base des cuisses, noirs. Tibias et tarses ferrugineux; crochets des tarses ferrugineux sur leur moitié basilaire, noirs sur toute l'extrémité. Ailes presque hyalines, teintées de roux à leur base, enfumées légèrement à leur extrémité. Nervure costale rouge, les autres nervures brunes. Stigma rougeâtre clair. Abdomen noir; premier segment avec une large bordure jaune, échancrée au milieu de façon à ne laisser qu'un étroit liseré qui est festonné; les autres segments avec une bordure jaune, plus large sur les côtés, biéchancrée, ces échancrures carrées, s'élargissant du deuxième au sixième segments; le septième est noir avec la moitié apicale ferrugineuse; en dessous, le premier segment est tout noir, le second est à peine taché de jaune sale sur le milieu de son bord, les trois suivants sont très largement bordés de jaune sale, le sixième est tout noir; le septième est bordé de ferrugineux à l'extrémité et taché latéralement de jaune vif. ♂

Femelle inconnue.

Long. 14mm. Env. 25mm. **Caucasicus**, N. SP.

PATRIE : Caucase.

2e GENRE. — JUGURTIA, SAUSSURE

de : Jugurtha, roi de Numidie

(Pl. XLV)

Tête assez aplatie. Antennes des femelles offrant douze articles dont les cinq derniers sont soudés en une massue ovale; le premier plus long que le troisième, cylindrique ; le second ne dépassant pas le quart de la longueur du premier. Antennes des mâles de douze articles, plus longues, en massue ; leurs derniers articles plus distincts, ne formant pas une masse globuleuse, et sans organes cupuliformes en dessous. Mandibules courtes ; lèvre longue; palpes labiaux quadriarticulés, palpes maxillaires de trois articles. Epistome échancré. Thorax globuleux. Pattes et ailes courtes, ces dernières non ou à peine pliées. Abdomen convexe en dessus et en dessous.

Ce genre ne comprend que deux espèces qui appartiennent toutes deux à la faune algérienne et de l'Europe méridionale.

1 Antennes noires en dessus de la massue. Tête noire, assez fortement ponctuée. Epistome échancré, bidenté, noir, avec deux taches jaunes, carrées, de chaque côté au dessus des dents ; deux grandes taches jaunes entre l'insertion des antennes, se rejoignant presque par le bas et se réunissant souvent en forme de cœur ; une autre tache allongée derrière le sommet de chaque œil, le bord de l'orbite du lobe supérieur et tout le contour du sinus, jaunes. Anten-

nes orangées avec le dessus de la massue et celui du premier article, noirs. Mandibules jaunes, orangées ou noirâtres vers la pointe. Thorax noir, fortement ponctué. Pronotum bordé de jaune en avant, ainsi que sur le bord interne de ses lobes; une grande tache en haut des mésopleures, sous l'insertion des ailes antérieures, une autre assez réduite à l'extrémité du scutellum; postscutellum et deux taches latérales sur le metanotum, jaunes. Ecaillettes jaune clair. Pattes noires avec les genoux, les tibias et les tarses d'un jaune mêlé de ferrugineux. Ailes enfumées; nervure costale rougeâtre à la base, les autres nervures et le stigma brun foncé. Abdomen noir, assez finement ponctué, avec tous les segments bordés de jaune en dessus, cette bordure largement biéchancrée, excepté sur le premier segment où elle est seulement élargie sur les côtés; le dernier segment est jaune sur le milieu du dos, noir à son extrémité. En dessous, les segments sont bordés de même, sauf le dernier qui est entièrement noir. ♀

Le mâle diffère par son épistome entièrement jaune et la bordure jaune de l'orbite du lobe inférieur des yeux. Dernier segment abdominal presque entièrement jaune. (Fig. 2 et 6).

Long. 7 à 9mm. Env. 12 à 14mm.

Oraniensis, Lepeletier.

Patrie : Algérie, Espagne.

Antennes entièrement jaunes. Épistome angulairement échancré et muni de deux dents larges et aiguës, jaune ainsi que le labre, les mandibules, une tache dans le sinus des yeux et les bordures postérieures des orbites; sur le front se trouve une grande tache jaune, bilobée; antennes jaunes avec la massue orangée et, en dessus de celle-ci, un imperceptible nuage gris. Thorax noir avec le pronotum bordé de jaune en avant et sur le bord interne de ses lobes; une tache sous l'insertion des ailes antérieures, une autre à l'extrémité du scutellum, le postscutellum et deux taches latérales sur le métathorax, jaunes. Pattes jaunes en entier. Ailes hyalines, nervures ferrugineuses. Abdomen jaune, face antérieure du premier segment et une très petite échancrure en dessous, brunes; tous les segments ayant la base d'un brun noirâtre, cette couleur occupant leur tiers antérieur; le jaune formant de larges bandes très régulières, sauf la deuxième qui est un peu échancrée au milieu. ♂.

Femelle inconnue.

Long. 9 1/2mm. Env. 13 1/2mm.

Numida, SAUSSURE.

PATRIE : Algérie.

3e GENRE. — QUARTINIA, GRIBODO, in litteris

de : Quartina, nom propre

(Pl. XLV).

Tête arrondie en avant, aplatie, un peu plus large que le thorax; yeux grands, réniformes; mandibules aiguës, minces, paraissant quadridentées; lèvres simples, assez longues; palpes maxillaires de trois articles filiformes, le dernier plus mince que les précédents. Épistome échancré semicirculairement; labre arrondi en avant. Antennes de douze articles chez le mâle et chez la femelle, plus courtes que la tête; le premier article est globuleux, un peu pédicellé, le second seulement un peu moins long que le premier, globuleux, se rétrécissant vers son sommet; le troisième pas plus haut que large, cylindrique; les articles quatre à huit plus larges que haut, un peu coniques; articles neuf à douze constituant par leur ensemble une massue très renflée et terminée par un gros article en forme de demiellipsoïde; je n'ai pu apercevoir de mamelons cupuliformes sous les antennes du mâle.

Thorax plus large en avant qu'en arrière; angles du pronotum arrondis, ses lobes assez grands; scutellum saillant; métathorax tronqué, écaillettes assez grandes.

Pattes semblables à celles des *Celonites*. Ongles des tarses unidentés en dessous.

Ailes munies de trois cellules cubitales.

Abdomen ovalaire, avec les côtés arrondis chez la femelle, allongé, à bords presque parallèles chez le mâle; il est convexe en dessous chez les deux sexes. Taille petite.

Ce genre, très voisin des *Celonites*, en est bien distinct par sa forme plus allongée, la convexité de son abdomen et probablement par plusieurs caractères des organes buccaux, que la crainte de détruire des individus uniques m'a empêché de disséquer et d'examiner d'assez près. Il ne comprend encore qu'une espèce du nord de l'Afrique.

— Tête noire, presque lisse, mate; épistome échancré; mandibules ferrugineuses à l'extrémité; antennes jaune pâle avec l'extrémité de la massue et le dessus du funicule noirs; premier article noir en dessus. Thorax noir, lisse, mat; écaillettes ferrugineuses avec la base jaune. Pattes noires avec les genoux, les tibias et les tarses jaunes un peu orangés. Ailes hyalines, un peu enfumées vers l'extrémité. Abdomen noir, mat; premier segment étroitement et régulièrement bordé de jaune pâle, l'extrême bord un peu décoloré ou brunâtre, paraissant dédoublé; deuxième, troisième, quatrième et cinquième segments, noirs, bordés très étroitement de jaune pâle; cette bordure, un peu plus large dans le milieu, se réduit à un fil sur les côtés et s'élargit ensuite comme dans le milieu lorsqu'elle arrive vers le bord latéral; dernier segment noir; en dessous, l'abdomen est tout noir. ♀ (fig. 3).

Le mâle est à peu près semblable et ne se distingue que par son épistome presque entièrement jaune pâle, ses antennes de même couleur, excepté l'extrémité de la massue et le dessus du premier et du second segments; le septième segment abdominal est noir avec une étroite bordure jaune pâle ; en dessous, tous le segments sont étroitement bordés de même (fig. 7).

Long. 3mm. Env. 5mm.

Dilecta, Gribodo (in litteris).

Je dois la communication de ce curieux insecte à l'extrême obligeance de Monsieur l'Ingénieur J. Gribodo, qui m'a permis de placer dans le Species des Hyménoptères, la primeur de cette description. Il le tenait lui-même du Comte Doria qui l'avait récolté en Tunisie dès 1882. Ce genre vient apporter un chaînon nouveau dans cette famille des Masariens si étrange et si peu connue; il forme une transition entre les *Celonites* et les *Jugurtia*. Ses mœurs sont évidemment inconnues et sa petite taille nous les tiendra encore cachees peut-être bien longtemps. Je n'ai pu malheureusement me permettre de désarticuler les diverses pièces de la tête pour les soumettre au microscope, ce qui laisse encore quelques lacunes dans la description que j'en ai donnée ; j'espère cependant qu'on le distinguera toujours bien facilement des autres groupes de Masariens.

Patrie : Tunis.

4e GENRE — CELONITES, Latreille

Etymologie inconnue

Pl. XLVI

Tête aplatie, inclinée ; mandibules aiguës, à peine dentées. Antennes de 12 articles, avec l'extrémité renflée en forme de massue très apparente, presque indistinctement articulée ; deuxième article globuleux, un peu plus court que le premier. Thorax globuleux, un peu plus large que la tête. Ailes assez visiblement repliées. Ongles simples. Abdomen court, oviforme, de la largeur du thorax, seulement un peu plus allongé chez le mâle, convexe en dessus, concave en dessous ; le dernier segment chez les mâles est festonné ou lobé.

Dans l'état de repos, l'abdomen peut se replier autour de son articulation de façon à appliquer tout-à-fait sa face ventrale sur la poitrine et à permettre ainsi à l'insecte d'enserrer entre ces deux parties une tige ou un fétu. Dans cette position, les ailes elles-mêmes, passant dans la fente qui existe entre l'abdomen et le métathorax, se placent sous la partie inférieure du corps et semblent avoir disparu. Les antennes s'appliquant aussi contre la tête, l'insecte devient presque méconnaissable. Il y a dans ce genre des rapports de conformation très curieux avec celle que présentent les Chrysides, dont il se sépare d'ailleurs par de nombreux autres caractères, particulièrement par la présence d'un aiguillon chez les femelles, arme dont sont tout-à-fait privées les Chrysides.

Les *Celonites* sont peu nombreux en espèces. L'Europe très méridionale et l'Algérie sont seules habitées par les espèces de notre faune dont le nombre se réduit à trois. Les autres parties du monde n'en offrent aucun specimen.

Il faut faire observer cependant qu'indépendamment des trois espèces dont je viens de parler, il y aurait encore à en signaler une quatrième figurée par Savigny dans ses belles planches de l'Expédition de l'Egypte (pl. IX, fig. 19 ♀ ♂) et que M. de Saussure (224) a nommée *C. Savignyi* seulement sur le vu de cette figure. Il est impossible d'en donner une description complète et de la ranger définitivement parmi les autres espèces. Mais je dois citer ici ce qu'en dit Spinola qui est un peu plus explicite. Après avoir décrit (266) son *Celonites Fischeri*, il ajoute :

« Cette espèce, qui s'éloigne beaucoup de l'*apiformis* (*abbreviatus*), n'est pas figurée dans les planches de *l'Exp. d'Egypte*. La figure 19 de la pl. 9 appartient à une troisième espèce que j'ai eue autrefois sous les yeux. M. Savigny me l'a donnée à son passage à Gênes, à l'époque de son dernier voyage en Italie, voyage dans lequel il avait amassé tant de découvertes, pour lequel j'avais eu le bonheur de lui offrir quelques matériaux, et qui a été perdu pour la science, à la suite de l'état de santé de cet estimable savant. Je n'ai plus cette *Célonite* ; mais autant que je puis me la rappeler, son corps noir avait des bandes et des taches à deux teintes, l'une jaune et l'autre rougeâtre ou ferrugineuse. La différence des teintes et leur distribution sont très-bien exprimées dans la planche qui avait été exécutée sous les yeux de Savigny. »

Voici ce qu'en dit M. de Saussure (224) : « Ce qui me conduit à croire que cette espèce est spécifiquement différente du *C. Fischeri*, ce sont les trois organes cupuliformes placés sous la massue antennaire du mâle; tandis que l'examen d'un grand nombre d'individus des autres espèces ne m'a jamais montré que deux de ces organes, à savoir un sur le neuvième et un sur le dixième article, soit dans le *C. Fischeri*, soit dans le *C. abbreviatus*, et l'admirable exactitude des planches de l'Egypte ne permet pas de croire qu'il y ait là une erreur. »

Et ailleurs (222) :

« Je suis donc porté à croire qu'il existe deux *Celonites* ayant trois cupules à chaque antenne, de même qu'il en existe deux en ayant deux, et que, parmi les premiers, le *C. cyprius* correspond, pour les couleurs, au *C. abbreviatus* parmi les seconds, de même que le *C. Savignyi* correspondrait au *C. Fischeri*. »

Il ressort de tout cela qu'il existe bien réellement une quatrième espèce que l'on peut nommer *Savignyi*, mais que l'on n'a pas retrouvée en nature et dont la description n'a jamais été faite, même sous la forme de diagnose. Elle ne pourra entrer définitivement dans la nomenclature, que lorsque cette description aura pu être faite.

1 Dernier segment abdominal noir en entier, son lobe médian bidenté. Tête noire, ponctuée; mandibules noires avec la moitié apicale rouge; épistome noir, faiblement taché de jaune ou de ferrugineux à la base; labre presque entièrement ferrugineux; deux taches devant le lobe supérieur des yeux et une ligne étroite derrière leur sommet, jaunes. Antennes ferrugineuses avec les deux premiers

articles et souvent le dessus de la massue noirs. Thorax noir, finement ponctué ; pronotum taché de jaune sur les épaules ; son milieu coloré de même ainsi que le bord interne des lobes, soit en entier, soit d'une manière plus ou moins interrompue ; une tache sous l'insertion des ailes antérieures, une autre au milieu du scutellum et une tache de chaque côté du métathorax, jaunes ainsi que les écaillettes. Pattes jaune orangé avec les hanches, les trochanters et la base des cuisses, noirs. Ailes plus ou moins hyalines, souvent très sombres ou presque noires, un peu violacées ; nervure costale ferrugineuse ; les autres et le stigma noirs. Abdomen noir, finement ponctué ; tous les segments, sauf le dernier, bordés régulièrement de jaune ; la bordure du premier segment est élargie sur les côtés ; dernier segment entièrement noir ; dessous noir ou avec le bord des segments faiblement jaunâtre.

Le mâle a l'épistome un peu sinué, jaune ainsi que le labre, son dernier segment abdominal est trilobé, le lobe médian étant tridenté. (fig. 1, 8, 9, 10 et 11)

Long. 6 à 7mm. Env. 11 à 13mm. **Abbreviatus**, Villiers.

L'étendue des ornements jaunes et l'intensité de leur coloration varient souvent d'un individu à l'autre. M. Mocsary a décrit (175), sous le nom de *C. abbreviatus*, var. *hungaricus*, une variété dont la tête est privée des ornements jaunes que j'ai signalés plus haut, dont le pronotum offre seulement des vestiges de taches que l'on reconnait chez le type, et dont les bordures abdominales sont interrompues latéralement. Parfois le mesonotum porte un point jaune, le postscutellum est taché de ferrugineux ; on a vu aussi des individus avec le scutellum entièrement noir.

Tout ce que nous connaissons des mœurs de cette espèce est inscrit à la page 559 ci-dessus, à laquelle le lecteur devra se reporter.

Patrie : Europe méridionale, Algérie.

Dernier segment abdominal ferrugineux ou taché de roux. 2

2 Ornements ferrugineux. Tête noire, finement ponctuée ; labre roux à son extrémité, couvert de poils gris, raides ; extrémité des mandibules et palpes roux ; une tache rousse devant le lobe supérieur des yeux ; une petite ligne de même couleur derrière leur sommet. Antennes ferrugineuses avec les trois premiers articles noirs et le dessus de la massue assombri. Thorax noir, finement ponctué; pronotum taché de ferrugineux sur les épaules, ainsi qu'en son milieu et sur le bord interne de ses lobes. Ecaillettes rougeâtres, plus pâles sur le bord ; parfois on trouve sur le mesonotum, en avant du scutellum, une tache ferrugineuse ; scutellum taché à son extrémité de ferrugineux ainsi que les côtés du postscutellum. Pattes noires avec l'extrémité des cuisses, les tibias et les tarses ferrugineux. Ailes noires teintées de violacé ; nervure costale rouge au moins à la base. Abdomen noir ; premier segment avec une tache pâle au milieu de son bord antérieur ; les segments suivants, jusqu'au cinquième, portent trois taches blanchâtres le long du bord postérieur, séparées souvent par du roux ; dernier segment noir avec une tache étroite et longitudinale blanchâtre ou ferrugineuse. Ventre noir.

Le mâle diffère en ce qu'il a le labre et l'épistome brillants, d'un blanc d'ivoire, ainsi que le dessus des articles quatre, cinq et six du funicule ; les ornements ferrugineux sont variés de couleur plus pâle.

Long. 11mm. Env. 15mm. **Fischeri**, Spinola.

Les mœurs de cette espèce ont été relatées à la page 559 de cet ouvrage.

Patrie : Algérie, Egypte.

Ornements jaune vif. Tête noire, mandibules rousses; épistome, labre, une bande en forme d'M irrégulier, s'étendant entre les sinus des yeux et les remplissant, jaunes. Derrière chaque œil, une ligne jaune. Antennes noires ; les articles trois à six ou sept jaunes en dessous ; les deux premiers ferrugineux en dessous ; trois fossettes cupuliformes sous la massue des antennes ♂. Thorax noir ; bariolure comme dans C. *abbreviatus* ; deux taches sur les épaules, un dessin en forme de V, occupant le milieu du pronotum et s'étendant de chaque côté jusqu'aux écaillettes, jaunes ; sous l'aile, une grande tache jaune, une autre petite en avant du scutellum ; écaillettes jaunes avec un point roux ; scutellum jaune ainsi que les angles du métathorax ; postscutellum roux. Abdomen roux ; tous les segments bordés d'une bande jaune trisinuée ; dernier segment ferrugineux. Pattes noires, genoux, tibias et tarses jaunes. Ailes enfumées, radiale fortement appendiculée. ♂ (de Saussure)

Long. 7^{mm}. Env. 10^{mm}. **Cyprius**, Saussure.

Patrie : Ile de Chypre.

5e GENRE. — MASARIS, Fabricius

Etymologie inconnue

(Pl. XLVI)

Tête un peu aplatie en avant ; antennes courtes chez les femelles (fig. 5), plus longues que l'ensemble de la tête et du thorax chez les mâles ; leurs articles, indistinctement séparés, ne se laissent compter qu'avec la plus grande difficulté, et de longues discussions à ce sujet ont occupé la société entomologique de France. Chez les mâles (fig. 8), on ne peut distinguer que huit articles, dont le dernier, en forme de massue, se subdivise en cinq autres, mais d'une manière si confuse qu'il faut de grandes précautions et le secours du microscope pour arriver à les reconnaître. Encore n'y arrive-t-on que pour la partie inférieure de la massue. Chez la femelle, la difficulté est aussi grande. On peut cependant constater le même nombre d'articles (12) à son antenne. Lèvre avec une grande lame membraneuse, languette bifide. Palpes labiaux courts, de quatre articles; palpes maxillaires de trois articles. Epistome un peu échancré.

Thorax un peu allongé. Pattes ordinaires, courtes; quelquefois les tibias intermédiaires sont tuberculeux en dessous chez le mâle. Ailes courtes.

Abdomen allongé; son extrémité recourbée en dessous; ses segments bien séparés; le premier un peu bossu en dessus; sous le ventre, les segments deux et trois portent, chez les mâles, des appendices tuberculeux bien saillants. Les segments successifs ne peuvent s'emboîter les uns dans les autres.

Ce genre singulier est encore bien peu connu puisque le nombre d'exemplaires authentiques de l'espèce européenne se réduit à un petit nombre d'unités réparties dans quelques collections privilégiées, particulières ou publiques. Il ne compte aujourd'hui que six espèces dont une seule rentrant dans notre faune, une autre de l'Afrique méridionale et quatre originaires de l'Amérique du Nord.

— Insecte noir, labre brun; une tache carrée au haut de l'épistome, un point à l'angle supérieur des yeux, une tache en arrière de leur sommet, pronotum tant en dessus que sur les côtés, écaillettes, bord postérieur du scutellum et métathorax, sauf sa partie inférieure, d'un roux ferrugineux. Premier segment abdominal d'un jaune un peu roussâtre; sa base noire. Tous les autres segments ornés d'une bordure jaune, régulière, interrompue au milieu. Dernier segment et dessous de l'abdomen noirs. Pattes d'un jaune ferrugineux ; hanches noires. Ailes enfumées. ♀

Le mâle est noir ; épistome, bord des yeux et une tache quadridentée sur le front, jaunes ; le devant des antennes porte sur toute leur longueur une ligne jaune interrompue en quatre points. Pronotum, une tache irrégulière sous l'aile, écaillettes, un point près de celles-ci, moitié postérieure du scutellum, une tache bifide en avant du milieu du mesonotum, les angles supérieurs du métathorax, jaunes. Tous les segments de l'abdomen sont ornés, à leur bord postérieur, d'une bande jaune ; de ces bandes, les quatre premières sont un peu interrompues au milieu et bordées à leur tour d'une ligne noire marginale qui occupe le milieu seulement du bord du segment ; dernier segment noir avec une tache jaune ; cinquième segment orné en dessous de deux taches jaunes ; le deuxième armé en dessous d'un petit tubercule et le troisième d'une forte saillie. Pattes jaunes avec les hanches et la base des cuisses noires. Les parties jaunes sont d'un jaune pâle. Ailes transparentes avec les nervures seules un peu ferrugineuses (de Saussure) (fig. 2, 3, 4, 5, 6, 7)

♂ Long. 10 1/2ᵐᵐ. Env. 26ᵐᵐ.

♀ Long. 9 1/2ᵐᵐ. Env. 20ᵐᵐ.

Vespiformis, Fabricius.

Patrie : Algérie, Egypte.

SUPPLÉMENT

I

SUPPLÉMENT AUX FOURMIS

PAR

ERNEST ANDRÉ

Moins de deux ans se sont écoulés depuis l'achèvement de mon *Species des Formicides d'Europe et des pays limitrophes* (1), et peut-être trouvera-t-on prématurée la publication d'un supplément qui eût certainement gagné en intérêt a être retardé un peu plus longtemps. Mais j'ai dû compter avec les exigences du grand ouvrage dont mon travail fait partie, et l'achèvement du second volume de ce recueil appelait la mise au jour immédiate du supplément, pour se conformer à l'économie de l'ensemble et au plan général de l'œuvre.

Je vais donc faire connaître, en suivant l'ordre du *Species*, les espèces récemment découvertes et les documents nouveaux acquis à la science dans le cours de ces deux dernières années.

Gray, 25 octobre 1885.

(1) Gray 1882, 1 vol. in-8, avec 25 pl. (Extrait du Species des Hyménoptères d'Europe et d'Algérie, tome II.)

1re FAM. FORMICIDÆ

Cette famille est restée stationnaire et aucune nouvelle espèce n'a été signalée dans l'étendue de notre région.

2e FAM. PONERIDÆ

1er GENRE. — ANOCHETUS Mayr (Species, p. 230).

Par suite de la découverte de l'espèce nouvelle ci-après décrite, il faut effacer des caractères génériques (page 230, ligne 16) ces mots : « yeux de grandeur moyenne, situés en avant du milieu de la tête. »

Anochetus Sedilloti, Em. (*Annali del Mus. civ. di Storia nat. di Genova, 1884, p. 377*).

☿ D'un ferrugineux obscur, avec l'abdomen d'un noir-brun, sauf le bord des segments qui est roussâtre. Tête luisante, finement et éparsement pointillée ; arêtes frontales striées ; épistome concave et échancré en son milieu, presque mat. Mandibules tridentées au sommet, leur bord inféro-interne à peine distinctement crénelé. Yeux très grands, situés vers le milieu des côtés de la tête dont ils occupent presque le tiers. Pronotum longitudinalement strié en arrière et sur les côtés ; méso et métathorax striés obliquement sur les côtés, transversalement en dessus ; métathorax tronqué en arrière. Ecaille du pétiole arrondie en dessus ; abdomen luisant, éparsement ponctué. Scape et tibias sans poils dressés. Long. 6-6 1/2mm (d'après Emery).

Patrie : Tunisie.

Cette espèce est facile à distinguer de l'*A. Ghilianii* Spin. par la grandeur de ses yeux et par leur situation au milieu et non en avant des bords latéraux de la tête.

3e FAM. — DORYLIDÆ

J'ai (pages 246 et suiv.) exposé avec quelques détails les incertitudes qui existent sur l'identification des divers sexes de tous les insectes de cette famille, et j'ai donné les raisons qui me font considérer les *Typhlopone*, les *Dorylus* et les *Dichthadia* comme les trois formes neutre et sexuées du genre *Dorylus*, Fabr., le seul qui rentre dans les limites de la faune européo-méditerranéenne. Je voudrais pouvoir apporter des preuves nouvelles et définitives à l'appui de la réunion que j'ai cru devoir opérer, mais je suis obligé de reconnaître qu'aucune observation directe n'est venue, jusqu'à ce jour, confirmer ou infirmer cette assimilation.

J'ai été à même toutefois de faire une constatation extrêmement intéressante, qui, bien que s'appliquant à des fourmis tout à fait étrangères à notre région, n'en vient pas moins jeter un certain jour sur cette question encore si obscure des *Dorylides*, et je ne crois pas inutile de l'exposer ici, à défaut de documents plus spéciaux aux insectes de notre cadre.

Dans les parties chaudes de l'Amérique vivent des *Dorylides* dont les ouvrières, connues sous le nom générique d'*Eciton* Latr., diffèrent de nos *Typhlopone* par divers caractères importants et notamment par leur pétiole composé de deux articles, par leur aiguillon redoutable, par la présence, chez certaines espèces, de soldats armés de longs crocs en faucille, etc., etc. Leurs mœurs paraissent aussi fort dissemblables, car autant les *Typhlopone* mènent une vie cachée et sédentaire, autant les *Eciton* sont nomades et coureurs d'aventures (1). Mais, malgré leurs divergences, ces deux genres ont d'étroites affinités, et la disposition particulière des arêtes frontales, l'absence d'yeux (nuls ou réduits à des ocelles chez les *Eciton*), et l'immense quantité d'in-

(1) On peut consulter pour quelques détails sur les mœurs de ces singulières fourmis mon livre intitulé : *Les Fourmis*, Paris Hachette, 1885 (Bibliothèque des merveilles).

dividus dont se composent leurs communautés, sont autant de points de contact qui ont décidé les naturalistes modernes à les comprendre dans la même famille, tandis que les anciens auteurs, attachant trop d'importance à la configuration du pétiole, avaient placé les *Typhlopone* parmi les Ponérides et les *Eciton* parmi les Myrmicides.

Une autre analogie à signaler à propos de ces insectes, c'est l'obscurité commune qui entoure leur biologie et l'ignorance où l'on est encore des mystères de leur reproduction et de l'identité des membres sexués de leurs sociétés. Pour les uns comme pour les autres, nous en sommes réduits à des conjectures plus ou moins plausibles, et après avoir marié avec un certain degré de probabilité les *Typhlopone*, les *Dorylus*, et les *Dichthadia*, voyons s'il est permis, sans trop de témérité, de hasarder une hypothèse de même nature à propos des *Eciton*.

Les *Eciton*, je l'ai dit, habitent exclusivement l'Amérique et sont surtout répandus au Mexique et au Brésil. Leurs espèces sont nombreuses, car on en a déjà décrit une vingtaine, et ce nombre est sans doute destiné à s'accroître par de futures découvertes. En l'absence d'observations directes qui font ici défaut, nous devons consulter les lois de la vraisemblance et, si nous voulons rechercher les mâles probables de ces insectes, il faut nécessairement porter nos investigations du côté des Dorylides de ce sexe qui habitent les mêmes parages et qui nous offrent aussi une certaine variété d'espèces. Or les *Labidus* seuls réunissent ces deux conditions et, à moins de supposer qu'aucun mâle d'*Eciton* n'a encore été découvert, ce qui n'est guère acceptable en présence du nombre des espèces ouvrières, on est conduit à admettre comme très probable l'identité générique des *Eciton* et des *Labidus*. J'écarte à dessein les *Dorylus* ♂ signalés aussi en Amérique mais habitant plus particulièrement l'ancien monde, puisque nous les avons réservés aux *Typhlopone* dont précisément quelques espèces sont américaines.

Cette réunion des *Eciton* et des *Labidus* avait déjà été proposée par Smith (1), et Sumichrast, qui nous a fait connaître les mœurs de quelques *Eciton* du Mexique, a appuyé cette conjecture de considérations tirées du genre de vie de ces fourmis. En effet, dit-

(1) Cat. Brit. mus. Form. p. 190

-il, (1) les *Labidus* font leur apparition dans la saison où les sorties des *Eciton* sont le plus fréquentes, c'est à dire à l'époque des premières pluies, et leur présence coïncide avec un redoublement d'activité chez les *Eciton*. Enfin, Emery (2) regarde aussi cette assimilation comme admissible, et je crois moi-même qu'à défaut de certitude absolue, les présomptions en faveur de l'identité de ces deux genres sont assez sérieuses pour qu'on puisse s'y arrêter jusqu'à preuve contraire.

Mais, si la question des mâles des Dorylides demande encore un supplément d'information, celle des femelles est bien moins avancée, car leur rareté est beaucoup plus grande et on n'en connait encore qu'un très petit nombre d'individus de provenances fort diverses. J'ai développé (page 247 du *Species*) les arguments qui m'ont conduit à considérer, avec Gerstæcker, les *Dichthadia* de cet auteur comme les femelles des *Dorylus* et des *Typhlopone*, ou tout au moins à conclure que les femelles de ces insectes doivent être des formes très voisines de *Dichthadia*.

Les mêmes raisons d'analogie peuvent s'appliquer aux *Eciton*, et, si l'on veut bien admettre comme très probable leur parenté avec les *Labidus*, on doit en tirer la conclusion que, puisque les *Labidus* et les *Dorylus* ♂ sont des formes très voisines, leurs femelles doivent avoir également de grands rapports de conformation, d'où il suivrait que les femelles d'*Eciton* devraient présenter l'aspect général lourd et larviforme des *Dichthadia*.

Malgré la logique de cette déduction, l'hypothèse que j'émets resterait assez vague si je ne pouvais réfuter la sérieuse objection que ne manqueraient pas de m'opposer les naturalistes, à savoir que, tandis que les *Eciton* et les *Labidus* sont fort abondants en Amérique, on n'y a encore rencontré aucune *Dichthadia* ni forme voisine. Il me serait, il est vrai, permis de répondre que l'unité probable des femelles dans chaque société, jointe à leur vie tout à fait souterraine, fournissent des raisons suffisantes pour justifier leur absence dans les collections. Mais j'ai mieux encore, et je suis à même de réduire à néant cette objection, en faisant connaître une très remarquable femelle dichthadiifor-

(1) Trans. Amer. ent. Soc. 1868. p. 39.

(2) Bull. soc. ent. ital. IX, 1877.

me, provenant du Mexique et qui m'a été envoyée en communication par M. Lichtenstein de Montpellier.

Ce curieux insecte que, sur mes indications, M. Lichtenstein a signalé à la Société entomologique de France, dans sa séance du 9 avril 1884 (*Bull.* p. *L*) reproduit tout à fait l'apparence extérieure des *Dichthadia*, bien qu'il s'en écarte par des caractères suffisants pour nécessiter la création d'un nouveau genre, si l'on ne veut pas dès maintenant le réunir aux *Eciton* et aux *Labidus*, sous le nom commun d'*Eciton* Latr. qui a la priorité. Ce qui vient ajouter aux graves présomptions en faveur de cette parenté, c'est que la femelle en question, reçue dans un tube rempli d'alcool, était accompagnée d'une petite ouvrière de l'*Eciton legionis* Sm. Je n'ai pu avoir la certitude que les deux insectes aient été capturés ensemble, mais le fait est au moins supposable, et cette circonstance, jointe aux déductions d'un autre ordre que j'ai exposées plus haut, justifient, ce me semble, la réunion des *Eciton*, *Labidus* et *Pseudodichthadia*, avec le même dégré de probabilité qui nous a conduits à opérer la fusion des *Typhlopone*, *Dorylus* et *Dichthadia*. J'ajouterai même que ces deux certificats d'identité se contrôlent et se légalisent l'un par l'autre, et c'est là l'une des raisons qui m'ont engagé à faire figurer ici la discussion d'un problème qui peut, à première vue, sembler étranger à un livre traitant exclusivement des fourmis de l'ancien monde.

Voici maintenant la description de cette singulière femelle à laquelle je suis obligé d'imposer un nom provisoire, puisque, malgré toutes les apparences, je ne puis affirmer d'une façon absolue qu'elle appartienne à l'*Eciton legionis*.

PSEUDODICHTHADIA NOV. GEN.?

(*Eciton Latr.* ♀ ?)

♀ Tête très épaisse et très convexe, vue de côté; à peu près deux fois aussi large que le thorax; vue de face (fig. 2), elle est trapéziforme, un peu plus longue que large, plus étroite en avant qu'en arrière, les angles postérieurs fortement arrondis. Mandibules étroites, arquées, falciformes, terminées en pointe et se recroisant à l'extrémité; épistome court, en triangle fortement transversal; en arrière il n'est pas séparé de l'aire frontale qui est assez profonde mais mal limitée; une ligne étroite mais bien marquée constitue le sillon frontal et s'arrête à peu près au milieu de la longueur de la tête. Arêtes frontales courtes et peu saillantes, contournant l'insertion des antennes. Antennes de 12 articles (fig. 3); scape court, de la longueur des 4 ou 5 premiers articles du funicule; ce dernier filiforme, diminuant légèrement d'épaisseur de la base à l'extrémité; son premier article court, à peu près aussi large que long, les suivants plus allongés et subégaux, sauf le dernier qui est un peu plus long que les deux précédents réunis. Pas d'yeux ni d'ocelles. Thorax (fig. 1) court et étroit; pronotum et mesonotum, vus de côté, de forme

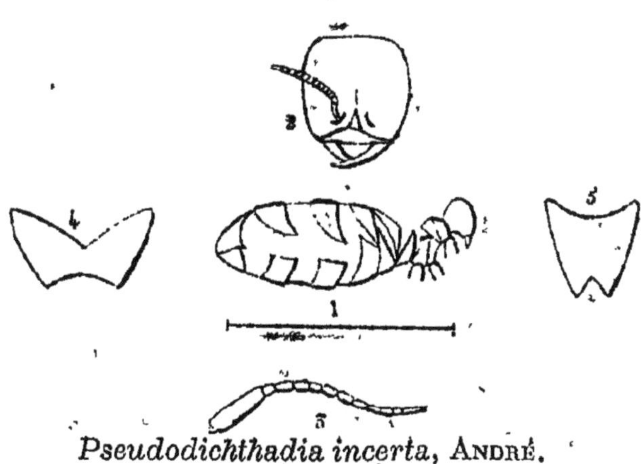

Pseudodichthadia incerta, ANDRÉ.

1. Ensemble du corps, vu de profil; et mesure de sa grandeur naturelle.
2. Tête, vue de face.
3. Antenne.
4. Ecaille, vue de face.
5. Hypopygium, vu de face.

cubique irrégulière et plus hauts que le metanotum; les deux premiers segments du thorax n'ont pas de suture visible en dessus, mais un sillon très distinct sépare le mesonotum du metanotum; ce dernier très court, presque sans face basale, sa face déclive oblique, plane et touchant presque la face antérieure de l'écaille. Ecaille (fig. 4) transversale, plus large que haute, très amincie au sommet où elle est profondément et anguleusement échancrée sur toute sa largeur, de façon à présenter, de chaque côté, deux cornes triangulaires courtes et émoussées. Abdomen (fig. 1) très gros et très allongé, presque cylindrique, rétréci aux deux extrémités, sa face antérieure tronquée avec les angles latéraux bien marqués; cette face est presque appliquée contre la partie correspondante de l'écaille. Dans l'exemplaire que j'ai sous les yeux, l'abdomen est très distendu, ses segments sont très séparés les uns des autres, mais cet état doit être dû au séjour de l'insecte dans l'alcool plutôt qu'à un gonflement normal. L'hypopygium (fig. 5) est en triangle allongé, anguleusement échancré au sommet, mais dépourvu des appendices que présentent les *Dichthadia*. Pattes courtes, hanches assez épaisses; cuisses et tibias très aplatis, laminiformes; les cuisses sont munies, sur leur tranche interne, d'une profonde rainure s'étendant sur les trois quarts de leur longueur à partir de l'articulation du tibia et où ce dernier peut être reçu en partie quand il est replié; tarses cylindriques, plus longs que les tibias; éperons robustes, spiniformes aux quatre pattes postérieures; crochets des tarses munis d'une dent en leur milieu. Pas d'ailes ni d'articulations alaires.

Pseudodichthadia incerta NOV. SP. ? (*Eciton legionis* ♀ ?)

♀ Tout le corps est d'un fauve marron, plus foncé et plus mat sur la tête et le thorax, plus clair et plus luisant sur l'abdomen. Tête densément couverte de gros points piligères dont les intervalles sont très finement chagrinés; thorax et écaille avec une sculpture semblable mais moins accentuée; abdomen plus éparsement ponctué, presque lisse entre les points. Pubescence nulle. Pilosité courte et serrée sur la tête, plus longue et plus éparse sur le thorax, manquant tout à fait sur l'abdomen. Pattes avec des poils longs et épars sur les hanches et les cuisses, plus courts, obliques et assez serrés sur les tibias et sur les tarses.

Longueur totale 25^{mm} avec l'abdomen distendu. Longueur normale 19^{mm}. Dans ces dimensions l'abdomen seul entre pour 20^{mm} à l'état de distension et pour 14^{mm} à l'état normal.

Un seul exemplaire faisant partie de la collection de M. Lichtenstein qui l'a reçu de Tupataro, Etat de Guanajuato (Mexique).

GENRE DORYLUS FAB. (Species. p. 246)

Dorylus atriceps SHUCK. (*Ann. of nat. History V. 1840*).

Cette espèce, établie par son auteur sur des exemplaires du Sénégal, a été récoltée par le marquis Doria en Tunisie et signalée par Emery dans son travail sur les fourmis de cette région *(Ann. del mus. civ. di storia nat. di Genova, 1884 p. 386)*. Elle fait donc aujourd'hui partie de la faune méditerranéenne et je voudrais pouvoir en donner une description complète, mais cet insecte m'est inconnu en nature et je suis obligé de me contenter de la diagnose très insuffisante de Shuckard.

♂ « Pétiole cylindro-cubique. Mandibules larges et à peu près triangulaires, sans partie apicale fortement rétrécie. Glabre (?) ; d'un jaune sale, tête noire, sauf les antennes et les mandibules qui sont d'un brun marron foncé. Face très convexe, légèrement sillonnée sur sa ligne médiane. (Long. 21-22^{mm}). »

Malgré le vague de cette description, le *D. atriceps* se distinguera facilement des deux autres espèces de notre faune par la conformation de ses mandibules à peu près triangulaires et non falciformes dans leur seconde moitié.

4e FAMILLE. MYRMICIDÆ

2e GENRE. — FORMICOXENUS Mayr (Species p. 270)

Après avoir rétabli l'état civil de ce genre intéressant au sujet duquel il existait une grande confusion, et avoir restitué au genre *Stenamma* Westw. (*Asemorhoptrum* Mayr) le mâle faussement attribué jusqu'alors à la commensale des *Formica rufa* et *pratensis*, je terminais en disant que le véritable mâle du *Formicoxenus* restait à découvrir. Cette lacune a été récemment comblée par les recherches persévérantes de M. Gottfrid Adlerz de Stockholm, qui s'est révélé comme un observateur du plus grand mérite et auquel je suis personnellement redevable de précieuses communications sur plusieurs espèces de fourmis du nord de l'Europe. Le résultat de ses études sur le *Formicoxenus nitidulus*, Nyl. a été publié sous le titre de *Myrmecologiska Studier* dans *Ofvers. af Kongl. Vetenskaps-Acad. Forhandl. 1884, p. 43*, et c'est à ce remarquable travail que j'emprunterai la plupart des données qui vont suivre ainsi que les figures qui les accompagnent.

Pour suivre l'ordre chronologique, je dirai d'abord que Nylander en décrivant en 1846 (1) l'ouvrière et la femelle de sa *Myrmica nitidula*, indiqua les antennes comme étant composées de 12 articles. En 1850, Fœrster (2) fonda sa *Myrmica læviuscula* sur une femelle en tout semblable à la *nitidula* de Nylander, mais dont les antennes ne comprenaient que 11 articles. Plus tard, Mayr, ayant eu sous les yeux les types de la *Myrmica nitidula*, ne leur trouva pas plus de 11 articles aux antennes et fut dès lors convaincu que l'assertion de Nylander était le résultat d'une erreur. Aussi, en 1855, dans sa *Formicina austriaca* (3), il réunit les deux espèces en une seule sous le nom de *Formicoxenus nitidulus* Nyl.

En 1882, Stolpe fit paraître (4) un synopsis des Fourmis de la Suède, sans avoir eu connaissance de mon *Species* dont la partie relative au genre *Formicoxenus* ne fut livrée au public qu'en octobre de la même année. Il appliqua donc à notre insecte le nom générique alors non contesté de *Stenamma*, mais ayant remarqué que parmi les individus qu'il avait capturés, les uns offraient bien 11 articles aux antennes tandis que d'autres en présentaient nettement 12 avec quelques différences dans leur grandeur relative, il ressuscita l'appellation de Fœrster pour les premiers qu'il nomma *Stenamma læviuscula* Fœrst, réservant le nom de *Stenamma nitidula* Nyl. pour les seconds qu'il considéra comme constituant une espèce distincte. C'est à cette dernière que, consultant les lois de l'analogie, il attribua le mâle décrit sous le nom de *Stenamma Westwoodi*, mais que j'ai démontré appartenir à un genre tout différent et n'avoir absolument aucun rapport avec les fourmis qui nous occupent.

Tel était l'état de la question quand un examen plus attentif révéla à Adlerz que les deux prétendues espèces n'en formaient qu'une seule, mais que les individus à antennes de 12 articles n'étaient autre chose que les mâles de ceux chez lesquels ces mêmes organes ne présentaient que 11 divisions. Il constata, en effet, qu'indépendamment de l'article supplémentaire aux an-

(1) Additamentum adn. in monog. Form. boreal. Europæ, p. 1058. — Addit. alterum adn. etc... p. 34.

(2) Hymenopt. Studien, I Formicariæ, p. 54.

(3) Formicina austriaca, p. 418.

(4) Entomologisk Tidskrift 1882, p. 127 et suiv.

tennes, ces individus offraient à l'abdomen les sept segments caractéristiques des mâles, que leurs ocelles étaient toujours bien apparents, leurs mandibules rudimentaires, et enfin que leurs organes sexuels, tant internes qu'externes, étaient parfaitement développés.

Cette découverte est extrêmement intéressante, car elle révèle une structure masculine dont on ne connaît encore, chez les fourmis, que deux exemples approchés mais non identiques. L'*Anergates atratulus* Schenck, qui ne possède pas d'ouvrière, a bien, en effet, un mâle aptère d'étrange conformation, mais son aspect ne rappelle que très imparfaitement une fourmi neutre, tandis qu'entre le mâle et l'ouvrière du *Formicoxenus* la ressemblance est si frappante, la taille et la couleur sont tellement identiques, qu'ils peuvent être aisément confondus même par des naturalistes non prévenus de leur double existence. L'analogie est beaucoup plus grande entre le *Formicoxenus* ♂ et ces curieux mâles aptères que renferment presque constamment les fourmilières de *Ponera punctatissima* Roger. Toutefois ces derniers, dont le rôle est encore ignoré puisque l'espèce possède des mâles ailés de forme normale, n'ont de caractères masculins que dans la partie abdominale, leur avant-corps ne présentant rien qui les différencie nettement des individus neutres au milieu desquels leur grande taille les signale de suite à l'attention. Chez *Formicoxenus*, au contraire, la tête participe aux caractères sexuels par ses ocelles et par la structure particulière des mandibules et des antennes, tandis que la grandeur du corps reste la même.

Voici, d'ailleurs, la description générique et spécifique de cet insecte dont M. Adlerz a bien voulu m'envoyer plusieurs exemplaires.

Formicoxenus Mayr (*Adlerz, loc. cit. p. 53*)

♂ Tout à fait semblable à l'ouvrière, sauf les caractères suivants : Tête plus rétrécie en arrière, ce qui lui donne une forme plus ovale. Mandibules (fig. 5) très courtes, étroites au sommet qui se termine par un bord obliquement tronqué, avec l'angle apical saillant en forme de dent émoussée ; leur peu de longueur s'oppose à ce que leurs extrémités puissent se réunir, et, quand elles sont fermées, il existe entre elles un espace presque égal à leur longueur. Yeux pas plus grands que chez l'ouvrière. Ocelles petits, mais toujours bien distincts. Antennes de 12 articles (fig. 4); scape plus court et un peu plus robuste que chez l'ouvrière, ne dépassant guère en longueur la moitié de celle du funicule; les premiers articles de ce dernier sont moins courts, la massue est proportionnellement plus grêle, assez mal limitée et peut être considérée comme formée des 4 ou 5 derniers articles. Thorax absolument de même conformation que celui de l'ouvrière, mais un peu plus allongé. Pas d'ailes ni d'articulations alaires. Pétiole

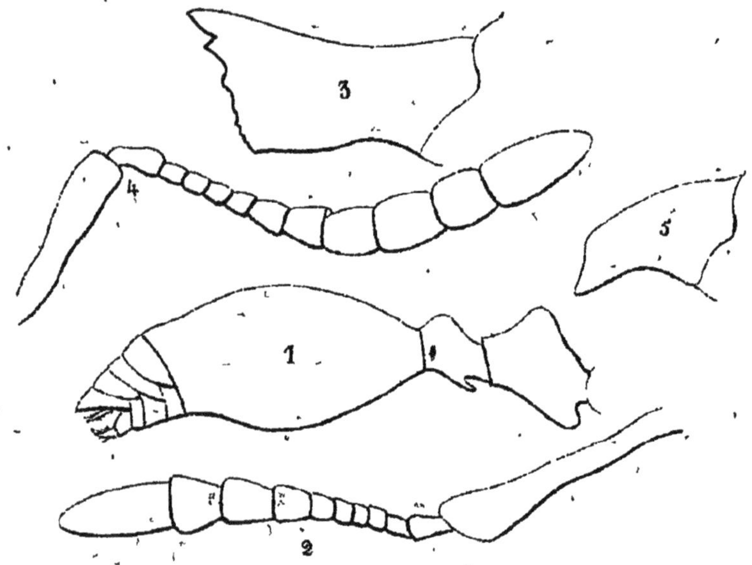

Formicoxenus nitidulus, Nyl.

1. Pétiole et abdomen du mâle, vu de profil.
2. Antenne de l'ouvrière.
3. Mandibule de l'ouvrière.
4. Antenne du mâle.
5. Mandibule du mâle.

semblable à celui des autres sexes. Abdomen (fig. 1) un peu plus étroit, surtout en avant, formé de 5 segments (non compris le pétiole); organes génitaux petits et non apparents à la simple loupe.

Formicoxenus nitidulus, Nyl. (*Adlerz loc. cit, p. 56*).

♂ Absolument semblable à l'ouvrière sous le rapport de la taille, de la sculpture et de la couleur, sauf toutefois la massue des antennes qui paraît être constamment d'un brun noir.

D'après M. Adlerz, il existe dans toutes les fourmilières de *Formicoxenus* un certain nombre d'individus de transition entre les femelles et les ouvrières et chez lesquels on peut constater tous les passages sous le rapport de la forme du thorax ou du développement des ocelles. J'avais déjà signalé dans le *Species* l'existence des ocelles chez certaines ouvrières qui pourraient être prises pour des mâles à un examen superficiel. La présence de ces organes est donc sans valeur pour faire reconnaître ces derniers, quand elle n'est pas accompagnée des caractères tirés de la conformation des mandibules, du nombre des segments abdominaux et des articles antennaires, qui seuls ne peuvent laisser prise à aucune erreur.

4e GENRE. — ANERGATES, Forel. (Species, p. 276)

♀ L'abdomen de l'*Anergates atratulus* Schenck ♀ présente un caractère très remarquable, omis par tous les auteurs, et que m'a fait observer M. Adlerz. Il porte, dans toute sa longueur, une forte dépression longitudinale, figurant un sillon large et profond qui le parcourt de la base à l'extrémité. Ce sillon existe bien chez les exemplaires que j'ai eus sous les yeux, mais n'ayant jamais vu d'*Anergates* vivants, j'avais considéré cette gouttière comme une dépression accidentelle produite par la dessication ou la compression. M. Adlerz, qui en a observé beaucoup d'individus à l'état de vie, m'écrit que ce sillon est constant et constitue un caractère normal chez cet insecte. M. Rouget me fait également savoir, sur ma demande, que tous les exemplaires recueillis par lui aux environs de Dijon offrent la même particularité. Il ne peut donc rester aucun doute sur la constance de cette singulière structure, qui en donnant plus de surface aux segments dorsaux de l'abdomen, est de nature à faciliter la distension extraordinaire qu'il présente chez les femelles fécondes. Peut-être cette cavité a-t-elle aussi pour but de venir en aide au rapprochement sexuel rendu plus laborieux par suite de la conformation particulière du mâle aptère. Ce n'est toutefois qu'une supposition gratuite que l'observation directe pourra seule justifier.

♂ Le mâle de cette espèce décrit et figuré par Forel présente des éperons pectinés et bien apparents aux pattes antérieures. Les exemplaires recueillis en Suède n'offrent au contraire que des éperons simples et très rudimentaires, ainsi que l'a constaté

M. Adlerz, et que j'ai pu le vérifier moi-même sur un petit nombre d'individus que je dois à sa générosité. Je n'ai pu d'ailleurs trouver aucune autre différence entre ces mâles et un exemplaire du même sexe qui m'a été envoyé de Suisse par M. Forel.

5e GENRE. — TOMOGNATHUS, Mayr. (Species, p. 279)

L'unique espèce de ce genre, le *Tomognathus sublævis* Nyl., encore fort peu répandu dans les collections, n'avait donné lieu à aucune observation suivie, et ses mœurs étaient tout à fait ignorées. Tout ce qu'on savait de son genre de vie, c'est qu'il habitait les nids des *Leptothorax acervorum* et *muscorum*, mais sans qu'on eût aucune donnée sur les rapports qu'il pouvait avoir avec ses hôtes. M. Adlerz, à qui l'on doit la découverte du *Formicoxenus* mâle, dont j'ai parlé plus haut, a fait à l'égard du *Tomognathus* quelques observations qui, pour être encore incomplètes, n'en sont pas moins du plus grand intérêt, en soulevant un coin du voile qui entoure sa biologie. Bien que ces études soient jusqu'à ce jour inédites, M. Adlerz, avec une obligeance dont je ne saurais trop le remercier, a bien voulu m'envoyer à ce sujet quelques notes en m'autorisant à en publier le contenu, et je suis heureux de pouvoir offrir à mes lecteurs ces premiers renseignements sur le mode d'existence si énigmatique de cette curieuse fourmi.

C'est dans cette province de la Suède méridionale qu'on appelle l'Ostrogothie, que M. Adlerz a découvert trois nids de *Tomognathus*, installés tous trois dans des troncs de pins habités par les *Leptothorax acervorum* et *muscorum*. L'un de ces troncs émergeait du centre d'une fourmilière de *Formica rufa* dont le monticule l'entourait de tous côtés, ce qui occasionnait une certaine promiscuité entre les habitants de l'édifice et ceux de l'arbre enclavé. Il n'en résultait cependant aucune collision, et les petites fourmis voyageaient au milieu des *rufa* sans être inquiétées par ces dernières qui se conduisaient avec elles comme avec leurs propres hôtes, les *Formicoxenus*.

Une remarque curieuse faite par M. Adlerz c'est que les *Tomognathus* habitant les nids de *Leptothorax acervorum* étaient de plus grande taille que ceux hébergés par le *Leptothorax muscorum*. Dans deux nids de *L. acervorum* dont la taille moyenne des habitants était sensiblement différente, leurs hôtes participaient aussi à cet écart de stature, de sorte qu'il semblerait exister une certaine relation entre la taille des *Tomognathus* et celle des *Leptothorax* qui leur donnent asile.

Si l'on peut s'en rapporter à une observation isolée faite par le Dr Stolpe qui a rencontré une ouvrière de *Tomognathus* dans un nid de *Leptothorax tuberum*, cette dernière fourmi hébergerait aussi parfois les *Tomognathus*, mais le fait peut être accidentel et demande en tous cas à être confirmé par de nouvelles et plus décisives constatations.

Dans les trois nids qu'il a explorés et dont il a même conservé quelque temps les habitants en captivité, M. Adlerz n'a jamais rencontré que des ouvrières de *Tomognathus* avec des larves et nymphes du même sexe, tandis que les *Leptothorax* s'y présentaient sous leurs trois formes accompagnées des larves et des nymphes correspondantes. On pourrait donc, à première vue, considérer les *Tomognathus* comme les esclaves des *Leptothorax* si leurs allures ne venaient de suite détruire cette suppositon. Les *Tomognathus*, en effet, loin de rendre à leurs hôtes les services que les fourmis esclavagistes reçoivent de leurs auxiliaires, restent en général inactifs, ne prennent part ni aux travaux de construction ni aux occupations domestiques, mais sont au contraire l'objet d'attentions délicates de la part de leurs propriétaires qui les transportent et les nourrissent comme leurs propres enfants. Il n'est pas possible non plus de regarder les *Leptothorax* comme les simples serviteurs des *Tomognathus*, puisqu'ils ont avec eux leurs femelles et leurs mâles, ce qui ne se présente jamais chez les fourmis auxiliaires dans les véritables fourmilières mixtes. Nous avons donc affaire ici à un cas de parasitisme ou de commensalisme analogue mais non identique à celui des *Formicoxenus*.

Pour expliquer la présence des seules ouvrières de *Tomognathus* dans les nids observés par lui, M. Adlerz incline à penser que les autres sexes (mâles et femelles ordinaires) n'existent pas et qu'on pourrait se trouver en face d'une parthénogénèse perpétuelle des ouvrières. Je suis bien loin de nier la possibilité de ce mode de reproduction dont les exemples ne manquent pas chez les insectes et en particulier chez les Hyménoptères, mais, dans le cas présent, j'estime que les observations n'ont été ni assez multipliées ni assez longuement suivies pour qu'on doive désespérer de rencontrer un jour les sexes qui semblent faire défaut. On sait que les mâles de fourmis n'existent dans le nid que pendant un temps ordinairement très limité, et il ne me paraît pas fort étonnant que M. Adlerz ne les ait pas trouvés au mois de juillet, époque où a eu lieu la capture des trois seuls nids recueillis par lui. L'absence des femelles fécondées paraît plus surprenante, mais il n'est pas non plus impossible que cette femelle, peut-être unique dans chaque nid, ait échappé à ses recherches. En résumé, je crois que pour se prononcer sur le mode de reproduction des *Tomognathus*, il faut attendre que des observations plus nombreuses, suivies pendant tout le cours d'une saison et répétées plusieurs années nous apportent la solution du problème.

Revenons maintenant aux faits précis constatés par M. Adlerz.

Les *Tomognathus*, comme je l'ai dit, sont intimement liés avec leurs hôtes dont ils reçoivent les soins. Ils savent cependant manger seuls et parfois même on peut les voir dégorger la nourriture aux larves, mais cette initiative est très exceptionnelle et, la plupart du temps, ils reçoivent leur pâture de la bouche des ouvrières de *Leptothorax*. Ce sont aussi ces dernières qui s'occupent exclusivement de la construction et de l'amélioration du nid, ainsi que de tous les travaux d'intérieur. Elles nourrissent, nettoyent et transportent les larves et les nymphes des *Tomognathus* comme les leurs propres, et, si la fourmilière est inquiétée ou veut changer de domicile, les *Tomognathus* sont mis à l'abri du danger ou installés dans la nouvelle demeure sans jamais être abandonnés par leurs fidèles rotectrices.

Les *Tomognathus* mènent donc à l'ordinaire une existence assez paresseuse et passent leur vie à se nettoyer et à se livrer à divers jeux dont je parlerai tout à l'heure. La conformation de leurs mandibules, privées de dentelures les rend impropres à saisir les objets d'un certain volume et leur interdit notamment le déplacement et le transport des larves. M. Adlerz leur a vu faire à ce sujet des tentatives inutiles, la larve glissant toujours entre leurs pinces sans qu'ils réussissent à la maintenir. Ils sont quelquefois plus heureux avec les nymphes, dont les parties saillantes offrent plus de prise aux mandibules, mais, en général, ils s'abstiennent de toute occupation de ce genre.

Cette passivité et cette impuissance des *Tomognathus* exclut l'idée que leur alliance avec les *Leptothorax* puisse avoir pour origine le pillage des larves et des nymphes de ces derniers, et cette supposition est encore écartée par la présence dans la fourmilière des trois sexes de *Leptothorax* tant à l'état larvaire qu'à l'état parfait.

Pour expliquer le début des communautés de *Leptothorax* et de *Tomognathus*, M. Adlerz pense qu'une femelle féconde de cette dernière espèce (s'il en existe) ou une ouvrière apte à la reproduction s'introduit dans un nid de *Leptothorax*, se fait adopter par les habitants et y fonde une famille de plus ou moins longue durée. Cette hypothèse très plausible n'a cependant pu être vérifiée expérimentalement. La seule fois que M. Adlerz vit une ouvrière de *Tomognathus* s'approcher d'un nid étranger de *Leptothorax acervorum*, peut-être avec l'intention de s'y introduire, elle fut reçue fort peu amicalement par les habitants. Cette même ouvrière, mise par l'observateur dans un verre avec des travailleuses, des nymphes et des larves extraits du nid des *Leptothorax*, fut fort maltraitée par ses compagnes de captivité. En les menaçant de son aiguillon elle réussit à se débarrasser de ses agresseurs, mais ne se concilia pas leurs bonnes grâces. Plusieurs fois elle essaya de saisir des larves de *Leptothorax*, mais toujours sans succès, ses mandibules glissant sur la peau lisse de la larve. Elle fut plus heureuse avec une nymphe qu'elle réussit à transporter à quelques pas, mais non toutefois sans grande difficulté.

D'autre individus de *Tomognathus*, isolés dans un vase avec des larves et des nymphes de *Leptothorax*, déplacèrent plusieurs fois ces dernières ,mais, quand on leur donnait de leurs propres larves, leurs efforts étaient toujours infructueux, bien qu'ils essayassent plusieurs fois de les saisir. Cependant ils les nettoyèrent et leur donnèrent à manger. C'est ainsi que six ouvrières séquestrées avec des larves surent les soigner et les nourrir pendant cinq jours. Elles burent elles-mêmes de l'eau, chose qui n'arrive presque jamais quand elles sont entourées d'ouvrières de *Leptothorax*.

Un jour, un *Tomognathus* s'empara d'une ouvrière morte de *Leptothorax* et la jeta par dessus le bord du verre qui leur servait de demeure. Une autre fois M. Adlerz vit plusieurs *Tomognathus* transporter de petits fragments de bois, mais ce manége ne se répéta pas et l'observateur ne put saisir le but que se proposaient ces insectes.

Dans les communautés de *Tomognathus* et de *Leptothorax*, la proportion numérique des deux espèces paraît être d'environ deux individus de la première pour trois de la seconde, sans, d'ailleurs, que le nombre total des habitants soit fort élevé. C'est ainsi que, dans deux fourmilières de *Leptothorax acervorum*, il existait dans l'une cinquante *Tomognathus* et dans l'autre trente-six. Un nid de *Leptothorax muscorum* recensé par M. Adlerz ne contenait que quatre *Tomognathus* à l'état parfait.

Voici maintenant quelques mots au sujet des jeux auxquels se livrent fréquemment entre elles les ouvrières de *Tomognathus*. Ces sortes de divertissements paraissent moins pacifiques que ceux qu'on observe chez la *Formica rufa*, et souvent il en résulte pour les acteurs des mutilations plus ou moins graves. L'une des jouteuses débute à l'ordinaire en saisissant sa compagne par les pattes ou par les antennes et en cherchant à l'entraîner. Tantôt la fourmi provoquée se laisse faire en repliant ses membres à la façon d'une nymphe, tantôt, au contraire, elle résiste vigoureusement, agite vivement son abdomen ou menace l'adversaire de son aiguillon. Il n'est pas rare, à la suite de ces violents exercices, de voir des lutteuses privées de tout ou partie de leurs pattes et de leurs antennes.

Là doit s'arrêter, faute de documents plus précis, ce premier aperçu des habitudes des *Tomognathus*. Je répète en terminant que tous les faits consignés ci-dessus m'ont été obligeamment communiqués par M. Adlerz et que je n'ai eu qu'à les coordonner en respectant scrupuleusement la pensée de l'observateur. Je ne dois en conséquence, dans tout ce qui précède, revendiquer que la responsabilité des quelques réflexions dont j'ai pu accompagner l'exposé des expériences ou des observations de M. Adlerz.

6e GENRE STRONGYLOGNATHUS MAYR (Speciesp. 280).

Strongylognathus Huberi FOREL (Species p. 282).

Il faut ajouter la Sicile et la Tunisie aux indications de patrie données pour cette fourmi.

Voici la description de la femelle qui m'était restée inconnue.

♀ Tête quadrangulaire, à peine échancrée en arrière, ses angles postérieurs non saillants. Metanotum armé de deux dents courtes et aiguës. Epistome et aire frontale lisses et luisants, le reste de la tête avec des stries légères qui s'effacent sur le vertex. Pronotum presque lisse et luisant, le reste du thorax assez fortement et longitudinalement strié, sauf le devant du mesonótum et le scutellum qui sont lisses et luisants ; metanotum transversalement strié entre les dents. Pétiole superficiellement rugueux, abdomen lisse et luisant. Pilosité peu serrée. D'un brun marron foncé ; mandibules, antennes et pattes rougeâtres. Ailes inconnues. Long. 4mm (d'après un exemplaire provenant de Palerme et communiqué par M. de Stefani).

Facile à distinguer de la ♀ du *testaceus* par les mêmes caractères qui séparent les deux ouvrières, c'est à dire par la tête à peu près sans échancrure en arrière et à sculpture faible.

M. Emery a décrit (1) sous le nom de *S. afer* une femelle provenant d'Algérie et qui ne me paraît différer de l'*Huberi* que par sa couleur entièrement d'un noir de poix, avec les mandibules, les antennes et l'extrémité de l'abdomen ferrugineux.

7e GENRE. — TETRAMORIUM, MAYR. (Species p. 283)

Tetramorium sericeiventre, EM. (*Annali del Mus. civ. di storia nat. di Genova IX, 1877, p. 370*).

☿ Mat, ferrugineux avec l'abdomen brun, le bord de ses segments jaunâtre et l'anus roussâtre. Tête réticulée, finement granuleuse dans les mailles. Mandibules striées. Arêtes frontales

(1) Annali del mus. civ. di Storia nat. di Genova, 1884, p. 380.

grandes, prolongées en arrière comme une fine carène, atteignant les trois quarts de la longueur de la tête. Antennes assez grêles, avec une massue de trois articles moins longue que le reste du funicule. Thorax avec des rugosités longitudinales sur le pronotum et le mesonotum, transversales sur le metanotum. Ce dernier armé, à la place ordinaire, de deux épines presque horizontales, larges à la base, aiguës à l'extrémité, et en outre de deux autres épines plus petites vers la base du pétiole. Pétiole finement rugueux, son premier article surmonté d'un nœud un peu plus long que large, son second article subglobuleux, un peu élargi en arrière et légèrement transverse. Abdomen mat, couvert de stries très fines qui lui donnent un éclat soyeux. Pilosité éparse, plus longue sur l'abdomen. Long. 2, 7mm (D'après Emery).

Cette espèce est voisine du *T. guineense*, mais elle s'en distingue par sa sculpture plus fine, ses antennes plus grêles, et elle s'écarte d'ailleurs de toutes ses congénères par son abdomen soyeux et finement strié.

Décrit primitivement par M. Emery sur deux exemplaires d'Abyssinie, ce *Tetramorium* a depuis été trouvé au Soudan et enfin en Tunisie, ce qui le fait rentrer dans la faune méditerranéenne.

8e GENRE. — LEPTOTHORAX Mayr. (Species p. 291)

Leptothorax Lauræ Em. (*Annali del Mus. civ. di Storia nat. di Genova, 1884, p. 380*)

☿ Entièrement d'un jaune pâle, extrémité des mandibules et yeux noirs ; ces derniers très grands, occupant presque le tiers médian des côtés de la tête. Tête longitudinalement rugueuse. Antennes de 12 articles ; premier article du funicule aussi long que les trois suivants réunis, second article presque de moitié plus long que le suivant, troisième à huitième articles transversaux. Thorax distinctement impressionné entre le mesonotum et le metanotum, ce dernier armé de deux épines médiocrement longues et divergentes. Premier nœud du pétiole anguleux en dessus, second nœud un peu plus large que le précédent, subtrapézoïdal, vu en dessus, avec les angles antérieurs proéminents. Long. 2-2 1/2mm. (D'après Emery).

♀ Semblable avec l'insertion des ailes noire. Long. 3 1/2mm.

PATRIE : Tunis.

Cette espèce est facile à distinguer de ses congénères par sa couleur entièrement jaune, par la grandeur de ses yeux, ainsi que par la structure de ses antennes et du second nœud de son pétiole.

12e GENRE. — CARDIOCONDYLA, Em. (Species p. 326)

Cardiocondyla nuda Mayr (*Leptothorax nudus Mayr : Myrmecol. Beitraege 1866, p. 508.— Cardiocondyla nuda Forel : Die Ameisen der Antille St-Thomas 1881 p.* 6).

☿ Dernier article du funicule comme chez le *C. Emeryi* Forel. Metanotum armé de deux dents triangulaires, aiguës. Premier nœud du pétiole plus court que chez le *C. Emeryi* ; second nœud en ovale quadrangulaire, à peu près aussi long que large, peu rétréci en arrière, visiblement plus large que le premier, mais moins large que chez les autres espèces. Variant du rougeâtre au brun noir, tête et abdomen ordinairement bruns ou noirs, mandibules, antennes et pattes d'un rouge jaune ou brunâtre, massue des antennes noirâtre. Sculpture semblable à celle du *C. Emeryi*, mais un peu plus forte ; joues longitudinalement ridées. Pubescence comme chez cette dernière espèce. Long. 1,8-2,2mm (d'après Forel).

Cette espèce, d'abord trouvée dans les îles Tonga et Samoa, puis dans l'Inde, a été capturée en Tunisie par M. le marquis Doria. Elle s'écarte des espèces connues, indépendamment des caractères ci-dessus indiqués, par son thorax sans sutures en dessus et non étranglé, mais à peine impressionné entre le mesonotum et le metanotum.

15e GENRE. — APHÆNOGASTER, Mayr. (Species p. 346)

Aphænogaster pallida Nyl. *Var. Leveillei*, Em. (Species p. 358).

♂ Le mâle de cette variété tient le milieu entre ceux des *A. subterranea* et *pallida*. Comme chez ce dernier, la partie antéangulaire de la face basale du metanotum est beaucoup plus courte que sa partie postangulaire, mais cette dernière est cependant moins longue que chez l'*A. pallida* et se termine en arrière par deux petites dents mousses. (D'après Emery, *Annali del Mus. civ. di Storia nat. di Genova*, 1884 *p.* 382).

APPENDICE AUX FOURMIS

10 décembre 1885.

Le supplément qui précède était à peine imprimé que je recevais de M. Abeille de Perrin une nouvelle espèce de Dorylide appartenant à la région méditerranéenne et des plus intéressantes pour notre faune. Malgré certaines divergences de caractères, notamment en ce qui concerne le nombre des articles du funicule, je rattache cet insecte au genre *Alaopone*, établi récemment par M. Emery pour deux espèces exotiques, et je suis d'autant plus autorisé à cette réunion que ces deux espèces sont elles-mêmes assez dissemblables, de sorte qu'en leur adjoignant une troisième recrue, je ne détruis pas l'homogénéité du genre et j'évite de créer une nouvelle coupe, ce qui est toujours imprudent quand il sagit de fourmis dont les sexes reproducteurs sont inconnus.

Voici les caractères de ce genre et la description de l'espèce nouvelle que j'y fais rentrer.

GENRE ALAOPONE, Emery.

(*Ann. del Mus. civ. di Storia nat. di Genova*, vol, XVI, 1881 p. 274.)

☿ Tête quadrangulaire, plus longue que large ; épistome plus ou moins avancé en triangle entre les mandibules. Mandibules étroites, à bord parrallèles, un peu arquées et plus ou moins acuminées ou bidentées au sommet. Yeux et ocelles nuls. Antennes courtes, épaisses, de 10 articles (de 9 chez les espèces exotiques). Thorax étroit, allongé, son profil dorsal non interrompu. Pétiole d'un seul article, plus ou moins quadrangulaire. Abdomen allongé, plus étroit en avant et en arrière, non étranglé entre son premier et son second segment ; pygidium peu ou pas impressionné en dessus, non bidenté au sommet. Pattes courtes et robustes ; éperons pectinés.

D'après Emery, l'une des espèces du genre, provenant de Calcutta, est voisine des *Typhlopone* (*Dorylus* ☿), tandis que l'autre, originaire de l'Afrique équatoriale, se rapprocherait davantage des *Anomma*. Celle que je vais décrire ressemble tout à fait par son aspect général, à une *Typhlopone*, dont elle ne diffère guère que par sa forme encore plus allongée, ses antennes de 10 articles, son épistome proéminent, son thorax sans sutures en dessus et son pygidium non bidenté.

Alaopone Abeillei NOV. SP.

☿ Tête presque deux fois aussi longue que large, ses bords latéraux parallèles, son bord postérieur largement échancré en arc avec les angles bien marqués mais émoussés. Mandibules peu distinctement denticulées à leur bord interne, acuminées au sommet. Epistome triangulairement avancé entre les mandibules. Arêtes frontales courtes, peu saillantes, contournant l'insertion des antennes. Une dépression longitudinale assez profonde s'étend entre les arêtes frontales et se termine insensiblement peu après ces dernières. Sillon frontal nul. Antennes de 10 articles ; scape robuste, arqué à la base et fortement épaissi au sommet ; funicule graduellement épaissi de la base à l'extrémité, sans former de massue distincte ; son premier article un peu plus long que large, les suivants transversaux ou à peine aussi longs que larges, sauf le dernier qui est à peu près aussi long que les trois précédents réunis. Thorax déprimé et rectiligne en dessus, sans trace de suture entre ses divers segments. Pétiole déprimé, trapéziforme, à peu près aussi long que large, un peu rétréci en avant avec le bord antérieur échancré,

Entièrement d'un jaune rougeâtre, avec le bord interne des mandibules un peu plus brunâtre. Lisse, luisant, sans sculpture ;

visible, à l'exception des mandibules qui sont finement pointillées et des joues qui sont marquées en avant de quelques gros points épars. Pubescence nulle. Mandibules, joues, bords latéraux du pétiole et de l'abdomen ainsi que l'extrémité de ce dernier avec quelques poils épars. Une pilosité plus abondante et oblique hérisse les antennes et les pattes. Long. 8^{mm}.

PATRIE : Daya, province d'Oran, (Algérie).

En dédiant cette espèce à mon cher collègue et ami, M. Abeille de Perrin, je suis heureux de lui exprimer ici toute ma gratitude pour la générosité avec laquelle il m'a abandonné l'unique exemplaire qu'il possédait de cette curieuse fourmi.

J'ai déjà dit que les mâles et les femelles du genre *Alaopone* restent inconnus. Toutefois, je crois pouvoir avancer, en vertu des lois de l'analogie, que les femelles doivent être très voisines de la forme *Dichthadia* et que les mâles présentent celle des *Dorylus* de ce sexe. Il est même possible que le mâle de notre espèce soit l'un des *Dorylus* algériens décrits dans le *Species des Formicides* et son supplément, puisqu'en donnant l'un deux (probablement le *juvenculus*) à la *Typhlopone* (*Dorylus*) *oraniensis*, il en reste encore deux disponibles, si l'on ne tient pas compte des ouvrières *punctatus* et *Clausii* dont la première ne doit pas appartenir à la faune méditerranéenne, et dont la seconde est propre jusqu'à ce jour aux grottes de la Carniole.

SUR LES MŒURS DU *TOMOGNATHUS SUBLŒVIS*

Au dernier moment, je reçois de M. Adlerz, communication de nouveaux faits concernant les mœurs du *Tomognathus sublœvis*, et, grâce à l'obligeance inépuisable de ce consciencieux observateur, il m'est encore permis d'en faire profiter les lecteurs du *Species*.

L'impuissance des *Tomognathus* à saisir et à transporter les larves de *Leptothorax* n'est pas aussi absolue que M. Adlerz l'avait pensé tout d'abord. Une ouvrière de *Tomognathus*, placée dans un verre avec des larves de *Leptothorax* extraites d'un nid étranger, essaya de saisir les plus grandes, mais, ne pouvant y parvenir, elle s'adressa alors à une larve de plus petite taille et, cette fois, sa tentative fut couronnée de succès. Elle put s'emparer de cette larve et fit plusieurs fois avec elle le tour de sa prison. Ayant fini par découvrir une bande de papier qui établissait une communication entre le verre et la fourmilière des *Tomognathus*, elle s'engagea sur ce pont avec sa capture, arriva à son nid et déposa son fardeau entre les fragments de bois qui servaient de demeure aux fourmis. Une seconde et une troisième ouvrières de *Tomognathus*, placées dans les mêmes conditions, s'y prirent d'une façon identique et arrivèrent au même résultat. Toujours elles essayèrent de saisir les plus grosses larves, et ce n'est qu'après bien des efforts infructueux qu'elles se rendirent compte de leur impuissance et s'adressèrent alors aux larves plus jeunes et d'un moindre volume, qu'elles réussirent à rapporter à leur nid. Une autre ouvrière, probablement moins intelligente, ne sut pas trouver le pont volant ou n'eut pas l'idée de s'en servir, et déposa simplement sa larve sur un morceau de bois qui se trouvait dans le verre lui-même.

Ces faits sembleraient donc rendre admissible la possibilité du pillage des larves de *Leptothorax* par les ouvrières de *Tomognathus*, à la condition toutefois de s'adresser aux plus petites. Cependant M. Adlerz pense que ce n'est pas ainsi qu'elles agissent à l'ordinaire et que l'instinct du pillage est encore très rudimentaire chez cette fourmi. Les observations suivantes semblent indiquer que, le plus souvent au moins, le rapt des larves est remplacé par l'alliance directe de *Tomognathus* adultes avec les *Leptothorax*.

Un *Tomognathus*, placé dans un verre avec sept ouvrières de *Leptothorax* empruntées à un nid étranger, fut bientôt découvert, saisi par une patte ou par une antenne, puis entraîné hors du verre et abandonné en cet endroit. Toutefois, l'expulsé ne se découragea pas et revint au milieu des *Leptothorax* dont il voulait partager la demeure. De nouveau maltraité et chassé, il rentra dans le verre, fut encore emporté au dehors, y revint avec persistance, et ce manège se répéta tout le jour sans lasser la constance de l'envahisseur. Le lendemain, mêmes tentatives de la part du *Tomognathus* toujours maltraité et entraîné par les habitants du verre. Peu à peu cependant, l'hostilité des *Leptothorax* devint moins accusée et ils en arrivèrent à tolérer l'intrus en ne lui témoignant que de l'indifférence. Enfin, au bout de quelques jours, une des habitantes du nid vint le lécher sans lui faire de mal. Depuis, la concorde n'a cessé de régner ; et, au moment où m'écrit M. Adlerz, le *Tomognathus* vit toujours paisiblement avec ses hôtes, après deux semaines de cohabitation.

L'expérience répétée avec un autre *Tomognathus*, introduit également dans un verre peuplé d'une fourmilière étrangère de *Leptothorax*, eut absolument les mêmes débuts, c'est-à-dire que le *Tomognathus* fut maltraité et entraîné hors du verre, mais retourna toujours avec constance au milieu des *Leptothorax*. Déjà il commençait à être mieux toléré quand l'observation fut interrompue par une chute accidentelle qu'il fit dans l'eau isolant le verre, et où il se noya. M. Adlerz ne doute pas que, sans cette circonstance, sa patience et son opiniâtreté n'eussent eu raison de l'hostilité primitive des *Leptothorax*, et que l'indifférence d'abord, puis ensuite l'amitié, n'eussent abouti, comme dans le premier cas, à une alliance durable.

Ces faits sont des plus intéressants et on peut, avec M. Adlerz, y entrevoir peut-être la solution du problème qui entoure l'origine des communautés de *Tomognathus* et de *Leptothorax*.

Pour constater si, comme on l'a reconnu chez beaucoup de fourmis, les *Tomognathus* devenaient plus courageux en se sentant soutenus par un certain nombre d'individus de leur espèce, et si, dans ces conditions, ils sauraient piller des larves de *Leptothorax* au milieu de leurs protectrices, M. Adlerz introduisit dix *Tomognathus* dans un petit nid de *Leptothorax*. Aussitôt les *Tomognathus* cherchèrent à se glisser sous les fragments de bois où se trouvaient les larves, mais il sembla à l'observateur qu'en agissant ainsi ils n'avaient d'autre but que de se cacher. En tous cas, si leur intention était de s'emparer des larves, ils n'y réussirent pas avant d'être entraînés par les nourrices qui s'occupaient activement à écarter les intrus. Ceux-ci ne faisaient pas grande résistance, mais retournaient toujours à leur poste avec leur persistance ordinaire.

En thèse générale, les *Tomognathus* résistent peu à leurs adversaires ; il suffit qu'ils soient saisis par une de leurs pattes antérieures pour se laisser conduire presque passivement. Parfois même ils se laissent porter en repliant leurs antennes et leurs pattes à la façon d'une nymphe. C'est ce que M. Adlerz put constater dans l'observation plus haut rappelée, c'est-à-dire lors de la cohabitation forcée qu'il provoqua entre un *Tomognathus* et des *Leptothorax*. Quand le *Tomognathus* avait affaire à un seul ennemi, il ne se défendait jamais ni des mandibules ni de l'aiguillon ; ce ne fut que lorsqu'il se trouva aux prises avec plusieurs assaillants qu'il s'échappa en les menaçant parfois de son aiguillon. Dans tous les cas, il manifestait sa crainte ou son impatience en agitant violemment son abdomen. Les scènes qui se passaient, dans cette circonstance, avec les *Leptothorax* ressemblaient visiblement aux jeux auxquels se livrent souvent entre elles les ouvrières de *Tomognathus*, et que j'ai rappelés dans la première partie de cette relation. A ce propos, M. Adlerz me fait observer que, dans ces luttes pacifiques, la fourmi entraînée ne fait presque jamais de démonstrations hostiles, mais que c'est, au contraire, l'assaillante qui, en mordant sa compagne, recourbe son abdomen pour la menacer de son aiguillon, tandis que cette dernière se livre à des manifestations difficiles à interprèter et qui se traduisent par une violente agitation de son arrière-corps.

Tout ce qui précède est transcrit presque littéralement d'une communication écrite qui m'a été faite par M Adlerz, et j'espère avoir serré d'assez près son propre texte, pour n'avoir pas couru le risque de trahir sa pensée par l'inexactitude de l'expression.

Je termine en adressant ici à l'auteur de ces curieuses études, mes remerciements les plus vifs pour l'empressement qu'il a mis à me faire part de ses belles expériences et de leur intéressant résultat.

Ernest ANDRÉ.

Gray, le 24 décembre 1885.

II

SUPPLÉMENT AUX GUÊPES

PAR

EDMOND ANDRÉ

1° PARTIE BIOLOGIQUE

Je crois devoir profiter de ce supplément pour y inscrire quelques observations que j'ai été à même de faire, par suite d'une heureuse circonstance, depuis l'impression de l'introduction des Vespides.

Ma table de travail, située devant une fenêtre, est placée dans une pièce au rez-de-chaussée surmontée immédiatement d'un petit grenier ; la muraille n'est formée que d'un pan de bois avec du remplissage en briques. En juin et juillet 1884, je m'aperçus que de nombreuses *Vespa germanica* venaient voler autour de moi et se buter contre les vitres de ma fenêtre avec les bestioles qui s'y donnent généralement rendez-vous tout l'été.

Frappé de la fréquence de ces guêpes, je me suis mis à observer leurs allées et venues et je m'aperçus qu'elle sortaient d'une ouverture très petite produite entre une des poutrelles du pan de bois et la maçonnerie qui le recouvrait, par suite d'un retrait de celle-ci. Je compris alors qu'une femelle, en quête d'un logement, avait dû apercevoir à cet endroit une fissure propice à ses desseins et, de ses mandibules, avait dû l'élargir en un point, de façon à lui donner peu à peu passage au travers de la couche de mortier. Arrivée de l'autre côté de la muraille qui a 23 centimètres environ d'épaisseur, elle se trouva dans un véritable palais, plus vaste qu'elle n'eût jamais osé le désirer, puisqu'il se composait de tout l'intervalle compris entre le plancher du grenier et le plafond de mon cabinet. Elle s'y installa et. à mon insu, y jeta les fondements d'une colonie qui, dans de pareilles conditions, ne pouvait que prospérer. Je m'en aperçus bien, plus tard, lorsque je me trouvai constamment entouré d'un nuage de guêpes m'obligeant à une grande modération de mouvements sous peine d'être piqué cruellement.

Cet acident m'arriva rarement; cependant, désirant voir cesser cet état de choses, je tâchai, suivant la méthode habituelle, d'asphyxier le nid, mais ce fut en vain, l'espace occupé par le nid n'étant rien moins que clos. Je bouchai un soir avec du plâtre l'ouverture extérieure; le lendemain matin, une autre était pratiquée à côté, et cela se repéta plusieurs fois. Je ne pouvais songer à enlever le nid lui-même, car il eût fallu détruire le plafond. Mes efforts eurent pourtant un semblant de succès, c'est-à-dire que l'ouverture extérieure sembla être enfin abandonnée; mais les guêpes ne s'y résignèrent un moment que parce qu'elles découvrirent ou pratiquèrent une fissure dans le grenier même, entrèrent et sortirent par sa fenêtre et en rendirent ainsi l'accès impossible.

Bientôt enfin le plafond, dans mon cabinet, se macula, puis se détériora rapidement; le plâtre sous l'influence des déjections de mes guêpes et peut-être aussi sous l'effort de leurs mandibules, s'éffrita si bien que, dans la crainte de le voir céder complètement et de me trouver envahi par la population du guêpier, je dus y fixer une planchette assez grande, soutenue par des étais. La surface de plâtre attaquée dépassait un demi-mètre carré.

Mais je n'en avais pas encore terminé avec elles et je me trouvai un jour sous une pluie de petits fragments de plâtre; celle-ci était causée par mes hôtes forcés, qui étaient parvenus à pratiquer au-dessus de ma tête, une ouverture entre ma planchette et le mur. Peu après, une seconde et une troisième sorties se produisirent et les guêpes apprirent bientôt à ne plus se laisser leurrer par le vitrage de ma fenêtre, mais à sortir directement par la porte qui ouvre sur le jardin.

Je ne pouvais tolérer plus longtemps cet état de choses, et je dus y mettre ordre immédiatement, en plaçant à chaque ouverture des tampons de coton fortement imbibés de substance odorante; je me servis d'essence de mirbane ou nitrobenzine. Les trous se refirent à côté, mais je continuai l'usage des tampons et les guêpes finirent par renoncer à cet voie.

Ayant ainsi établi un *modus vivendi* à peu près supportable, je me résignai à attendre patiemment l'arrivée de l'hiver. En octobre, le nombre de mes ennemis diminua sensiblement; je pus, pendant quelques semaines, prendre à la main et sans être piqué, de nombreuses ouvrières dont toute l'activité était éteinte, ainsi que quelques mâles.

Je n'ai pas eu pour but, en écrivant ce qui précède, de raconter simplement une lutte où je ne pus avoir le dessus, mais j'ai voulu en faire ressortir les diverses conséquences qui me frappèrent.

Il y a d'abord à noter ce fait, déjà bien connu d'ailleurs, que la *Vespa germanica* se trouve tout heureuse quand elle trouve un logis qui la dispense d'exécuter en terre ces travaux énormes que j'ai détaillés. Les efforts que je fis pour me débarrasser de ces hôtes incommodes durent mettre en éveil l'esprit des ingénieurs de la colonie qui cherchèrent et trouvèrent à plusieurs reprises le moyen de déjouer mes tentatives, de tourner les difficultés que je faisais naître sous leurs pas. Mes guêpes essayèrent successivement trois systèmes de sorties, l'une extérieure que je ne parvins pas à annuler complètement, une autre dans mon cabinet, que j'enrayai avec mes tampons de coton, et une troisième dans le grenier, que je ne cherchai même pas à vaincre, préférant cette solution à l'inconvénient de les avoir dans mon cabinet même. Ces trois sortes d'ouvertures existèrent simultanément à un moment donné, et il semble que la lutte soutenue contre moi avait si bien surexcité leurs facultés qu'il en résultât une surabondance de moyens de résistance.

Je crois qu'il y a un enseignement sérieux à tirer de ce fait et qu'on doit y voir l'effet du travail indépendant de plusieurs groupes distincts d'insectes; chacun cherchant, de son côté, une solution aux problèmes que j'accumulais devant eux. Il en résulterait cette conséquence curieuse, et que je crois parfaitement exacte, que le travail se fait par les habitants d'un guêpier par suite de l'inspiration personnelle de chacun d'eux et d'une façon tout à fait indépendante. Si rien ne vient troubler le cours ordinaire des choses, le même instinct guidant toutes ces travailleuses, rien d'anormal ne se produit et le travail marche régulièrement, comme s'il était conduit par un chef habile. Mais, qu'une difficulté inattendue surgisse, chaque petit cerveau travaille de son côté, essaie un mode d'opérer ; la première qui, par suite de ses efforts personnels, arrive à un résultat sérieux, rallie autour d'elle ses voisines moins heureuses. Il peut donc, comme cela a eu lieu chez moi, se produire à la fois plusieurs manières de sortir d'embarras. Si l'une est plus commode que les autres, elle ne tarde pas à être adoptée par toute la communauté, aucun sot orgueil ni point d'honneur mal placé ne venant, comme chez les hommes, mettre obstacle à de semblables concessions. Il n'y a donc pas de chefs, pas de subalternes, tous les membres de la communauté sont aussi savants et aussi actifs les uns que les autres, et on ne trouverait certainement pas chez eux ces différences d'intelligence qui créent, chez les hommes, des distinctions si profondes, des catégories si tranchées.

Lorsque l'hiver eût anéanti toute cette population travailleuse, je voulus posséder le nid, et alors, sans danger, ont put enlever la planchette posée par moi, couper les lattes et le retirer de son réduit. Il remplissait tout l'intervalle compris entre le plancher et le plafond ; il était plat dessus et dessous et avait une forme trapèzoïdale. Sa hauteur était de quinze centimètres, sa longueur de trente-deux centimètres, égale à l'intervalle de deux solives ; sa largeur de vingt-cinq centimètres du côté du mur, de trente-cinq du côté de la solive intérieure contre laquelle il était appliqué sans enveloppe, laissant voir ainsi cinq grands gâteaux superposés. Les deux inférieurs étaient composés en partie de petites cellules, en partie de grandes. Je ne pus constater aucun parasite dans ce nid ni avant ni après son extraction. D'ailleurs la construction intérieure de ce nid était en tout semblable à celle qui est connue. Sa forme aplatie, résultant de celle de l'espace vide où il était confiné, était le seul point anormal qu'on pût signaler. Il était suspendu au plancher du grenier par de très fortes attaches, et le bas atteignait à peu de chose près le plafond de mon cabinet.

Je dois encore signaler un point extrêmement intéressant et qui montre combien l'instinct peut se modifier suivant les circonstances. Quand je bouchai à plusieurs reprises, avec du plâtre et des tampons odorants, les ouvertures extérieures du nid, je vis un jour avec surprise, les guêpes surmonter une dernière ouverture d'une construction de carton en tout semblable à un nid de guêpe aérienne et qui, ainsi située à l'extérieur, semblait deceler l'habitation d'une tout autre espèce de guêpes que celle dont il s'agissait réellement. Cet appendice, formé d'un grand nombre de feuillets superposés, atteignit une épaisseur de huit centimètres, avec une longueur de dix-huit centimètres et une largeur de treize centimètres. C'était un vestibule, une sorte de forteresse avancée, destinée évidemment à protéger l'entrée étroite pratiquée dans la muraille, et peut-être à abriter une garnison chargée de la défendre. Je ne détruisis pas ce travail qui donnait la mesure des préoccupations de mes bestioles et qui était assez en dehors de leurs habitudes ordinaires pour mériter une mention spéciale.

La vérité est que cet ouvrage avancé, occupé militairement, m'eût présenté des difficultés particulières pour boucher l'orifice sous-jacent, si javais encore eu l'intention d'en tenter l'aventure. Il eût fallu nécessairement employer le masque et les gants et prendre des mesures spéciales pour la sécurité de l'opérateur.

Je dois enfin ajouter, pour terminer, une observation qui a son importance et qui est confirmée, pour d'autres espèces, par notre grand observateur, M. J.-H. Fabre, dans son dernier travail (Etude sur la répartition des sexes chez les Hyménoptères). C'est qu'au printemps suivant (1885), dans le courant de mai, des guêpes femelles, infiniment plus nombreuses que celles que je voyais les années précédentes, et par cela même, très probablement issues du nid en question, sont venues heurter les fenêtres de mon cabinet; elles revenaient ainsi au lieu de leur naissance, à l'abri qui les avait si bien gardées l'année précédente et où elles pensaient pouvoir retrouver les mêmes facilités que leur mère y avait rencontrées. Mais j'y avais mis bon ordre en temps utile, en calfeutrant avec soin toutes les ouvertures extérieures qui auraient pu leur donner passage. J'eus soin aussi de capturer toutes les femelles que je vis rôder autour de leur ancienne demeure. Cette mémoire des lieux se retrouve chez un grand nombre d'hyménoptères, et le retour, après un long sommeil hivernal, sinon au nid maternel, du moins aux parages où il était installé, n'est pas un des moins curieux phénomènes qui rendent si intéressante l'étude des mœurs des hyménoptères.

2° PARTIE DESCRIPTIVE

A. *Species incertæ sedis* (1)

Odynerus intermedius SAUSSURE.

♀ Facies d'un *Eumenes* et particulièrement de l'*E. Amedei*, mais le premier segment de l'abdomen ayant moins la forme d'un pétiole. Mandibules fortement dentelées, un peu crochues au bout. Epistome pyriforme, allongé, terminé par deux petites dents. Sinus des yeux étroits et angulaires. Corselet ovale, écusson et postécusson plats, nullement saillants; métathorax plat, oblique, portant un sillon longitudinal au milieu, et formant de chaque côté un angle droit. Premier segment de l'abdomen ayant une forme pétiolaire, son premier quart linéaire, le reste en forme de cloche allongée avec un sillon dorsal, un petit tubercule de chaque côté et une saillie dorsale en dessus de sa base. Il est à peu près de même longueur que le deuxième segment et n'a que le tiers de sa largeur. Le reste de l'abdomen ovalo-conique. Tête, corselet et pétiole finement ponctués. Insecte noir. Mandibules brunâtres; épistome, une tache entre les antennes et une autre allongée en arrière de chaque œil, jaunes. Antennes jaunes, premier article portant en dessus une ligne brune; dessous du flagellum orangé et son dessus noirâtre. Pronotum, une tache sous l'aile, écaillettes, une bande interrompue sur l'écusson, et une tache de chaque côté du métathorax, jaunes. Pétiole portant à son bord postérieur une tache échancrée, marginale et; de chaque côté une grande tache, jaunes. Deuxième segment de l'abdomen orné d'une large bande jaune marginale; deux taches carrées de la même couleur près de sa base; troisième et quatrième segments portant une bordure biéchancrée. et le quatrième une tache en-dessus, jaunes. Dessous de l'abdomen entièrement noir. le deuxième segment seul portant de chaque côté une tache marginale jaune. Pattes

(1) Pour ces espèces, je copie textuellement les descriptions originales.

jaunes; hanches et base des cuisses noires. Ailes jaunâtres. On pourrait aussi bien nommer cette espèce *Eumenes intermedia.*

Long. 16m/m. Env. 32mm.

PATRIE : France méridionale ou Algérie.

(de Saussure 1852 (219), p. 155).

♂. Comme la femelle, mais ayant les mandibules tachées de jaune ; aux antennes un petit crochet fauve ; les ponctuations du corps fortes ; le premier segment de l'abdomen noir avec quelques points jaunes épars, etc.

PATRIE : Grèce. (de Saussure. 1854 (224), p. 224).

Odynerus filipalpis SAUSSURE.

♀. Palpes très-grêles. Tête noire ; épistome roux, pyriforme, terminé en pointe inférieurement. Mandibules, un trait entre les antennes, bordure imcomplète des orbites, roux. Antennes rousses, avec l'extrémité noire en-dessus. Thorax noir ; dessus du pronotum et écaillettes roux ; métathorax présentant deux angles vifs, rugueux, et strié transversalement. Abdomen roux ; premier et deuxième segments noirs à la base, ce dernier portant deux points noirs près de son bord postérieur. Les suivants noirs, liserés de roux. Pattes rousses ; hanches noires. Ailes un peu enfumées, un peu bordées de brun et ferrugineuses le long de la côte. Long. 10m/m. Env. 18m/m.

PATRIE : Algérie. (de Saussure, 1852 (219), p. 197).

Odynerus sessilis SAUSSURE.

♀. Très voisin de l'*O. filipalpis.* Palpes grêles. Epistome plus allongé, à peine échancré ; mandibules longues ; postscutellum saillant ; métathorax un peu concave au milieu, offrant de chaque côté un bord tranchant dirigé latéralement. Abdomen sessile ; premier segment tronqué presque droit du côté antérieur ; un peu moins large que le deuxième et plus large que long en-dessus. Deuxième segment un peu plus large que long, canaliculé transversalement à son bord postérieur, et un peu rebordé ; ce bord formant une saillie qui regarde en dehors et en haut. Tête et thorax rugueux, noirs ; épistome, mandibules, un point entre les antennes, bordure des orbites jusqu'au fond du sinus rentrant, un point en arrière des yeux, antennes en dessus, et leur premier article en entier, d'un ferrugineux roussâtre ; pronotum, écaillettes, un point sous l'aile réuni au pronotum, angles supérieurs du métathorax, bord postérieur de l'écusson et postécusson, presque entièrement de la même couleur ferrugineuse. Abdomen ferrugineux ; le deuxième segment offrant des taches noirâtres très indistinctes, parmi lesquelles on remarque de chaque côté un point et au milieu un T renversé. Bout de l'abdomen, à partir du quatrième segment, d'un noirâtre ferrugineux. Pattes ferrugineuses ; hanches noires. Ailes fortement enfumées, transparentes à la base et vers le bord postérieur.

PATRIE : Espagne. (de Saussure, 1852 (219), p. 197).

Odynerus dimidiatus SPINOLA.

Noir. Les trois premiers articles des antennes, le labre, une tache de chaque côté dans l'intérieur de l'échancrure oculaire, dos du pronotum, écaillettes, une tache sur les flancs au-dessous de la naissance des ailes, premier et deuxième anneaux de l'abdomen, ferrugineux. Pattes ferrugineuses. Hanches et trochanters noirs. Ailes noires. Epistome très bombé, strié longitudinalement, au moins aussi long que large ; bord postérieur arrondi, bord antérieur trigone ; côtés latéraux obliques, un peu concaves en dehors, côté médian droit et fortement échancré. Espace interantennaire carêné. Tête, thorax, premier et second segments de l'abdomen, fortement ponctués. Points enfoncés, gros, ronds, rapprochés, mais distincts, piligères ; poils blanchâtres. Ecaillettes grandes, larges, arrondies en dehors. Impression des angles postérieurs du mésothorax peu profonde ; appendice extérieur droit, saillant, dirigé en arrière, mais plus court que l'écaillette. Ecusson et postécusson bituberculés : tubercules de l'écusson larges, arrondis, peu élevés : ceux du postécusson plus petits, mais plus saillants et plus aigus. Face postérieure du métathorax perpendiculaire, profondément sillonnée au milieu ; cotés convexes ; bords latéraux effacés. Premier anneau de l'abdomen plus étroit que le suivant, composé d'une seule pièce. Second anneau à bord postérieur relevé et presque retroussé, mais beaucoup plus dans le mâle que dans la femelle. Antennes des mâles terminées par deux articles en crochet.

Long. 8m/m.

PATRIE : Egypte, Malte. (Spinola, 1838 (266), p. 502).

Odynerus Maltæ, LEPELETIER.

♂. Tête noire; labre, épistome, bout des mandibules orbite des yeux au-dessous de leur sinus rentrant, une tache sur le front et une petite ligne derrière les yeux sur la pente du vertex, de couleur jaune. Bord antérieur de l'épistome un peu échancré. Antennes noires, le devant du premier article jaune. Pronotum noir, son bord antérieur portant une bande jaune. Mesonotum noir, métathorax noir; côtés de la plaque postérieure anguleux et rugueux; derrière ceux-ci, une petite ligne jaune. Tout le thorax ayant peu de poils grisâtres. Ecusson noir, portant une petite ligne noire presque interrompue. Postécusson jaune. Abdomen noir; en dessus, bord du premier segment portant une large bande jaune ayant sur le dos une étroite échancrure; les cinq autres segments ayant aussi au bord postérieur une bande jaune assez large, racourcie sur les cotés. Le dessous de l'abdomen noir; bord postérieur du deuxième segment portant une bande jaune complète. Anus noir avec une tache jaune en dessus. Pattes jaunes, toutes les hanches et la base des quatre cuisses postérieures, jusque passé le milieu, de couleur jaune. Ailes assez transparentes mais enfumées vers la côte; nervures et point marginal bruns; écaillettes jaunes avec un point roussâtre.

Long. 5mm.

PATRIE : Oran. (Lepeletier, 1841 (145), p. 639).

Odynerus basalis SMITH.

♀ Black : the head and thorax strongly punctured, the base of the clypeus, a spot between the antennæ, and an oblong one behind the eyes, yellow; the scape in front and a narrow line at the inner orbit of the eyes, terminating at their emargination, ferruginous. The prothorax anteriorly, a spot beneath the wings, the tegulæ, an interrupted line on the apical margin of the scutellum, and the postscutellum, yellow; the metathorax truncate, with a ferruginous spot on each side, in the shape of a comma, the legs ferruginous, with the coxæ and trochanters ferruginous; the wings hyaline, the anterior margin of the superior pair yellowish, the nervures ferruginous at the base and brown towards the apex of the wings. Abdomen closely and finely punctured; the basal segment ferruginous; the apical margin of the segment with a yellow band, that on the second and two following segments widened laterally; a black subtriangular spot in the middle of the basal segment above; beneath, the second segment with a narrow yellow band on its apical margin, and having on each side, as well as the two folloving segments, an angular yellow spot. Length. 5-5 1/2 lines = 11 à 12mm.

Hab. Polish Ukraine. (Smith, 1857, (262), p. 58).

B. *Vespides nouvellement décrits.*

P. 624. **Eumenes arbustorum.**

Sur le nom de cette espèce se cache un problême assez ardu; que, aidé des documents originaux de Panzer et de Herrich Schæffer, ainsi que des judicieuses remarques du docteur Kriechbaumer, j'ai cru pouvoir résoudre dans un certain sens à la page citée plus haut. Mais, l'ayant fait sans avoir sous les yeux des types authentiques, je risquais de tomber dans une erreur et c'est, poursuivi par un doute dont je ne pouvais me débarrasser, que jai fait, même après la publication de cette partie du Species, tous mes efforts pour en sortir et arriver enfin à une certitude absolue. J'y suis heureusement arrivé, et cela, grâce à la complaisance sans borne d'un savant de Dalmatie, M. le Docteur Gasperini, qui, sur ma prière, a chassé et récolté pour moi des hyménoptères dans son pays, jusqu'à ce qu'il ait rencontré l'objet du litige. Je puis donc aujourd'hui, pièces en main, reprendre la question et, je le crois, la résoudre définitivement. Mais je ne veux pas le faire avant d'avoir adressé publiquement tous mes remerciements à M. le professeur Gasperini qui m'y a aidé si puissamment.

Pour bien indiquer toutes les phases de la dificulté pendante, je dois reprendre l'historique depuis son origine.

Dans son grand ouvrage illustré sur la faune entomologique

d'Allemagne, Panzer avait décrit et figuré, en 1799, un *Eumenes* ♀ sous le nom de *Vespa arbustorum*. Beaucoup plus tard, Herrich Schæffer ayant reçu de Dalmatie un *Eumenes* ♂, le rapporta un peu inconsidérément à l'espèce de Panzer et le figura dans la suite qu'il publia de l'ouvrage de cet auteur.

Cette assimilation était évidemment erronée, car l'examen seul des deux figures suffit à montrer qu'il s'agit de deux espèces bien distinctes, la forme du pétiole étant toute différente, pyriforme dans l'insecte de Panzer, campaniforme, et cela d'une façon très accusée, dans celle d'Herrich Schæffer. Il y avait donc lieu de donner deux noms, et le docteur Kriechbaumer (Eumeniden Studien) idendifiant le premier avec l'*E. Amedei* Lep., substitua à ce dernier nom celui d'*arbustorum* Pz. qui avait la priorité. Je me suis rallié tout à fait à cette opinion.

Restait l'*E. arbustorum* d'Herrich Schæffer qui devait nécessairement changer de nom, mais dont la description, faute de types suffisants, ne pouvait être faite. Le Docteur Kriechbaumer avait bien reçu des mâles de Dalmatie qu'il assimila à l'espèce d'Herrich Schæffer, mais sans les décrire complètement. Il leur imposa cependant le nom d'*E. laminata*. Aujourd'hui je me trouve, comme je l'ai dit, en possession des deux sexes et je puis, en toute assurance, confirmer la dissemblance des deux espèces de Panzer et d'Herrich Schæffer. Je puis aussi donner une description détaillée de cet insecte auquel je n'ai qu'à laisser le nom indiqué par le docteur Kriechbaumer. Je ferai connaître aussi des caractères assez visibles pour que cette espèce se trouve enfin parfaitement assise.

Dans nos tableaux, elle prendra place comme suit :

3.	Corps entièrement noir.	**Nigra**, Br.
—	Corps noir, taché de jaune ou de ferrugineux.	4
4.	Pétiole pourvu vers sa base d'une carène élevée, transversale.	**Laminata**, Kriech.
—	Pétiole lisse à sa base.	4 bis.
4 bis.	Mesonotum tout noir.	5

— Mesonotum taché de jaune ou de ferrugineux. 8

Voici maintenant les descriptions détaillées des deux sexes :

Eumenes laminata, Kriechb. — Tête et thorax noirs avec une courte pubescence grise; tête irrégulièrement chagrinée; mandibules allongées, carénées, avec trois dents latérales obtuses; la dent apicale forte et longue; rougeâtres sombres avec la base, l'extrémité et la partie dentée noires. Labre arrondi; brun clair ; épistome cordiforme, convexe, triangulairement échancré en avant, offrant deux dents assez obtuses; jaune avec l'extrémité rougeâtre. Espace intraantennaire et front jaune orangé; une tache de même couleur au bord inférieur du sinus des yeux et une ligne allongée semblable derrière le sommet de ceux-ci. Derrière les ocelles règne une ligne ou fossette allongée, tomenteuse. Antennes noires en dessus, dessous du scape jaune; celui du funicule ferrugineux. Thorax irrégulièrement et éparsement ponctué. Pronotum coupé droit et rebordé en avant avec ses angles huméraux obtus, orangé avec les deux angles voisins des ailes de couleur vineuse ; mesonotum noir avec une tache vineuse en son centre en forme de lyre ; une tache carrée de même couleur sur les mésopleures; scutellum éparsement ponctué, aplati ; avec une large bande transversale vineuse en son milieu, ses côtés marqués d'une tache vineuse en avant, orangée en arrière, prolongés du côté de l'abdomen par une partie lamellaire très prononcée. Ecaillettes lisses, brillantes, ferrugineuses. Pattes ferrugineuses avec les hanches, les trochanters et la base des cuisses noirs. Ailes jaunes rougeâtres à la base et sur la région costale jusqu'au stigma, enfumées sur tout le reste avec un reflet violet. Abdomen lisse, mat, excepté sur le pétiole qui est assez densément ponctué surtout vers sa base ; la forme de celui-ci est tout à fait celle d'une cloche avec les bords un peu évasés ; il est large et massif, même à son origine ; celle-ci offre, ce qui est un trait caractéristique, une carène élevée transversale, semblant former comme une bosse sur le dos du pétiole et analogue à ce qui se voit chez certains Odynères; assez convexe en dessus, ce pétiole est très concave en dessous ; vers le milieu de sa longueur et tout-à-fait latéralement on y voit deux petits mamelons saillants; noir sur la plus grande partie de sa surface, il offre une bande transversale vineuse commençant à la carène dont il est question plus haut et s'étendant jusqu'à la moitié de la longueur restante du pétiole; sur la partie médiane du bord de celui-ci se voit une petite tache oblongue, jaune, dans laquelle prend naissance une mince strie longitudinale enfoncée. Le deuxième segment abdominal porte une large bordure régulière, jaune sâle, se rétrécissant sur les côtés, et deux taches latérales, ovales, de même couleur, près de sa base. Le troisième segment offre aussi une large bordure semblable ainsi que le quatrième; mais sur ce dernier elle n'occupe que le milieu du bord. Les deux autres segments sont entièrement noirs. Le ventre est tout noir, sauf que le second et le troisième segments offrent des bordures jaune sâle; celle du second seulement interrompue au milieu, celle du troisième n'occupant que les angles latéraux. ♀. Long. 17mm. Env. 32mm.

Le mâle diffère notablement de la femelle. Les mandibules sont noires, avec une tache triangulaire jaune à leur base; l'épistome est convexe, un peu tuberculeux en son milieu, avec le bord semicirculairement échancré et ferrugineux. Les autres taches de la tête sont jaune soufre. Le crochet des antennes est ferrugineux. Le pronotum est jaune soufre avec les côtés postérieurs noirs; le mesonotum est tout noir; le scutellum ne porte que deux taches carrées, jaunes. Les pattes sont jaunes avec la base noire et l'extrémité des tarses testacée. Les hanches intermédiaires sont marquées de jaune en devant. Les ailes sont subhyalines, un peu jaunâtres, avec le stigma testacé clair et les nervures brun foncé. Le pétiole de l'abdomen a la même forme caractéristique que chez la femelle, mais il ne porte que deux petites taches latérales jaunes et un point de même couleur au milieu de son bord postérieur. La bordure du troisième segment est élargie en son milieu, celle du quatrième embrasse le bord entier, et enfin le cinquième porte une petite tache ovale au milieu de son bord. Les deux suivants sont noirs en entier. Le ventre est noir aussi et brillant; le second segment offre, outre une bordure jaune bisinuée, deux taches jaunes libres, arrondies, en son milieu. Le troisième a une bordure étroite, interrompue à sa portion médiane, et le quatrième n'a que les angles latéraux colorés en jaune. En général toutes les parties claires de ce mâle sont jaune brillant ou jaune soufre. Long. 14mm.

Patrie : Dalmatie.

Page 645, 4e bis **GENRE. — SYNAGRIS,** Fabricius.

σὺνλγρευς, chasseur

Diffère de *Micragris* par les palpes maxillaires de quatre articles au lieu de cinq.

« *Micragri Spinolæ* affinis quidem et similis, sed statim dignoscitur palpis maxillaribus quadriarticulatis, clypeo regulariter septem-angulato, margine apicali recte truncato : prothorace antice augustato ; scutello immaculato ; statura majori.

Robustus, niger, mandibulis (apice excepto), clypeo, antennarum scapo infra, macula inter antennas, oculorum sinu, pronoti pars antica, tegulis, macula subalari, segmentorum abdominalium fascia marginali subregulari, flavo-eburneis. Femoribus, basi excepta, tibiis tarsisque luteo-fulvis ; alis testaceo-hyalinis ; capite thoraceque confertissime punctato-granosis, abdomine subbrevi ; metanoto tantum obtusissime biangulato, fere rotundato. ♂. Long. 15mm. » **Micelii,** Gribodo, in litt.

Page 745, modifier ainsi :

15 Deuxième segment abdominal en partie ferrugineux. **Rubiginosus,** n. sp.

— Deuxième segment abdominal noir avec une bordure blanche. **16**

16 Hanches et trochanters tachés de jaune. Antennes fauves, etc. **Aurantiacus,** Mocsary.

— Hanches et trochanters noirs. Antennes noires, au moins en dessus. **17**

17 Métathorax taché latéralement de rouge.

Pattes ferrugineuses sauf les hanches, les trochanters et l'extrême base des cuisses.

Hyalinipennis, N. SP.

Métathorax noir. Extrémité des cuisses, tibias et tarses jaunes. « Parvus, gracilis, niger, antennarum scapo infra, prothoracis fascia lata medio interrupta, scutelli linea postica, tegulis, femoribus apice, tibiis, tarsisque flavis. Abdominis segmentis primo et secundo margine postico fascia regulari eburnea ; segmento primo utrinque prope fasciam rufomaculato. Corpore circiter sicut *O. modestum* constructum, sed graciliori. Capite, thorace, abdominisque segmento primo sat dense punctatis, interstitiis nitidis ; segmentis secundo et tertio punctulatis, posticis sublævibus. Clypeo magis lato quam alto, apice dentibus duobus acutis adproximatis armato. Postscutello sat elevato ; metanoto utrinque prope petiolum spina acuta producta armato ; abdominis segmento secundo (fere quemadmodum tertio in Chrysidibus) ante marginem elevato et in margine pone certicillo serie punctorum ornato. ♀ Long. 6, 5 m/m. »

Medanæ GRIBODO, IN. LITT.

PATRIE : Tunisie.

Page 692 :

J'assigne à l'espèce suivante une place dans le groupe de l'O. *Dantici*. Cependant, ne l'ayant pas vue et la description donnée étant insuffisante pour un classement certain, je me borne à la donner ici telle qu'elle m'a été transmise.

Odynerus punicus GRIBODO, IN LITT.

« *O. crenato* simillimus, dignoscitur metathoracis lateribus verticalibus subrectis et subparallelibus (non angulatis nec spiniferis nec crenulatis). ♂. Long. 6 m/m.

Diffère du *parvulus* par le postécusson et le premier segment faits comme dans *O. crenatus*.

Diffère de *O. dubius* (auquel il ressemble par le bord du deuxième segment) par la configuration du métathorax et surtout par la ténuité du crochet des antennes.

Diffère de *O. innumerabilis* par la fine ponctuation de l'épistome et son échancrure, par la forme du postécusson et par les bandes régulières de l'abdomen. »

Page 763. Après la description de *O. rotundiventris*, ajouter les variétés suivantes :

Odynerus rotundiventris, var. **tunetanus**, GRIBODO, IN LITT.

« Plus petit ; mésopleures, écaillettes et écusson noirs ; bordure du premier segment rétrécie sur les bords, élargie au milieu, profondément échancrée en avant ; bordures des segments suivants rétrécies. Ailes violacées. »

Dans l'opuscule intitulé : *A List of Hyemnoptera collected by J. K. Lord, esq. in Egypt, etç.*, F. Walker donne la description de vingt-huit espèces nouvelles de Vespides, parmi lesquelles plusieurs originaires de Palestine, d'Egypte. etc. auraient dû trouver place dans cette monographie. Si je ne les y ai pas fait figurer, ce n'est point par oubli ni par négligence, mais seulement par suite de l'impossibilité où j'ai été de rattacher à un groupe quelconque ces espèces trop brièvement décrites et où quelques couleurs seules indiquées ne sauraient suffire à les faire reconnaître. Je les considère comme devant tomber complètement dans l'oubli et c'est pour cette raison que j'ai cru pouvoir les laisser de côté.

Depuis la publication des diverses parties du Species des Vespides, a paru un important mémoire du Dr F. Morawitz (1) donnant la description de nombreuses espèces nouvelles d'Euméniens et qu'il est indispensable d'analyser ici. Voici l'énumération des espèces :

(1) Dr F. Morawitz. Eumenidarum Species novæ (Horæ Soc. entom. rossicæ, Tome XIX). Ce mémoire a été lu en mars 1885.

Eumenes bispinosus, Mor. — Je copie la diagnose de cette espèce :

Clypeo apice emarginato bidentato, metapleuris utrinque spina sat longa armatis ; niger modice flavo-pictus. Long. 14-18mm.

Habitat in Dalmatia.

Je ne crois pas utile d'en donner une description plus étendue, description qui serait en tout conforme à celle de l'*E. pomiformis*, dont je ne la vois différer que par l'épine indiquée dans la diagnose. Ce seul caractère suffit bien d'ailleurs pour la distinguer à première vue.

Odynerus (*Ancistrocerus*) **Komarowi**, Mor. — Tête noire, pubescente, grossièrement ponctuée, les intervalles des points un peu plus larges que ces points mêmes et brillants ; bord du sinus des yeux, une petite tache derrière ceux-ci et une large bande entre les antennes, jaunes. Epistome échancré, jaune. Mandibules rouges avec la base jaune. Antennes noires, scape jaune avec le premier article du funicule et la base du second brun rouge. Pronotum arrondi aux angles, presque entièrement jaune. Ecaillettes jaunes, assombries dans leur milieu. Mesonotum pourvu en avant du scutellum d'une longue tache quadrangulaire jaune. Scutellum avec une bande jaune ; postscutellum entièrement de la même couleur, mésopleures jaunes avec une tache rouge sombre en avant. Métathorax d'une couleur de chair claire avec les côtés largement tachés de jaune. Pattes jaunes ; hanches et trochanters rougeâtres ainsi que les tibias postérieurs presque entiers ; hanches antérieures et intermédiaires tachées de jaune en avant. Ailes légèrement enfumées, stigma et nervures noirs, ces dernières rougeâtres vers la base de l'aile. Abdomen avec le premier segment de couleur de chair et largement bordé de jaune, second segment noir, bordé de jaune et orné de deux grandes taches de même couleur sur le disque. Les troisième, quatrième et cinquième segments bordés de jaune, ces bordures élargies au milieu. Premier segment ventral aussi couleur de chair, les autres noirs avec une large bordure jaune sur le second, une étroite bordure sur le troisième et seulement une tache de même couleur sur les côtés des deux suivants. ♀. Long. 7mm,5.

Cette espèce provient d'Asschabad, dans le district transcaspien.

Elle correspond dans nos tableaux aux *O. jucundus* et *O. lobatus*; mais elle se distingue facilement de ces deux espèces par la tache du mesonotum et la couleur du métathorax et du premier segment abdominal.

Odynerus (*Lionotus*) **sellatus**, Mor. — Tête jaune avec une tache noire sur le vertex; labre et épistome jaunes, ce dernier tronqué; mandibules rougeâtres. Antennes jaunes ou rouges avec les quatre derniers articles noirs en dessus. Pronotum jaune, épineux sur les côtés. Mesonotum noir avec une petite ligne latérale et une grande tache sur le disque jaunes. Parfois ces taches jaunes s'élargissent de façon à ne plus laisser que deux lignes latérales noires. Ecaillettes jaunes avec une tache sombre au milieu. Scutellum jaune, partagé en deux par une forte rainure médiane; postscutellum élevé, partagé aussi par le milieu, jaune; mésopleures tachées de jaune. Métathorax jaune. Pattes jaunes. Ailes jaunes avec l'extrémité, à partir du stigma, assombrie et offrant un reflet violet. Premier segment abdominal jaune avec une tache noire. Deuxième segment jaune, portant à la base une tache sombre qui en enferme une autre de couleur rougeâtre. Les segments suivants sont uniformément jaunes, excepté les deux derniers qui sont noirs. Les quatre premiers segments ventraux sont jaunes et les deux derniers noirs ♀. Long. 12^{mm} à 14^{mm}.

Le mâle diffère de la femelle par l'épistome profondément excavé, le scape des antennes jaune, le funicule rouge avec l'extrémité noire. Long. 12 m/m.

Cette espèce habite le désert des Kirghises. Elle se rapproche de l'*O. sessilis* de Sauss. et doit sans doute rentrer avec elle dans le groupe de l'*O. floricola*. Elle semble si voisine de mon *O. stramineus* que je la regarde volontiers comme une simple variété, malgré la couleur noire des deux derniers segments. Je crois cependant prudent jusqu'à plus ample informé de les maintenir toutes deux avec les réserves ci-dessus.

Odynerus (*Lionotus*) **cribratus**, Mor. — Tête noire avec une petite tache claire dans le sinus des yeux et un point semblable derrière ceux-ci. Labre et épistome noirs; ce dernier échancré à l'extrémité ; mandibules noires avec les dents brunes. Antennes noires. Thorax noir avec parfois le scutellum taché de blanc; postscutellum noir avec une petite dent de chaque côté. Ecaillettes noires. Pattes noires avec le côté interne des tibias antérieurs et le dernier article des tarses brun jaune. Abdomen noir avec les segments 1 à 5 ornés d'une bordure blanc jaunâtre; celle du cinquième est parfois interrompue au milieu ou même fait défaut tout-à-fait; le dernier segment montre une tache claire en son milieu. Du côté ventral, le second segment porte seulement une bordure pâle deux fois interrompue. ♀. Long. 11 m/m.

PATRIE : Dorotschitschach dans la Transcaucasie.

Cet Odynère appartient au groupe de l'*O. parvulus*, il vient dans nos tableaux à côté de l'*O. Pontebæ*, Sss. mais dans l'ordre méthodique il est surtout voisin de *O. Ballioni*, Mor. dont la couleur bien différente suffit à le distinguer.

Odynerus (*Microdynerus*) **bifidus**. Mor. — Tête noire; épistome bidenté. Mandibules fortes, anguleuses extérieurement. Antennes épaissies à l'extrémité, noires. Thorax noir; pronotum noir avec une large tache jaune de chaque côté; épaules un peu aiguës. Scutellum souvent avec deux petites taches jaunes; une petite tache claire sous l'insertion des ailes. Ecaillettes brunes avec la base noire. Pattes noires avec les genoux, les tibias et les tarses rougeâtres. Ailes avec l'extrémité un peu enfumée. Premier segment abdominal pourvu d'une petite fossette peu profonde, donnant naissance à une fine strie ; noir avec une bordure blanc jaunâtre. Le second porte une bordure semblable, élargie sur les côtés et se continue par une mince membrane sombre. Le deuxième segment ventral est bordé de blanc. ♀ Long. 6 à 6,5 m/m.

Le mâle ne diffère de la femelle que par le scape rayé de jaune en dessous, le funicule jaune sale aussi en dessous, et pourvu à l'extrémité d'une grande dent pâle. Les hanches intermédiaires sont tachées de jaune en avant.

PATRIE : Balaklawa, dans la Tauric.

Cette petite espèce est bien voisine de *O. Helvetius* auquel elle correspond dans nos tableaux. Mais elle s'en distingue par la forme anguleuse des mandibules.

Odynerus (*Microdynerus*) **alastoroïdes**, Mor. — Tête noire; épistome échancré. Antennes noires; 3e article un peu plus long que le 2e et le 4e. Thorax noir; épaules du pronotum un peu saillantes, écaillettes finement bordées de blanc. Pattes noires avec les genoux, les tibias et les tarses brun jaune; les tibias sont assombris en dessous. Ailes légèrement enfumées, nervures noires, stigma brun. Abdomen noir avec les deux premiers segments bordés de blanc jaunâtre; la deuxième bordure un peu interrompue. ♀. Long. 7 m/m.

Patrie : Borshom, dans la Transcaucasie.

Cette espèce se rapproche beaucoup de *O. Abd-el-Kader* avec lequel elle est confondue dans nos tableaux. Elle diffère cependant par la ponctuation fine et très dense du premier segment abdominal, tandis que chez *O Abd-el-Kader* cette ponctuation est plus forte et rugueuse.

Odynerus (*Lionotus*) **sulfuripes**. Mor. — Tête noire, pubescente; une ligne en arrière de chaque œil, le front, le bord du sinus des yeux, une grande tache sur le vertex englobant les ocelles, jaunes; épistome jaune clair, échancré en avant; mandibules jaunes avec les dents rembrunies. Antennes noires, scape jaune rayé en dessous de rougeâtre; les deux premiers articles du funicule sont brun rouge, les deux derniers brun noir. Thorax noir avec le pronotum entièrement jaune; celui-ci a les angles huméraux épineux. Mesonotum noir avec une tache jaune quadrangulaire en avant du scutellum; scutellum et postscutellum jaunes, ce dernier élevé, crénelé. Mésopleures tachées de jaune. Ecaillettes jaunâtre clair, tachées de brun. Métathorax noir, taché de jaune sur les côtés. Pattes jaune soufre avec les trochanters rembrunis, les hanches tachées de noir en dessous et la base des cuisses postérieures noire. Ailes hyalines, stigma brun clair, nervures claires à la base, noirâtres sur le reste de leur étendue; extrémité de la cellule radiale enfumée. Premier segment de l'abdomen jaune avec une tache noire à la base; le deuxième est noir avec une étroite bordure jaune élargie au milieu et surtout sur les côtés où elle atteint la base. Les segments suivants sont jaunes, à peine assombris à la base. Les segments ventraux sont jaunes avec la base un peu plus sombre. ♂ Long. 7m/m.

PATRIE : Asschabad (district transcaspien).

Cette petite espèce rentre dans le groupe de l'*O. Dantici*. Elle se rapproche, dans nos tableaux, de *O. humeralis*; mais elle est bien plus petite et n'offre pas de coloration ferrugineuse.

Odynerus (*Lionotus*) **cardinalis**, Mor. — Tête noire avec une pubescence gris rougeâtre ; labre et épistome jaunes, ce dernier profondément et circulairement échancré ; mandibules jaunes, armées de quatre dents aiguës noires ; bord inférieur du sinus des yeux, une tache entre les antennes, une ligne derrière le sommet des yeux, orangés. Antennes noires ; scape orangé ainsi que la base et le dessous du funicule ; dent apicale forte, tronquée à l'extrémité. Thorax noir, fortement ponctué. Pronotum, une tache sur les mésopleures, scutellum, une étroite ligne sur les côtés du métathorax et les écaillettes, orangés. Pattes orangées ; quelquefois les hanches sont noires en dessous. Ailes supérieures enfumées et irisées ; stigma et nervures noirs, ces dernières avec la base jaune rougeâtre. Premier segment abdominal rouge orangé ou pourpré, orné d'une grande tache noire à la base ; le second de même couleur avec une tache médiane noire, de forme très variable, pouvant même se diviser en deux. Le reste de l'abdomen est noir. ♂. Long. 10 à 11^{mm}.

Cette espèce habite la Transcaucasie.

Elle est confondue dans nos tableaux avec *O. Morawitzi* Nob. dont elle se distingue cependant à première vue en ce que les troisième et quatrième segments abdominaux sont bordés de jaune vif chez le *Morawitzi* et sont entièrement noirs chez le *cardinalis*.

Odynerus (*Lionotus*) **tegularis**, Mor. — Tête noire, une ligne dans le sinus des yeux, une grosse tache triangulaire sur le front et le bord postérieur des orbites, jaunes. Epistome échancré, jaune. Mandibules jaunes avec l'extrémité rouge et les dents sombres. Antennes avec le scape jaune, le funicule noir en-dessus, orangé en-dessous. Pronotum avec les épaules arrondies, en très-grande partie jaune. Mesonotum noir avec une tache jaune quadrangulaire en avant du scutellum. Mésopleures tachées de jaune. Ecaillettes jaunes. Scutellum jaune ; postscutellum saillant et portant quatre dents dont les deux externes semblent avoir une double pointe. Métathorax noir avec les cotés jaunes. Pattes jaunes ; trochanters noirs à la base ainsi que les cuissss postérieures. Ailes un peu enfumées ; stigma brun rouge avec la plus grande partie des nervures noire. Abdomen noir orné de jaune ; premier segment jaune avec une tache ovale noire en-dessus ; le deuxième est jaune avec une grande tache noire atteignant la base ; les trois segments suivants sont jaunes avec la base noire. Deuxième segment ventral jaune avec la base, la partie antérieure des côtés et une tache médiane noires. ♀. Long. 9mm.

Le mâle diffère en ce que l'extrémité du funicule est entièrement jaune orangé et le mesonotum tout noir. Long. 8mm.

PATRIE : Transcaucasie.

Cette espèce rentre dans le groupe de l'*O. Dantici*. Elle est voisine de *O. quadrimaculatus* Nob. dont elle se distingue facilement par la coloration des segments 3, 4 et 5 qui sont entièrement noirs chez l'*O. quadrimaculatus* tandis qu'ils sont en grande partie jaune chez le *tegularis*.

Odynerus (*Lionotus*) **nigricornis**, Mor. — Tête noire avec une tache entre les antennes et des points derrière les yeux, blancs. Antennes noires ; épistome échancré. Thorax noir ; pronotum marqué en avant d'une bande interrompue blanche ; ses angles à peine saillants ; mésopleures tachées de blanc ; écaillettes blanches avec le bord interne noirâtre et le centre un peu rouge. Postscutellum tronqué, rugueux en-dessus ; métathorax strié en arrière. Pattes rougeâtres ; hanches, trochanters et base des cuisses noirs. Ailes presque hyalines, stigma brun noir, nervures en grande parties noires. Abdomen noir avec les segments 1 à 4 rayés de blanc ; la bande du quatrième un peu rétrécie sur les côtés, celle du troisième interrompue au milieu. Deuxième segment ventral avec deux taches latérales blanches. ♀. Long. 10 à 11mm.

Le mâle ne diffère de la femelle que par ses mandibules blanches, rayées de noir, l'épistome et le labre blancs, les scape des antennes rayé de blanc en-dessous, la dent terminale du funicule ferrugineuse, le cinquième segment de l'abdomen avec une bande blanche rétrécie latéralement. Long. 9mm.

PATRIE : Balaklawa (Taurie).

Cette espèce qui rentre dans le groupe de l'*O. floricola* se distingue facilement de toutes les espèces par sa coloration particulière.

Odynerus (*Hoplomerus*) **quadricolor** Mor. — Tête de couleur orangé pâle avec une tache noire entourée de ferrugineux sur le vertex; une tache sur le front et une large ligne dans l'orbite des yeux, jaunes. Epistome jaune, rugueux, un peu échancré en avant. Mandibules ferrugineuses avec les dents noires et une tache triangulaire jaune sur leur milieu. Antennes noires avec les trois premiers articles rouges. Thorax rugueux, noir avec le pronotum orangé; le mesonotum, le scutellum, le postscutellum, une grande tache sous les ailes et les côtés du métathorax sont rouges ; les angles du pronotum sont presque droits ; écaillettes testacées. Pattes testacées avec les hanches tachées de noir. Ailes jaunâtres, obscurcies à l'extrémité. Abdomen avec les deux premiers segments ferrugineux, les autres jaune citron plus ou moins tachés de noir, sauf le dernier qui est tout noir. ♀. Long. 17^{mm}.

Le mâle, qui est inédit, a la tête noire, sauf le labre et l'épistome qui sont jaune blanchâtre soyeux, l'espace intra-antennaire et une ligne derrière les yeux orangés. Le dessous du funicule est ferrugineux, sauf sous les cinq derniers articles. Les hanches intermédiaires sont jaunes en dessous. Les segments ventraux, à partir du troisième et sauf le dernier, portent une bordure jaune tri-échancrée, ces échancrures étant carrées. Les hanches et les cuisses sont inermes. Long. 16^{mm}.

Cette belle espèce, originaire de Krasnowodsk (district transcaspien), appartient au groupe de l'*O. spinipes*. Elle est très voisine de l'*O. variegatus*, dont la seule couleur entièrement ferrugineuse des deux premiers segments abdominaux suffit à la distinguer.

Odynerus (*Hoplomerus*) **Persa** Mor. — Tête noire avec une tache sur le vertex, renfermant les ocelles, jaune. Epistome noir, bidenté; mandibules ferrugineuses avec les dents noires. Antennes noires avec le scape, le premier article du funicule et la partie inférieure de celui-ci ferrugineuse. Thorax fortement rugueux, noir avec le scutellum, les mésopleures et les métapleures tachés de jaune; écaillettes ferrugineuses. Pattes d'un ferrugineux pâle avec les hanches et les trochanters noirs Ailes jaunâtres, enfumées à l'extrémité. Les deux premiers segments abdominaux sont ferrugineux, ornés d'une bande longitudinale noire allant de la base jusqu'au milieu de la surface ; le second porte en outre une bordure trisinuée jaune citron ; les trois segments suivants sont jaune citron, le troisième portant à sa base une tache triangulaire noire. Le dernier segment est entièrement noir. Les deux premiers segments ventraux sont rouges, le second orné de dessins noirs et jaunes ; les segments 3 à 5 sont noirs tachés de jaune sur les côtés ; le dernier est noir comme en dessus. ♀. Long. 15mm.

PATRIE : Perse boréale.

Cette espèce, très voisine de la précédente, et appartenant au même groupe, s'en distingue de suite par les bandes noires du premier et du second segment.

Odynerus (*Hoplomerus*) **mamillatus** Mor. — Tête jaune orangée, un peu pubescente ; l'intervalle des antennes, une tache quadrangulaire sur le vertex enfermant les ocelles, et se réunissant à une petite bande située derrière le sommet des yeux, sont noirs. Epistome jaune, tronqué droit. Antennes orangées, noires en dessus à partir du sixième article. Thorax noir ; pronotum orangé, avec les angles fortement mamelonnés ; les bords latéraux du mesonotum et une grosse tache en avant du scutellum sont rougeâtres, ainsi qu'une ligne partant des angles latéraux de ce dernier et allant se réunir à la partie claire des bords du mesonotum. Scutellum et postscutellum orangés ainsi que le métathorax dont la partie postérieure offre une tache noire s'élargissant en forme de bande sous le postscutellum. Ecaillettes orangées. Pattes orangées, avec les tarses plus clairs et les hanches tachées de noir en dehors. Ailes jaunâtres à la base, enfumées sur la moitié postérieure ; stigma noir brun, nervures jaunes à la base, noires sur le reste de leur étendue. Abdomen avec les deux premiers segments rouges, tachés de noir à leur base ainsi qu'au milieu de leur bord ; les segments suivants sont noirs avec une large bordure jaune sur le troisième, les côtés et la base tachés de jaune sur le quatrième. Les trois premiers segments ventraux sont jaunes ferrugineux, les suivant noirs, le quatrième cependant quelquefois taché de rouge. ♀. Long. 14 à 15mm.

PATRIE : Perse boréale.

Cette espèce, qui est encore du groupe de l'*O. spinipes*, se rapproche des deux précédentes dont la coloration de l'abdomen et surtout la conformation des angles du pronotum la séparent nettement.

Odynerus (*Hoplomerus*) **Caroli** Mor. — Tête noire, pourvue d'une épaisse pubescence rougeâtre ; en arrière de chaque œil est une petite ligne allongée jaune, une ligne transversale de même couleur occupe le front. Mandibules noires avec la base jaune. Epistome jaune, très-finement ponctué, échancré et offrant des dents latérales saillantes ; celles-ci sont noires ainsi que les bords latéraux de l'épistome. Antennes noires ; dessous du scape et premier article du funicule jaunes ; les trois suivants ferrugineux en dessous. Thorax noir, velu comme la tête ; pronotum offrant de chaque côté une tache triangulaire jaune ; ses angles huméraux aigus. Ecaillettes brun sombre avec les bords internes noirs. Pattes jaunes ; dernier article des tarses rougeâtre ; hanches, trochanters et cuisses, sauf les genoux, noirs. Cuisses antérieures pourvues à leur base d'une longue dent assez aiguë, dirigée en dessous et en dehors. Ailes fortement enfumées, stigma brun sombre, nervures en grande partie noires. Abdomen noir avec le premier, le troisième, le quatrième et le cinquième segments garnis d'une bordure jaune rétrécie de chaque côté ; le second segment offre une bordure jaune, entière, élargie sur les côtés et au milieu. Le sixième segment ne montre qu'une petite tache claire au milieu de son bord postérieur ; le dernier est tout noir. Les segments ventraux sont noirs et ne présentent qu'une strie jaune de chaque côté des bords du second. ♂. Long. 11mm.

PATRIE : Algérie.

Cette espèce, voisine de *O. spinipes*, s'en distingue de suite par la présence d'une dent à la base des cuisses antérieures.

Odynerus (*Hoplomerus*) **calcaratus** Mor. Tête noire ; labre taché de jaune ; épistome jaune bordé de noir, presque tronqué à l'extrémité ; mandibules noires tachées de jaune à la base ; bord du sinus des yeux, une tache entre les antennes et deux points derrière le sommet des yeux, jaunes. Antennes noires ; scape jaune rayé de noir en dessus : base du funicule ferrugineuse en dessous. Thorax noir, une large bande sur le pronotum, une tache sur les mésopleures et les côtés du métathorax jaunes ; scutellum et postscutellum rayés de jaune. Ecaillettes jaunes avec une tache brune au milieu. Pattes jaunes avec les hanches, les trochanters et la base des cuisses noirs ; hanches ornées d'une tache pâle de chaque côté. Ailes enfumées, un peu irisées ; stigma brun, nervures noires, jaunâtres à leur base. Abdomen noir, segments un à cinq portant une large bordure jaune ; le dernier offre une grande tache cordiforme de même couleur. ♀. Long. 9 à 11mm.

Le mâle ne diffère de la femelle que par les avant-derniers articles des antennes jaune orangé en-dessous, l'épistome échancré. Hanches intermédiaires armées d'une longue dent. Long. 9 à 10mm.

PATRIE : Erivan (Transcaucasie).

Cette espèce, du groupe de l'*O. spinipes*, se rapproche de *O. spiricornis* dont le séparent sa petite taille, la coloration de l'épistome et des mandibules et la présence d'une dent aux hanches intermédiaires des mâles.

Odynerus (*Hoplomerus*) **congener**. Mor. — Tête noire ; épistome presque tronqué ; une tache entre les antennes, deux points derrière le sommet des yeux, jaunes ; Antennes noires, quelquefois la base du funicule ferrugineuse en-dessous. Thorax noir avec une bande sur le pronotum jaune ; scutellum avec deux taches jaunes ; parfois les mésopleures tachées de jaune. Ecaillettes jaunes ou testacées, plus sombres au milieu. Pattes testacées ; hanches, trochanters et base des cuisses noirs. Ailes enfumées. Abdomen noir avec les segments 1 à 5 bordés de jaune, cette bordure sinuée sur les segments intermédiaires ; deuxième et troisième segments ventraux tachés latéralement de jaune ; quelquefois le ventre est tout noir. ♀. Long. 11 à 12mm.

Le mâle a les articles 10 à 13 des antennes entièrement ferrugineux, le scape jaune en-dessous, les articles 3 à 9 jaune pâle en-dessous ; les mandibules, le labre et l'épistome jaunes, celui-ci échancré en demi-cercle. Cuisses intermédiaires tridentées. Long. 11mm.

PATRIE : Grèce.

Cette espèce appartient au groupe de l'*O. spinipes*. Elle est voisine de cette espèce même dont la distinguent facilement les taches jaunes du scutellum.

Odynerus (*Hoplomerus*) **armeniacus** Mor. — Tête noire, avec une pubescence pâle ; bord du sinus des yeux, une ligne entre les antennes et un point derrière le sommet de chaque œil jaunes ; épistome tronqué, noir avec une large bande jaune à sa base. Antennes noires avec le dessous du scape orangé pâle. Thorax noir ; une large fascie sur le pronotum, une grande tache sous l'insertion des ailes, deux autres sur le scutellum, jaunes ; écailettes jaunes avec le bord externe brun rouge. Pattes jaunes, avec les hanches, les trochanters et la base des cuisses noirs ; tibias et tarses rougeâtres. Abdomen noir avec les segments 1 à 5 bordés de jaune, ces bordures, excepté la première, dilatées sur les côtés ; deuxième segment ventral avec une étroite bordure jaune interrompue au milieu ; segments 3 à 5 ornés d'une tache triangulaire sur les côtés. ♀. Long. 9 à 10^{mm},

Le mâle a l'épistome triangulairement échancré, jaune ; les mandibules et le labre aussi jaunes. Antennes brunes avec le scape jaune en-dessous ; les articles suivants du funicule sont orangés et les cinq derniers sont ferrugineux pâle, à peine assombris en-dessus. Les cuisses intermédiaires sont tridentées. Long. 9 à 10^{mm}.

PATRIE : Erivan (Transcaucasie).

Cette espèce, voisine de l'*O. melanocephalus* (du groupe de *O. spinipes*), en diffère cependant par la couleur jaune des parties claires, par les taches du scutellum, etc. La femelle se distingue de *O. consobrinus* par la tache des mésopleures, les taches jaunes des segments ventraux.

Odynerus (*Hoplomerus*) **mandibularis** Mor. — Tête noire ; une tache entre les antennes, une ligne dans le sinus des yeux et d'autres derrière le sommet des yeux, jaunes ; mandibules noires ; labre et épistome jaunes, ce dernier échancré semicirculairement. Antennes noires ; scape jaune en-dessous, avec la base noire, ferrugineux en dessus avec une ligne noire. Thorax noir ; pronotum marqué de chaque coté d'une tache triangulaire pâle ; écaillettes brunes, tachées de jaune en arrière. Pattes noires avec les cuisses ferrugineuses, les tibias et les tarses jaunes ; les hanches intermédiaires sont tachées de jaune. Ailes un peu enfumées ; stigma ferrugineux. Segments abdominaux 1 à 6 bordés de jaune en dessus. Du côté ventral, le second segment porte une bordure jaune bisinuée, interrompue au milieu ; le troisième et le quatrième ont de chaque côté une petite tache jaune. ♂. Long. 14mm.

PATRIE : Nucha (Transcaucasie).

Cet odynère appartient au groupe de l'*O. spinipes*. Il est voisin de l'*O. consobrinus* dont il se distingue par sa taille plus forte, son écusson noir, ses cuisses ferrugineuses, etc.

Odynerus (*Hoplomerus*) **grandis**. MOR. — Tête noire avec une tache ovale derrière le sommet de chaque œil, une tache entre les antennes et le bord inférieur du sinus des yeux, jaunes. Mandibules jaunes, noirâtres sur les bords. Labre et épistome jaunes ; ce dernier échancré en avant. Antennes noires avec le scape jaune en dessous. Thorax noir avec le pronotum, une grosse tache sous l'insertion des ailes et deux autres sur le scutellum jaunes. Les côtés du pronotum sont un peu aigus. Ecaillettes jaunes avec une tache brune au milieu. Pattes avec les hanches et les trochanters noirs ; les hanches intermédiaires et postérieures tachées de jaune ; les cuisses, surtout les postérieures, noires presque jusqu'aux genoux ; ceux-ci rouges en dessus, jaunes en dessous ; tibias variés de jaune et de rouge ; tarses ferrugineux. Ailes un peu enfumées, jaunâtres à la base, stigma et nervures ferrugineux. Tous les segments abdominaux sont bordés de jaune, sauf le dernier ; la bordure du second est fortement élargie sur les côtés et, de même que celle du premier, un peu interrompue au milieu. Les segments ventraux sont plus ou moins légèrement bordés de jaune. ♂ Long. 20 m/m.

PATRIE : Scharud, dans la Perse boréale.

Cette espèce est aussi du groupe de l'*O. spinipes*. La grande taille de cet insecte suffirait à le séparer de toutes les autres espèces de ce groupe si son système de coloration ne venait aussi apporter d'autres facilités pour sa détermination.

Pterochilus hellenicus MOR. — Tête noire, avec une tache triangulaire jaune dans le sinus des yeux et une autre ovale derrière leur sommet. Epistome tronqué à l'extrémité avec les angles latéraux presque droits, noir avec une large bande jaune à la base. Mandibules ferrugineuses à l'extrémité, ornées d'une tache triangulaire jaune à la base; labre ferrugineux. Antennes noires, scape quelquefois rayé de jaune en avant. Thorax noir; pronotum, mesonotum, métapleures et côtés du scutellum tachés de jaune; postscutellum rayé de jaune, quelquefois d'une manière interrompue; écaillettes jaunes. Pattes jaunes, hanches, trochanters et la plus grande partie des cuisses noirs. Segments abdominaux 1 à 5 noirs bordés de jaune, le dernier entièrement jaune; segments ventraux 2 à 4 tachés latéralement de jaune. ♀ Long. 12 à 13 m/m.

PATRIE : Grèce, Syra, Rhodes.

Cette espèce se distinguera de *Pt. interruptus* par la couleur du dernier segment et de *Pt. phaleratus* par sa taille plus grande, sa languette plus courte, la forme différente de la cellule cubitale médiane dont, chez le *Pt. phaleratus*, la nervure externe est presque droite et à peu près interstitiale avec la deuxième nervure récurrente, ce qui n'a pas lieu chez *Pt. Hellenicus*, etc.

Pterochilus atrohirtus Mor. — Tête noire, velue de longs poils noirs; l'intervalle des antennes et une petite tache derrière les yeux sont jaunes. Mandibules noires avec l'extrémité brune; épistome un peu échancré; ses angles latéraux aigus. Antennes noires. Thorax noir; pronotum avec des taches latérales triangulaires. Ecaillettes brun noir. Pattes noires, extrémité des cuisses, tibias et tarses fauves. Segments abdominaux 1 à 4 bordés de couleur pâle, toutes ces bordures écourtées sur les côtés, la troisième et la quatrième largement interrompues; ventre noir, velu vers la base. ♀ Long. 10 m/m.

Le mâle a le scape rayé de jaune en avant; l'épistome jaune, les segments ventraux 2 à 6 densément ciliés. Long. 9 m/m.

PATRIE : Grèce, Syra.

Voisin de *Pt. phaleratus* dont le séparent l'absence de taches sur les mésopleures et les côtés du métathorax, la couleur des écaillettes, les poils noirs de la tête et du thorax, etc.

Pterochilus punctiventris Mor. — Tête jaune ou orangée; épistome un peu échancré, jaune; dents des mandibules noires;

antennes orangées avec les six derniers articles noirs, le quatrième taché de noir en dessus, le cinquième seulement rougeâtre à la base. Thorax jaune ou orangé ; mesonotum ferrugineux clair avec une tache transversale noire en avant du scutellum et une autre à sa base. Mésopleures bordées de noir en avant ; métathorax divisé en arrière par une ligne noire ; angles du pronotum arrondis. Ecaillettes testacées. Pattes fauves. Ailes enfumées à l'extrémité. Abdomen avec les deux premiers segments orangés, le premier légèrement bordé de jaune, le second avec une très large bordure semblable, orné d'une tache noire au milieu ; les troisième, quatrième et cinquième sont noirs, largement bordés de jaune ; le dernier est noir. Les deux premiers segments ventraux sont orangés, les suivants presque entièrement jaunes ; les segments 2 à 5 sont marqués de chaque côté d'une tache noire. ♀ Long. 15 m/m.

PATRIE : Perse boréale.

La coloration de cette belle espèce suffit à la distinguer facilement de toutes celles du même genre.

Pterochilus aberrans MOR. — Tête noire ; base des mandibules tachée de jaune ; épistome un peu échancré avec ses angles latéraux aigus, noir avec une bande basilaire trilobée, jaune. Bord inférieur du sinus des yeux, une tache carrée entre les antennes, et de grandes taches ovales derrière le sommet des yeux, jaunes ou orangées. Antennes noires avec le scape jaune en avant. Thorax noir ; pronotum presque entièrement jaune, ses angles antérieurs non saillants; mésopleures, scutellum et côtés du métathorax tachés de jaune ou d'orangé ; écaillettes jaunes. Pattes jaunes avec les hanches antérieures noirâtres. Ailes un peu enfumées. Segments abdominaux largement bordés de jaune ; les deux premiers ornés de chaque côté d'une tache irrégulière orangée se réunissant à la bordure ; le dernier est jaune en dessus. Du côté ventral, les segments 2 à 5 sont bordés de jaune ; le second a une bordure très large avec une teinte orangée en avant. ♀ Long. 13 m/m.

PATRIE : Adshikent (Transcaucasie).

Voisin de *Bembeciformis* à côté duquel il se placerait dans nos tableaux, mais dont le sépare suffisamment la couleur du scape, celles du pronotum et de l'abdomen.

Dans le même mémoire, l'auteur décrit encore un autre *Pterochilus* de Chine (*Pt. Eckloni*) et deux Odynères du même pays (*O.* (*Lionotus*) *Przewalskyi* et *atrofasciatus*).

Il nous indique aussi que c'est à tort que l'*Odynerus terricola* Moosary a été placé dans ce genre par cet auteur, vu que c'est un véritable *Pterochilus*, à cause de ses palpes labiaux de 3 articles dont le dernier forme une pointe très longue, en forme d'aiguille. Nous sommes heureux de pouvoir encore ici rectifier cette grosse erreur. Le *Pt. terricola* prendrait place dans nos tableaux au n° 15 à côté de l'*O. interruptus* Kl. Il se distinguerait facilement de celui-ci par son métathorax tout noir et la bordure très régulière de son premier segment abdominal.

Dans le même genre *Pterochilus*, j'ai à réparer ici une omission que j'ai commise en passant sous silence une espèce décrite par le Dr. Kriechbaumer, en 1869 (Hymenopterologische Beitræge. Verhandl. d. k. k zool. bot. Gesellsch. in. Wien. p. 599) C'est le *Pt. albopictus* qui s'encadrera dans nos tableaux de la manière suivante :

12	Ornements blancs ou blanchâtres	**12** bis
—	Ornements jaune vif	**13**
12 bis	Antennes enroulées **Chevrieranus** Sss. ♂	
—	Antennes droites. Tête et thorax noirs avec une pubescence grise ; base des mandibules, une tache derrière le sommet des yeux, blanchâtres. Pronotum marqué latéralement de blanc ; une tache de même couleur sous l'insertion des ailes antérieures, deux autres sur le scutellum, deux plus petites sur le postscutellum manquant quelquefois, côtés du métathorax, blancs jaunâtres. Ecaillettes blanches avec une tache rougeâtre vers la base. Pattes ferrugineux clair, hanches, trochanters et base des cuisses noirs. Segments 1 à 5 de l'abdomen bordés de blanc ; la bordure du premier segment échancrée	

en avant dans le milieu et élargie sur les côtés ; les bordures des segments 2 à 4 affectent la forme d'une accolade, enfin celle du cinquième est amincie de chaque côté. Segments ventraux noirs ; quelquefois le second porte une petite ligne blanche latéralement et sur le bord.

♀ Long. 4 à 5 1/2 m/m. **Albopictus** Kriechb.

Patrie : Syra (Grèce).

Les deux descriptions suivantes, omises dans le texte, devront être rétablies comme suit :

Page 680 :

3 Troisième segment abdominal jaune avec deux points bruns. **Stigma**, Saussure.

— Troisième segment ferrugineux ou noir. **3** *bis*.

3 *bis*. Troisième segment ferrugineux bordé de jaune. **Saussurei**, André.

= Troisième segment abdominal entièrement noir. Tête noire avec les mandibules jaune rougeâtre, sauf à la pointe et au bord travaillant, l'épistome jaune sale ou rouge, un point entre l'insertion des antennes et la bordure antérieure de l'orbite de même couleur. Derrière les yeux se voit une courte ligne rougeâtre ; antennes noires avec le scape, la base et le dessous du funicule ferrugineux. Thorax noir avec le pronotum, les écaillettes, une tache en haut des mésopleures, le scutellum, le postscutellum et une tache sur les côtés du métathorax ferrugineux. Ailes un peu enfumées avec un reflet légèrement violet. Pattes ferrugineuses avec les hanches noires et les tarses postérieurs quelquefois un peu assombris en dessus. Abdomen noir avec les deux premiers segments ferrugineux, le second orné de trois taches arrondies noires, l'une au milieu de la base, les deux autres en avant du bord postérieur. Long. 12mm. Env. 18mm. Le mâle a l'épistome très échancré.

Tripunctatus, Fabricius.

Patrie : Algérie.

Page 808 :

J'avais considéré d'abord le *Pterocheilus formosus* Friwaldsky comme une variété locale du *Pter. phaleratus* Pz. Mais un examen plus attentif des descriptions m'a amené à reconnaître cette espèce comme valable, et il faut la supprimer des synonymes de *phaleratus*. Elle s'en distingue par la couleur rouge bordée de jaune des deux premiers segments abdominaux, par le scape rouge rayé de noir en dessous ; les épaules, le scutellum, le postscutellum sont jaunes bordés de rouge ; les hanches antérieures sont rouges, les pattes mélangées de rouge et de jaune. Cette espèce, longue de 9 à 10mm, se rencontre en Hongrie.

ERRATA

ADDENDA ET CORRIGENDA

I. Fourmis

N.-B. — Je ne donne ici que les corrections les plus importantes et je ne parle pas des fautes typographiques insignifiantes que chacun peut facilement rectifier.

Page 9, ligne 27. — *Effacer la phrase suivante :* les ☿ et les ♀ de Stenamma ont chacune onze articles, le ♂ en a 13.

Page 14, ligne 19. — *Au lieu de :* l'ouverture anale, *lire :* l'ouverture du cloaque.

Page 18, ligne 26. — *Après :* en émettant, *ajoutez :* souvent.

Page 30, ligne 1. — Lorsque j'écrivais que la durée de la vie des ☿ et des ♀ de fourmis pouvait être évaluée à une année, j'ignorais les intéressantes expériences de sir John Lubbock qui a prouvé que ces insectes peuvent vivre bien plus longtemps. Dans l'édition française de son remarquable livre sur les Fourmis, les Abeilles et les Guêpes (1), il constate qu'il possède encore (mars 1883) dans ses fourmilières artificielles, deux femelles vivantes, capturées en 1874, et qui peut-être étaient nées plusieurs années auparavant. Sans tenir compte de cette dernière circonstance qui ne peut être vérifiée, ces femelles sont donc âgées d'au moins 8 ans, paraissent encore, dit Lubbock, en parfait état de santé et continuent toujours à pondre des œufs qui produisent des ouvrières.
Le même observateur a conservé aussi, depuis 1875, quelques neutres qui ne sont mortes qu'en février 1883.
Ces expériences, sans nous édifier sur la limite extrême de la longévité des fourmis, nous donnent déjà un minimum respectable et modifient complètement les idées reçues jusqu'à ce jour, en ouvrant de nouveaux horizons sur la question encore obscure de l'origine des fourmilières.

Page 34, ligne 24. — *Au lieu de :* Aphynogaster, *lisez :* Aphænogaster.

Page 62, ligne dernière. — *Au lieu de :* (1), *lisez :* (2).

Page 80, ligne 27. — *Ajoutez* : M. Rouget (lettre particulière du 30 avril 1882) me dit qu'il a observé plusieurs fois ces deux espèces associées dans des conditions telles que cette association constitue bien, à ses yeux, une fourmilière mixte.

Page 105, ligne 21. — *Supprimez le mot* : après.

Page 120, ligne 26. — *Au lieu de* : 1878, *lisez* : 1877.

Page 120, ligne 27. — *Au lieu de* : tome VIII, *lisez* : tome VII.

(1) Lubbock : *Fourmis, Abeilles et Guêpes*. Paris, 1883, 2 vol. in-8°, avec 13 planches et figures dans le texte.

Page 139, ligne 14. — *Ajoutez* : J'ai trouvé cette espèce à Toulon, au bord de la mer, où elle fait son nid en terre sans le surmonter d'aucun monticule, ce qui le rend assez difficile à découvrir.

Page 192, ligne 7. — *Au lieu de* : **5**, *lisez* : **4**.

Page 193, ligne 9. — *Au lieu de* : Latr., *lisez* : Ol.

Page 195, ligne 2. — *Au lieu de* : Fab., *lisez* : de Geer.

Page 197, ligne 20. — *Au lieu de* : Latr., *lisez* : Ol.

Page 198, ligne 22. — *Au lieu de* : Fab., *lisez* : de Geer.

Page 201, ligne 3. — id. id.

Page 201, ligne 22. — *Au lieu de* : Latr., lisez : Ol.

Page 252, ligne 13. — *Ajoutez à droite le chiffre de renvoi* : **2**, *tombé au tirage*.

Page 255, ligne 18. — *Ajoutez* : sauf le genre *Myrmecia* dont les nymphes s'entourent d'un cocon.

Cette raison et d'autres caractères anatomiques pourraient faire ranger les *Myrmeciidæ* dans la famille des *Poneridæ*, mais c'est une question que je ne veux pas traiter ici, puisque les insectes dont il s'agit sont tous exotiques.

Page 324, ligne 18. — *Ajoutez à gauche le chiffre* : **5**, *tombé au tirage*.

Page 324, ligne 27. — *Ajoutez à gauche le trait* : ——, *qui marque la seconde partie du Dichotome*.

Page 374, ligne 28. — *Au lieu de* : cursor, *lisez* : structor.

Ernest ANDRÉ.

II. Guêpes

Page 608. — *Au n° 7, supprimer* : antennes ♂ terminées par un crochet (fig. 1). — *Au n° 8, supprimer* : Antennes ♂ enroulées a leur extrémité (fig. 2).

Page 624, ligne 6. — *Au lieu de* : Arbustorum H. Sch., *lire* : Arbustorum Panzer.

Page 807, ligne 9. — *Au lieu de* : n° 8, *lire* : n° 9.

Page 809, ligne 4. — *Au lieu de* : extrémité noire, *lire* : extrémité rougeâtre.

Page 828, dernière ligne. — *Ajouter aux patries* : France.

Légende de la planche XLIV. — *Ajouter au n° 9* : (d'après de Saussure).

Légende de la planche XLVI. — *Ajouter aux figures 2 à 11.* : (d'après de Saussure)

TABLE GÉNÉRALE

par ordre alphabétique

DES

FAMILLES, TRIBUS, GENRES, ESPÈCES, VARIÉTÉS

ET DE LEURS SYNONYMES

Les noms adoptés sont en caractères ordinaires. Chacun d'eux est suivi de deux numéros; le premier se rapporte à la page du volume où se trouve la description de l'espèce ou de la variété; le dernier renvoie au catalogue synonymique.

Bien que la description de chaque sexe, en ce qui concerne les fourmis, soit séparée et figure souvent à une page différente de l'ouvrage, la table ne renvoie qu'à la première description (ordinairement celle de l'ouvrière); les autres se trouveront facilement à la suite.

Les synonymes sont en caractères italiques. Ils sont suivis du nom réel placé entre parenthèses, et c'est à ce dernier qu'il faudra recourir, en le cherchant à son rang alphabétique, si l'on veut se reporter à la description de l'espèce ou à sa citation dans le catalogue. Quand les synonymes en italiques ne sont suivis que d'un seul mot entre parenthèses, celui-ci est le nom adopté pour l'espèce, le genre restant le même; s'ils sont suivis de deux mots (générique et spécifique), c'est que le genre lui-même est changé.

Le signe S, indique que la page qui suit est dans le supplément.

TABLE MÉTHODIQUE

DES MATIÈRES CONTENUES DANS CE VOLUME

LES GUÊPES

DATES DE PUBLICATION

DES DIFFÉRENTES PARTIES DE CE VOLUME

La publication de ce volume ayant eu lieu par fascicules trimestriels, je crois utile de donner ici la date de distribution de ses différentes parties.

Pages		
Pages 1 à 48	octobre	1881
49 à 80	janvier	1882
81 à 152	avril	1882
153 à 232	juillet	1882
233 à 280	octobre	1882
281 à 344	janvier	1883
345 à 404	avril	1883
405 à 548	octobre	1883
549 à 628	janvier	1884
629 à 831	octobre	1884
832 à la fin, et Catalogue synonymique	juin	1886 (1)

(1) Le supplément aux Fourmis, pages 833 a 854, a été imprimé en octobre 1885, et le tirage à part a été distribué dans les premiers jours de novembre suivant. L'appendice aux Fourmis, pages 854 à 859, a également été tiré à part et distribué en janvier 1886.

CATALOGUE MÉTHODIQUE ET SYNONYMIQUE

DES HYMÉNOPTÈRES D'EUROPE (1)

---

7. — Les Fourmis

1re FAM. — FORMICIDÆ

1re Tribu. — Camponotidæ

G. I. — CAMPONOTUS, Mayr 1831 (143)

1 Herculeanus, Linné.

— Formica herculeana, *L.* ☿ 1720 (112).

— — rufa, *L.* ☿ 1721 (112).

— — herculeana, *Scop.* 1763 (205).

— — — *Schæffer.* 1769 (198).

— — — *Fab.* 1775 (45).

— — — *Schranck.* 1781 (204).

— — — *Fab.* 1781 (47).

— — — *Fab.* 1787 (48).

— — — *Rossi.* 1790 (190).

— — — *Ol.* 1791 (171).

— — — *Fab.* 1793 (49).

— — — *Latr.* ☿♂ 1798 (97).

— — castanea, *Latr.* 1802 (99).

— — herculeana, *Fab.* 1804 (51).

— — gigas, *Leach.* 1826 (103).

— — herculeana, *Lep.* 1836 (105).

— — castanea, *Lep.* 1836 (105).

— — intermedia. *Zett.* ☿ 1840 (237).

— — atra. *Zett.* ♂ 1840 (237),

— — herculeana, *Nyl.* ☿♀♂ 1846 (165).

— — — *Fœrst.* ☿♀♂ 1850 (55).

— — — *Schenck.* ☿♀♂ 1852 (199).

— — — *Mayr.* ☿♀♂ 1855 (139).

— — novæboracensis *Asa Fitsch* 1855 (53).

— — herculeana. *Nyl.* ☿♀♂ 1856 (170).

— — — *Meinert.* ☿♀♂ 1860 (160).

— Camponotus herculeanus. *Mayr.* ☿♀♂ 1861 (143).

— — — *Forel.* ☿♀♂ 1874 (60).

— — — *Forel.* ☿♀♂ 1879 (64).

2. Ligniperdus, Latreille.

— Formica ligniperda, *Latr.* ☿♀☿ 1802 (99).

— Fourmi Hercule, *Huber.* 1810 (86).

— Formica rufa *Wood.* 1821 (236).

— — ligniperda, *Nyl.* ♀ 1846 (165).

— — — *Nyl.* ☿♀♂ 1846 (166).

— — — *Fœrst.* ☿♀♂ 1850 (55).

— — — *Schenck.* ☿♀♂ 1852 (199).

— — — *Mayr.* ☿♀♂ 1855 (139).

— — — *Nyl.* ☿♀♂ 1856 (170).

— — — *Meinert.* ☿♀♂ 1860 (160).

— Camponotus ligniperdus, *Mayr.* ☿♀♂ 1861 (143).

— — herculeanus r. ligniperdus, *Forel.* ☿♀♂. 1874 (60).

— Camponotus herculeanus r. ligniperdus, *Forel.* ☿♀ 1879 (64).

Var. Herculeano-ligniperdus, Forel.

— Camponotus herculeanus r. herculeano-ligniperdus, *Forel.* 1874 (60).

(1) Pour abréger, je remplace, dans ce catalogue, les citations d'ouvrages par un simple numéro de concordance placé entre parenthèses et renvoyant à la bibliographie publiée dans le corps du volume.

3 Pennsylvanicus, De Géer.

—Formica Pennsylvanica, *de Géer.* ☿♀♂ 1778 (15).
— — — *Ol.* 1791 (171).
— — ferruginea, *Fab.* 1798 (50).
— — Pennsylvanica, *Lep.* 1836 (105).
— — semipunctata, *Kirby.* 1837 (92).
— — Caryæ, *Asa Fitsch.* 1855 (53).
—Camponotus Pennsylvanicus, *Mayr.* ☿♀♂ 1862 (144).
—Formica Pennsylvanica, *Buckley.* ☿♀ 1866 (8).
—Camponotus herculeanus r. Pennsylvanicus, *Forel,* ☿♀♂ 1879 (64).

Var. Herculeano-Pennsylvanicus, Forel.

—Camponotus herculeanus r. herculeano-Pennsylvanicus, *Forel.* 1879 (64).

4 Pubescens, Fabricius.

—La grande fourmi à ailes a moitié brunes. *Geoff.* 1762 (71).
—Formica pubescens, *Fab.* ☿ 1775 (45).
— — vaga, *Schranck.* 1781 (204).
— — pubescens, *Fab.* 1781 (47).
— — — *Fab.* 1787 (48).
— — fuscoptera, *Ol.* 1791 (171).
— — pubescens, *Fab.* 1793 (49).
— — — *Latr.* ☿♀♂ 1798 (97).
— — — *Latr.* ☿♀♂ 1802 (99).
— — — *Fab* 1804 (51).
—Fourmi éthiopienne, *Huber.* 1810 (86).
—Formica pubescens, *Lep* 1836 (105)
— — — *Nyl.* ☿ 1846 (165).
— — — *Mayr.* ☿♀♂ 1855 (139).
— — — *Nyl.* ☿♀♂ 1856 (170).
—Camponotus pubescens, *Mayr.* ☿♀♂ 1861 (143).
— — — *Forel.* ☿♀♂ 1874 (60).
— — herculeanus r. pubescens, *Forel.* ☿♀ 1879 (64).

5 Micans, Nylander.

—Formica pubescens, *Brullé.* 1839 (7).
— — micans, *Nyl.* ☿ 1856 (170).
— — — *Roger.* ☿ 1859 (182).
—Camponotus micans, *Mayr.* ☿♀ 1861 (143).
— — — *Mayr.* ☿ 1862 (144).
— — flavo-marginatus, *Mayr.* ☿ 1862 (144).

6 Cruentatus, Latreille.

—Formica cruentata, *Latr.* ☿ 1802 (99).
— — opaca, *Nyl.* ☿ 1856 (170).
— — cruentata, *Roger.* ♀ 1859 (182).
—Camponotus cruentatus, *Mayr* ☿ 1861 (143).
— — — *Roger.* ♀♂ 1862 (186).

7 Sylvaticus, Olivier.

—Formica sylvatica *Ol.* ♀ 1791 (171).
— — — *Latr.* ☿ 1798 (97).
— — — *Latr.* ♀ 1802 (99).
— — castaneipes, *Leach.* 1826 (103).
— — pallens, *Nyl.* ☿ 1848 (167).
— — marginata, *Mayr.* ♂ 1855 (139).
— — — *Nyl.* ☿♀♂ 1856 (170).
— — — *Roger.* ☿♀ 1859 (182).
—Camponotus sylvaticus, *Roger.* 1862 (187).
— — — *Forel.* ☿♀♂ 1874 (60).
— — — *Forel.* ☿♀♂ 1879 (64).

Var. Turkestanus, André.

—Camponotus sylvaticus, var. *a. Mayr.* 1877 (156).

Var. dichrous, Forel.

—Camponotus maculatus var. dichrous. *Forel,* ☿ 1879 (64).

Var. maculatus, Fabricius.

—Formica maculata, *Fab.* ♀ 1787 (48).
— — — *Ol.* 1791 (171).
— — — *Fab.* 1793 (49).
— — — *Latr.* ☿ 1802 (99).
— — thoracica, *Fab.* ♀ 1804 (51),
— — maculata, *Fab.* 1804 (51).
— — — *Lep.* 1836 (105).
— — — *Smith.* ☿ 1858 (217),
—Camponotus maculatus, *Mayr.* ☿♀♂ 1862 (144).
— — sylvaticus var. *c. Mayr.* 1877 (156).
— — — r. maculatus. *Forel.* ☿♀ 1879 (64).

Var. sylvatico-maculatus, Forel.

—Camponotus sylvaticus. r. sylvatico-maculatus, *Forel.* 1879 (64).

Var. variegatus, Smith.

—Formica variegata, *Sm.* ♀ 1858 (217).
—Camponotus variegatus, *Mayr* ☿ 1862 (144)
— — sylvaticus var. *b. Mayr* 1877 (156).
— — maculatus var. variegatus, *Forel* ☿ 1879 (64).

Var. cognatus, Smith.

—Formica carinata, *Brullé.* ☿ ? 1839 (7).
— — cognata, *Sm.* ☿ 1858 (217).
—Camponotus maculatus var. cognatus. *Mayr* ♀♂. 1862 (144).
—Camponotus sylvaticus var. *e. Mayr.* 1877 (156).
— — — r. cognatus, *Forel.* ☿♀ 1879 (64).

Var. maculato-cognatus, Forel.

—Camponotus sylvaticus var. *d. Mayr.* 1877 (156).

—Camponotus sylvaticus r. maculato-cognatus. *Forel.* 1879 (64).

Var. æthiops, Latreille.

—Formica æthiops. *Latr.* ☿♀♂ 1798 (97).
— — — *Latr.* ☿♀♂ 1802 (99).
— — — *Lep.* 1836 (105).
— — nigrata. *Nyl.* ☿♀♂ 1818 (167).
— — æthiops, *Mayr.* ☿ 1855 (139).
— — — *Nyl.* ☿♀♂ 1856 (170).
—Camponotus æthiops. *Mayr.* ☿♀♂ 1861 (143).
— — sylvaticus r. æthiops, *Forel.* ☿♀♂ 1874 (60).
— — — var. *g. Mayr.* 1877 (156).
— — — r. æthiops, *Forel.* ☿♀ 1879 (64).

Var. sylvatico-æthiops, Forel.

—Formica marginata. *Latr.* ☿ nec ♀ 1802 (99).
—Camponotus marginatus. *Mayr.* ☿♀♂ 1861 (143).
— — sylvaticus r. sylvatico-æthiops. *Forel.* ☿♀♂ 1874 (60).
—Camponotus sylvaticus var. *f. Mayr.* 1877 (156).

Var. pilicornis, Roger.

—Formica marginata var. pilicornis. *Roger.* 1859 (182).

Var. Fedtschenkoi, Mayr.

—Camponotus Fedtschenkoi, *Mayr.* ☿♀♂ 1877 (156).
— — sylvaticus r. Fedtschenkoi. *Forel.* ☿ 1879 (64).
— — — var — *André.* ☿ 1881 (4).

8 Compressus, Fabricius.

—Formica compressa, *Fab.* ☿ 1787 (48).
— — — *Ol.* 1791 (171).
— — — *Fab.* 1793 (49).
— — — *Latr.* ☿ 1802 (99).
— — — *Fab.* 1804 (51).
— — indefessa, *Sykes.* ☿ 1831 (228).
— — compressa, *Lep.* 1836 (105).
— — — *Jerdon.* 1851*
(*Madras journal.*)
—Formica callida, *Smith.* ☿ ? 1858 (217).
— — compressa, *Sm.* ☿ 1861 (220).
—Camponotus compressus, *Roger* 1863 (189).

9 Marginatus, Latreille.

—Formica marginata, *Latr* ♀ nec ☿ 1798 (97).
— — — *Latr.* ♀ nec ☿ 1802 (99).
— — — *Mayr.* ♀ 1855 (139).
— — fallax, *Nyl.* ☿ 1856 (170).
— — — *Roger.* ♂ 1859 (182).
—Camponotus fallax, *Mayr.* ☿♀♂ 1861 (143).
— — marginatus, *Roger* 1862 (187).
— — — *Forel* ☿♀♂ 1874 (60).
— — vitiosus, *Sm.* 1874
(*Trans. ent. soc. Lond.*)
—Camponotus marginatus, *Mayr* 1877 (156).
— — — *Forel.* ☿♀ 1879 (64).

10 Foreli, Emery.

—Camponotus Foreli, *Em.* ☿ 1881 (41).

11 Gestroi, Emery.

—Camponotus Gestroi, *Em.* ☿ 1878 (37).
— — Sichelii, *Forel* nec *Mayr.* 1879 (64).
— — Gestroi, *Em.* ☿ 1881 (41).

12 Sicheli, Mayr.

—Camponotus Sicheli, *Mayr.* ☿ 1866 (149).
— — — *Em.* ☿ 1881 (41).

13 Interjectus, Mayr.

—Camponotus interjectus, *Mayr.* ☿♀ 1877 (156).

14 Lateralis, Olivier.

—Formica lateralis, *Ol.* ♀ 1791 (191).
— — — *Latr.* ♀ 1798 (97).
— — bicolor, *Latr.* ☿ 1798 (97).
— — melanogaster, *Latr.* ☿ 1802 (99).
— — lateralis, *Latr.* ♀ 1802 (99).
— — axillaris, *Spin.* ☿ 1808 (225).
— — picea, *Leach.* ☿♀♂ 1826 (103).
— — gagates, *Los.* ☿ 1834 (115).
— — lateralis, *Lep.* 1836 (105).
— — pallidinervis, *Brul.* ♂ ? 1836 (16).
— — atricolor, *Nyl.* ☿ 1848 (167).
— — lateralis, *Mayr.* ☿♀♂ 1853 (135).
— — — *Mayr.* ☿♀♂ 1855 (139).
— — — *Nyl.* ☿♀♂ 1856 (170).
—Camponotus — *Mayr.* ☿♀♂ 1861 (143).
— — — *Forel.* ☿♀♂ 1874 (60).

Var. foveolatus, Mayr.

—Formica foveolata, *Mayr.* ☿♀♂ 1853 (136).
—Camponotus ebeninus, *Em.* ☿♂ 1869 (29).
— — lateralis var. foveolatus, *Forel* 1874 (60).
— — — *André.* ☿ 1881 (4).

Var. dalmaticus, Nylander.

—Formica dalmatica, *Nyl.* ☿ 1848 (167).
—Camponotus lateralis var. dalmaticus, *Forel* 1874 (60).

15 Robustus, Roger.

—Camponotus robustus, *Roger.* ☿ 1863 (188).

16 Libanicus, ANDRÉ.

—Camponotus libanicus, *André*. ☿ 1881(4).

17 Kiesenwetteri, ROGER.

—Hypoclinea Kiesenwetteri, *Roger*. ☿ nec ♂ 1859(182).
—Camponotus — *Mayr*. ☿ 1861(143).
— — — *Forel*. ☿ 1874(61).

18 Sericeus, FABRICIUS.

—Formica sericea, *Fab*. ☿ 1798(50).
— — — *Latr*. ☿ 1802(99).
— — aurulenta, *Latr*. ☿ 1802(99).
—Lasius sericeus, *Fab*. ☿ 1804(51).
—Formica sericea, *Lep*. 1833(105).
— — obtusa, *Sm*. ☿ 1858(217).
—Camponotus sericeus, *Mayr*. ☿♀ 1862(144).
— — — *Mayr*. ☿ 1866(150).

G. 2. — COLOBOPSIS, MAYR 1861(143).

1 Truncata, SPINOLA.

—Formica truncata, *Spin*. ♃♀ 1808(225)
— — fuscipes, *Mayr*. ☿ 1853(136).
— — — *Mayr*. ☿ 1855(139).
— — truncata, *Mayr*. ♃♀ 1855(139).
— — fuscipes, *Nyl*. ☿ 1856(170).
— — truncata, *Nyl*. ♃♀ 1856(170).
—Colobopsis — *Mayr*. ♃♀ 1861(143).
— — fuscipes, *Mayr*. ☿ 1861(143).
— — truncata, *Em*. ☿♃♀♂ 1869(29).
— — — *Forel*. ☿♃♀♂ 1874(60).

G. 3. — POLYERGUS, LATREILLE. 1804(100).

1 Rufescens, LATREILLE.

—Formica rufescens, *Latr*. ☿♀ 1798(97).
— — — *Latr*. ☿♀ 1802(99).
—Polyergus — *Latr*. 1804(100).
—Formica testacea, *Fab*. ☿ 1804(51).
—Fourmi amazone, *Huber*. 1810(86).
— — légionnaire, *Huber*. 1810(86).
— — roussâtre, *Huber*. 1810(86).
—Formica rubescens, *Leach*. ☿♀♂ 1826(103).
—Polyergus rufescens, *Lep*. 1836(105).
— — — *Schenck*. ☿♀♂ 1852(199).
— — — *Mayr*. ☿♀♂ 1855(139).
— — — *Nyl*. ☿ 1856(170).
— — — *Mayr*. ☿♀♂ 1861(143).
— — — *Forel*. ☿♀♂ 1874(60).

G. 4. — MYRMECOCYSTUS, WESMAEL. 1838(233).

1 Viaticus, FABRICIUS.

—Formica viatica, *Fab*. ☿ 1787(48).
—Formica viatica, *Ol*. 1791(171
— — bicolor, *Fab*. ♂ 1793(49
— — viatica, *Fab*. 1793(49
— — bicolor, *Latr*. ♂ 1802(99
— — viatica, *Latr*. ☿ 1802(99
— — bicolor. *Fab*. 1804(51
— — viatica, *Fab*. 1804(51
— — nodus, *Brullé*. ♂ 1836(6
—Monocombus viaticus, *Mayr*. ☿ 1855(139
—Formica viatica, *Nyl*. ☿♀♂ 1856(170
—Cataglyphis viaticus, *Mayr*. ☿♀♂ 1861(143
—Formica Savignyi, *Duf*. 1826(27
—Myrmecocystus viaticus, *Em*. et *Fore* 1879(42
— — — *Em*. ☿ 1880(39
— — — *André*. ☿ 1881(4

Var. megalocola, FŒRSTER.

—Formica megalocola, *Fœrst*. ☿ 1850(5
—Cataglyphis Fairmairei, *Fœrst*. ♂ 1850(5
—Myrmecocystus viaticus var. megalocol *Em*. et *Forel*. 1879(42
—Myrmecocystus viaticus var. megalocola, *E* 1880(3

Var. niger, ANDRÉ.

—Myrmecocystus viaticus var. niger, *Andr* 1881(4

2 Altisquamis, ANDRÉ.

—Myrmecocystus altisquamis, *André*. 1881(4

3 Albicans, ROGER.

—Formica albicans, *Roger*. ☿ 1859(18
—Cataglyphis — *Roger*. 1863(18
— — — *Mayr*. 1877(150
—Myrmecocystus viaticus r. albicans. *Em*. *Forel*. 1879(42
— — albicans, *Em*. ☿ 1880(3
— — — *André*. ☿♂ 1881(4
— — viaticus, r. albicans *Em*. 1881(41

Var. viaticoides, ANDRÉ.

—Cataglyphis albicans var. *Mayr* ☿ 1870(154
—Myrmecocystus viaticus var. *Em*. 1880(39
— — albicans var. viaticoide *André*. ☿ 1881(4

Var. lividus, ANDRÉ.

—Cataglyphis pallida, *Em*. nec. *Ma* 1877(35
—Myrmecocystus albicans var. lividus. *André*. ☿ 1881(4

4 Pallidus, Mayr.

—Cataglyphis pallida, *Mayr.* ☿♂ 1877(156).

5 Bombycinus, Roger.

—Formica bombycina, *Roger.* ☿♃♀♂ 1859(182).
—Cataglyphis bombycinus, *Roger.* 1863(189),
— — argentata, *Rad.* 1875(177).

6 Cursor, Fonscolombe.

—Formica cursor, *Fonsc.* ☿♀♂ 1846(57).
— — ænescens, *Nyl.* ☿♀♂ 1848(167).
— — cursor, *Nyl.* ☿♂ 1856(170).
—Tapinoma ænescens, *Smith.* 1858(217).
—Cataglyphis cursor, *Mayr.* ☿♀♂ 1861(143).
— — — *Mayr.* ☿ var. 1877(156).
—Myrmecocystus cursor. *Em. et F.* 1879(42).

Var. frigidus, André.

—Myrmecocystus cursor var. frigidus. *And.* ☿ 1881(4).

G. 5. — FORMICA, Linné. 1720(112).

1 Aberrans, Mayr.

—Formica aberrans, *Mayr.* ☿ 1877(156).

2 Rufa, Linné.

—Formica rufa, *L.* ♀♂ 1721(112).
—The Hill. Ant. *Gould.* 1747(76).
—Formica rufa, *Scop.* 1763(205).
— — *Fab.* 1775(45).
— — *Schranck.* 1781(204).
— — *Fab* 1781(47).
— — *Fab.* 1787(48).
— — *Rossi.* 1790(190).
— — *Ol.* 1791(171).
— — *Fab.* 1793(49).
— — *Latr.* ☿♀♂ 1798(97).
— — dorsata, *Panz.* ♀ 1798(122).
— — rufa, *Latr.* ☿♀♂ 1802(99).
— — *Fab.* 1804(51).
—Lasius emarginatus, *Fab.* ♂ 1804(51).
—Fourmi fauve dos rouge, *Huber.* 1810(86).
—Formica rufa, *Lep.* 1836(105).
— — obsoleta, *Zett.* ☿♀ 1840(237).
— — lugubris, *Zett.* ♂ 1840(237).
— — rufa, *Nyl.* ☿♀♂ 1846(165).
— — major, *Nyl.* 1848(167).
— — rufa, *Fœrst.* ☿♀♂ 1850(55).
— — polyctena, *Fœrst.* ☿♀♂ 1850(55).
— — truncicola. *Fœrst.* ☿ 1850(55).
— — rufa, *Schenck,* ☿♀♂ 1852(199).
— — polyctena, *Schenck* ☿♀♂ 1852(199).
— — piniphila, *Schenck.* ☿♀♂ 1852(199).
— — rufa. *Smith.* ☿♀♂ 1854(213).
— — — *Mayr.* ☿♀♂ 1855(139).
— — — *Nyl.* ☿♀♂ 1856(170).
— — apicalis, *Sm.* 1858(217).
— — rufa, *Meinert.* ☿♀♂ 1860(160).
— — — *Mayr.* ☿♀♂ 1861(143).
— — — *Forel.* ☿♀♂ 1874(60).
— — — *Saunders.* ☿♀♂ 1880(195).

3 Pratensis, De Géer.

—Formica pratensis, *de Géer.* ☿ 1778(15).
—Fourmi fauve dos noir, *Huber.* 1810(86).
—Formica congerens, *Nyl.* ☿ 1846(165),
— — *Nyl.* ♂ 1848(167).
— — *Fœrst.* ☿♀♂ 1850(55).
— — *Schenck.* ☿♀♂ 1852(199).
— — *Mayr.* ☿♀♂ 1855(139).
— — *Nyl.* ☿♀♂ 1856(170).
— — *Sm.* ☿♀♂ 1858(215).
— — *Mayr.* ☿♀♂ 1861(143).
— — pratensis. *Roger.* 1863(189).
— — rufa r. pratensis, *Forel.* ☿♀♂ 1874(60).
— — congerens Saunders. ☿♀♂ 1880(195).

Var. rufo-pratensis, Forel.

—Formica rufa r. rufo-pratensis, *Forel.* ☿♀ 1874(60).

Var. truncicolo-pratensis, Forel.

—Formica rufa r. truncicolo-pratensis, *Forel* ☿♀ 1874(60)

4 Truncicola, Nylander.

—Formica obsoleta, *L.* ? 1761(112).
— — truncorum, *Fab.* ? ☿ 1804(51).
— — truncicola, *Nyl.* ☿♀ 1846(165).
— — *Nyl.* ♂ 1848(167).
— — *Fœrst.* ☿♀ nec ☿ 1850(55).
— — *Schenck.* ☿♀♂ 1852(199).
— — *Mayr.* ☿♀♂ 1855(139).
— — *Meinert.* ☿♀♂ 1860(160).
— — *Mayr.* ☿♀♂ 1861(143).
— — rufa r. truncicola, *Forel.* ☿♀♂ 1874(60).

5 Exsecta. Nylander.

—Formica exsecta, *Nyl.* ☿♀♂ 1846(165).
— — *Fœrst.* ☿♀♂ 1850(55).
— — *Schenck* ☿♀♂ 1852(199).
— — *Mayr.* ☿♀♂ 1855(139).
— — *Nyl.* ☿♀♂ 1856(170).
— — *Meinert.* ☿♀♂ 1860(160).

—Formica exsecta, *Mayr.* ☿♀♂ 1861(143).
— — *Forel.* ☿♀♂ 1874(60).
— — *Saunders.* ☿♀♂ 1880(194).

Var. rubens, Forel.

—Formica exsecta var. rubens, *Forel.* ☿ 1874(60).

6 Pressilabris, Nylander.

—Formica pressilabris, *Nyl.* ☿♀♂ 1846(165).
— — *Mayr.* ☿♀♂ 1855(139).
— — *Meinert.* ☿♀♂ 1860(160).
— — *Mayr.* ☿♀♂ 1861(143).
— — exsecta r. pressilabris, *Forel.* ☿♀♂ 1874(60).

Var. exsecto-pressilabris, Forel.

—Formica exsecta r. exsecto-pressilabris. *Forel.* ☿♀♂ 1874(60).

7 Sanguinea, Latreille.

—Formica sanguinea, *Latr.* ☿ 1798(97).
— — *Latr.* ☿ 1802(99).
—Fourmi sanguine, *Huber.* 1810(86).
—Formica sanguinea, *Lep.* 1836(165).
— — dominula, *Nyl.* ☿♀♂ 1846(105).
— — sanguinea, *Fœrst.* ☿ 1850(55).
— — — *Schenck.* ☿♀♂ 1852(199).
— — — *Smith.* ☿♀♂ 1854(213).
— — — *Mayr.* ☿♀♂ 1855(139).
— — — *Nyl.* ☿♀♂ 1856(170).
— — — *Meinert.* ☿♀♂ 1860(160).
— — — *Mayr.* ☿♀♂ 1861(143).
— — — *Forel.* ☿♀♂ 1874(60).
— — — *Saunders.* ☿♀♂ 1880(195).

8 Fusca, Linné.

—Formica fusca, *L.* 1722(112).
—La fourmi toute brune, *Geoff.* 1762(71).
— — noire à antennes et pattes jaunes, *Geoff.* ? 1762(71).
—Formica libera, *Scop.* ? 1763(205).
— — fusca, *Schæffer,* 1769(198).
— — — *Schranck.* 1781(204).
— — — *Fab.* 1781(47).
— — — *Fab.* 1787(48).
— — barbara *Razoumowky* ☿ ? 1789(179).
— — flavipes, *Ol.* 1791(171).
— — fusca, *Fab.* 1793(49).
— — — *Latr.* ☿♀♂ 1798(97).
— — — *Latr.* ☿♀♂ 1802(99).
— — — *Fab.* 1804(51).
—Fourmi noir-cendrée, *Huber.* 1810(86).
—Formica fusca, *Lep.* 1836(105).
— — glebaria, *Nyl.* ☿♀ 1846(165).
— — fusca, *Nyl.* ♀♂ 1846(165).
— — — *Nyl.* ☿ 1848(167).
— — glebaria, *Fœrst.* ☿♀♂ 1850(55).
— — fusca, *Schenck.* ☿♀♂ 1852(199).
— — — *Smith.* ☿♀♂ 1854(213).
— — — *Mayr.* ☿♀♂ 1855(139).
— — — *Nyl.* ☿♀♂ 1856(170).
— — — *Meinert.* ☿♀♂ 1860(160).
— — — *Mayr.* ☿♀♂ 1861(143).
—Fourmi noir-cendrée, *Ebrard.* 1861(27).
—Formica fusca, *Forel.* ☿♀♂ 1874(60).
— — — *Saunders,* ☿♀♂ 1880(195).

9 Gagates, Latreille.

—Formica gagates, *Latr.* ☿♀ 1798(97).
— — — *Latr.* ☿♀ 1802(99).
— — — *Lep.* 1836(105).
— — picea, *Nyl.* ☿ 1846(165).
— — — *Fœrst.* ☿ 1850(55).
— — gagates, *Mayr.* ☿♀♂ 1855(139).
— — — *Nyl.* ☿♀♂ 1856(170).
— — — *Meinert.* ☿♀♂ 1860(160).
— — — *Mayr.* ☿♀♂ 1861(143).
— — fusca r. gagates, *Forel.* ☿♀♂ 1874(60).
— — gagates, *Saunders,* ☿ 1880(195).

Var. fusco-gagates, Forel.

—Formica fusca r. fusco-gagates, *Forel.* ☿ 1874(60).

10 Cinerea, Mayr.

—Formica cinerea, *Mayr,* ☿♀ 1853(136).
— — *Mayr.* ☿♀♂ 1855(139).
— — *Nyl.* ☿♀♂ 1856(170).
— — *Meinert.* ☿♀♂ 1860(160).
— — fusca r. cinerea, *Forel.* ☿♀♂ 1874(60).

Var. fusco-cinerea, Forel.

—Formica fusca r. fusco-cinerea, *Forel.* ☿ 1874(60).

11 Rufibarbis, Fabricius.

—La fourmi brune à corcelet fauve, *Geoff.* 1762(71).
—Formica pratensis, *Ol.* nec *de Géer* 1791(171).
— — rufibarbis, *Fab.* ☿ 1793(49).
— — obsoleta, *Latr.* ☿♀♂ 1798(97).
— — cunicularia, *Latr.* ☿♀♂ 1798(97).
— — — *Latr.* ☿♀♂ 1802(99).
— — rufibarbis, *Fab.* 1804(51).
— — obsoleta. *Fab.* 1804(51).
—Fourmi mineuse, *Huber.* 1810(86).

—Formica nicæensis, *Leach*. ☿♀♂ 1826(103).
— — rufa, *Los.* 1834(115).
— — cunicularia, *Lep.* 1836(105).
— — — *Nyl.* ☿♀♂ 1846(165).
— — — *Foerst.* ☿♀♂. 1850(55).
— — stenoptera, *Foerst.* ☿♀ 1850(55)
— — cunicularia, *Schenck.* ☿♀♂ 1852(199).
— — — *Smith.* ☿♀♂ 1854(213).
— — — *Mayr* ☿♀♂ 1855(139).
— — — *Nyland.* ☿♀♂ 1856(170).
— — — *Meinert.* ☿♀♂ 1860(160).
— — — *Mayr.* ☿♀♂ 1861(143).
—Fourmi mineuse, *Ebrard.* 1861(27).
—Formica fusca r. rufibarbis, *Forel.* ☿♀♂ 1874(60).
— — cunicularia, *Saunders.* ☿♀♂ 1880(195).

Var. fusco-rufibarbis, Forel.

—Formica fusca r. fusco-rufibarbis, *Forel.* ☿ 1874(60).

Var. cinereo-rufibarbis, Forel.

—Formica fusca r. cinereo-rufibarbis, *Forel.* ☿ 1874(60)

12 Subrufa, Roger.

—Formica subrufa, *Roger.* ☿ 1859(182).
— — *Mayr.* ☿ 1861(143).
— — cinerea var, *Mayr.* ☿ 1877(156).

13 Nasuta, Nylander.

—Formica nasuta, *Nyl.* ☿ 1856(170).
— — ærea, *Roger,* ☿ 1859(182).
— — — *Roger.* ☿ 1861(184).
—Myrmecocystus nasutus, *Em.* et *Forel.* 1879(42).
— — — *Em.* ☿ 1880(39).

G. 6, LASIUS, Fabricius 1804(51)

1 Fuliginosus, Latreille.

—The jet Ant., *Gould.* 1747(76).
—Formica fuliginosa, *Latr.* ☿♀♂ 1798(97).
— — — *Latr* ☿♀♂ 1802(99).
—Fourmi fuligineuse, *Huber.* 1810(86).
—Formica fuliginosa, *Lep.* 1836(105).
— — capsincola, *Schilling?* 1838(203).
—Formica fuliginosa, *Nyl,* ☿♀♂ 1846(165).
— — — *Foerst.* ☿♀♂ 1850(55).
— — — *Schenck* ☿♀♂ 1852(199).
— — — *Smith.* ☿♀♂ 1854(213).
— — — *Mayr.* ☿♀♂ 1855(139).
— — — *Nyl.* ☿♀♂ 1856(170).
— — — *Meinert.* ☿♀♂ 1860(160).
—Lasius fuliginosus, *Mayr.* ☿♀♂ 1861(143).
— — — *Forel.* ☿♀♂ 1874(60).
— — — *Saund.* ☿♀♂ 1880(195).

2 Niger, Linné.

—Formica nigra, *L.* 1723(112).
—The small black Ant. *Gould.* 1747(76).
—La fourmi toute noire, *Geoff.* 1762(71).
— — brune à pattes fauves? *Geoff.* 1762(71).
—Formica nigra, *Scop.* 1763(205).
— — — *Schæffer* 1769(198).
— — — *Fab.* 1775(45).
— — — *Schranck.* 1781(204).
— — — *Fab.* 1781(47).
— — — *Fab.* 1787(48).
— — — *Rossi.* 1790(190).
— — — *Ol.* 1791(171).
— — — *Fab.* 1793(49).
— — — *Latr.* ☿♀♂ 1798(97).
— — — *Latr.* ☿♀♂ 1802(99).
—Lasius niger, *Fab.* 1804(51).
—Fourmi brune, *Huber.* 1810(86).
—Formica nigra, *Lep.* 1836(105).
— — fusca, *Schilling.* 1838(203).
— — nigra, *Nyl.* ☿♀♂ 1846(165).
— — fusca, *Foerst.* 1850(55).
— — nigra, *Schenck.* ☿♀♂ 1852(199).
— — pallescens, *Schenck.* ♀♂ 1852(199).
— — nigra, *Smith.* ☿♀♂ 1854(213).
— — — *Mayr.* ☿♀♂ 1855(139).
— — — *Nyl.* ☿♀♂ 1856(170).
— — — *Meinert.* ☿♀♂ 1860(160).
—Lasius niger, *Mayr.* ☿♀♂ 1861(143).
— — — *Forel.* ☿♀♂ 1874(60).
— — — *Saunders.* ☿♀♂ 1880(195).

Var. alieno-niger, Forel.

—Lasius niger r. alieno-niger, *Forel.* ☿♀ 1874(60).

3 Alienus, Foerster.

—Formica aliena, *Foerst.* ☿♀♂ 1850(55).
— — — *Schenck.* ☿♀♂ 1852(199).
— — — *Mayr.* ☿♀♂ 1855(139).
— — — *Nyl.* ☿♀♂ 1856(170).
—Lasius alienus, *Mayr.* ☿♀♂ 1861(143).
— — niger r. alienus, *Forel* ☿♀♂ 1874(60).
— — alienus, *Saunders.* ☿♀♂ 1880(195).

4 Brunneus, Latreille.

—Formica brunnea, *Latr.* ☿♀ 1798(97).
— — — *Latr.* ☿♀ 1802(99).
— — timida, *Foerst*, ☿ 1855(55).
— — — *Schenck*, ☿♀♂ 1852(199).
— — — *Mayr*. ☿♀♂ 1855(139).
— — brunnea, *Nyl.* ☿♀♂ 1856(170).
— — — *Smith.* ☿♀♂ 1858(215).
—Lasius brunneus. *Mayr* ☿♀♂ 1861(143).
— — niger r. brunneus, *Forel* ☿♀♂ 1874(60).

Var. alieno-brunneus, Forel.

—Prenolepis lasioides, *Em.* ☿♀♂ 1869(29).
— — fuscula, *Em.* ☿ 1869(29).
—Lasius fumatus, *Em.* 1869(29).
— — fusculus, *Em.* 1869(29).
— — niger r. alieno-brunneus, *Forel.* 1874(60).
— — — r. fumatus, *Em.* et *Forel.* 1879(42).

5 Emarginatus, Olivier.

—Formica emarginata, *Ol.* ☿ 1791(171).
— — — *Latr.* ☿♀♂ 1798(97).
— — — *Latr.* ☿♀♂ 1802(99).
—Lasius emarginatus, *Fab.* 1804(51).
—Formica emarginata, *Lep.* 1836(105).
— — — *Mayr.* ☿♀♂ 1855(139).
— — brunnea, *Mayr.* ☿♀♂ 1855(139).
— — emarginata, *Nyl.* ☿♀♂ 1856(170).
—Lasius emarginatus. *Mayr.* ☿♀♂ 1861(143).
— — niger r. nigro-emarginatus, *Forel.* ☿♀♂ 1874(60).

Var. nigro-emarginatus, Forel.

—Lasius niger r. nigro-emarginatus. *Forel.* ☿♀ 1874(60).

6 Flavus, de Geer.

—The common yellow Ant. *Gould.* 1747(76).
—Formica flava, *de Geer.* 1778(15).
— — — *Fab.* 1781(47).
— — — *Fab.* 1787(48).
— — — *Ol.* 1791(171).
— — — *Fab.* 1793(49).
— — — *Latr.* ☿♀♂ 1798(97).
— — — *Latr.* ☿♀♂ 1802(99).
— — — *Fab.* 1804(51).
—Formica ruficornis, *Fab.* ☿ 1804(51).
—Fourmi jaune, *Huber.* 1810(86).
—Formica flava, *Lep.* 1836(105).
— — — *Nyl.* ☿♀♂. 1846(165).
— — — *Foerst.* ☿♀♂ 1850(55).
— — — *Schenck.* ☿♀♂ 1852(199).
— — — *Smith.* ☿♀♂ 1854(213).
— — — *Mayr.* ☿♀♂ 1855(139).
— — — *Nyl.* ☿♀♂ 1856(170).
— — — *Meinert.* ☿♀♂ 1860(160).
—Lasius flavus, *Mayr.* ☿♀♂ 1861(143).
—Fourmi mineuse jaune, *Ebrard.* 1861(27).
—Lasius flavus, *Forel.* ☿♀♂ 1874(60).
— — — *Saunders.* ☿♀♂ 1880(195).

7 Umbratus, Nylander.

—Formica umbrata, *Nyl.* ☿♀♂ 1846(166).
— — — *Foerst.* ♀♂ 1850(55).
— — — *Schenck.* ☿♀♂ 1852(199).
— — — *Smith.* ☿♀♂ 1854(213).
— — — *Mayr.* ☿♀♂ 1855(139).
— — — *Nyl.* ☿♀♂ 1856(170).
— — — *Meinert.* ☿♀♂ 1860(160).
—Lasius umbratus, *Mayr.* ☿♀♂ 1861(143).
— — — *Forel.* ☿♀♂ 1874(60).
— — — *Saunders.* ☿♀♂ 1880(195).

Var. mixto-umbratus, Forel.

—Lasius umbratus r. mixto-umbratus, *Forel.* ☿♀ 1874(60).

8 Mixtus, Nylander.

—Formica mixta. *Nyl.* ☿♀♂ 1846(166).
— — — *Schenck.* ☿♀♂ 1852(199).
— — — *Mayr.* ☿♀♂ 1855(139).
— — — *Nyl.* ☿♀♂ 1856(170).
— — — *Meinert.* ☿♀♂ 1860(160).
—Lasius mixtus, *Mayr.* ☿♀♂ 1861(143).
— — umbratus r. mixtus, *Forel.* ☿♀♂ 1874(60).

9. Bicornis, Foerster.

—Formica bicornis, *Foerst.* ♀ 1850(55).
—Lasius umbratus r. bicornis, *Forel*, ☿♀ 1874(60).

Var. affinis, Schenck.

—Formica affinis, *Schenck.* ☿♀♂ 1852(199).
— — incisa, *Schenck.* ☿ 1852(199).
— — affinis, *Mayr.* ☿♀♂ 1855(139).
—Lasius incisus, *Mayr.* ☿ 1861(143).
— — affinis, *Mayr.* ☿♀♂ 1861(143).
— — umbratus r. affinis, *Forel.* ☿♀♂ 1874(60).
— — incisus, *Schenck.* 1877(202).

10 Carniolicus, Mayr.

—Lasius carniolicus, *Mayr.* ☿ 1861(143).

G. 7. — PRENOLEPIS, Mayr. 1861(143).

1 Nitens, Mayr.

—Tapinoma nitens, *Mayr.* ☿ 1852(134).

—Tapinoma polita, *Smith.* ☿ 1851(213).
— — nitens, *Mayr.* ☿ 1855(139).
—Formica crepulascens. *Roger.* ♀ 1859(182).
—Prenolepis nitens. *Mayr.* ☿ 1861(143).
— — — *Roger.* ♂ 1862(186).
—Tapinoma nitens, *Saunders.* ☿ 1880(195).

2 Vividula, Nylander.

—Formica vividula, *Nyl* ☿♀♂ 1846(165).
—Tapinoma — *Smith.* 1858(217).
— — vividulum. *Roger.* 1863(189).
—Formica perminuta, *Buckley* 1866(8).
— — picea, *Buckley.* 1866(8).
— — terricola. *Buckley,* 1866(8).
—Prenolepis vividula, *Mayr.* ☿ 1870(154).

3 Longicornis, Latreille,

—Formica longicornis, *Latr.* ☿ 1802(99).
— — gracilescens, *Nyl.* ☿ 1856(169).
— — — *Nyl.* ☿ 1856(170).
—Tapinoma gracilescens, *Smith.* 1858(217).
—Prenolepis — *Mayr.* 1863(145).
— — longicornis, *Roger.* 1863(189).
— — — *Mayr.* ♀ 1865(148).
— — — *Mayr.* ☿♀ 1867(151).
— — — *André* ♂ 1881(4).
— — — *Forel.* 1881(66).

G. 8. — **PLAGIOLEPIS,** Mayr.
1861(143).

1 Pygmæa, Latreille.

—Formica pygmæa, *Latr.* ☿♀ 1798(97).
— — — *Latr.* ☿♀. 1802(99).
— — — *Lep.* 1836(105).
—Tapinoma pygmæa, *Schenck* ☿♀♂ 1852(199).
— — pygmæum, *Mayr.* ☿♀♂ 1855(139).
—Formica pygmæa, *Nyl.* ☿?♂ 1856(170).
—Plagiolepis pygmæa, *Mayr.* ☿♀♂ 1861(143).
— — — *Forel.* ☿♀♂ 1874(60).

2 Flavidula, Roger.

—Plagiolepis flavidula, *Roger,* ☿ 1863(188).

3 Mediterranea, Mayr.

—Plagiolepis mediterranea, *Mayr.* ☿ 1866(149).

G. 9. — **ACANTHOLEPIS,** Mayr.
1861(143).

1 Frauenfeldi, Mayr.,

—Hypoclinea Frauenfeldi, *Mayr.* ☿ 1855(139).
— — — *Roger.* ♀ 1859(182).
—Acantholepis Frauenfeldi, *Mayr.* ☿♀. 1861 143.
— — — *Em.* ♂ 1878(37).

Var. bipartita, Smith.

—Formica bipartita, *Smith.* ☿ 1861(220).
—Acantholepis bipartita, *Em.* ☿ 1878(37).
— — Frauenfeldi var. bipartita, *André.* ☿ 1881(4).

Var. syriaca, André.

—Acantholepis Frauenfeldi var. syriaca, *André* ☿♀♂ 1881(4).

G. 10. — **BRACHYMYRMEX,** Mayr.
1868(153).

1 Heeri, Forel.

—Brachymyrmex Heeri, *Forel,* ☿ 1874(60).
— — — *Forel,* ♀♂ 1875(61).
— — — *Forel.* 1881(66).

2ᵉ Tribu.— Dolichoderidæ

G. 11. — **BOTHRIOMYRMEX,** Emery.
1869(31).

1 Meridionalis, Roger.

—Tapinoma meridionale, *Roger.* ☿ 1863(188).
—Bothriomyrmex Costæ. *Em.* ♀♂ 1869(31).
— — — *Em.* ♀♂ 1870(32).
— — meridionalis, *Forel.* ☿♀♂ 1874(60).

G. 12. — **LIOMETOPUM,** Mayr.
1861(143).

1 Microcephalum, Panzer.

—Formica microcephala, *Panz.* ♂ 1798(172).
— — austriaca, *Mayr.* ☿ 1852(134).
— — — *Mayr.* ☿ 1855(139).
—Hypoclinea Kiesenwetteri, *Roger* ♂ nec ☿ 1859(182).
—Liometopum microcephalum, *Mayr,* ☿♀♂ 1861(143).

G. 13. — **TAPINOMA,** Foerster.
1850(55).

1 Erraticum, Latreille.

—Formica erratica, *Latr.* ☿♀♂ 1798(97).
— — atomus, *Latr.* 1798(97).

—Formica erratica, *Latr.* ☿♀♂ 1802(99).
— — cœrulescens, *Los.* 1834(115).
— — glabrella, *Nyl.* 1848(167).
—Tapinoma collina, *Foerst* ☿♀ 1850(55).
— — — *Schenck.* ☿♀♂ 1852(199).
— — erratica, *Smith.* ☿♀♂ 1854(213).
— — erraticum, *Mayr.* ☿♀♂ 1855(139).
—Formica erratica, *Nyl.* ☿♀♂ 1856(170).
—Micromyrma pygmæa, *Duf.* ☿ 1857(25).
— — — *Roger.* ☿ 1859(182).
—Tapinoma erraticum, *Mayr.* ☿♀♂ 1861(143).
—Micromyrma pygmæa, *Roger.* ☿ 1862(186).
—Tapinoma erraticum, *Forel,* ☿♀♂ 1874(60).
—Micromyrma pygmæa, *Perris.* 1876(173).
— — Dufourii, *Perris.* 1877(174).
—Tapinoma erratica, *Saund.* ☿♀♂ 1880(195).

Var. nigerrimum, NYLANDER

—Formica nigerrima, *Nyl.* ☿ 1856(170).
—Tapinoma magnum, *Mayr.* ☿♂ 1861(143).
— — nigerrimum, *Em.* ☿♀♂ 1869(29).
— — erraticum r. nigerrimum, *Em.* et *Forel.* 1879(42).

G. 14. — DOLICHODERUS, LUND. 1831(128).

1. Quadripunctatus, LINNÉ.

—Formica 4-punctata, *L.* ☿♀♂ (Mant. plan. alt. gen. et sp. — I, 541).
— — — *Fab.* 1875(45)
— — — *Fab.* 1781(47)
— — — *Fab.* 1787(48)
— — — *Ol.* 1791(171)
— — — *Fab.* 1793(49)
— — — *Latr.* ☿♀ 1798(97)
— — — *Latr.* ☿♀ 1802(99)
— — — *Fab.* 1804(51)
—Tapinoma 4-punctata, *Schenck.* ☿♀ 1852(199)
—Hypoclinea — *Mayr.* ☿♂ 1855(139)
—Formica — *Nyl.* ☿♂ 1856(170)
—Hypoclinea — *Roger.* ☿ 1859(182)
— — — *Mayr.* ☿♀♂ 1861(143)
—Formica 4-maculata, *Courtiller.* ☿ 1863(11)
—Hypoclinea 4-punctata, *Forel.* ☿♀♂ 1874(60)
—Dolichoderus 4-punctatus, *Em,* et *Forel* 1879(42)

2e FAM. — PONERIDÆ

1re Tribu. — Odontomachidæ

G. 1. — ANOCHETUS, MAYR. 1861(143).

1 Ghilianii, SPINOLA.

—Odontomachus Ghilianii, *Spin.* ☿ 1853(226).
— — — *Roger* ☿ 1849(182).
—Anochetus Ghilianii, *Mayr.* ☿ 1861(143).

2e Tribu. — Poneridæ veræ

G. 2. — AMBLYOPONE, ERICHSON. 1842(44).

1 Denticulata, ROGER.

—Stigmatomma denticulatum, *Roger.* ☿ 1859(182).
— — — *Mayr.* ☿ 1861(143).
— — — *Em.* ☿ 1875(33).
—Amblyopone denticulata, *Em.* et *Forel.* 1879(42).

3 Impressifrons, EMERY.

—Stigmatomma impressifrons. *Em.* ☿♀ 1869(29).
—Stigmatomma impressifrons. *Emery* ☿ 1875(33)
—Amblyopone — *Em.* et *Forel* 1879(42)

G. 3. — PARASYSCIA, EMERY. 1882

1 Piochardi, EMERY.

G. 4. — PONERA, LATREILLE. 1804(100)

1 Contracta, LATREILLE.

—Formica contracta, *Latr.* ☿♀ 1802(99)
— — coarctata, *Latr.* 1802(98)
—Ponera contracta, *Latr.* 1804(100)
—Formica — *Fab.* 1804(51)
—Ponera — *Lep.* 1836(105)
— — — *Foerst.* ☿♀♂ 1850(55)
— — — *Schenck.* ☿♀♂ 1852(199)
— — — *Smith.* ☿♀♂ 1854(213)
— — — *Mayr.* ☿♀♂ 1855(139)
— — — *Nyl.* ☿♀♂ 1856(170)
— — — *Roger.* ☿ 1860(183)
— — — *Mayr.* ☿♀♂ 1861(143)
— — — *Forel,* ☿♀♂ 1874(60)
— — — *Saunders,* ☿♀♂ 1880(195)

actatissima, ROGER.

ra punctatissima, *Roger*, ☿♀ 1859(182).
androgyna, *Roger* ♂/☿ 1859(182).
contracta, *Meinert.* ☿ 1860(160).
punctatissima, *Roger*, ☿ 1860(183).
— *Forel.* ☿ ♀ ♂ ♂/☿. 1874(60)
tarda, *Charsley*, 1877(9).
punctatissima, *Saunders* ☿ 1880(195).

racea, MAYR.

ra ochracea, *Mayr* ♀ 1855(139).

— — — *Mayr.* ♀ 1861(143).
— — — *Em.* ☿♀♂ 1869(29).

4 Abeillei, ANDRÉ.

—Ponera Abeillei, *André* ☿. 1881(3).

5 Quadrinotata ? LOSANA.

—Formica 4-notata, *Los.* ☿ 1834(115).
—Ponera — *Mayr.* ☿ 1861(143).

3° FAM. — DORYLIDÆ

- DORYLUS, FABRICIUS 1793(49).

enculus, SHUCKARD.

us juvenculus, *Shuck* ♂ 1840(207).

aiensis, LUCAS.

opone oraniensis, *Lucas*, ☿ 1849(122).
opona — *Nyl.* ☿ 1856(170).

3 Clausii, JOSEPH.

—Typhlopone Clausii, *Joseph.* ☿ 1882(90).

4 Punctatus, SMITH.

—Typhlopone punctata, *Smith.* ☿ 1858(217).
— —. europæa, *Roger*, ☿ 1859(182).
— — — *Mayr.* ☿ 1861(143).

5 Ægyptiacus, MAYR.

—Dorylus ægyptiacus, *Mayr.* ♂ 1865(148).

4° FAM. — MYRMICIDÆ

Tribu. — Myrmicidæ veræ.

1. — LEPTANILLA, EMERY. 1870(32).

elierii, EMERY.

nilla Revelierii, *Em.* ☿ 1870(32).

. — FORMICOXENUS, MAYR. 1855(139).

dulus, NYLANDER.

ica nitidula, *Nyl.* ☿ 1846(166).
— *Nyl.* ☿♀ 1848(167).
læviuscula, *Foerst.* ♀ 1850(55).
nitidula, *Foerst* ♀ 1850(55).
læviuscula, *Schenck* ☿♀ nec ♂ 1852(199).
coxenus nitidulus, *Mayr* ☿♀ nec ♂ 1855(139).

—Myrmica nitidula, *Nyl.* ☿♀ nec ♂ 1856(170).
—Stenamma Westwoodi, *Smith.* ☿♀ nec ♂ 1858(215).
—Myrmica nitidula, *Meinert.* ☿♀ nec ♂ 1860(160).
—Stenamma Westwoodi, *Mayr.* ☿♀ nec ♂ 1861(143).
— — — *Forel.* ☿♀ nec ♂ 1874(60).
— — — *Saund.* ☿♀ nec ♂ 1880(195).

G. 3. — MYRMECINA, CURTIS 1829(12).

1 Latreillei, CURTIS.

—Myrmecina Latreillei, *Curtis*, ♂ 1829(12).
—Myrmica striatula, *Nyl.* ☿ 1848(167).
— — bidens, *Foerst.* ☿♀ 1850(55).
— — graminicola, *Foerst.* ♂ 1850(55).
— — bidens, *Schenck.* ☿♀♂ 1852(199).
—Myrmecina Latreillei, *Curtis*, ☿♂ 1854(13).

—Myrmecina Latreillei, *Smith.* ♀♂ 1854(213).
— — — *Mayr* ☿♀♂ 1855(139).
—Myrmica — *Nyl.* ☿♀♂ 1856(170).
—Myrmecina — *Mayr* ☿♀♂ 1861(143).
— — — *Forel* ☿♀♂ 1874(60).
— — — *Saun.* ♀☿♂ 1880(195).

Var. sicula, André.

G. 4. — ANERGATES, Forel. 1874(60).

1 Atratulus, Schenck.

—Myrmica atratula, *Schenck.* ♀ nec ☿ 1852(199).
—Tetramorium atratulum, *Mayr.* ♀ nec ☿ 1855(139).
—Tomognathus atratulus, *Mayr.* 1863(145).
— — sublævis? *Roger.* ♀ 1863(189).
— — atratulus, *Mayr.* 1865(148).
—Anergates — *Forel* ♀♂ 1874(60).

G. 5. — TOMOGNATHUS, Mayr. 1861(143).

1 Sublævis, Nylander.

—Myrmica sublævis, *Nyl.* ☿ 1848(167).
— — hirtula, *Nyl.* ☿ 1848(167).
— — sublævis, *Nyl.* ☿ 1856(170).
— — — *Meinert.* ☿ 1860(160).
—Tomognathus sublævis, *Mayr.* ☿ 1861(143).

G. 6. — STRONGYLOGNATHUS, Mayr. 1853(137).

1 Testaceus, Schenck.

—Eciton testaceum, *Schenck* ☿♀♂ 1852(199).
—Myrmus emarginatus, *Schenck.* 1853(200).
—Strongylognathus testaceus, *Mayr.* ☿♀♂ 1853(137).
— — — *Mayr.* ☿♀♂ 1855(139).
— — — *Nyl.* ☿♀♂ 1856(170).
— — — *Mayr.* ☿♀♂ 1861(143).
— — — *Forel.* ☿♀♂ 1874(60).

2 Huberi, Forel.

—Strongylognathus Huberi, *Forel* ☿ 1874(60).

G. 7. — TETRAMORIUM, Mayr. 1855(139).

1° Cæspitum, Linné.

—Formica cæspitum, *L.* ☿ 1726(112).
— — binodis, *L.* 176
— — cæspitum, *Scop.* 176
— — — *Fab.* 177
— — — *Schranck.* 178
— — — *Fab.* 178
— — — *Fab.* 178
— — — *Rossi* 179
— — — *Fab.* 179
— — — *Latr.* ☿♀♂ 179
— — — *Latr.* ☿♀♂ 180
—Myrmica cæspitum, *Latr.* 180
—Formica — *Fab.* 180
—Manica — *Jur.* 180
—Formica subterranea, *Jur.* 180
—Fourmi des gazons, *Huber.* 181
—Myrmica fuscula, *Nyl.* ☿♂ 184
— — — *Nyl.* ♀ 184
— — impura, *Foerst.* ☿ 185
— — modesta, *Foerst.* ☿ 185
— — fuscula, *Foerst.* ☿☿♂ 185
— — — *Schenck* ☿♀♂ 185
— — atratula, *Schenck* ☿ nec ♀ 185
— — cæspitum, *Smith.* ☿♀♂ 185
—Tetramorium cæspitum, *Mayr.* 185
— — atratulum, *Mayr.* ☿ 185
—Myrmica cæspitum, *Nyl.* ☿♀♂ 185
— — — *Meinert.* ☿♀♂ 186
—Tetramorium cæspitum, *Mayr.* 186
— — — *Mayr* 187
— — — *Forel*, 187
— — — *Saunders* 188
— — — *André.* 188

Var. meridionale, Emery.

—Tetramorium meridionale, *Emery* 187
— — cæspitum var. 4, *Mayr* 187

Var. striativentre, Mayr.

—Tetramorium cæspitum var. striativ *Mayr.* ☿♀ 187
—Tetramorium cæspitum var, striativ *André*, ☿ 188

Var. semilæve, André.

—Tetramorium cæspitum var. 8 *Mayr* 187

Var. punicum, Smith.

—Myrmica punica, *Smith.* ☿ 186
—Tetramorium cæspitum var. 7, *Ma* 187

inerme, Mayr.
:ramorium cæspitum var. inerme, Mayr. 1877(156).

millimum, Smith.
rmica simillima, Smith. ☿ 1854(213).
— — Nyl. ☿ 1856(170).
rogmus caldarius, Roger. ☿♂ 1857(181).
rmica caldaria, Meinert. ☿♀♂ 1860(160).
rogmus caldarius, Roger. ♂ 1861(184).
ramorium simillimum, Mayr ☿ 1861(143).
rogmus simillimus, Roger. 1863(189).

ineense, Fabricius.
:mica guineensis, Fab. ☿ 1775(45).
— — Latr. ☿ 1802(99).
— — Fab. 1804(51).
rmica bicarinata, Nyl. 1846(166).
— cariniceps, Guérin ☿ 1852(79).
— Kollari, Mayr. ☿♀♂ 1853(136).
ramorium Kollari, Mayr. ☿♀♂ 1855(139).
:mica reticulata, Smith. ☿ 1862(221).
— guineensis, Roger. 1862(187).
ramorium guineense, Roger 1863(189).

8. — LEPTOTHORAX, Mayr.
1855(139).

ervorum, Fabricius.
mica acervorum, Fab. ☿ 1793(49).
— — Latr. ☿♀♂ 1798(97).
— graminicola ? Latr. 1802(99).
— acervorum. Fab. 1804(51).
rmica lacteipennis, Zett. ♂ 1840(237).
— acervorum, Nyl. ☿♀♂ 1846(165).
— — Foerst ☿♀♂ 1850(55).
— — Schen. ☿♀♂ 1852(199).
— — Smith. ☿♀♂ 1854(213).
tothorax . acervorum, Mayr ☿♀♂ 1855(139).
rmica acervorum, Nyl. ☿♀♂ 1856(170).
— — Mein. ☿♀♂ 1860(160).
tothorax — Mayr. ☿♀♂ 1861(143).
— — Forel. ☿♀♂ 1874(60).
— — Saun. ☿♀♂ 1880(195).

scorum, Nylander.
rmica muscorum, Nyl. ☿♀♂ 1846(166).
— — Foerst. ☿♀♂ 1850(55).
— — Schen. ☿♀♂ 1852(199).
tothorax — Mayr. ☿♀♂ 1855(139).
rmica — Nyl. ☿♀♂ 1856(170).
tothorax — Mayr. ☿♀♂ 1861(143).

— — acervorum r. muscorum, Forel, ☿♀♂ 1874(60).

Var. Gredleri, Mayr.
—Leptothorax Gredleri, Mayr. ☿♀ 1855(139).
— — Mayr. ☿♀ 1861(143).
— — muscorum var. Gredleri, Forel ☿♀ 1874(60).

3 Flavicornis, Emery.
—Leptothorax flavicornis, Em. ☿♀ 1870(32).
— — acervorum r. flavicornis, Forel ☿♀ 1874(60).
— — flavicornis, Em. et Forel. 1879(42).

4 Angulatus, Mayr.
—Leptothorax angulatus, Mayr. ☿ 1862(144).

5 Tuberum, Fabricius.
—Formica tuberum, Fab. ☿ 1775(45).
— — — Fab. 1781(47).
— — — Fab. 1787(48).
— — — Fab. 1793(49).
— — — Latr. ☿♀ 1798(97).
— — tuberosa, Latr. ☿♀ 1802(99).
—Myrmica — Latr. 1804(100).
—Formica tuberum, Fab. 1804(51).
—Manica — Jur. 1807(91).
—Myrmica — Lep. 1836(105).
— — Nyl. ☿♀ 1846(165).
—Leptothorax tuberum, Mayr. ☿♀ 1855(139).
—Myrmica — Nyl. ☿♀♂ 1856(170).
—Leptothorax — Mayr. ☿♀ 1861(143).
— — — Forel. ☿♀♂ 1874(60).

Var. nigriceps, Mayr.
—Leptothorax nigriceps, Mayr. ☿ 1855(139).
—Myrmica — Smith. 1858(217).
—Leptothorax tuberum r. nigriceps, Forel ☿♀ 1874(60).

Var. melanocephalus, Emery.
—Leptothorax melanocephalus, Emery. ☿ 1870(32).
— — tuberum var. melanocephalus, Em. et Forel. 1879(42).

Var. corticalis, Schenck.
—Myrmica corticalis, Schenck. ☿♀ 1852(199).
—Leptothorax — Mayr. ☿♀ 1855(139).
— — — Mayr. ☿♀ 1861(143).
— — tuberum r. corticalis, Forel. ☿♀ 1874(60).

Var. exilis, Emery.
—Leptothorax exilis, Em. ☿ 1869(29).

—Leptothorax tuberum r. exilis, *Em* et *Forel* 1879(42).
— — exilis, *Em.* ☿ 1881(41).

Var. affinis, Mayr.

—Leptothorax affinis, *Mayr.* ☿ 1855(139).
—Myrmica — *Smith.* 1858(217).
—Leptothorax — *Mayr.* ☿ 1861(143).
— — tuberum r. affinis, *Forel.* ☿♀ 1874(60).

Var. unifasciatus, Latreille.

—Formica unifasciata, *Latr.* ☿♀♂ 1798(97).
— — *Latr.* ☿♀♂ 1802(99).
—Manica — *Jur.* 1807(91).
—Myrmica — *Lös.* 1834(115).
—Manica — *Nyl.* ☿♀ 1846(167).
—Myrmica — *Schen.* ☿♀♂ 1852(199).
—Leptothorax unifasciatus, *Mayr.* ☿♀♂ 1855(139).
—Myrmica unifasciata, *Nyl.* ☿♀ 1856(170).
—Leptothorax unifasciatus, *Mayr.* ☿♀♂ 1861(143).
— — tuberum r. unifasciatus, *Forel.* ☿♀♂ 1874(60).
—Leptothorax unifasciatus, *Saunders.* ☿♀♂ 1880(195).

Var. interruptus, Schenck.

—Myrmica interrupta, *Schenck.* ☿♀ 1852(199).
—Leptothorax interruptus, *Mayr.* ☿♀♂ 1855(139).
—Myrmica simpliciuscula, *Nyl.* ☿ 1856(170).
—Leptothorax interruptus, *Mayr.* ☿♀♂, 1861(143).
— — tuberum r. interruptus, *Forel* ☿♀♂ 1874(60).

Var. tubero-interruptus, Forel.

—Leptothorax tuberum r. tubero-interruptus, *Forel.* 1874(60).

Var. unifasciato-interruptus, Forel.

—Leptothorax tuberum r. unifasciato-interruptus, *Forel.* 1874(60).

Var. luteus. Forel.

—Leptothorax tuberum r. luteus, *Forel.* ☿ 1874(60).

Var. anoplogynus, Emery.

—Leptothorax anoplogynus, *Em.* ☿♀ 1869(29).
— — unifasciatus var. anoplogynus, *Em.* et *Forel.* 1879(42).

Var Nylanderi, Foerster.

—Myrmica Nylanderi, *Foerst.* ♂ 1850(55).
— — cingulata, *Schenck* ☿♀♂ 1852(199).
— — unifasciata, *Smith* ☿♀♂ 1854(213).
—Stenamma albipennis. *Curtis*, ☿♂ 1854
—Leptothorax Nylanderi, *Mayr* ☿♀♂ 1855
—Myrmica cingulata, *Nyl.* ☿♀ 1856
—Leptothorax Nylanderi, *Mayr* ☿♀♂ 1861
— — tuberum r. Nylanderi, ☿♀♂ 1874
—Leptothorax Nylanderi, *Saunders* 1880

Var. corticalo-Nylanderi, Forel.

—Leptothorax tuberum r. corticalo-Nylanderi, *Forel.* 1874

Var. unifasciato-Nylanderi, Forel

—Leptothorax tuberum r. unifasciato-Nylanderi, *Forel.* 1874

Var. parvulus Schenck.

—Myrmica parvula, *Schenck.* ☿ 1852
—Leptothorax parvulus, *Mayr.* ☿♀ 1855
— — Nylanderi var. parvulus, *Em.* et *Forel* 1879

6 Tirolensis, Gredler.

—Leptothorax tirolensis, *Gredler* ☿ 1858
— — — *Mayr.* ☿ 1861
— — tuberum r. ? tirolensis, *Em.* et *Forel* 1879

7 Clypeatus, Mayr.

—Myrmica clypeata, *Mayr.* ☿ 1853
—Leptothorax clypeatus, *Mayr.* ☿ 1855
— — — *Mayr.* ☿ 1861

8 Angustulus, Nylander.

—Myrmica angustula, *Nyl.* ☿ 1856
—Leptothorax angustulus, *Mayr.* ☿ 1861
— — — *Em.* ☿ 1878

9 Nigrita, Emery.

—Leptothorax nigrita, *Em.* ☿ 1878

Var. flavispinus, André.

—Leptothorax nigrita var. curvispinosus, *André.* ☿ 1881

10 Rottenbergi, Emery.

—Macromischa Rottenbergii, *Emery.* 1870
—Leptothorax — *Em.* 1878

Var. semiruber, André.

—Leptothorax Rottenbergi var. semiruber, *André.* ☿ 1881

G. 9. — TEMNOTHORAX, MAYR. 1861(143).

Recedens, NYLANDER.

—Myrmica recedens, *Nyl.* ☿ 1856(170).
—Temnothorax recedens, *Em.* ☿♀ 1869(29).
— — — *For.* ☿♀♂ 1874(60).

Rogeri, EMERY.

—Leptothorax recedens, *Roger*, ☿ 1859(182).
—Temnothorax — *Mayr.* ☿♀ 1861(143).
— — Rogeri, *Em.* 1869(29).

G. 10. — STENAMMA, WESTWOOD nec AUCTORUM. 1840(234).

Westwoodi (Stephens in litt.) WESTWOOD.

—Stenamma Westwoodi, *Westw.* ♂ 1840(234).
—Myrmica lippula, *Nyl.* ☿ 1848(167).
— — debilis, *Foerst.* ♂ 1850(55).
— — Minkii, *Foerst.* ☿ 1850(55).
— — læviuscula, *Schenck* ♂ nec ☿♀ 1852(199).
—Stenamma Westwoodi, *Curtis*, ♂ 1854(13).
— — — *Smith.* ♂ 1854(213).
—Myrmica graminicola, *Smith* ☿♀♂ 1854(213).
— — Minkii, *Mayr.* ☿♀ 1855(139).
—Formicoxenus nitidulus, *Mayr.* ♂ nec ☿♀ 1855(139).
—Myrmica lippula, *Nyl.* ☿ 1856(170).
— — nitidula, *Nyl.* ♂ nec ☿♀ 1856(170).
— — lippula, *Smith.* ☿♀ 1858(215).
—Stenamma Westwoodi, *Smith.* ♂ nec ☿♀ 1858(215).
—Tetramorium lippulum, *Roger.* 1859(182).
—Myrmica nitidula, *Meinert.* ♂ nec ☿♀ 1860(160).
—Stenamma Westwoodi, *Mayr.* ♂ nec ☿♀ 1861(143).
—Asemorhoptrum lippulum, *Mayr.* ☿♀ 1861(143).
—Myrmica lippula, *Smith.* ♂ 1864(222).
—Asemorhoptrum lippulum, *Forel.* ☿♀ 1874(60).
—Stenamma Westwoodi, *Forel.* ♂ nec ☿♀ 1874(60).
— — — *Saunders* ♂ nec ☿♀ 1880(195).
—Asemorhoptrum lippulum, *Saunders.* ☿♀♂ 1880(195)

G. 11. — MYRMICA, LATREILLE. ☿♀ 1804(100).

1 Lævinodis, NYLANDER (1)

—Myrmica lævinodis, *Nyl.* ☿♀♂ 1846(165).
— — — *Foerst.* ☿♀♂ 1850(55).
— — — *Schenck.* ☿♀♂ 1852(199).
—Myrmica longiscapus, *Curtis* ☿♀♂ 1854(13).
— — lævinodis, *Smith.* ☿♀♂ 1854(213).
— — longiscapa, *Smith.* ☿ 1854(213).
— — lævinodis, *Mayr.* ☿♀♂ 1855(139).
— — — *Nyl.* ☿♀♂ 1856(170).
— — — *Meinert* ☿♀♂ 1860(160).
— — — *Mayr.* ☿♀♂ 1861(143).
— — rubra r. lævinodis. *Forel.* ☿♀♂ 1874(60).
— — lævinodis, *Saund.* ☿♀♂ 1880(195).

Var. rugino-lævinodis, FOREL.

—Myrmica rubra r. ruginodo-lævinodis, *Forel* 1874(60).

2 Ruginodis, NYLANDER.

—Formica vagans? *Fabr.* 1793(49).
—Myrmica ruginodis, *Nyl.* ☿♀♂ 1846(165).
— — diluta, *Nyl.* ☿ 1848(167).
— — ruginodis, *Foerst.* ☿♀♂ 1850(55).
— — — *Schenck* ☿♀♂ 1852(199).
— — — *Smith.* ☿♀♂ 1854(213).
— — vagans, *Curtis.* 1854(13).
— — ruginodis, *Mayr.* ☿♀♂ 1855(139).
— — — *Nyl.* ☿♀♂ 1856(170).
— — — *Meinert.* ☿♀♂ 1860(160).
— — — *Mayr.* ☿♀♂ 1861(143).
— — rubra r. ruginodis, *Forel.* ☿♀♂ 1874(60).
— — ruginodis, *Saund.* ☿♀♂ 1880(195).

Var. sulcinodo-ruginodis, FOREL.

—Myrmica rubra r. sulcinodo-ruginodis, *Forel* 1874(60).

(1) Cette espèce et les six suivantes ont été démembrées par Nylander de la *Myrmica rubra* Linné 1761(112), dont le nom a dû être abandonné, faute de pouvoir être appliqué avec certitude à l'une ou à l'autre de ses subdivisions. C'est à cette espèce collective que se rattachent la *Fourmi maçonne commune* de Swammerdam, 1737(227), *the red ant* de Gould, 1747(76) et la *Fourmi rouge* de Huber, 1810(86).

3 Sulcinodis, Nylander.

—Myrmica sulcinodis, *Nyl.* ☿♀ 1846(165).
— — perelegans, *Curtis.*☿♀♂1854(13).
— — sulcinodis, *Sm.* ☿♀♂ 1854(213).
— — — *Mayr.*☿♀♂ 1855(139).
— — — *Nyl.* ☿♀♂ 1856(170).
— — — *Mein.* ☿♀♂ 1860(160).
— — — *Mayr.* ☿♀♂ 1861(143).
— — rubra r. sulcinodis, *Forel.* ☿♀♂ 1874(60).

4. Rugulosa, Nylander.

—Myrmica rugulosa, *Nyl.*☿♀ 1848(167).
— — clandestina, *Foerst.* ☿ 1850(55).
— — — *Schen.*☿♀♂1852(199).
— — rugulosa, *Mayr.* ☿♀♂ 1855(139).
— — — *Nyl.* ☿♀♂ 1856(170).
— — — *Mein.* ☿♀♂ 1860(160).
— — — *Mayr.*☿♀♂ 1861(143).
— — rubra r. rugulosa, *Forel.* ☿♀♂ 1874(60).

5 Lobicornis, Nylander.

—Myrmica lobicornis, *Nyl.* ☿♀ 1846(165).
— — — *Nyl.* ♂ 1848(167).
— — — *Foerst.* ☿♀ 1850(55).
— — — *Schenc.*☿♀♂1852(199).
— — denticornis, *Curtis.* ☿♂ 1854(13).
— — — *Smith.*☿♀♂1854(213).
— — lobicornis, *Mayr.* ☿♀♂ 1855(139).
— — — *Nyl.* ☿♀♂ 1856 170).
— — — *Mein.* ☿♀♂ 1860(160).
— — sabuleti, *Meinert.*.☿♂ 1860(160).
— — lobicornis. *Mayr.*☿♀♂ 1861(143).
— — rubra r. lobicornis, *Forel.* ☿♀♂ 1874(60).
— — lobicornis, *Saund.* ☿♀♂ 1880(195).

Var. lobulicornis, Nylander.

—Myrmica lobicornis var. lobulicornis, *Nyl.*☿ 1856(169).

Var. scabrinodo-lobicornis, Forel.

—Myrmica rubra r. scabrinodo-lobicornis, *Forel.* 1874(60).

6 Scabrinodis, Nylander.

—Myrmica cæspitum, *Zett.* 1840(237).
— — scabrinodis, *Nyl.*☿♀♂ 1846(165).
— — — *Fœrst.* ☿♀♂1850(55).
— — — *Schen.* ☿♀♂1852(199).
— — rubra, *Curtis.* 1854(13).
— — scabrinodis, *Smith.* 1854(213).
— — — *Mayr.*☿♀♂ 1855(139).
— — — *Nyl.* ☿♀♂ 1856(170).
— — — *Mein.* ☿♀♂ 1860(160).
— — — *Mayr.* ☿♀♂ 1861(14[illegible]
— — rubra r. scabrinodis, *Forel,* ☿♀ 1874(6[illegible]
— — scabrinodis, *Saun.* ☿♀♂ 1880(19[illegible]

Var. ruguloso-scabrinodis, Forel.

—Myrmica rubra r. ruguloso-scabrinod[illegible] *Forel.* 1874(6[illegible]

7 Granulinodis, Nylander.

—Myrmica granulinodis, *Nyl.* ♀♂ 1846(16[illegible]
— — — *Nyl.* ♀♂ 1856(17[illegible]

8 Rubida, Latreille.

—Formica rubida, *Latr.* ♀ 1802(9[illegible]
—Manica — *Jur.* ♀ 1807(9[illegible]
—Myrmica leonina, *Losa.* 1834(11[illegible]
— — montana, *Imhoff.* 1838(8[illegible]
— — — *Mayr.*☿♀♂ 1853(13[illegible]
— — rhynchophora, *Foerst.*♂1850(5[illegible]
— — rubida, *Mayr.* ☿♀♂ 1855(13[illegible]
— — — *Nyl.* ☿♀♂ 1856(17[illegible]
— — — *Mayr.*☿♀♂ 1861(14[illegible]
— — — *Forel.* ☿♀♂ 1874(6[illegible]

G. 12. — CARDIOCONDYLA, Emery 1869(29).

1 Elegans, Emery.

—Cardiocondyla elegans, *Emery.* ☿♀ nec 1869(2[illegible]
— — — *Mayr.* ☿1877(13[illegible]
— — — *Forel* ☿ 1881(6[illegible]

2 Emeryi, Forel.

—Cardiocondyla Emeryi, *Forel.* ☿ 1881(6[illegible]
— — — *André* ♂1881(4[illegible]

G. 13 — MONOMORIUM, Mayr. 1855(139).

1 Pharaonis, Linné.

—Formica Pharaonis, *L.* ☿ 1735(11[illegible]
— — antiguensis, *Fab.* 1783(4[illegible]
— — Pharaonis, *Latr.*☿ 1802(9[illegible]
—Myrmica molesta, *Say.* ☿ 1836(19[illegible]
— — domestica, *Shuck.* 1838(20[illegible]
— — — *Smith.* ☿♀♂ 1854(21[illegible]
— — — *Nyl* ☿♀♂ 1856(17[illegible]
—Formica fugax, *Lucas.* 1838(12[illegible]
—Pheidole molesta, *Rogér.* 1859(18[illegible]
—Myrmica — *Meinert.* ☿♀♂ 1860(16[illegible]

nomorium Pharaonis, *Mayr.* 1862(144).
rmica — *Roger.* 1862(187).
nomorium — *Mayr.* ♂ 1865(148).
— — *Ma.* ☿♀♂ 1867(151).
— — *Saunders.* ☿♀♂ 1880(195).

lomonis, Linné.

rmica Salomonis, *L.* ☿ 1735(111).
— — *Latr.* ☿ 1802(99).
nomorium thorense, *Mayr.* ♀. 1862(144).
— Salomonis, *Rog.* ☿ 1862(187).
— — *Em.* ☿ 1877(35).
— subopacum r. Salomonis, *Em.* 1881(41).

bopacum, Smith.

rmica subopaca, *Smith.* ☿♀ 1858(217).
nomorium mediterraneum, *Mayr.* ☿♀ 1861(143).
— subopacum r. mediterraneum, *Em.* ☿ 1881(41).

enustum, Smith.

rmica venusta, *Smith.* ☿ 1858(217).
nomorium venustum, *Em* ☿ 1881(41).
— — *André.* ☿♀ ☿/♀ ♂ 1881(4)

color, Emery.

nomorium bicolor, *Em.* ☿ 1877(35).
— — *Em.* ☿ 1881(41).

iloticum, Emery.

nomorium niloticum, *Em.* ☿ 1881(41).

beillei, André.

nomorium Abeillei, *André* ☿ 1881(2).
— — *André* ☿ 1881(4).

arbatulum, Mayr.

nomorium barbatulum, *Mayr* ☿ 1877(156).

racillimum, Smith.

rmica gracillima, *Smith.* ☿ 1861(220).
nomorium gracillimum, *Roger* 1863(189).
— — *Emery.* ☿♀♂ 1877(35).
— — *Em.* ☿ 1881(41).

Minutum, Mayr.

nomorium minutum, *Mayr.* ☿ 1855(139).
—Myrmica minuta, *Smith.* 1858(217).
—Monomorium minutum, *Mayr.* ☿ 1861(143).
— — *Mayr.* ☿♂ 1865(148).

11 Clavicorne, André.

—Monomorium clavicorne, *André.* 1881(4).

G. 14. — HOLCOMYRMEX, Mayr. 1878(158).

1 Dentiger, Roger.

—Atta dentigera, *Roger* ☿ 1862(186).
—Aphænogaster dentigera, *Roger.* 1863(189).

G. 15. — APHÆNOGASTER, Mayr. 1853(135).

1 Arenaria, Fabricius.

—Formica arenaria. *Fab.* ☿ 1787(48).
— — — *Fab.* 1793(49).
— — — *Latr.* ☿ 1802(99).
— — — *Fab.* 1804(51).
—Myrmica amaurocyclia, *Foerst.* ☿ 1850(56).
— — scalpturata, *Nyl.* ☿♀ 1856(170).
—Atta — *Roger.* ☿ 1859(182).
—Atta arenaria, *Roger.* 1862(187).
—Aphænogaster arenaria, *Roger.* 1863(189).

2 Hispanica, André.

3 Blanci, André.

—Aphænogaster Blanci, *André.* ☿ 1881(3).

4 Barbara, Linné.

—Formica barbara, *L.* ☿ 1735(111).
— — — *Fabr.* 1775(45).
— — binodis, *Fab.* ☿ 1775(45).
— — barbara, *Fab.* 1781(47).
— — binodis, *Fab.* 1781(47).
— — barbara, *Fab.* 1787(48).
— — binodis, *Fab.* 1787(48).
— — barbara, *Ol.* 1791(171).
— — — *Fab.* 1793(49).
— — binodis, *Fab.* 1793(49).
— — capitata, *Latr.* ☿ 1798(97).
— — — *Latr.* ☿♀ 1802(99).
— — binodis, *Latr.* ☿ 1802(99).
— — barbara, *Fab.* 1804(51).
— — juvenilis, *Fab.* ☿ 1804(51).
— — binodis, *Fab.* 1804(51).
—Manica capitata, *Jur.* 1807(91).

—Formica megacephala, *Leac.* ☿♀♂ 1826(103).
— — Huberiana, *Leach* ☿♀♂ 1826(103).
—Myrmica capitata, *Los.* 1834(115).
— — galbula, *Los.* 1834(115).
—Atta capitata, *Lep.* 1836(105).
—Formica caduca, *Motsch.* 1839(163).
—Myrmica rufitarsis, *Foerst.* ☿ 1850(56).
—Atta capitata, *Mayr.* ☿♀♂ 1855(139).
—Myrmica capitata, *Nyl.* ☿♀♂ 1856(170).
—Atta barbara, *Mayr.* ☿♀♂ 1861(143).
—Fourmi grosse tête, *Ebrard.* 1861(27).
—Aphænogaster barbara, *Roger.* 1863(189).
— — — *Em.* ☿♀♂ 1878) 37).
— — — *Em.* ☿♀♂ 1880(39).

Var. nigra, André.

—Aphænogaster barbara var II, *Emery.* ☿♀♂ 1878(37).

Var. semirufa, André.

—Aphænogaster barbara var. III et IV, *Em.* ☿♀ 1878(37).

Var. meridionalis, André.

—Aphænogaster barbara var. VI, *Emery.* ☿♀ 1878(37).
— — — var. c et *d*, *Em.* ☿ 1880(39).

Var. minor, André.

—Aphænogaster barbara var. VII, *Em.* ☿♀♂ 1878(37).

Var. ægyptiaca, Emery.

—Aphænogaster barbara var. ægyptiaca, *Em.* ☿♀ 1878(37).
— — — var. *e*, *Emery.* ☿ 1880(39).

Var. striaticeps, André.

—Aphænogaster barbara var. *f*, *Emery.* ☿ 1880(39).

Var. rugosa, André.

—Aphænogaster barbara var. rugosa, *André*, ☿ 1881(4).

5 Structor, Latreille.

—Formica structor, *Latr.* ☿♂ 1798(97).
— — — *Latr.* ☿♂ 1802(99).
— — rufitarsis, *Fab.* ♀ 1804(51).
— — lapidum, *Fab.* ♀ 1804(51).
—Manica structor, *Jur.* 1807(91).
—Atta — *Lep.* 1836(105).
—Formica ædificator, *Schilling* 1838(203).
—Myrmica mutica, *Nyl.* ☿♀♂ 1848(167).
—Atta structor, *Schench.* ☿♀♂ 1852(199).
— — — *Mayr.* ☿♀♂ 1855(139).
—Myrmica structor, *Nyl.* ☿♀♂ 1856(17
—Atta — *Mayr.* ☿♀♂ 1861(14
—Aphænogaster structor, *Roger.* 1863(18
— — — *Mayr* ☿♀♂ 1867(15
— — — *For.* ☿♀♂ 1874(6
— — — *Mayr* 1877(15

6 Rufo-testacea, Foerster.

—Myrmica rufo-testacea, *Foerst.* ☿ 1850(5
—Atta thoracica, *Mayr.* ☿ 1862(14
—Aphænogaster rufo-testacea, *Rog.* 1863(18
— — gracilinodis, *Em.* ☿ 1878(3
— — rufo-testacea, *André*, 1881(

7 Obsidiana, Mayr.

—Atta obsidiana, *Mayr* ☿ 1861(14
—Aphænogaster obsidiana, *Roger* 1869(18

8 Striola, Roger.

—Formica gibbosa? *Latr.* ☿♂ 1798(9
—Atta striola, *Roger* ☿ nec ♂ 1859(18
— — — *Mayr* ☿ nec ♂ 1861(14
—Aphænogaster striola, *Roger.* 1863(18
— — — *Em.* ☿ 1878(3
— — subterranea r. striola, *E* et *Forel.* 1879(4

9 Subterranea, Latreille.

—Formica subterranea, *Latr.* ☿♀♂ 1798(9
— — — *Latr.* ☿♀♂ 1802(9
—Manica — *Jur.* 1807(9
—Myrmica — *Lep.* 1836(10
— — — *Sche.* ☿♀♂ 1852(19
—Atta — *Mayr* ☿♀♂ 1855(13
—Myrmica — *Nyl.* ☿♀♂ 1856(17
—Atta — *Mayr* ☿♀♂ 1861(14
—Aphænogaster subterranea, *Rog.* 1863(18
— — striola, *Em.* ☿ 1869(2
— — subterranea, *Forel.* ☿ 1874(6

10 Pallida, Nylander.

—Myrmica pallida, *Nyl.* ☿ 1848(16
—Atta — *Roger*, ♀♂ 1849(18
— — — *Mayr*, ☿♀♂ 1861(14
—Aphænogaster pallida, *Roger.* 1863(18
— — — *André* ☿ 1881(

Var. subterranoides, Emery.

—Aphænogaster var. subterranoides, *Em* 1881(4

Var. Leveillei, Emery.

hænogaster pallida r. Leveillei, *Em.* ☿♀ 1881(41).

Splendida, Roger.

:a splendida, *Roger.* ☿ 1859(182).
— — *Mayr.* ☿, 1861(143).
hænogaster splendida, *Roger.* 1863(189).
— — *Em.*♀ 1869(29).

subterraneo-splendida, Emery et Forel.

hænogaster subterranea r. subterraneo-endida, *Em.* et *Forel.* 1879(42).
hænogaster splendida var. subterraneo-ndida, *André.*☿ 1881(4).

Testaceo-pilosa, Lucas.

rmica testaceo-pilosa, *Lucas*☿ 1849(122).
hænogaster senilis, *Mayr.*☿♀ 1853(135).
— — *Mayr.* ☿♀ 1855(139).
rmica testaceo-pilosa, *Nyl.* ☿ 1856(170).
:a testaceo-pilosa. *Roger* ♀♂ 1859(182).
— — *Mayr.*☿♀♂ 1861(143).
hænogaster testaceo-pilosa, *Roger.* 1863(189).
— — *Mayr.* ☿ 1865(148).
— — *Emery* ☿ 1878(37).

campana, Emery.

hænogaster testaceo-pilosa var. campa-, *Em.* ☿♀♂ 1878(37).

semipolita, Nylander.

rmica semipolita, *Nyl.* ☿ 1856(170).
:a — *Roger* ☿ 1859(182).
hænogaster semipolita, *Roger.* 1863(189).
— testaceo-pilosa var. semipo-, *Em.*☿♂ 1878(37).

spinosa, Emery.

hænogaster testaceo-pilosa var. spinosa n. ☿ 1878(37).

gemella, Roger.

:a gemella, *Roger.*☿ 1862(186).
hænogaster gemella, *Roger.* 1863(189).
— testaceo-pilosa r.? gemella, n. et *Forel.* 1879(42).

Sardoa, Mayr.

hænogaster sardous, *Mayr.* ☿ 1853(135).
— — *Mayr.*☿ 1855(139).
— sardoa, *Mayr.* ☿ 1865(148).

Crocea, André.

hænogaster crocea, *André* ☿ 1881(3).

15 Raphidiiceps, Mayr.

—Ischnomyrmex rhaphidiiceps, *Mayr.* ☿ 1877(156).

16 Schaufussi ? Forel.

—Aphænogaster? Schaufussi, *For.*☿1879(65).

G. 16. — OXYOPOMYRMEX, André. 1881(4).

1 Oculatus, André.

—Oxyopomyrmex oculatus, *André*☿1881(4).

G. 17. — PHEIDOLE, Westwood. 1841(235).

1 Megacephala, Fabricius.

—Formica megacephala, *Fab.* ♃ 1793(49).
— — — *Latr.* ☿♀ 1802(99).
—Myrmica trinodis, *Los.* 1834(115).
—Œcopthora pusilla, *Heer.* ☿ ♃ ♀ nec ♂ 1852(85).
—Myrmica lævigata, *Smith.* ☿ 1854(213).
—Pheidole pusilla, *Mayr.* ☿♃♀ 1861(143).
— — lævigata, *Mayr.*♃ 1862(144).
— — megacephala, *Roger.* 1863(189).
— — pusilla, *Mayr.* 1877(156).

2 Pallidula, Nylander.

—Myrmica megacephala, *Los.* ☿ 1834(115).
— — pallidula, *Nyl.* ☿ 1848(167).
—Œcophthora subdentata, *Mayr.* ☿ ♃ 1852(134).
— — pallidula, *Mayr.*☿♃♀♂ 1855(139).
—Myrmica — *Nyl.* ☿♃♀ 1856(170).
—Pheidole — *Smith.* ☿♃♀♂ 1858(215).
— — megacephala, *Mayr.* ☿ ♃ ♀ ♂ 1861(143).
— — pallidula. *Em.* ☿♃♀♂ 1869(29).
— — — *For.* ☿♃♀♂ 1874(60).
— — megacephala r. pallidula, *Em.* et *Forel.* 1879(42).

Var. megacephalo-pallidula, Emery et Forel

—Pheidole pusilla var. *Mayr.* 1877(156).
— — megacephala r. megacephalo-pallidula, *Em.* et *Forel.* 1879(42).

3 Sinaitica, Mayr.

—Pheidole sinaitica, *Mayr.* ☿♃ 1862(144).
— — jordanica? *de Saulcy.*☿♃1879(194).
— — sinaitica, *André* ♃ 1881(4).

G. 18. — SOLENOPSIS, WESTWOOD. 1841(235).

1 Fugax, LATREILLE.

—Formica fugax, *Latr.* ☿♀♂ 1798(97).
— — — *Latr.* ☿♀♂ 1802(99).
—*Fourmi microscopique, Huber.* 1810(86).
—Myrmica fugax, *Lep.* 1836(105).
— — flavidula, *Nyl.* ☿ 1848(167).
— — fugax, *Schenck.* ☿♀♂ 1852(199).
— — — *Smith.* ☿ 1851(213).
—Diplorhoptrum fugax, *Mayr.* ☿♀♂ 1855(139).
—Myrmica — *Nyl.* ☿♀♂ 1856(170).
—Diplorhoptrum — *Smi.* ☿♀♂ 1858(215).
— — — *Mayr.* ☿♀♂ 1861(143).
—Solenopsis — *Roger.* 1863(189).
— — — *Forel.* ☿♀♂ 1874(60).
— — — *Saun.* ☿♀♂ 1880(195).

2 Orbula. EMERY.

—Solenopsis orbula, *Em.* ☿ 1875(33).
— — *Em.* ♀♂ ?? 1880(39).

G. 19. — CREMASTOGASTER, LUND. 1831(123).

1 Scutellaris, OLIVIER.

—Formica scutellaris, *Ol.* ☿ 1791(171).
— — — *Latr.* ☿ 1798(97).
— — — *Latr.* ☿ 1802(99).
— — hæmatocephala, *Leach.* ☿♀♂ 1826(103).
—Myrmica Rediana, *Gené.* 1842(70).
— — rubriceps, *Nyl.* ☿ 1848(167).
— — algirica, *Lucas.* 1849(122).
—Acrocœlia ruficeps, *Mayr* ☿ 1852(134).
— — Schmidtii. *Mayr.* ☿♀ 1852(134).
—Cremastogaster scutellaris, *Mayr.* ☿♀ 1855(139).
—Myrmica scutellaris, *Nyl.* ☿♀♂ 1856(170).
—Cremastogaster scutellaris, *Mayr.* ☿♀♂ 1861(143).
— — — *Forel.* ☿♀♂ 1874(60).

Var. læstrygon, EMERY.

—Cremastogaster læstrygon, *Em.* ☿ 1869(30).
— — scutellaris r. læstrygon, *Em.* et *Forel.* 1879(42).

Var. Auberti, EMERY.

—Cremastogaster Auberti, *Em.* ☿ 1869(29).
— — scutellaris var. Auberti, *Em.* et *Forel.* 1879(42).

2 Ægyptiaca, MAYR.

—Cremastogaster ægyptiaca, *Mayr.* 1862(144

3 Subdentata, MAYR.

—Cremastogaster subdentata, *Mayr.* ☿ 1877(156

4 Inermis, MAYR.

—Cremastogaster inermis, *Mayr.* ☿ 1862(144
— — — *And.* ☿ 1881(4

5 Sordidula, NYLANDER.

—Myrmica sordidula, *Nyl.* ☿ 1848(167
—Acrocœlia Mayri, *Schmidt.* (in. litt.
— — *Mayr.* ☿ 1853(13
—Cremastogaster sordidula, *Ma.* ☿♀ 1855(139
—Myrmica — *Nyl.* ☿ 1856(170
—Cremastogaster — *Mayr* ☿♀ 1861(143
— — — *Forel.* ♂ 1870(5

G. 20. — PHACOTA, ROGER. 1862(18

1 Sicheli, ROGER.

—Phacota Sicheli, *Roger.* ☿ 1862(18

2ᵉ Tribu. — Cryptoceridæ

G. 21. — STRUMIGENYS, SMITH. 1860(219).

S. G. **TRICHOSCAPA,** EMERY. 1869(29).

1 Membranifera, EMERY.

—Strumigenys (Trichoscapa) membranifer. *Em.* ☿ 1869(29

G. 22. — EPITRITUS, EMERY. 1869(30).

1 Argiolus, EMERY.

—Epitritus argiolus, *Em.* ☿ 1869(3
— — — *Em.* ☿♀ 1875(33

2 Baudueri, EMERY.

—Epitritus Baudueri, *Em.* ☿ 1875(33

8. — Les Guêpes

1re FAM. — VESPIDÆ.

G. I. — VESPA, Linné

1754 (*fauna Suec.* 2e édit.)

1 Crabro, Linné.

—Crabro, *Moufflet.* 1634. (*Théatr.*)
—Crabro vulgaris, *Ray.* 1710 (*Hist. Ins.*)
—Crabro, *Frisch.* 1730(84).
—Le frelon, *Réaumur.* 1742(123).
—Apis thorace nigro, etc., n° 983, *L.* 1746(156).
—Le frelon de la grande espèce, *de Geer.* 1752(89).
—Vespa crabro, *Linné.* 1754 (*f. suec.*).
—Le frelon, *Swammerd.* 1758(279).
—Vespa crabro, *Poda.* 1761(196).
—La guêpe frelon, *Geoff.* 1762(90).
—Vespa crabro, *Scopoli.* 1763(244).
— — *Mueller.* 1764(182).
— — *Schæffer.* 1766(229).
— — *Linné.* 1767(157).
— — *Fabr.* 1775(74).
— — *Harris.* 1776(109).
— — *Fabr.* 1781(75).
— — *Schranck.* 1781(240).
—Vespa crabro major, *Ret.* 1783 (*Gen. sp. Ins.*)
—Vespa crabro, *Fourcr.* 1785(63).
—Vespa crabro, *Petagna.* 1787 (*Sp. Ins. Calab.*)
—Vespa crabro, *Fabr.* 1787(76).
— — *Gmelin,* 1788(98).
— — *de Villiers.* 1789(286).
— — *Rossi.* 1790(208).
— — *Christ.* 1791(37).
— — *Olivier.* 1791(189).
— — *Donovan.* 1792(57).
— — *Fabr.* 1793(77).
— — *Walken.* 1802(288).
— — *Fabr.* 1804(78)
— — *Jur.* 1807(123).
— — *Latr.* 1808(142).
— — *Malinowski.* 1808(169).
— — *Latr.* 1817(143).
—La guêpe frelon, *Cloquet.* 1822(38).
—Vespa crabro, *Lep.* 1836(145).
— — *Imhoff.* 1836(119).
— — *Zett.* 1838(301).
— — *Ratz.* 1844(201).
— — *de Sauss.* 1853(221).
— — *Smith.* 1857(260).
— — *Leuckard.* 1858(149).
— — *Ormerod.* 1859(187).
— — *Schenck.* 1861(234).
— — *Costa.* 1863(42).
— — *Radosk.* 1863(198).
— — *Taschenb.* 1866(280).
— — *Schenk.* 1867(235).
—Vespa crabro, *Kirchner.* 1867(127).
— — *Ormerod.* 1868(188).
— — *van Ankum* 1870(2).
— — *Puton.* 1873 (*Pet. nouv.*)
—Vespa crabro, *Giard.* 1873(91).
— — *Rouget.* 1873(20 9.
— — *Dours.* 1874(*cat*).
— — *Thms.* 1874(282.
— — *Friwald.* 1876(87).
— — *Rudow.* 1876(210).
— — *Dalla Torre* 1877(50).
— — — 1878(49).
— — *Frisch.* 1878(85).
— — *Siebke.* 1880(251).
— — *Schmiedeknecht.* 1881(237).
—Vespa crabro, *Magretti.* 1881(168).
— — *Rudow.* 1881(212).
— — *Saunders.* 1882(228).
— — *Destefani.* 1882(53).
— — *Peragallo.* 1882(192).
— — *Costa.* 1883 (*Geof. Sarda*).

2 Orientalis, Fabricius.

—Vespa turcica, *Drury.* 1773(58).
— — orientalis, *Fabr.* 1775(74).
— — — — 1781(75).
— — — — 1787(76).
— — — *Gmelin.* 1788(98).
— — — *Olivier.* 1791(189).
— — — *Christ.* 1791(208).
— — fusca, *Christ.* 1791(208).

—Vespa orientalis, *Fabr.* 1793(77).
— — ægyptiaca, *Vallot* 1802(284).
— — nilotica, *Vallot.* 1802(284).
— — orientalis, *Fabr.* 1804(78).
— — — *Jur.* 1807(123).
—fig. 1, pl. VII, *Savigny.* 1813(227).
—Vespa orientalis, *Lep.* 1836(145).
— — — *Spin.* 1838(266).
— — — *Mén.* 1849(172).
— — — *de Sauss.* 1853(221).
— — Jurinei, *de Sauss.* 1853(221).
— — orientalis, *Smith.* 1857(260).
— — — *Kirch.* 1867(127).
— — — *Walker* 1871(289).
— — — *Moraw.* 1872(181).
— — — *Costa.* 1875(43).
— — — *Radosk.* 1876(200).
— — — *Destef.* 1882(53).

3 Dybowskii, Radoskowski.

—Vespa Dybowskii; *Radoskowski*, (*in litt.*).

4 Media, de Geer.

—Le frelon moyen, *de Geer.* 1752(89).
—Vespa media, — 1752(89).
— — crabro medius, *Retz* 1783 (*Gen. et sp. insect.*)
—Vespa crabro medius, *de Villiers.* 1789(286).
—Vespa media, *Ol.* 1791(189).
— — *Latr.* 1806(142).
— — — 1817(143).
—Vespa Geeri, *Lep.* 1836(145).
—Vespa media, *de Sauss.* 1853(221).
— — *Smith.* 1857(260).
— — *Schenck.* 1861(234).
— — *Radosk.* 1863(198).
— — *Schenck.* 1867(235).
— — *Kirchner.* 1867(127).
— — *van Ankum.* 1870(2).
— — *Giard.* 1873(91).
— — *Rouget.* 1873(209).
— — *Puton.* 1873 (*Pet. nouv.*).
—Vespa media, *Dours.* 1874(cat.).
— — *Thms.* 1874(282).
— — *Dalla Torre et Kohl.* 1877(50).
—Vespa media, *Dal. Torre* 1878(49).
— — *Frisch.* 1878(85).
— — *Stebhe.* 1880(251).
— — *Schmiedecknecht.* 1881(227).
—Vespa media, *Magretti.* 1881(168).

5 Sylvestris, Scopoli.

—Vespa sylvestris, *Scop.* 1763(244).
— — — *de Vill.* 1789(286).
— — — *Ol.* 1791(189).
— — — *Christ.* 1791(37).
— — holsatica, *Fabr.* 1793(77).
— — frontalis *Lat.* 1802(141).
— — holsatica, *Lat.* 1802(141).
— — — *Fabr.* 1804(78).
— — — *Lat.* 1806(142).
— — — *Lat.* 1817(143).
— — — *Schum.* 1829(241).
— — — — 1830(242).
— — — *Smith.* 1843(255).
— — arbustorum, *Blanchard.* 1845(17).
—Vespa sylvestris, *de Saussure.* 1853(221).
—Vespa sylvestris, *Smith.* 1857(260).
— — pilosella, *Costa.* 1858(41).
— — holsatica, *Schenck* 1861(234).
— — sylvestris, *Giraud.* 1863(93).
— — pilosella, *Costa.* 1863(42).
— — holsatica, *Rados.* 1863(198).
— — sylvestris, — 1863(198).
— — pilosella, *Kirch.* 1867(127).
— — sylvestris, — 1867(127).
— — holsatica, *Schenck.* 1867(235).
— — sylvestris, *Ormer.* 1868(188).
— — — *von Ankum* 1870(2).
— — — *Giard.* 1873(91).
— — — *Rouget.* 1873(209).
— — — *Puton* 1873 (*Pet. nouv.*)
—Vespa sylvestris, *Dours.* 1874 (*cat.*)
— — holsatica, *Th.* 1874(282).
— — — *Rud.* 1876(210).
— — — *Dalla Torre* 1878(49).
— — — *Stebhe.* 1880(251).
— — — *Schmiedechnecht.* 1881(237).
—Vespa holsatica, *Rud.* 1881(212).
— — pilosa, *Costa.* 1881(44).
— — sylvestris, *Saund.* 1882(218).
— — —*Dalla Torre* 1882 (*Thierwelt in Tirol*).

6 Saxonica, Fabricius.

—Vespa norvegica, *Fab.* (variété). 1781(75).
—Vespa norvegica, *Fab.* 1787(76).
— — — *Gmelin.* 1788(98).
— — — *Villiers.* 1789(286).
— — — *Ol.* 1791(189).
— — — *Fab.* 1793(77).
— — saxonica *Fab*(type) 1793(77).

—Vespa saxonica, *Pz.* 1798(190).
— — sexcincta, *Pz.* 1799(190).
— — norvegica, *Pz.* 1801(190).
— — saxonica, *Fab.* 1804(78).
— — norvegica, *Fab.* 1804(78).
— — saxonica, *Jur.* 1807(123).
— — sexcincta, — 1807(123).
— — norvegica,— 1807(123).
— — britannica, *Leach.* 1814(141).
— — — *Strickland.* 1834(277).
— — — *anonyme* 1835(9).
— — vulgaris var. *Lep.* 1836(145).
— — norvegica, *Zett.* 1838(301).
— — borealis, — 1838(301).
— — britannica, *Newm.* 1841(185).
— — — *Smith.* 1843(255).
— — norvegica. — 1852(259).
— — — *de Sauss.* 1853(221).
— — saxonica, — 1853(221).
— — borealis, — 1853(221).
— — norvegica, *Schenck* 1861 (234).
— — saxonica, — 1861(234).
— — tripunctata, — 1861(234).
— — borealis, *Rados.* 1863(198).
— — norvegica, *Rados.* 1863(198).
— — borealis, *Kirch.* 1867(127).
— — norvegica, — 1867(127).
— — saxonica, — 1867(127).
— — — *Sch.* 1867(235).
— — norvegica, *Sch.* 1867(235).
— — britannica, *Ormer.* 1868(188).
— — saxonica, *van Auk* 1870(2).
— — norvegica, *Giard.* 1873(91).
— — saxonica, — 1873(91).
— — — *Puton.* 1873
(*Pet. nouv.*)
— — norvegica, *Puton.* 1873
(*Pet. nouv.*).
—Vespa saxonica, *Thms.* 1874(282).
— — — *Dours.* 1874 (*cat.*)
— — — *Rud.* 1876(210).
— — norvegica, — 1876(210).
— — — *Dalla Torre* 1878(49).
— — saxonica, — 1878(49).
— — norvegica, — 1878(51).
— — saxonica, — 1878(50).
— — — *Mocs.* 1878(174).
— — — *Schoyen* 1880(239).
— — — *Siebke.* 1880(251).
— — — *Schmied.* 1881(237).
— — norvegica, *Rud.* 1881(212).
— — — *Saund.* 1882(218).
— — saxonica *Dal. Torre* 1882
(*Thierw. Tir.*)
— — britannica, *Dale.* 1883(48).

7 Vulgaris, Linné.

—Vespa, *Mouffet.* 1634
(*Theatr.*).
—Vespa sylvestris, *Roy?* 1710
(*Hist. ins.*)
—Vespa. *Frisch.* 1730(84).
—La guèpe, *Reaumur.* 1742(123).
—Vespa sylvestris, *L.* 1758
(*Syst. nat.*)
—La guepe commune, *Geoffroy.*
1762(98).
—Vespa vulgaris, *Scop.* 1763(214).
— — — *Mueller.* 1764(182).
— — — *Schæffer.* 1766(228).
— — — *Linné.* 1767(157).
— — — *Schæffer.* 1770(229).
— — — *Fab.* 1775(74).
— — — *Harris.* 1776(109).
— — — *Schr.* 1781(240).
— — — *Fab.* 1781(75).
— — — *Retz* 1783
(*Gen. et sp. ins.*).
—Vespa vulgaris, *Fourc.* 1785(83).
— — — *Fab.* 1787(76).
— — — *Gmelin.* 1788(98).
— — — *Villers.* 1789(286).
— — — *Rossi.* 1790(208).
— — — *Christ.* 1791(37).
— — — *Ol.* 1791(189).
— — — *Fab.* 1793(77).
— — — *Pz.* 1798(190).
— — — *Cederj.* 1798(34).
— — — *Lam.* 1801(129).
— — — *Valk.* 1802(288).
— — — *Latr.* 1802(141).
— — — *Fab.* 1804(78).
— — — *Schaw.* 1806(245).
— — — *Jur.* 1807(123).
— — — *Lat.* 1808(142).
— — — *Donovan.* 1810(57).
— — — *Lat.* 1817(143).
—Guepe commune, *Cloq.* 1822(38).
—Vespa vulgaris, *Schum.* 1830(242).
— — — *Davis.* 1832(51).
— — — *Newport.* 1836(186).
— — — *Lep.* 1836(145).
— — — *Zet.* 1838(301).
— — — *Smith.* 1843(255).
— — — *Rtz.* 1844(201).
— — — *Blanch.* 1845(17).
— — — *Hogg.* 1849(116).
— — — *Smith.* 1851(258).
— — — — 1852(259).
— — — *de Sauss.* 1853(221).
— — — *Smith.* 1857(260).
— — — — 1858(262).

—Vespa vulgaris, *Vailes.* 1860(287).
— — *Schench.* 1861(234).
— — *Costa.* 1863(42).
— — *Rados.* 1863(198).
— — *Tasch.* 1866(280).
— — *Kirchner* 1867(129).
— — *Schenck.* 1867(225).
— — *Ormerod.* 1868(188).
— — —van *Aukum.* 1870(2).
— — *Giard.* 1873(91).
— — *Rouget.* 1873(209).
— — *Puton.* 1873
(*Pet. nouv.*).
— — *Dours.* 1874(*cat.*)
— — *Thms.* 1874(882)
— — *Rud.* 1876(210).
— — —*Dalla Torre* 1878(49).
— — — 1878(50).
— — *Frisch.* 1878(85).
— — *Schoyen.* 1880(239).
— — *Sieblee.* 1880(251).
— — *Schmied.* 1881(237).
— — *Rud.* 1881(212).
— — *Destef.* 1882(53).
— — *Saund.* 1882(218).
— — *Lubb.* 1883(159).

8 **Germanica**, Fabricius.

—La guêpe à nid souterrain, *Réaum.* 1742(203).
—Apis thorace lineolis, etc., n° 989. *L.* 1746(256).
—La guêpe, *Swamm.* 1758(279).
—Vespa germanica, *Fab.* 1793(77).
— — *Pz.* 1798(190).
— — *Fabr.* 1804(78).
— — *Jur.* 1807(23).
— — *Lep.* 1836(145).
— — vulgaris, *Smith.* 1843(255).
— — — *Blanch.* 1845(17).
— — germanica, *Lacaze Duth.* 1849(71).
—Vespa germanica, *Smith.* 1851(258).
— — — — 1852(259).
— — *de Sauss.* 1853(221).
— — *Smith.* 1857(260).
— — *Leuckard* 1858(149).
— — *Schenck.* 1861(234).
— — — 1867(235).
— — *Kirch.* 1867(127).
— — *Ormerod.* 1868(188).
— — *Moravitz.* 1868(180).
— — —van *Aukum* 1870(2).
— — *Giard.* 1873(91).
— — *Rouget.* 1873(209).
— — *Puton.* 1873
(*Pet. nouv.*)

—Vespa germanica, *Thms.* 1874(282).
— — *Dours.* 1874 (cat.)
— — *Kuwert.* 1875(134).
— — *Perris,* 1876(195).
— — *Friw.* 1876(87).
— — *Rud.* 1876(210).
— — —*Dalla Torre* 1878(49).
— — — 1878(50).
— — *Mocs.* 1878(174).
— — *Frisch.* 1878(85).
— — *Sieblee.* 1880(251).
— — *Rud.* 1881(212).
— — *Schmied.* 1881(237).
— — *Magretti.* 1881(168).
— — *Saund.* 1882(218).
— — *Destef.* 1882(153).
— — *Leuck.* 1883(159).
— — *Costa.* 1883
(*Geof. sarda, II*).

9 **Rufa**, Linné.

—Apis thorace nigro, etc, n° 998, *L.* 1746(156).
—Vespa rufa, *L.* 1758
(*Syst. nat.*)
— — *Mueller.* 1764(182).
— — *L.* 1767(157).
— — *Fab.* 1775(74).
— — *Schr.* 1781(240).
— — *Fab.* 1781(75).
— — — 1787(76).
— — *de Villiers.* 1789(286).
— — *Olivier.* 1791(189).
— — *Christ.* 1791(37).
— — *Fab.* 1793(77).
— — — 1804(73).
— — *Latr.* 1806(142).
— — *Jur.* 1807(123).
— — *Lep.* 1836(45).
— — *Zett.* 1838(301).
— — *Siebold.* 1839(252).
— — *Curtis.* 1840(46).
— — *Smith.* 1843(255).
— — *Blanch.* 1845(17).
— — *Menetrier.* 1848(172).
—Vespa rubra, *Laboulbène.* 1848(135).
—Vespa rufa, *de Sauss.* 1853(221).
— — *Smith.* 1856(261).
— — — 1857(260).
— — *Schenck.* 1861(234).
— — *Radosh.* 1863(198).
— — *Taschenb.* 1866(280).
— — *Schench.* 1867(235).
— — *Kirchner.* 1867(127).
— — *Ormerod.* 1868(188).
— — van *Ankum* 1870(2).

—Vespa rufa, *Giard.* 1873(91).
— — *Rouget.* 1873(209).
— — *Puton.* 1873
(*Pet. nouv.*).
—Vespa rufa, *Thms.* 1874(282).
— — *Dours.* 1874 (cat.)
— — *Rud.* 1876(210).
— — *Dalla Torre* 1878(49).
— — — 1878(50).
— — *Mocs.* 1878(174).
— — *Frisch.* 1878(85).
— — *Siebke.* 1880(251).
— — *Schoyen.* 1880(239).
— — *Magretti.* 1881(168).
— — *Schmied.* 1881(237).
— — *Rud.* 1881(212).
— — *Saund.* 1882(218).
— — *Dalla Torre* 1882
(*Thierw. in Tirol*).

10 Sibirica, NOV. SP.

11 Schrencki, RADOSKOWSKI.

—Vespa Schrencki, *Rad.* 1862(197).

12 Austriaca, PANZER.

—Vespa austriaca, *Panz.* 1799(190).
— — — *Jur.* 1807(123).
— — borealis, *Smith.* 1843(255).
— — arborea, — 1851(258).
— — — *de Sauss.* 1853(221).
— — — *Smith.* 1857(260).
— — media, var. *Smith.*1857(260).
— — rufa, var. *Schenck.*1861(234).
— — austriaca, *Giraud.*1863(93).
— — — *Moraw.* 1864(178).
— — arborea, *Ormerod.*1868(188).
— — — *van Ankum*1870(2).
— — austriaca, *Giard.* 1873(91).
— — — *Thms.* 1874(282).
— — — ?*Rud.* 1876(210).
— — — *Dalla Torre*1878(49).
— — — *Siebke.* 1880(251).
—Pseudovespa austriaca, *Schmied.*
1881(237).
—Vespa arborea, *Saund.* 1882(218).

G. 2. — POLISTES, FABRICIUS
1804(78).

1 Gallicus, LINNÉ.

—Guêpe, *Réaumur.* 1742(203).
— — *Swammerdam.* 1758(279).
—Vespa gallica, *L.* 1758
(*Syst. Nat.*).
—Vespa parietum, *Poda.* 1761(196).
—La guêpe à anneaux bordés de jaune et deux taches jaunes, *Geoff.*
1762(90).
—Vespa parietum, *Scop.* 1763(244).
— — gallica, *Schæffer.* 1766(228).
— — — *L.* 1767(157).
— — biglumis, *L.* 1767(157).
— — rupestris, *L.* 1767(157).
— — biglumis, *Fab.* 1775(74).
— — gallica, *Schranck.*1781(240).
— — — *Fab.* 1781(75).
— — biglumis, *Fab.* 1781(75).
— — bimaculata,*Fourc.*1785(83).
— — gallica, *Fab.* 1787(76).
— — biglumis, *Fab.* 1787(76).
— — gallica, *Gmelin.* 1788(98).
— — — *de Villiers.*1789(286).
— — — *Rossi.* 1790(208).
— — — *Christ.* 1791(37).
— — biglumis, *Christ.* 1791(37).
— — dominula, — 1791(37).
— — nympha, — 1791(37).
— — gallica, *Oliv.* 1791(189).
— — biglumis,— 1791(189).
— — gallica, *Fab.* 1793(77).
— — biglumis,— 1793(77).
— — — *Pz.* 1798(190).
— — gallica, — 1798(190).
— — — *Walke.* 1802(288).
— — — *Latr.* 1802(141).
— — diadema,— 1802(141).
—Polistes gallica, *Fab.* 1804(78).
— — biglumis,— 1804(78).
—Vespa gallica, *Jur.* 1807(123).
— — diadema, — 1807(123).
— — biglumis, — 1807(123).
— — — *Illig.* 1807(118).
—Polistes gallicus, *Latr.* 1808(142).
— — diadema, — 1808(142).
— — gallica, *Spin.* 1809(265).
— — diadema. — 1809(265).
—Vespa gallica, *Disderi.* 1813(56).
—Polistes gallicus, *Latr.* 1818(143).
— — diadema, — 1818(143).
—Vespa arbustorum, *Cloq.*1822(38).
—Polistes pectoralis, *Herr. Sch.*
1830(113).
—Polistes italica,*Herr.Sch*1830(113).
— — gallica, *Guérin.* 1835(104).
— — Lefebvrei, — 1835(104).
— — gallica, *Lep.* 1836(145).
— — Geoffroyi,— 1836(145).
— — diadema, — 1836(145).
— — gallica, *Spin.* 1838(266).
— — diadema, *Evers.* 1844(71).
— — gallica, *Westw.* 1845(300).

—Polistes gallica, *Blanch.* 1845(17).
— — Bucharensis, *Menetrier.* 1849(172).
—Polistes diadema, *Men.* 1849(172).
— — biglumis, *Sauss.*1853(221).
— — gallica, — 1853(221).
— — diadema, — 1853(221).
— — gallicus, *Sichel.* 1854(248).
— — biglumis, *Smith.*1857(260).
— — diadema, — 1857(260).
— — gallicus, — 1857(260).
— — bucharensis,— 1857(260).
— — gallica,*Schenck.*1861(234).
— — diadema, — 1861(234).
— — gallicus, *Sichel.* 1863(250).
— — gallica, *Tasch.* 1866(280).
— — — *Schenck.*1867(235).
— — diadema. — 1867(235).
— — — *Kirch.* 1867(127).
— — gallica, — 1867(127).
— — — *Siebold.* 1871(254).
— — — *Valh.* 1871(289).
— — diadema, *Giard.*1873(91).
— — gallica, — 1873(91).
— — gallicus, *Rouget.*1873(209).
— — diadema, — 1873(209).
— — — var. Geoffroyi, *Rouget.* 1873(209).
—Polistes diadema, *Puton.*1873 (*Pet. nouv.*).
—Polistes gallica, *Puton.* 1873 (*Pet. nouv.*).
—Polistes biglumis, *Thms.*1874(282).
— — gallicus, *Dours.* 1874(*cat.*)
— — gallica, *Saund.* 1875(216).
— — diadema, *Rud.* 1876(220).
— — gallica, — 1876(240).
— — gallicus, *Friw.* 1876(87).
— — gallica, *Dal Tor.*1878(49).
— — diadema, — 1878(49).
— — — — 1878(50).
— — gallica, — 1878(50).
— — — *Frisch.* 1878(85).
— — — *Moes.* 1878(174).
— — gallicus, — 1879(175).
— — biglumis, *Sieblke.*1880(251).
— — gallica, *Magretti.*1881(168).
— — — *Gibodo.* 1881(103).
— — — *Rud.* 1881(212).
— — — *Dal. Tor.*1882 (*Thiei w. in Tirol*).
—Polistes gallica, *Costa.* 1182(45).
— — — *Destef.* 1882(53).
— — biglumis, — 1883(53).
— — gallica, *Costa.* 1883 (*Geof. Sarda*).
—Polistes gallica, *Lubb.* 1883(159).
— — gallicus, var. tunetanus, *Gribodo* (in litt.).

2° FAM. — EUMENIDÆ

G. 1. — RAPHIGLOSSA, SAUNDERS 1851(213).

1 Eumenoïdes, SAUNDERS.

—Raphiglossa, eumenoïdes, *Saund.* 1851(213).
—Raphiglossa eumenoïdes, *Sauss.* 1852(219).
—Raphiglossa eumenoïdes, *Smith.* 1857(262).
—Raphiglossa eumenoïdes, *Kirch.* 1867(127).
—Raphiglossa eumenoïdes, *Saund.* 1873(215).

2 Zethoïdes, SAUSSURE.

—Raphiglossa zethoïdes, *Saussure.* 1852(219).
—Raphiglossa zethoïdes, *Smith.* 1857(262).

3 Filiformis, SAUSSURE.

—Raphiglossa filiformis, *Saussure.* 1852(219).
—Raphiglossa filiformis, *Smith.* 1857(262).

4 Symmorpha, SAUSSURE.

—Raphiglossa symmorpha, *Sauss.* 1854(224).
—Raphiglossa symmorpha, *Smith.* 1857(262).

G. 2. — PSILIGLOSSA, SAUNDERS

1 Odyneroïdes.

—Raphiglossa odyneroïdes, *Saund.* 1851(213).
—Stenoglossa odyneroïdes, *Saussure.* 1852(219).
—Stenoglossa odyneroïdes, *Smith.* 1857(262).

—Stenoglossa odyneroïdes, *Kirchner* 1867(127).
—Psiliglossa odyneroïdes, *Saunders*. 1873(215).

G. 3. — DISCŒLIUS, LATREILLE 1808(142)

1 Zonalis, PANZER.

—Vespa zonalis, *Panz.* 1800(190).
—Eumenes zonalis, *Spin.* 1806(265).
—Discœlius zonalis, *Latr.* 1808(142).
— — — *Audouin.* 1840(12).
— — — *Lep.* 1841(145).
— — — *Sauss.* 1852(219).
— — — *Smith.* 1857(262).
— — — *Schenck.* 1861(234).
— — — — 1867(235).
— — — *Kirch.* 1867(127).
— — — *Thms.* 1874(282).
— — zonatus, *Dours.* 1874(cat.)
— — zonalis, *Rud.* 1876(210).
— — — *Dal.Tor.* 1878(49).
— — — *Frisch.* 1878(85).
— — — *Siebke.* 1880(251).

2 Dufourii, LEPELETIER.

—Discœlius Dufourii, *Lep.* 1841(145).
— — — *Sauss.* 1852(219).
— — — *Smith.* 1857(262).
— — — *Kirch.* 1867(127).

G. 4. — EUMENES, FABRICIUS 1804(78)

1 Esuriens, FABRICIUS.

—Vespa esuriens, *Fab.* 1787(76).
— — — *Oliv.* 1791(189).
— — pediculata, — 1791(189).
— — esuriens, *Fab.* 1804(78).
—Eumenes esuriens, *Fab.* 1804(78).
—fig. 6. pl. VIII, *Savigny.* 1813(227).
—Eumenes esuriens, *Sauss.* 1852(219).
— — gracilis, *Sauss.* 1852(219).
— — elegans, — 1852(219).
— — Urvillei, — 1852(219).
— — campaniformis— 1852(219).
— — elegans, *Smith.* 1857(262).
— — gracilis, *Costa.* 1875(43).
— — Wagæ, *Radosh.* 1876(200).

2 Nigra, BRULLÉ.

—fig. 3, pl. VIII, *Savigny.* 1813(227).
—Eumenes nigra, *Brullé.* 1836(29).
— — — *Sauss.* 1852(219).
—Eumenes nigra, *Smith.* 1857(262).
— — — *Walk.* 1871(289).
— — — *Rados.* 1876(200).

3 Tabidus, EVERSMANN.

—Eumenes tabida, *Ev.* 1854 (*faun. v. ur.*).
—Eumenes tabida, *Rados.* 1865(199).
— — — *Kirch.* 1867(127).

4 Sicheli, SAUSSURE.

—Eumenes Sicheli, *Sauss.* 1852(219).
— — — *Smith.* 1857(262).
— — — *Rados.* 1865(199).
— — — *Kirch.* 1867(127).

5 Arbustorum, PANZER.

—Eumenes arbustorum, *Pz.* 1799(190).
— — dimidiatus, *Brullé* 1832(28).
— — Amedœi, *Lep.* 1841(145).
— — Friwaldskyi, *H.Sch* 1842(113).
— — Amedœi, *Lucas.* 1849(161).
— — — *Sauss.* 1852(219).
— — dimidiatus, — 1854(224).
— — tauricus, — 1854(224).
— — dimidiata, *Smith.* 1857(262).
— — taurica, — 1857(262).
— — dimidiatus, *Schen.* 1861(234).
— — — *Giraud* 1863(93).
— — Amedœi, *Costa.* 1863(42).
— — dimidiatus, *Kirch.* 1867(127).
— — taurica, — 1867(127).
— — dimidiata, *Moraw.* 1867(180).
— — Amedœi, *Dours.* 1874(cat).
— — dimidiatus, *Rud.* 1876(210).
— — — *Dal.Torre* 1878(49).
— — — *Mocs.* 1879(175).
— — arbustorum, *Kriec.* 1879(130).
— — dimidiatus, *Magr.* 1881(168).
— — Amedœi, *Destef.* 1882(53).
— — dimidiatus, *Lich.* 1883(155).
— — Amedœi, *Lucas.* 1883(164).
— — arbustorum, *Costa* 1884 (*Geof. Sard. III*).

6 Laminata, KRIECHBAUMER.

—Eumenes arbustorum, *Herr Sch.* 1830(113).
—Eumenes laminata, *Kriechbaumer.* 1879(130).

7 Fulvus, EVERSMANN.

—Eumenes fulva, *Evers.* 1854 (*Faun. volg. ural.*)
—Eumenes fulva, *Rados.* 1865(219).

8 Bipunctis, SAUSSURE.

—Eumenes bipunctis, *Saus.* 1852(219).
— — — *Smith.* 1857(262).
— — bipunctatus, *Dal. Torre* 1878(49).
—Eumenes bipunctis, *Kirchner.* 1867(127).

9 Baeri, RADOSKOWSKI.

—Eumenes Baeri, *Rados.* 1865(199).
— — dimidiatus, *Moraw.* 1872(181).
— — Baeri, *Rados.* 1876(200).

10 Picteti, SAUSSURE.

—Eumenes Picteti, *Sauss.* 1852(219).
— — — *Smith.* 1857(262).
— — — *Kirch.* 1867(127).

11 Tinctor, CHRIST.

—Sphex tinctor, *Christ.* 1791(37).
—fig. 4, pl. VIII, *Savigny.* 1813(227).
—Eumenes Savignyi, *Guér.* 1835(104).
— — — *Spin.* 1839(266).
— — tinctor, *Sauss.* 1852(219).
— — — *Smith.* 1857(262).
— — — *Gerst.* 1857 (*Hym. Moz.*).
—Eumenes tinctor, *Smith.* 1870 (*Hym. îles Sonde*).
—Eumenes tinctor, *Costa.* 1875(43).
— — — *Rados.* 1876(200).
— — — *Gribodo* 1880 (*Hym. Scioa*).
—Eumenes tinctor, *Rados.* 1881 (*Hym. Angola*).
—Eumenes tinctor, *Girard.* 1881 (*Hym. Angola*).

12 Dimidiatipennis, SAUSSURE.

—fig. 5, pl. VIII, *Savigny.* 1813(227).
—Eumenes dimidiatipennis, *Sauss.* 1852(219).
—Eumenes dimidiatipennis, *Smith.* 1857(262).
—Eumenes dimidiatipennis, *Costa.* 1875(43).
—Eumenes dimidiatipennis, *Rados.* 1876(200).

13 Lepeletieri, SAUSSURE.

—Eumenes Lepeletieri, *Saussure.* 1852(219).
—Eumenes formosa, *Sauss.* 1852(219).
— — Lepeletieri, *Smith* 1857(262).
— — — *Rados* 1876(200).
— — — — 1881 (*Hym. Angola*).

14 Unguiculus, VILLIERS.

—Vespa unguicula, *Vill.* 1789(286).
— — coangustata, *Rossi.* 1790(208).
— — infundibuliformis, *Ol.* 1791(189).
—Sphex cursor, *Christ.* 1791(37).
— — lapicida, — 1791(37).
— — coarctata, — 1791(37).
—Eumenes coangustata, *Spinola.* 1806(265).
—Eumenes coangustata *Lat* 1817(143).
— — — *Spin.* 1838(266).
— — Olivieri, *Lep.* 1841(145).
— — infundibuliformis, *Perris.* 1849(193).
—Eumenes infundibuliformis, *Perris.* 1851(194).
—Eumenes coangustata, *Saussure.* 1852(219).
—Eumenes Huberti, *Sauss.* 1852(219).
— — unguiculus, — 1854(224).
— — Huberti, *Smith.* 1857(262).
— — unguicula, — 1857(262).
— — cursor, — 1857(262).
— — dumetorum, *Imhoff.* 1863(121).
—Eumenes infundibuliformis, *Costa.* 1863(42).
—Eumenes coangustata, *Rados.* 1865(199).
—Eumenes unguicula, *Kir.* 1867(127).
— — Huberti, — 1867(127).
— — unguiculus, *Mor.* 1868(180).
— — coangustatus, *Dours* 1874(*cat.*)
— — Huberti, — 1874(*cat.*)
— — coangustatus, *Friw.* 1876(87).
— — cursor, *Marquet.* 1876(170).
— — coangustatus, *Marquet.* 1876(170).
—Eumenes unguiculatus, *Dal. Torre* 1878(49).
—Eumenes unguicula, *Magretti.* 1881(168).
—Eumenes unguiculus, *Destef.* 1882(53).

15 Tripunctatus, CHRIST.

—Sphex tripunctata, *Christ.* 1791(37).
—Vespa trimaculata, *Web.* 1805 (*Obs. ent.*).
—Eumenes venusta, *Fisch.* 1843(82).
— — tripunctatus, *Saussure.* 1854(224).
—Eumenes tripunctata, *Smith.* 1857(262).
—Eumenes tripunctata, *Radosk.* 1865(199).

—Eumenes tripunctata, *Kirchner*. 1867(127).

16 Obscurus, N. SP.

17 Sareptanus, N. SP.

18 Mediterraneus, KRIECHBAUMER

—Eumenes mediterraneus, *Kriechb.* 1879(130).

19 Pomiformis.

—Vespa coarctata ? *Frisch.* 1730(84).
— — — — *Poda.* 1761(196).
— — — — *Scop.* 1763(244).
—La guêpe à premier anneau du ventre en poire et le deuxième en cloche, *Geoffroy.* 1764(90).
—La guêpe a premier anneau du ventre en poire et cinq bandes jaunes, *Geoffroy.* 1764(90).
—La guêpe à premier anneau du ventre en poire et trois bandes jaunes; *Geoffroy.* 1764(90).
—Vespa viatica ? *Fab.* 1775(74).
— — coarctata, *Schr.* 1781(240).
— — pomiformis, *Fab.* 1781(75).
— — coarctata, *Fourc.* 1785(83).
— — infundibuliformis, — 1785(83).
— — globulosa, — 1785(83).
— — pomiformis, *Fab.* 1787(76).
— — — *Gmel.* 1788(98).
— — histrio, *Villiers.* 1789(286).
— — lunulata, — 1789(286).
— — pomiformis, — 1789(286).
— — — *Rossi.* 1790(208).
— — — *Olivier.* 1790(189).
— — histrio — 1790(149).
—Sphex annularts, *Christ.* 1791(37).
— — viatica, — 1791(37).
— — papillaria, — 1791(37).
—Vespa pomiformis, *Fab* 1793(77).
— — — *Pz.* 1799(190).
— — pedunculata, — 1799(190).
— — dumetorum, — 1799(190).
— — coarctata, *Walk.* 1802(288).
—Eumenes pomiformis, *Fab* 1804(78).
— — atricornis, — 1804(78).
— — lunulata, — 1804(78).
— — pomiformis, *Spin.* 1806(265).
— — — *Jur.* 1807(123).
— — lunulata, — 1807(123).
— — pedunculata, — 1807(123).
— — pomiformis, *Lat.* 1808(142).
—fig. 7, pl. VIII, *Savigny.* 1813(227).
—Eumenes pomiformis, *Sp.* 1838(266).
— — — *Lep.* 1841(145).
— — — *Blanch.* 1845(17).
— — — *Lucas.* 1849(61).
— — — *Sauss.* 1852(219).
—Eumenes dubia, *Sauss.* 1852(219).
— — pomiformis, *Smith.* 1857(262).
— — dubia, — 1857(262).
— — pomiformis, *Schenc.* 1861(234).
— — — *Rados.* 1865(199).
— — — *Tasch.* 1866(280).
— — — *Kirch.* 1867(217).
— — dubia, — 1867(217).
— — pomiformis, *Schenck.* 1867(235).
— — — *Walk.* 1871(289).
— — atricornis, *Thms* 1874(282).
— — pomiformis, *Dours.* 1874(*cat.*)
— — — *Rados.* 1876(200).
— — — *Rudow.* 1876(210).
— — — *Mocs.* 1877(173).
— — — *Dal. Tor.* 1878(49).
— — — *Frisch.* 1878(85).
— — — *Ritzema.* 1879(204).
— — — *Girard.* 1879(*ent.*)
— — — *Siebke.* 1880(251).
— — — *Gribodo.* 1881(103).
— — — *Magretti.* 1881(168).
— — — *Destef.* 1882(53).

20 Coarctatus, LINNÉ.

—Vespa coarctata, *Linné.* 1754 (*faun. suec.*).
—Vespa coarctata, *Linné.* 1761 (*Syst. nat.*)
—Vespa coarctata. *Fab.* 1775(74).
— — — — 1781(75).
— — — — 1787(76).
— — — *Gmelin.* 1788(98).
— — — *Villiers.* 1789(286).
— — — *Olivier.* 1791(189).
— — — *Fab.* 1793(77).
— — — *Panzer.* 1799(190).
— — coronata. — 1799(190).
—Eumenes coarctata, *Fab.* 1804(78)
— — — *Spin.* 1806(265).
—Vespa coarctata, *Jur.* 1807(123).
—Eumenes coarctata, *Lat.* 1817(143).
— — — *Brullé.* 1832(28).
— — — *Spin.* 1838(266).
— — — *Goureau.* 1839(100).
— — — *Vestw.* 1840(299).
— — pomiformis ex parte, *Lep.* 1841(145).
—Vespa coarctata, *Ratz.* 1844(201).
—Eumenes costata *Luciani* 1845(165).
— — coarctata, *Vallot.* 1851(285).
— — coarctatus. *Sauss.* 1852(219).
— — coarctata, *Kawall.* 1856 (*Hym. Courl.*).
—Eumenes coarctata *Smith* 1857(260).
— — — — 1857(262).

—Eumenes coarctata, *Sch.* 1861(234).
— — — *Costa.* 1863(42).
— — — *Rados.* 1865(199).
— — — *Schenck* 1867(235).
— — — *Kirch.* 1862(127).
— — coarctatus, *Moraw.* 1868(180).
— — — — 1872(181).
— — coarctata, *Thms.* 1874(282).
— — coarctatus, *Dours.* 1874(*cat.*)
— — marginellus, — 1874(*cat.*)
— — coarctata, *Costa.* 1875(43).
— — coarctatus, *Marquet* 1876(170).
— — — *Friw.* 1876(87).
— — coarctata, *Mocsary.* 1878(174).
— — coarctatus, *Dal. Tor* 1878(49).
— — coarctata, *Frisch.* 1878(85).
— — coarctatus, *Ritzema* 1879(204).
— — coarctata, *Siebke.* 1880(251).
— — — *Costa.* 1882(45).
— — coarctatus, *Destef.* 1882(53)
— — coarctata, *Costa.* 1883 (*Geof. Sard. II*).

21 Bimaculatus, n. sp.

22 Bispinosus, Morawitz.

—Eumenes bispinosus, *Mor.* 1885 (*Eum. sp. nov.*).

G. 5. — SYNAGRIS, Fabricius 1804(78).

1 Micelii, Gribodo, in litt.

G. 6. — MICRAGRIS, Saussure 1854(224).

1 Spinolæ, Saussure.

—Synagris (Micragris) Spinolæ, *Saus.* 1854(224).
—Synagris Spinolæ, *Smith.* 1857(262).
— — — *Sauss.* 1863(222).
— — — *Kirchner* 1867(127).

G. 7. — RHYGCHIUM, Spinola 1806(265)

1 Oculatum, Fabricius.

—Vespa oculata, *Fabr.* 1781(75).
— — — *Fabr.* 1787(76).
— — — *Villiers.* 1789(286).
— — — *Rossi.* 1790(208).
— — — *Olivier.* 1791(189).
— — — *Fabr.* 1793(77).
— — marginella, *Fabr.* 1793(77).
— — oculata, *Fabr.* 1804(78).
— — marginella, *Fabr.* 1804(78).
—Rygchium europæum, *Sp.* 1803(265).
— — — *Latr.* 1809(142).
— fig. 10, pl. IX. *Savigny.* 1813(227).
— Rygchium oculatum, *Germar*, 1831 (*faun. eur.*)
—Rygchium oculatum, *Lep.* 1841(145).
— — Lefebvrei, *Lep.* 1841(145).
— — oculatum, *Saus.* 1852(219).
—Rhynchium oculatum, *Ss.* 1854(224).
— — — *Sm.* 1857(262).
—Rygchium — *Kirchn.* 1867(127).
— — — *Walker.* 1871(289).
— — — *Dours.* 1874(82).
— — — *Destef.* 1882(53).
— — — *Costa.* 1883 (*Geof. Sard. II*)

2 Cyanopterum, Saussure.

—Rygchium Cyanopterum, *Saussure.* 1852(219).
—Rygchium cyanopterum, *Smith.* 1854(224).
—Rygchium cyanopterum, *Walker.* 1871(289).

G. 8. — ODYNERUS, Latreille 1802 (*Hist. nat. des Ins.*)

I. GROUPE DE O. MURARIUS

Symmorphus, *Sauss.* 1852(219).
Protodynerus, *Sauss.* 1854(224).

1 Murarius, Linné.

—Vespa muraria; *Linné.* 1754 (*f. succ.*)
—Vespa muraria, *Linné.* 1758(*s. n.*)
— — — *Gmelin.* 1788(98).
— — — *Wesm.* 1837(295).
—Odynerus crassicornis, *Saussure.* 1852(219).
—Odynerus murarius, *Saussure.* 1854(224).
—Odynerus muraria, *Duméril.* 1857(68).
—Odynerus murarius, *Smith.* 1855(262).
—Odynerus murarius, *Schenck.* 1861(234).
—Odynerus murarius, *Morawitz.* 1867(179).
—Odynerus murarius, *Kirchner.* 1867(127).
—Odynerus murarius, *Thomson.* 1874(282).
—Symmorphus murarius, *Rudow.* 1876(210).

—Odynerus murarius, Frisch. 1878(85).
—Odynerus murarius, Siebke. 1880(251).

2 Nidulator, Saussure.

—Odynerus nidulator, Saus. 1854(224).
— — — Smith. 1857(262).
— — — Kirch. 1867(127).
— — — Dours. 1874(cat.)

3 Elegans, Wesmael.

—Odynerus gracilis, Brullé ? 1832(28).
—Symmorphus elegans, Wesmael. 1833(292).
—Odynorus elegans, Spin. 1839(267).
— — — Lep. 1841(145).
— — gracilis, Sauss. 1852(219).
— — elegans, — 1852(219).
— — — — 1854(224).
— — gracilis, Smith. 1857(262).
— — elegans, — 1857(262).
— — — Schenck 1861(234).
— — — — 1867(235).
— — — Kirch. 1867(27(.
— — gracilis, — 1867(27).
— — elegans, Thms. 1874(282).
— — — Dours. 1874(cat.)
—Symmorphus— Rud. 1876(210).
— — — Dal.Tor. 1878(49).
— — gracilis, — 1878(49).
—Odynerus elegans, Siebke 1880(251).

4 Sinuatus, Fabricius.

—Vespa sinuata, Fab. 1793(77).
— — — — 1804(78).
—Odynerus bifasciatus, Spinola. 1806(265).
—Symmorphus bifasciatus, Wesmaël. 1833(292).
—Odynerus bifasciatus, Lepeletier. 1841(145).
—Odynerus bifasciatus, Saussure. 1852(219).
—Odynerus sinuatus, Saus 1854(224).
— — — Smith. 1857(262).
— — — Schenck 1861(234).
— — — — 1867(235).
— — — Kirch. 1867)217).
— — — Dours. 1874(cat.)
—Symmorphus sinuatus, Rudow. 1876(210).
—Symmorphus sinuatus, Dal. Torre 1878(49).

5 Bifasciatus, Linné.

—Vespa bifasciata, Linné. 1754 (f. suec.)
—Vespa bifasciata, Linné. 1758(s. n.)
— — — Christ. 1790(37).
— — — Rossi. 1790(208).
— — — Olivier. 1791(189).
— — — Fab. 1793(77).
— — minuta, — 1793(77).
— — bifasciata, — 1801(78).
— — minuta, — 1804(78).
—Odynerus bifasciatus, Spinola. 1806(265).
—Odynerus bifasciatus, Wesmael. 1833 292).
—Odynerus bifasciatus, Zetterstedt. 1838(301).
—Odynerus angustatus, Zetterstedt. 1838(301).
—Odynerus angustatus, Lepeletier. 1841(145).
—Odynerus angustatus, Saussure. 1852(219).
—Odynerus bifasciatus, Smith. 1857(262).
—Odynerus bifasciatus, Schenck. 1861(234(.
—Odynerus bifasciatus, Costa. 1863(42).
—Odynerus bifasciatus, Morawitz. 1867(179).
—Odynerus bifasciatus, Schenck. 1867(235).
—Odynerus bifasciatus, Kirchner. 1867(127).
—Odynerus bifasciatus, Dours. 1874(cat.)
—Odynerus angustatus, Thomson. 1874(282).
—Symmorphus bifasciatus, Rudow. 1876(210).
—Symmorphus bifasciatus, Dal. Tor. 1878(49).
—Odynerus angustatus, Siebke. 1880(251).
—Odynerus bifasciatus, Siebke. 1880(251).

6 Debilitatus, Saussure.

—Odynerus debilitatus, Saussure. 1854(224).
—Odynerus debilitatus, Smith. 1857(262).
—Odynerus debilitatus, Schenck. 1864(234).
—Odynerus debilitatus, Schenck. 1867(235).

—Odynerus debilitatus, *Kirchner.* 1867(127).

—Symmorphus debilitatus, *Rudow.* 1878(210).

—Symmorphus debilitatus, *Dal. Tor.* 1878(49).

7 Suecicus, Saussure.

—Odynerus suecicus, *Sauss.* 1854(224).
— — — *Smith.* 1857(262).
— — — *Kirch.* 1867(127).
— — lœviventris, *Thms* 1874(282).

8 Herrichianus, Saussure.

—Odynerus herrichianus, *Saussure.* 1854(224).

—Odynerus herrichianus, *Smith.* 1857(262).

—Odynerus herrichianus, *Schenck.* 1861(234).

—Odynerus herrichianus, *Kirchner.* 1867(127).

—Symmorphus herrichianus, *Rudow.* 1876(210).

9 Allobrogus, Saussure.

—Odynerus allobrogus, *Saussure.* 1854(224).

—Odyuerus allobrogus, *Smith.* 1857(262).

—Odynerus allobrogus, *Schenck.* 1861(234).

—Odynerus allobrogus, *Giraud.* 1863(93).

—Odynerus allobrogus, *Morawitz.* 1867(179).

—Odynerus allobrogus, *Kirchner.* 1867(127).

—Odynerus allobrogus, *Dours.* 1874(*cat*).

—Odynerus bifasciatus, *Thomson.* 1874(282).

—Symmorphus allobrogus, *Dal. Tor.* 1878(49).

10 Fuscipes, Herrich Schæffer.

—Odynerus fuscipes *H.Sch.* 1840(113).
— — — *Sauss.* 1854(224).
— — — *Smith.* 1857(262).
— — — *Schenck.* 1861(234).
— — — *Kirch.* 1867(127).
— — — *Thms.* 1874(282).

—Symmorphus fuscipes, *Rudow.* 1876(210).

—Symmorphus fuscipes, *Dalla Torre.* 1878(49).

11 Crassicornis, Panzer.

—Guêpe solitaire, *Réaum.* 1752(202).
—Vespa muraria, *Scop.* 1763(244).
— — crassicornis, *Panz.* 1798(190).
— — parietum. *Fab.* 1804(78).
—Odynerus — *Spin.* 1806(265).

—Symmorphus crassicornis, *Wesm.* 1833(292).

—Odynerus alternans, *Zetterstedt.* 1833(301).

—Odynerus crassicornis *Lep* 1841(145)
— — — *Sauss.* 1852(219).
— — — — 1854(224).
— — arlicus, *Sauss.* 1854(224).
— — crassicornis, *Smith.* 1857(262).
— — arcticus, — 1857(262).
— — crassicornis *Schenck* 1861(234).
— — — *Giraud.* 1863(93).
— — — *Costa.* 1863(42).

—Symmorphus crassicornis. *Tasch.* 1866(280).

—Odynerus crassicornis, *Schenck.* 1867(235).

—Odynerus crassicornis, *Kirchner.* 1867(127).

—Odynerus crassicornis, *Morawitz.* 1867(179).

—Odynerus arcticus, *Kirch* 1867(127).

—Odynerus crassicornis, *Thomson.* 1874(282).

—Odynerus crassicornis, *Dours.* 1874(*cat.*)

—Odynerus crassicornis, *Licht.* 1875(154).

—Symmorphus crassicornis, *Rud.* 1876(210).

—Symmorphus parietum, *DallaTorre* 1878(49).

—Odynerus crassicornis, *Frisch.* 1878(85).

—Odynerus crassicornis, *Destef.* 1882(53).

II. GROUPE DE L'O. PARIETUM

Ancistrocerus. *Sauss.* 1852(219) 1854(224)

12 Rhodensis, Saussure.

—Odynerus rhodensis, *Saussure* 1854(224).

—Odynerus rhodensis, *Smith.* 1857(262).

13 Ægyptiacus, SAUSSURE.

—Odynerus ægyptiacus, *Saussure.* 1863(222).

14 Atropos, LEPELETIER.

—Odynerus atropos, *Lep.* 1841(145).
— — — *Lucas.* 1849(161).
— — — *Sauss.* 1852(219).
— — — — 1854(224).
— — — *Smith.* 1857(262).
— — — *Dours.* 1874(*cat.*)

15 Turca, SAUSSURE.

—Odynerus turca, *Sauss.* 1863(222).

16 Pharao, SAUSSURE.

—Odynerus pharao, *Sauss.* 1863(222).

17 Jucundus, MOCSARY.

—Odynerus jucundus, *Moc.* 1883 (*Hym. nov.*)

18 Lobatus, ANDRÉ.

—Odynerus lobatus, *André.* 1883(1).

19 Komarowi, MORAWITZ.

—Encistrocerus Komarowi, *Mor.* 1885 (*Eum. sp. nov.*)

20 Transitorius, MORAWITZ.

—Odynerus transitorius, *Morawitz.* 1867(179).

21 Antilope, PANZER.

—Vespa antilope, *Panz.* 1798(190).
—Odynerus biglumis, *Spin.* 1806(265).
— — antilope, *Wesm.* 1833(292).
— — — *Wesm.* 1835(297).
— — — *Lep.* 1841(145).
— — — *Sauss.* 1852(219).
— — — *Smith.* 1857(262).
— — — *Schenck* 1861(234).
— — — *Costa.* 1863(42).
— — — *Tasch.* 1866(280).
— — — *Moraw.* 1867(179).
— — — *Kirch.* 1867(127).
— — — *Dours.* 1874(*cat.*)

—Ancistrocerus antilope, *Thomson.* 1874(282).

—Ancistrocerus antilope, *Rudow.* 1876(210).

—Odynerus antilope, *Frisch* 1878(85).

—Ancistrocerus antilope, *Dal. Torre.* 1878(49).

—Ancistrocerus antilope, *Siebke.* 1880(251).

22 Ebusianus, LICHTENSTEIN. in litt.

23 Viduus, HERRICH SCHÆFFER.

—Odynerus viduus, *H. Sch.* 1840(113).
— — — *Sauss.* 1854(224).
— — — *Smith.* 1857(262).
— — — *Kirch.* 1867(127).

—Ancistrocerus viduus, *Dal. Torre.* 1878(49).

24 Trimarginatus, ZETTERSTEDT.

—Odynerus trimarginatus, *Zetters* 1838(301).

—Odynerus trimarginatus, *Smith.* 1857(262).

—Odynerus trimarginatus, *Schenck.* 1857(235).

—Odynerus trimarginatus, *Schenck.* 1861(234).

—Odynerus trimarginatus, *Kirchner* 1867(127).

—Odynerus trimarginatus, *Moraw.* 1867(179).

—Odynerus trimarginatus, *Walk.* 1871(289).

—Ancistrocerus trimarginatus, *Thms.* 1874(282).

—Ancistrocerus trimarginatus, *Rud.* 1876(210).

—Ancistrocerus trimarginatus, *D. Tor.* 1878(49).

—Ancistrocerus trimarginatus, *Siebke* 1880(251).

25 Impunctatus, SPINOLA.

—Odynerus impunctatus, *Spinola.* 1838(266).

—Odynerus impunctatus, *Saussure.* 1854(224).

—Odynerus impunctatus, *Smith.* 1857(262).

26 Biphaleratus, SAUSSURE.

—Odynerus biphaleratus, *Saussure.* 1852(219).

—Odynerus biphaleratus, *Saussure.* 1854(224).

—Odynerus biphaleratus, *Smith,* 1857(262).

—Odynerus biphaleratus, *Radosk.* 1876(200).

27 Excisus, THOMSON.

—Ancistrocerus excisus, *Thomson.* 1874(282).

28 Sulcatus, ANDRÉ.

—Odynerus sulcatus, *And.* 1883(1).

29 Callosus, THOMSON.

—Ancistrocerus callosus, *Thomson.* 1874(282).

—Ancistrocerus callosus, *Stebhc.* 1880(251).

30 Gazella, PANZER.

—Vespa gazella, *Pz.* 1798(190).

—Odynerus gazella, *Sauss.* 1854(224).

— — — *Smith.* 1857(262)

— — — *Kirch.* 1867(127).

— — — *Dours.* 1874(*cat.*)

—Ancistrocerus gazella, *Thomson.* 1874(282).

—Odynerus trifasciatus, *Rudow.* 1876(210).

31 Pictus, CURTIS.

—Odynerus pictus, *Curtis.* 1825 (*Brit. Ent.*)

—Odynerus constans, *Herr. Schæff.* 1840(113).

—Ancistrocerus pictus, *Smith* 1851 (*Cat. Br. Ins.*).

—Odynerus pictus, *Sauss.* 1854(224).

— — — *Smith.* 1857(262).

— — — *Schen.* 1861(234).

— — — *Kirch.* 1867(127).

— — — *Dours.* 1874(*cat.*)

—Ancistrocerus pictus, *Rudow.* 1876(210).

32 Parietum, LINNÉ.

—Apis nigra, etc. n° 990, *L.* 1746(156).

—Vespa parietum, *L.* 1748 (*Syst. Nat.*)

—Vespa parietina, *L.* 1754 (*f. succ.*)

—La guêpe a cinq bandes jaunes sur le ventre, la première éloignée des autres, *Geoff.* 1762(90).

—Vespa prima, *Schæffer.* 1766(229).

— — secunda, — 1766(229).

— — trifasciata, *Fab.* 1787(76).

— — parietum, *Villiers.* 1789(286).

— — — *Christ.* 1790(37).

— — 6-punctata, — 1790(37).

— — yuncea, — 1790(37).

— — æneipennis, — 1790(37).

—Vespa parietum, *Rossi.* 1790(208).

— — 6-fasciata, — 1790(208).

— — 3-fasciata, *Olivier.* 1791(189).

— — 6-fasciata, — 1791(189).

— — parietum, — 1791(189).

— — aucta, *Fab.* 1793(77).

— — emarginata, *Fab* 1793(77).

— — 6-fasciata, — 1793(77).

— — 3-fasciata, — 1793(77).

— — 4-cincta, — 1793(77).

— — parietina, — 1793(77).

— — parietina, *Panzer.* 1798(190).

— — parietum, — 1798(190).

— — quadrata, — 1799(190).

— — sexcincta, *Schranck* 1800 (*fauna boica*).

—Vespa sexfasciata, *Schr.* 1800 (*fauna boica*).

—Vespa parietina, *Schr.* 1800 (*fauna boica*).

—Vespa aucta, *Pz.* 1801(190).

— — parietum, *Walken.* 1802(288).

— — emarginata, — 1802(188).

— — 3-fasciata, *Fabr.* 1804(78).

— — 4-cincta, — 1804(78).

— — aucta, — 1804(78).

— — emarginata, — 1804(78).

— — 6-fasciata, — 1804(78).

— — parietina, — 1804(78).

—Odynerus Geoffroyanus, *Spinola.* 1806(265).

—Odynerus parietum, *Spin.* 1806(265).

— — 3-fasciatus, — 1806(265).

—Desc. de l'Egypte, pl. IX, *Savigny.* 1813(227).

—Odynerus parietum *Wesm* 1833(292).

— — trifasciatus, — 1833(292).

— — auctus, *H. Schæff.* 1835(113).

— — 4-cinctus, — 1835(113).

— — affinis, — 1835(113).

— — oviventris, *Wesm.* 1836(293).

— — parietum, *Zetterst.* 1838(301).

— — quadrifasciatus, — 1838(301).

— — parietum, *Spinola.* 1838(266).

— — Geoffroyanus, — 1839(267).

— — oviventris, — 1839(267).

— — parietum, — 1839(267).

— — trifasciatus, — 1839(267).

— — tricinctus, *H. Sch.* 1840(113).

— — renimacula, *Lep.* 1841(145).

— — parietum, — 1841(145).

—Vespa — *Ratz.* 1844(201).

—Odynerus renimacula, *Lucas.* 1849(161).

—Odynerus renimacula, *Saussure.* 1852(219).

—Odynerus parietum, *Saus.* 1852(219).

—Odynerus trifasciatus, *Saussure.* 1852(219).
—Odynerus ochlerus, *Saus.* 1852(219).
— — oviventris, — 1852(219).
— — triphaleratus, — 1854(224).
— — ochlerus, — 1854(224).
— — oviventris, — 1854(224).
— — trifasciatus, — 1854(224).
— — longispinosus♂ — 1854(224).
— — renimacula, — 1854(224).
— — triphaleratus, *Smith* 1857(262).
— — parietum, — 1857(262).
— — oviventris, — 1857(262).
— — trifasciatus, — 1857(262).
— — renimacula, — 1857(262).
— — longispinosus, — 1857(262).
— — ochlerus, — 1857(262).
— — renimacula, *Schenck* 1861(234).
— — parietum, — 1861(234)
— — trifasciatus, — 1861(234).
— — oviventris, — 1861(234).
— — parietum, *Costa.* 1863(42).
— — — *Tasch.* 1866(230).
— — — *Kirchner.* 1867(127).
— — ochlerus, — 1867(127).
— — trifasciatus, — 1867(127).
— — triphaleratus, — 1867(127).
— — parietum, *Schenck.* 1867(235).
— — renimacula, — 1867(235).
— — trifasciatus, — 1867(235).
— — oviventris, — 1867(235).
— — — *Moraw.* 1867(179).
— — parietum, — 1867(179).
— — — — 1868(180).
— — — *Walker.* 1871(289).
— — — *Dours.* 1874(*cat.*)
— — renimacula, — 1874(*cat.*)
— — oviventris, — 1874(*cat.*)
— — trifasciatus, — 1874(*cat.*)
— — longispinosus, — 1874(*cat.*)
—Ancistrocerus oviventris, *Thms.* 1874(282).
—Ancistrocerus trifasciatus, *Thms.* 1874(282).
—Ancistrocerus parietinus, *Thms.* 1874(282).
—Ancistrocerus parietum, *Thms.* 1874(282).
—Ancistrocerus claripennis, *Thms.* 1874(282).
—Ancistrocerus pictipes, *Thms.* 1874(282).
—Ancistrocerus renimacula, *Rud.* 1876(210).
—Ancistrocerus parietum, *Rud.* 1876(210).
—Ancistrocerus oviventris, *Rud.* 1876(210).
—Ancistrocerus renimacula, *D. Torre* 1878(49).
—Ancistrocerus parietum, *D. Torre.* 1878(49).
—Ancistrocerus oviventris, *D. Torre.* 1878(49).
—Ancistrocerus trifasciatus, *D.Torre* 1878(49).
—Ancistrocerus parietum, *Frisch.* 1878(85).
—Ancistrocerus oviventris, *Siebke.* 1880(251).
—Ancistrocerus trifasciatus, *Siebke.* 1880(251).
—Ancistrocerus parietinus, *Siebke.* 1880(251).
—Ancistrocerus parietum, *Siebke.* 1880(251).
—Ancistrocerus claripennis, *Siebke.* 1880(251).
—Odynerus parietum, *Destefani.* 1882(53).
—Odynerus parietum, var. trifasciatus, *Destefani.* 1882(53).
—Odynerus trifasciatus, *Costa.* 1883 (*Geof. Sard. II*).
—Odynerus parietum, *Costa* 1883 (*Geof. Sard. II*).

III. GROUPE DE L'O. SIMPLEX

Lionotus. *Sauss.* 1852(210)

Odynerus, pr. dict. *Sauss.* 1854(224)

33 Stigma, Saussure.

—Expéd. d'Egypte, pl. IX, fig. 12. *Sav.* 1813(227).
—Odynerus stigma, *Sauss.* 1863(222).

34 Saussurei, André.

—Odynerus interruptus, *Saussure.* 1863(222).
—Faune d'Egypte, pl. IX, fig. 17, *Sav.* 1813(227).

35 Notatus, Jurine.

—Vespa notata, *Jur.* 1807(123).
—Odynerus notatus, *Spin.* 1809(265).
— — — — 1838(266).
— — — *Sauss.* 1854(224).
— — — *Smith.* 1857(262).
— — — *Kirch.* 1867(127).

36 Disconotatus, Lichtenstein, in litt.

37 Pubescens, Thomson.

—Lionotus pubescens, *Thomson*. 1874(282).
—Lionotus pubescens, *Siebke*. 1880(251).

38 Tomentosus, Thomson.

—Lionotus tomentosus, *Thomson*. 1874(282).
—Lionotus tomentosus. *Siebke*. 1880(251).

39 Clypealis, Thomson.

—Lionotus clypealis. *Thomson*. 1874(282).

40 Simplex, Fabricius.

—Vespa simplex, *Fab*. 1793(77).
— — — — 1804(78).
—Vespa 4-fasciata, *Fab*. 1804(78).
—Odynerus trifasciatus ♀, *Spinola*. 1809(265).
—Odynerus quadrifasciatus ♀, *H Sch*. 1835(113).
—Odynerus nigripes, *H. Schæffer*. 1895(113).
—Odynerus maculatus, *Lep*. 1841(145).
— — Lindenii. — 1841(145).
— — nigripes, *Sauss* 1852(219).
— — — — 1854(224).
— — simplex, — 1854(224).
— — nigripes, *Smith*. 1857(262).
— — simplex, — 1857(262).
— — — *Schenck*. 1861(234).
— — nigripes, — 1861(234).
— — — *Giraud*. 1863(93).
— — — *Kirchner*. 1867(127).
— — simplex, — 1867(127).
— — — *Moraw*. 1867(179).
— — — — 1868(180).
— — — *Dours*. 1874(cat.)
— — nigripes, — 1874(cat.)
—Leionotus nigripes, *Rud*. 1876(210).
— — simplex, — 1876(210).
— — — *Dalla Torre* 1878(49).
— — nigripes, — 1878(49).
—Odynerus simplex, *Frisch* 1878(85).
— — quadrifasciatus, *Frisch*. 1878(85).
—Odynerus simplex, *Schenck*. 1880(235).
—Odynerus simplex, *Destefani*. 1882(53).

41 Crenatus, Lepeletier.

—Odynerus crenatus, *Lepeletier*. 1841(145).
—Odynerus crenatus, *Lucas*. 1849(161).
—Odynerus rhynchiformis ♂, *Sauss*. 1852(219).
—Odynerus crenatus *Saus*. 1852(219).
— — — — 1854(224).
— — — *Smith*. 1857(262).
— — — *Kirch*. 1867(127).
— — — *Walker*. 1871(289).
— — — *Dours*. 1874(cat.)
— — — *Destef*. 1882(53.
— — — *Costa*. 1883 (*Geof. Sard. II*).

42 Tripunctatus, Fabricius.

—Vespa tripunctata, *Fab*. 1787(176).
— — — *Oliv*. 1791(189).
— — — *Fab*. 1793(77).
— — — — 1804(78).
—Faune d'Egypte, pl. IX, fig. 11, *Sav*. 1813(227).
—Odynerus tripunctatus, *Lepeletier*. 1841(145).
—Odynerus tripunctatus, *Saussure*. 1852(219).
—Odynerus tripunctatus, *Saussure*. 1854(224).
—Odynerus tripunctatus, *Smith*. 1857(262).

43 Chloroticus, Spinola.

—Faune d'Egypte, pl. X, fig. 1, *Sav*. 1813(227).
—Odynerus chloroticus, *Spinola*. 1838(266).
—Odynerus testaceus, *Saussure*. 1852(219).
—Odynerus chloroticus, *Saussure*. 1854(224).
—Odynerus chloroticus, *Smith*. 1857(262).

44 Egregius, Herrich Schæffer.

—Odynerus egregius, *H. Schæffer*. 1835(113).
—Odynerus egregius, *Saussure*. 1854(224).
—Odynerus egregius, *Smith*. 1857(262).
—Odynerus egregius, *Kirchner*. 1867(127).

45 Bohemani, SAUSSURE.

—Odynerus Bohemani, *Saussure.* 1854(224)
—Odynerus Bohemani, *Smith.* 1857(262).
—Odynerus Bohemani, *Kirchner.* 1867(127).

45 Innumerabilis, SAUSSURE.

—Odynerus innumerabilis, *Saussure* 1852(219).
—Odynerus innumerabilis, *Saussure.* 1854(224).
—Odynerus innumerabilis, *Smith.* 1857(262).
—Odynerus innumerabilis, *Dours.* 1874(*cat.*)
—Leionotus innumerabilis, *D. Torre.* 1878(49].

IV. GROUPE DE L'O. DANTICI

47 Blanchardianus, SAUSSURE.

—Odynerus Blanchardianus, *Sauss.* 1854(224).
—Odynerus Blanchardianus, *Smith.* 1857(262).

48 Regulus, SAUSSURE.

—Odynerus regulus, *Saussure.* 1854(224).
—Odynerus regulus, *Smith.* 1857(262).

49 Augustus, MORAWITZ.

—Odynerus augustus, *Morawitz.* 1867(179).

50 Magnificus, MORAWITZ.

—Odynerus magnificus, *Morawitz.* 1867(179).

51 Morawitzi, N. SP.

52 Cardinalis, MORAWITZ.

—Lionotus cardinalis, *Morawitz.* 1885 (*Eum. sp. nov.*)

53 Superbus, MORAWITZ

—Odynerus superbus, *Morawitz.* 1867(179).

54 Herrichii, SAUSSURE.

—Odynerus Herrichii, *Saussure.* 1854(224).
—Odynerus Herrichii, *Schenck.* 1861(234).
—Odynerus Herrichii, *Morawitz.* 1867(179).
—Odynerus Herrichii, *Kirchner.* 1867(127).
—Leionotus Herrichii, *Rudow.* 1876(210).
—Leionotus Herrichii, *Dalla Torre.* 1878(49).

55 Caspicus, MORAWITZ.

—Leionotus caspicus, *Morawitz.* 1872(181).

56 Regularis, MORAWITZ.

—Lionotus regularis, *Morawitz.* 1885 (*Eum. sp. nov.*)

57 Quadrimaculatus, N. SP.

58 Humeralis, N. SP.

59 Sulfuripes, MORAWITZ.

—Lionotus sulfuripes *Morawitz.* 1885 (*Eum. sp. nov.*)

60 Dantici, ROSSI.

—Vespa Dantici, *Rossi.* 1790(208).
—Odynerus Dantici, *Spin.* 1809(265).
— — — *H. Sch.* 1840(118).
— —postscutellatus, *Lep.* 1841(145).
— — — *Lucas.* 1849(161).
— — fastidiosus, *Sauss.* 1852(219).
— — Dantici, — 1852(219).
— — — — 1854(224).
— — — *Smith.* 1857(262).
— — fastidiosus, — 1857(262).
— — Dantici, *Schenck.* 1861(234).
— — — *Giraud.* 1863(93).
— — — *Costa.* 1863(42).
— — — *Moraw.* 1867(179).
— — — *Kirchner.* 1867(127).
— — — *Moraw.* 1868(180).
— — — *Dours.* 1874(*cat.*)
— — fastidiosus, — 1874(*cat.*)
— — Dantici, *Rados.* 1876(200).
—Leionotus Dantici, *Rud.* 1876(210).
— — — *Dal.Tor.* 1878(49).
—Odynerus Dantici, *Costa.* 1881(44).
— — — *Destef.* 1882(53).
— — — *Costa.* 1883 (*Geof. Sard. II*).

61 Bidentatus, Lepeletier.

—Odynerus bidentatus, *Lep* 1841(145).
— — — *Lucas.* 1849(161).
— — — *Saus.* 1852(219).
— — — — 1854(224).
— — — *Smith.* 1857(262).
—Leionotus bidentatus, *Dalla Torre* 1878(49).

62 Punicus, Gribodo.

—Odynerus punicus, *Grib.* 1881 (*Vesp. nov.*)

V. GROUPE DE L'O. PARVULUS

63 Doursii, Saussure.

—Odynerus Doursii, *Sauss.* 1854(224).
— — — *Smith.* 1857(262).

64 Pontebæ, Saussure.

—Odynerus Pontebæ, *Saussure.* 1854(224).
—Odynerus Pontebæ, *Smith.* 1857(262).

65 Opacus, Morawitz.

—Odynerus opacus, *Moraw* 1867(179).
— — — — 1868(180).

66 Proximus, Morawitz.

—Odynerus proximus, *Morawitz.* 1867(179).

67 Rubripes, n. sp.

68 Ionius, Saussure.

—Odynerus ionius, *Sauss.* 1854(224).
— — — *Smith.* 1857(262).

69 Ballioni, Morawitz.

—Odynerus Ballioni, *Morawitz.* 1867(179).
—Odynerus Ballioni, *Morawitz.* 1868(180).

70 Cribratus, Morawitz,

—Lionotus cribratus, *Mocs.* 1883 (*Eum. sp. nov.*)

71 Andrei, Mocsary.

—Odynerus Andrei, *Mocs.* 1883 (*Hym. nov.*)

72 Dubius, Saussure.

—Odynerus dubius, *Sauss.* 1852(219).
— — — — 1854(224).
— — — *Smith.* 1857(262).
— — — *Giraud.* 1863(93).
— — — *Kirch.* 1867(127).
— — — *Dours.* 1874(*cat.*)

73 Parvulus, Lepeletier.

—Odynerus parvulus, *Lep.* 1841(145).
— — — *Lucas.* 1849(161).
— — — *Sauss.* 1852(219).
— — — — 1854(224).
— — — *Smith.* 1857(262).
— — orbitalis, — 1857(232).
— — parvulus, *Schenck.* 1861(234).
— — — var. *Sauss.* 1853(222).
— — — var. ruthenicus, *Moraw.* 1867(179).
—Odynerus orbitalis, *Kirch* 1867(127).
— — parvulus, *Moraw.* 1868(180).
— — — *Walker.* 1871(289).
— — — *Dours.* 1874(*cat.*)
—Leionotus parvulus, *Rud* 1876(210).
— — — *Dal. Tor.* 1878(49).
—Odynerus — *Destef.* 1882(53).
— — — *Costa.* 1883 (*Geof. Sard. II*).

***74 Ornatus,** n. sp.

75 Bispinosus, Lepeletier.

—Odynerus bispinosus, *Lep* 1841(145).
— — — *Lucas.* 1849(161).
— — — *Sauss.* 1852(219).
— — — — 1854(224).
— — — *Smith* 1857(262).
— — — *Destef.* 1882(53).

VI. GROUPE DE L'O. MINUTUS

76 Chevrieranus, Saussure.

—Odynerus Chevrieranus, *Saussure.* 1854(224).
—Odynerus Dufourianus, *Saussure.* 1854(224).
—Odynerus Chevrieranus, *Smith.* 1857(262).
—Odynerus Dufourianus, *Smith.* 1857(262).
—Odynerus Dufourianus, *Schenck.* 1861(234).
—Odynerus Dufourianus, *Schenck.* 1867(235).

—Odynerus Dufourianus. *Kirchner.* 1867(127).
—Odynerus Dufourianus, *Dours.* 1874(*cat*)
—Leionotus Chevrieranus, *Dal. Tor.* 1878(49).
—Leionotus Dufourianus, *Dal. Torre* 1878(49).

77 Laborans, Costa.

—Odynerus laborans, *Costa*.1882(45).
— — — — 1883 (*Geof Sard. I*).

78 Jurinei, Saussure.

—Odynerus minutus, var. *Lepeletier.* 1841(145).
—Odynerus Jurinei, *Sauss.* 1854(224).
— — — *Smith.* 1857(262).
— — — *Kirch.* 1867(127).
— — — *Dours.* 1874(*cat.*)

79 Insularis, André.

—Odynerus insularis, *And* 1883(1).

80 Minutus, Fabricius.

—Vespa bifasciata, *Rossi.* 1790(208).
— — minuta, *Fab.* 1793(77).
— — — — 1804(78).
—Odynerus minutus, *Lep.* 1841(145).
— — — *Sauss.* 1852(219).
— — — — 1854(224).
— — — *Smith.* 1857(262).
— — — *Schenck* 1861(234).
— — — *Moraw* 1867(179).
— — — *Schenck* 1867(235).
— — — *Kirch.* 1867(127).
— — — *Dours.* 1874(*cat.*)
—Leionotus dentisquama, *Thomson.* 1874(232).
—Leionotus picticrus, *Thm* 1874(*cat.*)
— — minutus, *Rud.* 1876(210).
—Odynerus — *Frisch.* 1878(85).
—Leionotus —*Dal. Tor.* 1878(49).
—Odynerus — *Destef.* 1882(53).

81 Orenburgensis, n. sp.

82 Gallicus, Saussure.

—Odynerus gallicus, *Saus.* 1854(224).
— — — *Smith.* 1857(262).
— — — *Girard.* 1863(93).
— — — *Kirch.* 1867(127).
— — — *Dours.* 1874(*cat.*)
— — — *Destef.* 1882(53).

83 Siculus, Destefani.

—Odynerus siculus, *Destef* 1882(53).

84 Tarsatus, Saussure.

—Odynerus tarsatus, *Saus.* 1854(224).
— — — *Giraud.* 1863(93).
— — — *Kirch.* 1867(127).
— — — *Moraw.* 1868(180).
— — — *Dours.* 1874(*cat.*)
—Leionotus — *Dal. Tor.* 1878(49).
—Odynerus — *Destef.* 1882(53).

85 Hannibal, Saussure.

—Odynerus Hannibal, *Saussure.* 1854(224).
—Odynerus Hannibal, *Destefani.* 1882(53).

86 Limbiferus, Morawitz.

—Odynerus limbiferus, *Morawitz.* 1868(180).

87 Trinacriæ, André.

—Odynerus trinacriæ, *And.* 1883(1).

88 Mauritanicus, Lepeletier.

—Pterochilus mauritanicus, *Lepel.* 1841(145).
—Pterochilus mauritanicus, *Lucas.* 1849(161).
—Leptochilus mauritanicus, *Sauss.* 1852(219).
—Odynerus mauritanicus, *Saussure.* 1854(224).
—Leptochilus mauritanicus, *Smith.* 1857(262).

89 Oraniensis, Lepeletier.

—Odynerus oraniensis, *Lepeletier.* 1841(145).
—Odynerus oraniensis, *Lucas.* 1849(161).
—Leptochilus oraniensis, *Saussure.* 1852(219).
—Odynerus oraniensis, *Saussure.* 1854(224).
—Leptochilus oraniensis, *Smith.* 1857(262).

90 Alpestris, Saussure.

—Odynerus alpestris, *Saussure.* 1854(224).
—Odynerus alpestris, *Smith.* 1857(262).

—Odynerus alpestris, *Kirchner.* 1867(127).
—Leiodotus alpestris, *Rudow.* 1876(210).
—Leionotus alpestris, *Dalla Torre.* 1878(49).
—Odynerus alpestris, *Destefani.* 1882(53).

91 Membranaceus, MORAWITZ.

—Odynerus membranaceus, *Moraw.* 1867(179).

92 Radoschowskii, N. SP.

93 Parisiensis, SAUSSURE.

—Odynerus parisiensis, *Saussure.* 1854(224).
—Odynerus parisiensis, *Smith.* 1857(262).
—Odynerus parisiensis, *Kirchner.* 1867(127).
—Odynerus parisiensis, *Dours.* 1874(*cat.*)

94 Xanthomelas, H. SCHÆFFER.

—Odynerus xanthomelas, *H. Sch.* 1844(113).
—Odynerus xanthomelas, *Saussure.* 1854(224).
—Odynerus xanthomelas, *Smith.* 1857(262).
—Odynerus xanthomelas, *Schenck.* 1861(234).
—Odynerus xanthomelas, *Schenck.* 1867(235).
—Odynerus xanthomelas, *Kirchner.* 1867(127).
—Leionotus xanthomelas, *Dal. Torre* 1878(49).

95 Funebris, N. SP.

96 Germanicus, SAUSSURE.

—Odynerus germanicus, *Saussure.* 1854(224).
—Odynerus germanicus, *Smith.* 1857(262).
—Odynerus germanicus, *Schenck.* 1861(234).
—Odynerus germanicus, *Moraw.* 1867(179).
—Odynerus germanicus, *Schenck.* 1867(235).
—Odynerus germanicus, *Kirchner.* 1867(127).
—Leionotus germanicus, *Rudow.* 1876(210).

VII. GROUPE DE L'O. EXILIS

97 Exilis, H. SCHÆFFER.

—Odynerus exilis, *H. Sch.* 1835(113).
— — bivittatus, *Lep.* 1841(145).
— — — *Sauss.* 1852(219).
— — exilis, *Sauss.* 1854(224).
— — bivittatus, *Smith.* 1857(262).
— — exilis, *Schenck.* 1861(234).
— — — *Moraw.* 1867(179).
— — — *Schenck.* 1867(235).
— — — *Kirchner.* 1867(127).
— — bivittatus, *Dours.* 1874(*cat.*)
— — exilis, *Dours,* 1874(*cat.*)
—Leionotus exilis, *Rud.* 1876(210).
— — — *Dal. Tor.* 1878(49).
— — bivittatus, — 1878(49).

98 Timidus, SAUSSURE.

—Odynerus timidus, *Saus.* 1854(224).
— — — *Schenck.* 1861(234).
— — — *Giraud.* 1866(94).
— — — *Kirch.* 1867(123).
— — — *Dours.* 1874(*cat.*)

99 Bifidus, MORAWITZ.

—Microdynerus bifidus, *Morawitz.* 1885 (*Eum. sp. nov.*)

100 Helvetius, SAUSSURE.

—Odynerus helvetius, *Saus* 1854(224).
— — — *Schenck.* 1861(234).
— — — — 1867(235).
— — helveticus, *Kirch.* 1867(127).
— — — *Dours.* 1874(*cat.*)
—Leionotus helvetius, *Rud* 1876(210).
— — — *Dal. Tor.* 1878(49).
—Odynerus — *Destef.* 1882(53).

101 Nugdunensis, SAUSSURE.

—Odynerus nugdunensis, *Saussure.* 1854(224).
—Odynerus nugdunensis, *Schenck.* 1861(234).
—Odynerus nugdunensis, *Kirchner.* 1867(127).
—Odynerus Lugdunensis, *Dours.* 1874(*cat.*)
—Leionotus nugdunensis, *Dal, Tor.* 1878(49).

102 Abd-el-Kader, SAUSSURE.

—Odynerus bivitttatus, *Lucas.* 1849(161).
—Odynerus Abd-el-Kader, *Saussure.* 1854(224).
—Odynerus Abd-el-Kader, *Destefani.* 1882(53).
—Odynerus Costæ, *André* (inéd.)
— — — *Costa.* 1884 (*Faun. Geof. Sard. III*).

103 Alastoroïdes, MORAWITZ.

—Microdynerus alastoroides, *Mor.* 1885 (*Eum. sp. nov.*)

VIII. GROUPE DE L'ODYNERUS FLORICOLA

104 Graphicus, SAUSSURE.

—Odynerus graphicus, *Saussure* 1852(219).
—Odynerus graphicus, *Saussure.* 1854(224).
—Odynerus graphicus, *Smith.* 1857(262).
—Odynerus graphicus, *Kirchner.* 1867(127).
—Odynerus graphicus, *Dours.* 1874(*cat.*)
—Leionotus graphicus, *Dalla Torre.* 1878(49).
—Odynerus graphicus, *Destefani.* 1882(53).

105 Floricola, SAUSSURE.

—Odynerus floricola, *Sauss.* 1852(219).
— — — — 1854(224).
— — — *Smith.* 1857(262).
— — — *Giraud.* 1863(93).
— — — *Kirchner* 1867(127).
— — — *Sauss.* 1867(226).
— — — *Moraw.* 1868(188).
— — — *Dours.* 1874(*cat.*)
—Leionotus — *Dal. Tor.* 1878(49).
—Odynerus — *Destef.* 1882(53).

106 Beckeri, MORAWITZ.

—Odynerus Beckeri, *Morawitz.* 1867(179).

107 Modestus, SAUSSURE.

—Leptochilus modestus, *Saussure.* 1852(219).
—Odynerus modestus, *Saussure.* 1854(224).
—Leptochilus modestus, *Smith.* 1857(262).
—Leptochilus modestus, *Dalla Torre.* 1878(49).

108 Medanæ, GRIBODO.

—Leptochilus medanæ, *Gribodo.* 1884 (*Vesp. nuov.*)

109 Ephippium, GERMAR.

—Eumenes ephippium, *Germar.* 1817 (*Faun. ins. europ.*)
—Odynerus difficilis, *Morawitz.* 1867(179).

110 Fastidiosissimus, SAUSSURE.

—Odynerus fastidiosissimus, *Sauss.* 1854(224).
—Odynerus lativentris, *Sauss.* ♀ 1854(224).
—Odynerus fastidiosissimus, *Smith.* 1857(262).
—Odynerus lativentris, *Smith.* 1857(262).
—Odynerus fastidiosissimus, *Sauss.* 1863(222).
—Odynerus fastidiosissimus, *Kirch.* 1867(127).
—Odynerus lativentris, *Kirchner.* 1867(127).
—Odynerus lativentris, *Dours.* 1874(*cat.*)
—Odynerus fastidiosissimus, *Destef.* 1882(53).

111 Rossii, LEPELETIER.

—Odynerus Rossii, *Lep.* 1841(145).
—Vespa ichneumonida, *Ratzeb.* ? 1844(201).
—Odynerus Rossii, *Sauss.* 1852(219).
— — Lindenii, — 1852(219).
— — Rossii, — 1854(224).
— — — *Smith.* 1857(262).
— — ichneumonideus, *Kir.* 1867(127).
— — Rossii, *Kirchner.* 1867(127).
— — — *Dours.* 1874(*cat.*)
—Leionotus Rossii, *Dalla Torre.* 1878(49).
—Epipona ichneumonidea, *Dal. Tor.* 1878(49).

112 Delphinalis, GIRAUD.

—Odynerus delphinalis, *Giraud.* 1866(94).

113 Mocsaryii, N. SP.

114 Ibericus, SAUSSURE.

—Odynerus ibericus, *Sauss* 1867(226).

115 Rubrosignatus, N. SP.

116 Hospes, DUFOUR et PERRIS.

—Odynerus hospes, *Dufour et Perris*. 1840(67).

117. Tristis, THOMSON.

—Lionotus tristis, *Thms.* 1874(282).

118 Sellatus, MORAWITZ.

—Lionotus sellatus, *Moraw* 1885 (*Eum. sp. nov.*)

119 Stramineus, N. SP.

120 Hyalinipennis, N. SP.

121 Nigricornis, MORAWITZ.

—Lionotus nigricornis, *Morawitz*. 1885 (*Eum. sp. nov.*)

122 Rubiginosus, N. SP.

123 Aurantiacus, MOCSARY.

—Odynerus aurantiacus, *Mocsary*. 1877(173).

IX. GROUPE DE L'O. SPINIPES

124 Luteolus, LEPELETIER.

—Odynerus luteolus, *Lep.* 1841(145).
— — — *Lucas.* 1849(161).
— — — *Sauss.* 1852(219).
— — — — 1854(224).
— — — *Smith.* 1857(262).
— — — *Dours.* 1874(*cat.*)

125 Rufidulus, LEPELETIER.

—Odynerus rufidulus, *Lep.* 1841(145).
— — — *Lucas.* 1849(161).
— — — *Sauss.* 1852(219).
— — — *Smith.* 1857(262).

126 Consobrinus, DUFOUR.

—Odynerus consobrinus, *Dufour*. 1839(60).

—Odynerus consobrinus, *Spinola*. 1839(267).

—Odynerus variolosus, *Lepeletier*. 1841(145).

—Odynerus notula ♀ *Lepeletier*. 1849(145).

—Odynerus variolosus, *Lucas*. 1849(161).

—Odynerus notula ♀ *Lucas*. 1849(161).

—Odynerus variolosus, *Saussure*. 1852(219).

—Odynerus consobrinus, *Saussure*. 1854(224).

—Odynerus variolosus, *Smith*. 1857(262).

—Odynerus consobrinus, *Dours*. 1874(*cat.*)

—Odynerus consobrinus, *Destefani*. 1882(53).

127 Mandibularis, MORAWITZ.

—Hoplomerus mandibularis, *Moraw*. 1885 (*Eum. sp. nov.*)

128 Calabricus, N. SP.

129 Sibiricus, MOCSARY.

—Odynerus sibiricus, *Mocs*. 1883 (*Hym. nov.*)

130 Grandis, MORAWITZ.

—Hoplomerus grandis, *Morawitz*. 1885 (*Eum. sp. nov.*).

131 Interruptus, BRULLÉ.

—Polistes interruptus, *Brullé*. 1832(28).

—Pterocheilus interruptus, *H. Sch.* 1840(113).

—Odynerus interruptus, *Saussure*. 1854(224).

132 Eversmanni, RADOSKOWSKI.

—Oplopus Eversmanni, *Radoskowski*. 1876(200).

133 Destefanii, ANDRÉ.

—Odynerus Destefanii, *André*, 1883(1).

—Odynerus Destefanii, *Costa*. 1884 (*Geof. Sard. III*).

134 Persa, MORAWITZ.

—Hoplomerus Persa, *Morawitz*. 1885 (*Eum. sp. nov.*)

135 Variegatus, FABRICIUS.

—Vespa variegata, *Fab.* 1793(77).
— — — 1804(78).

—Faune d'Egypte, pl.VIII, fig 9, *Sav.* 1813(227).
—Odynerus flavus, *Lep.* 1841(145).
— — — *Lucas.* 1849(161).
— — variegatus, *Saus.* 1852(219).
— — — — 1854(224).
— — — *Smith.* 1857(262).
— — — *Kirchner* 1867(127).
— — — *Dours.* 1874(cat.)
— — — *Destef.* 1882(53).

36 Quadricolor, Morawitz.

—Hoplomerus quadricolor, *Moraw.* 1885 (*Eum. sp. nov.*).

137 Mamillatus, Morawitz.

—Hoplomerus mamillatus, *Moraw.* 1885 (*Eum. sp. nov.*)

138 Bulgaricus, Mocsary.

—Odynerus bulgaricus, *Mocsary.* 1883 (*Hym. nov.*)

139 Lœvipes, Schuckard.

—Odynerus lœvipes, *Schuck* 1837(246).
— — rubicola, *Dufour.* 1839(60).
— — cognatus, — 1839(60).
— — rubicola, *Spin.* 1839(267).
— — cognatus, — 1839(267).
— —rubicola, *Duf.etPer.* 1840(67).
— — reniformis ♀ *Lep.* 1841(145).
— — lœvipes, *Sauss.* 1852(219).
— — — — 1854(224).
— — — *Smith.* 1857(262).
— — — *Schenck.* 1861(234).
— — — *Giraud.* 1863(93).
— — — — 1866(94).
— — — *Kirchner.* 1867(127).
— — — *Dours.* 1874(cat.)
—Hoplomerus— *Thms.* 1874(282).
—Hoplopus — *Rud.* 1876(210).
—Epipona — *Dal. Tor.* 1878(49).
—Hoplomerus— *Siebke.* 1880(251).
—Odynerus — *Schenck.* 1880(235).
— — — *Saunders.* 1882(218).

140 Fairmairi, Saussure.

—Odynerus Fairmairi, *Saus* 1852(219).
— — — *Smith.* 1857(262).
— — — *Kirch.* 1867(127).
— — — *Dours.* 1874(cat.)

141 Nobilis, Saussure.

—Odynerus nobilis ♀ *Saus.* 1854(224).
— — — *Kirch.* 1867(127).
— — — *Dours.* 1874(cat.)

142 Scandinavus, Saussure.

—Odynerus scandinavus ♂ *Saussure.* 1854(224).
—Odynerus scandinavus, *Kirchner.* 1867(127).

143 Tinniens, Scopoli.

—Vespa tinniens. *Scop.* 1763(244).
—Pterocheilus — *H. Sch.* 1840(113).
—Odynerus — *Sauss.* 1854(224).
— — — *Schenck.* 1861(234).
— — — *Kirch.* 1867(127).
—Epipona — *Dal. Tor.* 1878(49).

144 Calcaratus, Morawitz.

—Hoplomerus calcaratus, *Morawitz.* 1885 (*Eum. sp. nov.*)

145 Spiricornis, Spinola.

—Odynerus spiricornis, *Sp.* 1809(265).
— — — — 1839(267).
— — — *H. Sch.* 1843(113).
— — — *Sauss.* 1854(224).
— — discoidalis, — 1854(224).
— —spiricornis ♀ *Giraud.* 1863(93).
— — discoidalis, *Kirch.* 1867(127).
— — spiricornis, — 1867(127).
—Hoplopus rugulosus, *Rud* 1876(210).
—Epipona spiricornis, *Dalla Torre.* 1878(49).

146 Notula, Lepeletier.

—Odynerus notula, *Lep.* ♂ nec ♀ 1841(145).
—Odynerus notula, *Lucas.* 1849(161).
— — — *Sauss.* 1852(219).
— — — — 1854(224).
— — — *Smith.* 1857(262).
— — — *Dours.* 1874(cat.)
— — — *Costa.* 1883 (*Geof. Sard. II*).

147 Emortualis, Saussure.

—Odynerus emortualis, *Saussure.* 1852(219).
—Odynerus emortualis. *Smith.* 1857(262).

148 Cruralis, Saussure.

—Odynerus cruralis, *Saus.* 1854(224).
— — — *Destef.* 1882(53).

149 Congener, Morawitz

—Hoplomerus congener, *Morawitz.* 1885 (*Eum. sp. nov.*)

150 Caroli, MORAWITZ.

—Hoplomerus Caroli, *Morawitz.* 1885 (*Eum. sp. nov.*)

150 Spinipes, LINNÉ.

—Guêpe solitaire, *Réaum.* 1852(203).
—Vespa spinipes, *Linné.* 1758(*f. suec*)
— — — — 1758(*s. n.*)
— — — *Villiers.* 1789(286).
— — — *Rossi.* 1790(208).
— — muraria, *Christ.* 1791(37).
— — spinipes, *Fab.* 1793(77).
— — quinquefasciata, *Fab* 1793(77).
— — spinipes, *Pz.* 1794(190).
— — — *Fab.* 1804(78).
— — quinquefasciata, *Fab* 1804(78).
—Odynerus spinipes, *Spin.* 1809(265).
— — murarius, *Lat.* 1809(142).
— — spinipes, *Lat.* 1809(142).
— — — *Wesmael.* 1833(292).
— — — *Spinola.* 1839(267).
— — — *Lep.* 1841(145).
— — — *H. Sch.* 1841(113).
— — — *Lucas.* 1849(161).
— — — *Sauss.* 1852(219).
— — — — 1854(224).
— — — *Smith.* 1857(262).
— — — *Schenck.* 1861(234).
—Pterocheilus — *Tasch.* 1866(280).
—Odynerus — *Schenck.* 1867(235).
— — — *Kirch.* 1867(127).
— — — *Steele.* 1868(272).
— — — *Dours.* 1874(*cat.*)
—Hoplomerus — *Thms.* 1874(282).
—Hoplopus — *Rud.* 1876(210).
—Odynerus — *Frisch.* 1878(85).
—Epipona — *Dal. Tor.* 1878(49).
—Odynerus — *Chapman* 1879(36).
—Hoplomerus — *Siebke* 1880(251).
—Odynerus — *Saund.* 1882(218).

152 Rotundiventris, SAUSSURE.

—Odynerus rotundigaster, *Saussure.* 1852(219).

—Odynerus rotundiventris, *Sauss.* 1854(224).

—Odynerus rotundigaster, *Smith.* 1857(262).

—Odynerus rotundiventris, var. tunetanus, *Gribodo.* 1884 (*Vesp. nov*).

153 Serripes, MORAWITZ.

—Odynerus serripes, *Morawitz.* 1867(179).

154 Albicinctus, MOCSARY.

—Odynerus albicinctus, *Mocsary.* 1883 (*Hym. nov.*)

155 Armeniacus, MORAWITZ.

—Hoplomerus armeniacus, *Moraw.* 1885(*Eum. sp. nov.*)

155 Melanocephalus, GMELIN.

—Vespa melanocephala, *Gmelin.* 1788(98).

—Vespa albofasciata, *Rossi.* 1790(208).

—Vespa spinipes. *Oliv.* 1791(189).

—Odynerus melanocephalus, *Wesm.* 1833(292).

—Pterocheilus dentipes, *H. Sch.* 1840(113).

—Odynerus melanocephalus, *Lepel.* 1841(145).

—Odynerus melanocephalus, *Sauss.* 1852(219).

—Odynerus melanocephalus, *Sauss.* 1854(224).

—Odynerus melanocephalus, *Smith.* 1857(262).

—Odynerus melanocephalus, *Schenck* 1861(234)

—Odynerus melanocephalus, *Costa.* 1863(42).

—Pterocheilus serripes, *Taschenb.* 1866(280).

—Odynerus melanocephalus, *Kirch.* 1867(127).

—Odynerus melanocephalus, *Schenck* 1867(225).

—Odynerus melanocephalus, *Moraw.* 1867(179).

—Odynerus melanocephalus, *Moraw.* 1868(180).

—Hoplomerus melanocephalus, *Thm.* 1874(282).

—Odynerus melanocephalus, *Dours.* 1874(*cat.*)

—Hoplopus melanocephalus, *Rudow.* 1876(210).

—Epipona melanocephala, *Dal. Tor.* 1878(49).

—Pterocheilus serripes, *Frisch.* 1878(85).

—Odynerus melanocephalus, *Destef.* 1882(53).

—Odynerus melanocephalus, *Saund.* 1882(218).

—Odynerus melanocephalus, *Costa.* 1883 (*Geof. Sard. II*).

157 Pœcilus, Saussure.

—Odynerus pœcilus, *Sauss.* 1854(224).
— — — *Kirch.* 1867(127).
— — — *Dours.* 1874(*cat*)

158 Sareptanus, n. sp.

159 Femoratus, Saussure.

—Odynerus femoratus, *Saus* 1854(224).
— — — *Kirch.* 1867(127).
— — — *Dours.* 1874(*cat.*)
— — — *Destef.* 1882(53).

160 Hungaricus, n. sp.

161 Reniformis, Gmelin.

—Vespa reniformis ♀*Gmel.* 1788(98).
— — melanochra ♂ — 1788(98).
— — reniformis, *Oliv.* 1798(189).
— — aucta, *Panzer.* 1800(190).
—Odynerus auctus, *Spin.?* 1809(265).
— — reniformis, *Wesm.* 1833(292).
— — — *Spin.* 1838(266).
—Pterochilus coxalis, *H. Schæffer.* 1838(113).
—Odynerus Reaumurii, *Dufour.* 1839(60).
—Odynerus coxalis, *Spin.* 1839(267).
— — Reaumurii, — 1839(267).
— — reniformis ♂ *Lep.* 1841(145).
— — Dufourii, *Lep.* 1841(145).
— — reniformis. *Sauss.* 1852(219).
— — Reaumurii, — 1852(219).
— — velox — 1852(219).
— — reniformis, — 1854(224).
— — Reaumurii, — 1854(224).
— — — *Smith.* 1857(262).
— — reniformis — 1857(262).
— — — *Schenck.* 1861(234).
—Pterocheilus — *Tasch.* 1863(280).
—Odynerus — *Schenck.* 1867(235).
— — — *Kirch.* 1867(127).
— — Reaumurii, — 1867(127).
—Pterochilus coxalis, *Kirc.* 1867(127).
—Hoplomerus reniformis, *Thomson.* 1874(282).
—Odynerus. reniformis, *Dours.* 1874(*cat*)
—Odynerus Reaumurii, *Dours.* 1874(*cat*)
—Hoplopus reniformis, *Rudow.* 1876(210).
—Hoplopus ruficornis, *Rudow ?* 1876(210).
—Epipona reniformis, *Dalla Torre.* 1878(49).
—Odynerus reniformis, *Saunders.* 1882(218).
—Odynerus depressus, *André.* 1883(1).
—Odynerus reniformis, *Costa.* 1883 (*Geof. Sard. II*).
—Odynerus Reaumurii, *Costa.* 1883 (*Geof. Sard. II*).

162 Alexandrinus, Saussure.

—Faune d'Egypte, pl. VIII, fig. 10, *Sav.* 1813(227).
—Odynerus alexandrinus, *Saussure.* 1852(219).
—Odynerus alexandrinus, *Smith.* 1857(262).
—Oplopus alexandrinus, *Rudow.* 1876(210).

163 Simillimus, Morawitz.

—Odynerus simillimus, *Morawitz.* 1867(179).

164 Albopictus, Saussure.

—Odynerus albopictus, *Saussure.* 1854(224).

165 Basalis, Smith.

—Odynerus basalis, *Smith.* 1857(262).
— — — — 1869 (*Ent. annual*).
—Odynerus basalis, *Saund.* 1882(218).

—.

ODYNERI INCERTÆ SEDIS

166 Intermedius, Saussure.

—Odynerus intermedius ♀ *Saussure.* 1854(224).

167 Sessilis, Saussure.

—Odynerus sessilis ♀*Saus* 1852(219).

168 Mactæ, Lepeletier.

—Odynerus mactæ ♂ *Lep.* 1841(145).
— — — *Lucas.* 1849(161).
— — — *Sauss.* 1852(219).
— — — — 1854(224).

169 Filipalpis, Saussure.

—Odynerus filipalpis ♀ *Saussure.* 1852(219).
—Odynerus filipalpis ♀ *Saussure.* 1854(224).

170 Dimidiatus, Spinola.

—Odynerus diminiatus, *Spinola.* 1838(266).

—Odynerus dimidiatus, *Saussure.* 1854(224).

G. 9. — ALASTOR, Lepeletier 1841(145)

1 Atropos, Lepeletier.

—Alastor atropos, *Lep.* 1841(145).
— — — *Sauss.* 1852(219)
— — — — 1854(224).
— — — *Smith.* 1857(262).
— — — *Kirch.* 1867(127).
— — — *Moraw.* 1868(180).
— — — *Dours.* 1874(*cat.*)
— — — *Magretti.* 1881(168).
— — — *Destef.* 1882(53).
— — — *Costa.* 1883 (*Geof. Sard. II*).

G. 10. — PTEROCHEILUS, Klug. 1805(128)

1 Ornatus, Lepeletier.

—Pterocheilus ornatus,*Lep*1841(145).
— — —*Lucas.* 1849(161).
— — —*Sauss.* 1852(219).
— — —*Smith.* 1857(262).

2 Coccineus, n. sp.

3 Chevrieranus, Saussure.

—Pterocheilus chevrieranus, *Sauss.* 1854(224).

—Pterocheilus chevrieranus, *Smith.* 1857(262).

—Pterocheilus chevrieranus, *Kirch.* 1867(127).

—Pterocheilus chevrieranus, *Dours.* 1874(*cat.*)

4 Albopictus, Kriechbaumer.

—Pterochilus albopictus, *Kriechb* 1869 (*Hym. Beitr.*).

5 Sibiricus, Morawitz.

—Odynerus sibiricus,*Mor.* 1867(179).

6 Unipunctatus, Lepeletier.

—Pterocheilus unipunctatus, *Lepel.* 1841(145).

—Pterocheilus unipunctatus, *Lucas.* 1849(161).

—Pterocheilus unipunctatus, *Sauss.* 1852(219).

—Pterocheilus rhombiferus, *Dufour.* 1853(66).

—Pterocheilus unipunctatus, *Smith.* 1857(262).

7 Pallasii, Klug.

—Pterocheilus Pallasii,*Kl.* 1805(128).
— — latipalpis, *Lep.* 1841(145).
— — Pallasii, *Sauss.* 1852(219).
— — latipalpis, — 1852(219).
— — — *Smith.* 1857(262).
— — Pallasii, — 1857(262).

—Odynerus latipalpis,*Mor.*1867(179).

—Pterocheilus latipalpis, *Kirchner.* 1867(127).

—Pterocheilus Pallasii, *Kirchner.* 1867(127).

8 Crabroniformis, Morawitz.

—Odynerus crabroniformis. *Moraw.* 1867(179).

9 Bembeciformis. Morawitz.

—Odynerus-bembeciformis, *Moraw.* 1867(179).

10 Aberrans, Morawitz.

—Pterochilus aberrans, *Morawitz.* 1885 (*Eum. sp. nov.*)

11 Grandis, Lepeletier.

—Pterochilus grandis, *Lep.*1841(145).
— — — *Lucas.* 1849(161).
— — — *Sauss.*1852(219).
— — — *Smith.*1857(262).

12 Punctiventris, Morawitz.

—Pterochilus punctiventris, *Moraw.* 1885 (*Eum. sp. nov.*)

13 Fausti, Morawitz.

—Pterochilus Fausti, *Mor.* 1872(181).

14 Dives, Radoskowski.

—Pterochilus dives, *Rados* 1876(200).

15 Numida, Lepeletier.

—Pterochilus numida, *Lep.*1841(145).
— — numidicus, *Lucas* 1849(161).
— — numida, *Sauss.* 1852(219).
— — — *Smith.* 1857(262).

16 Terricola, MOCSARY.

—Odynerus terricola, *Mocs.*1883 (*Hym. nov.*)

17 Interruptus, KLUG.

—Pterocheilus interruptus, *Klug.* 1805(128).

—Pterocheilus interruptus, *Saussure* 1852(219).

—Pterocheilus interruptus, *Smith.* 1857(262).

—Pterocheilus interruptus, *Kirchner.* 1867(127).

18 Hellenicus, MORAWITZ.

—Hoplomerus hellenicus, *Morawitz.* 1885 (*Eum. sp. nov*)

19. Phaleratus, PANZER.

—Vespa phalerata, *Pz.* 1796 190).

—Pterocheilus phaleratus, *Klug.* 1805(128).

—Pterocheilus phaleratus, *Latreille.* 1808(112).

—Pterocheilus Klugii, *Pz.* 1808(190).

— — phaleratus, *H.Sch.* 1840(113).

— — — *Lep.* 1841(145).

— — — *Sauss.* 1852(219).

— — — *Smith.* 1857(262).

— — — *Schenck* 1861(234).

— — — *Giraud.* 1863(93).

— — — *Kirch.* 1867(127).

—Odynerus — *Moraw.* 1868(180).

—Pterochilus — *Thms.* 1874(282).

— — — *Dours.* 1874(cat.)

— — formosus, *Friw.* 1876(87).

— — — *Rudow.* 1876(210).

— — — *Dal. Torre.* 1878(49).

20 Atrohirtus, MORAWITZ.

—Pterochilus atrohirtus, *Morawitz.* 1885 (*Eum. sp. nov.*)

21 Punicus, GRIBODO.

—Pterocheilus punicus, *Gribodo.* 1884 (*Vesp. nov*).

22 Formosus, FRIWALDSKI.

—Pterochilus formosus, *Friwaldski.* 1876(87).

3e FAM. — MASARIDÆ

G. 1. — CERAMIUS, LATREILLE. 1810 (*Consider.*)

1 Lusitanicus, KLUG.

—Ceramius lusitanicus, *Kl* 1824(129).

—Ceramius (Paraceramius) lusitanicus, *Saussure.* 1854(224).

—Ceramius lusitanicus, *Smith.* 1857(262)

—Ceramius lusitanicus, *Giraud.* 1863(93).

—Ceramius lusitanicus, *Kirchner.* 1867 127).

—Ceramius lusitanicus, *Morawitz.* 1868(180).

—Ceramius lusitanicus, *Giraud.* 1871(96).

—Ceramius lusitanicus, *Dours.* 1874(cat.)

2 Spiricornis, SAUSSURE.

—Ceramius (Paraceramius) spiricornis ♂ *Saussure.* 1854(224).

—Ceramius spiricornis, *Smith.* 1857(262).

—Ceramius spiricornis, *Kirchner.* 1867(127).

3 Fonscolombei, LATREILLE.

—Ceramius Fonscolombei, *Latreille.* 1810 (*Considér.*)

—Ceramius Fonscolombei, *Klug.* 1824(129).

—Ceramius Fonscolombei, *Fonscol.* 1835(21).

—Ceramius Fonscolombei, *Lepel* 1841(145).

—Ceramius oraniensis, *Lep* 1841(145).

— — — *Lucas.* 1849(161).

— — Fonscolombei, *Saus* 1854(224).

— — — *Smith.* 1857(262).

— — oraniensis, *Smith.* 1857(262).

— — Fonscolombei, *Kirc.* 1867(127).

— — — *Dours.* 1874(cat.)

— — — *Dal. Tor.* 1878(49).

4 Doursii, ANDRÉ.

—Ceramius oraniensis, *Saussure.* 1854(224).

—Ceramius Fonscolombei, *Sauss.* ♀ ? 1854(224).

5 Caucasicus, N. SP.

G. 2.— JUGURTHIA, SAUSSURE 1854(224).

1 Oraniensis. LEPELETIER.

—Celonites oraniensis, *Lepeletier.* 1841(145).

—Celonites oraniensis, *Lucas.* 1849(161).
—Celonites dispar, *Dufour.* 1851(63).
—Ceramius Fonscolombei, *Schaum.?* 1852(230).
—Jugurthia oraniensis, *Saussure.* 1851(224).
—Jugurthia oraniensis, *Smith.* 1857(262)

2 Numida, Saussure

—Jugurthia numida, *Sauss.* 1854(224).
— — — *Smith.* 1857(262).

G. 3. — QUARTINIA, Gribodo in litt.

—Dilecta, *Gribodo?* *in litt.*

G. 4. — CELONITES, Latreille. 1806(142).

1 Abbreviatus, Villiers.

—Vespa abbreviata, *Vill.* 1789(286).
—Chrysis dubia, *Rossi.* 1790(208).
—Cimbex vespiformis, *Oliv.* 1791(189).
—Masaris apiformis, *Pz.* 1801(190).
— — — *Jurine.* 1807(123).
—Celonites apiformis, *Spin.* 1809(265).
— — — *Latr.* 1809(142).
— — — *Guerin.* 1835(101).
— — — *Lep.* 1841(145).
— — abbreviatus, *Saus.* 1854(224).
— — — *Smith.* 1857(262).
— — — *Schenck.* 1861(231).
— — — *Girand.* 1863(93).
—Masaris apiformis, *Tasch.* 1866(280).
—Celonites abbreviatus, *Kirchner.* 1867(127).
—Celonites abbreviatus, *Dours.* 1874(*cat.*)
—Celonites abbreviatus, *Rudow.* 1876(240).
—Celonites abbreviatus, var. hungaricus, *Moesary.* 1877(173).

2 Fischeri, Spinola.

—Celonites Fischeri, *Spin.* 1838(266).
— — afer, *Lep.* 1841(145).
— — — *Lucas.* 1849(161).
— — Fischeri, *Sauss.* 1851(224).
— — — *Smith.* 1857(262).

3 Cyprius, Saussure.

—Celonites cyprius, *Sauss.* 1854(224).
— — — *Smith.* 1857(262).

G. 5. —MASARIS, Fabricius 1793(77)

1 Vespiformis, Fabricius.

—Masaris vespiformis, *Fab.* 1793(77).
— — — — 1804(78).
— — — *Coqueb.* 1801 (*Illustr. iconogr.*)
—Masaris vespiformis. *Lat.* 1809(142).
—Faune d'Egypte, pl IX, fig. 18, *Sav.* 1813(227).
—Masaris vespiformis, *Lat.* 1817(143).
— — hylæiformis, *Kl.* 1824(129).
— — vespiformis, *Spin* 1838(266).
— — — *Lep.* 1841(145).
— — — *Schaum.* 1852(230).
—Erynnis Romandi, *Sauss.* 1852 (*Soc. ent. fr.*).
—Masaris vespiformis, *Blanchard.* 1853(18).
—Masaris vespiformis, *Saussure.* 1854(224).
—Masaris vespiformis, *Smith.* 1857(262).
—Masaris vespiformis, *Costa.* 1863(42).

Le Masaris crabroniformis, *Panzer* (1801) est la Sapyga clavicornis.

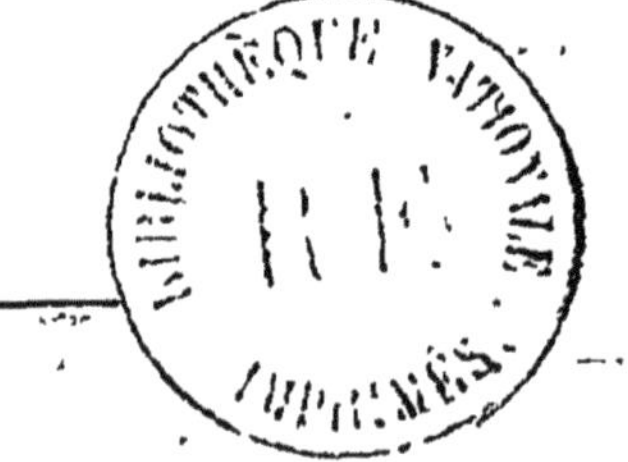

EXPLICATION

DES PLANCHES

PLANCHE I.

Formicides

(ANATOMIE EXTERNE)

Fig 1. Tête de *Camponotus ligniperdus*, Latr. ♀

a Epistome.
b Fossette clypéale.
c Fossette antennaire.
d Aire frontale.
e Arête frontale.
f Sillon frontal.
g Joue.
h Front.
i Vertex.
j Œil.
k Ocelles.
l Mandibules.
m Scape de l'antenne.
n Funicule de l'antenne.

Fig. 2. Mandibule de *Formica rufa*, L. ☿

a Bord externe.
b Bord interne.
c Bord terminal.

Fig. 3. Mandibule de *Polyergus rufescens*, Latr. ☿

Fig. 4. Thorax et abdomen de *Camponotus ligniperdus*, Latr. ☿

a Pronotum.
b Mesonotum.
c Metanotum.
d Face basale du metanotum.
e Face déclive du metanotum.
f Ecaille.
g Abdomen.

Fig. 5. Fragment d'une patte antérieure de *Myrmica*. ☿

a Tibia.
b Eperon.
c Tarse.

Fig. 6. Aile antérieure de *Formica*. ♀

a Nervure marginale.
b — humérale.
c Stigma.
d Nervure médiane.
e — basale.
f — interne.
g — cubitale.
h Rameau cubital externe.
i — — interne.
j Nervure transverse.
k — récurrente.
l Cellule radiale.
m — cubitale.
n — discoïdale.

Fig. 7. Aile antérieure d'*Aphænogaster*. ♀

a Première cellule cubitale.
b Deuxième cellule cubitale.

Fig. 8. Aile antérieure de *Myrmica*. ♀

a Cellule cubitale à demi divisée.

Fig. 9. Aile inférieure de *Camponotus*. ♀

a Nervure humérale.
b — médiane.
c Nervure interne.

Fig. 10. Pétiole et abdomen de *Ponera contracta*, Latr. ☿

Fig. 11. Pétiole et abdomen de *Myrmica lævinodis*, Nyl. ☿

Fig. 12. Appareil génital externe de *Formica*. ♂

a Pinceau.
b Ecaille.
c Valvule génitale externe.
d Valvule génitale intermédiaire.
e — — interne.

Fig. 13. Tête de *Typhlopone oraniensis*, Luc. ☿

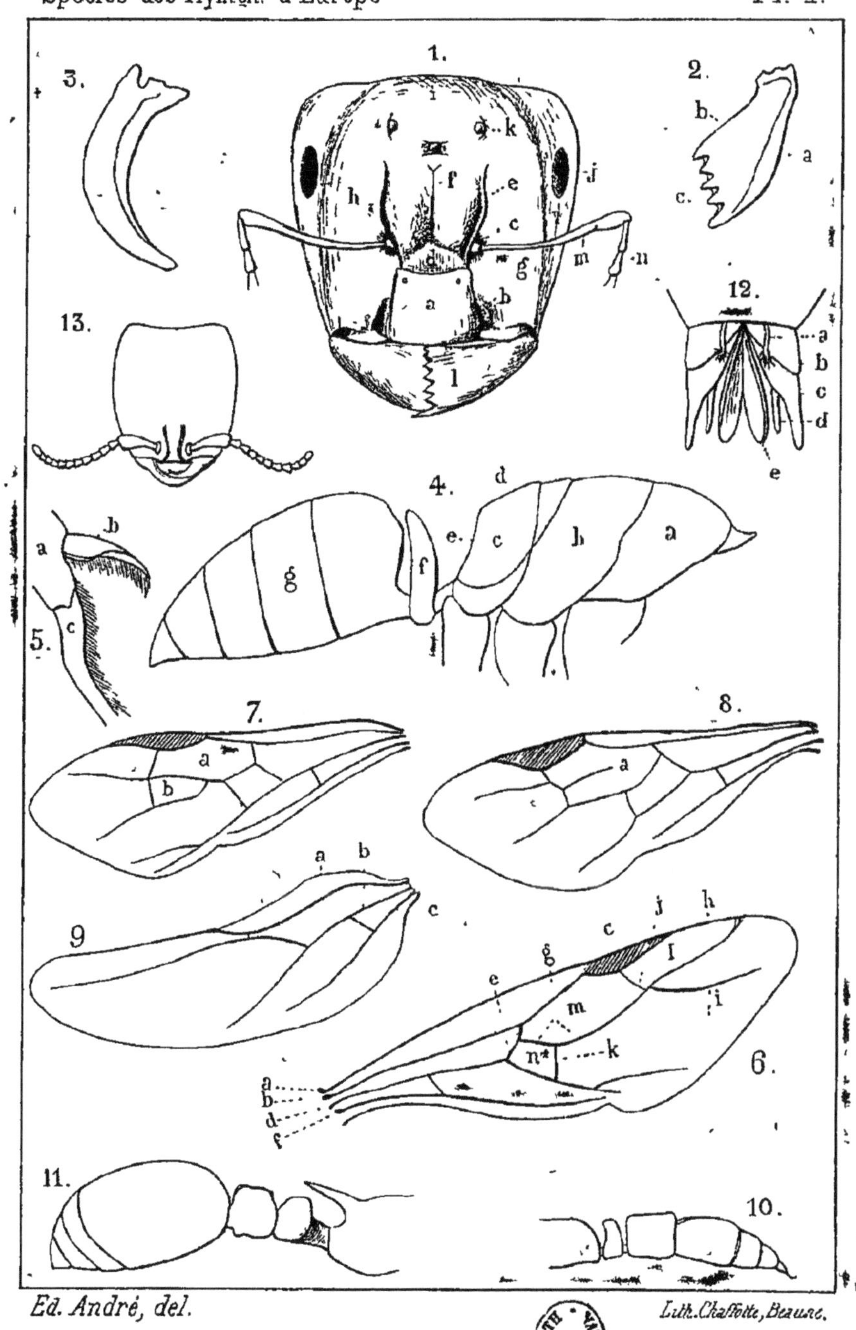

Ed. André, del. Lith. Chaffotte, Beaune.

FORMICIDES

PLANCHE II.

Formicides

(ANATOMIE INTERNE)

Fig. 1. Appareil digestif du *Camponotus ligniperdus*, Latr. ☿ (d'après le Dr Forel).

a Jabot.
b Calice du gésier.
c Sépales du calice.
d Muscles circulaires et constricteurs
e Valvules de fermeture du gésier.
f Boule du gésier.
g Partie moyenne du gésier.
h Bouton du gésier débouchant dans l'estomac.
i Estomac.

Fig. 2. Figure théorique montrant la disposition des valvules de fermeture à la partie supérieure de la boule du gésier.

Fig. 3. Gésier de *Prenolepis vividula*, Nyl. ☿ (d'ap. Forel).
Fig. 4. — de l'*Acantholepis Frauenfeldi*, Mayr. ☿ (id.)
Fig. 5. — du *Bothriomyrmex meridionalis*, Rog. ☿ (id.)
Fig. 6. — du *Dolichoderus quadripunctatus*, L. ☿ (id.)
} Les lettres désignent les mêmes parties que dans la figure 1.

Fig. 7. Appareil vénénifique de la *Formica rufibarbis*, Fab. ☿ (d'après le Dr Forel).

a Glande vénénifique.
b Coussinet que forme la glande sur le dos de la vessie.
c Vessie à venin.
d Glande accessoire.
e Canal déférent.

Fig. 8. Appareil vénénifique du *Bothriomyrmex meridionalis*, Rog. ☿ (d'après le Dr Forel).

a Glande vénénifique.
b Bourrelet situé dans la vessie et muni d'un orifice central par où s'écoule le venin.
c Vessie à venin.
d Glande accessoire.
e Canal déférent.
f Pièces de l'aiguillon qui est rudimentaire.

Fig. 9. Appareil vénénifique de la *Myrmica lævinodis*, Nyl. ☿ (d'après le Dr Forel).

a Glande vénénifique.
a' Partie de cette glande libre dans l'intérieur de la vessie.
b Bourrelet terminal muni d'une ouverture centrale pour l'écoulement du venin.
c Vessie à venin.
d Glande accessoire.
e Canal déférent.
f Pièces de l'aiguillon.

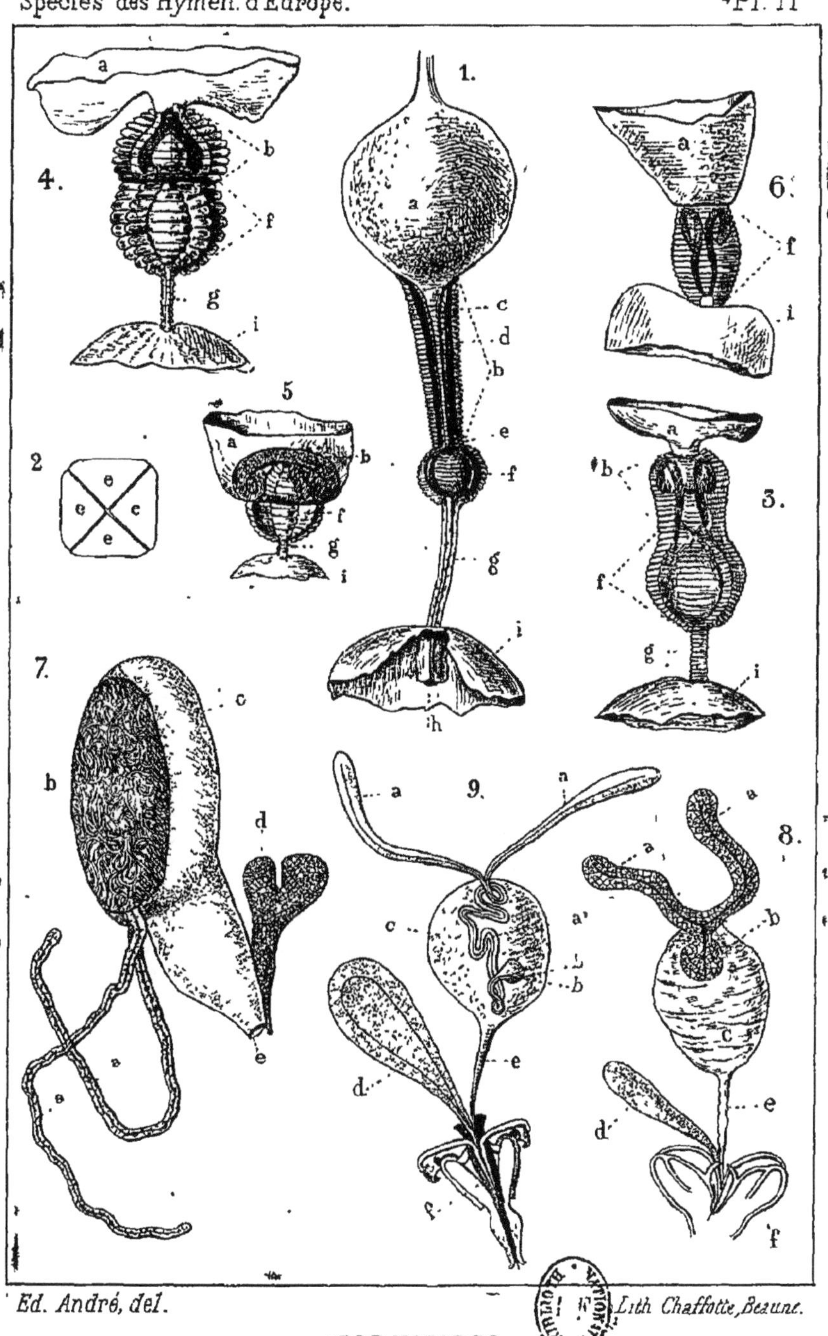

Ed. André, del. Lith Chaffotte, Beaune.

FORMICIDES

PLANCHE III.

Formicides

(NIDS)

Fig. 1. Partie supérieure d'un nid de *Solenopsis fugax*, Latr., de grandeur naturelle.

Fig. 2. Fragment de la partie supérieure d'un nid de *Tetramorium cæspitum*, L., de grandeur naturelle.

Ces nids, qui étaient établis sous des pierres, ont été dessinés d'après nature et tels qu'ils s'offraient à la vue après l'enlèvement de la pierre qui les recouvrait. Les parties claires représentent les cloisons et les piliers de terre, en contact direct avec la surface inférieure de la pierre ; les parties ombrées figurent les cases et les galeries à l'extrémité desquelles on voit l'entrée des chambres et passages souterrains invisibles à l'extérieur. La disposition de la partie profonde de ces nids aurait pu être mise en évidence par une coupe perpendiculaire, mais il a été impossible de l'exécuter sans détruire la construction, par suite de la friabilité de la terre dans laquelle étaient creusées ces habitations.

Dans la figure 2 on voit quelques racines de graminées dont plusieurs ont été utilisées par les fourmis pour limiter ou soutenir certaines parties de leur édifice.

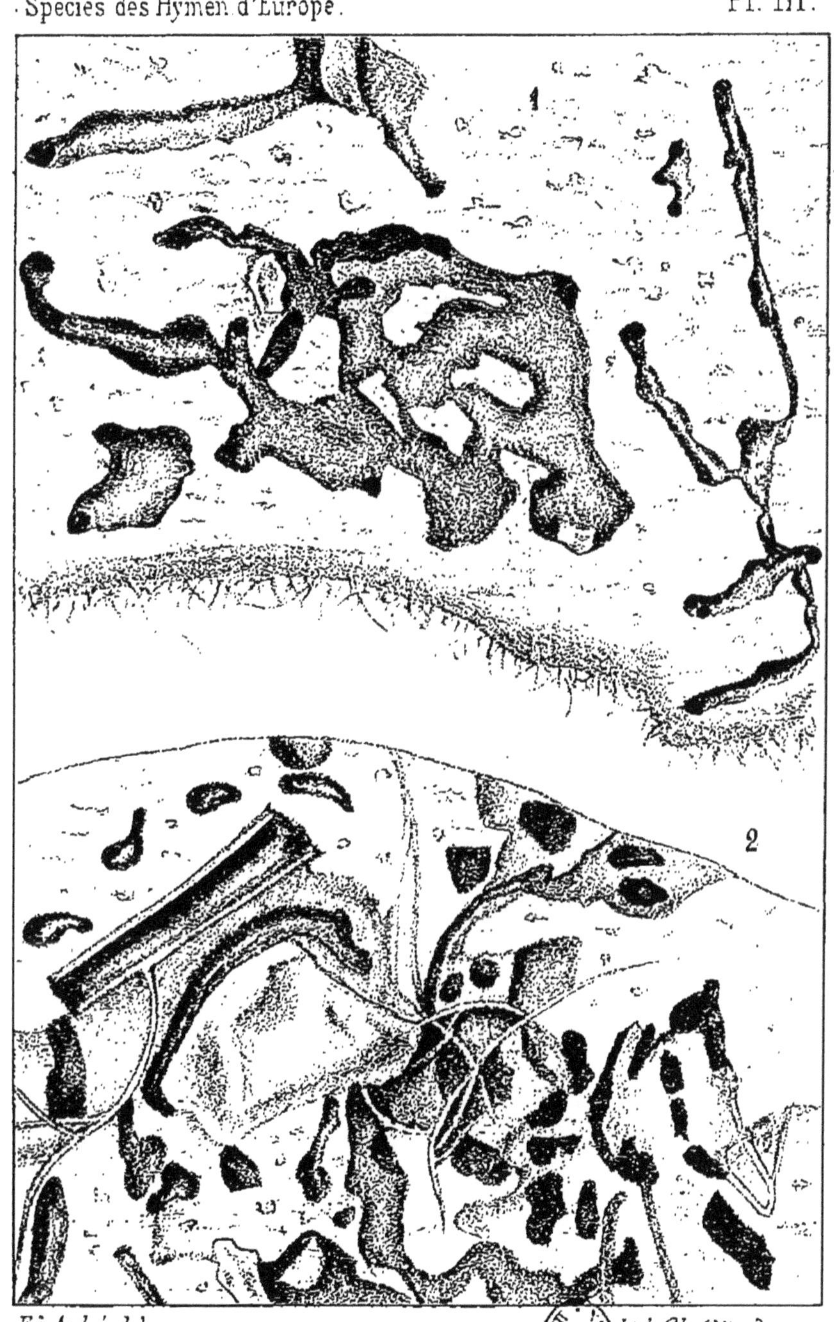

Ed. André. del. Lith. Chaffotte, Beaune.

FORMICIDES

PLANCHE IV.

Formicides

(NIDS)

Fig. 1. Fragment d'un nid de *Lasius niger*, L., creusé dans un tronc d'arbre mort. (Coupe parallèle à l'axe).

Fig. 2. Le même nid. (Coupe perpendiculaire à l'axe).

Fig. 3. Nid de *Leptothorax tuberun*, F. dans une tige sèche de ronce.

Fig. 4. Ouverture, en forme de cratère, d'un nid d'*Aphænogaster barbara*, L.

Fig. 5. Fragment d'un chemin couvert établi par la *Formica exsectoides*, Forel. (d'après Mac Cook).

Ce chemin est représenté inachevé, pour montrer son mode de construction et faire voir comment les fourmis rapprochent, par des adjonctions successives de boulettes de terre, les deux bords supérieurs de la voûte, qu'elles réunissent d'abord partiellement, en laissant des ouvertures arrondies qu'elles bouchent ensuite, à l'exception de celles qui peuvent être nécessaires comme portes d'entrée et de sortie.

Ed. André del. Lith. Chaffotte, Beaune.

FORMICIDES

PLANCHE V

Formicides

(MÉTAMORPHOSES. — MŒURS)

N.-B. — Toutes les figures de cette planche sont plus ou moins agrandies.

Fig. 1. Œufs de *Tapinoma erraticum*, Latr.
Fig. 2. Larve —
Fig. 3. Extrémité d'un des poils longs de cette larve (très fortement grossi)
Fig. 4. Extrémité d'un des poils courts de la même larve (très fortement grossi)
Fig. 5. Larve de *Tetramorium cæspitum* L.
Fig. 6. Nymphe —
Fig. 7. Cocon de *Lasius alienus*, Fœrst.
Fig. 8, *Formica rufa*, L. transportant une de ses compagnes.
Fig. 9. *Pogonomyrmex barbatus* Sm. suspendu par ses pattes postérieures et nettoyant l'extrémité de son abdomen (d'après le Rev. Mac Cook.).
Fig. 10. Le même, dressé sur ses quatre pattes postérieures et procédant à la même opération (d'après Mac Cook)
Fig. 11. La même fourmi se peignant et se brossant la tête avec ses pattes antérieures, à peu près comme le fait un chat quand il vaque à sa toilette (d'aprés Mac Cook)
Fig. 12. *Formica fusca*, L. occupée à traire un puceron.

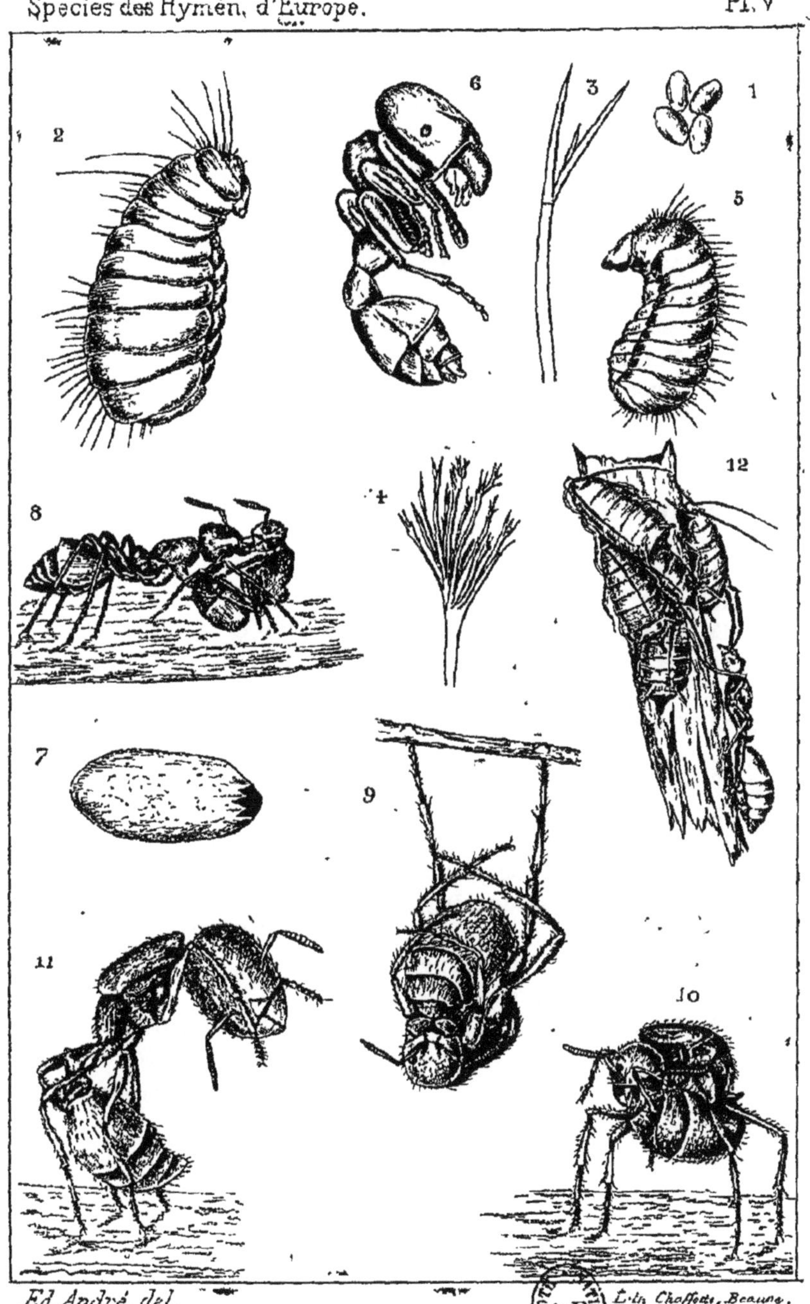

Ed André, del. *Lith. Chaffotte, Beaune.*

FORMICIDES

PLANCHE VI

Formicides

(CARACTÈRES GÉNÉRIQUES DES *Formicidæ*)

Fig. 1. Tête de *Camponotus ligniperdus* Latr. ☿
Fig. 2. Tête de *Formica rufa* L. ☿
Fig. 3. Tête de *Tapinoma erraticum* Latr. ☿
Fig. 4. Mandibule de *Polyergus rufescens* Latr. ☿
Fig. 5. Ecaille d'*Acantholepis Frauenfeldi* Mayr. ☿
Fig. 6. Thorax et écaille d'*Acantholepis Frauenfeldi* Mayr ☿ (vus de côté)
Fig. 7. Extrémité de l'abdomen des *Camponotidæ*.
Fig. 8. — *Dolichoderidæ*.
Fig. 9. Tête de *Colobopsis truncata* Spin. ☿ (vue de profil)
Fig. 10. — ♀ —
Fig. 11. Palpe maxillaire de *Myrmecocystus* ☿
Fig. 12. — *Formica*. ☿
Fig. 13. Antenne de *Brachymyrmex Heeri* For. ☿
Fig. 14. — *Acantholepis Frauenfeldi* Mayr. ♂
Fig. 15. — *Plagiolepis pygmæa* Latr. ♂
Fig. 16. Thorax et écaille de *Prenolepis vividula* ☿ (vus de côté)
Fig. 17. — *Lasius niger* L. ☿ (vus de côté)
Fig. 18. Antenne de *Formica rufa* L. ☿
Fig. 19. — *Lasius niger* L. ☿
Fig. 20. — *Camponotus ligniperdus* Latr. ♂
Fig. 21. — *Colobopsis truncata* Spin. ♂
Fig. 22. Thorax et écaille de *Dolichoderus 4-punctatus* L. ☿ (vus de profil)
Fig. 23. Antenne de *Myrmecocystus viaticus* Fab. ♂
Fig. 24. — *Formica rufa* L. ♂
Fig. 25. — *Lasius niger* L. ♂
Fig. 26. Pétiole et abdomen de *Tapinoma erraticum* Latr. ☿ (vus de profil)
Fig. 27. Valvule génitale externe de *Myrmecocystus cursor* Fonsc. ♂

Le corps de la valvule *v* est vu un peu de côté pour laisser apercevoir l'appendice *a* de face.

Ed André del Lith. Chaffolle, Beaune

FORMICIDES

PLANCHE VII

Formicides

(CAMPONOTUS)

N.-B. — Les deux traits verticaux qui accompagnent chaque insecte, sur cette planche et les suivantes, sont les mesures de sa grandeur naturelle maxima et minima.

Fig. 1. *Camponotus ligniperdus* Latr. ♂
Fig. 2. — ♀
Fig. 3. — ☿
Fig. 4. Thorax du *C. ligniperdus* Latr. ☿ (vu de côté)
Fig. 5. Valvule génitale externe du *C. ligniperdus* Latr. ♂ (d'après le Dr Mayr)
Fig. 6. Thorax du *Camponotus lateralis* Ol (vu de profil)
a, tête.
Fig. 7. Coupe perpendiculaire du metanotum du *C. ligniperdus* Latr. ☿
Fig. 8. Coupe perpendiculaire du metanotum du *C. lateralis* Ol. ☿
Fig. 9. Epistome du *C. sylvaticus* Ol. ☿
Fig. 10. — *C. ligniperdus* Latr. ☿
Fig. 11. Antenne du — ♂
Fig. 12. — — ☿
Fig. 13. Profil dorsal du thorax du *C. Foreli* Em. ☿ (d'après le Dr Emery)
Fig. 14. — *C. Sicheli* Mayr. ☿ (d'après le Dr Emery)
Fig. 15. Tête du *C. ligniperdus* Latr. ♂
Fig. 16. — *C. sylvaticus* Ol. ♂
Fig. 17. Thorax du *C. libanicus* André ☿ (vu en dessus)
Fig. 18. — *C. Gestroi* Em. ☿, vu de profil (d'après Emery)
a pronotum, *b* mesonotum, *c* metanotum,

PLANCHE VII

Formicides

(CAMPONOTUS)

N.-B. — Les deux traits verticaux qui accompagnent chaque insecte, sur cette planche et les suivantes, sont les mesures de sa grandeur naturelle maxima et minima.

Fig. 1. *Camponotus ligniperdus* Latr. ♂
Fig. 2. = ♀
Fig. 3. = ☿
Fig. 4. Thorax du *C. ligniperdus* Latr. ☿ (vu de côté).
Fig. 5. Valvule génitale externe du *C. ligniperdus* Latr. ♂ (d'après le Dr Mayr).
Fig. 6. Thorax du *Camponotus lateralis* Ol. (vu de profil) a, tête.
Fig. 7. Coupe perpendiculaire du métanotum du *C. ligniperdus* Latr. ☿
Fig. 8. Coupe perpendiculaire du métanotum du *C. lateralis* Ol. ☿
Fig. 9. Épistome du *C. sylvaticus* Ol. ☿
Fig. 10. = *C. ligniperdus* Latr. ☿
Fig. 11. Antenne du = ♂
Fig. 12. = = ☿
Fig. 13. Profil dorsal du thorax du *C. Foreli* Em. ☿ (d'après le Dr Emery).
Fig. 14. = *C. Sicheli* Mayr. ☿ (d'après le Dr Emery).
Fig. 15. Tête du *C. ligniperdus* Latr. ☿
Fig. 16. = *C. sylvaticus* Ol. ☿
Fig. 17. Thorax du *C. libanicus* André ☿ (vu en dessus).
Fig. 18. = *C. Gestroi* Em. ☿, vu de profil (d'après Emery). *a* pronotum, *b* mésonotum, *c* métanotum.

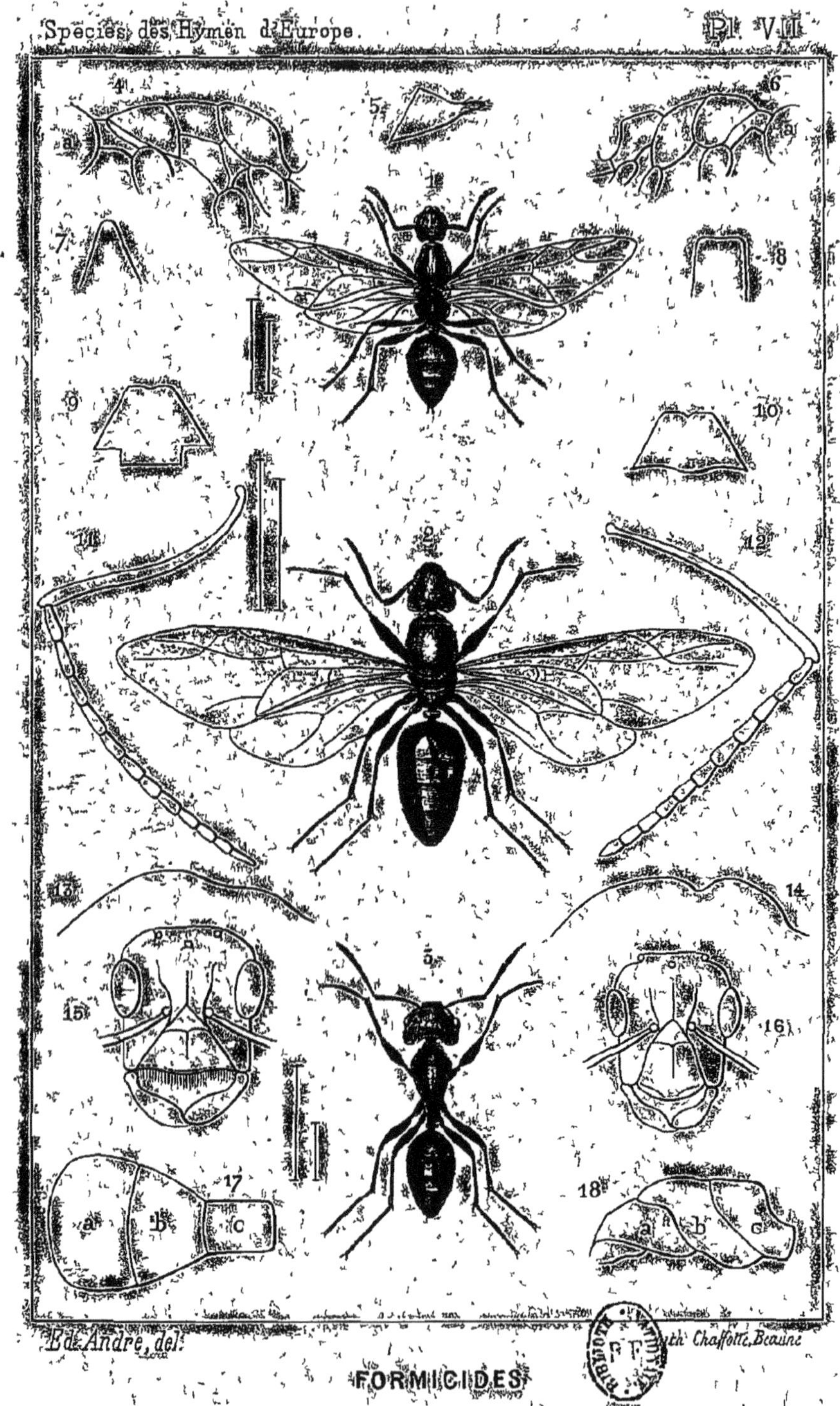
Species des Hymen d'Europe.
Pl. VII
1
2
3
4
5
6
7
8
9
10
11
12
13
14
15
16
17
18
a
b
c
Ed. André, del.
Lith. Chaffotte, Beaune
FORMICIDES

PLANCHE VIII.

Formicides

(COLOBOPSIS. — POLYERGUS)

Fig. 1. *Polyergus rufescens* Latr. ☿
Fig. 2. — ♀
Fig. 3. — ♂
Fig. 4. Tête de *Polyergus rufescens* Latr. ☿ (vue de face)
Fig. 5. — ♂ —
Fig. 6. *Colobopsis truncata* Spin. ☿
Fig. 7. — ♀
Fig. 8. — ♂
Fig. 9. Tête de *Colobopsis truncata* Spin. ☿ (vue de profil)
Fig. 10. — ♃ —
Fig. 11. Antenne de — ♂

Species des Hymen. d'Europe. Pl. VIII

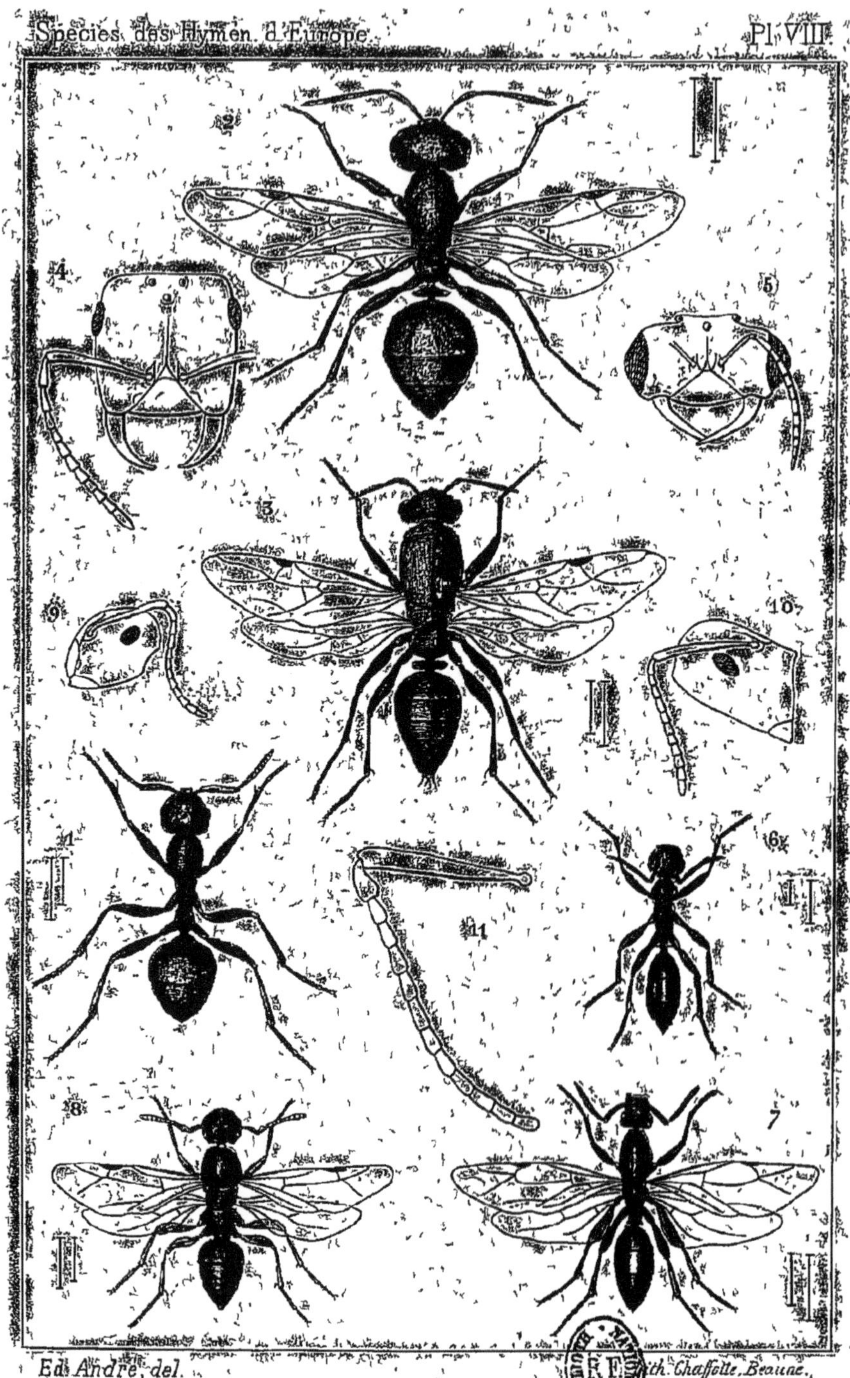

Ed. André, del. Lith. Chaffotte, Beaune.

FORMICIDES

PLANCHE IX

Formicides

(MYRMECOCYSTUS — FORMICA)

Fig. 1. *Myrmecocystus viaticus* Fab. ☿

Fig. 2. — — — ♀

Fig. 3. — — — ♂

Fig. 4. Tête de *Myrmecocystus bombycinus* Rog. ♃ (d'après Roger).

Fig. 5. Nœud du pétiole de *Myrmecocystus albicans* Rog. ☿ (vu de côté).

Fig. 6. — — — *viaticus* Fab. ☿ (vu de côté).

Fig. 7. Écaille du *Myrmecocystus altisquamis* André ☿ (vue de côté).

Fig. 8. Pronotum du *Myrmecocystus cursor* Fonsc. ☿ (vu de dessus).

Fig. 9. — — — var. *frigidus* André ☿ (vu de dessus).

Fig. 10. Hypopygium du *Myrmecocystus cursor* Fonsc. ♂

Fig. 11. — — *albicans* Rog. ♂

Fig. 12. — — *viaticus* Fab. ♂

Fig. 13. — — *pallidus* Mayr ♂ (d'après un croquis communiqué par M. le docteur Mayr).

Fig. 14. *Formica rufa* L. ☿

Fig. 15. — — ♀

Fig. 16. — — ♂

Fig. 17. Tête de la *Formica rufa* L. ☿

Fig. 18. Epistome de la *Formica sanguinea* Latr. ☿

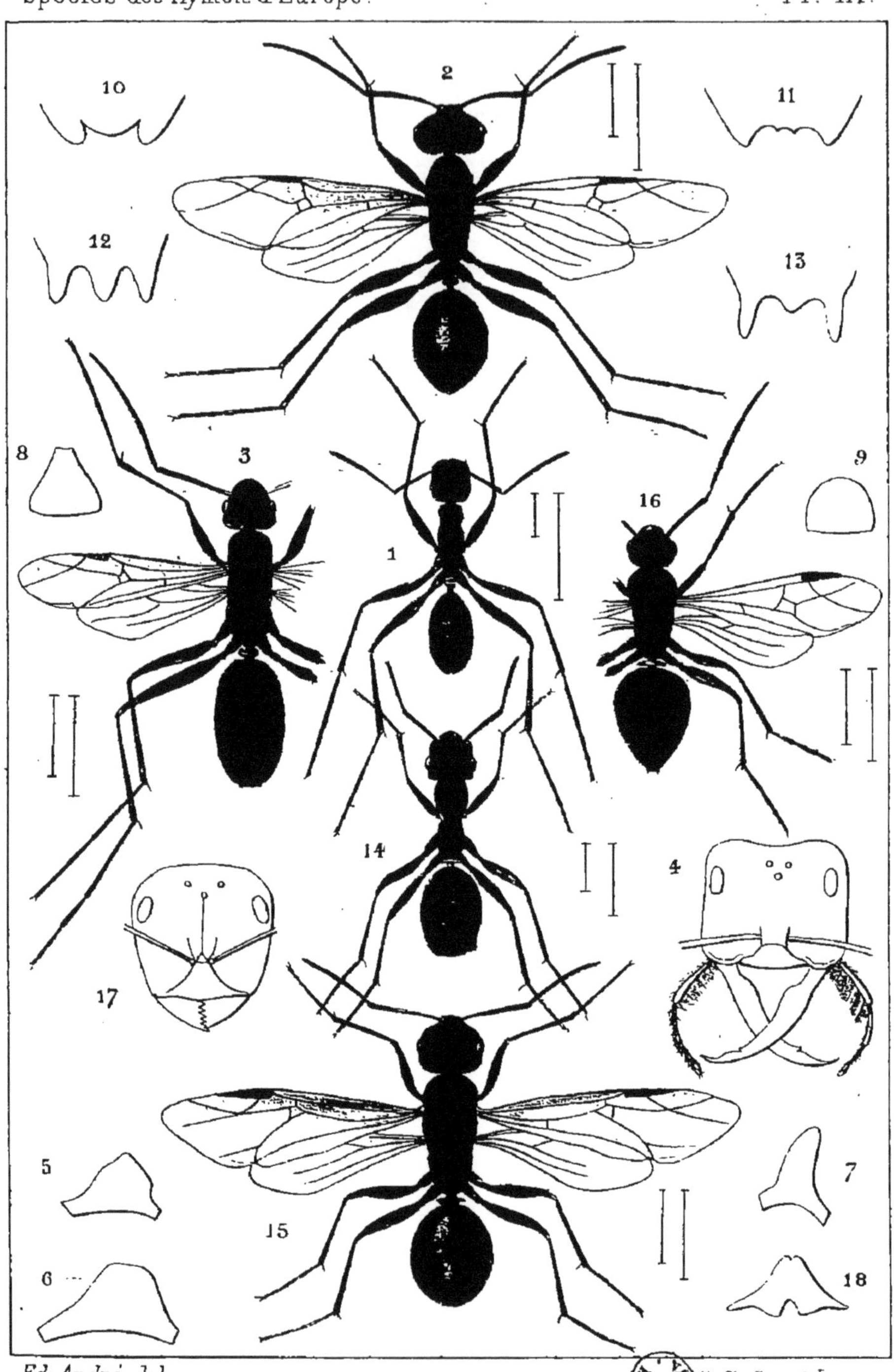

Ed. André, del.

Lith. Chaffotte, à Besune

FORMICIDES

PLANCHE X

Formicides

(LASIUS — PRENOLEPIS)

Fig. 1. *Lasius niger* L. ☿

Fig. 2. — — ♀

Fig. 3. — — ♂

Fig. 4. Mandibule du *Lasius mixtus* Nyl. ♂

Fig. 5. — *Lasius niger* L. ♂

Fig. 6. Ecaille du *Lasius flavus* de Geer. ☿

Fig. 7. — *Lasius mixtus* Nyl. ☿

Fig. 8. *Prenolepis vividula* Nyl. ☿

Fig. 9. — — — ♀

Fig. 10. — — — ♂

Fig. 11. Thorax et écaille de *Prenolepis longicornis* Lat. ☿ (vus de côté).

Fig. 12. Thorax et écaille de *Prenolepis vividula* Nyl. ♀ (vus de côté).

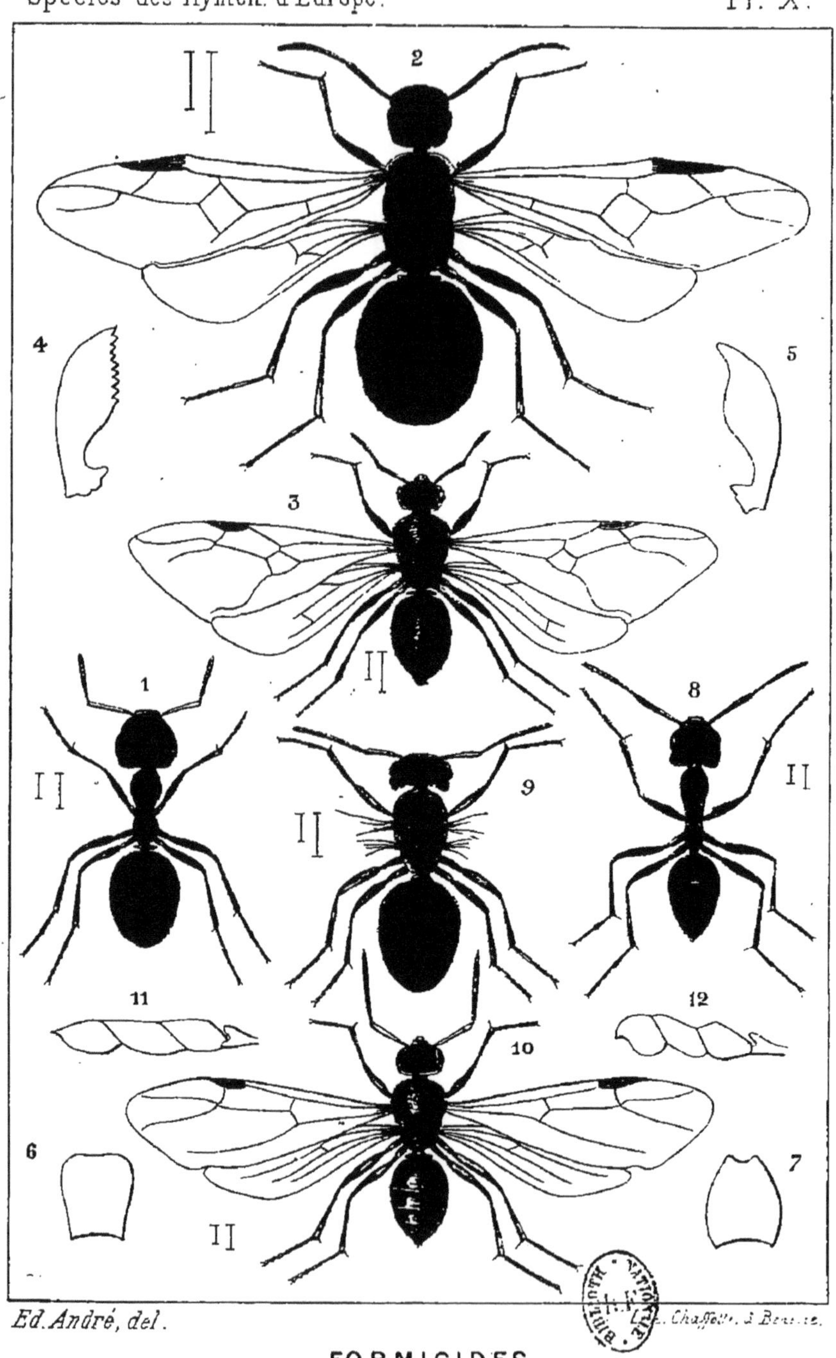

Ed. André, del.

Lith. Chaffotte, à Beaune.

FORMICIDES

PLANCHE XI

Formicides

(PLAGIOLEPIS — ACANTHOLEPIS)

Fig. 1 *Plagiolepis pygmæa*, Latr. ☿
Fig. 2 = ♀
Fig. 3 = ♂
Fig. 4 Antenne de *Plagiolepis pygmæa*, Latr. ☿
Fig. 5 *Acantholepis Frauenfeldi*, Mayr, var. *bipartita*, Sm. ☿
Fig. 6 = = ♀
Fig. 7 = = ♂
Fig. 8 Thorax de l'*A. Frauenfeldi*, Mayr ☿ (vu en dessus)
Fig. 9 = var. *syriaca*, André ☿ (vu en dessus)
Fig. 10 Antenne de l'*A. Frauenfeldi*, Mayr ☿

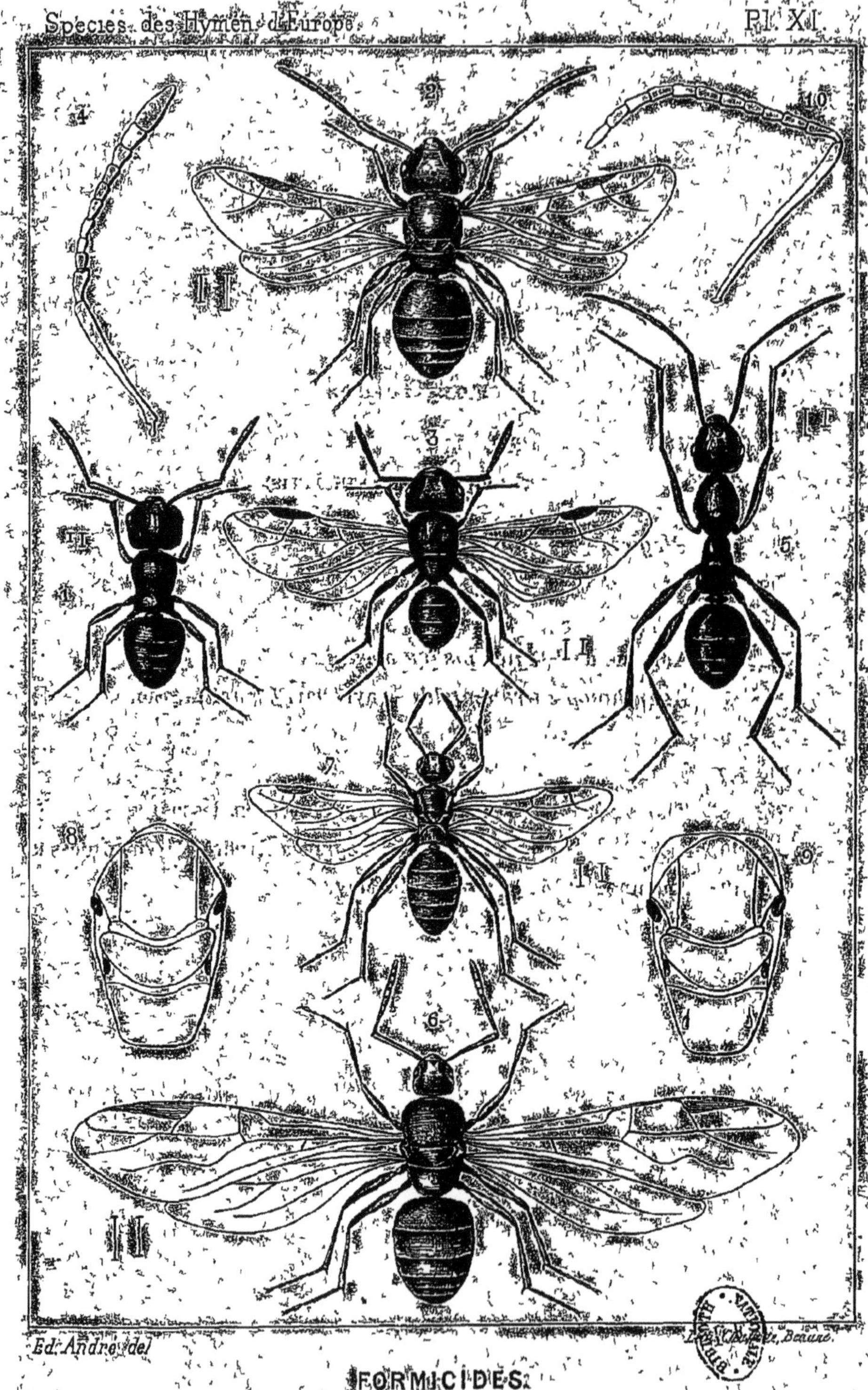

Ed. André del

FORMICIDES.

PLANCHE XII

Formicides

(BRACHYMYRMEX = BOTHRIOMYRMEX)

Fig. 1 *Brachymyrmex Heeri*, Forel ☿
Fig. 2 = ♀
Fig. 3 = ♂
Fig. 4 Antenne de *B. Heeri*, Forel ☿
Fig. 5 = ♂
Fig. 6 *Bothriomyrmex meridionalis*, Roger ☿
Fig. 7 = ♀
Fig. 8 = ♂
Fig. 9 Antenne de *B. meridionalis*, Roger ☿
Fig. 10 Tête de = ♂ (d'après Emery)
Fig. 11 Appareil à venin du — ☿ (figure un peu schématique, d'après Forel).

a Paroi dorsale de l'abdomen
b Paroi ventrale =
c Vessie anale
d Glande anale
e Extrémité de l'intestin et rectum
f Vessie et glande à venin
g Appareil génital
h Ouverture du cloaque

Ed. André, del. Lith. Chaffotte, Beaune

FORMICIDES

PLANCHE XII

Formicides

(LIOMETOPUM — TAPINOMA — DOLICHODERUS)

Fig. 1 *Liometopum microcephalum*, Panz. ☿
Fig. 2 — ♀
Fig. 3 Antenne de *L. microcephalum*, Panz. ☿
Fig. 3bis Tête de — ☿
Fig. 4 *Tapinoma erraticum*, Latr. ☿
Fig. 5 — ♀
Fig. 6 — ♂
Fig. 7 Antenne de *Tapinoma erraticum*, Latr. ☿
Fig. 7bis Pétiole et abdomen du même (vus de profil)
Fig. 7ter Pétiole de l'ouvrière (vu en dessus)
Fig. 7quater — (vu de profil)
Fig. 8 *Dolichoderus quadripunctatus*, L. ☿
Fig. 9 Antenne de *D. quadripunctatus*, L. ☿
Fig. 10 Thorax et écaille du même (vus de profil)

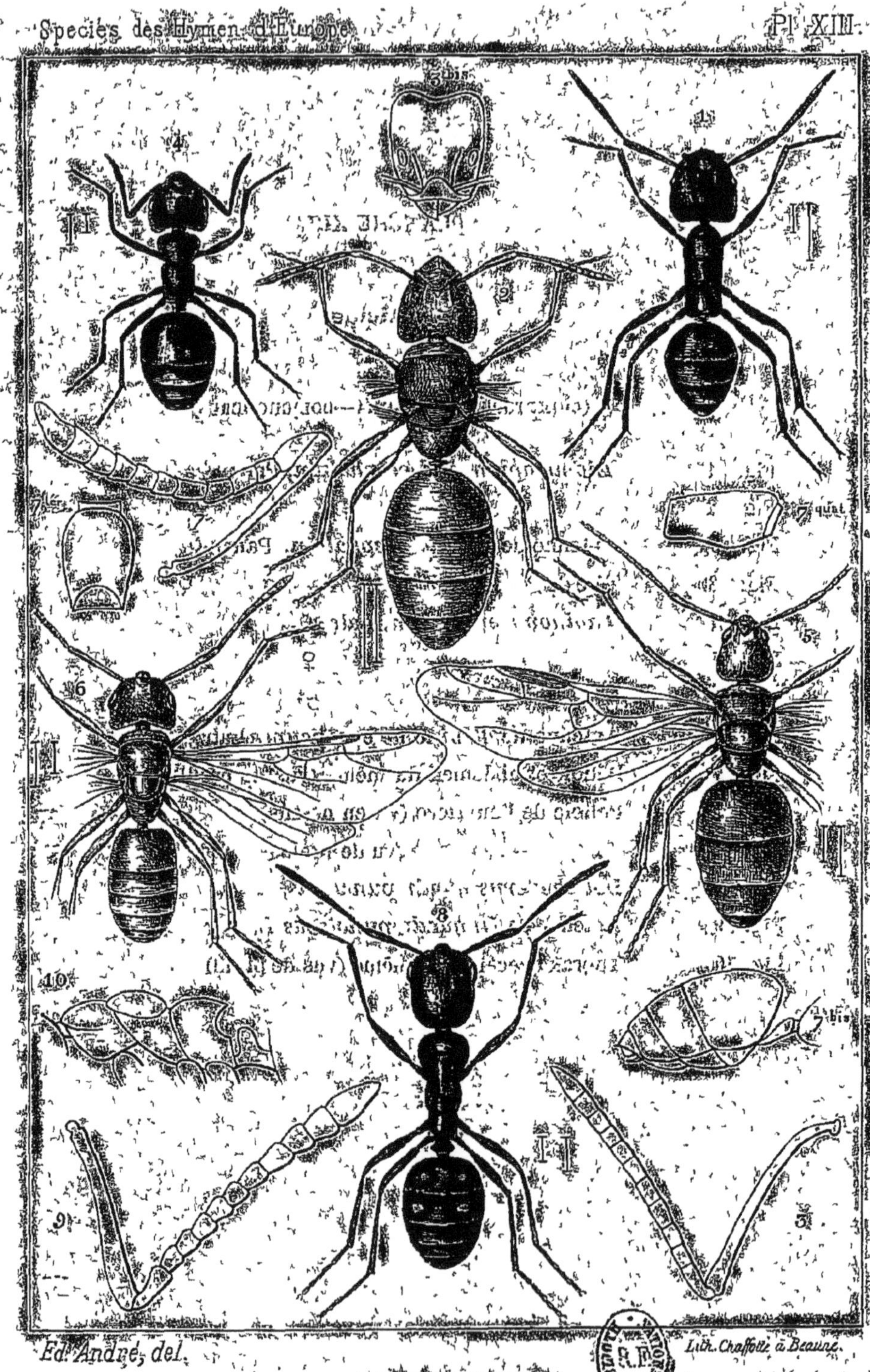

Ed. André, del. Lith. Chaffotte à Beaune.

FORMICIDES

PLANCHE XIV

Ponérides

Fig. 1 *Anochetus Ghilianii*, Spin. ☿ (d'après Roger).
Fig. 2 Mandibule du même (d'après Roger).
Fig. 3 *Amblyopone impressifrons*, Em. ♀
Fig. 4 Tête de l'*A. impressifrons*, Em. ♀ (d'après Emery).
Fig. 5 Tête de l'*A. denticulata*, Roger, ♀ (d'après Roger).
Fig. 6 *Parasyscia Piochardi*, Em. ♀ } d'après les dessins originaux
Fig. 7 La même, vue de profil } de
Fig. 8 Antenne de la même } M. le Dr Emery.
Fig. 9 *Ponera contracta*, Latr. ☿
Fig. 10 — ♀
Fig. 11 — ♂
Fig. 12 Tête de *P. contracta*, Latr. ☿
Fig. 13 Palpe maxillaire de la même (d'après Roger).
Fig. 14 Antenne de *P. contracta*, Latr. ♂
Fig. 15 Palpe maxillaire de *P. punctatissima*, Roger, ☿ (d'après Roger).
Fig. 16 Aile de *P. punctatissima*, Roger, ♀
Fig. 17 Antenne de *P. ochracea*, Mayr ♂
Fig. 18 Pétiole de *P. ochracea*, Mayr ♂

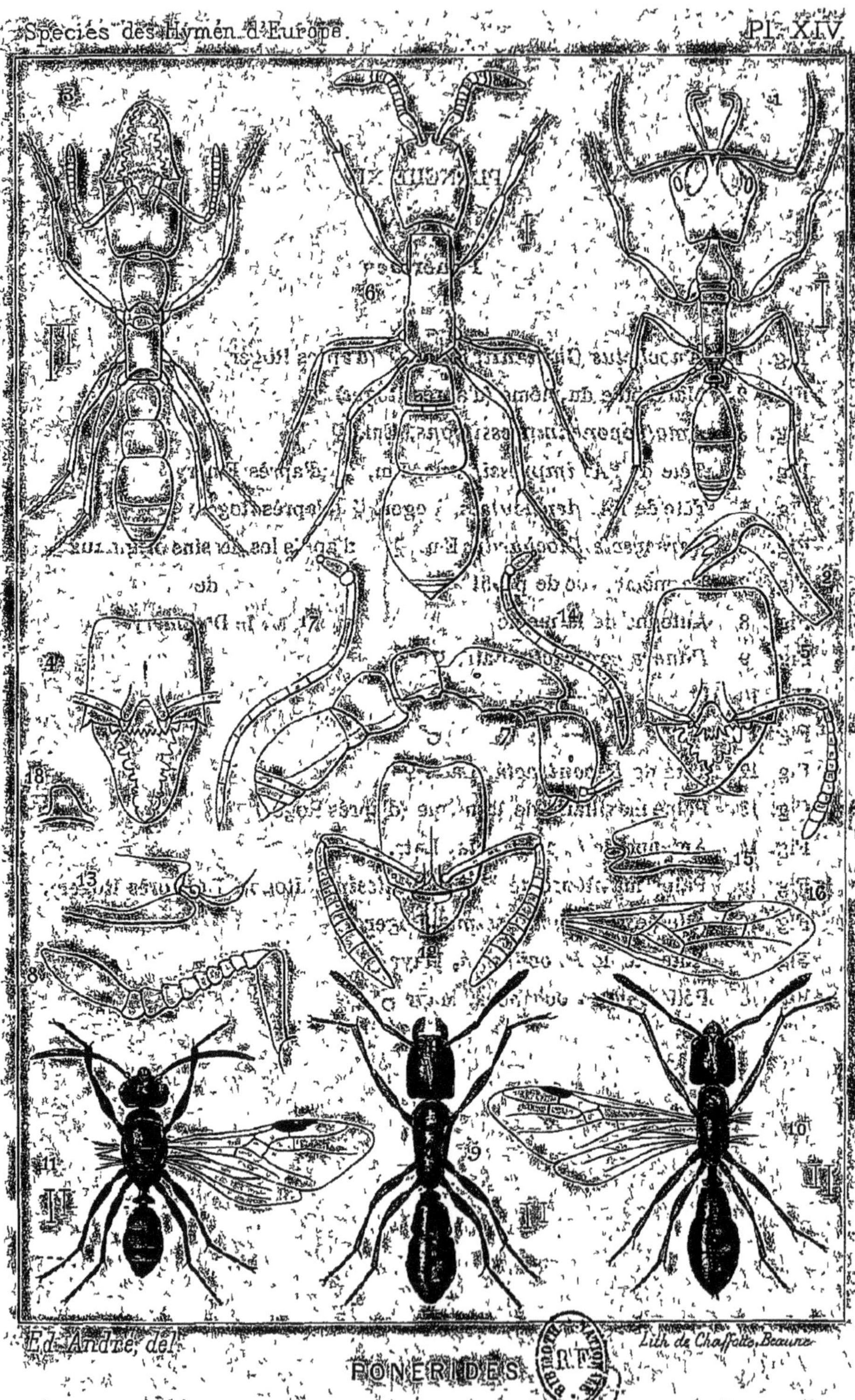

Species des Hymen. d'Europe
Pl. XIV.
Ed. André, del.
Lith. de Chaffotte, Beaune
PONERIDES

PLANCHE XV

Dorylides

Fig. 1 *Dorylus oraniensis*, Lucas, ♀

Fig. 2 Tête de *D. oraniensis*, Lucas ♀

Fig. 3 Arête frontale de — (vue de profil)

Fig. 4 Pygidium de —

Fig. 5 Arête frontale de *D. punctatus*, Smith ♀ (vue de profil)

Fig. 6 — *D. Clausi*, Joseph ♀ —

Fig. 7 *Dorylus* (Dichthadia) *glaberrimus*, Gerst. ♀ (d'après Gerstæcker)

Cet insecte de Java est figuré ici pour servir de type générique, à défaut de femelle connue appartenant à la faune europeo-méditerranéenne.

Fig. 8 Tête de *D. glaberrimus*, Gerst. ♀ (d'après Gerstæcker)

Fig. 9 Antenne de — —

Fig. 10 *Dorylus juvenculus*, Shuck ♂

Fig. 11 Tête de *D. juvenculus*, Shuck ♂

Fig. 12 Pétiole de — (vu de profil)

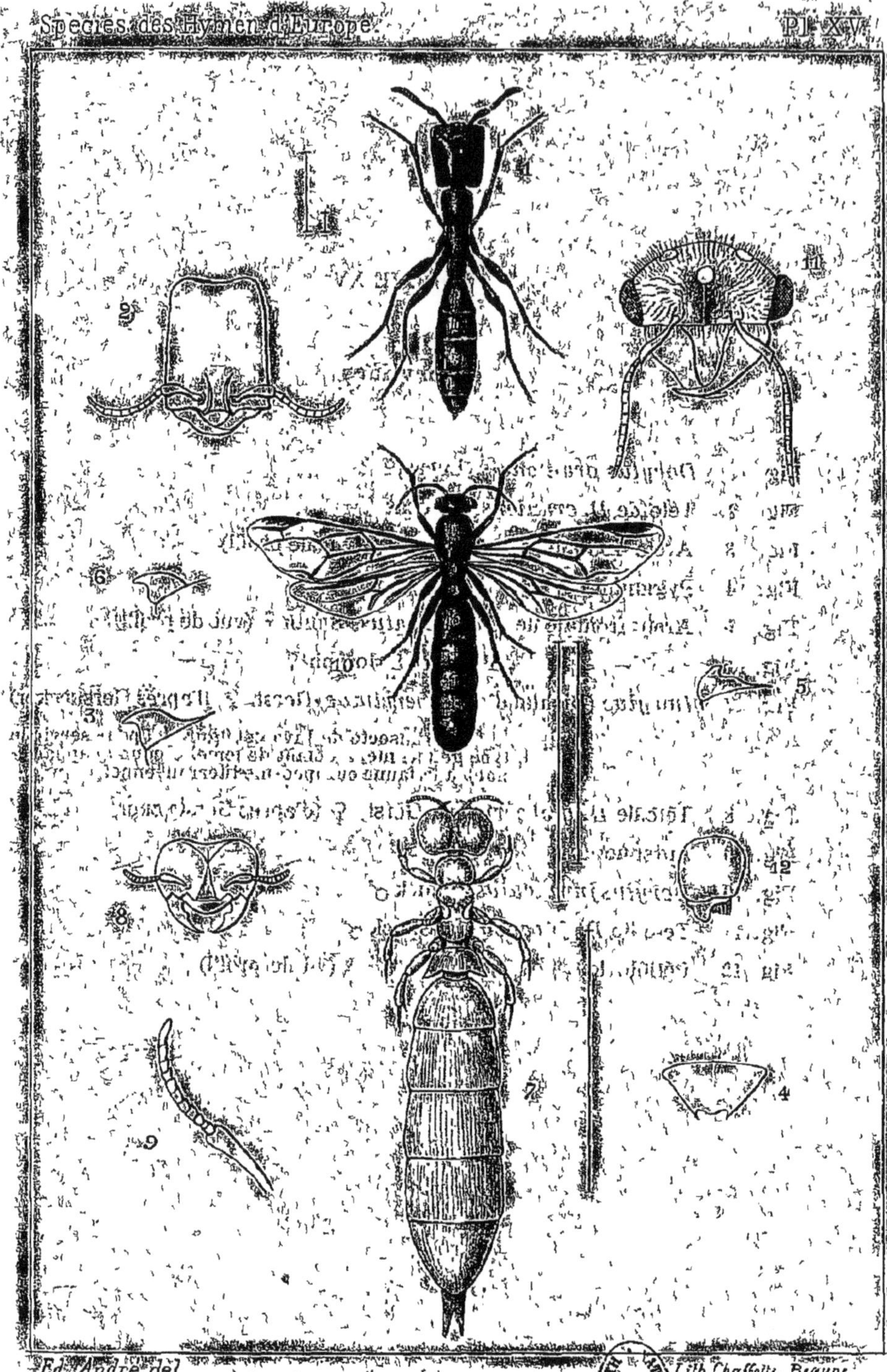

Ed. André, del. Lith. Chaffotte, Beaune.

DORYLIDES

PLANCHE XVI

Myrmicides

(CARACTÈRES GÉNÉRIQUES DES *Myrmicidæ*)

Fig. 1. Pétiole et abdomen du *Cremastogaster scutellaris*, Ol. ♀ (vus de profil).

Fig. 2. Pétiole et abdomen de l'*Aphænogaster barbara*, L. ♀ (vus de profil).

Fig. 3. Deuxième article du pétiole du *Formicoxenus nitidulus*, Nyl. ♀ (vu de profil).

Fig. 4. Pétiole de *Leptanilla Revelierii*, Em. ♀ (vu en dessus).

Fig. 5. — *Myrmecina Latreillei*, Curt. ♀ (vu de profil).

Fig. 6. — *Myrmica lævinodis*, Nyl. ♀ —

Fig. 7. — *Cardiocondyla elegans*, Em. ♀ (vu en dessus).

Fig. 8. Antenne de *Solenopsis fugax*, Latr. ♀

Fig. 9. — *Aphænogaster barbara*, L.

Fig. 10. — *Monomorium Salomonis*, L. ♀

Fig. 11. Mandibule de *Strongylognathus testaceus*, Schenck ♀

Fig. 12. — *Tetramorium cæspitum*, L. ♀

Fig. 13. Abdomen d'*Holcomyrmex dentigena*, Roger, ♀

Fig. 14. — *Aphænogaster barbara*, L. ♀

Fig. 15. Pronotum de *Tetramorium cæspitum*, L. ♀ (vu en dessus).

Fig. 16. — *Leptothorax tuberum*, Fab. ♀ —

Fig. 17. Poil du corps de — ♀ (fortement grossi).

Fig. 18. Pétiole de l'*Anergates atratulus*, Schenck ♀ (vu en dessus).

Fig. 19. — — ♂ (vu de profil).

Fig. 20. Antenne de *Tetramorium cæspitum*, L. ♂

Fig. 21. — *Pheidole pallidula*, Nyl. ♂

Fig. 22. — *Aphænogaster barbara*, L. ♂

Fig. 23. Mandibule d'*Epitritus argiolus*, Em. ♂

Fig. 24. Premier article du pétiole de *Stenamma Westwoodi*, Steph. ♂ (vu de profil).

Fig. 25. Premier article du pétiole de *Leptothorax tuberum*, F. ♂ (vu de profil).

Ed. André, del.   Lith. Chaffotte, Beaune.

MYRMICIDES

PLANCHE XVII

Myrmicides

(LEPTANILLA — FORMICOXENUS — MYRMECINA)

Fig. 1 *Leptanilla Revelierii*, Em. ♀ (d'après Emery)
Fig. 2 Antenne de *L. Revelierii*, Em. ♀
Fig. 3 *Formicoxenus nitidulus*, Nyl. ♀
Fig. 4 — ♂
Fig. 5 Antenne de *F. nitidulus*, Nyl. ♀
Fig. 6 Pétiole de — (vu de profil)
Fig. 7 *Myrmecina Latreillei*, Curtis ♀
Fig. 8 — ♀
Fig. 9 — ♂
Fig. 10 Antenne de *M. Latreillei*, Curtis ♀
Fig. 11 Pétiole de — ♀ (vu de profil)
Fig. 12 Antenne de — ♂

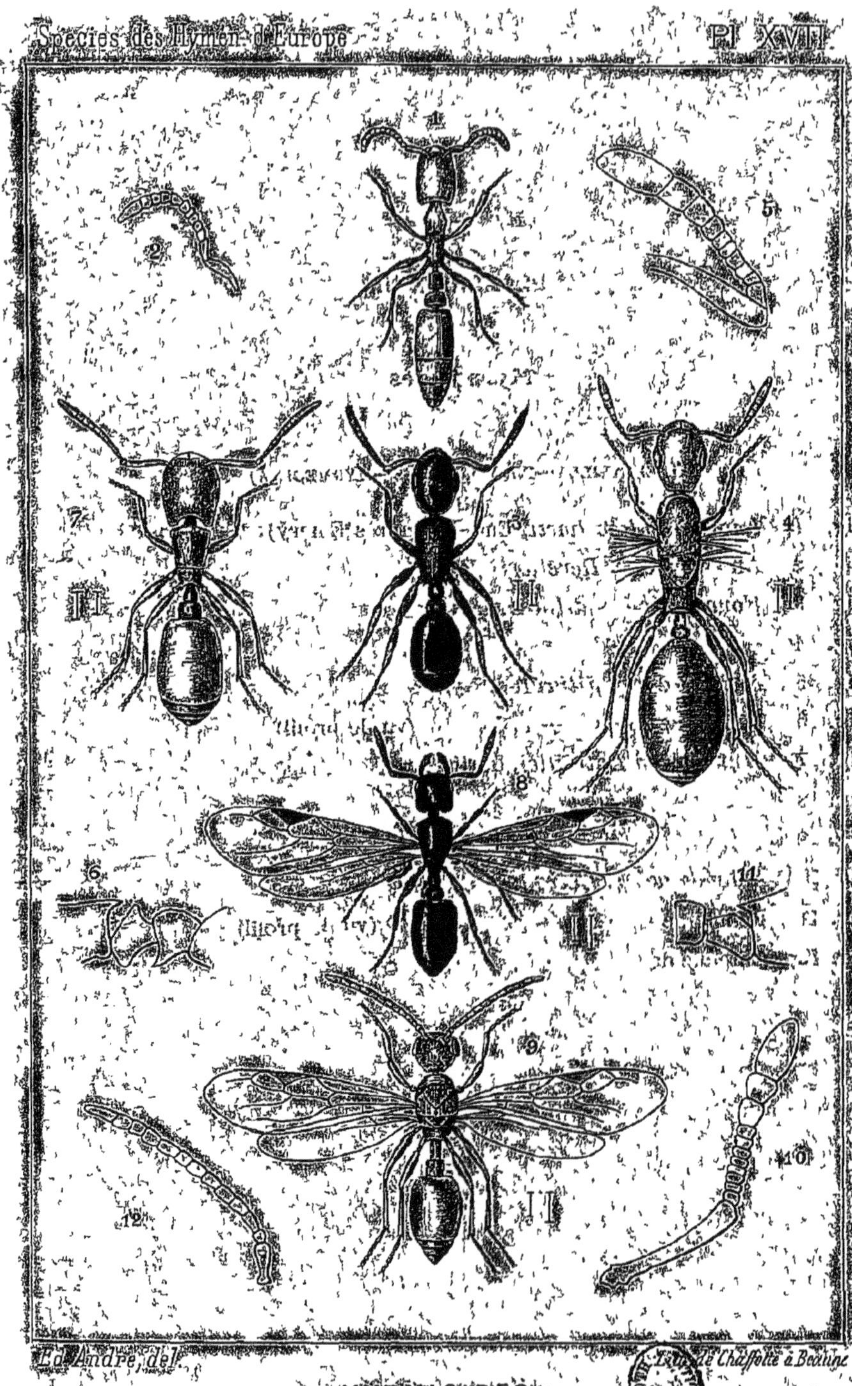

Ed. André, del. — Lith. de Chaffotte à Beaune

MYRMICIDES

PLANCHE XVIII

Myrmicides

(ANERGATES—TOMOGNATHUS—STRONGYLOGNATHUS)

Fig. 1 *Anergates atratulus*, Schenck, ♀

Fig. 2 — ♂ (d'après Forel)

Fig. 3 Silhouette de la femelle féconde de l'A. *atratulus*.

Fig. 4 Antenne de l'A. *atratulus*, Schenck, ♀

Fig. 5 Pétiole de — (vu de profil)

Fig. 6 Mandibule de — ♂ (d'après Forel)

Fig. 7 Antenne de *Tomognathus sublævis*, Nyl. ☿ (d'après Nylander)

Fig. 8 Mandibule de — —

Fig. 9 *Strongylognathus testaceus*, Schenck, ☿

Fig. 10 — ♀

Fig. 11 — ♂

Fig. 12 Antenne de S. *testaceus*, Schenck, ☿

Fig. 13 — ♂

Fig. 14 Mandibule de — ☿

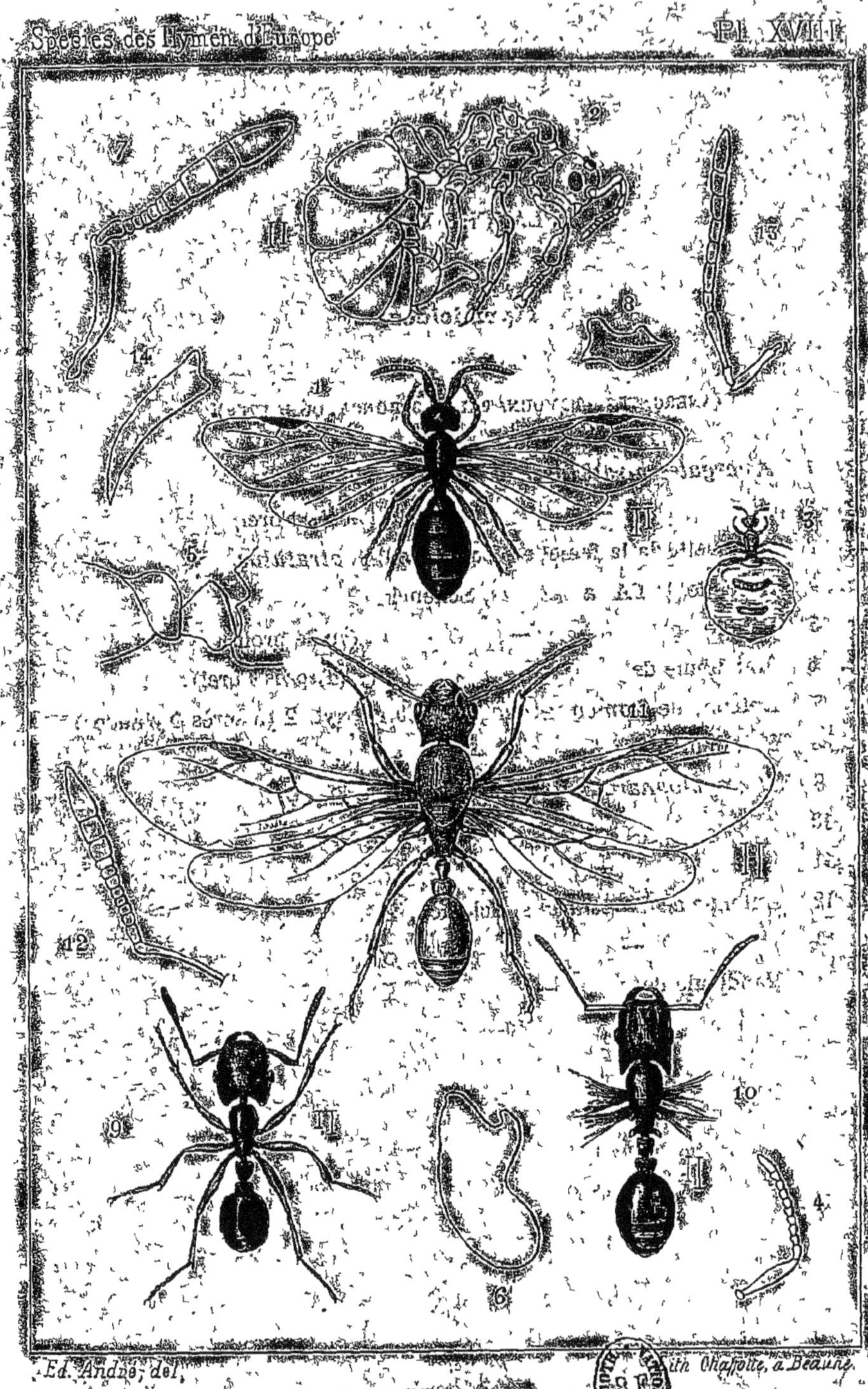

Ed. André, del. Lith. Chapotte, à Beaune.

MYRMICIDES

PLANCHE XIX

Myrmicides

(TETRAMORIUM — LEPTOTHORAX)

Fig. 1 *Tetramorium cæspitum*, Linné. ☿
Fig. 2 = = ♀
Fig. 3 = = ♂
Fig. 4 Antenne du *T. cæspitum*, L. ☿
Fig. 5 = = ♂
Fig. 6 *Leptothorax tuberum* var. *unifasciatus*, Latr. ☿
Fig. 7 = = ♀
Fig. 8 = = ♂
Fig. 9 Antenne du *L. unifasciatus*, Latr. ☿
Fig. 10 = = ♂
Fig. 11 L'un des poils du corps du *L. unifasciatus*, Latr. ☿
Fig. 12 Pétiole du *L. Rottenbergi*, Em. ☿
Fig. 13 = *L. angustulus*, Nyl. ☿
Fig. 14 = *L. nigrita*, Em. ☿
Fig. 15 Antenne du *L. acervorum*, Fab. ♂

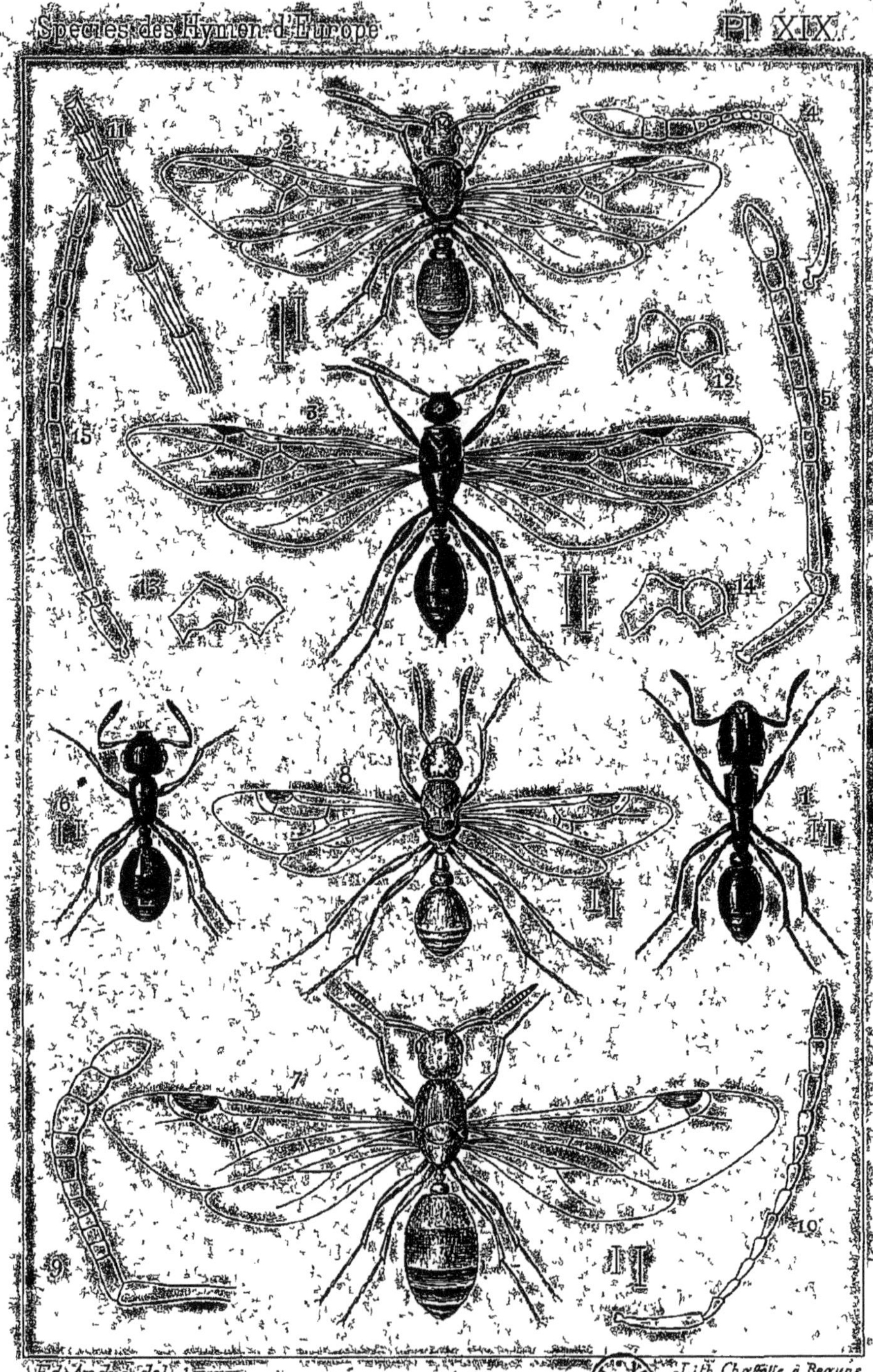

Ed. André, del. et pinx. Lith. Chaffotte à Beaune

MYRMICIDES

PLANCHE XX

Myrmicides

(TEMNOTHORAX—STENAMMA)

Fig. 1 *Temnothorax recedens*, Nyl. ☿
Fig. 2 " " ♀
Fig. 3 " " ♂
Fig. 4 Antenne du *T. recedens*, Nyl. ♀
Fig. 5 " " ♂
Fig. 6 *Stenamma Westwoodi*, Westw. ☿
Fig. 7 " " ♂
Fig. 8 Antenne de *St. Westwoodi*, Westw. ☿
Fig. 9 Tête et antenne de " ♂
Fig. 10 Pétiole de " ♂ (vu de côté).

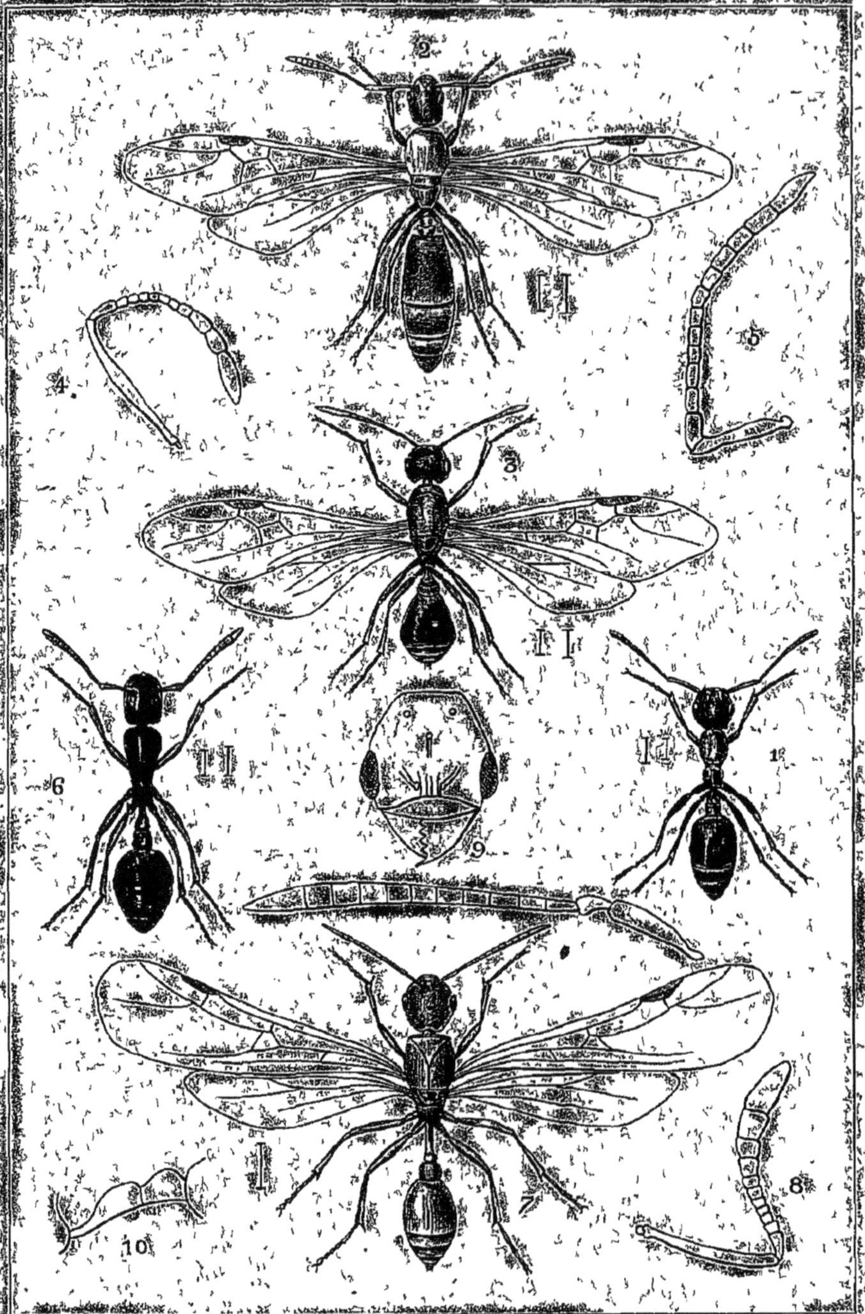

Ed. André, del et pinx. Lith. Chaffoite, Beaune

MYRMICIDES

PLANCHE XXI

Myrmicides

(MYRMICA — CARDIOCONDYLA)

Fig. 1 *Myrmica lævinodis*, Nyl. ☿
Fig. 2 — — ♀
Fig. 3 — — ♂
Fig. 4 Antenne de *Myrmica rubida*, Latr. ☿
Fig. 5 — *Myrmica lævinodis*, Nyl. ☿
Fig. 6 — *Myrmica sulcinodis*, Nyl. ☿
Fig. 7 — *Myrmica lobicornis* Nyl. ☿
Fig. 8 — *Myrmica lævinodis*, Nyl. ♂
Fig. 9 *Cardiocondyla Emeryi*, Forel. ☿
Fig. 10 — — ♂
Fig. 11 Antenne de *Card. Emeryi*, Forel. ☿
Fig. 12 — — ♂
Fig. 13 Pétiole et abdomen de *Card. elegans*, Em. ☿
Fig. 14 — — *Emeryi*, Forel. ☿
Fig. 15 Aile supérieure de — ♂

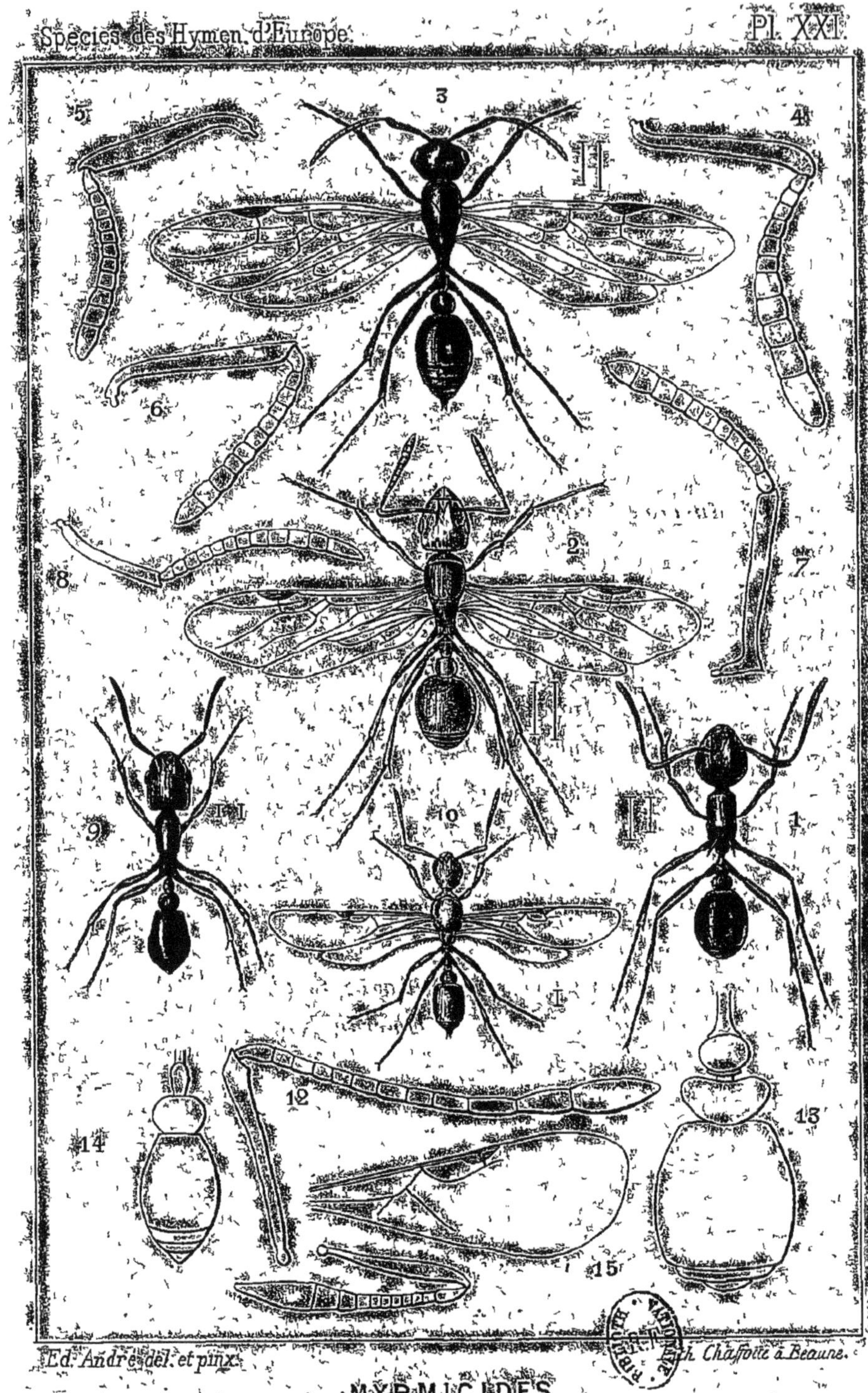

Ed. André del. et pinx. Lith. Chaffotte à Beaune.

MYRMICIDES

PLANCHE XXII

Myrmicides

(MONOMORIUM — HOLCOMYRMEX — OXYOPOMYRMEX)

Fig. 1 *Monomorium Salomonis*, L. ☿
Fig. 2 — — ♀
Fig. 3 — — ♂
Fig. 4 Antenne du *M. Salomonis*, L. ☿
Fig. 5 — *M. clavicorne*, André ☿
Fig. 6 Tête du *M. venustum*, Smith. ♂
Fig. 7 Antenne — — ♂
Fig. 8 Tête du *M. gracillimum*, Smith. ♂
Fig. 9 Antenne du — — ♂
Fig. 10 Extrémité de l'abdomen du *M. Salomonis*, L. ♂
Fig. 11 *Holcomyrmex dentiger*, Roger. ☿
Fig. 12 Tête du *H. dentiger*, Roger. ☿ *major*.
Fig. 13 Antenne du — ☿
Fig. 14 *Oxyopomyrmex oculatus*, André ☿
Fig. 15 Antenne de l'*O. oculatus*, André. ☿

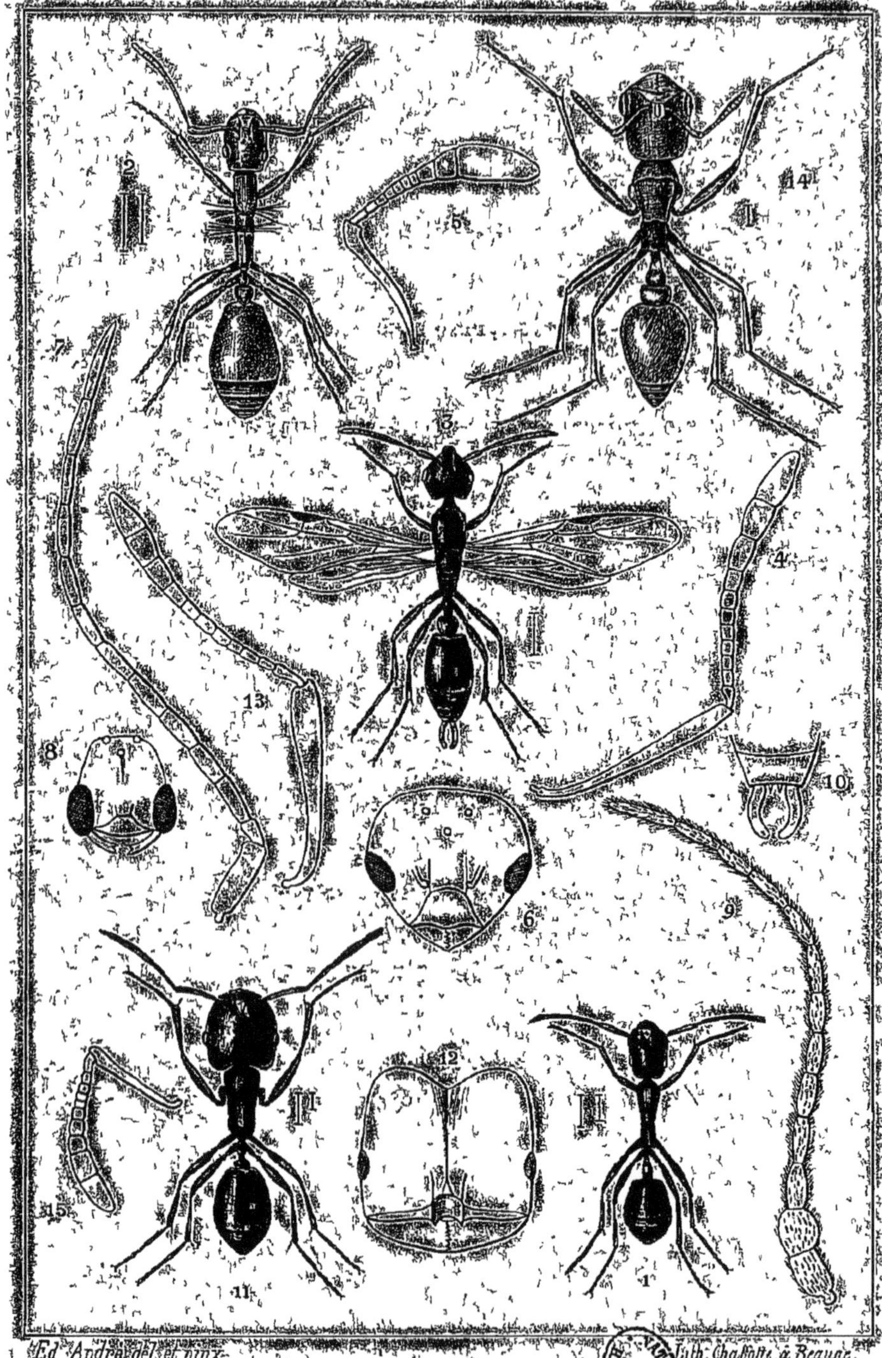

Ed. André del. et pinx. *Lith. Chaffotte, à Beaune.*

MYRMICIDES

PLANCHE XXIII

Myrmicides

(APHÆNOGASTER)

Fig. 1 *Aphænogaster barbara*, L. ☿

Fig. 2 — — ♀

Fig. 3 — — ♂

Fig. 4 Tête de l'*A. barbara*, L. ☿

Fig. 5 — l'*A. subterranea*, Latr. ☿

Fig. 6 — l'*A. Blanci*, André. ☿ (vue de côté).

Fig. 7 Antenne de l'*A. rufo-testacea*, Foerst. ☿

Fig. 8 — l'*A. arenaria*, Fab. ☿

Fig. 9 — l'*A. barbara*, L. ☿

Fig. 10 Thorax de l'*A. splendida*, Roger. ☿ (vu de côté).

Fig. 11 Antenne de l'*A. hispanica*, André. ♀

Fig. 12 Thorax de l'*A. barbara*, L. ♂ (vu de côté).

Fig. 13 Tête de l'*A. hispanica*, André. ♂

Fig. 14 — l'*A. barbara*, L. ♂

Fig. 15 — l'*A. splendida*, Roger. ♂

Fig. 16 Thorax de l'*A. splendida*, Roger. ♂ (vu de côté).

Fig. 17 — l'*A. testaceo-pilosa*, Lucas ♂ —

Fig. 18 — l'*A. striola*, Roger. ♂ —

Fig. 19 — l'*A. pallida*, Nyl. ♂ —

Fig. 20 — l'*A. subterranea*, Latr. ♂ —

Fig. 21 — l'*A. hispanica*, André. ♂ —

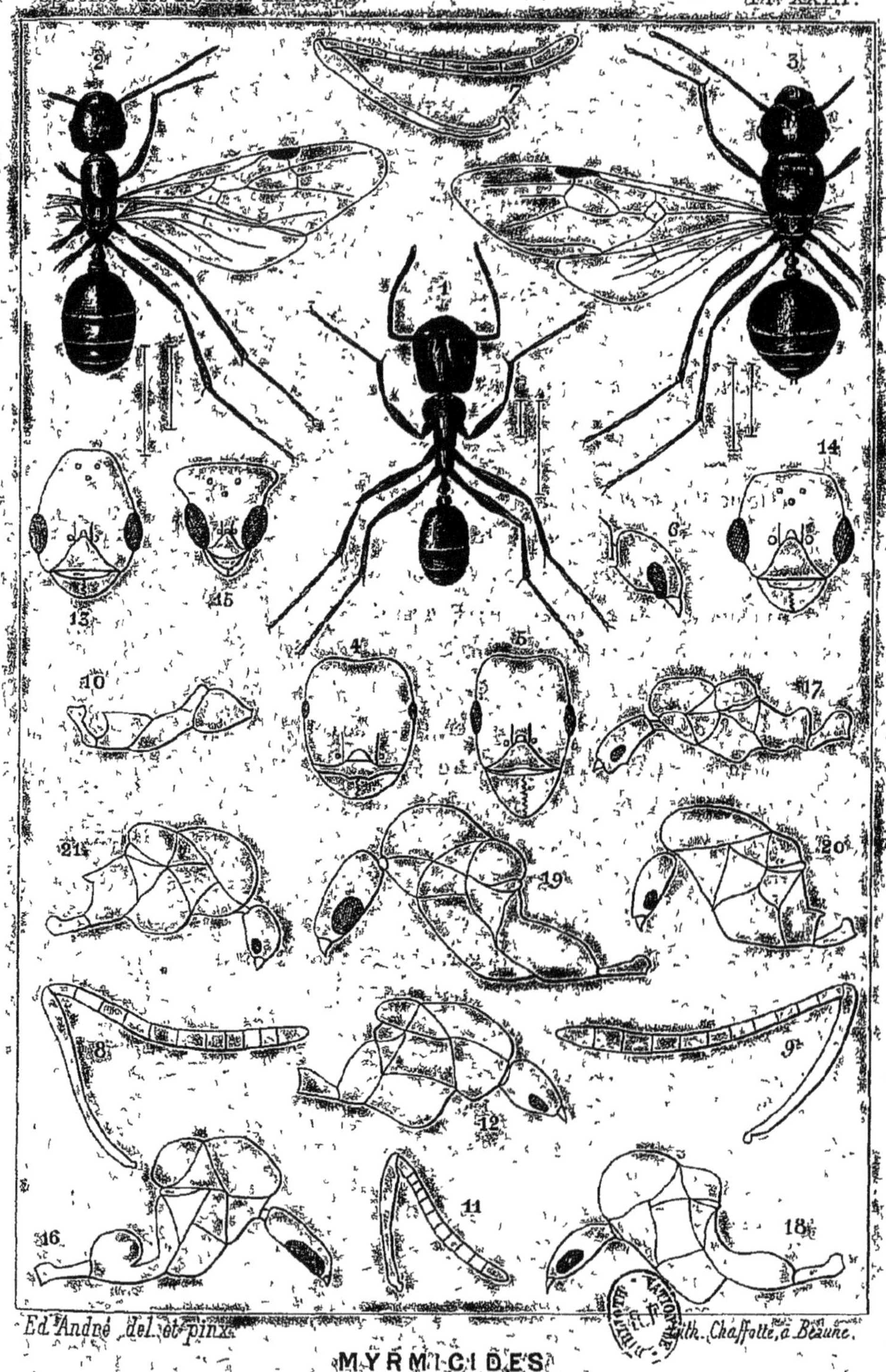

Ed. André del. et pinx. Lith. Chaffotte, à Beaune.

MYRMICIDES

PLANCHE XXIV

Myrmicides

(PHEIDOLE—SOLENOPSIS)

Fig. 1 *Pheidole pallidula*, Nyl. ♃

Fig. 2 — — ♀

Fig. 3 — — ♂

Fig. 4 Tête de *Ph. pallidula*, Nyl. ♀

Fig. 5 Antenne de — ☿

Fig. 6 — — ♂

Fig. 7 Pétiole de — ♃ (vu en dessus).

Fig. 8 Second article du pétiole de *Ph. megacephala*, Fab. ♀ (vu de profil).

Fig. 9 *Solenopsis fugax*, Latr. ☿

Fig. 10 — — ♀

Fig. 11 — — ♂

Fig. 12 Antenne de *S. fugax*, Latr. ☿

Fig. 13 — — ♂

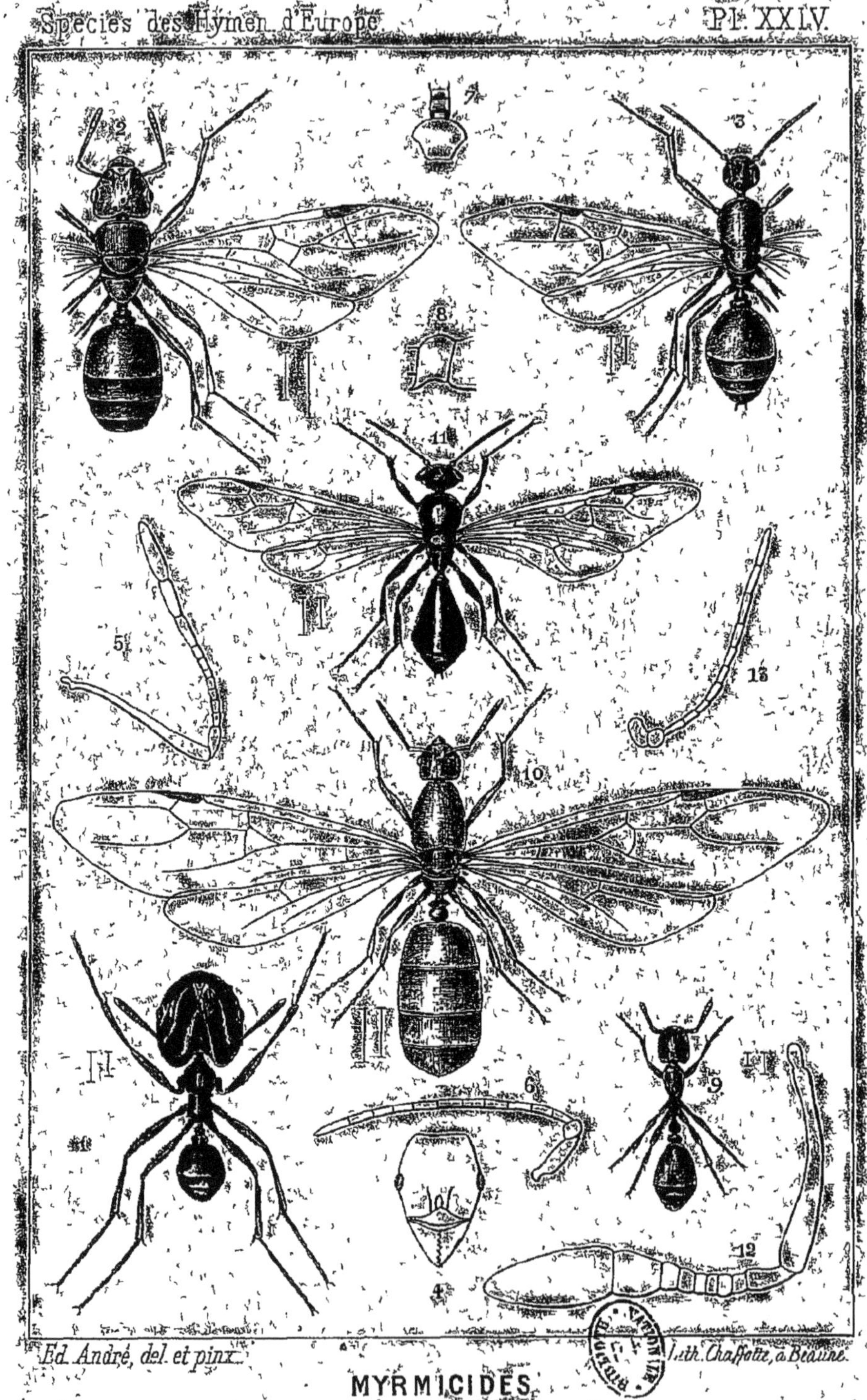

Ed. André, del. et pinx. Lith. Chaffotte, à Beaune.

MYRMICIDES.

PLANCHE XXV

Myrmicides

(CREMASTOGASTER—PHACOTA—STRUMIGENYS—EPITRITUS)

Fig. 1 *Cremastogaster scutellaris*, Ol. ☿
Fig. 2 — — ♀
Fig. 3 — — ♂
Fig. 4 Antenne de *Cr. scutellaris*, Ol. ☿
Fig. 5 — — ♂
Fig. 6 Pétiole et abdomen de *Cr. scutellaris*, Ol. ☿ (vus de profil).
Fig. 7 Pétiole de *Cr. scutellaris*, Ol. ☿ (vu en dessus).
Fig. 8 — de *Cr. sordidula*, Nyl. ☿ —
Fig. 9 Tête de *Phacota Sicheli*, Roger ☿ (d'après Roger).
Fig. 10 *Strumigenys membranifera*, Em. ☿ (d'après Emery).
Fig. 11 Tête de *Str. membranifera*, Em. ☿ —
Fig. 12 Antenne de — — —
Fig. 13 *Epitritus argiolus*, Em. ☿
Fig. 14 — — ♀ (d'après Emery).
Fig. 15 — — ♂
Fig. 16 Tête d'*Ep. argiolus*, Em. ♀ (d'après Emery).
Fig. 17 Antenne de — ♀
Fig. 18 Tête d'*Ep. Bauduerí*, Em. ♀ (d'après Emery).
Fig. 19 Antenne de — ♀
Fig. 20 Tête d'*Ep. argiolus*, Em. ♂
Fig. 21 Antenne de — ♂

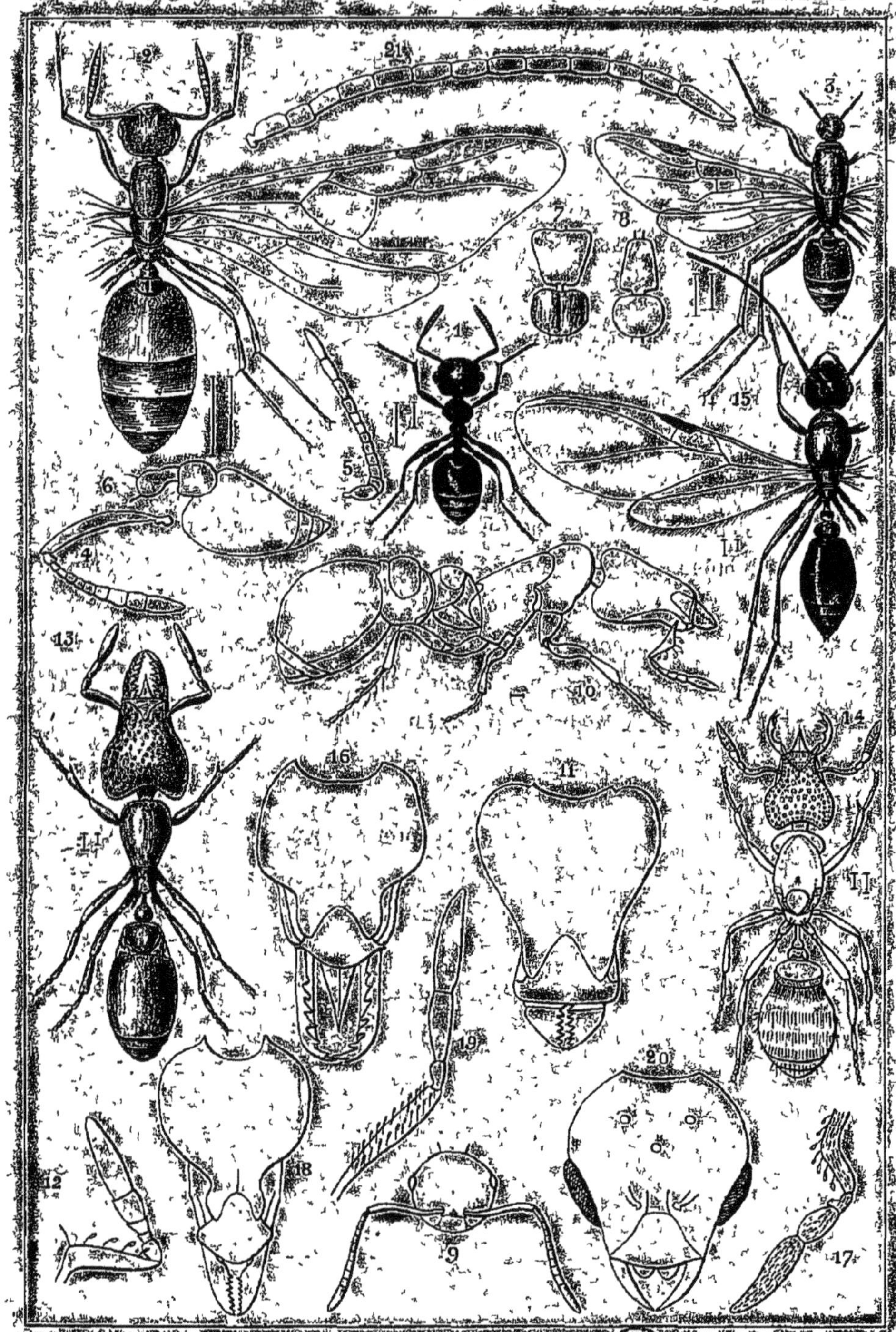

Ed. André del. et pinx. Lith. Chaffotte à Beaune

MYRMICIDES

PLANCHE XXVI

Vespides sociaux

(ANATOMIE)

Fig. 1. Tête de *Polistes gallicus*, vue de face.

Fig. 2. Tête du même, vue de profil.

Fig. 3. Mandibules de *Vespa crabro*.

Fig. 4. Labre de *Vespa crabro*.

Fig. 5. Mâchoires et lèvre de *Vespa vulgaris*.

a. Palpe maxillaire.
b. Palpe labial.
c. Languette bifurquée.
d. Paraglosses.
e. Lobe maxillaire.
f. Tige de la mâchoire.

Fig. 6. Antenne de *Vespa* ♀.

Fig. 7. — de *Vespa* ♂.

Fig. 8. Portion très grossie de l'antenne de *V. crabro*, pour montrer une cellule olfactive (d'après Hauser).

a. Enveloppe chitineuse de l'antenne.
b. Ouverture en fente.
c. Élévation squamiforme.
d. Cellule nerveuse olfactive avec ses noyaux.
e. Bâtonnet.
f. Cellule échancrée.
g. Cellules hypodermiques.

Fig. 9. Thorax de *Vespa germanica*, vu de profil.

a. Prothorax.
b. Mesothorax.
c. Scutellum.
d. Postscutellum.
e. Métathorax.

Fig. 10. Thorax de *Vespa germanica*, vu de face. (Mêmes lettres que la fig. 9).

Fig. 11. Écaillette de *Vespa germanica*.

Fig. 12. Aile supérieure de *Vespa*, avec la ligne du pli suivant *a a*.

b. Nervure costale.
c. — sous-costale.
d. — médiane.
e. — anale.
f. — inférieure.
g. — cubitale.
h. — radiale.
i. — postérieure.
k. — médio-discoïdale.
l. — margino-discoïdale.
m. — 1re récurrente.
n. — 2e récurrente.
A. Cellule brachiale.
B. — costale.
C. Cellule médiane.
D. — anale.
E. — radiale.
F. — 1re cubitale.
G. — 2e —
H. — 3e —
I. — 4e —
K. — 1re postérieure.
L. — 2e —
M. Stigma.
N. Première cellule discoïdale.
O. Deuxième — —
P. Troisième — —

Fig. 13. Aile inférieure de *Vespa*.

b. Nervure costale.
c. — sous-costale.
d. — médiane.
e. — anale.
h. — radiale.
i. — postérieure.
l. — margino-discoïdale.
o. — transverso-discoïdale.
A. Cellule brachiale.
B. — costale.
C. — médiane.
D. — anale.
E. — radiale.
K. — postérieure.
N. Première cellule discoïdale.
O. Deuxième cellule discoïdale.

Fig. 14. Éperon de *Polistes gallicus*.

Fig. 15. Patte antérieure de *Vespa germanica*.

Fig. 16. Patte postérieure de la même.

Fig. 17. Extrémité du tarse postérieur, grossie.

Fig. 18. Crochets très grossis.

Fig. 19. Abdomen de *Vespa* ♀.

Fig. 20. — de *Polistes* ♀.

3 4 1 2 5 6 7 8 9 10 11 12 13 14 15 16 17 18 19 20

Ed. André, del. Lith. Chaffoz, à Beaune.

VESPIDES SOCIAUX

PLANCHE XXVII

Vespides sociaux

(ANATOMIE)

Fig. 1. Aiguillon de Guêpe ouvrière.

c. Gaine de l'aiguillon renfermant les stylets.
b. Oviducte.
d 8. Epipygium ou huitième arceau dorsal transformé en une double écaille.
e 8. Hypopygium ou huitième arceau ventral transformé aussi en une double écaille.
f. Glande à venin.
g. Canal conduisant le venin dans la gaine.
h. Support des stylets.
k. Support de la gaine.
o. Rectum.
m. Fourreau enserrant la gaine qui, dans cette figure est abaissée hors de sa position normale.

Fig. 2. Stylet grossi.
Fig. 3. Armure génitale externe mâle de *Vespa media.*
Fig. 4. — — — *germanica.*
Fig. 5. — — — *vulgaris.*
Fig. 6. — — — *crabro.*
Fig. 7. — — — *saxonica.*
Fig. 8. — — — *austriaca.*
Fig. 9. — — *Polistes gallicus.*

a. Pinces extérieures.
b. Pinces intérieures.
c. Gaine du pénis.
d. Pénis.

Fig. 10. Appareil digestif de *Vespa crabro* (d'après L. Dufour).

a. Tête.
bb. Glandes salivaires.
c. Jabot.
d. Gésier.
e. Ventricule chylifique.
f. Rectum.
gg. Vaisseaux hépatiques.
h. Appareil vénénifique.
i. Aiguillon.

Fig. 11. Gésier ouvert et étalé pour montrer les quatre colonnes de sa paroi interne (d'après L. Dufour).
Fig. 12. Partie supérieure du gésier montrant la fente crurale qui forme quatre valvules.
Fig. 13. Système nerveux de larve de *Vespa* (d'après Brandt).
Fig. 14. — de *Vespa* ♀ —
Fig. 15. — — ♀ —
Fig. 16. — — ♂ —
Fig. 17. Deuxième ganglion thoracique grossi de *Vespa* ♀.

Ed. André, del. Chaffotte, à Beaune.

VESPIDES SOCIAUX

PLANCHE XXVIII

Vespides sociaux

(PREMIERS ÉTATS. — ÉLÉMENTS DES NIDS)

Fig. 1. Œuf de *Polistes gallicus*.
Fig. 2. Coupe d'une cellule pour montrer la position de l'œuf.
Fig. 3. Larve de *Vespa media*, grossie.
a. Sa grandeur naturelle.

Fig. 4. Tête de cette larve, vue de face.

a. Épistome. — d. Mâchoires.
b. Labre. — e. Menton.
c. Mandibules. — f. Lèvre.

Fig. 5. Mandibules de cette larve.
Fig. 6. Extrémité du segment anal de la même larve.
Fig. 7. Nymphe de *Vespa germanica*, vue de face.
Fig. 8. — — vue de profil.
Fig. 9. Texture de l'enveloppe du nid de *Vespa holsatica*.
Fig. 10. — — *Vespa media*.
Fig. 11. — — *Vespa vulgaris*.
Fig. 12. Coupe théorique d'un nid phragmocyttare.
Fig. 13. — stélocyttare calyptodome rectinide.
Fig. 14. — — gymnodome rectinide.
Fig. 15. — — — latérinide.
Fig. 16. — — — rectinide pétiolé, à un rayon.
Fig. 17. — — — rectinide pétiolé, à plusieurs rayons.
Fig. 18. — — — latérinide sessile.
Fig. 19. — — — gibbinide.

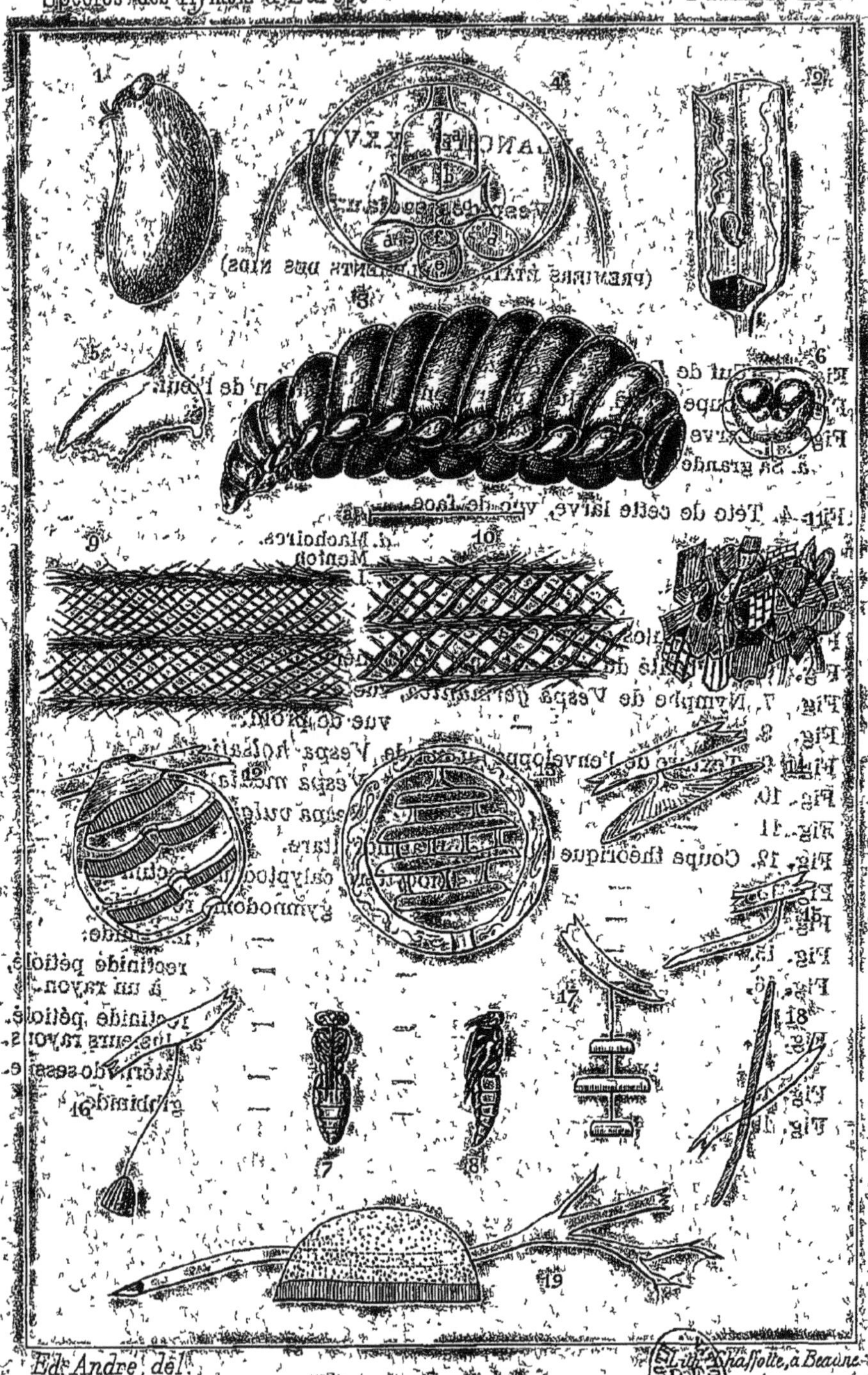

Ed. André, del. Lith. Chaffotte, à Beaune

VESPIDES SOCIAUX

PLANCHE XXIX

Vespides sociaux

(NIDS)

Fig. 1. Nid de *Vespa Germanica*.
(L'enveloppe de la moitié de droite est enlevée pour laisser voir l'intérieur).

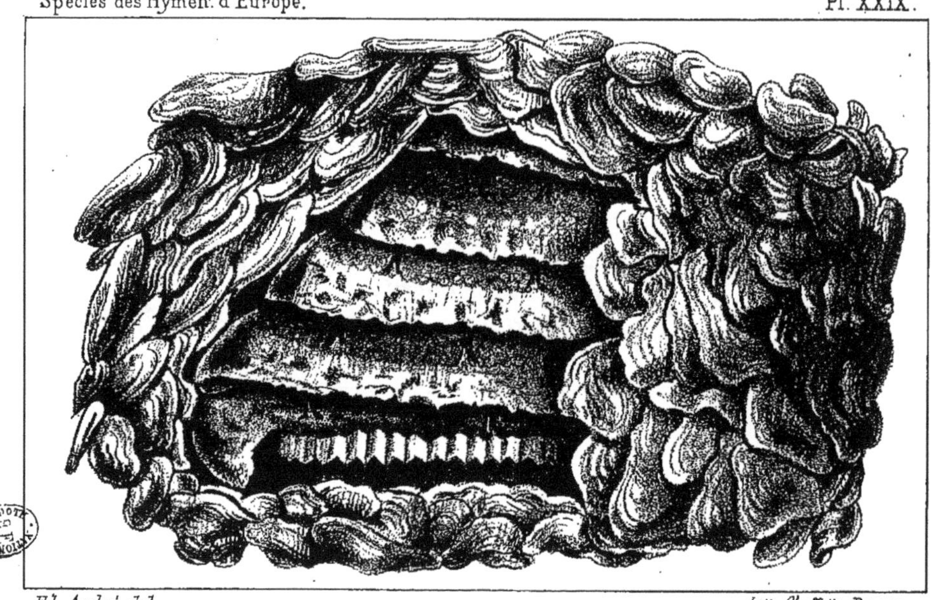

Ed. André del. Lith. Chaffotte, Beaune.

VESPIDES SOCIAUX

PLANCHE XXX

Vespides sociaux

(NIDS)

Fig. 1. Nid de *Vespa rufa*.
Fig. 2. Fragment de nid de *Vespa vulgaris*.

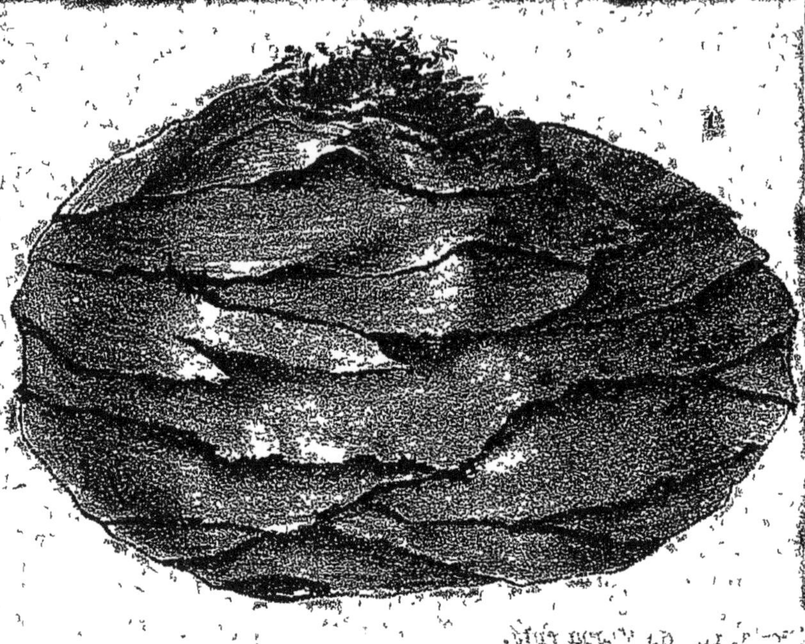

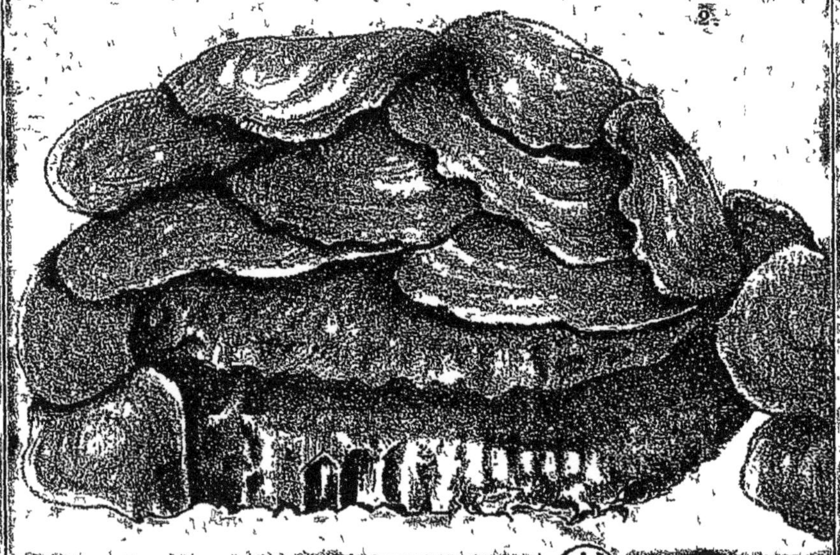

Ed. André del. Lith. Chaffotte à Beaune.

VESPIDES SOCIAUX

PLANCHE XXXI

Vespides sociaux

(NIDS)

Fig. 1. Nid de *Vespa crabro*.

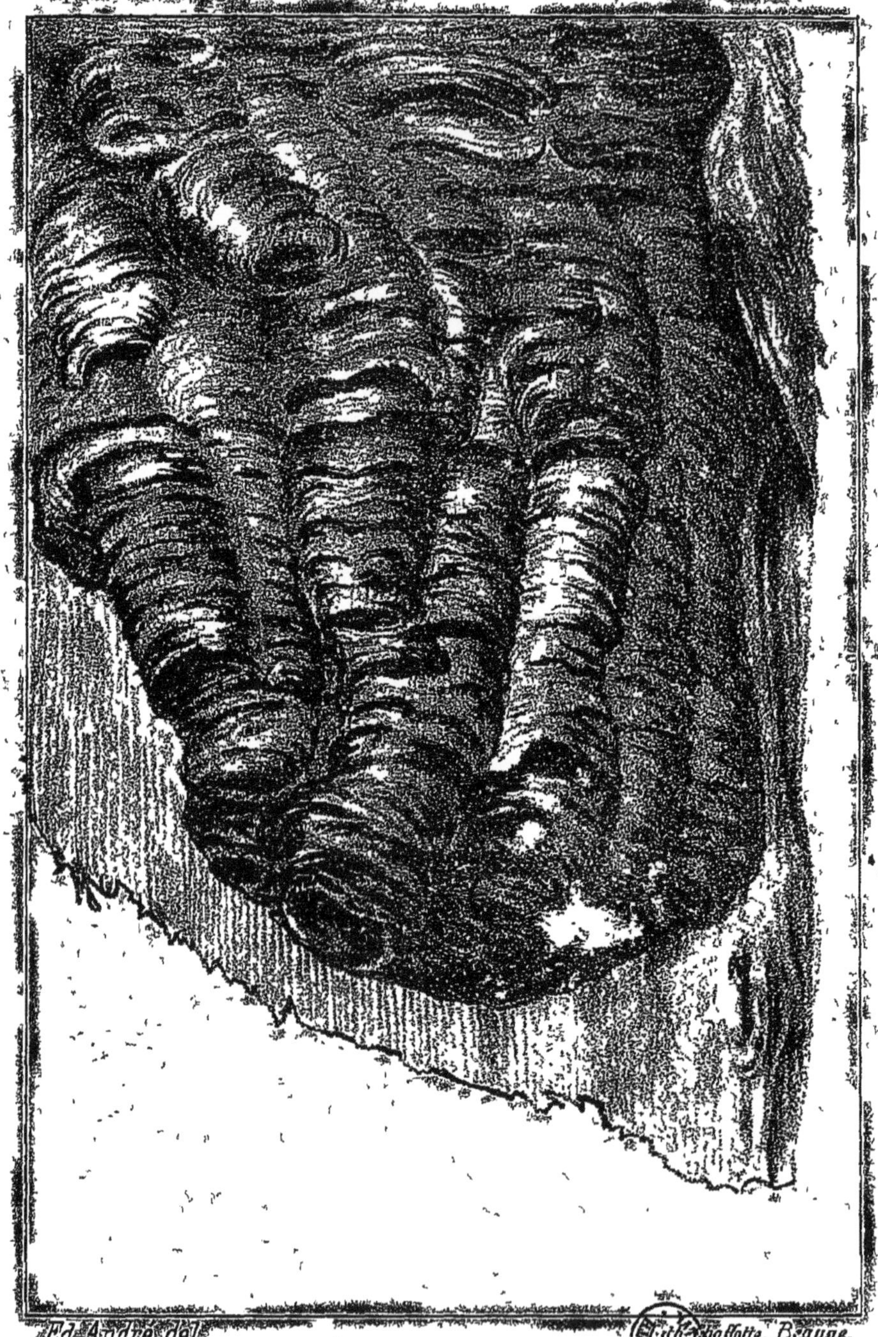

Ed. André del.
Lith. Chaffotte, Beaune.

VESPIDES SOCIAUX

PLANCHE XXXII

Vespides sociaux

(NIDS)

Fig. 1. Nid de *Vespa media*.
Fig. 2. Le même nid dont l'enveloppe est enlevée en partie.
Fig. 3. Nid de *Vespa sylvestris*.

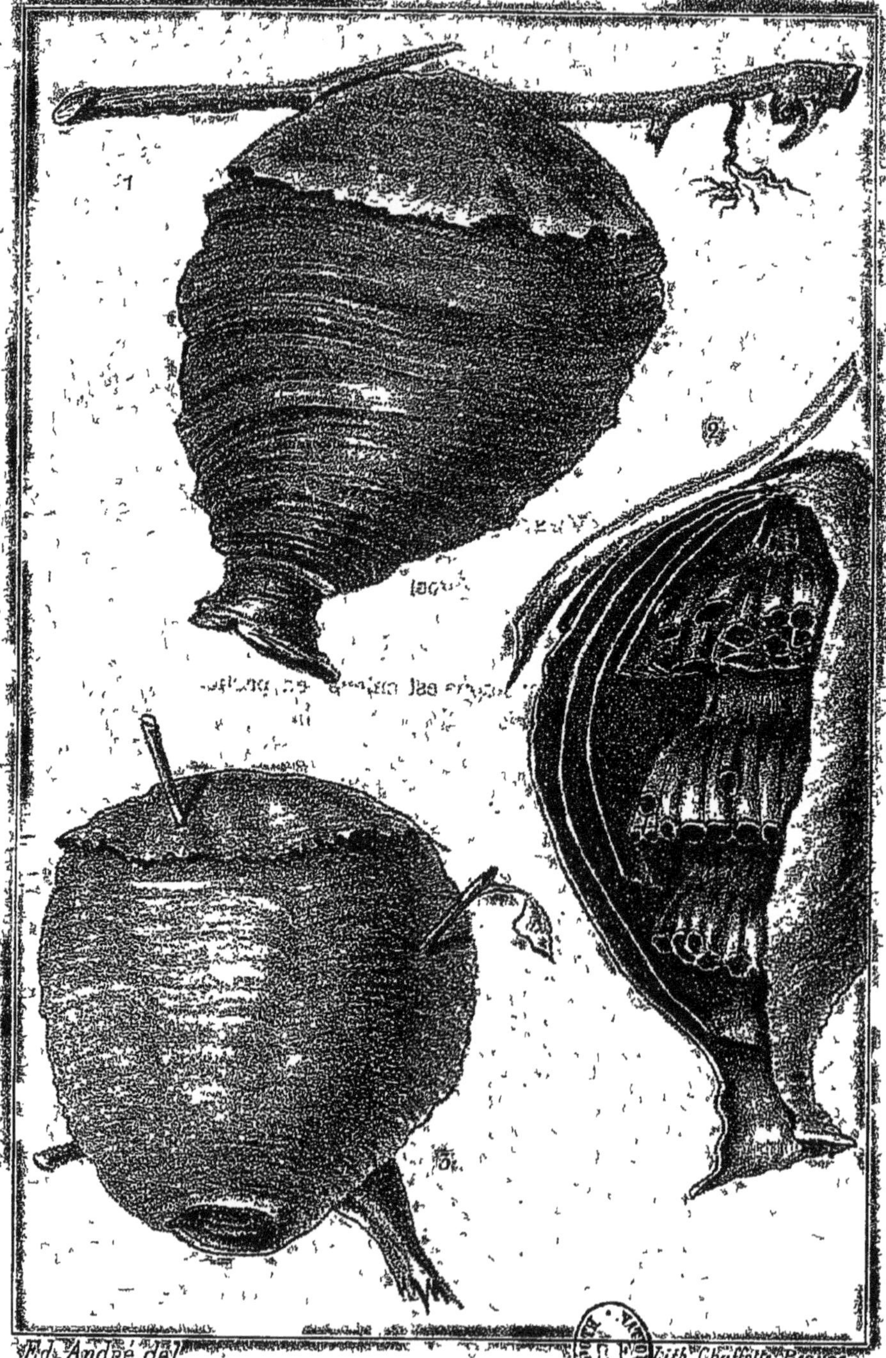

Ed. André del. — Lith. Chaffotte, Beaune

VESPIDES SOCIAUX

PLANCHE XXXIII

Vespides sociaux

(NIDS)

Fig. 1. Rayon de *Vespa germanica*, vu de côté.
Fig. 2. Pilier réunissant deux rayons.
Fig. 3. Portion du même rayon, vu de face.
Fig. 4. Alvéole operculée.
Fig. 5. Nid de Poliste, vu de côté.
Fig. 6. Le même, vu de face.
Fig. 7. Cage Erné pour l'observation des Guêpes et l'obtention des parasites.

VESPIDES SOCIAUX.

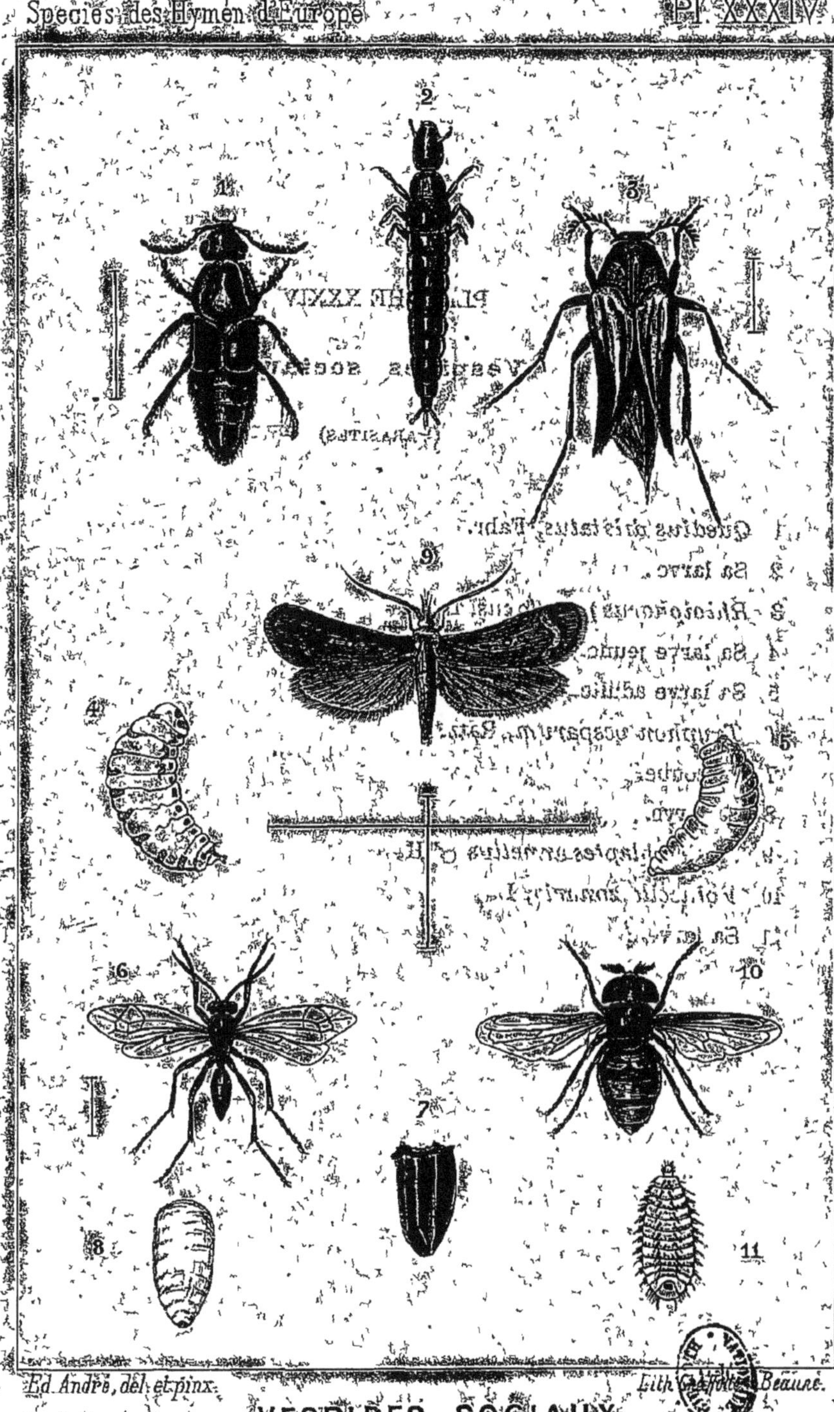

Ed. André, del. et pinx. Lith. [illegible] Beaune.

VESPIDES SOCIAUX

(Parasites)

PLANCHE XXXV

Vespides sociaux

(PARASITES)

1. *Acanthiptera inanis*, Pallas.
2. Sa larve.
3. Ses œufs.
4. Œufs indéterminés.
5. *Cryptumus angiolus*.
6. Sa coque.
7. *Xenos Vesparum* ♂, Rossi.
8. Abdomen de Poliste stylopisé.
9. *Torrubia sphecocephala* (État ascophore) (d'après Tulasne).
10. La même (État conidial) (d'après Payen).

Species des Hymen. d'Europe. Pl. XXXV

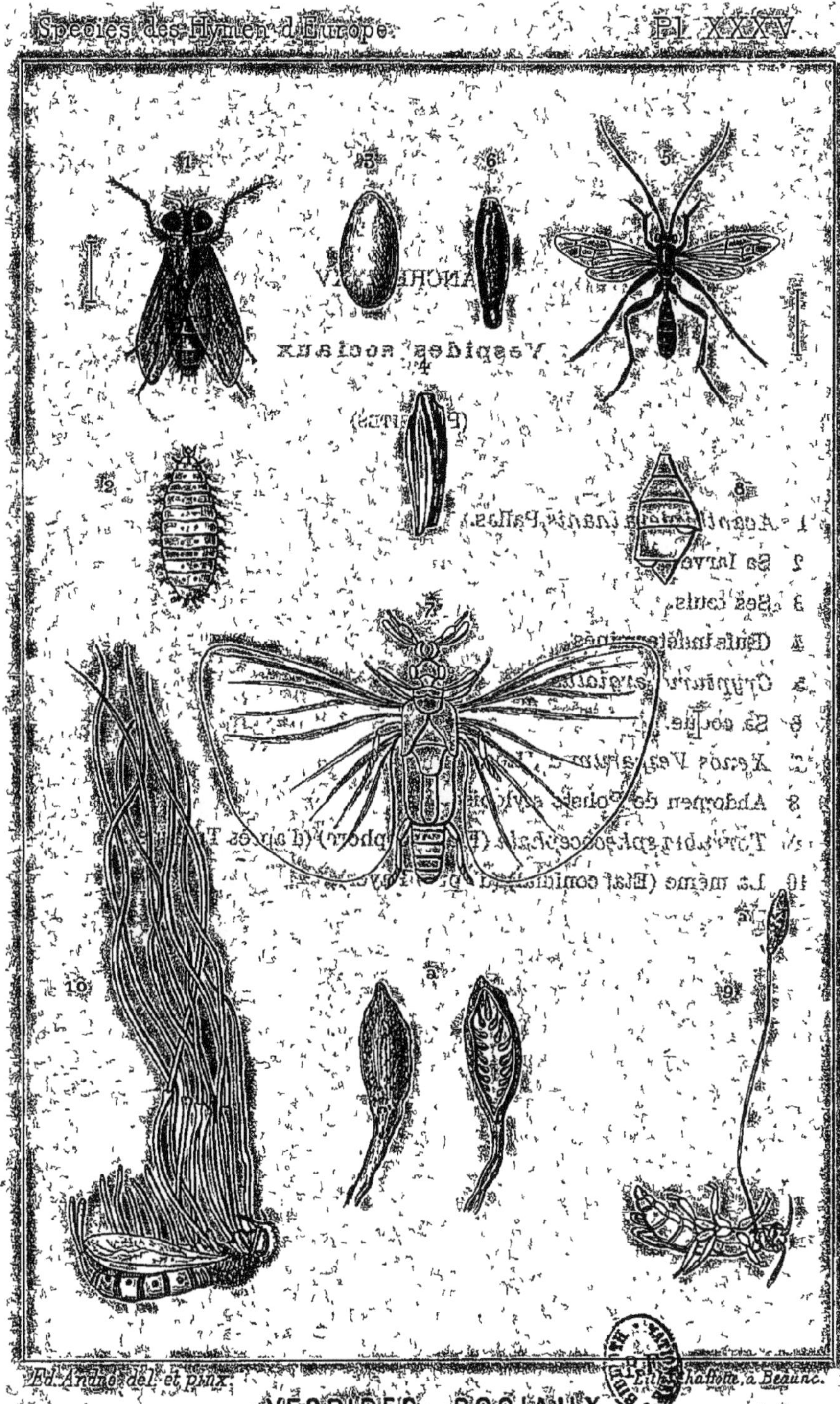

Ed. André del. et pinx. Lith. Chalotte, à Beaune.

VESPIDES SOCIAUX

(Parasites)

PLANCHE XXXVI.

Vespides solitaires.

1. Tête d'*Eumenes* ♂, vue de face.
2. Mandibules d'*Eumenes*.
3. Épistome d'*Eumenes unguiculus* ♂, Villiers.
4. — — — ♀.
5. Labre — — —
6. Mâchoire — — —
7. Lèvre — — —
8. Antenne d'*Eumenes* ♂.
9. — — ♀.
10. — d'*Epipona* ♂.
11. Pronotum d'*Odynerus parietum* ♀, L.
12. — — — ♂.
13. Postscutellum d'*Odynerus Dantici*, Rossi.
14. — d'*Odynerus parvulus*, Lep.
15. Hanche et cuisse intermédiaire d'*O. melanocephalus* ♂, Gm.
16. Aile antérieure d'*Odynerus*.
17. Aile postérieure —
18. Abdomen d'*Odynerus parietum*, L.
19. — — *Dantici*, Rossi.
20. — — *minutus*, Fabr.
21. — d'*Eumenes unguiculus*, Villiers.
22. Deuxième segment abdominal d'*O. alpestris*, Saussure.
23. Ventre d'*Odynerus excisus*, Th.

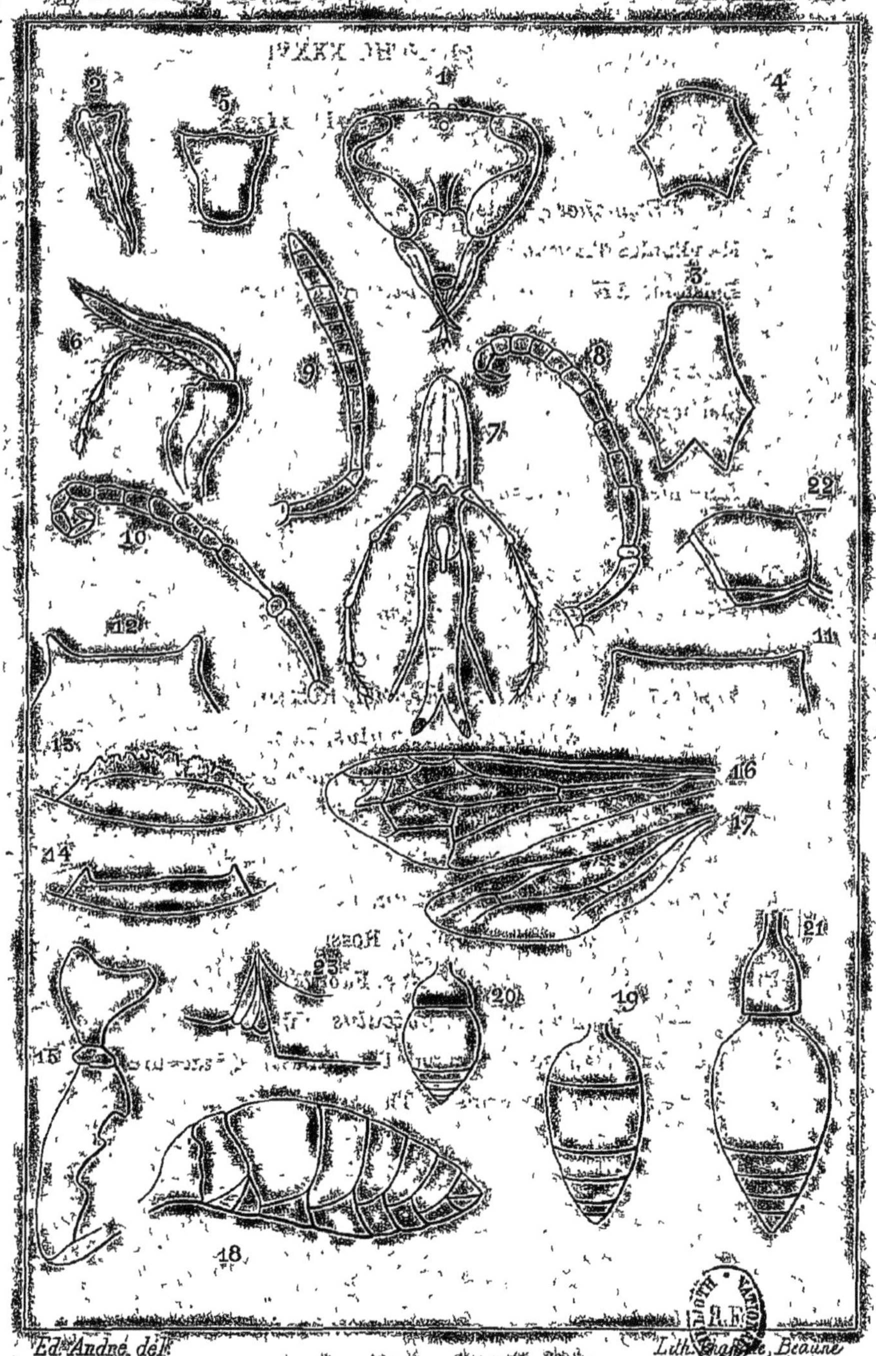

Ed. André del. Lith. Chanoine, Beaune

VESPIDES SOLITAIRES

PLANCHE XXXVII

Vespides solitaires

1 Appareil génital ♂ d'*Odynerus reniformis*, L. (d'après L. Dufour).

2 Larve d'*Eumenes unguiculus*, Vi. (d'après Perris.
   2a Sa tête.

3 Larve de *Raphiglossa* (d'après Saunders).

4 Larve de *Ptiliglossa* — —

5 Nid d'*Eumenes coarctata*, Fab., terminé.
   5a Nid d'*Eumenes pomiformis*, Rossi, en cours d'approvisionnement.

6 Nid d'*Eumenes unguiculus*, Vill., entier.

7 Le même nid ouvert.

8 Nid d'*Odynerus spinipes*, L., avec la cheminée (extérieur).

9 Le même nid vu en coupe.

10 Nid d'*Odynerus spinicornis* Spin., sur le sol, avec une cheminée verticale.

11 Nid d'une Odynère rubicole, dans une tige de ronce.

12 Orifice du même nid dans une branche verticale

13 Cellule d'*Eumenes arbustorum*, H. S. garnie, avec son œuf suspendu. (coupe grossie, d'après un croquis de M. J. H. Fabre).

14 Cellule d'*Odynerus reniformis*, L., garnie, avec son œuf suspendu. (Coupe grossie, d'après un croquis de M. J. H. Fabre).

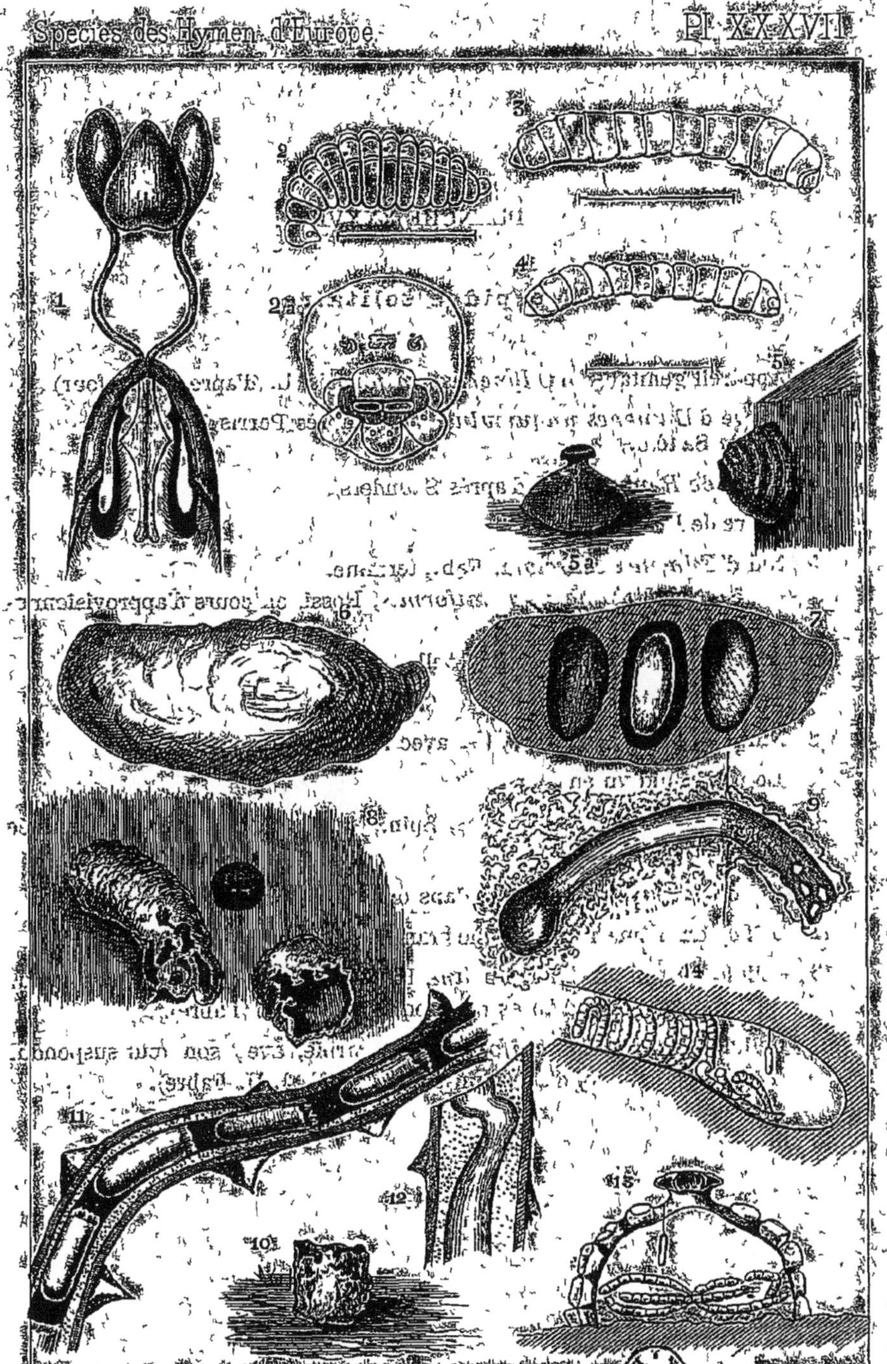

Ed. André del. Chaffotte, Beaune

VESPIDES SOLITAIRES

PLANCHE XXXVIII

Vespides solitaires

1 Tête de *Celonites*.
2 Mâchoire de *Masaris* (d'après de Saussure).
3 — *Celonites* (— —).
4 Lèvre de *Masaris* (— —).
5 — *Celonites* (— —).
6 Antenne de *Masaris*.
7 — *Ceramius*.
8 — *Celonites*.
9 Abdomen de *Masaris* (d'après de Saussure).
10 — *Celonites*.
11 Nidification du *Celonites abbreviatus* (d'après Lichtenstein).

Ed. André, del. Lith. Chaffotte, Beaune.

MASARIENS

PLANCHE XXXIX

Vespides sociaux

1. Ocelles de *Vespa crabro*, L.
2. — *Vespa vulgaris*, L.
3. *Vespa orientalis*, Fabricius.
4. Tête de *V. crabro*, L., vue de face.
5. — *V. vulgaris*, L. —
6. — *V. germanica*, Fab. —
7. Angle de l'épistome de *Vespa rufa*, L.
8. — de *V. austriaca*, Fabr.
9. *Vespa rufa*, Linné.
10. *Polistes gallicus*, Linné.

10

2

4

1

3

5

6

9

7

8

Ed. André del. et pinx. Lith. Chaffotte, Beaune.

VESPIDES SOCIAUX

PLANCHE XL.

Vespides solitaires.

1 Antenne de *Ptenocheilus* ♂.
2 — *Micnagris* ♂.
3 Palpe labial de *Ptenocheilus*.
4 Palpe maxillaire de *Rhygchium*.
5 — d'*Odynerus*.
6 Palpe labial d'*Odynerus*.
7 *Raphiglossa eumenoides*, Saunders.
8 *Psiliglossa odyneroides*, Saunders.
9 *Discœlius zonalis*, Panzer.
10 Mandibules de *Raphiglossa*.

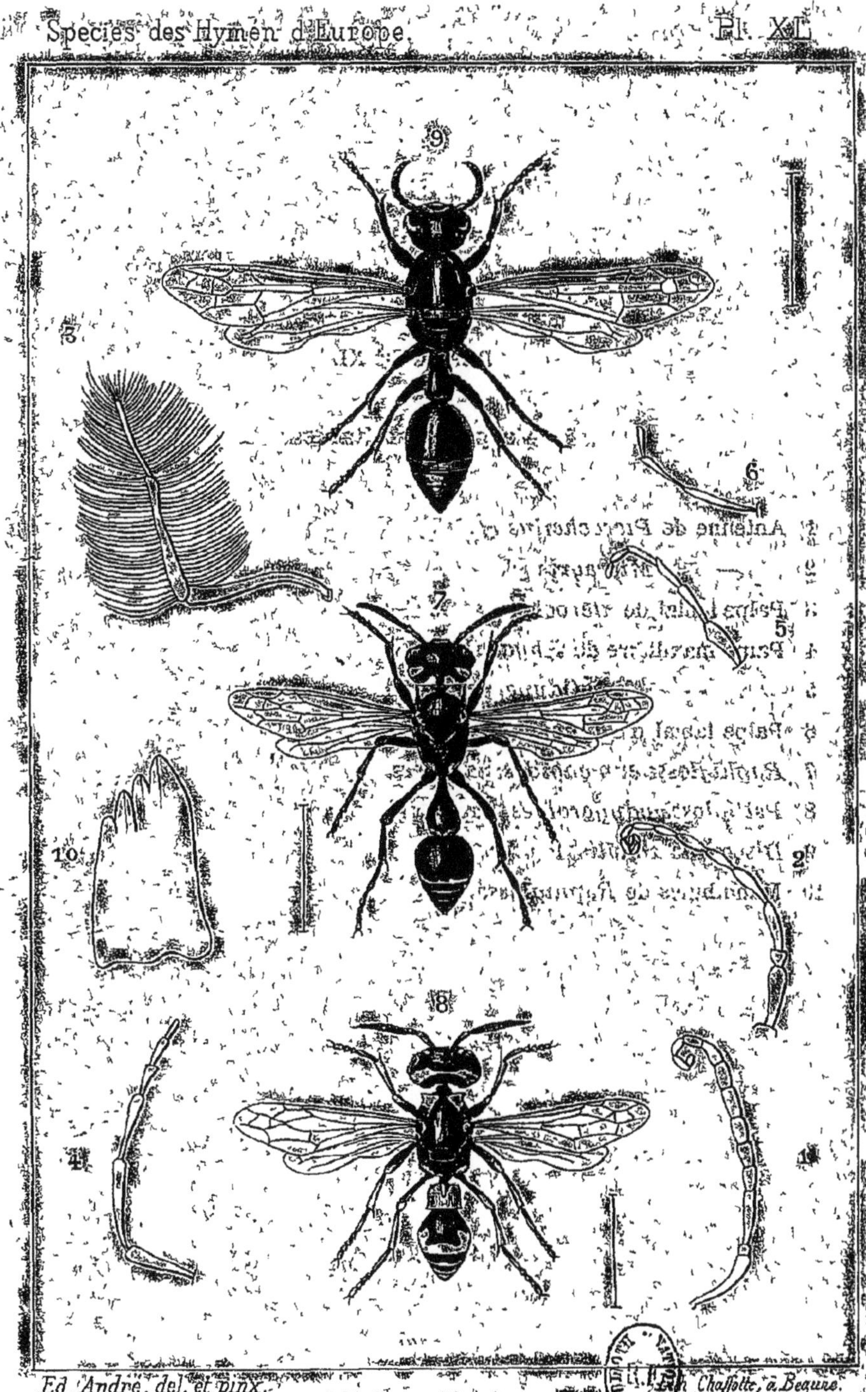

Ed. André, del. et pinx. Imp. Chaffotte, à Beaune.

VESPIDES SOLITAIRES.

PLANCHE XLI

Vespides solitaires

1 Mandibules d'*Eumenes unguiculus*, Villiers.
2 Épistome d'*Eumenes Sicheli*, Saussure.
3 — — *arbustorum*, H. Sch.
4 — — *nigra*, Brullé.
5 Pétiole d'*Eumenes esuriens*, Fabr.
6 — — *arbustorum*, H. Sch.
7 — — *nigra*, Brullé.
8 — — *Sicheli*, Saussure.
9 — — *Picteti*, Saussure.
10 Abdomen d'*E. Lepeletieri*, Saussure.
11 *Eumenes unguiculus*, Villiers.
12 *Eumenes pomiformis*, Rossi.
13 *Eumenes Baeri*, Radoskowski.
14 Épistome d'*Eumenes pomiformis*, Rossi.

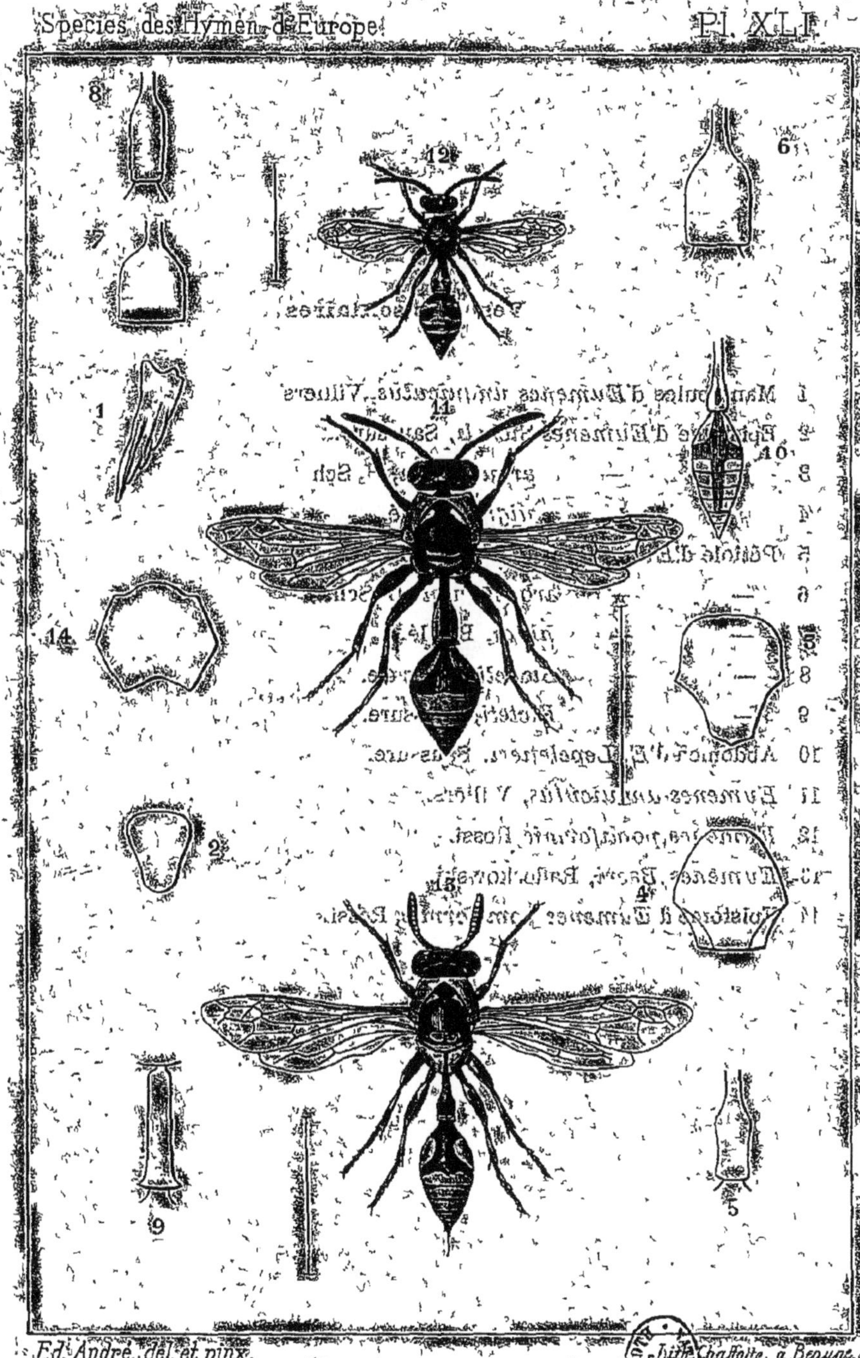

Ed. André, del. et pinx.   Lith. Chaffotte, à Beaune.

VESPIDES SOLITAIRES

PLANCHE XLII

Vespides solitaires

1 *Macragnis Spinolæ*, Sauss. (d'après de Saussure).

2 Extrémité de son antenne ♂ (d'après de Saussure).

3 Palpe labial de *Rhygchium oculatum*, Fab.

4 Palpe maxillaire du même.

5 Epistome du même.

6 *Rhygchium oculatum*, Fab.

7 *Odynerus nidulator* ♀, Saussure.

8 Premier segment abdominal ♀ d'*O. nidulator*, Saussure.

9 Antenne d'*Odynerus murarius* ♂, Linné.

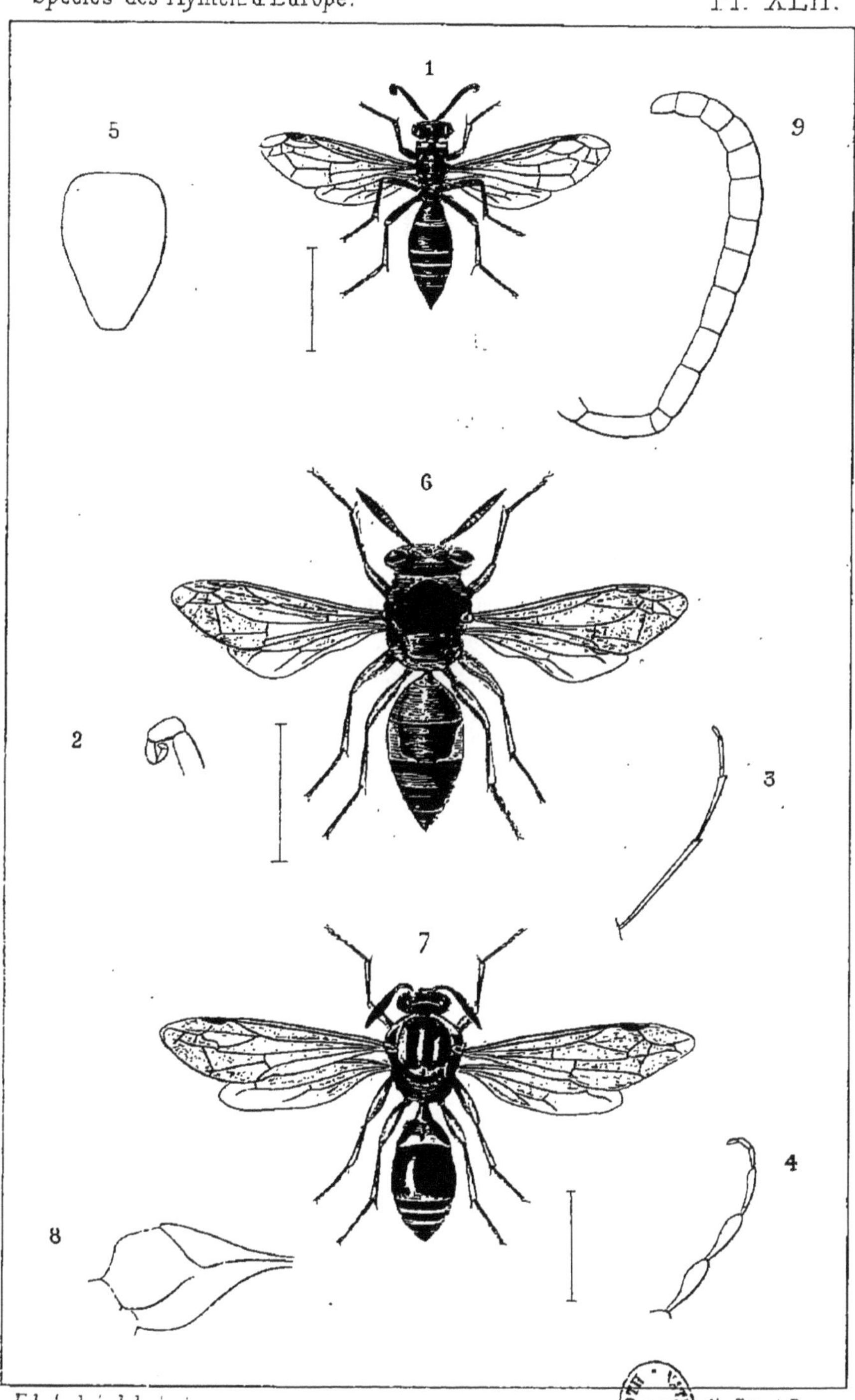

Ed. André. del. et pinx. Chaffotte, à Beaune.

VESPIDES SOLITAIRES

PLANCHE XLIII

Vespides solitaires

1 *Odynerus parietum*, L.
2 — *helveticus*, Sauss.
3 — *mauritanicus*, Lep.
4 — *stramineus*, André.
5 Scutellum d'*O. helveticus*, Sauss.
6 — d'*O. minutus*, Fabr.
7 Antenne d'*O. simplex*, Fabr. ♀.
8 — d'*O. simplex*, Fabr. ♂.
9 — d'*O. spinipes*, L. ♀.
10 — d'*O. spinipes*, L. ♂.
11 Hanche et cuisse d'*O. reniformis*, G. ♂.
12 Premier segment abdominal d'*O. rhodensis*, Sss.
13 Fissure entre le postscutellum et le métathorax de l'*O. simplex*, Fab.

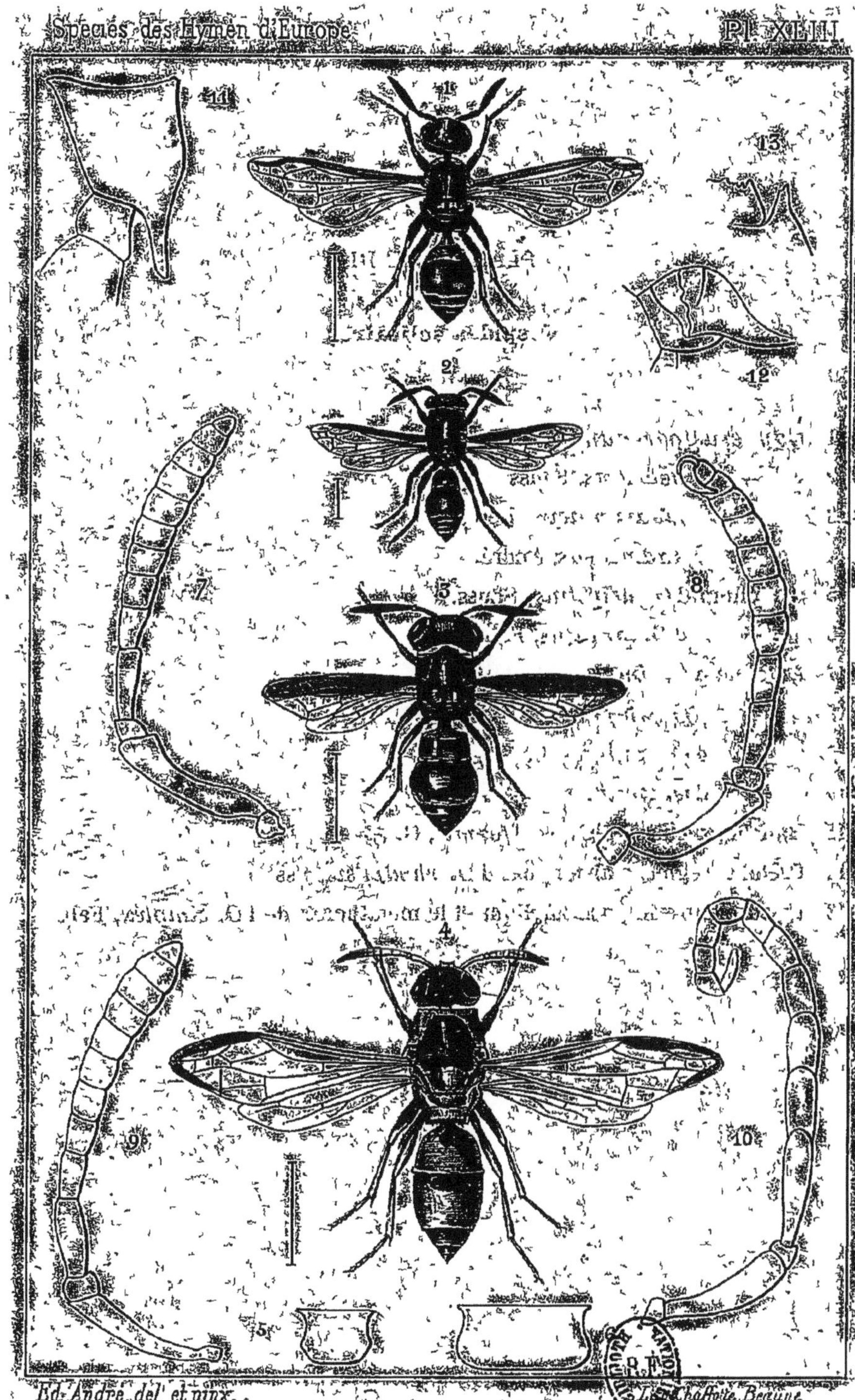

Ed. André, del. et pinx. Lith. Chaffotte, Beaune

VESPIDES SOLITAIRES

PLANCHE XLIV

Vespides solitaires

1. *Allastor atropos*, Lep.
2. Aile du meme.
3. Antenne du meme, ♂.
4. *Pterocheilus coccineus*, Andre.
5. — *phalenatus*, Klug.
6. Palpe labial de *Pterocheilus*.
7. Antenne de *Pt. chevrieranus*, Sauss. ♂.
8. — — ♀.
9. Machoire et palpe maxillaire de *Pterocheilus*.

Ed. André, del. et pinx. Lith. Chaffotte à Beaune.

VESPIDES SOLITAIRES

PLANCHE XLV

Masariens

1 *Ceramius spinicornis*, Sauss. ♀.
2 *Jugurtia oraniensis*, Lep.
3 *Quartinia dilecta*, Gribodo.
4 Antenne de *Ceramius spinicornis*, Sss. ♂.
5 — — *lusitanicus*, Kl. ♂.
6 — de *Jugurtia oraniensis*, Lep.
7 — de *Quartinia dilecta*, Gribodo.
8 Aile de *Ceramius lusitanicus*, Klug.
9 Crochet du même.
10 Lèvre du même.

Ed. André, del. et pinx

Lith. Chaffotte à Beaune

MASARIENS

PLANCHE XLVI

Masariens

1. *Celonites abbreviatus*, Vill.
2. *Masaris vespiformis*, Fabr. ♂.
3. — — ♀.
4. Mâchoire du même.
5. Antenne du même, ♀.
6. — — ♂.
7. Mandibule du même.
8. Lèvre de *Celonites*.
9. Mâchoire de *Celonites*.
10. Antenne de *Celonites*, ♂.
11. — — ♀.

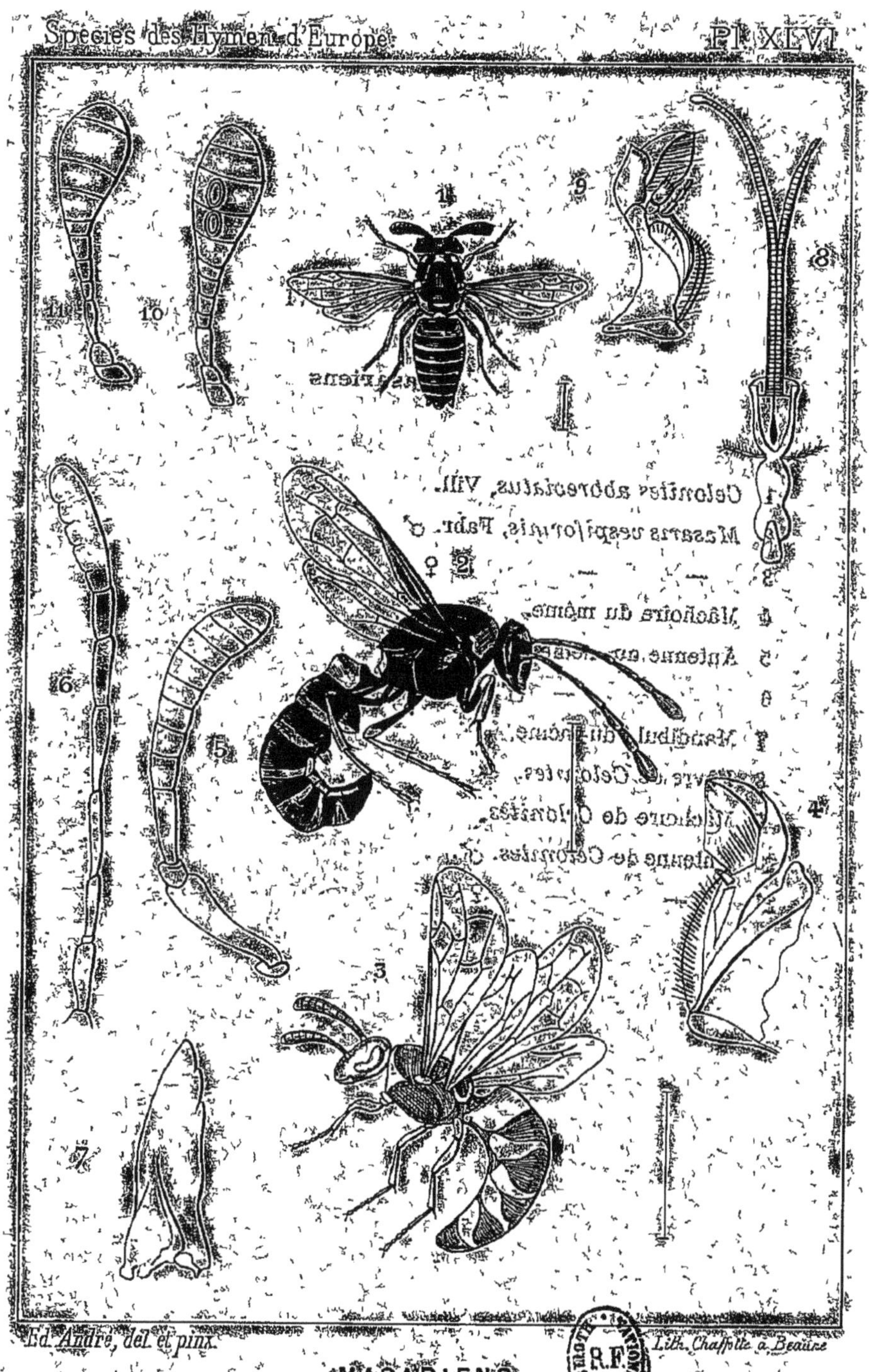

MASARIENS

www.ingramcontent.com/pod-product-compliance
Ingram Content Group UK Ltd.
Pitfield, Milton Keynes, MK11 3LW, UK
UKHW020252230726
13925UKWH00001B/5

9 782013 419369